建设工程质量检测培训教材

建筑结构工程检验检测指南

谭 军 翟传明 编著

中国建筑工业出版社

图书在版编目（CIP）数据

建筑结构工程检验检测指南/谭军，翟传明编著
. —北京：中国建筑工业出版社，2022.12
建设工程质量检测培训教材
ISBN 978-7-112-28106-0

Ⅰ.①建… Ⅱ.①谭… ②翟… Ⅲ.①建筑结构-工
程质量-质量检验-岗位培训-教材 Ⅳ.①TU712.3

中国版本图书馆 CIP 数据核字（2022）第 204538 号

本书共分 6 篇。分别为总论篇，建筑结构材料检验篇，结构工程施工工序和
实体质量检验篇，建筑结构工程现场检测篇，工程结构监测篇以及建筑结构工程
评价篇。

本书内容全面详实，图文并茂，可供建筑工程检测、施工、设计人员以及高
等院校有关专业师生参考。

责任编辑：赵云波
责任校对：董　楠

建设工程质量检测培训教材

建筑结构工程检验检测指南

谭　军　翟传明　编著

*

中国建筑工业出版社出版、发行（北京海淀三里河路 9 号）
各地新华书店、建筑书店经销
霸州市顺浩图文科技发展有限公司制版
北京盛通印刷股份有限公司印刷

*

开本：787 毫米×1092 毫米　1/16　印张：45　字数：1122 千字
2023 年 8 月第一版　　2023 年 8 月第一次印刷
定价：**238.00** 元
ISBN 978-7-112-28106-0
（40072）

本书编写人员名单

主　编：谭　军　翟传明

编　委：谭　军　翟传明　吴　东　汪训流　金春峰　白伟亮　赫传凯

　　　　韩玉仲　王娟娟　胡　昕　王锦森　李永杰　邸　鑫　李成龙

　　　　袁伟衡　段艳芳　王利中　史　啸　李志伟　刘育民　佟喜宇

　　　　徐海涛　唐丽君　张　超　郑万成　及世良　焦卫强　辛文慧

第1篇　王娟娟　张　超

第2篇　吴　东　史　啸　唐丽君

第3篇　谭　军　金春峰　胡　昕　邸　鑫　段艳芳　李成龙　辛文慧

第4篇　翟传明　白伟亮　袁伟衡　徐海涛　王利中　郑万成

第5篇　韩玉仲　汪训流　李志伟　及世良　焦卫强

第6篇　谭　军　赫传凯　王锦森　李永杰　刘育民　佟喜宇

附　录　吴　东　史　啸

前　　言

建筑工程结构质量包括新建结构工程质量以及既有建筑结构性能。为保障工程整体质量，依据《建筑工程施工质量验收统一标准》GB 50300—2013 要求，建筑施工过程应对检验批、分项工程、分部工程、单位工程的质量进行抽样检测，并进行符合性判定。同时，对于既有建筑结构，由于使用过程中的实际情况有所不同，如使用条件、环境条件的改变或遭受自然或人为灾害（地震、火灾、台风等），以及建筑物的地基不均匀沉降、结构温度变形、屋面超重等，导致建筑结构在使用过程中经常会产生安全和质量的问题，影响生命及财产安全，迫切需要对其进行相关的检验检测。

本指南将建筑结构的检测分为结构工程质量检测和既有结构性能检测两大类。

结构工程质量检测包括：国家现行有关标准规定的检测；对施工质量有怀疑或争议；未按规定进行施工质量验收的结构；结构工程送样检验的数量不足或有关检验资料缺失；施工质量送样检验或有关方自检的结果未达到设计要求；发生质量或安全事故；工程质量保险要求实施的检测；对既有建筑结构的工程质量有怀疑或争议等。既有结构性能检测包括：建筑结构可靠性评定检测；建筑的安全性和抗震鉴定检测；建筑大修前的评定检测；建筑改变用途、改造、加层或扩建前的检测；建筑结构达到设计使用年限要继续使用的检测；受到自然灾害、环境侵蚀等影响建筑的检测等。

由于大型工程项目规模大、造型复杂、施工环节多、施工周期长，施工工艺、施工过程和施工环境（温度、温差和恶劣天气）对结构状态影响显著；大型工程项目在几十年、甚至上百年服役期间，环境侵蚀、材料老化和动静力荷载的长期效应、疲劳效应及突变效应等不利因素的联合作用都将不可避免地导致结构和系统的损伤累积和抗力衰减，从而使其抵抗自然灾害、甚至正常环境作用的能力下降，极端情况下可能引发灾难性的突发事故。为保证大型土木工程结构施工及使用阶段的安全，需要深入分析结构状态变化并制定详细、可靠且有针对性的监测方案。工程监测按工程建设过程可分为施工过程监测和使用期间监测。施工过程监测是指在建筑物或构筑物施工过程中，采用监测仪器对关键部位各项控制指标进行监测的技术手段，在监测值接近控制值时发出报警，用来保证施工的安全性，也可用于监测施工过程是否合理。使用期间监测是监测结构在使用过程中结构状态退化或损伤发生的技术手段，利用监测数据对结构状态做出实时评估，在地震、飓风等突发性灾害事件发生后对结构的整体安全性迅速做出实时的诊断。

建筑结构评价是对实体结构能否满足构件安全和结构整体安全的评价。评价的基础数据应依据检测的结果及相关技术资料。根据评价内容不同进行分类，建筑结构评价主要包括结构安全性与可靠性评价、结构抗震性能评价、工程施工质量评价等内容。建筑结构的可靠性评价主要包括结构的安全性、适用性和耐久性。抗震性能评价是通过检查现有建筑的施工质量和现状，按规定的抗震设防要求，对其在地震作用下的安全性进行的评估。工程施工质量评价主要针对新建工程或者建成后未进行竣工验收的工程。

本指南编写时考虑到《既有建筑鉴定与加固通用规范》GB 55021—2021、《砌体结构通用规范》GB 55007—2021、《混凝土结构通用规范》GB 55008—2021、《木结构通用规范》GB 55005—2021、《钢结构通用规范》GB 55006—2021、《建筑结构检测技术标准》GB/T 50344—2019、《房屋结构综合安全性鉴定标准》DB 11/637—2015、《钢结构工程施工质量验收标准》GB 50205—2020、《预制混凝土构件质量检验标准》T/CECS 631—2019 等规范的相继实施，已将部分内容更新，同时编写了建筑结构新式加固方法的质量验收标准中的相关内容。

　　本指南在编写过程中，得到了卡本科技集团股份有限公司有关方面领导、专家的协助和指导，特此表示衷心的感谢。

　　由于编者水平有限，书中难免内容有疏漏，敬请广大读者批评指正。

目　　录

第1篇　总　　论

第2篇　建筑结构材料检验

第 5 篇　工程结构监测

第1篇

总　论

第1章
建筑结构检测分类和主要内容

建筑工程是通过对各类建筑及附属设施的建造和与其配套线路、管道、设备等的安装所形成的工程实体，主要是由地基与基础、主体结构、防水、建筑装饰装修、建筑给水排水及供暖、屋面、通风与空调、电气、智能建筑以及建筑节能等分部工程构成的。其中，地基与基础和主体结构等涉及建筑工程的安全。因此，对地基与基础和主体结构的质量控制就显得尤为重要。对主体结构工程而言，在施工阶段要进行建筑材料进场复验和见证取样送样检测、结构工程的实体检验和对结构质量有怀疑和争议的抽样检测。对既有建筑则应根据使用功能的改变或质量状况进行安全性、耐久性检测等。

1.1 结构工程质量的检测

结构工程质量检测一般针对新建建筑包括施工阶段和通过验收不满两年的工程，包括施工过程中的质量控制检验、质量验收检验、结构工程的实体检验和对结构工程质量有怀疑或不符合验收要求的检测等几种类别。

1.1.1 建筑材料的进场复验和见证取样送样检测

建筑材料作为建筑工程的基本要素，它质量的好坏直接影响工程质量的优劣。工程结构的质量安全是工程安全的首要保障，它关系到建筑工程的整体牢固性和耐久性。因此，质量检测成为建筑材料和工程结构质量控制的重要保障。

见证取样是保证建筑工程质量安全的重要工作内容。它的真实性和代表性直接影响检测数据的准确性。通过见证取样，一方面为施工单位有效进行工程质量控制提供了直接依据，也为监理单位对工程质量的验收、评估提供了可靠的依据；另一方面为进一步得到建筑材料及工程结构的质量特征值，并将其与国家现行的相关技术标准、规范、规定的质量标准相比较，进而得到合格与否的判定，避免出现工程缺陷，促使施工承包商使用合格的建筑材料，避免因建筑材料质量问题而导致建设工程项目质量事故的发生。

1.1.2 建筑结构工程检验批的质量检验

建筑工程检验批是指按相同的生产条件或按规定的方式汇总起来供抽样检验用的，由一定数量样本组成的检验体。检验批可根据施工、质量控制和专业验收的需要，按工程量、楼层、施工段、变形缝进行划分。

多层及高层建筑的分项工程可按楼层或施工段来划分检验批，单层建筑的分项工程可按变形缝等划分检验批；地基与基础的分项工程一般划分为一个检验批，有地下层的基础工程可按不同地下层划分检验批；屋面工程的分项工程可按不同楼层屋面划分为不同的检验批；其他分部工程中的分项工程，一般按楼层划分检验批；对于工程量较少的分项工程可划为一个检验批。

检验批是工程验收的最小单位，是分项工程、分部工程、单位工程质量验收的基础。检验批验收包括资料检查、主控项目和一般项目检验。

质量控制资料反映了检验批从原材料到最终验收的各施工工序的操作依据、检查情况以及保证质量所必需的管理制度等。对其完整性的检查，实际是对过程控制的确认，是检验批合格的前提。

检验批的合格与否主要取决于对主控项目和一般项目的检验结果。主控项目是对检验批的基本质量起决定性影响的检验项目，须从严要求，因此要求主控项目必须全部符合有关专业验收规范的规定，这意味着主控项目不允许有不符合要求的检验结果。对于一般项目，虽然允许存在一定数量的不合格点，但某些不合格点的指标与合格要求偏差较大或存在严重缺陷时，仍将影响使用功能或观感质量，对这些部位应进行维修处理。

检验批验收是建筑工程施工质量验收的最基本层次，是单位工程质量验收的基础，所有检验批均应由专业监理工程师组织验收。验收前，施工单位应完成自检，对存在的问题自行整改处理，然后申请专业监理工程师组织验收。

(1) 检验批验收时，对于主控项目不能满足验收规范规定或一般项目超过偏差限值的样本数量不符合验收规定时，应及时进行处理。其中，对于严重的缺陷应重新施工，一般的缺陷可通过返修、更换予以解决，允许施工单位在采取相应的措施后重新验收。如能够符合相应的专业验收规范要求，应认为该检验批合格。

(2) 当个别检验批发现问题，难以确定能否验收时，应请具有资质的法定检测机构进行检测鉴定。当鉴定结果认为能够达到设计要求时，该检验批应可以通过验收。这种情况通常出现在某检验批的材料试块强度不满足设计要求时。

1.1.3　分部工程的抽样检验

分部工程是单位工程的组成部分，一个单位工程往往由多个分部工程组成。分部工程划分可按照专业性质和工程部位确定。根据《建筑工程施工质量验收统一标准》GB 50300—2013，分部工程可划分为地基与基础分部工程、主体结构分部工程、建筑装饰装修分部工程、建筑给水排水及供暖分部工程、通风与空调分部工程等。当分部工程较大或较复杂时，可按材料种类、施工特点、施工程序、专业系统及类别将分部工程划分为若干子分部工程。例如，主体结构分部工程可划分为混凝土结构、砌体结构、钢结构、木结构等。

分部工程的验收是以所含各分项工程验收为基础进行的。首先，组成分部工程的各分项工程已验收合格且相应的质量控制资料齐全、完整。其次，由于各分项工程的性质不尽相同，因此作为分部工程不能简单地组合而加以验收，尚须进行以下两类检查项目：

(1) 涉及安全、节能、环境保护和主要使用功能的地基与基础、主体结构和设备安装等分部工程应进行有关的见证检验或抽样检验。

(2) 以观察、触摸或简单量测的方式进行观感质量验收，并结合验收人的主观判断，检查结果并不给出"合格"或"不合格"的结论，而是综合给出"好""一般""差"的质量评价结果。对于"差"的检查点应进行返修处理。

1.1.4 建筑结构工程的质量检测

既有结构性能的检测应提供计数检测、材料强度的计量检测和材料性能检测的结论；结构工程质量检测应对检测结论进行符合性判定。

结构工程质量的计数检测结果应按结构设计要求和结构工程施工依据的国家有关标准进行符合性判定。

结构工程材料强度计量检测结果的符合性判定应以建筑结构施工图的要求作为评定的基准。

结构工程的构件材料性能检测结果应按设计施工图的要求和结构建造时国家有关标准的规定进行符合性判定。

结构工程质量检测存在不符合设计要求的判定结论且需要确定影响程度时，应按现行国家标准《建筑工程施工质量验收统一标准》GB 50300 的规定对结构工程完成预定功能的能力进行评定。

1.2 既有建筑工程结构的检测

在我国庞大的既有房屋总量中，老旧房屋所占比例偏高，大量既有房屋需进行安全性检测，其主要原因在于：

（1）改革开放前建造的房屋，由于受当时经济条件的制约，多为砖混结构，使用的砌体砂浆强度偏低，板与墙之间的连接强度低，整体牢固性差，若遇地震等剧烈震动情况影响很容易引起房屋建筑物的连续倒塌。

（2）改革开放后，新建房屋急剧增加，经历了边设计、边施工、边调整的增长期。受市场经济驱动的影响，部分建筑商对工程偷工减料，造成严重的工程质量问题。偷工减料行为时有发生，烂尾楼包装后再使用，使用一段时间后，房屋质量缺陷日渐显露，对房屋的安全和正常使用造成极大的影响。

（3）住房制度改革后，房屋产权多元化和租赁市场的活跃，房屋产权人和使用者有时为了满足自己的使用要求，存在盲目拆建改造的现象，无视房屋使用安全，导致房屋安全隐患日渐增多，给房屋的安全和正常使用带来巨大的威胁。

（4）随着经济发展和人民生活水平的不断提高，房屋使用人对房屋舒适度的要求越来越高，人们在装修使用过程中盲目考虑舒适度，缺少从专业角度进行安全评估，擅自拆改房屋结构，严重影响了房屋结构的安全性、整体性和抗震性能。根据《建筑结构检测技术标准》GB/T 50344—2019 中的规定，当遇到下列情况之一时，应进行既有结构性能的检测：

1）建筑结构可靠性评定。

2）建筑的安全性和抗震鉴定。

3）建筑大修前的评定。

4）建筑改变用途、改造、加层或扩建前的评定。

5）建筑结构达到设计使用年限要继续使用的评定。

6）受到自然灾害、环境侵蚀等影响建筑的评定。

7）发现紧急情况或有特殊问题的评定。

1.2.1 建筑结构的专项检测

既有建筑专项检测主要是因建筑使用功能的改造等而带来的建筑结构主体变动、使用荷载增大和建筑结构使用中出现明显的裂缝及损伤等。其建筑结构专项检测的针对性很强，应根据委托人的要求，在特定条件下对专门性项目进行鉴定活动。

1. 混凝土结构的裂缝的识别分为施工阶段裂缝与使用阶段裂缝的识别，在使用阶段对其裂缝原因进行判定。结构构件的裂缝检测包括裂缝的位置、长度、宽度、深度、形态和数量。裂缝深度可采用超声波法或钻芯取样方法进行检测。

2. 火灾后工程结构鉴定对象应为工程结构整体或相对独立的结构单元。火灾后工程结构鉴定应分为初步鉴定和详细鉴定两阶段。初步鉴定应以构件的宏观检查评估为主，详细鉴定应以安全性分析为主。

3. 相邻施工影响鉴定一般情况下采用两次对比的方法进行，即施工前对房屋现状进行保全鉴定，施工结束后对房屋进行复查鉴定。通过两次鉴定结果对比，对房屋是否受到施工影响及产生的影响程度做出鉴定结论。对于不具备前后对比条件的施工对相邻房屋影响的鉴定项目进行鉴定时，应详细了解工程情况，并对房屋损伤构件、房屋整体倾斜及房屋裂缝等进行查勘检测，通过对损伤构件、房屋倾斜及裂缝的特征分析，判断其产生是否和相邻施工影响存在因果关系。对受条件限制不能判断两者是否存在因果关系的情形应在鉴定报告中加以说明。

1.2.2 建筑结构可靠性鉴定检测

既有建筑结构的可靠性鉴定，是一项较为全面评价结构正常使用、安全性和耐久性的工作。对鉴定资料完整的房屋，现场应重点核查房屋结构体系、平面布局、使用功能等是否与原施工图纸一致，检查房屋主要损伤情况，并根据现场实际情况有针对性地进行抽样检测。对鉴定资料不全或无资料的房屋，应根据现场实际情况，重点检查房屋结构体系、平面布局、使用功能及房屋主要损伤情况等，根据现场实际情况重点检测构件几何尺寸、材料强度、混凝土构件的钢筋配置等，并根据检查情况绘制房屋现状图。

现场详细调查与检测应包括地基基础、上部结构和围护结构三个部分。地基基础中基础的种类和材料性能，可通过查阅图纸资料确定；当资料不全或存疑时，可采用局部开挖基础检测，查明基础类型、尺寸、埋深、材料强度，基础的变形、开裂、腐蚀和损伤等。上部结构主要检查调查结构体系、结构荷载、构件连接、结构缺陷和损伤部分。围护结构的调查，应在查阅资料和普查的基础上，重点根据不同围护结构的特点对存在明显损伤的结构构件进行检查，重点检查围护结构的承重构件。

第2章
建筑结构检测基本要求

建筑结构检测无论是新建工程的施工质量检测还是既有建筑的检测，均涉及建筑结构的安全。因此，从事建筑结构检测工作必须遵守正确的工作程序。《建筑结构检测技术标准》GB/T 50344—2019 给出的检测工作程序是对整个检测工作全过程和几个主要阶段的阐述，其检测工作程序框图如图 2-1 所示。

房屋结构检测程序为接受委托、现场调查、制定方案、现场检测、数据处理、编写报告、签发报告。接到房屋结构检测的委托之后，对于较大型的房屋建筑应成立专门的检测组，首先开展对建筑结构的调查，包括对该结构的所有资料的调查，

```
接受委托
   ↓
核定检测方案和内容
   ↓
核定工作初步调查
   ↓
核定方案编制与修订  ← ┄┄ 确认仪器、设备情况
   ↓
现场检测
   ↓
数据处理  ←→  补充检测
   ↓
编写检测报告
   ↓
签发报告
```

图 2-1　检测工作程序框图

收集该结构的所有资料，以及现场的实地调查，然后制定检测方案，根据检测方案对该结构进行各项检测，必要时做补充检测，并出具检测报告。

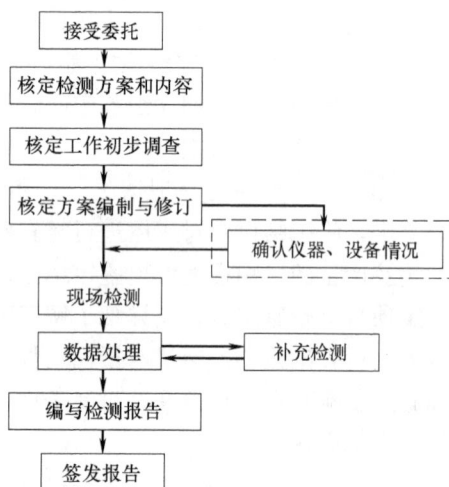

2.1　现场调查和资料调查

1. 收集资料

委托方应委托具有建筑结构检测资质的单位进行检测，其检测人员应有相应的上岗证，其仪器设备应经计量机构的有效校准。对于大型结构检测，委托方应提供的必要、详细的资料。具体包括以下内容：

（1）建筑结构的基本资料。包括：该建筑的位置、用途、竣工日期，以及建筑面积、结构类型、层数、层高、基础形式、承重结构形式、围护结构形式、装修情况、地震设防等级、地下水位等资料；设计、施工、监理单位。

（2）主要的设计资料和施工资料。包括：设计计算书、施工图（建筑图、结构图及水暖电图）、地质勘察报告、全部竣工资料（包括开、竣工报告、材料合格证及检测报告、混凝土配合比及其强度检测报告、质量验收记录、设计变更、施工记录、隐蔽工程验收记录及竣工图等）、地基沉降观测记录等。

（3）建筑的使用情况及维修、加固改造情况。包括：施工、历次维修、加固、改造、加层、扩建、用途变更；以及受灾情况、环境条件或使用条件与荷载改变等。

2. 现场初步调查

初步调查分为：资料调查、现场调查及补充调查，并以房屋的施工情况、现状及存在的质量问题为主。重点查看已有的资料及现场状况，以掌握房屋过去及目前的情况，作为制定检测方案及对结构分析评价的依据。调查是掌握实际情况确定检测方案及分析结构状况的重要一环。也可采用先初步调查、后详细调查的调查方法。必要时可进行补充调查。

（1）资料调查

仔细查阅委托方所提供的资料，并做好记录。

（2）现场调查

现场调查应实地观察，听取现场有关人员的意见，并做好现场调查记录。现场调查者着重记录以下内容：

1）依据图纸资料调查核对房屋结构形式、构造连接，以及荷载变更情况。

2）调查房屋的施工质量、部位及结构受影响状况。如是否有维修、改扩建、加固或加层等。

3）调查房屋结构的使用条件、内外环境改变（邻近地基开挖、水位变化），以及对房屋的影响。

4）调查房屋结构缺陷。如变形、裂缝、渗漏等，初步确定检测抽样方案。

5）收集前次检测鉴定的有关信息（时间、内容、方法及结论等）以及争议焦点。

6）调查地基基础、柱、梁、板等主要承重结构的工作状态。基础沉降程度（沉降观测记录）和其所处环境（必要时挖开检查）；查看柱、梁、板有无裂缝、钢筋锈蚀等现象。

7）填写初步调查表。

（3）补充调查

对于现场调查的未尽事宜、遗漏部分或需要增加数据的情况可进行补充调查。补充调查主要涉及个别项目或个别部位，应在现场调查后尽快进行。

2.2 建筑结构检测方案

检测方案是整个检测计划的总体安排，包括人员、设备及工作的统一调度，检测方案的制定应根据房屋结构的特点、初步调查结果和委托方要求，依据相关标准制定，结合实际，力求详尽。检测方案是指导工程检测工作的一个关键环节，是检测质量的指导性文件，是检测质量保证体系的一个重要组成部分，起主导作用。检测方案的优劣将直接影响检测工作的质量，检测方案所安排的检测内容及其结果将直接影响到房屋实体的质量评定。

现场检测必须按照检测方案，检查和检测房屋的场地、地基与基础、上部结构、围护系统出现的损伤、变形情况，必要时复核和测绘房屋建筑结构图。当现场检查和检测结果与设计图纸不符时，应以实际检查和检测结果为准。当检测数据不足或检测数据出现异常等情况时，应进行补充检测。

检测方案主要内容包括：

（1）工程概况：包括工程位置、建筑面积、结构类型、层数、装修情况、竣工日期、房屋用途、使用状况、地震设防等级、环境状况，以及设计、施工、监理单位等；

（2）检测目的和项目；

（3）检测依据：包括依据的检测方法、质量标准、检测规程和有关技术资料；

（4）选定的检测方法及抽样数量：包括各种构件的统计数量，确定批量，确定抽样方式及数量；

（5）检测人员构成和仪器配备；

（6）检测工作流程和时间、进度安排；

（7）所需要的配合工作，特别是需要委托方配合的工作；

（8）检测中的安全及环保措施；

（9）检测成果提交方式。

2.3　检测所用的仪器设备

检测时应确保所使用的仪器设备在检定或校准周期内，并处于正常状态。仪器设备的精度应满足检测项目的要求。

2.4　现场检测

现场检测应按已制定好的检测方案进行，根据区分重点与一般部位和随机取样等原则布置好检测的构件和相应测区。当现场检测条件不能完全按照已制定好的方案进行时，应修改检测方案；但该修改检测方案应得到检测单位技术负责人和委托方的认可。现场检测其他注意事项为：

（1）检测的原始记录，应记录在专用记录纸上，数据准确、字迹清晰，信息完整，不得追记、涂改，如有笔误，应进行杠改。当采用热敏输出记录时，宜附有原件的复印件。原始记录必须由检测及记录人员签字。

（2）对建筑结构现场检测取样运回到试验室测试的样品，应满足样品标识、传递、安全储存等规定。

（3）在现场检测完成后整理数据中，当发现检测数量不满足规定要求或检测数据出现异常情况时应进行补充检测。

（4）检测工作完成后应及时进行计算分析和提出相应检测报告，以便建筑结构所存在的问题能得到及时的处理。

（5）保护性建筑等一旦受到损伤很难按原样修复，因此，对文物建筑和受到保护的建筑进行检测时，应避免对结构造成损伤。

（6）在建筑结构检测中，当采用局部破损或微破损方法检测时，在检测工作完成后应立即修补结构构件局部损伤的部位，在修补中宜采用高于原设计强度等级的构件材料。

第3章
建筑结构检测方法和抽样方案

建筑结构检测方法和抽样方案的选择是非常重要的。其检测方法不仅涉及对结构的损伤和是否与检测项目的状况相适应，而且直接关系到是否符合建筑结构的实际，并且对建筑结构的安全评价构成较大的影响；其抽样方案不仅涉及检测数量，而且涉及检测方案与结构现状的适应性，同时对建筑结构安全性评价构成一定的影响。因此应重视建筑结构检测方法和抽样方案的选择和应用。

3.1 建筑结构检测方法

3.1.1 建筑结构检测方法选择的原则

房屋结构种类繁多，检测方法也千差万别，采用哪一种检测方法更贴近实际、更具有代表性，显得尤为重要。一般情况下，检测方法的分类是按照检测过程中对被检测对象的损伤程度进行区分的。

（1）微损检测法

微损检测法是指在检测过程中，对原有房屋的结构造成轻微损害的检测方法，微损检测法选取的样本不能太多，因此导致其检测的正确性不高，其项目结果也只能适用于局部，若要全面检测，还得从多角度用此法进行重复操作。微损检测法主要包括取芯法、拉拔法等。

（2）破损检测法

破损检测法是指在检测过程中，对原有建筑物结构具有较大的破坏性，需要在原建筑的某一待检测部位上，直接截取样本进行相关的测验。破损检测属于不得已而为之的检测方法，其实施比较困难，且试验性能、效果也比较差，并存在一定的危险性，多用于事故检测。破损检测法主要包括选取有代表性的构件进行破坏性试验等，如荷载试验。

（3）无损检测法

无损检测是在不破坏或不影响结构或构件受力性能或使用功能的前提下，直接在构件或结构上通过测定某些适当的物理量，并通过这些物理量与材料强度等指标的相关性，推定材料强度或评估其缺陷。无损检测法主要包括回弹法、超声—回弹法、红外线法、超声法、电磁感应法等。

无损检测技术以其准确性、高效性、安全性的显著优势在我国房屋检测领域被广泛地应用，并正在逐步取代微损检测、破损检测和结构性试验等一些传统检测方法，受到检测工作者的青睐。

钢结构与混凝土结构质量采用无损检测法检测，检测方法和标准规范成熟齐全，其检测结果已成为工程验收和房屋检测必不可少的依据。

砌体结构质量采用无损检测法虽有国家正式颁布的标准，但技术成熟度不够，往往给检测工作带来困难。

（4）检测方法的选定原则

1）一般情况下，结构构件宜选用无损伤或微损伤的检测方法。

2）当选用局部破损取样或原位检测时，结构构件宜选择受力较小的部位，且不应损坏结构的安全性。

3）对古建筑和有纪念性的已有房屋结构进行检测时，应避免对房屋结构造成损伤。

4）当房屋需要安全性监测时，应根据结构的受力特点制定监测方案。

5）当现有的无损检测方法难以保证检测结果的精度，需局部凿开或破损进行验证时，应具备一定的安全措施。

3.1.2 建筑结构检测可供选择的方法类型

建筑结构检测方法的类型，可分以下几种：

（1）有相应检测标准规范规定的检测方法。这类检测方法均给出了该方法的适用范围、仪器设备要求、检测中的注意事项和检测结果的评价；检测方法宜选用直接测试方法，当选用相关标准规定的间接测试方法时，宜用直接测试法测试结果对间接测试法测试结果进行修正。

（2）有关规范、标准规定或建议的检测方法。这类检测方法不是在专门的检测方法标准中给出的，而是在设计、加固或施工验收规范中作为一章或一节。比如夹心保温外墙板金属拉结件的检测，其检测方法就是在《预制混凝土夹心保温外墙板用金属拉结件应用技术规程》T/BCMA 002—2021 中给出的。

（3）扩大（扩充）有关检测标准适用范围的检测方法。虽然其检测方法在有关检测标准中已经给出，但对标准中给出的适用范围扩充后，应进行必要的验证和提出应用中的注意事项等。当选用相关标准规定的间接测试方法时，宜用直接测试法测试结果对间接测试法测试结果进行修正。

（4）检测单位自行开发或引进的检测方法。这类方法的使用应经过验证和比对，证明所开发或引进检测方法的正确性，一般情况下应通过专家鉴定，并应在试用中积累经验和不断完善，检测单位应有相应的检测细则，同时，这类方法的使用应在检测方案中予以说明。

3.1.3 在使用各类建筑结构检测方法中应注意的问题

1. 在选用有相应检测标准规范规定的检测方法时，应注意以下问题：

（1）对于建筑结构的通用检测项目，比如构件材料强度、变形、构造等，应优先选用国家标准或行业标准及协会标准给出的检测方法，并应注意所选用方法的适用范围。

（2）对于有地区特点的检测项目，可选用地方标准。这主要是由具有地方特点的建筑材料建成的结构的检测。

（3）对同一种检测方法，既有国家或行业标准，又有地方标准，对地方标准与国家或行业标准不一致时，有地区特点的部分宜按地方标准执行，但检测的基本原则、基本操作要求和检测结果的评价方法应按国家或行业标准执行。这里主要指的是回弹法检测混凝土强度及回弹法，贯入法检测砌筑砂浆强度等。由于回弹法检测混凝土强度是通过检测构件表面混凝土的硬度来推定构件混凝土抗压强度，所以需要建立相应的推定曲线，该推定曲线与构成混凝土的水泥、砂、石和搅拌水等原材料有较大的关系，加上我国地域辽阔，粗、细骨料的差异，包括不同品种外加剂的使用，使得行业标准的测强推定曲线差异相对比较大。而对于同一地区，在粗、细骨料大体相同情况下得到的测强推定曲线相对更接近该地区的实际，其检测结果更为合理，与实际结构实际抗压强度的误差会更小一些。

（4）当国家标准、行业标准或地方标准的规定与实际情况确有差异或明显不适用问题时，可对相应规定作适当修正，但调整与修正应有充分依据；调整与修正的内容应在检测方案中予以说明，必要时应向委托方提供调整与修正的检测细则。这主要是指规范本身可能有不够完善之处，需要积累数据进行改进和修改。

2. 在选用有关标准、规范规定或建议的检测方法时，应注意以下问题：

（1）当检测方法有相应的检测标准时，与有相应检测标准规定检测方法的注意问题是一样的。比如，验收规范中关于构件尺寸偏差、标高和构件挠度及整体变形的量测，可按《建筑变形测量规范》JGJ 8—2016 的规定进行。

（2）当检测方法没有相应检测标准时，检测单位应进行一定数量的试验、熟悉相应的检测方法、仪器设备和评价指标，制定相应的检测细则，使该检测方法更为完善和规范操作。

3. 在采用扩大相应检测标准适用范围的检测方法时，应注意以下问题：

（1）所检测项目的目的与相应检测标准相同。比如，采用回弹法检测建筑结构龄期超过 1000d 的构件混凝土抗压强度属于这种情况。

（2）检测对象的性质与相应检测标准检测对象的性质相近。

（3）应采取有效措施，消除因检测对象差异而存在的检测误差。对于这些有效措施，应编写成相应的检验细则。

4. 在采用检测单位自行开发或引进的检测仪器及检测方法时，应注意以下问题：

（1）该自行开发或引进的检测方法必须进行试验，包括已有成熟方法的对比试验，该对比试验应有两家以上单位参与，以验证该方法的有效性。

（2）该自行研究方法或引入方法在对比试验的基础上，应扩展到实际工程中进行验证，在验证有效的基础上，应通过专家鉴定。

3.2 建筑结构检测抽样方法

3.2.1 施工质量验收规范的抽样要求

1. 检验批抽样确定

根据《建筑工程施工质量验收统一标准》GB 50300—2013 的规定，检验批质量检验的抽样方案应根据检验项目的特点在下列抽样方案中进行选择：

（1）计量、计数或计量-计数的抽样方案。

（2）一次、二次或多次抽样方案。

（3）根据生产连续性和生产控制稳定性情况，尚可采用调整性抽样方案。

（4）对重要的检验项目可采用简易快速的检验方法时，可选用全数检验方案。

（5）经实验检验有效的抽样方案。

对于重要的检验项目，且可采用简易快速的非破损检验方法时，宜选用全数检验。

对于构件截面尺寸或外观质量等检验项目，宜选用考虑合格质量水平的生产方风险 α 和使用方风险 β 的一次或二次抽样方案，也可选用经实践经验有效的抽样方案。

2. 错判概率与漏判概率的确定

在制定检验批的计量抽样方案时，对生产方风险（或错判概率 α）和使用方风险（或漏判概率 β）可按下列规定采取：

（1）主控项目：对应于合格质量水平的 α 和 β 均不宜超过 5%。

（2）一般项目：对应于合格质量水平的 α 不宜超过 5%，β 不宜超过 10%。

3. 最小抽样量的确定

《建筑工程施工质量验收统一标准》GB 50300—2013 规定了抽样方案选用的原则，根据各专业工程特点，相应专业工程施工质量验收规范对抽样方案作出了更详细的规定，如《砌体结构工程施工质量验收规范》GB 50203—2011 中对砖砌体工程检测抽样要求：

（1）主控项目：砖和砂浆的强度等级必须符合设计要求，抽检数量：每一生产厂家，烧结普通砖、混凝土实心砖每 15 万块，烧结多孔砖、混凝土多孔砖、蒸压灰砂砖及蒸压粉煤灰砖每 10 万块各为一验收批，不足上述数量时按 1 批计，抽检数量为 1 组。砌体灰缝砂浆抽检数量：每检验批抽查不应少于 5 处。

（2）一般项目：砖砌体的灰缝抽检数量：每检验批抽查不应少于 5 处。承重墙、柱的轴线位移需全数检查。基础、墙、柱顶面标高的抽样数量均不应少于 5 处。表面平整度以及水平灰缝垂直度的抽样数量均不应少于 5 处。门窗洞口高、宽和外墙上下窗口偏移抽样数量不应少于 5 处。

3.2.2 通用检测技术标准的抽样要求

在《建筑结构检测技术标准》GB/T 50344—2019，结合建筑结构工程检测项目的特点，给出了下列可供选择的方案：

（1）全数检测方案。

（2）对检测批随机抽样的方案。

（3）确定重要检测批的方案。

（4）确定检测批重要检测项目和对象的方案。

（5）针对委托方的要求采取结构专项检测技术的方案。

对于结构体系的构件布置和重要构造核查，支座节点和连接形式的核查，结构构件、支座节点和连接等可见缺陷和可见损伤现场检查以及结构构件明显位移、变形和偏差的检查应采用全数检测方案。

而对于结构与构件几何尺寸、混凝土保护层厚度、等检测项目的抽样数量可采取一次或二次随机抽样的方案；对于材料强度的计量检测抽样数量则应依据《回弹法检测混凝土抗压强度技术规程》JGJ/T 23—2011、《砌体工程现场检测技术标准》GB/T 50315—2011

等国家现行有关结构检测的专用标准和通用标准，例如，对于混凝土强度按批量进行检测时，随机抽检数量不宜少于同批构件总数 30% 且不少于 10 件；对于烧结砖抗压强度，每个检测单元中应随机选择 10 个测区，每个测区随机选择 10 块条面向外的砖作为 10 个测位供回弹测试。

对于既有结构性能的检测重要检验批或重点的检测对象应包括：

（1）存在变形、损伤、裂缝、渗漏的构件。

（2）受到较大反复荷载或动力荷载作用的构件和连接。

（3）受到侵蚀性环境影响的构件、连接和节点等。

（4）容易受到磨损、冲撞损伤的构件。

（5）委托方怀疑有隐患的构件等。

3.2.3 专项检测技术标准的抽样要求

专项检测技术标准规定了每项检测项目采用的检测方法、仪器设备、检测数据处理要求，同时对抽样数量也做出了相应规定。建筑材料力学性能检测中常用的混凝土、钢筋、砌体检测抽样要求如下：

1. 混凝土力学性能抽样

（1）回弹法检测混凝土强度抽样

《回弹法检测混凝土抗压强度技术规程》JGJ/T 23—2011 规定，同批构件按批量进行检测时，抽检数量不宜少于同批构件总数的 30% 且不宜少于 10 件。当检验批构件数量大于 30 件时，抽样构件数量可按照《建筑结构检测技术标准》GB/T 50344—2019 适当调整，但不得少于标准规定的最少抽样数量。

（2）超声回弹综合法检测混凝土强度抽样

《超声回弹综合法检测混凝土抗压强度技术规程》T/CECS 02—2020 规定，同批构件按批抽样检测时，构件抽样数不应少于同批构件总数的 30%，且不应少于 10 件；对一般施工质量的检测和结构性能的检测，可按照现行国家标准《建筑结构检测技术标准》GB/T 50344—2019 的规定抽样。

（3）钻芯法检测混凝土强度抽样

《钻芯法检测混凝土强度技术规程》JGJ/T 384—2016 规定，芯样试件的数量应根据校验批的容量确定。标准芯样试件的最小样本量不宜少于 15 个，小直径芯样试件的最小样本量应适当增加。

当采用修正量的方法时，标准芯样的数量不应少于 6 个，小直径芯样的试件数量宜当增加。

（4）拔出法检测混凝土强度抽样

《拔出法检测混凝土强度技术规程》CECS 69—2011 规定，同批构件按批抽样检测时，抽检数量应不少于同批构件总数的 30%，且不少于 10 件。

2. 钢筋力学性能抽样

《混凝土结构现场检测技术标准》GB/T 50784—2013 规定，结构性能检测时，应将配置有同一规格钢筋的构件作为一个检验批，并按《建筑结构检测技术标准》GB/T 50344—2019 确定受检构件的数量。应随机抽取构件，每个构件截取 1 根钢筋，截取钢筋总数不应少于 6 根；当检测结果仅用于验证时，可随机截取 2 根钢筋进行力学性能检验。

3. 砌体力学性能抽样

（1）测区选定

《砌体工程现场检测技术标准》GB/T 50315—2011 规定，当检测对象为整幢房屋或房屋的一部分时，应将其划分为一个或若干个可以独立进行分析的结构单元，每一结构单元应划分为若干个检测单元。每一检测单元内，不宜少于 6 个测区，应将单个构件（单片墙体、柱）作为一个测区。当一个检测单元不足 6 个构件时，应将每个构件作为一个测区。

采用原位轴压法、扁顶法、切制抗压试件法检测，当选择 6 个测区确有困难时，可选择不少于 3 个测区测试，但宜结合其他非破损检测方法综合进行强度推定。对既有房屋或委托方要求仅对房屋的部分或个别部位检测时，测区数可减少，但一个检测单元的测区数不宜少于 3 个。

（2）贯入法检测砌筑砂浆强度

《贯入法检测砌筑砂浆抗压强度技术规程》JGJ/T 136—2017 规定，按批抽样检测时，应取龄期相近的同楼层、同品种、同强度等级砌筑砂浆且不大于 250m³ 的砌体为一批，抽检数量不应少于砌体总构件数的 30%，且不应少于 6 个构件。

3.3 建筑结构检测中检测批的最小容量和结果判别

1. 建筑结构检测中，检测批的最小样本容量不宜小于表 3-1 的限定值。规定建筑结构检测批检测时抽样的最少容量，其目的是要保证抽样检测结果具有代表性，最小样本容量并不一定是最佳的样本容量，实际检测时可根据具体情况和相应技术标准规定来确定样本容量，但样本容量不应少于表 3-1 的限定量。

建筑结构抽样检测的最小样本容量 表 3-1

检测批的容量	检测类别和样本最小容量			检测批的容量	检测类别和样本最小容量		
	A	B	C		A	B	C
3~8	2	2	3	281~500	20	50	80
9~15	2	3	5	501~1200	32	80	125
16~25	3	5	8	1201~3200	50	125	200
26~50	5	8	13	3201~10000	80	200	315
51~90	5	13	20	10001~35000	125	315	500
91~150	8	20	32	35001~150000	200	500	800
151~280	13	32	50	150001~500000	315	800	1250

注：检测类别 A 适用于一般项目施工质量的检测，可用于既有结构的一般项目检测。检测类别 B 适用于主控项目施工质量的检测，可用于既有结构的重要项目检测。检测类别 C 适用于结构工程施工的质量检测或复检；可用于存在问题较多的既有结构的检测。

2. 计数抽样检测时，检测批的合格判定，应符合下列规定：

（1）计数抽样检测的对象为主控项目时，正常一次抽样应按表 3-2 判定，正常二次抽样应按表 3-3 判定。

（2）计数抽样检测的对象为一般项目时，正常一次抽样应按表 3-4 判定，正常二次抽样应按表 3-5 判定。

主控项目正常一次性抽样的判定 表3-2

样本容量	符合性判定数	不符合判定数	样本容量	符合性判定数	不符合判定数
2～5	0	1	80	7	8
8～13	1	2	125	10	11
20	2	3	200	15	16
32	3	4	>315	22	23
50	4	5			

主控项目正常二次性抽样的判定 表3-3

抽样次数与样本容量	符合性判定数	不符合判定数	抽样次数与样本容量	符合性判定数	不符合判定数
(1)2～6	0	1	(1)50 (2)100	3 9	6 10
(1)5 (2)10	1 0	2 2	(1)80 (2)160	5 12	9 13
(1)8 (2)16	0 1	2 2	(1)125 (2)250	7 18	11 19
(1)13 (2)26	0 3	3 4	(1)200 (2)400	11 26	16 27
(1)20 (2)40	1 3	3 4	(1)315 (2)630	11 26	16 27
(1)32 (2)64	2 6	5 7	—	—	—

注：（1）和（2）表示抽样次数，（2）对应的样本容量为二次抽样的累计数量。

一般项目正常一次性抽样的判定 表3-4

样本容量	符合性判定数	不符合判定数	样本容量	符合性判定数	不符合判定数
2～5	1	2	32	7	8
8	2	3	50	10	11
13	3	4	80	14	15
20	5	6	≥125	21	22

一般项目正常二次性抽样的判定 表3-5

抽样次数	样本容量	符合性判定数	不符合判定数	抽样次数与样本容量		符合性判定数	不符合判定数
(1)	2	0	2	(1)	50	7	11
(2)	4	1	2	(2)	100	18	19
(1)	3	0	2	(1)	200	11	16
(2)	6	1	2	(2)	400	26	27
(1)	5	0	3	(1)	315	11	16
(2)	10	3	4	(2)	630	26	27
(1)	8	1	3	(1)	500	11	16
(2)	16	4	s	(2)	1000	26	27
(1)	13	2	5	(1)	800	11	16
(2)	26	6	7	(2)	1600	26	27
(1)	20	3	6	(1)	1250	11	16
(2)	40	9	10	(2)	2500	26	27
(1)	32	5	9	(1)	2000	11	16
(2)	64	12	13	(2)	4000	26	27

注：（1）和（2）表示抽样次数，（2）对应的样本容量为二次抽样的累计数量。

3. 计量抽样的结果判别：

（1）计量抽样检测批的检测结果，宜提供推定区间。推定区间的置信度宜为 0.90，并使错判概率和漏判概率均为 0.05。特殊情况下，推定区间的置信度可为 0.85，使漏判概率为 0.10，错判概率仍为 0.05。

（2）结构材料强度计量抽样的检测结果，推定区间的上限值与下限值之差值应予以限制，不宜大于材料相邻强度等级的差值和推定区间上限值与下限值算术平均值的 10% 两者中的较大值。

（3）当检测批的检测结果不能满足第（1）条和第（2）条的要求时，可提供单个构件的检测结果，单个构件的检测结果的推定应符合相应检测标准的规定。

（4）检测批中的异常数据，可予以舍弃；异常数据的舍弃应符合《数据的统计处理和解释正态样本离群值的判断和处理》GB/T 4883—2008 或其他标准的规定。

（5）检测批的标准差 σ 为未知时，计量抽样检测批均值 μ（0.5 分位值）的推定区间上限值和下限值可按式（3-1）计算。

$$\mu_1 = m + kS$$
$$\mu_2 = m - kS \quad\quad\quad (3\text{-}1)$$

式中：μ_1——均值（0.5 分位值）μ 推定区间的上限值；

μ_2——均值（0.5 分位值）μ 推定区间的下限值；

m——样本均值；

S——样本标准差；

k——推定系数，取值见表 3-6。

标准差未知时推定区间上限值与下限值系数　　　　　表 3-6

样本容量	标准差未知时推定区间上限值与下限值系数					
	0.5 分位值		0.05 分位值			
	$k(0.05)$	$k(0.1)$	$k_1(0.05)$	$k_2(0.05)$	$k_1(0.1)$	$k_2(0.1)$
5	0.95339	0.68567	0.81778	4.20268	0.98218	3.39983
6	0.82264	0.60253	0.87477	3.70768	1.02822	3.09188
7	0.73445	0.54418	0.92037	3.39947	1.06516	2.89380
8	0.66983	0.50025	0.95803	3.18729	1.09570	2.75428
9	0.61985	0.46561	0.98987	3.03124	1.12153	2.64990
10	0.57968	0.43735	1.01730	2.91096	1.14378	2.56837
11	0.54648	0.41373	1.04127	2.81499	1.16322	2.50262
12	0.51843	0.39359	1.06247	2.73634	1.18041	2.44825
13	0.49432	0.37615	1.08141	2.67050	1.19576	2.40240
14	0.47330	0.36085	1.09848	2.61443	1.20958	2.36311
15	0.45477	0.34729	1.11397	2.56600	1.22213	2.32898
16	0.43826	0.33515	1.12812	2.52366	1.23358	2.29900
17	0.42344	0.32421	1.14112	2.48626	1.24409	2.27240
18	0.41003	0.31428	1.15311	2.45295	1.25379	2.24862

续表

样本容量	标准差未知时推定区间上限值与下限值系数					
	0.5 分位值		0.05 分位值			
	$k(0.05)$	$k(0.1)$	$k_1(0.05)$	$k_2(0.05)$	$k_1(0.1)$	$k_2(0.1)$
19	0.39782	0.30521	1.16423	2.42304	1.26277	2.22720
20	0.38665	0.29689	1.17458	2.39600	1.27113	2.20778
21	0.37636	0.28921	1.18425	2.37142	1.27893	2.19007
22	0.36686	0.28210	1.19330	2.34896	1.28624	2.17385
23	0.35805	0.27550	1.20181	2.32832	1.29310	2.15891
24	0.34984	0.26933	1.20982	2.30929	1.29956	2.14510
25	0.34218	0.26357	1.21739	2.29167	1.30566	2.13229
26	0.33499	0.25816	1.22455	2.27530	1.31143	2.12037
27	0.32825	0.25307	1.23135	2.26005	1.31690	2.10924
28	0.32189	0.24827	1.23780	2.24578	1.32209	2.09881
29	0.31589	0.24373	1.24395	2.23241	1.32704	2.08903
30	0.31022	0.23943	1.24981	2.21984	1.33175	2.07982
31	0.30484	0.23536	1.25540	2.20800	1.33625	2.07113
32	0.29973	0.23148	1.26075	2.19682	1.34055	2.06292
33	0.29487	0.22779	1.26588	2.18625	1.34467	2.05514
34	0.29024	0.22428	1.27079	2.17623	1.34862	2.04776
35	0.28582	0.22092	1.27551	2.16672	1.35241	2.04075
36	0.28160	0.21770	1.28004	2.15768	1.35605	2.03407
37	0.27755	0.21463	1.28441	2.14906	1.35955	2.02771
38	0.27368	0.21168	1.28861	2.14085	1.36292	2.02164
39	0.26997	0.20884	1.29266	2.13300	1.36617	2.01583
40	0.26640	0.20612	1.29657	2.12549	1.36931	2.01027
41	0.26297	0.20351	1.30035	2.11831	1.37233	2.00494
42	0.25967	0.20099	1.30399	2.11142	1.37526	1.99983
43	0.25650	0.19856	1.30752	2.10481	1.37809	1.99493
44	0.25343	0.19622	1.31094	2.09846	1.38083	1.99021
45	0.25047	0.19396	1.31425	2.09235	1.38348	1.98567
46	0.24762	0.19177	1.31746	2.08648	1.38605	1.98130
47	0.24486	0.18966	1.32058	2.08081	1.38854	1.97708
48	0.24219	0.18761	1.32360	2.07535	1.39096	1.97302
49	0.23960	0.18563	1.32653	2.07008	1.39331	1.96909
50	0.23710	0.18372	1.32939	2.06499	1.39559	1.96529
60	0.21574	0.16732	1.35412	2.02216	1.41536	1.93327
70	0.19927	0.15466	1.37364	1.98987	1.43095	1.90903

续表

样本容量	标准差未知时推定区间上限值与下限值系数					
	0.5 分位值		0.05 分位值			
	$k(0.05)$	$k(0.1)$	$k_1(0.05)$	$k_2(0.05)$	$k_1(0.1)$	$k_2(0.1)$
80	0.18608	0.14449	1.38959	1.96444	1.44366	1.88988
90	0.17521	0.13610	1.40294	1.94376	1.45429	1.87428
100	0.16604	0.12902	1.41433	1.92654	1.46335	1.86125
110	0.15818	0.12294	1.42421	1.91191	1.47121	1.85017
120	0.15133	0.11764	1.43289	1.89929	1.47810	1.84059

（6）检测批的标准差 σ 为未知时，计量抽样检测批具有 95％保证率的标准值（0.05 分位值）x_k 的推定区间上限值和下限值可按式（3-2）计算。

$$x_{k,1} = m - k_1 S$$
$$x_{k,2} = m - k_2 S \qquad (3\text{-}2)$$

式中：$x_{k,1}$——标准值（0.05 分位值）推定区间的上限值；

　　　$x_{k,2}$——标准值（0.05 分位值）推定区间的下限值；

　　　m——样本均值；

　　　S——样本标准差；

　　k_1 和 k_2——推定系数，取值见表 3-6。

（7）计量抽样检测批的判定，当设计要求相应数值小于或等于推定上限值时，可判定为符合设计要求；当设计要求相应数值大于推定上限值时，可判定为低于设计要求。

第4章
检验批中异常数据的判断处理

在实际检测中，有时会出现个别数值明显偏离其余数值的情况，对于这种情况如何进行处理是检测人员所关心的问题。下面简要介绍《数据的统计处理和解释 正态样本离群值的判断和处理》GB/T 4883—2008 有关异常值的判断和处理。

4.1 检验批中离群数据的判断处理

1. 离群值定义
离群值是指样本中的一个或几个观测值，它们离开其他观测值较远，暗示它们可能来自不同的总体。

2. 离群值的属性
（1）第一类离群值是总体固有变异性的极端表现，这类离群值与样本中其余观测值属于同一总体。

（2）第二类离群值是由于试验条件和试验方法的偶然偏离所产生的结果，或产生于观测、记录、计算中的失误，这类离群值与样本中其余观测值不属于同一总体。

3. 离群值的类别
（1）上侧情形：离群值为高端值。

（2）下侧情形：离群值为低端值。

（3）双侧情形：离群值可为高端值，也可为低端值。

4. 处理离群值的一般规则
对检出的离群值，应尽可能寻找其技术上和物理上的原因，作为处理离群值的依据。应根据实际问题的性质，权衡寻找和判定产生离群值的原因所需代价、正确判定离群值的得益及错误剔除正常观测值的风险，以确定实施下述三个规则之一：

（1）若在技术上或物理上找到了产生离群值的原因，则应剔除或修正；若未找到产生它的物理上和技术上的原因，则不得剔除或进行修正。

（2）若在技术上或物理上找到产生离群值的原因，则应剔除或修正；否则，保留歧离值，剔除或修正统计离群值；在重复使用同一检验规则检验多个离群值的情形，每次检出离群值后，都要再检验它是否为统计离群值。若某次检出的离群值为统计离群值，则此离群值及在它前面检出的离群值（含歧离值）都应被剔除或修正。

（3）检出的离群值（含歧离值）都应被剔除或进行修正。

5. 判断和处理异常值的规则
（1）标准差已知——奈尔（Nair）检验法。

（2）标准差未知——格拉布斯（Grubbs）检验法和狄克逊（Dixon）检验法。

6. 标准差未知——格拉布斯（Grubbs）检验法

由于在实际的建筑结构检测中，其检测数据的统计量的标准差都是未知的，所以我们只介绍标准差未知——格拉布斯（Grubbs）检验法。

对于异常值可能为上侧、下侧和双侧等情况，下面介绍其检验的步骤。

（1）上侧情形

1）计算出统计量 G_n 的值：

$$G_n = (x_{(n)} - \bar{x})/S$$

$$S = \left[\frac{1}{n-1} \sum_{i=1}^{n} (x_i - \bar{x})^2 \right]^{1/2} \tag{4-1}$$

其中 $\bar{x}$ 和 S 是样本均值和样本标准差。

2）确定检出水平 a，在《数据的统计处理和解释 正态样本离群值的判断和处理》GB/T 4883—2008 中表 A.2 中查出临界值 $G_{1-a}(n)$。

3）当 $G_n > G_{1-a}(n)$ 时，判定 $x_{(n)}$ 为离群值，否则判未发现 $x_{(n)}$ 是离群值。

4）对于检出的离群值 $x_{(n)}$，确定剔除水平 a^*，在《数据的统计处理和解释 正态样本离群值的判断和处理》GB/T 4883—2008 中表 A.2 中查出临界值 $G_{1-a^*}(n)$。当 $G_n > G_{1-a^*}(n)$ 时，判定 $x_{(n)}$ 为统计离群值，否则判未发现 $x_{(n)}$ 是统计离群值（即 $x_{(n)}$ 为歧离值）。

（2）下侧情形

1）计算出统计量 G'_n 的值：

$$G'_n = (x_{(n)} - \bar{x})/S$$

$$S = \left[\frac{1}{n-1} \sum_{i=1}^{n} (x_i - \bar{x})^2 \right]^{1/2} \tag{4-2}$$

其中，$\bar{x}$ 和 S 是样本均值和样本标准差。

2）确定检出水平 a，在《数据的统计处理和解释 正态样本离群值的判断和处理》GB/T 4883—2008 中表 A.2 中查出临界值 $G_{1-a}(n)$。

3）当 $G'_n > G_{1-a}(n)$ 时，判定 $x_{(1)}$ 为离群值，否则判未发现 $x_{(1)}$ 是离群值。

4）对于检出的离群值 $x_{(1)}$，确定剔除水平 a^*，在《数据的统计处理和解释 正态样本离群值的判断和处理》GB/T 4883—2008 中表 A.2 中查出临界值 $G_{1-a^*}(n)$。当 $G'_n > G_{1-a^*}(n)$ 时，判定 $x_{(1)}$ 为统计离群值，否则判未发现 $x_{(1)}$ 是统计离群值（即 $x_{(1)}$ 为歧离值）。

（3）双侧情形

1）计算出统计量 G_n 和 G'_n 的值。

2）确定检出水平 a，在《数据的统计处理和解释 正态样本离群值的判断和处理》GB/T 4883—2008 中表 A.2 中查出临界值 $G_{1-a/2}(n)$。

3）当 $G_n > G'_n$ 且 $G_n > G_{1-a/2}(n)$，判定 $x_{(n)}$ 为离群值；当 $G'_n > G_n$ 且 $G'_n > G_{1-a/2}(n)$，判定 $x_{(1)}$ 为离群值；否则判未发现离群值。当 $G_n = G'_n$ 时，应重新考虑限定检出离群值的个数。

4）对于检出的离群值 $x_{(1)}$ 或 $x_{(n)}$，确定剔除水平 a^*，在《数据的统计处理和解释 正态样本离群值的判断和处理》GB/T 4883—2008 中表 A.2 中查出临界值 $G_{1-a^*/2}(n)$，当 $G'_n > G_{1-a^*/2}(n)$ 时，判定 $x_{(1)}$ 为统计离群值，否则判未发现 $x_{(1)}$ 是统计离群值（即 $x_{(1)}$ 为歧离值）；当 $G_n > G_{1-a^*/2}(n)$ 时，判定 $x_{(n)}$ 为统计离群值，否则判未发现 $x_{(n)}$ 是统计离群值（即 $x_{(n)}$ 为歧离值）。

4.2 格拉布斯检验法的应用

某 10 个样品砖的抗压强度分别为（MPa）：4.7，5.4，6.0，6.5，7.3，7.7，8.2，9.0，10.1，14.0。经验表明这种砖的抗压强度服从正态分布，检查这些数据中是否存在上侧离群值。本例中，样本量 $n=10$，$\overline{x}=7.89$，$s^2=7.312$，$S=2.704$。计算得：

$$G_{10}=(x_{(10)}-\overline{x})/S=(14.0-7.89)/2.704=2.26$$

确定检出水平对 $a=0.05$，查《数据的统计处理和解释 正态样本离群值的判断和处理》GB/T 4883—2008 表 A.2 得出临界值，$G_{0.95}(10)=2.176$，$G_{10}>G_{0.95}(10)$ 判断 $x_{(10)}=14.0$ 为离群值。

对于检出的离群值 $x_{(10)}=14.0$，确定剔除水平 $a^*=0.01$，在《数据的统计处理和解释 正态样本离群值的判断和处理》GB/T 4883—2008 表 A.2 中查出临界值 $G_{0.99}(10)=2.410$，因 $G_{10}<G_{0.95}(10)$，故判为未发现 $x_{(10)}=14.0$ 是统计离群值（即 $x_{(10)}=14.0$ 为歧离值）。

第5章
建筑结构评价

建筑结构评价是对实体结构能否满足构件安全和结构整体安全的评价。该种评价的基础数据为结构计算参数，对于进行了检测的结构，应依据检测的结果。

依据评价的内容可分为工程施工质量评价、结构抗震性能评价、结构设计复核以及结构工程安全性与可靠性评价。

5.1 工程施工质量评价

工程施工质量评价主要针对新建工程或者建成后未进行竣工验收的工程。新建工程的质量缺陷或不合格的检验批等对结构安全的影响有些是局部的，有些是带有全局的。比如由混凝土收缩产生的楼板裂缝，当楼板配筋和混凝土强度满足设计要求，则不会对楼板的承载力和安全构成影响，其影响仅限于出现裂缝的楼板，对结构整体安全则不会构成影响，但应进行处理，至于如何处理应根据裂缝的宽度、深度等提出处理方案；对于多层与高层混凝土结构中某一或几个楼层构件混凝土强度不满足设计要求，则应依据检测结果对构件进行承载力验算和整体结构抗震、抗风的验算，以确定对该结构及构件安全的影响和提出是否需要加固及其加固构件范围的意见。因此，对新建工程的质量缺陷和因标养试件、同条件试块达不到设计要求者，首先应进行结构质量缺陷和所涉及构件质量的检测。只有检测结果不满足设计要求时才进行结构构件安全鉴定。

新建工程施工质量检测结果的评价即合格标准的判定，应依据相应的结构工程施工质量验收规范。新建工程结构安全性鉴定应依据该工程结构设计所应用的规范，即所谓现行设计规范，而不能用《民用建筑可靠性鉴定标准》GB 50292—2015、《工业建筑可靠性鉴定标准》GB 50144—2019 和《建筑抗震鉴定标准》GB 50023—2009 来评价新建工程结构的安全性。

5.2 结构抗震性能评价

结构抗震性能评价主要依据《建筑抗震鉴定标准》GB 50023—2009 和《建筑抗震设计规范》GB 50011—2010（2016 年版）进行相关评价工作。

需要进行抗震性能评价的"现有建筑"主要分为三类：第一类是使用年限在设计基准期内且设防烈度不变，但原规定的抗震设防类别提高的建筑；第二类是虽然抗震设防类别不变，但现行的区划图设防烈度提高后又使之可能不符合相应设防要求的建筑；第三类是设防类别和设防烈度同时提高的建筑。

鉴于现有建筑需要鉴定和加固的数量很大，情况又十分复杂，如结构类型不同、建造年代不同、设计时所采用的设计规范、地震动区划图的版本不同、施工质量不同、使用者的维护也不同，投资方也不同，导致彼此的抗震能力有很大的不同，需要根据实际情况区别对待和处理，使之在现有的经济技术条件下分别达到其最大可能达到的抗震防灾要求。

根据《建筑抗震鉴定标准》GB 50023—2009 中的规定，现有建筑应根据实际需要和可能，按下列规定选择其后续使用年限：

（1）在 20 世纪 70 年代及以前建造经耐久性鉴定可继续使用的现有建筑，其后续使用年限不应少于 30 年；在 20 世纪 80 年代建造的现有建筑，宜采用 40 年或更长，且不得少于 30 年。

（2）在 20 世纪 90 年代（按当时施行的抗震设计规范系列设计）建造的现有建筑，后续使用年限不宜少于 40 年，条件许可时应采用 50 年。

（3）在 2001 年以后（按当时施行的抗震设计规范系列设计）建造的现有建筑，后续使用年限宜采用 50 年。

对于后续使用年限 30 年的建筑，简称 A 类建筑，通常指在 89 版抗震设计规范正式执行前设计建造的房屋（各地执行 89 版抗震设计规范的时间可能不同，一般不晚于 1993 年 7 月 1 日）。其鉴定要求，基本保持本标准 95 版抗震设计的有关规定，主要增加 7 度（0.15g）和 8 度（0.30g）的相关内容，但对设防类别为乙类的建筑，有较明显的提高。

对于后续使用年限 40 年的建筑，简称 B 类建筑，通常指在 89 版抗震设计规范正式执行后，2001 版抗震设计规范正式执行前设计建造的房屋（各地执行 2001 版规范的时间，一般不晚于 2003 年 1 月 1 日）。其鉴定要求，基本按照 89 版抗震设计规范的有关规定，从鉴定的角度加以归纳、整理。其中，凡现行规范比 89 版规范放松的要求，也反映到条文中。对于按 89 版抗震设计规范系列设计建造的现有建筑，由于本地区提高设防烈度或建筑抗震设防类别提高而进行抗震鉴定时，参照国际标准《结构可靠性总原则》ISO 2394：1998 的规定，当"出于经济理由"选择 40 年的后续使用年限确有困难时，允许略少于 40 年。

对于后续使用年限 50 年的建筑，简称 C 类建筑，其鉴定要求，完全采用现行设计规范的有关要求。

在建筑抗震鉴定中，与建筑可靠性鉴定一样都应重视原始资料收集和建筑结构现状质量的调查以及必要的检测，这些是搞好鉴定的基础。由于结构的抗震性能不仅决定于结构构件的承载力，而且还决定于结构布置、结构体系的合理性以及结构抗震构造措施，因此，综合抗震能力分析是建筑抗震鉴定的特点，应依据建筑结构的现状、结构布置、结构体系、构造和抗震承载力等因素综合进行分析，对现有建筑的整体抗震性能作出评价，对不符合鉴定要求的建筑提出相应的维修、加固、改造或拆除等抗震减灾对策。

5.3　结构设计复核

结构设计复核一般指依据图纸资料对结构进行安全性和抗震鉴定。结构设计复核与结构设计计算有所不同，结构设计计算是研究在假设条件下结构应该达到的目标，而结构设计复核根据不同建造年代和图纸资料进行安全性和抗震鉴定。进行安全性复核计算时，主要依据《民用建筑可靠性鉴定标准》GB 50292—2015、《工业建筑可靠性鉴定标准》GB 50144—2019 以及《混凝土结构设计规范》GB 50010—2010 等规范；进行结构抗震复核验算时，计算主要依据《建筑抗震鉴定标准》GB 50023—2009。结构验算受各种客观因素的制约较大，如建造年代的时间跨度、建设新旧标准的差异（含设计、施工、检测标准）等。因此，结构验算与结构设计相比较为复杂。结构验算中如何处理这些差异和缺陷，如何建立符合现状的计算模型，如何合理选取各种参数，使结构验算能真正体现建筑的受力状态，是鉴定人员进行结构验算的关键工作。

5.4 结构工程安全性与可靠性评价

结构工程安全性与可靠性评价通常是指在恒载、活荷载、风荷载以及温度应力作用下的结构安全性、正常使用性和耐久性的鉴定。依据建筑类型，结构工程安全性与可靠性评价工作包括民用建筑可靠性鉴定和工业建筑可靠性鉴定。

民用建筑可靠性鉴定是指根据《民用建筑可靠性鉴定标准》GB 50292—2015，对民用建筑结构的承载能力和整体稳定性，以及安全性、适用性、耐久性等建筑的使用性能所进行的调查、检测、分析、验算及评定等一系列活动。

民用建筑可靠性鉴定是按照安全性和使用性要求，通过比对筛分综合评定房屋可靠性等级，同时也包括处理建议。其目的是评估房屋是否有可继续利用的价值或改变使用条件的可行性。

民用建筑可靠性鉴定适用于房屋结构传力体系清晰、房屋存在显性与隐性安全隐患或延缓、延伸其有利用价值的房屋。如：建筑物大修前；建筑物改造或增容、改建或扩建前；建筑物改变用途或使用环境前；建筑物达到设计使用年限拟继续使用时；遭受灾害或事故后；存在较严重的质量缺陷或出现较严重的腐蚀、损伤、变形时等。

工业建筑可靠性鉴定是指根据《工业建筑可靠性鉴定标准》GB 50144—2019，对工业建筑的安全性和使用性进行调查、检测、分析、验算及评定等一系列活动。

《工业建筑可靠性鉴定标准》GB 50144—2019 适用于对以混凝土结构、钢结构、砌体结构为承重结构的单层或多层厂房等建筑物，以及烟囱、贮仓、通廊、水池等构筑物的可靠性鉴定。

第2篇

建筑结构材料检验

第6章
混凝土结构材料检验

钢筋混凝土结构是最为常见的工程结构之一，其最主要的组成部分就是钢筋与混凝土。

混凝土是由胶凝材料、骨料、水和其他外加剂配制而成的人工石材，主要涉及的是普通混凝土，即由水泥作为主要胶凝材料，砂、石作为骨料，必要时添加矿物掺合料和化学外加剂制成的人工石材。此外，轻骨料混凝土，即以陶粒、煤矸石等轻质材料作为骨料的混凝土，其在工程上的应用也较为广泛，介绍中也会涉及相关内容。

混凝土相关试验，主要涵盖：（1）原材料相关试验，如，水泥、砂、石、轻集料、矿物掺合料（主要介绍粉煤灰和矿粉）和外加剂等材料的主要试验；（2）混凝土相关试验，如，混凝土拌合物性能试验、硬化混凝土物理性能试验、混凝土耐久性能试验。这些试验可以基本上反映出工程用混凝土从生产、施工到成型、养护过程中的状态。

混凝土的分类方法很多，工程中所涉及的主要是以下几种分类方式：

（1）按表观密度分类：混凝土可分为轻混凝土（表观密度小于 $1950kg/m^3$）、普通混凝土［表观密度 $(2000\sim2600)kg/m^3$］和重混凝土（表观密度大于 $2600kg/m^3$）。

（2）按强度等级分类：混凝土强度一般以混凝土强度等级表示，如：C15、C35、C60等，其中 C 为 Concrete 的缩写，后面的数字代表标准养护 28d 标准混凝土立方体抗压强度标准值。常见的混凝土强度等级为 C15～C60，其中间隔为 5。目前也有很多大于 C60，如 C80、C100 甚至 C120 的混凝土应用于工程施工中，其主要靠添加剂来实现超高强度，大多数属于特种混凝土的范畴，在这里不做过多的介绍。

（3）按功能用途分类，可分为普通混凝土、抗渗混凝土、抗冻混凝土等。抗渗混凝土分为不同的抗渗等级，如 P6、P8、P10 等，P 为 Pressure 的缩写，数值越大，代表其所能抵抗的水压力越大，也有规范中用字母 S 或 W 表示。抗冻混凝土强度等级主要分为快冻（F）和慢冻（D），其只代表冻融循环的试验方法，并不是混凝土本身的区别，其后面的数字仅代表可以抵抗该种冻融循环方式的循环次数，不宜相互比较。

对于混凝土的性能，首先应该先考虑原材料的问题，胶凝材料、骨料、外加剂等都直接影响混凝土的性能，但混凝土的水化过程非常复杂，特别是添加各种掺合料和外加剂后，所以仅根据原材料的品质并不能完全了解成品混凝土的性能，所以还要对混凝土的性质进行检测，对于混凝土成品主要可以从拌合物性能、硬化混凝土力学性能、硬化混凝土耐久性能三个方面。

6.1 混凝土原材料

1. 水泥

（1）定义及分类

胶凝材料：可以在物理、化学作用下，从浆体变成坚固的石状体，并能胶结其他物质且具有一定机械强度的物质。可分为有机和无机两大类别。沥青和树脂属于有机胶凝材料；无机胶凝材料按照硬化条件分为水硬性胶凝材料和非水硬性胶凝材料。

水泥：粉末状，在与水拌合后，既能在空气中又能在水中硬化，并能将砂、石等散粒或纤维材料牢固地胶结在一起的水硬性胶凝材料。

水泥按其主要水硬性物质分为硅酸盐水泥、铝酸盐水泥、硫铝酸盐水泥、铁酸盐水泥、氟铝酸盐水泥、磷酸盐水泥等。

建筑工程中使用最多的是硅酸盐水泥，这里也仅对硅酸盐水泥进行介绍，其依据的国家标准为《通用硅酸盐水泥》GB 175—2007，该标准中水泥种类包括硅酸盐水泥（P·I、P·II）、普通硅酸盐水泥（P·O）、矿渣硅酸盐水泥（P·S）、粉煤灰硅酸盐水泥（P·F）、火山灰质硅酸盐水泥（P·P）和复合硅酸盐水泥（P·C）。按照强度等级：硅酸盐水泥、普通硅酸盐水泥分为 42.5、42.5R、52.5、52.5R、62.5、62.5R 六个等级，矿渣硅酸盐水泥、粉煤灰硅酸盐水泥、火山灰质硅酸盐水泥分为 32.5、32.5R、42.5、42.5R、52.5、52.5R 六个等级，复合硅酸盐水泥分为 42.5、42.5R、52.5、52.5R 四个等级。

(2) 技术要求（《通用硅酸盐水泥》GB 175—2007）

水泥主要物理指标见表 6-1。

通用硅酸盐水泥物理指标 表 6-1

水泥种类		硅酸盐水泥	普通硅酸盐水泥、矿渣硅酸盐水泥、粉煤灰硅酸盐水泥、火山灰质硅酸盐水泥和复合硅酸盐水泥
凝结时间	初凝时间	不小于 45min	不小于 45min
	终凝时间	大于 390min	不大于 600min
安定性		沸煮法检验合格或压蒸安定性合格	
细度		比表面积不低于 300m²/kg，且不大于 400m²/kg	45μm 方孔筛筛余不大于 5%

抗压、抗折强度指标见表 6-2。

通用硅酸盐水泥不同龄期强度指标 表 6-2

强度等级	抗压强度/MPa		抗折强度/MPa	
	3d	28d	3d	28d
32.5	≥12.0	≥32.5	≥3.0	≥5.5
32.5R	≥17.0		≥4.0	
42.5	≥17.0	≥42.5	≥4.0	≥6.5
42.5R	≥22.0		≥4.5	
52.5	≥22.0	≥52.5	≥4.5	≥7.0
52.5R	≥27.0		≥5.0	
62.5	≥27.0	≥62.5	≥5.0	≥8.0
62.5R	≥32.0		≥5.5	

（3）组批原则及取样要求

1）组批原则：

用于混凝土结构工程的水泥（《混凝土结构工程施工质量验收规范》GB 50204—2015）按同一厂家、同一品种、同一代号、同一强度等级、同一批号且连续进场的水泥，袋装不超过 200t 为一批，散装不超过 500t 为一批。进场复试项目为：强度、安定性、凝结时间。

用于砌体结构工程用水泥（《砌体结构工程施工质量验收规范》GB 50203—2011）按同一生产厂家、同品种、同等级、同批号连续进场的水泥，袋装不超过 200t 为一批，散装不超过 500t 为一批。使用中对水泥质量有怀疑或水泥出厂超过三个月时，应复查试验。进场复试项目为强度、安定性。

用于建筑结构加固工程的水泥（《建筑结构加固工程施工质量验收规范》GB 50550—2010）按同一生产厂家、同一等级、同一品种、同一批号且同一次进场的水泥，以 30t 为一批（不足 30t，按 30t 计）。

2）取样规定：取样应具有代表性，可连续取，亦可从 20 个以上的不同部位取等量样品，总重至少 12kg。

（4）试验方法

部分试验相关原始记录见附表（JCZX-GC-D（1)-4001.1）胶凝材料试验原始记录。

1）标准稠度用水量测定方法（标准法）（《水泥标准稠度用水量、凝结时间、安定性检验方法》GB/T 1346—2011）

标准稠度用水量试验前应将维卡仪（图 6-1）的滑动杆能自由滑动。试模和玻璃底板用湿布擦拭，将试模放在底板上。调整至试杆接触玻璃板时指针对准零点。确认搅拌机运行正常。

准备工作完成后应进行水泥净浆的拌制，用水泥净浆搅拌机搅拌，搅拌锅和搅拌叶片先用湿布擦过；将拌合水倒入搅拌锅内，然后在 5～10s 内小心将称好的 500g 水泥加入水中，防止水和水泥溅出；拌合时，先将锅放在搅拌机的锅座上，升至搅拌位置，启动搅拌机，低速搅拌 120s，停 15s，同时将叶片和锅壁上的水泥浆刮入锅中间，接着高速搅拌 120s 停机。

拌合结束后，立即取适量水泥净浆一次性将其装入已置于玻璃底板上的试模中，浆体超过试模上端，用宽约 25mm 的直边刀轻轻拍打超出试模部分的浆体 5 次以排除浆体中的孔隙，然后在试模上表面约 1/3 处，略倾斜于试模分别向外轻轻锯掉多余净浆，再从试模边沿轻轻抹顶部一次，使净浆表面光滑。在锯掉多余净浆和抹平的操作过程中，注意不要压实净浆；抹平后迅速将试模和底板移到维卡仪上，并将其中心定在试杆下，降低试杆直至与水泥净浆表面接触，拧紧螺栓 1～2s 后，突然放松，使试杆垂直自由地沉入水泥净浆中。在试杆停止沉入或释放试杆 30s 时记录试杆距底板之间的距离，升起试杆后，立即擦净；整个操作应在搅拌后 1.5min 内完成。以试杆沉入净浆并距底板 6±1mm 的水泥净浆为标准稠度净浆。其拌合水量为该水泥的标准稠度用水量（P），按水泥质量的百分比计。

除标准法外，标准稠度用水量还可用代用法进行检测，具体过程按照标准进行，这里不再具体说明。

2）凝结时间测定方法（《水泥标准稠度用水量、凝结时间、安定性检验方法》GB/T 1346—2011）

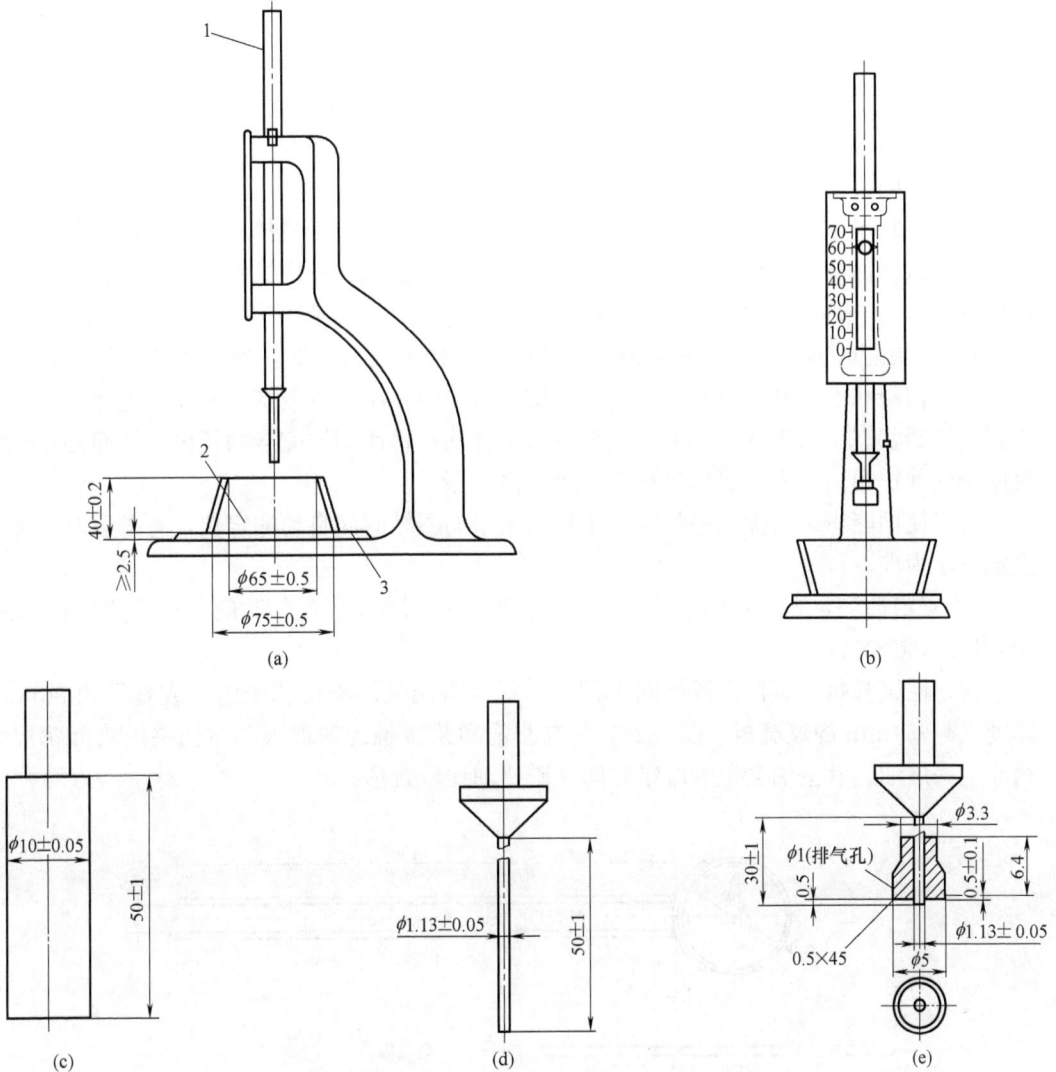

图 6-1　测定水泥标准稠度和凝结时间用维卡仪及配件示意图
（a）初凝时间测定用立式试模的侧视图；（b）终凝时间测定用反转试模的前视图；
（c）标准稠度试杆；（d）初凝用试针；（e）终凝用试针

凝结时间试验前应调整凝结时间测定仪的试针接触玻璃板时指针对准零点。然后进行试件的制备，以标准稠度用水量制成标准稠度净浆，装模和刮平（方法同标准稠度用水量试验方法）后，立即放入湿气养护箱中。记录水泥全部加入水中的时间作为凝结时间的起始时间。

初凝时间的测定：试件在湿气养护箱中养护至加水后 30min 时进行第一次测定。测定时，从湿气养护箱中取出试模放到试针下，减少试针与水泥净浆表面接触。拧紧螺栓 1～2s 后，突然放松，试针垂直自由沉入水泥净浆。观察试针停止下沉或释放试针 30s 时指针的读数。临近初凝时间时每隔 5min（或更短时间）测定一次，当试针沉至距底板（4±1)mm 时，为水泥达到初凝状态；由水泥全部加入水中至初凝状态的时间为水泥的初凝时间，用 min 来表示。

终凝时间的测定：为了准确观测试针沉入的状况，在终凝针上安装了一个环形附件。

在完成初凝时间测定后，立即将试模连同浆体以平移的方式从玻璃板取下，翻转180°，直径大端向上，小端向下放在玻璃板上，再放入湿气养护箱中继续养护。临近终凝时间时每隔15min（或更短时间）测定一次，当试针沉入试体0.5mm时，即环形附件开始不能在试体上留下痕迹时，为水泥达到终凝状态。由水泥全部加入水中至终凝状态的时间为水泥的终凝时间，用min来表示。

测定注意事项：测定时应注意，在最初测定的操作时应轻轻扶持金属柱，使其缓缓下降，以防试针撞弯，但结果以自由下落为准；在整个测试过程中试针沉入的位置至少要距试模内壁10mm。临近初凝时，每隔5min（或更短时间）测定一次，临近终凝时每隔15min（或更短时间）测定一次，到达初凝时应立即重复测一次，当两次结论相同时才能确定到达初凝状态，到达终凝时，需要在试体另外两个不同点测试，确认结论相同才能确定到达终凝状态。每次测定不能让试针落入原针孔，每次测试完毕须将试针擦净并将试模放回湿气养护箱内，整个测试过程要防止试模受振。

可以使用能得出与标准中规定方法相同结果的凝结时间自动测定仪，有矛盾时以标准规定方法为准。

3）安定性测定方法（标准法）（《水泥标准稠度用水量、凝结时间、安定性检验方法》GB/T 1346—2011）

安定性试验每个试样需成型两个试件，每个雷氏夹需配备两个边长或直径约80mm、厚度（4～5）mm的玻璃板（图6-2），凡与水泥净浆接触的玻璃板和雷氏夹内表面都要稍稍涂上一层油。有些油会影响凝结时间，矿物油比较合适。

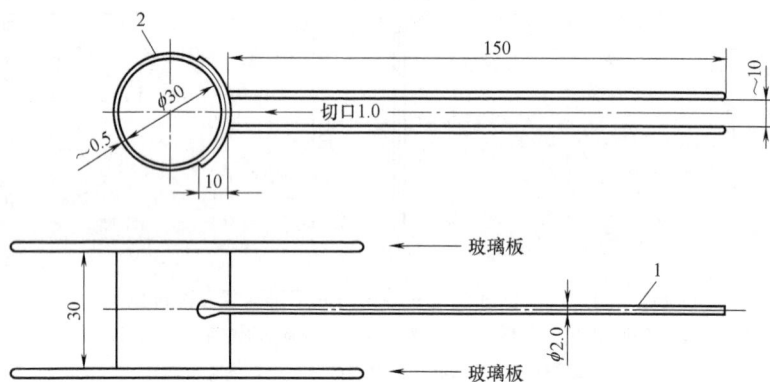

图6-2　雷氏夹
1—指针；2—环模

将预先准备好的雷氏夹放在已稍擦油的玻璃板上，并立即将已制好的标准稠度净浆一次装满雷氏夹，装浆时一只手轻轻扶持雷氏夹，另一只手用宽约25mm的直边刀在浆体表面轻轻插捣3次，然后抹平，盖上稍涂油的玻璃板，接着立即将试件移至湿气养护箱内养护（24±2）h。

调整好沸煮箱内的水位，使其保证在整个沸煮过程中都超过试件，不需中途添补试验用水。同时又能保证在（30±5）min内升至沸腾。

脱去玻璃板取下试件，先测量雷氏夹指针尖端间的距离（A），精确到0.5mm，接着将试件放入沸煮箱水中的试件架上，指针朝上，然后在（30±5）min内加热至沸并恒沸

(180 ± 5)min。

结果判别：沸煮结束后，立即放掉沸煮箱中的热水，打开箱盖，待箱体冷却至室温，取出试件进行判别。测量雷氏夹指针尖端的距离（$C-A$），准确至 0.5mm，当两个试件煮后增加距离（$C-A$）的平均值不大于 5.0mm 时，即认为该水泥安定性合格，当两个试件煮后增加距离（$C-A$）的平均值大于 5.0mm 时，应用同一样品立即重做一次试验。以复检结果为准。

除标准法外，标准稠度用水量还可用代用法进行检测，具体过程按照标准进行，这里不再具体说明。

4）胶砂强度试验（《水泥胶砂强度检验方法（ISO 法）》GB/T 17671—2021）

胶砂试验用砂应为 ISO 基准砂，其具体要求详见标准。

水泥样品应贮存在气密的容器里，这个容器不应与水泥发生反应。试验前混合均匀。

验收试验或有争议时应使用符合《分析实验室用水规格和试验方法》GB/T 6682 规定的三级水，其他试验可用饮用水。

胶砂的质量配合比为一份水泥、三份中国 ISO 标准砂和半份水（水灰比 W/C 为 0.50）。每锅材料需要量见表 6-3。

每锅胶砂的材料数量 表 6-3

水泥/g	标准砂/g	水
450 ± 2	1350 ± 5	225g$\pm$1g 或 225mL$\pm$1mL

胶砂用搅拌机可以采用自动控制，也可以采用手动控制。按以下程序进行搅拌：把水加入锅里，再加入水泥，把锅固定在固定架上，上升至工作位置；立即开动机器，先低速搅拌（30 ± 1）s 后，在第二个（30 ± 1）s 开始的同时均匀地将砂子加入。把搅拌机调至高速再搅拌（30 ± 1）s；停拌 90s，在停拌开始的（15 ± 1）s 内，将搅拌锅放下，用刮刀将叶片、锅壁和锅底上的胶砂刮入锅中；再在高速下继续搅拌（60 ± 1）s。

胶砂制备后立即进行成型，可用振实台或振动台成型。

振实台成型：将空试模和模套固定在振实台上，用料勺将锅壁上的胶砂清理到锅内并翻转搅拌胶砂使其更加均匀，成型时将胶砂分两层装入试模。装第一层时，每个槽里约放 300g 胶砂，先用料勺沿试模长度方向划动胶砂以布满模槽，再用大布料器垂直架在模套顶部沿每个模槽来回一次将料层布平，接着振实 60 次。再装入第二层胶砂，用料勺沿试模长度方向划动胶砂以布满模槽，但不能接触已振实胶砂，再用小布料器布平，振实 60次。每次振实时可将一块用水湿过拧干、比模套尺寸稍大的棉纱布盖在模套上以防止振实时胶砂飞溅。移走模套，从振实台上取下试模，用一金属直边尺以近似 90°的角度（但向刮平方向稍斜）架在试模模顶的一端，然后沿试模长度方向以横向锯割动作慢慢向另一端移动，将超过试模部分的胶砂刮去。锯割动作的多少和直尺角度的大小取决于胶砂的稀稠程度，较稠的胶砂需要多次锯割、锯割动作要慢，以防拉动已振实的胶砂。用拧干的湿毛巾将试模端板顶部的胶砂擦拭干净，再用同一直边尺以近乎水平的角度将试体表面抹平。抹平的次数要尽量少，总次数不应超过 3 次。最后将试模周边的胶砂擦除干净。用毛笔或其他方法对试体进行编号。两个龄期以上的试体，在编号时应将同一试模中的 3 条试体分在两个以上龄期内。

振动台成型：在搅拌胶砂的同时将试模和下料漏斗卡紧在振动台的中心。将搅拌好的全部胶砂均匀地装入下料漏斗中，开动振动台，胶砂通过漏斗流入试模。振动（120±5）s停止振动。振动完毕，取下试模，用刮平尺刮去其高出试模的胶砂并抹平、编号。

脱模前，在试模上盖一块玻璃板，也可用相似尺寸的钢板或不渗水的、和水泥没有反应的材料制成的板。盖板不应与水泥胶砂接触，盖板与试模之间的距离应控制在（2～3)mm。为了安全，玻璃板应有磨边。立即将做好标记的试模放入养护室或湿箱的水平架子上养护，湿空气应能与试模各边接触。养护时不应将试模放在其他试模上。一直养护到规定的脱模时间时取出脱模。

脱模应非常小心。脱模时可以用橡皮锤或脱模器。对于24h龄期的，应在破型试验前20min内脱模。对于24h以上龄期的，应在成型后（20～24)h脱模。如经24h养护，会因脱模对强度造成损害时，可以延迟至24h以后脱模，但在试验报告中应予说明。已确定作为24h龄期试验（或其他不下水直接做试验）的已脱模试体，应用湿布覆盖至做试验时为止。对于胶砂搅拌或振实台的对比，建议称量每个模型中试体的总量。

将做好标记的试体立即水平或竖直放在（20±1)℃水中养护，水平放置时刮平面应朝上。试体放在不易腐烂的篦子上，并彼此间保持一定间距，让水与试体的六个面接触。养护期间试体之间间隔或试体上表面的水深不应小于5mm。不宜用未经防腐处理的木篦子。每个养护池只养护同类型的水泥试体。最初用自来水装满养护池（或容器），随后随时加水保持适当的水位。在养护期间，可以更换不超过50%的水。

除24h龄期或延迟至48h脱模的试体外，任何到龄期的试体应在试验（破型）前提前从水中取出。揩去试体表面沉积物，并用湿布覆盖至试验为止。试体龄期是从水泥加水搅拌开始试验时算起。不同龄期强度试验在下列时间里进行：24h±15min；48h±30min；72h±45min；7d±2h；28d±8h。

用抗折强度试验机测定抗折强度。将试体一个侧面放在试验机支撑圆柱上，试体长轴垂直于支撑圆柱，通过加荷圆柱以（50±10)N/s的速率均匀地将荷载垂直地加在棱柱体相对侧面上，直至折断。保持两个半截棱柱体处于潮湿状态直至抗压试验。

抗折强度按式（6-1）进行计算：

$$R_f = \frac{1.5F_f L}{b^3} \tag{6-1}$$

式中：R_f——抗折强度，MPa；

　　　F_f——折断时施加于棱柱体中部的荷载，N；

　　　L——支撑圆柱之间的距离，mm；

　　　b——棱柱体正方形截面的边长，mm。

抗折强度试验完成后，取出两个半截试体，进行抗压强度试验。在半截棱柱体的侧面上进行。半截棱柱体中心与压力机压板受压中心差应在±0.5mm内，棱柱体露在压板外的部分约有10mm。在整个加荷过程中以（2400±200)N/s的速率均匀地加荷直至破坏。

抗压强度按式（6-2）进行计算，受压面积为1600mm²：

$$R_c = \frac{F_c}{A} \tag{6-2}$$

式中：R_c——抗压强度，MPa；

F_c——破坏时的最大荷载，N；

A——受压部分面积，mm^2。

抗折强度试验结果以一组三个棱柱体抗折结果的平均值作为试验结果。当三个强度值中有一个超出平均值的±10%时，应剔除后再取平均值作为抗折强度试验结果；当三个强度值中有两个超出平均值±10%时，则以剩余一个作为抗折强度结果。单个抗折强度结果精确至0.1MPa，算术平均值精确至0.1MPa。报告所有单个抗折强度结果以及按规定剔除的抗折强度结果、计算的平均值。

抗压强度试验结果以一组三个棱柱体上得到的六个抗压强度测定值的平均值为试验结果。当六个测定值中有一个超出六个平均值的±10%时，剔除这个结果，再以剩下五个的平均值为结果。当五个测定值中再有超过它们平均值的±10%时，则此组结果作废。当六个测定值中同时有两个或两个以上超出平均值的±10%则此组结果作废。单个抗压强度结果精确至0.1MPa，算术平均值精确至0.1MPa。报告所有单个抗压强度结果以及按规定剔除的抗压强度结果、计算的平均值。

5）水泥胶砂流动度（《水泥胶砂流动度测定方法》GB/T 2419—2005）

截锥圆模尺寸为：高度（60±0.5）mm；上口内径（70±0.5）mm；下口内径（100±0.5）mm；下口外径120mm；模壁厚大于5mm。

试验室、设备、拌合水、样品应符合《水泥胶砂强度检验方法（ISO法）》GB/T 17671—2021的相关规定。

如跳桌在24h内未被使用，先空跳一个周期25次。

胶砂制备按《水泥胶砂强度检验方法（ISO法）》GB/T 17671—2021的相关规定进行。在制备胶砂的同时，用潮湿棉布擦拭跳桌台面、试模内壁、捣棒以及与胶砂接触的用具，将试模放在跳桌台面中央并用潮湿棉布覆盖。

将拌好的胶砂分两层迅速装入试模，第一层装至截锥圆模高度约2/3处，用小刀在相互垂直两个方向各划5次，用捣棒由边缘至中心均匀捣压15次（图6-3）；随后，装第二层胶砂，装至高出截锥圆模约20mm，用小刀在相互垂直两个方向各划5次，再用捣棒由边缘至中心均匀捣压10次（图6-3）。捣压后胶砂应略高于试模。捣压深度，第一层捣至胶砂高度的1/2，第二层捣实不超过已捣实底层表面。装胶砂和捣压时，用手扶稳试模，不要使其移动。

捣压完毕，取下模套，将小刀倾斜，从中间向边缘分两次以近水平的角度抹去高出截

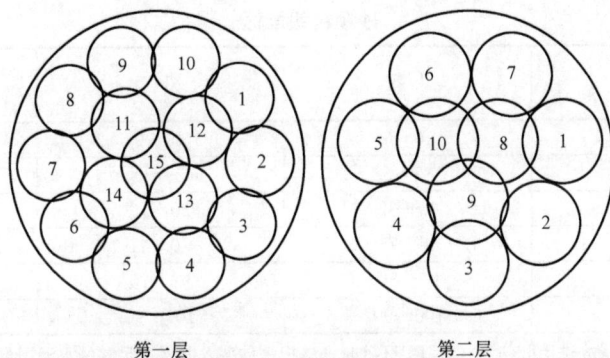

第一层　　　　　　　　　　　　第二层

图6-3　插捣位置示意图

锥圆模的胶砂，并擦去落在桌面上的胶砂。将截锥圆模垂直向上轻轻提起。立刻开动跳桌，以每秒钟一次的频率，在（25±1）s内完成25次跳动。

流动度试验，从胶砂加水开始到测量扩散直径结束，应在6min内完成。

跳动完毕，用卡尺测量胶砂底面互相垂直的两个方向直径，计算平均值，取整数，单位为毫米。该平均值即为该水量的水泥胶砂流动度。

2. 集料

（1）定义与分类

集料，又称骨料。分为粗骨料和细骨料，一般规定粒径大于4.75mm的为粗集料，小于4.75mm的为细集料，两者均为混凝土的主要组成材料，起骨架和填充作用，以减小胶凝材料反应引起的体积变化。集料又可分为天然集料和人造集料。体积密度小于1700kg/m³的集料称为轻集料。

砂子按产源分为天然砂、机制砂（人工砂）和混合砂，人工砂、混合砂应符合《普通混凝土用砂、石质量及检验方法标准》JGJ 52—2006的要求。按细度模数分为粗砂、中砂、细砂、特细砂，特细砂应符合《普通混凝土用砂、石质量及检验方法标准》JGJ 52—2006的要求。按技术要求分为Ⅰ类、Ⅱ类、Ⅲ类（《建设用砂》GB/T 14684—2022中要求）。

石子分为碎石和卵石。按技术要求分为Ⅰ类、Ⅱ类、Ⅲ类（《建设用卵石、碎石》GB/T 14685—2022中要求）。

随着产业化的发展，轻集料更多地应用于商品砂浆、混凝土中，对于其本身性质这里不再单独介绍。

（2）技术要求

砂的主要指标有颗粒级配、含泥量、泥块含量、压碎指标值等，《普通混凝土用砂、石质量及检验方法标准》JGJ 52—2006和《建设用砂》GB/T 14684—2022中对于这些指标及其对应的试验方法均有相应的规定，且细节上有所差异。一般用来配置混凝土的砂可按照《普通混凝土用砂、石质量及检验方法标准》JGJ 52—2006中相关规定进行试验和判定，其他用途的砂按照《建设用砂》GB/T 14684—2022的规定进行试验和判定。这里仅对《普通混凝土用砂、石质量及检验方法标准》JGJ 52—2006进行介绍。

这里主要对常用的砂、石做介绍。主要依据的标准为《普通混凝土用砂、石质量及检验方法标准》JGJ 52—2006。

砂主要质量要求见表6-4、表6-5。

砂颗粒级配区　　　　　　　　　　　　　　　　　　　表6-4

公称粒径累计筛余/%　　级配区	Ⅰ区	Ⅱ区	Ⅲ区
5.00mm	10～0	10～0	10～0
2.50mm	35～5	25～0	15～0
1.25mm	65～35	50～10	25～0
630μm	85～71	70～41	40～16
315μm	95～80	92～70	85～55
160μm	100～90	100～90	100～80

注：配制混凝土时宜优先选用Ⅱ区砂。当采用Ⅰ区砂时，应提高砂率，并保持足够的水泥用量，满足混凝土的和易性；当采用Ⅲ区砂时，宜适当降低砂率；当采用特细砂时，应符合相应的规定。配制泵送混凝土，宜选用中砂。

砂的含泥量、泥块含量、石粉含量压碎指标技术要求 表 6-5

混凝土强度等级		≥C60	C55~C30	≤C25
天然砂含泥量/%（按质量计）		≤2.0	≤3.0	≤5.0
天然砂泥块含量/%（按质量计）		≤0.5	≤1.0	≤2.0
人工砂或混合砂中石粉含量	MB<1.4(合格)	≤5.0	≤7.0	≤10.0
	MB≥1.4(不合格)	≤2.0	≤3.0	≤5.0
人工砂的总压碎指标		小于30%		

对于有抗冻、抗渗或其他特殊要求的小于或等于 C25 混凝土用砂，其含泥量不应大于 3.0%。泥块含量不应大于 1.0%

石的主要指标有颗粒级配、含泥量、泥块含量和针、片状颗粒含量、压碎指标值等，《普通混凝土用砂、石质量及检验方法标准》JGJ 52—2006 和《建设用卵石、碎石》GB/T 14685—2022 中对于这些指标和其对应的试验方法均有相应的规定，且细节上有所差异。一般用来配置混凝土的石可选用《普通混凝土用砂、石质量及检验方法标准》JGJ 52—2006 进行试验和判定，其他用途的石按照《建设用卵石、碎石》GB/T 14685—2022 进行试验和判定。这里仅对《普通混凝土用砂、石质量及检验方法标准》JGJ 52—2006 进行介绍。

石主要质量要求见表 6-6～表 6-8。

碎石或卵石的颗粒级配范围 表 6-6

级配情况	公称粒级/mm	累计筛余,按质量/%											
		方孔筛筛孔边长尺寸/mm											
		2.36	4.75	9.50	16.0	19.0	26.5	31.5	37.5	53.0	63.0	75.0	90
连续粒级	5~10	95~100	80~100	0~15	0	—	—	—	—	—	—	—	—
	5~16	95~100	85~100	30~60	0~10	0	—	—	—	—	—	—	—
	5~20	95~100	90~100	40~80	—	0~10	0	—	—	—	—	—	—
	5~25	95~100	90~100	—	30~70	—	0~5	0	—	—	—	—	—
	5~31.5	95~100	90~100	70~90	—	15~45	—	0~5	0	—	—	—	—
	5~40	—	95~100	70~90	—	30~65	—	—	0~5	0	—	—	—
单粒级	10~20	—	95~100	85~100	—	0~15	0	—	—	—	—	—	—
	16~31.5	—	95~100	—	85~100	—	—	0~10	0	—	—	—	—
	20~40	—	—	95~100	—	80~100	—	—	0~10	0	—	—	—
	31.5~63	—	—	—	95~100	—	—	75~100	45~75	—	0~10	0	—
	40~80	—	—	—	—	95~100	—	—	70~100	—	30~60	0~10	0

碎石或卵石含泥量、泥块含量和针、片状颗粒总含量技术要求 表 6-7

混凝土强度等级	≥C60	C30~C55	≤C25
含泥量/%（按质量计）	≤0.5	≤1.0	≤2.0
含泥量/%（按质量计）	≤0.2	≤0.5	≤0.7
针、片状颗粒总含量/%（按质量计）	≤8	≤15	≤25

对于有抗冻、抗渗或其他特殊要求的混凝土，其所用碎石或卵石中含泥量不应大于 1.0%。当碎石或卵石的含泥是非黏土质的石粉时，其含泥量可由表 6-7 的 0.5%、1.0%、2.0%，分别提高到 1.0%、1.5%、3.0%。

对于有抗冻、抗渗或其他特殊要求的强度等级小于 C30 的混凝土，其所用碎石或卵石中泥块含量不应大于 0.5%

碎石或卵石的压碎值指标　　　　　　　　　　　　　　　　　表 6-8

品种		混凝土强度等级	碎石压碎值指标/%
碎石	沉积岩	C40～C60	≤10
		≤C35	≤16
	变质岩或深成的火成岩	C40～C60	≤12
		≤C35	≤20
	喷出的火成岩	C40～C60	≤13
		≤C35	≤30
卵石		C40～C60	≤12
		≤C35	≤16

沉积岩包括石灰岩、砂岩等；变质岩包括片麻岩、石英岩等；深成的火成岩包括花岗岩、正长岩、闪长岩和橄榄岩等；喷出的火成岩包括玄武岩和辉绿岩等

（3）组批原则及取样要求

1）组批原则：天然砂按同产地同规格分批验收，采用大型工具（如火车、货船或汽车）运输的，应以 400m³ 或 600t 为一验收批；采用小型工具（如拖拉机等）运输的，应以 200m³ 或 300t 为一验收批。不足上述量者，应按一验收批计。当质量比较稳定、进料量又较大时，可以 1000t 为一验收批。人工砂每 400m³ 或 600t 为一验收批；不同批次或非连续供应的不足一个检验批量的砂应作为一个检验批。

碎石或卵石按同产地同规格分批验收，采用大型工具（如火车、货船或汽车）运输的，应以 400m³ 或 600t 为一验收批；采用小型工具（如拖拉机等）运输的。应以 200m³ 或 300t 为一验收批。不足上述量者，应按一验收批计。当质量比较稳定、进料量又较大时，可以 1000t 为一验收批。

根据验收标准不同组批原则也有所不同，具体参照相应规范执行。

2）取样要求：砂从料堆上取样时，取样部位应均匀分布，取样前应先将取样部位表层铲除，然后由各部位抽取大致相等的砂 8 份。组成一组样品。每组样品不少于 20kg。

碎石或卵石从料堆上取样时，取样部位应均匀分布，取样前应先将取样部位表层铲除，然后由各部位抽取大致相等的石 16 份。组成一组样品。每组样品数量：粒径≤20mm，不少于 20kg，粒径（20～40）mm，不少于 40kg；粒径≥40mm，不少于 80kg。

（4）试验方法

集料（砂、石）主要试验包括：颗粒级配（筛分析）、含泥量、泥块含量、石粉含量、压碎指标、针片状颗粒含量等。依据不同的验收标准，砂、石的复试项目还包括坚固性、氯离子含量、有害物质含量、吸水率、碱活性、表观密度、堆积密度等，这里仅对《普通混凝土用砂、石质量及检验方法标准》JGJ 52—2006 中主要试验项目进行介绍。部分试验原始记录可参考附表（JCZX-GC-D（1)-4003.1-2）砂（集料）试验原始记录。

1）砂颗粒级配（筛分析）试验

用于筛分析的试样，其颗粒的公称粒径不应大于 10.0mm。试验前应先将来样通过公称直径 10.0mm 的方孔筛，并计算筛余。称取经缩分后样品不少于 550g 两份，分别装入两个浅盘，在（105±5）℃的温度下烘干到恒重。冷却至室温备用。[恒重是指在相邻两次

称量间隔时间不小于 3h 的情况下，前后两次称量之差小于该项试验所要求的称量精度（下同）]。

准确称取烘干试样 500g（特细砂可称 250g），置于按筛孔大小顺序排列（大孔在上、小孔在下）的套筛的最上一只筛（公称直径为 5.00mm 的方孔筛）上；将套筛装入摇筛机内固紧，筛分 10min；然后取出套筛，再按筛孔由大到小的顺序，在清洁的浅盘上逐一进行手筛，直至每分钟的筛出量不超过试样总量的 0.1% 时为止；通过的颗粒并入下一只筛子，并和下一只筛子中的试样一起进行手筛。按这样顺序依次进行，直至所有的筛子全部筛完为止。当试样含泥量超过 5% 时，应先将试样水洗，然后烘干至恒重，再进行筛分；无摇筛机时，可改用手筛。

试样在各只筛子上的筛余量均不得超过按式（6-3）计算得出的剩留量，否则应将该筛的筛余试样分成两份或数份，再次进行筛分，并以其筛余量之和作为该筛的筛余量。

$$m = \frac{A\sqrt{d}}{300} \tag{6-3}$$

式中：m——某一筛上的剩留量，g；

$\quad\quad d$——筛孔边长，mm；

$\quad\quad A$——筛的面积，mm^2。

称取各筛筛余试样的质量（精确至 1g），所有各筛的分计筛余量和底盘中的剩余量之和与筛分前的试样总量相比，相差不得超过 1%。

筛分析试验结果应按下列步骤计算：

① 计算分计筛余（各筛上的筛余量除以试样总量的百分率），精确至 0.1%；

② 计算累计筛余（该筛的分计筛余与筛孔大于该筛的各筛的分计筛余之和），精确至 0.1%；

③ 根据各筛两次试验累计筛余的平均值，评定该试样的颗粒级配分布情况，精确至 1%；

④ 砂的细度模数应按式（6-4）计算，精确至 0.01：

$$\mu_f = \frac{(\beta_2 + \beta_3 + \beta_4 + \beta_5 + \beta_6) - 5\beta_1}{100 - \beta_1} \tag{6-4}$$

式中：$\quad\quad\quad\quad \mu_f$——砂的细度模数；

β_1、β_2、β_3、β_4、β_5、β_6——分别为公称直径 5.00mm、2.50mm、1.25mm、630μm、315μm、160μm 方孔筛上的累计筛余。

⑤ 以两次试验结果的算术平均值作为测定值，精确至 0.1。当两次试验所得的细度模数之差大于 0.20 时，应重新取试样进行试验。

2）砂含泥量试验

样品缩分至 1100g，置于温度为（105±5）℃的烘箱中烘干恒重，冷却至室温后，称取各为 400g（m_0）的试样两份备用。

取烘干的试样一份置于容器中，并注入饮用水，使水面高出砂面约 150mm，充分拌匀后，浸泡 2h，然后用手在水中淘试样，使尘屑、淤泥和黏土与砂粒分离，并使之悬浮或溶于水中，缓缓地将浑浊液倒入公称直径为 1.25mm、80μm 的方孔套筛（1.25mm 筛放置于上面）上，滤去小于 80μm 的颗粒。试验前筛子的两面应先用水润湿，在整个试验过程中应避免砂粒丢失。

再次加水于容器中，重复上述过程，直到筒内洗出的水清澈为止。

用水淋洗剩留在筛上的细粒，并将 $80\mu m$ 筛放在水中（使水面略高出筛中砂粒的上表面）来回摇动，以充分洗除小于 $80\mu m$ 的颗粒。然后将两只筛上剩留的颗粒和容器中已经洗净的试样一并装入浅盘，置于温度为 $105\pm5℃$ 的烘箱中烘干至恒重。取出来冷却至室温后，称试样的质量（m_1）。

砂中含泥量应按式（6-5）计算，精确至 0.1%：

$$\omega_c = \frac{m_0 - m_1}{m_0} \times 100\% \tag{6-5}$$

式中：ω_c——砂中含泥量，$\%$；

$\quad m_0$——试验前的烘干试样质量，g；

$\quad m_1$——试验后的烘干试样质量，g。

以两个试样试验结果的算术平均值作为测定值。两次结果之差大于 0.5% 时，应重新取样进行试验。

3）砂泥块含量试验

将样品缩分至 5000g，置于温度为（105 ± 5）℃的烘箱中烘干至恒重，冷却至室温后，用公称直径 1.25mm 的方孔筛筛分，取筛上的砂不少于 400g，分为两份备用。特细砂按实际筛分量。

称取试样约 200g（m_1）置于容器中，并注入饮用水，使水面高出砂面 150mm。充分拌匀后，浸泡 24h，然后用手在水中碾碎泥块，再把试样放在公称直径 $630\mu m$ 的方孔筛上，用水淘洗，直至水清澈为止。

保留下来的试样应小心地从筛里取出，装入水平浅盘后，置于温度为（105 ± 5）℃烘箱中烘干至恒重，冷却后称重（m_2）。

砂中泥块含量应按式（6-6）计算，精确至 0.1%：

$$\omega_{c,L} = \frac{m_1 - m_2}{m_1} \times 100\% \tag{6-6}$$

式中：$\omega_{c,L}$——泥块含量，$\%$；

$\quad m_1$——试验前的干燥试样质量，g；

$\quad m_2$——试验后的干燥试样质量，g。

以两次试样试验结果的算术平均值作为测定值。

4）砂亚甲蓝试验

亚甲蓝溶液的配制：将亚甲蓝（$C_{16}H_{18}N_3ClS \cdot 3H_2O$）粉末在（$105\pm5$）℃下烘干至恒重，称取烘干亚甲蓝粉末 10g，精确至 0.01g，倒入盛有 600mL 蒸馏水［水温加热至（$35\sim40$）℃］的烧杯中，用玻璃棒持续搅拌 40min，直至亚甲蓝粉末完全溶解，冷却至 20℃。将溶液倒入 1L 容量瓶中，用蒸馏水淋洗烧杯等，使所有亚甲蓝溶液全部移入容量瓶，容量瓶和溶液的温度应保持在（20 ± 1）℃，加蒸馏水至容量瓶 1L 刻度。振荡容量瓶以保证亚甲蓝粉末完全溶解。将容量瓶中溶液移入深色储藏瓶中，标明制备日期、失效日期（亚甲蓝溶液保质期应不超过 28d），并置于阴暗处保存。

将样品缩分至 400g，放在烘箱中于（105 ± 5）℃下烘干至恒重。待冷却至室温后，筛除大于公称直径 5.0mm 的颗粒备用。

称取试样 200g，精确至 1g。将试样倒入盛有（500±5）mL 蒸馏水的烧杯中，用叶轮搅拌机以（600±60)r/min 转速搅拌 5min，形成悬浮液，然后以（400±40)r/min 转速持续搅拌，直至试验结束。

悬浮液中加入 5mL 亚甲蓝溶液，以（400±40)r/min 转速搅拌至少 1min 后，用玻璃棒蘸取一滴悬浮液 [所取悬浮液滴应使沉淀物直径在（8~12）mm 内]，滴于滤纸（置于空烧杯或其他合适的支撑物上，以使滤纸表面不与任何固体或液体接触）上。若沉淀物周围未出现色晕，再加入 5mL 亚甲蓝溶液，继续搅拌 1min，再用玻璃棒蘸取一滴悬浮液，滴于滤纸上，若沉淀物周围仍未出现色晕，重复上述步骤，直至沉淀物周围出现约 1mm 宽的稳定浅蓝色色晕。此时，应继续搅拌，不加亚甲蓝溶液，每 1min 进行一次蘸染试验。若色晕在 4min 内消失，再加入 5mL 亚甲蓝溶液；若色晕在第 5min 消失，再加入 2mL 亚甲蓝溶液。两种情况下，均应继续进行搅拌和蘸染试验，直至色晕可持续 5min。

记录色晕持续 5min 时所加入的亚甲蓝溶液总体积，精确至 1mL。

亚甲蓝 MB 值按式（6-7）计算：

$$MB = \frac{V}{G} \times 10 \tag{6-7}$$

式中：MB——亚甲蓝值，g/kg，表示每千克（0~2.36）mm 粒级试样所消耗的亚甲蓝克数，精确至 0.01；

G——试样质量，g；

V——所加入的亚甲蓝溶液的总量，mL；

10——系数，用于将每千克试样消耗的亚甲蓝溶液体积换算成亚甲蓝质量。

当 $MB < 1.4$ 时，则判定是以石粉为主；当 $MB \geq 1.4$ 时，则判定为以泥粉为主的石粉。

亚甲蓝快速试验：制样方法同上；一次性向烧杯中加入 30mL 亚甲蓝溶液，以（400±40)r/min 转速持续搅拌 8min，然后用玻璃棒蘸取一滴悬浊液，滴于滤纸上，观察沉淀物周围是否出现明显色晕，出现为合格，否则为不合格。

5）砂压碎指标值试验

受压钢模见图 6-4。

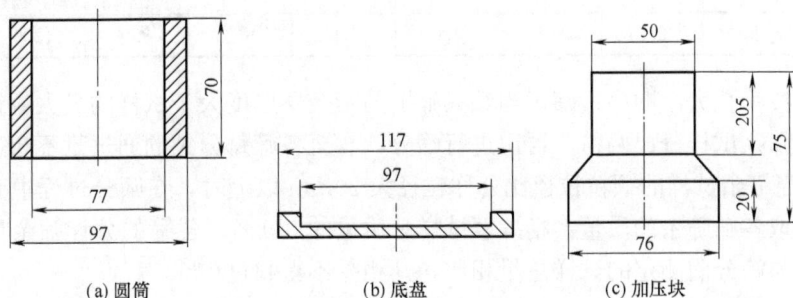

图 6-4　受压钢模示意图（单位：mm）

将缩分后的样品置于（105±5)℃的烘箱内烘干至恒重，待冷却至室温后，筛分成（5.00~2.50)mm、（2.50~1.25)mm、1.25mm~630μm、（630~315）μm 四个粒级，每级试样质量不得少于 1000g。

　　置圆筒于底盘上，组成受压模，将一单级砂样约 300g 装入模内，使试样距底盘约为 50mm；平整试模内试样的表面，将加压块放入圆筒内，并转动一周使之与试样均匀接触；将装好砂样的受压钢模置于压力机的支承板上，对准压板中心后，开动机器，以 500N/s 的速度加荷，加荷至 25kN 时持荷 5s，而后以同样速度卸荷；取下受压模，移去加压块，倒出压过的试样并称其质量（m_0），然后用该粒级的下限筛（如砂样为公称粒级 5.00～2.50mm 时，其下限筛为筛孔公称直径 2.50mm 的方孔筛）进行筛分，称出该粒级试样的筛余量（m_1）。

　　人工砂的压碎指标按下述方法计算：

　　第 i 单级砂样的压碎指标按式（6-8）计算，精确至 0.1%：

$$\delta_i = \frac{m_0 - m_i}{m_0} \times 100\%$$ （6-8）

式中：δ_i——第 i 单级砂样压碎指标，%；

　　　m_0——第 i 单级试样的质量，g；

　　　m_i——第 i 单级试样的压碎试验后筛余的试样质量，g。

　　以三份试样试验结果的算术平均值作为各单粒级试样的测定值。

　　四级砂样总的压碎指标按式（6-9）计算：

$$\delta_m = \frac{\alpha_1\delta_1 + \alpha_2\delta_2 + \alpha_3\delta_3 + \alpha_4\delta_4}{\alpha_1 + \alpha_2 + \alpha_3 + \alpha_4} \times 100\%$$ （6-9）

式中：　　　δ_m——总的压碎指标，%，精确至 0.1%；

α_1、α_2、α_3、α_4——公称直径分别为 2.50mm、1.25mm、630μm、315μm 各方孔筛的分计筛余，%；

δ_1、δ_2、δ_3、δ_4——公称粒级分别为（5.00～2.50）mm、（2.50～1.25）mm、1.25mm～630μm；（630～315）μm 单级试样压碎指标，%。

　　6）石筛分试验

　　试验前，应将样品缩分至表 6-9 所规定的试样最少质量，并烘干或风干后备用。

筛分析所需试样的最少质量　　　　　　　　　　　表 6-9

公称粒径/mm	10.0	16.0	20.0	25.0	31.5	40.0	63.0	80.0
试样最少质量/kg	2.2	3.2	4.0	5.0	6.3	8.0	12.6	16.0

　　将试样按筛孔大小顺序过筛，当每只筛上的筛余层厚度大于试样的最大粒径值时，应将该筛上的筛余试样分成两份，再次进行筛分，直至各筛每分钟的通过量不超过试样总量的 0.1%；当筛余试样的颗粒粒径比公称粒径大 20mm 以上时，在筛分过程中允许用手拨动颗粒。称取各筛筛余的质量，精确至试样总质量的 0.1%。各筛的分计筛余量和筛底剩余量的总和与筛分前测定的试样总量相比，其相差不得超过 1%。

　　计算分计筛余（各筛上筛余量除以试样的百分率），精确至 0.1%。

　　计算累计筛余（该筛的分计筛余与筛孔大于该筛的各筛的分计筛余百分率之总和），精确至 1%。

　　根据各筛的累计筛余，评定该试样的颗粒级配。

7）石含泥量试验

样品缩分至下表 6-10 所规定的量（注意防止细粉丢失），并置于温度为（105±5）℃ 的烘箱内烘干至恒重，冷却至室温后分成两份备用。

含泥量试验所需的试样最少质量　　　　　　表 6-10

最大公称粒径/mm	10.0	16.0	20.0	25.0	31.5	40.0	63.0	80.0
试样量不少于/kg	2	2	6	6	10	10	20	20

称取试样一份（m_0）装入容器中摊平，并注入饮用水，使水面高出石子表面 150mm；浸泡 2h 后，用手在水中淘洗颗粒，使尘屑、淤泥和黏土与较粗颗粒分离，并使之悬浮或溶解于水。缓缓地将浑浊液倒入公称直径为 1.25mm 及 80μm 的方孔套筛（1.25mm 筛放置上面）上，滤去小于 80μm 的颗粒。试验前筛子的两面应先用水湿润。在整个试验过程中应注意避免大于 80μm 的颗粒丢失。

再次于容器中加水，重复上述过程，直至洗出的水清澈为止。

用水冲洗剩留在筛上的细粒，并将公称直径为 80μm 的方孔筛放在水中（使水面略高出筛内颗粒）来回摇动，以充分洗除小于 80μm 的颗粒。然后将两只筛上剩留的颗粒和筒中已洗净的试样一并装入浅盘，置于温度为（105±5）℃的烘箱中烘干至恒重。取出冷却至室温后，称取试样的质量（m_1）。

碎石或卵石中含泥量应按式（6-10）计算，精确至 0.1%：

$$\omega_c = \frac{m_0 - m_1}{m_0} \times 100\%$$ （6-10）

式中：ω_c——含泥量，%；

$\quad$ m_0——试验前烘干试样的质量，g；

$\quad$ m_1——试验后烘干试样的质量，g。

以两个试样试验结果的算术平均值作为测定值。两次结果之差大于 0.2% 时，应重新取样进行试验。

8）石泥块含量

样品缩分至略大于表 6-10 所示的量，缩分时应防止所含黏土块被压碎。缩分后的试样在（105±5）℃烘箱内烘至恒重，冷却至室温后分成两份备用。

筛去公称粒径 5.00mm 以下颗粒，称取质量（m_1）。

将试样在容器中摊平，加入饮用水使水面高出试样表面，24h 后把水放出，用手碾压泥块，然后把试样放在公称直径为 2.50mm 的方孔筛上摇动淘洗，直至洗出的水清澈为止。

将筛上的试样小心地从筛里取出，置于温度为（105±5）℃烘箱中烘干至恒重。取出冷却至室温后称取质量（m_2）。

泥块含量应按式（6-11）计算，精确至 0.1%：

$$\omega_{c,L} = \frac{m_1 - m_2}{m_1} \times 100\%$$ （6-11）

式中：$\omega_{c,L}$——泥块含量，%；

$\quad$ m_1——公称直径 5mm 筛上筛余量，g；

m_2——试验后烘干试样的质量，g。

以两个试样试验结果的算术平均值作为测定值。

9）针状和片状颗粒的总含量试验

样品在室内风干至表面干燥，并缩分至表 6-11 规定的量，称量（m_0），然后筛分成表 6-12 所规定的粒级备用。

针状和片状颗粒的总含量试验所需的试样最少质量　　　　　　　表 6-11

最大公称粒径/mm	10.0	16.0	20.0	25.0	31.5	≥40.0
试样最少质量/kg	0.3	1	2	3	5	10

针状和片状颗粒的总含量试验的粒级划分及其相应的规准仪孔宽或间距　　表 6-12

公称粒级/mm	5.00～10.0	10.00～16.0	16.0～20.0	20.0～25.0	25.0～31.5	31.5～40.0
片状规准仪上相对应的孔宽/mm	2.8	5.1	7.0	9.1	11.6	13.8
片状规准仪上相对应的间距/mm	17.1	30.6	42.0	54.6	69.6	82.8

按表 6-12 所规定的粒级用规准仪逐粒对试样进行鉴定，凡颗粒长度大于针状规准仪（图 6-5）上相对应的间距的，为针状颗粒。厚度小于片状规准仪（图 6-5）上相应孔宽的，为片状颗粒。

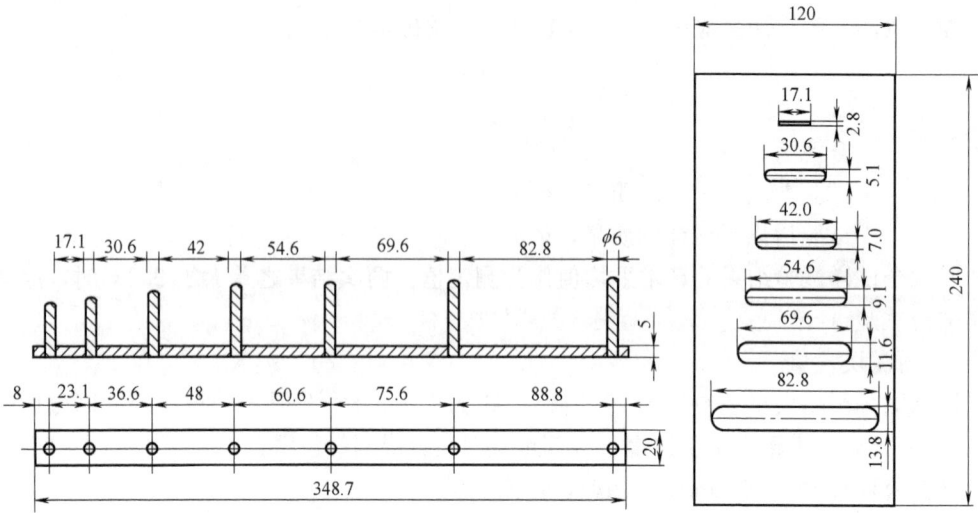

图 6-5　针、片状规准仪（单位：mm）

公称粒径大于 40mm 的可用卡尺鉴定其针片状颗粒，卡尺卡口的设定宽度应符合表 6-13 的规定。

公称粒径大于 40mm 用卡尺卡口的设定宽度　　　　　　　表 6-13

公称粒级/mm	40.0～63.0	63.0～80.0
片状颗粒的卡口宽度/mm	18.1	27.6
针状颗粒的卡口宽度/mm	108.6	165.6

称取由各粒级挑出的针状和片状颗粒的总质量（m_0）。

碎石或卵石中针状和片状颗粒的总含量应按式（6-12）计算，精确至 1%：

$$\omega_p = \frac{m_1}{m_0} \times 100\% \qquad (6\text{-}12)$$

式中：ω_p——针状和片状颗粒的总含量，%；

    m_1——试样中所含针状和片状颗粒的总质量，g；

    m_0——试样总质量，g。

10）碎石或卵石的压碎值指标试验

标准试样一律采用公称粒级为（10.0～20.0）mm 的颗粒，并在风干状态下进行试验。对多种岩石组成的卵石，当其公称粒径大于 20.0mm 颗粒的岩石矿物成分与（10.0～20.0）mm 粒级有显著差异时，应将大于 20.0mm 的颗粒应经人工破碎后，筛取（10.0～20.0）mm 标准粒级另外进行压碎值指标试验。

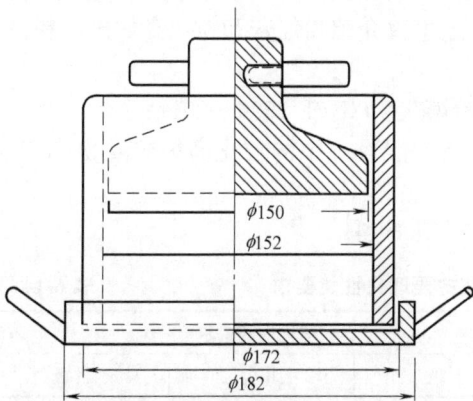

图 6-6　压碎指标值测定仪（单位：mm）

将缩分后的样品先筛除试样中公称粒径 10.0mm 以下及 20.0mm 以上的颗粒，再用针状和片状规准仪剔除针状和片状颗粒，然后称取每份 3kg 的试样 3 份备用。

置圆筒于压碎指标值测定仪（图 6-6）的底盘上，取试样一份，分二层装入圆筒。每装完一层试样后，在底盘下面垫放一直径为 10mm 的圆钢筋，将筒按住，左右交替颠击地面各 25 下，第二层颠实后，试样表面距盘底的高度应控制在 100mm 左右。

整平筒内试样表面，把加压头装好（注意应使加压头保持平正），放到试验机上在（160～300）s 内均匀地加荷到 200kN，稳定 5s，然后卸荷，取出测定筒。倒出筒中的试样并称其质量（m_0），用公称直径为 2.50mm 的方孔筛筛除被压碎的细粒，称量剩留在筛上的试样质量（m_1）。

碎石或卵石的压碎值指标，应按式（6-13）计算（精确至 0.1%）：

$$\delta_0 = \frac{m_0 - m_1}{m_0} \times 100\% \qquad (6\text{-}13)$$

式中：δ_0——压碎值指标，%；

    m_0——试样的质量，g；

    m_1——压碎试验后筛余的试样质量，g。

多种岩石组成的卵石，需对公称粒径 20.0mm 以下和 20.0mm 以上的标准粒级（10.0～20.0mm）分别进行检验，则其总的压碎值指标应按式（6-14）计算：

$$\delta_0 = \frac{\alpha_1 \delta_{a1} + \alpha_2 \delta_{a2}}{\alpha_1 + \alpha_2} \times 100\% \qquad (6\text{-}14)$$

式中：δ_0——总的压碎值指标，%；

    α_1、α_2——公称粒径 20.0mm 以下和 20.0mm 以上两粒级的颗粒含量百分率；

    δ_{a1}、δ_{a2}——两粒级以标准粒级试验的分计压碎值指标，%。

以三次试验结果的算术平均值作为压碎指标测定值。

3. 掺合料

（1）定义及分类

混凝土掺合料是为了改善混凝土性能，节约用水，调节混凝土强度等级，在混凝土拌合时掺入天然的或人工的能改善混凝土性能的粉状矿物质。

掺合料可分为活性掺合料和非活性掺合料。活性矿物掺合料本身不硬化或者硬化速度很慢，但能与石灰、消石灰等钙质材料加水拌合后，能够凝结硬化进而产生强度，或与水泥水化生成的氢氧化钙起反应，生成具有胶凝能力的水化产物，如粉煤灰、粒化高炉矿渣粉、沸石粉、硅灰等。

非活性矿物掺合料是指掺入水泥中主要起填充作用，而又不损害水泥性能的矿物掺合料。非活性掺合料基本不与水泥组分起反应，如石灰石、磨细石英砂等材料。

常用的混凝掺合料土掺合料有粉煤灰、粒化高炉矿渣、火山灰类物质。尤其是粉煤灰、超细粒化电炉矿渣、硅灰等应用效果良好。这里仅介绍粉煤灰和粒化高炉矿渣粉。

（2）技术要求

粉煤灰产品标准：《用于水泥和混凝土中的粉煤灰》GB/T 1596—2017；

粒化高炉矿渣粉产品标准：《用于水泥、砂浆和混凝土中的粒化高炉矿渣粉》GB/T 18046—2017。

粉煤灰（用于拌制砂浆与混凝土）性能要求见表6-14。

拌制砂浆和混凝土用粉煤灰主要理化性能要求　　　　　　　　　表 6-14

项目		理化性能要求		
		Ⅰ级	Ⅱ级	Ⅲ级
细度（45μm方孔筛筛余）/%	F类粉煤灰	≤12.0	≤30.0	≤45.0
	C类粉煤灰			
需水量比/%	F类粉煤灰	≤95	≤105	≤115
	C类粉煤灰			
烧失量/%	F类粉煤灰	≤5.0	≤8.0	≤10.0
	C类粉煤灰			
含水量/%	F类粉煤灰	≤1.0		
	C类粉煤灰			
强度活性指数/%	F类粉煤灰	≥70		
	C类粉煤灰			

矿渣粉技术要求见表6-15。

矿渣粉的技术要求　　　　　　　　　表 6-15

项目		级别		
		S105	S95	S75
密度/(g/cm³)		≥2.8		
比表面积/(m²/kg)		≥500	≥400	≥300
活性指数/%	7d	≥95	≥70	≥55
	28d	≥105	≥95	≥75

续表

项目	级别		
	S105	S95	S75
流动度比/%	≥95		
初凝时间比/%	≤200		
含水量(质量分数)/%	≤1.0		
烧失量(质量分数)/%	≤1.0		

（3）组批原则和取样要求

粉煤灰同一厂家、同一品种、同一技术指标、同一批号且连续进场的粉煤灰不超过200t时为一批。

矿渣粉同一厂家、相同级别、连续供应500t/批（不足500t，按一批计）。

粉煤灰和矿渣粉取样时：散装粉料应从每批连续购进的任意3个罐体各取等量试样一份，每份不少于5.0kg，混合搅拌均匀，用四分法缩取比试验需要量大一倍的试样量；袋装粉料应从每批中任抽10袋，从每袋中各取等量试样一份，每份不少于1.0kg，用四分法缩取比试验需要量大一倍的试样量。

依据不同的验收规范，组批原则和取样要求有所不同，具体按照相应规范执行。

（4）试验方法

部分试验原始记录可参考附表（JCZX-GC-D（1)-4005.1)掺合料试验原始记录。

1）粉煤灰需水量比试验（《用于水泥和混凝土中的粉煤灰》GB/T 1596—2017 附录A)

需水量比试验用对比水泥应符合《强度检验用水泥标准样品》GSB 14—1510规定，或符合《通用硅酸盐水泥》GB 175—2007规定的强度等级42.5的硅酸盐水泥或普通硅酸盐水泥且按表6-16配制的对比胶砂流动度（L_0）在（145～155)mm之间；对比水泥和被检验粉煤灰按质量比7∶3混合；标准砂符合《水泥胶砂强度检验方法（ISO法）》GB/T 17671—2021规定的（0.5～1.0)mm的中级砂；水为洁净的淡水。

粉煤灰需水量比试验胶砂配比　　　　　　表 6-16

胶砂种类	对比水泥/g	试验样品/g		标准砂/g
		对比水泥	粉煤灰	
对比胶砂	250	—	—	750
试验胶砂	—	175	75	750

对比胶砂和试验胶砂分别按《水泥胶砂强度检验方法（ISO法)》GB/T 17671—2021规定进行搅拌。

搅拌后的对比胶砂和试验胶砂分别按《水泥胶砂流动度测定方法》GB/T 2419—2005测定流动度。当试验胶砂流动度达到对比胶砂流动度（L_0）的±2mm时，记录此时的加水量（m）；当试验胶砂流动度超出对比胶砂流动度（L_0）的±2mm时，重新调整加水量，直至试验胶砂流动度达到对比胶砂流动度（L_0）的±2mm为止。

需水量比按式（6-15）计算，结果保留至1%。

$$X = \frac{m}{125} \times 100 \tag{6-15}$$

式中：X——需水量比，%；

m——试验胶砂流动度达到对比胶砂流动度（L_0）的±2mm 时的加水量，g；

125——对比胶砂的加水量，g。

试验结果有矛盾或需要仲裁检验时，对比水泥宜采用《强度检验用水泥标准样品》GSB 14-1510 强度检验用水泥标准样品。

2）粉煤灰强度活性指数试验方法（《用于水泥和混凝土中的粉煤灰》GB/T 1596—2017 附录 C）

强度活性指数试验用对比水泥应符合《强度检验用水泥标准样品》GSB 14—1510 规定或符合《通用硅酸盐水泥》GB 175—2007 规定的强度等级 42.5 的硅酸盐水泥或普通硅酸盐水泥；对比水泥和被检验粉煤灰按质量比 7∶3 混合；标准砂应符合《中国 ISO 标准砂》GSB 08-1337—2018 规定；水为洁净的淡水。胶砂配比按表 6-17 进行。

强度活性指数试验胶砂配比

表 6-17

胶砂种类	对比水泥/g	试验样品/g		标准砂/g	水/g
		对比水泥	粉煤灰		
对比胶砂	450	—	—	1350	225
试验胶砂	—	315	135	1350	225

将对比胶砂和试验胶砂按《水泥胶砂强度检验方法（ISO 法）》GB/T 17671—2021 规定分别进行搅拌、试体成型和养护。试体养护至 28d，按《水泥胶砂强度检验方法（ISO 法）》GB/T 17671—2021 规定分别测定对比胶砂和试验胶砂的抗压强度。

强度活性指数按式（6-16）计算，结果保留算至 1%。

$$H_{28} = \frac{R}{R_0} \times 100 \tag{6-16}$$

式中：H_{28}——强度活性指数，%；

R——试验胶砂 28d 抗压强度，MPa；

R_0——对比胶砂 28d 抗压强度，MPa。

试验结果有矛盾或需要仲裁检验时，对比水泥宜采用《强度检验用水泥标准样品》GSB14-1510 强度检验用水泥标准样品。

3）粉煤灰细度试验、安定性试验

细度试验按《水泥细度检验方法筛分析》GB/T 1345—2005 中 45μm 负压筛析法进行，筛析时间为 3min。

筛网应采用符合《粉煤灰细度标准样品》GSB 08—2056 规定的或其他同等级标准样品进行校正，筛析 100 个样品后进行筛网的校正，结果处理同《水泥细度检验方法筛分析》GB/T 1345—2005 规定。

细度试验（《水泥细度检验方法筛分析》GB/T 1345—2005）分为三种方法：

负压筛析法：用负压筛析仪，通过负压源产生的恒定气流，在规定筛析时间内使试验筛内的水泥达到筛分。

水筛法：将试验筛放在水筛座上，用规定压力的水流，在规定时间内使试验筛内的水泥达到筛分。

手工筛析法：将试验筛放在接料盘（底盘）上，用手工按照规定的拍打速度和转动角度，对水泥进行筛析试验。

试验前所用试验筛应保持清洁，负压筛和手工筛应保持干燥。试验时，$80\mu m$ 筛析试验称取试样 $25g$，$45\mu m$ 筛析试验称取试样 $10g$。

负压筛析法：筛析试验前应把负压筛放在筛座上，盖上筛盖，接通电源，检查控制系统，调节负压至（$4000\sim6000$）Pa 范围内。称取试样精确至 $0.01g$，置于洁净的负压筛中，放在筛座上，盖上筛盖，接通电源，开动筛析仪连续筛析 $2\ min$，在此期间如有试样附着在筛盖上，可轻轻地敲击筛盖使试样落下。筛毕，用天平称量全部筛余物。

水筛法：筛析试验前应检查水中无泥、砂，调整好水压及水筛架的位置，使其能正常运转，并控制喷头底面和筛网之间距离为（$35\sim75$）mm。称取试样精确至 $0.01g$，置于洁净的水筛中，立即用淡水冲洗至大部分细粉通过后，放在水筛架上，用水压为 0.05 ± 0.02MPa 的喷头连续冲洗 $3min$。筛毕，用少量水把筛余物冲至蒸发皿中，等水泥颗粒全部沉淀后，小心倒出清水，烘干并用天平称量全部筛余物。

手工筛析法：称取水泥试样精确至 $0.01g$，倒入手工筛内。一只手持筛往复摇动，另一只手轻轻拍打，往复摇动和拍打过程应保持近于水平。拍打速度每分钟约 120 次，每 40 次向同一方向转动 $60°$，使试样均匀分布在筛网上，直至每分钟通过的试样量不超过 $0.03g$ 为止。称量全部筛余物。

对其他粉状物料或采用（$45\sim80$）μm 以外规格方孔筛进行筛析试验时，应指明筛子的规格、称样量、筛析时间等相关参数。

试验筛必须经常保持洁净，筛孔通畅，使用 10 次后要进行清洗。金属框筛、铜丝网筛清洗时应用专门的清洗剂，不可用弱酸浸泡。

水泥试样筛余百分数按式（6-17）计算：

$$F=\frac{R_1}{W}\times100 \tag{6-17}$$

式中：F——水泥试样的筛余百分数，%；

R_1——水泥筛余物的质量，g；

W——水泥试样的质量，g。

结果计算至 0.1%。

筛余结果的修正：试验筛的筛网会在试验中磨损，因此筛析结果应进行修正。修正的方法是试验结果乘以该试验筛标定后得到的有效修正系数，即为最终结果。

合格评定时，每个样品应称取两个试样分别筛析，取筛余平均值为筛析结果。若两次筛余结果绝对误差大于 0.5% 时（筛余值大于 5.0% 时可放宽至 1.0%）应再做一次试验，取两次相近结果的算术平均值，作为最终结果。

负压筛析法、水筛法和手工筛析法测定的结果发生争议时，以负压筛析法为准。

水泥试验筛的标定方法：

标定用水泥细度标准样品符合《水泥细度和比表面积标准样品》GSB 14—1511 要求，或相同等级的标准样品。有争议时以《水泥细度和比表面积标准样品》GSB 14—1511 标准样品为准。

被标定试验筛应事先经过清洗、去污、干燥（水筛除外），并和标定试验室温度一致。

将标准样装入干燥洁净的密闭广口瓶中，盖上盖子摇动 $2min$，消除结块。静置 $2min$

后，用一根干燥洁净的搅拌棒搅匀样品。称量标准样品精确至 0.01g；将标准样品倒进被标定试验筛，中途不得有任何损失。接着进行筛析试验操作。每个试验筛的标定应称取两个标准样品连续进行，中间不得插做其他样品试验。

两个样品结果的算术平均值为最终值，但当两个样品筛余结果相差大于 0.3% 时，应称第三个样品进行试验，并取接近的两个结果进行平均作为最终结果。

修正系数按式（6-18）计算：

$$C = F_s / F_t \tag{6-18}$$

式中：C——试验筛修正系数；

　　F_s——标准样品的筛余标准值，%；

　　F_t——标准样品在试验筛上的筛余值，%。

结果计算至 0.01。

当 C 值在 0.80~1.20 时，试验筛可继续使用，C 可作为结果修正系数。当 C 值超出 0.80~1.20 时，试验筛应予淘汰。

安定性试验按照对比水泥和被检验粉煤灰按质量比 7：3 混合后按《水泥标准稠度用水量、凝结时间、安定性检验方法》GB/T 1346—2011 进行。

4）粉煤灰含水量试验方法（《用于水泥和混凝土中的粉煤灰》GB/T 1596—2017 附录 B）

称取粉煤灰试样约 50g，精确至 0.01g，倒入已烘干至恒量的蒸发皿中称量（m_1），精确至 0.01g。

将粉煤灰试样放入（105~110）℃烘干箱内烘至恒重，取出放在干燥器中冷却至室温后称量（m_0），精确至 0.01g。

含水量按式（6-19）计算，结果保留至 0.1%。

$$W = \frac{m_1 - m_0}{m_1} \times 100 \tag{6-19}$$

式中：W——含水量，%；

　　m_1——烘干前试样的质量，g；

　　m_0——烘干后试样的质量，g。

5）矿粉密度、比表面积试验（《水泥比表面积测定方法 勃氏法》GB/T 8074—2008、《水泥密度测定方法》GB/T 208—2014）

试验用水泥试样应预先通过 0.90mm 方孔筛，在（110±5）℃温度下烘干 1h，并在干燥器内冷却至室温 ［室温应控制在（20±1）℃］。

称取水泥 60g（m），精确至 0.01g。在测试其他材料密度时，可按实际情况增减称量材料质量，以便读取刻度值。

将无水煤油注入李氏瓶（图 6-7）中至"0mL"到"1mL"之间刻度线后（选用磁力搅拌此时应加入磁力棒），盖上瓶塞放入恒温水槽

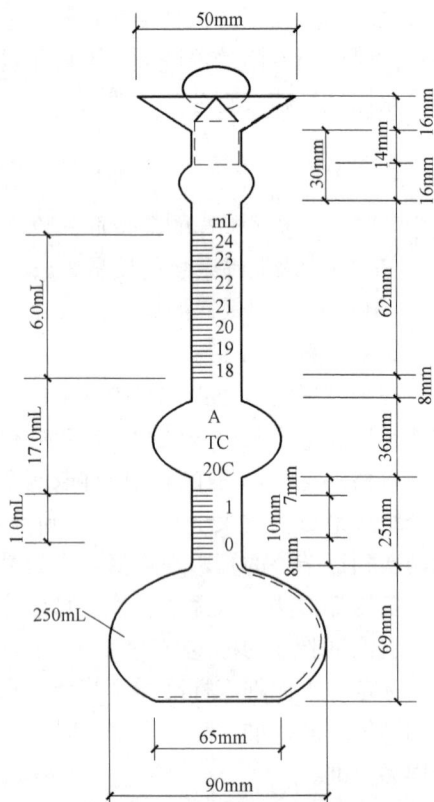

图 6-7 李氏瓶

内，使刻度部分浸入水中［水温应控制在（20±1）℃］，恒温至少 30min，记下无水煤油的初始（第一次）读数（V_1）。

从恒温水槽中取出李氏瓶，用滤纸将李氏瓶细长颈内没有煤油的部分仔细擦干净。

用小匙将水泥样品一点点地装入李氏瓶中，反复摇动（亦可用超声波振动或磁力搅拌等），直至没有气泡排出，再次将李氏瓶静置于恒温水槽，使刻度部分浸入水中，恒温至少 30min，记下第二次读数（V_2）。

第一次读数和第二次读数时，恒温水槽的温度差不大于 0.2℃。

水泥密度按式（6-20）计算，结果精确至 0.01g/cm^2，试验结果取两次测定结果的算术平均值，两次测定结果之差不大于 0.02g/cm^2。

$$\rho = m/(V_2 - V_1) \tag{6-20}$$

式中：ρ——水泥密度，g/cm^3；

m——水泥质量，g；

V_2——李氏瓶第二次读数，mL；

V_1——李氏瓶第一次读数，mL。

测定密度后，需检查比表面积测定仪的密封性，将透气圆筒上口用橡皮塞塞紧，接到压力计上。用抽气装置从压力计一臂中抽出部分气体，然后关闭阀门，观察是否漏气。如发现漏气，可用活塞油脂加以密封。

P·Ⅰ、P·Ⅱ型水泥的空隙率采用 0.500±0.005，其他水泥或粉料的空隙率选用 0.530±0.005。当按上述空隙率不能将试样压至规定的位置时，则允许改变空隙率。

空隙率的调整以 2000g 砝码（5 等砝码）将试样压实至规定的位置为准。

试样量按式（6-21）计算：

$$m = \rho V(V - \varepsilon) \tag{6-21}$$

式中：m——需要的试样量，g；

ρ——试样密度，g/cm^3；

V——试料层体积，按《勃氏透气仪》JC/T956 测定；单位为立方厘米/cm^3；

ε——试料层空隙率。

比表面积 U 形压力计见图 6-8。

将穿孔板放入透气圆筒的突缘上，用捣棒把一片滤纸放到穿孔板上，边缘放平并压紧。称取计算出来的试样量，精确到 0.001g，倒入圆筒。轻敲圆筒的边，使水泥层表面平坦。再放入一片滤纸，用捣器均匀捣实试料直至捣器的支持环与圆筒顶边接触，并旋转 1～2 圈，慢慢取出捣器。

穿孔板上的滤纸为直径 12.7mm 边缘光滑的圆形滤纸片，每次测定需用新的滤纸片。

把装有试料层的透气圆筒下锥面涂一薄层活塞油脂，然后把它插入压力计顶端锥型磨口处，旋转 1～2 圈。要保证紧密连接不致漏气，并不振动所制备的试料层。

打开微型电磁泵慢慢从压力计一臂中抽出空气，直到压力计内液面上升到扩大部下端时关闭阀门。当压力计内液体的凹月面下降到第一条刻线时开始计时，当液体的凹月面下降到第二条刻线时停止计时，记录液面从第一条刻度线到第二条刻度线所需的时间。以秒记录，并记录下试验时的温度（℃）。每次透气试验，应重新制备试料层。

当被测试样的密度、试料层中空隙率与标准样品相同，试验时的温度与校准温度之差

19/38标准阴锥与圆筒底部紧密连接

阀门

150~160

15±1

70±1

130~140

高度使料层
厚度达15.0±0.5

捣器与圆筒间隙小于0.1

透气圆筒

12.70$^{+0.05}$

35个小孔

穿孔板

15.0±0.5

55±10

滤纸

19/38标准阴锥与压力计顶端紧密连接

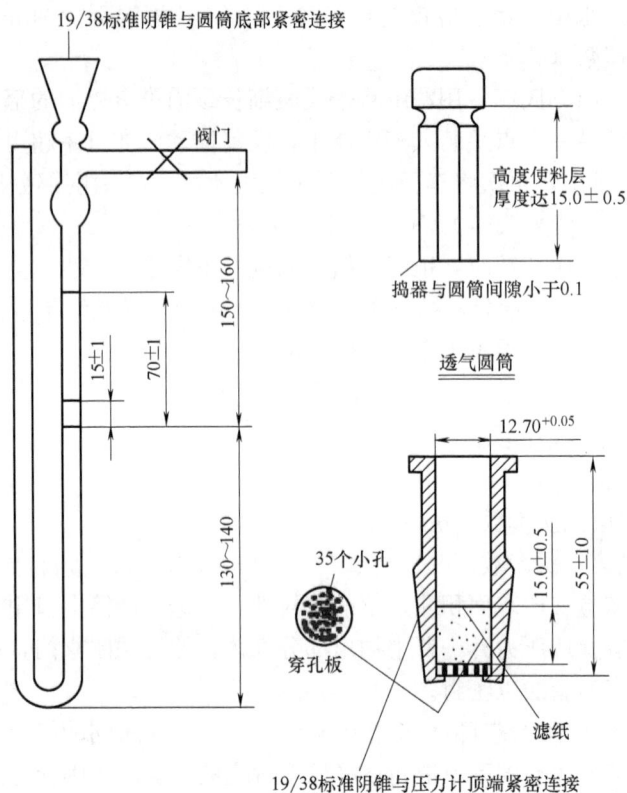

图6-8　比表面积U形压力计示意图（单位：mm）

不大于3℃时，可按式（6-22）计算。

$$S = \frac{S_S \sqrt{T}}{\sqrt{T_S}} \qquad (6-22)$$

如试验时的温度与校准温度之差大于3℃时，则按式（6-23）计算：

$$S = \frac{S_S \sqrt{\eta_S} \sqrt{T}}{\sqrt{\eta} \sqrt{T_S}} \qquad (6-23)$$

式中：S——被测试样的比表面积，cm^2/g；

　　S_S——标准样品的比表面积，cm^2；

　　T——被测试样试验时，压力计中液面降落测得的时间，s；

　　T_S——标准样品试验时，压力计中液面降落测得的时间，s；

　　η——被测试样试验温度下的空气黏度，$\mu Pa \cdot s$；

　　η_S——标准样品试验温度下的空气黏度，$\mu Pa \cdot s$。

当被测试样的试料层中空隙率与标准样品试料层中空隙率不同，试验时的温度与校准温度之差不大于3℃时，可按式（6-24）计算。

$$S = \frac{S_S \sqrt{T} (1 - \varepsilon_S) \sqrt{\varepsilon^3}}{\sqrt{T_S} (1 - \varepsilon) \sqrt{\varepsilon_S^3}} \qquad (6-24)$$

如试验时的温度与校准温度之差大于3℃时，则按式（6-25）计算：

$$S=\frac{S_S\sqrt{\eta_S}\sqrt{T}(1-\varepsilon_S)\sqrt{\varepsilon^3}}{\sqrt{\eta}\sqrt{T_S}(1-\varepsilon)\sqrt{\varepsilon_S^3}} \tag{6-25}$$

式中：ε——被测试样试料层中的空隙率；

ε_S——标准样品试料层中的空隙率。

当被测试样的密度和空隙率均与标准样品不同，试验时的温度与校准温度之差不大于 3℃时，可按式（6-26）计算。

$$S=\frac{S_S\rho_S\sqrt{T}(1-\varepsilon_S)\sqrt{\varepsilon^3}}{\rho\sqrt{T_S}(1-\varepsilon)\sqrt{\varepsilon_S^3}} \tag{6-26}$$

如试验时的温度与校准温度之差大于 3℃时，则按式（6-27）计算：

$$S=\frac{S_S\sqrt{\eta_S}\sqrt{T}(1-\varepsilon_S)\sqrt{\varepsilon^3}}{\sqrt{\eta}\sqrt{T_S}(1-\varepsilon)\sqrt{\varepsilon_S^3}} \tag{6-27}$$

式中：ε——被测试样的密度，g/cm^3；

ε_S——标准样品的密度，g/cm^3。

水泥比表面积应由二次透气试验结果的平均值确定。如二次试验结果相差 2％以上时，应重新试验。计算结果保留至 $10cm^2/g$。

当同一水泥用手动勃氏透气仪测定的结果与自动勃氏透气仪测定的结果有争议时，以手动勃氏透气仪测定结果为准。

6）矿渣粉活性指数、流动度比和初凝时间比的测定方法（《用于水泥、砂浆和混凝土中的粒化高炉矿渣粉》GB/T 18046-2017 附录 A）

对比水泥应符合《通用硅酸盐水泥》GB 175—2007 规定的强度等级为 42.5 的硅酸盐水泥或普通硅酸盐水泥，且 3d 抗压强度（25～35）MPa，7d 抗压强度（35～45）MPa，28d 抗压强度（50～60）MPa，比表面积（350～400）m^2/kg。SO_3 含量（质量分数）2.3％～2.8％，碱含量（$NaO+0.658K_2O$）（质量分数）0.5％～0.9％。

试验样品由对比水泥和矿渣粉按质量比 1∶1 组成。

矿渣粉活性指数、流动度比试验水泥胶砂配比见表 6-18。

水泥胶砂配比　　　　　　　　　　　　　　　　　表 6-18

水泥胶砂种类	对比水泥/g	矿渣粉/g	中国 ISO 标准砂/g	水/ml
对比水泥	450	—	1350	225
矿渣粉	225	225	1350	225

水泥胶砂搅拌程序按《水泥胶砂强度检验方法（ISO 法）》GB/T 17671—2021 进行；水泥胶砂流动度试验按《水泥胶砂流动度测定方法》GB/T 2419—2005 标准进行对比胶砂和试验胶砂的流动度试验。水泥胶砂强度试验按《水泥胶砂强度检验方法（ISO 法）》GB/T 17671—2021 进行对比胶砂和试验胶砂的 7d、28d 水泥胶砂抗压强度试验。

矿渣粉 7d 活性指数按式（6-28）计算，计算结果保留至整数：

$$A_7=\frac{R_7\times100}{R_{07}} \tag{6-28}$$

式中：A_7——矿渣粉 7d 活性指数，％；

R_{07}——对比胶砂 7d 抗压强度，MPa；

R_7——试验胶砂 7d 抗压强度，MPa。

矿渣粉 28d 活性指数按式（6-29）计算，计算结果保留至整数：

$$A_{28} = \frac{R_{28} \times 100}{R_{028}} \qquad (6\text{-}29)$$

式中：A_{28}——矿渣粉 28d 活性指数，%；

R_{028}——对比胶砂 28d 抗压强度，MPa；

R_{28}——胶砂 28d 抗压强度，MPa。

矿渣粉流动度比按式（6-30）计算，计算结果保留至整数：

$$F = \frac{L \times 100}{L_m} \qquad (6\text{-}30)$$

式中：F——矿渣粉流动度比，%；

L_m——对比胶砂流动度，mm；

L——试验流动度，mm。

4. 外加剂

（1）定义和分类

混凝土外加剂是在搅拌混凝土过程中掺入，能显著改善混凝土性能的化学物质。外加剂按照性状可分为固体外加剂和液体外加剂。按主要功能分为改善混凝土拌合物流变性能的外加剂；调节混凝土凝结时间、硬化性能的外加剂；改善混凝土耐久性的外加剂；改善混凝土其他性能的外加剂。现在成品外加剂很多为复合型外加剂，按照不同混凝土的性能要求直接调节其化学成分，得到满意的效果。

这里仅介绍几种通用型的外加剂。

（2）性能指标

主要依据标准为《混凝土外加剂》GB 8076—2008；《混凝土防冻剂》JC/T 475—2004；《混凝土膨胀剂》GB/T 23439—2017；《喷射混凝土用速凝剂》GB/T 35159—2017。

其主要性能指标见表 6-19～表 6-25。

《混凝土外加剂》GB 8076—2008 标准中外加剂部分性能指标　　　　　　　表 6-19

项目		外加剂品种											
		高性能减水剂 HPWR			高效能减水剂 HWR		普通减水剂 WR			引气减水剂 AEWR	泵送剂 PA	早强剂 Ac	缓凝剂 Re	引气剂 AE
		早强型 HpwR-A	标准型 HpWR-S	缓凝型 HpWR-R	标准型 HWR-S	缓凝型 HWR-R	早强型 WR-A	标准型 WR-S	缓凝型 WR-R					
减水率/%≥		25	25	25	14	14	8	8	8	10	12	—	—	6
泌水率比/%≥		50	60	70	90	100	95	100	100	70	70	100	100	70
含气量/%		≤6.0	≤6.0	≤6.0	≤3.0	≤4.5	≤4.0	≤4.5	≤5.5	≤3.0	≤5.5	—	—	≥3.0
凝结时间之差/min	初凝	−90～+90	−90～+120	>+90	−90～+130	>+90	−90～+90	−90～+120	>+90	−90～+120	—	−90～+90	>+90	−90～+120
	终凝													

续表

项目		外加剂品种												
		高性能减水剂 HPWR			高效能减水剂 HWR		普通减水剂 WR			引气减水剂 AEWR	泵送剂 PA	早强剂 Ac	缓凝剂 Re	引气剂 AE
		早强型 HpwR-A	标准型 HpWR-S	缓凝型 HpWR-R	标准型 HWR-S	缓凝型 HWR-R	早强型 WR-A	标准型 WR-S	缓凝型 WR-R	AEWR	PA	Ac	Re	AE
1h经时变化量	坍落度/mm	—	≤80	≤60						—	80			—
	含气量/%	—	—	—						−1.5~+1.5	—			−1.5~+1.5
抗压强度比/%≥	1d	180	170		140	—	135	—	—	—	—	135	—	—
	3d	170	160	—	130	—	130	115	—	115	—	130	—	95
	7d	145	150	140	125	125	110	115	110	110	115	110	100	95
	28d	130	140	130	120	120	100	110	110	100	110	100	100	90

凝结时间之差性能指标中的"—"号表示提前。"+"号表示减缓;1h含气量经时空化量指标中的"—"号表示含气量增加。"+"号表示含气量减少

《混凝土外加剂》GB 8076—2008 标准中外加剂部分匀质性指标   表 6-20

项目	指标
氯离子含量/%	不超过生产厂控制值
总碱量/%	不超过生产厂控制值
含固量/%	$S>25\%$时,应控制在 $0.95S\sim1.05S$; $S\geqslant25\%$时,应控制在 $0.90S\sim1.10S$;
含水率/%	$W>25\%$时,应控制在 $0.90W\sim1.10W$; $S\leqslant25\%$时,应控制在 $0.80W\sim1.0W$;
密度/(g/cm³)	$D>1.1$时,应控制在 $D\pm0.03$; $D\leqslant1.1$时,应控制在 $D\pm0.02$;
细度	应在生产厂控制范围内
pH 值	应在生产厂控制范围内

生产厂应在相关的技术资料中明示产品匀质性指标的控制值;
对相同和不同批次之间的匀质性和等效性的其他要求,可由供需双方商定;
表中的 S,W 和 D 分别为含固量,含水率和密度的生产厂控制值

防冻剂部分性能指标   表 6-21

序号	试验项目		性能指标	
			一等品	合格品
1	减水率/%≥		10	—
2	泌水率比/%≤		80	100
3	含气量/%≥		2.5	2.0
4	凝结时间差/min	初凝	−150~+150	−210~+210
		终凝		

续表

序号	试验项目	性能指标					
			一等品			合格品	
5	抗压强度比/%≥	规定温度/℃	−5	−10	−15	−5	−10	−15
		R_{-7}	20	12	10	20	10	8
		R_{28}	100		95	95		90
		R_{-7+28}	95	90	85	90	85	80
		R_{-7+56}	100			100		
6	28d 收缩率比/%≤	135						

防冻剂部分均质性技术要求 表 6-22

序号	试验项目	指标
1	固体含量/%	液体防冻剂:$S \geq 2.0\%$时,$0.95S \leq X < 1.05S$ $S < 2.0\%$时,$0.90S \leq X < 1.10S$ S 是生产厂提供的固体含量(质量%),X 是测试的固体含量(质量%)
2	含水量/%	粉状防冻剂:$W \geq 5\%$时,$0.90W \leq X < 1.10W$ $W < 5\%$时,$0.80W \leq X < 1.20W$ W 是生产厂提供的含水率(质量%),X 是测试的含水率(质量%)
3	密度	液体防冻剂:$D > 1.1$ 时,要求为 $D \pm 0.03$ $D \leq 1.1$ 时,要求为 $D \pm 0.02$ D 是生产厂提供的密度值
4	氯离子含量/%	无氯盐防冻剂:$\leq 0.1\%$(质量百分比)
		其他防冻剂:不超过生产厂提供的控制值
5	碱含量/%	不超过生产厂提供的最大值
6	水泥净浆流动度/mm	应不小于生产厂控制值的 95%
7	细度/%	粉状防冻剂细度应不超过生产厂提供的最大值

速凝剂部分均质性要求 表 6-23

试验项目	指标	
	液体	粉状
密度	应在生产厂所控制值$\pm 0.02\text{g/cm}^3$	—
氯离子含量	应小于生产厂最大控制值	应小于生产厂最大控制值
总碱量	应小于生产厂最大控制值	应小于生产厂最大控制值
pH 值	应在生产厂控制值± 1 之内	—
细度	—	$80\mu\text{m}$ 筛余小于 15%
含水率	—	$\leq 2.0\%$
含固量	应大于生产厂的最小控制值	—

速凝剂部分性能指标 表 6-24

产品等级	试验项目			
	净浆		砂浆	
	初凝时间 /min:s≤	终凝时间 /min:s≤	1d抗压强度 /MPa≥	28d抗压强度比 /%≥
一等品	3:00	8:00	7.0	75
合格品	5:00	12:00	6.0	70

混凝土膨胀剂部分性能指标 表 6-25

项目		指标值	
		Ⅰ型	Ⅱ型
细度	比表面积/(m²/kg)≥	200	
	1.18m筛筛余/%≤	0.5	
凝结时间	初凝/min≥	45	
	终凝/min≥	600	
限制膨胀率/%	水中7d≥	0.035	0.050
	空气中21d≥	−0.015	−0.010
抗压强度/MPa	7d≥	22.5	
	28d≥	42.5	

（3）组批原则和取样要求

组批原则：减水剂、引气剂、防冻剂、速凝剂每 50t 为一检验批，不足 50t 时也应按一个检验批计。

减水剂、引气剂、防冻剂、速凝剂每一检验批取样量不应少于 0.2t 胶凝材料所需用的外加剂量；膨胀剂每一检验批取样量不应少于 10kg。

（4）试验方法

1）《混凝土外加剂》GB 8076—2008 中外加剂试验方法

试验用水泥采用《混凝土外加剂》GB 8076—2008 附录 A 规定的水泥；砂符合《建设用砂》GB/T 14684—2022 中Ⅰ区要求的中砂。但细度模数为 2.6～2.9。含泥量小于 1%；石子符合《建设用卵石、碎石》GB/T 14685—2022 要求的公称粒径为 5～20mm 的碎石或卵石。采用二级配，其中 5～10mm 占 40%，10～20mm 占 60%，满足连续级配要求。针片状物质含量小于 10%。空隙率小于 47%，含泥量小于 0.5%。如有争议，以碎石结果为准。水符合《混凝土用水标准》JGJ 63—2006 的技术要求。

试验配合比按照基准混凝土配合比按《普通混凝土配合比设计规程》JGJ 55—2011 进行设计。掺非引气型外加剂的受检混凝土和其对应的基准混凝土的本泥。砂石的比例相同。配合比设计应符合以下规定：

水泥用量：掺高性能减水剂或泵送剂的基准混凝土和受检混凝土的单位水泥用量为 360kg/m³；掺其他外加剂的基准混凝土和受检混凝土单位水泥用量为 330kg/m³。

砂率：掺高性能减水剂或泵送剂的基准混凝土和受检混凝土的砂率均为 43%～47%；

掺其他外加剂的基准混凝土和受检混凝土的砂率为 $36\%\sim40\%$；但掺引气减水剂或引气剂的受检混凝土的砂率应比基准混凝土的砂率低 $1\%\sim3\%$。

外加剂掺量：按生产厂家指定掺量。

用水量：掺高性能减水剂或泵送剂的基准混凝土和受检混凝土的坍落度控制在 $210\pm10mm$，用水量为坍落度在 $(210\pm10)mm$ 时的最小用水量；掺其他外加剂的基准混凝土和受检混凝土的坍落度控制在 $(80\pm10)mm$。用水量包括液体外加剂、砂、石材料中所含的水量。

混凝土搅拌采用符合《混凝土试验用搅拌机》JG 244—2009 要求的公称容量为 60L 的单卧轴式强制搅拌机。搅拌机的拌合量应不少于 20L，不宜大于 45L。

外加剂为粉状时，将水泥、砂、石、外加剂一次投入搅拌机。干拌均匀，再加入拌合水，一起搅拌 2min。外加剂为液体时，将水泥、砂、石一次投入搅拌机，干拌均匀，再加入掺有外加剂的拌合水一起搅拌 2min。

出料后，在铁板上用人工翻拌至均匀，再行试验。各种混凝土试验材料及环境温度均应保持在 $(20\pm3)℃$。

混凝土试件制作及养护按《普通混凝土拌合物性能试验方法标准》GB/T 50080—2016 进行，但混凝土预养温度为 $(20\pm3)℃$（表 6-26）。

部分试验项目及所需数量 表 6-26

试验项目		外加剂类型	试验类别	试验所需数量			
				混凝土拌合批数	每批取样数目	基准混凝土总取样数目	受检混凝土总取样数目
减水率		除早强型、缓凝剂外的各种外加剂	混凝土拌合物				
泌水率比		各种外加剂		3	1次	3次	3次
含气量				3	1个	3个	3个
凝结时间差				3	1个	3个	3个
1h 经时变化量	坍落度			3	1个	3个	3个
	含气量	高性能减水剂、泵送剂		3	1个	3个	3个
抗压强度比		引气剂、引气减水剂		3	1个	3个	3个

试验时，检验同一种外加剂的三批混凝土的制作宜在开始试验一周内的不同时期完成，对比的基准混凝土和受检混凝土应同时成型；

试验前后应仔细观察试样，对有明显缺陷的试样和试验结果都应剔除

坍落度和坍落度 1h 经时变化量测定：每批混凝土取一个试样。坍落度和坍落度 1h 经时变化量均以三次试验结果的平均值表示。三次试验的最大值和最小值与中间值之差有一个超过 10mm，将最大值和最小值一并舍去，取中间值作为该批的试验结果；最大值和最小值与中间值之差均超过 10mm 时，则应重做。

坍落度及坍落度 1h 经时变化量测定值以 mm 表示，结果表达修约到 5mm。

混凝土坍落度按照《普通混凝土拌合物性能试验方法标准》GB/T 50080—2016 测定；但坍落度为 $(210\pm10)mm$ 的混凝土分两层装料，每层装入高度为筒高的一半，每层用插捣棒插捣 15 次。

当要求测定坍落度 1h 经时变化量时，应将搅拌好的混凝土留下足够一次混凝土坍落

度的试验数量，并装入用湿布擦过的试样筒内，容器加盖，静置至 1h（从加水搅拌时开始计算），然后倒出，在铁板上用铁锹翻拌至均匀后，再按照坍落度测定方法测定坍落度。计算出机时和 1h 之后的坍落度之差值，即得到坍落度的经时变化量。

坍落度 1h 经时变化量按式（6-31）计算：

$$\Delta Sl = Sl_0 - Sl_{1b} \qquad (6\text{-}31)$$

式中：ΔSl——坍落度经时变化量，mm；

$\quad Sl_0$——出机时测得的坍落度，mm；

$\quad Sl_{1b}$——1h 后测得的坍落度，mm。

减水率测定：减水率为坍落度基本相同时，基准混凝土和受检混凝土单位用水量之差与基准混凝土单位用水量之比。减水率按式（6-32）计算，应精确到 0.1%。

$$w_R = \frac{w_0 - w_1}{w_0} \times 100 \qquad (6\text{-}32)$$

式中：w_R——减水率/%；

$\quad w_0$——基准混凝土单位用水量，单位为千克每立方米/（kg/m^3）；

$\quad w_1$——受检混凝土单位用水量，单位为千克每立方米/（kg/m^3）。

以三批试验的算术平均值计，精确到 1%。若三批试验的最大值或最小值中有一个与中间值之差超过中间值的 15% 时，则把最大值与最小值一并舍去，取中间值作为该组试验的减水率。若有两个测值与中间值之差均超过 15% 时。则该批试验结果无效，应该重做。

泌水率比测定：泌水率比按式（6-33）计算，应精确到 1%。

$$R_B = \frac{B_t}{B_e} \times 100 \qquad (6\text{-}33)$$

式中：R_B——泌水率比，%；

$\quad B_t$——受检混凝土泌水率，%；

$\quad B_e$——基准混凝土泌水率，%。

泌水率的测定和计算方法如下：

先用湿布润湿容积为 5L 的带盖筒（内径为 185mm，高 200mm），将混凝土拌合物一次装入，在振动台上振动 20s，然后用抹刀轻轻抹平，加盖以防水分蒸发。试样表面应比筒口边低约 20mm，自抹面开始计算时间，在前 60min，每隔 10 min 用吸液管吸出泌水一次，以后每隔 20min 吸水一次，直至连续三次无泌水为止。每次吸水前 5min，应将筒底侧垫高约 20mm，使筒倾斜，以便于吸水。吸水后，将筒轻轻放平盖好。将每次吸出的水都注入带塞量筒，最后计算出总的泌水量，精确至 1g，并按式（6-34）、式（6-35）计算泌水率：

$$B = \frac{W_W}{(W/G)G_W} \times 100 \qquad (6\text{-}34)$$

$$G_W = G_I - G_O \qquad (6\text{-}35)$$

式中：B——泌水率，%；

$\quad W_W$——泌水总质量，g；

W——混凝土拌合物的用水量，g；

G——混凝土拌合物的总质量，g；

G_W——试样质量，g；

G_I——筒及试样质量，g；

G_O——筒质量，g。

试验时，从每批混凝土拌合物中取一个试样，泌水率取三个试样的算术平均值，精确到0.1%。当三个试样的最大值或最小值中有一个与中间值之差大于中间值的15%，则把最大值与最小值一并舍去，取中间值作为该组试验的泌水率，如果最大值和最小值与中间值之差均大于中间值的15%时，则应重做。

含气量试验时，从每批混凝土拌合物取一个试样，含气量以三个试样测值的算术平均值来表示，当三个试样中的最大值或最小值中有一个与中间值之差超过0.5%时，将最大值与最小值一并舍去，取中间值作为该批的试验结果；如果最大值与最小值与中间值之差均超过0.5%，则应重做。含气量和1h经时变化量测定值精确到0.1%。

含气量测定：按《普通混凝土拌合物性能试验方法标准》GB/T 50080-2016用气水混合式含气量测定仪，并按仪器说明进行操作，但混凝土拌合物应一次装满并稍高于容器，用振动台振实（15~20）s。

当要求测定含气量1h经时变化量时。将搅拌好的混凝土留下足够一次含气量试验的数量，并装入用湿布擦过的试样筒内，容器加盖，静置至1h（从加水搅拌时开始计算），然后倒出，在铁板上用铁锹翻拌均匀后，再按照含气量测定方法测定含气量。计算出机时和1h之后的含气量之差值，即得到含气量的经时变化量。

含气量1h经时变化量按式（6-36）计算。

$$\Delta A = A_0 - A_{1h} \tag{6-36}$$

式中：ΔA——含气量经时变化量，%；

A_0——出机后测得的含气量，%；

A_{1h}——1h后测得的含气量，%。

外加剂抗压强度比：抗压强度比以掺外加剂混凝土与基准混凝土同龄期抗压强度之比表示，按式（6-37）计算，精确到1%。

$$R_f = \frac{f_t}{f_c} \times 100 \tag{6-37}$$

式中：R_f——抗压强度比，%；

f_t——受检混凝土的抗压强度，MPa；

f_c——基准混凝土的抗压强度，MPa。

受检混凝土与基准混凝土的抗压强度《混凝土物理力学性能试验方法标准》GB/T 50081—2019进行试验和计算。试件制作时，用振动台振动（15~20）s。试件预养温度为（20±3）℃。试验结果以三批试验测值的平均值表示，若三批试验中有一批的最大值或最小值与中间值的差值超过中间值的15%，则把最大值与最小值一并舍去，取中间值作为该批的试验结果，如有两批测值与中间值的差均超过中间值的15%，则试验结果无效，应该重做。

2）速凝剂凝结时间试验（《喷射混凝土用速凝剂》GB/T 35159—2017 附录D）

凝结时间的测定参照《水泥标准稠度用水量、凝结时间、安定性检验方法》GB/T 1346—2011进行。

试验室温度和材料温度应控制在（20±2）℃范围内。

粉状速凝剂：按推荐掺量将速凝剂加入400g水泥中，在拌合锅内干拌均匀（颜色一致）后，加入160mL水，迅速搅拌（25～30）s，立即装入圆模，人工振动数次，削去多余的水泥浆，并用洁净的刮刀修平表面。从加水时算起操作时间不应超过50s（图6-9）；液体速凝剂：先将400g水泥与计算加水量（160L水减去速凝剂中的水量）搅拌至均匀后，再按推荐掺量加入液体速凝剂，迅速搅拌（25～30）s，立即装入圆模，人工振动数次，削去多余的水泥浆，并用洁净的刀修平表面。从加入液体速凝剂算起操作时间不应超过50s（图6-10）。

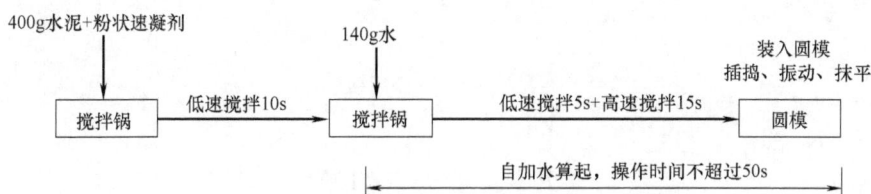

图6-9　掺粉状速凝剂净浆凝结时间试验操作流程图

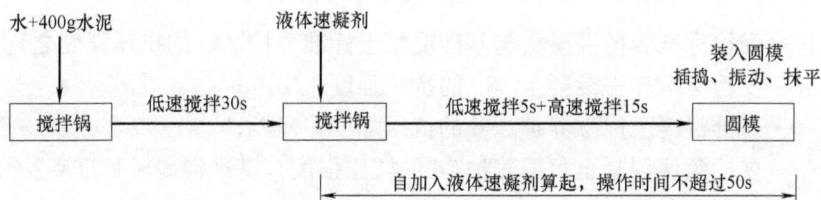

图6-10　掺液体速凝剂净浆凝结时间试验操作流程图

将装满水泥浆的试模放在水泥净浆标准稠度与凝结时间测定仪下，使针尖与水泥浆表面接触。迅速放松测定仪杆上的固定螺栓，针即自由插入水泥净浆中，观察指针读数，每隔10s测定一次，直到终凝为止。

粉状速凝剂由加水时起，液体速凝剂从加入速凝剂起至试针沉入净浆中距底板（4±1）mm时达到初凝；当试针沉入浆体中小于0.5mm时，为浆体达到终凝。

每一试样，应进行两次试验。试验结果以两次结果的算术平均值表示。如两次试验结果的差值大于30s时，本次试验无效，应重新进行试验。

3）防冻剂抗压强度比（《混凝土防冻剂》JC/T 475-2004）

基准混凝土试件和受检混凝土试件应同时制作。混凝土试件制作及养护参照《普通混凝土拌合物性能试验方法标准》GB/T 50080—2016进行，但掺与不掺防冻剂混凝土坍落度为（80±10）mm，试件制作采用振动台捣实，振动时间为（10～15）s，掺防冻剂的受检混凝土试件在（20±3）℃环境温度下按照表6-27规定的时间预养后移入冰箱（或冰室）内并用塑料布覆盖试件，其环境温度应于（3～4）h内均匀地降至规定温度，养护7d后（从成型加水时间算起）脱模。放置在（20±3）℃环境温度下解冻，解冻时间按表6-27的规定。解冻后进行抗压强度试验或转标准养护。

不同规定温度下混凝土试件的预养和解冻时间　　　　表 6-27

防冻剂的规定温度/℃	预养时间/h	M/℃h	解冻时间/h
−5	6	180	6
−10	5	150	5
−15	4	120	4

注：试件预养时间也可按 $M=\Sigma(T+10)\Delta_{t}$ 来控制。式中：M——度时积，T——温度，Δ_{t}——温度 T 的持续时间

抗压强度比以受检标准养护混凝土、受检负温混凝土与基准混凝土在不同条件下的抗压强度之比表示，按式（6-38）～式（6-41）计算。

$$R_{28}=\frac{f_{CA}}{f_{C}}\times100 \tag{6-38}$$

$$R_{-7}=\frac{f_{AT}}{f_{C}}\times100 \tag{6-39}$$

$$R_{-7+28}=\frac{f_{AT}}{f_{C}}\times100 \tag{6-40}$$

$$R_{-7+56}=\frac{f_{AT}}{f_{C}}\times100 \tag{6-41}$$

式中：R_{28}——受检标准养护混凝土与基准混凝土标准养护 28d 的抗压强度之比，%；

$\quad\quad f_{CA}$——受检标准养护混凝土 28d 的抗压强度，MPa；

$\quad\quad f_{C}$——基准混凝土标准养护 28d 的抗压强度，MPa；

$\quad\quad R_{-7}$——受检负温混凝土负温养护 7d 的抗压强度与基准混凝土标准养护 28d 抗压强度之比，%；

$\quad\quad f_{AT}$——不同龄期（R_{-7}，R_{-7+28}，R_{-7+56}）的受检混凝土的抗压强度，MPa；

$\quad R_{-7+28}$——受检负温混凝土在规定温度下负温养护 7d 再转标准养护 28d 的抗压强度与基准混凝土标准养护 28d 抗压强度之比，%；

$\quad R_{-7+56}$——受检负温混凝土在规定温度下负温养护 7d 再转标准养护 56d 的抗压强度与基准混凝土标准养护 28d 抗压强度之比，%。

受检混凝土和基准混凝土每组三块试件，强度数据取值原则同《混凝土物理力学性能试验方法标准》GB/T 50081 规定，受检混凝土和基准混凝土以三组试验结果强度的平均值计算抗压强度比，结果精确到 1%。

4）膨胀剂限制膨胀率（《混凝土膨胀剂》GB/T 23439—2017 附录 A）

混凝土膨胀剂限制膨胀率的试验方法。分为试验方法 A 和试验方法 B。这里仅介绍 B 法。

试验室环境条件：试验室、养护箱、养护水的温度，湿度应符合《水泥胶砂强度检验方法（ISO 法）》GB/T 17671—2021 的规定；恒温恒湿（箱）室温度为 (20±2)℃，湿度为 (60±5)%RH。

纵向限制器（图 6-11）不应变形。出厂检验使用次数不应超过 5 次，第三方检测机构检验时不得超过 1 次。

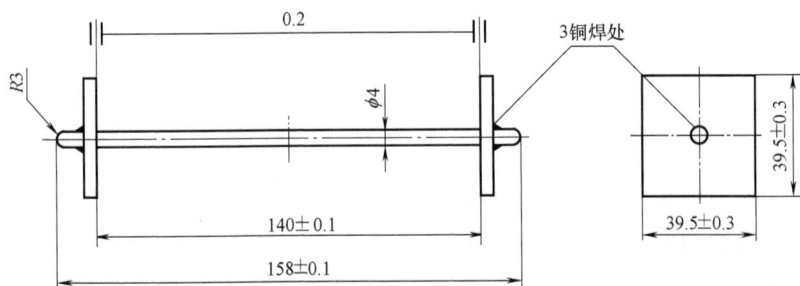

图 6-11 纵向限制器

水泥胶砂配合比按照表 6-28 用量。

限制膨胀率试验材料及用量 表 6-28

材料	代号	材料质量/g
水泥	C	607.5±2.0
膨胀剂	E	67.5±0.2
标准砂	S	1350.0±5.0
拌合水	W	270.0±1.0

注：$\dfrac{E}{C+E}=0.10$；$\dfrac{S}{C+E}=2.00$；$\dfrac{W}{C+E}=0.40$

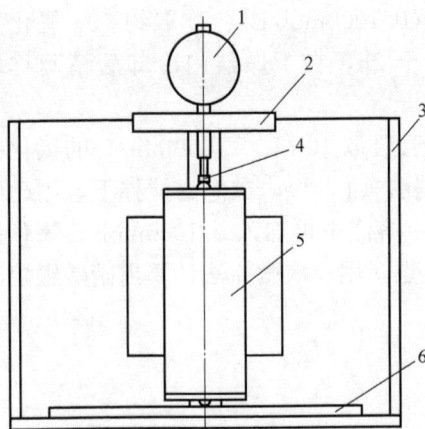

图 6-12 B法测量仪示意图

1—千分表；2—支架；3—养护水槽；
4—上测头；5—试体；6—下端板

水泥胶砂搅拌、试体成型按《水泥胶砂强度检验方法（ISO 法）》GB/T 17671—2021 规定进行。同一条件有 3 条试体供测长用，试体全长 158mm，其中胶砂部分尺寸为 40mm×40mm×140mm。脱模时间以抗压强度达到（10±2）MPa 时的时间确定。

B 法测量仪试件安装见图 6-12。

试体测长：测量前 3h，将测量仪、恒温水槽、自来水放在标准试验室内恒温，并将试体及测量仪测头擦净。试体脱模后在 1h 内应固定在测量支架上，将测量支架和试体一起放入未加水的恒温水槽，测量试体的初始长度。之后向恒温水槽中注入温度为（20±2）℃的自来水；水面应高于试体的水泥砂浆部分；在水中养护期间不准移动试体和恒温水槽。测量试体放入水中第 7d 的长度，然后在 1h 内放掉恒温水槽中的水，将测量支架和试体一起取出放入恒温恒湿（箱）室养护，调整千分表读数至出水前的长度值。再测量试体放入空气中第 21d 的长度。也可以记录试体放入恒温恒湿（箱）室时千分表的读数。再测量试体放入空气中第 21d 的长度，计算时进行校正。

根据需要也可以测量不同龄期的长度，观察膨胀收缩变化趋热。

测量读数应精确至 0.001mm。不同龄期的试体应在规定时间±1h 内测量。

各龄期限制膨胀率按式（6-42）计算：

$$\varepsilon = \frac{L_1 - L}{L_0} \times 100 \qquad (6-42)$$

式中：ε——所测龄期的限制膨胀率，%；

L_1——所测龄期的试体长度测量值，mm；

L——试体的初始长度测量值，mm；

L_0——试体的基准长度，140mm。

取相近的 2 个试体测定值的平均值作为限制膨胀率的测量结果，计算值精确至 0.001%。

5）外加剂氯离子含量试验（电位滴定法)(《混凝土外加剂匀质性试验方法》GB/T 8077—2012)

用电位滴定法是以银电极或氯电极为指示电极，其电势随 Ag^+ 浓度而变化。以甘汞电极为参比电极，用电位计或酸度计测定两电极在溶液中组成原电池的电势，银离子与氯离子反应生成溶解度很小的氯化银白色沉淀。在等当点前滴入硝酸银生成氧化银沉淀，两电极间电势变化缓慢，等当点时氧离子全部生成氯化银沉淀，这时滴入少量硝酸银即引起电势急剧变化，指示出滴定终点。

所用试剂为：硝酸（1+1）；硝酸银溶液（17g/L）：准确称取约 17g 硝酸银（AgNO₃)，用水溶解，放入 1L 棕色容量瓶中稀释至刻度，摇匀，用 0.1000mol/L 氯化钠标准溶液对硝酸银溶液进行标定；氯化钠标准溶液（0.1000mol/L）：称取约 10g 氯化钠（基准试剂），盛在称量瓶中，于（130～150)℃烘干 2h，在干燥器内冷却后精确称取 5.8443g，用水溶解并稀释至 1L，摇匀。

试验前需要标定硝酸银溶液（17g/L）：用移液管吸取 10mL 0.1000mol/L 的氯化钠标准溶液于烧杯中，加水稀释至 200mL，加 4mL 硝酸（1+1），在电磁搅拌下，用硝酸银溶液以电位滴定法测定终点，过等当点后，在同一溶液中再加入 0.1000mol/L 氧化钠标准溶液 10mL，继续用硝酸银溶液滴定至第二个终点，用二次微商法计算出硝酸银溶液消耗的体积 V_{01}，V_{02}。

体积按式（6-43）计算。

$$V_0 = V_{02} - V_{01} \qquad (6-43)$$

式中：V_0——10mL0.1000mol/L 氧化钠标准溶液所消耗硝酸银溶液的体积，mL；

V_{01}——空白试验中 200mL 水，加 4mL 硝酸（1+1）加 10mL0.1000mol/L 氯化钠标准溶液所消耗硝酸银溶液的体积，mL；

V_{02}——空白试验中 200mL 水，加 4mL 硝酸（1+1）加 20mL0.1000mol/L 氯化钠标准溶液所消耗硝酸银溶液的体积，mL。

硝酸银溶液的浓度按式（6-44）计算。

$$c = \frac{c'V'}{V_0} \qquad (6-44)$$

式中：c——硝酸银溶液的浓度，mol/L；

c'——氯化钠标准液的浓度，mol/L；

V'——氯化钠标准溶液的体积，mL。

准确称取外加剂试样 $0.5000 \sim 5.0000g$，放入烧杯中，加 200mL 水和 4mL 硝酸（1＋1），使溶液呈酸性，搅拌至完全溶解，如不能完全溶解，可用快速定性滤纸过滤，并用蒸馏水洗涤残渣至无氯离子为止。

用移液管加入 10mL 0.1000mol/L 的氯化钠标准溶液，烧杯内加入电磁搅拌子，将烧杯放在电磁搅拌器上，开动搅拌器并插入银电极（或氯电极）及甘汞电极，两电极与电位计或酸度计相连接，用硝酸银溶液缓慢滴定，记录电势和对应的滴定管读数。由于接近等当点时，电势增加很快，此时要缓慢滴加硝酸银溶液，每次定量加入 0.1mL，当电势发生突变时，表示等当点已过，此时继续滴入硝酸银溶液，直至电势趋向变化平缓。得到第一个终点时硝酸银溶液消耗的体积 V_1。

在同一溶液中，用移液管再加入 10mL 0.1000mol/L 氯化钠标准溶液（此时溶液电势降低），继续用硝酸银溶液滴定，直至第二个等当点出现，记录电势和对应的 0.1mol/L 硝酸银溶液消耗的体积 V_2。

空白试验：在干净的烧杯中加入 200mL 水和 4mL 硝酸（1＋1）。用移液管加入 10mL 0.1000 mol/L 氯化钠标准溶液，在不加入试样的情况下，在电磁搅拌下，缓慢滴加硝酸银溶液，记录电势和对应的滴定管读数，直至第一个终点出现。过等当点后，在同一溶液中，再用移液管加入 0.1000mol/L 氯化钠标准溶液 10mL，继续用硝酸银溶液滴定至第二个终点，用二次微商法计算出硝酸银溶液消耗的体积 V_{01} 及 V_{02}。

结果表示用二次微商法计算结果。通过电压对体积二次导数（即 $\Delta^2 E/\Delta V^2$）变成零的办法来求出滴定终点。假如在邻近等当点时，每次加入的硝酸银溶液是相等的，此函数（$\Delta^2 E/\Delta V^2$）必定会在正负两个符号发生变化的体积之间的某一点变成零，对应这一点的体积即为终点体积，可用内插法求得。

外加剂中氯离子所消耗的硝酸银体积 V 按式（6-45）计算：

$$V = \frac{(V_1 - V_{01}) + (V_2 - V_{02})}{2} \tag{6-45}$$

式中：V_1——试样溶液加 10mL 0.1000mol/L 氯化钠标准溶液所消耗的硝酸银溶液体积，mL；

V_2——试样溶液加 20mL 0.1000mol/L 氯化钠标准溶液所消耗的硝酸银溶液体积，mL。

外加剂中氯离子含量 X_{Cl^-} 按式（6-46）计算：

$$X_{Cl^-} = \frac{c \times V \times 35.45}{m \times 1000} \times 100 \tag{6-46}$$

式中：X_{Cl^-}——外加剂中氯离子含量，%；

V——外加剂中氯离子所消耗硝酸银溶液体积，mL；

m——外加剂样品质量，g。

二次微商法计算混凝土外加剂中氯离子含量实例。

空白试验及硝酸银浓度的标定记录见表6-29。

空白试验及硝酸银浓度的标定记录实例 表 6-29

加 10mL 0.1000mol/L 氯化钠				加 20mL 0.1000mol/L 氯化钠			
滴加硝酸银体积 V_{01}/mL	电势 E/mV	$\Delta E/\Delta V$ /(mV/mL)	$\Delta^2 E/\Delta V^2$ /(mV/mL^2)	滴加硝酸银体积 V_{01}/mL	电势 E/mV	$\Delta E/\Delta V$ /(mV/mL)	$\Delta^2 E/\Delta V^2$ /(mV/mL^2)
10.30	242	—	—	20.20	240	—	—
10.40	253	110	—	20.30	251	110	—
10.50	267	140	300	20.40	264	130	200
10.60	280	130	−100	20.50	276	120	−100

计算：

$$V_{01} = 10.40 + 0.10 \times \frac{300}{300+100} = 10.48 \text{(mL)}$$

$$V_{02} = 20.30 + 0.10 \times \frac{200}{200+100} = 20.37 \text{(mL)}$$

$$C_{\text{AgNO}_2} = \frac{10.00 \times 0.1000}{20.37 - 10.48} = 0.1011 \text{(mol/L)}$$

外加剂样品试验：称取外加剂样品 0.7696g，加 200mL 蒸馏水，溶解后加 4mL 硝酸（1＋1），用硝酸银溶液滴定，试验记录见表 6-30。

样品试验记录实例 表 6-30

加 10mL 0.1000mol/L 氯化钠				加 20mL 0.1000mol/L 氯化钠			
滴加硝酸银体积 V_{01}/mL	电势 E/mV	$\Delta E/\Delta V$ /(mV/mL)	$\Delta^2 E/\Delta V^2$ /(mV/mL^2)	滴加硝酸银体积 V_{01}/mL	电势 E/mV	$\Delta E/\Delta V$ /(mV/mL)	$\Delta^2 E/\Delta V^2$ /(mV/mL^2)
10.30	244			23.20	241		
10.40	256	120		23.30	252	110	
10.50	269	130	100	23.40	264	120	100
10.60	280	110	−200	23.50	276	110	−100

计算过程如下：

$$V_1 = 13.30 + 0.1 \times \frac{100}{100+200} = 13.33 \text{(mL)}$$

$$V_2 = 23.30 + 0.1 \times \frac{100}{100+100} = 23.35 \text{(mL)}$$

$$V = \frac{(13.33 - 10.48) + (23.35 - 20.37)}{2} = 2.92 \text{(mL)}$$

$$\text{Cl}^- = \frac{35.45 \times 0.1011 \times 2.92}{0.7596 \times 1000} \times 100 = 1.35 (\%)$$

6）外加剂总碱量（火焰光度法）（《混凝土外加剂匀质性试验方法》GB/T 8077—2012）

试样用约 80℃ 的热水溶解，以氨水分离铁、铝；以碳酸钙分离钙、镁。滤液中的碱（钾和钠），采用相应的滤光片，用火焰光度计进行测定。

分别向 100mL 容量瓶中注入 0.00mL、1.00mL、2.00mL、4.00mL、8.00mL、12.00mL 的氧化钾、氧化钠标准溶液（分别相当于氧化钾、氧化钠各 0.00mg、0.50mg、1.00mg、2.00mg、4.00mg、6.00mg），用水稀释至标线、摇匀，然后分别于火焰光度计上按仪器使用规程进行测定，根据测得的检流计读数与溶液的浓度关系，分别绘制氧化钾及氧化钠的工作曲线。

准确称取一定量的试样置于 150mL 的瓷蒸发皿中，用 80℃ 左右的热水润湿并稀释至 30mL，置于电热板上加热蒸发，保持微沸 5min 后取下，冷却，加 1 滴甲基红指示剂，滴加氨水（1+1），使溶液呈黄色；加入 10mL 碳酸铵溶液，搅拌，置于电热板上加热并保持微沸 10min，用中速滤纸过滤，以热水洗涤，滤液及洗液盛于容量瓶中，冷却至室温，以盐酸（1+1）中和至溶液呈红色，然后用水稀释至标线，摇匀，以火焰光度计按仪器使用规程进行测定。称样量及稀释倍数见表 6-31，同时进行空白试验。

总碱量称样量及稀释倍数　　　　　　　　表 6-31

总碱量/%	称样量/g	稀释体积/mL	稀释倍数 n
1.00	0.20	100	1
1.00~5.00	0.10	250	2.5
5.00~10.00	0.05	250 或 500	2.5 或 5
大于 10.00	0.05	500 或 1000	5 或 10

氧化钾百分含量按式（6-47）计算：

$$X_{K_2O} = \frac{c_1 \times n}{m \times 1000} \times 100 \qquad (6-47)$$

式中：X_{K_2O}——外加剂中氧化钾含量，%；

　　　c_1——在工作曲线上查得每 100mL 被测定液中氧化钾的含量，mg；

　　　n——被测溶液的稀释倍数；

　　　m——试样质量，克/g。

氧化钠百分含量按式（6-48）计算：

$$X_{Na_2O} = \frac{c_2 \times n}{m \times 1000} \times 100 \qquad (6-48)$$

式中：X_{Na_2O}——外加剂中氧化钠含量，%；

　　　c_2——在工作曲线上查得每 100mL 被测溶液中氧化钠的含量，mg。

总碱量按式（6-49）计算：

$$X_{总碱量} = 0.658 \times X_{K_2O} + X_{Na_2O} \qquad (6-49)$$

式中：$X_{总碱量}$——外加剂中的总碱量，%。

7）外加剂 pH 值、含水率、含固量、细度、密度试验（《混凝土外加剂匀质性试验方法》GB/T 8077—2012）

含固量试验是将已恒量的称量瓶内放入被测液体试样于一定的温度下烘至恒量。

将洁净带盖称量瓶放入烘箱内，于（100~105）℃烘 30min，取出置于干燥器内，冷却 30min 后称量，重复上述步骤直至恒量，其质量为 m_0。

将被测液体试样装入已经恒量的称量瓶内，盖上盖，称出液体试样及称量瓶的总质量

为 m_1。

液体试样称量：$(3.0000 \sim 5.0000)$g。

将盛有液体试样的称量瓶放入烘箱内，开启瓶盖，升温至 $(100 \sim 105)℃$（特殊品种除外）烘干，盖上盖，置于干燥器内冷却 30min 后称量，重复上述步骤直至恒量，其质量为 m_2。

含固量按式（6-50）计算：

$$X_固 = \frac{m_2 - m_0}{m_1 - m_0} \times 100 \tag{6-50}$$

式中：$X_固$——含固量，%；

m_0——称量瓶的质量，g；

m_1——称量瓶加液体试样的质量，g；

m_2——称量瓶加液体试样烘干后的质量，g。

含水率试验是将已恒量的称量瓶内放入被测粉状试样于一定的温度下烘至恒量。

将洁净带盖称量瓶放入烘箱内，于 $(100 \sim 105)℃$ 烘 30min，取出置于干燥器内，冷却 30min 后称量，重复上述步骤直至恒量，其质量为 m_0。

将被测粉状试样装入已经恒量的称量瓶内，盖上盖，称出粉状试样及称量瓶的总质量为 m_1。

粉状试样称量：$(1.0000 \sim 2.0000)$g。

将盛有粉状试样的称量瓶放入烘箱内，开启瓶盖，升温至 $(100 \sim 105)℃$（特殊品种除外）烘干，盖上盖，置于干燥器内冷却 30min 后称量，重复上述步骤直至恒量，其质量为 m_2。

含水率按式（6-51）计算：

$$X_水 = \frac{m_1 - m_2}{m_1 - m_0} \times 100 \tag{6-51}$$

式中：$X_水$——含水率，%；

m_0——称量瓶的质量，g；

m_1——称量瓶加粉状试样的质量，g；

m_2——称量瓶加粉状试样烘干后的质量，g。

密度（比重瓶法）试验是将已校正容积（V 值）的比重瓶，灌满被测溶液，在 $(20\pm 1)℃$ 恒温下，在天平上称出其质量。

测试条件为被测溶液的温度为 $(20\pm1)℃$；如有沉淀应滤去。

试验前应先进行比重瓶容积的校正。

比重瓶依次用水、乙醇、丙酮和乙醚洗涤并吹干，塞子连瓶一起放入干燥器内，取出，称量比重瓶之质量为 m_0，直至恒量。然后将预先煮沸并经冷却的水装入瓶内，塞上塞子，使多余的水分从塞子毛细管流出，用吸水纸吸干瓶外的水。注意不能让吸水纸吸出塞子毛细管里的水，水要保持与毛细管上口相平，立即在天平称出比重瓶装满水后的质量 m_1。

比重瓶在 20℃时容积按式（6-52）计算。

$$V = \frac{m_1 - m_0}{0.9982} \tag{6-52}$$

式中：V——比重瓶在 20℃时容积，mL；

m_0——干燥的比重瓶质量，g；

m_1——比重瓶盛满20℃水的质量，g；

0.9982——20℃时纯水的密度，g/mL。

矫正后进行外加剂溶液密度 ρ 的测定，将已校正 V 值的比重瓶洗净、干燥、灌满被测溶液，塞上塞子后浸入（20±1）℃超级恒温器内，恒温20min后取出，用吸水纸吸干瓶外的水及由毛细管溢出的溶液后，在天平上称出比重瓶装满外加剂溶液后的质量为 m_2。

外加剂溶液的密度按式（6-53）计算：

$$\rho=\frac{m_2-m_0}{V}=\frac{m_2-m_0}{m_1-m_0}\times0.9982 \qquad (6-53)$$

式中：ρ——20℃时外加剂溶液密度，单位为克每毫升/（g/mL）；

m_2——比重瓶装满20℃外加剂溶液后的质量，单位为克/g。

细度试验采用孔径为0.315mm的试验筛，称取烘干试样倒入筛内，用人工筛样，称量筛余物质量，计算出筛余物的百分含量。

外加剂试样应充分拌匀并经（100～105）℃（特殊品种除外）烘干，称取烘干试样10g，称准至0.001g倒入筛内，用人工筛样，将近筛完时，应一手执筛往复摇动，一手拍打，摇动速度每分钟约120次。其间，筛子应向一定方向旋转数次，使试样分散在筛布上，直至每分钟通过质量不超过0.005g时为止。称量筛余物，精确至0.001g。

细度用筛余（%）表示按式（6-54）计算：

$$筛余=\frac{m_1}{m_0}\times100 \qquad (6-54)$$

式中：m_1——筛余物质量，g；

m_0——试样质量，g。

pH值试验是根据奈斯特（Nernst）方程 $E=E_0+0.05915\lg[H^+]$，$E=E_0-0.05915pH$，利用一对电极在不同pH值溶液中能产生不同电位差，这一对电极由测试电极（玻璃电极）和参比电极（饱和甘汞电极）组成，在25℃时每相差一个单位pH值时产生59.15mV的电位差，pH值可在仪器的刻度表上直接读出。

测试条件为：液体试样直接测试；粉体试样溶液的浓度为10g/L；被测溶液的温度为（20±3）℃。

试验前按仪器的出厂说明书校正仪器。

当仪器校正好后，先用水，再用测试溶液冲洗电极，然后再将电极浸入被测溶液中轻轻摇动试杯，使溶液均匀。待到酸度计的读数稳定1min，记录读数。

测量结束后，用水冲洗电极，以待下次测量使用。

酸度计测出的结果即为溶液的pH值。

6.2 混凝土

1. 定义与分类
见本章开篇内容。

2. 技术要求

依据相关施工、技术、验收等规范进行。可参见其他章节混凝土评定相关内容。

3. 组批原则和取样规定

(1) 用于主体结构工程的混凝土依据《混凝土结构工程施工质量验收规范》GB 50204—2015；《建筑工程冬期施工规程》JGJ/T 104—2011；《混凝土结构工程施工规范》GB 50666—2011。

组批原则：抗压强度每拌制100盘且不超过100m³时，取样不得少于一次；每工作班拌制不足100盘时，取样不得少于一次；连续浇筑超过1000m³时，每200m³取样不得少于一次；每一楼层取样不得少于一次；含气量、耐久性：同一配合比的混凝土，取样不应少于一次。

取样规定：抗压强度每次取样应至少留置一组试件；冬期施工时，应增设不少于两组同条件养护试件，一组用于检查混凝土受冻临界强度；而另外一组或一组以上试件用于检查混凝土拆模强度或拆除支撑强度或负温转常温后强度检查等；结构实体试块留置：同条件养护试件的取样宜均匀分布于工程施工周期内；同一强度等级的同条件养护试件，不宜少于10组，且不应少于3组；每连续两层楼取样不应少于1组，每2000m³取样不得少于1组；含气量：取样数量10L；耐久性：取样数量应至少为计算试验用量的1.5倍。

(2) 用于地面工程的混凝土依据《建筑地面工程施工质量验收规范》GB 50209—2010。

组批原则：检验同一施工批次、同一配合比水泥混凝土强度的试块，应按每一层（或检验批）建筑地面工程不少于1组。当每一层（或检验批）建筑地面工程面积大于1000m²时，每增加1000m²应增做1组试块；小于1000m²按1000m²计算，取样1组；检验同一施工批次、同一配合比的储水、明沟、踏步、台阶、坡道的水泥混凝土强度的试块，应按每150延长米不少于1组。

取样规定：每批应至少留一组试块。

(3) 用于地下工程的混凝土依据《地下防水工程质量验收规范》GB 50208—2011。

组批原则：同一工程、同一配合比的混凝土，抗压强度试件取样频率与试件留置组数应符合《混凝土结构工程施工质量验收规范》GB 50204—2015的有关规定；防水混凝土抗渗性能应采用标准条件下养护混凝土抗渗试件的结果评定，试件应在混凝土浇筑地点随机取样后制作，连续浇筑混凝土每500m³应留置一组抗渗试件，且每项工程不得少于两组；采用预拌混凝土的抗渗试件，留置组数应视结构的规模和要求而定。

取样规定：抗压强度试块1组3块；抗渗试块1组6块；限制膨胀率试件1组3块。

(4) 对于轻骨料混凝土同一工程、同一配合比的混凝土，抗压强度试件取样频率与试件留置组数应符合《混凝土结构工程施工质量验收规范》GB 50204—2015的有关规定；防水混凝土抗渗性能应采用标准条件下养护混凝土抗渗试件的结果评定，试件应在混凝土浇筑地点随机取样后制作，连续浇筑混凝土每500m³应留置一组抗渗试件，且每项工程不得少于两组；采用预拌混凝土的抗渗试件，留置组数应视结构的规模和要求而定。抗压强度同普通混凝土。

4. 试验方法

(1) 混凝土拌合物性能

依据标准：《普通混凝土拌合物性能试验方法标准》GB/T 50080—2016。

1) 混凝土坍落度、扩展度试验

坍落度试验方法宜用于骨料最大公称粒径不大于40mm、坍落度不小于10mm的混凝土拌合物坍落度的测定。

坍落度筒内壁和底板应润湿无明水；底板应放置在坚实水平面上，并把坍落度筒放在底板中心，然后用脚踩住两边的脚踏板，坍落度筒在装料时应保持在固定的位置；混凝土拌合物试样应分三层均匀地装入坍落度筒内，每装一层混凝土拌合物，应用捣棒由边缘到中心按螺旋形均匀插捣25次，捣实后每层混凝土拌合物试样高度约为筒高的1/3；插捣底层时，捣棒应贯穿整个深度，插捣第二层和顶层时，捣棒应插透本层至下一层的表面；顶层混凝土拌合物装料应高出筒口，插捣过程中，混凝土拌合物低于筒口时，应随时添加；顶层插捣完后，取下装料漏斗，应将多余混凝土拌合物刮去，并沿筒口抹平；清除筒边底板上的混凝土后，应垂直平稳地提起坍落度筒，并轻放于试样旁边；当试样不再继续坍落或坍落时间达30s时，用钢尺测量出筒高与坍落后混凝土试体最高点之间的高度差，作为该混凝土拌合物的坍落度值。

坍落度筒的提离过程宜控制在（3～7）s；从开始装料到提坍落度筒的整个过程应连续进行，并应在150s内完成。将坍落度筒提起后混凝土发生一边崩坍或剪坏现象时，应重新取样另行测定；第二次试验仍出现一边崩坍或剪坏现象，应予记录说明。

混凝土拌合物坍落度值测量应精确至1mm，结果应修约至5mm。

扩展度试验试验方法宜用于骨料最大公称粒径不大于40mm、坍落度不小于160mm混凝土扩展度的测定。

清除筒边底板上的混凝土后，应垂直平稳地提起坍落度筒，坍落度筒的提离过程宜控制在（3～7）s；当混凝土拌合物不再扩散或扩散持续时间已达50s时，应使用钢尺测量混凝土拌合物展开扩展面的最大直径以及与最大直径呈垂直方向的直径；当两直径之差小于50mm时，应取其算术平均值作为扩展度试验结果；当两直径之差不小于50mm时，应重新取样另行测定。

发现粗骨料在中央堆集或边缘有浆体析出时，应记录说明。扩展度试验从开始装料到测得混凝土扩展度值的整个过程应连续进行，并应在4min内完成。

混凝土拌合物扩展度值测量应精确至1mm，结果修约至5mm。

2) 混凝土含气量试验

含气量试验方法宜用于骨料最大公称粒径不大于40mm的混凝土拌合物含气量的测定。

在进行混凝土拌合物含气量测定之前，应先按下列步骤测定所用骨料的含气量，并应按式（6-55）、式（6-56）计算试样中粗、细骨料的质量：

$$m_g = \frac{V}{1000} \times m_g' \quad\quad\quad (6-55)$$

$$m_s = \frac{V}{1000} \times m_s' \quad\quad\quad (6-56)$$

式中：m_g——拌合物试样中粗骨料质量，kg；

$\quad\quad m_s$——拌合物试样中细骨料质量，kg；

m_g'——混凝土配合比中每立方米混凝土的粗骨料质量，kg；

m_s'——混凝土配合比中每立方米混凝土的细骨料质量，kg；

V——含气量测定仪容器容积，L。

应先向含气量测定仪的容器中注入 1/3 高度的水，然后把质量为 m_g、m_s 的粗、细骨料称好，搅拌均匀，倒入容器，加料同时应进行搅拌；水面每升高 25mm 左右，应轻捣 10 次，加料过程中应始终保持水面高出骨料的顶面；骨料全部加入后，应浸泡约 5min、再用橡皮锤轻敲容器外壁，排净气泡，除去水面泡沫，加水至满，擦净容器口及边缘，加盖拧紧螺栓，保持密封不透气。

关闭操作阀和排气阀，打开排水阀和加水阀，应通过加水阀向容器内注入水，当排水阀流出的水流中不出现气泡时，应在注水的状态下，关闭加水阀和排水阀。

关闭排气阀，向气室内打气，应加压至大于 0.1MPa，且压力表显示值稳定；应打开排气阀调压至 0.1MPa，同时关闭排气阀。

开启操作阀，使气室里的压缩空气进入容器，待压力表显示值稳定后记录压力值，然后开启排气阀，压力表显示值应回零，应根据含气量与压力值之间的关系曲线确定压力值对应的骨料的含气量，精确至 0.1%。

混凝土所用骨料的含气量 A_g，应以两次测量结果的平均值作为试验结果；两次测量结果的含气量相差大于 0.5% 时，应重新试验。

完成骨料含气量的测定后测定混凝土拌合物含气量，试验前应用湿布擦净混凝土含气量测定仪容器内壁和盖的内表面，装入混凝土拌合物试样；混凝土拌合物的装料及密实方法根据拌合物的坍落度而定，并应符合下列规定；坍落度不大于 90mm 时，混凝土拌合物宜用振动台振实；振动台振实时，应一次性将混凝土拌合物装填至高出含气量测定仪容器口；振实过程中混凝土拌合物低于容器口时，应随时添加；振动直至表面出浆为止，并应避免过振；坍落度大于 90mm 时，混凝土拌合物宜用捣棒插捣密实。插捣时，混凝土拌合物应分 3 层装入，每层捣实后高度约为 1/3 容器高度；每层装料后由边缘向中心均匀地插捣 25 次，捣棒应插透本层至下一层的表面；每一层捣完后用橡皮锤沿容器外壁敲击 5~10 次，进行振实，直至拌合物表面插捣孔消失；自密实混凝土应一次性填满，且不应进行振动和插捣；刮去表面多余的混凝土拌合物，用抹刀刮平，表面有凹陷应填平抹光；擦净容器口及边缘，加盖并拧紧螺栓，应保持密封不透气。

应按本测定骨料含气量的操作步骤测得混凝土拌合物的未校正含气量 A_0，精确至 0.1%。

混凝土拌合物未校正的含气量 A_0 应以两次测量结果的平均值作为试验结果；两次测量结果的含气量相差大于 0.5% 时，应重新试验。

混凝土拌合物含气量应按式（6-57）计算：

$$A=A_0-A_g \qquad (6-57)$$

式中：A——混凝土拌合物含气量，%，精确至 0.1%；

A_0——混凝土拌合物的未校正含气量，%；

A_g——骨料的含气量，%。

采用非直读式含气量测定仪时应对其进行率定，具体方法按照标准进行。

3）混凝土泌水率试验

泌水率试验宜用于骨料最大公称粒径不大于 40mm 的混凝土拌合物泌水的测定。

先用湿布润湿容量筒内壁后应立即称量，并记录容量筒的质量。

混凝土拌合物试样应按下列要求装入容量筒，并进行振实或插捣密实，振实或捣实的混凝土拌合物表面应低于容量筒筒口（30±3）mm，并用抹刀抹平；混凝土拌合物坍落度不大于 90mm 时，宜用振动台振实，应将混凝土拌合物一次性装入容量筒内，振动持续到表面出浆为止，并应避免过振；混凝土拌合物坍落度大于 90mm 时，宜用人工插捣，应将混凝土拌合物分两层装入，每层的插捣次数为 25 次；捣棒由边缘向中心均匀地插捣，插捣底层时捣棒应贯穿整个深度插捣第二层时，捣棒应插透本层至下一层的表面；每一层捣完后应使用橡皮锤沿容量筒外壁敲击 5～10 次，进行振实，直至混凝土拌合物表面插捣孔消失并不见大气泡为止；自密实混凝土应一次性填满，且不应进行振动和插捣。

应将筒口及外表面擦净，称量并记录容量筒与试样的总质量，盖好筒盖并开始计时。

在吸取混凝土拌合物表面泌水的整个过程中，应使容量筒保持水平、不受振动；除了吸水操作外，应始终盖好盖子；室温应保持在（20±2）℃。

计时开始后 60min 内，应每隔 10min 吸取 1 次试样表面泌水；60min 后，每隔 30min 吸取 1 次试样表面泌水，直至不再泌水为止。每次吸水前 2min，应将一片（35±5）mm 厚的垫块垫入筒底一侧使其倾斜，吸水后应平稳地复原盖好。吸出的水应盛放于量筒中，并盖好塞子；记录每次的吸水量，并应计算累计吸水量，精确至 1mL。

混凝土拌合物的泌水量应按式（6-58）计算。泌水量应取三个试样测值的平均值。三个测值中的最大值或最小值有一个与中间值之差超过中间值的 15% 时，应以中间值作为试验结果；最大值和最小值与中间值之差均超过中间值的 15% 时，应重新试验。

$$B_a = \frac{V}{A} \tag{6-58}$$

式中：B_a——单位面积混凝土拌合物的泌水量，mL/mm²，精确至 0.01mL/mm²；

　　　V——累计的泌水量，mL；

　　　A——混凝土拌合物试样外露的表面面积，mm²。

混凝土拌合物的泌水率应按式（6-59）、式（6-60）计算。泌水率应取三个试样测值的平均值。三个测值中的最大值或最小值有一个与中间值之差超过中间值的 15% 时，应以中间值为试验结果；最大值和最小值与中间值之差均超过中间值的 15% 时，应重新试验。

$$B = \frac{V_w}{(W/m_r) \times m} \times 100 \tag{6-59}$$

$$m = m_2 - m_1 \tag{6-60}$$

式中：B——泌水率，%，精确至 1%；

　　　V_w——泌水总量，mL；

　　　m——混凝土拌合物试样质量，g；

　　　m_r——试验拌制混凝土拌合物的总质量，g；

　　　W——试验拌制混凝土拌合物拌合用水量，mL；

　　　m_2——容量筒及试样总质量，g；

　　　m_1——容量筒质量，g。

4）混凝土凝结时间试验

凝结时间试验方法宜用于从混凝土拌合物中筛出砂浆用贯入阻力法测定坍落度值不为零的混凝土拌合物的初凝时间与终凝时间。

应用试验筛从混凝土拌合物中筛出砂浆然后将筛出的砂浆搅拌均匀；将砂浆一次分别装入三个试样筒中。取样混凝土坍落度不大于 90mm 时，宜用振动台振实砂浆；取样混及土坍落度大于 90mm 时，宜用捣棒人工捣实。用振动台振实砂浆时，振动应持续到表面出浆为止，不得过振；用捣棒人工捣实时，应沿螺旋方向由外向中心均匀插捣 25 次，然后用橡皮锤敲击筒壁，直至表面插捣孔消失为止，振实或插捣后，砂浆表面宜低于砂浆试样筒口 10mm，并应立即加盖。

砂浆试样制备完毕，应置于温度为（20±2）℃的环境中待测，并在整个测试过程中，环境温度应始终保持（20±2）℃，在整个测试过程中，除在吸取泌水或进行贯入试验外，试样筒应始终加盖。现场同条件测试时，试验环境应与现场一致。

凝结时间测定从混凝土搅拌加水开始计时。根据混凝土拌合物的性能，确定测针试验时间，以后每隔 0.5h 测试一次，在临近初凝和终凝时，应缩短测试间隔时间。

在每次测试前 2min，将一片（20±5）mm 厚的垫块垫入筒底一侧使其倾斜，用吸液管吸去表面的泌水，吸水后应复原。

测试时，将砂浆试样筒置于贯入阻力仪上，测针端部与砂浆表面接触，应在（10±2）s 内均匀地使测针贯入砂浆（25±2）mm 深度，记录最大贯入阻力值，精确至10N；记录测试时间，精确至 1min。

每个砂浆筒每次测 1~2 个点，各测点的间距不应小于 15mm，测点与试样筒壁的距离不应小于 25mm。

每个试样的贯入阻力测试不应少于 6 次，直至单位面积贯入阻力大于 28MPa 为止。

根据砂浆凝结状况，在测试过程中应以测针承压面积从大到小顺序更换测针，更换测针应按表 6-32 的规定选用。

测针选用规定表 表 6-32

单位面积贯入阻力/MPa	0.2~3.5	3.5~20	20~28
测针面积/mm²	100	50	20

单位面积贯入阻力应按式（6-61）计算：

$$f_{PR} = \frac{P}{A}$$ (6-61)

式中：f_{PR}——单位面积贯入阻力，MPa，精确至 0.1MPa；

P——贯入阻力，N；

A——测针面积，mm²。

凝结时间宜按式（6-62）通过线性回归方法确定；根据式（6-62）可求得当单位面积贯入阻力为 3.5MPa 时对应的时间应为初凝时间，单位面积贯入阻力为 28MPa 时对应的时间应为终凝时间。

$$\ln t = a + b \ln f_{PR}$$ (6-62)

式中：t——单位面积贯入阻力对应的测试时间，min；

a、*b*——线性回归系数。

凝结时间也可用绘图拟合方法确定，应以单位面积贯入阻力为纵坐标，测试时间为横坐标，绘制出单位面积贯入阻力与测试时间之间的关系曲线；分别以 3.5MPa 和 28MPa 绘制两条平行于横坐标的直线，与曲线交点的横坐标应分别为初凝时间和终凝时间；凝结时间结果应用 min 表示，精确至 5min。

应以三个试样的初凝时间和终凝时间的算术平均值作为此次试验初凝时间和终凝时间的试验结果。三个测值的最大值或最小值中有一个与中间值之差超过中间值的 10% 时应以中间值作为试验结果；最大值和最小值与中间值之差均超过中间值的 10% 时，应重新试验。

(2) 硬化混凝土性能

1) 混凝土抗压强度试验（《混凝土物理力学性能试验方法标准》GB/T 50081—2019）

试验原始记录见附表（JCZX-GC-D（1）-4082）混凝土力学性能试验记录。

试验环境相对湿度不宜小于 50%RH，温度应保持在（20±5）℃。

试件的最小横截面尺寸应根据混凝土中骨料的最大粒径按表 6-33 选定。

试件的最小横截面尺寸　　　　　　　　　　　　　　　　　　表 6-33

骨料最大粒径/mm	试件最小横截面尺寸/(mm×mm)
31.5	100×100
37.5	150×150
63.0	200×200

制作试件应采用符合标准的试模，并应保证试件的尺寸满足要求。

试件尺寸测量应符合：试件的边长和高度宜采用游标卡尺进行测量，应精确至 0.1mm；圆柱形试件的直径应采用游标卡尺分别在试件的上部、中部和下部相互垂直的两个位置上共测量 6 次，取测量的算术平均值作为直径值，应精确至 0.1mm；试件承压面的平面度可采用钢板尺和塞尺进行测量。测量时，应将钢板尺立起横放在试件承压面上，慢慢旋转 360°，用塞尺测量其最大间隙作为平面度值，也可采用其他专用设备测量，结果应精确至 0.01mm；试件相邻面间的夹角应采用游标量角器进行测量，应精确至 0.1°。

试件各边长、直径和高的尺寸公差不得超过 1mm。试件承压面的平面度公差不得超过 0.0005*d*，*d* 为试件边长。试件相邻面间的夹角应为 90°，其公差不得超过 0.5°。

试件制作时应采用符合标准要求的试模并精确安装，应保证试件的尺寸公差满足要求。试模应符合现行行业标准《混凝土试模》JG/T 237—2008 的有关规定，当混凝土强度等级不低于 C60 时，宜采用铸铁或铸钢试模成型；应定期对试模进行核查，核查周期不宜超过 3 个月。

混凝土取样与试样的制备应符合现行国家标准《普通混凝土拌合物性能试验方法标准》GB/T 50080—2016 的有关规定。

每组试件所用的拌合物应从同一盘混凝土或同一车混凝土中取样。取样或实验室拌制的混凝土应尽快成型。制备混凝土试样时，应采取劳动防护措施。

试件成型前，应检查试模的尺寸并应符合规定；应将试模擦拭干净，在其内壁上均匀地涂刷一薄层矿物油或其他不与混凝土发生反应的隔离剂，试模内壁隔离剂应均匀分布，不应有明显沉积。

混凝土拌合物在入模前应保证其匀质性。

宜根据混凝土拌合物的稠度或试验目的确定适宜的成型方法，混凝土应充分密实，避免分层离析。

用振动台振实制作试件应先将混凝土拌合物一次性装入试模，装料时应用抹刀沿试模内壁插捣，并使混凝土拌合物高出试模上口；试模应附着或固定在振动台上，振动时应防止试模在振动台上自由跳动，振动应持续到表面出浆且无明显大气泡溢出为止，不得过振。

用人工插捣制作试件应先将混凝土拌合物应分两层装入模内，每层的装料厚度应大致相等；插应按螺旋方向从边缘向中心均匀进行。在插捣底层混凝土时，捣棒应达到试模底部；插捣上层时，棒应贯穿上层后插入下层（20~30）mm；插捣时捣棒应保持垂直，不得倾斜，插捣后应用抹刀沿试模内壁插拔数次；每层插捣次数按10000mm² 截面积内不得少于12次；插捣后应用橡皮锤轻轻敲击试模四周，直至插捣棒留下的空洞消失为止。

用插入式振捣棒振实制作试件应先将混凝土拌合物一次装入试模，装料时应用抹刀沿试模内壁插捣，并使混凝土拌合物高出试模上口；宜用直径为25mm 的插入式振捣棒；插入试模振捣时，振捣棒距试模底板宜为（10~20）mm且不得触及试模底板，振动应持续到表面出浆且无明显大气泡溢出为止，不得过振；振捣时间宜为20s；振捣棒拔出时应缓慢，拔出后不得留有孔洞。

自密实混凝土应分两次将混凝土拌合物装入试模，每层的装料厚度宜相等，中间间隔10s，混凝土应高出试模口，不应使用振动台、人工插捣或振捣棒方法成型。

对于干硬性混凝土，在混凝土拌合完成后，应倒在不吸水的底板上，采用四分法取样装入铸铁或铸钢的试模；通过四分法将混合均匀的干硬性混凝土料装入试模约1/2 高度，用捣棒进行均匀插捣；插擦密实后，继续装料之前，试模上方应加上套模，第二次装料应略高于试模顶面，然后进行均匀插振，混凝土顶面应略高出于试模顶面；插捣应按螺旋方向从边缘向中心均匀进行。在插捣底层混凝土时，捣棒应达到试模底部；插捣上层时，捣棒应贯穿上层后插入下层（10~20）mm，插捣时捣棒应保持垂直，不得倾斜。每层插捣完毕后，用平刀沿试模内壁插一遍；每层插捣次数按在10000mm² 截面积内不得少于12次；装料插捣完毕后，将试模附着或固定在振动台上，并放置压重钢板和压重块或其他加压装置，应根据混凝土拌合物的稠度调整压重块的质量或加压装置的施加压力；开始振动，振动时间不宜少于混凝土的维勃稠度，且应表面泛浆为止。

试件成型后刮除试模上口多余的混凝土，待混凝土临近初凝时，用抹刀沿着试模口抹平。试件表面与试模边缘的高度差不得超过0.5mm。

制作的试件应有明显和持久的标记，且不破坏试件。

试件的标准养护应符合以下要求：试件成型抹面后应立即用塑料薄膜覆盖表面，或采取其他保持试件表面湿度的方法；试件成型后应在温度为（20±5）℃、相对湿度大于50%的室内静置（1~2）d，试件静置期间应避免受到振动和冲击，静置后编号标记、拆模，当试件有严重缺陷时，应按废弃处理。

试件拆模后应立即放入温度为（20±2）℃，相对湿度为95%以上的标准养护室中养护，或在温度为（20±2）℃的不流动氢氧化钙饱和溶液中养护。标准养护室内的试件应放在支架上，彼此间隔（10～20）mm，试件表面应保持潮湿，但不得用水直接冲淋试件。

试件的养护龄期可分为 1d、3d、7d、28d、56d 或 60d、84d 或 90d、180d 等，也可根据设计龄期或需要进行确定，龄期应从搅拌加水开始计时，养护龄期的允许偏差宜符合表 6-34 的规定。

养护龄期允许偏差 表 6-34

养护龄期	1d	3d	7d	28d	56d 或 60d	84d
允许偏差	±30min	±2h	±6h	±20h	±24h	±48h

结构实体混凝土同条件养护试件的拆模时间可与实际构件的拆模时间相同，结构实体混凝土试件同条件养护应符合现行国家标准《混凝土结构工程施工质量验收规范》GB 50204—2015 的有关规定。

抗压强度试验适用于测定混凝土立方体试件的抗压强度。圆柱体试件的抗压强度试验应按《混凝土物理力学性能试验方法标准》GB/T 50081—2019 的有关规定执行。

测定混凝土立方体抗压强度试验的试件尺寸和数量应符合以下要求：标准试件是边长为 150mm 的立方体试件；边长为 100mm 和 200mm 的立方体试件是非标准试件；每组试件应为 3 块。

试件到达试验龄期时，从养护地点取出后，应检查其尺寸及形状，尺寸公差应满足规定，试件取出后应尽快进行试验。

试件放置试验机前，应将试件表面与上、下承压板面擦拭干净。

以试件成型时的侧面为承压面，应将试件安放在试验机的下压板或垫板上，试件的中心应与试验机下压板中心对准。

启动试验机，试件表面与上、下承压板或钢垫板应均匀接触。

试验过程中应连续均匀加荷，加荷速度应取（0.3～1.0）MPa/s。当立方体抗压强度小于 30MPa 时，加荷速度宜取（0.3～0.5）MPa/s；立方体抗压强度为（30～60）MPa 时，加荷速度宜取（0.5～0.8）MPa/s；立方体抗压强度不小于 60MPa 时，加荷速度宜取（0.8～1.0）MPa/s。

手动控制压力机加荷速度时，当试件接近破坏开始急剧变形时，应停止调整试验机油门，直至破坏，并记录破坏荷载。

混凝土立方体试件抗压强度应按式（6-63）计算：

$$f_{ce} = \frac{F}{A} \tag{6-63}$$

式中：f_{ce}——混凝土立方体试件抗压强度，MPa，计算结果应精确至 0.1MPa；

F——试件破坏荷载，N；

A——试件承压面积，mm²。

取 3 个试件测值的算术平均值作为该组试件的强度值，应精确至 0.1MPa。

当 3 个测值中的最大值或最小值中有一个与中间值的差值超过中间值的 15% 时，则应把最大值及最小值剔除，取中间值作为该组试件的抗压强度值；当最大值和最小值与中间值的差值均超过中间值的 15% 时，该组试件的试验结果无效。

混凝土强度等级小于 C60 时，用非标准试件测得的强度值均应乘以尺寸换算系数，对 200mm×200mm×200mm 试件可取为 1.05；对 100mm×100mm×100mm 试件可取为 0.95。

当混凝土强度等级不小于 C60 时，宜采用标准试件；当使用非标准试件时，混凝土强度等级不大于 C100 时，尺寸换算系数宜由试验确定，在未进行试验确定的情况下，对 100mm×100mm×100mm 试件可取为 0.95；混凝土强度等级大于 C100 时，尺寸换算系数应经试验确定。

2）抗水渗透试验（逐级加压法）（《普通混凝土长期性能和耐久性能试验方法标准》GB/T 50082—2009）

本方法适用于通过逐级施加水压力来测定以抗渗等级来表示的混凝土的抗水渗透性能。

抗水渗透试验应以 6 个试件为一组。

试件拆模后，应用钢丝刷刷去两端面的水泥浆膜，并应立即将试件送入标准养护室进行养护。

抗水渗透试验的龄期宜为 28d。应在到达试验龄期的前一天，从养护室取出试件，并擦拭干净。待试件表面晾干后。

当用石蜡密封时，应在试件侧面裹涂一层熔化的内加少量松香的石蜡。然后应用螺旋加压器将试件压入经过烘箱或电炉预热过的试模中，使试件与试模底平齐，并应在试模变冷后解除压力。试模的预热温度，应以石蜡接触试模，即缓慢熔化，但不流淌为准。

用水泥加黄油密封时，其质量比应为（2.5～3）：1。

应用三角刀将密封材料均匀地刮涂在试件侧面上，厚度应为（1～2）mm。应套上试模并将试件压入，应使试件与试模底齐平。

试件密封也可以采用其他更可靠的密封方式。

目前试验室多使用专用的密封胶圈进行密封处理。

试验时，水出应从 0.1MPa 开始，以后应每隔 8h 增加 0.1MPa 水压，并应随时观察试件端面渗水情况。当 6 个试件中有 3 个试件表面出现渗水时，或加至规定压力（设计抗渗等级）在 8h 内 6 个试件中表面渗水试件少于 3 个时，可停止试验，并记下此时的水压力，在试验过程中，当发现水从试件周边渗出时。应重新进行密封。

混凝土的抗渗等级应以每组 6 个试件中有 4 个试件未出现渗水时的最大水压力乘以 10 来确定。混凝土的抗渗等级应按式（6-64）计算：

$$P=10H-1 \tag{6-64}$$

式中：P——混凝土抗渗等级；

H——6 个试件中有 3 个试件渗水时的水压力，MPa。

通常情况下，我们在进行抗渗试验时，在水压达到规定的压力并恒压 8h 后（如抗渗等级为 P8 的混凝土抗渗试件，当水压达到 0.8MPa 并恒压 8h 后），仍有 4 个及以上试件未出现渗水，便可停止试验，判定该组试件符合规定的抗渗等级。

此外，对于抗渗混凝土的龄期，通常认为，在不需要测定抗渗等级时，即在已知抗渗等级，仅判定是否符合该抗渗等级时，抗渗试块的龄期仅需大于等于同批混凝土抗压强度所规定的龄期即可。

3）混凝土抗冻试验（《普通混凝土长期性能和耐久性能试验方法标准》GB/T 50082—2009）

慢冻法适用于测定混凝土试件在气冻水融条件下，以经受的冻融循环次数来表示的混凝土抗冻性能。

慢冻法抗冻试验所采用的试件尺寸为 100mm×100mm×100mm 的立方体试件。试件组数应符合表 6-35 的规定，每组试件应为 3 块。

慢冻法试验所需要的试件组数　　　　　　　　　　表 6-35

设计抗冻强度等级	D25	D50	D100	D150	D200	D250	D300	D300 以上
检查强度所需冻融次数	25	50	50 及 100	100 及 150	150 及 200	200 及 250	250 及 300	300 及 设计次数
鉴定 28d 强度所需试件组数	1	1	1	1	1	1	1	1
冻融试件组数	1	1	2	2	2	2	2	2
对比试件组数	1	1	2	2	2	2	2	2
总计试件组数	3	3	5	5	5	5	5	5

试件在标准养护室内或同条件养护的冻融试验的试件应在养护龄期为 24d 时提前将试件从养护地点取出，随后应将试件放在（20±2）℃水中浸泡，浸泡时水面应高出试件顶面（20～30）mm，在水中浸泡的时间应为 4d，试件应在 28d 龄期时开始进行冻融试验。始终在水中养护的冻融试验的试件，当试件养护龄期达到 28d 时，可直接进行后续试验，对此种情况，应在试验报告中予以说明。

当试件养护龄期达到 28d 时应及时取出冻融试验的试件，用湿布擦除表面水分后应对外观尺寸进行测量，并应分别编号、称重，然后按编号置入试件架内，且试件架与试件的接触面积不宜超过试件底面积的 1/5。试件与箱体内壁之间应至少留有 20mm 的空隙。试件架中各试件之间应至少保持 30mm 的空隙。

冷冻时间应在冻融箱内温度降至−18℃时开始计算。每次从装完试件到温度降至−18℃所需的时间应在（1.5～2.0）h 内。冻融箱内温度在冷冻时应保持在（−20～−18）℃。

每次冻融循环中试件的冷冻时间不应小于 4h。

冷冻结束后，应立即加入温度为（18～20）℃的水，使试件转入融化状态，加水时间不应超过 10min。控制系统应确保在 30min 内，水温不低于 10°，且在 30min 后水温能保持在（18～20）℃。冻融箱内的水面应至少高出试件表面 20mm。融化时间不应小于 4h。融化完毕视为该次冻融循环结束，可进入下一次冻融循环。

每 25 次循环宜对冻融试件进行一次外观检查。当出现严重破坏时，应立即进行称重，当一批试件的平均质量损失率超过 5%，可停止其冻融循环试验。

试件在达到规定的冻融循环次数后，试件应称重并进行外观检查，应详细记录试件表面破损、裂缝及边角缺损情况。当试件表面破损严重时，应先用高强石膏找平，然后应进行抗压强度试验。

当冻融循环因故中断且试件处于冷冻状态时，试件应继续保持冷冻状态，直至恢复冻融试验为止，并应将故障原因及暂停时间在试验结果中注明。当试件处于融化状态下因故中断时，中断时间不应超过两个冻融循环的时间。在整个试验过程中，超过两个冻融循环时间的中断故障次数不得超过两次。

当部分试件由于失效破坏或者停止试验被取出时，应用空白试件填充空位。

对比试件应继续保持原有的养护条件，直到完成冻融循环后，与冻融试验的试件同时进行抗压强度试验。

当冻融循环出现下列三种情况之一时，可停止试验：已达到规定的循环次数；抗压强度损失率已达到25%；质量损失率已达到5%。

试验结果计算及处理应符合下列规定：

强度损失率应按下式（6-65）进行计算：

$$\Delta f_c = \frac{f_{e0} - f_{en}}{f_{e0}} \times 100 \tag{6-65}$$

式中：Δf_c——N 次冻融循环后的混凝土抗压强度损失率，%，精确至0.1；

f_{e0}——对比用的一组混凝土试件的抗压强度测定值，精确至0.1MPa；

f_{en}——经 N 次冻融循环后的一组混凝土试件抗压强度测定值，精确至0.1MPa。

f_{e0} 和 f_{en} 应以三个试件抗压强度试验结果的算术平均值作为测定值。当三个试件抗压强度最大值或最小值与中间值之差超过中间值的15%时，应剔除此值，再取其余两值的算术平均值作为测定值，当最大值和最小值均超过中间值的15%时，应取中间值作为测定值。

单个试件的质量损失率应按式（6-66）计算：

$$\Delta W_{ni} = \frac{W_{0i} - W_{ni}}{W_{0i}} \times 100 \tag{6-66}$$

式中：ΔW_{ni}——n 次冻融循环后第 i 个混凝土试件的质量损失率，%，精确至0.01；

W_{0i}——冻融循环试验前第 i 个混凝土试件的质量，g；

W_{ni}——n 次冻融循环后第 i 个混凝土试件的质量，g。

一组试件的平均质量损失率应按式（6-67）计算：

$$\Delta W_n = \frac{\sum_{i=1}^{3} \Delta W_{ni}}{3} \times 100 \tag{6-67}$$

式中：ΔW_n——n 次冻融循环后一组混凝土试件的平均质量损失率，%，精确至0.1%。

每组试件的平均质量损失率应以三个试件的质量损失率试验结果的算术平均值作为测定值。当某个试验结果出现负值，应取0，再取三个试件的算术平均值，当三个值中的最大值或最小值与中间值之差超过1%时，应剔除此值，再取其余两值的算数平均值作为测定值；当最大值和最小值与中间值之差均超过1%时，应取中间值作为测定值。

快冻法适用于测定混凝土试件在水冻水融条件下，以经受的快速冻融循环次数来表示的混凝土抗冻性能。

试验原始记录见表（JCZX-GC-D（1)-4084）普通混凝土抗冻试验（快速法）原始记录。

快冻法抗冻试验所采用的试件应采用尺寸为100mm×100mm×100mm的棱柱体试件，每组试件应为3块；成型试件时，不得采用憎水性隔离剂；除制作冻融试验的试件外，尚应制作同样形状、尺寸，且中心埋有温度传感路的测温试件，测温试件应采用防冻液作为冻融介质。测温试件所用混凝土的抗冻性能应高于冻融试件。测温试件的温度传感器应埋设在试件中心。温度传感器不应采用钻孔后插入的方式埋设。

在标准养护室内或同条件养护的试件应在养护龄期为 24d 时提前将冻融试验的试件从养护地点取出，随后应将冻融试件放在（20±2）℃水中浸泡，浸泡时水面应高出试件顶面（20～30）mm。在水中浸泡时间应为 4d，试件应在 28d 龄期时开始进行冻融试验。始终在水中养护的试件，当试件养护龄期达到 28d 时，可直接进行后续试验。对此种情况，应在试验报告中予以说明。

当试件养护龄期达到 28d 时应及时取出试件，用湿布擦除表面水分后应对外观尺寸进行测量，并应编号、称量试件初始质量 W；然后测定其横向基频的初始值 f。

将试件放入试件盒（图 6-13）内，试件应位于试件盒中心，然后将试件盒放入冻融箱内的试件架中，并向试件盒中注入清水。在整个试验过程中，盒内水位高度应始终保持至少高出试件顶面 5mm。

测温试件盒应放在冻融箱的中心位置。

冻融循环过程应符合以下要求：每次冻融循环应在（2～4）h 内完成，且用于融化的时间不得少于整个冻融循环时间的 1/4；在冷冻和融化过程中，试件中心最低和最高温度应分别控制在（-18±2）℃和（5±2）℃内。在任意时刻，试件中心温度不得高于 7℃，且不得低于 -20℃；每块试件从 3℃降至 -16℃所用的时间不得少于冷冻时间的 1/2；每块试件从

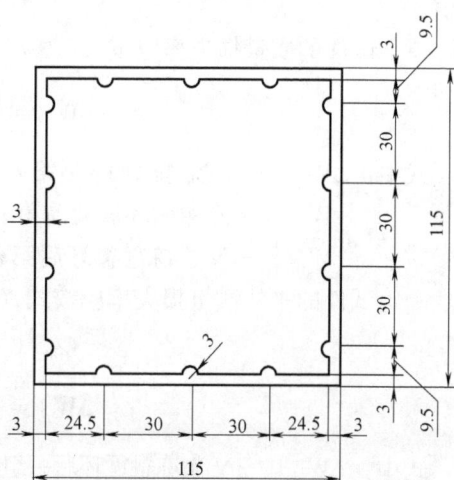

图 6-13　试件盒（单位：mm）

-16℃升至 3℃所用时间不得少于整个融化时间的 1/2，试件内外的温差不宜超过 28℃；冷冻和融化之间的转换时间不宜超过 10mm。

每隔 25 次冻融循环宜测量试件的横向基频 f_{ni}。测量前应先将试件表面浮渣清洗干净并擦干表面水分，然后应检查其外部损伤并称量试件的质量 W_{ni}。随后测量横向基频。测完后，应迅速将试件调头重新装入试件盒内并加入清水，继续试验。试件的测量、称量及外观检查应迅速，待测试件应用湿布覆盖。

当有试件停止试验被取出时，应另用其他试件填充空位。当试件在冷冻状态下因故中断时，试件应保持在冷冻状态，直至恢复冻融试验为止，并应将故障原因及暂停时间在试验结果中注明。试件在非冷冻状态下发生故障的时间不宜超过两个冻融循环的时间。在整个试验过程中，超过两个冻融循环时间的中断故障次数不得超过两次。

当冻融循环出现下列情况之一时，可停止试验：达到规定的冻融循环次数；试件的相对动弹性模量下降到 60%；试件的质量损失率达 5%。

相对动弹性模量应按式（6-68）、式（6-69）计算：

$$P_i = \frac{f_{ni}^2}{f_{0i}^2} \times 100 \qquad (6-68)$$

式中：P_i——经 N 次冻融循环后第 i 个混凝土试件的相对动弹性模量，％，精确至 0.1％；

f_{ni}——n 次冻融循环后第 i 个混凝土试件的横向基频，Hz；

f_{0i}——冻融循环试验前第 i 个混凝土试件横向基频初始值，Hz；

$$P = \frac{1}{3}\sum_{i=1}^{a} P_i \tag{6-69}$$

式中：P——经 n 次冻融循环后一组混凝土试件的相对动弹性模量，％，精确至 0.1％。

相对动弹性模量 P 应以三个试件试验结果的算术平均值作为测定值。当最大值或最小值与中间值之差超过中间值的 15％ 时，应剔除此值，并应取其余两值的算术平均值作为测值，当最大值和最小值与中间值之差均超过中间值的 15％ 时，应取中间值作为测定值。

单个试件的质量损失率应按式（6-70）计算；

$$\Delta W_{ni} = \frac{W_{0i} - W_{ni}}{W_{ni}} \times 100 \tag{6-70}$$

式中：ΔW_{ni}——n 次冻融循环后第 i 个混凝土试件的质量损失率，％，精确至 0.01％；

W_{0i}——冻融循环试验前第 i 个混凝土试件的质量，g；

W_{ni}——N 次冻融循环后第 i 个混凝土试件的质量，g。

一组试件的平均质量损失率应按式（6-71）计算：

$$\Delta W_n = \frac{\sum\limits_{i=1}^{3} \Delta W_{ni}}{3} \times 100 \tag{6-71}$$

式中：ΔW_n——N 次冻融循环后一组混凝土试件的平均质量损失率，％，精确至 0.1％。

每组试件的平均质量损失率应以三个试件的质量损失率试验结果的算术平均值作为测定值。当某个试验结果出现负值，应取 0，再取三个试件的算术平均值，当三个值中的最大值或最小值与中间值之差超过 1％时，应剔除此值，再取其余两值的算数平均值作为测定值；当最大值和最小值与中间值之差均超过 1％时，应取中间值作为测定值。

混凝土抗冻等级应以相对动弹性模量下降至不低于 60％或者质量损失率不超过 5％时的最大冻融循环次数来确定，并用符号 F 表示。

在不需要测定抗冻等级时，即在已知抗冻等级，仅判定是否符合该抗冻等级时，慢冻法可仅使用两组试块，分别进行冻融前和达到规定抗冻等级循环次数后的试验；快冻法可仅进行达到规定抗冻等级循环次数后的测量。

4）动弹性模量（《普通混凝土长期性能和耐久性能试验方法标准》GB/T 50082—2009）

动弹性模量方法适用于采用共振法测定混凝土的动弹性模量。动弹性模量试验应采用尺寸为 100mm×100mm×400mm 的棱柱体试件。

试件支承体应采用厚度约为 20mm 的泡沫塑料垫，宜采用表观密度为 (16～18)kg/m³ 的聚苯板。

首先应测定试件的质量和尺寸。试件质量应精确至 0.01kg，尺寸的测量应精确至 1mm。测定完试件的质量和尺寸后，应将试件放置在支撑体中心位置，成型面应向上，并应将激振换能器的测杆轻轻地压在试件长边侧面中线的 1/2 处，接收换能器的测杆轻轻地压在试件长边侧面中线距端面 5mm 处。在测杆接触试件前，宜在测杆与试件接触面涂一薄层黄油或凡士林作为耦合介质，测杆压力的大小应以不出不出噪声为准。采用的动弹性模量测定仪各部件连接和相对位置应符合图 6-14 的规定。

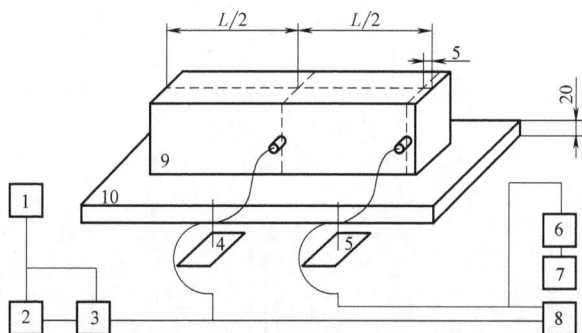

图 6-14　各部件连接和相对位置示意图

1—振荡器；2—频率计；3—放大器；4—激振换能器；5—接收换能器；

6—放大器；7—电表；8—示波器；9—试件；10—试件支承体

放置好测杆后，应先调整共振仪的激振功率和接收增益旋钮至适当位置，然后变换激振频率，并应注意观察指示电表的指针偏转。当指针偏转为最大时，表示试件达到共振状态，应以这时所显示的共振频率作为试件的基频振动频率。每一测量应重复测读两次以上，当两次连续测值之差不超过两个测值的算术平均值的 0.5% 时，应取这两个测值的算术平均值作为该试件的基频振动频率。

当用示波器作显示的仪器时，示波器的图形调成一个正圆时的频率应为共振频率。在测试过程中，当发现两个以上峰值时，应将接收换能器移至距试件端部 0.224 倍的试件长处；当指示电表示值为零时，应将其作为真实的共振峰值。

动弹性模量应按式（6-72）计算：

$$E_d = 13.244 \times 10^{-4} \times WL^3 f^2 / a^4 \tag{6-72}$$

式中：E_d——混凝土动弹性模量，MPa；

　　　a——正方形截面试件的边长，mm；

　　　L——试件的长度，mm；

　　　W——试件的质量，kg，精确到 0.01kg；

　　　f——试件横向振动时的基频振动频率，Hz。

每组应以 3 个试件动弹性模量的试验结果的算术平均值作为测定值，计算应精确至 100MPa。

5）补偿收缩混凝土限制膨胀率试验（《混凝土外加剂应用技术规范》GB 50119—2013 附录 B）

限制膨胀率测量仪由千分表、支架和标准杆组成（图 6-15），千分表分辨率应为 0.001mm。

纵向限制器（图 6-16），一般检验可重复使用 3 次，仲裁检验只允许使用 1 次。

用于混凝土试件成型和测量的试验室的温度应为（20±2）℃。用于养护混凝土试件的

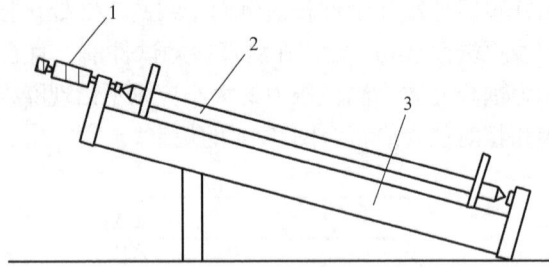

图 6-15　测量仪

1—电子千分表；2—标准杆；3—支架

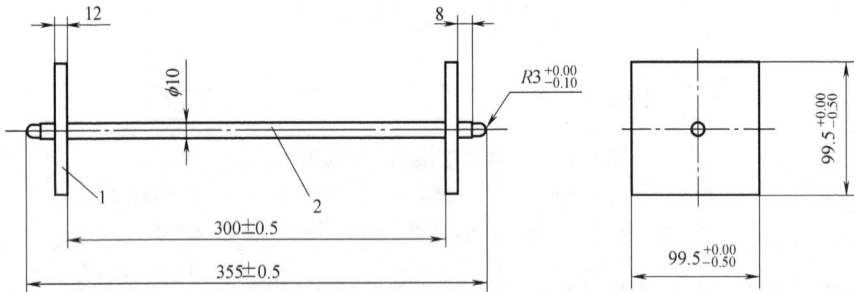

图 6-16　纵向限制器（单位：mm）

1—端板；2—钢筋

恒温水槽的温度应为（20±2）℃。恒温恒湿室温度应为（20±2）℃，湿度应为（60%±5%）RH。每日应检查、记录温度变化情况。

试件制作应符合：用于成型试件的模型宽度和高度均应为 100mm，长度应大于360mm。同一条件应有 3 条试件供测长用，试件全长应为 355mm，其中混凝土部分尺寸应为 100mm×100mm×300mm。首先应把纵向限制器具放入试模中，然后将混凝土一次装入试模，把试模放在振动台上振动至表面呈现水泥浆，不泛气泡为止，刮去多余的混凝土并抹平；然后把试件置于温度为（20±2）℃的标准养护室内养护，试件表面用塑料布或湿布覆盖。应在成型（12～16）h 且抗压强度达到（3～5）MPa 后再拆模。

测长前 3h，应将测量仪、标准杆放在标准试验室内，用标准杆校正测量仪并调整千分表零点。测量前，应将试件及测量仪测头擦净。每次测量时，试件记有标志的一面与测量仪的相对位置应一致，纵向限制器的测头与测量仪的测头应正确接触，读数应精确至0.001mm。不同龄期的试件应在规定时间±1h 内测量。试件脱模后应在 1h 内测量试件的初始长度。测量完初始长度的试件应立即放入恒温水槽中养护，应在规定龄期时进行测长。测长的龄期应从成型日算起，宜测量 3d、7d 和 14d 的长度变化。14d 后，应将试件移入恒温恒湿室中养护，应分别测量空气中 28d、42d 的长度变化，也可根据需要安排测量龄期。

养护时，应注意不损伤试件测头。试件之间应保持 25mm 以上间隔，试件支点距限制钢板两端宜为 70mm。

各龄期的限制膨胀率应按式（6-73）计算，应取相近的 2 个试件测定值的平均值作为限制膨胀率的测量结果，计算值应精确至 0.001%。

$$\varepsilon = \frac{L_t - L}{L_0} \times 100 \qquad (6\text{-}73)$$

式中：ε——所测龄期的限制膨胀率，%；

L_t——所测龄期的试件长度测量值，mm；

L——初始长度测量值，mm；

L_0——试件的基准长度，300mm。

补偿收缩混凝土的限制膨胀率应符合表 6-36 的规定。

补偿收缩混凝土的限制膨胀率　表 6-36

用途	限制膨胀率/%	
	水中 14d	水中 14d 转空气中 28d
用于补偿混凝土收缩	≥0.015	≥−0.030
用于后浇带、膨胀加强带和工程接缝填充	≥0.025	≥−0.020

6）混凝土芯样的抗压强度（《钻芯法检测混凝土强度技术规程》JGJ/T 384—2016）

从结构或构件中钻取的混凝土芯样应加工成符合规定的芯样试件。

抗压芯样试件的高径比（H/d）宜为 1。抗压芯样试件内不宜含有钢筋，也可有一根直径不大于 10mm 的钢筋，且钢筋应与芯样试件的轴线垂直并离开端面 10mm 以上；劈裂抗拉芯样试件在劈裂破坏面内不应含有钢筋；抗折芯样试件内不应有纵向钢筋。

锯切后的芯样应按下列规定进行端面处理：抗压芯样试件的端面处理，可采取在磨平机上磨平端面的处理方法，也可采用硫黄胶泥或环氧胶泥补平，补平层厚度不宜大于2mm。抗压强度低于 30MPa 的芯样试件，不宜采用磨平端面的处理方法；抗压强度高于60MPa 的芯样试件，不宜采用硫黄胶泥或环氧胶泥补平的处理方法。

在试验前应测量芯样试件的尺寸：平均直径应用游标卡尺在芯样试件上部、中部和下部相互垂直的两个位置上共测量 6 次，取测量的算术平均值作为芯样试件的直径，精确至0.5mm；芯样试件高度可用钢卷尺或钢板尺进行测量，精确至 1.0mm；垂直度应用游标量角器测量芯样试件两个端面与母线的夹角，取最大值作为芯样试件的垂直度，精确至0.1°；平整度可用钢板尺或角尺紧靠在芯样试件承压面（线）上，一面转动钢板尺，一面用塞尺测量钢板尺与芯样试件承压面（线）之间的缝隙，取最大缝隙为芯样试件的平整度；也可采用其他专用设备测量。

芯样试件尺寸偏差及外观质量出现下列情况时，相应的芯样试件不宜进行试验：抗压芯样试件的实际高径比（H/d）小于要求高径比的 0.95 或大于 1.05；抗压芯样试件端面与轴线的不垂直度超过 1°；抗压芯样试件端面的不平整度在每 100mm 长度内超过0.1mm；沿芯样试件高度的任一直径与平均直径相差超过 1.5mm；芯样有较大缺陷。

钻芯法可用于确定检测批或单个构件的混凝土抗压强度推定值，也可用于钻芯修正方法修正间接强度检测方法得到的混凝土抗压强度换算值。

抗压芯样试件宜使用直径为 100mm 的芯样，且其直径不宜小于骨料最大粒径的 3倍；也可采用小直径芯样，但其直径不应小于 70mm 且不得小于骨料最大粒径的 2倍。

芯样试件应在自然干燥状态下进行抗压试验。当结构工作条件比较潮湿，需要确定潮湿状态下混凝土的抗压强度时，芯样试件宜在（20±5）℃的清水中浸泡（40～48）h，从水中取出后应去除表面水渍，并立即进行试验。

芯样试件抗压试验的操作应符合现行国家标准《混凝土物理力学性能试验方法标准》GB/T 50081—2019 中对立方体试件抗压试验的规定。

芯样试件抗压强度值可按式（6-74）计算：

$$f_{cu,cor} = \beta_c F_c / A_c \qquad (6\text{-}74)$$

式中：$f_{cu,cor}$——芯样试件抗压强度值，MPa，精确至 0.1MPa；

$\quad\quad\quad F_c$——芯样试件抗压试验的破坏荷载，N；

$\quad\quad\quad A_c$——芯样试件抗压截面面积，mm^2；

$\quad\quad\quad \beta_c$——芯样试件强度换算系数，取 1.0。

当有可靠试验依据时，芯样试件强度换算系数 β_c 也可根据混凝土原材料和施工工艺情况通过试验确定。

7）混凝土中的氯离子含量（《混凝土中氯离子含量检测技术规程》JGJ/T 322—2013）

① 混凝土拌合物中氯离子含量检测

混凝土施工过程中，应进行混凝土拌合物中水溶性氯离子含量检测。

同一工程、同一配合比的混凝土拌合物中水溶性氯离子含量的检测不应少于 1 次；当混凝土原材料发生变化时，应重新对混凝土拌合物中水溶性氯离子含量进行检测。

拌合物应随机从同一搅拌车中取样，但不宜在首车混凝土中取样。从搅拌车中取样时应使混凝土充分搅拌均匀，并在卸料量为 1/4～3/4 取样。取样应自加水搅拌 2h 内完成。取样方法应符合现行国家标准《普通混凝土拌合物性能试验方法标准》GB/T 50080—2016 的有关规定。取样数量应至少为检测试验实际用量的 2 倍，且不应少于 3L。雨天取样应有防雨措施。取样时应进行编号、记录下列内容并写入检测报告：取样时间、取样地点和取样人；混凝土的加水搅拌时间；采用海砂的情况；混凝土标记；环境温度、混凝土温度，现场取样时的天气状况。检测应采用筛孔公称直径为 5.00mm 的筛子对混凝土拌合物进行筛分，获得不少于 1000g 的砂浆，称取 500g 砂浆试样两份，并向每份砂浆试样加入 500g 蒸馏水，充分摇匀后获得两份悬浊液密封备用。滤液的获取应自混凝土加水搅拌 3h 内完成，并应按本规定分取不少于 100mL 的滤液密封以备仲裁，用于仲裁的滤液保存时间应为一周。检测结果应在试验后及时告知受检方。

混凝土拌合物中水溶性氯离子含量可采用方法一或方法二进行检测，也可采用精度更高的测试方法进行检测；当作为验收依据或存在争议时，应采用方法二进行检测。

当采用方法二检测混凝土拌合物中水溶性氯离子含量时，每个混凝土试样检测前均应重新标定电位-氯离子浓度关系曲线。

混凝土拌合物中水溶性氯离子含量，可表示为水泥质量的百分比，也可表示为单方混凝土中水溶性氯离子的质量。

方法一：混凝土拌合物中水溶性氯离子含量快速测试方法

本方法适用于现场或试验室的混凝土拌合物中水溶性氯离子含量的快速测定。

试验用活化液为浓度为 0.001mol/L 的 NaCl 溶液；标准液为浓度分别为 5.5×10^{-3} mol/L 和 5.5×10^{-3} mol/L 的 NaCl 标准溶液。

试验前应按下列步骤建立电位-氯离子浓度关系曲线：氯离子选择电极应放入活化液中

活化 2h；应将氯离子选择电极和参比电极插入温度为（20±2）℃、浓度为 $5.5×10^{-3}$ mol/L 的 NaCl 标准液中，经 2min 后，应采用电位测量仪测得两电极之间的电位值（图 6-17）；然后应按相同操作步骤测得温度为（20±2）℃、浓度为 $5.5×10^{-3}$ mol/L 的 NaCl 标准液的电位值。应将分别测得的两种浓度 NaCl 标准液的电位值标在 E-$\lg C$ 坐标上，其连线即为电位-氯离子浓度关系曲线；在测试每个 NaCl 标准液电位值前，均应采用蒸馏水对氯离子选择电极和参比电极进行充分清洗，并用滤纸擦干；当标准液温度超出（20±2）℃时，应对电位-氯离子浓度关系曲线进行温度校正。

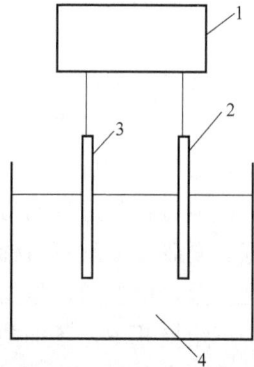

图 6-17 电位值测量示意图
1—电位测量仪；2—氯离子选择电极；3—参比电极；4—标准液或滤液

试验前应先将氯离子选择电极浸入活化液中活化 1h；应将按规定获得的两份悬浊液分别摇匀后，以快速定量滤纸过滤，获取两份滤液，每份滤液均不少于 100mL；应分别测量两份滤液的电位值；将氯离子选择电极和参比电极插入滤液中，经 2min 后测定滤液的电位值；测量每份滤液前应采用蒸馏水对氯离子选择电极和参比电极进行充分清洗，并用滤纸擦干；应分别测量两份滤液的温度，并对建立的电位-氯离子浓度关系曲线进行温度校正；应根据测定的电位值，分别从 E-$\lg C$ 关系曲线上推算两份滤液的氯离子浓度，并应将两份滤液的氯离子浓度的平均值作为滤液的氯离子浓度的测定结果。

每立方米混凝土拌合物中水溶性氯离子的质量应按式（6-75）计算：

$$m_{Cl^-}=C_{Cl^-}×0.03545×(m_B+m_S+2m_W) \tag{6-75}$$

式中：m_{Cl^-}——每立方米混凝土拌合物中水溶性氯离子质量，kg，精确至 0.01kg；

C_{Cl^-}——滤液的氯离子浓度，mol/L；

m_B——混凝土配合比中每立方米混凝土的胶凝材料用量，kg；

m_S——混凝土配合比中每立方米混凝土的砂用量，kg；

m_W——混凝土配合比中每立方米混凝土的用水量，kg。

混凝土拌合物中水溶性氯离子含量占水泥质量的百分比应按式（6-76）计算：

$$w_{Cl^-}=\frac{m_{Cl^-}}{m_C}×100 \tag{6-76}$$

式中：w_{Cl^-}——混凝土拌合物中水溶性氯离子占水泥质量的百分比，%，精确至 0.001%；

m_C——混凝土配合比中每立方米混凝土的水泥用量，kg。

方法二：混凝土拌合物中水溶性氯离子含量测试方法

首先应进行试验用溶液的配置。

配制铬酸钾指示剂溶液：称取 5.00g 化学纯铬酸钾溶于少量蒸馏水中，加入硝酸银溶液直至出现红色沉淀，静置 12h，过滤并移入 100mL 容量瓶中，稀释至刻度。

物质的量浓度为 0.0141mol/L 的硝酸银标准溶液：称取 2.40g 化学纯硝酸银，精确至 0.01g，用蒸馏水溶解后移入 1000mL 容量瓶中，稀释至刻度，混合均匀后，储存于棕色玻璃瓶中。

物质的量浓度为 0.0141mol/L 的氯化钠标准溶液：称取在 550℃±50℃灼烧至恒重的分析纯氯化钠 0.8240g，精确至 0.0001g，用蒸馏水溶解后移入 1000mL 容量瓶中，并稀释至刻度。

酚酞指示剂：称取 0.50g 酚酞，溶于 50mL 乙醇，再加入 50mL 蒸馏水。

硝酸溶液：量取 63mL 分析纯硝酸缓慢加入约 800mL 蒸馏水中，移入 1000mL 容量瓶中，稀释至刻度。

试验时将备好的两份悬浊液分别摇匀后，分别移取不少于 100mL 的悬浊液于烧杯中，盖好表面皿后放到带石棉网的试验电炉或其他加热装置上沸煮 5min，停止加热，静置冷却至室温，以快速定量滤纸过滤，获取滤液；应分别移取两份滤液各 20mL（V_1），置于两个三角烧瓶中，各加两滴酚酞指示剂，再用硝酸溶液中和至刚好无色；滴定前应分别向两份滤液中各加入 10 滴铬酸钾指示剂，然后用硝酸银标准溶液滴至略带桃红色的黄色不消失，终点的颜色判定必须保持一致。应分别记录两份滤液各自消耗的硝酸银标准溶液体积 V_{21} 和 V_{22} 取两者的平均值 V_2，作为测定结果。

标定硝酸银标准溶液浓度：用移液管移取氯化钠标准溶液 20mL（V_3）于三角瓶中，加入 10 滴铬酸钾指示剂，立即用硝酸银标准溶液滴至略带桃红色的黄色不消失，记录所消耗的硝酸银体积（V_4）。硝酸银标准溶液的浓度应按式（6-77）计算：

$$C_{AgNO_3} = C_{NaCl} \times \frac{V_3}{V_4} \tag{6-77}$$

式中：C_{AgNO_3}——硝酸银标准溶液的浓度，mol/L，精确至 0.0001mol/L；

$\qquad C_{NaCl}$——氯化钠标准溶液的浓度，mol/L；

$\qquad V_3$——氯化钠标准溶液的用量，mL；

$\qquad V_4$——硝酸银标准溶液的用量，mL。

每立方米混凝土拌合物中水溶性氯离子的质量应按式（6-78）计算：

$$m_{Cl^-} = \frac{C_{AgNO_3} \times V_2 \times 0.03545}{V_1} \times (m_B + m_S + 2m_W) \tag{6-78}$$

式中：m_{Cl^-}——每立方米混凝土拌合物中水溶性氯离子质量，kg，精确至 0.01kg；

$\qquad V_2$——硝酸银标准溶液的用量的平均值，mL；

$\qquad V_1$——滴定时量取的滤液量，mL；

$\qquad m_B$——混凝土配合比中每立方米混凝土的胶凝材料用量，kg；

$\qquad m_S$——混凝土配合比中每立方米混凝土的砂用量，kg；

$\qquad m_W$——混凝土配合比中每立方米混凝土的用水量，kg。

混凝土拌合物中水溶性氯离子含量占水泥质量的百分比计算同方法一。

② 硬化混凝土中氯离子含量检测

当检测硬化混凝土中氯离子含量时，可采用标准养护试件、同条件养护试件；存在争议时，应采用标准养护试件。当检测硬化混凝土中氯离子含量时，标准养护试件测试龄期宜为 28d，同条件养护试件的等效养护龄期宜为 600℃·d。

用于检测氯离子含量的硬化混凝土试件的制作应符合现行国家标准《混凝土物理力学性能试验方法标准》GB/T 50081—2019 的有关规定；也可采用抗压强度测试后的混凝土试件进行检测。用于检测氯离子含量的硬化混凝土试件应以 3 个为一组。试件养护过程中，不应接触外界氯离子源。试件制作时应进行编号，记录下列内容并写入检测报告：试件制作时间、制作人；养护条件；采用海砂的情况；混凝土标记；混凝土配合比；试件对应的工程及其结构部位。

检测硬化混凝土中氯离子含量时，应从同一组混凝土试件中取样。从每个试件内部各取不少于200g等质量的混凝土试样，去除混凝土试样中的石子后，将3个试样的砂浆砸碎后混合均匀，并应研磨至全部通过筛孔公称直径为0.16mm的筛；研磨后的砂浆粉末应置于（105±5）℃烘箱中烘2h，取出后放入干燥器冷却至室温备用。

③ 既有结构或构件混凝土中氯离子含量检测

在对既有结构或构件混凝土进行氯离子含量检测时，当缺少同条件养护混凝土试件时，可从既有结构或构件钻取混凝土芯样检测混凝土中氯离子含量。

氯离子含量检测宜选择结构部位中具有代表性的位置，并可利用测试抗压强度后的破损芯样制作试样。

钻取混凝土芯样检测氯离子含量时，相同混凝土配合比的芯样应为一组，每组芯样的取样数量不应少于3个；当结构部位已经出现钢筋锈蚀、顺筋裂缝等明显劣化现象时，每组芯样的取样数量应增加一倍，同一结构部位的芯样应为同一组。氯离子含量检测的取样深度不应小于钢筋保护层厚度。取得的样品应密封保存和运输，不得被其他物质污染。取样时应进行编号、记录下列内容并写入检测报告：取样时间、取样地点和取样人；工程名称、结构部位和混凝土标记；采用海砂的情况；取样方案简图和样品数量；混凝土配合比。既有结构或构件混凝土中氯离子含量的检测应从同一组混凝土芯样中取样。应从每个芯样内部各取不少于200g、等质量的混凝土试样，去除混凝土试样中的石子后，应将3个试样的砂浆砸碎后混合均匀，并应研磨至全部通过筛孔公称直径为0.16mm的筛；研磨后的砂浆粉末应置于（105±5）℃烘箱中烘2h，取出后应放入干燥器冷却至室温备用。

硬化混凝土和既有结构或构件混凝土中水溶性氯离子含量应按方法三进行检测。

硬化混凝土和既有结构或构件混凝土中酸溶性氯离子含量应按方法四进行检测。

存在争议时，应以酸溶性氯离子含量作为最终结果进行评定。

方法三：硬化混凝土中水溶性氯离子含量测试方法

首先应进行试验用溶液的配置，配置步骤同方法二。

试验时称取20.00g磨细的砂浆粉末，精确至0.01g，置于三角烧瓶中，并加入100mL（V_1）蒸馏水，摇匀后，盖好表面皿后放到带石棉网的试验电炉或其他加热装置上沸煮5min，停止加热，盖好瓶塞，静置24h后，以快速定量滤纸过滤，获取滤液；应分别移取两份滤液20mL（V_2），置于两个三角烧瓶中，各加两滴酚酞指示剂，再用硝酸溶液中和至刚好无色；滴定前应分别向两份滤液中加入10滴铬酸钾指示剂，然后用硝酸银标准溶液滴至略带桃红色的黄色不消失，终点的颜色判定必须保持一致。应分别记录各自消耗的硝酸银标准溶液体积V_{31}和V_{32}，取两者的平均值V_3作为测定结果。

硝酸银标准溶液浓度的标定同方法二。

硬化混凝土中水溶性氯离子含量应按式（6-79）计算：

$$W_{Cl^-}^W = \frac{C_{AgNO_3} \times V_3 \times 0.03545}{G \times \frac{V_2}{V_1}} \times 100 \tag{6-79}$$

式中：$W_{Cl^-}^W$——硬化混凝土中水溶性氯离子占砂浆质量的百分比，%，精确至 0.001%；

C_{AgNO_3}——硝酸银标准溶液的浓度，mol/L；

V_3——滴定时硝酸银标准溶液的用量，mL；

G——砂浆样品质量，g；

V_1——浸样品的蒸馏水用量，mL；

V_2——每次滴定时提取的滤液量，mL。

在已知混凝土配合比时，硬化混凝土中水溶性氯离子含量占水泥质量的百分比应按式（6-80）计算：

$$W_{Cl^-}^C = \frac{W_{Cl^-}^W \times (m_B + m_S + m_W)}{m_C} \times 100 \qquad (6\text{-}80)$$

式中：$W_{Cl^-}^C$——硬化混凝土中水溶性氯离子占水泥质量的百分比，%，精确至 0.001%；

m_B——混凝土配合比中每立方米混凝土的胶凝材料用量，kg；

m_S——混凝土配合比中每立方米混凝土的砂用量，kg；

m_W——混凝土配合比中每立方米混凝土的用水量，kg；

m_C——混凝土配合比中每立方米混凝土的水泥用量，kg。

方法四：硬化混凝土中酸溶性氯离子含量测试方法

试验用试剂有硝酸溶液：分析纯硝酸与蒸馏水按体积比为 1：7 配制；化学纯-硝酸银；淀粉溶液：浓度为 10g/L 的淀粉溶液；分析纯-氯化钠。

配制物质的量浓度为 0.01mol/L 的硝酸银标准溶液：称取 1.70g 化学纯硝酸银，精确至 0.01g，用蒸馏水溶解后移入 1000mL 容量瓶中，稀释至刻度，混合均匀后，储存于棕色玻璃瓶中。

配制物质的量浓度为 0.01mol/L 的氯化钠标准溶液：称取在（550±50）℃灼烧至恒重的分析纯氯化钠 0.5844g，精确至 0.0001g，用蒸馏水溶解后移入 1000mL 容量瓶中，并稀释至刻度。

硝酸银标准溶液浓度的标定：移取 20mL 的氯化钠标准溶液于烧杯中，加蒸馏水稀释至 100mL，再加淀粉溶液 20mL，在电磁搅拌下，应用硝酸银标准溶液以电位滴定法测定终点，用二次微商法计算出硝酸银溶液消耗的体积 V_{01}；等当量点的判定应按二次微商法计算；应移取蒸馏水 20mL 于烧杯中，按同样方法进行空白试验，空白试验的滴定应使用可调式微量移液器，计算空白试验硝酸银标准溶液的用量 V_{02}，所用硝酸银标准溶液体积 V_0 应按式（6-81）计算：

$$V_0 = V_{01} - V_{02} \qquad (6\text{-}81)$$

式中：V_0——20mL 氯化钠标准溶液消耗的硝酸银标准溶液体积，mL；

V_{01}——达到等当量点时所消耗硝酸银标准溶液的体积，mL；

V_{02}——空白试验达到等当量点所消耗硝酸银标准溶液的体积，mL。

硝酸银标准溶液的浓度，应按式（6-82）计算：

$$C_{AgNO_3} = \frac{C_{NaCl} \times V}{V_0} \qquad (6\text{-}82)$$

式中：C_{AgNO_3}——硝酸银标准溶液的浓度，mol/L；

C_{NaCl}——氯化钠标准溶液的浓度，mol/L；

V——氯化钠标准溶液的体积，mL。

试验时称取 20.00g（G）磨细的砂浆粉末，精确至 0.01g，置于 250mL 的三角烧瓶中，并加入 100mL（V_1）硝酸溶液，盖上瓶塞，剧烈振摇（1～2)min，浸泡 24h 后，以快速定量滤纸过滤，获取滤液，期间应摇动三角烧瓶；移取滤液 20mL（V_2）于 300mL 烧杯中，加 100mL 蒸馏水，再加入 20mL 淀粉溶液，烧杯内放入电磁搅拌器；将烧杯放在电磁搅拌器上后，应开动搅拌器并插入指示电极及参比电极，两电极应与电位测量仪器连接，用硝酸银标准溶液缓慢滴定，同时应记录电势和对应的滴定管读数；由于接近等当量点时，电势增加很快，此时应缓慢滴加硝酸银溶液，每次定量加入 0.1mL，当电势发生突变时，表示等当量点已过，此时应继续滴入硝酸银溶液，直至电势趋向变化平缓，用二次微商法计算出达到等当量点时硝酸银溶液消耗的体积 V_{11}；同条件下，进行空白试验：在干净的烧杯中加入 100mL 蒸馏水和 20mL 硝酸溶液，再加入 20mL 淀粉溶液，在电磁搅拌下，应使用微量移液器缓慢滴加硝酸银溶液，同时记录电势和对应的硝酸银溶液的用量，应按二次微商法计算出达到等当量点时硝酸银标准溶液消耗的体积 V_{12}。

硬化混凝土中酸溶性氯离子含量应按式（6-83）计算：

$$W_{Cl^-}^A = \frac{C_{AgNO_3} \times (V_{11}-V_{12}) \times 0.03545}{G \times \dfrac{V_2}{V_1}} \times 100 \tag{6-83}$$

式中：$W_{Cl^-}^A$——硬化混凝土中酸溶性氯离子占砂浆质量的百分比，%，精确至 0.001%；

V_{11}——20mL 滤液达到等当量点所消耗硝酸银标准溶液的体积，mL；

V_{12}——空白试验达到等当量点所消耗硝酸银标准溶液的体积，mL；

G——砂浆样品质量，g；

V_1——浸样品的硝酸溶液用量，mL；

V_2——电位滴定时提取的滤液量，mL。

在已知混凝土配合比时，硬化混凝土中酸溶性氯离子含量占胶凝材料质量的百分比应按式（6-84）计算：

$$W_{Cl^-}^B = \frac{W_{Cl^-}^A \times (m_B + m_S + m_W)}{m_B} \times 100 \tag{6-84}$$

式中：$W_{Cl^-}^B$——硬化混凝土中酸溶性氯离子占胶凝材料质量的百分比，%，精确至 0.001%；

m_B——混凝土配合比中每立方米混凝土的胶凝材料用量，kg；

m_S——混凝土配合比中每立方米混凝土的砂用量，kg；

m_W——混凝土配合比中每立方米混凝土的用水量，kg。

6.3 钢筋与连接

1. 钢筋

（1）定义与分类

钢筋是指钢筋混凝土用和预应力钢筋混凝土用钢筋，其横截面为圆形，有时为带有圆角的方形，包括光圆钢筋、带肋钢筋、扭转钢筋。

　　钢筋混凝土用钢筋是指钢筋混凝土配筋用的直条或盘条状钢材，其外形分为光圆钢筋和变形钢筋两种，交货状态为直条和盘圆两种。

　　光圆钢筋就是普通低碳钢的小圆钢和盘圆。变形钢筋是表面带肋的钢筋，通常带有 2 道纵肋和沿长度方向均匀分布的横肋。横肋的外形为螺旋形、人字形、月牙形 3 种。用公称直径的毫米数表示。变形钢筋的公称直径相当于横截面相等的光圆钢筋的公称直径。钢筋的公称直径为（8～50）mm，钢筋在混凝土中主要承受拉应力。变形钢筋由于肋的作用，和混凝土有较大的黏结能力，因而能更好地承受外力的作用。钢筋广泛用于各种建筑结构。

　　钢筋按生产工艺分为热轧、冷轧、冷拉的钢筋，还有经热处理而成的热处理钢筋，强度更高。

　　钢筋的种类众多，这里主要介绍使用最为广泛的热轧带肋钢筋（《钢筋混凝土用钢 第 2 部分：热轧带肋钢筋》GB/T 1499.2—2018）和热轧光圆钢筋（《钢筋混凝土用钢 第 1 部分：热轧光圆钢筋》GB/T 1499.1—2017）。

　　（2）技术要求

　　热轧光圆钢筋化学成分应符合表 6-37 的规定。

热轧光圆钢筋化学成分要求　　　　　　　　　　表 6-37

牌号	化学成分(质量分数)/% 不大于				
	C	Si	Mn	P	S
HPB300	0.25	0.55	1.50	0.045	0.045
成品化学成分允许偏差应符合《钢的成品化学成分允许偏差》GB/T 222 的规定					

　　热轧光圆钢筋的公称直径范围为（6～22）mm。

　　热轧光圆钢筋公称横截面面积与理论重量见表 6-38。

热轧光圆钢筋公称横截面面积与理论重量　　　　　表 6-38

公称直径/mm	公称横截面面积/mm²	理论重量/(kg/m)
6	28.27	0.222
8	50.27	0.395
10	78.54	0.617
12	113.1	0.888
14	153.9	1.21
16	201.1	1.56
18	254.5	2.00
20	314.2	2.17
22	380.1	2.98
理论重量按密度为 7.85g/cm² 计算		

　　热轧光圆钢筋实际重量与理论重量的允许偏差应符合表 6-39 的规定。

热轧光圆钢筋实际重量与理论重量的允许偏差 表 6-39

公称直径/mm	实际重量与理论重量的偏差/%
6～12	±6
14～22	±5

热轧光圆钢筋的下屈服强度 R_{el}、抗拉强度 R_m、断后伸长率 A、最大力总伸长率 A_{gt} 等力学性能特征值应符合表 6-40 的规定。表 6-40 所列各力学性能特征值，可作为交货检验的最小保证值。

热轧光圆钢筋力学性能特征值 表 6-40

牌号	下屈服强度 R_{el}/MPa	抗拉强度 R_m/MPa	断后伸长率 A/%	最大力总延伸率 A_{gt}/%	冷弯试验 180°
	不小于				
HPB300	300	420	25	10	$d=a$

d——弯芯直径；a——钢筋公称直径

对于没有明显屈服的钢筋，下屈服强度特征值 R_{el} 应采用规定比例延伸强度 $R_{p0.2}$。伸长率类型可从 A 或 A_{gt} 中选定，仲裁检验时采用 A_{gt}。按表 6-40 规定的弯芯直径弯曲 180°后，钢筋受弯部位表面不得产生裂纹。

热轧带肋钢筋的化学成分应符合表 6-41 的规定。

热轧带肋钢筋的化学成分 表 6-41

牌号	化学成分(质量分数)/% 不大于					碳当量 C_{eq}/%
	C	Si	Mn	P	S	
HRB400、HRBF400、HRB400E、HRBF400E	0.25	0.80	1.60	0.045	0.045	0.54
HRB500、HRBF500、HRB500E、HRBF500E						0.55
HRB600	0.28					0.58

碳当量 C_{eq}（%）可按式（6-85）计算：

$$C_{eq}=C+Mn/6+(Cr+V+Mo)/5+(Cu+Ni)/15 \quad (6-85)$$

钢的氮含量应不大于 0.012%；供方如能保证可不做分析。钢中如有足够数量的氮结合元素，含氮量的限制可适当放宽。钢筋的成品化学成分允许偏差应符合《钢的成品化学成分允许偏差》GB/T 222—2006 的规定，碳当量 C_{eq} 的允许偏差为＋0.03%。

热轧带肋钢筋的公称直径范围为（6～50）mm。热轧带肋钢筋公称横截面面积与理论重量见表 6-42。

热轧带肋钢筋公称横截面面积与理论重量 表 6-42

公称直径/mm	公称横截面面积/mm²	理论重量/(kg/m)
6	28.27	0.222
8	50.27	0.395

续表

公称直径/mm	公称横截面面积/mm²	理论重量/(kg/m)
10	78.54	0.617
12	113.1	0.888
14	153.9	1.21
16	201.1	1.56
18	254.5	2.00
20	314.2	2.17
22	380.1	2.98
25	490.9	3.85
28	615.8	4.83
32	804.2	6.31
36	1018	7.99
40	1257	9.87
50	1964	15.42
理论重量按密度为 7.85g/cm³ 计算		

热轧带肋钢筋实际重量与理论重量的允许偏差应符合表 6-43 的规定。

热轧带肋钢筋实际重量与理论重量的允许偏差　　　　表 6-43

公称直径/mm	实际重量与理论重量的偏差/mm
6～12	±6.0
14～20	±5.0
22～50	±4.0

热轧带肋钢筋的下屈服强度 R_{el}、抗拉强度 R_m、断后伸长率 A、最大力总伸长率 A_{gt} 等力学性能特征值应符合表 6-44 的规定。表 6-44 所列各力学性能特征值，除 R_m/R_{el} 可作为交货检验的最大保证值外，其他力学特征值可作为交货检验的最小保证值。

热轧带肋钢筋力学性能特征值　　　　表 6-44

牌号	下屈服强度 R_{el}/MPa	抗拉强度 R_m/MPa	断后伸长率 A/%	最大力总伸长率 A_{gt}/%	R_m^0/R_{el}^0	R_{el}^0/R_{el}
	不小于					不大于
HRB400 HRBF400	400	540	16	7.5	—	—
HRB400E HRBF400E			—	9.0	1.25	1.30
HRB500 HRBF500	500	630	15	7.5	—	—
HRB500E HRBF500E			—	9.0	1.25	1.30
HRB600	600	730	14	15	—	—

R_m^0 为钢筋实测抗拉强度；R_{el}^0 为钢筋实测下屈服强度

公称直径 28～40mm 各牌号钢筋的断后伸长率 A 可降低 1%；公称直径大于 40mm 各牌号钢筋的断后伸长率 A 可降低 2%。对于没有明显屈服强度的钢筋，下屈服强度特征值 R_{el} 应采用规定的塑性延伸强度 $R_{p0.2}$。伸长率类型可从 A 或 A_{gt} 中选定，但仲裁检验时应采用 A_{gt}。

钢筋应进行弯曲试验，按表 6-45 规定的弯曲压头直径弯曲 180° 后，钢筋受弯曲部位表面不得产生裂纹。

热轧带肋钢筋弯曲压头直径 表 6-45

牌号	公称直径 d/mm	弯曲压头直径/mm
HRB400、HRBF400、HRB400E、HRBF400E	6～25	4d
	28～40	5d
	>40～50	6d
HRB500、HRBF500、HRB500E、HRBF500E	6～25	6d
	28～40	7d
	>40～50	8d
HRB600	6～25	6d
	28～40	7d
	>40～50	8d

对牌号带 E 的钢筋应进行反向弯曲试验。经反向弯曲试验后，钢筋受弯曲部位表面不得产生裂纹。根据需方要求，其他牌号钢筋也可进行反向弯曲试验。可用反向弯曲试验代替弯曲试验。反向弯管试验的弯曲压头直径比弯曲试验相应增加一个钢筋公称直径。

（3）组批原则和取样要求

每批由同一牌号、同一炉罐号、同一规格的钢筋组成。每批重量通常不大于 60t。允许同一牌号、同一冶炼方法、同一浇注方法的不同炉罐号组成混合批；但各炉罐号含碳量之差不大于 0.02%，含锰量之差不大于 0.15%。混合批的重量不大于 60t。每一验收批取一组试件（不少于 5 个）。超过 60t 的部分，每增加 40t（或不足 40t 的余数），增加一个拉伸试件和一个弯曲试件。

（4）试验方法

部分试验原始记录可参考附表（JCZX-GC-D（1）-4069）金属材料试验原始记录。

热轧带肋钢筋与热轧光圆钢筋检验结果的数值修约与判定应符合《冶金技术标准的数值修约与检测数值的判定》YB/T 081—2013 的规定。

1）钢筋重量偏差的测量（《钢筋混凝土用钢 第 1 部分：热轧光圆钢筋》GB/T 1499.1—2017）《钢筋混凝土用钢 第 2 部分：热轧带肋钢筋》GB/T 1499.2—2018）

测量热轧钢筋重量偏差试验时，试样应随机从不同根钢筋上截取，数量不少于 5 支，每支试样长度不小于 500mm。长度应逐支测量，应精确到 1mm。测量试样总重量时，应精确到不大于总重量的 1%。

钢筋实际重量与理论重量的偏差按式（6-86）计算：

$$重量偏差 = \frac{试样实际总重量 - (试样总长度 \times 理论论重)}{试样总长度 \times 理论论重} \times 100\% \qquad (6-86)$$

热轧光圆钢筋计算结果精确至 1%，热轧带肋钢筋应精确至 0.1%。

2）钢筋拉伸试验（《钢筋混凝土用钢材试验方法》GB/T 28900—2022）

钢筋试样除非供需双方另有协议或产品标准有规定，试样应从符合交货状态的钢材上制取。对于从盘卷（盘条或钢丝）上制取的试样，在任何试验前应进行简单的弯曲使试样平直，并确保最小的朔性变形。试样的矫直方式（手工、机械）应记录在试验报告中。过度的矫直极易造成力学及工艺性能的变化，通过采用橡胶锤、木头锤轻微敲击或专用装置等进行矫直，在确保最小塑性变形的基础上，尽量使试样的轴线与力的作用线重合或在同一平面内。

对于矫直试样，可根据产品标准的要求对矫直后的试样进行人工时效。当产品标准没有规定人工时效工艺时，可采用下列工艺条件：加热试样到 100℃，在（100±10）℃下保温（60~75）min，然后在静止的空气中自然冷却到室温。如果对试样进行人工时效，人工时效的工艺条件应记录在试验报告中。

试样的平行长度应足够长，以满足对断后伸长率（A）或最大力总延伸率（A_{gt}）测定的要求。当通过手工方法测定断后伸长率（A）时，试样应根据《金属材料 拉伸试验 第1部分：室温试验方法》GB/T 228.1—2021 的规定来标记原始标距。当通过手工方法测定最大力总延伸率（A_{gt}）时，应在试样的平行长度上标出等距标距，标距之间的长度应根据试样直径选取为 20mm、10mm 或 5mm。若采用引伸计测量最大力总延伸率（A_{gt}），引伸计应至少有 100mm 的标距长度，标距长度应记录在试验报告中。

拉伸试验应按照《金属材料 拉伸试验 第1部分：室温试验方法》GB/T 228.1—2021 执行。除非产品标准中另有规定。对于拉伸性能（R_{el}，$R_{p0.2}$，R_m）的计算，原始横截面积应采用公称横截面面积，若断裂发生在距夹持部位的距离小于 20mm 或公称直径 d（选取两者最大值）处或夹持部位上，试验可视为无效。当屈服不明显时，应测定 $R_{p0.2}$ 代替 R_{el}。其中当力-延伸曲线的弹性直线段较短或不明显时，应采用下列方法之一来确定有效的直线段：a)《金属材料 拉伸试验 第1部分：室温试验方法》GB/T 228.1—2021 中规定的推荐程序；b) 力-延伸曲线的直线段应被视作连接 $0.2F_m$ 和 $0.5F_m$ 两点之间的直线段。F_m 可预先定义为与产品标准中给出的规定抗拉强度相对应的力。当有争议时，应采用方法 b)，当直线段的斜率与弹性模量的理论值之差大于 10% 时，试验可视为无效。测定断后伸长率（A）时，除非在产品标准中另有规定，原始标距长度应为 5 倍产品公称直径（d）。当有争议时，应采用手工法计算。对于最大力总延伸率（A_{gt}）的测定，应采用引伸计法或手工法测定。当有争议时，应采用手工法，如果通过引伸计来测量 A_{gt} 采用《金属材料 拉伸试验 第1部分：室温试验方法》GB/T 228.1—2021 测定时应修正使用，即 A_{gt} 应在力值从最大值落下超过 0.2% 之前被记录。旨在避免因采用不同方法测定（手工法与引伸计法）带来的差异，普遍认为，使用引伸计得出的 A_{gt} 平均值比手动法测量的值低。当手工法测定 A_{gt} 时，A_{gt} 应按照公式进行测定（6-87）。

$$A_{gt} = A_r + \frac{R_m}{2000}\left(A_r = \frac{L'_u - L'_0}{L'_0} \times 100\right) \tag{6-87}$$

式中：A_{gt}——最大力总延伸率，%；

A_r——断后均匀伸长率，%；

R_m——抗拉强度，MPa；

2000——根据碳钢弹性模量得出的系数（不锈钢的系数应有产品标准给出的数值代替，或者相关方约定的适当值代替），MPa；

L'_u——手工法测定 A_gt 时的断后标距，mm；

L'_0——手工法测定 A_gt 时的原始标距，mm；

100——比例系数，无量纲。

其中，断后均匀伸长率（A_r）的测定应参考《金属材料 拉伸试验 第 1 部分：室温试验方法》GB/T 228.1—2021 中断后伸长率（A）的测定方式进行。除非另有规定，原始标距（L'_0）应为 100mm。当试样断裂后，选择较长的一段试样测量断后标距（L'_0）（图 6-18），其中断口和标距之间的距离（r_2）至少为 50mm 或 $2d$（选择较大者）。若夹持部位和标距之间的距离（r_1）小于 20mm 或 d（选择较大者）时，该试验可视为无效。

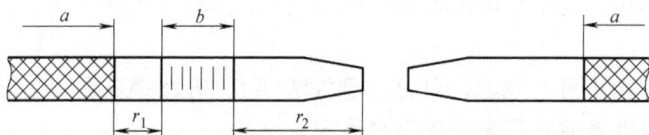

图 6-18 用手工方法测量 A_gt 示意图

图中：a—夹持部位；b—手工法测定 A_gt 时的断后标距（L'_u）；r_1—手工测定 A_gt 时
夹持部位和断后标距（L'_u）之间的距离；r_2—手工测定 A_gt 时断口和断后标距（L'_u）之间的距离

《金属材料 拉伸试验 第 1 部分：室温试验方法》GB/T 228.1—2021 中的相关规定：

试验系用拉力拉伸试样，一般拉至断裂，测定一项或多项力学性能。除非另有规定，试验应在（10～35）℃的室温下进行。对温度要求严格的试验，试验温度应为（23±5）℃。

试样的形状与尺寸取决于被试验金属产品的形状与尺寸。通常从产品、压制坯或铸件切取样坯经机加工制成试样、但具有等横截面的产品（型材、棒材、线材等）和铸造试样（铸铁和铸造非铁合金）可不经机械加工而进行试验。试样横截面可为圆形、矩形、多边形、环形，特殊情况下可为某些等截面形状。

原始标距与横截面积有 $L_0 = k\sqrt{S_0}$ 关系的试样称为比例试样。国际上使用的比例系数 k 的值为 5.65。原始标距应不小于 15mm。当试样横截面积太小，以致采用比例系数 k 为 5.65 的值不能符合这一最小标距要求时，可以采用较高的值（优先采用 11.3 的值）或采用非比例试样。非比例试样其原始标距 L_0 与原始横截面积 S_0 无关。对于比例试样，若原始标距不为 $5.65\sqrt{S_0}$（其中 S_0 为平行长度的原始横截面积），符号 A 宜附以下脚标说明所使用的比例系数。例如，$A_{11.3}$ 表示按照 $L_0 = 11.3\sqrt{S_0}$ 计算的原始标距的断后伸长率。对于非比例试样，符号 A 宜附以下脚标说明所使用的原始标距（以毫米表示）。例如，$A_{80\mathrm{mm}}$ 表示原始标距为 80mm 的断后伸长率。对于断后伸长率 A 的手动测定，原始标距（L_0）的两端应使用细小的点或线进行标记，但不能使用引起过早断裂的标记。原始标距应以 ±1% 的准确度标记。对于比例试样，如果原始标距的计算值与其标记值之差小于 10%L_0，可将原始标距的计算值按《数值修约规则与极限数值的表示和判定》GB/T 8170—2008 修约至最接近 5mm 的倍数，如平行长度（L_c）比原始标距长许多，例如不经机械加工的试样，可以标记一系列套叠的原始标距。有时，可以在试样表面画一条平行于试样纵轴的线，并在此线上标记原始标距。对于测定屈服强度和规定强度性能，引伸计标距（L_e）宜尽可能覆盖试样平行长度。这将保证引伸计检测到发生在试样上的全部屈服。理想的 L_e 应大于 $0.5L_0$ 但小于约 $0.9L_c$。最大力时或在最大力之后的性能，推荐 L_e 等于 L_0 或近似等于 L_0，但测定断后伸长率时 L_e 应等于 L_0。

在试验加载链装配完成后，试样两端被夹持之前，应设定力测量系统的零点。一旦设定了力值零点，在试验期间力值测量系统不应再发生变化。这是为了确保夹持系统的重量在测力时得到补偿；另一方面是为了保证夹持过程中产生的力不影响力值的测量。试样的加持应使用例如楔形夹具、螺纹夹具、平推夹具、套环夹具等合适的夹具夹持试样。宜确保被夹持的试样受轴向拉力的作用，尽量减小弯曲。这对试验脆性材料或测定规定塑性延伸强度、规定总延伸强度、规定残余延伸强度或屈服强度时尤为重要。为了确保试样与夹头对中，可施加不超过规定强度或预期屈服强度的 5％ 相应的预拉力。宜对预拉力的延伸影响进行修正。

试验加载时，除非另有规定，只要满足方法 A1、方法 A2 或方法 B 的要求，试验速率的选择由样品提供者或其指定试验室来决定。

基于应变速率的试验速率（方法 A）：方法 A 是为了减小测定应变速率敏感参数（性能）时的试验速率变化和试验结果的测量不确定度。

下面阐述了两种不同类型的应变速率控制模式：方法 A1 闭环，应变速率（$\dot{e}_{Le}$）是基于引伸计的反馈而得到；方法 A2 开环，应变速率 $\dot{e}_{Lc}$ 是根据平行长度估计的，即通过控制平行长度与需要的应变速率相乘得到的横梁位移速率来实现。除非另有规定，否则可以用任何方便的试验速率达到相当于预期屈服强度一半的应力。此后直至测定上屈服强度（R_{eH}）、规定塑性延伸强度（R_p）或规定残余延伸强度（R_t）的范围，应按照规定的应变速率（$\dot{e}_{Le}$），[或方法 A2 根据平行长度估计的横梁位移速率（v_c）]。这一范围需要在试样上夹夹引伸计测量试样延伸，消除拉伸试验机柔度的影响，以准确控制应变速率。对于不能进行应变速率控制的试验机，方法 A2 也可用。在不连续屈服期间，应选用平行长度应变速率的估计值（$\dot{e}_{Lc}$）。在这一范围是不可能用装夹在试样上的引伸计来控制应变速率的，因为局部的塑性变形可能发生在引伸计标距以外。使用按 $v_c = L_c \times \dot{e}_{Lc}$ 计算的恒定横梁位移速率（v_c），在这一范围可以保持要求的平行长度应变速率的估计值足够准确。在测定了 R_p、R_t 或屈服结束后的范围，应该使用 $\dot{e}_{Le}$ 或 $\dot{e}_{Lc}$。推荐使用 $\dot{e}_{Lc}$，以避免由于缩颈发生在引伸计标距以外而引起试验机控制问题。在测定相关材料性能时，应保持规定的应变速率。在进行应变速率或控制模式转换时，不宜在应力-延伸率曲线上引入不连续性，而歪曲抗拉强度（R_m）、最大力塑性延伸率（A_g）或最大力总延伸率（A_{gt}）值。这种不连续效应可以通过渐进的转换速率方式得以减轻。应力-延伸率曲线在应变硬化阶段的形状可能受应变速率的影响，宜记录下采用的试验速率。在测定上屈服强度（R_{eH}）、规定塑性延伸强度（R_p）、规定残余延伸强度（R_t）和规定总延伸强度（R_r）时，应变速率（$\dot{e}_{Le}$）应尽可能保持恒定。在测定这些性能时，$\dot{e}_{Le}$ 应选用下面两个范围之一，范围 1：$\dot{e}_{Le}=0.00007s^{-1}$，相对偏差 ±20％；范围 2：$\dot{e}_{Le}=0.00025s^{-1}$，相对偏差 ±20％（如果没有其他规定，推荐选取该速率）。如果试验机不能直接进行应变速率控制，应采用方法 A2。上屈服强度之后，在测定下屈服强度和屈服点延伸率时，应保持下列两种范围之一的平行长度应变速率的估计值（$\dot{e}_{Lc}$）范围，直到不连续屈服结束。范围 2：$\dot{e}_{Lc}=0.00025s^{-1}$，相对偏差 ±20％（测定下屈服强度 R_{el} 时推荐该速率）；范围 3：$\dot{e}_{Lc}=$

$0.002s^{-1}$，相对偏差±20%。在测定屈服强度或塑性延伸强度后，根据试样平行长度估计的应变速率（$\dot{e}_{Lc}$）在下述范围中，范围2：$\dot{e}_{Lc}=0.00025s^{-1}$，相对偏差±20%；范围3：$\dot{e}_{Lc}=002s^{-1}$，相对偏差±20%；范围4：$\dot{e}_{Lc}=0.0067s^{-1}$，相对偏差±20%（$0.4min^{-1}$，相对偏差±20%）（如果没有其他规定，推荐选取该速率）如果拉伸试验只测定抗拉强度，范围3或范围4内的任意一平行长度应变速率的估计值$\dot{e}_{Lc}$可适用于整个试验。

基于应力速率的试验速率（方法B）：如没有其他规定，在应力达到规定屈服强度的一半之前。可以采用任意的试验速率。超过这个点以后的试验速率应满足下面规定。测定上屈服强度（R_{eH}）时试验机横梁位移速率应尽可能保持恒定，并使相应的应力速率在表6-46规定的范围内。

应力速率 表 6-46

材料的弹性模量 E/GPa	应力速率 $R/(MPa \cdot s^{-1})$	
	最小	最大
<150	2	20
≥150	6	60

注：弹性模量小于150GPa的典型材料包括锰、铝合金、铜和钛。弹性模量大于150GPa的典型材料包括铁、钢、钨和镍基合金

如仅测定下屈服强度，在试样平行长度的屈服期间应变速率应在$0.00025 s^{-1}$～$0.0025s^{-1}$。平行长度内的应变速率应尽可能保持恒定。如不能直接调节这一应变速率，应通过调节屈服即将开始前的应力速率来调整，在屈服完成之前不再调节试验机的控制。任何情况下，弹性范围内的应力速率不得超过表6-46规定的最大速率。如在同一试验中测定上屈服强度和下屈服强度，应满足测定下屈服强度的条件。测定规定塑性延伸强度（R_p）、规定总延伸强度（R_t）和规定残余延伸强度（R_r）时，在弹性范围试验机的横梁位移速率应在表6-46规定的应力速率范围内，并尽可能保持恒定。直至规定强度（规定塑性延伸强度、规定总延伸强度和规定残余延伸强度）此横梁位移速率应保持任何情况下应变速率不应超过$0.0025s^{-1}$。如试验机无能力测量或控制应变速率，应采用等效于表6-46规定的应力速率的试验机横梁位移速率，直至屈服完成。测定屈服强度或塑性延伸强度后，试验速率可以增加到不大于$0.008s^{-1}$的应变速率（或等效的横梁分离速率）。如果仅需要测定材料的抗拉强度，在整个试验过程中可以选取不超过$0.008s^{-1}$的单一试验速率。

屈服强度的测定：上屈服强度（R_{eH}）可以从力-延伸曲线图或峰值力显示器上测得，定义为力首次下降前的最大力值对应的应力；R_{eH}由该力除以试样的横截面积计算得到。下屈服强度R_{eL}可以从力-延伸曲线上测得，定义为不计初始瞬时效应时屈服阶段中的最小力所对应的应力，R_{eL}由该力除以试样的横截面积计算得到（图6-19）。对于上、下屈服强度位置判定的基本原则是：屈服前的第1个峰值应力（第1个极大值应力）判为上屈服强度，不管其后的峰值应力比它大或比它小。屈服阶段中如呈现两个或两个以上的谷值应力，舍去第1个谷值应力（第1个极小值应力）不计，取其余谷值应力中之最小者判为下屈服强度。如只呈现1个下降谷，此谷值应力判为下屈服强度；屈服阶段中呈现屈服平台，平台应力判为下屈服强度；如呈现多个而且后者高于前者的屈服平台，判第1个平台应力为下屈服强度；正确的判定结果应是下屈服强度一定低于上屈服强度。在材料呈现明显

屈服且不需要测定屈服点延伸率的情况下，为提高试验效率，可以报告在上屈服强度之后延伸率为 0.25% 范围以内的最低应力为下屈服强度，不考虑任何初始瞬时效应。用此方法测定下屈服强度后，试验速率可以按照要求增加。试验报告应注明使用了此简捷方法。

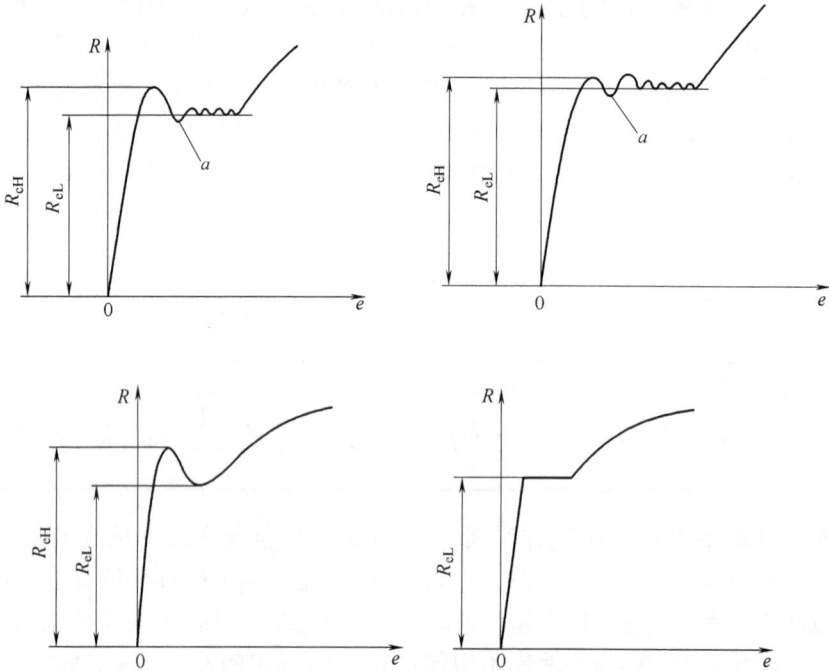

图 6-19　不同类型曲线的上屈服强度和下屈服强度

e—延伸率；R—应力；R_{eH}—上屈服强度；R_{el}—下屈服强度；a—初始瞬时效应

　　规定塑性延伸强度的测定：根据力-延伸曲线图测定规定塑性延伸强度（R_p）。在曲线图上，画一条与曲线的弹性直线段部分平行的直线，且在延伸轴上弹性直线段部分与此直线段的距离等于规定塑性延伸率，例如 0.2%。此平行线与曲线的交截点给出相应于所求规定塑性延伸强度的力。此力除以试样原始横截面积（S_0）得到规定塑性延伸强度。如力-延伸曲线图的弹性直线部分不能明确地确定，以致不能以足够的准确度作出这一平行线，推荐采用如下方法（图 6-20）：

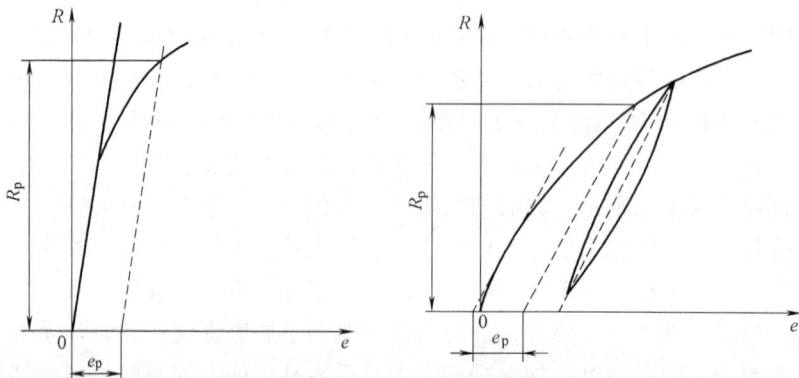

图 6-20　规定塑性延伸强度 R_p

试验时，当已超过预期的规定塑性延伸强度后，将力降至约为已达到的力的 10%。然后再施加力直至超过原已达到的力。为了测定规定塑性延伸强度，过滞后环两端点画一直线，然后经过横轴上与曲线原点的距离等效于所规定的塑性延伸率的点，作平行于此直线的平行线。平行线与曲线的交截点给出相应于规定塑性延伸强度的力。此力除以试样原始横截面积得到规定塑性延伸强度。可以用各种方法修正曲线的原点。作一条平行于滞后环所确定的直线的平行线并使其与力-延伸曲线相切，此平行线与延伸轴的交截点即为曲线的修正原点。宜注意保证在力降低开始点的塑性应变只略微高于规定的塑性延伸强度 (R_p)。较高应变的开始点将会降低通过滞后环获得直线的斜率。如果在产品标准中没有规定或得到客户的同意，在不连续屈服期间或之后测度规定塑性延伸强度是不合适的。通过使用自动处理装置（例如微处理机等）或自动测试系统可不绘制力-延伸曲线图测定规定塑性延伸强度，也可采用逐步逼近方法测定规定塑性延伸强度。

最大力总延伸率的测定：在用引伸计得到的力-延伸曲线图上测定最大力总延伸。最大力总延伸率（A_{gt}）按照式（6-88）计算：

$$A_{gt} = \frac{\Delta L_m}{L_e} \times 100 \qquad (6\text{-}88)$$

式中：L_e——引伸计标距；

ΔL_m——最大力下的延伸。

有些材料在最大力时呈现一平台。当出现这种情况，取最大力平台中点对应的总延伸率。

断裂总延伸的测定：在用引伸计得到的力-延伸曲线图上测定断裂总延伸率。断裂总延伸率（A_t）按照式（6-89）计算：

$$A_t = \frac{\Delta L_f}{L_e} \times 100 \qquad (6\text{-}89)$$

式中：L_e——引伸计标距；

ΔL_f——断裂总延伸。

断后伸长率的测定：断后伸长率（A）为断后标距的残余伸长（$L_u - L_0$）与原始标距（L_0）之比，以%表示。为了测定断后伸长率，应将试样断裂的部分仔细地配接在一起，使其轴线处于同一直线上，并采取特别措施确保试样断裂部分适当接触后测量试样断后标距。这对小横截面试样和低伸长率试样尤为重要。

按式（6-90）计算断后伸长率 A：

$$A = \frac{L_u - L_0}{L_0} \times 100 \qquad (6\text{-}90)$$

式中：L_0——原始标距；

L_u——断后标距。

应使用分辨力足够的量具或测量装置测定断后伸长量（$L_u - L_0$），并准确到 ±0.25mm。如规定的最小断后伸长率小于 5%，建议采取特殊方法进行测定。原则上只有断裂处与最接近的标距标记的距离不小于原始标距的 1/3 情况方为有效。但断后伸长率大于或等于规定值，不管断裂位置处于何处测量均为有效。如断裂处与最接近的标距标记的距离小于原始标距的 1/3 时，可采用移位法测定断后伸长率。能用引伸计测定断裂延伸的试验机，引伸计标距应等于试样原始标距，无需标出试样原始标距的标记。以断裂时的总延伸作为伸长测量时，为了得到断后伸长率，应从总延伸中扣除弹性延伸部分。为了得到与手工方法可比的结果，有一些额外的要求（例如：引伸计高的动态响应和额带宽度）。原则上，断裂发生在引伸计标距 L_e 以内方为有效，但断后伸长率等于或大于规定值，不管断裂位置处于何处测量均为有效。如产品标准规定用一固定标距测定断后伸长率，引伸计标距应等于这一标距。试验前通过协议，可以在一固定标距上测定断后伸长率，然后使用换算公式或换算表将其换算成比例标距的断后伸长率（例如可以使用《钢的伸长率换算　第1部分：碳素钢和低合金钢》GB/T 17600.1—1998 和《钢的伸长率换算　第2部分：奥氏体钢》GB/T 17600.2—1998 的换算方法）。仅当标距或引伸计标距、横截面的形状和体积均为相同时，或当比例系数（k）相同时，断后伸长率才具有可比性。

试验测定的性能结果数值应按照相关产品标准的要求进行修约。如未规定具体要求，应按照：强度性能值修约至 1MPa；屈服点延伸率修约至 0.1%，其他延伸率和断后伸长率修约至 0.5%。

3）钢筋弯曲试验（《钢筋混凝土用钢材试验方法》GB/T 28900—2022）

试样要求同拉伸试验。弯曲试验装置应采用图 6-21（a）所示的试验原理，也可以采用《金属材料　弯曲试验方法》GB/T 232—2010 中规定的带有两个直辊和一个弯曲压头的设备。

除非另外规定。弯曲试验应在（10~35）℃的温度下进行，对于低温下的弯曲试验，如果协议没有规定试验条件，应采用 ±2℃的温度偏差。试样应浸入冷却介质中保持足够的时间，以确保试样的整体达到规定的温度（例如，对于液体介质至少保温 10min，对于气体介质至少保温 30min）。弯曲试验应在试样从冷却介质中移出 5s 内开始进行，移动试样应确保试样的温度在允许的温度范围内。试样应使用弯曲压头完成弯曲试验。对于热轧带肋钢筋，除非产品标准中另有规定或供需双方另有约定，否则弯曲压头应放置在棒材的纵向平坦部位上。弯曲角度（γ）和弯芯直径（D）应符合相关产品标准的规定。

弯曲试验结果应根据相关产品标准的规定进行判定。当产品标准没有规定时，若弯曲试样无目视可见的裂纹，则判定该试样为弯曲试验结果合格。

4）钢筋反向弯曲试验（《钢筋混凝土用钢材试验方法》GB/T 28900—2022）

反向弯曲可在图 6-21（b）所示的反向弯曲装置上进行，也可采用图 6-21（a）所示的弯曲装置。

试验程序由三个步骤组成，见图 6-21：弯曲；人工时效；反向弯曲。弯曲应在（10~35）℃的温度下进行，试样应在弯曲压头上弯曲。弯曲角度（γ）和弯芯直径（D）应符合相关产品标准的规定。试样应通过目视仔细检查裂纹。人工时效的温度和时间应满足相关产品标准的要求。当产品标准没有规定时，应采用拉伸试验中所述的人工时效工艺条件。在静止空气中自然冷却到（10~35）℃后，应在弯曲原点（最大曲率半径圆弧段的中间点）将试样按相关产品标准规定反向弯曲相应角度（δ）。

反向弯曲试验结果应根据相关产品标准的规定来判断，当产品标准没有规定时，若反向弯曲试样无目视可见的裂纹，则判定该试样为合格。

《钢筋混凝土用钢　第2部分：热轧带肋钢筋》GB/T 1499.2—2017 标准中规定反向弯曲试验，先正向弯曲 90°，把经正向弯曲后的试样在（100±10）℃温度下保温不少于 30min，经自然冷却后再反向弯曲 20°。两个弯曲角度均应在保持载荷时测量。当供方能

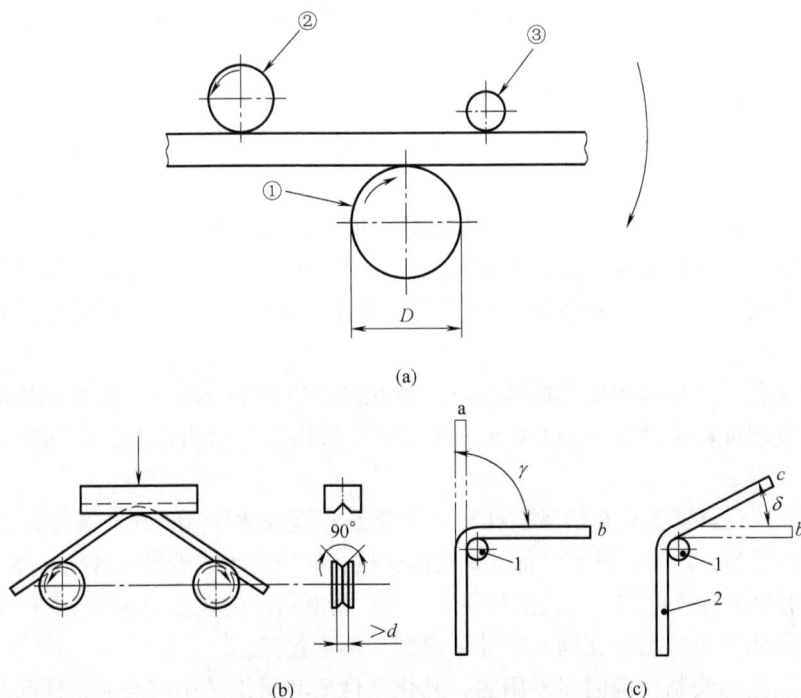

图 6-21　弯曲及反向弯曲的图例

图中：①、1—弯曲压头；②—支辊；③—传送辊；D—弯曲压头直径；

90°—带槽传动辊的内切角；d—钢筋、盘条或钢丝的公称直径；a—初始位置；b—正弯后位置；

c—反弯后位置；γ—反向弯曲试验中的弯曲角度；δ—反向弯曲角度

保证钢筋经人工时效后的反向弯曲性能时，正向弯曲后的试样亦可在室温下直接进行反向弯曲。

5）金属元素化学分析（《碳素钢和中低合金钢 多元素含量的测定 火花放电原子发射光谱法（常规法）》GB/T 4336—2016）

本方法规定了用火花放电原子发射光谱法（常规法）测定碳素钢和中低合金钢中碳、硅、锰、磷、硫、铬、镍、钨、钼、钒、铝、钛、铜、铌、钴、硼、锆、砷和锡含量的方法。

适用于电炉、感应炉、电渣炉、转炉等铸态或锻轧的碳素钢和中低合金钢样品分析，各元素测定范围见表 6-47。

各元素测定范围　　　　　　　　　　　　　　　表 6-47

元素	测定范围（质量分数）/%	元素	测定范围（质量分数）/%
C	0.03～1.3	Al	0.03～0.16
Si	0.17～1.2	Ti	0.015～0.5
Mn	0.07～2.2	Cu	0.02～1.0
P	0.01～0.07	Nb	0.02～0.12
S	0.008～0.05	Co	0.004～0.3
Cr	0.1～3.0	B	0.0008～0.011
Ni	0.009～4.2	Zr	0.006～0.07
W	0.06～1.7	As	0.004～0.014

试验原理：将制备好的块状样品在火花光源的作用下与对电极之间发生放电，在高温和惰性气体中产生等离子体。被测元素的原子被激发时，电子在原子内不同能级间跃迁，当由高能级向低能级跃迁时产生特征谱线，测量选定的分析元素和内标元素特征谱线的光谱强度。根据样品中被测元素谱线强度（或强度比）与浓度的关系，通过校准曲线计算被测元素的含量。

按照《钢和铁 化学成分测定用试样的取样和制样方法》GB/T 20066—2006 的规定取样和制样。取样时应保证取出的分析样品均匀、无缩孔和裂纹。铸态样品取样时，应将钢水注入规定的模具中，用铝脱氧时，脱氧剂含量不应超过 0.35%；钢材取样时，应选取具有代表性部位。

样品的制备：从模具中取出的样品，一般在高度方向的下端 1/3 处截取样品。未经切割的样品，其表面应去掉 1mm 的厚度。切割设备采用装有树脂切割片的切割机、金属切削机床等。

分析样品应足够覆盖火花架激发孔径，通常要求直径大于 16mm，厚度大于 2mm，并保证样品表面平整、洁净。研磨设备可采用砂轮机、砂纸磨盘或砂带研磨机，亦可采用铣床等加工。研磨材料有氧化铝、氧化锆和碳化硅等。研磨材质的粒度通常为 0.25～0.124mm。

标准样品和分析样品应在同一条件下研磨，不得过热。

标准样品是为绘制校准曲线使用的，其化学性质和组织结构应与分析样品相近似。应涵盖分析元素的含量范围，并保持适当的梯度，分析元素的含量系用准确可靠的方法定值。

选择不适当的标准样品系列会使分析结果产生偏差，因此，对标准样品的选择应充分重视。在绘制校准曲线时，通常使用几个分析元素含量不同的标准样品作为一个系列，其组成和冶炼过程最好与分析样品近似。

标准化样品是由于仪器状态的变化，导致测定结果的偏离，为直接利用原始校准曲线，求出准确结果，用 1～2 个样品对仪器进行标准化，这种样品称为标准化样品。该样品应非常均匀并要求有适当的含量，可以从标准样品中选出，也可专门冶炼。当使用两点标准化时，其含量分别取每个元素校准曲线上限和下限附近的含量。

标准化样品是用来修正由于各种原因引起的仪器测量值对校准曲线的偏离，标准化样品应均匀并能得到稳定的谱线强度。

控制样品是与分析样品有相似的冶金加工过程、相近的组织结构和化学成分，用于对分析样品测定结果进行校正的均匀样品，可以用于类型标准化修正。

控制样品可通过取自熔融状金属铸模成型或金属成品进行自制；在冶炼控制样品时，应适当规定各元素含量，使样品的基体成分大致相等；对控制样品赋值时，应注意标准值定值误差以及数据、方法的可溯源性。

光谱仪应按仪器厂家推荐的要求，放置在防震、洁净的实验室中，通常室内温度保持在 15～30℃，相对湿度应小于 80%。在同一个标准化周期内，室内温度变化不超过 5℃。电源为保证仪器的稳定性，电源电压变化应小于 10%，频率变化小于 ±2%，保证交流电源为正弦波。根据仪器使用要求，配备专用地线。激发光源为使激发光源电器部分工作稳定，开始工作前应使其有适当的通电时间。用电压调节器或稳压器设备将供电电压调整到仪器所要求的数值。对电极需定期清理、更换并用极距规调整分析间隙的距离，使其保持正常工作状态。光学系统中聚光镜应定期清理，定期描迹来校正入射狭缝位置。停机后，重新开机，一般应保证足够的通电时间，使测光系统工作稳定。

通过制作预燃曲线选择分析元素的适当预燃时间。积分时间是以分析精度为基础进行试验确定的。

校准有以下三种方法：

校准曲线法：在所选定的工作条件下，激发一系列标准样品，原则上使用 5 个水平以上的标准样品，每个样品至少激发 3 次，绘制分析元素的发光强度（或强度比与含量（或含量比）的关系曲线作为校准曲线。使用该校准曲线，测量样品中的元素含量。

原始校准曲线法：事先使用校准曲线法绘制校准曲线。当光谱仪器因温度、湿度、震动等因素导致谱线产生位移，或因发光强度变化导致校准曲线发生漂移时，通过标准化样品对校准曲线的漂移进行整体标准化修正，使修正后的元素强度恢复到最初建立校准曲线时强度的方法。

控制样品法：由于分析样品与绘制校准曲线的标准样品存在冶炼工艺过程和组织结构的差异，常使校准曲线发生变化。为避免这种差异造成的影响，通常使用与分析样品的冶金工艺过程和组织结构相近的控制样品，用于控制分析样品的分析结果。

首先利用标准样品制作原始校准曲线，在日常分析时，在同样的工作条件下，将控制样品与分析样品同时分析，利用控制样品的分析结果与其标准值之间的偏差对分析样品的分析结果进行修正。

分析条件见表 6-48，分析线与内标线列入表 6-49 中。

分析条件   表 6-48

分析间隙	3mm～6mm	预燃时间	3s～20s	积分时间	2s～20s
氩气流量	冲洗：3L/min～15L/min；测量：2.5L/min～10L/min；静止：0L/min～1L/min				
放电形式	预燃期间高能放电，积分期间低能放电				

分析步骤：分析工作前，先激发一块样品 2～5 次，确认仪器处于最佳工作状态。

校准曲线的标准化：在所选定的工作条件下，激发标准化样品，每个样品至少激发 3 次，对校准曲线进行校正。仪器出现重大改变或原始校准曲线因漂移超出校正范围时，需重新绘制校准曲线。

校准曲线的确认：分析被测样品前，先用至少一个标准样品对校准曲线进行确认。在满足规定的测量精密度的基础上，测量结果与认定值之差应满足要求，否则，应重新进行标准化。

必要时，可选择控制样品，用于校正分析样品与绘制工作曲线样品存在的较大差异。

按选定的工作条件激发分析样品，每个样品至少激发 2 次（样品激发 1 次，获得 1 个独立测量结果；在样品激发点的对面位置再激发 1 次，获得第 2 个独立测量结果）。判断测量结果的可接受性，并确定最终报告结果。

根据分析线的相对强度（或绝对强度），从校准曲线上求出分析元素的含量。待测元素的分析结果，应在校准曲线所用的一系列标准样品的含量范围内。

推荐的分析线和内标线　　　　　　　　　　　　　　　　　　表 6-49

元素	波长/nm	可能干扰的元素	元素	波长/nm	可能干扰的元素	元素	波长/nm	可能干扰的元素
Fe[a]	187.7	—	C	165.81	—	Si	181.69	Ti、V、Mo
	271.4	—		193.09	Al、Mo、Co、Cr、W、Mn、Ni		212.41	C、Nb
	273.0	—	Mn	192.12	—		251.61	Ti、V、Mo、Mn
	287.2	—		263.80	—		288.16	Mo、Cr、W、Al
P	177.49	Cu、Mn、Ni		293.30	Cr、Si、Mo	S	180.73	Si、Ni、Mn、Cr
	178.28	Ni、Cr、Al		218.49	Cr、Mn		202.99	—
Cr	206.54	—	Ni	227.70	—	W	209.86	Ti
	267.71	Mo、V		231.60	Cr、Mn、Si、Mo		220.44	Al、Ni、V、Cr
	286.25	Si、Ni	V	214.09	—		400.87	Ti、Mn
	298.91	V、Mo、Ni		290.88	—	Al	186.27	—
Mo	202.03	—		310.22	—		199.05	—
	203.84	Mn		311.07	Al、Mn、Cr、Ti		308.21	Si、Cr、V、Mo、Ni
	277.53	Mn、Ni		311.67	Cr、Mn、Nb		394.40	Ni、V、Mo、Cr、Mn
	281.61	Mn、V、Si	Cu	211.20	—		396.15	Si、Cr、V、Mo、Ni
	386.41	Mn、V		212.30	Si、Mn	Nb	210.94	—
Ti	190.86	—		224.26	Cr、Ni、W		224.20	Cu、Ni、V
	324.19	—		327.39	Nb、Si、W		313.10	Ti、Cr、V、Ni、Si
	334.90	—		337.20	Ni、Mo		319.50	Ti、V、Ni、Cr
	337.28	W	B	182.59	S	Zr	179.00	—
Co	228.61	Mo、Ni		182.64	Mo、Mn、Ni		339.19	—
	258.03	Mo、Ni、V、W、Ti、Si	Sn	189.99	Cr、Al、Mn		343.82	Cr、Cu、Mo、Ti、Ni
	345.35	—		317.51	—		349.62	Ni
	197.26	—		326.23	—		—	
As	189.04	Cr、W						
	228.81	—						
	234.98	—						

a 波长为内标线

精密度数据　　　　　　　　　　　　　　　　　　　表 6-50

元素	含量范围（质量分数）m/%	重复性限 r/%	再现性限 R/%
C	0.03~1.3	$\lg r = 0.6648\lg m - 1.7576$	$R = 0.0667m + 0.0069$
Si	0.17~1.2	$r = 0.0180m + 0.0018$	$\lg R = 0.5649\lg m - 1.1267$
Mn	0.07~2.2	$r = 0.0146m + 0.0039$	$R = 0.0522m + 0.0111$
P	0.01~0.07	$r = 0.0514m + 0.00002$	$R = 0.1166m + 0.0028$
S	0.008~0.05	$\lg r = 0.7576\lg m - 1.3828$	$R = 0.1868m + 0.0024$
Cr	0.1~3.0	$r = 0.0123m + 0.0002$	$R = 0.0578m + 0.0085$
Ni	0.009~4.2	$\lg r = 0.6141\lg m - 1.6761$	$\lg R = 0.6615\lg m - 1.1099$
W	0.06~1.7	$r = 0.0136m + 0.0046$	$\lg R = 0.6352\lg m - 1.0897$
Mo	0.03~1.2	$\lg r = 0.8588\lg m - 1.7013$	$\lg R = 0.6711\lg m - 1.0788$
V	0.1~0.6	$\lg r = 0.7483\lg m - 1.8447$	$R = 0.0558m + 0.0146$
Al	0.03~0.16	$r = 0.0320m - 0.00006$	$R = 0.1375m + 0.0036$
Ti	0.015~0.5	$\lg r = 0.7208\lg m - 1.4264$	$\lg R = 0.7552\lg m - 1.0257$
Cu	0.02~1.0	$r = 0.0173m + 0.0014$	$\lg R = 0.6627\lg m - 1.0904$
Nb	0.02~0.12	$r = 0.0501m + 0.0007$	$R = 0.1714m + 0.0021$
Co	0.004~0.3	$r = 0.0142m + 0.0005$	$\lg R = 0.7243\lg m - 1.0494$
B	0.0008~0.011	$r = 0.0690m + 0.00002$	$R = 0.2729m + 0.0004$
Zr	0.006~0.07	$r = 0.1155m - 0.0002$	$R = 0.2021m + 0.0019$
As	0.004~0.014	$\lg r = 0.4166\lg m - 2.4561$	$\lg R = 0.7775\lg m - 0.8216$
Sn	0.006~0.02	$r = 0.0225m + 0.0003$	$R = 0.0896m + 0.0028$

重复性限 r、再现性限 R 按表 6-50 给出的方程求得。

在重复性条件下，获得的两次独立测量结果的绝对差值不大于重复性限 r，以大于重复性限 r 的情况不超过 5% 为前提。

在再现性条件下，获得的两次独立测量结果的绝对差值不大于再现性限 R，以大于再现性限 R 的情况不超过 5% 为前提。

在重复性条件下，如果两个独立测量结果之差的绝对值不大于 r，可以接受这两个测量结果。最终报告结果为两个独立测量结果的算术平均值。

在重复性条件下，如果两个独立测量结果之差的绝对值大于 r，实验室应再测量 1 个或 2 个结果。

如果两个独立测量结果之差的绝对值大于 r 时，再测量 1 个结果；如果 3 个独立测量结果的极差不大于 $1.2r$ 时，取 3 个独立测量结果的平均值作为最终报告结果。如果 3 个独立测量结果的极差大于 $1.2r$ 时，取 3 个测量结果的中位值作为最终报告结果。

如果两个独立测量结果之差的绝对值大于 r 时，再测量 1 个或 2 个结果；如果 3 个独立测量结果的极差不大于 $1.2r$ 时，取 3 个独立测量结果的平均值作为最终报告结果。如果 3 个独立测量结果的极差大于 $1.2r$ 时，再测 1 个结果。

如果 4 个独立测量结果的极差不大于 $1.3r$ 时，取 4 个测量结果的平均值作为最终报告结果。如果 4 个独立测量结果的极差大于 $1.3r$ 时，则剔除 4 个测量结果的最大值和最小值，取中位值（中间两个值平均）作为最终报告结果。

2. 钢筋机械连接（《钢筋机械连接技术规程》JGJ 107—2016）

(1) 定义和范围

钢筋机械连接是一项钢筋连接工艺，被称为继绑扎、电焊之后的"第三代钢筋接头"，具有接头强度高于钢筋母材、速度比电焊快 5 倍、无污染、节省钢材 20% 等优点。

常用的钢筋机械连接接头类型有：套筒挤压连接接头、锥螺纹连接接头、直螺纹连接接头、镦粗直螺纹连接接头、滚压直螺纹连接接头、灌浆套筒连接等。

机械连接接头按强度等级分为Ⅰ级、Ⅱ级、Ⅲ级。

(2) 技术要求

Ⅰ级、Ⅱ级、Ⅲ级接头的极限抗拉强度必须符合表 6-51 的规定。

接头极限抗拉强度　　　　　　　　　　　　　　　　　表 6-51

接头等级	Ⅰ级	Ⅱ级	Ⅲ级
极限抗拉强度	$f_{mst}^0 \geqslant f_{stk}$ 钢筋拉断 或 $f_{mst}^0 \geqslant 1.10 f_{stk}$ 连接件拉断	$f_{mst}^0 \geqslant f_{stk}$	$f_{mst}^0 \geqslant 1.25 f_{yk}$

钢筋拉断指断于钢筋母材、套筒外钢筋丝头和钢筋镦粗过渡段；连接件破坏指断于套筒、套筒纵向开裂或钢筋从套筒中拔出以及其他连接组件破坏

Ⅰ级、Ⅱ级、Ⅲ级接头变形性能应符合表 6-52 的规定。

接头变形性能　　　　　　　　　　　　　　　　　表 6-52

接头等级		Ⅰ级	Ⅱ级	Ⅲ级
单向拉伸	残余变形/mm	$u_0 \leqslant 0.10 (d \leqslant 32)$ $u_0 \leqslant 0.14 (d > 32)$	$u_0 \leqslant 0.14 (d \leqslant 32)$ $u_0 \leqslant 0.16 (d > 32)$	
	最大力下的总延伸率/%	$A_{sgt} \geqslant 6.0$		$A_{sgt} \geqslant 3.0$

（3）组批原则和取样要求

接头工艺检验应针对不同钢筋生产厂的钢筋进行，施工过程中更换钢筋生产厂或接头技术提供单位时，应补充进行工艺检验。工艺检验应符合：各种类型和型式接头都应进行工艺检验，检验项目包括单向拉伸极限抗拉强度和残余变形；每种规格钢筋接头试件不应少于3根；接头试件测量残余变形后可继续进行极限抗拉强度试验；每根试件极限抗拉强度和3根接头试件残余变形的平均值均应符合规定；工艺检验不合格时，应进行工艺参数调整，合格后方可按最终确认的工艺参数进行接头批量加工。

接头现场抽检应按验收批进行，同钢筋生产厂家、同强度等级、同规格、同类型和同型式接头应以500个为一个验收批进行检验与验收，不足500个也应作为一个验收批。

对接头的每一验收批，应在工程结构中随机截取3个接头试件做极限抗拉强度试验，按设计要求的接头等级进行评定。当3个接头试件的极限抗拉强度均符合相应等级的强度要求时，该验收批应评为合格。当仅有1个试件的极限抗拉强度不符合要求，应再取6个试件进行复检。复检中仍有1个试件的极限抗拉强度不符合要求，该验收批应评为不合格。

对封闭环形钢筋接头、钢筋笼接头、地下连续墙预埋套筒接头、不锈钢钢筋接头、装配式结构构件间的钢筋接头和有疲劳性能要求的接头，可见证取样，在已加工并检验合格的钢筋丝头成品中随机割取钢筋试件，按要求随机抽取的进场套筒组装成3个接头试件做极限抗拉强度试验，按设计要求的接头等级进行评定。验收批合格评定应符合规定。

同一接头类型、同型式、同等级、同规格的现场检验连续10个验收批抽样试件抗拉强度试验一次合格率为100%时，验收批接头数量可扩大为1000个；当验收批接头数量少于200个时，可抽取2个试件做极限抗拉强度试验，当2个试件的极限抗拉强度均满足强度要求时，该验收批应评为合格。当有1个试件的极限抗拉强度不满足要求，应再取4个试件进行复检，复检中仍有1个试件极限抗拉强度不满足要求，该验收批应评为不合格。

对有效认证的接头产品，验收批数量可扩大至1000个；当现场抽检连续10个验收批抽样试件极限抗拉强度检验一次合格率为100%时，验收批接头数量可扩大为1500个。当扩大后的各验收批中出现抽样试件极限抗拉强度检验不合格的评定结果时，应将随后的各验收批数量恢复为500个，且不得再次扩大验收批数量。

现场截取抽样试件后，原接头位置的钢筋可采用同等规格的钢筋进行绑扎搭接连接、焊接或机械连接的方法补接。

对抽检不合格的接头验收批，应由工程有关各方研究后提出处理方案。

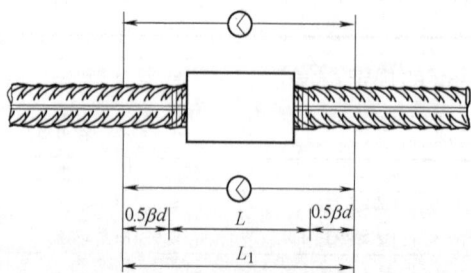

图6-22　接头试件变形测量标距和仪表布置

（4）试验方法

试验原始记录见附表（JCZX-GC-D（1)-4008）单向拉伸试验原始记录。

单向拉伸和反复拉压试验时的变形测量仪表应在钢筋两侧对称布置（图6-22），两侧测点的相对偏差不宜大于5mm，且两侧仪表应能独立读取各自变形值。应取钢筋两侧仪表读数的平均值计算残余变形值。

单向拉伸残余变形测量时变形测量标距应按式（6-91）计算：

$$L_1 = L + \beta d \tag{6-91}$$

式中：L_1——变形测量标距，mm；

L——机械连接接头长度，mm；

β——系数，取 $1 \sim 6$；

d——钢筋公称直径，mm。

试件最大力下总伸长率 A_{sgt} 的测量方法应符合下列规定：

试件加载前，应在其套筒两侧的钢筋表面（图 6-23）分别用细划线 A、B 和 C、D 标出测量标距为 L_{01} 的标记线，L_{01} 不应小于 100mm，标距长度应用最小刻度值不大于 0.1mm 的量具测量。

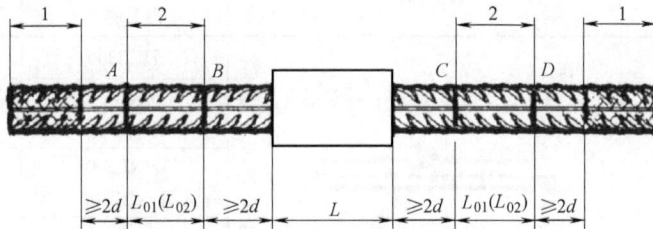

图 6-23 最大力下总伸长率 A_{sgt} 的测点布置

1—夹持区；2—测量区

试件应按单向拉伸加载制度加载并拉断，再次测量 A、B 和 C、D 间标距长度为 L_{02}，最大力下总伸长率 A_{sgt} 应按下式计算。应用式（6-92）计算时，当试件颈缩发生在套筒一侧的钢筋母材时，L_{01} 和 L_{02} 应取另一侧标记间加载前和卸载后的长度。当破坏发生在接头长度范围内时，L_{01} 和 L_{02} 应取套筒两侧各自读数的平均值。

$$A_{sgt} = \left[\frac{L_{02} - L_{01}}{L_{01}} + \frac{f_{mst}^0}{E} \right] \times 100 \tag{6-92}$$

式中：f_{mst}^0、E——分别是试件实测极限抗拉强度和钢筋理论弹性模量；

L_{01}——加载前 A、B 或 C、D 间的实测长度；

L_{02}——卸载后 A、B 或 C、D 间的实测长度。

单向拉伸加载制度为：$0 \rightarrow 0.6 f_{yk} \rightarrow 0$（测量残余变形）$\rightarrow$ 最大拉力（记录极限抗拉强度）$\rightarrow$ 破坏（测定最大力下总伸长率）（图 6-24）

测量接头试件残余变形时的加载应力速率宜采用 $2N/mm^2 \cdot s^{-1}$，不应超过 $10N/mm^2 \cdot s^{-1}$；测量接头试件的最大力下总伸长率或极限抗拉强度时，试验机夹头的分离速率宜采用每分钟 $0.05L_c$，L_c 为试验机夹头间的距离。速率的相对误差不宜大于 $\pm 20\%$。

试验结果的数值修约与判定应符合现行国家标准《数值修约规则与极限数值的表示和判定》GB/T 8170—2008 的规定。

现场工艺检验中接头试件残余变形检验的

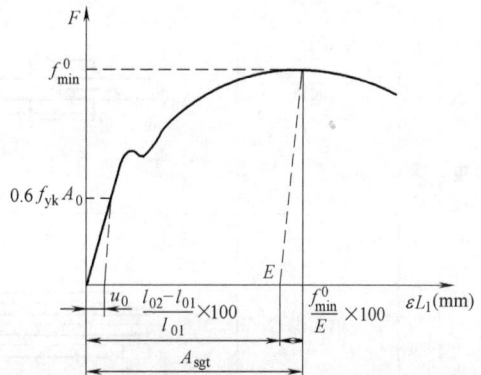

图 6-24 单向拉伸

仪表布置、测量标距和加载速率应符合规定。现场工艺检验中，按单向拉伸加载制度进行接头残余变形检验时，可采用不大于 $0.012A_sf_{yk}$ 的拉力作为名义上的零荷载。

现场抽检接头试件的极限抗拉强度试验应采用零到破坏的一次加载制度。

3. 钢筋焊接（《钢筋焊接及验收规程》JGJ 18—2012）

（1）定义与分类

钢筋焊接是用电焊设备将钢筋沿轴向接长或交叉连接。

常用的钢筋焊接方法有闪光对焊、电弧焊、电渣压力焊、电阻点焊、钢筋气压焊等。见表 6-53。

常用钢筋焊接方法　　　　　表 6-53

焊接方法		接头形式	适用范围	
			钢筋牌号	钢筋直径/mm
电阻点焊			HPB300	6～16
			HRB400 HRBF400	6～16
			HRB500 HRBF500	6～16
			CRB550	4～12
			CDW550	3～8
闪光对焊			HPB300	8～22
			HRB400 HRBF400	8～40
			HRB500 HRBF500	8～40
			RRB400W	8～32
箍筋闪光对焊			HPB300	6～18
			HRB400 HRBF400	6～18
			HRB500 HRBF500	6～18
			RRB400W	8～18
电弧焊	棒条焊	双面焊	HPB300	10～22
			HRB400 HRBF400	10～40
			HRB500 HRBF500	10～32
			RRB400W	10～25
		单面焊	HPB300	10～22
			HRB400 HRBF400	10～40
			HRB500 HRBF500	10～32
			RRB400W	10～25

续表

焊接方法		接头形式	适用范围	
			钢筋牌号	钢筋直径/mm
搭接焊	双面焊		HPB300	10～22
			HRB400 HRBF400	10～40
			HRB500 HRBF500	10～32
			RRB400W	10～25
	单面焊		HPB300	10～22
			HRB400 HRBF400	10～40
			HRB500 HRBF500	10～32
			RRB400W	10～25
电弧焊	熔槽棒条焊		HPB300	20～22
			HRB400 HRBF400	20～40
			HRB500 HRBF500	20～32
			RRB400W	20～25
	坡口焊	平焊	HPB300	18～22
			HRB400 HRBF400	18～40
			HRB500 HRBF500	18～32
			RRB400W	18～25
		立焊	HPB300	18～22
			HRB400 HRBF400	18～40
			HRB500 HRBF500	18～32
			RRB400W	18～25
	钢筋和钢板搭接焊		HPB300	8～22
			HRB400 HRBF400	8～40
			HRB500 HRBF500	8～32
			RRB400W	8～25

续表

焊接方法		接头形式	适用范围	
			钢筋牌号	钢筋直径/mm
电弧焊	预埋件钢筋 窄间隙焊		HPB300	16～22
			HRB400 HRBF400	16～40
			HRB500 HRBF500	16～32
			RRB400W	16～25
	角焊		HPB300	6～22
			HRB400 HRBF400	6～25
			HRB500 HRBF500	10～20
			RRB400W	10～20
	穿孔塞焊		HPB300	20～22
			HRB400 HRBF400	20～32
			HRB500	20～28
			RRB400W	20～28
	埋弧压力焊		HPB300	6～22
	埋弧螺柱焊		HRB400 HRBF400	6～28
电渣压力焊			HPB300	12～32
			HRB400	12～32
			HRB500	12～32
气压焊	固态熔态		HPB300	12～22
			HRB400	12～40
			HRB500	12～32

　　电阻点焊时,适用范围的钢筋直径指两根不同直径钢筋交叉叠接中较小钢筋的直径;电弧焊包括焊条电弧焊和二氧化碳气体保护电弧焊两种工艺方法;在生产中,对于有较高要求的抗震结构用钢筋,在牌号后加E,焊接工艺可按同级别热轧钢筋施焊;焊条应采用低氢型碱性焊条

（2）技术要求

钢筋闪光对焊接头、电弧焊接头、电渣压力焊接头、气压焊接头、箍筋闪光对焊接

头、预埋件钢筋 T 形接头的拉伸试验符合下列条件之一，应评定该检验批接头拉伸试验合格：

3 个试件均断于钢筋母材，呈延性断裂，其抗拉强度宜大于或等于钢筋母材抗拉强度标准值。

2 个试件断于钢筋母材，呈延性断裂，其抗拉强度大于或等于钢筋母材抗拉强度标准值；另一试件断于焊缝，呈脆性断裂，其抗拉强度大于或等于钢筋母材抗拉强度标准值的 1.0 倍。

试件断于热影响区，呈延性断裂，应视作与断于钢筋母材等同；试件断于热影响区，呈脆性断裂，应视作与断于焊缝等同。

符合下列条件之一，应进行复验：

2 个试件断于钢筋母材，呈延性断裂，其抗拉强度大于或等于钢筋母材抗拉强度标准值；另一试件断于焊缝，或热影响区，呈脆性断裂，其抗拉强度小于钢筋母材抗拉强度标准值的 1.0 倍。

1 个试件断于钢筋母材，呈延性断裂，其抗拉强度大于或等于钢筋母材抗拉强度标准值；另 2 个试件断于焊缝或热影响区，呈脆性断裂。3 个试件均断于焊缝，呈脆性断裂，其抗拉强度均大于或等于钢筋母材抗拉强度标准值的 1.0 倍，应进行复验。

当 3 个试件中有 1 个试件抗拉强度小于钢筋母材抗拉强度标准值的 1.0 倍，应评定该检验批接头拉伸试验不合格。

复验时，应切取 6 个试件进行试验。试验结果，若有 4 个或 4 个以上试件断于钢筋母材，呈延性断裂，其抗拉强度大于或等于钢筋母材抗拉强度标准值，另 2 个或 2 个以下试件断于焊缝，呈脆性断裂，其抗拉强度大于或等于钢筋母材抗拉强度标准值的 1.0 倍，应评定该检验批接头拉伸试验复验合格。

可焊接余热处理钢筋 RRB400W 焊接接头拉伸试验结果，其抗拉强度应符合同级别热轧带肋钢筋抗拉强度标准值 540MPa 的规定。

预埋件钢筋 T 形接头拉伸试验结果，3 个试件的抗拉强度均大于或等于表 6-54 的规定值时，应评定该检验批接头拉伸试验合格。若有一个接头试件抗拉强度小于表 6-54 的规定值时，应进行复验。复验时，应切取 6 个试件进行试验。复验结果，其抗拉强度均大于或等于规定值时，应评定该检验批接头拉伸试验复验合格。

预埋件钢筋 T 形接头抗拉强度规定值 表 6-54

钢筋牌号	抗拉强度规定值/MPa	钢筋牌号	抗拉强度规定值/MPa
HPB300	400	HRB500、HRBF500	610
HRB400、HRBF400	520	RRB400W	520

钢筋闪光对焊接头、气压焊接头进行弯曲试验时，焊缝应处于弯曲中心点，弯心直径和弯曲角度应符合表 6-55 的规定。

弯曲试验结果应按下列规定进行评定：

当试验结果，弯曲至 90°，有 2 个或 3 个试件外侧（含焊缝和热影响区）未发生宽度达到 0.5mm 的裂纹，应评定该检验批接头弯曲试验合格。

接头弯曲试验指标　　　　　　　　　　　　　　　　表 6-55

钢筋牌号	弯心直径	弯曲角度/(°)
HPB300	2d	90
HRB400、HRBF400、RRB400W	5d	90
HRB500、HRBF500	7d	90

d 为钢筋直径/mm;直径大于 25mm 的钢筋焊接接头,弯心直径应增加 1 倍钢筋直径

当有 2 个试件发生宽度达到 0.5mm 的裂纹,应进行复验。

当有 3 个试件发生宽度达到 0.5mm 的裂纹,应评定该检验批接头弯曲试验不合格。

复验时,应切取 6 个试件进行试验。复验结果,当不超过 2 个试件发生宽度达到 0.5mm 的裂纹时,应评定该检验批接头弯曲试验复验合格。

(3) 组批原则和取样要求

闪光对焊:同一台班、同一焊工完成的 300 个同牌号、同直径接头为一批。当同一台班内焊接的接头数量较少,可在一周内累计计算;累计仍不足 300 个接头时,应按一批计。

箍筋闪光对焊:同一台班、同一焊工完成的 600 个同牌号、同直径接头作为一批;如超出 600 个接头,其超出部分可以与下一台班完成接头累计计算。

电弧焊:在现浇混凝土结构中,以 300 个同牌号、同形式接头为一批;在房屋结构中,应在不超过连续二楼层中 300 个同牌号、同形式接头作为一批。

电渣压力焊、气压焊:在现浇混凝土结构中,以 300 个同牌号接头为一批;在房屋结构中,应在不超过连续二楼层中 300 个同牌号接头作为一批,当不足 300 个接头时,仍作为一批。

预埋件钢筋 T 形接头:应以 300 件同类型预埋件作为一批,一周内连续焊接时,可累计计算,当不足 300 件时,亦按一批计。

取样要求:接头试件应从工程实体中取出,应从每一检验批接头中随机切取 3 个接头做拉伸试验;3 个做弯曲试验(闪光对焊、气压焊)。在装配式结构中,电弧焊接头可按生产条件制作模拟试件。

(4) 试验方法 (《钢筋焊接接头试验方法标准》 JGJ/T 27—2014)

试验原始记录见附表 (JCZX-GC-D (1)-4008) 单向拉伸试验原始记录。

1) 拉伸试验

拉伸试样尺寸应符合表 6-56。

拉伸试样尺寸　　　　　　　　　　　　　　　　　表 6-56

焊接方法	接头形式	试样尺寸	
		l_s	$L \geqslant$
电阻电焊		$\geqslant 20d$,且$\geqslant 180$	$l_s + 2l_j$

续表

焊接方法		接头形式	试样尺寸	
			l_s	$L\geqslant$
电弧焊	闪光对焊		$8d$	l_s+2l_j
	双面棒条焊		$8d+l_h$	l_s+2l_j
	单面棒条焊		$5d+l_h$	l_s+2l_j
	双面搭接焊		$8d+l_h$	l_s+2l_j
	单面搭接焊		$5d+l_h$	l_s+2l_j
	熔槽棒条焊		$8d+l_h$	l_s+2l_j
	坡口焊		$8d$	l_s+2l_j

续表

焊接方法		接头形式	试样尺寸	
			l_s	$L \geqslant$
电弧焊	窄间隙焊	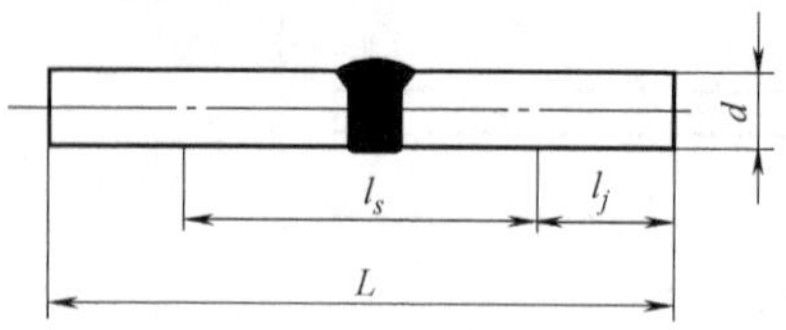	$8d$	$l_s + 2l_j$
	电渣压力焊	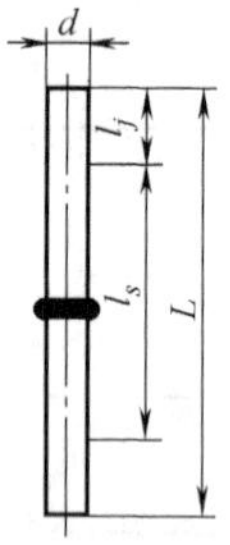	$8d$	$l_s + 2l_j$
	气压焊	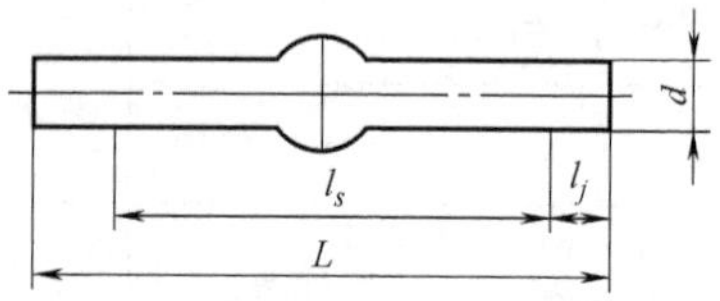	$8d$	$l_s + 2l_j$
预埋件	电弧焊 埋弧压力焊 埋弧螺柱焊	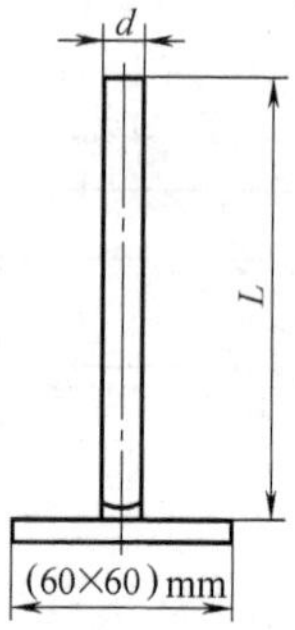	—	200mm

预埋件锚板尺寸随钢筋直径变粗应适当增大

　　试验夹紧装置应根据试样规格选用，在拉伸试验过程中不得与钢筋产生相对滑移，夹持长度可按试样直径确定。钢筋直径不大于 20mm 时，夹持长度宜为（70～90）mm；钢筋直径大于 20mm 时，夹持长度宜为（90～120）mm。

　　预埋件钢筋 T 形接头拉伸试验夹具有两种，见图 6-25。使用时，夹具拉杆（板）应夹紧于试验机的上钳口，试样的钢筋应穿过垫块（板）中心孔夹紧于试验机的下钳口内。当钢筋直径为（14～36）mm 时，可选用 A1 型试验夹具，含不同孔径垫块 5 块、移动防护盖板 1 块。当钢筋直径为（25～40）mm 时，可选用 A2 型试验夹具，含不同孔径垫板5 块。

　　钢筋焊接接头的母材应符合相应现行国家标准，并应按钢筋（丝）公称横截面面积计

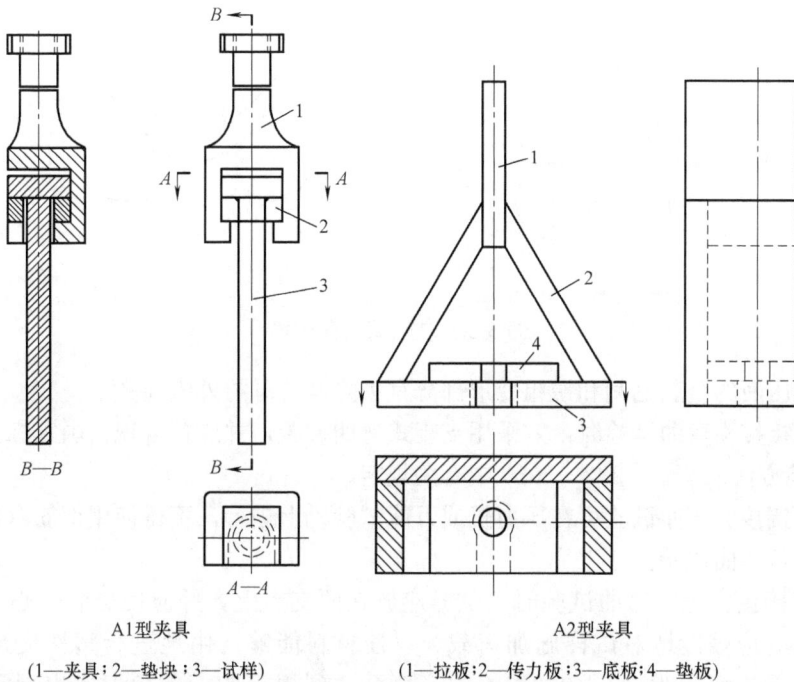

A1型夹具

(1—夹具;2—垫块;3—试样)

A2型夹具

(1—拉板;2—传力板;3—底板;4—垫板)

图 6-25 T 形接头拉伸试验夹具

算。试验前可采用游标卡尺复核试样的钢筋直径和钢板厚度。

对试样进行轴向拉伸试验时,加载应连续平稳,试验速率应符合现行国家标准《金属材料　拉伸试验　第 1 部分:室温试验方法》GB/T 228.1—2021 中的有关规定,将试样拉至断裂(或出现颈缩),自动采集最大力或从测力盘上读取最大力,也可从拉伸曲线图上确定试验过程中的最大力。

当试样断口上出现气孔、夹渣、未焊透等焊接缺陷时,应在试样记录中注明。

抗拉强度应按式(6-93)计算:

$$R_{\mathrm{m}} = \frac{F_{\mathrm{m}}}{S_0} \qquad (6\text{-}93)$$

式中:R_{m}——抗拉强度,MPa;

F_{m}——最大力,N;

S_0——原始试样的钢筋公称横截面面积,mm^2。

试验结果数值应修约到 5MPa,并应按现行国家标准《数值修约规则与极限数值的表示和判定》GB/T 8170—2008 执行。

2)弯曲试验

钢筋焊接接头弯曲试样的长度宜为两支辊内侧距离加 150mm;两支辊内侧距离 L 应按式(6-94)确定,两支辊内侧距离 L 在试验期间应保持不变(图 6-26)。

$$L = (D + 3a) + a/2 \qquad (6\text{-}94)$$

式中:L——两支辊内侧距离,mm;

D——弯曲压头直径,mm;

a——弯曲试样直径,mm。

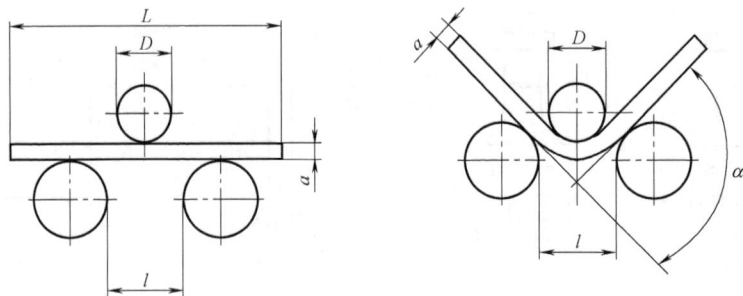

图 6-26　支辊式弯曲试验

试样受压面的金属毛刺和镦粗变形部分宜去除至与母材外表面齐平。

钢筋焊接接头弯曲试验时，宜采用支辊式弯曲装置，并应符合现行国家标准《金属材料　弯曲试验方法》GB/T 232—2010 中有关规定。

钢筋焊接接头弯曲试验可在压力机或万能试验机上进行，不得使用钢筋弯曲机对钢筋焊接接头进行弯曲试验。

钢筋焊接接头进行弯曲试验时，试样应放在两支点上，并应使焊缝中心与弯曲压头中心线一致，应缓慢地对试样施加荷载，以使材料能够自由地进行塑性变形；当出现争议时，试验速率应为（1±0.2）mm/s，直至达到规定的弯曲角度或出现裂纹、破断为止。

弯曲压头直径和弯曲角度应按表 6-57 的规定确定。

弯曲压头直径和弯曲角度　　　　　　　　　　表 6-57

钢筋牌号	弯曲压头直径 D		弯曲角度 α（°）
	$a \leqslant 25mm$	$a > 25mm$	
HPB300	2a	3a	90
HRB400 HRBF400	5a	6a	90
HRB500 HRBF500	7a	8a	90
a 为弯曲钢筋直径			

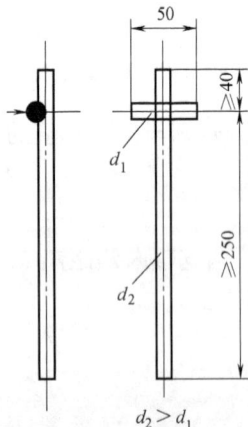

$d_2 > d_1$

图 6-27　钢筋剪切试样

3）剪切试验

钢筋焊接网应沿同一横向钢筋随机截取 3 个试样（图 6-27）。钢筋焊接网两个方向均为单根钢筋时，较粗钢筋为受拉钢筋；对于并筋，其中之一为受拉钢筋，另一支非受拉钢筋应在交叉焊点处切断，但不应损伤受拉钢筋焊点，并应按现行国家标准《钢筋混凝土用钢　第 3 部分：钢筋焊接网》GB/T 1499.3—2010 的有关规定执行。焊接骨架焊点剪切试验时，应以较粗钢筋作为受拉钢筋；同直径钢筋焊点，其纵向钢筋为受拉钢筋。

钢筋电阻点焊接头剪切试验夹应满足：沿受拉钢筋轴线施加荷载；使受拉钢筋自由端能沿轴线方向滑动；对试样横向钢筋适当固定，横向钢筋支点间距应小，以防止产生过大的弯曲变形和转动。夹具有 3 种，见图 6-28。

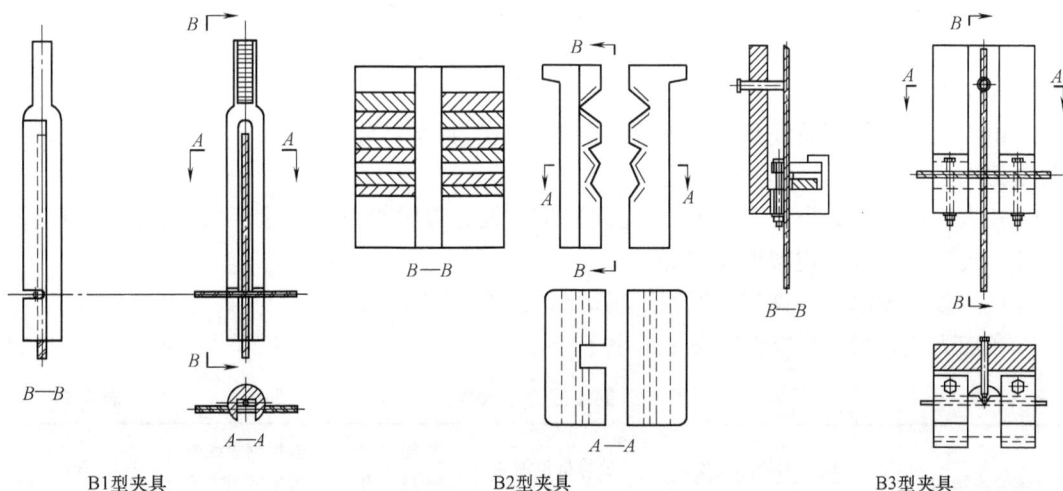

B1型夹具　　　　　　　　　　　B2型夹具　　　　　　　　　B3型夹具

图 6-28　钢筋电阻点焊接头剪切试验夹具

悬挂式剪切试验夹具应为 B2 型，含右夹块 1 块，左夹块 3 块，并应符合表 6-58 的规定。

左夹块纵槽尺寸　　　　　　　　　　　　　　表 6-58

纵槽尺寸/mm		适用于纵筋直径/mm
深	宽	
8	8	4～5
12	12	6～10
16	16	12～14

仲裁用剪切试验夹具应为 B3 型。

夹具应安装于万能试验机的上钳口内，并应夹紧。试样横筋应夹紧于夹具的下部或横槽内、不应转动。纵筋应通过纵槽夹紧于万能试验机下钳口内，纵筋受力的作用线应与试验机的加载轴线相重合。

加载应连续而平稳，直至试样破坏。在测力度盘上读取的最大力即为试样的抗剪力 F_j。

6.4　钢绞线和锚具

1. 钢绞线

（1）定义与分类

钢绞线是由多根钢丝绞合构成的钢铁制品，碳钢表面可以根据需要增加镀锌层、锌铝合金层、包铝层、镀铜层、涂环氧树脂等。

按照用途分类：预应力钢绞线、（电力用）镀锌钢绞线及不锈钢绞线，其中预应力钢绞线涂防腐油脂或石蜡后包 HDPE 后称为无粘结预应力钢绞线，预应力钢绞线也有镀锌或镀锌铝合金钢丝制成的。

按照材料特性分类：钢绞线、铝包钢绞线及不锈钢绞线。

按照结构分类：预应力钢绞线根据钢丝根数，可分为 7 丝、2 丝、3 丝和 19 丝，最常用的是 7 丝结构。

电力用的镀锌钢绞线及铝包钢绞线也根据钢丝数量，分为 2、3、7、19、37 等结构，最常用的是 7 丝结构。

按表面涂覆层分类可以分为：（光面）钢绞线、镀锌钢绞线、涂环氧钢绞线、铝包钢绞线、镀铜钢绞线、包塑钢绞线等。

（2）技术要求（《预应力混凝土用钢绞线》GB/T 5224—2014）

预应力用钢绞线力学性能见表 6-59。

钢绞线力学性能

表 6-59

钢绞线结构	钢绞线公称直径 D_a/mm	公称抗拉强度 R_m/MPa	整根钢绞线最大力 F_m/kN ≥	整根钢绞线最大力的最大值 $F_{m,max}$/kN ≤	0.2%屈服力 $F_{p0.2}$/kN ≥
1×2	8.00	1470	36.9	41.9	32.5
	10.00		57.8	65.6	50.9
	12.00		83.1	94.4	73.1
	5.00	1570	15.4	17.4	13.6
	5.80		20.7	23.4	18.2
	8.00		39.4	44.4	34.7
	10.00		61.7	69.6	54.3
	12.00		88.7	100	78.1
	5.00	1720	16.9	18.9	14.9
	5.80		22.7	25.3	20.0
	8.00		43.2	48.2	38.0
	10.00		67.6	75.5	59.5
	12.00		97.2	108	85.5
	5.00	1860	18.3	20.2	16.1
	5.80		24.6	27.2	么1.6
	8.00		46.7	51.7	41.1
	10.00		73.1	81.0	64.3
	12.00		105	116	92.5
	5.00	1960	19.2	21.2	16.9
	5.80		25.9	28.5	22.8
	8.00		49.2	54.2	43.3
	10.00		77.0	84.9	67.8
1×3	8.60	1470	55.4	63.0	48.8
	10.80		86.6	98.4	76.2
	12.90		125	142	110

续表

钢绞线结构	钢绞线公称直径 D_a/mm	公称抗拉强度 R_m/MPa	整根钢绞线最大力 F_m/kN≥	整根钢绞线最大力的最大值 $F_{m,max}$/kN≤	0.2%屈服力 $F_{p0.2}$/kN ≥
1×3	6.20	1570	31.1	35.0	27.4
	6.50		33.3	37.5	29.3
	8.60		59.2	66.7	52.1
	8.74		60.6	68.3	53.3
	10.80		92.5	104	81.4
	12.90		133	150	117
	8.74	1670	64.5	72.2	56.8
	6.20	1720	34.1	38.0	30.0
	6.50		36.5	40.7	32.1
	8.60		64.8	72.4	57.0
	10.80		101	113	88.9
	12.90		146	163	128
	6.20	1860	36.8	40.8	32.4
	6.50		39.4	43.7	34.7
	8.60		70.1	77.7	61.7
	8.74		71.8	79.5	63.2
	10.80		110	121	96.8
	12.90		158	175	139
	6.20	1960	38.8	42.8	34.1
	6.50		41.6	45.8	36.6
	8.60		73.9	81.4	65.0
	10.80		115	127	101
	12.90		166	183	146
1×3I	8.70	1570	60.4	68.1	53.2
		1720	66.2	73.9	58.3
		1860	71.6	79.3	63.0
1×7	15.20(15.24)	1470	206	234	181
		1570	220	248	194
		1670	234	262	206
	9.50(9.53)	1720	94.3	105	83.0
	11.10(11.11)		128	142	113
	12.70		170	190	150
	15.20(15.24)		241	269	212
	17.80(17.78)		327	365	288
	18.90	1820	400	444	352

续表

钢绞线结构	钢绞线公称直径 D_a/mm	公称抗拉强度 R_m/MPa	整根钢绞线最大力 F_m/kN≥	整根钢绞线最大力的最大值 $F_{m,max}$/kN≤	0.2%屈服力 $F_{p0.2}$/kN ≥
1×7	15.70	1770	266	296	234
	21.60		504	561	444
	9.50(9.53)	1860	102	113	89.8
	11.10(11.11)		138	153	121
	12.70		184	203	162
	15.20(15.24)		260	288	229
	15.70		279	309	246
	17.80(17.78)		355	391	311
	18.90		409	453	360
	21.60		530	587	466
	9.50(9.53)	1960	107	118	94.2
	11.10(11.11)		145	160	128
	12.70		193	213	170
	15.20(15.24)		274	302	241
1×7I	12.70	1860	184	203	162
	15.20(15.24)	1860	260	288	229
(1×7)C	12.70	1860	208	231	183
	15.20(15.24)	1820	300	333	264
	18.00	1720	384	428	338
1×19S (1+9+9)	28.6	1720	915	1021	805
	17.8	1770	368	410	334
	19.3		431	481	379
	20.3		480	534	422
	21.8		554	617	488
	28.6		942	1048	829
	20.3	1810	491	545	432
	21.8		567	629	499
	17.8	1860	387	428	341
	19.3		454	503	400
	20.3		504	558	444
	21.8		583	645	513
1×19W (1+6+6/6)	28.6	1720	915	1021	805
		1770	942	1048	829
		1860	990	1096	854
最大力总伸长率(L_0≥500mm)A_{gt}/%				对所有规格≥3.5	
应力松弛性能(对所有规格)		初始负荷相当于实际最大力的百分数/%	70	2.5	
			80	4.5	

钢绞线弹性模量为 (195 ± 10)GPa，可不作为交货条件。当需方要求时，应满足该范围值。0.2% 屈服力 $F_{p0.2}$ 值应为整根钢绞线实际最大力 F_m 的 $88\%\sim95\%$。

如无特殊要求，只进行初始力为 $70\%F_{ma}$ 的松弛试验，允许使用推算法进行 120h 松弛试验确定 1000h 松弛率。用于矿山支护的 1×19 结构的钢绞线松弛率不做要求。

（3）组批原则和取样要求

同一牌号、同一规格、同一生产工艺捻制的钢绞线为一验收批，每批重量不大于 60t。每一检验批取一组 3 个试件。

（4）试验方法

部分试验原始记录可参考附表（JCZX-GC-D（1）-4069）金属材料试验原始记录。

1）拉伸试验

拉伸试验按《预应力混凝土用钢材试验方法》GB/T 21839—2019 的规定进行。

如试样在夹头内或距钳口 2 倍钢绞线公称直径内断裂，达不到性能要求时，试验无效。计算抗拉强度时取钢绞线的公称横截面面积值。

钢绞线屈服力采用引伸计标距（不小于一个捻距）的非比例延伸达到引伸计标距 0.2% 时所受的力（$F_{p0.2}$）。为便于供方日常检验，也可以测定总延伸达到原标距 1% 的力（F_{t1}），其值符合本标准规定的 $F_{p0.2}$ 值时可以交货但件裁试验时测定 $F_{p0.2}$、测定 $F_{p0.2}$ 和 F_{t1} 时预加负荷为公称最大力的 10%。

使用计算机采集数据或使用电子拉伸设备的，测量延伸率时预加负荷对试样所产生的延伸率应加在总延伸内。

《预应力混凝土用钢材试验方法》GB/T 21839—2019 中拉伸试验的相关规定：

拉伸试验应按照《金属材料 拉伸试验 第 1 部分：室温试验方法》GB/T 228.1—2021 的要求执行。应该使用引伸计测定弹性模量（E），0.1% 屈服力和 0.2% 屈服力（$F_{p0.1}$ 和 $F_{p0.2}$）及最大力总延伸率（A_{gt}），引伸计的标距按相关产品的标准要求确定。A_{gt} 的精确值只能用引伸计来测得。如果试样上的引伸计不能保持到试样断裂时，可按下列方法测定 A_{gt}：

继续加载直至引伸计记录的伸长率稍大于 $F_{p0.2}$ 时的伸长率。此时取下引伸计，记录试验机上下工作台的距离。继续加载至试样断裂，记录此时试验机上下工作台的最终距离。计算出两次试验机上下工作台的距离之差，将此差值与试验机上下工作台的初始距离之比和用引伸计测得的百分数相加即为断裂总延伸率 A_{gt}。

在装引伸计前，宜给试样预加一负荷，例如该预加负荷为试样预期最大负荷的约 10%。如果 A_{gt} 不是完全用引伸计测定的，应在试验报告中注明。拉伸性能值，$F_{p0.1}$、$F_{p0.2}$、F_m 均用力的单位表示。当试样在距夹具 3mm 之内发生断裂，试验应判为无效，应允许重新试验。然而，如果所有试验数据大于等于相应的规定值，其试验结果有效。

弹性模量应在力-伸长率曲线中，用 $0.2F_m\sim0.7F_m$ 范围内的直线段的斜率除以试样的公称横截面面积（S_0）测定弹性模量（E）。计算见式（6-95）。

$$E=[(0.7F_m-0.2F_m)/(\varepsilon0.7F_m-\varepsilon0.2F_m)]/S_0 \qquad (6-95)$$

2）松弛试验（《预应力混凝土用钢材试验方法》GB/T 21839—2019）

等温应力松弛试验是在给定温度下（除另有其他规定，通常为 20℃），将试样保持一定长度（$L_0+\Delta L_0$），从初始力 F_0 开始，测定试样上力的变化（图 6-29）。

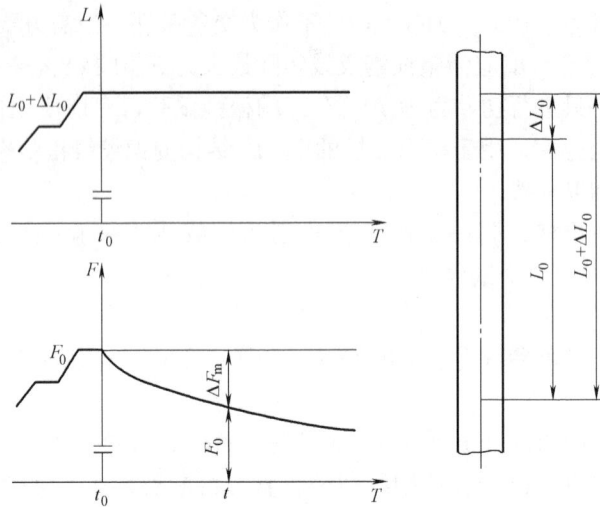

图 6-29　等温应力松弛试验原理

t—时间；L—试样长度；F—力；T—时间

在给定时间内，力的损失表示为初始力的百分比。

松弛试验用试样应保持平直状态。试样在夹具间的自由段不应有任何形式的机械损伤和处理。在松弛试验取样的附近再取两个试样，该两试样用于测定试样最大力的平均值 $\overline{F}_{m}$，松弛试验的初始力 F_0 为 $\overline{F}_{m}$ 的某个百分数，如 $70\%\overline{F}_{m}$。

在试验前，试样应至少在松弛试验室内放置 24h。试样应用夹具夹紧，以保证试样在加载和试验期间不产生任何滑动。在整个试验过程中，力的施加应平稳，无振荡。前 $20\%F_0$ 可按需要加载。从 $20\%F_0 \sim 80\%F_0$ 应连续加载或者分为 3 个或多个均匀阶段，或以均匀的速率加载，并在 6min 内完成。当达到 $80\%F_0$ 后，应连续加载，并在 2min 内完成。F_0 加载速率为（200 ± 50）MPa·min^{-1}。当达到初始载荷 F_0 时，力值应在 2min 内保持恒定，2min 后，应立即建立并记录 t_0。其后对力的任何调整只能用于保证 $L_0+\Delta L_0$ 保持恒定。加载过程如图 6-30 所示。初始力按相关产品标准的规定。力值 F_0 的测定值应符合表 6-60 规定的允许偏差。

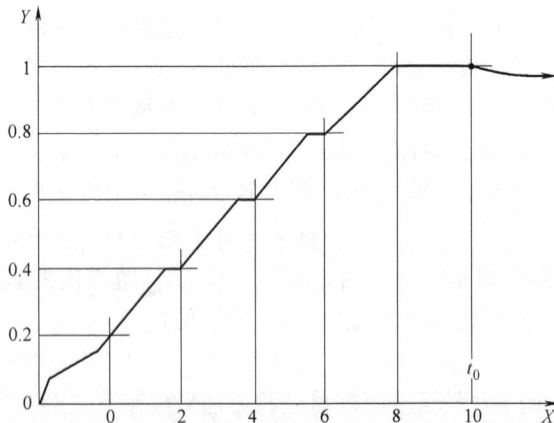

图 6-30　松弛试验中力的施加

X—时间（min）；Y—施加力与初始力的比值

力值 F_0 的测定偏差　　　　　　　　　　　　　　表 6-60

力值 F_0	F_0 的允许偏差
$F_0 \leqslant 1000\text{kN}$	$\pm 1\%$
$F_0 > 1000\text{kN}$	$\pm 2\%$

任何时间内不允许超出表 6-60 给出的初始力 F_0 偏差范围。

在 t_0 时刻，初始 F_0 产生的应变应采用合适的机械、电子或光学引伸计测量其测精度与初始标距 L_0 测量精度相同，在测量期间，$\Delta L_0 / L_0$ 的变化范围不应超过 5×10^{-5}。

试验室的温度及试样的温度应保持在（20 ± 2）℃范围内。

试验开始后，至少按照表 6-61 给出的标准时间间隔连续记录或测量力的损失，然后至少每周测量或记录一次。

记录力的标准时间　　　　　　　　　　　　　　表 6-61

分/min	1	2	4	8	15	30	60
小时/h	2	4	6	24	48	96	120

试验的时间应不少于 120h。通常试验时间为 120h 或 1000h。1000h（大于 1000h）的应力松弛值可以用不少于 120h 的松弛试验值进行外推，但应提供充分证据证明外推 1000h（大于 1000h）的松弛值与实测 1000h（大于 1000h）的松弛值相当，在这种情况下，试验报告中应注明外推方法。

目前的外推方法按式（6-96）计算：

$$\lg \rho = m \lg t + n \tag{6-96}$$

式中：ρ——松弛率，%；

　　　　t——时间，h；

　　　　m 和 n——系数。

2. 锚具（《预应力筋用锚具、夹具和连接器》GB/T 14370—2015）

（1）定义与分类

锚具是指预应力混凝土中所用的永久性锚固装置，是在后张法结构或构件中，为保持预应力筋的拉力并将其传递到混凝土内部的锚固工具，也称之为预应力锚具。

锚具根据使用形式可分为两大类：

安装在预应力筋端部且可以在预应力筋的张拉过程中始终对预应力筋保持锚固状态的锚固工具。

张拉端锚具根据锚固形式的不同还可分为：用于张拉预应力钢绞线的夹片式锚具（YJM），用于张拉高强钢丝的钢制锥形锚（GZM），用于镦头后张拉高强钢丝的墩头锚（DM），用于张拉精轧螺纹钢筋的螺母（YGM），用于张拉多股平行钢丝束的冷铸镦头锚（LZM）等多种类型。

固定端锚具：安装在预应力筋端部，通常埋入混凝土中且不用于张拉的锚具，也被称作挤压锚或者 P 锚。

（2）技术要求

锚固的静载锚固性能要求见表 6-62。

静载锚固性能要求 表 6-62

锚具类型	锚具效率系数	总伸长率
体内、体外束中预应力钢材用锚具	$\eta_a = \dfrac{F_{Tu}}{n \times F_{ptk}} \geqslant 0.95$	$\varepsilon_{Tu} \geqslant 2.0\%$
拉索中预应力钢材用锚具	$\eta_a = \dfrac{F_{Tu}}{F_{ptk}} \geqslant 0.90$	$\varepsilon_{Tu} \geqslant 2.0\%$
纤维增强复合材料筋用锚具	$\eta_a = \dfrac{F_{Tu}}{F_{ptk}} \geqslant 0.95$	—

F_{Tu}——预应力筋-锚具、夹具或连接器组装件的实测极限抗拉力，kN；

F_{ptk}——预应力筋单根试件的实测平均极限抗拉力，kN；

n——预应力筋-锚具或连接器组装件中预应力筋的根数

预应力筋的公称极限抗拉力 F_{ptk} 按式（6-97）计算：

$$F_{ptk} = A_{pk} \times f_{ptk} \tag{6-97}$$

式中：F_{ptk}——预应力筋的公称极限抗拉力，kN；

A_{pk}——预应力筋的公称截面面积，mm^2；

f_{ptk}——预应力筋的公称抗拉强度，MPa。

预应力筋-锚具组装件的破坏形式应是预应力筋的破断，而不应由锚具的失效导致试验终止。

（3）组批原则和取样要求（《预应力筋用锚具、夹具和连接器应用技术规程》JGJ 85—2010）

每个检验批的锚具不宜超过 2000 套，连接器不宜超过 500 套。取样数量为硬度为每批的 3%，且不应少于 5 套样品，静载锚固性能为 3 套组装件。

（4）试验方法

1）硬度试验（《金属材料 洛氏硬度试验 第 1 部分：试验方法》GB/T 230.1—2018、《预应力筋用锚具、夹具和连接器应用技术规程》JGJ 85—2010）

多孔夹片式锚具的夹片，每套应抽取 6 片进行检测，夹片宜在背面或大头端面，锚板宜在锥孔小头端面进行测试，每个零件测试 3 点，取后两点的平均值作为该零件的硬度值。

洛氏硬度是将特定尺寸、形状和材料的压头按照规定（表 6-63）分两级试验力压入试样表面，初试验力加载后，测量初始压痕深度（图 6-31）。随后施加主试验力，在卸除主试验力后保持初试验力时测量最终压痕深度，洛氏硬度根据最终压痕深度和初始压痕深度的差值 h 及常数 N 和 S 通过式（6-98）计算给出：

$$洛氏硬度 = N - \frac{h}{S} \tag{6-98}$$

除非材料标准或合同另有规定，试样表面应平坦光滑，并且不应有氧化皮及外来污物，尤其不应有油脂。在做可能会与压头黏结的活性金属的硬度试验时，例如钛；可以使用某种合适的油性介质，例如煤油。使用的介质应在试验报告中注明。

试样的制备应使受热或冷加工等因素对试样表面硬度的影响减至最小。尤其对于压痕深度浅的试样应特别注意。

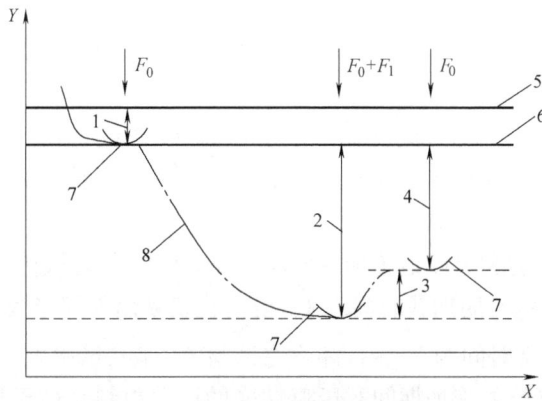

图 6-31 洛氏硬度试验原理图

X—时间；Y—压头位置；1—在初试验力 F_0 下的压入深度；2—由主试验力 F_1 引起的压入深度；

3—卸除主试验力 F_1 后的弹性回复深度；4—残余压痕深度 h；5—试样表面；

6—测量基准面；7—压头位置；8—压头深度相对时间的曲线

洛氏硬度标尺（A、B、C）   表 6-63

标尺	硬度单位符号	压头类型	初始试验力 F_0	总试验力 F_1	标尺常数 S	全量程常数 N	适用范围
A	HRA	金刚石压头	98.07N	588.4N	0.002mm	100	20～95
B	HRBW	直径 1.5875mm 球	98.07N	980.7N	0.002mm	130	10～100
C	HRC	金刚石压头	98.07N	1.471kN	0.002mm	100	20～70

对于用金刚石圆锥压头进行的试验，试样或试验层厚度不应小于残余压痕深度的 10 倍；对于用球压头进行的试验，试样或试验层的厚度不应小于残余压痕深度的 15 倍。除非可以证明使用较薄的试样对试验结果没有影响。通常情况下，试验后试样的背面不应有变形出现。在凸圆柱面和凸球面上进行试验时，应采用洛氏硬度修正值。

试验一般在 (10～35)℃ 的室温下进行。当环境温度不满足该规定要求时，试验室需要评估该环境下对于试验数据产生的影响。当试验温度不在 (10～35)℃ 范围内时，应记录并在报告中注明。

使用者应在当天使用硬度计之前，对所用标尺进行日常检查。在变换或更换压头、压头球或载物台之后，应至少进行两次测试并将结果舍弃，然后按照进行日常检查以确保硬度计的压头和载物台安装正确。

压头应是上一次间接校准时使用的，如果不是，则压头应对常用的硬度标尺至少使用两个标准硬度块进行核查（硬度块按照《金属材料 洛氏硬度试验 第 2 部分：硬度计 (A、B、C、D、E、F、G、H、K、N、T 标尺) 的检验与校准》GB/T 230.2—2012 表 1 中选取高值和低值各 1 个）。该条款不适用于只更换球的情况。

试样应放置在刚性支承物上，并使压头轴线和加载方向与试样表面垂直，同时应避免试样产生位移。应对圆柱形试样作适当支承，例如放置在洛氏硬度值不低于 60 HRC 的带有定心 V 形槽或双圆柱的试样台上。由于任何垂直方向的不同心都可能造成错误的试验结果，所以应特别注意使压头、试样、定心 V 形槽与硬度计支座中心对中。

使压头与试样表面接触，无冲击、振动、摆动和过载地施加初试验力 F_0；初试验力的加载时间不超过 2s，保持时间应为 3^{+1}_{-2}s。

初始压痕深度测量。手动（刻度盘）硬度计需要给指示刻度盘设置设定点或设置零位。自动（数显）硬度计的初始压痕深度测量是自动进行，不需要使用者进行输入，同时初始压痕深度的测量也可能不显示。

无冲击、振动、摆动和过载地施加主试验力 F_1 使试验力从初试验力 F_0 增加至总试验力 F_1 洛氏硬度主试验力的加载时间为 1~8s。建议采用与间接校准时相同的加载时间。

总试验力 F_1 的保持时间为 5^{+1}_{-3}s，卸除主试验力 F_1 初试验力 F_0 保持 4^{+1}_{-3}s 后，进行最终读数。对于在总试验力施加期间有压痕蠕变的试验材料，由于压头可能会持续压入；所以应特别注意。若材料要求的总试验力保持时间超过标准所允许的 6s 时，实际的总试验力保持时间应在试验结果中注明（例如 65HRF/10s）。

保持初试验力测量最终压痕深度。洛氏硬度值由式 6-98 使用残余压痕深度 h 计算，相应的信息由表 6-63 给出。对于大多数洛氏硬度计，压痕深度测量是采用自动计算从而显示洛氏硬度值的方式进行。图 6-31 中说明了洛氏硬度值的求出过程。

对于在凸圆柱面和凸球而上进行的试验，需要进行修正，修正值应在报告中注明。未规定在凹面上试验的修正值，在凹面上试验时，应协商解决。

在试验过程中，硬度计应避免受到冲击或振动。

两相邻压痕中心之间的距离至少应为压痕直径的 3 倍，任一压痕中心距试样边缘的距离至少应为压痕直径的 2.5 倍。

日常检查程序：使用者应在当天使用硬度计之前，对硬度计需使用的每个标尺进行检查。至少选取一块符合《金属材料 洛氏硬度试验 第 3 部分：标准硬度块（A、B、C、D、E、F、G、H、K、N、T 标尺）的标定》GB/T 230.3—2012 表 E.1 范围中的标准硬度块，推荐选取与测试硬度值接近的标准硬度块。只能在标准硬度块的校准面进行试验，至少在标准硬度块上测试两个点，并用以下的公式计算测试结果的偏差和重复性。如果偏差和重复性在表 6-64 允许的范围内，则硬度计符合要求；否则，检查压头、试样支座和试验机的状态并重复上述试验。如果硬度计仍不符合要求，则需按照《金属材料 洛氏硬度试验 第 2 部分：硬度计（A、B、C、D、E、F、G、H、K、N、T 标尺）的检验与校准》GB/T 230.2—2012 中第 5 章进行间接校准。所测数据建议保存一段时间，以便监测硬度计的重复性和稳定性。试验设备的偏差 b 和重复性 r，用洛氏单位表示。

在特定的检查情况下，按式（6-99）和式（6-100）进行表示：

$$b=\overline{H}-H_{CRM} \tag{6-99}$$

$$r=H_n-H_1 \tag{6-100}$$

式中：b——试验设备的偏差；

$\overline{H}$——按照式（6-101）计算的平均硬度值；

H_{CRM}——标准硬度块的标准值。

压痕的平均硬度值 $\overline{H}$ 按照式（6-101）进行定义：

$$\overline{H}=\frac{H_1+\cdots+H_n}{n} \tag{6-101}$$

式中：H_1，H_2，$\cdots$，H_n——表示按硬度值从小到大的顺序排列的测量硬度值；

n——全部压痕的个数。

洛氏硬度计的重复性范围和偏差　　　　　　　　　　表 6-64

标尺	标准硬度块的硬度值范围	允许偏差 b	重复性范围 r^a
A	(20~75)HRA	±2HRA	≤0.02×(100−$\overline{H}$)或0.8洛氏单位
A	(>75~95)HRA	±1.5HRA	≤0.02×(100−$\overline{H}$)或0.8洛氏单位
B	(10~45)HRBW	±4HRBW	≤0.04×(130−$\overline{H}$)或1.2洛氏单位
B	(>45~80)HRBW	±3HRBW	≤0.04×(130−$\overline{H}$)或1.2洛氏单位
B	(>80~100)HRBW	±2HRBW	≤0.04×(130−$\overline{H}$)或1.2洛氏单位
C	(10~70)HRC	±1.5HRC	≤0.02×(100−$\overline{H}$)或0.8洛氏单位

a 使用两个数值中较大的一个

金刚石压头的检查：对压头表面在首次使用和使用一定时间后需使用合适的光学装置（显微镜、放大镜等）进行检查：若发现压头表面有缺陷，则认为压头已经失效，应按《金属材料 洛氏硬度试验 第2部分：硬度计（A、B、C、D、E、F、G、H、K、N、T标尺）的检验与校准》GB/T 230.2—2012中的规定对重新研磨或修复的压头进行校准。

凸圆柱面上试验的洛氏硬度修正值见表6-65，对表中其他半径的修正值，可用线性内插值求得。

凸圆柱面上试验的洛氏硬度修正值　　　　　　　　　表 6-65

标尺	硬度读数	曲率半径/mm								
		3	5	6.5	8	9.5	11	12.5	16	19
A、C	20	—	—	—	2.5	2.0	1.5	1.5	1.0	1.0
	25	—	—	3.0	2.5	2.0	1.5	1.0	1.0	1.0
	30	—	—	2.5	2.0	1.5	1.5	1.0	1.0	0.5
	35	—	3.0	2.0	1.5	1.5	1.0	1.0	0.5	0.5
	40	—	2.5	2.0	1.5	1.0	1.0	1.0	0.5	0.5
	45	3.0	2.0	1.5	1.0	1.0	1.0	0.5	0.5	0.5
	50	2.5	2.0	1.5	1.0	1.0	0.5	0.5	0.5	0.5
	55	2.0	1.5	1.0	1.0	0.5	0.5	0.5	0.5	0
	60	1.5	1.0	1.0	0.5	0.5	0.5	0.5	0	0
	65	1.5	1.0	1.0	0.5	0.5	0.5	0.5	0	0
	70	1.0	1.0	0.5	0.5	0.5	0.5	0	0	0
	75	1.0	0.5	0.5	0.5	0.5	0.5	0	0	0
	80	0.5	0.5	0.5	0.5	0.5	0	0	0	0
	85	0.5	0.5	0.5	0	0	0	0	0	0
	90	0.5	0	0	0	0	0	0	0	0

续表

标尺	硬度读数	曲率半径/mm								
		3	5	6.5	8	9.5	11	12.5	16	19
B	20	—	—	—	4.5	4.0	3.5	—	—	—
	30	—	—	5.0	4.5	3.5	3.0	—	—	—
	40	—	—	4.5	4.0	3.0	2.5	—	—	—
	50	—	—	—	4.0	3.5	3.0	2.5	—	—
	60	—	5.0	3.5	3.0	2.5	2.0	—	—	—
	70	—	4.0	3.0	2.5	2.0	2.0	—	—	—
	80	5.0	3.5	2.5	2.0	1.5	1.5	—	—	—
	90	4.0	3.0	2.0	1.5	1.5	1.5	—	—	—
	100	3.5	2.5	1.5	1.5	1.0	1.0	—	—	—

2）静载锚固试验（《预应力筋用锚具、夹具和连接器》GB/T 14370—2015）

预应力筋-锚具或夹具组装件可按图 6-32 的装置进行静载锚固性能试验，受检锚具下方安装的环形支承垫板内径应与受检锚具配套使用的锚垫板上口直径一致；单根预应力筋的组装件还可在钢绞线拉伸试验机上按《预应力混凝土用钢材试验方法》GB/T 21839—2019 的规定进行静载锚固性能试验。

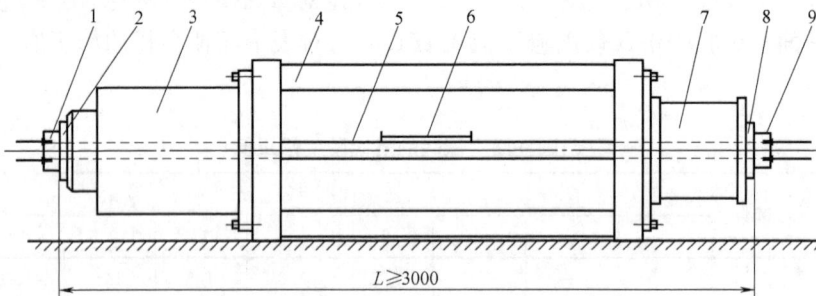

图 6-32　预应力筋-锚具或夹具组装件静载锚固性能试验装置示意图（单位：mm）

1、9—试验锚具或夹具；2、8—环形支承垫板；3—加载用千斤顶；4—承力台座；

5—预应力筋；6—总伸长率测量装置；7—荷载传感器

受检预应力筋-锚具、夹具或连接器组装件应安装全部预应力筋。

加载之前应先将各种测量仪表安装调试正确，将各根预应力筋的初应力调试均匀，初应力可取预应力筋公称抗拉强度 f_{ptk} 的 5%～10%；总伸长率测量装置的标距不宜小于 1m。

加载步骤应符合：对预应力筋分级等速加载，加载步骤应符合表 6-66 的规定，加载速度不宜超过 100MPa/min；加载到最高一级荷载后，持荷 1h；然后缓慢加载至破坏。

静载锚固性能试验的加载步骤　　　　表 6-66

预应力筋类型	每级应施加的荷载
预应力钢材	$0.20F_{ptk} \rightarrow 0.40F_{ptk} \rightarrow 0.60F_{ptk} \rightarrow 0.80F_{ptk}$
纤维增强复合材料筋	$0.20F_{ptk} \rightarrow 0.40F_{ptk} \rightarrow 0.50F_{ptk}$

用试验机或承力台座进行单根预应力筋的组装件静载锚固性能试验时，加载速度可加快，但不宜超过 200MPa/min；加载到最高一级荷载后，持荷时间可缩短，但不应少于 10min，然后缓慢加载至破坏；除采用夹片式锚具的钢绞线拉索以外，其他拉索的加载步骤应符合下列规定：由 $0.1F_{ptk}$ 开始，每级增加 $0.1F_{ptk}$，持荷 5min，加载速度不大于 100MPa/min，逐级加载至 $0.8F_{ptk}$；持荷 30min 后继续加载，每级增加 $0.05F_{ptk}$，持荷 5min，逐级加载直到破坏；对于非鉴定性试验，试验过程中，当测得的 $\eta_a\varepsilon_{Tu}$ 满足规定后可终止试验。

试验过程中应对下列内容进行测量、观察和记录：荷载为 $0.1F_{ptk}$ 时总伸长率测量装置的标距和预应力筋的受力长度；选取有代表性的若干根预应力筋，测量试验荷载从 $0.1F_{ptk}$。增长到 F_{Tu} 时，预应力筋与锚具、夹具或连接器之间的相对位移 Δa（图 6-33）；

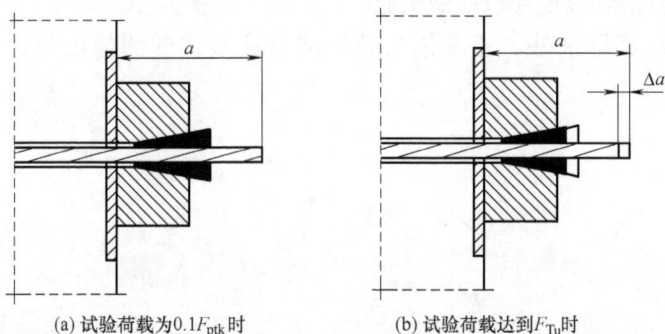

(a) 试验荷载为0.1F_{ptk}时   (b) 试验荷载达到F_{Tu}时

图 6-33 试验期间预应力筋与锚具、夹具或连接器之间的相对位移示意图

组装件的实测极限抗拉力 F_{Tu}；

试验荷载从 $0.1f_{ptk}$ 增长到 F_{Tu} 时总伸长率测量装置标距的增量 ΔL_1，并按式（6-102）计算预应力筋。

受力长度的总伸长率 ε_{Tu} 按式（6-102）计算：

$$\varepsilon_{Tu}=\frac{\Delta L_1+\Delta L_2}{L_1-\Delta L_2}\times 100\% \tag{6-102}$$

式中：ΔL_1——试验荷载从 $0.1f_{ptk}$ 增长到 F_{Tu} 时，总伸长率测量装置标距的增量，mm；

ΔL_2——试验荷载从 0 增长到 $0.1f_{ptk}$ 时，总伸长率测量装置标距增量的理论计算值，mm；

L_1——总伸长率测量装置在试验荷载为 $0.1f_{ptk}$ 时的标距，mm。

如采用测量加载用千斤顶活塞位移量计算预应力筋受力长度的总伸长率 ε_{Tu}，应按式（6-103）计算：

$$\varepsilon_{Tu}=\frac{\Delta L_1+\Delta L_2-\sum\Delta a}{L_2-\Delta L_2}\times 100\% \tag{6-103}$$

式中：ΔL_1——试验荷载从 $0.1f_{ptk}$ 增长到 F_{Tu} 时，加载用千斤顶活塞的位移量，mm；

ΔL_2——试验荷载从 0 增长到 $0.1f_{ptk}$ 时，加载用千斤顶活塞位移量的理论计算值，mm；

$\sum \Delta a$——试验荷载从 $0.1f_{ptk}$ 增长到 F_{Tu} 时，预应力筋端部与锚具、夹具或连接器之间的相对位移之和，mm；

L_2——试验荷载为 $0.1f_{ptk}$ 时，预应力筋的受力长度，mm。

组装件的破坏部位与形式应符合下列规定：夹片式锚具、夹具或连接器的夹片在加载到最高一级荷载时不允许出现裂纹或断裂；在满足规定后允许出现微裂和纵向断裂，不应出现横向、斜向断裂及碎断；预应力筋激烈破断冲击引起的夹片破坏或断裂属正常情况；握裹式锚具的静载锚固性能试验，在满足规定后失去握裹力时，属于正常情况。

应进行 3 个组装件的静载锚固性能试验，全部试验结果均应做出记录。3 个组装件的试验结果均应符合规定，不应以平均值作为试验结果。

预应力筋为钢绞线时，如果钢绞线在锚具、夹具或连接器以外非夹持部位破断，且不符合规定，应更换钢绞线重新取样做试验。

检验报告除数据记录外，还应包括破坏部位及形式的图像记录，并有准确的文字述评。

第7章

砌体工程材料

砌体工程材料是指用来砌筑、拼装或用其他方法构成承重或非承重墙体或构筑物的材料。

砌体工程材料主要包括：石材、砖、瓦及砌块；各种空心砌块及板材；砌筑砂浆。

由于传统的砖、试块，特别是烧结普通砖，存在破坏土地、资源和能源消耗大、污染环境等因素，逐渐被各种节土、节能、利渣、利废、多功能、有利于环保的各类砌块、蒸养砖等砌筑材料所取代，但在既有建筑中仍有大量的烧结砖存在。在我国砌体材料发展过程中，产生了很多过渡型产品，所以在工程检测中会遇到各式各样的砌块、砖，对于这类材料我们就需要根据材料的外观、结构、性质等方面，选择合适的试验方法进行检测。

新建工程中砌体材料多用于填充、隔断作用，我们主要遇到的砌体材料有：蒸压加气混凝土砌块、轻集料混凝土小型空心砌块、混凝土普通砖、混凝土多孔砖、蒸压灰砂砖、蒸压粉煤灰砖等。蒸压加气混凝土具有质量轻、并具有一定的强度，在砌体工程使用得越来越广泛，各种预制的加气混凝土板、隔墙以其良好的整体性，广泛应用于工程中。

随着砌体材料的发展，各种砌体工程用砂浆材料也迅速发展起来，目前用于砌体结构的砂浆多为预拌干混砂浆，与传统自拌砂浆相比，干混砂浆中添加的各种外加剂和掺合料可以很好地改善砂浆的各种性能，使其具有良好的保水性、黏结性，以适用于各种不同的砌筑材料，且其性质稳定、更容易控制施工质量。

7.1 砌体材料

1. 砖

（1）定义及分类

建筑用的人造小型块材，分为烧结砖（主要指黏土砖）和非烧结砖（灰砂砖、粉煤灰砖等）两种。

砖种类众多，我们这里仅介绍目前在工程中较为常见的材料：混凝土砖（混凝土普通砖和多孔砖）、蒸压养护砖（蒸压灰砂砖和蒸压粉煤灰砖）。其他种类砖材料其要求和试验方法近似，具体依据相应产品标准进行。

（2）技术要求

依据标准：《混凝土实心砖》GB/T 21144—2007、《承重混凝土多孔砖》GB 25779—2010、《蒸压灰砂实心砖和实心砌块》GB/T 11945—2019、《蒸压粉煤灰砖》JC/T 239—2014。

混凝土普通砖抗压强度标准要求见表 7-1。

混凝土普通砖抗压强度标准要求 表 7-1

强度等级	抗压强度/MPa	
	平均值≥	单块最小值≥
MU40	40.0	35.0
MU35	35.0	30.0
MU30	30.0	26.0
MU25	25.0	21.0
MU20	20.0	16.0
MU15	15.0	12.0

承重混凝土多孔砖抗压强度技术要求见表 7-2。

承重混凝土多孔砖抗压强度技术要求 表 7-2

强度等级	抗压强度/MPa	
	平均值不小于	单块最小值不小于
MU15	15.0	12.0
MU20	20.0	16.0
MU25	25.0	20.0

蒸压灰砂砖抗压强度技术要求见表 7-3。

蒸压灰砂砖抗压强度技术 表 7-3

强度等级	抗压强度/MPa	
	平均值≥	单个最小值≥
MU10	10.0	8.5
MU15	15.0	12.8
MU20	20.0	17.0
MU25	25.0	21.2
MU30	30.0	25.5

蒸压粉煤灰砖抗折、抗压强度技术要求见表 7-4。

蒸压粉煤灰砖抗折、抗压强度技术要求 表 7-4

强度等级	抗压强度/MPa		抗折强度/MPa	
	平均值≥	单个最小值≥	平均值≥	单个最小值≥
MU10	10.0	8.0	2.5	2.0
MU15	15.0	12.0	3.7	3.0
MU20	20.0	16.0	4.0	3.2
MU25	25.0	20.0	4.5	3.6
MU30	30.0	24.0	4.8	3.8

（3）组批原则和取样要求

混凝土实心砖：同厂家、同品种、同规格、同等级、15 万块为一验收批，不足 15 万块按一批计。用随机抽样法，从外观质量检验合格后的样品中抽取试样 1 组（10 块）。

承重混凝土多孔砖：同厂家、同品种、同规格、同等级、10 万块为一验收批，不足 10 万块按一批计。用随机抽样法，从外观质量检验合格后的样品中抽取试样 1 组。（H/B ≥0.6，5 块，H/B<0.6，10 块）

蒸压粉煤灰砖：同厂家、同品种、同规格、同等级、10 万块为一验收批，不足 10 万块按一批计。用随机抽样法，从外观质量检验合格后的样品中抽取试样 1 组（20 块）。

蒸压灰砂砖：同厂家、同品种、同规格、同等级、10 万块为一验收批，不足 10 万块按一批计。用随机抽样法，从外观质量检验合格后的样品中抽取试样 1 组（10 块）。

（4）试验方法

砖的标准尺寸为 240mm×115mm×53mm 和 240mm×115mm×90mm，目前砖的尺寸很多，而《砌墙砖试验方法》GB/T 2542—2012 中，一次成型砖仅适用于标准砖，所以对于不同的砖需要选择合适的试验方法进行。试验原始记录可参考附表（JCZX-GC-D(2)-4038.1）砌体试验原始记录。

1）抗压强度试验（《砌墙砖试验方法》GB/T 2542—2012）

抗压强度试样数量为 10 块。

试样制备可分为一次成型制样、二次成型制样和非成型试样。

一次成型制样适用于采用样品中间部位切割，交错叠加灌浆制成强度试验试样的方式。将试样锯成两个半截砖，两个半截砖用于叠合部分的长度不得小于 100mm，如图 7-1 所示。如果不足 100mm，应另取备用试样补足。将已切制开的半截砖放入室温的净水中浸（20～30）min 后取出，在铁丝网架上滴水（20～30）min，以断口相反方向装入制样模具中。用插板控制两个半砖间距不应大于 5mm，砖大面与模具间距不应大于 3 mm，砖断面、顶面与模具间垫以橡胶垫或其他密封材料，模具内表面涂油或隔离剂。制样模具及插板如图 7-2 所示。将净浆材料按照配制要求，置于搅拌机中搅拌均匀。将装好试样的模具置于振动台上，加入适量搅拌均匀的净浆材料，振动时间为（0.5～

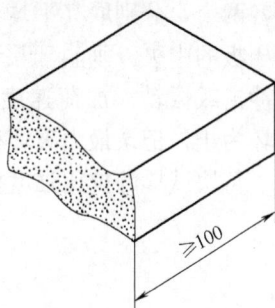

图 7-1 半截砖长度示意图（单位：mm）

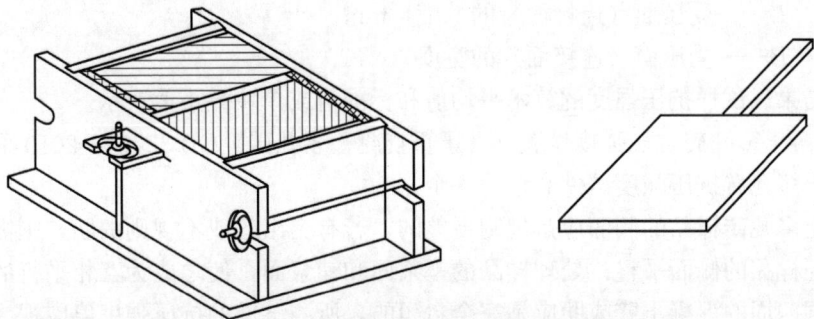

图 7-2 一次成型制样模具及插板

1)min，停止振动，静置至净浆材料达到初凝时间（15～19)min 后拆模。

二次成型制样适用于采用整块样品上下表面灌浆制成强度试验试样的方式。将整块试样放入室温的净水中浸（20～30)min 后取出，在铁丝网架上滴水（20～30)min。按照净浆材料配制要求，置于搅拌机中搅拌均匀。模具内表面涂油或隔离剂，加入适量搅拌均匀的净浆材料，将整块试样一个承压面与净浆接触，装入制样模具中，承压面找平层厚度不应大于 3mm。接通振动台电源，振动（0.5～1)min，停止振动，静置至净浆材料初凝（15～19)min 后拆模。按同样方法完成整块试样另一承压面的找平。二次成型制样模具如图 7-3 所示。

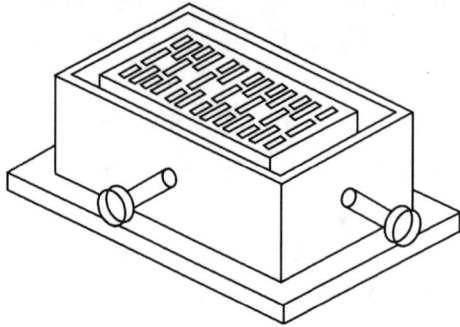

图 7-3　二次成型制样模具

非成型制样适用于试样无需进行表面找平处理制样的方式。将试样锯成两个半截砖，两个半截砖用于叠合部分的长度不得小于 100mm。如果不足 100mm，应另取备用试样补足。两半截砖切断口相反叠放，叠合部分不得小于 100mm，如图 7-4 所示，即为抗压强度试样。

一次成型制样、二次成型制样在不低于 10℃的不通风室内养护 4h。非成型制样不需养护，试样气干状态直接进行试验。

抗压试验前测量每个试样连接面或受压面的长、宽尺寸各两个，分别取其平均值，精确至 1mm。将试样平放在加压板的中央，垂直于受压面加荷，应均匀平稳，不得发生冲击或振动。加荷速度以（2～6)kN/s 为宜，直至试样破坏为止，记录最大破坏荷载 P。

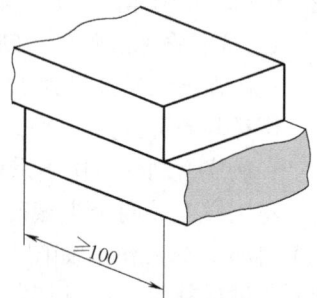

图 7-4　半砖叠合示意图
（单位：mm）

每块试样的抗压强度按式（7-1）计算。

$$R_p = \frac{P}{L \times B} \tag{7-1}$$

式中：R_p——抗压强度，MPa；

P——最大破坏荷载，N；

L——受压面（连接面）的长度，mm；

B——受压面（连接面）的宽度，mm。

试验结果以试样抗压强度的算术平均值和标准值或单块最小值表示。

2) 混凝土多孔砖抗压强度试验（《承重混凝土多孔砖》GB 25779—2010 附录 A）

混凝土多孔砖抗压强度试件数量为 5 个。

混凝土多孔砖样品的侧面应是规则平整的，若有突出的或不规则的肋，则需作切除处理，以保证样品的侧面平整；处理样品的坐浆面和铺浆面，使之成为互相平行的平面；样品所有孔洞四周的混凝土壁或肋应是完全封闭的，所测试件的抗压强度值应视为整块混凝土多孔砖的抗压强度。

样品至少在温度（23±5）℃，相对湿度不大于80％的环境下调至恒重后，方可进行试件制作。样品散放在实验室时，可叠层码放，孔应平行于地面，样品之间的间隔应不小于15mm。如需提前进行抗压强度试验，则可使用电风扇以加快室内空气流动速度。当样品2h后的质量损失不超过前次质量的0.2％，且在样品表面用肉眼观察见不到有水分或潮湿现象时，可认为样品已恒重。不允许采用烘干箱来干燥样品。

用钢直尺测量每块样品尺寸，分别在样品两侧的中间位置测量试件宽度（B）和长度（L），取平均值，精确至1mm；$H/B<0.6$的样品制备的试件取最大值样品高度（H）则应测取两个长边（L）中间处的两个数值，取平均值，精确至1mm。计算混凝土多孔砖在实际使用状态下的承压高度（H）与最小水平尺寸（B）之比，即高宽比（H/B）。

$H/B \geqslant 0.6$的试件采用坐浆法制作试件，处理后直接作为抗压强度试件。

在试样制备平台上先薄薄地涂一层机油或铺一层湿纸，将搅拌好的找平材料均匀摊铺在试样制备平台上，找平材料层的长度和宽度应略大于样品的长度和宽度。

选定混凝土多孔砖的铺浆面作为承压面，把样品的承压面压入找平材料层，用直角靠尺来调控样品垂直。坐浆后的承压面至少与两个相邻侧面成90°垂直关系。找平材料层厚度应不大于3mm。

当承压面的找平材料终凝后，按上述方法进行另一面的坐浆，样品压入找平材料层后，需用水平仪调控上表面至水平。

为缩短时间，可在承压面处理后立即在向上的一面铺一层找平砂浆，压上事先涂油的玻璃平板，边压边观察找平砂浆层，将气泡全部排除，并用水平尺调至水平，直至找平砂浆层平面均匀，厚度≤3mm。

$H/B<0.6$的试件采取叠块方法制作抗压强度试件。

将同批次、同规格尺寸、孔洞结构相同的两块混凝土多孔砖样品，用粘结材料将它们重叠粘结在一起。粘结时，需用水平仪和直角靠尺进行调控，以保持样品的四个侧面中至少有两个相邻侧面是平整的。粘结后的样品应满足：粘结层厚度≤3mm；两块样品的孔洞基本对齐；当两块样品的壁和肋厚度上下不一致时，重叠粘结时应是壁和肋厚度薄的一面，与另一块壁和肋厚度厚的一面相粘结。粘结材料终凝2h后，再按上述要求制备试件。

将制备的试件放置在（20±5）℃的试验室内进行养护。找平和黏结材料采用普通硅酸盐水泥制备的试件，72h后进行抗压强度试验；找平和粘结材料采用快硬硅酸盐水泥制备的试件，24h后进行抗压强度试验；找平和粘结材料采用高强石膏粉制备的试件，2h后进行抗压强度试验。

将试件放在试验机下压板上，要尽量保证试件的重心与试验机压板中心重合。对于孔型分别对称于长（L）和宽（B）的中心线的试件；其重心和形心重合。对于不对称孔型的试件，可在试件承压面下垫一根直径10mm，可自由滚动的圆钢条，分别找出长（L）和宽（B）的平衡轴（重心轴），两轴的交点即为重心。试验机加荷应均匀平稳，不应发生冲击或振动。加荷速度以（4~6）kN/s为宜，直至试件破坏为止，记录最大破坏荷载P。

试件的抗压强度按式（7-2）计算，精确至0.1MPa。

$$R_P = \frac{P}{LB} \tag{7-2}$$

式中：R_P——试件的抗压强度，MPa；

　　　　P——最大破坏荷载，N；

　　　　L——受压面长度，mm；

　　　　B——受压面宽度，mm。

试验结果以 5 个试件抗压强度的算术平均值和单个试件的最小值来表示，精确至 0.1MPa。

3）粉煤灰砖抗折、抗压试验（《蒸压粉煤灰砖》JC/T 239—2014 附录 B）

蒸压粉煤灰砖抗折强度试件为 10 个。

不带砌筑砂浆槽的砖试件制备：取 10 块整砖放在 (20±5)℃的水中浸泡 24h 后取出，用湿布擦去表面水分，进行抗折强度试验。

带砌筑砂浆槽的砖试件制备：用强度等级不低于 42.5 的普通硅酸盐水泥调制成稠度适宜的水泥净浆。试样在 (20±5)℃的水中浸泡 15min，在钢丝网架上滴水 3min。立即用水泥净浆将砌筑砂浆槽抹平，在温度为 (20±5)℃、相对湿度 (50±15)% 的环境下养护 2d 后，按照上述要求进行制备。

测量试样的宽度（B）和高度（H），分别测量两次取平均值，精确至 1mm。调整抗折夹具下支棍的跨距（为砖规格长度减去 40mm；但规格长度为 190mm 的砖），其跨距为 160mm。

将试样大面平放在下支棍上，试样两端面与下支棍的距离应相同；以 (50～150)N/s 的速度均匀加荷，加荷应均匀平稳，不应发生冲击或振动，直至试件破坏为止，记录最大破坏荷载 P。

抗折强度按式 (7-3) 计算，精确至 0.01MPa。

$$f_Z = \frac{3Pl}{2BH^2} \tag{7-3}$$

式中：f_Z——试件的抗折强度，MPa；

　　　　P——破坏荷载，N；

　　　　l——抗折两支撑钢棒轴心间距，mm；

　　　　B——试件宽度，mm；

　　　　H——试件高度，mm。

抗折强度以 10 个试件抗折强度的算术平均值和单块最小值表示。精确至 0.1 MPa。

蒸压粉煤灰砖抗压强度试件为 10 个。

不带砌筑砂浆槽的砖试件制备：取 10 块整砖放在 (20±5)℃的水中浸泡 24h 后取出，用湿布擦去表面水分。采用样品中间部位切割，交错叠加制备抗压强度试件：交错叠加部位的长度以 100mm 为宜，但不应小于 90mm，如果不足 90mm，应另取各用试样补足。

带砌筑砂浆槽的砖试件制备：采用样品中间部位切割。用强度等级不低于 42.5 的普通硅酸盐水泥调制成稠度适宜的水泥净浆。试样在 (20±5)℃的水中浸泡 15min，在钢丝网架上滴水 3min。立即用水泥净浆将砌筑砂浆槽抹平，在温度为（20±5）℃、相对湿度（60±15）％的环境下养护 2d 后，按照上述要求进行制备。

测量叠加部位的长度（L）和宽度（B），分别测量两次取平均值，精确至 1mm。将试件放在试验机下压板上，要尽量保证试件的重心与试验机压板中心重合。对于孔型分别对称于长（L）和宽（B）的中心线的试件。其重心和形心重合；对于不对称孔型的试件，可在试件承压面下垫一根直径 10mm、可自由滚动的圆钢条，分别找出长（L）和宽（B）的平衡轴（重心轴），两轴的交点即为重心。

试验机加荷应均匀平稳，不应发生冲击或振动。加荷速度以（4～6）kN/s 为宜，直至试件破坏为止，记录最大破坏荷载 P。

抗压强度按式（7-4）计算。精确至 0.01MPa。

$$R = \frac{P}{LB} \tag{7-4}$$

式中：R——试件的抗压强度，MPa；

$\quad\quad P$——破坏荷载，N；

$\quad\quad L$——受压面的长度，mm；

$\quad\quad B$——受压面的宽度，mm。

试验结果以 10 个试件抗压强度的算术平均值和单块最小值表示，精确至 0.1MPa。

4）砖密度试验（《砌墙砖试验方法》GB/T 2542—2012）

试样数量为 5 块，所取试样应外观完整。

清理试样表面，然后将试样置于（105±5）℃鼓风干燥箱中干燥至恒质（在干燥过程中，前后两次称量相差不超过 0.2％，前后两次称量时间间隔为 2h），称其质量 m，并检查外观情况，不得有缺棱、掉角等破损。如有破损，须重新换取备用试样。测量干燥后的试样尺寸各两次，取其平均值计算体积 V。

每块试样的体积密度按式（7-5）计算。

$$\rho = \frac{m}{V} \times 10^9 \tag{7-5}$$

式中：ρ——体积密度，kg/m³；

$\quad\quad m$——试样干质量，kg；

$\quad\quad V$——试样体积，mm³。

试验结果以试样体积密度的算术平均值表示。

2. 砌块

（1）定义及分类

砌块是利用混凝土、工业废料（炉渣、粉煤灰等）或其他材料制成的人造块材，外形尺寸比砖大。

砌块按尺寸和质量的大小不同分为小型砌块、中型砌块和大型砌块。砌块系列中主规格的高度大于 115mm 而小于 380mm 的称作小型砌块、高度为（380～980）mm 称为中型砌块、高度大于 980mm 的称为大型砌块。使用中以中小型砌块居多。

砌块按外观形状可以分为实心砌块和空心砌块。空心率小于 25％或无孔洞的砌块为实心砌块；空心率大于或等于 25% 的砌块为空心砌块。

空心砌块有单排方孔、单排圆孔和多排扁孔三种形式，其中多排扁孔对保温较有利。按砌块在组砌中的位置与作用可以分为主砌块和各种辅助砌块。

根据材料不同，常用的砌块有普通混凝土与装饰混凝土小型空心砌块、轻集料混凝土小型空心砌块、粉煤灰小型空心砌块、蒸压加气混凝土砌块、免蒸加气混凝土砌块（又称环保轻质混凝土砌块）和石膏砌块。

本部分主要介绍使用最为广泛的轻集料混凝土小型空心砌块和蒸压加气混凝土砌块。

（2）技术要求

蒸压加气块混凝土砌块（《蒸压加气混凝土砌块》GB/T 11968—2020）蒸压加气混凝土板（《蒸压加气混凝土板》GB/T 15762—2020）要求见表 7-5。

蒸压加气块混凝土抗压强度和干密度要求　　　　　　　　　　　　　表 7-5

强度级别	抗压强度/MPa		干密度级别	平均干密度 /(kg/m³)
	平均值	最小值		
A1.5	≥1.5	≥1.2	B03	≤350
A2.0	≥2.0	≥1.7	B04	≤450
A2.5	≥2.5	≥2.1	B04	≤450
			B05	≤550
A3.5	≥3.5	≥3.0	B04	≤450
			B05	≤550
			B06	≤650
A5.0	≥5.0	≥4.2	B05	≤550
			B06	≤650
			B07	≤750

轻集料混凝土小型空心砌块技术要求见表 7-6 和表 7-7。

轻集料混凝土小型空心砌块密度等级要求　　　　　　　　　　　　　表 7-6

密度等级	干表观密度范围/(kg/m³)	密度等级	干表观密度范围/(kg/m³)
700	≥610, ≤700	1100	≥1010, ≤1100
800	≥710, ≤800	1200	≥1110, ≤1200
900	≥810, ≤900	1300	≥1210, ≤1300
1000	≥910, ≤1000	1400	≥1310, ≤1400

轻集料混凝土小型空心砌块强度等级要求　　　　　　　　　　　　　表 7-7

强度等级	抗压强度/MPa		密度等级范围/(kg/m³)
	平均值	最小值	
MU2.5	≥2.5	≥2.0	≤800
MU3.5	≥3.5	≥2.8	≤1000

续表

强度等级	抗压强度/MPa		密度等级范围/(kg/m³)
	平均值	最小值	
MU5.0	≥5.0	≥4.0	≤1200
MU7.5	≥7.5	≥5.0	≤1200a；≤1300b
MU10	≥10.0	≥8.0	≤1200a；≤1400b

当砌块的抗压强度同时满足2个强度等级或2个以上强度等级要求时，应以满足要求的最高强度等级为准；

a—除自燃煤矸石掺量不小于砌块质量35%以外的其他砌块；

b—自燃煤矸石掺量不小于砌块质量35%的砌块

（3）组批原则和取样要求

蒸压加气混凝土砌块：同厂家，同品种，同规格，同等级，1万块为一验收批，不足1万块按一批计。用随机抽样法，从外观质量检验合格后的样品中抽取砌块制作试件，抗压强度3组9块，干密度3组9块。

蒸压加气混凝土板应按同品种、同级别、同配筋进行检验。采用相同原材料、相同生产工艺连续生产产品时，由同级别、同配筋的板材，组成一个受检批。不同品种板的检验批量数见表7-8。

检验批量　　　　　　　　　　　　　　　　　　　　表 7-8

品种	批量/块
屋面板、楼板	3000
外墙板	5000
隔墙板	10000

轻集料混凝土小型空心砌块：同厂家，同品种。同规格，同等级，1万块为一验收批，不足1万块按一批计。用随机抽样法，从外观质量检验合格后的样品中抽取试样1组；用于多层以上建筑的基础和底层的小砌块抽检数量不应少于2组。1组试样数量：抗压强度试验数量 H/B≥0.6，5块，H/B＜0.6，10块；密度等级试验数量：3块。

（4）试验方法

试验原始记录可参考附表（JCZX-GC-D（2)-4038.1）砌体试验原始记录。

1）混凝土砌块抗压强度试验（《混凝土砌块和砖试验方法》GB/T 4111—2013）

如需提前进行抗压强度试验，宜采用高强石膏粉或快硬水泥。有争议时应采用42.5普通硅酸盐水泥砂浆。试验用水泥砂浆采用强度等级不低于42.5的普通硅酸盐水泥和细砂制备的砂浆，用水量以砂浆稠度控制在（65～75）mm为宜，3d抗压强度不低于24.0MPa。

用于制作试件的试样应尺寸完整。若侧面有突出，或不规则的肋，需先做切除处理，以保证制作的抗压强度该件四周侧面平整；块体孔洞四周应被混凝土壁或肋完全封闭。制作出来的抗压强度试件应是由一个或多个孔洞组成的直角六面体，并保证承压面100%完整。对于混凝土小型空心砌块，当其端面（砌筑时的竖灰缝位置）带有深度不大于8mm的肋或槽时，可不做切除或磨平处理。试件的长度尺寸仍取剁块的实际长度尺寸。

试样应在温度20℃±5℃，相对湿度（50±15)%的环境下调至恒重后，方可进行抗压强度试件制作。试样散放在试验室时，可叠层码放，孔应平行于地面，试样之间的间隔应不小于15mm。如需提前进行抗压强度试验，可使用电风扇以加快试验室内空气流动速度。当试样2h后的质量损失不超过前次质量的0.2%，且在试样表面用肉眼观察不到有水分或潮湿现象时认为试样已恒重。不允许采用烘干箱来干燥试样。

计算试样在实际使用状态下的承压高度（H）与最小水平尺寸（B）之比，即试样的高宽比（H/B）。若$H/B \geqslant 0.6$时，可直接进行试件制备；若$H/B < 0.6$时，则需采取叠块方法来进行试件制备。

$H/B \geqslant 0.6$时的试件制备：在试件制备平台上先薄薄地涂一层机油或铺一层湿纸，将搅拌好的找平材料均匀摊铺在试件制备平台上，找平材料层的长度和宽度应略大于试件的长度和宽度。选定试样的铺浆面作为承压面，把试样的承压面压入找平材料层，用直角靠尺来调控试样的垂直度。坐浆后的承压面至少与两个相邻侧面成90°垂直关系。找平材料层厚度应不大于3mm。当承压面的水泥砂浆找平材料终凝后2h、或高强石膏找平材料终凝后20min，将试样翻身，按上述方法进行另一面的坐浆。试样压入找平材料层后，除坐浆后的承压面至少与两个相邻侧面成90°垂直关系外，需同时用水平仪调控上表面至水平。为节省试件制作时间，可在试样承压面处理后立即在向上的一面铺设找平材料，压上事先涂油的玻璃平板，边压边观察试样的上承压面的找平材料层，将气泡全部排除，并用直角靠尺使坐浆后的承压面至少与两个相邻侧面成90°垂直关系，用水平尺将上承压面调至水平。上、下两层找平材料层的厚度均应不大于3mm。

$H/B < 0.6$时的试件制备：将同批次、同规格尺寸、开孔结构相同的两块试样，先用找平材料将它们重叠黏结在一起。黏结时，需用水平仪和直角靠尺进行调控，以保持试件的四个侧面中至少有两个相邻侧面是平整的。黏结后的试件应满足：黏结层厚度不大于3mm；两块试样的开孔基本对齐；当试样的壁和肋厚度上下不一致时，重叠黏结时应是壁和肋厚度薄的一端，与另一块壁和肋厚度厚的一端相对接。当黏结两块试样的找平材料终凝2h后，再进行试件两个承压面的找平。制作完成的试件，测量试件的高度，若四个读数的极差大于3mm，试件需重新制备。

将制备好的试件放置在（20±5）℃，相对湿度（50±15）%的试验室内进行养护。找平和黏结材料采用快硬硫铝酸盐水泥砂浆制备的试件，1d后方可进行抗压强度试验；找平和黏结材料采用高强石膏粉制备的试件，2d后可进行抗压强度试验；找平和黏结材料采用普通水泥砂浆制备的试件，3d后进行抗压强度试验。

测量每个试件承压面的长度（L）和宽度（B），分别求出各个方向的平均值，精确至1mm。将试件放在试验机下压板上，要尽量保证试件的重心与试验机压板中心重合。除需特意将试件的开孔方向置于水平外，试验时块材的开孔方向应与试验机加压方向一致。实心块材测试时，摆放的方向需与实际使用时一致。对于孔型分别对称于长（L）和宽（B）的中心线的试件，其重心和形心重合；对于不对称孔型的试件，可在试件承压面下垫一根直径10mm，可自由滚动的圆钢条，分别找出长（L）和宽（B）的平衡轴（重心轴），两轴的交点即为重心。

试验机加荷应均匀平稳，不应发生冲击或振动。加荷速度以（4~6）kN/s为宜，均匀加荷至试件破坏，记录最大破坏荷载P。

试件的抗压强度按式（7-6）计算，精确至0.01MPa。

$$f = \frac{P}{LB} \qquad (7\text{-}6)$$

式中：f——试件的抗压强度，MPa；

$\quad\quad P$——最大破坏荷载，N；

$\quad\quad L$——承压面长度，mm；

$\quad\quad B$——承压面宽度，mm。

以 5 个试件抗压强度的平均值和单个试件的最小值来表示，精确至 0.1MPa。

2）混凝土砌块块体密度试验（《混凝土砌块和砖试验方法》GB/T 4111—2013）

试件数量为三个。测量完整块材试件的长度、宽度、高度，分别求出各个方向的平均值，分别用 l、b、h 表示，单位为毫米。将试件放入电热鼓风干燥箱内，在（105±5）℃温度下至少干燥 24h，然后每隔 2h 称量一次，直至两次称量之差不超过后一次称量的 0.2% 为止。待试件在电热鼓风干燥箱内冷却至与室温之差不超过 20℃ 后取出，立即称其绝干质量 m，精确至 0.005kg。

每个试件的体积按式（7-7）计算。

$$V = l \times b \times h \times 10^{-9} \qquad (7\text{-}7)$$

式中：V——试件的体积，m³；

$\quad\quad l$——试件的长度，mm；

$\quad\quad b$——试件的宽度，mm；

$\quad\quad h$——试件的高度，mm。

每个试件的密度按式（7-8）计算，精确至 10kg/m³。块体密度以三个试件块体密度的算术平均值表示，精确至 10kg/m³。

$$\gamma = \frac{m}{V} \qquad (7\text{-}8)$$

式中：γ——试件的密度，kg/m³；

$\quad\quad m$——试件的绝干质量，kg；

$\quad\quad V$——试件的体积，m³。

3）蒸压加气块混凝土砌块抗压强度试验（《蒸压加气混凝土性能试验方法》GB/T 11969—2020）

用于进场复试试验的试验数量为三组，一组三块，共九块。抗压试件锯取部位如图 7-5 所示。当 1 组试件不能在同一块试样中锯取时，可以在同一模的相邻部位采样锯取。

试件受压面的平整度应小于 0.1mm，相邻面的垂直度应小于 1mm。抗压强度试件为 100mm×100mm×100mm 立方体试件 1 组，平行试件 1 组。

试件应在含水率（10±2）% 下进行试验。如果含水率超出以上范围时，宜在（60±5）℃条件下烘至所要求的含水率，并应在室内放置 6h 以后进行抗压强度试验。

当受检样品尺寸不能满足抗压强度试验时，允许按以下尺寸制作：100mm×100mm×50mm，试件的受压面为 100mm×100mm；50mm×50mm×50mm，试件的受压面为 50mm×50mm；φ100mm×100mm，试件的受压面为 φ100mm；φ100mm×

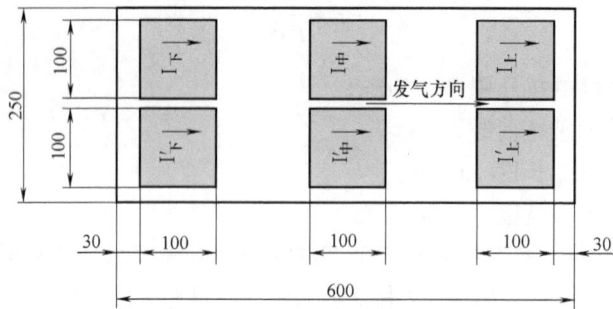

图 7-5　抗压强度试件锯取示意图（单位：mm）

50mm，试件的受压面为 ϕ100mm。

抗压强度试验前应检查试件外观，测量试件的尺寸，精确至 0.1mm，并计算试件的受压面积（A_t）。将试件放在材料试验机的下压板的中心位置，试件的受压方向应垂直于制品的发气方向。

开动试验机，当上压板与试件接近时，调整球座，使接触均衡。以（2.0 ± 0.5）kN/s 的速度连续而均匀地加荷，直至试件破坏，记录破坏荷载（p_1）。

试验后应立即称取破坏后的全部或部分试件质量，然后在（105 ± 5）℃下烘至恒质，计算其含水率。

试验结果以三组平均值和单组最小值进行判定。

4）蒸压加气块混凝土砌块干密度试验（《蒸压加气混凝土性能试验方法》GB/T 11969—2020）

用于进场复试试验的试验数量为三组，一组三块，共九块。试件的制备采用机锯。锯切时不应将试件弄湿。试件应沿制品发气方向中心部分上、中、下顺序锯取一组，"上"块的上表面距离制品顶面 30mm，"中"块在制品正中处，"下"块的下表面离制品底面 30mm。试件表面应平整，不得有裂缝或明显缺陷，尺寸允许偏差应为 ±1mm，平整度不应大于 0.5mm，垂直度不应大于 0.5mm。试件应逐块编号，从同一块试样中锯切出的试件为同一组试件，以"Ⅰ、Ⅱ、Ⅲ……"表示组号；当同一组试件有上、中、下位置要求时，以下标"上、中、下"注明试件锯取的位置；当同一组试件没有位置要求时，则以下标"1、2、3……"注明，以区别不同试件；平行试件以"Ⅰ、Ⅱ、Ⅲ……"加注上标"+"以示区别。试件以"↑"标明发气方向。以长度 600mm，宽度 250mm 的制品为例，试件锯取部位如图 7-6 所示。

试件为 100mm×100mm×100mm 立方体。试件也可采用抗压强度平行试件。取试件 1 组，逐一量取长、宽、高三个方向的轴线尺寸，精确至 0.1mm，计算试件的体积；并称取试件质量（M），精确至 1g。

将试件放入电热鼓风干燥箱内，在（60 ± 5）℃下保持 24h，然后在（80 ± 5）℃下保持 24h，再在（105 ± 5）℃下烘至恒质（M_0）。恒质指在烘干过程中间隔 4h，前后两次质量差不应超过 2g。

干密度按式（7-9）计算：

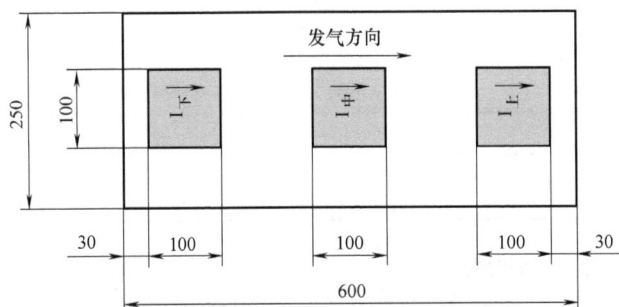

图 7-6 干密度、含水率和吸水率试件锯取示意图（单位：mm）

$$r_0 = \frac{M_0}{V} \times 10^6 \qquad (7\text{-}9)$$

式中：r_0——干密度，kg/m^3；

M_0——试件烘干后质量，g；

V——试件体积，mm^3。

质量含水率按式（7-10）计算：

$$W_0 = \frac{M-M_0}{M_0} \times 100\% \qquad (7\text{-}10)$$

式中：W_0——质量含水率，%；

M——试件烘干前的质量，g。

干密度计算精确至 $1kg/m^3$，质量含水率计算精确至 0.1%。

干密度试验结果以三组试验平均值进行判定。

7.2 砂浆材料

1. 定义与分类

砂浆是由一定比例的砂和胶结材料（水泥、石灰膏、黏土等），加水合成，必要时加入一些外加剂和掺合料，也叫灰浆。

砂浆按胶凝材料分为：水泥砂浆、混合砂浆（或叫水泥石灰砂浆）、石灰砂浆和黏土砂浆。按施工状态可以分为现拌砂浆和预拌砂浆，预拌砂浆又可分为湿拌砂浆和干混砂浆。

目前建筑砂浆用途广泛，并不是单独作为砌筑工程黏结材料使用，保温砂浆、抹面砂浆、抗裂砂浆、灌浆料等均属于砂浆材料。这里仅介绍《预拌砂浆》GB/T 25181—2019 中所涉及的基础砂浆。

2. 技术要求

湿拌砂浆主要性能指标见表 7-9。

湿拌砂浆主要性能指标   表 7-9

项目	湿拌砌筑砂浆	湿拌抹灰砂浆		湿拌地面砂浆	湿拌防水砂浆
		普通抹灰砂浆	机喷抹灰砂浆		
保水率/%	≥88.0	≥88.0	≥92.0	≥88.0	≥88.0
14d拉伸粘结强度/MPa	—	M5：≥0.15 >M5：≥0.20	≥0.20	—	≥0.20

干混砂浆主要性能指标见表7-10。

干混砂浆主要性能指标   表 7-10

项目	干混砌筑砂浆		干混抹灰砂浆			干混地面砂浆	干混防水砂浆
	普通砌筑砂浆	薄层砌筑砂浆	普通抹灰砂浆	薄层抹灰砂浆	机喷抹灰砂浆		
保水率/%	≥88.0	≥99.0	≥88.0	≥99.0	≥92.0	≥88.0	≥88.0
凝结时间/h	3~12	—	3~12	—	—	3~9	3~12
14d拉伸粘结强度/MPa	—	—	M5：≥0.15 >M5：≥0.20	≥0.30	≥0.20	—	≥0.20

预拌砂浆抗压强度要求见表7-11。

预拌砂浆抗压强度要求   表 7-11

强度等级	M5	M7.5	M10	M15	M20	M25	M30
28d抗压强度/MPa	≥5.0	≥7.5	≥10.0	≥15.0	≥20.0	≥25.0	≥30.0

3. 组批原则和取样要求

用于砌体工程的砂浆拌合物每一检验批且不超过 $250m^3$ 砌体的各类、各强度等级的普通砌筑砂浆，每台搅拌机应至少抽检一次。验收批的预拌砂浆、蒸压加气混凝土砌块专用砂浆，抽检可为3组。在砂浆排机出料口或在湿拌砂浆的储存容器出料口随机取样制作砂浆试块。每次至少应制作1组3块标准养护试块。

冬期施工砂浆试块的留置，除应按常温规定要求外，尚应增设一组与砌体同条件养护的试块，用于检验转入常温28d的强度，如有特殊需要，可另外增加相应龄期的同条件试块。

用于地面工程的砂浆拌合物检验，同一批次，同一配合比水泥砂浆强度的试块，应按每一层（或检验批）建筑地面工程不少于1组。当每一层（或检验批）建筑地面工程面积大于 $1000m^2$ 时，每增加 $1000m^2$ 应增做1组试块；小于 $1000m^2$ 按 $1000m^2$ 计算，取样1组；检验同一施工批次、同一配合比的散水、明沟、踏步、台阶、坡道的水泥砂浆强度的试块。应按每150延长米不少于1组。1组3块试样。

抹灰砂浆拌合物，相同砂浆品种、强度等级、施工工艺的室外抹灰工程，每 $1000m^2$ 应划分为一个检验批，不足 $1000m^2$ 的，也应划分为一个检验批。相同砂浆品种、强度等级、施工工艺的室内抹灰工程，每50个自然间（大面积房间和走廊按抹灰面积 $30m^2$ 为一间）应划分为一个检验批，不足50间的，也应划分为一个检验批。砂浆抗压强度验收时，同一验收批砂浆试块不应少于3组；砂浆试块应在使用地点或出料口随机取样；砂浆试块的养护条件应与实验室的养护条件相同。

预拌湿拌砂浆同一生产厂家、同一品种、同一等级、同一批号且连续进场的湿拌砂浆，每 $250m^3$ 为一个检验批，不足 $250m^3$ 时，应按一个检验批计。抽样数量为15kg。

干混砌筑砂浆、抹灰砂浆、地面砂浆、防水砂浆每500t为一批，不足500t亦为一批。抽样数量为15kg。

根据不同的验收规范，其组批原则有所不同，具体按照规范执行。

4. 试验方法

干混砂浆试验时的稠度为：砌筑砂浆（70～80)mm；普通抹灰砂浆（90～100)mm，薄层抹灰砂浆（70～80)mm；地面砂浆（45～55)mm；普通防水砂浆（70～80)mm，其他干混砂浆试验时的稠度应符合产品说明书或相关标准的要求。

砂浆试验方法依据（《建筑砂浆基本性能试验方法标准》JGJ/T 70—2009）。部分试验原始记录可参考附表（JCZX-GC-D（2)-4067.1）砂浆试验原始记录。

（1）砂浆稠度试验

适用于确定砂浆的配合比或施工过程中控制砂浆的稠度。

测定前应先采用少量润滑油轻擦滑杆，再将滑杆上多余的油用吸油纸擦净，使滑杆能自由滑动，采用湿布擦净盛浆容器和试锥表面，再将砂浆拌合物一次装入容器；砂浆表面宜低于容器口10mm，用捣棒自容器中心向边缘均匀地插捣25次，然后轻轻地将容器摇动或敲击5～6下。使砂浆表面平整，随后将容器置于稠度测定仪的底座上；拧开制动螺栓，向下移动滑杆。当试锥尖端与砂浆表面刚接触时，应拧紧制动螺栓，使齿条测杆下端刚接触滑杆上端。并将指针对准零点上；拧开制动螺栓同时计时间，10s时立即拧紧螺栓，将齿条测杆下端接触滑杆上端，从刻度盘上读出下沉深度（精确至1mm），即为砂浆的稠度值；盛浆容器内的砂浆，只允许测定一次稠度。重复测定时，应重新取样测定。

同盘砂浆稠度试验结果应取两次试验结果的算术平均值作为测定值，并应精确至1mm；当两次试验值之差大于10mm时，应重新取样测定。

（2）砂浆保水性试验

称量底部不透水片与干燥试模质量 m_1 和15片中速定性滤纸质量 m_2；将砂浆拌合物一次性装入试模。并用抹刀插捣数次。当装入的砂浆略高于试模边缘时，用抹刀以45°角一次性将试模表面多余的砂浆刮去。然后再用抹刀以较平的角度在试模表面反方向将砂浆刮平；抹掉试模边的砂浆。称量试模、底部不透水片与砂浆总质量 m_3；用金属滤网覆盖在砂浆表面，再在滤网表面放上15片滤纸，用上部不透水片盖在滤纸表面，以2kg的重物把上部不透水片压住；静置2min后移走重物及上部不透水片，取出滤纸（不包括滤网），迅速称量滤纸质量 m_4；按照砂浆的配合比及加水量计算砂浆的含水率。当无法计算时，测定砂浆含水率。

砂浆保水率应按式（7-11）计算：

$$W=\left[1-\frac{m_4-m_2}{a\times(m_3-m_1)}\right]\times100 \tag{7-11}$$

式中：W——砂浆保水率，%；

m_1——底部不透水片与干燥试模质量，g，精确至1g；

m_2——15片滤纸吸水前的质量，g，精确至0.1g；

m_3——试模、底部不透水片与砂浆总质量，g，精确至1g；

m_4——15片滤纸吸水后的质量，g，精确至0.1g；

α——砂浆含水率，%。

取两次试验结果的算术平均值作为砂浆的保水率，精确至0.1%。且第二次试验应重新取样测定。当两个测定值之差超过2%时，此组试验结果应为无效。

测定砂浆含水率时，应称取（100±10）g砂浆拌合物试样，置于一干燥并已称重的盘中。在（105±5）℃的烘箱中烘干至恒重。

砂浆的含水率应按式（7-12）计算：

$$\alpha = \frac{m_2 - m_1}{m_1} \tag{7-12}$$

式中：α——砂浆含水率，%；

m_1——烘干后砂浆样本的质量，g，精确至1g；

m_2——砂浆样本的总质量，g，精确至1g。

取两次试验结果的算术平均值作为砂浆的含水率，精确至0.1%。当两个测定值之差超过2%时，此组试验结果应为无效。

（3）凝结时间试验

采用贯入阻力法确定砂浆拌合物的凝结时间。砂浆凝结时间测定仪如图7-7所示。

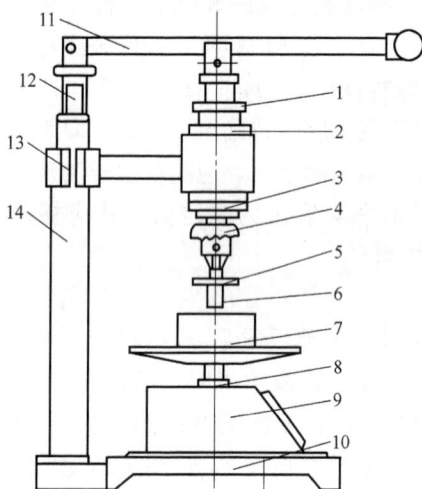

图7-7　砂浆凝结时间测定仪

1、2、3、8—调节螺母；4—夹头；5—垫片；6—试针；7—盛浆容器；9—压力表座；10—底座；11—操作杆；12—调节杆；13—立架；14—立柱

将制备好的砂浆拌合物装入盛浆容器内，砂浆应低于容器上口10mm，轻轻敲击容器，并予以抹平，盖上盖子，放在（20±2）℃的试验条件下保存。

砂浆表面的泌水不得清除，将容器放到压力表座上，然后通过以下步骤来调节测定仪：调节螺母3，使贯入试针与砂浆表面接触；拧开调节螺母2，再调节螺母1，以确定压入砂浆内部的深度为25mm后再拧紧螺母2；旋动调节螺母8，使压力表指针调到零位。

测定贯入阻力值，用截面面积为30mm²的贯入试针与砂浆表面接触，在10s内缓慢而均匀地垂直压入砂浆内部25mm深，每次贯入时记录仪表读数N，贯入杆离开容器边缘或已贯入部位应至少12mm。

在（20±2）℃的试验条件下，实际贯入阻力值应在成型后2h开始测定，并应每隔30min测定一次，当贯入阻力值达到0.3MPa时，应改为每15min测定一次，直至贯入阻力值达到0.7MPa为止。

当在施工现场测定砂浆的凝结时间时，砂浆的稠度、养护和测定的温度应与现场相同；时间间隔可根据实际情况定为受检砂浆预测凝结时间的1/4、1/2、3/4等来测定，当接近凝结时间时，可每15min测定一次。

砂浆贯入阻力值应按式（7-13）计算：

$$f_v = \frac{N_P}{A_P}$$ (7-13)

式中：f_v——贯入阻力值，MPa，精确至 0.01MPa；

N_P——贯入深度至 25mm 时的静压力，N；

A_P——贯入试针的截面面积，即 30mm^2。

凝结时间的确定可采用图示法或内插法，有争议时应以图示法为准。

从加水搅拌开始计时，分别记录时间和相应的贯入阻力值，根据试验所得各阶段的贯入阻力值与时间的关系绘图，由图求出贯入阻力值达到 0.5MPa 的所需时间 t_0（min），此时的 t_0 值即为砂浆的凝结时间测定值。

测定砂浆凝结时间时，应在同盘内取两个试样，以两个试验结果的算术平均值作为该砂浆的凝结时间值，两次试验结果的误差不应大于 30min。否则应重新测定。

（4）砂浆抗压强度试验

立方体抗压强度试件应采用立方体试件，每组试件应为 3 个；采用金属试模时应用黄油等密封材料涂抹试模的外接缝，试模内应涂刷薄层机油或隔离剂。将拌制好的砂浆一次性装满砂浆试模，成型方法应根据稠度而确定，当稠度大于 50mm 时，宜采用人工插捣成型，当稠度不大于 50mm 时，宜采用振动台振实成型；人工插捣：应采用捣棒均匀地由边缘向中心按螺旋方式插捣 25 次，插捣过程中当砂浆沉落低于试模口时、应随时添加砂浆，可用油灰刀插捣数次，并用手将试模一边抬高（5~10）mm 各振动 5 次，砂浆应高出试模顶面（6~8）mm；机械振动：将砂浆一次装满试模，放置到振动台上，振动时试模不得跳动，振动（5~10）s 或持续到表面泛浆为止，不得过振；应待表面水分稍干后，再将高出试模部分的砂浆沿试模顶面刮去并抹平；试件制作后应在温度为（20±5）℃的环境下静置（24±2）h，对试件进行编号、拆模。当气温较低时，或者凝结时间大于 24h 的砂浆，可适当延长时间，但不应超过 2d。试件拆模后应立即放入温度为（20±2）℃，相对湿度为 90% 以上的标准养护室中养护。养护期间，试件彼此间隔不得小于 10mm，混合砂浆、湿拌砂浆试件上面应覆盖，防止水滴在试件上；从搅拌加水开始计时，标准养护龄期应为 28d，也可根据相关标准要求增加 7d 或 14d。

试件从养护地点取出后应及时进行试验。试验前应将试件表面擦拭干净，测量尺寸，并检查其外观，并应计算试件的承压面积。当实测尺寸与公称尺寸之差不超过 1mm 时，可按照公称尺寸进行计算；将试件安放在试验机的下压板或下垫板上，试件的承压面应与成型时的顶面垂直，试件中心应与试验机下压板或下垫板中心对准。开动试验机，当上压板与试件或上垫板接近时，调整球座，使接触面均衡受压。承压试验应连续而均匀地加荷，加荷速度应为（0.25~1.5）kN/s；砂浆强度不大于 2.5MPa 时，宜取下限。当试件接近破坏而开始迅速变形时、停止调整试验机油门，直至试件破坏，然后记录破坏荷载。

砂浆立方体抗压强度应按式（7-14）计算：

$$f_{m,cu} = K \frac{N_u}{A}$$ (7-14)

式中：$f_{m,cu}$——砂浆立方体试件抗压强度，MPa，应精确至 0.1MPa；

N_u——试件破坏荷载，N；

A——试件承压面积，mm^2；

K——换算系数，取 1.35。

立方体抗压强度试验的试验结果应以三个试件测值的算术平均值作为该组试件的砂浆立方体抗压强度平均值，精确至 0.1MPa；当三个测值的最大值或最小值中有一个与中间值的差值超过中间值的 15% 时，应把最大值及最小值一并舍去，取中间值作为该组试件的抗压强度值；当两个测值与中间值的差值均超过中间值的 15% 时，该组试验结果应为无效。

(5) 砂浆拉伸粘结强度试验

砂浆拉伸粘结强度试验条件应符合：温度应为（20±5）℃；相对湿度应为 45%～75%。

试验用基底水泥砂浆块的制备应符合：原材料：水泥应采用符合现行国家标准《通用硅酸盐水泥》GB 175—2007 规定的 42.5 级水泥；砂应采用符合现行行业标准《普通混凝土用砂、石质量及检验方法标准》JGJ 52—2006 规定的中砂；水应采用符合现行行业标准《混凝土用水标准》JGJ 63—2006 规定的用水；配合比：水泥：砂：水＝1：3：0.5（质量比）；成型：将制成的水泥砂浆倒入 70mm×70mm×20mm 的硬聚氯乙烯或金属模具中，振动成型或用抹灰刀均匀插捣 15 次，人工颠实 5 次，转 90°，再颠实 5 次，然后用刮刀以 45°方向抹平砂浆表面；试模内壁事先宜涂刷水性隔离剂，待干、备用；在成型 24h 后脱模，并放入 20℃±2℃水中养护 6d，再在试验条件下放置 21d 以上。试验前，应用 200 号砂纸或磨石将水泥砂浆试件的成型面磨平，备用。

砂浆料浆的制备应符合：干混砂浆料浆的制备：待检样品应在试验条件下放置 24h 以上；称取不少于 10kg 的待检样品，并按产品制造商提供比例进行水的称量；当产品制造商提供比例是一个值域范围时，应采用平均值；应先将待检样品放入砂浆搅拌机中，再启动机器，然后徐徐加入规定量的水，搅拌（3～5）min。搅拌好的料应在 2h 内用完。现拌砂浆料浆的制备：待检样品应在试验条件下放置 24h 以上；按设计要求的配合比进行物料的称量，且干物料总量不得少于 10kg；先将称好的物料放入砂浆搅拌机中，再启动机器，然后徐徐加入规定量的水，搅拌（3～5）min。搅拌好的料应在 2h 内用完。

拉伸粘结强度试件的制备应符合：将制备好的基底水泥砂浆块在水中浸泡 24h，并提前（5～10）min 取出，用湿布擦拭其表面；将成型框放在基底水泥砂浆块的成型面上，再将制备好的砂浆料浆或直接从现场取来的砂浆试样倒入成型框中，用抹灰刀均匀插捣 15 次，人工颠实 5 次，转 90°，再颠实 5 次，然后用刮刀以 45°方向抹平砂浆表面，24h 内脱模，在温度（20±2）℃、相对湿度 60%～80% 的环境中养护至规定龄期；每组砂浆试样应制备 10 个试件。

拉伸粘结强度试验时应先将试件在标准试验条件下养护 13d，再在试件表面以及上夹具表面涂上环氧树脂等高强度胶粘剂，然后将上夹具对正位置放在胶粘剂上，并确保上夹具不歪斜，除去周围溢出的胶粘剂，继续养护 24h；测定拉伸粘结强度时，应先将钢制垫板套入基底砂浆块上，再将拉伸粘结强度夹具安装到试验机上，然后将试件置于拉伸夹具中，夹具与试验机的连接宜采用球铰活动连接，以（5±1）mm/min 速度加荷至试件破坏；当破坏形式为拉伸夹具与胶粘剂破坏时，试验结果应无效。

拉伸粘结强度应按式（7-15）计算：

$$f_{at} = \frac{F}{A_z}$$

(7-15)

式中：f_{at}——砂浆拉伸粘结强度，MPa；

F——试件破坏时的荷载，N；

A_z——粘结面积，mm^2。

应以 10 个试件测值的算术平均值作为拉伸粘结强度的试验结果；当单个试件的强度值与平均值之差大于 20％时，应逐次舍弃偏差最大的试验值，直至各试验值与平均值之差不超过 20％，当 10 个试件中有效数据不少于 6 个时，取有效数据的平均值为试验结果，结果精确至 0.01MPa；当 10 个试件中有效数据不足 6 个时，此组试验结果应为无效，并应重新制备试件进行试验。

对于有特殊条件要求的拉伸粘结强度，应先按照特殊要求条件处理后，再进行试验。

第 8 章
钢结构工程材料

钢结构工程材料最主要的部分是承重用的各种材质、形态的钢材，钢材具有良好的承载能力，韧性、均匀性等特点。随着技术的发展，现在市场中的钢材性能基本稳定，其化学成分、力学性能、耐久性能等方面都有了长足的进步，各种优质钢材、特种钢材也逐步应用于建筑工程中。

随着加工工艺的进步，钢结构构件的形态、尺寸的稳定能有了很好的保证，在钢结构工程中，构件连接的性能愈发成为影响钢结构整体性能的关键。钢结构构件的连接方式主要有焊接连接和机械连接。焊接对于焊接人员的技术要求很高，所以机械连接，特别是高强度螺栓连接逐渐成为钢结构连接中主要连接方式。

钢结构主要缺点是其耐火性能差，特别是发生火灾时，钢材在高温下会整体失去承载能力。因此通常钢结构表面都会涂有防火涂料以减缓钢材在灼烧过程中的升温速度，防火涂料须具有良好的粘结强度及稳定性，可以长期地保护钢材。

8.1 钢材

1. 定义与分类

型钢是一种有一定截面形状和尺寸的条形钢材。根据断面形状，型钢分简单断面型钢和复杂断面型钢（异型钢）。前者指方钢、圆钢、扁钢、角钢、六角钢等；后者指工字钢、槽钢、钢轨、窗框钢、弯曲型钢等。

型钢的材质多种多样，包括碳素结构钢、低合金高强度结构钢、优质碳素结构钢等，目前使用最多为 Q235 等级的碳素结构钢和 Q355 等级的低合金高强度结构钢。

2. 技术指标

依据标准：碳素结构钢：《碳素结构钢》GB/T 700—2006；低合金高强度结构钢：《低合金高强度结构钢》GB/T 1591—2018。

碳素结构钢的化学成分应满足表 8-1 的规定。

D 级钢应有足够细化晶粒的元素，并在质量证明书中注明细化晶粒元素的含量。当采用铝脱氧时，钢中酸溶铝含量应不小于 0.015%，或总铝含量应不小于 0.020%。

钢中残余元素铬、镍、铜含量应各不大于 0.30%，氮含量应不大于 0.008%。如供方能保证，均可不做分析。氮含量允许超过规定值，但氮含量每增加 0.001%，磷的最大含量应减少 0.005%，熔炼分析氮的最大含量应不大于 0.012%；如果钢中的酸溶铝含量不小于 0.015% 或总铝含量不小于 0.020%，氮含量的上限值可以不受限制。固定氮的元素

碳素结构钢的化学成分　　　　　　　　　　　表 8-1

牌号	统一数字代号[a]	等级	脱氧方式	化学成分(质量分数)/% 不大于				
				C	Si	Mn	S	P
Q195	U11952	—	F、Z	0.12	0.30	0.50	0.035	0.040
Q215	U12152	A	F、Z	0.15		1.20	0.045	0.050
	U12155	B						0.045
Q235	U12352	A	F、Z	0.22			0.045	0.050
	U12355	B		0.20[b]		1.40	0.045	0.045
	U12358	C	Z	0.17	0.35		0.040	0.040
	U12359	D	TZ				0.035	0.035
Q275	U12752	A	F、Z	0.24			0.045	0.030
	U12755	B	Z	0.21[c]		15.0	0.045	0.045
	U12758	C	Z	0.20			0.040	0.040
	U12759	D	TZ				0.035	0.035

a 表中为镇静钢、特殊镇静钢牌号的统一数字,沸腾钢牌号的统一数字代号如下:
Q195F——U11950;Q215AF——U12150;Q215BF——U12153;
Q235AF——U12350;Q235BF——U12353;Q275AF——U12750。
b 经需方同意,Q235B的碳含量可不大于 0.22%。
c 厚度(或直径)大于 40mm 时,为 0.22%

应在质量证明书中注明。经需方同意;A 级钢的铜含量可不大于 0.35%。此时,供方应做铜含量的分析,并在质量证明书中注明其含量。钢中砷的含量应不大于 0.080%。用含砷矿冶炼生铁所冶炼的钢,砷含量由供需双方协议规定。如原料中不含砷,可不做砷含量的分析。在保证钢材力学性能符合本标准规定的情况下,各牌号 A 级钢的碳、锰、硅含量可以不作为交货条件,但其含量应在质量证明书中注明。在供应商品连铸坯、钢锭和钢坯时,为了保证轧制钢材各项性能达到要求,可以根据需方要求规定各牌号的碳、锰含量下限。成品钢材、连铸坯、钢坯的化学成分允许偏差应符合《钢的成品化学成分允许偏差》GB/T 222—2006 的规定。氮含量允许超过规定值,但必须符合上述要求,成品分析氮含量的最大值应不大于 0.014%;如果钢中的铝含量达到规定的含量,并在质量证明书中注明,氮含量上限值可不受限制。沸腾钢成品钢材和钢坯的化学成分偏差不作保证。碳素结构钢材的拉伸和冲击试验结果应符合表 8-2 的规定,弯曲试验结果应符合表 8-3 的规定。用 Q195 和 Q235B 级沸腾钢轧制的钢材,其厚度(或直径)不大于 25mm。做拉伸和冷弯试验时,型钢和钢棒取纵向试样;钢板、钢带取横向试样,断后伸长率允许比表 8-2 降低 2%(绝对值)。窄钢带取横向试样如果受宽度限制时,可以取纵向试样。如供方能保证冷弯试验符合表 8-3 的规定,可不作检验。A 级钢冷弯试验合格时,抗拉强度上限可以不作为交货条件。厚度不小于 12mm 或直径不小于 16mm 的钢材应做冲击试验,试样尺寸为 10mm×10mm×55mm。经供需双方协议,厚度为 (6~12)mm 或直径为 (12~

16)mm 的钢材可以做冲击试验,试样尺寸为 10mm×7.5mm×55mm 或 10mm×5mm× 55mm 或 10mm×产品厚度×55mm。夏比(V 形缺口)冲击吸收功值按一组 3 个试样单值的算术平均值计算,允许其中 1 个试样的单个值低于规定值,但不得低于规定值的 70%。如果没有满足上述条件,可从同一抽样产品上再取 3 个试样进行试验,先后 6 个试样的平均值不得低于规定值,允许有 2 个试样低于规定值,但其中低于规定值 70% 的试样只允许 1 个。

碳素结构钢材的拉伸和冲击技术要求 表 8-2

牌号	等级	屈服强度 R_{eH}/(N/mm²),不小于						抗拉强度 R_m/(N/mm²)	断后伸长率 A/%,不小于					冲击试验(V 形缺口)	
		厚度(或直径)/mm							厚度(或直径)/mm					温度/℃	冲击吸收功(纵向)/J 不小于
		≤16	16~40	40~60	60~100	100~150	150~200		≤40	40~60	60~100	100~150	150~200		
Q195	—	195	185	—	—	—	—	315~430	33	—	—	—	—	—	—
Q215	A	215	205	195	185	175	165	335~450	31	30	29	27	26	—	—
	B													+20	27
Q235	A	235	225	215	215	195	185	370~500	26	25	24	22	21	—	—
	B													+20	27
	C													0	
	D													−20	
Q275	A	275	265	255	245	225	215	410~540	22	21	20	18	17	—	—
	B													+20	27
	C													0	
	D													−20	

厚度或直径上限为≤,下限为>;Q195 的屈服强度值仅供参考,不作交货条件;厚度大于 100mm 的钢材,抗拉强度下限允许降低 20N/mm²,宽带钢(包括剪切钢板)的拉伸强度上限不作交货条件;厚度小于 25mm 的 Q235B 级钢材,如供方能保证冲击吸收功值合格,经需方同意,可不作检验

碳素结构钢材的弯心直径 表 8-3

牌号	试样方向	冷弯试验 180° $B=2a$	
		钢板厚度(或直径)/mm	
		≤60	>60~100
		弯心直径 d	
Q195	纵	0	—
	横	0.5a	

续表

牌号	试样方向	冷弯试验180° B=2a	
		钢板厚度（或直径）/mm	
		≤60	>60～100
		弯心直径 d	
Q215	纵	0.5a	1.5a
	横	a	2a
Q235	纵	a	2a
	横	1.5a	2.5a
Q275	纵	1.5a	2.5a
	横	2a	3a

B 为试样宽度，a 为试样厚度（或直径）；

钢板厚度（或直径）大于 100mm 时，弯曲试验由双方协商确定

部分低合金高强度结构钢化学成分要求如下：

热轧钢的牌号及化学成分（熔炼分析）应符合表 8-4 的规定，其碳当量值应符合表 8-5 的规定。

热轧钢的牌号及化学成分技术要求　　　　　　表 8-4

牌号		化学成分（质量分数）/％　不大于												
钢级	质量等级	$C^{a,b}$	Si	Mn	P^c,S^c	Nb^d	V^e	Ti^e	Cr	Ni	Cu	Mo	N^f	B
Q355	B	0.24		1.60	0.035	—	—	—	0.30	0.30			0.012	—
	C				0.030									
	D	0.20^g			0.025									
Q390	B		0.55		0.035					0.50	0.40	0.10		—
	C			1.70	0.030									
	D	0.20			0.025	0.05	0.13	0.05	0.30				0.015	
$Q420^h$	B				0.035					0.80		0.20		
	C				0.030									
$Q460^h$	C			1.80	0.030									0.004

a 公称厚度大于 100mm 的型钢，碳含量可由供需双方协商确定。

b 公称厚度大于 30mm 的钢材，碳含量不大于 0.22％。

c 对于型钢和棒材，其磷和硫含量上限值可提高 0.005％。

d Q390、Q420 最高可到 0.07％。Q460 最高可到 0.11％。

e 最高可到 0.20％。

f 如果钢中酸溶铝 Als 含量不小于 0.015％或全铝 Alt 含量不小于 0.020％；或添加了其他固氮合金元素，氮元素含量不作限制，固氮元素应在质量证明书中注明。

g 公称厚度或直径/mm 大于 40mm 时为 0.22h 仅适用于型钢和棒材

碳当量技术要求　　　　　　　　　　　　　　　表 8-5

牌号		碳当量 CEV（质量分数）/% 不大于				
		公称厚度或直径/mm				
钢级	质量等级	≤30	>30～63	>63～150	>150～250	>250～400
Q355[a]	B、C、D			0.47	0.49[b]	0.49[c]
Q395	B、C、D	0.45	0.47	0.48	—	—
Q420[d]	B、C				0.49[b]	—
Q460[d]	C	0.47	0.49	0.49	—	—

　　a 当需对硅含量控制时（例如热浸镀锌涂层），为达到抗拉强度要求而增加其他元素如碳和锰的含量，表中最大碳
　　　当量值的增加应符合下列规定：对于 Si≤0.030%，碳当量可提高 0.02%；对于 Si≤0.25%，碳当量可提
　　　高 0.01%。
　　b 对于型钢和棒材，其最大碳当量可达 0.54%。
　　c 只适用于质量等级为 D 的钢板。
　　d 只适用于型钢和棒材

　　碳当量（CEV）由熔炼分析成分按式（8-1）计算，焊接裂纹敏感指数（P_{cm}）由熔炼分析成分按式（8-2）计算：

$$CEV(\%)=C+Mn/6+(Cr+Mo+V)/5+(Ni+Cu)/15 \tag{8-1}$$

$$P_{cm}(\%)=C+Si/30+Mn/20+Cu/20+Ni/60+Cr/20+Mo/15+V/10+5B \tag{8-2}$$

　　钢中氮元素含量如供方保证，可不做分析。为了改善钢的性能，由供需双方协议，钢中可添加规定以外的合金元素，其合金元素及其含量应在质量证明书中注明。当需方要求保证厚度方向性能钢板时，硫含量应符合《厚度方向性能钢板》GB/T 5313—2010 的规定。供应商品钢坯时，为保证钢材力学性能符合本标准规定，其各元素化学成分的下限可由供需双方协商确定。当需方要求进行成品化学成分分析时，则应进行成品分析，其化学成分允许偏差应符合《钢的成品化学成分允许偏差》GB/T 222—2006 的规定。
　　低合金高强度结构钢力学性能及工艺性能热轧钢材的拉伸性能应符合表 8-6 和表 8-7 的规定。

热轧低合金高强度钢材的拉伸性能　　　　　　　表 8-6

牌号		上屈服强度[a]R_{eH}/MPa，不小于									抗拉强度 R_m/MPa			
		公称厚度或直径/mm												
钢级	质量等级	≤16	16～40	40～63	63～80	80～100	100～150	150～200	200～250	250～400	≤100	100～150	150～250	250～400
Q355	B、C	355	345	335	325	315	195	285	275	—	470～630	450～600	450～600	—
	D									265				450～600[b]
Q390	B、C、D	390	380	360	340	340	320	—	—	—	490～650	470～620		

续表

牌号		上屈服强度[a]R_{eH}/MPa,不小于									抗拉强度R_m/MPa			
钢级	质量等级	公称厚度或直径/mm												
		≤16	16~40	40~63	63~80	80~100	100~150	150~200	200~250	250~400	≤100	100~150	150~250	250~400
Q420[c]	B、C	420	410	390	370	370	350	—	—	—	520~680	500~650	—	—
Q460[c]	C	460	450	430	410	410	390	—	—	—	550~720	530~700	—	—

a 当屈服不明显时,可用规定塑性延伸强度$R_{p0.2}$代替上屈服强度。

b 只适用于质量等级为D的钢板。

c 只适用于型钢和棒钢

热轧低合金高强度钢材的伸长率要求 表 8-7

牌号		断后伸长率A/%,不小于					
钢级	质量等级	公称厚度或直径/mm					
		式样方向	≤40	>40~63	>63~100	>100~150	>150~250	>250~400
Q355	B、C、D	纵向	22	21	20	18	17	17[a]
		横向	20	19	18	18	17	17[a]
Q390	B、C、D	纵向	21	20	20	19	—	—
		横向	20	19	19	18	—	—
Q420[b]	B、C	纵向	20	19	19	19		
Q460[b]	C	纵向	18	17	17	17		

a 只适用于质量等级为D的钢板。

b 只适用于型钢和棒钢

对于公称宽度不小于600mm的钢板及钢带,拉伸试验取横向试样;其他钢材的拉伸试验取纵向试样。

钢材的夏比（V形缺口）冲击试验的试验温度及冲击吸收能量应符合表8-7的规定。

公称厚度不小于6mm或公称直径不小于12mm的钢材应做冲击试验,冲击试样尺寸取10mm×10mm×55mm的标准试样;当钢材不足以制取标准试样时,应采用10mm×7.5mm×55mm或10mm×5mm×55mm小尺寸试样,冲击吸收能量应分别为不小于表8-8规定值的75%或50%,应优先采用较大尺寸试样。对于型钢,厚度是指《钢及钢产品 力学性能试验取样位置及试样制备》GB/T 2975—2018中规定的制备试样的厚度。

热轧低合金高强度钢材的夏比（V形缺口）冲击试验的温度和冲击吸收能量 表 8-8

牌号		以下试验温度的冲击吸收能量最小值 KV2/J					
钢级	质量等级	20℃		0℃		−20℃	
		纵向	横向	纵向	横向	纵向	横向
Q355、Q390、Q420	B	34	27	—	—	—	—
Q355、Q390、Q420、Q460	C	—	—	34	27	—	—
Q355、Q390	D	—	—	—	—	34[a]	27[a]

a 仅适用于大于250mm的Q355D钢板。

冲击试验取纵向试样。经供需方协商,也可取横向试样

3. 组批原则和取样要求

碳素结构钢：同一厂别、同一炉罐号、同一规格、同一交货状态每 60t 为一验收批，不足 60t 也按一批计。每一验收批取一组试件（拉伸、弯曲各 1 个）。

低合金高强度结构钢：同一牌号、同一质量等级、同一炉罐号、同一规格、同一轧制制度或同一热处理制度每 60t 为一验收批，不足 60t 也按一批计。每一验收批取一组试件（拉伸、弯曲各 1 个）。

4. 试验方法

部分试验原始记录可参考附表（JCZX-GC-D（1）-4069）金属材料试验原始记录。

（1）试验样品的制备（《钢及钢产品　力学性能试验取样位置及试样制备》GB/T 2975—2018）

用于制备试样的试料和样坯的切取和机加工，应避免产生表面加工硬化及热影响改变材料的力学性能。机加工后，应去除任何工具留下的可能影响试验结果的痕迹，可采用研磨（提供充足的冷却液）或抛光。采用的最终加工方法应保证试样的尺寸和形状处于相应试验标准规定的公差范围内。试样的尺寸公差应符合相应试验方法的规定。

用于拉伸和冲击试验试样的取样位置见图 8-1～图 8-14（图中单位为 mm）。对于弯曲试验，在宽度方向的取样位置与拉伸试样相同，试样应至少保留一个原表面。

当要求一个以上试样时，可在规定位置的相邻处取样。

1）型钢

宽度方向的取样位置见图 8-1。

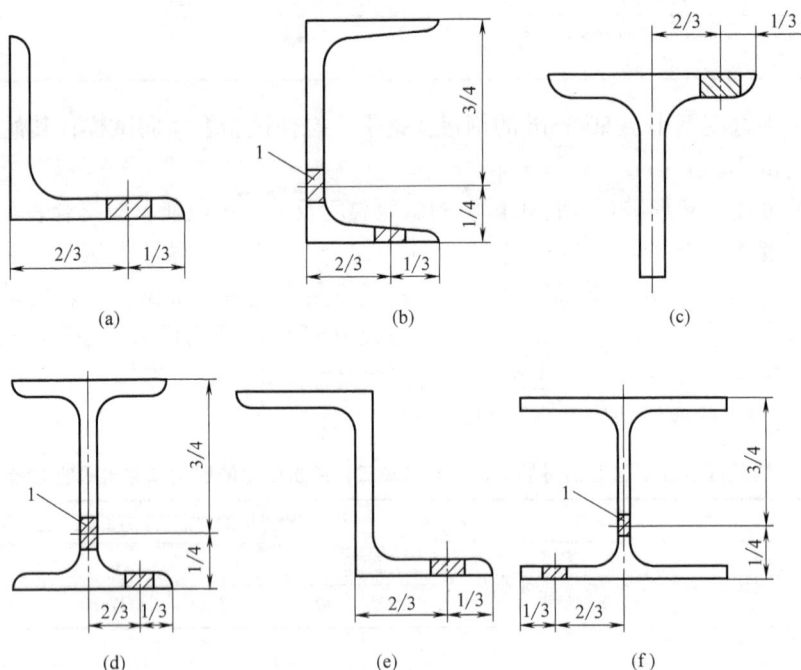

图 8-1　型钢拉伸和冲击试样在型钢腹板及翼缘宽度方向的取样位置（mm）

1—腹板取样位置

对于翼缘有斜度的型钢，可从腹板取样见图 8-1（b）和（d），经协商也可从翼缘取样进行机加工。对于翼缘无斜度且大于 150mm 的产品，应从翼缘取拉伸试样（图 8-1f）。对于其他产品，如果产品标准有规定，可从腹板取样。对于翼缘长度不相等的角钢，可从任一翼缘取样。

厚度方向取样位置：拉伸试样的取样位置见图 8-2。除非产品标准另有规定，应位于翼缘的外表面取样，在机加工和试验机能力允许时应取全厚度试样 ［见图 8-1（a）］。冲击试样的取样位置见图 8-3。除非产品标准中另有规定，试样的位置应位于翼缘的外表面。

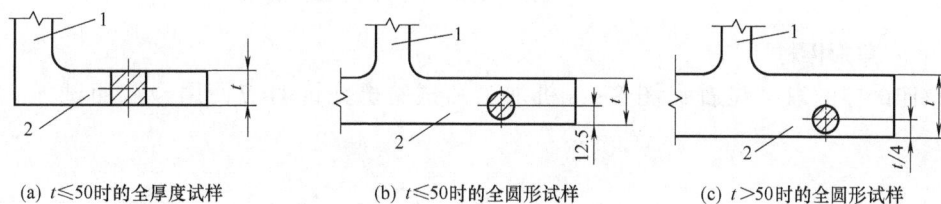

(a) $t \leqslant 50$时的全厚度试样   (b) $t \leqslant 50$时的全圆形试样   (c) $t > 50$时的全圆形试样

图 8-2　型钢拉伸试样在型钢翼缘厚度方向的取样位置（mm）

1—腹板；2—翼缘；t—翼缘厚度

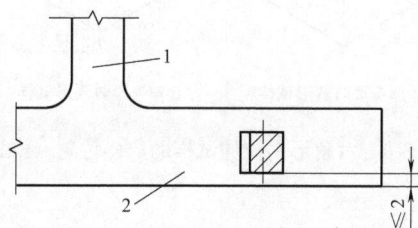

图 8-3　型钢冲击试样在型钢翼缘厚度方向的取样位置（mm）

1—腹板；2—翼缘

2）圆形棒材和盘条

拉伸试样的取样位置见图 8-4。当机加工和试验机能力允许时，应取全截面试样，见图 8-4（a）。

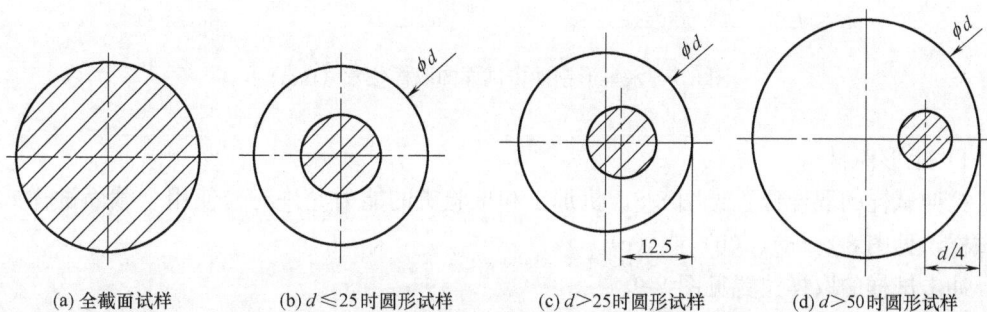

(a) 全截面试样   (b) $d \leqslant 25$时圆形试样   (c) $d > 25$时圆形试样   (d) $d > 50$时圆形试样

图 8-4　棒材和盘条拉伸试样的取样位置（mm）

冲击试样的取样位置见图8-5。

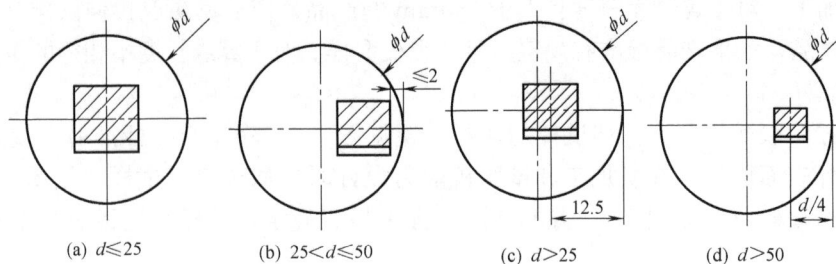

(a) $d \leqslant 25$ (b) $25 < d \leqslant 50$ (c) $d > 25$ (d) $d > 50$

图 8-5 棒材和盘条冲击试样的取样位置（mm）

3) 六角形棒材

拉伸试样的取样位置见图8-6。机加工和试验机允许时应使用全截面试样，见图8-6a。

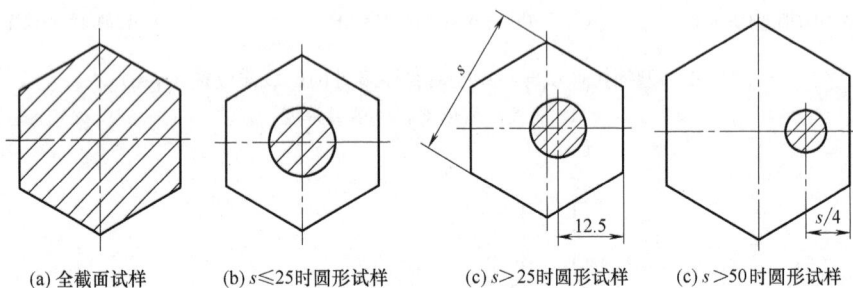

(a) 全截面试样   (b) $s \leqslant 25$时圆形试样   (c) $s > 25$时圆形试样   (c) $s > 50$时圆形试样

图 8-6 六角形钢拉伸试样的取样位置（mm）

冲击试样的取样位置见图8-7。

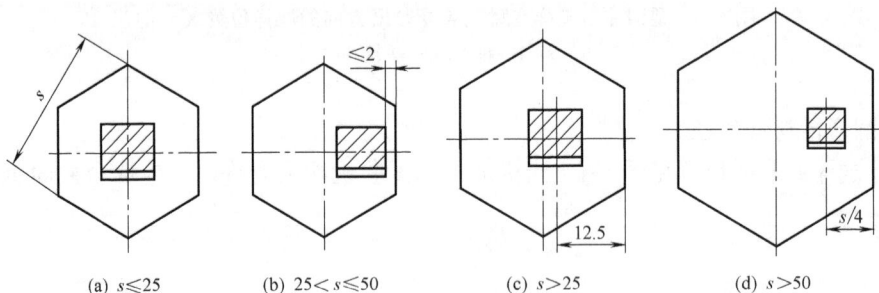

(a) $s \leqslant 25$ (b) $25 < s \leqslant 50$ (c) $s > 25$ (d) $s > 50$

图 8-7 六角形钢冲击试样的取样位置（mm）

4) 矩形棒材

拉伸试样的取样位置见图8-8。机加工和试验机的能力允许时应使用全截面试样或矩形试样，见图8-8 (a)、(b) 或 (c)。

冲击试样的取样位置见图8-9。

5) 钢板

钢板的取样方向和取样位置应在产品标准或合同中规定。未规定时，应在钢板宽度

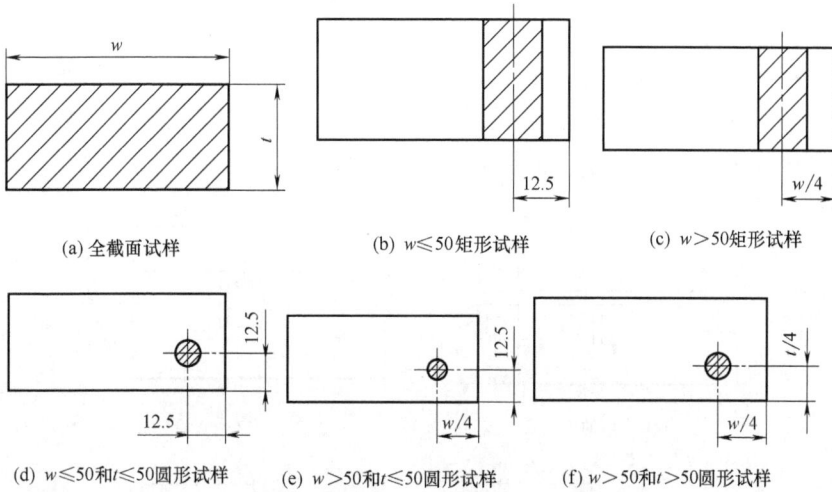

(a) 全截面试样　　　　(b) w≤50矩形试样　　　　(c) w>50矩形试样

(d) w≤50和t≤50圆形试样　　(e) w>50和t≤50圆形试样　　(f) w>50和t>50圆形试样

图 8-8　矩形截面条钢拉伸试样的取样位置（mm）

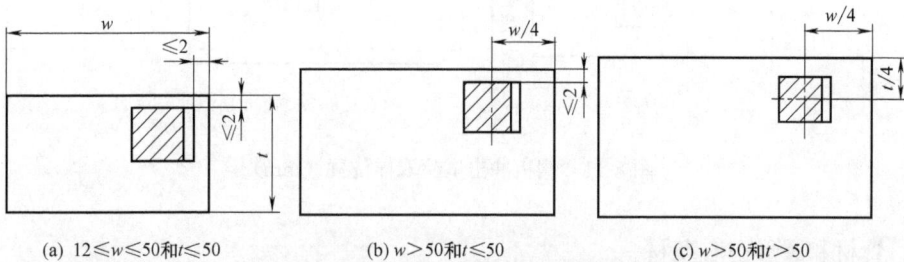

(a) 12≤w≤50和t≤50　　　(b) w>50和t≤50　　　(c) w>50和t>50

图 8-9　矩形截面条钢冲击试样的取样位置（mm）

1/4 处切取横向样坯。当规定取横向拉伸试样时，钢板宽度不足以在 $w/4$ 处取样，试样中心可以内移但应尽可能接近 $w/4$ 处。

拉伸试样的取样位置见图 8-10。机加工和试验机能力允许时应使用全截面试样见图 8-10（a）。

对于调质或热机械轧制（TMCP）钢板，试样厚度应为产品的全厚度或厚度之半。

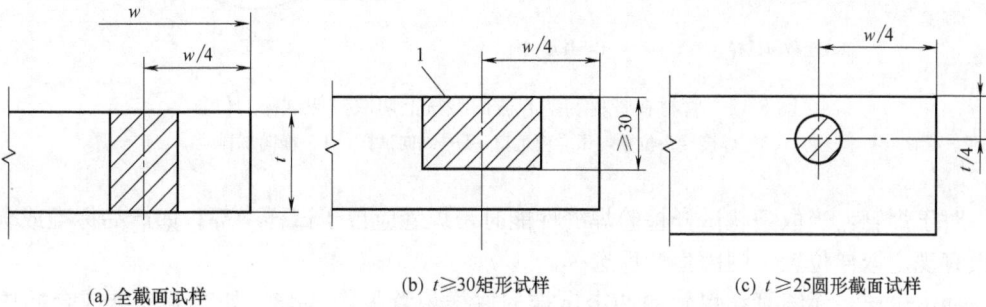

(a) 全截面试样　　　　(b) t≥30矩形试样　　　　(c) t≥25圆形截面试样

图 8-10　钢板拉伸试验取样位置（mm）

1—轧制表面

对于调质或热机械轧制（TMCP）钢板，当试样厚度图 8-10（b）为产品厚度之半时，试样厚度 $t≥30$mm 不适用。

经协商，厚度 20mm≤t＜25mm 的钢板，也可用圆形试样图 8-10（c），此时试样的中心宜位于产品厚度的中心。

冲击试样的取样位置见图 8-11。对于厚度 28mm≤t＜40mm 的钢板，可选择位置图 8-11（d）。对于产品厚度 t≥40mm 的，取样位置图 8-11（a）、（b）或（c）应在产品标准或合同中规定，未规定时，取样位置采用图 8-11（b）。

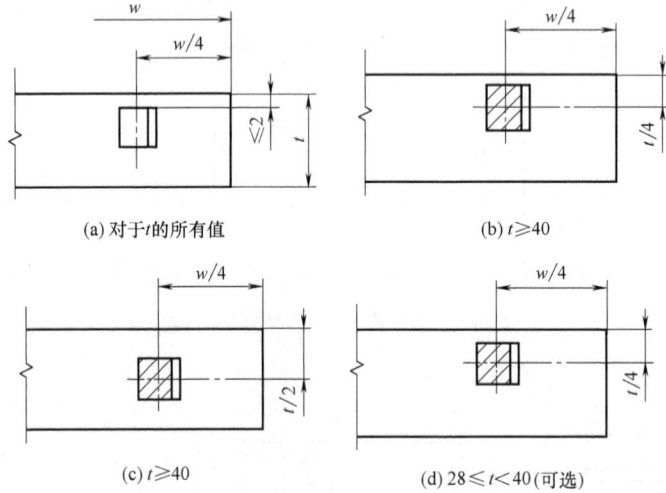

(a) 对于t的所有值   (b) t≥40

(c) t≥40   (d) 28≤t＜40(可选)

图 8-11 钢板冲击试验取样位置（mm）

6）管材和圆形空心型材

拉伸试样的取样位置见图 8-12。机加工和试验机允许时应使用全截面试样见图 8-12（a）。

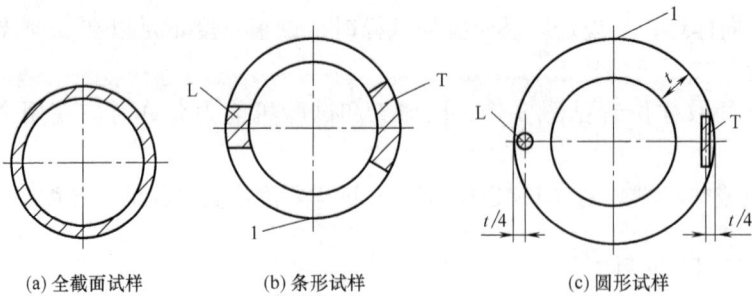

(a) 全截面试样   (b) 条形试样   (c) 圆形试样

图 8-12 管材在管材和空心截面型材上切取拉伸试样的位置
1—焊接接头位置，试样应远离；L—纵向试样；T—横向试样

对于焊管，当取条状试样检验焊缝性能时，焊缝应位于试样中部。如产品标准或合同中没有规定取样位置，则由生产厂选择。

冲击试样：无缝管和焊管的冲击试样的取样位置见图 8-13。如产品标准或合同中没有规定取样位置，则由生产厂选择。

试样的取样方向由管的尺寸确定，当规定取横向试样时，应切取（5～10)mm 之间最大厚度试样。

获取横向试样所需管材的最小（公称）直径由式（8-3）给出：

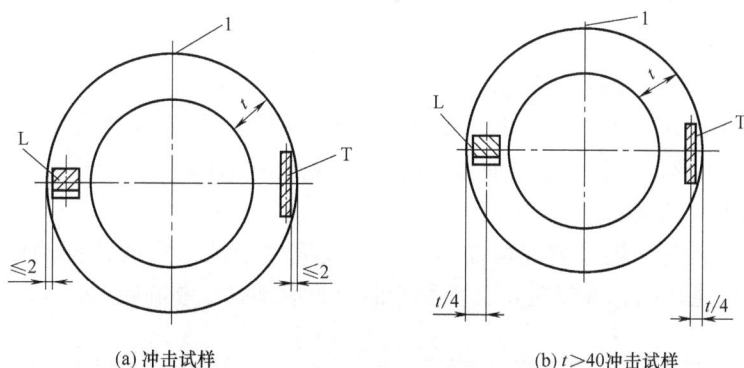

(a) 冲击试样   (b) t>40冲击试样

图 8-13 管材在管和空心截面型材上切取冲击试样的位置（mm）

1—焊接接头位置，试样应远离；L—纵向试样；T—横向试样

$$D_{\min} = (t-5) + \frac{756.25}{t-5} \tag{8-3}$$

式中：$D_{\min}$——横向试样所需管材的最小（公称）直径；

        t——壁厚。

当无法切取允许的最小横向试样时，应使用（5～10）mm 之间最大宽度的纵向试样。

图 8-12（a）所示全截面试样也适用于下列管材试验：压扁试验、扩口试验、卷边试验、环扩张试验、环拉伸试验、全截面弯曲试验。

图 8-12（b）所示试样适用于条状弯曲试验。

7）矩形空心型材

拉伸试样、冲击试样的取样位置见图 8-14。机加工和试验机允许时应使用全截面试样，见图 8-14（a）。

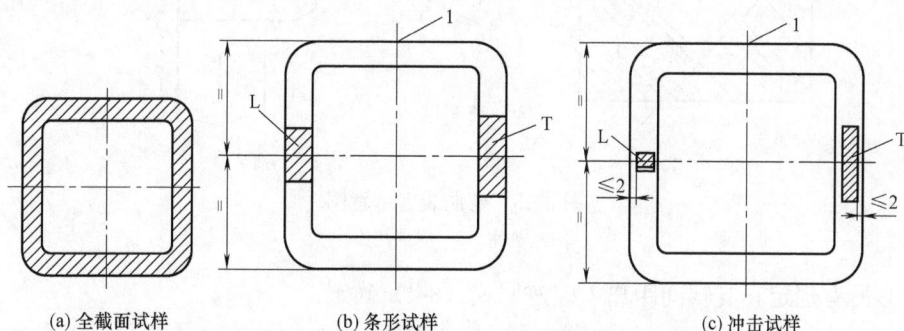

(a) 全截面试样   (b) 条形试样   (c) 冲击试样

图 8-14 管材在方形管空心截面型材上切取拉伸和冲击试样的位置（mm）

1—焊接接头位置，试样应远离；L—纵向试样；T—横向试样

（2）拉伸试验

拉伸试验依据《金属材料 拉伸试验 第1部分：室温试验方法》GB/T 228.1—2021，详见钢筋原材拉伸试验部分。

（3）弯曲试验（《金属材料 弯曲试验方法》GB/T 232—2010）

弯曲试验是以圆形、方形、矩形或多边形横截面试样在弯曲装置上经受弯曲塑性变形，不改变加力方向，直至达到规定的弯曲角度。

弯曲试验时，试样两臂的轴线保持在垂直于弯曲轴的平面内。如为弯曲 180°角的弯曲试验，按照相关产品标准的要求，可以将试样弯曲至两臂直接接触或两臂相互平行且相距规定距离，可使用垫块控制规定距离。

弯曲装置有以下几种：配有两个支辊和一个弯曲压头的支辊式弯曲装置，见图 8-15（a）；配有一个 V 形模具和一个弯曲压头的 V 形模具式弯曲装置，见图 8-15（b）；虎钳式弯曲装置，见图 8-15（c）。

支辊式弯曲装置支辊长度和弯曲压头的宽度应大于试样宽度或直径见图 8-15（a）。弯曲压头的直径由产品标准规定，支辊和弯曲压头应具有足够的硬度。

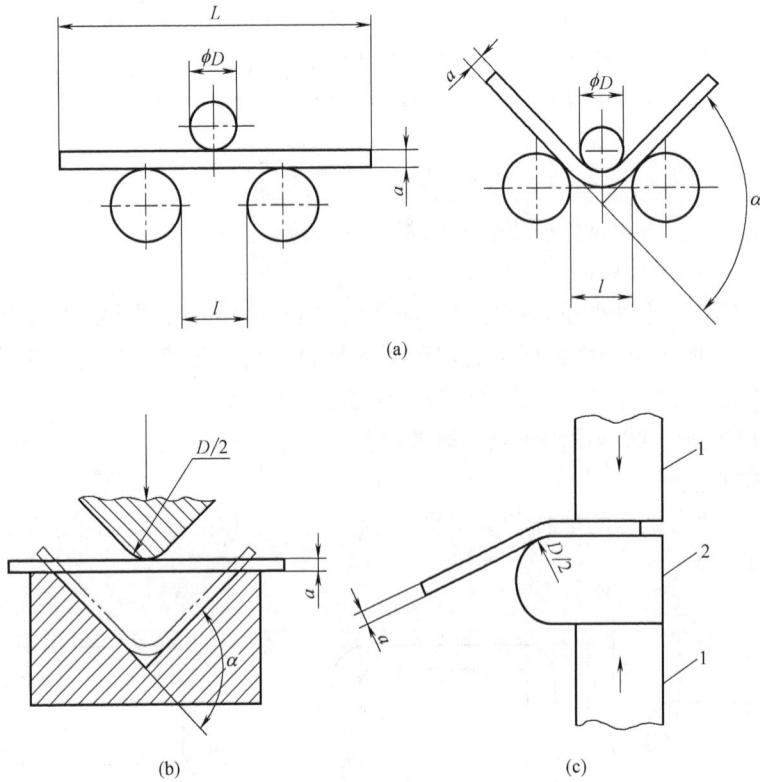

(a)

(b)   (c)

图 8-15 弯曲装置示意图

1—虎钳；2—弯曲压头

除非另有规定，支辊间距离 l 应按照式（8-4）确定：

$$l = (D + 3a) \pm \frac{a}{2} \qquad (8\text{-}4)$$

此距离在试验前期应保持不变，对于 180°弯曲试样此距离会发生变化。

V 形模具式弯曲装置模具的 V 形槽其角度应为（$180° - a$），见图 8-15（b），弯曲角度 a 应在相关产品标准中规定。模具的支承棱边应倒圆，其倒圆半径应为 1~10 倍的试样厚度。模具和弯曲压头宽度应大于试样宽度或直径并应具有足够的硬度。

虎钳式弯曲装置由虎钳及有足够硬度的弯曲压头组成见图 8-15（c），可以配置加力杠杆。弯曲压头直径应按照相关产品标准要求，弯曲压头宽度应大于试样宽度或直径。由于虎钳左端面的位置会影响测试结果，因此虎钳的左端面，见图 8-15（c）不能达到或者超过弯曲压头中心垂线。

符合弯曲试验原理的其他弯曲装置（例如翻板式弯曲装置等）亦可使用。

试验使用圆形、方形、矩形或多边形横截面的试样。样坯的切取位置和方向应按照相关产品标准的要求。如未具体规定，对于钢产品，应按照《钢及钢产品 力学性能试验取样位置及试样制备》GB/T 2975—2018 的要求。试样应去除由于剪切或火焰切割或类似的操作而影响了材料性能的部分。如果试验结果不受影响，允许不去除试样受影响的部分。

矩形试样表面不得有划痕和损伤。方形、矩形和多边形横截面试样的棱边应倒圆。当试样厚度小于 10mm 时，倒圆半径不得大于 1mm；当试样厚度大于或等于 10mm 且小于 50mm 时，倒圆半径不得大于 1.5mm；当试样厚度不小于 50mm 时，倒圆半径不得大于 3mm。

棱边倒圆时不应形成影响试验结果的横向毛刺、伤痕或刻痕。如果试验结果不受影响，允许试样的棱边不倒圆。

试样宽度应按照相关产品标准的要求，如未具体规定，应按照：当产品宽度不大于 20mm 时，试样宽度为原产品宽度；当产品宽度大于 20mm，厚度小于 3mm 时，试样宽度为（20±5）mm；当产品宽度大于 20mm，厚度不小于 3mm 时，试样宽度为（20～50）mm。

试样厚度或直径应按照相关产品标准的要求，如未具体规定，应按照板材、带材和型材，试样厚度应为原产品厚度。如果产品厚度大于 25mm，试样厚度可以机加工减薄至不小于 25mm，并保留一侧原表面。弯曲试验时，试样保留的原表面应位于受拉变形一侧。直径（圆形横截面）或内切圆直径（多边形横截面）不大于 30mm 的产品，其试样横截面应为原产品的横截面。对于直径或多边形横截面内切圆直径超过 30mm 但不大于 50mm 的产品，可以将其机加工成横截面内切圆直径不小于 25mm 的试样。直径或多边形横截面内切圆直径大于 50mm 的产品，应将其机加工成横截面内切圆直径不小于 25mm 的试样（图 8-16）。试验时，试样未经机加工的原表面应置于受拉变形的一侧。

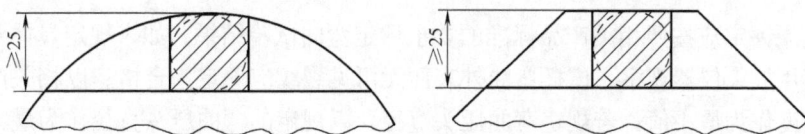

图 8-16 大于 50mm 产品经机加工弯曲试样示意图

对于锻材、铸材和半成品，其试样尺寸和形状应在交货要求或协议中规定。对于大厚度和大宽度试样，经协议，可以使用大于规定宽度和规定厚度的试样进行试验。试样长度应根据试样厚度（或直径）和所使用的试验设备确定。

试验一般在（10～35）℃的室温范围内进行。对温度要求严格的试验，试验温度应为（23±5）℃。

按照相关产品标准规定，采用下列方法之一完成试验：

1) 试样在给定的条件和力作用下弯曲至规定的弯曲角度见图 8-15；

2) 试样在力作用下弯曲至两臂相距规定距离且相互平行见图 8-17（b）和（c）；

3) 试样在力作用下弯曲至两臂直接接触，见图 8-17（d）。

试样弯曲至规定弯曲角度的试验，应将试样放于两支辊 8-15（a）或 V 形模具见图 8-15（b）上，试样轴线应与弯曲压头轴线垂直，弯曲压头在两支座之间的中点处对试样连续施加力，使其弯曲，直至达到规定的弯曲角度。弯曲角度可以通送测量弯曲压头的位移计算得出。

可以采用图 8-15（c）所示的方法进行弯曲试验。试样一端固定，绕弯曲压头进行弯曲，可以绕过弯曲压头，直至达到规定的弯曲角度。

弯曲试验时，应当缓慢地施加弯曲力，以使材料能够自由地进行塑性变形。当出现争议时，试验速率应为（1±0.2)mm/s。

使用上述方法如不能直接达到规定的弯曲角度，可将试样置于两平行压板之间，见图 8-17（a），连续施加力压其两端，使进一步弯曲，直至达到规定的弯曲角度。

试样弯曲至两臂相互平行的试验，首先对试样进行初步弯曲，然后将试样置于两平行压板之间，见图 8-17（a），连续施加力压，其两端使进一步弯曲，直至两臂平行，见图 8-17（b）和（c）。试验时可以加或不加内置垫块。垫块厚度等于规定的弯曲压头直径，除非产品标准中另有规定。

试样弯曲至两臂直接接触的试验，首先对试样进行初步弯曲，然后将试样置于两平行压板之间，连续施加力压其两端，使进一步弯曲，直至两臂直接接触，见图 8-17（d）。

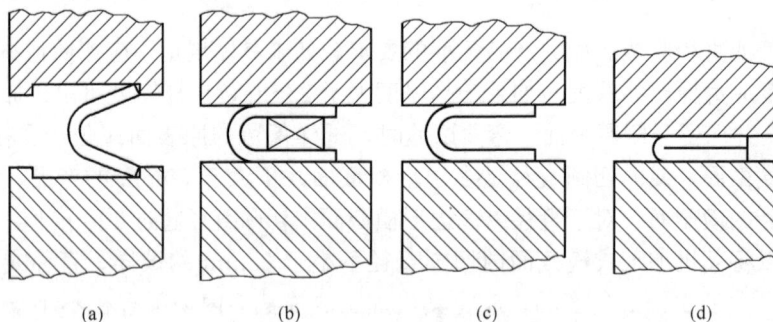

图 8-17　试件弯曲示意图

试验结果评定应按照相关产品标准的要求评定弯曲试验结果。如未规定具体要求，弯曲试验后不使用放大仪器观察，试样弯曲外表面无可见裂纹应评定为合格。以相关产品标准规定的弯曲角度作为最小值；若规定弯曲压头直径，以规定的弯曲压头直径作为最大值。

（4）冲击试验（《金属材料　夏比摆锤冲击试验方法》GB/T 229—2020）

试验采用摆锤单次冲击的方式使试样破断。试样的缺口有规定的几何形状并位于两支座的中心、打击中心的对面。由于很多材料的冲击结果会随温度变化而变化，试验应在给定温度条件下进行，当给定温度不是室温时，试样应在可控温度下进行加热或冷却。

标准尺寸冲击试样长度为 55mm，横截面为 10mm×10mm 方形截面。在试样长度的中间位置有 V 形或 U 形缺口。如试料不够制备标准尺寸试样，如无特殊规定，可使用厚度为 7.5mm、5mm 或 2.5mm 的小尺寸试样，通过协议也可使用其他厚度的试样。只有采用形状和尺寸均相同的试样才可以对结果进行直接比较。对于低能量的冲击试验，用垫片使小尺寸试样位于摆锤中心位置，以避免额外的能量吸收非常重要。对于高能量的冲击试验采用垫片的重要性会有所降低。垫片可以置于支座上方或者下方，使试样厚度的中心位置位于 10mm 支座以上 5mm 的位置（即标准试样的打击中心位置）。

对于需要进行热处理的试验材料，应在最终热处理后的试料上进行精加工和开缺口，除非可以证明在热处理前加工试样不会影响试验结果。应仔细制备试样缺口，以保证缺口根部半径没有影响吸收能量的加工痕迹。缺口对称面应垂直于试样纵向轴线。V 形缺口夹角应为 45°，根部半径为 0.25mm，韧带宽度为 8mm（缺口深度为 2mm）。U 形缺口根部半径为 1mm，韧带宽度为 8mm 或 5mm（缺口深度为 2mm 或 5mm，除非另有规定）。

指定试样和缺口的尺寸偏差见图 8-18 和表 8-9。

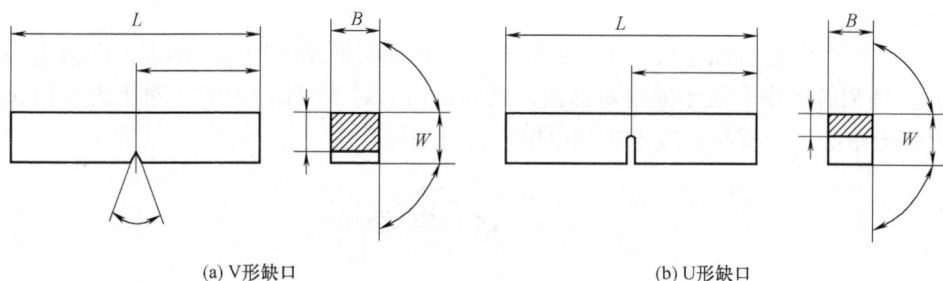

(a) V形缺口　　　　　　　　　　　(b) U形缺口

图 8-18　冲击试件缺口示意图（mm）

试样的尺寸与偏差　　　　　　　　　　　　　　　　表 8-9

名称	符号或序号	V 形缺口试样[a]		U 形缺口试样	
		名义尺寸	机加工公差	名义尺寸	机加工公差
试样长度	L	55mm	±0.60mm	55mm	±0.60mm
试样宽度	W	10mm	±0.075mm	10mm	±0.11mm
试样厚度-标准尺寸试样		10mm	±0.11mm	10mm	±0.11mm
试样厚度-小尺寸试样[b]	B	7.5mm	±0.11mm	7.5mm	±0.11mm
		5mm	±0.06mm	5mm	±0.06mm
		2.5mm	±0.05mm	—	—
缺口角度	1	45°	±2°	—	—
韧带宽度	2	8mm	±0.075mm	8mm	±0.09mm
		—	—	5mm	±0.09mm
缺口根部半径	3	0.25mm	±0.025mm	1mm	±0.07mm
缺口对称面-端部距离	4	27.5mm	±0.42mm[c]	27.5mm	±0.42mm[c]
缺口对称面-试样纵轴角度		90°	±2°	90°	±2°
试样相邻纵向面间夹角	5	90°	±1°	90°	±1°
表面粗糙度[d]	Ra	<5μm	—	<5μm	—

a 对于无缺口试样，要求与 V 形缺口试样相同（缺口要求除外）。

b 如指定其他厚度（如 2mm 或 3mm），应规定相应的公差。

c 对端部对中自动定位试样的试验机，建议偏差采用 ±0.165mm 代替 ±0.42mm。

d 试样的表面粗糙度 Ra 应优于 5μm，端部除外试样样坯的切取应按相关产品标准或《钢及钢产品 力学性能试验取样位置及试样制备》GB/T 2975—2018 的规定执行,试样制备过程应使任何可能令材料发生改变(例如加热或冷作硬化)的影响减至最小。

试样标记可以标在不与支座、砧座及摆锤锤刃接触的试样表面上。由试样标记导致的塑性变形和表面不连续性不应对吸收能量产生影响。

试验设备摆锤锤刃边缘曲率半径应为 2mm 或 8mm 二者之一,用符号的下标数字表示:KV_2、KV_8、KU_2、KU_8、KW_2、KW_8。摆锤锤刃半径的选择应依据相关产品标准的规定。

试验时试样应紧贴试验机砧座,试样缺口对称面与两砧座中间平面间的距离应不大于 0.5mm。锤刃打击中心位于缺口对称面、试样缺口的对面(图 8-19)。对于无缺口试样应使锤刃打击中心位于试样长度方向和厚度方向的中间位置。

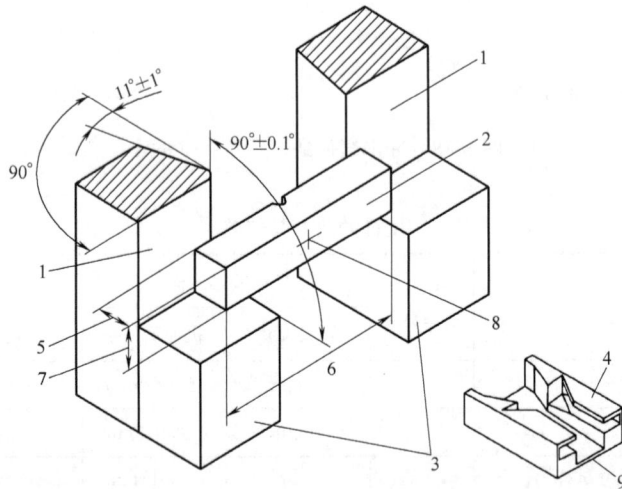

图 8-19 试样与摆锤冲击试验机支座及砧座相对位置示意图

1—砧座;2—标准尺寸试样;3—试样支座;4—保护罩;5—试样宽度;6—试样长度;
7—试样厚度;8—打击点;9—摆锤冲击方向
保护罩可用于 U 形摆锤试验机,用于保护断裂试样不回弹到摆锤和造成卡锤。

试验前应检查砧座跨距,砧座跨距应保证在 $40^{+0.2}_{0}$ mm 以内;并检查砧座圆角和摆锤锤刃部位是否有损伤或外来金属粘连,如发现存在问题应对问题部件及时调整、修磨或更换以保证试验结果的准确可靠。

每天开始进行冲击试验前应对摩擦造成的能量损耗进行检查。可以按下述方法进行摩擦损耗的评估,也可采用其他方法。

摩擦的能量损耗包括但不限于空气阻力、轴承摩擦和指针摩擦。试验机摩擦的增加会影响吸收能量的测量。

为了测定指针摩擦的损耗,可以在不安装试样的情况下正常操作试验机,得到试验机的仰角 β_1 或能量值 K_1。然后不复位指针的情况下再进行一次空摆,得到试验机的仰角 β_2 或能量值 K_2。指针摩擦的损耗(p)由式(8-5)或式(8-6)计算:

当表盘单位为角度时: $p = M(\cos\beta_1 - \cos\beta_2)$ (8-5)

表盘单位为能量时：
$$p = K_1 - K_2 \tag{8-6}$$
式中：M——摆锤力矩，$N \cdot m$。

如试验机没有连接指针，则不需要测量指针摩擦的损耗，且 $K_1 = K_2$。

按下述方法测量 1 个半周期下的轴承摩擦和风阻损耗。测定 β_2 或 K_2 后，摆锤回到初始位置，不复位指针的情况下释放摆锤，使摆锤在无冲击和振动的情况下摆动 10 个半周期，当摆锤开始进行第 11 个半周期的摆动后将指针拨至约满量程的 5%（如试验机没有指针则忽略拨动指针的步骤），然后得到 β_3 或 K_3。1 个半周期下的轴承摩擦和风阻（p'）由式（8-7）或式（8-8）计算：

当表盘单位为角度时：
$$p' = M(\cos\beta_3 - \cos\beta_2)/10 \tag{8-7}$$
当表盘单位为能量时：
$$p' = (K_3 - K_2)/10 \tag{8-8}$$

试验员可以调整测量的摆幅次数，p' 应按照实际的摆幅次数进行计算；同时，当摆锤开始进行最后 1 个半周期摆动后调整指针至约为满量程的 0.5% 乘以完整半周期数。测定的总摩擦损耗 $p + p'$ 定应不超过能量标称值 K_N 的 0.5%。如超过此规定且不能通过减小指针摩擦使总体摩擦损耗符合规定，则应考虑清洁或更换轴承。

如需要将测得的损耗用于仰角为 β 时的实际试验修正，修正参数由式（8-9）计算：
$$p_\beta = p(\beta/\beta_1) + p'(\alpha+\beta)/(\alpha+\beta_2) \tag{8-9}$$
由于 β_1 和 β_2 近似于摆锤释放角度 α，可简化为式（8-10）：
$$p_\beta = p(\beta/\alpha) + p'(\alpha+\beta)/2\alpha \tag{8-10}$$
对于表盘单位为能量的试验机，β 值可由式（8-11）计算：
$$\beta = \arccos[1 - (K_p - K_T)/M] \tag{8-11}$$

除非另有规定，冲击试验应在（23±5）℃（室温）进行。对于试验温度有规定的冲击试验，试样温度应控制在规定温度±2℃范围内进行冲击试验。

当使用液体介质冷却或加热试样时，试样应放置于容器中的网栅上，网栅至少高于容器底部 25mm，液体浸过试样的高度至少为 25mm，试样距容器侧壁至少 10mm。应连续均匀搅拌介质以使温度均匀。温度测量装置应置于试样组中间。液体介质温度应在规定温度±1℃以内；试样应在转移至冲击位置前在该介质中保持至少 5min。

当液体介质接近其沸点时，从液体介质中移出试样至打击的时间间隔中，介质蒸发冷却会明显降低试样温度。

当使用气体介质冷却或加热试样时，试样应与最近表面保持至少 50mm 距离，试样之间至少间隔 10mm，应连续均匀搅拌介质以使温度均匀。温度测量装置应置于试样组中间。气体介质温度应在规定温度±1℃以内，试样应在移出介质进行试验前在该介质中保持至少 30min。

只要满足要求，允许采用其他方式进行加热或冷却。当试验不在室温进行时，试样从高温或低温介质中移出至打断的时间应不大于 5s。例外情况是当室温或仪器温度与试样温度之差小于 25 ℃时，试样转移时间应小于 10s。转移装置的设计和使用应能使试样温度保持在允许的温度范围内。转移装置与试样接触部分应与试样一起加热或冷却。应采取措施确保试样对中装置不引起低能量高强度试样断裂后回弹到摆锤上而引起不正确的能量偏高指示。试样端部和对中装置的间隙或定位部件的间隙应不小于 13mm，否则，在断裂过程中，试样端部可能回弹至摆锤上。

吸收能量 K 上限应不超过初始势能 K_p 的 80%。如果吸收能量超过此值,吸收能量在试验报告中应报告为近似值并注明超过试验机能力的 80%。表盘或读数设备的分辨力决定了试验机的适用范围下限。建议试样吸收能量 K 的测量下限为试验机在 15J 时表盘或者读数设备分辨力的 25 倍。

在试验中试样不总是会彻底断为两部分。对于材料验收试验,不要求在报告中注明未完全断裂相关信息,对于其他非材料验收试验,需在报告中注明试样未完全断裂。由于试验机冲击能量不足,摆锤未将试样打断且测定的吸收能量超过试验机能量范围时,不能报告吸收能量且应注明"吸收能量超过×××J 冲击试验机摆锤能量上限"。

当试验记录不区分单独试样时,这组试样可以定义为破断或未破断。当冲击试验后虽然试样未完全分离为两部分,但通过将试样两端捏合不借助工具也不使试样疲劳的情况下,可以将试样分离为两部分,则认为该试样为破断。

材料验收试验为用于评定最低验收要求的试验。

如果试样卡在试验机上,试验结果无效,应彻底检查试验机有无影响其校准状态的损伤。卡锤发生在破断的试样陷于试验机的移动部分与固定部分之间,这可能导致吸收能量的急剧上升。卡锤与摆锤的二次碰撞可以通过试样痕迹进行区分,因为卡锤会在试样留下一对相对应的痕迹。如断后检查发现试样标记处存在明显变形,试验结果可能不代表材料的性能,应在试验报告中注明。

读取每个试样的冲击吸收能量;应至少估读到 0.5J 或 0.5 个分度单位(取两者之间较小值)。试验结果至少应保留两位有效数字,修约方法按《数值修约规则与极限数值的表示和判定》GB/T 8170—2008 执行。

8.2 高强度螺栓连接副

1. 定义与分类

高强度螺栓在工程上全称叫高强度螺栓连接副。每一个连接副包括一个螺栓、一个螺母、两个垫圈,均是同一批生产,并且是为同一热处理工艺加工过的产品。根据安装特点分为大六角头螺栓和扭剪型螺栓。

根据高强度螺栓的性能等级分为 8.8 级和 10.9 级,其中扭剪型只在 10.9 级中使用。在标示方法上,小数点前数字表示热处理后的抗拉强度,小数点后的数字表示屈强比,即屈服强度实测值与极限抗拉强度实测值之比。8.8 级表示螺栓杆的抗拉强度不小于 800MPa,屈强比为 0.8;10.9 级表示螺栓杆的抗拉强度不小于 1000MPa,屈强比为 0.9。结构设计中高强度螺栓直径一般有 M12、M16、M20、M22、M24、M27、M30。

高强度螺栓连接副组装时,螺母带圆台面的一侧应朝向垫圈有倒角的一侧。对于大六角头高强度螺栓连接副组装时,螺栓头下垫圈有倒角的一侧应朝向螺栓头。大六角高强度螺栓是承压型的。

2. 技术要求

(1) 大六角螺栓连接副(《钢结构用高强度大六角头螺栓、大六角螺母、垫圈技术条件》GB/T 1231—2006)

楔负载：拉力荷载应在表 8-10 规定的范围内，且断裂应发生在螺纹部分或螺纹与螺杆交接处。

当螺栓 $L/d \leqslant 3$ 时，如不能做楔负载试验，允许做拉力载荷试验或芯部硬度试验。拉力载荷应符合表 8-10 的规定，芯部硬度应符合表 8-11 的规定。

大六角螺栓连接副楔负载试验拉力荷载　　　表 8-10

螺纹规格			M12	M16	M20	M22	M24	M27	M30
公称应力截面面积 A_0/mm^2			84.3	157	245	303	353	459	561
性能能级	10.9S	拉力荷载 /kN	87.7～104.5	163～195	255～304	315～376	367～438	477～569	583～696
	8.8S		70～86.8	130～162	203～252	251～312	293～364	381～473	466～578

大六角螺栓芯部硬度要求　　　表 8-11

性能等级	维氏硬度		洛氏硬度	
	min	max	min	max
10.9S	312HV30	367HV30	33HRC	39HRC
8.8S	249HV30	296HV30	24HRC	31HRC

螺母保证荷载：应符合表 8-12 的规定。

大六角螺栓连接副螺母保证荷载　　　表 8-12

螺纹规格 D			M12	M16	M20	M22	M24	M27	M30
性能能级	10H	保证荷载 /kN	87.7	163	255	315	367	477	583
	8H		70	130	203	251	293	381	466

螺母硬度：应符合表 8-13 的规定。

大六角螺母硬度要求　　　表 8-13

性能等级	洛氏硬度		维氏硬度	
	min	max	min	max
10H	98HRB	32HRC	222HV30	304HV30
8H	98HRB	30HRC	206HV30	289HV30

垫圈的洛氏硬度要求为：329HV30～436HV30（35HRC～45HRC）。

同批高强度大六角头螺栓连接副应按保证扭矩系数平均值为 0.110～0.150，扭矩系数标准偏差应小于或等于 0.0100。

（2）扭剪型高强度螺栓连接副（《钢结构用扭剪型高强度螺栓连接副》GB/T 3632—2008）

楔负载：拉力荷载应在表 8-14 规定的范围内，且断裂应发生在螺纹部分或螺纹与螺杆交接处。

扭剪型高强度螺栓连接副楔负载试验拉力荷载　　　　表 8-14

螺纹规格 d		M16	M20	M22	M24	M27	M30
公称应力截面面积 A_0/mm^2		157	245	303	353	459	561
10.9S	拉力荷载/kN	163~195	255~304	315~376	367~438	477~569	583~696

当螺栓 $L/d \leqslant 3$ 时，如不能做楔负载试验，允许用拉力载荷试验或芯部硬度试验。拉力载荷应符合表 8-15 的规定，芯部硬度应符合表 8-16 的规定。

扭剪型螺栓芯部硬度要求　　　　表 8-15

性能等级	维氏硬度		洛氏硬度	
	min	max	min	max
10.9S	312HV30	367HV30	33HRC	39HRC

螺母保证荷载：应符合表 8-17 的规定。

扭剪型高强度螺栓连接副螺母保证荷载　　　　表 8-16

螺纹规格 D	M16	M20	M22	M24	M27	M30
保证应力 S_p/MPa			1040			
10H　保证荷载/kN	163	255	315	367	477	583

螺母硬度：应符合表 8-18 的规定。

扭剪型螺母硬度要求　　　　表 8-17

性能等级	维氏硬度		洛氏硬度	
	min	max	min	max
10H	222HV30	304HV30	98HRB	32HRC

垫圈的洛氏硬度要求为：329HV30~436HV30（35HRC~45HRC）。

螺栓副的紧固轴力应符合表 8-19 的规定。

扭剪型高强度螺栓连接副紧固轴力　　　　表 8-18

螺纹规格		M16	M20	M22	M24	M27	M30
每批紧固轴力的平均值/kN	公称	110	171	209	248	319	391
	min	100	155	190	255	290	355
	max	121	188	230	272	351	430
标准差 $\sigma \leqslant$/kN		10.0	15.5	19.0	22.5	29.0	35.5

当螺纹规格 l 小于表 8-19 中规定数值时，可不进行紧固轴力试验。

螺纹规格最小值　　　　表 8-19

螺纹规格	M16	M20	M22	M24	M27	M30
l/mm	50	55	60	65	70	75

3. 组批原则和取样要求

同批高强度螺栓连接副最大数量为 3000 套，在施工现场待安装的螺栓批中随机抽取，每批应抽取 8 套。

4. 试验方法

（1）大六角螺栓连接副（《钢结构用高强度大六角头螺栓、大六角螺母、垫圈技术条件》GB/T 1231—2006）

1）楔负载试验

螺栓头下置－10°楔垫（图 8-20），在拉力试验机上将螺栓拧在带有内螺纹的专用夹具上（至少 6 扣），然后进行拉力试验。

2）螺母保证荷载试验

将螺母拧入螺纹芯棒（图 8-21），试验时夹头的移动速度不应超过 3mm/min。对螺母施加规定的保证载荷，持续 15s，螺母不应脱扣或断裂。当去除载荷后，应可用手将螺母旋出，或者借助扳手松开螺母（但不应超过半扣）后用手旋出。在试验中，如螺纹芯棒损坏，则试验作废。

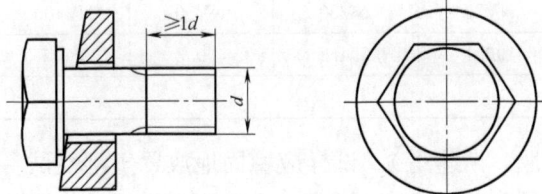

图 8-20 楔负载试验

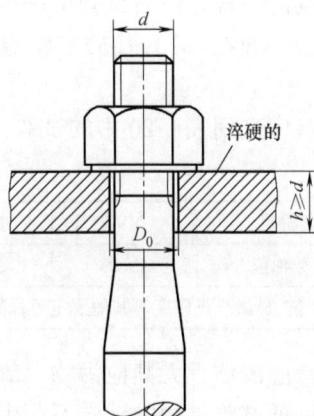

图 8-21 螺母保证荷载试验

3）硬度试验

试验在螺母支承面上进行，任测 4 点，取后 3 点平均值。试验方法按《金属材料 洛氏硬度试验 第 1 部分：试验方法》GB/T 230.1—2018 或《金属材料 维氏硬度试验 第 1 部分：试验方法》GB/T 4340.1—2009 的规定。验收时，如有争议，以维氏硬度（HV30）试验为仲裁。

维氏硬度试验方法（《金属材料 维氏硬度试验 第 1 部分：试验方法》GB/T 4340.1—2009）

维氏硬度试验时将顶部两相对面具有规定角度的正四棱锥体金刚石压头用一定的试验力压入试样表面，保持规定时间后，卸除试验力，测量试样表面压痕对角线长度（图 8-22）。维氏硬度值与试验力除以痕表面积的商成正比，压痕被视为具有正方形基面并与压头角度相同的理想形状。

试样表面应平坦光滑，试验面上应无氧化皮及外来污物，尤其不应有油脂，除非在产品标准中另有规定。试样表面的质量应保证压痕对角线长度的测量精度，建议试样表面进

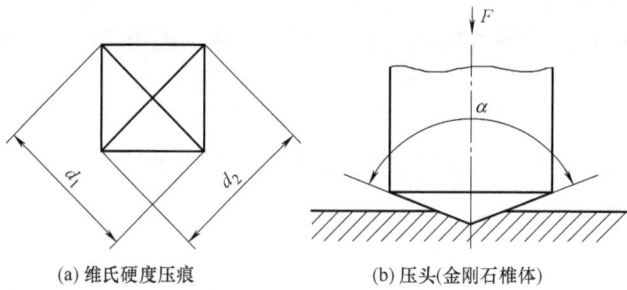

(a) 维氏硬度压痕　　　　　　　　(b) 压头(金刚石椎体)

图 8-22　试验原理图

行表面抛光处理。制备试样时应使由于过热或冷加工等因素对试样表面硬度的影响减至最小。

　　试样或试验层厚度至少应为压痕对角线长度的 1.5 倍。试验后试样背面不应出现可见变形压痕。对于在曲面试样上试验的结果，应使用《金属材料　维氏硬度试验　第 1 部分：试验方法》GB/T 4340.1—2009 附录 B 表 B.1～表 B.6 进行修正。对于小截面或外形不规则的试样，可将试样镶嵌或使用专用试台进行试验。

　　试验一般在 (10～35)℃室温下进行，对于温度要求严格的试验，室温应为 (23±5)℃。

　　试验应选用表 8-20 中的试验力进行试验。

维氏硬度试验力 表 8-20

硬度符号	NV5	NV10	NV20	NV30	NV50	NV100
试验力标称值/N	49.03	98.07	196.1	294.2	490.3	980.7
小力值、显微维氏硬度等其他规定见标准						

　　试台应清洁且无其他污物（氧化皮、油脂、灰尘等）。试样应稳固地放置于刚性试台上，以保证试验过程中试样不产生位移。使压头与试样表面接触，垂直于试验面施加试验力，加力过程中不应有冲击和振动，直至将试验力施加至规定值。从加力开始至全部试验力施加完毕的时间应在 (2～8)s。试验力保持时间为 (10～15)s。对于特殊材料试样，试验力保持时间可以延长，直至试样不再发生塑性变形，但应在硬度试验结果中注明且误差应在 2s 以内。在整个试验期间，硬度计应避免受到冲击和振动。

　　任一压痕中心到试样边缘距离，对于钢、铜及铜合金至少应为压痕对角线长度的 2.5 倍；对于轻金属、铅、锡及其合金至少应为压痕对角线长度的 3 倍。两相邻压痕中心之间的距离，对于钢、铜及铜合金至少应为压痕对角线长度的 3 倍；对于轻金属、铅、锡及其合金至少应为压痕对角线长度的 6 倍。如果相邻压痕大小不同，应以较大压痕确定压痕间距。

　　应测量压痕两条对角线的长度，用其算术平均值按式（8-12）计算维氏硬度值，也可按《金属材料 维氏硬度试验 第 4 部分：硬度值表》GB/T 4340.4—2009 查出维氏硬度值。

$$维氏硬度 = 常数 \times \frac{试验力}{压痕表面积} = 0.102 \frac{2F\sin\frac{136°}{2}}{d^2} \approx 0.1891 \frac{F}{d^2} \qquad (8-12)$$

式中：F——试验力，N；

　　　d——两压痕对角线长度 d_1 和 d_2 的算数平均值，mm；

　　　常数——$\dfrac{1}{g_y} = \dfrac{1}{9.80665} \approx 0.102$。

在平面上压痕两对角线长度之差，应不超过对角线长度平均值的 5%，如果超过 5%，则应在试验报告中注明。

放大系统应能将对角线放大到视场的 25%～75%。

4）扭矩系数试验

连接副的扭矩系数试验在轴力计上进行，每一连接副只能试验一次，不得重复使用。

扭矩系数按式（8-13）计算：

$$K = \frac{T}{P \cdot d} \tag{8-13}$$

式中：K——扭矩系数；

　　　T——施拧扭矩（峰值），N·m；

　　　P——螺栓预拉力（峰值），kN；

　　　d——螺栓的螺纹公称直径，mm。

施拧扭矩 T 是施加于螺母上的扭矩，其误差不得大于测试扭矩值的 2%。

螺栓预拉力 P 用轴力计测定，其误差不得大于测定螺栓预拉力的 2%。轴力计的最小示值应在 1kN 以下。

进行连接副扭矩系数试验时，螺栓预拉力值 P 应控制在表 8-21 所规定的范围内，超出该范围者，所测得扭矩系数无效。

螺栓预拉力值　　　　　　　　　　　　　表 8-21

螺栓螺纹规格			M12	M16	M20	M22	M24	M27	M30
性能等级	10.9S	P/kN							
		max	66	12	187	231	275	352	429
		min	54	99	153	189	225	288	351
	8.8S	max	55	99	154	182	215	281	341
		min	45	81	126	149	176	230	279

组装连接副时，螺母下的垫圈有倒角的一侧应朝向螺母支承面。试验时，垫圈不得发生转动，否则试验无效。

进行连接副扭矩系数试验时，应同时记录环境温度。试验所用的机具、仪表及连接副均应放置在该环境内至少 2h 以上。

（2）扭剪型螺栓连接副（《钢结构用扭剪型高强度螺栓连接副》GB/T 3632—2008）

试验应在室温（10～35）℃下进行，连接副紧固轴力的仲裁试验应在（20±2）℃下进行。楔负载试验、螺母保证荷载、硬度试验参见大六角形螺栓副相关试验。

紧固轴力试验在轴力计（或测力环）上进行，每一连接副（一个螺栓、一个螺母和一个垫圈）只能试验一次，不得重复使用。连接副轴力用轴力计（或测力环）测定，其示值相对误差的绝对值不得大于测试轴力值的 2%。轴力计的最小示值应在 1kN 以下。

组装连接副时，垫圈有倒角的一侧应朝向螺母支承面。试验时，垫圈不得转动，否则该试验无效。

连接副的紧固轴力值以翼栓梅花头被拉断时轴力计（或测力环）所记录的峰值为测定值。

进行连接副紧固轴力试验时，应同时记录环境温度。试验所用的机具、仪表及连接副均应放置在该环境内至少 2h 以上。

（3）高强度螺栓连接摩擦面的抗滑移系数试验（《钢结构工程施工质量验收标准》GB 50205—2020）

检验批可按分部工程（子分部工程）所含高强度螺栓用量划分；每 5 万个高强度螺栓用量的钢结构为一批，不足 5 万个高强度螺栓用量的钢结构视为一批。选用两种及两种以上表面处理（含有涂层摩擦面）工艺时，每种处理工艺均需检验抗滑移系数，每批 3 组试件。

抗滑移系数试验应采用双摩擦面的二栓拼接的拉力试件（图 8-23）。试件与所代表的钢结构构件应为同一材质、同批制作、采用同一摩擦面处理工艺和具有相同的表面状态（含有涂层），在同一环境条件下存放，并应用同批同一性能等级的高强度螺栓连接副。

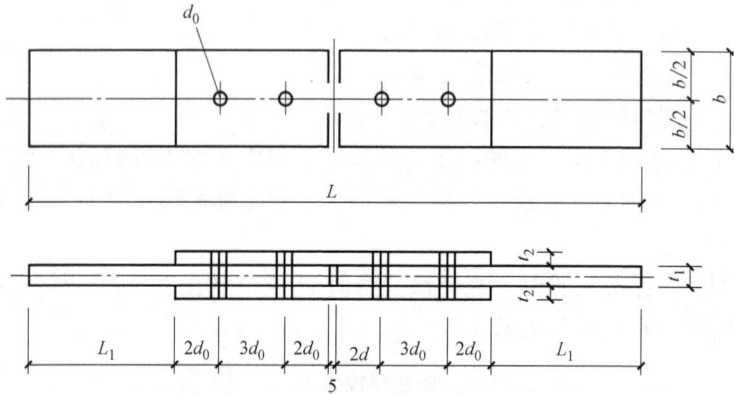

图 8-23　抗滑移系数试件的形式和尺寸

L—试件总长度；L_1—试验机夹紧长度；$2t_2 \geqslant t_1$

试件钢板的厚度 t_1、t_2 应考虑在摩擦面滑移之前，试件钢板的净截面始终处于弹性状态；宽度 b 可参照表 8-22 的规定取值，L_1 应根据试验机夹具的要求确定。

试件板的宽度（mm）　　　　　　　　　　　　表 8-22

螺栓直径 d	16	20	22	24	27	30
板宽 b	100	100	105	110	120	120

紧固高强度螺栓应分初拧、终拧。初拧应达到螺栓预拉力标准值的 50% 左右。终拧后，每个螺栓的预拉力值应在 $0.95P \sim 1.05P$（P 为高强度螺栓设计预拉力值）范围内。加荷时，应先加 10% 的抗滑移设计荷载值，停 1min 后，再平稳加荷，加荷速度为（3~5）kN/s，直拉至滑动破坏，测得滑移荷载（N）。

抗滑移系数应根据试验所测得的滑移荷载 N 和螺栓预拉力 P 的实测值，按式（8-14）计算：

$$\mu = \frac{N_v}{n_f \cdot \sum_{i=1}^{m} P_i} \tag{8-14}$$

式中：μ——抗滑移系数；

　　　N_v——由试验测得的滑移荷载，kN；

　　　n_f——摩擦面面数，取 $n_f = 2$；

$\sum\limits_{i=1}^{m} P_i$——试件滑移一侧高强度螺栓预拉力实测值之和，kN；

　　　m——试件一侧螺栓数量，取 $m = 2$。

8.3 钢结构用防火涂料

1. 定义与分类

钢结构防火涂料是施涂于建（构）筑物钢结构表面，能形成耐火隔热保护层以提高钢结构耐火极限的涂料。

防火涂料按火灾防护对象分为：

普通钢结构防火涂料：用于普通工业与民用建（构）筑物钢结构表面的防火涂料；

特种钢结构防火涂料：用于特殊建（构）筑物（如石油化工设施、变配电站等）钢结构表面的防火涂料。

按使用场所分为：

室内钢结构防火涂料：用于建筑物室内或隐蔽工程的钢结构表面的防火涂料；

室外钢结构防火涂料：用于建筑物室外或露天工程的钢结构表面的防火涂料。

按分散介质分为：

水基性钢结构防火涂料：以水作为分散介质的钢结构防火涂料；

溶剂性钢结构防火涂料：以有机溶剂作为分散介质的钢结构防火涂料。

按防火机理分为：

膨胀型钢结构防火涂料：涂层在高温时膨胀发泡，形成耐火隔热保护层的钢结构防火涂料；

非膨胀型钢结构防火涂料：涂层在高温时不膨胀发泡，其自身成为耐火隔热保护层的钢结构防火涂料。本部分所介绍的钢结构防火涂料依据标准为《钢结构防火涂料》GB 14907—2018

2. 技术要求

室内、外钢结构防火涂料理化性能应符合表 8-23 的规定。

室内、外钢结构防火涂料的理化性能（粘结强度、抗压强度）　　　　表 8-23

理化性能项目	技术指标	
	膨胀型	非膨胀型
粘结强度/MPa	≥0.15	≥0.04
抗压强度/MPa	—	≥0.5

3. 组批原则及取样要求

每 100t 或不足 100t 薄型防火涂料应抽检一次粘结强度；每使用 500t 或不足 500t 厚涂型防火涂料应抽检一次粘结强度和抗压强度。

取样规定：薄型（膨胀型）液料 2kg，厚型（非膨胀型）10kg（若为混合料，液料配 10kg 粉料）。

4. 试验方法

除另有规定外，试件的制备、养护均应在环境温度（5～35）℃，相对湿度 50%～80% 的条件下进行。试验原始记录可参考附表（JCZX-GC-D（1)-4039）防火涂料试验原始记录。

（1）粘结强度试验

粘结强度试件基材采用 Q235 钢材作为试件基材，彻底清除锈迹后，按规定的防锈措施进行防锈处理（适用时）。粘结强度试件基材尺寸为 70mm×70mm×6mm，一组 5 块。

按委托方提供的产品施工工艺（除加固措施外）进行涂覆施工，试件涂层厚度为：P 类（1.50±0.20）mm、F 类（15±2）mm。达到规定厚度后应抹平和修边，保证均匀平整。对于复层涂料，还应按委托方提供的施工工艺进行面层和底层涂料的施工。

涂覆好的试件涂层面向上水平放置在试验台上干燥养护，试件的养护期规定为：P 类不低于 10d、F 类不低于 28d，委托方有特殊规定的按委托方的规定执行。养护期满后方可进行试验。

将制作好的试件的涂层中央 40mm×40mm 面积内，均匀涂刷高粘结力的粘结剂（如溶剂型环氧树脂等），然后将钢制联结件粘上并压上 1kg 重的砝码，小心去除联结件周围溢出的粘结剂，继续在规定的条件下放置 3d 后去掉砝码，沿钢制联结件的周边切割涂层至板底面，然后将粘结好的试件安装在试验机上；在沿试件底板垂直方向施加拉力，以 1500～2000N/min 的速度施加荷载，测得最大的拉伸荷载（要求钢制联结件底面平整与试件涂覆面粘结）。每一试件的粘结强度按式（8-15）计算。粘结强度结果以 5 个试验值中剔除粗大误差后的平均值表示。

$$f_b = F/A \qquad (8\text{-}15)$$

式中：f_b——粘结强度，MPa；

$\quad\quad F$——最大拉伸荷载，N；

$\quad\quad A$——粘结面积，mm^2。

（2）抗压强度试验

试件的制作：先在规格为 70.7mm×70.7mm×70.7mm 的金属试模内壁涂一薄层机油，将拌合后的涂料注入试模内，轻轻摇动并插捣抹平，待基本干燥固化后脱模。在规定的环境条件下养护期满后，再放置在（60±5)℃的烘箱中干燥 48h，然后再放置在干燥器内冷却至室温。

选择试件的某一侧面作为受压面，用卡尺测量其边长，精确至 0.1mm。将选定试件的受压面向上放在压力试验机（误差小于或等于 2%）的加压座上，试件的中心线与压力机中心线应重合，以 150～200N/min 的速度均匀施加荷载至试件破坏。记录试件破坏时的最大荷载。按式（8-16）计算每一个试件的抗压强度。抗压强度结果以 5 个试验值中剔除粗大误差后的平均值表示。

$$R = P/A \qquad (8\text{-}16)$$

式中：R——抗压强度，MPa；

$\quad\quad P$——最大载荷，N；

$\quad\quad A$——受压面积，mm^2。

第9章
木结构材料

木材是木结构中主体材料，是最早应用于建筑工程的材料之一，具有取材容易、加工简便、自重较轻、便于运输、装拆、能多次使用等特点，故广泛地用于建筑中。由于木材本身是自然形成的，其生长过程中本身就存在一些缺陷，所以对于木材质量的检测首先应根据其曲线进行目测分级。木材的缺陷主要包括：

天然缺陷：如木节、斜纹理以及因生长应力或自然损伤而形成的缺陷。包含在树干或主枝木材中的枝条部分称为木节，按照连生程度可以分为死节和活节；按照木节材质可以分为健全节和腐朽节。原木的斜纹理常称为扭纹，对锯材则称为斜纹。

生物危害的缺陷：主要有腐朽、变色和虫蛀等。

干燥及机械加工引起的缺陷：如干裂、翘曲、锯口伤等。缺陷降低木材的利用价值。

针对不同种类的木材，有着明确的目测分级指标，根据标准要求对木材进行目测分级的检验是在加工及收货过程中进行的。这一章主要介绍木材力学性能的要求及检测方法。

木材的连接方式主要有榫卯连接、齿连接、螺栓连接和钉连接、键连接等。涉及的主要材料有木结构胶粘剂、螺栓、钉、各种钢键等。本章主要介绍木结构胶粘剂和钉的相关要求及检测。

9.1 木材

1. 定义与分类

承重结构用材可采用原木、方木、板材、规格材、层板胶合木、结构复合木材和木基结构板。

2. 技术指标

方木和原木弦向静曲强度最低值应符合表 9-1 的要求。

木材静曲强度检验标准   表 9-1

木材种类	针叶材				阔叶材				
强度等级	TC11	TC13	TC15	TC17	TB11	TB13	TB15	TB17	TB20
最低强度/(N/mm²)	44	51	58	72	58	68	78	88	98

各类构件制作时及构件进场时木材的平均含水率，应符合：原木或方木不应大于25%。板材及规格材不应大于20%。受拉构件的连接板不应大于18%。处于通风条件不

畅环境下的木构件的木材，不应大于 20%。层板胶合木构件平均含水率不应大于 15%，同一构件各层板间含水率差别不应大于 5%。

3. 组批原则和取样要求

方木和原木弦向静曲强度试验检查数量：每一检验批每一树种的木材随机抽取 3 株（根）。

含水率检查数量：每一检验批每一树种每一规格木材随机抽取 5 根。

胶合木含水率检查数量：每一检验批每一规格胶合木构件随机抽取 5 根。

木基结构板材检验数量：每一检验批每一树种每一规格等级随机抽取 3 张板材。

4. 试验方法

（1）含水率试验（《木结构工程施工质量验收规范》GB 50206—2012 附录 C、《木材含水率测定方法》GB/T 1931—2009）

方法适用于木材进场后构件加工前的木材和已制作完成的木构件的含水率测定。原木、方木（含板材）和层板宜采用烘干法（重量法）测定，规格材以及层板胶合木等木构件亦可采用电测法测定。

烘干法测定含水率时，应从每检验批同一树种同一规格材的树种中随机抽取 5 根木料作试材，每根试材应在距端头 200mm 处沿截面均匀地截取 5 个尺寸为 20mm×20mm×20mm 的试样，试样通常在需要测定含水率的试材、试条上，或在物理力学试验后试样上，按照所对应标准试验方法规定的部位截取。附在试样上的木屑、碎片应清除干净。取到的试样应先编号，尽快称量、记录，精确至 0.001g。

将同批试验取得的含水率试样，一并放入烘箱内，在（103±2）℃的温度下烘 8h 后，从中选定 2～3 个试样进行一次试称，以后每隔 2h 称量所选试样一次，至最后两次称量之差不超过试样质量的 0.5% 时，即认为试样达到全干。

用干燥的镊子将试件从烘箱中取出，放入装有干燥剂的玻璃干燥器内的称量瓶中，盖好称量瓶和干燥器盖。试样冷却至室温后，用干燥的镊子自称量瓶中取出称量。

如试样为含有较多挥发物质（树脂、树胶等）的木材等时，为避免用烘干法测定的含水率产生过大误差，宜改用真空干燥法测定。

试样的含水率按式（9-1）计算，精确至 0.1%。

$$W = \frac{m_1 - m_0}{m_0} \times 100 \tag{9-1}$$

式中：W——试样含水率，%；

$\qquad m_1$——试样试验时的质量，g；

$\qquad m_0$——试样全干时的质量，g。

真空干燥测定木材含水率方法：

试样应将尺寸约为 20mm×20mm×20mm 的试样沿纹理制备成约 2mm 厚的薄片。将取自同一个试样的薄片，全部放入同一个称量瓶称量，精确至 0.001g。

称量后，将放试样的称量瓶置于真空干燥箱内，在加温低于 50℃ 和抽真空的条件下，使试样达全干后称量，精确至 0.001g。检查试样是否达到全干。

试样含水率应按式（9-2）计算，准确至 0.1%。

$$W = \frac{m_2 - m_3}{m_3 - m} \times 100 \qquad (9\text{-}2)$$

式中：W——试样含水率，%；

$\qquad m_2$——试样和称量瓶试验时的质量，g；

$\qquad m_3$——试样全干时和称量瓶的质量，g；

$\qquad m$——称量瓶的质量，g。

电测法测定含水率时，应从检验批的同一树种，同一规格的规格材，层板胶合木构件或其他木构件随机抽取 5 根为试材，应从每根试材距两端 200mm 起，沿长度均匀分布地取三个截面，对于规格材或其他木构件，每一个截面的四面中部应各测定含水率，对于层板胶合木构件，则应在两侧测定每层层板的含水率。

电测仪器应由当地计量行政部门标定认证。测定时应严格按仪表使用要求操作，并应正确选择木材的密度和温度等参数，测定深度不应小于 20mm，且应有将其测量值调整至截面平均含水率的可靠方法。

烘干法应以每根试材的 5 个试样平均值为该试材含水率，应以 5 根试材中的含水率最大值为该批木料的含水率，并不应大于规范有关木材含水率的规定。规格材应以每根试材的 12 个测点的平均值为每根试材的含水率，5 根试材的最大值应为检验批该树种该规格的含水率代表值。层板胶合木构件的三个截面上各层层板含水率的平均值应为该构件含水率，同一层板的 6 个含水率平均值应为该层层板的含水率代表值。

（2）原木、方木和板材弦向静曲强度试验（《木结构工程施工质量验收规范》GB 50206—2012 附录 A、《木材抗弯强度试验方法》GB/T 1936.1—2009）

方法适用于已列入现行国家标准《木结构设计标准》GB 50005—2017 树种的原木、方木和板材的木材强度等级检验。当检验某一树种的木材强度等级时，应根据其弦向静曲强度的检测结果进行判定。

试材应在每检验批每一树种木材中随机抽取 3 株（根）木料，应在每株（根）试材的髓心外切取 3 个无疵弦向静曲强度试件为一组。

试样尺寸为 300mm×20mm×20mm 长度为顺纹方向。允许与抗弯弹性模量的测定用同一试样，先测定弹性模量后再进行抗弯强度试验。

抗弯强度只做弦向试验，在试样长度中央测量径向尺寸为宽度，弦向为高度，精确至 0.1mm。采用中央加荷，将试样放在试验装置的两支座上，在支座间试样中部的径面以均匀速度加荷，在（1~2）min 内使试样破坏［或将加荷速度设定为（5~10）mm/min］，记录破坏荷载，精确至 10N。

试验后立即在试样靠近破坏处截取约 20mm 长的木块一个，测定试样含水率。试样含水率为 W 时的抗弯强度按式（9-3）计算，精确至 0.1MPa。

$$\sigma_{bW} = \frac{3P_{max}l}{2bh^2} \qquad (9\text{-}3)$$

式中：σ_{bW}——试样含水率为 W 时的抗弯强度，MPa；

$\qquad P_{max}$——破坏荷载，N；

$\qquad l$——两支座间跨距，mm；

$\qquad b$——试样宽度，mm；

h——试样高度，mm。

试样含水率为12％时的抗弯强度按式（9-4）计算，精确至0.1MPa。

$$\sigma_{b12}=\sigma_{bW}[1+0.04(W-12)] \tag{9-4}$$

式中：σ_{b12}——试样含水率为12％时的抗弯强度，MPa；

W——试样含水率，％。

试样含水率在9％～15％范围内计算有效。

弦向静曲强度试验和强度实测计算方法，应将试验结果换算至木材含水率为12％时的数值。

（3）胶合板静曲强度和弹性模量（《木结构覆板用胶合板》GB/T 22349—2008、《人造板及饰面人造板理化性能试验方法》GB/T 17657—2013）

试样在样板中的分布如图9-1所示。当样板长宽较小，不能按图制取时，应在2张板中按相应位置制取试样。当样板基本厚度大于20mm时，应将静曲强度试件长度作为试样的长度和宽度。

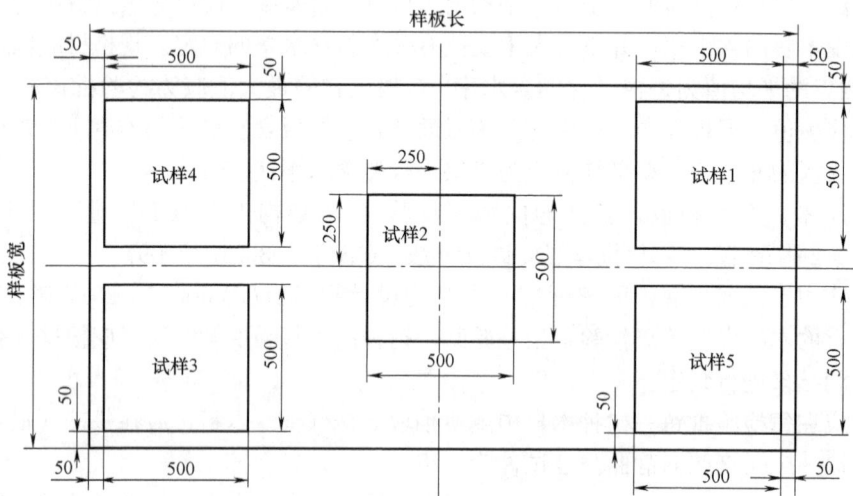

图9-1　试样在样板中的截取位置示意图（单位：mm）

试件的制取如图9-2所示，试件应在试样1、2、3中制取；当厚度（h）＞14mm时，顺纹静曲强度试件在试样4中取，横纹静曲强度试件在试样5中取。

静曲强度和弹性模里试件尺寸为$50\times(24h+50)$（h为基本厚度），试件数量为横、顺纹各6个，取样位置为图9-2中②。

静曲强度和弹性模量测定（三点弯曲）原理：三点弯曲的静曲强度和弹性模量，是在两点支撑的试件中部施加载荷进行测定。静曲强度是确定试件在最大载荷作用时的弯矩和抗弯截面模量之比；弹性模量是确定试件在材料的弹性极限范围内，载荷产生的应力与应变之比。

试验用两个平行的圆柱形支承辊（图9-3），辊长度应超过试件宽度。当板基本厚度$t\leqslant6$mm时，支承辊直径为（10±0.5）mm；当板基本厚度$t＞6$mm时，支承辊直径为（15±0.5）mm。支承辊之间的距离应可调节。圆柱形加荷辊（图9-3），当板基本厚度$t\leqslant6$mm时，加荷辊直径为（10±0.5）mm；当板基本厚度$t＞6$mm时，加荷辊直径为（30

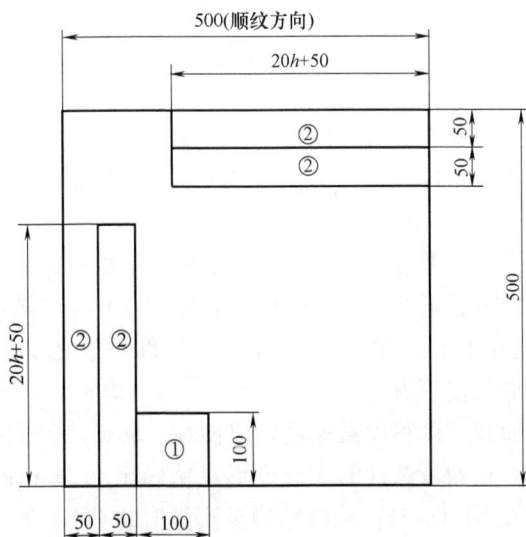

图 9-2 试件锯割示意图（单位：mm）

±0.5)mm。加荷辊平行与支承辊放置，并与两支承辊之间距离相等。

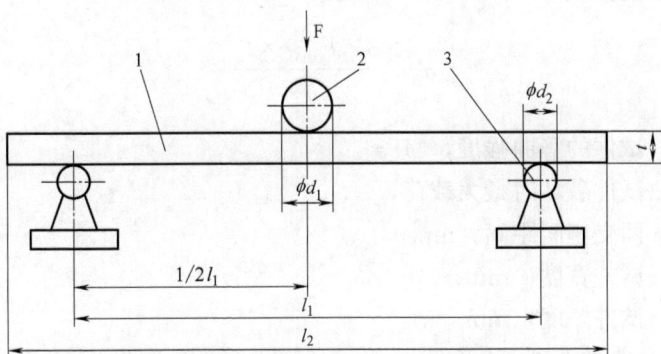

图 9-3 静曲强度和弹性模量测定装置示意图（三点弯曲）

1—试件；2—加荷辊；3—支承辊；F—载荷；t—试件厚度

$l_1 \geqslant 20t$；$l_2 = l_1 + 50$；$t < 6$，$\phi d_1 = \phi d_2 = 10 \pm 0.5$；$l > 6$，$\phi d_1 = 30 \pm 0.5$，$\phi d_2 = 15 \pm 0.5$

试件尺寸：长 $l_2 \geqslant (20t + 50)$mm，t 为试件基本厚度，且 $150\text{mm} \leqslant l_2 \leqslant 1050\text{mm}$；宽 $b = (50 \pm 1)$mm。对于管孔平行于试件长度的孔状、蜂窝状等空心结构板，试件宽度至少为各管孔截面单元宽度的两倍（即两倍管径加两个壁板厚度），试件有一对称的横断面，见图 9-4。若试件管孔垂直于试件长度，加荷辊应位于壁板正上方。

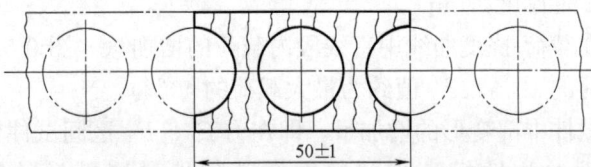

图 9-4 空心板的横断面（单位：mm）

　　测定静曲强度时如果试件挠度变形很大而试件并未破坏，则两支座间距离应减小，但不得小于 100mm。检测报告中应写明试件破坏时的支座距离。如果发生此类情况，则应重取试件测定。

　　胶合板类试件应没有明显影响其强度的特征。必要时，试件应进行平衡处理：将试件置于温度（20±2）℃、相对湿度（65±5）％环境中至质量恒定。相隔 24h 两次称重结果之差不超过试件质量的 0.1％，即视为质量恒定。

　　试验时测量试件的宽度和厚度。宽度在试件长边中心处测量；厚度在试件对角线交叉点处测量。调节两支座跨距至少为试件基本厚度的 20 倍，最小为 100mm，最大为 1000mm。测量支座间的中心距，精确至 0.5mm。试件平放在支座上，试件长轴与支承辊垂直，试件中心点在加荷辊下方。

　　在整个试验中恒速加载。调整加载速度，以便在（60±30）s 内达到最大载荷。在试件中点（在加荷辊正下方）测量试件的挠曲变形，精确至 0.1mm；并根据变形和相应的载荷值绘制载荷-挠度曲线图（9-5），载荷精确至测量值的 1％。如果挠度变形测得的是增量读数，则至少取 6 对载荷-挠度值。记录最大载荷，精确至测量值的 1％。

　　根据板的纵横向，取两组试件进行试验。在每组试件内，测试时一半试件正面向上，一半试件背面向上。

　　试件的静曲强度按式（9-5）计算，精确至 0.1MPa：

$$\sigma_b = \frac{3 \times F_{max} \times l_1}{2 \times b \times t^2} \tag{9-5}$$

　　式中：σ_b——试件的静曲强度，MPa；

　　　　　F_{max}——试件破坏时最大载荷，N；

　　　　　　l_1——两支座间距离，mm；

　　　　　　b——试件宽度，mm；

　　　　　　t——试件厚度，mm。

　　一张板每组试件的静曲强度是同组内全部试件静曲强度的算术平均值，精确至 0.1MPa。

　　试件的弹性模量按式（9-6）计算，精确至 10MPa：

$$E_b = \frac{l_1^3}{4 \times b \times t^3} \times \frac{F_2 - F_1}{a_2 - a_1} \tag{9-6}$$

　　式中：E_b——试件的弹性模量，MPa；

　　　　　　l_1——两支座间距离，mm；

　　　　　　b——试件宽度，mm；

　　　　　　t——试件厚度，mm；

　　　$F_2 - F_1$——在载荷-挠度曲线中直线段内载荷的增加量（图 9-5，F_1 值约为最大载荷的 10％，F_2 值约为最大载荷的 40％），N；

　　　$a_2 - a_1$——试件中部变形的增加量，即在力 $F_2 - F_1$ 区间试件变形量，mm。

　　一张板每组试件的弹性模量是同组内全部试件弹性模量的算术平均值，精确至 10MPa。

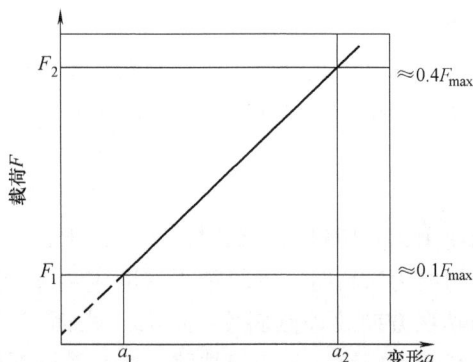

图 9-5　弹性变形范围内的荷载-挠度曲线

9.2　木结构胶粘剂

1. 定义与分类

木材胶粘接是将木材与木材或其他物体的表面胶接成为一体的材料。

胶粘剂按原料来源可分为天然胶粘剂和合成胶粘剂；按胶液受热的物态可分为热固性胶（常温呈液态、遇热凝固固化），热塑性胶（常温呈固态、遇热变形呈流体）和热熔性胶（固体，加热熔化，冷却固化）；按耐水性可分为耐水性胶（如酚醛树脂胶），一般耐水胶（如血胶）和非耐水性胶（如聚酯乙烯酯乳液胶等）。

本部分所介绍的胶粘剂依据标准为《木结构胶粘剂胶合性能　基本要求》GB/T 37315—2019

2. 技术要求

木结构胶粘剂胶合性能应符合表 9-2。

胶合性能要求　　　　　　　　　　　　　　　　表 9-2

检验项目		使用环境 3		使用环境 1 和 2
项目名称	处理条件	阔叶树材	针叶树材	针叶树材
剪切强度 /MPa	干燥状态	$m \geqslant 19$	$m \geqslant 10$	$m \geqslant 10$
	潮湿状态（真空加压处理）	$m \geqslant 11$	$m \geqslant 5.6$	$m \geqslant 6.5$
	潮湿状态（煮沸-干燥-冷冻处理）	$m \geqslant 6.9$	$m \geqslant 3.5$	$m \geqslant 3.7$
木破率/%	干燥状态	$Q_1 \geqslant 15$, $m \geqslant 60$	$Q_1 \geqslant 75$, $m \geqslant 85$	$Q_1 \geqslant 75$, $m \geqslant 85$
	潮湿状态（真空加压处理）（煮沸-干燥-冷冻处理）	$Q_1 \geqslant 35$, $m \geqslant 80$	$Q_1 \geqslant 75$, $m \geqslant 85$	$Q_1 \geqslant 75$, $m \geqslant 85$
浸渍剥离性能		单个试件的任一胶层剥离率≤1.6% 为合格试件，合格试件总数≥75%		单个试件的任一胶层剥离率≤1% 为合格试件，合格试件总数≥75%

表中"阔叶树材"和"针叶树材"指测试胶粘剂胶合性能时所采用的木材基材为阔叶树材或针叶树材。m 为中位值，Q_1 为下四分位值。

使用环境 1：温度不高于 20℃、相对湿度不高于 65%，或在一年内仅有几周空气相对湿度超过 65% 的环境。在此环境下，大多数针叶树材的年平均平衡含水率不超过 12%。

使用环境 2：温度高于 20℃、相对湿度高于 65% 但不超过 85%，或在一年内仅有几周空气相对湿度超过 85% 的环境。在此环境下，大多数针叶树材的年平均平衡含水率高于 12%；但不超过 20%。

使用环境 3：木材平衡含水率比使用环境 2 条件要高的环境，如完全暴露在室外大气中的使用环境

3. 组批原则和取样要求

木结构胶粘接的组批应根据其产品种类、进场数量、验收要求等来确定。取样数量应满足试验要求，具体取样要求依据《液体化工产品采样通则》GB/T 6680—2003 进行。

4. 试验方法

（1）胶层剪切性能

试件制取及数量：当使用阔叶树材为试材时；木材绝干密度应≥0.65g/cm³，木材树种如硬槭木；当选用针叶树材为试材时，木材绝干密度应≥0.49g/cm³，木材树种如云杉等。弦切板，试块宽度和厚度方向纹理倾斜度≤1/15，表面应无直径大于 3mm 的树节，无腐朽、变色、髓心、树脂囊、裂纹、刀痕等缺陷。按照胶粘剂所推荐的木材含水率，调整试材含水率。

试块尺寸及数量要求：木材试块尺寸：长（顺纹方向）（350±5）mm，宽（65±1）mm，厚（20±1）mm；试块数量至少 36 块；试块称量后应配对，密度相近的试块组合成一个胶合试样。按照胶粘剂推荐的涂胶量、单位压力、加压时间等胶合工艺参数胶合试块制备胶合试样。其中，加压时间应选用胶粘剂所推荐的加压时间，一半试样选用最短加压时间，另一半试样选用最长加压时间。

试件制取要求：胶合试样卸压后，应置于温度（20±2）℃、相对湿度（65±5）％的条件下至少放置 48h；去除胶合试样四周多余部分，使胶合试样长度约为 300mm，宽度为（50±1）mm；按照图 9-6 和图 9-7 所示制取剪切强度试件，并进行编号。每组测试试件数量，不得少于 45 个。

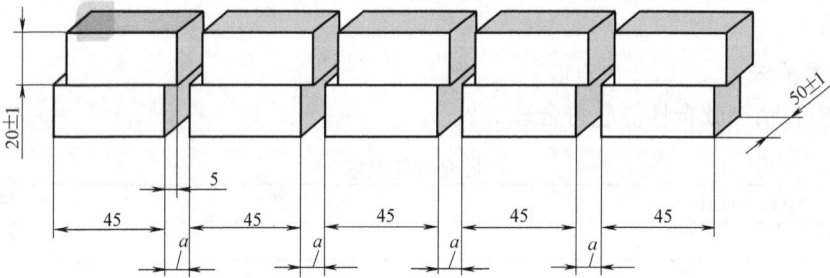

图 9-6 剪切试件尺寸及制取示意图（a 为锯路，单位：mm）

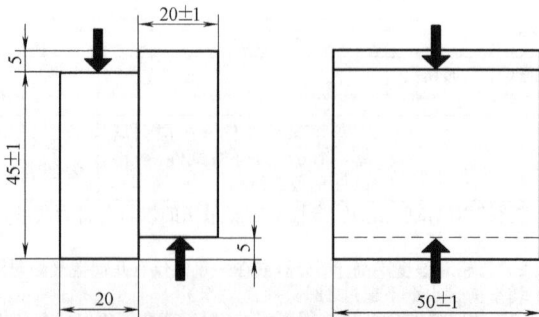

图 9-7 剪切试件尺寸示意图（单位：mm）

干燥状态的试件处理：从两组试件中各随机抽取 15 个以上的试件，置于温度为 (20±2)℃、相对湿度（65±5）%的环境中至连续间隔 24h 的质量之差小于试块质量的 0.1%后，直接测试。

使用环境 3 的试件真空加压处理：从两组试件中各随机抽取 15 个以上试件，置于压力容器中，且采用金属网或其他类似物品将试件全部浸入温度为（22±5）℃的水中，在 (75±10)kPa 的真空压下维持 30min 之后释放压力，然后再加压至（540±20)kPa 并保压 2h 后卸压取出试件直接进行测试。

使用环境 1 和使用环境 2 的试件真空加压处理：试件抽取及处理同上。卸压取出试件之后，将试件置于温度为（20±2）℃、相对湿度（65±5）%的环境中至少两天后才进行测试。

使用环境 3 的试件"煮沸-干燥-冷冻"处理：从两组试件中各随机抽取 15 个以上试件，对每个试件进行称重。将试件置于"煮沸-干燥-冷冻"循环处理 7 次后置于沸水中煮 4h，之后通过冷水替换热水的方法逐步将沸水全部替换为（22±5）℃的水，然后将试件取出并直接进行测试。一个"煮沸-干燥-冷冻"循环处理条件为：先将试件完全浸没在沸水中煮 4h，取出置于温度（60±3）℃的烘箱中烘（19±1)h，烘箱应有足够的空气流速，以保证试件在烘（19±1)h 后的重量与原始重量之差在±3%内，再取出置于温度−30℃的冷冻箱中冷冻 4h。试件处理过程中，试样应彼此分开，试件所有表面应能与周围环境直接接触。试件处理过程中，应持续进行，不中断；由于各种原因必须中断时（如试验室关闭、设备故障等），应按表 9-3 的规定进行处理。任一循环处理过程中，连续沸水煮 4h 的过程和连续干燥（19±1)h 的干燥过程均应连续进行，不得中断。

试验中断后采取的措施 表 9-3

发现试验中断的时段	采取的措施	下一步
7 次循环中任一循环的 4h 沸水煮结束后中断	将试件在冷水中冷冻后,擦干试件表面水分,密封于塑料袋中,置于温度(10～15)℃的环境中	20h 干燥
20h 干燥结束后中断	将试件置于温度 20 ℃,相对湿度 65%的环境中	4h 冷冻
4h 冷冻结束后中断	将试件置于冷冻条件直至下一步试验	4h 煮沸
最后 4h 沸水结束后中断	将试件在冷水中冷却后,擦干试件表面水分,密封于塑料袋中,置于温度(10～15)℃的环境中	冷水浴
试件"煮沸-干燥-冷冻"处理全部结束后中断	将试件取出并擦干密封于塑料袋中,置于温度(10～15)℃的环境中	测试

使用环境 1 和使用环境 2 的"煮沸-干燥-冷冻"处理：从两组试件中各随机抽取 15 个以上试件，对每个试件进行称重。将试件置于"煮沸-干燥-冷冻"循环处理 2 次后置于沸水中煮 4h，之后通过冷水替换热水的方法逐步将沸水全部替换为（22±5）℃的水，然后将试件取出置于温度为（20±2）℃、相对湿度（65±5）%的环境中，放置至少 48h 后直接进行测试。试件处理过程中，每个"煮沸-干燥-冷冻"循环的处理条件、试件的放置要求以及试验中断的处理方法同上述的规定。

剪切强度和木破率的测试与计算方法，按照《结构用集成材》GB/T 26899—2022 的规定进行。测试结果不进行含水率换算。

如果试件的照剪切强度低于表 9-2 规定，但木破率超过表 9-4 要求时，该试件的测试结果作废，从结果中剔除。当作废试件数量超过 1/3 时，应重新进行试验。

胶层剪切性能测试时判定试件是否作废的木破率临界值 表 9-4

处理条件	阔叶树材	针叶树材
干燥状态	≥60%	≥85%
潮湿状态	≥80%	≥85%

如果试件的剪切强度达到表 9-2 规定，但木破率只能达到表 9-5 要求而达不到表 9-2 要求时，应由 3 个实验人员分别对所有试件的木破率进行重新评定，当重新评定的木破率全部达到表 9-2 要求时，判定合格，否则判为不合格。

木破率需要进行重新评定时的最低要求 表 9-5

处理条件	阔叶树材		针叶树材	
	下四分位值 Q_1	中位值 m	下四分位值 Q_1	中位值 m
干燥状态/%	≥10	≥50	≥65	≥75
潮湿状态/%	≥50	≥70	≥65	≥75

（2）浸渍剥离性能

胶合试样的制备：至少制取尺寸为长（顺纹方向）400mm、宽 140mm 和厚 20mm 的木材试块 24 块，24 块试块的端面年轮宽度应基本一致。

将试块随机分成 4 组（每 6 块为一组），按照端面年轮方向交替的方式层积胶合成 4 块试样，胶合工艺按照胶粘剂推荐的工艺进行，其中两组胶合试样采用胶粘剂推荐的最短加压时间，两组采用推荐的最长加压时间。胶合应在胶合面刨光 24h 内进行。

制备试件前，将胶合试样置于温度为（20±2）℃、相对湿度（65±5）%的环境中放置至少 48h。

将每块胶合试样两边刨光至试样宽度为 130mm，从距端部大约 75mm 处依次截取长度为 75mm 的试件 3 个，4 块试样共制取 12 个试件并编号。

将试件称重后置于压力容器中，采用金属网或其他类似物品将试件全部浸入温度为（22±5）℃的水中，抽真空至（75±10）kPa，保持 2h 后释放真空压力；加压到（540±20）kPa 并保压 2h，解除压力后抽真空至（75±10）kPa 保持 2h，之后释放真空压力；加压到（540±20）kPa 保持 2h，然后解除压力取出试件置于温度为（28±2）℃、空气流通的环境中放置 88h（使其重量与处理前重量之差在 10% 以内）。再重复上述处理过程 2 次，一共处理 12d。

试件处理完成后，测量试件两端面所有胶层的剥离长度（精确到 1mm），按式（9-7）计算单一胶层剥离率。测量时，剥离长度小于 2.5mm 且远离连续剥离 5mm 以上的剥离处的剥离，不计入计算。由木材开裂或树节引起的剥离不计。

$$R = \frac{L_1}{L_0} \times 100\%$$ （9-7）

式中：R——单一胶层剥离率；

L_1——单一胶层两端面剥离长度总和，mm；

L_0——单一胶层两端面总长度，mm。

9.3 木结构连接件

1. 定义与分类

木结构连接件是将木质结构件连接起来成为一个具有支撑强度或者受力强度的整体的连接器件，比如螺钉、螺栓、钢板、齿板、五金扣件等。

2. 技术要求

木结构的连接应根据设计要求、使用环境等方面选用合适的连接件及连接方式，以满足设计的承载要求，耐久要求等。连接件的性能应根据其材质、结构形态、连接工艺等，满足相关标准中对于材质、力学性能、焊接性能、耐腐蚀性能等方面的要求。

3. 组批原则和取样要求

木结构连接件应根据其种类、进场数量、使用部位等确定其组批原则和取样数量，取样应具有代表性且满足试验要求的数量。

4. 试验方法

钉弯曲试验（《木结构工程施工质量验收规范》GB 50206—2012 附录 D）

试验方法适用于测定木结构连接中钉在静荷载作用下的弯曲屈服强度。钉在跨度中央受集中荷载弯曲（图9-8），根据荷载-挠度曲线确定其弯曲屈服强度。

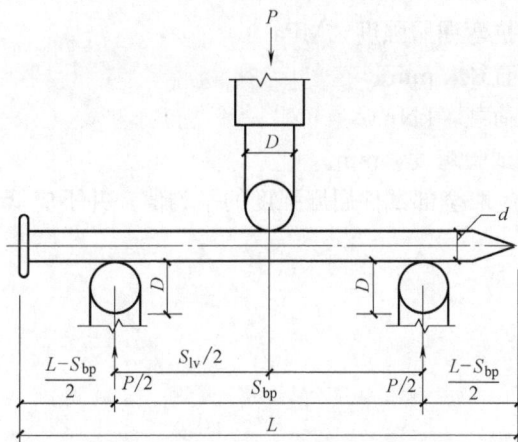

图 9-8 跨度中点加载的钉弯曲试验

D—滚轴直径；d—钉杆直径；L—钉子长度；S_{bp}—跨度；P—施划的荷载

试验用钢制的圆柱形滚轴支座，直径应为 9.5mm，当试件变形时滚轴应能转动。钢制的圆柱面压头，直径应为 9.5mm。

试件的准备：对于杆身光滑的有除采用成品钉外，也可采用已经冷拔用以制钉的钢丝作试件；木螺钉、麻花钉等杆身变截面的钉应采用成品钉作试件。钉的直径应在每个钉的长度中点测量。准确度应达到 0.025mm。对于钉杆部分变截面的钉，应以无螺纹部分的钉杆直径为准。试件长度不应小于 40mm。

钉的试验跨度应符合表 9-6 的规定。

			表 9-6
		试验跨度	
钉的直径/mm	$d \leqslant 4.0$	$4.0 < d \leqslant 6.5$	$d > 6.5$
试验跨度/mm	40	65	95

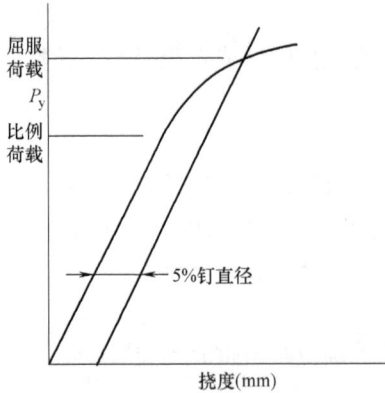

图 9-9　钉弯曲试验的荷载-挠度典型曲线

试验时试件应放置在支座上，试件两端应与支座等距。施加荷载时应使圆柱面压头的中心点与每个圆柱形支座的中心点等距。杆身变截面的钉试验时，应将钉杆光滑部分与变截面部分之间的过渡区段靠近两个支座间的中心点。

加荷速度应不大于 6.5mm/min。挠度应从开始加荷逐级记录，直至达到最大荷载，并应绘制荷载-挠度曲线。对照荷载-挠度曲线的直线段，沿横坐标向右平移 5% 钉的直径，绘制与其平行的直线（图 9-9），应取该直线与荷载-挠度曲线交点的荷载值作为钉的屈服荷载。如果该直线未与荷载-挠度曲线相交，则应取最大荷载作为钉的屈服荷载。

钉的抗弯屈服强度应按式（9-8）计算：

$$f_y = \frac{3P_y S_{bp}}{2d^3} \tag{9-8}$$

式中：f_y——钉的抗弯屈服强度，MPa；

d——钉的直径，mm；

P_y——屈服荷载，kN；

S_{bp}——钉的试验跨度，mm。

钉的抗弯屈服强度应取全部试件屈服强度的平均值，并不应低于设计文件的规定。

第10章
结构加固材料

随着社会的发展，越来越多的既有结构受自然环境、使用环境等各种因素的影响，呈现出不同程度的承载力不足、变形过大等缺陷。不能再适应现有生活生产需要，就需要对结构进行加固处理。加固材料区别于一般的建筑材料，有一定的特殊性质与要求，故将其单独列为一章。

加固材料可分为：结构胶粘剂、裂缝注浆料、水泥基灌浆料、聚合物砂浆、纤维复合材料、钢丝绳、纤维改性混凝土、纤维混凝土、后锚固连接件等。

本章主要介绍：纤维复合材（碳纤维布）、结构胶粘剂（以混凝土为基材的碳纤维浸渍胶、粘钢胶和锚固用结构胶）、水泥基灌浆料和后锚固连接件（机械锚栓）。

10.1 纤维复合材

1. 定义与分类

纤维增强复合材料是由增强纤维材料，如玻璃纤维、碳纤维、芳纶纤维等，与基体材料经过缠绕、模压或拉挤等成型工艺而形成的复合材料。根据增强材料的不同，常见的纤维增强复合材料分为玻璃纤维增强复合材料，碳纤维增强复合材料以及芳纶纤维增强复合材料。

根据安全性鉴定检验结果确定的材料性能标准值，应具有按规定置信水平确定的95%的强度保证率。

计算所取的置信水平 γ 应符合表 10-1 的规定。

材料的置信水平　　　　　　　　　　　　　　　表 10-1

材料	置信水平 γ
结构胶粘剂	0.90
碳纤维复合材	0.99

2. 技术要求（《工程结构加固材料安全性鉴定技术规范》GB 50728—2011）

这里仅介绍最为常用的碳纤维布，其要求见表 10-2。

碳纤维复合材（单向织物）安全性鉴定标准　　　　　　　　表 10-2

检验项目		鉴定合格指标		
		高强Ⅰ级	高强Ⅱ级	高强Ⅲ级
抗拉强度/MPa	标准值	≥3400	≥3000	—
	平均值	—	—	≥3000

检验项目	鉴定合格指标		
	高强Ⅰ级	高强Ⅱ级	高强Ⅲ级
受拉弹性模量/MPa	$\geqslant 2.3\times10^5$	$\geqslant 2.0\times10^5$	$\geqslant 2.0\times10^5$
伸长率/%	$\geqslant 1.6$	$\geqslant 1.5$	$\geqslant 1.3$
纤维复合材与基材正拉粘结强度/MPa	对混凝土和砌体基材：$\geqslant 2.5$，且为基材内聚破坏；对钢基材：$\geqslant 3.5$，且不得为粘附破坏		
单位面积质量/(g/m²)	人工粘贴$\leqslant 300$；真空灌注$\leqslant 450$		
除注明标准值外，均为平均值			

3. 组批原则和取样要求

碳纤维布以 3000m² 为一批，不足此数量时，按一批计。长度大于 5m 且面积不小于 1.5m²（配套浸渍（粘结）用胶粘剂每组不少于 1kg）。

4. 试验方法

（1）纤维复合材（碳纤维布）拉伸试验（《定向纤维增强聚合物基复合材料拉伸性能试验方法》GB/T 3354—2014、《结构加固修复用碳纤维片材》JG/T 167—2016）

拉伸试件宽度为 15mm，碳纤维布的截面面积取碳纤维布的计算厚度与试样宽度的乘积。碳纤维布的计算厚度见表 10-3。

碳纤维布的单位面积质量、截面面积和计算厚度的对应关系　表 10-3

单位面积质量/(g/m²)	密度/(g/m³)	单位宽度的截面面积/(mm²/m)	计算厚度/mm
200		111	0.111
300	1.8×10^6	167	0.167
450		250	0.250

碳纤维布试件的制备：

裁布：在距端头及边缘 40mm 以上处，裁下 250mm（纤维方向）×150mm 碳纤维布一块，要求平整、不含有任何外观缺陷。

涂浸渍树脂：将碳纤维布平铺在隔离纸上，用毛刷（滚剧）或平板（不带尖角）将浸渍树脂均匀涂抹在碳纤维布表面，盖上隔离纸，用玻璃棒辊压到浸渍树脂充分浸润到碳纤维布中为止。铺碳纤维布和涂浸渍树脂的过程中要保持碳纤维丝的平直，采用沿纤维方向由一端向另一端或从中间向两端辊压树脂的方法，使用平板刷树脂时，不得损伤碳纤维布。

试件切割：待浸渍树脂达到凝胶态后，按照图 10-1 用刀裁出规定尺寸的碳纤维布试件。由于碳纤维布涂浸渍树脂后易出现横向边缘附近的纤维束较密集，为保证试件单位宽度内所含纵向纤维束数大致相等，应将横向边缘附近的纤维舍弃（宽约 10mm）。

加强片的制备：按照图 10-1 将相应尺寸的铝片或玻璃钢片与碳纤维布试件粘接的一面打磨粗糙，以利于粘接。加强片一端为直角，另一端制作出导角。加强片采用硬铝材料或玻璃钢，厚度 2mm 以上；加强片夹具端部应打磨出导角以缓解应力集中；碳纤维布采用 1 层，纤维方向应与拉力方向一致。

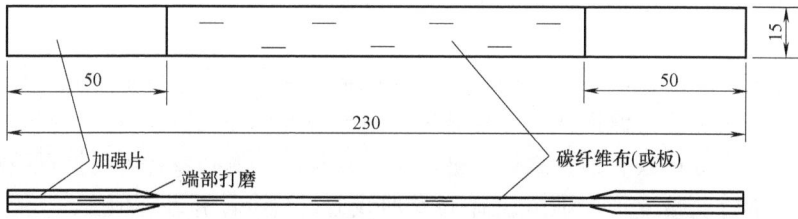

图 10-1　碳纤维布试样外观尺寸

加强片与试件的粘接：用溶剂（如丙酮）清洗加强片和已制好的碳纤维布试件的粘贴区域。将加强片粘贴在纤维布试件上，压紧后水平放置，待树脂固化。加强片应平行地粘贴在试件两侧；以免拉伸时加强片受力不均匀而脱落。

试验有效试样应不小于 5 个。

实验室标准环境条件为：温度（23±2）℃，相对湿度：（50±10）%。

每组试样中选择 1～2 个试样，在其工作段中心两个表面对称位置背对背地安装引伸计（图 10-2）或粘贴应变计（图 10-3），并按式（10-1）计算试样的弯曲百分比：

$$B_y = \frac{|\varepsilon_f - \varepsilon_b|}{|\varepsilon_f + \varepsilon_b|} \times 100\% \tag{10-1}$$

式中：B_y——试样弯曲百分比，%；

ε_f——正面传感器显示的应变，mm/mm；

ε_b——背面传感器显示的应变，mm/mm。

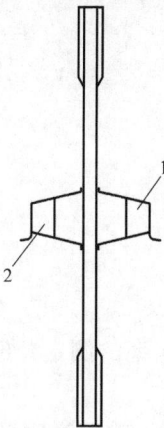

图 10-2　引伸计安装示意图
1—1 号引伸计；2—2 号引伸计

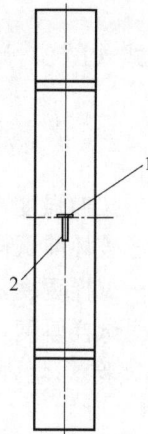

图 10-3　应变计安装示意图
1—横向应变计；2—纵向应变计

若弯曲百分比不超过 3%，则同组的其他试样可使用单个传感器。若弯曲百分比大于 3%，则同组所有试样均应背对背安装引伸计或粘贴应变计，试样的应变取两个背对背引伸计或对称应变计测得应变的算术平均值。

在状态调节后，测量并记录试样工作段 3 个不同截面的宽度和厚度，分别取算术平均值，宽度测量精确到 0.02mm，厚度测量精确到 0.01mm。

试样安装：将试样对中夹持于试验机夹头中，试样的中心线应与试验机夹头的中心线保持一致。应采用合适的夹头夹持力，以保证试样在加载过程中不打滑并对试样不造成损伤。

按（1~2）mm/min 加载速度对试样连续加载，连续记录试样的载荷-应变（或载荷-位移）曲线。若观测到过渡区或第一层破坏，则记录该点的载荷、应变和损伤模式。若试样破坏，则记录失效模式、最大载荷、破坏载荷以及破坏瞬间或尽可能接近破坏瞬间的应变。若采用引伸计测量变形，则由载荷-位移曲线通过拟合计算破坏应变。

失效模式的描述采用图 10-4 所示的三字符式代码。

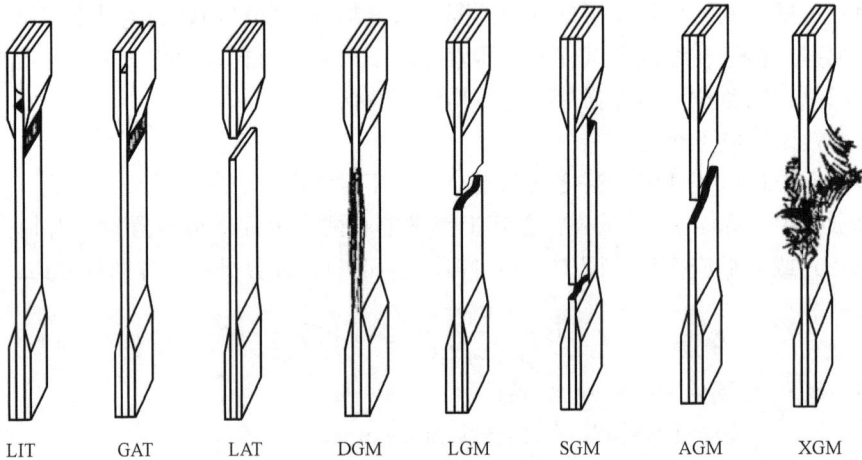

图 10-4 拉伸试验的典型失效模式示意图

拉伸强度按式（10-2）计算，结果保留 3 位有效数字：

$$\sigma_t = \frac{P_{max}}{wh} \tag{10-2}$$

式中：σ_t——拉伸强度，MPa；

P_{max}——破坏前试样承受的最大载荷，N；

w——试样宽度，mm；

h——试样厚度，mm。

（2）含水率试验（《增强制品试验方法 第1部分：含水率的测定》GB/T 9914.1—2013）

碳纤维布含水率样品应满足：裁取面积为 $100cm^2$ 的试样，若试样质量少于 5g，则应裁取较大尺寸的试样或多取几个相邻的面积为 $100cm^2$ 的试样；试样尺寸可与测定单位面积质量的试样相同；试样应距布边或织边至少 10mm 处裁取。如果必须折叠试样时，则不应阻碍空气在整个试样表面上的畅通。推荐使用模板和剪切工具或冲压装置来裁取试样，避免试样损失。

碳纤维布含水率样品数量可为 3 个。估计制品的含水率低于 0.2% 时，将单位产品或试验室样本放置于温度为（23±2）℃，相对湿度为（50±10）% 的标准环境下放置足够的时间以充分达到平衡，通常至少 6h。估计制品的含水率高于 0.2% 时，单位产品或试验室样本应贮存于密封的容器中，取样后立即测试。在试验前可以将样品放入容器中，并置于标准温度下，但应密封防止水分损失。另外，只要可能，应将样品在容器内重新混合后立即测试，以避免由于材料内水分迁移而导致错误的测量结果。当试样单独称量时，应小心地用夹钳将样品从试样皿中夹出或放回。在整个测试过程中，应确保样品放置在一个固定的可识别的试样皿中不发生混淆。

称取试样皿质量时，将试样皿置于通风烘箱中恒定质量，通风烘箱温度控制在（105±3）℃范围内。如果已知试样含有在105℃下易挥发的物质，可选择较低的温度，但不得低于50℃，用夹钳夹持试样皿。

将试样皿放在干燥器内冷却至（23±2）℃的标准温度，称其质量，精确至0.1mg，记作m_0，单位为克。

测定初始（干燥前）质量时，将取好的试样立即置于试样皿内。称取试样和试样皿的质量，精确至0.1mg，记作m_1，单位为克。

最终（干燥后）质量时，将试样连同试样皿放入温度为（105±3）℃或所选择的温度±3℃的通风烘箱中。确保试样不接触烘箱壁，用夹钳夹持试样皿。加热试样至少1h，直至试样质量恒定。从烘箱中取出试样和试样皿，立即放入干燥器内，至少冷却30min，冷却至（23±2）℃的标准温度。称取其质量，精确至0.1mg，记作m_2，单位为克。

按式（10-3）计算每个试样的含水率，以质量分数表示：

$$H = \frac{m_1 - m_2}{m_1 - m_0} \times 100\%$$ （10-3）

式中：H——含水率，%；

m_0——试样皿质量，g；（当试样单独称量时，该值为零）；

m_1——初始质量，g；（包括或不包括试样皿）；

m_2——最终质量，g；（包括或不包括试样皿）。

测试结果可以是一个试样的测试结果（若每次只测试一个试样）或是所有试样测试结果的平均值。

（3）单位面积质量（《增强制品试验方法　第3部分：单位面积质量的测定》GB/T 9914.3—2013、《结构加固修复用碳纤维片材》JG/T 167—2016）

《增强制品试验方法　第3部分：单位面积质量的测定》GB/T 9914.3—2013规定单位面积质量样品，对于织物（碳纤维布）50cm宽度取1个100cm的试样，最少应取2个试样。试样应分开取，最好包括不同的纬纱，应离开边/织边至少5cm。

切取一条整幅宽度的至少35cm的样品作为试验室样本，在一个清洁的工作台面上，用裁切工具和模板，切取规定的试样数。如果试样可能有纤维掉落，应采用试样皿。如需要可将试样折叠，以保证试样上原丝或纱线的完整性。

当含水率超过0.2%（或含水率未知）时，应将试样置于（105±3）℃的通风烘箱中干燥1h，然后放入干燥器中冷却至室温。从干燥器取出试样后立即试验。

称取每个试样的质量并记录结果，如果使用试样皿，则应扣除其质量的数值应与天平的分辨率一致。

按式（10-4）计算每个试样的单位面积质量P，单位为g/m^2：

$$\rho_A = \frac{m_s}{A} \times 10^4$$ （10-4）

式中：m_s——试样质量，g；

　　　　A——试样面积，cm^2。

以整个幅宽上所有试样的测试结果的平均值作为单位面积质量的报告值。

对于单位面积质量大于或等于 200g/m^2 的样品，结果精确至 1g；对于单位面积质量小于 200g/m^2 的毡和织物，结果精确至 0.1g。

《结构加固修复用碳纤维片材》JG/T 167—2016 规定碳纤维片材单位面积质量试样为距端头及边缘 40mm 以上处裁下 3 块 100mm×100mm 碳纤维布正方形，边长测量精确到 0.5mm。质量称量精确到 0.01g。单位面积质量按式（10-5）计算，取算术平均值：

$$\rho = (W_1 - W_2)/0.01 \tag{10-5}$$

式中：ρ——碳纤维布单位面积质量，g/m^2；

　　　　W_1——正方形试样的质量，g；

　　　　W_2——试样中网格固定线的质量，g。

（4）碳纤维 K 数试验（《建筑结构加固工程施工质量验收规范》GB 50550—2010 附录 M）

本方法适用于碳纤维织物（布）中碳纤维纤度——K 数的快速检测与判定。

当采用本方法测定碳纤维 K 数时，该织物必须是以机织工艺生产的单向连续纤维稀纬定型的产品。

经纱密度为织物经向单位长度内碳纤维纱线根数；一般以根/10mm 表示。

本方法系通过检测碳纤维织物的经纱密度来判定其纤度（K 数）。检测应在室温条件下，用往复移动式织物密度镜或直尺，测量一定宽度 a_i（一般取 $a_i \geqslant 100$mm）内碳纤维经向纱线根数，按式（10-6）计算其经纱密度；

$$N_i = n_i \times 10/a_i \tag{10-6}$$

式中：N_i——经纱密度；

　　　　n_i——在 a_i 宽度内纱线的总根数。

将受检的碳纤维织物平铺在平整台面上。在不施加张力的状态下，把往复移动式织物密度镜或直尺按垂直于碳纤维纱线方向放置在碳纤维织物上，使织物密度镜或直尺的标线的左侧起点与纱线的同侧边缘相重合。测量织物密度镜或直尺的起点至最终计数的纱线右侧边的精确长度。样本量为每检验批织物取样 1m^2；每平方米织物测 10 个数据。计算得到的经纱密度，以平均值表示。

按表 10-4 给出的经纱密度与碳纤维纱线纤度（K 数）对照表，判定所检测碳纤维织物的 K 数。

当检测的经纱密度超出表 10-4 某一最接近的经纱密度范围，而又不落入另一经纱密度范围时，应加倍抽样复验该碳纤维织物的经纱密度。若复验结果合格，仍可判该织物的 K 数符合其产品说明书给定值；若复验结果不合格，则判定该织物说明书的给定值与实际不符，应予退货；不得用于工程上。

经纱密度与 K 数对照表　　　　　表 10-4

碳纤维织物规格	经纱密度 N（根/10mm）	碳纤维 K 数
200g/m²	2.50～2.70	12
	2.00～2.10	15
	1.67～1.80	18
	1.25～1.35	24
	0.63～0.68	48
300g/m²	3.75～3.85	12
	3.00～3.15	15
	2.50～2.70	18
	1.88～2.03	24
	0.95～1.02	48

10.2 加固用结构胶

1. 定义与分类

加固结构胶是一种以高分子合成材料为主要成分的建筑胶粘剂，主要的一类是环氧树脂胶粘剂。一般由 A、B 双组分组成，混合后，通过化学反应，固化后起到粘结作用。

工程结构加固用的结构胶，可按胶接基材的不同，分为混凝土用胶、结构钢用胶、砌体用胶和木材用胶等，每种胶还可按其现场固化条件的不同，划分为室温固化型、低温固化型和高湿面（或水下）固化型等三种类型结构胶，按等级分为 Ⅰ、Ⅱ、Ⅲ 类，Ⅰ类适用的温度范围为（-45～60）℃；Ⅱ类适用的温度范围为（-45～95）℃；Ⅲ类适用的温度范围为（-45～125）℃。

这里主要介绍以混凝土为基材，粘贴钢材用结构胶（粘钢胶）、粘贴纤维复合材用结构胶（碳纤维浸渍胶）和锚固用结构胶（植筋胶）。

2. 技术要求（《工程结构加固材料安全性鉴定技术规范》GB 50728—2011）

以混凝土为基材，粘贴钢材用结构胶、粘贴纤维复合材用结构胶、锚固用结构胶基本性能鉴定标准见表 10-5～表 10-7。

以混凝土为基材，粘贴钢材用结构胶基本性能鉴定标准　　　　　表 10-5

检验项目			Ⅰ类胶		Ⅱ类胶	Ⅲ类胶
			A 级	B 级		
胶体性能[a]≥	抗拉强度/MPa		30	25	30	35
	受拉弹性模量/MPa	涂布胶	$3.2×10^3$		$3.5×10^3$	
		压注胶	$2.5×10^3$	$2.0×10^3$	$3.0×10^3$	
	伸长率/%		1.2	1.0	1.5	
粘结能力[b]	钢对钢拉伸抗剪强度标准值/MPa		≥15	≥12	≥18	
	钢对刚 T 冲击玻璃长度/mm		≤25	≤40	≤15	
	钢对 C45 混凝土正拉粘结强度/MPa		≥2.5,且为混凝土内聚破坏			

续表

检验项目	I 类胶		II 类胶	III 类胶
	A 级	B 级		
不挥发物含量/%[c]	≥99			

检测条件为:a. 在(23±2)℃、(50±5)%RH 条件下,以 2mm/min 加荷速度进行测试;

b. (23±2)℃、(50±5)%RH;

c. (105±2)℃、(180±5)min

以混凝土为基材,粘贴纤维复合材用结构胶基本性能鉴定标准　　　表 10-6

检验项目		I 类胶		II 类胶	III 类胶
		A 级	B 级		
胶体性能[a]≥	抗拉强度/MPa	38	30	38	40
	受拉弹性模量/MPa	$2.4×10^3$	$1.5×10^3$	$2.0×10^3$	
	伸长率/%	1.5			
粘结能力[b]	钢对钢拉伸抗剪强度标准值/MPa	≥14	≥10	≥16	
	钢对刚 T 冲击玻璃长度/mm	≤20	≤35	≤20	
	钢对 C45 混凝土正拉粘结强度/MPa	≥2.5,且为混凝土内聚破坏			
不挥发物含量/%[c]		≥99			

检测条件为:a. 在(23±2)℃、(50±5)%RH 条件下,以 2mm/min 加荷速度进行测试;

b. (23±2)℃、(50±5)%RH;

c. (105±2)℃、(180±5)min

以混凝土为基材,锚固用结构胶基本性能鉴定标准　　　表 10-7

检验项目			I 类胶		II 类胶	III 类胶
			A 级	B 级		
胶体性能[a]	劈裂抗拉强度/MPa≥		8.5	7.0	10	12
粘结能力[b]	钢对钢拉伸抗剪强度标准值/MPa		≥10	≥8	≥12	
	钢对刚 T 冲击玻璃长度/mm		≤25	≤40	≤20	
	约束条件下带肋钢筋(或全螺杆)与混凝土粘结强度/MPa ϕ25,l=150	C30	≥11	≥8.5	≥11	≥12
		C60	≥17	≥14	≥17	≥18
不挥发物含量/%[c]			≥99			

检测条件为:a. 在(23±2)℃、(50±5)%RH 条件下,以 2mm/min 加荷速度进行测试;

b. (23±2)℃、(50±5)%RH;

c. (105±2)℃、(180±5)min

3. 组批原则和取样要求

锚固胶、碳纤维浸渍胶、粘钢胶按一次进场的同一种材料为一批。

取样要求：锚固胶 A、B 组分各不少于 2.5kg（或按比例混合后不小于 5kg 的 A、B 组分相对应的质量）；碳纤维浸渍胶 A、B 组分各不少于 1kg，碳纤维布不小于 0.2m²；粘钢胶 A、B 组分各不少于 1.5kg，40mm×40mm 钢板 5 块。

4. 试验方法

部分试验原始记录可参考附表（JCZX-GC-D（1)-4107.1、3）胶粘剂试验原始记录。

（1）树脂浇筑体拉伸性能试验（《树脂浇铸体性能试验方法》GB/T 2567—2021）

试验环境条件为：温度（23±2）℃，相对湿度（50±10）%。

材料按预定的固化系统配制，将各组分搅拌均匀，并排除树脂中的气泡。如气泡较多，可采用真空脱泡或超声脱泡。浇铸在室温（15～30）℃，相对湿度小于 75% 以下进行，沿浇铸口紧贴模板倒入树脂液，在整个操作过程中宜尽量避免产生气泡。

固化分为常温固化、常温和后固化和热固化。常温固化：浇筑后模子在室温下放置（24～48)h 后脱模。然后敞开放在一个平面上；在室温或试验标准环境温度下建议放置 504h 以上（包括试样加工时间）。常温和后固化：浇筑模在室温下放置 24h，继续加热固化；从室温逐渐升至热固化温度，固化温度、时间、速率等参数由生产厂家提供。热固化：固化温度和时间根据树脂固化剂或促进剂的类型和用量而定，固化参数由生产厂家提供。

试样宜采用数控加工设备按尺寸设置一次加工成型。也可用划线工具在浇筑平板上按试样尺寸划好加工线，用机械切割，经打磨制得。取样时应避开气泡、裂纹、凹坑、应力集中区。机械加工试样，加工时应防止试样表面损伤和产生划痕等缺陷。加工粗糙面应用细锉或砂纸进行精磨，缺口处尺寸用专用样板检测。加工时可用水冷却，加工后及时进行干燥处理。加工好的试样应检查表面，不应有密集气泡、裂纹、凹坑、表面损伤和划痕等缺陷。

浇筑体在测试前，如需消除内应力，应采用空气浴法或油浴法。空气浴法：将试样置于有鼓风装置的干燥箱中，使箱内温度 1h 内由室温升至树脂玻璃化温度，恒温 3h 后关闭电源，自然冷却至室温后，取出试样。油浴法：将试样平稳地放置于盛有油的容器中，且使试样整个浸入油中，并将浸入试样的容器放入烘箱，处理温度和时间同空气浴。油浴用油对试样不起化学作用，不溶胀，不溶解，不吸收。

试验前，检查试样。试样应平整、光滑、无气泡、无裂纹、无明显杂质和加工损伤等缺陷。每组有效试样不少于 5 个。试验前，试样应在试验标准环境条件下，至少放置 24h，状态调节后的试样应在与状态调节相同的试验标准环境条件下试验（另有规定时按相关规定）。若不具备试验室标准环境条件，试验前试样可放在干燥器内，至少放置 24h。试样工作区间的测量准确至 0.01mm。

拉伸试验是沿试样轴向匀速施加静态拉伸载荷，直到试样断裂或达到预定的伸长，在整个过程中，测量施加在试样上的载荷和试样的伸长，以测定拉伸应力（拉伸屈服应力、拉伸断裂应力或拉伸强度）、拉伸弹性模量、断裂伸长率和绘制应力-应变曲线。

试样形状如图 10-5 所示，试样尺寸见表 10-8。

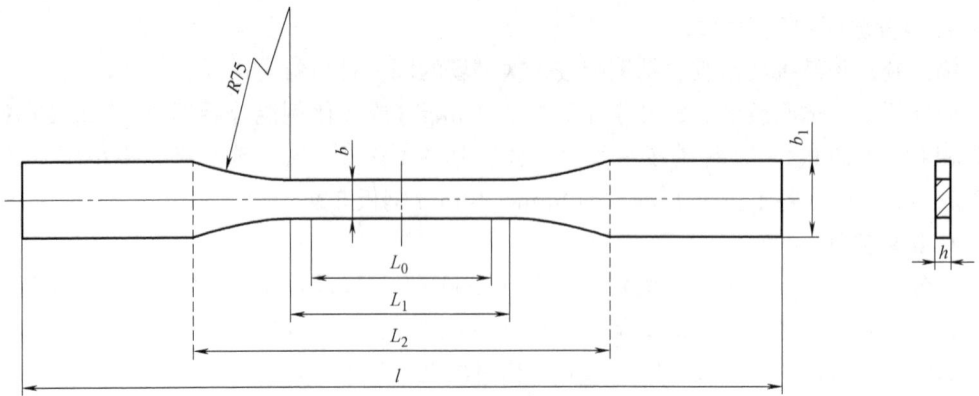

图 10-5　拉伸试样（单位：mm）

拉伸试样尺寸　　　　　　　　　　　　　　　　　　　　　表 10-8

符号	名称	尺寸/mm
L_0	标距	50
L_1	中间平行段长度	60
L_2	夹具间距离	15
l	总长	200～220
b	中间平行段宽度	10±0.2
b_1	端头宽度	20±0.5
h	厚度	4.0±0.2

测定拉伸强度时，试验速度为 10mm/min；测定弹性模量、应力-应变曲线时，试验速度为 2mm/min。仲裁试验速度为 2mm/min。

将试样编号，测量试样标距按图 10-5 中 L_0 段内任意 3 处的宽度和厚度，取算术平均值。

测定拉伸强度时，夹持试样，使试样的中心轴线与上下夹具的对准中心线一致，按规定的试验速度均匀连续加载，直至破坏，读取破坏载荷值。测定拉伸弹性模量、断裂伸长率时，在工作段内安装测量变形仪表，施加初载（约 3％ 的破坏载荷），检查和调整仪表，使整个系统处于正常工作状态，连续加载至破坏。若试样断在夹具内或圆弧处，此试样作废，另取试样补充。同批有效试样不足 5 个时，应重做试验。

拉伸强度（拉伸屈服应力或拉伸断裂应力）按式（10-7）计算：

$$\sigma_t = \frac{P}{b \cdot h} \tag{10-7}$$

式中：σ_t——拉伸强度（拉伸屈服应力或拉伸断裂应力），MPa；

　　　P——最大载荷（屈服载荷或破坏载荷），N；

　　　b——试样宽度，mm；

　　　h——试样厚度，mm。

拉伸弹性模量按式（10-8）计算：

$$E_t = \frac{L_0 \cdot \Delta P}{b \cdot h \cdot \Delta L} \tag{10-8}$$

式中：E_t——拉伸弹性模量，MPa；

$\quad\quad L_0$——测量标距，mm；

$\quad\quad \Delta P$——载荷-变形曲线上初始直线段的载荷增量，N；

$\quad\quad \Delta L$——与载荷增量 ΔP 对应的标距 L_0 内的变形增量，mm。

采用自动记录装置测定时；对于给定的应变 $\varepsilon_{t1} = 0.0005$ 和 $\varepsilon_{t2} = 0.0025$，拉伸弹性模量按式（10-9）计算：

$$E_t = \frac{\sigma_{t1} - \sigma_{t2}}{\varepsilon_{t1} - \varepsilon_{t2}} \tag{10-9}$$

式中：σ_{t2}——应变 $\varepsilon_{t2} = 0.0025$ 时测得的拉伸应力值，MPa；

$\quad\quad \sigma_{t1}$——应变 $\varepsilon_{t1} = 0.0005$ 时测得的拉伸应力值，MPa。

断裂伸长率按式（10-10）计算：

$$\varepsilon_t = \frac{\Delta L_b}{L_0} \times 100 \tag{10-10}$$

式中：ε_t——试样断裂伸长率，%；

$\quad\quad \Delta L_b$——试样断裂时标距 L_0 内的伸长量，mm；

$\quad\quad L_0$——测量标距，mm。

必要时绘制拉伸应力-应变曲线。

（2）拉伸剪切强度试验（《胶粘剂 拉伸剪切强度的测定（刚性材料对刚性材料）》GB/T 7124—2008）

试样应符合图 10-6 的形状和尺寸。粘接面长度为 (12.5 ± 0.25)mm。试片主轴方向应与金属胶接件的切割方向相一致。

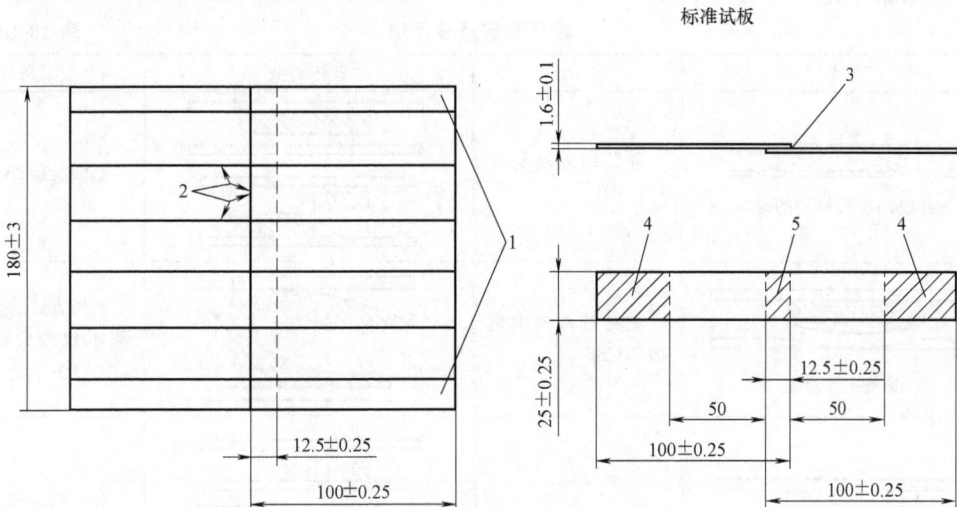

图 10-6 试样及试板的形状和尺寸（单位：mm）

1—舍弃部分；2—夹角 90°±1°；3—胶粘剂；

4—夹持区域；5—剪切区域

试样可用平板制备，也可单片制备。在选择不同的制备方式时，应考虑到机加工中，试样是否会被机械破坏（包括加热过度）。在单片制备试样时应特别小心，确保两被粘接试片精确对齐，尽可能使胶层厚度均匀，保持一致。

典型的胶层厚度为 0.2mm。胶层厚度可用插入间隔导线或小玻璃球来控制。如果使用间隔导线，则导线应该平行于施力方向，使导线对粘接部位的影响最小。

胶接件表面应适当处理以适宜粘接。表面处理方法可遵照制造说明或其他适用的标准。胶粘剂的应用和固化应按其制造厂商的要求或其他适当的材料标准进行。在胶接过程中压出来的溢胶需及时清理。对于胶接件，其表面处理方法应在报告中说明。

试样的数量决定于精密度要求，为了结果可靠，原则上不少于 5 个。试样的尺寸测量精确到 ±0.1mm。

试样调节环境应满足表 10-9 的规定。

环境条件　　　　　　　　表 10-9

标准环境符号	空气温度/℃	温度允差/℃		相对湿度(RH)/%	湿度允差/%		备注
		等级 1	等级 2		等级 1	等级 2	
23/50	23	±1	±2	50	±5	±10	非热带地区
27/65	27	±1	±2	65	±5	±10	热带地区
注：调节时间为不小于 88h							

将试样对称地夹在夹具上，夹持处至距离最近的粘接端的距离为 （50±1）mm。夹具中可使用垫片，以保证作用力在粘接面内。

拉力试验机以恒定的测试速度进行试验，使一般破坏时间介于 （65±20）s。若拉力机可以恒定速率加载，将剪切力变化速率定在每分钟 （8.3～9.8）MPa 之间。记录试样剪切破坏的最大负荷作为破坏载荷。

记录破坏类型（见表 10-10）。

破坏类型及表示法　　　　　　　　表 10-10

破坏类型	表示法	破坏类型	表示法
一种或两种被粘物的破坏	非胶结处基材破坏（SF）		粘附破坏（AF）
被粘物的破坏	胶结处基材内聚破坏 CSF		剥离方式的粘附破坏和内聚破坏（ACFP）
由分层产生破坏	基材分层破坏（DF）		胶粘剂内聚破坏（SF）胶粘剂特殊内聚破坏（SCF）

试验结果以有效试样的破坏载荷（N）或拉伸剪切强度（MPa）算术平均值表示。拉伸剪切强度（MPa）由破坏载荷（N）除以剪切面积（mm²）来计算。

（3）劈裂抗拉强度试验（《工程结构加固材料安全性鉴定技术规范》GB 50728—2011 附录E）

劈裂抗拉试件的直径为20mm，长度为40mm，允许偏差为±0.1mm，由受检的胶粘剂或聚合物改性水泥砂浆浇注而成。试件的养护方法及要求应符合受检材料使用说明书的规定，但养护时间，对胶粘剂和砂浆应分别以7d和28d为准。试件拆模后，应检查其表面的缺陷。凡有裂纹、麻面、孔洞、缺陷的试件不得使用。劈裂抗拉试验的试件数量，每组不应少于5个。

劈拉试验装置（图10-7），应采用45号钢制作；由加载钢压头、带小压头钢底座及钢定位架等组成。

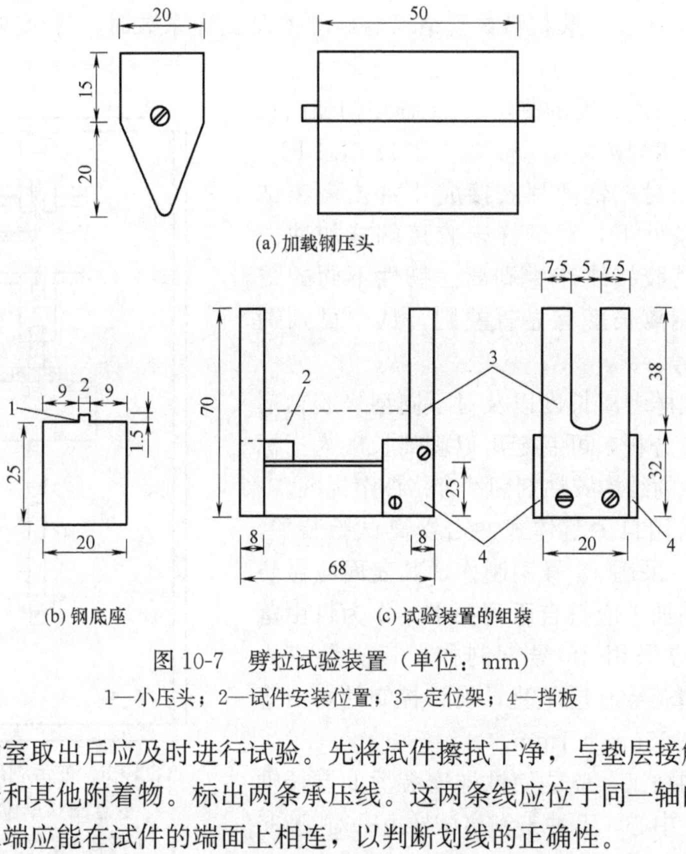

图10-7 劈拉试验装置（单位：mm）
1—小压头；2—试件安装位置；3—定位架；4—挡板

试件从养护室取出后应及时进行试验。先将试件擦拭干净，与垫层接触的试件表面应清除掉一切浮渣和其他附着物。标出两条承压线。这两条线应位于同一轴向平面，并彼此相对，两线的末端应能在试件的端面上相连，以判断划线的正确性。

将嵌有试件的试验装置放于试验机中心，在上下压头与试件承压线之间各垫一条截面尺寸为2mm×2mm木垫条，圆柱体试件的水平轴线应在上下垫条之间保持水平，与水平轴线相垂直的承压线应位于垫条的中心，其上下位置应对准（图10-8）。

施加荷载应连续均匀地进行，并控制在(1～1.5)min内破坏。试件破坏时，应记录其最大荷载值及破坏形式。若试件的破坏形式不是劈裂破坏，应检查试件的上下对中情况是否符合要求；若对中没有问题，应检查试件的原材料是否固化不良，或是否属于富填料的粘结材料。

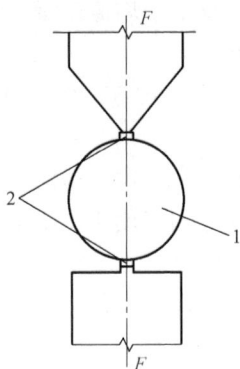

图 10-8　试件安
装示意图
1—试件；2—木垫条

圆柱体劈裂抗拉强度应按式（10-11）计算，计算精确
至 0.01MPa：

$$f_{ct} = \frac{2F}{\pi dl} = \frac{0.637F}{dl} \tag{10-11}$$

式中：f_{ct}——圆柱体劈裂抗拉强度测试值，MPa；

　　　　F——试件破坏荷载，N；

　　　　d——劈裂面的试件直径，mm；

　　　　l——试件的长度，mm。

以 5 个测值的算术平均值作为该组试件的有效强度值；若一
组测值中，有一最大值或最小值，与中间值之差大于 15％时，以
中间值作为该组试件的有效强度值；若最大值和最小值与中间值
之差均大于 15％，则该组试验结果无效，应重做。当需要计算劈
裂抗拉试验结果的标准差及变异系数时，应至少有 15 个有效强
度值。

（4）T 冲击剥离长度的测定（《工程结构加固材
料安全性鉴定技术规范》GB 50728—2011 附录 F）

试验时以一对软钢薄片胶接成 T 冲击剥离试
样，在规定的条件下，对试样未胶接端施加冲击
力，使试样沿其胶接线产生剥离。韧性不同的结
构胶粘剂，其剥离长度有显著差别，从中可判别
出其韧性的优劣。

通过测量试样剥离长度以及对不同型号胶粘剂
测试数据的比较分析，可制定出以剥离长度为指标
的、简易、实用的结构胶粘剂韧性合格评定标准。

试验装置采用自由落体式冲击剥离试验装置，
如图 10-9 所示。采用 45 号钢制作，其表面应做防
锈处理。零部件加工应符合下列要求：作为自由落
体的冲击块，应采用 45 号钢制作，其质量应为
900^{+5}_{0}g；自由滑落导杆应笔直，设计控制的自由落
下高度 H 应为 305mm±1mm。

试验夹具的加工，应能使试样安装后的导杆轴
线通过试样两孔中心。T 冲击剥离试样由一对 Q235
薄钢片胶接而成（图 10-10）。试片加工的允许偏差
应符合：试片弯折后长度 l：±1mm；试片宽度 b：
仅允许有 0.2mm 负偏差；试片厚度 t：+0.1mm，
且不得有负偏差。

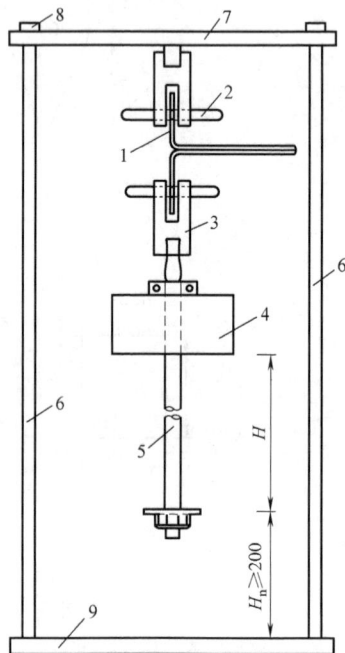

图 10-9　冲击剥离试验装置
示意图（单位：mm）
1—T 形剥离试件；2—ϕ10 销棒；
3—夹持器；4—冲击块 P；5—ϕ20 导杆；
6—ϕ20 圆钢杆；7—顶板（厚 20）；
8—螺母；9—底板（厚 16）

试片胶接前应按结构胶粘剂对碳钢表面处理的要求，进行机械喷砂处理。试样制备应
按结构胶粘剂使用说明书规定的胶接工艺及设计要求的胶层厚度进行。胶接后的试样应在
加压状态下，固化养护 7d；若有关各方同意，允许采用快速固化养护法，即胶粘、加压

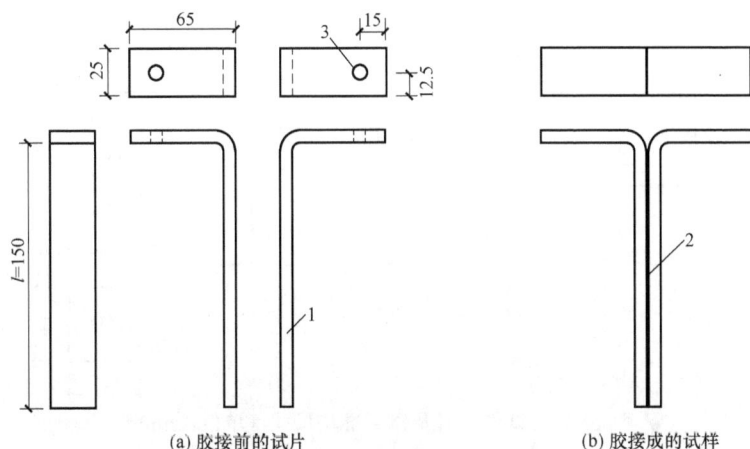

图 10-10 T 冲击剥离试样尺寸（单位：mm）

1—试片厚度 $t=1.0$；2—胶缝；3—$\phi12$ 孔

后立即置入烘箱，在温度为 $(50\pm2)℃$ 条件下连续烘 24h，经自然冷却并静置 16h 后进行试验。每组试样不应少于 5 个。

试验环境温度应为 $(23\pm2)℃$，相对湿度应为 $55\%\sim70\%$。仲裁试验必须按标准的湿度条件 $45\%\sim55\%$ 执行。若试样系在异地制备后送检，应在试验室环境下放置 12h 后才进行测试，且应于试验报告上作异地制备的记载。

试验前，应测量试片的胶缝厚度和胶缝长度，应分别精确到 0.01mm。试样宽度的尺寸偏差应符合要求，否则该试样不得用于测试。

将试样挂在夹持器上，经检查对中无误后，用手将作为自由落体的冲击块提至设计高度 H；突然松手，让钢块自由落下，使试样产生剥离。测量并记录试样的剥离长度，精确到 0.1mm。试验结果以 5 个试样测得的剥离长度的平均值表示。

若 5 个试样中，有一个试样的剥离长度大于其余 4 个试样剥离长度平均值的 25%，表明胶粘工艺有问题，应重新制作 5 个试样进行测试。原测试结果应全部作废，不得参与新测试结果的计算。

试件破坏后的残件应按原状妥善保存，在未经设计人员观察并确认前不得销毁。

（5）正拉粘结强度（《工程结构加固材料安全性鉴定技术规范》GB 50728—2011 附录 G）

试件夹具应由带拉杆的钢夹套与带螺杆的钢标准块构成，且应以 45 号碳钢制作。其形状及主要尺寸如图 10-11 所示。

试验室条件下测定正拉粘结强度应采用组合式试件，其构造应符合下列规定：以胶粘剂为粘结材料的试件应由混凝土试块（图 10-12）、胶粘剂、加固材料（如纤维复合材或钢板等）及钢标准块相互黏合而成 [图 10-13（a）]；

以结构用聚合物改性水泥砂浆为粘结材料的试件应由混凝土试块（图 10-13）、结构界面胶（剂）涂布层、现浇的聚合物改性水泥砂浆层及钢标准块相互粘合而成 [图 10-13（b）]。

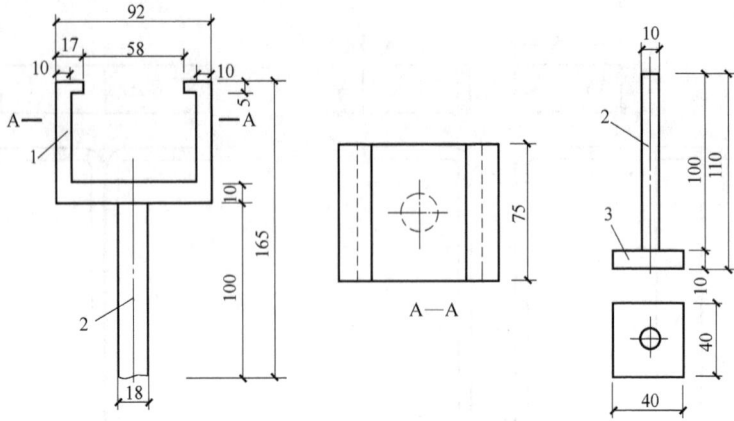

图 10-11 试件夹具及钢标准块尺寸（单位：mm）

1—钢夹具；2—螺杆；3—标准块

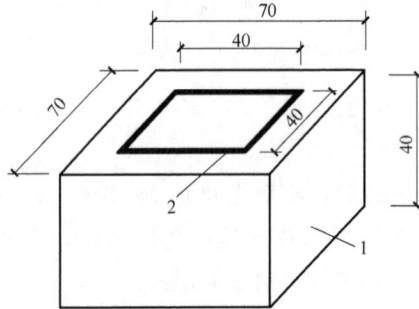

图 10-12 混凝土试块形式及尺寸（单位：mm）

1—混凝土试块；2—预切缝

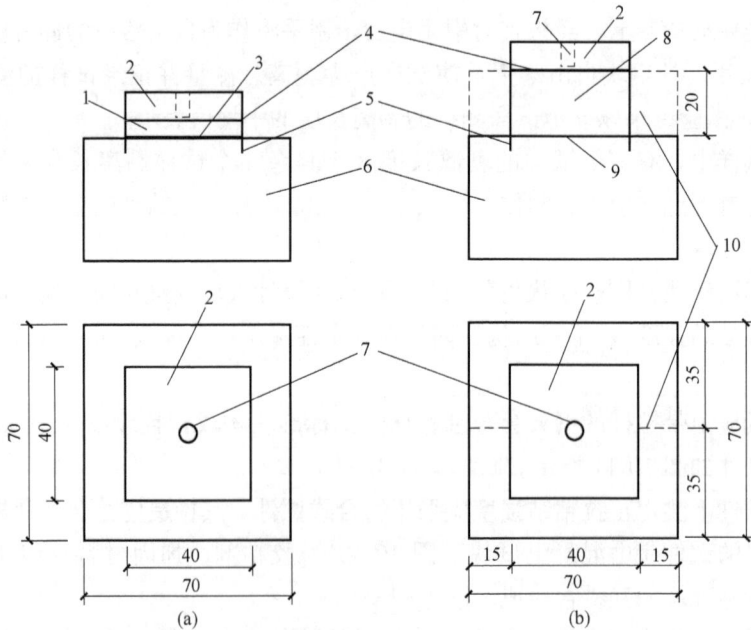

图 10-13 正拉粘结强度试验的试件及尺寸（单位：mm）

1—加固材料；2—钢标准块；3—受检胶的胶缝；4—粘贴标准块的快固胶；5—预切缝；6—混凝土试块；
7—φ10 螺孔；8—现浇聚合物砂浆层（或复合砂浆层）；9—结构界面胶（剂）；
10—虚线部分表示浇筑砂浆用可拆卸模具的安装位置

试样组成部分的制备应符合：受检粘结材料应按其使用说明书规定的工艺要求进行制备。混凝土试块的尺寸应为 70mm×70mm×40mm，其混凝土强度等级，对 A 级和 B 级胶粘剂均应为 C40～C45；对 A 级和 B 级界面胶（剂），应分别为 C40 和 C25。对Ⅰ级和Ⅱ级聚合物砂浆，其试块强度等级与界面胶（剂）的要求相同。试块浇筑后应经 28d 标准养护；试块使用前，应以专用的机械切出深度约 5mm 的预切缝，缝宽约 2mm，如图 10-12 所示。预切缝围成的方形平面，其净尺寸应为 40mm×40mm，并应位于试块的中心。混凝土试块的粘贴面（方形平面）应作打毛处理。打毛深度应达骨料新面，且手感粗糙，无尖锐突起。试块打毛后应清理洁净，不得有松动的骨料和粉尘。

受检加固材料的取样应符合：纤维复合材应按规定的抽样规则取样，从纤维复合材中间部位裁剪出尺寸为 40mm×40mm 的试件；试件外观应无划痕和折痕，粘合面应洁净，无油脂、粉尘等影响胶粘的污染物；钢板应从施工现场取样，并切割成 40mm×40mm 的试件，其板面及周边应加工平整，且应经除氧化膜、锈皮、油污和喷砂处理；粘合前，尚应用工业丙酮擦洗干净；聚合物砂浆和复合砂浆，应从一次性进场的批量中随机抽取其各组分，然后在试验室进行配制和浇注。

钢标准块的制作应符合：钢标准块宜用 45 号碳钢制作，其中心应车有安装 φ10 螺杆用的螺孔；标准块与加固材料粘合的表面应经喷砂方法的糙化处理；标准块可重复使用，但重复使用前应完全清除粘合面上的粘结材料层和污迹，并重新进行表面处理。

试件的粘合、浇筑与养护应符合：应在混凝土试块的中心位置，按规定的粘合工艺粘贴加固材料（如纤维复合材或薄钢板），若为多层粘贴，应在胶层指干时立即粘贴下一层；当检验聚合物改性水泥砂浆时，应在试块上先安装模具，再浇筑砂浆层；若该聚合物改性水泥砂浆使用说明书规定需涂刷结构界面胶（剂）时，还应在混凝土试块上先刷上专门的界面胶（剂），再浇筑砂浆层；试件粘贴或浇筑时，应采取措施防止胶液或砂浆流入预切缝。粘贴或筑筑完毕后，应按受检材料使用说明书规定的工艺要求进行加压、养护，分别经 7d 固化（胶粘剂）或 28d 硬化（砂浆）后，用快固化的高强胶粘剂将钢标准块粘贴在试件表面。每一道作业均应检查各层之间的对中情况。

对结构胶粘剂的加压、养护，若工期紧，且征得有关各方同意，允许采用以下快速固化、养护制度：在 50℃条件下烘 24h；热烘过程中允许有±2℃的偏差；自然冷却至 23℃后，再静置 16h，即可贴上标准块。

试件应安装在钢夹具（图 10-14）内并拧上传力螺杆。安装完成后各组成部分的对中标

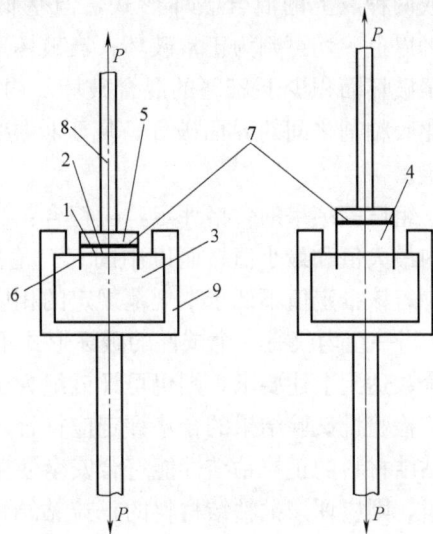

图 10-14 试件组装

1—受检胶粘剂；2—被粘合的纤维复合材或钢板；
3—混凝土试块；4—聚合物砂浆层；5—钢标准块；
6—混凝土试块预切缝；7—快固化高强
胶粘剂的胶缝；8—传力螺杆；9—钢夹具

志线应在同一轴线上。

常规试验的试样数量每组不应少于 5 个，仲裁试验的试样数量应加倍。

试验环境应保持在温度（23±2）℃，相对湿度 45%～70%。对仲裁性试验，相对湿度应控制在 45%～55%。若试样系在异地制备后送检，应在试验标准环境条件下放置 24h 后才进行试验，且应于检验报告上作异地制备的记载。

将安装在夹具内的试件（图 10-14）置于试验机上下夹持器之间，并调整至对中状态后夹紧。以 3mm/min 的均匀速率加荷直至破坏。记录试样破坏时的荷载值，并观测其破坏形式。

正拉粘结强度应按式（10-12）计算，计算精确至 0.1MPa：

$$f_{ti} = P_i / A_{ai} \tag{10-12}$$

式中：f_{ti}——试样 i 的正拉粘结强度，MPa；

P_i——试样 i 破坏时的荷载值，N；

A_{ai}——金属标准块 i 的粘合面面积，mm^2。

试样破坏形式应按下列规定划分为内聚破坏、粘附破坏和混合破坏。内聚破坏：应分为基材混凝土内聚破坏和受检粘结材料的内聚破坏，后者可见于使用低性能、低质量的胶粘剂（或聚合物砂浆和复合砂浆）的场合。粘附破坏（层间破坏）：应分为胶层或砂浆层与基材之间的界面破坏及胶层与纤维复合材或钢板之间的界面破坏。混合破坏：粘合面出现两种或两种以上的破坏形式。

破坏形式正常性判别，应符合规定：当破坏形式为基材混凝土内聚破坏，或虽出现两种或两种以上的混合破坏形式，但基材混凝土内聚破坏形式的破坏面积占粘合面面积 85% 以上，均可判为正常破坏；当破坏形式为粘附破坏、粘结材料内聚破坏或基材混凝土内聚破坏面积少于 85% 的混合破坏，均应判为不正常破坏。钢标准块与检验用高强、快固化胶粘剂之间的界面破坏，属于检验技术问题，应重新粘贴；不参与破坏形式正常性评定。

组试验结果的合格评定，应符合：当一组内每一试件的破坏形式均属正常时，应舍去组内最大值和最小值，而以中间三个值的平均值作为该组试验结果的正拉粘结强度推定值。若该推定值不低于本规范规定的相应指标，则可评该组试件正拉粘结强度检验结果合格。当一组内仅有一个试件的破坏形式不正常，允许以加倍试件重做一组试验。若试验结果全数达到上述要求，则仍可评该组为试验合格组。

检验批试验结果的合格评定应符合：若一检验批的每一组均为试验合格组，则应评该批粘结材料的正拉粘结性能符合安全使用的要求；若一检验批中有一组或一组以上为不合格组，则应评该批粘结材料的正拉粘结性能不符合安全使用要求；若检验批由不少于 20 组试件组成，且仅有一组被评为试验不合格组，则仍可评该批粘结材料的正拉粘结性能符合使用要求。

（6）约束拉拔条件下胶粘剂粘结钢筋与基材混凝土的粘结强度测定（《工程结构加固材料安全性鉴定技术规范》GB 50728—2011 附录 K）

试验设备和装置由油压穿心千斤顶、力值传感器、钢制夹具、约束用的钢垫板等组成的约束拉拔式粘结强度检测仪（图 10-15）。宜配备 300kN 和 60kN 穿心千斤顶各一台，其力值传感器测量精度应达±1.0%，试件破坏荷载应处于拉拔装置标定满负荷的20%～80%。若需测定拉拔过程的位移，尚应配备位移传感器和力-位移数据同步采集仪及笔记本电脑和适用的绘图程序。

约束用的钢垫板应为中心开孔的圆形钢板，钢板直径不应小于180mm，板中心应开有直径为36mm的圆孔，板厚为（15～20）mm，上下板面应刨平。

植筋用的混凝土块体应按种植15根φ25带肋钢筋进行设计，并应符合：1块体尺寸其长度、宽度和高度应分别不小于1260mm、1060mm和250mm。块体混凝土强度等级一块应为C30级、另一块应为C60级。块体配筋为仅配置架立钢筋和箍筋（图10-16）。若需吊装，尚应设置吊环。必要时，还可在块体底部配少量纵向钢筋，钢筋保护层厚度为30mm。吊环预埋位置及底部配筋位置可根据实际情况确定。混凝土表面应抹平整。植筋用的钻孔机械，可根据试验设计的要求进行选择。当采用水钻机械时，钻孔后，应对孔壁进行糙化处理。

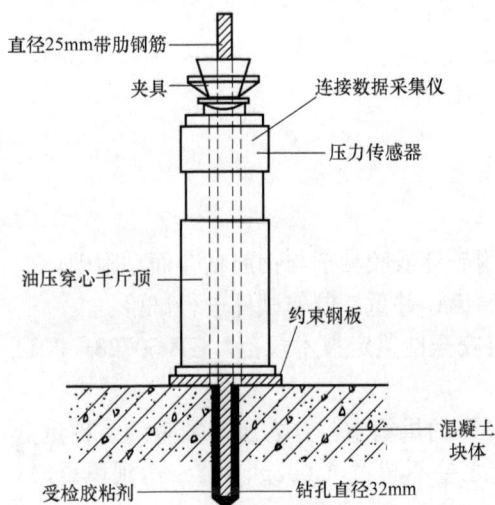

图 10-15　约束拉拔式粘结强度检测仪示意图

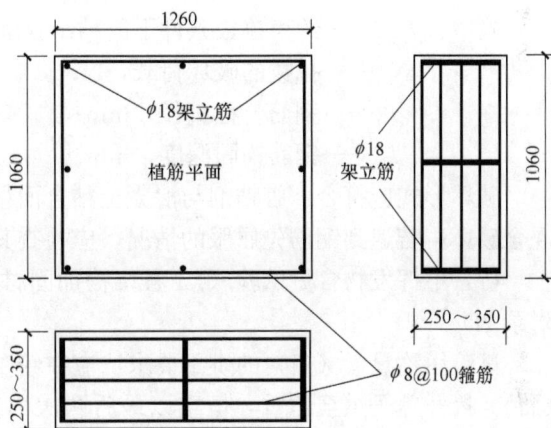

图 10-16　植筋用混凝土块体配筋图（单位：mm）

试验试件由受检胶粘剂和植入混凝土块体的热轧带肋钢筋组成，每组试件不少于5个。

热轧带肋钢筋的公称直径应为25mm；钢筋等级不宜低于400级；其表面应无锈迹、油污和尘土污染；外观应平直，无弯曲，其相对肋面积应在0.055～0.065之间。钢筋的长度应根据其埋深及夹具尺寸和检测仪的千斤顶高度确定。钢筋的植入深度，对C30混凝土块体应为150mm（6倍钢筋直径）；对C60混凝土块体应为125mm（5倍钢筋直径）。

受检的胶粘剂应由独立检验单位从成批供应的材料中通过随机抽样取得，其包装和标志应完好无损，不得采用过期的胶粘剂进行试验。

植筋前应检测混凝土块材钻孔部位的含水率，其检测结果应符合试验设计的要求。钻孔的直径及其实测的偏差应符合该胶粘剂使用说明书的规定。

植筋前的清孔，应采用专门的清孔设备，但清孔的吹和刷的次数应比该胶粘剂使用说明书规定的次数减少一半。若使用说明书的规定为两吹一刷，则实际操作时只吹一次而不再刷；若使用说明书未规定清孔的方法和次数，则试验时不得进行清孔。

植筋胶液的调制和注胶方法应严格按胶粘剂使用说明书的规定执行。在注入胶液的孔中，应立即插入钢筋，并按顺时针方向边转边插，直至达到规定的深度。

植筋完毕应静置养护 7d，养护的条件应按使用说明书的规定执行。养护到期的当天应立即进行拉拔试验，若因故推迟不得超过 1d。

试验环境的温度应为 (23 ± 2)℃，相对湿度应不大于 70%。若受检的胶粘剂对湿度敏感，相对湿度应控制在 45%～55%。

试验步骤应符合：将粘结强度检测仪的空心千斤顶穿过钢筋安装在混凝土块体表面的钢垫板上，并通过其上部的夹具夹持植筋试件，并仔细对中、夹持牢固；启动可控油门，均匀、连续地施荷，并控制在 $(2\sim3)$min 内破坏；记录破坏时的荷载值及破坏形式。

约束拉拔条件下的粘结强度应按式（10-13）计算：

$$f_{b,c}=N_u/\pi d_0 l_b \tag{10-13}$$

式中：$f_{b,c}$——约束拉拔条件下的粘结强度，MPa；

　　　　N_u——拉拔的破坏荷载，N；

　　　　d_0——钢筋公称直径，mm；

　　　　l_b——钢筋锚固深度，mm。

破坏形式应符合：胶粘剂与混凝土粘合面粘附破坏或胶粘剂与钢筋粘合面粘附破坏或混合破坏。若遇到钢筋先屈服的情况，应检查其原因，并重新制作试件进行试验。

（7）不挥发物含量试验（《工程结构加固材料安全性鉴定技术规范》GB 50728—2011 附录 H）

试验用称量盒（瓶）的烘干要求：应在约 105℃ 的烘箱中，置入所需数量的空称量盒（瓶），揭开盖子烘至恒重，恒重以最后两次称量之差不超过 0.002g 为准。达到恒重时，记录其质量后再放进干燥器待用。

取样应在包装完好、未启封的结构胶粘剂检验批中，随机抽取一件。经检查中文标志无误后，拆开包装，从每一组分容器中各称取样品约 50g，分别盛于取胶皿，签封后送检测机构。

样品状态调节应将所取的各组分样品连同取胶皿放进干燥器内，在试验室正常温湿度条件下静置一夜，调节其状态。

制作试样应根据该胶粘剂使用说明书规定的配合比，按配制 30g 胶粘剂分别计算并称取每一组分的用量；经核对无误后，倒入调胶器皿中混合均匀；用两个称量盒（瓶）从混合均匀的胶液中，各称取一份试样，每份约 1g，分别记其净质量为 m_{01} 和 m_{02}，称量应准确至 0.001g；将两份试样同时置于 $40^{+2}_{\ 0}$℃ 的环境中固化 24h；应将已固化的两份试样移入已调节好温度的烘箱中，在 (105 ± 2)℃ 条件下，烘 180min±5min；取出两份试样，放入干燥器中冷却至室温；分别称量两份试样，记其净质量为 m_{11} 和 m_{12}，称量应精确至 0.001g。

一次平行试验取得的两个结果，可按式（10-14）和式（10-15）分别计算试样 1 和试样 2 的不挥发物含量测值，取三位有效数字：

$$x_1 = \frac{m_{11}}{m_{01}} \times 100\% \qquad (10\text{-}14)$$

$$x_2 = \frac{m_{12}}{m_{02}} \times 100\% \qquad (10\text{-}15)$$

式中：x_1 和 x_2——分别为试样 1 和试样 2 的不挥发物含量测值，%；

m_{01} 和 m_{02}——分别为试样 1 和试样 2 加热前的净质量，g；

m_{11} 和 m_{12}——分别为试样 1 和试样 2 加热后的净质量，g。

在完成第一次平行试验后，尚应按同样的步骤完成第二次平行试验，并得到相应的不挥发物含量测值 x_3 和 x_4。测试结果以两次平行试验的平均值表示。

（8）耐湿热老化性能（快速法）（《建筑结构加固工程施工质量验收规范》GB 50550—2010 附录 J）

本方法适用于已通过湿热老化性能验证性试验的结构胶粘剂和结构加固用聚合物砂浆的进场复验。当出具本复验报告时，必须附有湿热老化性能验证性试验报告，否则本复验报告无效。

试验用水应采用蒸馏水或去离子水，且试验用过的水不得重复使用。

试件应采用测定其抗剪强度的试件。若按现行国家标准《胶粘剂 拉伸剪切强度的测定（刚性材料对刚性材料）》GB/T 7124—2008 制作试件不成功，则本试验无需进行，即可直接判定该胶粘剂为不合格产品。试件的数量不应少于 10 个，且应随机分为 2 组；其中一组为老化试验组；另一组为对照组。

试件的粘合、养护条件和方法以及固化或硬化时间的要求，应符合其产品说明书的要求。试件在 23℃ 条件下固化养护时间以 7d 为准，但若工期紧，且已征得有关各方同意，对胶粘剂则允许在 40^{+2}_{0}℃ 条件下固化养护 24h，经自然降温至 23℃±2℃ 后，再静置 16h，即可开始复验。

对一般结构胶粘剂及聚合物砂浆，试验水温应保持 80℃，恒温时间为 168h；对低黏度压力灌注胶粘剂，试验水温应保持 55℃，恒温时间为 240h。温度允许偏差均为 $^{+2}_{0}$℃。应在 （1～1.5）h 之间，使恒温水槽内的水温自 25℃ 均匀地升至规定温度（80℃ 或 55℃），并开始计时。恒温水槽内有效工作区的水温应均匀，且不应有明显波动。水温应按传感器示值进行实时控制。在连续恒温达到规定的时间（168h 或 240h）时，应立即开始降温，且应在 （1～1.5）h 之间从 80℃ 连续、均匀地降至 （23±2）℃。

老化性能快速测定应先测定对照组试件的初始抗剪强度；将老化试验组试件置入恒温水槽；试件与水面、槽壁和槽底的距离不应小于 50mm；启动温控装置，按要求的升温制度进行升温。在达到试验要求的温度时，进入保持恒温的阶段，并进行实时监控；若试验过程中突然遭遇短时间停电或停机，应记录在案备查；当恒温达到规定时间并降温至 23℃ 时，取出试件拭干后立即进行剪切破坏试验，加荷速度取 （3～5）mm/min。同一组试件的试验应在 30min 内全部完成。

老化复验结束后，应按式（10-16）计算抗剪强度降低百分率，取两位有效数字：

$$\rho_{w,i} = \frac{R_{0,i} - R_{w,i}}{R_{0,i}} \times 100\% \qquad (10\text{-}16)$$

式中：$\rho_{w,i}$——第 i 组老化复验后抗剪强度降低百分率，%；

$\qquad R_{0,i}$——第 i 组对照试件初始抗剪强度算术平均值，MPa；

$\qquad R_{w,i}$——第 i 组试件经老化复验后抗剪强度算术平均值，MPa。

当现场快速老化复验后的抗剪强度下降百分率满足：对 A 级结构胶及Ⅰ级聚合物砂浆，$\rho_{w,i} \leqslant 8\%$；对 B 级结构胶及Ⅱ级聚合物砂浆，$\rho_{w,i} \leqslant 12\%$ 时，可判为复验合格。

10.3 水泥基灌浆料

1. 定义与分类

水泥基灌浆材料以水泥为基本材料，与骨料、外加剂和矿物掺合料等原材料按比例计量混合而成加水拌合后具有高流动度、早强、高强、微膨胀等性能的干混材料。按流动度和骨料大小分为四类：Ⅰ类、Ⅱ类、Ⅲ类和Ⅳ类。按抗压强度分为 A50、A60、A70 和 A85 四个等级（《水泥基灌浆材料》JC/T 986—2018）。钢筋套筒连接用灌浆料也属于专用灌浆材料，后面会专门介绍。

2. 技术要求

我们常用的水泥基灌浆材料产品标准有《水泥基灌浆材料应用技术规范》GB/T 50448—2015、《水泥基灌浆材料》JC/T 986—2018 标准，其流动度、竖向膨胀率指标基本一致，《水泥基灌浆材料》JC/T 986—2018 标准按抗压强度分为四个等级，这里以《水泥基灌浆材料应用技术规范》GB/T 50448—2015 为主进行介绍。

水泥基灌浆材料主要性能指标见表 10-11。

水泥基灌浆材料主要性能指标   表 10-11

类别		Ⅰ	Ⅱ	Ⅲ	Ⅳ
最大骨料粒径/mm			≤4.75		>4.75 且≤25
截锥流动度/mm	初始值	—	≥340	≥290	≥650a
	30min	—	≥310	≥260	≥550a
流锥流动度/mm	初始值	≤35	—	—	—
	30min	≤50	—	—	—
竖向膨胀率/%	3h			0.1~3.5	
	24h 与 3h 的膨胀值之差			0.02~0.50	
抗压强度/MPa	1d	≥15		≥20	
	3d	≥30		≥40	
	28d	≥50		≥60	
泌水率/%				0	
a 表示坍落扩展度数值					

《水泥基灌浆材料》JC/T 986—2018 中抗压强度技术要求见表 10-12。

抗压强度技术要求   表 10-12

项目	A50	A60	A70	A85
1d	≥15	≥20	≥25	≥35
3d	≥30	≥40	≥45	≥60
28d	≥50	≥60	≥70	≥85

3. 组批原则及取样要求

同类产品每200t计为一批，不足200t也计为一批。Ⅰ类、Ⅱ类、Ⅲ类取样不少于40kg，Ⅳ类取样不少于80kg。

4. 试验方法（《水泥基灌浆材料应用技术规范》GB/T 50448—2015 附录 A）

试验室温度应为（20±2）℃，相对湿度应大于50%。养护室的温度应为（20±1）℃，相对湿度应大于90%；养护水的温度应为（20±1）℃。成型时，水泥基灌浆材料和拌合水的温度应与试验室的温度一致。试验原始记录可参考附表（JCZX-GC-D（2)-4106）灌浆料试验原始记录。

（1）截锥流动度

试验应采用行星式水泥胶砂搅拌机搅拌，并应按固定程序搅拌240s。截锥圆模应符合现行国家标准《水泥胶砂流动度测定方法》GB/T 2419—2005 的规定；玻璃板尺寸不应小于500mm×500mm，并应放置在水平试验台上。

试验时应预先润湿搅拌锅、搅拌叶、玻璃板和截锥圆模内壁；搅拌好的灌浆材料倒满截锥圆模后，浆体应与截锥圆模上口平齐；提起截锥圆模后应让灌浆材料在无扰动条件下自由流动直至停止，用卡尺测量底面最大扩散直径及与其垂直方向的直径，计算平均值作为流动度初始值，测试结果应精确到1mm；应在6min内完成初始值检验；初始值测量完毕后，迅速将玻璃板上的灌浆材料装入搅拌锅内，并应用潮湿的布封盖搅拌锅；初始值测量完毕后30min，应将搅拌锅内灌浆材料重新按搅拌机的固定程序搅拌240s，然后应测量流动度值作为30min保留值，并应记录数据。

（2）流锥流动度

流锥流动度测试仪的尺寸应见图10-17。

试验前应进行流动锥的校验：（1725±5)mL水流出的时间应为（8.0±0.2)s。

测定时，应将漏斗调整水平，封闭底口，将搅拌均匀的浆体均匀倾入漏斗内，直至表面触及点测规下端（1725±5)mL浆体水平线。开启底口，使浆体自由流出，并应记录浆体全部流出时间（s）。

（3）坍落扩展度试验

试验应采用强制式混凝土搅拌机拌合。

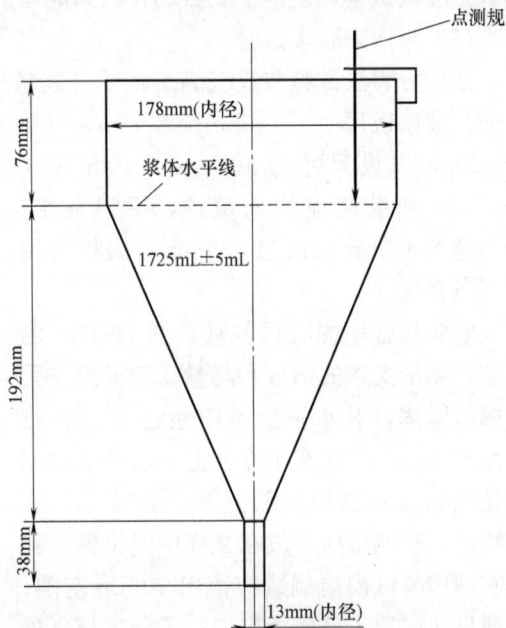

图 10-17 流动锥示意图

坍落度筒应符合现行行业标准《混凝土坍落度仪》JG/T 248—2009 的规定；底板应平直，尺寸不应小于 800mm×800mm。

测定坍落扩展度时应预先用水润湿搅拌机、混凝土坍落度筒及底板，不得有明水；将 20kg 水泥基灌浆材料倒入搅拌机内，搅拌 180s；应把坍落度筒放在底板中心，然后用脚踩住两边的脚踏板，坍落度筒在装料时应保持固定的位置；应将搅拌好的水泥基灌浆材料一次性装满坍落度筒，不需插捣，用抹刀刮平，清除筒边底板上的灌浆材料，应垂直提起坍落度筒，提离过程应在（5~10）s 内完成，从开始装料到提坍落度筒的整个过程应在 60s 内完成；应用直尺测量灌浆料扩展后的垂直方向上的扩展直径，计算两个所测直径的平均值，即为坍落扩展度初始值，测试结果应精确到 1mm，取整后用 mm 表示并记录数据；应在 5min 内完成坍落扩展度初始值检验；坍落扩展度初始值测量完毕后，迅速将底板上的灌浆材料装入搅拌机内，并用潮湿的布封盖搅拌机入料口；坍落扩展度初始值测量完毕后 30min，应将搅拌机内灌浆材料重新搅拌 180s，测量坍落扩展度作为坍落扩展度 30min 保留值，并应记录数据。

（4）抗压强度试验

水泥基灌浆材料的最大骨料粒径不大于 4.75mm 时，抗压强度标准试件应采用尺寸为 40mm×40mm×160mm 的棱柱体，抗压强度的检验应按现行国家标准《水泥胶砂强度检验方法（ISO 法）》GB/T 17671—2021 中的有关规定执行。应采取非振动成型，将拌合好的浆体直接灌入试模，浆体应与试模的上边缘平齐。从搅拌开始计时到成型结束，应在 6min 内完成。

水泥基灌浆材料的最大骨料粒径大于 4.75mm 且不大于 25mm 时，抗压强度标准试件应采用尺寸 100mm×100mm×100mm 的立方体，抗压强度检验应按现行国家标准《混凝土物理力学性能试验方法标准》GB/T 50081—2019 中的有关规定执行。将拌合好的浆体直接灌入试模，适当手工振动，浆体应与试模的上边缘平齐。

（5）竖向膨胀率试验

架百分表法试验装置应满足：千分表量程为 10mm，分度值为 0.001mm；钢质测量支架；玻璃板尺寸为 140mm×80mm×5mm；钢质压块直径为 70mm，厚为 5mm，质量为 150g；试模尺寸为 100mm×100mm×100mm，拼装缝应填入黄油，不得漏水；铲勺宽为 60mm，长为 160mm；捣板可用钢锯条替代。

竖向膨胀率的测量装置（图 10-18）的安装：测量支架的垫板和测量支架横梁应采用螺母紧固，其水平度不应超过 0.02；测量支架应水平放置在工作台上，水平度也不应超过 0.02；试模应放置在钢垫板上，不应摇动；玻璃板应平放在试模中间位置，其左右两边与试模内侧边应留出 10mm 空隙；钢质压块应置于玻璃板中央；千分表与测量支架横梁应固定牢靠，但表杆应能自由升

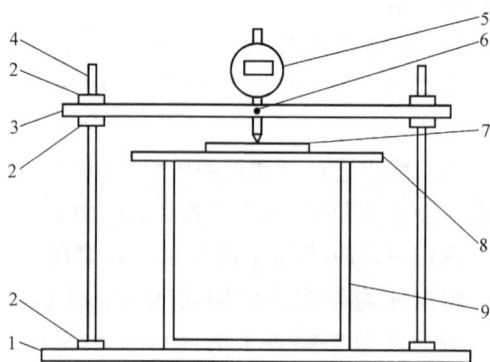

图 10-18　竖向膨胀率测量装置示意图
1—测量支架垫板；2—测量支架紧固螺母；3—测量支架横梁；4—测量支架立杆；5—千分表；6—紧固螺钉；7—钢质压块；8—玻璃板；9—试模

降。安装千分表时，应下压表头，宜使表针指到量程的1/2处。

架百分表法测定竖向膨胀率的试验应根据最大骨料的尺寸，拌合水泥基灌浆材料；将玻璃板平放在试模中间位置，并轻轻压住玻璃板，拌合料应一次性从一侧倒满试模，至另一侧溢出并高于试模边缘约2mm，对于Ⅳ类灌浆料，成型过程中可轻微插捣，用湿棉丝覆盖玻璃板两侧的浆体；把百分表测量头垂直放在玻璃板中央，并应安装牢固；在30s内读取百分表初始读数 h_0；成型过程应在搅拌结束后3min内完成；应自加水拌合时起分别于3h和24h读取百分表的读数 h_t；整个测量过程中应保持棉丝湿润，装置不得受振动，成型养护温度应为（20±2）℃；竖向膨胀应按式（10-17）计算，试验结果应取一组三个试件的算术平均值，计算值应精确至0.001%：

$$\varepsilon_t = \frac{h_t - h_0}{h} \times 100 \tag{10-17}$$

式中：ε_t——竖向膨胀率，%；

  h_0——试件高度的初始读数，mm；

  h_t——试件龄期为 t 时的高度读数，mm；

  h——试件基准高度，100mm。

非接触式测量法的仪器设备应包括激光发射接收系统及数据采集系统，系统分辨率不应大于0.01mm，量程不应小于4mm，并应有计量合格证明。制样应采用100mm立方体混凝土用试模，拼装缝应紧密，不得漏水；或采用有效高度为100mm，上口直径100mm的刚性圆锥形试模。

非接触式测量法测定竖向膨胀率的试验应根据最大骨料的尺寸，拌合水泥基灌浆材料；应将拌合料一次性倒满试模，浆体与试模上沿平齐，并在浆体表面中间位置放置一个激光反射薄片；应将试模放置在激光测量探头的正下方，并应按仪器的使用要求操作；应在拌合后5min内完成操作，并开始测量，记录3h和24h的读数，当有特殊要求时，应按要求的时间读取读数；测量过程中应采取保湿措施，避免浆体水分蒸发，在测量过程中，不得振动、接触或移动试体和测试仪器；应按式（10-18）计算竖向膨胀率：

$$\varepsilon_t = (h_t - h_0/h) \times 100 \tag{10-18}$$

式中：ε_t——竖向膨胀率，精确至0.01%；

  h_0——试件高度的初始读数，mm；

  h_t——试件龄期为 t 时的高度读数，mm；

  h——试件基准高度，100mm。

10.4 锚栓

1. 定义与分类

锚栓是指一切后锚固组件的总称，范围很广。按原材料不同分为金属锚栓和非金属锚栓。按作用机理分为机械锚栓和化学锚栓。按锚固机理不同分为膨胀型锚栓、扩孔型锚栓、粘结型锚栓、混凝土螺钉、射钉、混凝土钉等。

2. 技术要求（《混凝土用机械锚栓》JG/T 160—2017）

锚栓种类繁多，用途广泛，这里仅介绍混凝土机械锚栓，混凝土机械锚栓主要受力部件应由碳素结构钢、优质碳素结构钢、合金结构钢或不锈钢制造，原材料的化学成分和力学性能应符合相应标准的规定，并与产品设计图纸相符。

机械锚栓锚固性能应符合表 10-13 的要求。

混凝土机械锚栓锚固性能要求

表 10-13

锚固性能项目	破坏形式	性能指标		适用锚栓类别
		Ⅰ级	Ⅱ级	
非开裂混凝土上拉伸基准试验性能	钢材破坏	$N_{Ru,s} \geq A_s R_{m,min}$ $v_N \leq 0.05$ $\gamma_{min} \geq 0.80$		N,C,S
	其他破坏形式	$N_{Ru,m} \geq 1.31 f_{cu}^{0.5} h_{ef}^{1.5}$ $N_{Rk} \geq 10.1 f_{cu}^{0.5} h_{ef}^{1.5}$ $v_N \leq 0.15$ $v_\beta \leq 0.30$	$N_{Ru,m} \geq 10.5 f_{cu}^{0.5} h_{ef}^{1.5}$ $N_{Rk} \geq 8.1 f_{cu}^{0.5} h_{ef}^{1.5}$ $v_N \leq 0.15$ $v_\beta \leq 0.30$	
非开裂混凝土上剪切基准试验性能	钢材破坏	$V_{Ru,s} \geq 0.6 A_{sv} R_{m,min}$ $v_V \leq 0.15$		N,C,S
0.3mm 开裂混凝土上拉伸性能	钢材破坏	$N_{Ru,s} \geq A_s R_{m,min}$ $v_N \leq 0.05$ $\gamma_{min} \geq 0.70$		C,S
	其他破坏形式	$N_{Ru,m} \geq 9.2 f_{cu}^{0.5} h_{ef}^{1.5}$ $N_{Rk} \geq 7.1 f_{cu}^{0.5} h_{ef}^{1.5}$ $v_N \leq 0.15$ $v_\beta \leq 0.40$ $\gamma_{min} \geq 0.70$	$N_{Ru,m} \geq 7.4 f_{cu}^{0.5} h_{ef}^{1.5}$ $N_{Rk} \geq 5.7 f_{cu}^{0.5} h_{ef}^{1.5}$ $v_N \leq 0.15$ $v_\beta \leq 0.40$ $\gamma_{min} \geq 0.70$	
0.3mm 开裂混凝土上剪切性能	钢材破坏	$V_{Ru,s} \geq 0.6 A_{sv} R_{m,min}$ $v_V \leq 0.15$		C,S

A_s——锚栓螺杆受拉破坏部位公称截面面积,mm^2；

A_{sv}——锚栓受剪部位公称截面面积,mm^2；

f_{cu}——混凝土立方体抗压强度实测值,MPa；

h_{ef}——有效锚固深度,即混凝土表面到锚固作用点距离,mm；

N_{Rk}——抗拉承载力标准值,N；

$N_{Ru,m}$——抗拉承载力平均值,N；

$N_{Ru,s}$——锚栓螺杆钢材抗拉承载力,N；

$R_{m,min}$——锚栓螺杆钢材的最小抗拉强度,MPa；

γ_{min}——试验样品中滑移系数的最小值；

v_N——抗拉承载力变异系数；

v_V——抗剪承载力变异系数；

v_β——抗拉刚度变异系数。

N：用于非开裂混凝土的锚栓；

C：既可用于非开裂混凝土,也可用于开裂混凝土的锚栓；

S：既可用于非开裂混凝土,也可用于开裂混凝土,并可承受地震作用的锚栓

3. 组批原则和取样要求

一次进场的同种材料为一批。随机抽取 3 箱（不足 3 箱应全取）的锚栓，经混合均匀后，从中见证抽取 5% 且不少于 5 个。

4. 试验方法

（1）力学性能试验方法依据《金属材料 拉伸试验 第 1 部分：室温试验方法》GB/T 228.1—2021 标准进行。

（2）锚固性能试验

锚固性能试验用混凝土试件抗压强度和制作要求应符合以下规定：

1）混凝土用原材料：砂石骨料应符合《建设用砂》GB/T 14684—2022 和《建设用卵石、碎石》GB/T 14685—2022 的规定，粗骨料粒径不大于 20mm。采用符合《通用硅酸盐水泥》GB 175—2007 规定的硅酸盐水泥或普通硅酸盐水泥，不应添加其他胶凝材料和外加剂。

2）试件混凝土强度：使用两种强度的混凝土试件；低强度混凝土抗压强度为（30±5）MPa；高强度混凝土抗压强度为（60±5）MPa。试件混凝土抗压强度依据同条件养护的混凝土立方体试块确定，在锚栓试验的同时试压试块强度，如果锚栓试验持续时间较长，应在试验的开始、过程中和结束时分别试压试块强度。当连续两次试压试块强度值差不超过 5MPa，可取强度的平均值作为试件混凝土抗压强度。

3）混凝土试件分为无裂缝的非开裂混凝土试件和人为产生试验用裂缝的开裂混凝土试件两种。试件厚度不小于 $2h_{ef}$（h_{ef}——有效锚固深度，即混凝土表面到锚固作用点的距离）；尺寸不宜过小，应保证锚栓边距及加载设备支撑点不影响试验结果。试件一般应水平浇筑，如果垂直浇筑，浇筑高度不大于 1.5m，且应均匀致密。非开裂混凝土试件宜为素混凝土，可适当配置构造钢筋，但在锚栓周边 $2h_{ef}$ 范围内不应有钢筋。开裂混凝土试件中的裂缝应在混凝土试件成型后产生，裂缝间距应根据锚栓的类型、尺寸和破坏形式确定，不应对试验结果产生影响。开裂混凝土试件中可配置受拉钢筋如图 10-19 所示，两侧施加拉力 F 可控制裂缝宽度，但在锚栓周边 $2h_{ef}$ 范围内不应有钢筋。

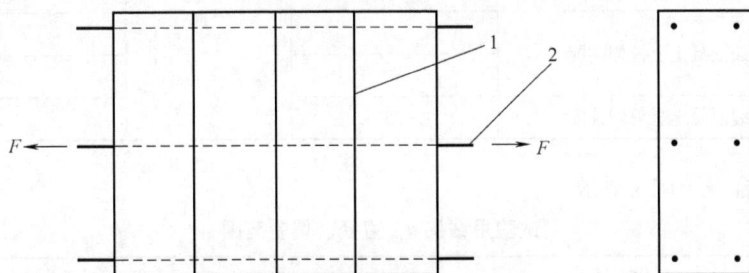

图 10-19　开裂混凝土试件示意图
1—试验用裂缝；2—受拉钢筋；F—钢筋受拉力

4）裂缝宽度测量：测量裂缝宽度仪表布置见图 10-20。仪表 D_1、D_2 测点平均值为试件表面裂缝宽度，仪表 D_3、D_4 测点平均值为有效锚固深度位置的裂缝宽度。裂缝测量误差应不大于 ±0.02mm。

5）裂缝宽度控制：试件上表面裂缝宽度和有效锚固深度位置的裂缝宽度应基本相等，

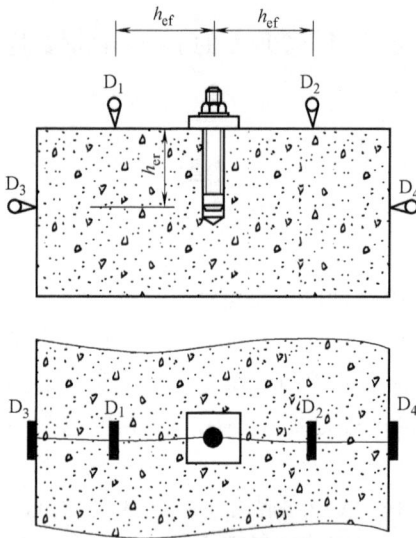

图10-20　裂缝宽度测量示意图
D_1、D_2、D_3、D_4—裂缝宽度测量仪表；
h_{ef}—有效锚固深度

有效锚固深度位置的裂缝宽度不应小于规定的裂缝宽度。试验过程中裂缝宽度应符合要求，单个测点处裂缝宽度允许偏差为当裂缝宽度小于0.3mm时，允许偏差不应大于规定裂缝宽度的±20%；当裂缝宽度不小于0.3mm时，允许偏差不应大于规定裂缝宽度的±10%和±0.04mm的较小值。钻孔和安装锚栓前，可在裂缝两侧对试件施加适当的压力，使安装锚栓后裂缝仍近似闭合，以此作为初始裂缝宽度，试验过程中的裂缝宽度Δw是以此初始裂缝宽度为0的相对裂缝宽度。

锚栓安装应符合下列规定：锚栓应安装在平整的混凝土试件表面上；锚栓距试件边缘应不小于$2h_{ef}$，相邻锚栓间距应不小于$4h_{ef}$；按产品说明书规定的安装工具和安装要求清孔、安装锚栓；按产品说明书规定的锚栓安装扭矩T_{inst}，拧紧锚栓，约10min后卸除扭矩，再施加$0.5T_{inst}$；在开裂混凝土试件上试验时，应在裂缝闭合的情况下在裂缝平面内钻孔安装锚栓，裂缝应贯通整个钻孔。

锚固性能试验项目和试验条件应符合表10-14的要求，且所有项目试验样品数应不少于5只。

锚固性能试验项目和试验条件　　　　表10-14

试验项目	混凝土强度/MPa	钻头直径	裂缝宽度/mm
非开裂混凝土上拉伸基准试验性能	30		0
	60		0
非开裂混凝土上剪切基准试验性能	30	d_m	0
0.3mm开裂混凝土上拉伸性能	30		0.3
	60		0.3
0.3mm开裂混凝土上剪切性能	30		0.3

d_m应符合表10-15要求。

试验用钻头d_m直径、偏差范围　　　　表10-15

公称直径d/mm	d_m偏差范围/mm
5、6	$(d+0.20)^{+0.10}_{0}$
7~16、18	$(d+0.25)^{+0.10}_{0}$
19、20、22、24、25、28、30	$(d+0.30)^{+0.10}_{0}$
32、34、35、37	$(d+0.35)^{+0.15}_{0}$
40、44、48、52	$(d+0.40)^{+0.20}_{0}$

拉伸性能试验：试验中应避免混凝土试件边缘破坏和劈裂破坏。在开裂混凝土试件上

进行试验时，在裂缝闭合状态下安装锚栓然后扩展裂缝到要求的宽度。锚栓与加载设备支撑点净距应不小于 $2h_{ef}$，荷载方向与锚栓保持同轴，加载应连续平稳，从开始加载经 $(1\sim3)min$ 荷载到达最大值直至破坏。测量锚栓沿荷载方向上的位移，测量参考点与锚栓净距应不小于 $1.5h_{ef}$；应消除锚栓倾斜和附加位移的影响。绘制荷载-位移曲线，记录裂缝宽度、破坏形式。当荷载-位移曲线上出现大于最大荷载下位移 10% 的水平段时，或出现大于最大荷载 5% 的短暂荷载下降段时，如果没有其他干扰影响可判断锚栓出现滑移，记录水平段对应的荷载或短暂荷载下降前最大荷载为 N_1。试验过程中，锚栓有较明显拔出现象且承载力小于非开裂混凝土上基准拉伸性能试验锥体破坏计算值，可判为拔出破坏。

剪切性能试验：试验中应避免混凝土试件边缘破坏和裂开。在开裂混凝土试件上进行试验时，在裂缝闭合状态下安装锚栓然后扩展裂缝到要求的宽度。荷载与混凝土表面保持平行，在开裂混凝土试件上试验时荷载沿裂缝方向施加，连续平稳加载 $(1\sim3)min$ 荷载到达最大值直至破坏。测量锚栓沿荷载轴线上的位移，应消除附加位移的影响。绘制荷载-位移曲线，记录裂缝宽度、破坏形式。

第11章
装配式结构材料

装配式结构是以预制构件为主要受力构件经装配、连接而成的混凝土结构。装配式钢筋混凝土结构是我国建筑结构发展的重要方向之一。因其独特是施工方式，其所涉及的材料与常规建筑材料有所不同，故单独列为一章。

本章所介绍的装配式结构材料主要是连接构件节点的材料，主要包括：钢筋灌浆套筒连接、钢筋套筒连接用灌浆料、坐浆料及密封胶。因装配式结构还处于发展阶段，一些材料的标准还不完善，随着其使用环境、结构形态的丰富，势必有更多品种、种类、型号的材料应用于装配式工程中。

11.1 钢筋灌浆套筒连接

1. 定义与范围

钢筋套筒灌浆连接是在金属套筒中插入单根带肋钢筋并注入灌浆料拌合物，通过拌合物硬化形成整体并实现传力的钢筋对接连接，简称套筒灌浆连接。

钢筋连接用灌浆套筒采用铸造工艺或机械加工工艺制造，用于钢筋套筒灌浆连接的金属套筒，简称灌浆套筒。灌浆套筒可分为全灌浆套筒和半灌浆套筒。全灌浆套筒：两端均采用套筒灌浆连接的灌浆套筒。半灌浆套筒：一端采用套筒灌浆连接，另一端采用机械连接方式连接钢筋的灌浆套筒。

2. 技术要求

套筒灌浆连接接头应满足强度和变形性能要求。钢筋套筒灌浆连接接头的抗拉强度不应小于连接钢筋抗拉强度标准值，且破坏时应断于接头外钢筋。钢筋套筒灌浆连接接头的屈服强度不应小于连接钢筋屈服强度标准值。

套筒灌浆连接接头单向拉伸时，当接头拉力达到连接钢筋抗拉荷载标准值的 1.15 倍而未发生破坏时，应判为抗拉强度合格，可停止试验。

套筒灌浆连接接头的变形性能应符合表 11-1 的规定。

套筒灌浆连接接头的变形性能 表 11-1

项目		变形性能要求
对中单向拉伸	残余变形/mm	$u_0 \leqslant 0.10(d \leqslant 32)$；$u_0 \leqslant 0.14(d > 32)$
	最大力下总伸长率/%	$A_{sgt} \geqslant 6.0$

u_0——接头试件加载至 $0.6f_{yk}$ 并卸载后在规定标距内的残余变形；

A_{sgt}——接头试件的最大力下总伸长率

3. 组批原则及取样要求

灌浆施工前，应对不同钢筋生产企业的进场钢筋进行接头工艺检验；施工过程中，当更换钢筋生产企业，或同生产企业生产的钢筋外形尺寸与已完成工艺检验的钢筋有较大差异时，应再次进行工艺检验。

灌浆套筒埋入预制构件时，工艺检验应在预制构件生产前进行；当现场灌浆施工单位与工艺检验时的灌浆单位不同，灌浆前应再次进行工艺检验；工艺检验应模拟施工条件制作接头试件，并应按接头提供单位提供的施工操作要求进行；每种规格钢筋应制作 3 个对中套筒灌浆连接接头，并应检查灌浆质量；采用灌浆料拌合物制作的 40mm×40mm×160mm 试件不应少于 1 组；接头试件及灌浆料试件应在标准养护条件下养护 28d；每个接头试件的抗拉强度、屈服强度应符合规定，3 个接头试件残余变形的平均值应符合规定；灌浆料抗压强度应符合 28d 强度要求；接头试件在量测残余变形后可再进行抗拉强度试验，并应按现行行业标准《钢筋机械连接技术规程》JGJ 107—2016 规定的钢筋机械连接型式检验单向拉伸加载制度进行试验；第一次工艺检验中 1 个试件抗拉强度或 3 个试件的残余变形平均值不合格时，可再抽 3 个试件进行复检，复检仍不合格判为工艺检验不合格。

灌浆套筒进厂（场）时，应抽取灌浆套筒并采用与之匹配的灌浆料制作对中连接接头试件，并进行抗拉强度检验，检验结果均应符合规定。

检查数量：同一批号、同一类型、同一规格的灌浆套筒，不超过 1000 个为一批，每批随机抽取 3 个灌浆套筒制作对中连接接头试件。

抗拉强度检验接头试件应模拟施工条件并按施工方案制作。接头试件应在标准养护条件下养护 28d。接头试件的抗拉强度试验应采用零到破坏荷载值或零到连接钢筋抗拉荷载标准值 1.15 倍的一次加载制度，并应符合现行行业标准《钢筋机械连接技术规程》JGJ 107—2016 的有关规定。

4. 试验方法

钢筋灌浆套筒连接试验方法依据《钢筋机械连接技术规程》JGJ 107—2016 进行。原始记录可参考附表（JCZX-GC-D(1)-4008）单向拉伸试验原始记录。

11.2 钢筋套筒连接用灌浆料

1. 定义与范围

钢筋连接用套筒浆料是以水泥为基本材料，配以细骨科，以及混凝土外加剂和其他材料组成的干混料，简称"套筒灌料"。该材料水搅拌后具有良好的流动性、早强、高强、微膨胀等性能，填充在套筒和带肋钢筋间隙内，形成钢筋套筒连接接头。

按使用环境分为：常温型套筒灌浆料和低温型套筒灌浆料。常温型套筒灌浆料适用于灌浆施工及养护过程中 24h 内灌浆部位环境温度不低于 5℃ 的套筒灌浆料。低温型套筒灌浆料适用于灌浆施工及养护过程中 24h 内灌浆部位环境温度范围为（-5~10）℃ 的套筒灌浆料。

除《钢筋连接用套筒灌浆料》JG/T 408—2019 标准中规定的养护 28d 抗压强度指标为 85MPa 的套筒灌浆料，目前市场上还有强度等级为 110MPa 的套筒灌浆料，但还没有相应的国家标准。

2. 技术要求

常温型套筒灌浆料性能指标应符合表 11-2。

常温型套筒灌浆料性能指标　　　　　　　　　　　　　　　　表 11-2

检测项目		性能指标
流动度/mm	初始	≥300
	30min	≥260
抗压强度/MPa	1d	≥35
	3d	≥60
	28d	≥85
竖向膨胀率/%	3h	0.02～2
	24h 与 3h 差值	0.02～0.04
泌水率		0

低温型套筒灌浆料性能指标应符合表 11-3。

低温型套筒灌浆料性能指标　　　　　　　　　　　　　　　　表 11-3

检测项目		性能指标
−5℃流动度/mm	初始	≥300
	30min	≥260
8℃流动度/mm	初始	≥300
	30min	≥260
抗压强度/MPa	−1d	≥35
	−3d	≥60
	−7d+21d	≥85
竖向膨胀率/%	3h	0.02～2
	24h 与 3h 差值	0.02～0.04
泌水率		0

注：−1d 代表在负温养护 1d；−3d 代表在负温养护 3d；−7d+21d 代表在负温养护 7d 转标养 21d

3. 组批原则及取样要求

应以 50t 为一批，不足 50t 也应作一批。取样应有代表性，可从多个部位取等量样品，样品总量不应少于 30kg。

施工现场进行灌浆操作时，应按照每工作班留置一组且每层不少于三组 40mm×40mm×160mm 的套筒灌浆料试块，标准养护 28d 后进行抗压强度试验。必要时留置同条件养护试块。

4. 试验方法

常温型套筒灌浆料试件成型时试验室的温度应为（20±2）℃，相对湿度应大于 50%，养护室的温度应为（20±1）℃，养护室的相对湿度不应低于 90%，养护水的温度应为（20±1）℃。

低温型套筒灌浆料试件成型时试验室的温度应为（−5±2）℃，养护室的温度应为（−5±1）℃。

对于低温型套筒灌浆料，竖向膨胀率试验、泌水率试验的环境条件并没有明确，建议在（−5±2）℃的环境条件下进行。

试验前将被检材料，试验用水，试验相关设备工具等静置在所需环境条件下24h。（−5℃时可使用冰水混合物中0℃水进行试验）试验原始记录可参考附表（JCZX-GC-D（2）-4106）灌浆料试验原始记录。

（1）流动度试验

常温型套筒灌浆料流动度试验应在标准条件下进行；低温型套筒灌浆料流动度试验应分别在（−5±2）℃、（8±2）℃条件下进行。

称取1800g水泥基灌浆材料，精确至5g；按照产品设计（说明书）要求的用水量称量好拌合用水，精确至1g。湿润搅拌锅和搅拌叶，但不得有明水。将水泥基灌浆材料倒入搅拌锅中，开启搅拌机，同时加入拌合水，应在10s内加完。按水泥胶砂搅拌机的设定程序搅拌240s。湿润玻璃板和截锥圆模内壁，但不得有明水；将截锥圆模放置在玻璃板中间位置。将水泥基灌浆材料浆体倒入截锥圆模内，直至浆体与截锥圆模上口平；徐徐提起截锥圆模，让浆体在无扰动条件下自由流动，直至停止。测量浆体最大扩散直径及与其垂直方向的直径，计算平均值，精确到1mm，作为流动度初始值；应在6min内完成上述搅拌和测量过程。将玻璃板上的浆体装入搅拌锅内，并采取防止浆体水分蒸发的措施。自加水拌合起30min时，将搅拌锅内浆体按上述步骤试验，测定结果作为流动度30min保留值。

（2）抗压强度试验

抗压强度试验试件应采用尺寸为40mm×40mm×160mm的棱柱体；抗压强度的试验应按《水泥胶砂强度检验方法（ISO法）》GB/T 17671—2021中的有关规定执行。

抗压强度试验应称取1800g水泥基灌浆材料，精确至5g；按照产品设计（说明书）要求的用水量称量拌合用水，精确至1g。

将拌合好的水泥基灌浆材料灌入试模，至浆体与试模的上边缘平齐，成型过程中不得振动试模。应在6min内完成搅拌和成型过程，浇筑完成后应立刻覆盖。

将装有浆体的试模在成型室内静置2h后移入养护箱。

抗压强度的试验应按《水泥胶砂强度检验方法（ISO法）》GB/T 17671—2021中的有关规定执行。

（3）竖向膨胀率试验

竖向膨胀率试验方法包括竖向膨胀率接触式测量法和竖向膨胀率非接触式测量法。

竖向膨胀率接触式测试仪器工具应符合：千分表量程10mm；玻璃板长140mm×宽80mm×厚5mm；100mm×100mm×100mm立方体试模的拼装缝应填入黄油，不得漏水；铲勺宽60mm，长160mm；捣板：可用钢锯条代替；钢垫板为长250mm×宽250mm×厚15mm普通钢板。

竖向膨胀率装置示意图如图11-1所示，仪表安装应符合：钢垫板表面平整，水平放置在工作台上，水平度不应超过0.02；试模放置在钢垫板上，不得摇动；玻璃板平放在试模中间位置。其左右两边与试模内侧边留出10mm空隙；千分表架固定在钢垫板上，尽量靠近试模，缩短横杆悬臂长度；千分表与千分表架卡头固定牢靠，但表杆能够自由升降。安装千分表时，要下压表头，使表针指到量程的1/2处左右，千分表不得前后左右倾斜。

将玻璃板平放在试模中间位置，并轻轻压住玻璃板。拌合料一次性从一侧倒满试模，至另一侧溢出并高于试模边缘约 2mm。用浸棉丝覆盖玻璃板两侧的浆体。把千分表测量头垂直放在玻璃板中央，并安装牢固。在 30s 内读取千分表初始读数，h_0，成型过程应在搅拌结束后 5min 内完成。自加水拌合时起分别于 3h±5min 和 24h±15min 读取千分表的读数 h_t。整个测量过程中应保持棉丝湿润，装置不得受震动。

套筒灌浆料竖向膨胀率接触式测量法应按式（11-1）计算：

$$\varepsilon_t = \frac{h_t - h_0}{h} \times 100\% \qquad (11\text{-}1)$$

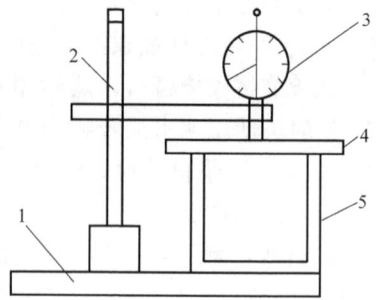

图 11-1　竖向膨胀率装置示意图
1—钢垫板；2—千分表架（磁力式）；
3—千分表；4—玻璃板；5—试模

式中：ε_t——竖向膨胀率，%；

　　　h_0——试件高度的初始读数，mm；

　　　h_t——试件龄期为 t 时的高度读数，mm；

　　　h——试件基准高度 100，mm。

试验结果取 1 组 3 个试件的算术平均值，计算精确至 0.01%。

竖向膨胀率非接触式测量法适用于常温型套筒灌浆料竖向膨胀率的测试。

竖向膨胀率非接触式测量法用测试仪器工具应符合：激光发射系统及数据采集系统，测试精度不应低于 10^{-3}mm，量程不应小于 4mm，如图 11-2 所示。

试模应采用 100mm×100mm×100mm 立方体混凝土试模，拼装缝应紧密，不得漏水。

非接触式测量法测定竖向膨胀率的试验应在温度为 (20±2)℃ 的恒温条件下进行；浇筑前在试模内部距底部 98mm 处画出基准线，然后将拌合好的灌浆料一次性倒至刻度线处，在浆体表面中间位置放置一个激光反射薄片，然后在浆体表面覆盖一层保鲜膜并紧贴浆体上表面；将试模放置在激光测量探头的正下方，并按仪器的使用要求操作；拌合后 5min 内完成操作，并开始测量，记录 3h 和 24h 的读数；当有特殊要求时，应按要求的时间读取读数；测量过程不得振动、接触或移动试件和测试仪器。竖向膨胀率非接触式测量法应按式（11-1）计算。

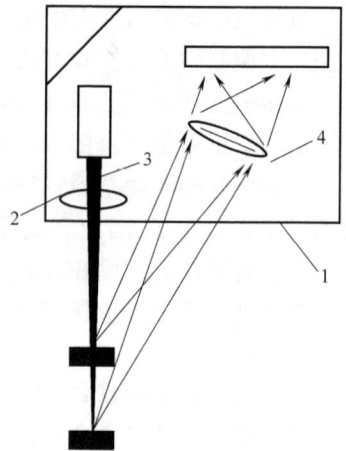

图 11-2　激光传感器测距示意图
1—激光传感器；2—激光聚焦镜；
3—激光；4—物镜

常温型套筒灌浆料竖向膨胀率试验接触式测量法与非接触式测量法测量数据不一致时，仲裁检验以非接触式测量法为准。

11.3　坐浆料

1. 定义与范围

坐浆料：以水泥为胶凝材料，配以细骨料，以及外加剂和其他功能材料组成的特种干混砂浆材料。加水搅拌后具有可塑性好，硬化后具有早强、高强、微膨胀等性能，适用于预制构件连接接缝处的分仓、封仓或垫层等。

目前坐浆料并没有相应的国家标准，市场上的坐浆料大致按强度可分为 M30、M50、M55、M60、M80 等强度等级。按使用环境可分为常温型和低温型。

2. 技术要求

坐浆料技术指标及试验方法可参照表 11-4。

坐浆料技术指标及试验方法　　　　　　表 11-4

检验项目		性能指标		试验方法
		Ⅰ类	Ⅱ类	
流动度/mm		150~220		GB/T 2419—2005
保水率/%		≥88		JGJ/T 70—2009
凝结时间/min		60~240		JGJ/T 70—2009
抗压强度/MPa	1d/-1d	≥20	≥30	JGJ/T 70—2009
	3d/-3d	≥35	≥50	
	28d/-7d+21d	≥60	≥80	
竖向膨胀率	24h	0.02~0.3		JG/T 408—2019

注：-1d 代表在负温养护 1d；-3d 代表在负温养护 3d；-7d+21d 代表在负温养护 7d 转标养 21d

3. 组批原则及取样要求

应以 50t 为一批，不足 50t 也应作一批。取样应有代表性，可从多个部位取等量样品，样品总量不应少于 30kg。

施工现场进行灌浆操作时，应按照每工作班留置一组且每层不少于三组 70.7mm×70.7mm×70.7mm 的套筒灌浆料试块，标准养护 28d 后进行抗压强度试验。必要时留置同条件养护试块。

4. 试验方法

常温型坐浆料试验环境为（20±2）℃，≥50%RH，养护条件为（20±1）℃，≥90%RH；低温型坐浆料流动度试验温度为（-5±2）℃和（8±2）℃，保水率、凝结时间、抗压强度试块成型温度为（-5±2）℃，抗压强度试块负温养护温度为（-5±1）℃。

流动度试验方法参照《水泥胶砂流动度测定方法》GB/T 2419—2005 进行。保水率、凝结时间、抗压强度参照《建筑砂浆基本性能试验方法标准》JGJ/T 70—2009 进行，竖向膨胀率参照《钢筋连接用套筒灌浆料》JG/T 408—2019 进行。

试验时搅拌应按照水泥胶砂搅拌机设定程序搅拌 240s，试样一次装入搅拌锅中，抗压强度试件成型时使用振动台振捣至表面出浆为止，抗压强度计算时，不再乘以系数。

竖向膨胀率测定时，将搅拌好的坐浆料一次性贯入试模中，并高出试模表面，将试模置于混凝土振实台上振动直至表面出浆为止。抹平坐浆料表面，并使成型后的坐浆料表面略高于试模上口（1~2）mm，然后盖上玻璃板，玻璃板应平放在试模中间位置，其左右两边与试模内侧边应留出 10mm 空隙。玻璃片两侧坐浆料表面，用小刀轻轻抹成斜坡，斜坡的高边与玻璃相平。斜坡的低边与试模内侧顶面相平。抹斜坡的时候不应超过 30s。之后 30s 内，用两层湿棉布覆盖在玻璃板两侧砂浆表面，湿棉布的两端放入盛水的容器中。

11.4 密封胶

1. 定义与范围

建筑密封胶大都属于合成胶粘剂，其主体是聚合物。

按基础聚合物分类，包括：硅酮、聚氨酯、聚硫、丙烯酸、丁基、沥青及油性树脂改性产品等。其中硅酮、聚硫、聚氨酯三大室温固化弹性密封胶在我国应用最广泛。

按试验的冷拉伸/热压缩幅度可分为以下级别：25LM 级、20LM 级、20HM 级、12.5 级、12.5E 级、12.5P 级、7.5P 级等。

2. 技术要求

依据标准：硅酮密封胶，《建筑用硅酮结构密封胶》GB 16776—2005；聚硫建筑密封胶，《聚硫建筑密封胶》JC/T 483—2006；聚氨酯建筑密封胶，《聚氨酯建筑密封胶》JC/T 482—2003。

硅酮密封胶技术指标应符合表 11-5 的规定。

硅酮密封胶技术指标　　　　表 11-5

项目			技术指标
下垂度	垂直放置/mm		≤3
	水平放置		不变形
挤出性[a]/s			≤10
试用期[b]/min			≥20
表干时间/h			≤3
拉伸粘结性	拉伸粘结强度/MPa	23℃	≥0.60
		浸水后	≥0.45
	粘结破坏面积/%		≤5
	23℃时最大拉伸强度时伸长率/%		≥100

注：a 仅适用于单组分产品；b 仅适用于双组分产品

聚硫密封胶技术指标应符合表 11-6 的规定。

聚硫密封胶技术指标　　　　表 11-6

试验项目		技术指标		
		20HM	25LM	20LM
流动度	下垂度(N 型)/mm	≤3		
	流平性(L 型)	光滑平整		
表干时间/h		≤24		
试用期/h		≥3		
弹性恢复率/%		≥70		
拉伸模量	23℃	>0.4 或	≤0.4 和	
	−20℃	>0.6	≤0.6	
定伸粘结性		无破坏		
浸水后定伸粘结性		无破坏		

聚氨酯密封胶技术指标应符合表 11-7 的规定。

聚氨酯密封胶技术指标 表 11-7

试验项目		技术指标		
		20HM	25LM	20LM
流动度	下垂度(N 型)/mm	≤3		
	流平性(L 型)	光滑平整		
表干时间/h		≤24		
挤出性/(mL/min)		≥80		
试用期/h		≥1		
弹性恢复率/%		≥70		
拉伸模量	23℃	>0.4 或 >0.6		≤0.4 和 ≤0.6
	−20℃			
定伸粘结性		无破坏		
浸水后定伸粘结性		无破坏		

注:a 仅适用于单组分产品;b 仅适用于双组分产品

3. 组批原则及取样要求

硅酮密封胶 3t 为一批,不足 3t 也作为一批。随机抽样。单组分产品抽样量为 5 支;双组分产品从原包装中抽样,抽样量为 (3~5)kg,抽取的样品应立即密封包装。

聚氨酯密封胶以同一品种、同一类型的产品每 5t 为一批进行检验,不足 5t 也作为一批。单组分支装产品由该批产品中随机抽取 3 件包装箱,从每件包装箱中随机抽取(2~3)支,共取(6~9)支。多组分桶装产品的抽样方法及数量按照《色漆、清漆和色漆与清漆用原材料取样》GB/T 3186—2006 的规定执行,样品总量为 4kg,取样后应立即密封包装。

聚硫密封胶以同一品种、同一类型的产品每 10t 为一批进行检验,不足 10t 也作为一批。抽样方法及数量按照《色漆、清漆和色漆与清漆用原材料取样》GB/T 3186—2006 的规定执行,样品总量为 4kg,取样后应立即密封包装。

4. 试验方法

(1) 密度试验(《建筑密封材料试验方法 第 2 部分:密度的测定》GB/T 13477.2—2018)

标准试验条件为:温度(23±2)℃、相对湿度(50±5)%。

试验用耐腐蚀的金属环:尺寸为内径(30±1.0)mm,高(10±0.1)mm。每个环上设有吊钩,以便称量时用不吸水的丝线悬挂,金属环形状及尺寸如图 11-3 所示。

耐腐蚀的金属模框:尺寸为内径(30±1.0)mm,内深(10±0.1)mm,金属模框形状及尺寸如图 11-3 所示。

试验液体:温度(23±2)℃,含量低于 0.25%(质量分数)的低泡沫表面活性剂水溶液。对于水溶性或吸水性等水敏感性密封胶,应采用密度为 0.69g/mL 的化学纯 2,2,4-三甲基戊烷(异辛烷)。

试验前,待测样品及所用试验器具和材料应在标准试验条件下放置至少 24h。可选用金属环法或金属模框法进行试验。每种方法应制备 3 个试件。

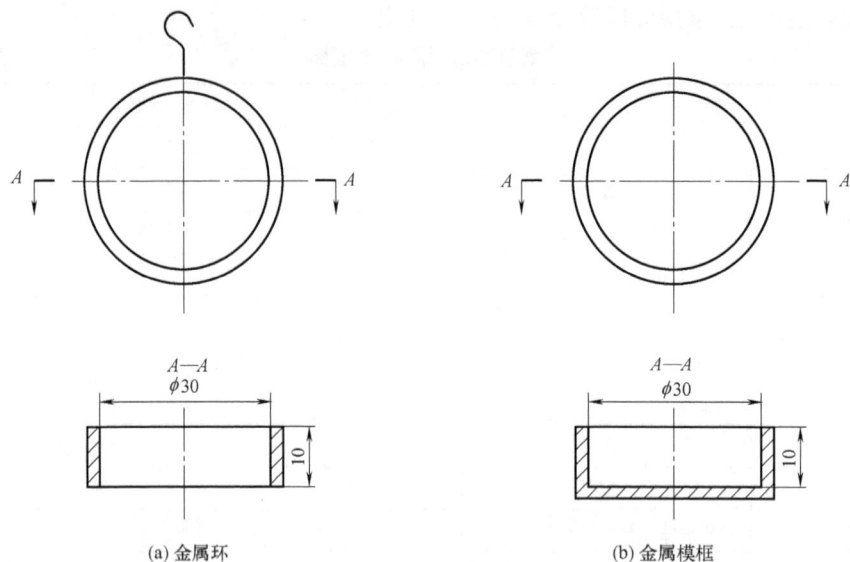

(a) 金属环　　　　　　　　　　　　　　(b) 金属模框

图 11-3　金属环和金属模框（单位：mm）

1）金属环法

用密度天平称量每个金属环在空气中的质量 m_1 和在试验液体中的质量 m_2。

将金属环表面附着的试验液体擦拭干净后放在防粘材料（如潮湿的滤纸）上，然后将处理好的密封胶试样填满金属环。嵌填试样时应避免形成气泡，将密封胶在金属环的内表面上压实，确保充分接触，修整密封胶表面，使之与金属环的上缘齐平，立即从防粘材料上移走金属环试件，以使密封胶的背面齐平。

立即称量已填满试样的金属环试件在空气中的质量 m_3 和在试验液体中的质量 m_4，且应在 30s 内完成。对于水敏感性密封胶，在异辛烷中的称量应在表干后立即进行。

2）金属模框法

用密度天平称量每个金属模框在空气中的质量 m_1 和在试验液体中的质量 m_2。

将金属模框表面附着的试验液体擦拭干净，然后将已处理好的密封胶试样填满金属模框。嵌填试样时应避免形成气泡，将密封胶在金属模框的内表面上压实，确保充分接触，对于金属模框试件，填满后可轻轻振动试件或采取其他措施，以便排出金属模框内底部不易排出的气泡，修整密封胶表面，使之与金属模框的上缘齐平。

立即称量已填满试样的金属模框试件在空气中的质量 m_3 和在试验液体中的质量 m_4，且应在 30s 内完成。对于水敏感性密封胶，在异辛烷中的称量应在表干后立即进行。

每个试件的密度应按式（11-2）计算。

$$D = \frac{m_3 - m_1}{(m_3 - m_4) - (m_1 - m_2)} \times D_w \tag{11-2}$$

式中：D——23℃时密封胶的密度，g/cm^3；

　　　m_1——填充密封胶前金属环或金属模框在空气中称量的质量，g；

　　　m_2——填充密封胶前金属环或金属模框在试验液体中称量的质量，g；

　　　m_3——试件制备后立即在空气中称量的质量，g；

m_4——试件制备后立即在试验液体中称量的质量，g；

D_w——23℃时试验液体的密度，g/cm。

试验结果以 3 个试件的算术平均值表示，精确至 $0.01g/cm^3$。

（2）流动性（《建筑密封材料试验方法 第 2 部分：密度的测定》GB/T 13477.2—2018）

硅酮密封胶试验模具的槽内尺寸为宽 20mm、深 10mm，试验温度为（50±2）℃。

聚硫密封胶和聚氨酯密封胶试件在（50±2）℃恒温箱中垂直放置 4h。

下垂度模具为无气孔且光滑的槽形模具，宜用阳极氧化或非阳极氧化铝合金制成（图 11-4）。长度（150±0.2）mm，两端开口，其中一端底面延伸（50±0.5）mm，槽的横截面内部宽（20±0.2）mm、深（10±0.2）mm。其他尺寸的模具也可使用，例如宽（10±0.2）mm、深（10±0.2）mm。

流平性模具为两端封闭的槽形模具，1mm 厚耐蚀金属制成（图 11-4）。槽的内部尺寸为 150mm×20mm×15mm。

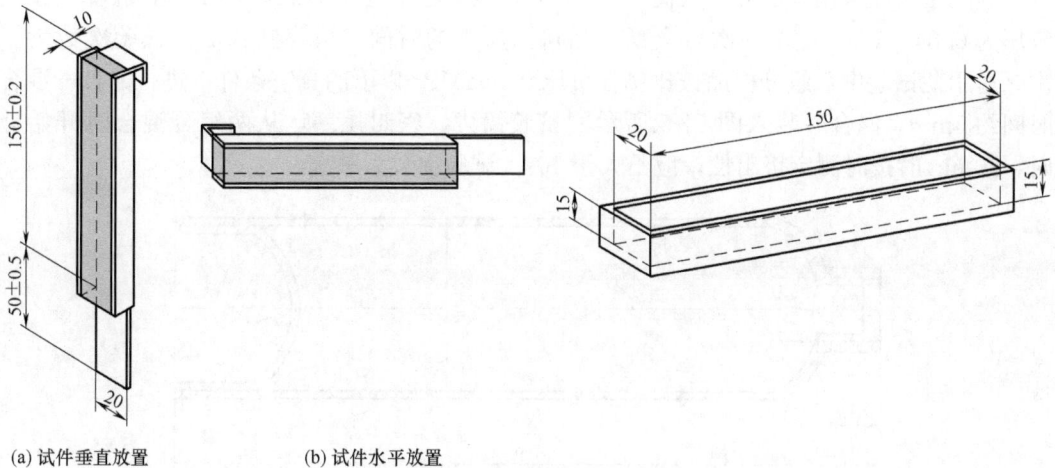

(a) 试件垂直放置   (b) 试件水平放置

图 11-4 试验用模具（单位：mm）

1）下垂度试验

将下垂度模具用丙酮等溶剂清洗干净并将其干燥。把聚乙烯条衬在模具底部，使其盖住模具上部边缘，并固定在外侧，然后把已在（23±2）℃下放置 24h 的密封材料用刮刀填入模具内，制备试件时应避免形成气泡，在模具内表面上将密封材料压实，修整密封材料的表面，使其与模具的表面和末端齐平，放松模具背面的聚乙烯条。

对每一试验温度 70℃和/或 50℃和/或 5℃及试验，各测试一个试件（垂直放置或者水平放置）。

垂直放置：将制备好的试件立即垂直放置在已调节至（70±2）℃或（50±2）℃的干燥箱或（5±2）℃的低温箱内，模具的延伸端向下 ［图 11-4 (a)］，放置 24h。然后从干燥箱或低温箱中取出试件。用钢板尺在垂直方向上测量每一试件中试样从底面往延伸端向下移动的距离（mm）。

水平放置：将制备好的试件立即水平放置在已调节至（70±2）℃和/或（50±2）℃的干燥箱和/或（5±2）℃的低温箱内，使试样的外露面与水平面垂直 ［图 11-4 (b)］，放置

24h。然后从干燥箱或低温箱中取出试件。用钢板尺在水平方向上测量每一试件中试样超出槽形模具前端的最大距离（mm）。

如果试验失败，允许重复一次试验，但只能重复一次。当试样从槽形模具中滑脱时，模具内表面可按生产方的建议进行处理，然后重复进行试验。

2）流平性的测定

将流平性模具用丙酮溶剂清洗干净并将其干燥，然后将试样和模具在（23±2）℃下放置至少24h。每组制备一个试件。

将试样和模具在（5±2）℃的低温箱中处理（16～24）h，然后沿水平放置的模具从一端到另一端注入约100g试样，在此温度下放置4h。观察试样表面是否光滑平整。

多组分试样在低温处理后取出，按规定配比将各组分混合5min，然后放入低温箱内静置30min，再按上述方法试验。

（3）挤出性（《建筑密封材料试验方法 第3部分：使用标准器具测定密封材料挤出性的方法》GB/T 13477.3—2017）

硅酮密封胶采用聚乙烯挤胶筒（图11-5），装填容量为177mL，不安装挤胶嘴，挤胶气压为0.340MPa，测定一次将全部样品挤出所需的时间，精确到0.1s。试验次数为一次。适用期试验中双组分样品按比例在负压0.095MPa以下的真空条件下进行混合，混合时间约5min，混合后装入图11-5所示的挤胶筒内，密封尾塞，从两组分混合时开始计时，20min时按时测定挤出性，应不大于10s。试验次数为一次。

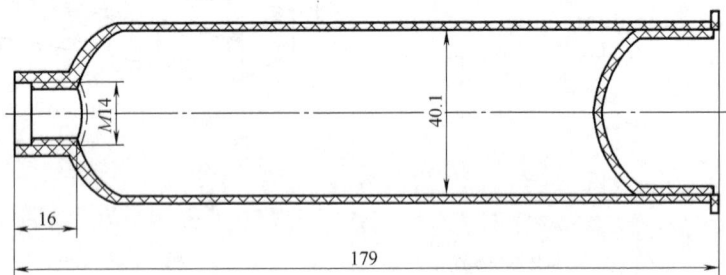

图11-5 硅酮密封胶挤出性试验用挤胶筒（单位：mm）

聚硫密封胶和聚氨酯密封胶适用期、聚氨酯密封胶挤出性挤出孔直径为6mm，样品预处理温度为（23±2）℃。

聚氨酯密封胶适用期每个试样挤出3次，每隔适当时间挤出1次。绘出试样混合后各次挤出时间间隔与挤出率的关系曲线，读取挤出率为50mL/min时对应的时间，即为适用期。精确至0.5h，取3个试样的平均值。

同组试验所有测试应在相同试验条件（相同的批号、温度、挤出筒体积、挤出孔直径、挤出压力等）下进行。

单组分密封材料：每个单组分密封材料样品进行3次挤出试验；每次挤出试验使用1个标准器具（图11-6、图11-7）。

多组分密封材料：每个多组分密封材料样品，混合后在3个不同时间间隔进行挤出试验；每个时间间隔分别用3个标准器具进行挤出试验；共进行9次挤出试验（3个不同时间间隔中，每个时间间隔用3个标准器具）。

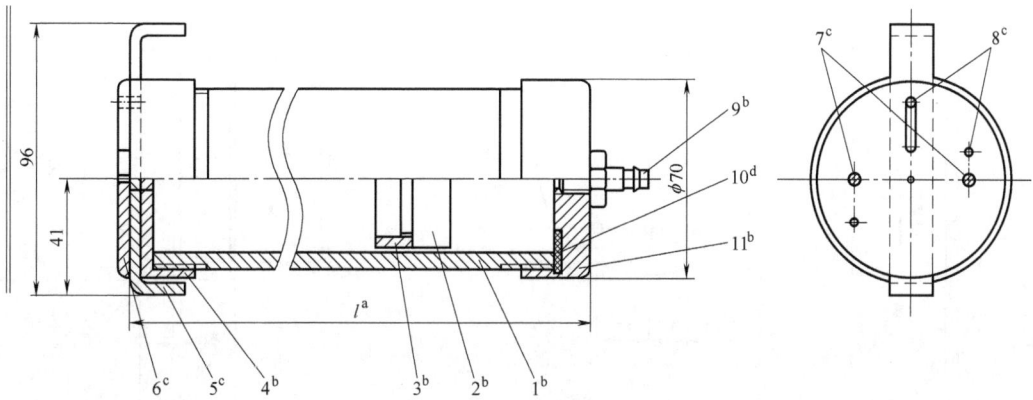

图 11-6 挤出器具

1—挤出筒；2—活塞；3—活塞环；4—前盖；5—滑板；6—孔板（$d=2mm$、$d=4mm$、$d=6mm$ 和 $d=10mm$）；

7—沉头螺钉；8—销；9—管接头；10—垫圈：外径 60mm，内径 35mm，厚度 2mm；11—后盖

a：当试样量为 250mL 时，$l=182mm$；当试样量为 400mL 时，$l=262mm$；

b：铜锌合金；

c：不锈钢；

d：氯丁橡胶

(a) 挤出筒　　　　　　　　　　　　　(b) 活塞　　　(c) 活塞环

(d) 前盖　　　　　　　　　　　　　(e) 滑板

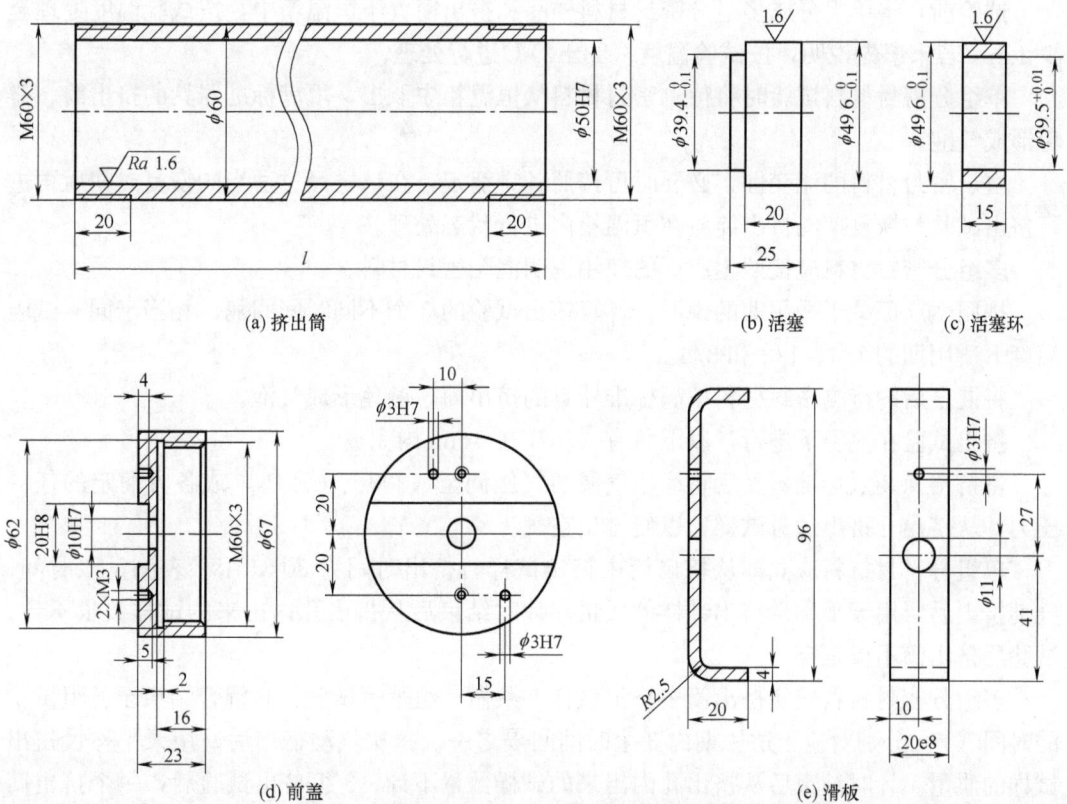

图 11-7 挤出器具零件（一）

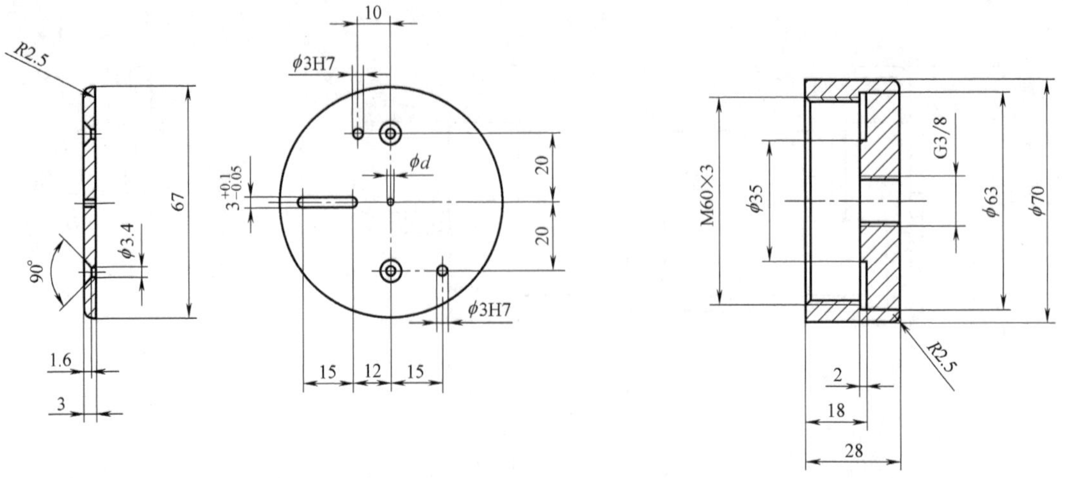

（f）孔板　　　　　　　　　　　　　　　（g）后盖

图 11-7　挤出器具零件（二）

根据待测密封材料的黏度等，选择挤出筒的体积和挤出孔的直径。将标准器具的活塞和活塞环装在一起，放入挤出筒中，活塞环的一侧朝向挤出孔。

试验温度可以是（5±2）℃、（23±2）℃、（35±2）℃或其他温度。

试验前，将单组分或多组分密封材料样品和挤出筒置于恒温箱中，按试验温度处理至少 12h。若未事先说明，按试验温度（23±2）℃进行处理。

单组分密封材料试验时将待测密封材料从恒温箱中取出，填满标准器具的挤出筒，避免形成气泡。

由于密封材料的流变性，必要时可按照各方商定，在试样经过适当的恢复时间后再进行挤出试验。恢复期间挤出筒应在恒温箱内进行状态处理。

多组分密封材料应按照生产厂的使用说明混合密封材料。

按照生产厂关于适用期的说明，计算挤出试验的 3 个不同时间间隔，相当于同一试验温度下适用期的 1/4、1/2 和 3/4。

将混合后的待测密封材料填满标准器具的挤出筒，避免形成气泡。

挤出试验在室温下进行，以下所有操作应在 5min 内完成。

将挤出筒装入标准器具后将稳压气源的气压调至（300±10）kPa，或各方商定的任一压力，从挤出孔挤出适量试样，以便排出空气。

单组分密封材料应立即从挤出筒中挤出试样，挤出时间为 30s，用秒表测量该时间。气动挤出后，用天平称量挤出试样的质量。计时结束后从挤出孔内出来的试样数量不计。试验后挤出筒不应是空的。

多组分密封材料应从挤出筒中挤出试样，共做 3 组平行试验，自混合结束至各组试验的时间（f）分别对应于适用期内 3 个时间间隔之一。每次气动挤出后，用天平称量挤出试样的质量。计时结束后从挤出孔内出来的试样数量不计。3 组挤出试验后，每个挤出筒不应是空的。3 组测试的挤出试验之间，挤出筒应放回恒温箱内。

质量挤出率的每次测试结果按式（11-3）计算，以每分钟挤出的密封材料质量（g）

表示，质量修约至整数：

$$E_m = \frac{m \times 60}{t} \tag{11-3}$$

式中：E_m——密封材料的质量挤出率，g/min；

m——挤出的试样质量，g；

t——挤出时间，s。

计算 3 次测试结果的算术平均值，修约至整数。

若需要，体积挤出率的每次测试结果可按式（11-4）计算，以每分钟挤出的密封材料体积（毫升）表示试验结果，体积修约至整数：

$$E_V = \frac{E_m}{D} \tag{11-4}$$

式中：E_V——密封材料的体积挤出率，mL/min；

E_m——密封材料的质量挤出率，g/min；

D——密封材料在试验温度下的密度，g/cm²。

计算 3 个 E_V 数值的算术平均值，修约至整数。

多组分密封材料应绘制 E_m （算术平均值）$-f$ （混合后经历时间）曲线图，读取相应产品标准规定或各方商定的挤出率所对应的时间，即为适用期（h 或 min）。

（4）定伸（拉伸）粘结性、拉伸模量、弹性恢复率（《建筑密封材料试验方法 第 8 部分：拉伸粘结性的测定》GB/T 13477.8—2017、《建筑密封材料试验方法 第 10 部分：定伸粘结性的测定》GB/T 13477.10—2017、《建筑密封材料试验方法 第 11 部分：浸水后定伸粘结性的测定》GB/T 13477.11—2017、《建筑密封材料试验方法 第 17 部分：弹性恢复率的测定》GB/T 13477.17—2017）

硅酮密封胶试件应符合图 11-8 规定。基材按产品适用的基材类别选用：

M 类——符合《建筑密封材料试验方法 第 1 部分：试验基材的规定》GB/T 13477.1—2002，铝板厚度不小于 3mm；

G 类——清洁、无镀膜的无色透明浮法玻璃，厚度（5～8）mm；

Q 类——供方要求的其他基材。

每 5 个试件为一组。每个试件必须有一面选用 G 类基材。

制备后双组分硅酮结构胶的试件在标准条件下放置 14d，单组分硅酮结构胶的试件在标准条件下放置 21d，在不损坏试件条件下，养护期间挡块应尽早分离。

粘结破坏面积的测量和计算，采用透过印有 1mm×1mm 网格线的透明膜片，测量拉伸粘结试件两粘结面上粘结破坏面积较大面占有的网格数，精确到 1 格（不足 1 格不计）。粘结破坏面积以粘结破坏格数占总格数的百分比表示。

报告拉伸粘结强度，同时报告粘结破坏

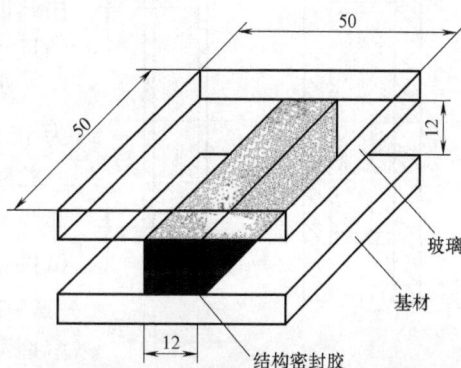

图 11-8 硅酮密封胶拉伸粘结试件（单位：mm）

面积。

测定 23℃时拉伸粘结性、最大拉伸强度时伸长率和拉伸模量时试验温度（23±2）℃，取一组试件进行试验，同时记录最大拉伸强度时的伸长率，报告最大拉伸强度时的伸长率的算术平均值，同时记录并报告伸长率 10%、20% 和 40% 的模量，各取其算术平均值。

测定浸水后拉伸粘结性时取一组试件浸入温度为（23±2）℃的蒸馏水或去离子水中，保持 7d 后取出并在 10min 内试验。

聚硫密封胶、聚氨酯密封胶拉伸模量以相应伸长率时的应力表示。测定并计算试件拉伸至表 11-8 规定的相应伸长率时的应力（MPa），其平均值修约至一位小数。

定伸粘结性在标准试验条件下试验。试验伸长率见表 11-8。试验结束后，用精度为 0.5mm 的量具测量每个试件粘结和内聚破坏深度（试件端部 2mm×12mm×12mm 体积内的破坏不计），见图 11-9A 区，记录试件最大破坏深度（mm）。

试验伸长率 表 11-8

项目	试验伸长率/%		
	20HM	25LM	20LM
弹性恢复率、拉伸模量、定伸粘结性、浸水后定伸粘结性	60	100	60

试验后，三个试件中有两个破坏，则试验评定为"破坏"。若只有一块试件破坏，则另取备用的一组试件进行复验。若仍有一块试件破坏，则试验评定为"破坏"。

试件"破坏"的评定：在密封胶表面任何位置，如果粘结或内聚破坏深度超过 2mm，则试件为"破坏"（图 11-9）。即 A 区：在 2mm×12mm×12mm 体积内允许破坏，且不报告。B 区：允许破坏深度不大于 2mm，报告为"无破坏"，并记录试验结果。C 区：破坏从密封胶表面延伸到此区域，报告为"破坏"。

浸水后定伸粘结性试验伸长率见表 11-8。试件的检查和复验方法同上。

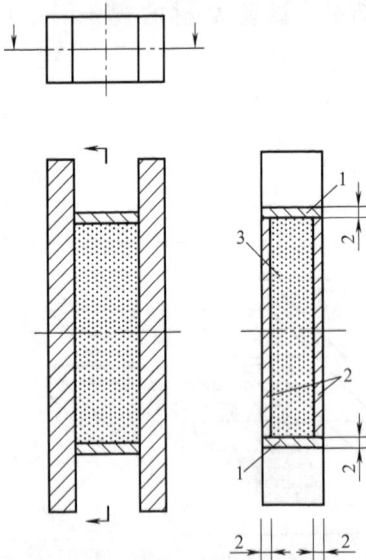

图 11-9 粘结试件破坏分区示意图
1—A 区；2—B 区；3—C 区

试件制备用粘结基材应符合《建筑密封材料试验方法 第 1 部分：试验基材的规定》GB/T 13477.1—2002 规定的水泥砂浆板、玻璃板或铝板，用于制备试件。基材的形状及尺寸如图 11-10 所示，对每一个试件，应使用两块相同材料的基材。也可按各方商定选用其他材质和尺寸的基材，但嵌填密封材料试样的粘结尺寸及面积应与图 11-10 所示相同。

隔离垫块为表面应防粘，用于制备密封材料截面为 12mm×12mm 的试件（如图 11-10 所示）。

防粘材料为防粘薄膜或防粘纸，如聚乙烯（PE）薄膜等，宜按密封材料生产商的建议选用，用于制备试件。

用脱脂纱布清除水泥砂浆板表面浮灰。用丙酮等溶剂清洗铝板和玻璃板，并将其干燥。按密封材料生产商的说明（如是否使用底涂料及多组分密封材料的混合程序）制备试件。将密封材料和基材保持在

(23±2)℃，每种类型的基材和每种试验温度制备 3 块试件。

按图 11-10 所示在防粘材料上将两块粘结基材与两块隔离垫块组装成空腔。然后将密封材料试样嵌填在空腔内，制成试件。嵌填试样时应注意避免形成气泡，将试样挤压在基材的粘结面上，粘结密实，修整试样表面，使之与基材和垫块的上表面齐平。

将试件侧放，尽早去除防粘材料，以使试样充分固化或完全干燥。在养护期内应使隔离垫块保持原位。

当选择的基材尺寸可能影响试件的固化速度时，宜尽早将隔离热块与密封材料分离，但仍需保持定位状态。

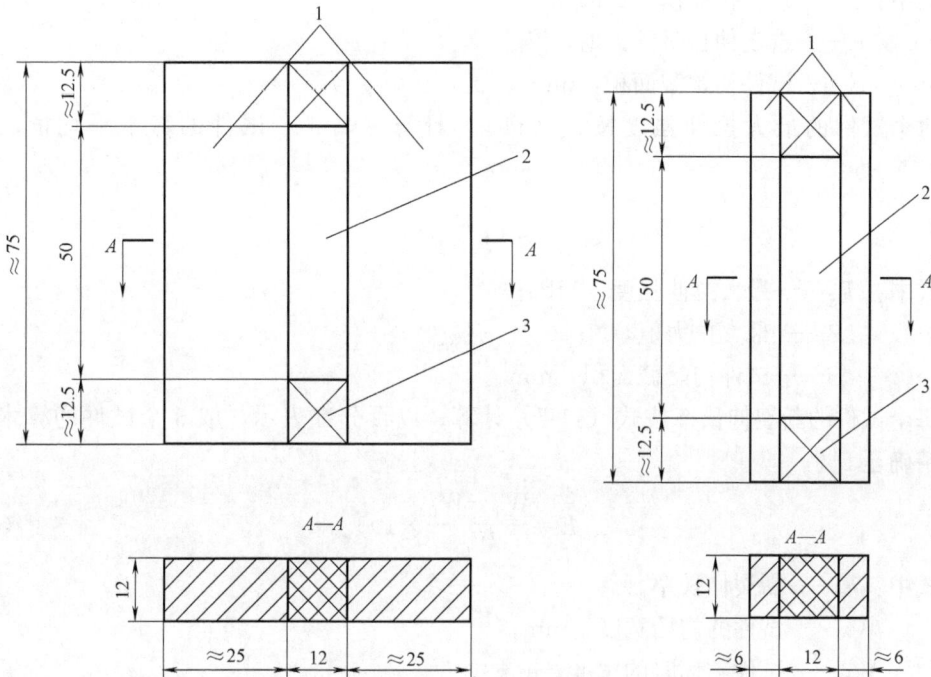

图 11-10　试件示意图

1—水泥砂浆板、铝板或玻璃板；2—密封材料；3—隔离垫块

按各方商定可选用 A 法或 B 法处理试件

A 法：将制备好的试件于标准试验条件下放置 28d。

B 法：先按照 A 法处理试件，然后将试件按下述程序处理 3 个循环：①在（70±2)℃干燥箱内存放 3d；②在（23±2)℃蒸馏水中存放 1d；③在（70±2)℃干燥箱内存放 2d；④在（23±2)℃蒸馏水中存放 1d。上述程序也可以改为③—④—①—②。

B 法处理后的试件在试验之前，应于标准试验条件下放置至少 24h。

B 法是利用热和水影响试件固化速度的一种常规处理程序，不适宜给出密封材料的耐久性信息。

1）拉伸粘结性试验

试验在（23±2)℃和（−20±2)℃两个温度下进行。每个测试温度测 3 个试件。

测定（23±2)℃时的拉伸粘结性时除去试件上的隔离垫块，将试件装入拉力试验机，在（23±2)℃下以（5.5±0.7)mm/min 的速度将试件拉伸至破坏。记录力值-伸长值曲线和破坏形式。

测定（−20±2）℃时的拉伸粘结性时，试验前，试件应在（−20±2）℃温度下放置4h。除去试件上的隔离垫块，将试件装入拉力试验机，在（−20±2）℃下以（5.5±0.7）mm/min 的速度将试件拉伸至破坏。记录力值-伸长值曲线和破坏形式。

每个试件选定伸长时的正割拉伸模量按式（11-5）计算，取 3 个试件的算术平均值，精确至 0.01MPa。

$$\sigma = \frac{F}{S} \tag{11-5}$$

式中：σ——正割拉伸模量，MPa；

　　　F——选定伸长时的力值，N；

　　　S——试件初始截面积，mm^2。

每个试件的最大拉伸强度按式（11-6）计算，取 3 个试件的算术平均值，精确至 0.01MPa。

$$T_S = \frac{P}{S} \tag{11-6}$$

式中：T_S——最大拉伸强度，MPa；

　　　P——最大拉力值，N；

　　　S——试件初始截面积，mm^2。

每个试件的断裂伸长率按式（11-7）计算；以百分数表示，取 3 个试件的算术平均值，精确至 5%。

$$E = \frac{W_1 - W_0}{W_0} \times 100 \tag{11-7}$$

式中：E——断裂伸长率，%；

　　　W_0——试件的初始宽度，mm；

　　　W_1——试件破坏时的宽度，mm。

2）定伸粘结性试验

试验在（23±2）℃和（−20±2）℃两个温度下进行。每个测试温度测 3 个试件。

测定（23±2）℃时的定伸粘结性时将试件除去隔离垫块，置入（23±2）℃温度下的拉力机夹具内，以（5.5±0.7）mm/min 的速度拉伸试件，拉伸伸长率为初始宽度的 25%、60% 或 100%（分别拉伸至 15mm、19.2mm 或 24mm），或各方商定的宽度，用定位垫块固定伸长并在（23±2）℃下保持 24h。

除去定位垫块，检查试件粘结或内聚破坏情况，并用分度值为 0.5mm 的量具测量粘结或内聚破坏的深度（mm）。

测定（−20±2）℃时的定伸粘结性时，试验前，试件应在 −20±2℃温度下放置 4h。将试件除去隔离垫块，置入（−20±2）℃温度下的拉力机夹具内，以（5.5±0.7）mm/min 的速度拉伸试件，拉伸伸长率为初始宽度的 25%、60% 或 100%（分别拉伸至 15mm、19.2mm 或 24mm），或各方商定的宽度。用定位垫块固定伸长并在（−20±2）℃下保持 24h。除去定位垫块，使试件温度恢复至（23±2）℃，检查试件粘结或内聚破坏情况，并用分度值为 0.5mm 的量具测量粘结或内聚破坏的深度（mm）。

3）浸水后定伸粘结性试验

按 A 法或 B 法处理后，除去隔离垫块。将试件在温度为 (23±2)℃的水中浸泡 4d，然后将试件于标准试验条件下放置 24h。将试件置入拉力机夹具内，以 (5.5±0.7)mm/min 的速度拉伸试件，拉伸伸长率为初始宽度的 60% 或 100%（分别拉伸至 19.2mm 或 24mm），或各方商定的宽度，然后用相应尺寸的定位垫块插入已拉伸至规定宽度的试件中并保持 24h。

除去定位垫块，检查试件粘结或内聚破坏情况，并用分度值为 0.5mm 的量具测量粘结或内聚破坏的深度和区域。

4）弹性恢复率试验

试验应在标准试验条件下进行。所有与弹性恢复率计算相关的测量均采用游标卡尺，测量既可以是接触密封材料的基材内侧表面之间的距离，也可以是未接触密封材料的基材外侧表面之间的距离。

除去隔离垫块，测量每一试件两端的初始宽度 W_i。将试件放入拉力试验机，以 (5.5±0.7)mm/min 的速度拉伸试件，拉伸伸长率为初始宽度的 25%、60% 或 100%（分别拉伸至 15mm、19.2mm 或 24mm），或各方商定的百分比，用 W_e 表示伸长后的宽度。用合适的定位垫块使试件保持拉伸状态 24h。

在试验过程中观察试件有无破坏现象。若无破坏，去掉定位垫块，将试件以长轴向垂直放置在平滑的低摩擦表面上，如撒有滑石粉的玻璃板。静置 1h，在每一试件两端同一位置测量恢复后的宽度 W_r。若有试件破坏，则取备用试件重复本部分试验。若 3 块重复试验试件中仍有试件破坏，则报告本部分的试验结果为试件破坏。

分别计算在每个试件两端测得的 W_i、W_e 和 W_r 的算术平均值。

每个试件的弹性恢复率按式 (11-8) 计算，以百分数表示：

$$R = \frac{W_e - W_r}{W_e - W_i} \times 100 \tag{11-8}$$

式中：R——弹性恢复率，%；

W_i——试件的初始宽度，mm；

W_e——试件拉伸后的宽度，mm；

W_r——试件恢复后的宽度，mm。

计算 3 个试件弹性恢复率的算术平均值，精确到 1%。

11.5 装配式配件

11.5.1 拉结件力学性能检验

1. 定义与范围

拉结件主要用于连接预制混凝土夹心保温外墙板中内、外叶墙板。常见拉结件主要包括纤维增强塑料拉结件、桁架钢筋式拉结件和板式拉结件。

2. 技术要求

拉结件应按设计要求或产品技术手册规定的混凝土强度和构造措施对其承载能力进行

检验，检验结果应符合设计要求或产品计算手册的规定。

3. 组批原则及取样要求

拉结件承载能力检验时，应根据进厂批次，抽取每一检验批拉结件总数的 0.1% 且不少于 5 件进行受拉检验。对同一厂家的同规格产品，连续三次检验均合格时，后续检验时，可取每一检验批拉结件总数的 0.05% 且不少于 5 件进行检验。

4. 试验方法

拉结件抗拉试验装置宜符合下列规定：

1）纤维增强塑料拉结件抗拉试验的试件应由上下两片混凝土板和中间保温层组成，上下两片混凝土板内应预埋锚固钢筋，每个试件应预埋 1 个拉结件，拉结件锚入两侧混凝土的深度应符合产品技术手册的要求，上下加载端钢筋与拉结件对中（图 11-11）。

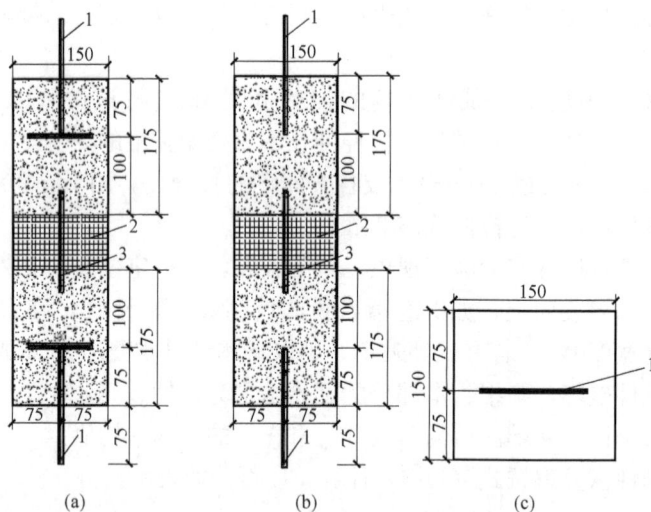

图 11-11 纤维增强塑料拉结件抗拉试验试件示意图
（a）正视图；（b）侧视图；（c）俯视图
1—预埋钢筋；2—保温层；3—拉结件

2）桁架钢筋式拉结件和板式拉结件抗拉试验的试件应由上下两片混凝土板和一层保温层组成，上下混凝土板之间的距离根据保温层的厚度确定，每个试件预理 1 个拉结件，拉结件锚入两侧混凝土的深度应符合拉结件产品技术手册的要求。荷载应由千斤顶施加，并通过装置的转化实现加载钢板对混凝土上板进行整体提升，混凝土上板应具保证试验过程中不发生破坏和明显的变形的承载力和刚度（图 11-12）。

检测用的加载设备，应符合下列规定：

1）设备的加载能力应比预计的检验荷载值至少大 20%，且不应大于检验荷载的 2.5 倍，应能连续、平稳、速度可控地进行加载；

2）加载设备应能够按照规定的速度加载，测定系统整机允许偏差为全量程的 ±2%；

3）设备的液压加荷系统持荷时间不超过 5min 时，其降荷值不应大于 5%；

4）进行纤维增强塑料拉结件抗拉试验时，加载设备应能够保证所施加的荷载始终与纤维增强塑料拉结件的轴线保持一致。

当要求检测预埋拉结件的荷载-位移曲线时，现场测量位移的装置应符合下列规定：

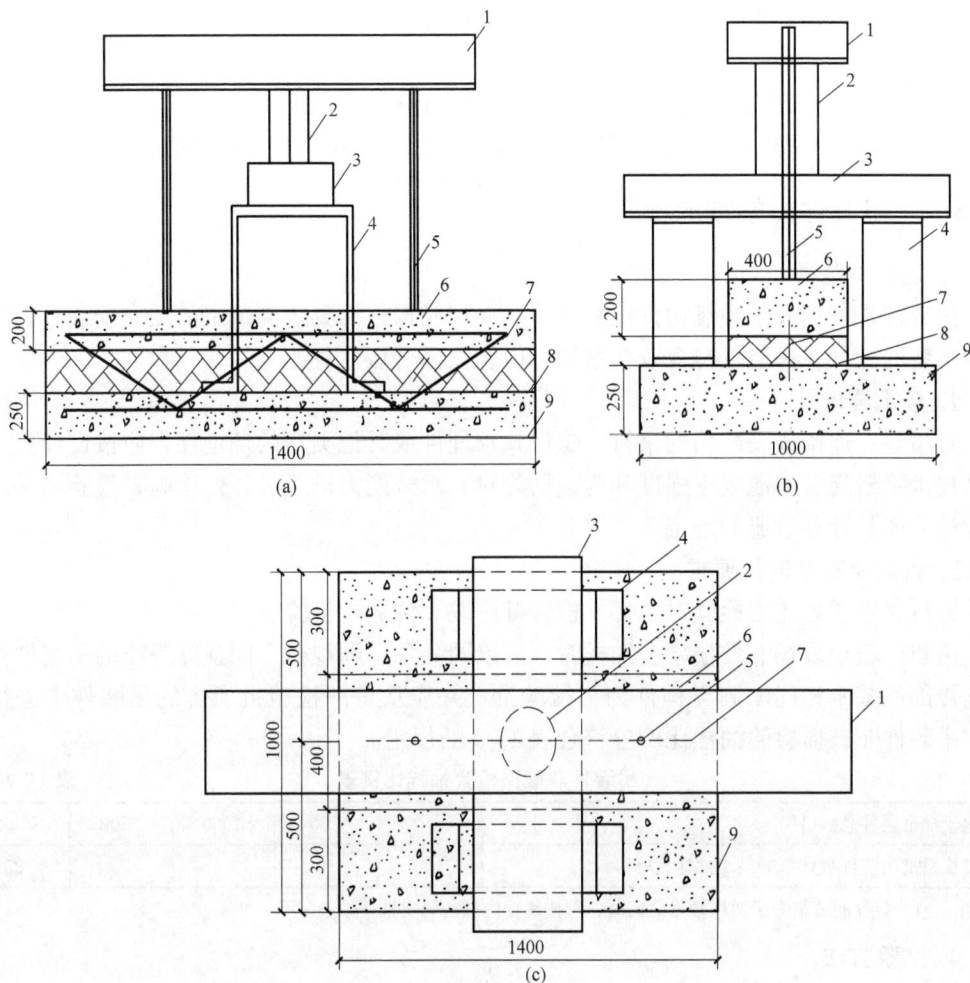

图 11-12 桁架钢筋式拉结件和板式拉结件抗拉试验装置示意图

(a) 正视图；(b) 侧视图；(c) 俯视图

1—反力梁；2—千斤顶；3—加载梁；4—反力架；5—加载杆；6—混凝土上板；

7—拉结件；8—保温层；9—混凝土下板

1) 仪表的量程不应小于 50mm；其测量的允许偏差为 ±0.02mm；

2) 测量位移装置应能与测力系统同步工作，连续记录，测出拉结件相对于混凝土表面的垂直位移，并应绘制荷载-位移的全程曲线。

检验用的仪器设备应定期由法定计量检定机构进行检定。当遇到下列情况之一时，应重新检定：

1) 读数出异常时；

2) 拆卸检查或更换零部件后。

试验时，对预埋拉结件应以均匀速率在 2~3min 时间内加荷至试件发生破坏。

5. 检验结果评定

全部试件试验结束后，应依据单个试件的试验结果分别计算连接件的受拉承载力标准值 N_k。

拉结件受拉承载力标准值 N_k 符合下式规定时，检验结果可判定为合格。

$$N_k \geqslant [N] \tag{11-9}$$

式中：N_k——试验得到的拉结件受拉承载力标准值，kN；

　　　$[N]$——产品标准或生产厂家给定的拉结件受拉承载力标准值，kN。

11.5.2　吊装件力学性能检验

1. 定义与范围

吊装件是指锚固于预制构件混凝土中，在预制构件混凝土浇筑之前预先安装好，用于构件吊装的配件。吊装件包含双头吊钉、内螺纹提升板件等。

2. 技术要求

对吊装、连接或安装用的吊钉、螺母式预埋件或其他类型的预埋件，应按设计要求或产品技术手册规定的混凝土强度和构造措施对其承载能力进行破坏性检验，检验结果应符合设计或产品计算手册的规定。

3. 组批原则及取样要求

进行极限承载能力检验时，每一检验批应取 3 件进行检验。

吊装件质量现场非破损检验抽样时，应以同品种、同规格、同强度等级的吊装件安装于连接部位基本相同的同类构件为一检验批，并应从每一检验批所含的吊装件中进行抽样，吊装件非破损检验抽样比例应符合表 11-9 的规定。

吊装件非破损检验抽样比例表　　　　　　　　　　　　　　表 11-9

检验批吊装件总数(件)	≤100	500	1000	2500	≥5000
按检验批吊装件数计算的最小抽样量(件)	5	10	15	20	25

注：当吊装件的总量介于两栏数量之间时，可按线性内插法确定抽样数量。

4. 试验方法

吊装件抗拉试验（图 11-13）可采用专门的吊装件抗拉试验装置。试验过程中，支承千斤顶的结构或结构应在弹性范围内工作，其最大变形不应超过 2mm。D_0 表示支撑环内径，h_{ef} 表示有效埋深。

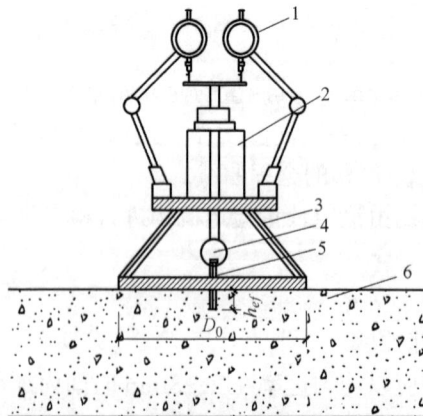

图 11-13　吊装件抗拉试验装置示意图

1—百分表；2—千斤顶；3—反力支座；4—连接器；5—吊装件；6—混凝土板

检验用的加载设备，可采用专门的抗拉仪，并应符合下列规定：

1）设备的加载能力应大于预计的检验荷载值的 20%，且不应大于检验荷载的 2.5 倍，应能连续、平稳、速度可控地进行加载；

2）加载设备应按照规定的速度加载，测定系统整机允许偏差为全量程的 ±2%；

3）设备的液压加荷系统持荷时间不超过 5min 时，其降荷值不应大于 5%；

4）加载设备应保证所施加的拉伸荷载始终与预埋吊装件的轴线保持一致；

5）吊装件发生混凝土锥体破坏时，加载设备支撑环内径 D_0 不应小于 $4h_{ef}$。

当要求检测吊装件的荷载-位移曲线时，现场测量位移的装置应符合下列规定：

1）仪表的量程不应小于 50mm；其测量的允许偏差为 ±0.02mm；

2）测量位移装置应与测力系统同步工作，连续记录，测出吊装件相对于混凝土表面的垂直位移，并应绘制荷载-位移的全程曲线。

现场检验用的仪器设备应定期由法定计量检定机构进行检定。当遇到下列情况之一时，应重新检定：

1）读数出异常时；

2）拆卸检查或更换零部件后。

试验时，对承载能力极限检验，应以均匀速率在 2～3min 试件内加荷至试件发生破坏；对非破损检验，应以均匀速率在 2～3min 时间内加载至设定的检验荷载，并持荷 2min，检验荷载应取产品标准或厂家给定的允许荷载标准值。

5. 检验结果评定

对非破损检验，全部试件的试验结果均符合下列规定时，应判定为合格：

1）在持荷期间，试件无滑移、基材混凝土无裂缝或其他局部损坏迹象出现；

2）加载装置的荷载示值在 2min 内无下降或下降幅度不超过 5%的检验荷载。

对承载能力极限检验，应依据单个试件的试验结果分别计算吊装件的极限受拉承载力标准值 N_u^k，N_u^k 符合下式规定时，检验结果可判定为合格。

$$N_u^k \geqslant [N_u] \tag{11-10}$$

式中：N_u^k——试验得到的极限受拉承载力标准值，kN；

$[N_u]$——产品标准或生产厂家给定的极限受拉承载力标准值，kN。

第3篇

结构工程施工工序
和实体质量检验

第12章
结构工程的施工质量检验

建筑工程的质量验收可分为两种情况，一是按验收规范规定的程序所进行的工序、检验批、分项工程、分部工程和单位工程的检验均满足验收规范的要求；二是当所检验的检验批、分项工程、分部工程和单位工程的检验结果不符合验收规范的合格规定时，应由有资质的检测单位检测鉴定，并依据检测鉴定的结果来确定是否能够验收。这两种情况的验收的依据均是《建筑工程施工质量验收统一标准》GB 50300—2013 和与其相配套的各专业工程验收规范。

12.1　结构工程质量验收规范的规定

1. 现行的建筑工程质量验收规范系列标准体系的指导思想

现行的建筑工程质量验收规范规定了建筑工程各专业验收规范编制的统一准则，对检验批、分项工程、分部工程、单位工程的划分、质量指标的设置和要求、验收的程序与组织都提出了原则的要求，规定了单位工程的验收，从单位工程的划分和组成，质量指标的设置到验收程序都做了具体规定。从而统一建筑工程施工质量的验收方法、程序和原则，达到确保工程质量的目的。

根据工程质量的特点进行质量管理。工程质量验收应贯穿于施工全过程中。一是体现在建立过程控制的各项制度；二是施工单位应推行生产控制和合格控制的全过程质量控制和质量管理体系，发现问题和薄弱环节，制定改进的措施和跟踪检查落实等措施，不断健全和完善质量管理体系，不断提高建筑工程施工质量。

2. 建筑工程施工工序检验和验收

(1) 建筑工程施工工序检验

建筑工程是由地基与基础、主体结构、建筑装饰装修、建筑给水排水及供暖、通风与空调和建筑电气等分部工程构成的。分部工程可按专业性质、工程部分划分。分项工程可按主要工种、材料、施工工艺、设备类别进行划分，检验批可根据施工、质量控制和专业验收的需要，按工程量、楼层、施工段、变形缝进行划分为一道道工序。各道工序的质量不仅影响本道工序而且还会影响下道工序的施工和质量。因此，各道工序的质量控制是整个施工质量控制最基本的和最重要的。施工单位对每道工序均应按相应的施工技术标准进行质量控制，使之达到建筑工程施工质量验收规范的要求，施工单位应根据建筑结构工程的特点，有的放矢地制定每道工序的操作工艺要求、应达到的质量标准，每道施工工序完成后，经施工单位自检符合规定后，才能进行下道工序施工。各专业工种之间的相关工序应进行交接检验，并应记录。对于监理单位提出检查要求的重要工序，应经监理工程师认可，才能进行下道工序施工。

（2）建筑工程工序质量的验收控制

施工工序质量的过程统计控制是施工单位的自身质量控制，通过施工工序的班组和质量检查员实施。在统计控制的过程中发现问题、及时纠正处理，施工专业技术负责人和该工序的班组长一起分析原因、制订纠正措施等。而建筑工程工序质量的验收控制应是专业监理工程师组织施工单位项目专业质量检查员、专业工长等进行验收。建筑工程工序质量的验收应是在施工单位自检合格的基础上进行的。

建筑工程工序质量的验收控制的依据是《建筑工程施工质量验收统一标准》GB 50300—2013及其相配套的专业验收规范规定的验收标准。

3. 建筑结构工程检验批的质量检验和验收

《建筑工程施工质量验收统一标准》GB 50300—2013把建筑工程的质量验收划分为单位工程、分部工程、分项工程和检验批。所谓单位工程是指"具备独立施工条件并能形成独立使用功能的建筑物及构筑物"。分部工程可按专业性质、工程部分划分，比如地基与基础分部工程、主体结构分部工程、建筑装饰装修分部工程、建筑给水排水及供暖分部工程、通风与空调分部工程和建筑电气分部工程等。分项工程是在每个分部工程中根据不同材料种类、施工特点、施工工序、专业系统及类别等进行划分的。比如主体结构中的混凝土结构子分部所包含的分项工程为模板、钢筋、预应力、混凝土、现浇结构和装配式结构等。对于分项工程还可以按楼层、施工段、变形缝划分为若干检验批。

上面介绍的建筑工程质量验收的划分，对于实际工程是由一道道工序组合起来完成的，作为建筑工程的验收应从检验批开始。所谓检验批应是按相同的生产条件或按规定的方式汇总起来供抽样检验用的，由一定数量样本组成的检验体。比如现浇钢筋混凝框架结构的第一层柱抽样钢筋检验批、柱模板检验批，若结构体型比较大还可以按施工段来进一步划分，如把一层中施工段轴线柱钢筋安装划分为一个检验批等，其目的是便于及时验收。

检验批是工程质量验收的最小单位，是分项工程乃至整个建筑工程质量验收的基础。对于检验批的质量验收，根据验收项目对该检验批质量影响的重要性又分为主控项目和一般项目，主控项目是对检验批的基本质量起决定性作用的检验项目，因此必须全部符合有关专业工程验收规范的规定。一般项目的质量标准较主控项目有所放宽，但也不允许出现严重缺陷和过大的偏差。

检验批的质量验收，是施工单位自行检查评定的基础上，由施工单位填好"检验批质量验收记录"，然后由专业监理工程师组织施工单位项目专业质量检查员、专业工长等进行抽样检验，并按有关专业验收规范的质量标准，确认所验检验批的质量。当检验批施工质量不符合要求时应进行返工或返修，经返工或返修的检验批应重新进行验收。

对于分项工程的工程验收则是在分项工程所含的检验批验收均合格的基础上进行的，分项工程验收合格的标准是所含检验批的质量均合格，所含检验批的质量验收记录完整。

4. 分部工程的抽样检验和验收

《建筑工程施工质量验收统一标准》GB 50300—2013规定"对涉及结构安全和使用功能的重要分部工程应进行抽样检验"。分部工程的抽样检验均是在所含分项工程验收均合格的基础上进行的，是对重要项目进行验证性的检验，其目的是加强该分部工程重要项目的验收，真实地反映该分部工程重要项目的质量指标，确保结构安全和达到使用功能的要求。

《混凝土结构工程施工质量验收规范》GB 50204—2015 规定，对涉及混凝土结构安全的有代表性的部位应进行结构实体检验。结构实体检验应包括混凝土强度、钢筋保护层厚度、结构位置与尺寸偏差以及合同约定的项目；必要时可检验其他项目。

5. 建筑工程质量不符合要求时的处理

《建筑工程施工质量验收统一标准》GB 50300—2013 规定，当建筑工程质量不符合要求时，应按下列规定进行处理：

（1）经返工或返修的检验批，应重新进行验收；

（2）有资质的检测机构检测鉴定能够达到设计要求的检验批，应予以验收；

（3）经有资质的检测机构检测鉴定达不到设计要求、但经原设计单位核算认可能够满足安全和使用功能的检验批，可予以验收；

（4）经返修或加固处理的分项、分部工程，满足安全及使用功能要求时，可按技术处理方案和协商文件的要求予以验收。

12.2 结构工程质量检验

建筑工程的质量验收的两种情况，无论是按验收规范规定的程序所进行的施工工序、检验批、分项工程、分部工程和单位工程的检验均满足验收规范要求的正常验收，还是所检验的检验批、分项工程、分部工程和单位工程的检验结果不符合验收规范的合格规定由有资质的检测单位检测鉴定的非正常验收，其依据均是《建筑工程施工质量验收统一标准》CB 50300—2013 和相应的专业工程验收规范。

了解和掌握建筑结构工程质量的验收检验，包括施工过程的工序、检验批、分项工程、分部工程、单位工程质量验收检验和实体结构的抽样检验等，对于搞好建筑结构工程质量的验收是非常重要的。本篇的第 13～16 章介绍了砌体结构、混凝土结构、钢结构和木结构施工质量验收规范有关工序检验和实体检验的内容、抽样数量、检验方法和评价指标等。

这里要说明的是，对于新建结构工程的施工质量有怀疑以及出现质量事故等，需要通过现场检测来确定该结构工程的实际施工质量或分析出现事故的原因。这种对新建结构工程的施工质量检测的依据是《建筑工程施工质量验收统一标准》GB 50300—2013 和相应的专业工程验收规范的要求，包括检验内容、项目、抽样数量、检验方法和评价指标等。对其检测结果应评价是否满足设计和验收合格标准的要求。

第13章
砌体结构工程施工质量检验

砌体结构工程施工质量检验主要包括砌筑砂浆、砖砌体工程、混凝土小型砌块砌体工程、砌体工程、配筋砌体工程、填充墙砌体工程等分项工程中的施工工序质量检验。

13.1 砌筑砂浆的施工质量检验

砌筑砂浆分项工程的施工质量检验项目、检验数量、方法和要求列于表13-1。

砌筑砂浆施工质量检验项目、数量和方法   表 13-1

项目类别	序号	检验内容	检验数量	检验要求或指标	检验方法
原材料	1	水泥性能	按同一生产厂家、同品种、同等级、同批号连续进场的水泥，袋装水泥不超过 200t 为一批，散装水泥不超过 500t 为一批，每批抽样不少于一次	1. 水泥进场时应对其品种、等级、包装或散装仓号、出厂日期等进行检查，并应对其强度、安定性进行复验，其质量必须符合现行国家标准《通用硅酸盐水泥》GB 175 的有关规定。 2. 当在使用中对水泥质量有怀疑或水泥出厂超过三个月（快硬硅酸盐水泥超过一个月）时，应复查试验，并按复验结果使用。 3. 不同品种的水泥，不得混合使用	检查产品合格证、出厂检验报告和进场复验报告
	2	砂浆用砂要求	按进场的批次和产品的抽样检验方案确定	砂浆用砂宜采用过筛中砂，并应满足下列要求： 1. 不应混有草根、树叶、树枝、塑料、煤块、炉渣等杂物； 2. 砂中含泥量、泥块含量、石粉含量、云母、轻物质、有机物、硫化物、硫酸盐及氯盐含量（配筋砌体砌筑用砂）等应符合现行行业标准《普通混凝土用砂、石质量及检验方法标准》JGJ 52 的有关规定； 3. 人工砂、山砂及特细砂，应经试配能满足砌筑砂浆技术条件要求	观察，检查进场复验报告

项目类别	序号	检验内容	检验数量	检验要求或指标	检验方法
原材料	3	砂浆其他用料	按进场的批次和产品的抽样检验方案确定	拌制水泥混合砂浆的粉煤灰、建筑生石灰、建筑生石灰粉及石灰膏应符合下列规定： 1. 粉煤灰、建筑生石灰、建筑生石灰粉的品质指标应符合现行行业标准《粉煤灰在混凝土及砂浆中应用技术规程》JGJ 2、《建筑生石灰》JC/T 479、《建筑生石灰粉》JC/T 480 的有关规定； 2. 建筑生石灰、建筑生石灰粉熟化为石灰膏，其熟化时间分别不得少于7d和2d；沉淀池中储存的石灰膏，应防止干燥、冻结和污染，严禁采用脱水硬化的石灰膏；建筑生石灰粉、消石灰粉不得替代石灰膏配制水泥石灰砂浆； 3. 石灰膏的用量，应按稠度 120mm±5mm 计量，现场施工中石灰膏不同稠度的换算系数，可按下表确定 稠度(mm) / 换算系数 120 / 1.00 110 / 0.99 100 / 0.97 90 / 0.95 80 / 0.93 70 / 0.92 60 / 0.90 50 / 0.88 40 / 0.87 30 / 0.86	观察，检查进场复验报告
	4	拌制砂浆用水	同水源检查不应少于一次	拌制砂浆用水的水质，应符合现行行业标准《混凝土用水标准》JGJ 63 的有关规定	检查水质报告
	5	外加剂	按进场的批次和产品的抽样检验方案确定	在砂浆中掺入的砌筑砂浆增塑剂、早强剂、缓凝剂、防冻剂、防水剂等砂浆外加剂，其品种和用量应经有资质的检测单位检验和试配确定。所用外加剂的技术性能应符合国家现行有关标准《砌筑砂浆增塑剂》JG/T 164、《混凝土外加剂》GB 8076、《砂浆、混凝土防水剂》JC 474 的质量要求	检查试验报告

续表

项目类别	序号	检验内容	检验数量	检验要求或指标	检验方法
砂浆配合比	1	配合比设计	每一工程检查一次	砌筑砂浆应进行配合比设计。当砌筑砂浆的组成材料有变更时,其配合比应重新确定	检查配合比设计资料
	2	砂浆替代	有替换时	施工中不应采用强度等级小于 M5 水泥砂浆替代同强度等级水泥混合砂浆,如需替代,应将水泥砂浆提高一个强度等级	检查替换资料和新的配合比设计
现场拌制	1	质量计量	每工作班检查不少于一次	配制砌筑砂浆时,各组分材料应采用质量计量,水泥及各种外加剂配料的允许偏差为±2%;砂、粉煤灰、石灰膏等配料的允许偏差为±5%	观察、检查施工记录
	2	搅拌时间	全数	砌筑砂浆应采用机械搅拌,搅拌时间自投料完起算应符合下列规定: 　1. 水泥砂浆和水泥混合砂浆不得少于120s; 　2. 水泥粉煤灰砂浆和掺用外加剂的砂浆不得少于180s; 　3. 掺增塑剂的砂浆,其搅拌方式、搅拌时间应符合现行行业标准《砌筑砂浆增塑剂》JG/T 164 的有关规定; 　4. 干混砂浆及加气混凝土砌块专用砂浆宜按掺用外加剂的砂浆确定搅拌时间或按产品说明书采用	观察、检查施工记录
砂浆使用	1	使用时间	全数	现场拌制的砂浆应随拌随用,拌制的砂浆应在 3h 内使用完毕;当施工期间最高气温超过 30℃时,应在 2h 内使用完毕。预拌砂浆及蒸压加气混凝土砌块专用砂浆的使用时间应按照厂方提供的说明书确定	观察、检查施工记录
砂浆强度	1	砂浆强度	每一检验批且不超过250m³砌体的各类、各强度等级的普通砌筑砂浆,每台搅拌机应至少抽检一次。验收批的预拌砂浆、蒸压加气混凝土砌块专用砂浆,抽检可为 3 组	砌筑砂浆试块强度验收时其强度合格标准应符合下列规定: 　1. 同一验收批砂浆试块强度平均值应大于或等于设计强度等级值的1.10 倍; 　2. 同一验收批砂浆试块抗压强度的最小一组平均值应大于或等于设计强度等级值的 85%。 注:1. 砌筑砂浆的验收批,同一类型、强度等级的砂浆试块不应少于 3 组;同一验收批砂浆只有 1 组或 2 组试块时,每组试块抗压强度平均值应大于或等于设计强度等级值的 1.10 倍;对于建筑结构的安全等级为一级或设计使用年限为 50 年及以上的房屋,同一验收批砂浆试块的数量不得少于3 组; 　2. 砂浆强度应以标准养护,28d 龄期的试块抗压强度为准; 　3. 制作砂浆试块的砂浆稠度应与配合比设计一致	在砂浆搅拌机出料口或在湿拌砂浆的储存容器出料口随机取样制作砂浆试块(现场拌制的砂浆,同盘砂浆只应作1 组试块),试块标养 28d 后作强度试验。预拌砂浆中的湿拌砂浆稠度应在进场时取样检验

13.2 砖砌体工程施工质量检验

砖砌体工程施工质量检验项目、检验数量、方法和要求列于表13-2。

砖砌体工程施工质量检验项目、数量和方法 表13-2

项目类别	序号	检验内容	检验数量	检验要求或指标	检验方法
主控项目	1	砖和砂浆	每一生产厂家,烧结普通砖、混凝土实心砖每15万块,烧结多孔砖、混凝土多孔砖、蒸压灰砂砖及蒸压粉煤灰砖每10万块各为1验收批,不足上述数量时按1批计,抽检数量为1组。砂浆试块的抽检数量按表13-1进行	砖和砂浆的强度等级必须符合设计要求	检查砖和砂浆试块试验报告
	2	砂浆饱满度	每检验批抽查不应少于5处	砌体灰缝砂浆应密实饱满,砖墙水平灰缝的砂浆饱满度不得低于80%;砖柱水平灰缝和竖向灰缝饱满度不得低于90%	用百格网检查砖底面与砂浆的粘结痕迹面积,每处检测3块砖,取其平均值
	3	砖砌体转角处和交接处的砌筑	每检验批抽查不应少于5处	砖砌体的转角处和交接处应同时砌筑,严禁无可靠措施的内外墙分砌施工。在抗震设防烈度为8度及8度以上地区,对不能同时砌筑而又必须留置的临时间断处应砌成斜槎,普通砖砌体斜槎水平投影长度不应小于高度的2/3,多孔砖砌体的斜槎长高比不应小于1/2。斜槎高度不得超过一步脚手架的高度	观察检查
	4	砌筑留槎	每检验批抽查不应少于5处	非抗震设防及抗震设防烈度为6度、7度地区的临时间断处,当不能留斜槎时,除转角处外,可留直槎,但直槎必须做成凸槎,且应加设拉结钢筋,拉结钢筋应符合下列规定: 1. 每120mm墙厚放置1φ6拉结钢筋(120mm厚墙应放置2φ6拉结钢筋); 2. 间距沿墙高不应超过500mm,且竖向间距偏差不应超过100mm; 3. 埋入长度从留槎处算起每边均不应小于500mm,对抗震设防烈度6度、7度的地区,不应小于1000mm; 4. 末端应有90°弯钩	观察和尺量检查

项目类别	序号	检验内容	检验数量	检验要求或指标				检验方法
	1	砖砌体组砌方法	每检验批抽查不应少于5处	砖砌体组砌方法应正确,内外搭砌,上、下错缝。清水墙、窗间墙无通缝;混水墙中不得有长度大于300mm的通缝,长度200～300mm的通缝每间不超过3处,且不得位于同一面墙体上。砖柱不得采用包心砌法				观察检查。砌体组砌方法抽检每处应为3～5m
	2	砖砌体灰缝	每检验批抽查不应少于5处	砖砌体的灰缝应横平竖直,厚薄均匀,水平灰缝厚度及竖向灰缝宽度宜为10mm,但不应小于8mm,也不应大于12mm				水平灰缝厚度用尺量10皮砖砌体高度折算;竖向灰缝宽度用尺量2m砌体长度折算
一般项目	3	砖砌体尺寸、位置的允许偏差	抽检数量	项次	项目		允许偏差(mm)	检验方法
			承重墙、柱全数检查	1	轴线位移		10	用经纬仪和尺或用其他测量仪器检查
			不应少于5处	2	基础、墙、柱顶面标高		±15	用水准仪和尺检查
			不应少于5处	3	墙面垂直度	每层	5	用2m托线板检查
			外墙全部阳角			全高 ≤10m	10	用经纬仪、吊线和尺或用其他测量仪器检查
						>10m	20	
			不应少于5处	4	表面平整度	清水墙、柱	5	用2m靠尺和楔形塞尺检查
						混水墙、柱	8	
			不应少于5处	5	水平灰缝平直度	清水墙	7	拉5m线和尺检查
						混水墙	10	
			不应少于5处	6	门窗洞口高、宽(后塞口)		±10	用尺检查
			不应少于5处	7	外墙上下窗口偏移		20	以底层窗口为准,用经纬仪或吊线检查
			不应少于5处	8	清水墙游丁走缝		20	以每层第一皮砖为准,用吊线和尺检查

13.3　混凝土小型空心砌块砌体工程的施工质量检验

混凝土小型空心砌块砌体工程施工质量检验项目、检验数量、方法和要求列于表13-3。

混凝土小型空心砌块砌体工程施工质量检验项目、数量和方法　表 13-3

项目类别	序号	检验内容	检验数量	检验要求或指标	检验方法
主控项目	1	砌块、混凝土、砂浆强度	每一生产厂家,每1万块小砌块为1验收批,不足1万块按1批计,抽检数量为1组;用于多层以上建筑的基础和底层的小砌块抽检数量不应少于2组。砂浆试块的抽检数量按表13-1进行	小砌块和芯柱混凝土、砌筑砂浆的强度等级必须符合设计要求	检查小砌块和芯柱混凝土、砌筑砂浆试块试验报告
	2	砂浆饱满度	每检验批抽查不应少于5处	砌体水平灰缝和竖向灰缝的砂浆饱满度,按净面积计算不得低于90%	用专用百格网检测小砌块与砂浆粘结痕迹,每处检测3块小砌块,取其平均值
	3	砌筑方式	每检验批抽查不应少于5处	墙体转角处和纵横交接处应同时砌筑。临时间断处应砌成斜槎,斜槎水平投影长度不应小于斜槎高度。施工洞口可预留直槎,但在洞口砌筑和补砌时,应在直槎上下搭砌的小砌块孔洞内用强度等级不低于C20(或Cb20)的混凝土灌实	观察检查
	4	砌块砌体的芯柱	每检验批抽查不应少于5处	小砌块砌体的芯柱在楼盖处应贯通,不得削弱芯柱截面尺寸;芯柱混凝土不得漏灌	观察检查
一般项目	1	水平灰缝厚度与竖向灰缝宽度	每检验批抽查不应少于5处	砌体的水平灰缝厚度和竖向灰缝宽度宜为10mm,但不应小于8mm,也不应大于12mm	水平灰缝厚度用尺量5皮小砌块的高度折算;竖向灰缝宽度用尺量2m砌体长度折算
	2	砌块砌体尺寸、位置允许偏差	同表13-2一般项目3	同表13-2一般项目3	同表13-2一般项目3

13.4　石砌体工程的施工质量检验

石砌体工程的施工质量检验项目、检验数量、方法和要求列于表13-4。

石砌体工程施工质量检验项目、数量和方法　　　　　表13-4

项目类别	序号	检验内容	检验数量	检验要求或指标	检验方法
主控项目	1	石材及浆砌强度	同一产地的同类石材抽检不应少于1组。砂浆试块的抽检数量同表13-1	石材及砂浆强度等级必须符合设计要求	料石检查产品质量证明书,石材、砂浆检查试块试验报告
	2	砂浆饱满度	每检验批抽查不应少于5处	砌体灰缝的砂浆饱满度不应小于80%	观察检查

一般项目　1　石砌体尺寸、位置允许偏差（检查数量：每检验批抽查不应少于5处）

项次	项目	允许偏差(mm) 毛石砌体 基础	毛石砌体 墙	料石砌体 毛料石 基础	毛料石 墙	粗料石 基础	粗料石 墙	细料石 墙、柱	检验方法
1	轴线位置	20	15	20	15	15	10	10	用经纬仪和尺检查,或用其他测量仪器检查
2	基础和墙砌体顶面标高	±25	±15	±25	±15	±15	±15	±10	用水准仪和尺检查
3	砌体厚度	+30	+20/−10	+30	+20/−10	+15	+10/−5	+10/−5	用尺检查
4	墙面垂直度 每层	—	20	—	20	—	10	7	用经纬仪、吊线和尺检查或用其他测量仪器检查
	墙面垂直度 全高	—	30	—	30	—	25	10	
5	表面平整度 清水墙、柱	—	—	—	—	20	10	5	细料石用2m靠尺和楔形塞尺检查,其他用两直尺垂直于灰缝拉2m线和尺检查
	表面平整度 混水墙、柱	—	—	—	—	20	15	—	
6	清水墙水平灰缝平直度	—	—	—	—	—	10	5	拉10m线和尺检查

项目类别	序号	检验内容	检验数量	检验要求或指标	检验方法
一般项目	2	组砌形式	每检验批抽查不应少于5处	石砌体的组砌形式应符合下列规定： 1. 内外搭砌,上下错缝,拉结石、丁砌石交错设置。 2. 毛石墙拉结石每0.7m²墙面不应少于1块	观察检查

13.5 配筋砌体工程施工质量检验

配筋砌体工程施工质量检验项目、检验数量、方法和要求列于表 13-5。

配筋砌体工程施工质量检验项目、数量和方法   表 13-5

项目类别	序号	检验内容	检验数量	检验要求或指标	检验方法
主控项目	1	钢筋品种规格	每批	钢筋的品种、规格、数量和设置部位应符合设计要求	检查钢筋的合格证书、钢筋性能复试试验报告、隐蔽工程记录
	2	混凝土和砂浆强度	每检验批砌体,试块不应少于1组,验收批砌体试块不得少于3组	构造柱、芯柱、组合砌体构件、配筋砌体剪力墙构件的混凝土及砂浆的强度等级应符合设计要求	检查混凝土和砂浆试块试验报告
	3	构造柱与墙体连接处	每检验批抽查不应少于5处	构造柱与墙体的连接应符合下列规定: 1. 墙体应砌成马牙槎,马牙槎凹凸尺寸不宜小于60mm,高度不应超过300mm,马牙槎先退后进,对称砌筑;马牙槎尺寸偏差每一构造柱不应超过2处; 2. 预留拉结钢筋的规格、尺寸、数量及位置应正确,拉结钢筋应沿墙高每隔500mm设2φ6,伸入墙内不宜小于600mm,钢筋的竖向移位不应超过100mm,且竖向移位每一构造柱不得超过2处; 3. 施工中不得任意弯折拉结钢筋	观察检查和尺量检查
	4	钢筋的连接方式及锚固长度、搭接长度	每检验批抽查不应少于5处	配筋砌体中受力钢筋的连接方式及锚固长度、搭接长度应符合设计要求	观察检查

项目类别	序号	检验内容	检验数量	项次	项目		允许偏差(mm)	检验方法
一般项目	1	构造柱位置及垂直偏差	每检验批抽查不应少于5处	1	中心线位置		10	用经纬仪和尺检查或用其他测量仪器检查
				2	层间错位		8	用经纬仪和尺检查或用其他测量仪器检查
				3	垂直度	每层	10	用2m托线板检查
						全高 ≤10m	15	用经纬仪、吊线和尺检查或用其他测量仪器检查
						全高 >10m	20	

续表

项目类别	序号	检验内容	检验数量	检验要求或指标		检验方法
一般项目	2	钢筋防腐	每检验批抽查不应少于5处	砌体结构中钢筋(包括夹心复合墙内外叶墙间的拉结件或钢筋)的防腐,应符合设计规定,且钢筋防护层完好,不应有肉眼可见裂纹、剥落和擦痕等缺陷		观察检查
	3	钢筋网规格及放置间距	每检验批抽查不应少于5处	网状配筋砖砌体中,钢筋网规格及放置间距应符合设计规定。每一构件钢筋网沿砌体高度位置超过设计规定一皮砖厚不得多于1处		通过钢筋网成品检查钢筋规格,钢筋网放置间距采用局部剔缝观察,或用探针刺入灰缝内检查,或用钢筋位置测定仪测定

项目类别	序号	检验内容	检验数量	项目		允许偏差(mm)	检验方法
一般项目	4	钢筋安装位置的允许偏差					
			每检验批抽查不应少于5处	受力钢筋保护层厚度	网状配筋砌体	±10	检查钢筋网成品,钢筋网放置位置局部剔缝观察,或用探针刺入灰缝内检查,或用钢筋位置测定仪测定
					组合砖砌体	±5	支模前观察与尺量检查
					配筋小砌块砌体	±10	浇筑灌孔混凝土前观察与尺量检查
				配筋小砌块砌体墙凹槽中水平钢筋间距		±10	钢尺量连续三档,取最大值

13.6　填充墙砌体工程施工质量检验

填充墙砌体工程施工质量检验项目、检验数量、方法和要求列于表13-6。

填充墙砌体工程施工质量检验项目、数量和方法　　　　表13-6

项目类别	序号	检验内容	检验数量	检验要求或指标	检验方法
主控项目	1	砌筑材料强度	烧结空心砖每10万块为1验收批,小砌块每1万块为1验收批,不足上述数量时按1批计,抽检数量为1组。砂浆试块的抽检数量按表13-1相关要求	烧结空心砖、小砌块和砌筑砂浆的强度等级应符合设计要求	检查砖、小砌块进场复验报告和砂浆试块试验报告

续表

项目类别	序号	检验内容	检验数量	检验要求或指标	检验方法
主控项目	2	填充墙砌体与主体结构连接	每检验批抽查不应少于5处	填充墙砌体应与主体结构可靠连接，其连接构造应符合设计要求，未经设计同意，不得随意改变连接构造方法。每一填充墙与柱的拉结筋的位置超过一皮块体高度的数量不得多于一处	观察检查

项目类别	序号	检验内容	检验批的容量	样本最小容量	检验要求或指标	检验方法
主控项目	3	填充墙与承重墙、柱、梁的连接	≤90	5	填充墙与承重墙、柱、梁的连接钢筋，当采用化学植筋的连接方式时，应进行实体检测。锚固钢筋拉拔试验的轴向受拉非破坏承载力检验值应为6.0kN。抽检钢筋在检验值作用下应基材无裂缝、钢筋无滑移宏观裂损现象；持荷2min期间荷载值降低不大于5%。检验批验收可按《砌体结构工程施工质量验收规范》GB 50203中表B.0.1通过正常检验一次、二次抽样判定。填充墙砌体植筋锚固力检测记录可按《砌体结构工程施工质量验收规范》GB 50203中表C.0.1填写	原位试验检查
			91～150	8		
			151～280	13		
			281～500	20		
			501～1200	32		
			1201～3200	50		

项目类别	序号	检验内容	检验数量	项次	项目		允许偏差（mm）	检验方法
一般项目	1	填充墙砌体尺寸、位置偏差	每检验批抽查不应少于5处	1	轴线位移		10	用尺检查
				2	垂直度（每层）	≤3m	5	用2m托线板或吊线、尺检查
						>3m	10	
				3	表面平整度		8	用2m靠尺和楔形尺检查
				4	门窗洞口高、宽（后塞口）		±10	用尺检查
				5	外墙上、下窗口偏移		20	用经纬仪或吊线检查

项目类别	序号	检验内容	检验数量	砌体分类	灰缝	饱满度及要求	检验方法
一般项目	2	砂浆饱满度	每检验批抽查不应少于5处	空心砖砌体	水平	≥80%	采用百格网检查块体底面或侧面砂浆的粘结痕迹面积
					垂直	填满砂浆，不得有透明缝、瞎缝、假缝	
				蒸压加气混凝土砌块、轻骨料混凝土小型空心砌块砌体	水平	≥80%	
					垂直	≥80%	

续表

项目类别	序号	检验内容	检验数量	检验要求或指标	检验方法
一般项目	3	拉结钢筋或网片位置	每检验批抽查不应少于5处	填充墙留置的拉结钢筋或网片的位置应与块体皮数相符合。拉结钢筋或网片应置于灰缝中,埋置长度应符合设计要求,竖向位置偏差不应超过一皮高度	观察和用尺量检查
	4	砌筑时的错缝	每检验批抽查不应少于5处	砌筑填充墙时应错缝搭砌,蒸压加气混凝土砌块搭砌长度不应小于砌块长度的1/3;轻骨料混凝土小型空心砌块搭砌长度不应小于90mm;竖向通缝不应大于2皮	观察检查
	5	水平灰缝厚度和竖向灰缝宽度	每检验批抽查不应少于5处	填充墙的水平灰缝厚度和竖向灰缝宽度应正确,烧结空心砖、轻骨料混凝土小型空心砌块砌体的灰缝应为8~12mm;蒸压加气混凝土砌块砌体当采用水泥砂浆、水泥混合砂浆或蒸压加气混凝土砌块砌筑砂浆时,水平灰缝厚度和竖向灰缝宽度不应超过15mm;当蒸压加气混凝土砌块砌体采用蒸压加气混凝土砌块粘结砂浆时,水平灰缝厚度和竖向灰缝宽度宜为3~4mm	水平灰缝厚度用尺量5皮小砌块的高度折算;竖向灰缝宽度用尺量2m砌体长度折算

13.7　《砌体结构通用规范》GB 55007—2021 相关规定

1. 施工

（1）非烧结块材砌筑时,应满足块材砌筑上墙后的收缩性控制要求。

（2）砌筑前需要湿润的块材应对其进行适当浇（喷）水,不得采用干砖或吸水饱和状态的砖砌筑。

（3）砌体砌筑时,墙体转角处和纵横交接处应同时咬槎砌筑;砖柱不得采用包心砌法;带壁柱墙的壁柱应与墙身同时咬槎砌筑;临时间断处应留槎砌筑;块材应内外搭砌、上下错缝砌筑。

（4）砌体中的洞口、沟槽和管道等应按照设计要求留出和预埋。

（5）砌筑砂浆应进行配合比设计和试配。当砌筑砂浆的组成材料有变更时,其配合比应重新确定。

（6）砌筑砂浆用水泥、预拌砂浆及其他专用砂浆,应考虑其储存期限对材料强度的影响。

（7）现场拌制砂浆时,各组分材料应采用质量计量。砌筑砂浆拌制后在使用中不得随意掺入其他粘结剂、骨料、混合物。

（8）冬期施工所用的石灰膏、电石膏、砂、砂浆、块材等应防止冻结。

（9）砌体与构造柱的连接处以及砌体抗震墙与框架柱的连接处均应采用先砌墙后浇柱的施工顺序,并应按要求设置拉结钢筋;砖砌体与构造柱的连接处应砌成马牙槎。

（10）承重墙体使用的小砌块应完整、无破损、无裂缝。

（11）采用小砌块砌筑时，应将小砌块生产时的底面朝上反砌于墙上。施工洞口预留直槎时，应对直槎上下搭砌的小砌块孔洞采用混凝土灌实。

（12）砌体结构的芯柱混凝土应分段浇筑并振捣密实。并应对芯柱混凝土浇灌的密实程度进行检测，检测结果应满足设计要求。

（13）砌体挡土墙泄水孔应满足泄排水要求。

（14）填充墙的连接构造施工应符合设计要求。

2. 砌体结构检测

（1）对新建砌体结构，当遇到下列情况之一时，应检测砌筑砂浆强度、块材强度或砌体的抗压、抗剪强度：

1）砂浆试块缺乏代表性或数量不足；

2）砂浆试块强度的检验结果不满足设计要求；

3）对块材或砂浆试块的检验结果有怀疑或争议；

4）对施工质量有怀疑或争议，需进一步分析砂浆、块材或砌体的强度；

5）发生工程事故，需进一步分析事故原因。

（2）砌体结构检测应根据检测项目的特点、检测目的确定检测对象和检测的数量，抽样部位应具有代表性。

（3）选用新研制的砌体结构现场检测方法时，应符合下列规定：

1）强度测试公式所依据的试验散点图，其横坐标应包括不少于有差异的 5 组数据点；

2）强度测试曲线的相关系数（或相关指数）不应小于 0.85；

3）强度测试曲线适用范围的上、下限不得在试验数据的基础上外推；

4）应进行再现性和重复性试验；

5）应有工程的试点应用经验。

3. 验收

（1）单位工程的砌体结构质量验收资料应满足工程整体验收的要求。当单位工程的砌体结构质量验收部分资料缺失时，应进行相应的实体检验或抽样试验。

（2）砌体结构工程施工质量应满足设计要求，施工质量验收尚应包括以下内容：

1）水泥的强度及安定性评定；

2）块材、砂浆、混凝土的强度评定；

3）钢筋的品种、规格、数量和设置部位；

4）砌体水平灰缝和竖向灰缝的砂浆饱满度；

5）砌体的转角处、交接处、构造柱马牙槎砌筑质量；

6）挡土墙泄水孔质量；

7）与主体结构连接的后植钢筋轴向受拉承载力。

（3）对有可能影响结构安全性的砌体裂缝，应进行检测鉴定，需返修或加固处理的，待返修或加固处理满足使用要求后进行二次验收。

第14章
钢筋混凝土结构工程施工质量检验

钢筋混凝土结构工程施工质量检验主要包括模板、钢筋、预应力、混凝土、现浇结构和装配式结构分项工程中的施工工序质量检验。钢筋混凝土结构实体检验主要是混凝土强度和梁、板、悬挑构件的钢筋保护层厚度。

14.1　模板分项工程的施工质量检验

模板安装完成后应对施工质量进行检验，其主要检验项目、检验数量、检验方法及其允许偏差指标等列于表14-1。

模板安装施工质量检验项目、数量和方法　　　　　表 14-1

项目类别	序号	检验内容	检验数量	检验要求或指标	检验方法
主控项目	1	模板及支架用材料的技术指标	按国家现行有关标准的规定确定	应符合国家现行有关标准的规定	检查质量证明文件;观察,尺量
	2	现浇混凝土结构模板及支架的安装质量要求	按国家现行有关标准的规定确定	应符合国家现行有关标准的规定和施工方案的要求	按国家现行有关标准的规定执行
	3	后浇带处的模板及支架安装	全数	应独立设置	观察
	4	支架竖杆或竖向模板安装在土层上时质量要求	全数	(1)土层应坚实、平整,其承载力或密实度应符合施工方案的要求; (2)应有防水、排水措施;对冻胀性土,应有预防冻融措施; (3)支架竖杆下应有底座或垫板	观察;检查土层密实度检测报告、土层承载力验算或现场检测报告
一般项目	1	模板安装	全数	(1)模板的接缝应严密; (2)模板内不应有杂物、积水或冰雪等; (3)模板与混凝土的接触面应平整、清洁; (4)用作模板的地坪、胎膜等应平整、清洁,不应有影响构件质量的下沉、裂缝、起砂或起鼓; (5)对清水混凝土及装饰混凝土构件,应使用能达到设计效果的模板	观察

项目 类别	序号	检验内容	检验数量	检验要求或指标		检验方法
一般项目	2	模板隔离剂	全数	隔离剂不得影响结构性能及装饰施工;不得沾污钢筋、预应力筋、预埋件和混凝土接槎处;不得对环境造成污染		检查质量证明文件;观察
	3	模板的起拱	在同一检验批内,对梁,跨度大于18m时应全数检查,跨度不大于18m时应抽查构件数量的10%,且不应少于3件;对板,应按有代表性的自然间抽查10%,且不应少于3间;对大空间结构,板可按纵、横轴线划分检查面,抽查10%,且不应少于3面	应符合现行国家标准《混凝土结构工程施工规范》GB 50666 的规定,并应符合设计及施工方案的要求		水准仪或尺量
	4	固定在模板上的预埋件和预留孔洞	在同一检验批内,对梁、柱和独立基础,应抽查构件数量的10%,且不应少于3件;对墙和板,应按有代表性的自然间抽查10%,且不应少于3间;对大空间结构,墙可按相邻轴线间高度5m左右划分检查面,板可按纵、横轴线划分检查面,抽查10%,且均不应少于3面	项目	允许偏差（mm）	观察,尺量
				预埋板中心线位置	3	
				预埋管、预留孔中心线位置	3	
				插筋 中心线位置	5	
				插筋 外露长度	+10,0	
				预埋螺栓 中心线位置	2	
				预埋螺栓 外露长度	+10,0	
				预留洞 中心线位置	10	
				预留洞 尺寸	+10,0	

续表

项目类别	序号	检验内容	检验数量	检验要求或指标			检验方法
一般项目	5	现浇结构模板安装	在同一检验批内,对梁、柱和独立基础,应抽查构件数量的10%,且不应少于3件;对墙和板,应按有代表性的自然间抽查10%,且不应少于3间;对大空间结构,墙可按相邻轴线间高度5m左右划分检查面,板可按纵、横轴线划分检查面,抽查10%,且均不应少于3面	允许偏差范围			
				项目		允许偏差(mm)	
				轴线位置		5	尺量
				底模上表面标高		±5	水准仪或拉线、尺量
				模板内部尺寸	基础	±10	尺量
					柱、墙、梁	±5	尺量
					楼梯相邻踏步高差	5	尺量
				柱、墙垂直度	层高≤6m	8	经纬仪或吊线、尺量
					层高>6m	10	经纬仪或吊线、尺量
				相邻模板表面高差		2	尺量
				表面平整度		5	2m靠尺和塞尺量测
	6	预制构件模板安装	首次使用及大修后的模板应全数检查;使用中的模板应抽查10%,且不应少于5件,不足5件的应全数检查	允许偏差范围			
				项目		允许偏差(mm)	
				长度	梁、板	±4	尺量两侧边,取其中较大值
					薄腹梁、桁架	±8	
					柱	0,−10	
					墙板	0,−5	
				宽度	板、墙板	0,−5	尺量两端及中部,取其中较大值
					梁、薄腹梁、桁架	+2,−5	
				高(厚)度	板	+2,−3	尺量两端及中部,取其中较大值
					墙板	0,−5	
					梁、薄腹梁、桁架、柱	+2,−5	
				侧向弯曲	梁、板、柱	$L/1000$ 且≤15	拉线、尺量最大弯曲处
					墙板、薄腹梁、桁架	$L/1500$ 且≤15	

续表

项目类别	序号	检验内容	检验数量	检验要求或指标			检验方法
一般项目	6	预制构件模板安装	首次使用及大修后的模板应全数检查；使用中的模板应抽查10%，且不应少于5件，不足5件的应全数检查	板的表面平整度		3	2m靠尺和塞尺量测
				相邻模板表面高差		1	尺量
				对角线差	板	7	尺量两对角线
					墙板	5	
				翘曲	板、墙板	$L/1500$	水平尺在两端量测
				设计起拱	薄腹梁、桁架、梁	±3	拉线、尺量跨中
				注：L 为构件长度(mm)			

14.2 钢筋分项工程的施工质量检验

钢筋分项工程的施工质量检验包括原材料进场复检和见证取样送样检验、钢筋加工、钢筋连接和钢筋安装等。

（1）钢筋材料的进场复检内容和要求列于表 14-2。

钢筋原材料质量检验项目、数量和方法 表 14-2

项目类别	序号	检验内容	检验数量	检验要求或指标	检验方法
主控项目	1	力学性能	按进场批次和产品的抽样检验方案	检验结果应符合《钢筋混凝土用钢 第1部分：热轧光圆钢筋》GB/T 1499.1 和《钢筋混凝土用钢 第2部分：热轧带肋钢筋》GB/T 1499.2 等有关标准的规定	检查质量证明文件和抽样检验报告
	2	抗震性能	按进场的批次和产品的抽样检验方案	对按一、二、三级抗震等级设计的框架和斜撑构件(含梯段)中的纵向受力普通钢筋应采用 HRB335E、HRB400E、HRB500E、HRBF335E、HRBF400E 或 HRBF500E 钢筋，其强度和最大力下总伸长率的实测值应符合下列规定： (1)抗拉强度实测值与屈服强度实测值的比值不应小于 1.25； (2)屈服强度实测值与屈服强度标准值的比值不应大于 1.30； (3)最大力下总伸长率不应小于 9%	检查抽样检验报告
一般项目	1	普通钢筋外观	全数	钢筋应平直、无损伤，表面不得有裂纹、油污、颗粒状或片状老锈	观察
	2	成型钢筋的外观质量和尺寸偏差	同一厂家、同一类型的成型钢筋，不超过30t 为一批，每批随机抽取 3 个成型钢筋	应符合国家现行有关标准的规定	观察，尺量
	3	钢筋机械连接套筒、钢筋锚固板以及预埋件等的外观质量	按国家现行有关标准的规定确定	应符合国家现行有关标准的规定	检查产品质量证明文件；观察，尺量

（2）钢筋加工质量检验、项目、数量和方法等要求列于表14-3。

钢筋加工质量检验项目、数量和方法 表 14-3

项目类别	序号	检验内容	检验数量	检验要求或指标				检验方法
主控项目	1	钢筋的弯折	同一设备加工的同一类型钢筋，每工作班抽查不应少于3件	钢筋弯折的弯弧内直径应符合下列规定： （1）光圆钢筋，不应小于钢筋直径的 2.5 倍； （2）335MPa 级、400MPa 级带肋钢筋，不应小于钢筋直径的 4 倍； （3）500MPa 级带肋钢筋，当直径为 28mm 以下时不应小于钢筋直径的 6 倍，当直径为 28mm 及以上时不应小于钢筋直径的 7 倍； （4）箍筋弯折处尚不应小于纵向受力钢筋的直径。纵向受力钢筋的弯折后平直段长度应符合设计要求。光圆钢筋末端做 180°弯钩时，弯钩的平直段长度不应小于钢筋直径的 3 倍				尺量
	2	箍筋、拉筋的末端	同一设备加工的同一类型钢筋，每工作班抽查不应少于3件	（1）对一般结构构件，箍筋弯钩的弯折角度不应小于 90°，弯折后平直段长度不应小于箍筋直径的 5 倍；对有抗震设防要求或设计有专门要求的结构构件，箍筋弯钩的弯折角度不应小于 135°，弯折后平直段长度不应小于箍筋直径的 10 倍； （2）圆形箍筋的搭接长度不应小于其受拉锚固长度，且其两末端弯钩的弯折角度不应小于 135°，弯折后平直段长度对一般结构构件不应小于箍筋直径的 5 倍，对有抗震设防要求的结构构件不应小于箍筋直径的 10 倍； （3）梁、柱复合箍筋中的单肢箍筋两端弯钩的弯折角度均不应小于 135°，弯折后平直段长度应符合（1）对箍筋的有关规定				尺量
	3	钢筋调直	同一设备加工的同一牌号、同一规格的调直钢筋，重量不大于 30t 为一批，每批见证抽取 3 个试件	盘卷钢筋调直后应进行力学性能和重量偏差检验，其强度应符合国家现行有关标准的规定，其断后伸长率、重量偏差应符合如下规定：				检查抽样检验报告

表内嵌套表格：

钢筋牌号	断后伸长率 A（%）	重量偏差（%）	
		直径 6～12mm	直径 14～16mm
HPB300	≥21	≥−10	—
HRB335、HRBF335	≥16		
HRB400、HRBF400	≥15	≥−8	≥−6
RRB400	≥13		
HRB500、HRBF500	≥14		

续表

项目类别	序号	检验内容	检验数量	检验要求或指标	检验方法
主控项目	3	钢筋调直	同一设备加工的同一牌号、同一规格的调直钢筋，重量不大于30t为一批，每批见证抽取3个试件	力学性能和重量偏差检验应符合下列规定： (1)应对3个试件先进行重量偏差检验，再取其中2个试件进行力学性能检验。 (2)重量偏差应按下式计算： $$\Delta = (W_d - W_0)/W_0 \times 100 \qquad (14\text{-}1)$$ 式中：Δ——重量偏差，%； W_d——3个调直钢筋试件的实际重量之和，kg； W_0——钢筋理论重量，kg，取每米理论重量与3个调直钢筋试件长度之和的乘积。 (3)检验重量偏差时，试件切口应平滑并与长度方向垂直，其长度不应小于500mm；长度和重量的量测精度分别不应低于1mm和1g。采用无延伸功能的机械设备调直的钢筋，可不进行本条规定的检验	检查抽样检验报告
一般项目	1	钢筋加工形状尺寸	同一设备加工的同一类型钢筋，每工作班抽查不应少于3件	项目 / 允许偏差（mm） 受力钢筋沿长度方向的净尺寸 / ±10 弯起钢筋的弯折位置 / ±20 箍筋外廓尺寸 / ±5	尺量

（3）钢筋连接质量检验、项目、数量和方法等要求列于表14-4。

钢筋连接质量检验项目、数量和方法 　　　　表14-4

项目类别	序号	检验内容	检验数量	检验要求或指标	检验方法
主控项目	1	钢筋的连接	全数	应符合设计要求	观察
	2	机械连接	按现行行业标准《钢筋机械连接技术规程》JGJ 107的规定确定	钢筋采用机械连接时，钢筋机械连接接头的力学性能、弯曲性能应符合国家现行有关标准的规定	检查质量证明文件和抽样检验报告
				钢筋采用机械连接时，螺纹接头应检验拧紧扭矩值，挤压接头应量测压痕直径，检验结果应符合现行行业标准《钢筋机械连接技术规程》JGJ 107的相关规定	采用专用扭力扳手或专用量规检查
	3	焊接连接	按现行行业标准《钢筋焊接及验收规程》JGJ 18的规定确定	钢筋采用焊接连接时，焊接接头的力学性能、弯曲性能应符合国家现行有关标准的规定	检查质量证明文件和抽样检验报告

续表

项目类别	序号	检验内容	检验数量	检验要求或指标	检验方法
一般项目	1	钢筋接头的位置	全数	接头的位置应符合设计和施工方案要求。有抗震设防要求的结构中，梁端、柱端箍筋加密区范围内不应进行钢筋搭接。接头末端至钢筋弯起点的距离不应小于钢筋直径的10倍	观察，尺量
	2	钢筋机械连接接头、焊接接头外观质量	按现行行业标准《钢筋机械连接技术规程》JGJ 107和《钢筋焊接及验收规程》JGJ 18的规定确定	钢筋机械连接接头、焊接接头的外观质量应符合现行行业标准《钢筋机械连接技术规程》JGJ 107和《钢筋焊接及验收规程》JGJ 18的规定	观察，尺量
	3	纵向受力钢筋采用机械连接接头或焊接接头时	在同一检验批内，对梁、柱和独立基础，应抽查构件数量的10%，且不应少于3件；对墙和板，应按有代表性的自然间抽查10%，且不应少于3间；对大空间结构，墙可按相邻轴线间高度5m左右划分检查面，板可按纵横轴线划分检查面，抽查10%，且均不应少于3面	同一连接区段内纵向受力钢筋的接头面积百分率应符合设计要求；当设计无具体要求时，应符合下列规定： (1)受拉接头，不宜大于50%；受压接头，可不受限制； (2)直接承受动力荷载的结构构件中，不宜采用焊接；当采用机械连接时，不应超过50%	观察，尺量
				注：(1)接头连接区段是指长度为35d且不小于500mm的区段，d为相互连接两根钢筋的直径较小值。 (2)同一连接区段内纵向受力钢筋接头面积百分率为接头中点位于该连接区段内的纵向受力钢筋截面面积与全部纵向受力钢筋截面面积的比值	
	4	纵向受力钢筋采用绑扎搭接接头时	在同一检验批内，对梁、柱和独立基础，应抽查构件数量的10%，且不应少于3件；对墙和板，应按有代表性的自然间抽查10%，且不应少于3间；对大空间结构，墙可按相邻轴线间高度5m左右划分检查面，板可按纵横轴线划分检查面，抽查10%，且均不应少于3面	(1)接头的横向净间距不应小于钢筋直径，且不应小于25mm； (2)同一连接区段内，纵向受拉钢筋的接头面积百分率应符合设计要求；当设计无具体要求时，应符合下列规定： 1)梁类、板类及墙类构件，不宜超过25%；基础筏板，不宜超过50%。 2)柱类构件，不宜超过50%。 3)当工程中确有必要增大接头面积百分率时，对梁类构件，不应大于50%	观察，尺量
	5	构件的纵向受力钢筋搭接长度范围内箍筋的设置	在同一检验批内，应抽查构件数量的10%，且不应少于3件	应符合设计要求；当设计无具体要求时，应符合下列规定： (1)箍筋直径不应小于搭接钢筋较大直径的1/4； (2)受拉搭接区段的箍筋间距不应大于搭接钢筋较小直径的5倍，且不应大于100mm； (3)受压搭接区段的箍筋间距不应大于搭接钢筋较小直径的10倍，且不应大于200mm； (4)当柱中纵向受力钢筋直径大于25mm时，应在搭接接头两个端面外100mm范围内各设置两道箍筋，其间距宜为50mm	观察，尺量

（4）钢筋安装质量检验、项目、数量和方法等要求列于表 14-5。

钢筋安装质量检验项目、数量和方法 表 14-5

项目类别	序号	检验内容	检验数量	检验要求或指标			检验方法
主控项目	1	受力钢筋的牌号、规格和数量	全数	钢筋安装时，受力钢筋的牌号、规格和数量必须符合设计要求			观察，尺量
	2	受力钢筋的安装位置、锚固方式	全数	钢筋应安装牢固。受力钢筋的安装位置、锚固方式应符合设计要求			观察，尺量
一般项目	1	钢筋安装偏差	在同一检验批内，对梁、柱和独立基础，应抽查构件数量的10%，且不应少于3件；对墙和板，应按有代表性的自然间抽查10%，且不应少于3间；对大空间结构，墙可按相邻轴线间高度5m左右划分检查面，板可按纵、横轴线划分检查面，抽查10%，且均不应少于3面		项目	允许偏差（mm）	
				绑扎钢筋网	长、宽	±10	尺量
					网眼尺寸	±20	尺量连续三档，取最大偏差值
				绑扎钢筋骨架	长	±10	尺量
					宽、高	±5	尺量
				纵向受力钢筋	锚固长度	−20	尺量
					间距	±10	尺量两端、中间各一点，取最大偏差值
					排距	±5	
				纵向受力钢筋、箍筋的混凝土保护层厚度	基础	±10	尺量
					柱、梁	±5	尺量
					板、墙、壳	±3	尺量
				绑扎箍筋、横向钢筋间距		±20	尺量连续三档，取最大偏差值
				钢筋弯起点位置		20	尺量
				预埋件	中心线位置	5	尺量
					水平高差	±3,0	塞尺

注：检查中心线位置时，沿纵、横两个方向量测，并取其中偏差的较大值

（5）在浇筑混凝土之前，应进行钢筋隐蔽工程验收，其检验内容列于表 14-6。

钢筋隐蔽工程质量检验项目、数量和方法 表 14-6

检验内容	检验数量	检验要求或指标	检验方法
1. 纵向受力钢筋的牌号、规格、数量、位置； 2. 钢筋的连接方式、接头位置、接头质量、接头面积百分率、搭接长度、锚固方式及锚固长度； 3. 箍筋、横向钢筋的牌号、规格、数量、间距、位置，箍筋弯钩的弯折角度及平直段长度； 4. 预埋件的规格、数量和位置	全数	同表 14-1～表 14-5	现场核查和核验有关资料

14.3　预应力分项工程的施工质量检验

预应力分项工程的施工质量检验包括原材料进场复检、制作与安装、张拉和放张、灌浆及封锚等方面。

（1）预应力原材料进场复验内容和要求列于表14-7。

预应力原材料进场复验质量检验项目、数量和方法　　　　表 14-7

项目类别	序号	检验内容	检验数量	检验要求或指标	检验方法
主控项目	1	力学性能	按进场的批次和产品的抽样检验方案	应符合《预应力混凝土用钢绞线》GB/T 5224等有关标准的规定	检查质量证明文件和抽样检验报告
	2	无粘结预应力筋的涂包质量	按现行行业标准《无粘结预应力钢绞线》JG 161 的规定确定	应符合现行行业标准《无粘结预应力钢绞线》JG 161 的规定	观察,检查质量证明文件和抽样检验报告
	3	预应力筋用锚具、夹具和连接器	按现行行业标准《预应力筋用锚具、夹具和连接器应用技术规程》JGJ 85 的规定确定	应符合《预应力筋用锚具、夹具和连接器应用技术规程》JGJ 85 的规定	检查质量证明文件、锚固区传力性能试验报告和抽样检验报告
			同一品种、同一规格的锚具系统为一批,每批抽取 3 套	应符合《无粘结预应力混凝土结构技术规程》JGJ 92 的规定	检查质量证明文件和抽样检验报告
	4	孔道灌浆用水泥	按进场批次和产品的抽样检验方案	应采用硅酸盐水泥或普通硅酸盐水泥,水泥、外加剂的质量应分别符合本规范第7.2.1条、第7.2.2条的规定;成品灌浆材料的质量应符合现行国家标准《水泥基灌浆材料应用技术规范》GB/T 50448 的规定	检查质量证明文件和抽样检验报告
一般项目	1	预应力筋使用前的外观检查	全数	(1)有粘结预应力筋的表面不应有裂纹、小刺、机械损伤、氧化铁皮和油污等,展开后应平顺,不应有弯折; (2)无粘结预应力钢绞线护套应光滑、无裂缝,无明显褶皱;轻微破损处应外包防水塑料胶带修补,严重破损者不得使用	观察

项目类别	序号	检验内容	检验数量	检验要求或指标	检验方法
一般项目	2	预应力筋用锚具、夹具和连接器使用前的外观检查	全数	其表面应无污物、锈蚀、机械损伤和裂纹	观察
	3	预应力成孔管道使用前的外观质量检查、径向刚度和抗渗漏性能检验	外观应全数;径向刚度和抗渗漏性能的检查数量应按进场的批次和产品的抽样检验方案确定	(1)金属管道外观应清洁,内外表面应无锈蚀、油污、附着物、孔洞;金属波纹管不应有不规则褶皱,咬口应无开裂、脱扣;钢管焊缝应连续; (2)塑料波纹管的外观应光滑、色泽均匀,内外壁不应有气泡、裂口、硬块、油污、附着物、孔洞及影响使用的划伤; (3)径向刚度和抗渗漏性能应符合现行行业标准《预应力混凝土桥梁用塑料波纹管》JT/T 529 和《预应力混凝土用金属波纹管》JG 225 的规定	观察,检查质量证明文件和抽样检验报告

(2)预应力筋的制作与安装质量检验项目、数量和方法及要求等列于表14-8。

预应力筋的制作与安装质量检验项目、数量和方法　　　　　　　　　　表 14-8

项目类别	序号	检验内容	检验数量	检验要求或指标	检验方法
主控项目	1	品种、规格、级别和数量	全数	预应力筋安装时,其品种、规格、级别和数量必须符合设计要求	观察,尺量
	2	安装位置	全数	预应力筋的安装位置应符合设计要求	观察,尺量
一般项目	1	预应力筋端部锚具制作	对挤压锚,每工作班抽查5%,且不应少于5件;对压花锚,每工作班抽查3件;对钢丝镦头强度,每批钢丝检查6个镦头试件	(1)钢绞线挤压锚具挤压完成后,预应力筋外端露出挤压套筒的长度不应小于1mm; (2)钢绞线压花锚具的梨形头尺寸和直线锚固段长度不应小于设计值; (3)钢丝镦头不应出现横向裂纹,镦头的强度不得低于钢丝强度标准值的98%	观察,尺量,检查镦头强度试验报告
	2	预应力筋或成孔管道安装	第(1)～(3)款应全数检查,第4款应抽查预应力束总数的10%,且不少于5束	(1)成孔管道的连接应密封; (2)预应力筋或成孔管道应平顺,并应与定位支撑钢筋绑扎牢固; (3)当后张有粘结预应力筋曲线孔道波峰和波谷的高差大于300mm,且采用普通灌浆工艺时,应在孔道波峰设置排气孔; (4)锚垫板的承压面应与预应力筋或孔道曲线末端垂直,预应力筋或孔道曲线末端直线段长度应符合如下规定:	观察,尺量

预应力筋张拉控制力 N(kN)	N≤1500	1500<N≤6000	N>6000
直线段最小长度	400	500	600

项目类别	序号	检验内容	检验数量	检验要求或指标				检验方法
一般项目	3	预应力筋或成孔管道定位控制点的竖向位置偏差	在同一检验批内,应抽查各类型构件总数的10%,且不少于3个构件,每个构件不应少于5处	预应力筋或成孔管道定位控制点的竖向位置偏差应符合如下规定,其合格点率应达到90%及以上,且不得有超过下表中数值1.5倍的尺寸偏差				尺量
				构件截面高(厚)度(mm)	$h \leqslant 300$	$300 < h \leqslant 1500$	$h > 1500$	
				允许偏差(mm)	±5	±10	±15	

（3）预应力筋的张拉和放张质量检验项目、数量和方法及要求等列于表14-9。

预应力筋的张拉和放张质量检验项目、数量和方法　　　　　　　表 14-9

项目类别	序号	检验内容	检验数量	检验要求或指标	检验方法
主控项目	1	预应力筋张拉或放张时的混凝土强度	全数	预应力筋张拉或放张前,应对构件混凝土强度进行检验。同条件养护的混凝土立方体试件抗压强度应符合设计要求,当设计无要求时应符合下列规定: 1 应达到配套锚固产品技术要求的混凝土最低强度且不应低于设计混凝土强度等级值的75%; 2 对采用消除应力钢丝或钢绞线作为预应力筋的先张法构件,不应低于30MPa	检查同条件养护试件抗压强度试验报告
	2	后张法预应力结构构件,钢绞线出现断裂或滑脱的数量	全数	对后张法预应力结构构件,钢绞线出现断裂或滑脱的数量不应超过同一截面钢绞线总根数的3%,且每根断裂的钢绞线断丝不得超过一丝;对多跨双向连续板,其同一截面应按每跨计算	观察,检查张拉记录
	3	实际建立的预应力值与工程设计规定检验值的相对允许偏差	每工作班抽查预应力筋总数的1%,且不应少于3根	先张法预应力筋张拉锚固后,实际建立的预应力值与工程设计规定检验值的相对允许偏差为±5%	检查预应力筋应力检测记录

项目类别	序号	检验内容	检验数量	检验要求或指标	检验方法
一般项目	1	预应力筋张拉质量	全数	1　采用应力控制方法张拉时,张拉力下预应力筋的实测伸长值与计算伸长值的相对允许偏差为±6%; 2　最大张拉应力应符合现行国家标准《混凝土结构工程施工规范》GB 50666 的规定	检查张拉记录
	2	预应力筋张拉后的位置偏差	每工作班抽查预应力筋总数的 3%,且不应少于 3 束	先张法预应力构件,应检查预应力筋张拉后的位置偏差,张拉后预应力筋的位置与设计位置的偏差不应大于 5mm,且不应大于构件截面短边边长的 4%	尺量
	3	锚固阶段张拉端预应力筋的内缩量	每工作班抽查预应力筋总数的 3%,且不少于 3 束	锚固阶段张拉端预应力筋的内缩量应符合设计要求;当设计无具体要求时,应符合如下规定: （见下表）	尺量

锚具类别		内缩量限值（mm）
支撑式锚具（墩头锚具等）	螺帽缝隙	1
	每块后加垫板的缝隙	1
追塞式锚具		5
夹片式锚具	有顶压	5
	无顶压	6～8

（4）灌浆及封锚施工质量检验项目、数量和方法及要求等列于表 14-10。

灌浆及封锚质量检验项目、数量和方法　　　　　　　表 14-10

项目类别	序号	检验内容	检验数量	检验要求或指标	检验方法
主控项目	1	预留孔道灌浆	全数	预留孔道灌浆后,孔道内水泥浆应饱满、密实	观察,检查灌浆记录
	2	灌浆用水泥浆的性能	同一配合比检查一次	（1）3h 自由泌水率宜为 0,且不应大于 1%,泌水应在 24h 内全部被水泥浆吸收; （2）水泥浆中氯离子含量不应超过水泥重量的 0.06%; （3）当采用普通灌浆工艺时,24h 自由膨胀率不应大于 6%;当采用真空灌浆工艺时,24h 自由膨胀率不应大于 3%	检查水泥浆性能试验报告

项目类别	序号	检验内容	检验数量	检验要求或指标	检验方法
主控项目	3	灌浆用水泥浆试件的抗压强度	每工作班留置一组	现场留置的灌浆用水泥浆试件的抗压强度不应低于 30MPa。 试件抗压强度检验应符合下列规定： (1)每组应留取 6 个边长为 70.7mm 的立方体试件,并应标准养护 28d; (2)试件抗压强度应取 6 个试件的平均值;当一组试件中抗压强度最大值或最小值与平均值相差超过 20％时,应取中间 4 个试件强度的平均值	检查试件强度试验报告
主控项目	4	锚具的封闭保护措施	在同一检验批内,抽查预应力筋总数的 5％,且不应少于 5 处	锚具的封闭保护措施应符合设计要求。当设计无要求时,外露锚具和预应力筋的混凝土保护层厚度不应小于:一类环境时 20mm,二 a、二 b 类环境时 50mm,三 a、三 b 类环境时 80mm	观察,尺量
一般项目	1	预应力筋锚固后的外露长度	在同一检验批内,抽查预应力筋总数的 3％,且不应少于 5 束	后张法预应力筋锚固后,锚具外预应力筋的外露长度不应小于其直径的 1.5 倍,且不应小于 30mm	观察,尺量

14.4　混凝土分项工程的施工质量检验

混凝土分项工程的施工质量检验应包括水泥、混凝土外加剂、矿物掺合料,普通混凝土所用的粗细骨料及拌制、养护用水等原材料,配合比设计,混凝土施工等工序的质量的检验。

（1）混凝土所用原材料的检验是保证浇筑混凝土强度、性能等满足设计和验收要求的重要环节。其主要检验项目、数量、方法和要求列于表 14-11。

混凝土原材料质量检验项目、数量和方法　　　　　　　　　　　表 14-11

项目类别	序号	检验内容	检验数量	检验要求或指标	检验方法
主控项目	1	水泥进场复验	按同一厂家、同一品种、同一代号、同一强度等级、同一批号且连续进场的水泥,袋装不超过 200t 为一批,散装不超过 500t 为一批,每批抽样数量不应少于一次	水泥进场时,应对其品种、代号、强度等级、包装或散装编号、出厂日期等进行检查,并应对水泥的强度、安定性和凝结时间进行检验,检验结果应符合现行国家标准《通用硅酸盐水泥》GB 175 等的相关规定	检查质量证明文件和抽样检验报告

项目类别	序号	检验内容	检验数量	检验要求或指标	检验方法
主控项目	2	混凝土外加剂质量	按同一厂家、同一品种、同一性能、同一批号且连续进场的混凝土外加剂,不超过 50t 为一批,每批抽样数量不应少于一次	混凝土外加剂进场时,应对其品种、性能、出厂日期等进行检查,并应对外加剂的相关性能指标进行检验,检验结果应符合现行国家标准《混凝土外加剂》GB 8076 和《混凝土外加剂应用技术规范》GB 50119 等的规定	检查质量证明文件和抽样检验报告
一般项目	1	混凝土用矿物掺合料质量	按同一厂家、同一品种、同一技术指标、同一批号且连续进场的矿物掺合料,粉煤灰、石灰石粉、磷渣粉和钢铁渣粉不超过 200t 为一批,粒化高炉矿渣粉和复合矿物掺合料不超过 500t 为一批,沸石粉不超过 120t 为一批,硅灰不超过 30t 为一批,每批抽样数量不应少于一次	混凝土用矿物掺合料进场时,应对其品种、技术指标、出厂日期等进行检查,并应对矿物掺合料的相关技术指标进行检验,检验结果应符合国家现行有关标准的规定	检查质量证明文件和抽样检验报告
	2	混凝土原材料中的粗骨料、细骨料质量	按现行行业标准《普通混凝土用砂、石质量及检验方法标准》JGJ 52 的规定确定	混凝土原材料中的粗骨料、细骨料质量应符合现行行业标准《普通混凝土用砂、石质量及检验方法标准》JGJ 52 的规定,使用经过净化处理的海砂应符合现行行业标准《海砂混凝土应用技术规范》JGJ 206 的规定,再生混凝土骨料应符合现行国家标准《混凝土用再生粗骨料》GB/T 25177 和《混凝土和砂浆用再生细骨料》GB/T 25176 的规定	检查抽样检验报告
	3	混凝土拌制及养护用水	同一水源检查不应少于一次	混凝土拌制及养护用水应符合现行行业标准《混凝土用水标准》JGJ 63 的规定。采用饮用水时,可不检验;采用中水、搅拌站清洗水、施工现场循环水等其他水源时,应对其成分进行检验	检查水质检验报告

（2）混凝土拌合物质量检验项目、数量、方法和要求列于表 14-12。

混凝土拌合物质量检验项目、数量和方法　　　　　表 14-12

项目类别	序号	检验内容	检验数量	检验要求或指标	检验方法
主控项目	1	预拌混凝土质量	全数	预拌混凝土进场时,其质量应符合现行国家标准《预拌混凝土》GB/T 14902 的规定	检查质量证明文件
	2	混凝土拌合物离析情况	全数	混凝土拌合物不应离析	观察
	3	混凝土中氯离子含量和碱总含量	同一配合比的混凝土检查不应少于一次	混凝土中氯离子含量和碱总含量应符合现行国家标准《混凝土结构设计规范》GB 50010 的规定和设计要求	检查原材料试验报告和氯离子、碱的总含量计算书
	4	开盘鉴定	同一配合比的混凝土检查不应少于一次	首次使用的混凝土配合比应进行开盘鉴定,其原材料、强度、凝结时间、稠度等应满足设计配合比的要求	检查开盘鉴定资料和强度试验报告
一般项目	1	混凝土拌合物稠度	对同一配合比混凝土,取样应符合下列规定: （1）每拌制 100 盘且不超过 100m³ 时,取样不得少于一次; (2)每工作班拌制不足 100 盘时,取样不得少于一次; (3)连续浇筑超过 1000m³ 时,每 200m³ 取样不得少于一次; (4)每一楼层取样不得少于一次	混凝土拌合物稠度应满足施工方案的要求	检查稠度抽样检验记录
	2	混凝土耐久性	同一配合比的混凝土,取样不应少于一次,留置试件数量应符合现行国家标准《普通混凝土长期性能和耐久性能试验方法标准》GB/T 50082 和《混凝土耐久性检验评定标准》JGJ/T 193 的规定	混凝土有耐久性指标要求时,应在施工现场随机抽取试件进行耐久性检验,其检验结果应符合国家现行有关标准的规定和设计要求	检查试件耐久性试验报告

续表

项目类别	序号	检验内容	检验数量	检验要求或指标	检验方法
一般项目	3	混凝土含气量	同一配合比的混凝土,取样不应少于一次,取样数量应符合现行国家标准《普通混凝土拌合物性能试验方法标准》GB/T 50080 的规定	混凝土有抗冻要求时,应在施工现场进行混凝土含气量检验,其检验结果应符合国家现行有关标准的规定和设计要求	检查混凝土含气量检验报告

(3) 混凝土施工质量检验项目、数量、方法和要求列于表 14-13。

混凝土施工质量检验项目、数量和方法　　　　　　　　　　表 14-13

项目类别	序号	检验内容	检验数量	检验要求或指标	检验方法
主控项目	1	混凝土的强度等级	对同一配合比混凝土,取样与试件留置应符合下列规定: (1) 每拌制 100 盘且不超过 100m³ 时,取样不得少于一次; (2) 每工作班拌制不足 100 盘时,取样不得少于一次; (3) 连续浇筑超过 1000m³ 时,每 200m³ 取样不得少于一次; (4) 每一楼层取样不得少于一次; (5) 每次取样应至少留置一组试件	混凝土的强度等级必须符合设计要求。用于检验混凝土强度的试件应在浇筑地点随机抽取	检查施工记录及混凝土强度试验报告

续表

项目类别	序号	检验内容	检验数量	检验要求或指标	检验方法
一般项目	1	后浇带	全数	后浇带的留设位置应符合设计要求。后浇带和施工缝的留设及处理方法应符合施工方案要求	观察
	2	养护措施	全数	混凝土浇筑完毕后应及时进行养护,养护时间以及养护方法应符合施工方案要求	观察,检查混凝土养护记录

14.5　现浇结构分项工程的质量检验

现浇结构分项工程的质量检验应包括外观质量和构件尺寸偏差等。

(1) 现浇结构外观质量检验项目、数量、方法和要求列于表 14-14。

现浇结构外观质量检验项目、数量和方法　　　　　　　　表 14-14

项目类别	序号	检验内容	检验数量	检验要求或指标	检验方法
主控项目	1	外观质量	全数	现浇结构的外观质量不应有严重缺陷。 　对已经出现的严重缺陷,应由施工单位提出技术处理方案,并经监理单位认可后进行处理;对裂缝或连接部位的严重缺陷及其他影响结构安全的严重缺陷,技术处理方案尚应经设计单位认可。对经处理的部位应重新验收 　现浇结构外观质量缺陷如下表 表见下方	观察,检查处理记录

名称	现象	严重缺陷	一般缺陷
露筋	构件内钢筋未被混凝土包裹而外露	纵向受力钢筋有露筋	其他钢筋有少量露筋
蜂窝	混凝土表面缺少水泥砂浆而形成石子外露	构件主要受力部位有蜂窝	其他部位有少量蜂窝
孔洞	混凝土中孔穴深度和长度均超过保护层厚度	构件主要受力部位有孔洞	其他部位有少量孔洞
夹渣	混凝土中夹有杂物且深度超过保护层厚度	构件主要受力部位有夹渣	其他部位有少量夹渣

续表

项目类别	序号	检验内容	检验数量	检验要求或指标				检验方法
主控项目	1	外观质量	全数	疏松	混凝土中局部不密实	构件主要受力部位有疏松	其他部位有少量疏松	观察,检查处理记录
				裂缝	缝隙从混凝土表面延伸至混凝土内部	构件主要受力部位有影响结构性能或使用功能的裂缝	其他部位有少量不影响结构性能或使用功能的裂缝	
				连接部位缺陷	构件连接处混凝土有缺陷及连接钢筋、连接件松动	连接部位有影响结构传力性能的缺陷	连接部位有基本不影响结构传力性能的缺陷	
				外形缺陷	缺棱掉角、棱角不直、翘曲不平、飞边凸肋等	清水混凝土构件有影响使用功能或装饰效果的外形缺陷	其他混凝土构件有不影响使用功能的外形缺陷	
				外表缺陷	构件表面麻面、掉皮、起砂、沾污等	具有重要装饰效果的清水混凝土构件有外表缺陷	其他混凝土构件有不影响使用功能的外表缺陷	
一般项目	1	外观质量	全数	现浇结构的外观质量不应有一般缺陷。对已经出现的一般缺陷,应由施工单位按技术处理方案进行处理。对经处理的部位应重新验收				观察,检查处理记录

（2）现浇结构分项工程结构构件尺寸偏差检验项目、数量、方法和要求列于表 14-15。

构件尺寸偏差质量检验项目、数量和方法　　　　　　　　　　表 14-15

项目类别	序号	检验内容	检验数量	检验要求或指标	检验方法
主控项目	1	现浇结构尺寸偏差	全数	现浇结构不应有影响结构性能或使用功能的尺寸偏差;混凝土设备基础不应有影响结构性能和设备安装的尺寸偏差。 对超过尺寸允许偏差且影响结构性能和安装、使用功能的部位,应由施工单位提出技术处理方案,经监理、设计单位认可后进行处理。对经处理的部位应重新验收	量测,检查处理记录

续表

项目类别	序号	检验内容	检验数量	检验要求或指标				检验方法
一般项目	1	现浇结构位置及尺寸偏差	按楼层、结构缝或施工段划分检验批。在同一检验批内,对梁、柱和独立基础,应抽查构件数量的10%,且不应少于3件;对墙和板,应按有代表性的自然间抽查10%,且不应少于3间;对大空间结构,墙可按相邻轴线间高度5m左右划分检查面,板可按纵、横轴线划分检查面,抽查10%,且均不应少于3面;对电梯井,应全数检查	现浇结构的位置和尺寸偏差及检验方法应符合下表的规定。				

表1　现浇结构位置和尺寸允许偏差及检验方法

项目			允许偏差(mm)	检验方法
轴线位置	整体基础		15	经纬仪及尺量
	独立基础		10	经纬仪及尺量
	柱、墙、梁		8	尺量
垂直度	层高	≤6m	10	经纬仪或吊线、尺量
		>6m	12	经纬仪或吊线、尺量
	全高(H)≤300m		$H/30000+20$	经纬仪、尺量
	全高(H)>300m		$H/10000$且≤80	经纬仪、尺量
标高	层高		±10	水准仪或拉线、尺量
	全高		±30	水准仪或拉线、尺量
截面尺寸	基础		+15,-10	尺量
	柱、梁、板、墙		+10,-5	尺量
	楼梯相邻踏步高差		6	尺量
电梯井	中心位置		10	尺量
	长、宽尺寸		+25,0	尺量
表面平整度			8	2m靠尺和塞尺量测
预埋件中心位置	预埋板		10	尺量
	预埋螺栓		5	尺量
	预埋管		5	尺量
	其他		10	尺量
预留洞、孔中心线位置			15	尺量

注:1. 检查轴线、中心线位置时,沿纵、横两个方向测量,并取其中偏差的较大值。

项目类别	序号	检验内容	检验数量	检验要求或指标		检验方法
一般项目	2	现浇设备基础位置及尺寸偏差	全数	现浇设备基础的位置和尺寸应符合设计和设备安装的要求。其位置和尺寸偏差及检验方法应符合下表的规定。 表2 现浇设备基础位置和尺寸允许偏差及检验方法		

表2 现浇设备基础位置和尺寸允许偏差及检验方法

项目		允许偏差(mm)	检验方法
坐标位置		20	经纬仪及尺量
不同平面标高		0，−20	水准仪或拉线、尺量
平面外形尺寸		±20	尺量
凸台上平面外形尺寸		0，−20	尺量
凹槽尺寸		+20，0	尺量
平面水平度	每米	5	水平尺、塞尺量测
	全长	10	水准仪或拉线、尺量
垂直度	每米	5	经纬仪或吊线、尺量
	全高	10	经纬仪或吊线、尺量
预埋地脚螺栓	中心位置	2	尺量
	顶标高	+20，0	水准仪或拉线、尺量
	中心距	±2	尺量
	垂直度	5	吊线、尺量
预埋地脚螺栓孔	中心线位置	10	尺量
	截面尺寸	+20，0	尺量
	深度	+20，0	尺量
	垂直度	$h/100$ 且≤10	吊线、尺量
预埋活动地脚螺栓锚板	中心线位置	5	尺量
	标高	+20，0	水准仪或拉线、尺量
	带槽锚板平整度	5	直尺、塞尺量测
	带螺纹孔锚板平整度	2	直尺、塞尺量测

注：1. 检查坐标、中心线位置时，应沿纵、横两个方向测量，并取其中偏差的较大值。

2. h 为预埋地脚螺栓孔孔深，单位为 mm

14.6 装配式结构分项工程的质量检验

装配式结构分项工程的质量检验主要是预制构件的结构性能检验及装配式构件施工，其中装配式结构的外观质量及对缺陷的处理，应符合表 14-16。

（1）装配式预制构件质量检验项目、数量、方法和要求列于表 14-16。

装配式预制构件质量检验项目、数量和方法　　　　　　　表 14-16

项目类别	序号	检验内容	检验数量	检验要求或指标	检验方法
主控项目	1	构件质量	全数	预制构件的质量应符合《混凝土结构工程施工质量验收规范》GB 50204 等国家现行相关标准的规定和设计的要求	检查质量证明文件或质量验收记录
	2	构件结构性能	同一类型预制构件不超过1000 个为一批,每批随机抽取 1 个构件进行结构性能检验	1. 梁板类简支受弯预制构件进场时应进行结构性能检验,并应符合下列规定: 1)结构性能检验应符合国家现行相关标准的有关规定及设计的要求,检验要求和试验方法应符合《混凝土结构工程施工质量验收规范》GB 50205 附录 B 的规定。 2)钢筋混凝土构件和允许出现裂缝的预应力混凝土构件应进行承载力、挠度和裂缝宽度检验;不允许出现裂缝的预应力混凝土构件应进行承载力、挠度和抗裂检验。 3)对大型构件及有可靠应用经验的构件,可只进行裂缝宽度、抗裂和挠度检验。 4)对使用数量较少的构件,当能提供可靠依据时,可不进行结构性能检验。 2. 对其他预制构件,除设计有专门要求外,进场时可不做结构性能检验。 3. 对进场时不做结构性能检验的预制构件,应采取下列措施: 1)施工单位或监理单位代表应驻厂监督制作过程; 2)当无驻厂监督时,预制构件进场时应对预制构件主要受力钢筋数量、规格、间距及混凝土强度等进行实体检验	检查结构性能检验报告或实体检验报告
	3	外观质量	全数	预制构件的外观质量不应有严重缺陷,且不应有影响结构性能和安装、使用功能的尺寸偏差	观察,尺量;检查处理记录
	4	预埋构件	全数	预制构件上的预埋件、预留插筋、预埋管线等的规格和数量以及预留孔、预留洞的数量应符合设计要求	观察
一般项目	1	构件标识	全数	预制构件应有标识	观察
	2	外观质量	全数	预制构件的外观质量不应有一般缺陷	观察,检查处理记录

一般项目 3 尺寸偏差 同一类型的构件,不超过100 件为一批,每批应抽查构件数量的 5%,且不应少于3 件

预制构件尺寸的允许偏差及检验方法

项目		允许偏差（mm）	检验方法
长度	楼板、梁、柱、桁架 <12m	±5	尺量
	≥12m且<18m	±10	
	≥18m	±20	
	墙板	±4	

项目类别	序号	检验内容	检验数量	检验要求或指标			检验方法
一般项目	3	尺寸偏差	同一类型的构件,不超过100件为一批,每批应抽查构件数量的5%,且不应少于3件	宽度、高(厚度)	楼板、梁、柱、桁架	±5	尺量一端及中部,取其中偏差绝对值较大处
					墙板	±4	
				表面平整度	楼板、梁、柱、桁架墙板内表面	5	2m 靠尺和塞尺量测
					墙板外表面	3	
				侧向弯曲	墙板、梁、柱	$L/750$ 且 $\leqslant 20$	拉线、直尺量测最大侧向弯曲处
					墙板、桁架	$L/1000$ 且 $\leqslant 20$	
				翘曲	楼板	$L/750$	调平尺在两端量测
					墙板	$L/1000$	
				对角线	楼板	10	尺量两个对角线
					墙板	5	
				预留孔	中心线位置	5	尺量
					孔尺寸	±5	
				预留洞	中心线位置	10	尺量
					洞口尺寸、深度	±10	
				预埋件	预埋板中心线位置	5	尺量
					预埋板与混凝土面平面高差	0,−5	
					预埋螺栓	2	
					预埋螺栓外露长度	+10,−5	
					预埋套筒、螺母中心线位置	2	
					预埋套筒、螺母与混凝土面平面高差	±5	
				预留插筋	中心线位置	5	尺量
					外露长度	+10,−5	
				键槽	中心线位置	5	尺量
					长度、宽度	±5	
					深度	±10	

注:(1)L 为构件长度,单位为 mm;
(2)检查中心线、螺栓和孔道位置偏差时,沿纵、横两个方向量测,并取其中偏差较大值

项目类别	序号	检验内容	检验数量	检验要求或指标	检验方法
一般项目	4	构件粗糙面质量	全数	预制构件的粗糙面的质量及键槽的数量应符合设计要求	观察

（2）装配式预制构件安装与连接施工质量检验项目、数量、方法和要求列于表 14-17。

装配式预制构件施工质量检验项目、数量和方法　　　　表 14-17

项目类别	序号	检验内容	检验数量	检验要求或指标	检验方法
主控项目	1	构件临时固定措施	全数	预制构件临时固定措施应符合施工方案的要求	观察
	2	构件钢筋套筒灌浆连接	按国家现行行业标准《钢筋套筒灌浆连接应用技术规程》JG 355 的规定确定	钢筋采用套筒灌浆连接时，灌浆应饱满、密实，其材料及连接质量应符合国家现行行业标准《钢筋套筒灌浆连接应用技术规程》JGJ 355 的规定	检查质量证明文件、灌浆记录及相关检验报告
	3	构件钢筋焊接连接	按现行行业标准《钢筋焊接及验收规程》JGJ 18 的有关规定确定	钢筋采用焊接连接时，其接头质量应符合现行行业标准《钢筋焊接及验收规程》JGJ 18 的规定	检查质量证明文件及平行加工试件的检验报告
	4	构件钢筋机械连接	按现行行业标准《钢筋机械连接技术规程》JGJ 107 的规定确定	钢筋采用机械连接时，其接头质量应符合现行行业标准《钢筋机械连接技术规程》JGJ 107 的规定	检查质量证明文件、施工记录及平行加工试件的检验报告
	5	构件焊接、螺栓连接质量	按国家现行标准《钢结构工程施工质量验收标准》GB 50205 和《钢筋焊接及验收规程》JGJ 18 的规定确定	预制构件采用焊接、螺栓连接等连接方式时，其材料性能及施工质量应符合国家现行标准《钢结构工程施工质量验收标准》GB 50205 和《钢筋焊接及验收规程》JGJ 18 的相关规定	检查施工记录及平行加工试件的检验报告
	6	后浇带混凝土强度	对同一配合比混凝土，取样与试件留置应符合下列规定： 1. 每拌制 100 盘且不超过 100m³ 时，取样不得少于一次； 2. 每工作班拌制不足 100 盘时，取样不得少于一次； 3. 连续浇筑超过 1000m³ 时，每 200m³ 取样不得少于一次； 4. 每一楼层取样不得少于一次； 5. 每次取样应至少留置一组试件	装配式结构采用现浇混凝土连接构件时，构件连接处后浇混凝土的强度应符合设计要求	检查混凝土强度试验报告

续表

项目类别	序号	检验内容	检验数量	检验要求或指标	检验方法
主控项目	7	结构施工质量	全数	装配式结构施工后,其外观质量不应有严重缺陷,且不应有影响结构性能和安装、使用功能的尺寸偏差	观察,量测;检查处理记录
一般项目	1	外观质量	全数	装配式结构施工后,其外观质量不应有一般缺陷	观察,检查处理记录
	2	构件位置、尺寸偏差	按楼层、结构缝或施工段划分检验批。在同一检验批内,对梁、柱和独立基础,应抽查构件数量的10%,且不应少于3件;对墙和板,应按有代表性的自然间抽查10%,且不应少于3间;对大空间结构,墙可按相邻轴线间高度5m左右划分检查面,板可按纵、横轴线划分检查面,抽查10%,且均不应少于3面	装配式结构施工后,预制构件位置、尺寸偏差及检验方法应符合设计要求;当设计无具体要求时,应符合如下要求: 见下表	

装配式结构施工后,预制构件位置、尺寸偏差及检验方法应符合设计要求;当设计无具体要求时,应符合如下要求:

项目		允许偏差(mm)	检验方法
构件轴线位置	竖向构件(柱、墙板、桁架)	8	经纬仪及尺量
	水平构件(梁、楼板)	5	
标高	梁、柱、墙板楼板底面或顶面	±5	水准仪或拉线、尺量
构件垂直度	柱、墙板安装后的高度 ≤6m	5	经纬仪或吊线、尺量
	柱、墙板安装后的高度 >6m	10	
构件倾斜度	梁、桁架	5	经纬仪或吊线、尺量
相邻构件平整度	梁、楼板底面 外露	3	2m靠尺和塞尺量测
	梁、楼板底面 不外露	5	
	柱、墙板 外露	5	
	柱、墙板 不外露	8	
构件搁置长度	梁、板	±10	尺量
支座、支垫中心位置	板、梁、柱、墙板、桁架	10	尺量
墙板接缝宽度		±5	尺量

14.7　混凝土结构实体检验

1. 混凝土结构实体检验的内容

对混凝土结构而言，施工中影响安全的最主要因素为混凝土的强度和钢筋的位置。混凝土强度的重要性是毋庸置疑的，但目前用标养强度在混凝土分项工程中的验收并不反映实际结构中的混凝土强度，因此还有进一步控制的必要。钢筋作为工厂化规模生产的产品，质量一般能有保证。影响结构抗力的最大原因是施工中钢筋的移位，特别是负弯矩钢筋下移造成的质量问题是我国施工中的通病，甚至还有过悬臂构件折断而造成伤亡事故的。

《混凝土结构工程施工质量验收规范》GB 50204—2015 规定："结构实体检验应包括混凝土强度、钢筋保护层厚度、结构位置与尺寸偏差以及合同约定的项目；必要时可检验其他项目。"

这表明实体检验有三个层次：

必查项目：结构混凝土强度、钢筋保护层厚度和结构位置与尺寸偏差。

协商项目：根据工程需要由合同事先规定，如防水、抗渗、屏蔽（防辐射）等。

增加项目：为解决某些特殊目的（如质量纠纷、安全隐患、事故处理等）而经各方协商后确定。

对于后两种情况，由于规范没有具体规定，有关各方应事先明确检验方案（抽样方案、检测方法、质量指标、验收条件、非正常情况处理等）以避免实际执行时发生意见分歧而影响验收效果。

2. 混凝土结构实体检验的方式

《混凝土结构工程施工质量验收规范》GB 50204—2015 规定了混凝土结构实体检验的部位、组织实施和检验资质。

（1）检验部位应以"涉及混凝土结构安全的重要部位"为确定的原则，由施工、监理（建设）各方共同协商确定。具体执行时应考虑以下因素：在承载抗力中起关键作用的构件和部位；有代表性的结构构件和部位；施工控制差，可能有安全隐患的构件和部位；检测手段可以实现并便于操作的构件和部位。

（2）检验的组织实施"结构实体检验应由监理单位组织施工单位实施，施工单位制定结构实体检验专项方案并经监理单位审核批准后实施"。施工单位是实体检验的组织者，具体由施工项目技术负责人负责。这是因为施工单位对质量情况清楚，并且也有能力投入必要的人员、设备、试验室来进行这项工作。监理（建设）单位通过见证起到监督的作用。这是保证实体检验公正、客观，并能为各方共同确认（验收）的必要条件。这里的见证广义地指：参与确定取样部位和数量；见证现场取样；检测试验时旁站；试验结果的审核和对检验结果的确认。

（3）检验资质除结构位置与尺寸偏差外的结构实体检验项目，应由具有相应资质的检测机构完成。这是为了保证检验结果的科学性和准确性。

3. 结构混凝土强度检测

（1）试件取样

对混凝土结构工程中，每种强度等级均留置同条件养护试件。其数量不应少于3组（非统计法），不宜少于10组（统计法）。一般情况下多取一些试件，可以通过计算标准差而采用较为宽松的验收条件（方差未知统计法）。取样位置由各方商定后随机抽取，其原则前已说明不再重复。但应注意取样时间和部位的分散布置，以使检验具有较好的代表性。

（2）制作与养护

试件应在监理（建设）方到场的情况下在浇筑地点（混凝土入模处）制备，使结构实体试件与标养试件的组成成分完全一致，保证其真实性。试件拆模后放置在靠近相应构件或部位的适当位置，并采取与实际结构相同的养护方法。由于温度和湿度条件与实际结构十分接近，故反映了结构混凝土强度。但由于试件比表面积大于实际结构，故强度数值可能偏低。

（3）等效养护龄期

混凝土强度增长取决于其成熟度，取基本相当于标养条件的数值并取整，确定日平均气温（气象台站所报日最高、最低温度的平均值）累积达到 $600d \cdot ℃$ 时为等效养护龄期，进行试件的强度试验。等效养护龄期不应小于14d，因为龄期太短强度增长不稳定；但也不宜大于60d，这是为防止试件失水过多而影响验收。0℃及其以下时不计龄期，即不考虑此时混凝土强度的增长。

（4）结构混凝土强度检验

每组同条件养护试件的强度值应根据《混凝土物理力学性能试验方法标准》GB/T 50081—2019 的规定确定。对同一强度等级的同条件养护试件的强度，按现行国家标准《混凝土强度检验评定标准》GB/T 50107—2010 的有关规定进行评定，评定结果符合要求时可判结构实体混凝土强度合格。

（5）冬期施工和加热养护

冬期施工时，等效养护龄期计算时温度可取结构构件实际养护温度，也可根据结构构件的实际养护条件，按照同条件养护试件强度与在标准养护条件下28d龄期试件强度相等的原则由监理、施工等各方共同确定。

（6）其他检测方法的应用

《混凝土结构工程施工质量验收规范》GB 50204—2015 规定："结构实体混凝土强度应按不同强度等级分别检验，检验方法宜采用同条件养护试件方法；当未取得同条件养护试件强度或同条件养护试件强度不符合要求时，可采用回弹-取芯法进行检验。"

4. 钢筋保护层厚度的检验

（1）检验范围及数量

鉴于钢筋移位造成的影响主要是受弯构件，特别是悬臂构件的负弯矩钢筋。因此确定只检验梁类、板类构件，特别是悬挑构件应作为检验的重点。

检验数量，对非悬挑梁板类构件，应各抽取构件数量的2%且不少于5个构件进行检验；对悬挑梁，应抽取构件数量的5%且不少于10个构件进行检验；当悬挑梁数量少于10个时，应全数检验；对悬挑板，应抽取构件数量的10%且不少于20个构件进行检验；当悬挑板数量少于20个时，应全数检验。因此，在施工图审查以后就应根据构件总数计算抽样数量，作出抽检的计划，以保证能够完成规范的要求。"

抽查的部位由监理（建设）、施工等各方根据结构件的重要性共同选定。一般情况下悬挑构件检查根部的负弯矩钢筋；梁、板支座处查负弯矩钢筋；跨中检查正弯矩钢筋。因为这些部位都是钢筋受力最大的部位。在整个施工过程中，应合理布置检查点，尽量从开工到竣工检查及结构的各个部位，保证检验的代表性。

（2）检测方法

对于梁类构件，检查全部纵向受力钢筋的保护层厚度；对板类构件抽取不少于6根纵向受力钢筋检查。

可以采用钢筋保护层厚度测定仪检查；也可以采用剔凿后直接量测的局部破损方法检查；最好是以仪器作普查手段而配合以局部破损的方法进行校准，以提高精度。剔凿可在混凝土初凝成型而尚未形成强度以前进行，比较方便。也可用电钻钻透保护层混凝土到达钢筋表面后量测孔深而得。量测精度要求为1mm。

（3）允许偏差及验收条件

在钢筋分项工程中，钢筋保护层厚度的允许偏差为梁±5mm；板±3mm。考虑施工扰动的影响，在实体检验时对梁为＋10mm、－7mm；板为＋8mm、－5mm，有了扩大且偏向正偏差方向。允许偏差数值的确定取决于对结构受力性能的影响和现实施工技术水平。

以检查的合格点率作为验收指标。梁、板类构件的钢筋保护层厚度检查合格点率分别达到90％及其以上时为合格。由于该项目的重要性，比其他项目的要求（80％）提高了。

此外，对于超差值也有限制，当有检查点最大偏差大于允许偏差值的1.5倍时，该类构件仍不能通过验收。这是考虑到这样大的偏差可能给结构性能造成严重影响之故。

（4）复式抽样再检

为防止抽样偶然性带来的错判，减少生产方的风险。规定当合格点率不足90％但大于80％时，可再抽取相同数量的试件检查。以两次抽检的总合格点率重新进行合格与否的判断。这实际上是在一定条件下扩大抽样比例来减小错判风险，给施工方面更大的合格的机会。

14.8　《混凝土结构通用规范》GB 55008—2021 相关规定

1. 一般规定

（1）混凝土结构工程施工应确保实现设计要求，并应符合下列规定：

1）应编制施工组织设计、施工方案并实施；

2）应制定资源节约和环境保护措施并实施；

3）应对已完成的实体进行保护，且作用在已完成实体上的荷载不应超过规定值。

（2）材料、构配件、器具和半成品应进行进场验收，合格后方可使用。

（3）应对隐蔽工程进行验收并做好记录。

（4）模板拆除、预制构件起吊、预应力筋张拉和放张时，同条件养护的混凝土试件应达到规定强度。

（5）混凝土结构的外观质量不应有严重缺陷及影响结构性能和使用功能的尺寸偏差。

（6）应对涉及混凝土结构安全的代表性部位进行实体质量检验。

2. 模板工程

（1）模板及支架应根据施工过程中的各种控制工况进行设计，并应满足承载力、刚度和整体稳固性要求。

（2）模板及支架应保证混凝土结构和构件各部分形状、尺寸和位置准确。

3. 钢筋及预应力工程

（1）钢筋机械连接或焊接连接接头试件应从完成的实体中截取，并应按规定进行性能检验。

（2）锚具或连接器进场时，应检验其静载锚固性能。由锚具或连接器、锚垫板和局部加强钢筋组成的锚固系统，在规定的结构实体中，应能可靠传递预加力。

（3）钢筋和预应力筋应安装牢固、位置准确。

（4）预应力筋张拉后应可靠锚固，且不应有断丝或滑丝。

（5）后张预应力孔道灌浆应密实饱满，并应具有规定的强度。

4. 混凝土工程

（1）混凝土运输、输送、浇筑过程中严禁加水；运输、输送、浇筑过程中散落的混凝土严禁用于结构浇筑。

（2）应对结构混凝土强度等级进行检验评定，试件应在浇筑地点随机抽取。

（3）结构混凝土浇筑应密实，浇筑后应及时进行养护。

（4）大体积混凝土施工应采取混凝土内外温差控制措施。

5. 装配式结构工程

（1）预制构件连接应符合设计要求，并应符合下列规定：

1）套筒灌浆连接接头应进行工艺检验和现场平行加工试件性能检验；灌浆应饱满密实；

2）浆锚搭接连接的钢筋搭接长度应符合设计要求，灌浆应饱满密实；

3）螺栓连接应进行工艺检验和安装质量检验；

4）钢筋机械连接应制作平行加工试件，并进行性能检验。

（2）预制叠合构件的接合面、预制构件连接节点的接合面，应按设计要求做好界面处理并清理干净，后浇混凝土应饱满、密实。

第15章
钢结构工程施工质量检验

15.1 原材料及成品进场检验

钢结构各分项工程施工用的主要材料、零（部）件、成品件、标准件等产品均需要检验合格后才能投入使用。

1. 钢板

（1）主控项目

1）钢板的品种、规格、性能等应符合现行国家产品标准和设计要求。进口钢材产品的质量应符合设计和合同规定标准的要求。

检查数量：全数检查。

检验方法：检查质量合格证明文件、中文标志及检验报告等。

2）对属于下列情况之一的钢材，应进行抽样复验，其复验结果应符合现行国家产品标准和设计要求。

① 国外进口钢材。

② 钢材混批。

③ 板厚等于或大于 40mm，且设计有 Z 向性能要求的厚板。

④ 建筑结构安全等级为一级，大跨度钢结构中主要受力构件所采用的钢材。

⑤ 设计有复验要求的钢材。

⑥ 对质量有疑义的钢材。

检查数量：全数检查。

检验方法：见证取样送样，检查复验报告。

（2）一般项目

1）钢板厚度及其允许偏差应满足其产品标准和设计文件的要求。

检查数量：每批同一品种、规格的钢板抽检 10%，且不应少于 3 张，每张检测 3 处。

检验方法：用游标卡尺或超声波测厚仪量测。

2）钢板的平整度应满足其产品标准的要求。

检查数量：每批同一品种、规格的钢板抽检 10%，且不应少于 3 张，每张检测 3 处。

检验方法：用拉线、钢尺和游标卡尺量测。

3）钢板的表面外观质量除应符合国家现行标准的规定外，尚应符合下列规定：

① 当钢板的表面有锈蚀、麻点或划痕等缺陷时，其深度不得大于该钢材厚度允许负

偏差值的 1/2，且不应大于 0.5mm。

② 钢板表面的锈蚀等级应符合现行国家标准《涂覆涂料前钢材表面处理 表面清洁度的目视评定 第 1 部分：未涂覆过的钢材表面和全面清除原有涂层后的钢材表面的锈蚀等级和处理等级》GB/T 8923.1—2011 规定的 C 级及 C 级以上等级。

③ 钢板端边或断口处不应有分层、夹渣等缺陷。

检查数量：全数检查。

检验方法：观察检查。

2. 型钢、管材

（1）主控项目

型材、管材应按《钢结构工程施工质量验收标准》GB 50205—2020 附录 A 的规定进行抽样复验，其复验结果应符合国家现行标准的规定并满足设计要求。检查数量：按《钢结构工程施工质量验收标准》GB 50205—2020 附录 A 复验检验批量检查。

检验方法：见证取样送样，检查复验报告。

（2）一般项目

1）型材、管材截面尺寸、厚度及允许偏差应满足其产品标准的要求。

检查数量：每批同一品种、规格的型材或管材抽检 10%，且不应少于 3 根，每根检测 3 处。

检验方法：用钢尺、游标卡尺及超声波测厚仪量测。

2）型材、管材外形尺寸允许偏差应满足其产品标准的要求。

检查数量：每批同一品种、规格的型材或管材抽检 10%，且不应少于 3 根。

检验方法：用拉线和钢尺量测。

3）型材、管材的表面外观质量应符合标准第 4.2.5 条的规定。

检查数量：全数检查。

检验方法：观察检查。

3. 钢铸件

（1）主控项目

铸钢件应按《钢结构工程施工质量验收标准》GB 50205—2020 附录 A 的规定进行抽样复验，其复验结果应符合国家现行标准的规定并满足设计要求。

检查数量：全数检查。

检验方法：见证取样送样，检查复验报告。

（2）一般项目

1）铸钢件与其他各构件连接端口的几何尺寸允许偏差应符合国家现行标准的规定并满足设计要求。

检查数量：全数检查。

检验方法：用钢尺、游标卡尺、角度仪、全站仪等量测。

2）铸钢件表面应清理干净，修正飞边、毛刺，去除补贴、粘砂、氧化铁皮、热处理锈斑，清除内腔残余物等，不应有裂纹、未熔合和超过允许标准的气孔、冷隔、缩松、缩孔、夹砂及明显凹坑等缺陷。

检查数量：全数检查。

检验方法：观察检查。

3）铸钢件表面粗糙度、铸钢节点与其他构件焊接的端口表面粗糙度应符合现行产品标准的规定并满足设计要求。对有超声波探伤要求表面的粗糙度应达到探伤工艺的要求。

检查数量：按批抽检 10%，且不应少于 3 件。

检验方法：用粗糙度计测定。

4. 拉索、拉杆、锚具

（1）主控项目

拉索、拉杆、锚具应按《钢结构工程施工质量验收标准》GB 50205—2020 附录 A 的规定进行抽样复验，其复验结果应符合现行国家标准的规定并满足设计要求。

检查数量：全数检查。

检验方法：见证取样送样，检查复验报告。

（2）一般项目

1）拉索、拉杆、锚具及其连接件尺寸允许偏差应满足其产品标准和设计的要求。

检查数量：全数检查。

检验方法：用钢尺、游标卡尺及拉线量测。

2）拉索、拉杆及其护套的表面应光滑，不应有裂纹和目视可见的折叠、分层、结疤和锈蚀等缺陷。

检查数量：全数检查。

检验方法：观察检查。

5. 焊接材料（表 15-1）

焊接材料质量检验项目、数量和方法　　　　　表 15-1

项目类别	序号	检验内容	检验数量	检验要求或指标	检验方法
主控项目	1	下列情况之一的钢结构所采用的焊接材料应按其产品标准的要求进行抽样复验： （1）结构安全等级为一级的一、二级焊缝； （2）结构安全等级为二级的一级焊缝； （3）需要进行疲劳验算构件的焊缝； （4）材料混批或质量证明文件不齐全的焊接材料； （5）设计文件或合同文件要求复检的焊接材料	全数	符合国家现行标准的规定并满足设计要求	见证取样送样，检查复验报告
一般项目	1	焊钉及焊接瓷环的规格、尺寸及允许偏差	按批量抽查 1%，且不应少于 10 套	符合国家现行标准的规定	用钢尺和游标卡尺量测
	2	焊钉的机械性能和焊接性能	每个批号进行一组复验，且不应少于 5 个拉伸和 5 个弯曲试验	符合国家现行标准的规定并满足设计要求	见证取样送样，检查复验报告
	3	焊条外观不应有药皮脱落、焊芯生锈等缺陷，焊剂不应受潮结块	按批量抽查 1%，且不应少于 10 包	焊条外观不应有药皮脱落、焊芯生锈等缺陷，焊剂不应受潮结块	观察检查

6. 连接用紧固标准件

（1）主控项目

1）高强度大六角头螺栓连接副应复验其扭矩系数，扭剪型高强度螺栓连接副应复验其紧固轴力，其检验结果应符合《钢结构工程施工质量验收标准》GB 50205—2020 附录B 的规定。

检查数量：按《钢结构工程施工质量验收标准》GB 50205—2020 附录B 执行。

检验方法：见证取样送样，检查复验报告。

2）对建筑结构安全等级为一级或跨度 60m 及以上的螺栓球节点钢网架、网壳结构，其连接高强度螺栓应按现行国家标准《钢网架螺栓球节点用高强度螺栓》GB/T 16939—2016 进行拉力载荷试验。

检查数量：按规格抽查 8 只。

检验方法：用拉力试验机测定。

（2）一般项目

1）热浸镀锌高强度螺栓镀层厚度应满足设计要求。当设计无要求时，镀层厚度不应小于 $40\mu m$。

检查数量：按规格抽查 8 只。

检验方法：用点接触测厚计测定。

2）高强度大六角头螺栓连接副、扭剪型高强度螺栓连接副应按包装箱配套供货。包装箱上应标明批号、规格、数量及生产日期。螺栓、螺母、垫圈表面不应出现生锈和沾染脏物，螺纹不应损伤。

检查数量：按包装箱数抽查 5%，且不应少于 3 箱。

检验方法：观察检查。

3）螺栓球节点钢网架、网壳结构用高强度螺栓应进行表面硬度检验，检验结果应满足其产品标准的要求。

检查数量：按规格抽查 8 只。

检验方法：用硬度计测定。

4）普通螺栓、自攻螺钉、铆钉、拉铆钉、射钉、锚栓（机械型和化学试剂型）、地脚锚栓等紧固标准件及螺母、垫圈等，其品种、规格、性能等应符合国家现行产品标准的规定并满足设计要求。

检查数量：全数检查。

检验方法：检查产品的质量合格证明文件、中文产品标志及检验报告等。

7. 球节点材料（表 15-2）

球节点材料质量检验项目、数量和方法

表 15-2

项目类别	序号	检验内容	检验数量	检验要求或指标	检验方法
主控项目	1	制作螺栓球、封板、焊接球所采用的原材料的品种、规格、性能	全数	符合国家现行标准的规定并满足设计要求	检查产品的质量合格证明文件、中文产品标志及检验报告等

8. 压型金属板（表15-3）

压型金属板质量检验项目、数量和方法　　　　　　　　　　表15-3

项目类别	序号	检验内容	检验数量	检验要求或指标	检验方法
主控项目	1	压型金属板及制作压型金属板所采用的原材料（基板、涂层板），其品种、规格、性能	全数	符合国家现行标准的规定并满足设计要求	检查产品的质量合格证明文件、中文产品标志及检验报告等
	2	泛水板、包角板、屋脊盖板及制造所采用的原材料，其品种、规格、性能	全数	符合国家现行标准的规定并满足设计要求	检查产品的质量合格证明文件、中文产品标志及检验报告等
	3	压型金属板用固定支架的材质、规格尺寸、表面质量	全数	符合国家现行标准的规定并满足设计要求	检查产品的质量合格证明文件、中文产品标志及检验报告等
	4	压型金属板用橡胶垫、密封胶及其他材料，其品种、规格、性能	全数	符合国家现行标准的规定并满足设计要求	检查产品的质量合格证明文件、中文产品标志及检验报告等
一般项目	1	压型金属板的规格尺寸及允许偏差、表面质量、涂层质量	每种规格抽查5%，且不应少于10件	符合国家现行产品标准的规定并满足设计要求	基板厚度采用测厚仪测量，涂镀层厚度采用称重法测量
	2	压型金属板用固定支架应无变形，表面平整光滑，无裂纹、损伤、锈蚀	按照检验批或每批进场数量抽取5%检查	符合国家现行产品标准的规定并满足设计要求	角尺量和观察检查
	3	压型金属板用紧固件	按照检验批或每批进场数量抽取5%检查	表面应无损伤、锈蚀	观察检查
	4	压型金属板用橡胶垫、密封胶及其他特殊材料，外观质量	按照每批进场数量抽取10%检查	应满足其产品标准要求，包装完好	观察检查

9. 涂装材料（表15-4）

涂装材料质量检验项目、数量和方法　　　　　　　　　　表15-4

项目类别	序号	检验内容	检验数量	检验要求或指标	检验方法
主控项目	1	钢结构防腐涂料、稀释剂和固化剂等材料的品种、规格、性能	全数	符合国家现行标准的规定并满足设计要求	检查产品的质量合格证明文件、中文产品标志及检验报告等
	2	钢结构防火涂料的品种和技术性能	全数	满足设计要求，并应经法定的检测机构检测，检测结果应符合国家现行标准的规定	检查产品的质量合格证明文件、中文产品标志及检验报告等
一般项目	1	防腐涂料和防火涂料的型号、名称、颜色及有效期应与其质量证明文件相符	应按桶数抽查5%，且不应少于3桶	不应存在结皮、结块、凝胶等现象	观察检查

15.2 钢结构焊接工程质量检验

钢结构焊接工程可按相应的钢结构制作或安装工程检验批的划分原则划分为一个或若干个检验批。

碳素结构钢应在焊缝冷却到环境温度、低合金结构钢应在完成焊接24h以后，进行焊缝探伤检验。

焊缝施焊后应在工艺规定的焊缝及部位打上焊工钢印。

1. 钢构件焊接工程（表 15-5）

钢构件焊接工程质量检验项目、数量和方法 表 15-5

项目类别	序号	检验内容	检验数量	检验要求或指标	检验方法
主控项目	1	焊接材料	全数	符合设计文件的要求及国家现行标准的规定。焊接材料在使用前,应按其产品说明书及焊接工艺文件的规定进行烘焙和存放	检查质量证明书和烘焙记录
	2	焊工	全数	焊工必须经考试合格并取得合格证书。持证焊工必须在其考试合格项目及其认可范围内施焊	检查焊工合格证及其认可范围、有效期
	3	焊接工艺	全数	施工单位对其首次采用的钢材、焊接材料、焊接方法、焊后热处理等,应进行焊接工艺评定,并应根据评定报告确定焊接工艺	检查焊接工艺评定报告,焊接工艺规程,焊接过程参数测定、记录
	4	焊缝内部缺陷的无损检测	全数	①采用超声波检测时,超声波检测设备、工艺要求及缺陷评定等级应符合现行国家标准《钢结构焊接规范》GB 50661的规定; ②当不能采用超声波探伤或对超声波检测结果有疑义时,可采用射线检测验证,射线检测技术应符合现行国家标准《焊缝无损检测 射线检测 第1部分:X和伽玛射线的胶片技术》GB/T 3323.1或《焊缝无损检测 射线检测 第2部分:使用数字化探测器的X和伽玛射线技术》GB/T 3323.2的规定,缺陷评定等级应符合现行国家标准《钢结构焊接规范》GB 50661的规定; ③焊接球节点网架、螺栓球节点网架及圆管T、K、Y节点焊缝的超声波探伤方法及缺陷分级应符合国家和行业现行标准的有关规定	检查超声波或射线探伤记录

项目类别	序号	检验内容	检验数量	检验要求或指标	检验方法
主控项目	5	T形接头、十字形接头、角接接头等要求焊透的对接和角接组合焊缝	资料全数检查，同类焊缝抽查10%，且不应少于3条	焊脚尺寸 h_k 不应小于 $t/4$ 且不大于10mm，其允许偏差为 0～4mm 	观察检查，用焊缝量规抽查测量
一般项目	1	焊缝外观质量	符合 GB 50205 的规定	承受静荷载的二级焊缝每批同类构件抽查10%，承受静荷载的一级焊缝和承受动荷载的焊缝每批同类构件抽查15%，且不应少于3件；被抽查构件中，每一类型焊缝应按条数抽查5%，且不应少于1条；每条应抽查1处，总抽查数不应少于10处	使用放大镜、焊缝量规和钢尺检查，当有疲劳验算要求时，采用渗透或磁粉探伤检查
一般项目	2	焊缝外观尺寸	符合 GB 50205 的规定	承受静荷载的二级焊缝每批同类构件抽查10%，承受静荷载的一级焊缝和承受动荷载的焊缝每批同类构件抽查15%，且不应少于3件；被抽查构件中，每种焊缝应按条数各抽查5%，但不应少于1条；每条应抽查1处，总抽查数不应少于10处	用焊缝量规检查
一般项目	3	预热或后热的焊缝	其预热温度或后热温度应符合国家现行标准的规定或通过焊接工艺评定确定	全数	检查预热或后热施工记录和焊接工艺评定报告

2. 栓钉（焊钉）焊接工程（表15-6）

栓钉（焊钉）焊接工程质量检验项目、数量和方法　　　　　表15-6

项目类别	序号	检验内容	检验数量	检验要求或指标	检验方法
主控项目	1	焊接工艺	全数	施工单位对其采用的栓钉和钢材焊接应进行焊接工艺评定，其结果应满足设计要求并符合国家现行标准的规定。栓钉焊接瓷环保存时应有防潮措施，受潮的焊接瓷环使用前应在 120～150℃ 范围内烘焙1～2h	检查焊接工艺评定报告和烘焙记录
主控项目	2	焊钉焊接后的弯曲试验	每检查批的1%且不应少于10个	栓钉焊接接头外观质量检验合格后进行打弯抽样检查，焊缝和热影响区不得有肉眼可见的裂纹	栓钉弯曲30°后目测检查

续表

项目类别	序号	检验内容	检验数量	检验要求或指标	检验方法
一般项目	1	外观检验	检查批栓钉数量的1%，且不应少于10个	焊缝外形尺寸、焊缝缺陷、焊缝咬边、栓钉焊后倾斜角度等应符合《钢结构工程施工质量验收标准》GB 50205的规定	目测、钢尺、焊缝量规、量角器等

15.3 钢结构紧固件连接工程

用于钢结构制作和安装中的普通螺栓、扭剪型高强度螺栓、高强度大六角头螺栓、钢网架螺栓球节点用高强度螺栓及射钉、自攻钉、拉铆钉等连接工程称为紧固件连接工程。其验收可按相应的钢结构制作或安装工程检验批的划分原则划分为一个或若干个检验批。

1. 普通紧固件连接（表15-7）

普通紧固件连接质量检验项目、数量和方法　　　　表15-7

项目类别	序号	检验内容	检验数量	检验要求或指标	检验方法
主控项目	1	螺栓拉力复验	每一规格螺栓应抽查8个	普通螺栓作为永久性连接螺栓时，当设计有要求或对其质量有疑义时，应进行螺栓实物最小拉力载荷复验，结果应符合现行国家标准《紧固件机械性能 螺栓、螺钉和螺柱》GB/T 3098.1的规定	检查螺栓实物复验报告
	2	自攻螺钉、拉铆钉、射钉等规格尺寸	应按连接节点数抽查1%，且不应少于3个	连接薄钢板采用的自攻钉、拉铆钉、射钉等规格尺寸应与被连接钢板相匹配，并满足设计要求，其间距、边距等应满足设计要求	观察和尺量检查
一般项目	1	螺栓紧固	应按连接节点数抽查10%，且不应少于3个	永久性普通螺栓紧固应牢固、可靠，外露丝扣不应少于2扣	观察和用小锤敲击检查
	2	自攻螺钉、拉铆钉、射钉等与连接钢板应紧固密贴，外观排列	按连接节点数抽查10%，且不应少于3个	自攻螺钉、拉铆钉、射钉等与连接钢板应紧固密贴，外观排列整齐	观察或用小锤敲击检查

2. 高强度螺栓连接（表15-8）

高强度螺栓连接质量检验项目、数量和方法　　　　表15-8

项目类别	序号	检验内容	检验数量	检验要求或指标	检验方法
主控项目	1	抗滑移系数	每批抽8套	涂层摩擦面钢材表面处理应达到Sa2½，涂层最小厚度应满足设计要求	检查除锈记录和抗滑移系数试验报告
	2	终拧扭矩	按节点数抽查10%，且不少于10个，每个被抽查到的节点，按螺栓数抽查10%，且不少于2个	高强度螺栓连接副应在终拧完成1h后、48h内进行终拧质量检查，检查结果应符合《钢结构工程施工质量验收标准》GB 50205的规定	按《钢结构工程施工质量验收标准》GB 50205附录B执行

续表

项目类别	序号	检验内容	检验数量	检验要求或指标	检验方法
主控项目	3	连接副终扭矩	按节点数抽查10%，且不应小于10个节点，被抽查节点中梅花头未拧掉的扭剪型高强度螺栓连接副全数进行终拧扭矩检查	对于扭剪型高强度螺栓连接副，除因构造原因无法使用专用扳手拧掉梅花头者外，螺栓尾部梅花头拧断为终拧结束。未在终拧中拧掉梅花头的螺栓数不应大于该节点螺栓数的5%，对所有梅花头未拧掉的扭剪型高强度螺栓连接副应采用扭矩法或转角法进行终拧并做标记，进行终拧质量检查	观察检查及按《钢结构工程施工质量验收标准》GB 50205执行
一般项目	1	连接副的初拧、终拧	全数	满足设计要求并符合现行行业标准《钢结构高强度螺栓连接技术规程》JGJ 82的规定	检查扭矩扳手标定记录和螺栓施工记录
	2	螺栓连接副终拧后，螺栓丝扣外露	按节点数抽查5%，且不应小于10个	高强度螺栓连接副终拧后，螺栓丝扣外露应为2~3扣，其中允许有10%的螺栓丝扣外露1扣或4扣	观察检查
	3	螺栓连接摩擦面	全数	高强度螺栓连接摩擦面应保持干燥、整洁，不应有飞边、毛刺、焊接飞溅物、焊疤、氧化铁皮、污垢等，除设计要求外摩擦面不应涂漆	观察检查
	4	高强度螺栓扩孔	被扩螺栓孔全数检查	高强度螺栓应能自由穿入螺栓孔，当不能自由穿入时，应用铰刀修正。修孔数量不应超过该节点螺栓数量的25%，扩孔后的孔径不应超过1.2d（d为螺栓直径）	观察检查及用卡尺检查

15.4　钢结构钢零件及钢部件加工工程

钢结构制作及安装中钢零件及钢部件加工可分为切割、矫正和成型、边缘加工管和球加工以及制孔等。

钢零件及钢部件加工工程可按相应的钢结构制作工程或钢结构安装工程检验批的划分原则划分为一个或若干个检验批。

1. 切割（表15-9）

切割检验项目、数量和方法　　　　　　　　　　　表15-9

项目类别	序号	检验内容	检验数量	检验要求或指标	检验方法
主控项目	1	钢材切割面或剪切面	全数	钢材切割面或剪切面应无裂纹、夹渣、毛刺和分层	观察或用放大镜，有疑异时应进行渗透、磁粉或超声波探伤检查
一般项目	1	气割的允许偏差	按切割面数抽查10%，且不应少于3个	零件宽度、长度±3.0(mm) 切割面平面度0.05t且<2.0 割纹深度0.3(mm) 局部缺口深度1.0(mm)	观察检查或用钢尺、塞尺检查

续表

项目类别	序号	检验内容	检验数量	检验要求或指标	检验方法
一般项目	2	机械剪切的允许偏差	按切割面数抽查10%,且不应少于3个	机械剪切的允许偏差应符合《钢结构工程施工质量验收标准》GB 50205的规定。机械剪切的零件厚度不宜大于12.0mm,剪切面应平整。碳素结构钢在环境温度低于—16℃,低合金结构钢在环境温度低于—12℃时,不得进行剪切、冲孔	观察检查或用钢尺、塞尺检查
	3	钢管杆件加工的允许偏差	按杆件数抽查10%,且不应少于3个	长度 ±1.0(mm) 端面对管轴的垂直度 0.005r 管口曲线 1.0(mm)	观察检查或用钢尺、塞尺检查

2. 矫正和成型（表15-10）

矫正和成型检验项目、数量和方法   表 15-10

项目类别	序号	检验内容	检验数量	检验要求或指标	检验方法
主控项目	1	矫正环境要求	全数	碳素结构钢在环境温度低于—16℃,低合金结构钢在环境温度低于—12℃时,不应进行冷矫正和冷弯曲	检查制作工艺报告和施工记录
	2	热加工成型的温度要求	全数	热轧碳素结构钢和低合金结构钢,当采用热加工成型或加热矫正时,加热温度、冷却温度等工艺应符合现行国家标准《钢结构工程施工规范》GB 50755的规定	检查制作工艺报告和施工记录
一般项目	1	矫正后的钢材表面	全数	矫正后的钢材表面,不应有明显的凹痕或损伤,划痕深度不得大于0.5mm,且不应大于该钢材厚度允许负偏差的1/2	观察检查和实测检查
	2	冷矫正的最小曲率半径和最大弯曲矢高	按冷矫正的件数抽查10%,且不应少于3个	钢板、型钢冷矫正的最小曲率半径和最大弯曲矢高应符合《钢结构工程施工质量验收标准》GB 50205的规定	观察检查和实测检查
	3	板材和型材的冷弯成型最小曲率半径	全数	板材和型材的冷弯成型最小曲率半径应符合《钢结构工程施工质量验收标准》GB 50205的规定	观察检查和实测检查
	4	钢材矫正后的允许偏差	按矫正件数抽10%,且不应少于3个	钢材矫正后的允许偏差应符合《钢结构工程施工质量验收标准》GB 50205的规定	观察检查和实测检查
	5	钢管弯曲成型和矫正后的允许偏差	全数	钢管弯曲成型和矫正后的允许偏差,应符合《钢结构工程施工质量验收标准》GB 50205的规定	观察检查和实测检查

3. 边缘加工（表15-11）

边缘加工检验项目、数量和方法   表 15-11

项目类别	序号	检验内容	检验数量	检验要求或指标	检验方法
主控项目	1	边缘加工刨削余量	全数	气割或机械剪切的零件需要进行边缘加工时,其刨削余量不宜小于2.0mm	检查工艺报告和施工记录

续表

项目类别	序号	检验内容	检验数量	检验要求或指标	检验方法
一般项目	1	边缘加工的允许偏差	按加工面数抽查10%，且不应少于3个	零件宽度、长度±1.0mm 加工边直线度1/3000，且不大于2.0mm 加工面垂直度0.025t，且不大于0.5mm 加工面表面粗糙度$R_a \leqslant 50\mu m$	观察检查和实测检查
	2	焊缝坡口的允许偏差	按加工面数抽查10%，且不应少于3个	焊口角度±5° 钝边±1.0mm	实测检查
	3	铣削加工后的允许偏差	按加工面数抽查10%，且不应少于3个	两端铣平时零件长度、宽度±1.0mm 铣平面的平面度0.02t，且不大于0.3 铣平面的垂直度$h/1500$，且不大于0.5	用钢尺、塞尺检查

4. 球节点加工（表15-12）

球节点加工检验项目、数量和方法 表15-12

项目类别	序号	检验内容	检验数量	检验要求或指标	检验方法
主控项目	1	螺栓球成型后表面	每种规格抽查5%，且不应少于3个	螺栓球成型后，表面不应有裂纹、褶皱和过烧	检验方法：用10倍放大镜观察检查或表面探伤
	2	封板、锥头、套筒表面	每种规格抽查5%，且不应少于3个	封板、锥头、套筒表面不得有裂纹、过烧及氧化皮	用10倍放大镜观察检查或表面探伤
	3	封板、锥头与杆件连接焊缝	每种规格抽查5%，且不应少于3根	封板、锥头与杆件连接焊缝质量应满足设计要求，当设计无要求时应符合《钢结构工程施工质量验收标准》GB 50205规定的二级焊缝质量等级标准	超声波探伤或检查检验报告
	4	焊接球的焊缝质量	每种规格抽查5%，且不应少于3个	焊接球的焊缝质量应满足设计要求，当设计无要求时应符合《钢结构工程施工质量验收标准》GB 50205第5章规定的二级焊缝质量等级标准	超声波探伤或检查检验报告
一般项目	1	螺栓球螺纹尺寸	每种规格抽查5%，且不应少于3个	螺栓球螺纹尺寸应符合现行国家标准《普通螺纹 基本尺寸》GB/T 196的规定，螺纹公差应符合现行国家标准《普通螺纹 公差》GB/T 197中6H级精度的规定	用标准螺纹量规检查
	2	螺栓球加工的允许偏差	每种规格抽查5%，且不应少于3个	螺栓球加工的允许偏差应符合《钢结构工程施工质量验收标准》GB 50205的规定	用游标卡尺、百分表V形块、分度头等检查
	3	焊接球表面	每种规格抽查5%，且不应少于3个	焊接球表面应光滑平整，局部凹凸不平不应大于1.5mm	用弧形套模、卡尺和观察检查
	4	焊接球加工的允许偏差	每种规格抽查5%，且不应少于3个	焊接球加工的允许偏差应符合《钢结构工程施工质量验收标准》GB 50205的规定	用卡尺、游标卡尺、测厚仪、套模等检查

5. 铸钢件加工（表15-13）

铸钢件加工检验项目、数量和方法 表 15-13

项目类别	序号	检验内容	检验数量	检验要求或指标	检验方法
主控项目	1	铸钢件与其他构件连接部位	全数	铸钢件与其他构件连接部位四周150mm的区域,应按现行国家标准《铸钢件 超声检测 第1部分:一般用途铸钢件》GB/T 7233.1和《铸钢件 超声检测 第2部分:高承压铸钢件》GB/T 7233.2的规定进行100%超声波探伤检测。检测结果应符合国家现行标准的规定并满足设计要求	检查探伤报告
一般项目	1	铸钢件连接面	按零件数抽查10%,且不应少于3个	铸钢件连接面的表面粗糙度 Ra 不应大于 $25\mu m$。连接孔、轴的表面粗糙度不应大于 $12.5\mu m$	用粗糙度对比样板检查
	2	有连接要求的轴(外圆)和孔机械加工的允许偏差	按规格抽查10%,且不应少于3个	应符合《钢结构工程施工质量验收标准》GB 50205 的规定或设计要求	用卡尺、直尺、角度尺检查
	3	有连接要求的平面、端面、边缘机械加工的允许偏差	按零件数抽查10%,且不应少于3个	应符合《钢结构工程施工质量验收标准》GB 50205 的规定或设计要求	用卡尺、直尺、角度尺检查
	4	矫正后的表面	全数	铸钢件可用机械、加热的方法进行矫正,矫正后的表面不得有明显的凹痕或其他损伤	观察检查
	5	铸钢件表面	全数	铸钢件表面质量应符合本标准第《钢结构工程施工质量验收标准》GB 50205 的规定	观察检查

6. 制孔（表15-14）

制孔检验项目、数量和方法 表 15-14

项目类别	序号	检验内容	检验数量	检验要求或指标	检验方法
主控项目	1	螺栓孔精度、孔壁表面粗糙度、孔径的允许偏差	按钢构件数量抽查10%,且不应少于3件	A、B级螺栓孔(Ⅰ类孔)应具有 H12 的精度,孔壁表面粗糙度 Ra 不应大于 $12.5\mu m$,其孔径的允许偏差应符合《钢结构工程施工质量验收标准》GB 50205 的规定。C级螺栓孔(Ⅱ类孔),孔壁表面粗糙度 Ra 不应大于 $25\mu m$,其允许偏差应符合《钢结构工程施工质量验收标准》GB 50205 的规定	用游标卡尺或孔径量规检查
一般项目	1	螺栓孔孔距的允许偏差	按钢构件数量抽查10%,且不应少于3件	螺栓孔孔距的允许偏差应符合《钢结构工程施工质量验收标准》GB 50205 的规定	用钢尺检查

15.5 钢构件组装工程质量检验

钢结构组装工程可按钢结构制作工程检验批的划分原则划分为一个或若干个检验批。

构件组装应根据设计要求、构件形式、连接方式、焊接方法和焊接顺序等确定合理的组装顺序。

板材、型材的拼接应在构件组装前进行。构件的组装应在部件组装、焊接、校正并经检验合格后进行。构件的隐蔽部位应在焊接、栓接和涂装检查合格后封闭。

1. 部件拼接与对接（表 15-15）

部件拼接与对接检验项目、数量和方法 表 15-15

项目类别	序号	检验内容	检验数量	检验要求或指标	检验方法
主控项目	1	翼缘板拼接缝和腹板拼接缝	全数	焊接 H 型钢的翼缘板拼接缝和腹板拼接缝错开的间距不宜小于 200mm。翼缘板拼接长度不应小于 2 倍翼缘板宽且不小于 600mm；腹板拼接宽度不应小于 300mm，长度不应小于 600mm	观察和用钢尺检查
	2	允许偏差	全数	箱形构件的侧板拼接长度不应小于 600mm，相邻两侧板拼接缝的间距不宜小于 200mm；侧板在宽度方向不宜拼接，当截面宽度超过 2400mm 确需拼接时，最小拼接宽度不宜小于板宽的 1/4。热轧型钢可采用直口全熔透焊接拼接，其拼接长度不应小于 2 倍截面高度且不应小于 600mm。动载或设计有疲劳验算要求的应满足其设计要求	观察和用钢尺检查
一般项目	1	允许偏差	全数	1. 除采用卷制方式加工成型的钢管外，钢管接长时每个节间宜为一个接头，最短接长长度应符合下列规定： (1)当钢管直径 $d \leqslant 800\text{mm}$ 时，不小于 600mm； (2)当钢管直径 $d > 800\text{mm}$ 时，不小于 1000mm。 2. 钢管接长时，相邻管节或管段的纵向焊缝应错开，错开的最小距离（沿弧长方向）不应小于 5 倍的钢管壁厚。主管拼接焊缝与相贯的支管焊缝间的距离不应小于 80mm	观察和用钢尺检查

2. 组装（表 15-16）

组装检验项目、数量和方法 表 15-16

项目类别	序号	检验内容	检验数量	检验要求或指标	检验方法
主控项目	1	吊车梁和吊车桁架	全数	钢吊车梁的下翼缘不得焊接工安装夹具、定位板、连接板等临时工件。钢吊车梁和吊车桁架组装、焊接完成后在自重荷载下不允许有下挠	构件直立，在两端支撑后，用水准仪和钢尺检查
一般项目	1	焊接 H 型钢组装尺寸的允许偏差	按钢构件数抽查 10%，且不应少于 3 件	焊接 H 型钢组装尺寸的允许偏差应符合《钢结构工程施工质量验收标准》GB 50205 的规定	按钢构件数抽查 10%，且不应少于 3 件

续表

项目类别	序号	检验内容	检验数量	检验要求或指标	检验方法
一般项目	2	焊接连接组装尺寸的允许偏差	按钢构件数抽查10%,且不应少于3件	焊接连接组装尺寸的允许偏差应符合《钢结构工程施工质量验收标准》GB 50205的规定	用钢尺、角尺、塞尺等检查
	3	杆件轴线交点偏移	按钢构件数抽查10%,且不应少于3件;每个抽查构件按节点数抽查10%,且不应少于3个节点	桁架结构组装时,杆件轴线交点偏移不宜大于4.0mm	尺量检查

3. 端部铣平及顶紧接触面（表15-17）

端部铣平及顶紧接触面检验项目、数量和方法　　　　表15-17

项目类别	序号	检验内容	检验数量	检验要求或指标	检验方法
主控项目	1	端部铣平的允许偏差	按铣平面数量抽查10%,且不应少于3个	端部铣平的允许偏差应符合《钢结构工程施工质量验收标准》GB 50205的规定	用钢尺、角尺、塞尺等检查
一般项目	1	顶紧的接触面	全数	设计要求顶紧的接触面应有75%以上的面积贴紧,且边缘最大间隙不应大于0.8mm	用0.3mm的塞尺检查,其塞入面积应小于25%,边缘最大间隙不应大于0.8mm
	2	外露铣平面和顶紧接触面防锈	全数	外露铣平面和顶紧接触面应有防锈保护	观察检查

4. 钢构件外形尺寸（表15-18）

钢构件外形尺寸检验项目、数量和方法　　　　表15-18

项目类别	序号	检验内容	检验数量	检验要求或指标	检验方法
主控项目	1	钢构件外形尺寸	全数	钢构件外形尺寸主控项目的允许偏差应符合《钢结构工程施工质量验收标准》GB 50205的规定	用钢尺检查
一般项目	1	单节钢柱外形尺寸的允许偏差	按钢构件数抽查10%,且不应少于3件	单节钢柱外形尺寸的允许偏差应符合《钢结构工程施工质量验收标准》GB 50205的规定	用钢尺、角尺、塞尺等检查
	2	多节钢柱外形尺寸的允许偏差	按钢构件数抽查10%,且不应少于3件	多节钢柱外形尺寸的允许偏差应符合《钢结构工程施工质量验收标准》GB 50205的规定	用钢尺、角尺、塞尺等检查

15.6　钢构件预拼装工程质量检验

钢结构预拼装工程可按钢结构制作工程检验批的划分原则划分为一个或若干个检验批。

预拼装所用的支撑凳或平台应测量找平，检查时应拆除全部临时固定和拉紧装置。

进行预拼装的钢构件，其质量除应符合本标准规定外，尚应满足设计要求。

实体预拼装（表 15-19）

<table>
<tr><td colspan="6" style="text-align:right">实体预拼装检验项目、数量和方法　　　　　　　　　　　　　表 15-19</td></tr>
<tr>
<th>项目
类别</th>
<th>序号</th>
<th>检验内容</th>
<th>检验数量</th>
<th>检验要求或指标</th>
<th>检验方法</th>
</tr>
<tr>
<td>主控
项目</td>
<td>1</td>
<td>高强度螺栓和
普通螺栓连接的
多层板叠</td>
<td>按预拼装单元
全数检查</td>
<td>高强度螺栓和普通螺栓连接的多层
板叠，应采用试孔器进行螺栓孔通过率
检查，并应符合下列规定：
　（1）当采用比孔公称直径小 1.0mm
的试孔器检查时，每组孔的通过率不应
小于 85%；
　（2）当采用比螺栓公称直径大
0.3mm 的试孔器检查时，通过率应
为 100%</td>
<td>采用试孔器检查</td>
</tr>
<tr>
<td>一般
项目</td>
<td>1</td>
<td>预拼装的允许
偏差</td>
<td>按预拼装单元
全数检查</td>
<td>实体预拼装的允许偏差应符合《钢结
构工程施工质量验收标准》GB 50205
的规定</td>
<td>用拉线、吊线和
钢尺、焊缝量规</td>
</tr>
</table>

15.7　单、多层钢结构安装工程质量检验

钢结构安装工程可按变形缝或空间稳定单元等划分成一个或若干个检验批，也可按楼层或施工段等划分为一个或若干个检验批。地下钢结构可按不同地下层划分检验批。

钢结构安装检验批应在原材料及构件进场验收和紧固件连接、焊接连接、防腐等分项工程验收合格的基础上进行验收。

结构安装测量校正、高强度螺栓连接副及摩擦面抗滑移系数、冬雨期施工及焊接等，应在实施前制定相应的施工工艺或方案。

安装偏差的检测，应在结构形成空间稳定单元并连接固定且临时支撑结构拆除前进行。

安装时，施工荷载和冰雪荷载等严禁超过梁、桁架、楼面板、屋面板、平台铺板等的承载能力。

在形成空间稳定单元后，应立即对柱底板和基础顶面的空隙进行二次浇灌。

多节柱安装时，每节柱的定位轴线应从基准面控制轴线直接引上，不得从下层柱的轴线引上。

1. 基础和地脚螺栓（锚栓）（表 15-20）

<table>
<tr><td colspan="6" style="text-align:right">基础和地脚螺栓（锚栓）检验项目、数量和方法　　　　　　　表 15-20</td></tr>
<tr>
<th>项目
类别</th>
<th>序号</th>
<th>检验内容</th>
<th>检验数量</th>
<th>检验要求或指标</th>
<th>检验方法</th>
</tr>
<tr>
<td>主控
项目</td>
<td>1</td>
<td>定位轴线</td>
<td>全数</td>
<td>建筑物定位轴线、基础上柱的定位轴
线和标高应满足设计要求。当设计无
要求时应符合《钢结构工程施工质量验
收标准》GB 50205 的规定</td>
<td>用经纬仪、水准
仪、全站仪和钢尺
现场实测</td>
</tr>
</table>

续表

项目类别	序号	检验内容	检验数量	检验要求或指标	检验方法
主控项目	2	支撑面、地脚螺栓（锚栓）位置的允许偏差	按柱基数抽查10%，且不应少于3个	支撑面标高±3.0mm 支撑面水平度 $L/1000$ 螺栓中心偏移 5.0mm 预留孔中心偏移 10.0mm	用经纬仪、水准仪、全站仪、水平尺和钢尺实测
	3	坐浆垫板的允许偏差	按柱基数抽查10%，且不应少于3个	采用坐浆垫板时，坐浆垫板的允许偏差应符合《钢结构工程施工质量验收标准》GB 50205 的规定	用水准仪、全站仪、水平尺和钢尺现场实测
	4	杯口尺寸的允许偏差	按基础数抽查10%，且不应少于3处	采用插入式或埋入式柱脚时，杯口尺寸的允许偏差应符合《钢结构工程施工质量验收标准》GB 50205 的规定	观察及尺量检查
一般项目	1	地脚螺栓（锚栓）尺寸的偏差	按基础数抽查10%，且不应少于3处	地脚螺栓（锚栓）尺寸的偏差应符合《钢结构工程施工质量验收标准》GB 50205 的规定	用钢尺现场实测

2. 钢柱安装（表15-21）

钢柱安装检验项目、数量和方法　　　　　表15-21

项目类别	序号	检验内容	检验数量	检验要求或指标	检验方法
主控项目	1	钢柱几何尺寸	按钢柱数抽查10%，且不应少于3个	钢柱几何尺寸应满足设计要求并符合本标准的规定。运输、堆放和吊装等造成的钢构件变形及涂层脱落，应进行矫正和修补	用拉线、钢尺现场实测或观察
	2	钢柱现场拼接接头接触面	按节点或接头数抽查10%，且不应少于3个	设计要求顶紧的构件或节点、钢柱现场拼接接头接触面不应少于70%密贴，且边缘最大间隙不应大于0.8mm	用钢尺及0.3mm和0.8mm厚的塞尺现场实测
一般项目	1	钢柱安装的允许偏差	按钢柱数抽查10%，且不应少于3件	钢柱安装的允许偏差应符合《钢结构工程施工质量验收标准》GB 50205 的规定	用吊线和钢尺、水准仪、经纬仪、全站仪等实测
	2	接头焊缝组间隙的允许偏差	按同类节点数抽查10%，且不应少于3个	柱的工地拼接接头焊缝组间隙的允许偏差，应符合《钢结构工程施工质量验收标准》GB 50205 的规定	钢尺检查
	3	钢柱表面、结构主要表面	按同类构件数抽查10%，且不应少于3件	钢柱表面应干净，结构主要表面不应有疤痕、泥沙等污垢	观察检查

3. 钢屋（托）架、钢梁（桁架）安装（表15-22）

钢屋（托）架、钢梁（桁架）安装检验项目、数量和方法　　　　　表15-22

项目类别	序号	检验内容	检验数量	检验要求或指标	检验方法
主控项目	1	钢屋（托）架、钢梁（桁架）的几何尺寸偏差和变形	按钢梁数抽查10%，且不应少于3个	钢屋（托）架、钢梁（桁架）的几何尺寸偏差和变形应满足设计要求并符合本标准的规定。运输、堆放和吊装等造成的钢构件变形及涂层脱落，应进行矫正和修补	用拉线、钢尺现场实测或观察

项目类别	序号	检验内容	检验数量	检验要求或指标	检验方法
主控项目	2	垂直度和侧向弯曲矢高的允许偏差	按同类构件数抽查10%，且不应少于3个	钢屋（托）架、钢桁架、钢梁、次梁的垂直度和侧向弯曲矢高的允许偏差应符合《钢结构工程施工质量验收标准》GB 50205的规定	用吊线、拉线、经纬仪和钢尺现场实测
一般项目	1	支座中心对定位轴线的偏差	按同类构件数抽查10%，且不应少于3榀	当钢桁架（或梁）安装在混凝土柱上时，其支座中心对定位轴线的偏差不应大于10mm；当采用大型混凝土屋面板时，钢桁架（或梁）间距的偏差不应大于10mm	用拉线和钢尺现场实测
一般项目	2	钢吊车梁安装的允许偏差	按钢吊车梁数抽查10%，且不应少于3榀	钢吊车梁或直接承受动力荷载的类似构件，其安装的允许偏差应符合《钢结构工程施工质量验收标准》GB 50205的规定	用吊线、拉线、经纬仪和钢尺、电光测距仪等测查
一般项目	3	钢梁安装的允许偏差	按钢梁数抽查10%，且不应少于3个	钢梁安装的允许偏差应符合《钢结构工程施工质量验收标准》GB 50205的规定	用水准仪、直尺和钢尺检查

4. 连接节点安装（表15-23）

连接节点安装检验项目、数量和方法　　　　表15-23

项目类别	序号	检验内容	检验数量	检验要求或指标	检验方法
主控项目	1	弯扭、不规则构件连接节点	按同类构件数抽查10%，且不应少于3个	弯扭、不规则构件连接节点除应符合《钢结构工程施工质量验收标准》GB 50205规定外，尚应满足设计要求。运输、堆放和吊装等造成的钢构件变形及涂层脱落，应进行矫正和修补	用拉线、吊线、钢尺、经纬仪等现场实测或观察
主控项目	2	构件与节点对接处的允许偏差	按同类构件数抽查10%，且不应少于3件，每件不少于3个坐标点	构件与节点对接处的允许偏差应符合《钢结构工程施工质量验收标准》GB 50205的规定	用吊线、拉线、经纬仪和钢尺、全站仪现场实测
主控项目	3	异型构件标高允许偏差	按同类构件数抽查10%，且不应少于3件，每件不少于3个坐标点	同一结构层或同一设计标高异型构件标高允许偏差应为5mm	用吊线、拉线、经纬仪和钢尺、全站仪现场实测
一般项目	1	构件轴线空间位置偏差	按同类构件数抽查10%，且不应少于3件，每件不少于3个坐标点	构件轴线空间位置偏差不应大于10mm，节点中心空间位置偏差不应大于15mm	用吊线、拉线、经纬仪和钢尺、全站仪现场实测
一般项目	2	构件对接处截面的平面度偏差	按同类构件数抽查10%，且不应少于3件	构件对接处截面的平面度偏差：截面边长 $l \leq 3m$ 时，偏差不应大于2mm；截面边长 $l > 3m$ 时，允许偏差不应大于 $l/1500$	用吊线、拉线、水平尺和钢尺现场实测

5. 钢板剪力墙安装（表 15-24）

钢板剪力墙安装检验项目、数量和方法　　　　　　　　　表 15-24

项目类别	序号	检验内容	检验数量	检验要求或指标	检验方法
主控项目	1	钢板剪力墙的几何尺寸	按进场构件数抽查10%,且不应少于3件	钢板剪力墙的几何尺寸应满足设计要求并符合《钢结构工程施工质量验收标准》GB 50205 的规定。运输、堆放和吊装等造成构件变形和涂层脱落,应进行校正和修补	用拉线、钢尺现场实测或观察
	2	钢板剪力墙对口错边、平面外挠曲	按构件数抽查10%,且不应少于3件	钢板剪力墙对口错边、平面外挠曲应符合《钢结构工程施工质量验收标准》GB 50205 的规定	用钢尺现场实测或观察
	3	消能减震钢板剪力墙的性能指标	全数	消能减震钢板剪力墙的性能指标应满足设计要求	检查检测报告
一般项目	1	钢板剪力墙表面	按构件数抽查10%,且不应少于3件	安装后的钢板剪力墙表面应干净,不得有明显的疤痕、泥沙和污垢等	观察检查

6. 支撑、檩条、墙架、次结构安装（表 15-25）

支撑、檩条、墙架、次结构安装检验项目、数量和方法　　　表 15-25

项目类别	序号	检验内容	检验数量	检验要求或指标	检验方法
主控项目	1	消能减震钢支撑的性能指标	全数	消能减震钢支撑的性能指标应满足设计要求	检查检测报告
一般项目	1	墙架、檩条等次要构件安装的允许偏差	按同类构件数抽查10%,且不应少于3件	墙架、檩条等次要构件安装的允许偏差应符合《钢结构工程施工质量验收标准》GB 50205 的规定	用吊线、拉线、钢尺、经纬仪等检查
	2	檩条两端相对高差	按构件数抽查10%,且不应少于3个	檩条两端相对高差或与设计标高偏差不应大于5mm。檩条直线度偏差不应大于1/250,且不应大于10mm	用拉线、钢尺、水准仪现场实测或观察
	3	栏杆间距与设计偏差	栏杆按总长度各抽查10%,不应少于双侧5m	楼梯两侧栏杆间距与设计偏差不应大于10mm	钢尺现场实测

7. 钢平台、钢梯安装（表 15-26）

钢平台、钢梯安装检验项目、数量和方法　　　　　　　　表 15-26

项目类别	序号	检验内容	检验数量	检验要求或指标	检验方法
主控项目	1	钢栏杆、平台、钢梯等构件尺寸偏差和变形	按构件数抽查10%,且不应少于3个	钢栏杆、平台、钢梯等构件尺寸偏差和变形,应满足设计要求并符合《钢结构工程施工质量验收标准》GB 50205 的规定。运输、堆放和吊装等造成的钢构件变形及涂层脱落,应进行矫正和修补	用拉线、钢尺现场实测或观察

续表

项目类别	序号	检验内容	检验数量	检验要求或指标	检验方法
一般项目	1	相邻楼梯踏步的高度差	按楼梯总数抽查10%，且不应少于3跑	相邻楼梯踏步的高度差不应大于5mm，且每级踏步高度与设计偏差不应大于3mm	钢尺
	2	栏杆直线度偏差	栏杆按总长度抽查10%，且每侧不应少于5m	栏杆直线度偏差不应大于5mm	拉线、水准仪、水平尺、钢尺现场实测
	3	栏杆间距与设计偏差	栏杆按总长度各抽查10%，不应少于双侧5m	楼梯两侧栏杆间距与设计偏差不应大于10mm	钢尺现场实测

8. 主体钢结构（表15-27）

主体钢结构检验项目、数量和方法　　　　　　　　表15-27

项目类别	序号	检验内容	检验数量	检验要求或指标	检验方法
主控项目	1	主体钢结构整体立面偏移和整体平面弯曲的允许偏差	对主要立面全部检查。对每个所检查的立面，除两列角柱外，尚应至少选取一列中间柱	主体钢结构整体立面偏移和整体平面弯曲的允许偏差应符合《钢结构工程施工质量验收标准》GB 50205的规定	采用经纬仪、全站仪、GPS等测量
一般项目	1	主体钢结构总高度的允许偏差	按标准柱列数抽查10%，且不应少于4列	主体钢结构总高度可按相对标高或设计标高进行控制。总高度的允许偏差应符合《钢结构工程施工质量验收标准》GB 50205的规定	采用全站仪、水准仪和钢尺实测

15.8　空间结构安装工程

　　钢网架、网壳结构及钢管桁架结构的安装工程可按变形缝、空间刚性单元等划分成一个或若干个检验批，或者按照楼层或施工段等划分为一个或若干个检验批。

　　预应力索杆和膜结构制作安装工程的检验批，可结合与其相配套的钢结构制作、安装分项工程检验批划分为一个或若干个检验批。

　　预应力索杆安装应有专项施工方案和相应的监测措施，并应经设计和监理认可。

　　空间结构的安装检验应在原材料及成品进场验收、构件制作、焊接连接和紧固件连接等分项工程验收合格的基础上进行验收。

1. 支座和地脚螺栓（锚栓）安装（表15-28）

支座和地脚螺栓（锚栓）安装检验项目、数量和方法　　　　表15-28

项目类别	序号	检验内容	检验数量	检验要求或指标	检验方法
主控项目	1	钢网架、网壳结构及支座定位轴线和标高的允许偏差	按支座数抽查10%，且不应少于3处	钢网架、网壳结构及支座定位轴线和标高的允许偏差应符合《钢结构工程施工质量验收标准》GB 50205的规定，支座锚栓的规格及紧固应满足设计要求	用经纬仪和钢尺实测

续表

项目类别	序号	检验内容	检验数量	检验要求或指标	检验方法
主控项目	2	支座支承垫块的种类、规格、摆放位置和朝向	按支座数抽查10%,且不应少于4处	支座支承垫块的种类、规格、摆放位置和朝向,应满足设计要求并符合国家现行标准的规定。橡胶垫块与刚性垫块之间或不同类型刚性垫块之间不得互换使用	观察和用钢尺实测
一般项目	1	支承面顶板的位置、顶面标高、顶面水平度以及支座锚栓位置的允许偏差	按支座数抽查10%,且不应少于4处	支承面顶板的位置、顶面标高、顶面水平度以及支座锚栓位置的允许偏差应符合《钢结构工程施工质量验收标准》GB 50205的规定。支座锚栓的紧固应满足设计要求	用经纬仪、水准仪、水平尺和钢尺实测
	2	地脚螺栓(锚栓)尺寸的偏差	按基础数抽查10%,且不应少于3处	地脚螺栓(锚栓)尺寸的偏差应符合《钢结构工程施工质量验收标准》GB 50205的规定。支座锚栓螺纹应受到保护	用钢尺现场实测

2. 钢网架、网壳结构安装（表15-29）

钢网架、网壳结构安装检验项目、数量和方法　　　　　表15-29

项目类别	序号	检验内容	检验数量	检验要求或指标	检验方法
主控项目	1	钢网架、网壳结构挠度	跨度24m及以下钢网架、网壳结构,测量下弦中央一点;跨度24m以上钢网架、网壳结构,测量下弦中央一点及各向下弦跨度的四等分点	钢网架、网壳结构总拼完成后及屋面工程完成后应分别测量其挠度值,且所测的挠度值不应超过相应荷载条件下挠度计算值的1.15倍	用钢尺、水准仪或全站仪实测
一般项目	1	高强度螺栓与球节点紧固	按节点数抽查5%,且不应少于3个	螺栓球节点网架、网壳总拼完成后,高强度螺栓与球节点应紧固连接,连接处不应出现有间隙、松动等未拧紧现象	用普通扳手、塞尺及观察检查
	2	小拼单元的允许偏差	按单元数抽查5%,且不应少于3个	小拼单元的允许偏差应符合《钢结构工程施工质量验收标准》GB 50205的规定	用钢尺和辅助量具实测
	3	分条或分块单元拼装长度的允许偏差	全数	分条或分块单元拼装长度的允许偏差符合《钢结构工程施工质量验收标准》GB 50205的规定	用钢尺和辅助量具实测
	4	钢网架、网壳结构安装完成后的允许偏差	全数	钢网架、网壳结构安装完成后的允许偏差应符合《钢结构工程施工质量验收标准》GB 50205的规定	用钢尺、经纬仪和全站仪等实测
	5	钢网架、网壳结构安装完成后,其节点及杆件表面	按节点及杆件数抽查5%,且不应少于3个节点	钢网架、网壳结构安装完成后,其节点及杆件表面应干净,不应有明显的疤痕、泥沙和污垢。螺栓球节点应将所有接缝用油腻子填嵌严密,并应将多余螺孔密封	观察检查

3. 钢管桁架结构（表 15-30）

钢管桁架结构检验项目、数量和方法　　　　　表 15-30

项目类别	序号	检验内容	检验数量	检验要求或指标	检验方法
主控项目	1	钢管桁架结构相贯节点焊缝的坡口角度、间隙、钝边尺寸及焊脚尺寸	按同类接头数抽查10%	钢管桁架结构相贯节点焊缝的坡口角度、间隙、钝边尺寸及焊脚尺寸应满足设计要求，当设计无要求时，应符合现行国家标准《钢结构焊接规范》GB 50661 的规定	用钢尺、塞尺、焊缝量规测量
	2	相贯节点方矩管端部表面	逐个打磨观察	相贯节点方矩管端部表面不得有裂纹缺陷	打磨观察或用放大镜或磁粉探伤检查
	3	钢管对接焊缝的质量等级	按同类接头检查20%，且不应少于5个	钢管对接焊缝的质量等级应满足设计要求。当设计无要求时，应符合现行国家标准《钢结构焊接规范》GB 50661 的规定	超声波探伤抽查
一般项目	1	钢管对接焊缝或沿截面围焊焊缝	全数	钢管对接焊缝或沿截面围焊焊缝构造应满足设计要求。当设计无要求时，对于壁厚小于或等于6mm的钢管，宜用I形坡口全周长加垫板单面全焊透焊缝；对于壁厚大于6mm的钢管，宜用V形坡口全周长加垫板单面全焊透焊缝	查验施工图、施工详图和施工记录

4. 索杆制作（表 15-31）

索杆制作检验项目、数量和方法　　　　　表 15-31

项目类别	序号	检验内容	检验数量	检验要求或指标	检验方法
主控项目	1	索杆的拉索、拉杆、索头长度、销轴直径、锚头开口深度等的尺寸和偏差	按照索杆数抽查10%，且不应少于3个	索杆的拉索、拉杆、索头长度、销轴直径、锚头开口深度等的尺寸和偏差应符合现行产品标准的规定并满足设计要求	用游标卡尺、钢尺现场实测和观察
	2	进场前应采用超声波探伤	全数	采用铸钢件制作的锚具，进场前应采用超声波探伤进行内部缺陷的检验，其内部缺陷分级及探伤方法应符合现行国家标准《铸钢件 超声检测 第1部分：一般用途铸钢件》GB/T 7233.1 和《铸钢件 超声检测 第2部分：高承压铸钢件》GB/T 7233.2 的规定，检测结果应满足设计要求。进场后应检查产品合格证和铸钢件的探伤报告	检查超声波探伤记录
	3	进场前成品拉索应进行张拉检验	全数	进场前成品拉索应进行张拉检验，张拉载荷应为拉索标称破断力的55%和设计拉力值两者的较大值，且张拉持续时间不应少于1h。检验后，拉索应完好无损。进场后应检查产品合格证、拉索的出场张拉记录	检查张拉检验记录

项目类别	序号	检验内容	检验数量	检验要求或指标	检验方法
一般项目	1	锚具表面	全数	锚具表面不应有裂纹、未熔合、气孔、缩孔、夹砂及明显凹坑等外部缺陷。锚具表面的防腐处理和保护措施应符合现行产品标准的规定并满足设计要求	观察检查
	2	拉索、拉杆尺寸偏差	全数	拉索、拉杆应按其预拉力设计值控制进行无应力状态下料,拉索、拉杆直径、长度应满足设计要求,尺寸偏差应符合《钢结构工程施工质量验收标准》GB 50205 的规定	用游标卡尺、钢尺现场实测
	3	拉索、拉杆表面保护层	全数	拉索、拉杆表面保护层应光滑平整、无破损,保护层应紧密包覆,锚具与有保护层的拉索、拉杆防水密封处不应有损伤	观察检查

5. 膜单元制作（表 15-32）

膜单元制作检验项目、数量和方法 表 15-32

项目类别	序号	检验内容	检验数量	检验要求或指标	检验方法
主控项目	1	膜材料、膜片放样尺寸	全数	膜材料、膜片放样尺寸,膜片裁剪尺寸应满足设计要求,膜片放样尺寸的允许偏差应为±1mm,膜片裁剪尺寸的允许偏差应为±2mm	用钢尺、经纬仪、水平仪或全站仪检验
一般项目	1	热合成型后的膜单元外形尺寸	全数	PTFE 膜材±10mm PVC 膜材±15mm ETFE 膜材±5mm	用钢尺、经纬仪、水平仪或全站仪检验
	2	外观检查	全数	膜单元应平整,无破损,膜表面无脏渍、尘土及划伤等。热合缝及周边加强部分外观应平整,不得有杂质、气泡、皱褶等缺陷	观察检查
	3	膜片搭接方向、热合缝宽度	全数	膜片搭接方向、热合缝宽度应满足设计要求,热合缝宽度允许偏差应为±2mm	用直尺和卡尺检查

6. 索杆安装-1（表 15-33）

索杆安装检验项目、数量和方法 表 15-33

项目类别	序号	检验内容	检验数量	检验要求或指标	检验方法
主控项目	1	张拉力值或位移变形值允许偏差	全数	索杆预应力施加方案,包括预应力施加顺序、分阶段张拉次数、各阶段张拉力和位移值等应满足设计要求;对承重索杆应进行内力和位移双控制,各阶段张拉力值或位移变形值允许偏差为±10%	检查施工方案,现场用钢尺、经纬仪、全站仪、测力仪或压力油表检验
	2	锚固螺纹旋合丝扣、螺母外侧露出丝扣	全数	内力和位移测量调整后,索杆端锚具连接固定及保护措施应满足设计要求;索杆锚固长度、锚固螺纹旋合丝扣、螺母外侧露出丝扣等应满足设计要求。当设计无要求时,应符合《钢结构工程施工质量验收标准》GB 50205 的规定	现场观察,用钢尺、卡尺检验

续表

项目类别	序号	检验内容	检验数量	检验要求或指标	检验方法
一般项目	1	拉索、拉杆（含保护层）、锚具、销轴及其他连接件损伤	全数	预应力施加完毕，拉索、拉杆（含保护层）、锚具、销轴及其他连接件应无损伤	观察检查

7. 膜结构安装（表15-34）

膜结构安装检验项目、数量和方法　　　　　　表15-34

项目类别	序号	检验内容	检验数量	检验要求或指标	检验方法
主控项目	1	耳板、T形件、天沟等的螺孔、销孔空间位置允许偏差	按同类连接件数抽查10%，且不应少于3处	连接固定膜单元的耳板、T形件、天沟等的螺孔、销孔空间位置允许偏差应为10mm，相邻两个孔间距允许偏差应为±5mm	用钢尺、水准仪、经纬仪或全站仪等检验
	2	位移和外形尺寸允许偏差	全数	膜结构预张力施加应以施力点位移和外形尺寸达到设计要求为控制标准，位移和外形尺寸允许偏差应为±10%	用钢尺检验
一般项目	1	膜面	全数	膜结构安装完毕后，其外形和建筑观感应满足设计要求；膜面应平整美观，无存水、漏水、渗水现象	观察检查

15.9　压型金属板工程质量检验

压型金属板的制作和安装工程可按变形缝、楼层、施工段或屋面、墙面、楼面或与其相配套的钢结构安装分项工程检验批的划分原则划分为一个或若干个检验批。

压型金属板安装应在钢结构安装工程检验批质量验收合格后进行。

1. 压型金属板制作（表15-35）

压型金属板制作检验项目、数量和方法　　　　　　表15-35

项目类别	序号	检验内容	检验数量	检验要求或指标	检验方法
主控项目	1	成型后检验	按计件数抽查5%，且不应少于10件	压型金属板成型后，其基板不应有裂纹	观察并用10倍放大镜检查
	2	涂层、镀层检验	按计件数抽查5%，且不应少于10件	有涂层、镀层压型金属板成型后，涂层、镀层不应有目视可见的裂纹、起皮、剥落和擦痕等缺陷	观察检查
一般项目	1	压型金属板尺寸的允许偏差	按计件数抽查5%，且不应少于10件	压型金属板尺寸的允许偏差应符合《钢结构工程施工质量验收标准》GB 50205 的规定	用拉线、钢尺和角尺检查
	2	泛水板、包角板、屋脊盖板几何尺寸的允许偏差	按计件数抽查5%，且不应少于10件	泛水板、包角板、屋脊盖板几何尺寸的允许偏差应符合《钢结构工程施工质量验收标准》GB 50205 的规定	尺量检查

续表

项目类别	序号	检验内容	检验数量	检验要求或指标	检验方法
一般项目	3	压型金属板成型后表面	按计件数抽查5%，且不应少于10件	压型金属板成型后，板面应平直，无明显翘曲；表面应清洁，无油污、无明显划痕、磕伤等。切口应平直，切面整齐，板边无明显翘角、凹凸与波浪形，且不应有皱褶	观察检查

2. 压型金属板安装（表15-36）

压型金属板安装检验项目、数量和方法　　　　表15-36

项目类别	序号	检验内容	检验数量	检验要求或指标	检验方法
主控项目	1	压型金属板等固定连接和防腐	全数	压型金属板、泛水板、包角板和屋脊盖板等应固定可靠、牢固，防腐涂料涂刷和密封材料敷设应完好，连接件数量、规格、间距应满足设计要求并符合国家现行标准的规定	观察和尺量检查
	2	扣合型和咬合型压型金属板的牢固	每50m应抽查1处，每处1～2m，且不得少于3处	扣合型和咬合型压型金属板板肋的扣合或咬合应牢固，板肋处无开裂、脱落现象	观察和尺量检查
	3	连接压型金属板等采用的自攻螺钉、铆钉、射钉的规格尺寸及间距、边距	按连接节点数抽查10%，且不应少于3处	连接压型金属板、泛水板、包角板和屋脊盖板采用的自攻螺钉、铆钉、射钉的规格尺寸及间距、边距等应满足设计要求并符合国家现行标准的规定	观察和尺量检查
	4	压型金属板搭接长度	搭接部位总长度抽查10%，且不应少于10m	屋面及墙面压型金属板的长度方向连接采用搭接连接时，搭接端应设置在支承构件（如檩条、墙梁等）上，并应与支承构件有可靠连接。当采用螺钉或铆钉固定搭接时，搭接部位应设置防水密封胶带。压型金属板长度方向的搭接长度应满足设计要求，且当采用焊接搭接时，压型金属板搭接长度不宜小于50mm；当采用直接搭接时，压型金属板搭接长度不宜小于《钢结构工程施工质量验收标准》GB 50205规定的数值	观察和用钢尺检查
	5	组合楼板支承长度	沿连接纵向长度抽查10%，且不应少于10m	组合楼板中压型钢板与支承结构的锚固支承长度应满足设计要求，且在钢梁上的支承长度不应小于50mm，在混凝土梁上的支承长度不应小于75mm，端部锚固件连接应可靠，设置位置应满足设计要求	尺量检查
	6	组合楼板搭接长度	沿连接侧向长度抽查10%，且不应少于10m	组合楼板中压型钢板侧向在钢梁上的搭接长度不应小于25mm，在设有预埋件的混凝土梁或砌体墙上的搭接长度不应小于50mm；压型钢板铺设末端距钢梁上翼缘或预埋件边不大于200mm时，可用收边板收头	尺量检查

续表

项目类别	序号	检验内容	检验数量	检验要求或指标	检验方法
主控项目	7	压型金属板屋面	全数	压型金属板屋面应防水可靠,不得出现渗漏	观察检查和雨后或淋水检验
一般项目	1	压型金属板安装的外观质量	按面积抽查10%,且不应少于10m²	压型金属板安装应平整、顺直,板面不应有施工残留物和污物。檐口或墙面下端应呈直线,不应有未经处理的孔洞	观察检查
	2	压型金属板、泛水板、包角板和屋脊盖板安装的允许偏差	每20m长度应抽查1处,且不应少于3处	压型金属板、泛水板、包角板和屋脊盖板安装的允许偏差应符合《钢结构工程施工质量验收标准》GB 50205的规定	用拉线、吊线和钢尺检查

3. 固定支架安装（表15-37）

固定支架安装检验项目、数量和方法　　　　　表15-37

项目类别	序号	检验内容	检验数量	检验要求或指标	检验方法
主控项目	1	固定支架数量、间距	按固定支架数抽查5%,且不得少于20处	固定支架数量、间距应满足设计要求,紧固件固定应牢固、可靠,与支承结构应密贴	观察或用小锤敲击检查
	2	固定支架安装允许偏差	固定支架数抽查5%,且不得少于20处	固定支架安装允许偏差应符合《钢结构工程施工质量验收标准》GB 50205的规定	观察检查及拉线、尺量
	3	固定支架安装后表面检查	按固定支架数抽查5%,且不得少于20处	固定支架安装后应无松动、破损、变形,表面无杂物	观察检查

4. 连接构造及节点（表15-38）

连接构造及节点检验项目、数量和方法　　　　　表15-38

项目类别	序号	检验内容	检验数量	检验要求或指标	检验方法
主控项目	1	变形缝、屋脊等部位的连接构造	全数	变形缝、屋脊、檐口、山墙、穿透构件、天窗周边、门窗洞口、转角等部位的连接构造应满足设计要求并符合国家现行标准规定	观察和尺量检查
	2	搭接、连接节点部位的密封和防水	全数	压型金属板搭接部位、各连接节点部位应密封完整、连续,防水满足设计要求	观察检查和雨后或淋水检验
一般项目	1	变形缝、屋脊等表面检查	全数	变形缝、屋脊、檐口、山墙、穿透构件、天窗周边、门窗洞口、转角等连接部位表面应清洁干净,不应有施工残留物和污物	观察检查

15.10　钢结构涂装工程质量检验

钢结构涂装工程可按钢结构制作或钢结构安装分项工程检验批的划分原则划分成一个

或若干个检验批。

钢结构普通防腐涂料涂装工程应在钢结构构件组装、预拼装或钢结构安装工程检验批的施工质量验收合格后进行。钢结构防火涂料涂装工程应在钢结构安装分项工程检验批和钢结构防腐涂装检验批的施工质量验收合格后进行。

采用涂料防腐时,表面除锈处理后宜在 4h 内进行涂装,采用金属热喷涂防腐时,钢结构表面处理与热喷涂施工的间隔时间,晴天或湿度不大的气候条件下不应超过 12h,雨天、潮湿、有盐雾的气候条件下不应超过 2h。

采用防火防腐一体化体系(含防火防腐双功能涂料)时,防腐涂装和防火涂装可以合并验收。

1. 防腐涂料涂装(表 15-39)

防腐涂料涂装检验项目、数量和方法　　　　　　　表 15-39

项目类别	序号	检验内容	检验数量	检验要求或指标	检验方法
主控项目	1	涂装前钢材表面除锈	按构件数抽查10%,且同类构件不应少于 3 件	涂装前钢材表面除锈等级应满足设计要求并符合国家现行标准的规定。处理后的钢材表面不应有焊渣、焊疤、灰尘、油污、水和毛刺等。当设计无要求时,钢材表面除锈等级应符合《钢结构工程施工质量验收标准》GB 50205 的规定	用铲刀检查和用现行国家标准《涂覆涂料前钢材表面处理 表面清洁度的目视评定 第 1 部分:未涂覆过的钢材表面和全面清除原有涂层后的钢材表面的锈蚀等级和处理等级》GB/T 8923.1 规定的图片对照观察检查
	2	金属热喷涂涂层厚度	平整的表面每 10m² 表面上的测量基准面数量不得少于 3 个,不规则的表面可适当增加基准面数量	金属热喷涂涂层厚度应满足设计要求	按现行国家标准《热喷涂涂层厚度的无损测量方法》GB/T 11374 的有关规定执行
	3	金属热喷涂涂层结合强度	每 500m² 检测数量不得少于 1 次,且总检测数量不得少于 3 次	金属热喷涂涂层结合强度应符合现行国家标准《热喷涂 金属和其他无机覆盖层 锌、铝及其合金》GB/T 9793 的有关规定	按现行国家标准《热喷涂 金属和其他无机覆盖层 锌、铝及其合金》GB/T 9793 的有关规定执行
	4	涂层附着力测试	按构件数抽查 1%,且不应少于 3 件,每件测 3 处	当钢结构处于有腐蚀介质环境、外露或设计有要求时,应进行涂层附着力测试。在检测范围内,当涂层完整程度达到 70% 以上时,涂层附着力可认定为质量合格	按现行国家标准《漆膜附着力测定法》GB/T 1720 或《色漆和清漆 漆膜的划格试验》GB/T 9286 执行
一般项目	1	涂层表面	全数	涂层应均匀,无明显皱皮、流坠、针眼和气泡等	观察检查
	2	金属热喷涂涂层的外观	全数	金属热喷涂涂层的外观应均匀一致,涂层不得有气孔、裸露母材的斑点、附着不牢的金属熔融颗粒、裂纹或影响使用寿命的其他缺陷	观察检查
	3	涂装完成后的标志	全数	涂装完成后,构件的标志、标记和编号应清晰完整	观察检查

2. 防火涂料涂装（表 15-40）

防火涂料涂装检验项目、数量和方法　　　　　　　　　表 15-40

项目类别	序号	检验内容	检验数量	检验要求或指标	检验方法
主控项目	1	防火涂料涂装前表面	全数	防火涂料涂装前,钢材表面防腐涂装质量应满足设计要求并符合本标准的规定	检查防腐涂装验收记录
	2	防火涂料粘结强度、抗压强度	每使用 100t 或不足 100t 薄涂型防火涂料应抽检一次粘结强度;每使用 500t 或不足 500t 厚涂型防火涂料应抽检一次粘结强度和抗压强度	防火涂料粘结强度、抗压强度应符合现行国家标准《钢结构防火涂料》GB 14907 的规定	检查复检报告
	3	超薄型防火涂料涂层表面裂纹	按同类构件数抽查 10%,且均不应少于 3 件	超薄型防火涂料涂层表面不应出现裂纹;薄涂型防火涂料涂层表面裂纹宽度不应大于 0.5mm;厚涂型防火涂料涂层表面裂纹宽度不应大于 1.0mm	观察和用尺量检查
一般项目	1	防火涂料涂装基层	全数	防火涂料涂装基层不应有油污、灰尘和泥砂等污垢	观察检查
	2	防火涂料外观质量	全数	防火涂料不应有误涂、漏涂,涂层应闭合,无脱层、空鼓、明显凹陷、粉化松散和浮浆、乳突等缺陷	观察检查

15.11 《钢结构通用规范》GB 55006—2021 相关规定

1. 制作与安装

（1）构件工厂加工制作应采用机械化与自动化等工业化方式，并应采用信息化管理。

（2）高强度大六角头螺栓连接副和扭剪型高强度螺栓连接副出厂时应分别随箱带有扭矩系数和紧固轴力（预拉力）的检验报告，并应附有出厂质量保证书。高强度螺栓连接副应按批配套进场并在同批内配套使用。

（3）高强度螺栓连接处的钢板表面处理方法与除锈等级应符合设计文件要求。摩擦型高强度螺栓连接摩擦面处理后应分别进行抗滑移系数试验和复验，其结果应达到设计文件中关于抗滑移系数的指标要求。

（4）钢结构安装方法和顺序应根据结构特点、施工现场情况等确定，安装时应形成稳固的空间刚度单元。测量、校正时应考虑温度、日照和焊接变形等对结构变形的影响。

（5）钢结构吊装作业必须在起重设备的额定起重量范围内进行。用于吊装的钢丝绳、吊装带、卸扣、吊钩等吊具应经检验合格，并应在其额定许用荷载范围内使用。

（6）对于大型复杂钢结构，应进行施工成形过程计算，并应进行施工过程监测；索膜结构或预应力钢结构施工张拉时应遵循分级、对称、匀速、同步的原则。

（7）钢结构施工方案应包含专门的防护施工内容或编制防护施工专项方案，应明确现场防护施工的操作方法和环境保护措施。

2. 焊接

（1）钢结构焊接材料应具有焊接材料厂出具的产品质量证明书或检验报告。

（2）首次采用的钢材、焊接材料、焊接方法、接头形式、焊接位置、焊后热处理制度以及焊接工艺参数、预热和后热措施等各种参数的组合条件，应在钢结构构件制作及安装施工之前按照规定程序进行焊接工艺评定，并制定焊接操作规程，焊接施工过程应遵守焊接操作规程规定。

（3）全部焊缝应进行外观检查。要求全焊透的一级、二级焊缝应进行内部缺陷无损检测，一级焊缝探伤比例应为 100%，二级焊缝探伤比例应不低于 20%。

（4）焊接质量抽样检验结果判定应符合以下规定：

1）除裂纹缺陷外，抽样检验的焊缝数不合格率小于 2% 时，该批验收合格；抽样检验的焊缝数不合格率大于 5% 时，该批验收不合格；抽样检验的焊缝数不合格率为 2%～5% 时，应按不少于 2% 探伤比例对其他未检焊缝进行抽检，且必须在原不合格部位两侧的焊缝延长线各增加一处，在所有抽检焊缝中不合格率不大于 3% 时，该批验收合格，大于 3% 时，该批验收不合格。

2）当检验有 1 处裂纹缺陷时，应加倍抽查，在加倍抽检焊缝中未再检查出裂纹缺陷时，该批验收合格；检验发现多处裂纹缺陷或加倍抽查又发现裂纹缺陷时，该批验收不合格，应对该批余下焊缝的全数进行检验。

3）批量验收不合格时，应对该批余下的全部焊缝进行检验。

3. 验收

（1）钢结构防腐涂料、涂装遍数、涂层厚度均应符合设计和涂料产品说明书要求。当设计对涂层厚度无要求时，涂层干漆膜总厚度：室外应为 150μm，室内应为 125μm，其允许偏差为 −25μm。检查数量与检验方法应符合下列规定：

1）按构件数抽查 10%，且同类构件不应少于 3 件；

2）每个构件检测 5 处，每处数值为 3 个相距 50mm 测点涂层干漆膜厚度的平均值。

（2）膨胀型防火涂料的涂层厚度应符合耐火极限的设计要求。非膨胀型防火涂料的涂层厚度，80% 及以上面积应符合耐火极限的设计要求，且最薄处厚度不应低于设计要求的 85%。检查数量按同类构件数抽查 10%，且均不应少于 3 件。

第16章
木结构工程施工质量检验

16.1 方木和原木结构施工质量检验

（1）本节适用于由方木、原木及板材制作和安装的木结构工程施工质量验收。

（2）材料、构配件的质量控制应以一幢方木、原木结构房屋为一个检验批；构件制作安装质量控制应以整幢房屋的一楼层或变形缝间的一楼层为一个检验批。

1. 主控项目

（1）方木、原木结构的形式、结构布置和构件尺寸

1）检验要求或指标：应符合设计文件的规定。

2）检验数量：检验批全数。

3）检验方法：实物与施工设计图对照、丈量。

（2）结构用木材

1）检验要求或指标：应符合设计文件的规定，并应具有产品质量合格证书。

2）检验数量：检验批全数。

3）检验方法：实物与设计文件对照，检查质量合格证书、标识。

（3）进场木材弦向静曲强度见证检验

1）检验要求或指标：进场木材均应作弦向静曲强度见证检验，其强度最低值应符合表 16-1 的要求。

木材静曲强度检验标准 表 16-1

木材种类	针叶材				阔叶材				
强度等级	TC11	TC13	TC15	TC17	TB11	TB13	TB15	TB17	TB20
最低强度 (N/mm²)	44	51	58	72	58	68	78	88	98

2）检验数量：每一检验批每一树种的木材随机抽取 3 株（根）。

3）检验方法：适用于已列入现行国家标准《木结构设计标准》GB 50005—2017 树种的原木、方木和板材的木材强度等级检验。当检验某一树种的木材强度等级时，应根据其弦向静曲强度的检测结果进行判定。

① 试材应在每检验批每一树种木材中随机抽取 3 株（根）木料，应在每株（根）试材的髓心外切取 3 个无疵弦向静曲强度试件为一组，试件尺寸和含水率应符合现行国家标准《无疵小试样木材物理力学性质试验方法 第 9 部分：抗弯强度测定》GB/T 1927.9—

2021 的有关规定。

② 弦向静曲强度试验和强度实测计算方法，应按现行国家标准《无疵小试样木材物理力学性质试验方法 第 9 部分：抗弯强度测定》GB/T1927.9—2021 有关规定进行，并应将试验结果换算至木材含水率为 12% 时的数值。

③ 各组试件静曲强度试验结果的平均值中的最低值不低于表 16-1 的规定值时，应为合格。

（4）方木、原木及板材的目测材质等级

1）检验要求或指标：方木、原木及板材的目测材质等级不应低于表 16-2 的规定，不得采用普通商品材的等级标准替代。

方木、原木结构构件木材的材质等级　　　　表 16-2

项次	构件名称	材质等级
1	受拉或拉弯构件	I_a
2	受弯或压弯构件	II_a
3	受压构件及次要受弯构件（如吊顶小龙骨）	III_a

2）检验数量：检验批全数。

3）检验方法：①方木的材质标准应符合表 16-3 的规定。

方木材质标准　　　　表 16-3

项次	缺陷名称		木材等级		
			I_a	II_a	III_a
1	腐朽		不允许	不允许	不允许
2	木节	在构件任一面任何 150mm 长度上所有木节尺寸的总和，与所在面宽的比值	≤1/3（连接部位为≤1/4）	≤2/5	≤1/2
		死节	不允许	允许,但不包括腐朽节,直径不应大于 20mm,且每延米中不得多于 1 个	允许,但不包括腐朽节,直径不应大于 50mm,且每延米中不得多于 2 个
3	斜纹		≤5%	≤8%	≤12%
4	裂缝	在连接的受剪面上	不允许	不允许	不允许
		在连接部位的受剪面附近,其裂缝深度(有对面裂缝时用两者之和)不得大于材宽	≤1/4	≤1/3	≤不限
5	髓心		不在受剪面上	不限	不限
6	虫眼		不允许	允许表层虫眼	允许表层虫眼

注：木节尺寸应按垂直于构件长度方向测量。并应取沿构件长度方向 150mm 范围内所有木节尺寸的总和。直径小于 10mm 的木节应不计，所测面上呈条状的木节应不量。

② 原木的材质标准应符合表 16-4 的规定。

原木材质标准　　　　　　　　　　　　　表 16-4

项次	缺陷名称		木材等级		
			I_a	II_a	III_a
1	腐朽		不允许	不允许	不允许
2	木节	在构件任一面任何150mm长度上沿周长所有木节尺寸的总和,与所测部位原木周长的比值	≤1/4	≤1/3	≤2/5
		每个木节的最大尺寸与所测部位原木周长的比值	≤1/10(普通部位) ≤1/12(连接部位)	≤1/6	≤1/6
		死节	不允许	不允许	允许,但直径不大于原本直径的 1/5,每 2m 长度内不大于 1 个
3	扭纹	斜率	≤8%	≤12%	≤15%
4	裂缝	在连接的受剪面上	不允许	不允许	不允许
		在连接部位的受剪面附近,其裂缝深度(有对面裂缝时,两者之和)与原木直径的比值	≤1/4	≤1/3	不限
5	髓心	位置	不在受剪面上	不限	不限
6	虫眼		不允许	允许表层虫眼	允许表层虫眼

注: 木节尺寸按垂直于构件长度方向测量。直径小于 10mm 的木节不计。

③ 板材的材质标准应符合表 16-5 的规定。

板材材质标准　　　　　　　　　　　　　表 16-5

项次	缺陷名称		木材等级		
			I_a	II_a	III_a
1	腐朽		不允许	不允许	不允许
2	木节	在构件任一面任何150mm长度上所有木节尺寸的总和,与所在面宽的比值	≤1/4(连接部位≤1/5)	≤1/3	≤2/5
		死节	不允许	允许,但不包括腐朽节,直径不应大于20mm,且每延米中不得多于 1 个	允许,但不包括腐朽节,直径不应大于50mm,且每延米中不得多于 2 个
3	斜纹	斜率	≤5%	≤8%	≤12%
4	裂缝	连接部位的受剪面及其附近	不允许	不允许	不允许
5	髓心		不允许	不允许	不允许

（5）木材含水率

1）检验要求或指标：① 原木或方木不应大于 25%。

② 板材及规格材不应大于 20%。

③ 受拉构件的连接板不应大于 18%。

④ 处于通风条件不畅环境下的木构件木材，不应大于 20%。

2）检验数量：每一检验批每一树种每一规格木材随机抽取 5 根。

3）检验方法：适用于木材进场后构件加工前的木材和已制作完成的木构件的含水率测定。原木、方木（含板材）和层板宜采用烘干法（重量法）测定，规格材以及层板胶合木等木构件亦可采用电测法测定。

① 取样及测定方法

烘干法测定含水率时，应从每检验批同一树种同一规格材的树种中随机抽取 5 根木料作试材，每根试材应在距端头 200mm 处沿截面均匀地截取 5 个尺寸为 20mm×20mm×20mm 的试样，应按现行国家标准《无疵小试样木材物理力学性质试验方法 第 4 部分：含水率测定》GB/T 1927.4—2021 的有关规定测定每个试件中的含水率。

电测法测定含水率时，应从检验批的同一树种，同一规格的规格材，层板胶合木构件或其他木构件随机抽取 5 根为试材，应从每根试材距两端 200mm 起，沿长度均匀分布地取三个截面，对于规格材或其他木构件，每一个截面的四面中部应各测定含水率，对于层板胶合木构件，则应在两侧测定每层层板的含水率。

电测仪器应由当地计量行政部门标定认证。测定时应严格按仪表使用要求操作，并应正确选择木材的密度和温度等参数，测定深度不应小于 20mm，且应有将其测量值调整至截面平均含水率的可靠方法。

② 判定规则

烘干法应以每根试材的 5 个试样平均值为该试材含水率，应以 5 根试材中的含水率最大值为该批木料的含水率，并不应大于《木结构工程施工质量验收规范》GB 50206—2012 有关木材含水率的规定。

规格材应以每根试材的 12 个测点的平均值为每根试材的含水率，5 根试材的最大值应为检验批该树种该规格的含水率代表值。

层板胶合木构件的三个截面上各层层板含水率的平均值应为该构件含水率，同一层板的 6 个含水率平均值应为该层层板的含水率代表值。

(6) 承重钢构件和连接所用钢材

1）检验要求或指标：承重钢构件和连接所用钢材应有产品质量合格证书和化学成分的合格证书。进场钢材应见证检验其抗拉屈服强度、极限强度和延伸率，其值应满足设计文件规定的相应等级钢材的材质标准指标，且不应低于现行国家标准《碳素结构钢》GB 700 有关 Q235 及以上等级钢材的规定。−30℃以下使用的钢材不宜低于 Q235D 或相应屈服强度钢材 D 等级的冲击韧性规定，钢木屋架下弦所用圆钢，除应作抗拉屈服强度、极限强度和延伸率性能检验外，尚应作冷弯检验，并应满足设计文件规定的圆钢材质标准。

2）检验数量：每检验批每一钢种随机抽取两件。

3）检验方法：取样方法、试样制备及拉伸试验方法应分别符合现行国家标准《钢及钢产品力学性能试验取样位置及试样制备》GB/T 2975—2018 和《金属材料拉伸试验 第 1 部分：室温试验方法》GB/T 228.1—2021 的有关规定。

(7) 焊条

1）检验要求或指标：焊条应符合现行国家标准《非合金钢及细晶粒钢焊条》GB/T 5117—2012 和《热强钢焊条》GB/T 5118—2012 的有关规定，型号应与所用钢材匹配，并应有产品质量合格证书。

2）检验数量：检验批全数。

3）检验方法：实物与产品质量合格证书对照检查。

（8）螺栓、螺帽

1）检验要求或指标：螺栓、螺帽应有产品质量合格证书，其性能应符合现行国家标准《六角头螺栓》GB/T 5782—2016 和《六角头螺栓　C 级》GB/T 5780—2016 的有关规定。

2）检验数量：检验批全数。

3）检验方法：实物与产品质量合格证书对照检查。

（9）圆钉

1）检验要求或指标：圆钉应有产品质量合格证书，其性能应符合现行行业标准《一般用途圆钢钉》YB/T 5002—2017 的有关规定。设计文件规定钉子的抗弯屈服强度时，应作钉子抗弯强度见证检验。

2）检验数量：每检验批每一规格圆钉随机抽取 10 枚。

3）检验方法：检查产品合格证书、检测报告。

强度见证检验方法应符合以下规定：

适用于测定木结构连接中钉在静荷载作用下的弯曲屈服强度。钉在跨度中央受集中荷载弯曲，根据荷载-挠度曲线确定其弯曲屈服强度。

① 仪器设备

一台压头按等速运行经过标定的试验机，准确度应达到±1%。

钢制的圆柱形滚轴支座，直径应为 9.5mm，当试件变形时滚轴应能转动。钢制的圆柱面压头，直径应为 9.5mm。

挠度测量仪表的最小分度值应不大于 0.025mm。

② 试件的准备

对于杆身光滑的钉除采用成品钉外，也可采用已经冷拔用以制钉的钢丝作试件；木螺钉、麻花钉等杆身变截面的钉应采用成品钉作试件。

钉的直径应在每个钉的长度中点测量。准确度应达到 0.025mm。对于钉杆部分变截面的钉，应以无螺纹部分的钉杆直径为准。

试件长度不应小于 40mm。

③ 试验步骤

钉的试验跨度应符合表 16-6 的规定。

钉的试验跨度　　　　　　　　　　　　　　　　　　　　　表 16-6

钉的直径(mm)	$d \leqslant 4.0$	$4.0 < d \leqslant 6.5$	$d > 6.5$
试验跨度(mm)	40	65	95

试件应放置在支座上，试件两端应与支座等距。施加荷载时应使圆柱面压头的中心点与每个圆柱形支座的中心点等距。杆身变截面的钉试验时，应将钉杆光滑部分与变截面部分之间的过渡区段靠近两个支座间的中心点。加荷速度应不大于 6.5mm/min。挠度应从

开始加荷逐级记录，直至达到最大荷载，并应绘制荷载-挠度曲线。

④ 试验结果

对照荷载-挠度曲线的直线段，沿横坐标向右平移5%钉的直径，绘制与其平行的直线，应取该直线与荷载-挠度曲线交点的荷载值作为钉的屈服荷载。如果该直线未与荷载-挠度曲线相交，则应取最大荷载作为钉的屈服荷载。

钉的抗弯屈服强度 f_y 应按式（16-1）计算：

$$f_y = \frac{3P_y S_{bp}}{2d^3} \tag{16-1}$$

式中：f_y——钉的抗弯屈服强度；

d——钉的直径；

P_y——屈服荷载；

S_{bp}——钉的试验跨度。

钉的抗弯屈服强度应取全部试件屈服强度的平均值，并不应低于设计文件的规定。

（10）圆钢拉杆

1）检验要求或指标：① 圆钢拉杆应平直，接头应采用双面绑条焊。绑条直径不应小于拉杆直径的75%，在接头一侧的长度不应小于拉杆直径的4倍。焊脚高度和焊缝长度应符合设计文件的规定。

② 螺帽下垫板应符合设计文件的规定，螺帽下应设钢垫板，其规格除应符合设计文件的规定外，厚度不应小于螺杆直径的30%，方形垫板的边长不应小于螺杆直径的3.5倍，圆形垫板的直径不应小于螺杆直径的4倍，螺帽拧紧后螺栓外露长度不应小于螺杆直径的80%。螺纹段剩留在木构件内的长度不应大于螺杆直径的1.0倍。

③ 钢木屋架下弦圆钢拉杆、桁架主要受拉腹杆、蹬式节点拉杆及螺栓直径大于20mm时，均应采用双螺帽自锁。受拉螺杆伸出螺帽的长度，不应小于螺杆直径的80%。

2）检验数量：检验批全数。

3）检验方法：丈量、检查交接检验报告。

（11）承重钢构件的节点焊缝

1）检验要求或指标：

承重钢构件中，节点焊缝焊脚高度不得小于设计文件的规定，除设计文件另有规定外，焊缝质量不得低于三级，−30℃以下工作的受拉构件焊缝质量不得低于二级。

2）检验数量：检验批全部受力焊缝。

3）检验方法：按现行行业标准《钢结构焊接规范》GB 50661—2011的有关规定检查，并检查交接检验报告。

（12）钉连接、螺栓连接节点的连接件（钉、螺栓）

1）检验要求或指标：钉连接、螺栓连接节点的连接件（钉、螺栓）的规格、数量，应符合设计文件的规定。

2）检验数量：检验批全数。

3）检验方法：目测、丈量。

（13）木桁架支座节点的齿连接

1）检验要求或指标：木桁架支座节点的齿连接，端部木材不应有腐朽、开裂和斜纹等缺陷，剪切面不应位于木材髓心侧；螺栓连接的受拉接头，连接区段木材及连接板均应采用 I_a 等材，并应符合方木、原木及板材材质标准的有关规定；其他螺栓连接接头也应避开木材腐朽、裂缝、斜纹和松节等缺陷部位。

2）检验数量：检验批全数。

3）检验方法：目测。

（14）抗震措施

1）检验要求或指标：在抗震设防区的抗震措施应符合设计文件的规定。当抗震设防烈度为 8 度及以上时，应符合下列要求：① 屋架支座处应有直径不小于 20mm 的螺栓锚固在墙或混凝土圈梁上。当支承在木柱上时，柱与屋架间应有木夹板式的斜撑，斜撑上段应伸至屋架上弦节点处，并应用螺栓连接。柱与屋架下弦应有暗榫，并应用 U 形铁连接。桁架木腹杆与上弦杆连接处的扒钉应改用螺栓压紧压面，与下弦连接处则应采用双面扒钉。

② 屋面两侧应对称斜向放檩条，檐口瓦应与挂瓦条扎牢。

③ 檩条与屋架上弦应用螺栓连接，双脊檩应互相拉结。

④ 柱与基础间应有预埋的角钢连接，并应用螺栓固定。

⑤ 木屋盖房屋，节点处檩条应固定在山墙及内横墙的卧梁埋件上，支承长度不应小于 120mm，并应有螺栓可靠锚固。

2）检验数量：检验批全数。

3）检验方法：目测、丈量。

2. 一般项目

（1）原木、方木构件制作的允许偏差

1）检验要求或指标：各种原木、方木构件制作的允许偏差不应超出表 16-7 的规定。

2）检验数量：检验批全数。

3）检验方法：见表 16-7。

方木、原木结构和胶合木结构桁架、梁和柱制作允许偏差 表 16-7

项次	项目		允许偏差(mm)	检验方法
1	构件截面尺寸	方木和胶合木构件截面的高度、宽度	−3	钢尺量
		板材厚度、宽度	−2	
		原木构件梢径	−5	
2	构件长度	长度不大于 15m	±10	钢尺量桁架支座节点中心间距，梁、柱全长
		长度大于 15m	±15	
3	桁架高度	跨度不大于 15m	±10	钢尺量脊节点中心与下弦中心距离
		跨度大于 15m	±15	
4	受压或压弯构件纵向弯曲	方木、胶合木构件	$L/500$	拉线钢尺量
		原木构件	$L/200$	
5	弦杆节点间距		±5	钢尺量
6	齿连接刻槽深度		±2	钢尺量
7	支座节点受检面	长度	−10	钢尺量
		宽度 方木、胶合木	−3	钢尺量
		原木	−4	

项次	项目			允许偏差(mm)	检验方法
8	螺栓中心间距	进孔处		$\pm 0.2d$	钢尺量
		出孔处	垂直木纹方向	$\pm 0.5d$ 且不大于 $4B/100$	
			顺木纹方向	$\pm 1d$	
9	钉进孔处的中心间距			$\pm 1d$	—
10	桁架起拱			$+20$	以两支座节点下弦中心线为准,拉一水平线,用钢尺量
				-10	两跨中下弦中心线与拉线之间距离

注：d 为螺栓或钉的直径，L 为构件长度，B 为板的总厚度。

(2) 齿连接

1) 检验要求或指标：① 除应符合设计文件的规定外，承压面应与压杆的轴线垂直。单齿连接压杆轴线应通过承压面中心；双齿连接，第一齿顶点应位于上、下弦杆上边缘的交点处，第二齿顶点应位于上弦杆轴线与下弦杆上边缘的交点处，第二齿承压面应比第一齿承压面至少深 20mm。

② 承压面应平整，局部隙缝不应超过 1mm，非承压面应留外口约 5mm 的楔形缝隙。

③ 桁架支座处齿连接的保险螺栓应垂直于上弦杆轴线，木腹杆与上、下弦杆间应有扒钉扣紧。

④ 桁架端支座垫木的中心线，方木桁架应通过上、下弦杆净截面中心线的交点；原木桁架则应通过上、下弦杆毛截面中心线的交点。

2) 检验数量：检验批全数。

3) 检验方法：目测、丈量，检查交接检验报告。

(3) 螺栓连接（含受拉接头）

1) 检验要求或指标：螺栓连接（含受拉接头）的螺栓数目、排列方式、间距、边距和端距，除应符合设计文件的规定外，尚应符合下列要求：

① 螺栓孔径不应大于螺栓杆直径 1mm，也不应小于或等于螺栓杆直径。

② 螺帽下应设钢垫板，其规格除应符合设计文件的规定外，厚度不应小于螺杆直径的 30%，方形垫板的边长不应小于螺杆直径的 3.5 倍，圆形垫板的直径不应小于螺杆直径的 4 倍，螺帽拧紧后螺栓外露长度不应小于螺杆直径的 80%。螺纹段剩留在木构件内的长度不应大于螺杆直径的 1.0 倍。

③ 连接件与被连接件间的接触面应平整，拧紧螺母后局部可允许有缝隙，但缝宽不应超过 1mm。

2) 检验数量：检验批全数。

3) 检验方法：目测、丈量。

(4) 钉连接

1) 检验要求或指标：① 圆钉的排列位置应符合设计文件的规定。

② 被连接件间的接触面应平整，钉紧后局部缝隙宽度不应超过 1mm，钉帽应与被连

接件外表面齐平。

③钉孔周围不应有木材被胀裂等现象。

2）检验数量：检验批全数。

3）检验方法：目测、丈量。

（5）木构件受压接头的位置

1）检验要求或指标：木构件受压接头的位置应符合设计文件的规定，应采用承压面垂直于构件轴线的双盖板连接（平接头），两侧盖板厚度均不应小于对接构件宽度的50%，高度应与对接构件高度一致。承压面应锯平并彼此顶紧，局部缝隙不应超过1mm。螺栓直径、数量、排列应符合设计文件的规定。

2）检验数量：检验批全数。

3）检验方法：目测、丈量，检查交接检验报告。

（6）木桁架、梁及柱的安装允许偏差

1）检验要求或指标：木桁架、梁及柱的安装允许偏差不应超出表16-8的规定。

2）检验数量：检验批全数。

3）检验方法：见表16-8。

方木、原木结构和胶合木结构桁架、梁和柱安装的允许偏差 表 16-8

项次	项目	允许偏差	检验方法
1	结构中心线的间距	±20	钢尺量
2	垂直度	$H/200$，且不大于15	掉线钢尺量
3	受压或压弯构件纵向弯曲	$L/300$	吊（拉）线钢尺量
4	支座轴线对支承面中心位移	10	钢尺量
5	支座标高	±5	水准仪

注：H 为桁架或柱的高度，L 为构件长度。

（7）屋面木构架的安装允许偏差

1）检验要求或指标：方木、原木结构和胶合木结构屋面木构架的安装允许偏差不应超出表16-9的规定。

2）检验数量：检验批全数。

3）检验方法：目测、丈量。

方木、原木结构和胶合木结构屋面木构架的安装允许偏差 表 16-9

项次	项目		允许偏差	检验方法
1	檩条、椽条	方木、胶合木截面	−2	钢尺量
		原木梢径	−5	钢尺量，椭圆时取大小径的平均值
		间距	−10	钢尺量
		方木、胶合木上表面平直	4	沿坡拉线钢尺量
		原木上表面平直	7	
2	油毡搭接宽度		−10	钢尺量
3	挂瓦条间距		±5	
4	封山、封檐板平直	下边缘	5	拉10m线,不足10m拉通线,钢尺量
		表面	8	

（8）屋盖结构支撑系统的完整性

1）检验要求或指标：屋盖结构支撑系统的完整性应符合设计文件规定。

2）检验数量：检验批全数。

3）检验方法：对照设计文件、丈量实物，检查交接检验报告。

16.2　胶合木结构工程施工质量检验

（1）本节适用于主要承重构件由层板胶合木制作和安装的木结构工程施工质量验收。

（2）层板胶合木可采用分别由普通胶合木层板、目测分等或机械分等层板按规定的构件截面组坯胶合而成的普通层板胶合木、目测分等与机械分等同等组合胶合木，以及异等组合的对称与非对称组合胶合木。

（3）层板胶合木构件应由经资质认证的专业加工企业加工生产。

（4）材料、构配件的质量控制应以一幢胶合木结构房屋为一个检验批；构件制作安装质量控制应以整幢房屋的一楼层或变形缝间的一楼层为一个检验批。

1. 主控项目

（1）胶合木结构的结构形式、结构布置和构件截面尺寸

1）检验要求或指标：应符合设计文件的规定。

2）检验数量：检验批全数。

3）检验方法：实物与设计文件对照、丈量。

（2）结构用层板胶合木的类别、强度等级和组坯方式

1）检验要求或指标：结构用层板胶合木的类别、强度等级和组坯方式，应符合设计文件的规定，并应有产品质量合格证书和产品标识，同时应有满足产品标准规定的胶缝完整性检验和层板指接强度检验合格证书。

2）检验数量：检验批全数。

3）检验方法：实物与证明文件对照。

（3）荷载效应标准组合作用下的抗弯性能见证检验

1）检验要求或指标：胶合木受弯构件应作荷载效应标准组合作用下的抗弯性能见证检验。在检验荷载作用下胶缝不应开裂，原有漏胶胶缝不应发展，跨中挠度的平均值不应大于理论计算值的 1.13 倍，最大挠度不应大于表 16-10 的规定。

荷载效应标准组合作用下受弯木构件的挠度限值　　　　　　　　　　表 16-10

项次	构件类别		挠度限值（m）
1	檩条	$L \leqslant 3.3m$	$L/200$
		$L > 3.3m$	$L/250$
2	主梁		$L/250$

注：L 为受弯构件的跨度。

2）检验数量：每一检验批同一胶合工艺、同一层板类别、树种组合、构件截面组坯的同类型构件随机抽取 3 根。

3）检验方法：适用于层板胶合木和结构复合木材制作的受弯构件（梁、工字形木搁

栅等）的力学性能检验，可根据受弯构件在设计规定的荷载效应标准组合作用下构件未受损伤和跨中挠度实测值判定。

经检验合格的试件仍可用作工程用材。

① 取样方法、数量及几何参数

在进场的同一批次、同一工艺制作的同类型受弯构件中应随机抽取 3 根作试件。当同类型的构件尺寸规格不同时，试件应在受荷条件不利或跨度较大的构件中抽取。

试件的木材含水率不应大于 15%。

量取每根受弯构件跨中和距两支座各 500mm 处的构件截面高度和宽度，应精确至 ±1.0mm，并应以平均截面高度和宽度计算构件截面的惯性矩；工字形木搁栅应以产品公称惯性矩为计算依据。

② 试验装置与试验方法

试件应按设计计算跨度（l_0）简支地安装在支墩上。滚动铰支座滚直径不应小于 60mm，垫板宽度应与构件截面宽度一致，垫板长度应由木材局部横纹承压强度决定，垫板厚度应由钢板的受弯承载力决定，但不应小于 8mm。

当构件截面高宽比大于 3 时，应设置防止构件发生侧向失稳的装置，支撑点应设在两支座和各加载点处，装置不应约束构件在荷载作用下的竖向变形。

当构件计算跨度 $l_0 \leqslant 4m$ 时，应采用两集中力四分点加载；$l_0 > 4m$ 时，应采用四集中力八分点加载。两种加载方案的最大试验荷载（检验荷载）P_{smax}（含构件及设备重力）应按式（16-2）和式（16-3）计算：

$$P_{smax} = \frac{4M_s}{l_0} \tag{16-2}$$

$$P_{smax} = \frac{2M}{l_0} \tag{16-3}$$

式中：M_s——设计规定的荷载效应标准组合，N·mm。

荷载应分五个相同的等级，应以相同时间间隔加载至试验荷载 P_{smax}，并应在 10min 之内完成。实际加载量应扣除构件自重和加载设备的重力作用，加载误差不应超过 ±1%。

构件在各级荷载下的跨中挠度，应通过在构件的两支座和跨中位置安装的 3 个位移计测定。当位移计为百分表时，其准确度等级应为 1 级；当采用位移传感器时，准确度不应低于 1 级，最小分度值不宜大于试件最大挠度的 1%；应快速记录位移计在各级试验荷载下的读数，或采用数据采集系统记录荷载和各位移传感器的读数，同时应填写位移计读数记录；应仔细检查各级荷载作用下，构件的损伤情况。

③ 跨中实测挠度计算：

各级荷载作用下的跨中挠度实测值，应按式（16-4）计算：

$$\omega_i = \sum \Delta A_{2i} - \frac{1}{2}(\sum \Delta A_{1i} + \sum \Delta A_{3i}) \tag{16-4}$$

荷载效应标准组合作用下的跨中挠度 ω_s，应按式（16-5）计算：

$$\omega_s = \left(\omega_5 + \omega_3 \frac{P_0}{P_3}\right)\eta \tag{16-5}$$

式中：ω_5——第五级荷载作用下的跨中挠度；

ω_3——第三级荷载作用下的跨中挠度；

P_3——第三级时外加荷载的总量（每个加载点处的三级外加荷载量）；

P_0——构件自重和加载设备自重按弯矩等效原则折算至加载点处的荷载；

η——荷载形式修正系数，当设计荷载简图为均布荷载时，对两集中力加载方案 $\eta=0.91$，四集中力加载方案为 1.0，其他设计荷载简图可按材料力学以跨中弯矩等效时挠度计算公式换算。

④ 判定规则

试件在加载过程中不应有新的损伤出现，并应用 3 个试件跨中实测挠度的平均值与理论计算挠度比较，同时应用 3 个试件中跨中挠度实测值中的最大值与《木结构工程施工质量验收规范》GB 50206—2012 规定的允许挠度比较，满足要求者应为合格。试验跨度 l_0 未取实际构件跨度时，应以实测挠度平均值与理论计算值的比较结果为评定依据。

受弯构件挠度理论计算值应以量取每根受弯构件跨中和距两支座各 500mm 处的构件截面高度和宽度，应精确至 ±1.0mm，并应以平均截面高度和宽度计算构件截面的惯性矩；工字形木搁栅应以产品公称惯性矩为计算依据。获得的构件截面尺寸、所采用的试验荷载简图、外加荷载量（P_{smax} 中扣除试件及设备自重）和设计文件表明的材料弹性模量，按工程力学计算原则计算确定。实测挠度平均值应取按式（16-4）计算的挠度平均值。

（4）弧形构件的曲率半径及其偏差

1）检验要求或指标：弧形构件的曲率半径及其偏差应符合设计文件的规定，层板厚度不应大于 $R/125$（R 为曲率半径）。

2）检验数量：检验批全数。

3）检验方法：钢尺丈量。

（5）含水率

1）检验要求或指标：层板胶合木构件平均含水率不应大于 15%，同一构件各层板间含水率差别不应大于 5%。

2）检验数量：每一检验批每一规格胶合木构件随机抽取 5 根。

3）检验方法：适用于木材进场后构件加工前的木材和已制作完成的木构件的含水率测定。原木、方木（含板材）和层板宜采用烘干法（重量法）测定，规格材以及层板胶合木等木构件亦可采用电测法测定。

① 取样及测定方法

烘干法测定含水率时，应从每检验批同一树种同一规格材的树种中随机抽取 5 根木料作试材，每根试材应在距端头 200mm 处沿截面均匀地截取 5 个尺寸为 20mm×20mm×20mm 的试样，应按现行国家标准《无疵小试样木材物理力学性质试验方法 第 4 部分：含水率测定》GB/T 1927.4—2021 的有关规定测定每个试件中的含水率。

电测法测定含水率时，应从检验批的同一树种，同一规格的规格材，层板胶合木构件或其他木构件随机抽取 5 根为试材，应从每根试材距两端 200mm 起，沿长度均匀分布地取三个截面，对于规格材或其他木构件，每一个截面的四面中部应各测定含水率，对于层板胶合木构件，则应在两侧测定每层层板的含水率。

电测仪器应由当地计量行政部门标定认证。测定时应严格按仪表使用要求操作，并应正确选择木材的密度和温度等参数，测定深度不应小于 20mm，且应有将其测量值调整至截面平均含水率的可靠方法。

② 判定规则

烘干法应以每根试材的 5 个试样平均值为该试材含水率，应以 5 根试材中的含水率最大值为该批木料的含水率，并不应大于《木结构工程施工质量验收规范》GB 50206—2012 有关木材含水率的规定。

规格材应以每根试材的 12 个测点的平均值为每根试材的含水率，5 根试材的最大值应为检验批该树种该规格的含水率代表值。

层板胶合木构件的三个截面上各层层板含水率的平均值应为该构件含水率，同一层板的 6 个含水率平均值应为该层层板的含水率代表值。

（6）承重钢构件和连接所用钢材

1）检验要求或指标：承重钢构件和连接所用钢材应有产品质量合格证书和化学成分的合格证书。进场钢材应见证检验其抗拉屈服强度、极限强度和延伸率，其值应满足设计文件规定的相应等级钢材的材质标准指标，且不应低于现行国家标准《碳素结构钢》GB/T 700—2006 有关 Q235 及以上等级钢材的规定。−30℃以下使用的钢材不宜低于 Q235D 或相应屈服强度钢材 D 等级的冲击韧性规定，钢木屋架下弦所用圆钢，除应做抗拉屈服强度、极限强度和延伸率性能检验外，尚应做冷弯检验，并应满足设计文件规定的圆钢材质标准。

2）检验数量：每检验批每一钢种随机抽取两件。

3）检验方法：取样方法、试样制备及拉伸试验方法应分别符合现行国家标准《钢及钢产品力学性能试验取样位置及试样制备》GB/T 2975—2018 和《金属材料拉伸试验 第1 部分：室温试验方法》GB/T 228.1—2021 的有关规定。

（7）焊条

1）检验要求或指标：焊条应符合现行国家标准《非合金钢及细晶粒钢焊条》GB/T 5117—2012 和《热强钢焊条》GB/T 5118—2012 的有关规定，型号应与所用钢材匹配，并应有产品质量合格证书。

2）检验数量：检验批全数。

3）检验方法：实物与产品质量合格证书对照检查。

（8）螺栓、螺帽

1）检验要求或指标：螺栓、螺帽应有产品质量合格证书，其性能应符合现行国家标准《六角头螺栓》GB/T 5782—2016 和《六角头螺栓 C 级》GB/T 5780—2016 的有关规定。

2）检验数量：检验批全数。

3）检验方法：实物与产品质量合格证书对照检查。

（9）连接节点的连接件

1）检验要求或指标：连接节点的连接件类别、规格和数量应符合设计文件的规定。桁架端节点齿连接胶合木端部的受剪面及螺栓连接中的螺栓位置，不应与漏胶胶缝重合。

2）检验数量：检验批全数。

3）检验方法：目测、丈量。

2. 一般项目

（1）层板胶合木构造及外观

1) 检验要求或指标：① 层板胶合木的各层木板木纹应平行于构件长度方向。各层木板在长度方向应为指接。受拉构件和受弯构件受拉区截面高度的 1/10 范围内同一层板上的指接间距，不应小于 1.5m，上、下层板间指接头位置应错开不小于木板厚的 10 倍。层板宽度方向可用平接头，但上、下层板间接头错开的距离不应小于 40mm。

② 层板胶合木胶缝应均匀，厚度应为 0.1～0.3mm。厚度超过 0.3mm 的胶缝的连续长度不应大于 300mm，且厚度不得超过 1mm。在构件承受平行于胶缝平面剪力的部位，漏胶长度不应大于 75mm，其他部位不应大于 150mm。在第 3 类使用环境下，层板宽度方向的平接头和板底开槽的槽内均应用胶填满。

③ 胶合木结构的外观质量应符合下列规定：

A 级，结构构件外露，外观要求很高而需油漆，构件表面洞孔需用木材修补，木材表面应用砂纸打磨。

B 级，结构构件外露，外表要求用机具刨光油漆，表面允许有偶尔的漏刨、细小的缺陷和空隙，但不允许有松软节的孔洞。

C 级，结构构件不外露，构件表面无需加工刨光。

对于外观要求为 C 级的构件截面，可允许层板有错位，截面尺寸允许偏差和层板错位应符合表 16-11 的要求。

外观 C 级时的胶合木构件截面的允许偏差   表 16-11

截面的高度或宽度(mm)	截面高度或宽度的允许偏差(mm)	错位的最大值(mm)
(h 或 b)<100	±2	4
100≤(h 或 b)<300	±3	5
300≤(h 或 b)	±6	6

2) 检验数量：检验批全数。

3) 检验方法：厚薄规（塞尺）、量器、目测。

(2) 胶合木构件的制作偏差

检验要求或指标：胶合木构件的制作偏差不应超出表 16-12 的规定。

方木、原木结构和胶合木结构桁架、梁和柱制作允许偏差   表 16-12

项次	项目		允许偏差(mm)	检验方法
1	构件截面尺寸	方木和胶合木构件截面的高度、宽度	−3	钢尺量
		板材厚度、宽度	−2	
		原木构件梢径	−5	
2	构件长度	长度不大于 15m	±10	钢尺量桁架支座节点中心间距,梁、柱全长
		长度大于 15m	±15	
3	桁架高度	跨度不大于 15m	±10	钢尺量脊节点中心与下弦中心距离
		跨度大于 15m	±15	
4	受压或压弯构件纵向弯曲	方木、胶合木构件	L/500	拉线钢尺量
		原木构件	L/200	

项次	项目			允许偏差(mm)	检验方法
5	弦杆节点间距			±5	钢尺量
6	齿连接刻槽深度			±2	钢尺量
7	支座节点受检面	长度		−10	钢尺量
		宽度	方木、胶合木	−3	钢尺量
			原木	−4	
8	螺栓中心间距	进孔处		±0.2d	钢尺量
		出孔处	垂直木纹方向	±0.5d 且不大于 4B/100	
			顺木纹方向	±1d	
9	钉进孔处的中心间距			±1d	—
10	桁架起拱			+20	以两支座节点下弦中心线为准,拉一水平线,用钢尺量
				−10	两跨中下弦中心线与拉线之间距离

注：d 为螺栓或钉的直径，L 为构件长度，B 为板的总厚度。

（3）齿连接

1）检验要求或指标：① 除应符合设计文件的规定外，承压面应与压杆的轴线垂直。单齿连接压杆轴线应通过承压面中心；双齿连接，第一齿顶点应位于上、下弦杆上边缘的交点处，第二齿顶点应位于上弦杆轴线与下弦杆上边缘的交点处，第二齿承压面应比第一齿承压面至少深 20mm。

② 承压面应平整，局部隙缝不应超过 1mm，非承压面应留外口约 5mm 的楔形缝隙。

③ 桁架支座处齿连接的保险螺栓应垂直于上弦杆轴线，木腹杆与上、下弦杆间应有扒钉扣紧。

④ 桁架端支座垫木的中心线，方木桁架应通过上、下弦杆净截面中心线的交点；原木桁架则应通过上、下弦杆毛截面中心线的交点。

2）检验数量：检验批全数。

3）检验方法：目测、丈量，检查交接检验报告。

（4）螺栓连接（含受拉接头）

1）检验要求或指标：螺栓连接（含受拉接头）的螺栓数目、排列方式、间距、边距和端距，除应符合设计文件的规定外，尚应符合下列要求：

① 螺栓孔径不应大于螺栓杆直径 1mm，也不应小于或等于螺栓杆直径。

② 螺帽下应设钢垫板，其规格除应符合设计文件的规定外，厚度不应小于螺杆直径的 30%，方形垫板的边长不应小于螺杆直径的 3.5 倍，圆形垫板的直径不应小于螺杆直径的 4 倍，螺帽拧紧后螺栓外露长度不应小于螺杆直径的 80%。螺纹段留在木构件内的长度不应大于螺杆直径的 1.0 倍。

③ 连接件与被连接件间的接触面应平整，拧紧螺帽后局部可允许有缝隙，但缝宽不应超过 1mm。

2）检验数量：检验批全数。

3）检验方法：目测、丈量。

（5）圆钢拉杆

1）检验要求或指标：① 圆钢拉杆应平直，接头应采用双面绑条焊。绑条直径不应小于拉杆直径的75%，在接头一侧的长度不应小于拉杆直径的4倍。焊脚高度和焊缝长度应符合设计文件的规定。

② 螺帽下垫板应符合设计文件的规定，螺帽下应设钢垫板，其规格除应符合设计文件的规定外，厚度不应小于螺杆直径的30%，方形垫板的边长不应小于螺杆直径的3.5倍，圆形垫板的直径不应小于螺杆直径的4倍，螺帽拧紧后螺栓外露长度不应小于螺杆直径的80%。螺纹段留在木构件内的长度不应大于螺杆直径的1.0倍。

③ 钢木屋架下弦圆钢拉杆、桁架主要受拉腹杆、蹬式节点拉杆及螺栓直径大于20mm时，均应采用双螺帽自锁。受拉螺杆伸出螺帽的长度，不应小于螺杆直径的80%。

2）检验数量：检验批全数。

3）检验方法：丈量、检查交接检验报告。

（6）承重钢构件的节点焊缝

1）检验要求或指标：承重钢构件中，节点焊缝焊脚高度不得小于设计文件的规定，除设计文件另有规定外，焊缝质量不得低于三级，−30℃以下工作的受拉构件焊缝质量不得低于二级。

2）检验数量：检验批全部受力焊缝。

3）检验方法：按现行行业标准《钢结构焊接规范》GB 50661—2011的有关规定检查，并检查交接检验报告。

（7）金属节点

检验要求或指标：金属节点构造、用料规格及焊缝质量应符合设计文件的规定。除设计文件另有规定外，与其相连的各构件轴线应相交于金属节点的合力作用点，与各构件相连的连接类型应符合设计文件的规定，并应符合以下规定：

螺栓连接（含受拉接头）的螺栓数目、排列方式、间距、边距和端距，除应符合设计文件的规定外，尚应符合下列要求：

① 螺栓孔径不应大于螺栓杆直径1mm，也不应小于或等于螺栓杆直径。

② 螺帽下应设钢垫板，其规格除应符合设计文件的规定外，厚度不应小于螺杆直径的30%，方形垫板的边长不应小于螺杆直径的3.5倍，圆形垫板的直径不应小于螺杆直径的4倍，螺帽拧紧后螺栓外露长度不应小于螺杆直径的80%。螺纹段留在木构件内的长度不应大于螺杆直径的1.0倍。

③ 连接件与被连接件间的接触面应平整，拧紧螺帽后局部可允许有缝隙，但缝宽不应超过1mm。

钉连接：

① 圆钉的排列位置应符合设计文件的规定。

② 被连接件间的接触面应平整，钉紧后局部缝隙宽度不应超过1mm，钉帽应与被连接件外表面齐平。

③ 钉孔周围不应有木材被胀裂等现象。

　　木构件受压接头的位置应符合设计文件的规定，应采用承压面垂直于构件轴线的双盖板连接（平接头），两侧盖板厚度均不应小于对接构件宽度的 50%，高度应与对接构件高度一致。承压面应锯平并彼此顶紧，局部缝隙不应超过 1mm。螺栓直径、数量、排列应符合设计文件的规定。

　　（8）胶合木结构安装偏差

　　1）检验要求或指标：胶合木结构安装偏差不应超出表 16-13 的规定。

　　2）检验数量：过程控制检验批全数，分项验收抽取总数 10% 复检。

　　3）检验方法：见表 16-13。

方木、原木结构和胶合木结构桁架、梁和柱安装的允许偏差　　　　表 16-13

项次	项目	允许偏差	检验方法
1	结构中心线的间距	±20	钢尺量
2	垂直度	$H/200$，且不大于 15	掉线钢尺量
3	受压或压弯构件纵向弯曲	$L/300$	吊（拉）线钢尺量
4	支座轴线对支承面中心位移	10	钢尺量
5	支座标高	±5	水准仪

　　注：H 为桁架或柱的高度，L 为构件长度。

16.3　轻型木结构工程施工质量检验

　　（1）本节适用于由规格材及木基结构板材为主要材料制作与安装的木结构工程施工质量验收。

　　（2）轻型木结构材料、构配件的质量控制应以同一建设项目同期施工的每幢建筑面积不超过 300m^2、总建筑面积不超过 3000m^2 者应视为一检验批，不足 3000m^2 者应视为一检验批单体建筑面积超过 300m^2 时，应单独视为一检验批；轻型木结构制作安装质量控制应以一幢房屋的一层为一检验批。

1. 主控项目

　　（1）轻型木结构的构件

　　1）检验要求或指标：轻型木结构承重墙（包括剪力墙）、柱、楼盖、屋盖布置、抗倾覆措施及屋盖抗掀起措施等应符合设计文件的规定。

　　2）检验数量：检验批全数。

　　3）检验方法：实物与设计文件对照。

　　（2）进场规格材

　　1）检验要求或指标：进场规格材应有产品质量合格证书和产品标识。

　　2）检验数量：检验批全数。

　　3）检验方法：实物与证书对照。

　　（3）规格材目测等级见证检验

　　1）检验要求或指标：每批次进场目测分等规格材应由有资质的专业分等人员做目测等级见证检验。目测分等规格材的材质等级应符合表 16-14 的规定。

目测分等[1] 规格材材质标准　　　　　　　表 16-14

项次	缺陷名称[2]	材质等级		
		I_c	II_c	III_c
1	振裂和干裂	允许个别长度不超过 600 mm,但不贯通;贯通时,应按劈裂要求检验		贯通:长度不超过 600mm 不贯通:900mm 长或不超过 1/4 构件长干裂无限制;贯通干裂应按劈裂要求检验
2	漏刨	构件的 10%轻度漏刨		轻度漏刨不超过构件的 5%,包含长达 600mm 的散布漏刨,或重度漏刨
3	劈裂	$b/6$		$1.5b$
4	斜纹:斜率不大于(%)	8	10	12
5	钝	$h/4$ 和 $b/4$,全长或与其相当,如果在 1/4 长度内钝棱不超过 $h/2$ 或 $b/3$		$h/3$ 和 $b/3$,全长或与其相当,如果在 1/4 长度内钝棱不超过 $2h/3$ 或 $b/2$
6	针孔虫眼	每 25mm 的节孔允许 48 个针孔虫眼,以最差材面为准		
7	大虫眼	每 25mm 的节孔允许 12 个 6mm 的大虫眼,以最差材面为准		
8	腐朽-材心	不允许		当 $h>40$mm 时不允许,否则 $h/3$ 或 $b/3$
9	腐朽-白腐	不允许		1/3 体积
10	腐朽-蜂窝腐	不允许		$b/6$ 坚实
11	腐朽-局部片状腐	不允许		$b/6$ 宽
12	腐朽-不健全材	不允许		最大尺寸 $b/12$ 和 50mm 长,或等效的多个小尺寸
13	扭曲,横弯和顺弯	1/2 中度		轻度

项次	木节和节孔 高度(mm)	健全节、卷入节和均布节		非健全节、松节和节孔	健全节、卷入节和均布节		非健全节、松节和节孔	任何木节		节孔
		材边	材心		材边	材心		材边	材心	
14	40	10	10	10	13	13	13	16	16	16
	65	13	13	13	19	19	19	22	22	22
	90	19	22	19	25	38	25	32	51	32
	115	25	38	22	32	48	29	41	60	35
	140	29	48	25	38	57	32	48	73	38
	185	38	57	32	51	70	38	64	89	51
	235	48	67	32	64	93	38	83	108	64
	285	57	76	32	76	95	38	95	121	76

项次	缺陷名称[2]	材质等级	
		IV_c	V_c
1	振裂和干裂	贯通—1/3构件长 不贯通—全长 3面振裂—1/6构件长 干裂无限制 贯通干裂参见劈裂要求	不贯通—全长 贯通和三面振裂1/3构件长
2	漏刨	散布漏刨伴有不超过构件10%的重度漏刨	任何面的散布漏刨中,宽面含不超过10%的重度漏刨
3	劈裂	$L/6$	$2b$
4	斜纹:斜率不大于(%)	25	24
5	钝棱	$h/2$和$b/2$,全长或与其相当,如果在1/4长度内钝棱不超过$7h/8$或$3b/4$	$h/3$和$b/3$,全长或与其相当,如果在1/4长度内钝棱不超过$h/2$或$3b/4$
6	针孔虫眼	每25mm的节孔允许48个针虫眼,以最差材面为准	
7	大虫眼	每25mm的节孔允许12个6mm的大虫眼,以最差材面为准	
8	腐朽-材心	1/3截面	1/3截面
9	腐朽-白腐	无限制	无限制
10	腐朽-蜂窝腐	100%坚实	100%坚实
11	腐朽-局部片状腐	1/3截面	1/3截面
12	腐朽-不健全材	1/3截面,深入部分1/6长度	1/3截面,深入部分1/6长度
13	扭曲,横弯和顺弯	中度	1/2中度

项次	木节和节孔高度(mm)	任何木节		节孔	任何木节		节孔
		材边	材心				
14	40	19	19	19	19	19	19
	65	32	32	32	32	32	32
	90	44	64	44	44	64	38
	115	57	76	48	57	76	44
	140	70	95	51	70	95	51
	185	89	114	64	89	114	64
	235	114	140	76	114	140	76
	285	140	165	89	140	165	89

项次	缺陷名称	材质等级	
		VI_c	VII_c
1	振裂和干裂	表层—不长于600mm,贯通干裂同劈裂	贯通:600mm长 不贯通:900mm长或不超过1/4构件长
2	漏刨	构件的10%的轻度漏刨	轻度漏刨不超过构件的5%,包含长达600mm的散布漏刨,或重度漏刨

续表

项次	缺陷名称	材质等级			
		VI_c		VII_c	
3	劈裂	b		$1.5b$	
4	斜纹:斜率不大于(%)	17		25	
5	钝棱	$h/4$ 和 $b/4$,全长或与其相当,如果在 $1/4$ 长度内钝棱不超过 $h/2$ 或 $b/3$		$h/3$ 和 $b/3$,全长或与其相当,如果在 $1/4$ 长度内不超过 $2h/3$ 或 $b/2$,$\leqslant L/4$	
6	针孔虫眼	每 25mm 的节孔允许 48 个针孔虫眼,以最差材面为准			
7	大虫眼	每 25mm 的节孔允许 12 个 6mm 的大虫眼,以最差材面为准			
8	腐朽-材心	不允许		$h/3$ 或 $b/3$	
9	腐朽-白腐	不允许		$1/3$ 体积	
10	腐朽-蜂窝腐	不允许		$b/6$	
11	腐朽-局部开片装腐	不允许		$b/6$	
12	腐朽-不健全材	不允许		最大尺寸 $b/12$ 和 50mm 长,或等效的小尺寸	
13	扭曲,横弯和顺弯	$1/2$ 中度		轻度	
14	木节和节孔高度(mm)	健全节、卷入节和节均布节	非健全节、松节和节孔	任何木节	节孔
	40	—	—	—	—
	65	19	16	25	19
	90	32	19	38	25
	115	38	25	51	32
	140	—	—	—	—
	185	—	—	—	—
	235	—	—	—	—
	285	—	—	—	—

注:1. 目测分等应包括拘件所有材面以及两端。b 为构件宽度,h 为构件厚度,L 为构件长度。
2. 除本注解中已说明,缺陷定义详见国家标准《锯材缺陷》GB/T 4823—2013。
3. 指深度不超过 1.6mm 的一组漏刨,漏刨之间的表面刨光。
4. 重度漏刨为宽面上深度为 3.2mm、长度为全长的漏刨。
5. 部分或全部漏刨,或全面糙面。
6. 材端全部或部分占据材面的钝棱,当表面要求满足允许漏刨规定,窄面上破坏要求满足允许节孔的规定(长度不超过同一等级最大节孔直径的 2 倍),钝棱的长度可为 300mm,每根构件允许出现一次。含有该缺陷的构件不得超过总数的 5%。
7. 顺弯允许值是横弯的 2 倍。
8. 卷入节是指被树脂或树皮包围不与周围木材连生的木节,均布节是指在构件任何 150mm 长度上所有木节尺寸的总和必须小于容许最大木节尺寸的 2 倍。
9. 每 1.2m 有一个或数个小节孔,小节孔直径之和与单个节孔直径相等。
10. 每 0.9m 有一个或数个小节孔,小节孔直径之和与单个节孔直径相等。
11. 每 0.6m 有一个或数个小节孔,小节孔直径之和与单个节孔直径相等。
12. 每 0.3m 有一个或数个小节孔,小节孔直径之和与单个节孔直径相等。
13. 仅允许厚度为 40mm。
14. 假如构件窄面均有局部片状腐,长度限制为节孔尺寸的 2 倍。
15. 钉入边不得破坏。
16. 节孔可全部或部分贯通构件。除非特别说明,节孔的测量方法与节子相同。
17. 材心腐朽指某些树种沿髓心发展的局部腐朽,用目测鉴定。心材腐朽存在于活树中,在被砍伐的木材中不会发展。
18. 白腐指木材中白色或棕色的小壁孔或斑点,由白腐菌引起。白腐存在于活树中,在使用时不会发展。
19. 蜂窝腐与白腐相似但褒孔更大。含蜂窝腐的构件较未含蜂窝腐的构件不易腐朽。
20. 局部片状腐指柏树中槽状或壁孔状的区域。所有引起局部片状腐的木腐菌在树砍伐后不再生长

2) 检验数量：检验批中随机取样，数量应符合表 16-15 的规定。

每检验批规格材抽样数（根）　　　　　　　　表 16-15

检验批容量	2～8	9～15	16～25	26～50	51～90
抽样数量	3	5	8	13	20
检验批容量	91～150	151～280	281～500	501～1200	1201～3200
抽样数量	32	50	80	125	200
检验批容量	3201～10000	10001～35000	3501～150000	150001～500000	＞500000
抽样数量	315	500	800	1250	2000

3) 检验方法：应采用目测、丈量方法，并应符合表 16-14 的规定。

样本中不符合该目测等级的规格材的根数不应大于表 16-16 的规定。

规格材目测检验合格判定数（根）　　　　　　表 16-16

抽样数量	2～5	8～13	20	32	50	80	125	200	＞315
合格判定数	0	1	2	3	5	7	10	14	21

（4）规格材抗弯强度见证检验

1) 检验要求或指标：每批次进场目测分等规格材应由有资质的专业分等人员做抗弯强度见证检验；每批次进场机械分等规格材应做抗弯强度见证检验。

2) 检查数量：规格材抗弯强度见证检验应采用复式抽样法，试样应从每一进场批次、每一强度等级和每一规格尺寸的规格材中随机抽取，第 1 次抽取 28 根。试样长度不应小于 $17h+200\mathrm{mm}$（h 为规格材截面高度）。

3) 检查方法：规格材试样应在试验地通风良好的室内静待数天，使同批次规格材试样间含水率最大偏差不大于 2%。规格材试样应测定平均含水率 w，平均含水率应大于等于 10%，且应小于等于 23%。

规格材试样在检验荷载 P_k 作用下的三分点侧立抗弯试验，应按现行国家标准《木结构试验方法标准》GB/T 50329—2012 进行。试样跨度不应小于 $17h$，安装时试样的拉、压边应随机放置，并应经 1min 等速加载至检验荷载 P_k。

规格材侧立抗弯试验的检验荷载应按式（16-6、16-7、16-8、16-9）计算。

$$P_k = f_b \frac{bh^2}{21} \tag{16-6}$$

$$f_b = f_{bk} K_z K_l K_w \tag{16-7}$$

$$K_l = \left(\frac{l}{l_0}\right)^{0.14} \tag{16-8}$$

$$\begin{cases} f_k \geqslant 16.66\mathrm{N/mm^2} & K_w = 1 + \dfrac{(15-\omega)(1-16.66/f_{bk})}{25} \\ f_k < 16.66\mathrm{N/mm^2} & K_w = 1.0 \end{cases} \tag{16-9}$$

式中：b——规格材的截面宽度；

　　　　h——规格材的截面宽度；

　　　　l——试样的跨度；

l_0——试样的准跨度，取 3.658m；

f_{bk}——规格材的强度检验值，可按表 16-17 取值；

K_z——规格材抗弯强度的截面尺寸调整系数，可按表 16-18 取值；

K_1——规格材抗弯强度的跨度调整系数；

K_w——规格材抗弯强度的含水率调整系数；

ω——试验时规格材的平均含水率。

进口北美目测粉等规格材抗弯强度检验值（N/mm²）　　　表 16-17

等级	花旗松-落叶松（南）	花旗松-落叶松（北）	铁杉-冷杉（南）	铁杉-冷杉（北）	南方松	云杉-松-冷杉	其他北美树种
I_c	21.60	20.25	20.25	18.90	27.00	17.55	13.10
II_c	14.85	12.29	14.85	14.85	17.55	12.69	8.64
III_c	13.10	12.29	12.29	14.85	14.85	12.69	8.64
IV_c、V_c	7.56	6.89	7.29	8.37	8.37	7.29	5.13
VI_c	14.85	13.50	14.85	16.20	16.20	14.85	10.13
VII_c	8.37	7.56	7.97	9.45	9.05	7.97	5.81

注：表中所列强度检验值为规格材的抗弯强度特征值。

机械粉等规格材的抗弯强度检验值应取所在等级规格材的抗弯强度特征值。

规格材强度截面尺寸调整系数　　　表 16-18

等级	截面高度（mm）	截面宽度（mm）	
		40、65	90
I_c、II_c、III_c、IV_c、V_c	≤90	1.5	1.5
	115	1.4	1.5
	140	1.3	1.3
	185	1.2	1.2
	235	1.1	1.2
	285	1.0	1.1
VI_c、VII_c	≤90	1.0	1.0

注：VI_c、VII_c 规格材截面高度均小于等于90mm。

4）判定规则：规格材合格与否应按检验荷载 P_k 作用下试件破坏的根数判定。28 根试件中小于等于 1 根发生破坏时，应为合格。试件破坏数大于 3 根时，应为不合格。试件破坏数为 2 根时，应另随机抽取 53 根试件进行规格材侧立抗弯试验。试件破坏数小于等于 2 根时，应为合格，大于 2 根时应为不合格。试验中未发生破坏的试件，可作为相应等级的规格材继续在工程中使用。

（5）规格材和覆面板的树种、材质等级和规格

1）检验要求或指标：轻型木结构各类构件所用规格材的树种、材质等级和规格，以及覆面板的种类和规格，应符合设计文件的规定。

2）检验数量：全数检查。

3）检验方法：实物与设计文件对照，检查交接报告。

（6）规格材的平均含水率

1）检验要求或指标：不应大于 20%。

2）检查数量：每一检验批每一树种每一规格等级规格材随机抽取 5 根。

检验方法：适用于木材进场后构件加工前的木材和已制作完成的木构件的含水率测定。原木、方木（含板材）和层板宜采用烘干法（重量法）测定，规格材以及层板胶合木等木构件亦可采用电测法测定。

① 取样及测定方法：

烘干法测定含水率时，应从每检验批同一树种同一规格材的树种中随机抽取 5 根木料作试材，每根试材应在距端头 200mm 处沿截面均匀地截取 5 个尺寸为 20mm×20mm×20mm 的试样，应按现行国家标准《木材含水率测定方法》GB/T 1931—2009 的有关规定测定每个试件中的含水率。

电测法测定含水率时，应从检验批的同一树种，同一规格的规格材，层板胶合木构件或其他木构件随机抽取 5 根为试材，应从每根试材距两端 200mm 起，沿长度均匀分布地取三个截面，对于规格材或其他木构件，每一个截面的四面中部应各测定含水率，对于层板胶合木构件，则应在两侧测定每层层板的含水率。

电测仪器应由当地计量行政部门标定认证。测定时应严格按仪表使用要求操作，并应正确选择木材的密度和温度等参数，测定深度不应小于 20mm，且应有将其测量值调整至截面平均含水率的可靠方法。

② 判定规则：

烘干法应以每根试材的 5 个试样平均值为该试材含水率，应以 5 根试材中的含水率最大值为该批木料的含水率，并不应大于《木结构工程施工质量验收规范》GB 50206—2012 有关木材含水率的规定。

规格材应以每根试材的 12 个测点的平均值为每根试材的含水率，5 根试材的最大值应为检验批该树种该规格的含水率代表值。

层板胶合木构件的三个截面上各层层板含水率的平均值应为该构件含水率，同一层板的 6 个含水率平均值应作该层层板的含水率代表值。

（7）木基结构板材

1）检验要求或指标：木基结构板材应有产品质量合格证书和产品标识，用作楼面板、屋面板的木基结构板材应有该批次干、湿态集中荷载、均布荷载及冲击荷载检验的报告，其性能不应低于表 16-19 和表 16-20 的规定。

木基结构板材在集中静载和冲击荷载作用下的力学指标[1]　　　　表 16-19

用途	标准跨度 （最大允许跨度） （m）	试验条件	冲击荷载 （N·m）	最小极限荷载[2]（kN）		0.89kN 集中静载 作用下的最大 挠度[3]（mm）
				集中荷载	冲击后集中荷载	
楼面板	400(410)	干态及湿态重新干燥	102	1.78	1.78	4.8
	500(510)	干态及湿态重新干燥	102	1.78	1.78	5.6
	600(610)	干态及湿态重新干燥	102	1.78	1.78	6.4
	800(820)	干态及湿态重新干燥	122	2.45	1.78	5.3
	1200(1220)	干态及湿态重新干燥	203	2.45	1.78	8.0

续表

用途	标准跨度 （最大允许跨度） （m）	试验条件	冲击荷载 （N·m）	最小极限荷载[2]（kN）		0.89kN 集中静载 作用下的最大 挠度[3]（mm）
				集中荷载	冲击后集中荷载	
屋面板	400(410)	干态及湿态	102	1.78	1.33	11.1
	500(510)	干态及湿态	102	1.78	1.33	11.9
	600(610)	干态及湿态	102	1.78	1.33	12.7
	800(820)	干态及湿态	122	1.78	1.33	12.7
	1200(1220)	干态及湿态	203	1.78	1.33	12.7

注：1. 本表为单个试验的指标。

2. 100%的试件应能承受表中规定的最小极限荷载值。

3. 至少90%的试件挠度不大于表中的规定值。在干态及湿态重新干燥试验条件下，木基结构板材在静载和冲击荷载后静载的挠度，对于屋面板只检查静载的挠度，对于湿态试验条件下的屋面板，不检查挠度指标。

进场木基结构板材应作静曲强度和静曲弹性模量见证检验，所测得的平均值应不低于产品说明书的规定。

木基结构板材在均布荷载作用下的力学指标　　　　　表 16-20

用途	标准跨度（最大允 许跨度）(m)	试验条件	性能指标[1]	
			最小极限荷载[2]（kPa）	最大挠度[3]（mm）
楼面板	400(410)	干态及湿态重新干燥	15.8	1.1
	500(510)	干态及湿态重新干燥	15.8	1.3
	600(610)	干态及湿态重新干燥	15.8	1.7
	800(820)	干态及湿态重新干燥	15.8	2.3
	1200(1220)	干态及湿态重新干燥	10.8	3.4
屋面板	400(410)	干态	7.2	1.7
	500(510)	干态	7.2	2.0
	600(610)	干态	7.2	2.5
	800(820)	干态	7.2	3.4
	1000(1020)	干态	7.2	4.4
	1200(1220)	干态	7.2	5.1

注：1. 本表为单个试验的指标。

2. 100%的试件应能承受表中规定的最小极限荷载值。

3. 每批试件的平均挠度不应大于表中的规定值。该值为 4.79kPa 均布荷载作用下的楼面最大挠度；或 1.68kPa 均布荷载作用下的屋面最大挠度。

2）检查数量：每一检验批每一树种每一规格等级随机抽取 3 张板材。

3）检验方法：按现行国家标准《木结构覆板用胶合板》GB/T 22349—2008 的有关规定进行见证试验，检查产品质量合格证书，该批次木基结构板干、湿态集中力、均布荷载及冲击荷载下的检验合格证书。检查静曲强度和弹性模量检验报告。

（8）结构复合木材和工字形木搁栅

1）检验要求或指标：进场结构复合木材和工字形木搁栅应有产品质量合格证书，并应有符合设计文件规的平弯或侧立抗弯性能检验报告。进场工字形木搁栅和结构复合木材受弯构件，应作荷载效应标准组合作用下的结构性能检验，在检验荷载作用下，构件不应发生开裂等损伤现象，最大挠度不应大于表 16-21 的规定，跨中挠度的平均值不应大于理论计算值的 1.13 倍。

荷载效应标准组合作用下受弯木构件的挠度限值　　　　　　　　　　表 16-21

项次	构件类别		挠度限值(m)
1	檩条	$L \leqslant 3.3\text{m}$	$L/200$
		$L > 3.3\text{m}$	$L/250$
2	主梁		$L/250$

2）检验数量：每一检验批每一规格随机抽取 3 根。

3）检验方法：检查产品质量合格证书、结构复合木材材料强度和弹性模量检验报告及构件性能检验报告。本检验方法适用于层板胶合木和结构复合木材制作的受弯构件（梁、工字形木搁栅等）的力学性能检验，可根据受弯构件在设计规定的荷载效应标准组合作用下构件未受损伤和跨中挠度实测值判定。经检验合格的试件仍可用作工程用材。

① 取样方法、数量及几何参数

在进场的同一批次、同一工艺制作的同类型受弯构件中应随机抽取 3 根作试件。当同类型的构件尺寸规格不同时，试件应在受荷条件不利或跨度较大的构件中抽取。

试件的木材含水率不应大于 15%。

量取每根受弯构件跨中和距两支座各 500mm 处的构件截面高度和宽度，应精确至 ±1.0mm，并应以平均截面高度和宽度计算构件截面的惯性矩；工字形木搁栅应以产品公称惯性矩为计算依据。

② 试验装置与试验方法

试件应按设计计算跨度（l_0）简支地安装在支墩上。滚动铰支座滚直径不应小于 60mm，垫板宽度应与构件截面宽度一致，垫板长度应由木材局部横纹承压强度决定，垫板厚度应由钢板的受弯承载力决定，但不应小于 8mm。

当构件截面高宽比大于 3 时，应设置防止构件发生侧向失稳的装置，支撑点应设在两支座和各加载点处，装置不应约束构件在荷载作用下的竖向变形。

当构件计算跨度 $l_0 \leqslant 4\text{m}$ 时，应采用两集中力四分点加载；$l_0 > 4\text{m}$ 时，应采用四集中力八分点加载。两种加载方案的最大试验荷载（检验荷载）P_{smax}（含构件及设备重力）应按式（16-10）和式（16-11）计算：

$$P_{\text{smax}} = \frac{4M_s}{l_0} \tag{16-10}$$

$$P_{\text{smax}} = \frac{2M}{l_0} \tag{16-11}$$

式中：M_s——设计规定的荷载效应标准组合，N·mm。

荷载应分五相同等级，应以相同时间间隔加载至试验荷载 P_{smax}，并应在 10min 之内完成。实际加载量应扣除构件自重和加载设备的重力作用。加载误差不应超过±1%。

构件在各级荷载下的跨中挠度，应通过在构件的两支座和跨中位置安装的3个位移计测定。当位移计为百分表时，其准确度等级应为1级；当采用位移传感器时，准确度不应低于1级，最小分度值不宜大于试件最大挠度的1%；应快速记录位移计在各级试验荷载下的读数，或采用数据采集系统记录荷载和各位移传感器的读数，同时应填写位移计读数记录；应仔细检查各级荷载作用下，构件的损伤情况。

③ 跨中实测挠度计算

各级荷载作用下的跨中挠度实测值，应按式（16-12）计算：

$$\omega_i = \sum \Delta A_{2i} - \frac{1}{2}(\sum \Delta A_{1i} + \sum \Delta A_{3i}) \tag{16-12}$$

荷载效应标准组合作用下的跨中挠度，应按式（16-13）计算：

$$\omega_s = \left(\omega_5 + \omega_3 \frac{P_0}{P_3}\right)\eta \tag{16-13}$$

式中：ω_5——第五级荷载作用下的跨中挠度；

ω_3——第三级荷载作用下的跨中挠度；

P_3——第三级时外加荷载的总量（每个加载点处的三级外加荷载量）；

P_0——构件自重和加载设备自重按弯矩等效原则折算至加载点处的荷载；

η——荷载形式修正系数，当设计荷载简图为均布荷载时，对两集中力加载方案$\eta=0.91$，四集中力加载方案为1.0，其他设计荷载简图可按材料力学以跨中弯矩等效时挠度计算公式换算。

④ 判定规则

试件在加载过程中不应有新的损伤出现，并应用3个试件跨中实测挠度的平均值与理论计算挠度比较，同时应用3个试件中跨中挠度实测值中的最大值与《木结构工程施工质量验收规范》GB 50206—2012规定的允许挠度比较，满足要求者应为合格。试验跨度l_0未取实际构件跨度时，应以实测挠度平均值与理论计算值的比较结果为评定依据。

受弯构件挠度理论计算值应以量取每根受弯构件跨中和距两支座各500mm处的构件截面高度和宽度，应精确至±1.0mm，并应以平均截面高度和宽度计算构件截面的惯性矩；工字形木搁栅应以产品公称惯性矩为计算依据获得的构件截面尺寸、所采用的试验荷载简图、外加荷载量（P_{smax}中扣除试件及设备自重）和设计文件表明的材料弹性模量，按工程力学原则计算确定，实测挠度平均值应按式（16-8）计算的挠度平均值。

（9）齿板桁架

1）检验要求或指标：齿板桁架应由专业加工厂加工制作，并应有产品质量合格证书。

2）检验数量：检验批全数。

3）检验方法：实物与产品质量合格证书对照检查。

（10）承重钢构件和连接所用钢材

1）检验要求或指标：承重钢构件和连接所用钢材应有产品质量合格证书和化学成分的合格证书。进场钢材应见证检验其抗拉屈服强度、极限强度和延伸率，其值应满足设计文件规定的相应等级钢材的材质标准指标，且不应低于现行国家标准《碳素结构钢》GB 700—2006 有关 Q235 及以上等级钢材的规定。−30℃以下使用的钢材不宜低于 Q235D 或相应屈服强度钢材 D 等级的冲击韧性规定，钢木屋架下弦所用圆钢，除应做抗拉屈服强度、极限强度和延伸率性能检验外，尚应做冷弯检验，并应满足设计文件规定的圆钢材质标准。

2）检验数量：每检验批每一钢种随机抽取两件。

3）检验方法：取样方法、试样制备及拉伸试验方法应分别符合现行国家标准《钢及钢产品力学性能试验取样位置及试样制备》GB/T 2975—2018 和《金属材料拉伸试验 第 1 部分：室温试验方法》GB/T 228.1—2021 的有关规定。

（11）焊条

1）检验要求或指标：焊条应符合现行国家标准《非合金钢及细晶粒钢焊条》GB/T 5117—2012 和《热强钢焊条》GB/T 5118—2012 的有关规定，型号应与所用钢材匹配，并应有产品质量合格证书。

2）检验数量：检验批全数。

3）检验方法：实物与产品质量合格证书对照检查。

（12）螺栓、螺帽

1）检验要求或指标：螺栓、螺帽应有产品质量合格证书，其性能应符合现行国家标准《六角头螺栓》GB/T 5782—2016 和《六角头螺栓 C 级》GB/T 5780—2016 的有关规定。

2）检验数量：检验批全数。

3）检验方法：实物与产品质量合格证书对照检查。

（13）圆钉

1）检验要求或指标：圆钉应有产品质量合格证书，其性能应符合现行行业标准《一般用途圆钢钉》YB/T 5002—2017 的有关规定。设计文件规定钉子的抗弯屈服强度时，应做钉子抗弯强度见证检验。

2）检验数量：每检验批每一规格圆钉随机抽取 10 枚。

3）检验方法：检查产品合格证书、检测报告。

强度见证检验方法应符合以下规定：

适用于测定木结构连接中钉在静荷载作用下的弯曲屈服强度。钉在跨度中央受集中荷载弯曲，根据荷载-挠度曲线确定其弯曲屈服强度。

① 仪器设备

一台压头按等速运行经过标定的试验机，准确度应达到±1%。

钢制的圆柱形滚轴支座，直径应为 9.5mm，当试件变形时滚轴应能转动。钢制的圆柱面压头，直径应为 9.5mm。

挠度测量仪表的最小分度值应不大于 0.025mm。

② 试件的准备

对于杆身光滑的钉除采用成品钉外，也可采用已经冷拔用以制钉的钢丝作试件；木螺钉、麻花钉等杆身变截面的钉应采用成品钉作试件。

钉的直径应在每个钉的长度中点测量。准确度应达到 0.025mm。对于钉杆部分变截面的钉，应以无螺纹部分的钉杆直径为准。

试件长度不应小于 40mm。

③ 试验步骤

钉的试验跨度应符合表 16-22 的规定。

钉的试验跨度 表 16-22

钉的直径(mm)	$d{\leqslant}4.0$	$4.0{<}d{\leqslant}6.5$	$d{>}6.5$
试验跨度(mm)	40	65	95

试件应放置在支座上，试件两端应与支座等距。

施加荷载时应使圆柱面压头的中心点与每个圆柱形支座的中心点等距。

杆身变截面的钉试验时应将钉杆光滑部分与变截面部分之间的过渡区段靠近两个支座间的中心点。

加荷速度应不大于 6.5mm/min。

挠度应从开始加荷逐级记录，直至达到最大荷载，并应绘制荷载-挠度曲线。

④ 试验结果

对照荷载-挠度曲线的直线段，沿横坐标向右平移 5% 钉的直径，绘制与其平行的直线，应取该直线与荷载-挠度曲线交点的荷载值作为钉的屈服荷载。如果该直线未与荷载-挠度曲线相交，则应取最大荷载作为钉的屈服荷载。

钉的抗弯屈服强度 f_y 应按式（16-14）计算：

$$f_y = \frac{3P_y S_{bp}}{2d^3} \tag{16-14}$$

式中：f_y——钉的抗弯屈服强度；

$\quad d$——钉的直径；

$\quad P_y$——屈服荷载；

$\quad S_{bp}$——钉的试验跨度。

钉的抗弯屈服强度应取全部试件屈服强度的平均值，并不应低于设计文件的规定。

(14) 金属连接件

1) 检验要求或指标：金属连接件应冲压成型，并应具有产品质量合格证书和材质合格保证。镀锌防锈层厚度不应小于 275g/m²。

2) 检查数量：检验批全数。

3) 检验方法：实物与产品质量合格证书对照检查。

(15) 构件间金属连接件

1) 检验要求或指标：轻型木结构各类构件间连接的金属连接件的规格、钉连接的用钉规格与数量，应符合设计文件的规定。

2) 检查数量：检验批全数。

3) 检验方法：目测、丈量。

(16) 构造设计

1) 检验要求或指标：当采用构造设计时，各类构件间的钉连接不应低于表 16-23 和表 16-24 的规定。

按构造设计的轻型木结构的钉连接要求 表 16-23

序号	连接构件名称	最小钉长（mm）	钉的最小数量或最大间距
1	盖搁栅与墙体顶梁板或底梁板——斜向钉连接	80	2 颗
2	边框梁或封边板与墙体顶梁板或底梁板——斜向钉连接	60	150mm
3	楼盖搁栅木底撑或扁钢底撑与楼盖搁栅	60	2 颗
4	搁栅间剪刀撑	60	每端 2 颗
5	开孔周边双层封边梁或双层加强搁栅	80	300mm
6	木梁两侧附加托木与木梁	80	每根搁栅处 2 颗
7	搁栅与搁栅连接板	80	每端 2 颗
8	被切搁栅与开孔封头搁栅（沿开孔周边垂直钉连接）	80	5 颗
		100	3 颗
9	开孔处每根封头搁栅与封边搁栅的连接（沿开孔周边垂直钉连接）	80	5 颗
		100	3 颗
10	墙骨与墙体顶梁板或底梁板，采用斜向钉连接或垂直钉连接	60	4 颗
		100	2 颗
11	开孔两侧双根墙骨柱或在墙体交接或转角处的墙骨处	80	750mm
12	双层顶梁板	80	600mm
13	墙体底梁板或地梁板与搁栅或封头块（用于外墙）	80	400mm
14	内隔墙与框架或楼面板	80	600mm
15	非承重墙开孔顶部水平构件每端	80	2 颗
16	过梁与墙骨	80	每端 2 颗
17	顶棚搁栅与墙体顶梁板——每侧采用斜向钉连接	80	2 颗
18	屋面椽条、桁架或屋面搁栅与墙体顶梁板——斜向钉连接	80	3 颗
19	椽条板与顶棚搁栅	100	2 颗
20	椽条与搁栅（屋脊板有支座时）	80	3 颗
21	两侧椽条在屋脊通过连接板连接，连接板与每根椽条的连接	60	4 颗
22	椽条与屋脊板——斜向钉连接或垂直钉连接	80	3 颗
23	椽条拉杆每端与椽条	80	3 颗
24	椽条拉杆侧向支撑与拉杆	60	2 颗
25	屋脊椽条与屋脊或屋谷椽条	80	2 颗
26	椽条撑杆与椽条	80	3 颗
27	椽条撑杆与承重墙——斜向钉连接	80	2 颗

椽条与顶棚搁栅钉连接（屋脊无支承） 表 16-24

屋面坡度	椽条间距（mm）	钉长不小于 80mm 的最少钉数											
		椽条与每根顶棚搁栅连接						椽条每隔 1.2m 与顶棚搁栅连接					
		房屋宽度达到 8m			房屋宽度达到 9.8m			房屋宽度达到 8m			房屋宽度达到 9.8m		
		屋面雪荷（kPa）			屋面雪荷（kPa）			屋面雪荷（kPa）			屋面雪荷（kPa）		
		≤1.0	1.5	≥2.0	≤1.0	1.5	≥2.0	≤1.0	1.5	≥2.0	≤1.0	1.5	≥2.0
1:3	400	4	5	6	5	7	8	11	—	—	—	—	—
	600	6	8	9	8	—	—	11	—	—	—	—	—

续表

屋面坡度	椽条间距(mm)	钉长不小于80mm的最少钉数										
		椽条与每根顶棚搁栅连接						椽条每隔1.2m与顶棚搁栅连接					
		房屋宽度达到8m			房屋宽度达到9.8m			房屋宽度达到8m			房屋宽度达到9.8m		
		屋面雪荷(kPa)			屋面雪荷(kPa)			屋面雪荷(kPa)			屋面雪荷(kPa)		
		≤1.0	1.5	≥2.0	≤1.0	1.5	≥2.0	≤1.0	1.5	≥2.0	≤1.0	1.5	≥2.0
1:2.4	400	4	4	5	5	6	7	7	10	—	9	—	—
	600	5	7	8	7	9	11	7	10	—			
1:2	400	4	4	4	4	4	5	6	8	9	8	—	—
	600	4	5	6	5	7	8	6	8	—			
1:1.71	400	4	4	4	4	4	4	5	7	8	7	9	11
	600	4	4	5	5	6	7	5	7	8	7	9	11
1:1.33	400	4	4	4	4	4	4	4	5	6	5	6	7
	600	4	4	4	4	4	5	4	5	6	5	6	7
1:1	400	4	4	4	4	4	4	4	4	4	4	4	5
	600	4	4	4	4	4	4	4	4	4	4	4	5

2）检查数量：检验批全数。

3）检验方法：目测、丈量。

2. 一般项目

（1）承重墙构造及外观

1）检验要求或指标：承重墙（含剪力墙）的下列各项应符合设计文件的规定，且不应低于现行国家标准《木结构设计标准》GB 50005—2017 有关构造的规定：

① 墙骨间距。

② 墙体端部、洞口两侧及墙体转角和交接处，墙骨的布置和数量。

③ 墙骨开槽或开孔的尺寸和位置。

④ 地梁板的防腐、防潮及与基础的锚固措施。

⑤ 墙体顶梁板规格材的层数、接头处理及在墙体转角和交接处的两层顶梁板的布置。

⑥ 墙体覆面板的等级、厚度及铺钉布置方式。

⑦ 墙体覆面板与墙骨钉连接用钉的间距。

⑧ 墙体与楼盖或基础间连接件的规格尺寸和布置。

2）检验数量：检验批全数。

3）检验方法：对照实物目测检查。

（2）楼盖构造及外观

1）检验要求或指标：楼盖下列各项应符合设计文件的规定，且不应低于现行国家标准《木结构设计标准》GB 50005—2017 有关构造的规定。

① 拼合梁钉或螺栓的排列、连续拼合梁规格材接头的形式和位置。

② 搁栅或拼合梁的定位、间距和支承长度。

③ 搁栅开槽或开孔的尺寸和位置。

④ 楼盖洞口周围搁栅的布置和数量；洞口周围搁栅间的连接、连接件的规格尺寸及布置。

⑤ 楼盖横撑、剪刀撑或木底撑的材质等级、规格尺寸和布置。

2）检查数量：检验批全数。

3）检验方法：目测、丈量。

（3）齿板桁架

1）检验要求或指标：齿板桁架的进场验收，应符合下列规定。

① 规格材的树种、等级和规格应符合设计文件的规定。

② 齿板的规格、类型应符合设计文件的规定。

③ 桁架的几何尺寸偏差不应超过表 16-25 的规定。

④ 齿板的安装位置偏差不应超过图 16-1 所示的规定。

桁架制作允许误差（mm）　　　　　　　　　　　表 16-25

	相同桁架间尺寸差	与设计尺寸间的误差
桁架长度	12.5	18.5
桁架高度	6.5	12.5

注：1. 桁架长度指不包括悬挑或外伸部分的桁架总长，用于限定制作误差。

　　2. 桁架高度指不包括悬挑或外伸等上、下弦杆突出部分的全榀桁架最高部位处的高度，为上弦顶面到下弦底面的总高度，用于限定制作误差。

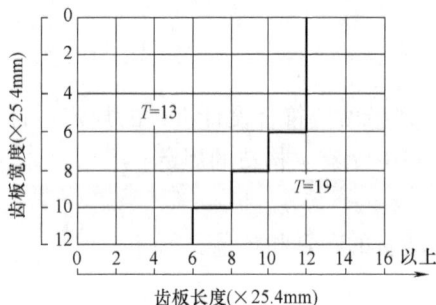

图 16-1　齿板位置偏差允许值

⑤ 齿板连接的缺陷面积，当连接处的构件宽度大于 50mm 时，不应超过齿板与该构件接触面积的 20%；当构件宽度小于 50mm 时，不应超过齿板与该构件接触面积的 10%。缺陷面积应为齿板与构件接触面范围内的木材表面缺陷面积与板齿倒伏面积之和。

⑥ 齿板连接处木构件的缝隙不应超过图 16-2 所示的规定。除设计文件有特殊规定外，宽度超过允许值的缝隙，均应有宽度不小于 19mm、厚度与缝隙宽度相当的金属片填实，并应有螺纹钉固定在被填塞的构件上。

2）检验数量：检验批全数的 20%。

3）检验方法：目测、量器测量。

（4）屋盖构造及外观

1）检验要求或指标：屋盖下列各项应符合设计文件的规定，且不应低于现行国家标准《木结构设计标准》GB 50005—2017 有关构造的规定：

① 椽条、顶棚搁栅或齿板屋架的定位、间距和支承长度。

② 屋盖洞口周围椽条与顶棚搁栅的布置和数量；洞口周围椽条与顶棚搁栅间的连接、连接件的规格尺寸及布置。

③ 屋面板铺钉方式及与搁栅连接用钉的间距。

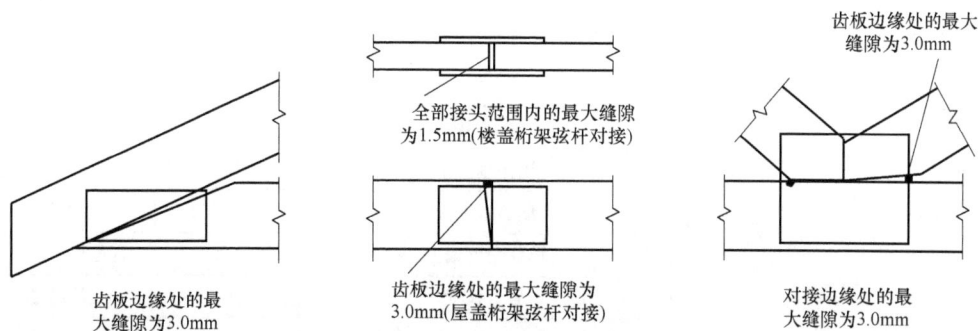

齿板边缘处的最大缝隙为 3.0mm

全部接头范围内的最大缝隙为1.5mm(楼盖桁架弦杆对接)

齿板边缘处的最大缝隙为 3.0mm(屋盖桁架弦杆对接)

齿板边缘处的最大缝隙为3.0mm

对接边缘处的最大缝隙为3.0mm

图 16-2　齿板桁架木构件间允许缝隙限值

2）检验数量：检验批全数。

3）检验方法：钢尺或卡尺量、目测。

（5）轻型木构件的制作偏差

检验要求或指标：轻型木结构各种构件的制作与安装偏差，不应大于本规范表 16-26 的规定。

轻型木结构的制作安装允许偏差　　　　　　　　　　表 16-26

项次	项目			允许偏差（mm）	检验方法
1	楼盖主梁、柱子及连接件	楼盖主梁	截面宽度/高度	±6	钢板尺量
			水平度	±1/200	水平尺量
			垂直度	±3	直角尺和钢板尺量
			间距	±6	钢尺量
			拼合梁的钉间距	+30	钢尺量
			拼合梁的各构件的截面高度	±3	钢尺量
			支承长度	−6	钢尺量
2		柱子	截面尺寸	±3	钢尺量
			拼合柱的钉间距	±30	钢尺量
			柱子长度	±3	钢尺量
			垂直度	±1/200	靠量
3		连接件	连接件的间距	±6	钢尺量
			同一排列连接件之间的错位	±6	钢尺量
			构件上安装连接件开槽尺寸	连接件尺寸±3	卡尺量
			端距/边距	±6	钢尺量
			连接钢板的构件开槽尺寸	±6	卡尺量
4	楼(屋)盖施工	楼(屋)盖	搁栅间距	±40	钢尺量
			楼盖整体水平度	±1/250	水平尺量
			楼盖局部水平度	±1/150	水平尺量
			搁栅截面高度	±3	钢尺量
			搁栅支承长度	−6	钢尺量
5			规定的钉间距	+30	钢尺量
			钉头嵌入楼、屋面板表面的最大深度	+3	卡尺量
6		楼(屋)盖齿板连接桁架	桁架间距	±40	钢尺量
			桁架垂直度	±1/200	直角尺和钢尺量
			齿板安装位置	±6	钢尺量
			弦杆、腹杆、支撑	19	钢尺量
			桁架高度	13	钢尺量

续表

项次	项目			允许偏差 （mm）	检验方法
7	墙体施工	墙骨柱	墙骨间距	±40	钢尺量
			墙体垂直度	±1/200	直角尺和钢尺量
			墙体水平度	±1/150	水平尺量
			墙体角度偏差	±1/270	直角尺和钢尺量
			墙骨长度	±3	钢尺量
			单根墙骨柱的出平面偏差	±3	钢尺量
8		顶梁、板、底梁板	顶梁板、底梁板的平直度	+1/150	水平尺量
			顶梁板作为弦杆传递荷载时的搭接长度	±12	钢尺量
9		墙面板	规定的钉间距	+30	钢尺量
			钉头嵌入墙面板表面的最大深度	+3	卡尺量
			木框架上墙面板之间的最大缝隙	+3	卡尺量

（6）保温措施和隔气层的设置

1）检验要求或指标：轻型木结构的保温措施和隔气层的设置等，应符合设计文件的规定。

2）检查数量：检验批全数。

3）检验方法：对照设计文件检查。

16.4　木结构的防护

（1）本节适用于木结构防腐、防虫和防火的施工质量验收。

（2）设计文件规定需要做阻燃处理的木构件应按现行国家标准《建筑设计防火规范》GB 50016—2014 的有关规定和不同构件类别的耐火极限、截面尺寸选择阻燃剂和防护工艺，并应由具有专业资质的企业施工。对于长期暴露在潮湿环境下的木构件，尚应采取防止阻燃剂流失的措施。

（3）木材防腐处理应根据设计文件规定的各木构件用途和防腐要求，按表 16-27 的规定确定其使用环境类别并选择合适的防腐剂。防腐处理宜采用加压法施工，并应由具有专业资质的企业施工。经防腐药剂处理后的木构件不宜再进行锯解、刨削等加工处理。确需作局部加工处理导致局部未被浸渍药剂的木材外露时，该部位的木材应进行防腐修补。

木结构的使用环境　　　　　　　　　　　　　　　　　　表 16-27

使用分类	使用条件	应用环境	常用构件
C1	户内、且不接触土壤	在室内干燥环境中使用,能避免气候和水分的影响	木梁、木柱等
C2	户内、且不接触土壤	在室内环境中使用,有时受潮湿和水分的影响,但能避免气候的影响	木梁、木柱等
C3	户外,但不接触土壤	在室外环境中使用,暴露在各种气候中,包括淋湿,但不长期浸泡在水中	木梁等

续表

使用分类	使用条件	应用环境	常用构件
C4A	户外,且接触土壤或浸在淡水中	在室外环境中使用,暴露在各种气候中,且与地面接触或长期浸泡在淡水中	木柱等

（4）阻燃剂、防火涂料以及防腐、防虫等药剂,不得危及人畜安全,不得污染环境。

（5）木结构防护工程的检验批可分别按本规范第 16.1 节～16.3 节对应的方木与原木结构、胶合木结构或轻型木结构的检验批划分。

1. 主控项目

（1）防腐、防虫及防火和阻燃药剂

1）检验要求或指标：所使用的防腐、防虫及防火和阻燃药剂应符合设计文件表明的木构件（包括胶合木构件等）使用环境类别和耐火等级,且应有质量合格证书的证明文件。经化学药剂防腐处理后的每批次木构件（包括成品防腐木材）,应有符合本规范附录 K 规定的药物有效性成分的载药量和透入度检验合格报告。

2）检验数量：检验批全数。

3）检验方法：实物对照、检查检验报告。

（2）透入度见证检验

1）检验要求或指标：经化学药剂防腐处理后进场的每批次木构件应进行透入度见证检验,透入度应符合下列规定：

① 方木与原木结构、轻型木结构构件

方木、原木结构、轻型木结构构件采用的防腐、防虫药剂及其以活性成分计的最低载药量检验结果,应符合表 16-28 的规定。需油漆的木构件宜采用水溶性或以易挥发的碳氢化合物为溶剂的油溶性防护剂。

不同使用条件下使用的防腐木材及其制品应达到的其最低载药量 表 16-28

防腐剂		活性成分	组成比例（%）	最低载药量（kg/m³） 使用环境			
类别	名称			C1	C2	C3	C4A
	硼化合物[1]	三氧化二硼	100	2.8	2.8[2]	NR[3]	NR
水溶性	季铵铜（ACQ） ACQ-2	氧化铜	66.7	4.0	4.0	4.0	6.4
		二癸基二甲基氯化铵（DDAC）	33.3				
	ACQ-3	氧化铜	66.7	4.0	4.0	4.0	6.4
		十二烷基苄基二甲基氯化铵（BAC）	33.3				
	ACQ-4	氧化铜	66.7	4.0	4.0	4.0	6.4
		DDAC	33.3				

续表

防腐剂		活性成分	组成比例(%)	最低载药量(kg/m³)			
类别	名称			使用环境			
				C1	C2	C3	C4A
水溶性	铜唑(CuAz) CuAz-1	铜	49	3.3	3.3	3.3	6.5
		硼酸	49				
		戊唑醇	2				
	CuAz-2	铜	96.1	1.7	1.7	1.7	3.3
		戊唑醇	3.9				
	CuAz-3	铜	96.1	1.7	1.7	1.7	3.3
		丙环唑	3.9				
	CuAz-4	铜	96.1	1.0	1.0	1.0	2.4
		戊唑醇	1.95				
		丙环唑	1.95				
	唑醇啉(PTI)	戊唑醇	47.6	0.21	0.21	0.21	NR
		丙环唑	47.6				
		吡虫啉	4.8				
	酸性铬酸铜(ACC)	氧化铜	31.8	NR	4.0	4.0	8.0
		三氧化铬	68.2				
	柠檬酸铜(CC)	氧化铜	62.3	4.0	4.0	4.0	NR
		柠檬酸	37.7				
油溶性	8-羟基喹啉铜(CuB)	铜	100	0.32	0.32	0.32	NR
	环烷酸铜(CuN)	铜	100	NR	NR	0.64	NR

注：1. 硼化合物包括硼酸、四硼酸钠、八硼酸钠、五硼酸钠等及其混合物；

2. 有白蚁危害时 C2 环境下硼化合物应为 $4.5kg/m^3$；

3. NR 为不建议使用。

防护施工应在木构件制作完成后进行，并应选择正确的处理工艺。常压浸渍法可用于木构件处于 C1 类环境条件的防护处理；其他环境条件均应用加压浸渍法，特殊情况下可采用冷热槽浸渍法；对于不易吸收药剂的树种，浸渍前可在木材上顺纹刻痕，但刻痕深度不宜大于 16mm。浸渍完成后的药剂透入度检验结果不应低于表 16-29 的规定。喷洒法和涂刷法应仅用于已经防护处理的木构件，因钻孔、开槽等操作造成未吸收药剂的木材外露而进行的防护修补。

防护剂透入度检测规定　　　　　　　　表 16-29

木材特征	透入深度或边材透入率		钻孔采样数量(个)	试样合格率(%)
	$t<125mm$	$t\geqslant125mm$		
易吸收不需要刻痕	63mm 或 85%(C1、C2)、90%(C3、C4A)		20	80
需要刻痕	10mm 或 85%(C1、C2)、90%(C3、C4A)	13mm 或 85%(C1、C2)、90%(C3、C4A)	20	80

注：t 为需处理木材的厚度，是否刻痕需根据木材的可处理性、天然耐久性及设计要求确定。

② 胶合木结构构件、结构胶合板及结构复合材构件

胶合木结构可采用的防腐、防火药剂类别和规定的检测深度内以有效活性成分计的载药量不应低于表16-30的规定。胶合木结构宜在层板胶合、构件加工工序完成（包括钻孔、开槽等局部处理）后进行防护处理，并宜采用油溶性药剂；必要时可先做层板的防护处理，再进行胶合和构件加工。不论何种顺序，其药剂透入度不得小于表16-31的规定。

胶合木结构构件、结构胶合板及结构复合材构件　　　　表16-30

药剂类别	名称		胶合前处理					胶合后处理				
			最低载药量(kg/m³)				检测深度(mm)	最低载药量(kg/m³)				检测深度(mm)
			使用环境					使用环境				
			C1	C2	C3	C4A		C1	C2	C3	C4A	
水溶性	硼化合物		2.8	2.8*	NR	NR	13～25	NR	NR	NR	NR	—
	季铵铜(ACQ)	ACQ-2	4.0	4.0	4.0	6.4	13～25	NR	NR	NR	NR	—
		ACQ-3	4.0	4.0	4.0	6.4	13～25	NR	NR	NR	NR	—
		ACQ-4	4.0	4.0	4.0	6.4	13～25	NR	NR	NR	NR	—
	铜唑(CuAz)	CuAz-1	3.3	3.3	3.3	6.5	13～25	NR	NR	NR	NR	—
		CuAz-2	1.7	1.7	1.7	3.3	13～25	NR	NR	NR	NR	—
		CuAz-3	1.7	1.7	1.7	3.3	13～25	NR	NR	NR	NR	—
		CuAz-4	1.0	1.0	1.0	2.4	13～25	NR	NR	NR	NR	—
	唑醇啉(PTI)		0.21	0.21	0.21	NR	13～25	NR	NR	NR	NR	—
	酸性铬酸铜(ACC)		NR	4.0	4.0	8.0	13～25	NR	NR	NR	NR	—
	柠檬酸铜(CC)		4.0	4.0	4.0	NR	13～25	NR	NR	NR	NR	—
油溶性	8-羟基喹啉铜(CuB)		0.32	0.32	0.32	NR	13～25	0.32	0.32	0.32	NR	0～15
	环烷酸铜(CuN)		NR	NR	0.64	NR	13～25	0.64	0.64	0.64	NR	0～15

注：* 有白蚁危害时应为4.5kg/m³。

对于胶合后处理的木构件，应从每一批量中的20个构件中随机钻孔取样；对于胶合前处理的木构件，应从每一批量中20块内层被接长的木板侧边各钻取一个试样。试样的透入深度或边材透入率应符合表16-31的要求。

胶合木构件防护药剂透入深度或边材透入率　　　　表16-31

木材特征	使用环境		钻孔采样的数量(个)
	C1、C2 或 C3	C4A	
易吸收不需要刻痕	75mm 或 90%	75mm 或 90%	20
需要刻痕	25mm	32mm	20

结构胶合板和结构复合材（旋切板胶合木、旋切片胶合木）防护剂的最低保持量及其检测深度，应符合表16-32的要求。

结构胶合板、结构复合材防护剂的最低载药量与检测深度　　表 16-32

药剂		胶合前处理						胶合后处理				
类别	名称	最低载药量（kg/m³）				检测深度（mm）		最低载药量（kg/m³）				检测深度（mm）
		使用环境						使用环境				
		C1	C2	C3	C4A			C1	C2	C3	C4A	
水溶性	硼化合物	2.8	2.8*	NR	NR	0～10		NR	NR	NR	NR	—
	季铵铜（ACQ）ACQ-2	4.0	4.0	4.0	6.4	0～10		NR	NR	NR	NR	—
	ACQ-3	4.0	4.0	4.0	6.4	0～10		NR	NR	NR	NR	—
	ACQ-4	4.0	4.0	4.0	6.4	0～10		NR	NR	NR	NR	—
	铜唑（CuAz）CuAz-1	3.3	3.3	3.3	6.5	0～10		NR	NR	NR	NR	—
	CuAz-2	1.7	1.7	1.7	3.3	0～10		NR	NR	NR	NR	—
	CuAz-3	1.7	1.7	1.7	3.3	0～10		NR	NR	NR	NR	—
	CuAz-4	1.0	1.0	1.0	2.4	0～10		NR	NR	NR	NR	—
	唑醇啉（PTI）	0.21	0.21	0.21	NR	0～10		NR	NR	NR	NR	—
	酸性铬酸铜（ACC）	NR	4.0	4.0	8.0	0～10		NR	NR	NR	NR	—
	柠檬酸铜（CC）	4.0	4.0	4.0	NR	0～10		NR	NR	NR	NR	—
油溶性	8-羟基喹啉铜（CuB）	0.32	0.32	0.32	NR	0～10		0.32	0.32	0.32	NR	0～10
	环烷酸铜（CuN）	0.64	0.64	0.64	NR	0～10		0.64	0.64	0.64	NR	0～10

注：* 有白蚁危害时应为 4.5kg/m³。

2）检验数量：每检验批随机抽取 5～10 根构件，均匀地钻取 20 个（油性药剂）或 48 个（水性药剂）芯样。

3）检验方法：现行国家标准《木结构试验方法标准》GB/T 50329—2012。

（3）防腐构造措施

1）检验要求或指标：① 首层木楼盖应设置架空层，方木、原木结构楼盖底面距室内地面不应小于 400mm，轻型木结构不应小于 150mm。支承楼盖的基础或墙上应设通风口，通风口总面积不应小于楼盖面积的 1/150，架空空间应保持良好通风。

② 非经防腐处理的梁、檩条和桁架等支承在混凝土构件或砌体上时，宜设防腐垫木，支承面间应有卷材防潮层。梁、檩条和桁架等支座不应封闭在混凝土或墙体中，除支承面外，该部位构件的两侧面、顶面及端面均应与支承构件间留 30mm 以上能与大气相通的缝隙。

③ 非经防腐处理的柱应支承在柱墩上，支承面间应有卷材防潮层。柱与土壤严禁接触，柱墩顶面距土地面的高度不应小于 300mm。当采用金属连接件固定并受雨淋时，连接件不应存水。

④ 木屋盖设吊顶时，屋盖系统应有老虎窗、山墙百叶窗等通风装置。寒冷地区保温层设在吊顶内时，保温层顶距桁架下弦的距离不应小于 100mm。

⑤ 屋面系统的内排水天沟不应直接支承在桁架、屋面梁等承重构件上。

2）检查数量：检验批全数。

3）检验方法：对照实物、逐项检查。

（4）防火阻燃处理

1）检验要求或指标：木构件需做防火阻燃处理时，应由专业工厂完成，所使用的阻燃药剂应具有有效性检验报告和合格证书，阻燃剂应采用加压浸渍法施工。经浸渍阻燃处理的木构件，应有符合设计文件规定的药物吸收干量的检验报告。采用喷涂法施工的防火涂层厚度应均匀，见证检验的平均厚度不应小于该药物说明书的规定值。

2）检查数量：每检验批随机抽取20处测量涂层厚度。

3）检验方法：卡尺测量、检查合格证书。

（5）包覆材料

1）检验要求或指标：凡木构件外部需用防火石膏板等包覆时，包覆材料的防火性能应有合格证书，厚度应符合设计文件的规定。

2）检查数量：检验批全数。

3）检验方法：卡尺测量、检查产品合格证书。

（6）炊事、采暖等所用烟道、烟囱

1）检验要求或指标：炊事、采暖等所用烟道、烟囱应用不燃材料制作且密封，砖砌烟囱的壁厚不应小于240mm，并应有砂浆抹面，金属烟囱应外包厚度不小于70mm的矿棉保护层和耐火极限不低于1.00h的防火板，其外边缘距木构件的距离不应小于120mm，并应有良好通风。烟囱出屋面处的空隙应用不燃材料封堵。

2）检查数量：检验批全数。

3）检验方法：对照实物。

（7）墙体、楼盖、屋盖空腔内现场填充的保温、隔热、吸声等材料

1）检验要求或指标：墙体、楼盖、屋盖空腔内现场填充的保温、隔热、吸声等材料，应符合设计文件的规定，且防火性能不应低于难燃性B1级。

2）检查数量：检验批全数。

3）检验方法：实物与设计文件对照、检查产品合格证书。

（8）电源线敷设

1）检验要求或指标：电源线敷设应符合下列要求：①敷设在墙体或楼盖中的电源线应用穿金属管线或检验合格的阻燃型塑料管。

②电源线明敷时，可用金属线槽或穿金属管线。

③矿物绝缘电缆可采用支架或沿墙明敷。

2）检查数量：检验批全数。

3）检验方法：对照实物、查验交接检验报告。

（9）埋设或穿越木结构的各类管道敷设

1）检验要求或指标：埋设或穿越木结构的各类管道敷设应符合下列要求：①管道外壁温度达到120℃及以上时，管道和管道的包覆材料及施工时的胶粘剂等，均应采用检验合格的不燃材料。②管道外壁温度在120℃以下时，管道和管道的包覆材料等应采用检验合格的难燃性不低于B的材料。

2）检查数量：检验批全数。

3）检验方法：对照实物、查验交接检验报告。

（10）木结构中外露钢构件及未做镀锌处理的金属连接件

1）检验要求或指标：木结构中外露钢构件及未做镀锌处理的金属连接件，应按设计文件的规定采取防锈蚀措施。

2）检查数量：检验批全数。

3）检验方法：实物与设计文件对照。

2. 一般项目

（1）经防护处理的木构件的防护层

1）检验要求或指标：经防护处理的木构件，其防护层有损伤或因局部加工而造成防护层缺损时，应进行修补。

2）检查数量：检验批全数。

3）检验方法：根据设计文件与实物对照检查，检查交接报告。

（2）墙体和顶棚采用石膏板（防火或普通石膏板）作覆面板并兼作防火材料

1）检验要求或指标：墙体和顶棚采用石膏板（防火或普通石膏板）作覆面板并兼作防火材料时，紧固件（钉子或木螺钉）贯入构件的深度不应小于表16-33的规定。

2）检查数量：检验批全数。

3）检验方法：实物与设计文件对照，检查交接报告。

石膏板紧固件贯入木构件的深度（mm）　　　　表16-33

耐火极限	墙体		顶棚	
	钉	木螺钉	钉	木螺钉
0.75h	20	20	30	30
1.00h	20	20	45	45
1.50h	20	20	60	60

（3）木结构外墙的防护构造措施

1）检验要求或指标：木结构外墙的防护构造措施应符合设计文件的规定。

2）检查数量：检验批全数。

3）检验方法：根据设计文件与实物对照检查，检查交接报告。

（4）楼盖、楼梯、顶棚以及墙体内的空腔

1）检验要求或指标：楼盖、楼梯、顶棚以及墙体内最小边长超过25mm的空腔，其贯通的竖向高度超过3m，水平长度超过20m时，均应设置防火隔断。天花板、屋顶空间，以及未占用的阁楼空间所形成的隐蔽空间面积超过300m^{2}时，或长边长度超过20m时，均应设防火隔断，并应分隔成隐蔽空间。防火隔断应采用下列材料：

① 厚度不小于40mm的规格材。

② 厚度不小于20mm且由钉交错钉合的双层木板。

③ 厚度不小于12mm的石膏板、结构胶合板或定向木片板。

④ 厚度不小于0.4mm的薄钢板。

⑤ 厚度不小于6mm的无机增强水泥板。

2）检查数量：检验批全数。

3）检验方法：根据设计文件与实物对照检查，检查交接报告。

16.5 《木结构通用规范》GB 55005—2021 相关规定

（1）木结构工程施工应采取保证施工过程中结构承载力和稳定性的安全措施以及保证施工设备、设施安全性的措施，并应进行必要验算。

（2）木结构子分部工程应由木结构制作安装与木结构防护两分项工程组成。只有当分项工程皆验收合格后，方可进行子分部工程的验收。

（3）检验批应按材料、木产品和构配件的物理力学性能质量控制和结构构件制作安装质量控制分别划分。

（4）木结构工程施工质量的控制应符合下列规定：

1）木材与木产品、钢材以及连接件等，应进行进场验收，对于涉及结构安全和使用功能的材料或半成品应进行检验；

2）各工序应按施工工艺控制质量，每道工序完成后，应进行检查；

3）相关各专业工种之间，应进行交接检验，应在检验合格后进行下道工序施工；

4）应有完整的施工过程记录及竣工文件。

（5）当木结构工程施工选用其他材料和构配件替代设计文件中规定的材料和构配件时，应保障结构可靠性。

（6）进场木材与木产品检验应包括下列项目：

1）方木与原木（清材小试件）的弦向静曲强度；

2）钢材的屈服强度、抗拉强度和伸长率以及钢木屋架下弦圆钢的冷弯性能；

3）胶合木、工字形木搁栅和结构复合木材受弯构件荷载标准组合作用下的抗弯性能；

4）目测分级规格材目测等级检验或抗弯强度检验，机械分级规格材抗弯强度检验；

5）木基结构板材的静曲强度和静曲弹性模量。

（7）木材与木产品的种类、材质等级或强度等级应符合设计文件的规定，并应有产品质量合格证书，除方木与原木外，尚应有产品标识。

（8）木结构各类连接节点的位置、连接件的种类、规格和数量应符合设计文件的规定。

（9）检验批及木结构分项工程质量合格应按下列规定执行：

1）检验批主控项目检验结果应全部合格；

2）检验批一般项目检验结果应有 80% 以上检查点合格，且最大偏差不应超过允许偏差的 1.2 倍；

3）木结构分项工程所含检验批检验结果均应合格，且应有各检验批质量验收的完整记录。

（10）木结构子分部工程质量验收应按下列规定执行：

1）子分部工程所含分项工程的质量均应验收合格；

2）子分部工程所含分项工程的质量资料和验收记录应完整；

3）安全功能检测项目的资料应完整，抽检的项目均应合格。

第17章
建筑结构加固工程施工质量检验

建筑结构加固工程作为建筑工程的一个分部工程，应根据其所用加固材料种类和施工技术特点划分为若干子分部工程，每一子分部工程应按其主要工种、材料和施工工艺划分为若干分项工程；每一个分项工程应按其施工过程控制和施工质量验收的需要划分为若干个检验批。本章主要针对常见的加固工程施工质量检验进行阐述，各子分部工程与分项工程的具体划分列于表17-1。

建筑结构加固子分部工程、分项工程划分 表 17-1

分部工程	子分部工程	分项工程
建筑结构加固 （上部结构加固）	混凝土构件增大截面工程	原构件修整、界面处理、钢筋加工、焊接、混凝土浇筑、养护
	局部置换构件混凝土工程	局部凿除、界面处理、钢筋修复、混凝土浇筑、养护
	承重构件外加钢筋网—砂浆面层工程	原构件修整、钢筋网加工与焊接、安装与锚固、聚合物砂浆或复合砂浆喷抹
	钢丝绳网片外加聚合物砂浆面层工程	原构件修整、界面处理、网片安装与锚固、聚合物砂浆喷抹
	外粘型钢工程	原构件修整、界面处理、钢件加工与安装、焊接、注胶、涂装
	粘贴碳纤维复合材工程	原构件修整、界面处理、纤维材料粘贴、防护面层
	外粘钢板工程	原构件修整、界面处理、钢板加工、胶接与锚固、防护面层
	植筋工程	原构件修整、钢筋加工、钻孔、界面处理、注胶、养护
	锚栓工程	原构件修整、钻孔、界面处理、机械锚栓或定型化学锚栓安装

17.1 混凝土增大截面加固工程施工质量检验

施工质量检验是增大截面加固工程质量的最后一道关卡，施工单位和各有关单位（如监理、设计及业主）决不能疏忽大意，必须严格按《建筑结构加固工程施工质量验收规范》GB 50550—2010 的规定执行。

（1）主控项目

1）新增混凝土浇筑的质量缺陷，应按表 17-2 进行检查和评定；其尺寸偏差应按设计单位在施工图上对重要部位尺寸所注的允许偏差进行检查与评定。

新增混凝土浇筑质量缺陷 表 17-2

名称	现象	严重缺陷	一般缺陷
露筋	构件内钢筋未被混凝土包外露	发生在纵向受力钢筋中	发生在其他钢筋中，且外部多
蜂窝	表面快少水泥砂浆致使石子外露	出现在件主要受力部位	出现在其他部位，且范围小
孔洞	混凝土的孔洞深度和长度均超过保护层厚度	发生在构件主要受力部位	发生在其他部位，且为小孔洞
夹杂异物	混凝中夹有异物且深度超过保护层厚度	出现在构件主要受力部位	出现在其他部位
内部疏松或分离	混凝土局部不密实或新旧混凝土之间分离	发生在构件主要受力部位	发生在其他部位，且范围小
新浇混凝土出现裂缝	缝隙从新增混凝土表面延伸至其内部	构件主要受力部位有影响结构性能或使用功能的裂缝	其他部位有少量不影响结构性能或使用功能的裂缝
连接部位缺陷	构件连接处混凝土有缺陷，连接钢筋、连接件、后销固件有松动	连接部位有松动或有影响结构传力性能的缺陷	连接部位有尚不影响结构传力性能的缺陷
表面缺陷	因材料或施工原因引起的构件表面起砂、掉皮	用刮板检查，其深度大于 5mm	仅有深度不大于 5mm 的局部凹陷

注：1. 当检查混凝土浇筑质量时，若发现有麻面、掉角、棱角不直、翘曲不平等外形缺陷，应责令施工单位进行修补后，重新检查验收；

2. 灌浆量与细石混凝土拌制的混合料，其浇筑质量也应本表检查和评定。

对新增混凝土浇筑质量的检验，除应进行试块强度检测外，还应通过检查其外观缺陷及探测其内部缺陷，并对所查出的缺陷性质及其严重程度进行评定，才能得到较为全面的检验结果。至于各种缺陷的数量限制可由设计单位根据结构加固工程的重要性和实际情况作出具体规定，由监理单位监督施工单位实施。在具体实施中，如何界定施工质量缺陷对结构性和使用功能等的影响程度，应由监理单位会同设计、施工单位事前共同确定并形成书面文件，以便现场检验与验收使用。

考虑到过大的尺寸偏差同样会影响结构构件受力性能和使用功能，应由设计单位在施工图上对重要部位尺寸所允许的偏差作出规定，以作为工程验收的依据。

2）新增混凝土的浇筑质量不应有严重缺陷及影响结构性能和使用功能的尺寸偏差。

对已经出现的严重缺陷及影响结构性能和使用功能的尺寸偏差，应由施工单位提出技术处理方案，经监理（业主）和设计单位共同认可后予以实施。对经处理的部位应重新检查、验收。

新增混凝土的浇筑质量的检验方法可采用观察，测量或超声法进行全数检查，并检查技术处理方案和返修记录。

混凝土浇筑质量如有严重缺陷，将会影响到结构的安全性、使用功能和耐久性。因此，增大截面加固工程浇筑的混凝土外观质量不应有严重缺陷。经检查对已出现的严重缺陷，应由施工单位根据缺陷的具体情况，提出技术处理方案，并经监理（或业主）和设计单位共同研究认可后进行处理，而且必须重新组织检查验收，需指出的是，施工单位切忌私下处理。本项必须严格执行。

3）新旧混凝结合面粘结质量应良好。可采用锤击或超声波检测方法，每一界面，每隔 100～300mm 布置一个测点。判定为结合不良的测点数不应超过总测点数的 10%，且不应集中出现在主要受力部位。

注：超声检测应按现行国家标准《建筑结构检测技术标准》GB/T 50344—2019 的规定执行。

4）当设计对使用结构界面胶（剂）的新旧混凝土粘结强度有复验要求时，应在新增混凝土 28d 抗压强度达到设计要求的当日，进行新旧混凝土正拉粘结强度（f_t）见证抽样检验。检验结果应符合 $f_t \geqslant 1.5\text{MPa}$，且应为正常破坏（见《建筑结构加固工程施工质量验收规范》GB 50550—2010 附录 U 第 U.6.2 条）。

5）新增钢筋的保护层厚度抽样检验结果应合格。其抽样数量、检验方法以及验收合格标准应符合现行国家标准《混凝土结构工程施工质量验收规范》GB 50204—2015 的规定，但对结构加固截面纵向钢筋保护层厚度的允许偏差，应该按下列规定执行：

① 对梁类构件：为 +10m，-3mm。

② 对板类构件：仅允许有 8mm 的正偏差，无负偏差。

③ 对墙、柱类构件：底层仅允许有 10mm 的正偏差，无负偏差；其他楼层按梁类构件的要求执行。

钢筋的混凝土保护层是保护钢筋在结构构件中能正常发挥其受力作用的。保护层厚度过厚或过薄均会影响到结构、构件的承载力、耐久性能和防火性能。例如对受弯构件和偏心受压构件，若保护层厚度太厚则将降低构件的承载力；若保护层厚度过薄则起不到保护钢筋的作用，影响构件的耐久性和防火性能。因此，将混凝土保护层厚度作为一项主控项目进行检验是非常必要的。其检验方法和合格评定标准按现行国家标准《混凝土结构工程施工质量验收规范》GB 50204—2015 的规定执行。

（2）一般项目

1）新增混凝土的浇筑质量不宜有一般缺陷。一般缺陷的检查与评定应按表 17-1 进行。对已经出现的一般缺陷，应由施工单位按技术处理方案进行处理，并重新检查验收。

浇筑混凝土外观质量存有一般缺陷，通常不致影响到结构、构件的性能和使用功能，但建设方往往难以接受。因此，对查出的一般缺陷，施工单位也应及时处理，并仍需重新组织检查验收。

2）新增混凝土拆模后，应对构件的尺寸偏差进行检查。其检查数量，检验方法以及允许偏差应按现行国家标准《混凝土结构工程施工质量验收规范》GB 50204—2015 的规定执行。

17.2　局部置换构件混凝土工程施工质量检验

局置换混凝工程施工质量检验的项目有：新置换混凝土的浇筑质量和尺寸偏差；新旧混凝土结合面粘合质量和粘结强度；钢筋保护层厚度。

新增混凝土的浇筑质量缺陷应通过观察、超声波检测等方法进行全部检查，可按表 2.1-1 进行检查和评定。

(1) 主控项目

1) 《建筑结构加固工程施工质量验收规范》GB 50550—2010 第 6.5.1 条要求 "新置换混凝土的浇筑质量不应有严重缺陷及影响结构性能或使用功能的尺寸偏差。对已经出现的严重缺陷和影响结构性能或使用功能的尺寸偏差，应由施工单位提出技术处理方案，经设计和监理位认可后进行处理。处理后应重新检查验收。" 置换部位新浇筑混凝土不出现纵向受力钢筋露筋，主要受力部位不能出现蜂窝、深度和长度均超过保护层厚度的孔洞、夹杂深度超过保护层厚度的异物、内部疏松或新旧混凝土之间分离、裂缝以及表面起砂、掉皮等严重缺陷。

在局部置换混凝土工程中，由于工作面小，浇筑难度大，置换区新浇混凝土更容易出现浇混凝土外观质量不良的情况。因此，应严把浇筑施工工序关，采取切实可行的措施确保置换混凝土的浇筑质量。对于新浇混凝土质量，一般可先通过观察、小锤击等方法进行全面检查，同时可采用超声波检测法检测抽查新浇筑混凝土的内部是否有不密实、孔洞等缺陷。当对混凝土的内部质量有怀疑时，可采用超声波检测法检测其内部是否有不密实、孔洞等缺陷。当新浇筑混凝土出现的严重缺陷和影响结构性能或使用功能的尺寸偏差，应由施工单位提出技术处理方案，经设计和监理单位认可后进行处理。处理后应重新检查验收。

2) 新旧混凝土结合面粘合质量检验：新旧混凝土结合面粘合质量也是局部置换混凝土加固工程中应特别检查的部位，因为结合质量的好坏直接关系到置换加固的效果，这项检验列为主控项目。检查时应沿每一界面，每隔 100～300mm 布置一个测点，通过锤击或超声波进行检测。锤击或超声波检测判定为结合不良的测点数不应超过总测点数的 10%，且不应集中出现在主要受力部位。

3) 使用界面胶（剂）时新旧混凝土结合面的粘结强度有复验要求时，应在新增混凝土 28d 抗压强度达当设计要求的当日，进行新旧混凝土正拉粘结强度（f_t）的见证抽样检验。

4) 钢筋保护层厚度检验：钢筋保护层厚度的抽样检验结果应合格，其抽样数量检验方法以及验收合格标准应符合现行国家标准《混凝土结构工程施工质量验收规范》GB 50204—2015 附录 E 的规定，但对结构加固截面纵向钢筋保护层厚度的允许偏差，应该按以下规定执行：

① 对梁类构件，为 +10mm，−3m。

② 对板类构件，仅允许有 8mm 的正偏差，无负偏差。

③ 对墙、柱类构件，底层仅允许有 10mm 的正偏差，无负偏差；其他楼层按梁类构件的要求执行。

钢筋保护层厚度的检验，可采用非破损或局部破损的方法，也可采用非破损方法并用局部破损方法进行校准。当采用非破损方法检验时，所使用的检测仪器应经过计量检验，钢筋保护层厚度检验的检测误差不应大于 1mm，检测操作应符合相应规程的规定。

钢筋保护层厚度验收合格应符合下列规定：

① 当全部检测部位钢筋保护层厚度检验的合格点率为 90% 及以上时，钢筋保护层的检验结果应判为合格。

② 当全部检测部位钢筋保护层厚度检验的合格点率小于 90% 但不小于 80%，可再抽

取相同数量的构件进行检验；当按两次抽样总和计算的合格点率为 90% 及以上时，钢筋保护层厚度的检验结果仍应判为合格。

③ 每次抽样检验结果中不合格点的最大偏差均不应大于《建筑结构加固工程施工质量验收规范》GB 50550—2010 规定允许偏差 1.5 倍。

（2）一般项目

1）一般缺陷检查：新置换混凝土的浇筑质量不宜有一般缺陷（表 17-2）。

对已经出现的一般缺陷，应由施工单位提出技术处理方案，经监理单位认可后进行处理，处理完成后应重新检查验收。

2）新置换混凝土拆模后的尺寸检查：新置换混凝土结拆模后的尺寸偏差应符合现行国家标准《混凝土结构工程施工质量验收规范》GB 50204—2015 的规定。

检查数量应按楼层、结构缝或施工段划分检验批。在同一检验批内，应抽查置换部位数量的 10%，且不少于 3 处。置换混凝结构尺寸允许偏差和检验方法见表 17-3。

现浇结构尺寸允许偏差和检验方法　　　　　表 17-3

项目			允许偏差(mm)	检验方法
轴线位置	基础		15	钢尺检查
	独立基础		10	
	墙柱梁		8	
	剪力墙		5	
垂直度	层高	≤5m	8	经纬仪或吊线、钢尺检查
		>5m	10	经纬仪或吊线、钢尺检查
	全高(H)		1000 且≤30	经纬仪、钢尺检查
标高	层高		±10	水准仪或拉线钢尺检查
	全高		±30	
截面尺寸			+8,−5	钢尺检查
电梯井	井筒长宽对定位中心线		+25,0	钢尺检查
	井全高(H)垂直度		H/1000 且<30	经纬仪、钢尺检查
表面平整度			8	2m 常尺和塞尺检查
顶埋设施中心线位置	顶埋件		10	钢尺检查
	顶埋螺栓		5	
	顶埋管		3	
留洞中心线位置			15	钢尺检查

注：检查轴线、中心线位置时，应沿纵横两个方向量测，并取其中的较大值。

17.3　外加钢筋网—砂浆面层施工质量检验

（1）主控项目

1）砌体与混凝土外加钢筋网的砂浆面层，其浇筑或喷抹的外观质量不应有严重缺陷。对硬化后砂浆面层的严重缺陷应按《建筑结构加固工程施工质量验收规范》GB 50550—

2010第12.5.1条（表17-4）进行检查和评定。对已出现者应由施工单位提出处理方案，经业主（监理单位）和设计单位共同认可后进行处理并应重新检查、验收（《建筑结构加固工程施工质量验收规范》GB 50550—2010第13.4.1条）。

聚合物砂浆面层外观质量缺陷 表 17-4

名称	现象	严重缺陷	一般缺陷
露绳（或露筋）	钢丝绳网片（或钢筋网）未被砂浆包而外露	受力钢丝绳（或受力筋）外露	按构造要求设置的钢丝绳（或钢筋）有少量外露
疏松	砂浆局部不密实	构件主要受力部位有疏松	其他部位有少量疏松
夹杂异物	砂浆中夹有异物	构件主要受力部位夹有异物	其他部位夹有少量异物
孔洞	砂浆中存在深度和长度均超过砂浆保护层厚度的孔洞	构件主要受力部位有孔洞其他部位有少量孔洞	其他部位有少量孔洞
硬化（或固化）不良	水泥或聚合物失效，致使面层不硬化（或不固化）	任何部位不硬化（或不固化）	不属一般缺陷
裂缝	缝隙从浆表面延伸至内部	构件主要受力部位有影响结构连接性能或使用功能的裂缝	仅有表面细裂纹
连接部位缺陷	构件端部连接处浆层分离或固件与浆层之间松动、脱落	连接部位有影响结构传力性能的缺陷	连接部位有轻微影响或不影响传力性能的缺陷
表观缺陷	表面不平整、缺棱掉角、翘曲不齐、麻面、掉皮	有影响使用功能的缺陷	仅有影响观感的缺陷

注：复合水泥砂浆及普通水泥砂浆层的喷抹质量缺陷也可按本表进行检查与评定。

本项通过观察、检查技术处理方案及施工记录等方式进行全数检查。

2）砌体或混凝土构件外加钢筋网-砂浆面层与基材界面粘结的施工质量，可采用现场锤击法或其他探测法进行全数检查。按探查结果确定的有效粘结面积与总粘结面积之比的百分率不应小于90%。

砌体与混凝土外加钢筋网面层工程质量的关键是粘结牢固、无裂缝、空鼓与脱落，否则将会显著影响结构性能、使用功能和耐久性能，故应进行粘结施工质量检验。

3）砂浆面层与基材之间的正拉粘结强度，必须进行见证取样检验。其检验结果，对混凝土基材应符合表17-5的要求；对砌体基材应符合表17-6的要求。

现场检验加固材料与混凝土正拉粘结强度的合格指标 表 17-5

检验项目	原构件实测混凝土强度等级	检验合格指标		检验方法
正拉粘结强度及其破坏形式	C15～C20	≥1.5MPa	且为混凝土内聚破坏	详见规范附录U
	≥C45	>2.5MPa		

注：1. 加固前应按《建筑结构加固工程施工质量验收规范》GB 50550—2010附录T的规定，对原构件混凝土强度等级进行现场检测与推定；

2. 若检测结果介于C20～C45之间，允许按换算的强度等级以线性插值法确定其合格指标；

3. 检查数量：应按《建筑结构加固工程施工质量验收规范》GB 50550—2010附录U的取样规则确定；

4. 本表给出的是单个试件的合格指标。检验批质量的合格评定，应按《建筑结构加固工程施工质量验收规范》GB 50550—2010附录U的合格评定标准进行。

现场检验加固材料与砌体正拉粘结强度的合格指标　　　　表 17-6

检验项目	烧结普通砖或混凝土砌块强度等级	28d 检验合格指标		正常破坏形式	检验方法
		普通砂浆（≥M15）	聚合物砂浆或复合砂浆		
正拉粘结强度及其破坏形式	MU10～MU15	≥0.6MPa	≥1.0MPa	砖或砌块内聚破坏	详见规范附录 U
	≥MU20	≥1.0MPa	≥1.3MPa		

注：1. 加固前应通过现场检测，对砖或砌块的强度等级予以确认；
　　2. 当为旧强度等级块材，且符合原规范规定时，仅要求检验结果为块材内聚破坏。

外加钢筋网砂浆面层的强度很大程度上依靠砂浆面层与基材之间的粘结强度来实现的，因此只有在充分保证砂浆面层与基材之间粘结力的基础上才能保证加固施工的意义。

4）新加砂浆面层的钢筋保护层厚度检测，可采用局部凿开检查法或非破损探测法，每检验批抽取 5%，且不少于 5 处。钢筋保护层厚度检验的检测误差不应大于 1mm，检测时，应按钢筋网保护层厚度仅允许有 5mm 正偏差；无负偏差进行合格判定。

此处的重点是新增钢筋的保护层厚度抽样检验结果应合格。其抽样数量、检验方法以及验收合格标准应符合现行国家标准《混凝土结构工程施工质量验收规范》GB 50204—2015 的规定，但对结构加固面纵向钢筋保护层厚度的允许偏差，应该按下列规定执行：

① 对梁类构件，为 +10m，−3mm。
② 对板类构件，仅允许有 8m 的正偏差，无负偏差。
③ 对墙、柱类构件，底层仅允许有 10mm 的正偏差，无负偏差；其他楼层按梁类件的要求执行。

5）当采用植筋或锚栓拉结钢筋网时，应在其施工完毕后，分别按《建筑结构加固工程施工质量验收规范》GB 50550—2010 植筋和锚栓工程规定，以及隐蔽工程的验收要求提前进行施工质量检验。因为植筋或锚栓的受拉能力对于钢筋网砂浆面层与基层的连接起着至关重要的作用，因此植筋或锚栓的施工质量尤为重要，根据规范要求，施工完植筋或者是锚栓后要按规定对施工质量进行检验。

（2）一般项目

砌体或混凝土构件外加钢筋网的砂浆面层，其外观质量通过观察、量测并检查技术处理方案等方式进行全数检查。不宜有一般缺陷，对已出现的一般缺陷，应由施工单位按技术处理方案进行处理，并重新检验收。

钢筋网砂浆面层施工的质量直接决定了加固施工工程的质量，如果面层施工质量有瑕疵就意味着加固工程质量有缺陷，因此钢筋网砂浆面层不允许有任何缺陷，出现缺陷就必须按事先编制的技术处理方案进行重新施工。

17.4　外加钢丝绳网片—聚合物砂浆面层工程施工质量检验

（1）主控项目

1）聚合物砂浆面层的外观质量通过观察全数检查，当检查缺陷的深度时应凿开检查或超声探测，并检查技术处理方案及返修记录。不应有严重缺陷及影响结构性能和使用功能的尺偏差。严重缺陷的检查与评定应按《建筑结构加固工程施工质量验收规范》GB

50550—2010 表 12.5.1 进行；尺寸偏差的检查与评定应按计单位在施工图上对重要尺寸允许偏差所作的规定进行。

对已经出现的严重缺陷及影响结构性能和使用功能的尺寸偏差，应由施工单位提出技术处理方案，经业主（监理）和设计单位共同认可后予以实施。对经处理的部位应重新检查、验收。

2）聚合物砂浆面层与原构件混凝土之间的粘结可采用敲击法、超声法或其他有效的探测法等进行全数检查，有效粘结面积不应小于该构件总粘结面面积 95%。否则应揭去重做，并重新检查验收。

3）聚合物砂浆面层与原构件混凝土间的正拉粘结强度，应符合《建筑结构加固工程施工质量验收规范》GB 50550—2010 表 10.4.2 规定的合格指标的要求。若不合格，应重做后重新检查、验收。检查数量、检验方法及评定标准应按规定执行。

4）聚合物砂浆面层的保护层厚度检查，宜采用钢筋探测仪测定，且仅允许有 8mm 正偏差。

钢丝绳网片的保护层主要是为了避免空气中的水分及其他物质对钢丝绳网的侵蚀，保护层过薄会影响钢丝绳网的使用年限，从而导致安全隐患及经济浪费。

（2）一般项目

1）聚合物砂浆面层的喷抹质量可通过观察，检查技术处理方案及施工记录进行全数检查。不宜有一般缺陷，对已经出现的一般缺陷，应由施工单位按技术处理方案进行处理，并重新检查、验收。

施工缺陷对于加固施工的效果是有着重大的影响，若不及时修整则失去了加固的意义，因此，在出现施工瑕疵的时候应及时编制技术方案，对于现状作出切实的分析，从而采取积极的手段把隐患消灭。

2）聚合物砂浆面层尺寸的允许偏差采用钢尺检查厚度，用 2m 靠尺及塞尺检查平整度，检查数量为全数检查，应符合下列规定：

① 面层厚度：仅允许有 5mm 正偏差。

② 表面平整度：≤3‰。

之所以不允许砂浆面层厚度有负偏差，是因为这类外加面层本身就很薄，倘若还允许有负偏差，便很难控制其施工质量。

17.5 外粘或外包型钢工程施工质量检验

外粘型钢（或干式外包钢）加固工程的施工质量检验，除型钢骨架制作、界面处型钢骨架安装及焊接外，主要是注胶（或注浆）质量的检验，这牵涉下列三方面问题：一方面是型钢骨架与原构件混凝土之间的粘结强度；另一方面是注胶（或注浆）饱满程度；另外是注胶（或注浆）后的外观质量。

（1）主控项目

1）外粘型钢的施工质量检验

外粘型钢的施工质量检验，应在检查其型钢肢安装、缀板焊接合格的基础上，对注胶质量进行下列检验和探测：

① 粘结强度检验应在注胶开始前，由检验机构派人员到现场在被加固构件上预贴正拉粘结强度检验用的标准块（《建筑结构加固工程施工质量验收规范》GB 50550—2010 附录 U）粘贴后，应在接触压条件下，静置养护 7d。到期时，应立即进行现场检验与合格评定。其检查数量及检验方法应按《建筑结构加固工程施工质量验收规范》GB 50550—2010 附录 U 确定。

② 注胶饱满度探测应由检验机构派员到现场用仪器或敲击进行探测，探测结果以空鼓率不大于 5% 为合格。

外粘型钢注胶施工结束并完成养护后，一般情况难以从实际工程的型钢杆件上直接测到其与原结构混凝土之间的正拉粘结强度，因此，只能借助于旁贴钢标准试块的方法，来评估该工程的粘贴质量是否达到这项指标的要求。但应满足以下 3 点要求：

（a）钢标准试块粘贴位置的混凝土表面处理，应由同一操作人员在处理加固部位的混凝土表面时一并进行，且不做任何特殊处理；

（b）钢标准试块的粘贴，应使用与型钢骨架注胶时同一次搅拌的胶粘剂，并与加固部位粘贴施工同时进行；

（c）钢标准试块粘贴后，应在接触压条件下静置养护固化。接触压力值和静置养护条件与加固构件时的相同。

这实际上是在等同条件下的对比模拟检验，是常用的一种方法。如果粘贴钢标准试块的操作由检验机构人员来完成，则效果更好。从对比检验角度来看，由于检验机构人员不可能同时进行加固部位的操作，所以这样做反而会影响对比性，做法并不可取。

2）干式外包钢的注浆检验

对干式外包钢的注浆质量检验，应全数探测其注浆的饱满度，且以空鼓率不大于 10% 为合格。对填塞胶泥的干式外包钢，仅要求检查其外观质量，且以封闭完整，满足型钢肢安装要求为合格。

对外粘型钢注胶构件，若检测发现注胶的空鼓率超限（超过 5%），应在探明的确切位置部位钻孔，并用注射器补胶，予以处理。对于外包钢构件，若发现注浆或填塞胶泥的饱满度较差，则可由设计单位酌情处理。

（2）一般项目

被加固构件注胶（或注浆）后的外观应无污、无胶液（或浆液）挤出的残留物；注胶孔（或注浆孔）和排气孔的封闭应平整；注胶嘴（或注浆嘴）底座及其残片应全部铲除干净。

17.6　粘贴钢板施工质量检验

（1）质量的外观检验

首先应对照其加固设计图纸对粘贴位置、粘贴钢板箍板的尺寸、数量等进行逐一校对，必须全部与设计图纸一致。

然后再进行粘结状况查看，如胶层是否均匀，胶层有无局部过厚、过薄，甚至缺胶的情况。一般其粘钢胶的厚度应在 2.5±0.5mm 之间。此种检验应观察并测量测较厚和较薄的数处。

（2）粘贴质量方面的检验

这方面的检验现在有多种方法可以采用。近几年来，虽有不少人在研究各种仪器探测方法，但迄今尚未获得广泛应用。在这种情况下，锤击检查法仍是最简便易行的方法，况且其有效性也已通过工程实践的检验，故可在各种条件下使用。但该方法易受人为偏差的影响。因此，为了提高该方法检测结果的可信性，对重要结构的锤击检查，可由检测机构派出两组人员，各自独立地进行检测，然后取其平均值作为检测结果。若两组检测结果相差较大（例如大于15%），可分别再重新检测一次，并取 4 个值中较接近的 3 个值的平均值作为检测结果。用此法及测定的结果推定有效的粘贴面积不应小于总粘贴面积的 95%。检查时，应将粘贴的钢板分区，逐区测定空鼓面积（即无效粘贴面积）；若单个空鼓面积不大于 $10000mm^2$，可采用钻孔注射法充胶修复；若单个空鼓面积大于 $10000m^2$，应揭去重贴，并重新检查验收。此项检查应全数逐一进行，不得疏漏。

（3）其他方法的检验

也有一些单位对于重大工程用其他方法进行检验。其一，加载法：对于重大工程，为真实地检验粘钢加固效果，可抽样进行荷载试验，一般仅作标准使用荷载试验、即将卸去的荷载重新全部加上，其结构的变形和裂缝开展应满足设计与使用要求。其二，应力应变测试法：对于使用此法的重要构件与建筑，即在钢筋、钢板或混凝土上事先接入应力应变传感器（元件），对加固前后的空载、加荷等情况测出其应力应变结果，以检验其加固效果。桥梁加固用过此法，效果不错。

（4）现场正拉粘结实验检验方法

结构胶粘剂粘贴钢板与基材混凝土的正拉粘结强度检验，主要是用于综合评估胶液的固化质量、钢板粘合面处理效果、胶粘剂与钢板及基材混凝土的粘结强度，因而非常重要，必须按规定的方法与评定标准认真执行。同时，粘钢加固工程的这个检验项目，在一定程度上还属于间接的检验方法。因为它只能在加固部位的附近另贴钢板进行检验，而无法在受力钢板上直接抽样。在这种情况下，必须从打磨钢板、打毛混凝土、清理界面到涂刷胶液、加压养护整个过程都要做到检验用钢板与受力钢板同条件操作，不得改变检验用钢板的粘贴工艺，以避免检验失真该检验结果，应符合规范中所规定的指标。

17.7　粘贴纤维复合材料工程施工质量检验

（1）外贴纤维复合材工程的施工质量验收以分项工程的验收为基础。各分项工程必须验收合格，质量控制资料完整。验收方法主要为资料检查、观感质量验收、量测和见证抽检检验等。

保护层施工与验收宜在粘贴施工质量总体验收之后进行。

（2）检查验收主要内容：

1）施工区域的尺寸、层次是否与设计图纸以及技术文件一致，必要时应进行量测。

2）节点与细部构造应符合设计图纸以及《混凝土结构加固设计规范》GB 50367 的要求。

3）有无明显空鼓、漏胶、胶层色差、纤维错位偏离以及弯折等。以目测和锤击法探测判断有效粘结面积是否合乎规范要求（不小于 95%）。单个空鼓面积小于 $10000mm^2$ 可以通过注射法进行修复，否则必须割除补贴或者揭去重做。割除修补作业必须做到以下要求：割除点部位应使用修补胶找平使补贴的纤维平直伸展。补贴的纤维织物应沿纤维伸展方向端部延长搭接不少于 200mm；多层粘贴搭接长大于 300mm；横向搭接不少于 100mm。

预成型板尽量不要采用割除补贴的方法修复。

4）粘贴纤维复合材的作业中胶层厚度是不可能均一的，因此可根据实际情况选择最有代表性的点位测量验收（规范要求选择在最厚和最薄处）。此《建筑结构加固工程施工质量验收规范》GB 50550—2010 第 10.4.3 中对粘维织物的厚度要求 $\delta=(1.5\pm0.5)$ mm，是指纤维与胶的总厚度，而对粘贴预成型板的 $\delta=(2.0\pm0.3)$ mm，则是指纯粹的胶层厚度。

（3）见证抽样现场检验纤维复合材与混凝土的正拉粘结强度，这项检验是最为直接最有说服力的定量检验方式，检测结果也是施工质量是否合格的最终判据。这是一个强制性检验项目，每一个粘贴碳纤维加固工程，无论工程量多少都必须进行现场抽样检验判定。该试样检验结果合格的标准包括两项指标：粘结强度和破坏形式。

1）粘结强度应大于规范指标要求且混凝土内聚破坏正拉粘结强度现场检验指标依原构件实测混凝土强度等级分为三个档次：

① 混凝土强度等级在 C15～C30 之间，正拉粘结强度 $f\geqslant1.5$MPa。

② 混凝土强度等级在 C30～C45 之间，由内插法确定相应的强度指标。

③ 混凝土强度等级不小于 C45，正拉粘结强度 $f\geqslant2.5$MPa。

检验结果满足上述强度指标要求，而且破坏发生在混凝土基层内即可判定为合格。如果粘结强度小于规范指标但仍是混凝土内聚破坏，若非单点偶发现象，则说明实际的基层混凝土的强度等级与原设计文件显示可能存在差异。此外，实验研究表明混凝土表层的粘结拉伸强度一般低于混凝土内部的轴心抗拉强度，应区别开粘贴施工质量与原混凝表层抗拉强度低的差异后再作结论。

2）胶粘剂或纤维层内聚破坏：

破坏发生在胶粘剂内，说明胶粘剂质量有问题，或者操作者使用不当。破坏发生在纤维层内且有气孔或游离的纤维丝，说明粘贴施工操作不当，气体没有排净或胶粘剂没有充分浸润纤维束。

发生胶粘剂或纤维层内聚破坏的试样即可判定为不合格。

3）层间破坏：

胶层之间粘附破坏说明底胶与纤维粘贴层各层次施工没有按规范的施工要求去做，例如底涂层过度硬化后粘贴纤维施工时没有重新打磨等。破坏发生在混凝土基层一侧，但仅仅是表层灰浆脱落，没有骨料带下，说明混凝基层处理不合格。这种情况发生时正拉粘结强度检值很低，不可错判为混凝土内聚破坏。

发生层间破坏的试样即可判定为不合格。

4）混合破坏：

多种破坏形态的组合形式称为混合破坏，现场实际检验中时有发生。混合破坏时检验结果合格的评判标准是：

粘结强度大于指标要求，混凝土内聚破坏的面积占试样粘结面积 85% 以上，否则为不合格。

（4）纤维复合材与混凝土的正拉粘结强度现场检验依照《建筑结构加固工程施工质量验收规范》GB 50550—2010 附录 U 进行，进行检验时应当注意如下几点：

1）这是一种破坏性检验，测点应选择在最大受力区域以外具体点位和检查数应由监理人员组织设计、施工等相关方依照抽样规则确定。

2）粘贴金属试块时，应保证试块受拉时力的作用线与粘贴面垂直。

3）必须确认预切割缝深入混凝土足够的深度（规范要求10～15mm）。否则因纤维连接会使检验结果出现严重偏差。

4）检验后的破损部位要及时修复，修复方法参照《建筑结构加固工程施工质量验收规范》GB 50550—2010第10.5.2进行。

17.8 植筋和锚栓工程施工质量检验

（1）植筋和锚栓施工质量检验的主要方式就是锚固承载力的现场抽样检验，检验方法和质量合格评定在《建筑结构加固工程施工质量验收规范》GB 50550—2010附录W作出了详细规定。质量合格的主要指标就是抗拔力。当委托方有要求时，还应给出荷载-位移曲线。锚固承载力现场检验是规范的强制性条文，每个植筋或锚固工程都必须进行该项检验。这项检验的要点如下：

1）检验方式

锚固承载力现场检验分为破坏性检验和非破损检验，要首先确定采用哪种检验。重要构件、悬挑结构或构件、质量存疑或仲裁时应采用破坏性检验一般结构构件采用非破损检验。重要构件锚固质量检验采用破坏性检验有困难时，经业主和设计单位同意，也可以采用非破损检验。

2）抽样规则与数量

破坏性检验抽样位置以最有利于整体工程质量原则由相关各方协商确定，非破损性检验随机抽样确定。抽样数量以检验批为基准，其中：

① 破坏性检验：

植筋：按1‰抽取，且不少于取5根，基数少于100根时抽取3根。

锚栓：按1‰抽取，且不少于5根。

② 非破损检验：

植筋：重要构件按3‰抽取，且不少于5根；一般构件按1‰抽取，且不少于3根。

锚栓：重要构件按《建筑结构加固工程施工质量验收规范》GB 50550—2010附录W.2.3抽取；一般构件按《建筑结构加固工程施工质量验收规范》GB 50550—2010附录W.2.3规定数量的50%取，且不少于5根。

3）拉拔检验方法

拉拔检验的加荷方式分为连续加荷和分级加荷，工程质量检验实践中大量采用的是连续加荷。

① 连续加荷要求以均匀速率在2～3min时间内达到设定荷载或锚固破坏，植筋的破坏性检验可延长至7min。非破损检验要在加荷到设定值后，应持荷2min。

② 分级加荷要求将设定的检验荷载或预估的破坏荷载均分为十级，逐级加载且每级间隔持荷1～1.5min。

破坏性检验从第九级开始将加荷值和持荷时间减半进行，直至破坏。

③ 非破损检验的荷载检验值应以设计单位提供的设计值为基准设定，其中：

锚栓：1.15 倍承载力设计值。

植筋：1.30 倍承载力设计值。

4）检验结果评定

锚固承载力的检验方法简单直观，易于判断。锚固破坏形式主要有钢筋或锚栓拉断筋（栓）/胶/基材界面破坏、钢筋或锚栓拔出、栓杆穿出、混凝土基材破坏、滑移破坏以及多种现象的混合破坏等。

① 非破损检验中任何一种破坏现象都不得发生，而且加荷到荷载设定值时持荷 2min 无滑移，示值下降小于 5%，即应评定为该试件的锚固质量检验合格。若全数检验合格则应评定该检验批合格；若 5% 以上试样不合格则应评定该检验批不合格，若 5% 以下试样不合格则应重新抽取 3 根检验判定。

② 破坏性检验结果的判定合格的条件是：

（a）植筋

应为钢材破坏，极限拉拔力实测平均值不小于受拉承载力设计值 1.45 倍，且受检、固件中实测最小值不小于受拉承载力设计值 0.85 倍。

（b）锚栓

钢材破坏时，极限拉拔力实测平均值不小于受拉承载力设计 1.65 倍，且受检锚固件中实测最小值不小于受拉承载力设计值的 0.85 倍。

非钢材破坏时，极限拉拔力实测平均值不小于受拉承载力设计值的 3.5 倍；且受检构件中实测最小值不小于受拉承载力设计值的 0.85 倍。

（2）进行锚固承载力的现场检验应选择垂直于基材表面的样品，使锚固件只承受拉应力。

（3）锚固承载力的现场检验应在锚固胶粘剂完全固化后进行。《建筑结构加固工程施工质量验收规范》GB 50550—2010 规定应在胶粘剂固化时间达到 7d 的当日进行，但是实际工程环境状况千变万化，受各种条件限制，准确性难以保证。胶粘剂品种不同，对固化温度的敏感度差异很大，一般环境温度在 20℃ 以上时 7d 的时限足以保证胶粘剂完全固化，环境温度在 20℃ 以下时难于保证该时限内胶粘剂达到完全固化的程度。有些胶粘剂品种是快固型的，施工十几个小时后就可达到允许拉拔检验的程度，工期紧张时亦可提前进行。因此，当环境温度低于 20℃ 的状况下，应当根据胶粘剂的说明书以及生产商的资料，协商确定检测时间。作为一个补充措施，可以按照《建筑结构加固工程施工质量验收规范》GB 50550—2010 第 20.3.2 条方法，在胶粘剂固化 7d 后检测胶层的邵氏硬度（D）值，若结果不低于 HD70 则可进行锚固承载力的现场检验。

目前国内一些省市相继颁布实施了建筑用锚栓抗拔和抗剪性能检测技术规程等地方标准，包括了抗剪性能的标准检测方法和评判标准，可操作性更强，现场检验中可参照执行。

17.9　预应力碳纤维板加固工程施工质量检验

1. 材料及产品的检验

（1）一般规定

1）预应力碳纤维复材板加固工程涉及的工程材料及产品应包括碳纤维复材板、结构胶粘剂、表面防护材料和碳纤维复材板锚固系统。

2）加固工程材料及产品进场应进行验收，复验抽样应符合要求，复验不合格的材料和产品不得使用。

3）材料进场后，应按种类、规格、批次分开存储与堆放，标识应明晰。储存与堆放条件不应影响材料品质。碳纤维复材板应储存在室内干燥通风处，防油污染，避免火种，隔离热源和化学腐蚀物品。

（2）碳纤维复材板

1）碳纤维复材板应按工程用量一次进场到位。碳纤维复材板进场时，施工单位应会同监理人员对其外观、品种、级别、型号、规格、包装、中文标志、产品合格证和出厂检验报告进行检查，同时尚应对碳纤维复材板的抗拉强度标准值、弹性模量、极限伸长率以及纤维体积含量进行见证取样复验。检查、检验和复验结果应符合"碳纤维复材板外观应均匀、整齐，不得有明显色差，表面应干净，不应有杂物、灰尘和其他污染，不应有孔洞、板材开裂、表面划痕、异物夹杂、层间裂纹等严重缺陷。"和《工程结构加固材料安全性鉴定技术规范》GB 50728—2011 表 8.2.4 的规定。

检查数量：划分检验批，每个检验批见证取样 3 件，从每件中，按每一检验项目各抽取一组试样的用料。

检验方法：在确认产品包装及中文标注完整性的前提下，检查产品合格证、出厂检验报告和进场复验报告；对进口产品还应检查报关单及商检报告所列的批号和技术内容是否与进场检查结果相符。

2）碳纤维复材板的纤维必须为连续纤维。

3）碳纤维复材板的抗拉强度标准值应根据《工程结构加固材料安全性鉴定技术规范》GB 50728 规定的置信水平，按强度保证率为 95％的要求确定。

（3）结构胶粘剂

1）粘贴碳纤维复材板用结构胶粘剂，应按工程用量一次进场到位。结构胶粘剂进场时，施工单位应会同监理人员对其品种、级别、批号、包装、中文标志、产品合格证、出厂日期、出厂检验报告等进行检查；同时，应对其钢-钢拉伸抗剪强度、钢-混凝土正拉粘结强度和耐湿热老化性能等三项重要性能指标以及不挥发物含量进行见证取样复验；对抗震设防烈度为 7 度及 7 度以上地区建筑加固用的粘贴碳纤维复材板的结构胶粘剂，尚应进行抗冲击剥离能力的见证取样复验；所有复验结果均须符合《工程结构加固材料安全性鉴定技术规范》GB 50728 的要求。

检查数量：划分检验批，每个检验批见证取样 3 件，每件每组分称取 500g，检验时，每批号的样品制作一组试件。

检验方法：在确认产品批号、包装及中文标志完整的前提下，检查产品合格证、出厂日期、出厂检验报告、进场见证复验报告，以及抗冲击剥离试件破坏后的残件。

2）进行预应力碳纤维复材板加固宜选用室温固化型结构胶粘剂；特殊施工环境条件下应根据设计要求选择具有相应性能要求的结构胶粘剂。

3）以混凝土为基材，粘贴碳纤维复材板用结构胶粘剂的基本性能、长期使用性能和耐介质侵蚀性能应分别符合《工程结构加固材料安全性鉴定技术规范》GB 50728—2011 表 4.2.2-2、表 4.2.2-4 和表 4.2.2-5 的要求。

4）修补胶的检验项目及合格指标应按配套结构胶的要求确定。

5）锚固胶的基本性能应符合《工程结构加固材料安全性鉴定技术规范》GB 50728 中Ⅰ类A级胶的规定，其工艺性能指标应符合《工程结构加固材料安全性鉴定技术规范》GB 50728—2011 表 4.8.1 的要求。

（4）表面防护材料

1）表面防护材料的粘结性能应与碳纤维复材板及所用的结构胶相容，并能可靠粘结。

2）表面防护材料可包括防腐材料、防火材料、防湿气材料、防紫外线老化材料等，材料性能应符合国家现行有关产品标准规定。

3）当被加固构件的表面有防火要求时，应按设计要求执行，若设计没有明确规定，应按现行国家标准《建筑设计防火规范》GB 50016 的规定，对结构胶、碳纤维复材板和锚固系统进行防护。

4）钢制锚固系统应采取防锈措施，并应按防腐蚀年限进行定期维护。钢材的防锈和防腐蚀采用的涂料、钢材表面的除锈等级以及防腐蚀对钢材的构造要求等，应按设计要求执行，若设计没有明确规定，应满足现行国家标准《工业建筑防腐蚀设计标准》GB/T 50046 和《涂覆涂料前钢材表面处理　表面清洁度的目视评定　第 1 部分：未涂覆过的钢材表面和全面清除原有涂层后的钢材表面的锈蚀等级和处理等级》GB/T 8923.1 的规定。

（5）锚固系统

1）预应力碳纤维复材板的锚固系统主要由碳纤维复材板锚具和锚具固定装置组成，固定装置应与锚具配套使用。

2）预应力碳纤维复材板加固工程所使用的锚具及其固定装置宜按工程用量一次进场到位，施工单位应会同监理人员对其外观、型号、规格、包装、中文标志、产品合格证、质量保证书、出厂检验报告进行检查，锚具及其固定装置表面应无污物、锈蚀、机械损伤及裂纹。

检查数量：划分检验批，每个检验批抽取 5％且不应少于 10 套。

检验方法：在确认产品包装及中文标注完整性的前提下，检查产品合格证、质量保证书和出厂检验报告，观察产品外观。

3）对于重要构件的加固，或者施工单位、监理人员对锚具性能存疑的，应对工程所采用的锚具进行抽样复验，当被加固结构有疲劳性能要求时，尚应对工程所用锚具的疲劳性能进行试验检测。检测应以碳纤维复材板-锚具组装件的形式进行，检测方法可参考《预应力碳纤维复材板加固施工与验收标准》T/SCQA 212—2021 附录 B 进行：

预应力碳纤维复材板锚具应符合下列规定：

① 锚具的耐久性应满足设计要求。当设计有防腐要求时，锚具应采用自防腐材料制作或进行防腐处理。

② 锚具宜采用楔形夹片式锚具和波形锚具，在重要构件的加固中，不宜采用平板式锚。

③ 锚具的机械加工性能应符合《重型机械通用技术条件 第 9 部分：切削加工件》JB/T 5000.9 的规定，锚具抛丸工艺应能保证零件表面粗糙度均匀一致。

锚具固定装置采用后锚固连接件与混凝土连接固定，所采用的后锚固连接件应符合《混凝土结构后锚固技术规程》JGJ 145 的规定，宜采用化学锚栓，严禁使用膨胀螺栓作为加固承重构件的锚具连接件。

4）锚栓进场后应按规定进行检查。锚栓外观表面应光洁、无锈、完整，锚栓螺杆不得有裂纹或其他缺陷，螺纹不应有损伤；外形尺寸应符合产品质保书的要求。

检查数量：划分检验批，每个检验批抽取 5％且不应少于 10 套。

检验方法：观察，钢尺测量。

5）预应力碳纤维复材板的压紧条应满足下列规定：

① 压紧条主材宜采用 Q345B 钢板或同等材质。

② 压紧条应打磨平整、倒钝锐边，表面应采用镀锌或喷漆防腐，有特殊要求时，在压紧条与碳纤维复材板接触的面还可设置一层弹性隔层，保证在张拉时不损伤碳纤维复材板。

③ 植筋孔应为长圆孔，两个定位孔的净距应比碳纤维复材板宽度大 20mm 以上，压紧条厚度不应小于 5mm。

2. 施工质量检验

（1）锚栓孔的位置、孔深、直径和垂直度应检查符合设计要求。

检查数量：每种规格随机抽检 5％，且不少于 5 个。

检验方法：直角靠尺、探针、钢尺测量。

（2）锚栓孔壁应完整，不得有裂缝和其他局部损伤。

检查数量：全数检查。

检验方法：在有照明条件下观察，并检查施工记录。

（3）预应力碳纤维复材板的粘贴位置与设计要求的位置相比，其中心线偏差不应大于 10mm，长度负偏差不应大于 15mm。

检查数量：全数检查。

检验方法：用钢尺进行测量。

（4）预应力碳纤维复材板与构件表面之间的胶层厚度沿碳纤维复材板全长应均匀，其厚度应符合设计要求，设计无特别要求时，胶层厚度满足：（2.0±0.3）mm。

检查数量：全数检查，每根碳纤维复材板应至少检查 3 处，且应选在胶层厚度最薄和最厚处。

检验方法：采用目测结合刻度放大镜进行检查。

（5）碳纤维复材板粘贴完毕后应静置固化，并应按结构胶产品说明书规定的固化环境温度和固化时间进行养护。当达到 7d 时，应先采用 D 型邵氏硬度计检测胶层硬度，据以判断其固化质量，并以邵氏硬度 $HD \geq 70$ 为合格，然后进行施工质量检验、验收。若邵氏硬度 $HD < 70$，应揭去重贴，并改用固化性能良好的结构胶。

检查数量：全数检查，每根碳纤维复材板应至少检查 3 处。

检验方法：用 D 型邵氏硬度计检测硬度。

（6）施工结束后应对粘贴预应力碳纤维复材板中存在的空鼓及缺胶现象进行检查，空鼓面积与有效粘接面积的比值为空鼓率，空鼓率不应超过 5％。

检查数量：全数检查。

检验方法：锤击法或其他有效探测方法，锤击法应采用橡胶小锤敲击碳纤维复材板表面进行，并记录空鼓位置和空鼓面积。

（7）施工结束后应对碳纤维复材板的外观进行检查。

检查数量：全数检查。

检验方法：观察。如果碳纤维复材板出现损坏现象，应及时进行更换。

（8）碳纤维复材板张拉前，锚固胶固化时间达到 7d 的当日，应对锚栓的锚固承载力进行抽样检验，其检验方法及质量合格评定标准应符合《混凝土结构后锚固技术规程》JGJ 145 的规定。

检查数量：按品种、规格、强度等级和锚固件安装部位划分检验批，同一检验批抽检数量见表 17-7。

检验方法：监理人员应在场监督，并检查现场拉拔检验报告。

锚固承载力抽检数量

表 17-7

检验批锚固件总数	≤100	≤100	≤100	≤100	≤100
最小抽检数量	20%且不少于 5 件	10%	10%	10%	10%

（9）防火涂料涂刷不应有遗漏，涂层应闭合，无脱层、空鼓、粉化松散等外观缺陷。

检查数量：全数检查。

检验方法：观察。

（10）碳纤维复材板的张拉力、张拉顺序及张拉工艺应符合设计及施工方案的要求。

检查数量：同一检验批预应力碳纤维复材板总数的 3%，且不应小于 5 根。

检验方法：检查见证记录。

（11）应校核预应力碳纤维复材板的伸长值，实际伸长量与理论伸长量的相对允许值偏差为 ±6%。

检查数量：同一检验批预应力碳纤维复材板总数的 3%，且不应小于 5 根。

检验方法：检查见证张拉记录。

（12）预应力碳纤维复材板张拉锚固后实际建立的预应力值与设计规定值的相对允许偏差不应超过 ±5%。

检查数量：同一检验批预应力碳纤维复材板总数的 3%，且不应小于 5 根。

检验方法：检查见证张拉记录。

3. 施工质量验收

（1）预应力碳纤维复材板加固施工的过程控制和施工质量验收，应符合国家现行标准《建筑工程施工质量验收统一标准》GB 50300、《混凝土结构工程施工质量验收规范》GB 50204、《混凝土结构加固设计规范》GB 50367、《建筑结构加固工程施工质量验收规范》GB 50550、《公路桥梁加固施工技术规范》JTG/T J23 等有关标准的规定。

（2）预应力碳纤维复材板加固施工质量验收应由监理工程师组织施工单位项目专业技术负责人和质量检查人员进行，并形成工程质量验收记录。

（3）预应力碳纤维复材板加固工程验收时，应提供下列文件和记录：

1）经审查批准的施工组织设计和施工技术方案；

2）加固设计文件；

3）原材料、产品出厂检验合格证和涉及安全的原材料、产品的进场见证抽样复验报告；

4）张拉设备配套标定报告；

5）结构加固各工序应检项目的现场检查记录和检验报告；

6）施工过程质量控制记录；

7）隐蔽工程验收记录；

8）加固工程质量问题的处理方案和验收记录；

9）其他必要的文件和记录；

10）施工总结。

（4）在预应力碳纤维复材板加固施工过程中，对隐蔽工程应进行验收，对重要工序和关键部位应加强质量检查或测试，并应做出详细记录，同时宜留存影像资料。

17.10 高强钢丝布聚合物砂浆加固工程施工质量检验

1. 一般规定

（1）高强钢丝布聚合物砂浆加固混凝土结构工程的施工质量验收应符合现行国家标准《建筑工程施工质量验收统一标准》GB 50300 和《建筑结构加固工程施工质量验收规范》GB 50550 的要求。

（2）检验批的划分应符合下列规定：

1）加固板时：相同材料、工艺和施工条件的高强钢丝布、聚合物砂浆每 $300m^2$ 划分为一个检验批，不足 $300m^2$ 的也应划分为一个检验批。

2）加固梁时：相同材料、工艺和施工条件的高强钢丝布、聚合物砂浆每 10 个独立构件为一个检验批，不足 10 个独立构件的也应划分为一个检验批。

3）检查数量：每个检验批应至少抽查 10%，并不应少于 3 个独立加固构件，不足 3 个独立构件时应全数检查。

（3）应对下列部位进行隐蔽工程验收：

1）基层处理、基层清理和养护情况；

2）高强钢丝布的规格、型号以及布置方式；

3）高强钢丝布的铺设、搭接；

4）加固构件上的预留、预埋构件的规格、数量、位置；

5）界面胶的基层处理和喷涂质量。

（4）检验批质量应符合下列规定：

1）主控项目的质量经抽样检验合格；

2）一般项目的质量经抽样检验合格；当采用计数检验时，除有专门要求外，一般项目的合格点率应达到 90% 及以上，且不得有严重缺陷；

3）应具有完整的施工操作依据和质量验收记录；

4）对验收合格的检验批，宜作出合格标志。

2. 高强钢丝布分项工程

（1）高强钢丝网的规格、型号、种类必须满足设计要求，高强钢丝布进场时应对其抗拉强度标准值和其与聚合物砂浆结合的性能指标进行见证复验。

检测数量：按进场的批次及现行国家标准《建筑结构加固工程施工质量验收规范》GB 50550 确定。

检验方法：检查材料的产品合格证，出厂检测报告和进场复验报告。

（2）高强钢丝布的安装方向和部位正确、应固定牢固、表面平整、顺直，搭接长度符合要求。

检查数量：全数检查。

检验方法：观察和用手拉拽不变形脱落。

（3）高强钢丝网应无破损、无散束，表面不得涂有油脂、油漆等污物，产品规格满足设计要求。

检查数量：进场时和使用前全数检查。

检验方法：检查材料质量验收记录、观察。

（4）高强钢丝布位置偏差和应采用钢尺检查，其允许偏差为＋10mm，－5mm。

3. 聚合物砂浆分项工程

（1）聚合物砂浆和界面胶进场时应对其品种、级别、包装进行检查。在结构加固工程中不得使用不符合要求的聚合物砂浆；聚合物砂浆和界面胶应在有效使用期内。

检查数量：全数检查。

检测方法：观察和检查产品说明书。

（2）聚合物砂浆耐火性能和界面胶的环保性能必须满足设计和相关规定。

检测数量：按进场的批次及现行国家标准《建筑结构加固工程施工质量验收规范》GB 50550 规定确定。

检验方法：检查产品合格证、出厂检测报告。

（3）聚合物砂浆进场后应从现场材料中取样制作试块并对强度等级和正拉粘结强度进行见证复验，其指标应符合现行国家标准《混凝土结构加固设计规范》GB 50367 的规定。

检测数量：按进场的批次及现行国家标准《建筑结构加固工程施工质量验收规范》GB 50550 规定确定。

检验方法：检查进场复验报告。

（4）聚合物砂浆的拌制配比必须与产品说明相符合。

检查数量：每工作班检查一次。

检验方法：检查施工记录和计量器具。

（5）加固构件基层处理后，基层上的尘土、污垢、油渍应清理干净，并喷水湿润养护。

检查数量：全数检查。

检验方法：现场检查；检查施工记录和隐蔽验收记录。

（6）界面胶使用前先查看产品的品种、保质期及状态，界面胶应在有效使用期内使用，不得受冻、暴晒，无分层离析、无杂质及结絮现象。界面胶施工应在基面保持湿润且无明水后和聚合物砂浆抹灰施工前进行。界面胶应按其产品说明要求进行施工，随用随配，涂布应均匀，防止漏涂。

检查数量：全数检查。

检验方法：现场检查；检查施工记录。

（7）聚合物砂浆高强钢丝布保护层厚度和砂浆总厚度符合设计要求，应按设计要求仅允许有 5mm 正偏差且无负偏差进行合格判定。对已经出现影响使用功能的尺寸偏差，应由施工单位提出技术处理方案，经业主（监理）和设计单位共同认可后予以实施。

检查数量：全数检查。

检查方法：针刺法或局部凿开检查。

（8）聚合物砂浆抹灰层与基层之间、各聚合物砂浆层之间必须粘结牢固，聚合物砂浆层应无脱层、空鼓，面层应无爆灰和裂缝。

检查数量：全数检查。

检验方法：观察，用小锤轻击检查；检查施工记录。

（9）现场施工样板聚合物砂浆面层与基材的正拉粘结强度实体检测，应符合下列规定：

① 加固前应按现行《建筑结构加固工程施工质量验收规范》GB 50550 附录 T 的规定，对原构件混凝土强度等级进行现场检测与推定；

② 若检测结果介于 C20～C45 之间，允许按换算的强度等级以线性插值法确定其合格指标；

③ 检查数量按照《建筑结构加固工程施工质量验收规范》GB 50550 附录 U 的取样规则确定；

④ ≥C45 混凝土的正拉粘结强度应≥2.5MPa，且为混凝土内聚破坏；检验批质量的合格评定，应按《建筑结构加固工程施工质量验收规范》GB 50550 附录 U 的合格评定标准进行；

⑤ 若不合格，应清除后重做，并重新检查、验收。

检查数量：不少于 1 组，每组 3 个检验点。

检验方法：现行国家标准《建筑结构加固工程施工质量验收规范》GB 50550 附录 U。

17.11　水下玻璃纤维复合材料套筒系统加固工程施工质量检验

1. 材料及产品的检验

（1）玻璃纤维复合材料套筒

1）玻璃纤维复合材料套筒应一次性进场，施工单位应会同监理单位对其品种、级别、型号、规格、包装、中文标志、出厂合格证、出厂检验报告等进行检查，同时应对材料的重要性能和质量指标进行见证取样复验。

检查、检验和复验结果必须符合现行国家标准《混凝土结构加固设计规范》GB 50367 的规定和设计要求。

检验数量：玻璃纤维复合材料套筒的复验按进场批号，每批号见证取样 3 件，从每件中，按每一检验项目各裁取一组试样的用量送独立检测机构对其抗拉强度标准值、受拉弹性模量、伸长率、弯曲强度、层间剪切强度进行复检。复验结果应满足设计要求。

检验方法：在确认产品包装及中文标志完整性的前提下，检查产品合格证、出厂检验报告和进场复验报告；对进口产品还应检验报关单及商检报告所列的批号和技术内容是否与进场检查结果相符。

2）玻璃纤维复合材料套筒用的玻璃纤维应为连续纤维，且应采用高强 S 碱纤维或碱金属氧化物含量小于 0.8％的 E 玻璃纤维，严禁使用中碱 C 玻璃纤维和高碱 A 玻璃纤维。

3）套筒表面应色泽均匀，不得有表面划痕、异物夹杂、裂纹和气泡等严重缺陷。

检查数量：全数检查。

检查方法：观察，或用放大镜检查。

4）玻璃纤维布单位面积质量的检测结果，其允许偏差为±3%；玻璃纤维复合材套筒纤维体积含量的检测结果，其允许偏差为$^{+5}_{-2}$%。

检查数量：按进场批次，每批抽取6个试样。

检验方法：检查产品进行复验报告。

5）玻璃纤维布的疵点数，应不超过现行行业标准《E玻璃纤维布》JC/T 170的规定。

检查数量：全数检查。

检验方法：检查出厂检验报告。若此报告缺失，应进行补检。

（2）水下环氧灌浆料

水下玻璃纤维复合材料套筒系统的水下环氧灌浆料进场时，应按下列规定进行检查和复验：

1）应检查灌浆料品种、型号、出厂日期、产品合格证及产品使用说明书的真实性；

2）检查产品出厂检验报告，并按进场批次，每批号见证取样3件，每件A、B、C组分别称取1000g、400g、3600g，并按同组分予以混合后送独立检测机构对其浆体流动性、抗压强度及其与混凝土正拉粘结强度等进行复检。

3）水下环氧灌浆料A/B/C各单组分以及混合体系，均应无结皮、凝胶、沉淀、分层。若在拌胶过程中发现这些现象，应及时通知监理人员确认，且立即停止在结构加固工程中使用。

检查数量：全数检查。

检验方法：观察判断，或送专业机构鉴定。

（3）水下环氧封口胶

水下玻璃纤维复合材料套筒系统的水下环氧封口胶进场时，应按下列规定进行检查和复验：

1）应检查水下环氧封口胶品种、型号、出厂日期、产品合格证及产品使用说明书的真实性；

2）检查产品出厂检验报告，并按进场批次，每批号见证取样3件，每件A、B、C组分分别称取1000g、400g、3600g，并按同组分予以混合后送独立检测机构对其浆体流动性、抗压强度及其与混凝土正拉粘结强度等进行复检。

3）水下环氧封口胶A/B各单组分以及混合体系，均应无结皮、凝胶、沉淀、分层。若在拌胶过程中发现这些现象，应及时通知监理人员确认，且立即停止在结构加固工程中使用。

检查数量：全数检查。

检验方法：观察判断，或送专业机构鉴定。

（4）水下环氧封顶胶

水下玻璃纤维复合材料套筒系统的水下环氧封顶胶进场时，应按下列规定进行检查和复验：

1）应检查水下环氧封顶胶品种、型号、出厂日期、产品合格证及产品使用说明书的真实性；

2）检查产品出厂检验报告，并按进场批次，每批号见证取样 3 件，每件 A、B、C 组分分别称取 1000g、400g、3600g，并按同组分予以混合后送独立检测机构对其浆体流动性、抗压强度及其与混凝土正拉粘结强度等进行复检。

3）水下环氧封顶胶 A/B 各单组分以及混合体系，均应无结皮、凝胶、沉淀、分层。若在拌胶过程中发现这些现象，应及时通知监理人员确认，且立即停止在结构加固工程中使用。

检查数量：全数检查。

检验方法：观察判断，或送专业机构鉴定。

2. 施工质量检验

（1）对基面进行处理，应对裸露钢筋进行除锈，打毛清除已松动的骨料、浮渣和粉尘，至露出新骨料，且应均匀、平整，并用清洁的压力水清洗干净。

检查数量：全数检查。

检验方法：观察、触摸，并检查施工记录。

（2）水下玻璃纤维复合材料套筒的尺寸偏差≤30mm，厚度偏差≤0.5mm。

检查数量：全数检查。

检验方法：钢尺测量法。

（3）水下环氧灌浆料的实际厚度与设计厚度相比，偏差要控制在±3.0mm 以内。

检查数量：每个构件，检查不少于 3 处。

检验方法：钢尺测量法。

（4）施工结束后应对灌浆存在的空鼓及缺胶现象进行检查，空鼓面积与有效粘结面积的比值为空鼓率，空鼓率不应超过 5%。

检查数量：全数检查。

检验方法：锤击法或其他有效探测方法，锤击法应采用橡胶小锤敲击碳纤维复材板表面进行，并记录空鼓位置和空鼓面积。

（5）灌浆料与混凝土基材的正拉粘结强度≥3.0MPa，灌浆料与玻璃纤维的正拉粘结强度≥1.0MPa。

检验方法：玻璃纤维与灌浆料粘结强度、原混凝土与灌浆料粘结强度试件需现场钻芯取样进行测量，钻芯需采用 50mm 直径水钻进行钻芯取样。

17.12 建筑消能减震加固工程施工质量检验

1. 施工检验

（1）消能器进场验收时，应提供下列资料：产品合格证；监理单位或建设单位对消能器检验的确认单。

（2）消能器进场后应按《钢结构工程施工质量验收标准》GB 50205 规定进行第三方抽样检验，并提供检验报告，检验合格后方可使用。

（3）当消能器设计使用年限小于建筑物的后续使用年限时，消能器达到使用年限时应及时检测，并重新确定消能器后续使用年限或更换。

（4）消能器应具有良好的耐久性，相关指标应同时符合现行行业标准《建筑消能阻尼器》JG/T 209 和《建筑消能减震技术规程》JGJ 297 的有关规定。

（5）消能器外观应符合下列规定：

1）消能器外观应平整、光滑、无锈蚀、无明显缺陷，标识清晰；

2）消能器尺寸偏差应符合本规程有关规定；

3）消能器需要考虑防腐、防锈和防火时，在不影响消能器正常工作时应按现行国家标准《建筑消能阻尼器》JG/T 209 或《建筑消能减震技术规程》JGJ 297 的规定采取措施；

4）消能器外观还应符合本规程的有关规定。

（6）抗震加固工程中使用的消能器应具有满足设计要求的型式检验报告。

检验数量：黏滞型消能器、黏弹消能器和摩擦型消能器检验数量可为同一工程同一类型消能器总数的 20%，各种规格兼顾，但不宜少于 2 个，检测合格率应为 100%，检测后的消能器可用于主体结构；金属型消能器抽检数量宜为总数的 3%，各种规格兼顾，但不宜少于 2 个，检测合格率应为 100%，检测后的消能器不能用于主体结构。

检验方法：黏滞型消能器和摩擦型消能器在设计位移和设计速度幅值下，往复循环 30 圈后，消能器的主要指标误差和衰减量不应超过 15%；金属型消能器在消能器设计位移幅值下往复循环 30 圈后，消能器的主要指标误差和衰减量不应超过 15%，且不应有明显的低周疲劳现象。

2. 消能部件子分部工程检验项目

（1）见证取样送样检测项目

1）消能部件钢材复验

钢板的品种、规格、性能应符合国家现行标准的规定并满足设计要求。钢板进场时，应按国家现行标准的规定抽取试件且应进行屈服强度、抗拉强度、伸长率和厚度偏差检验，检验结果应符合现行国家标准的规定。

检查数量：质量证明文件全数检查；抽样数量按进场批次和产品的抽样检验方案确定。

检验方法：检查质量证明文件和抽样检验报告。

2）高强度螺栓连接

钢结构制作和安装单位应分别进行高强度螺栓连接摩擦面（含涂层摩擦面）的抗滑移系数试验和复验，现场处理的构件摩擦面应单独进行摩擦面抗滑移系数试验，其结果应满足设计要求。

检查数量：按《钢结构工程施工质量验收标准》GB 50205—2020 中附录 B 执行。

检验方法：检查摩擦面抗滑移系数试验报告及复验报告。

（2）焊缝质量

1）焊缝尺寸

2）内部缺陷

3）外观质量

检查数量：一级焊缝抽检 100%，二级焊缝按位置随机抽检 20%。

检验方法：检验采用超声波或射线探伤、量规及观察。

（3）高强度螺栓施工质量

1）终拧扭矩

2）梅花头检查

检查数量：按节点数随机抽检3％，且不小于3个节点。

检验方法：检验方法应符合《钢结构工程施工质量验收标准》GB 50205的规定。

（4）消能部件平面外垂直度

检查数量：随机抽查3个部位的消能部件。

3. 消能部件子分部工程观感质量检查项目

（1）消能部件的普通涂层表面

检查方法及数量：随机抽检3个部位的消能部件。

合格质量标准：均匀、无气泡、无皱纹。

（2）连接节点

检查方法及数量：随机抽检30％。

合格质量标准：连接牢固，无明显外观缺陷。

（3）消能器工作范围内的障碍物

检查方法及数量：随机抽检100％。

合格质量标准：在工作范围内无障碍物。

第4篇

建筑结构工程现场检测

第18章
现场检测基本原则与方法选用

18.1 检测目的

　　既有建筑结构的现场检查检测是掌握结构现状变形与损伤和结构性能参数的环节，只有切实掌握了建筑结构的实际情况，才能做出恰当的结构安全性与抗震性能的分析、找出存在的问题和薄弱环节以及损伤的原因，给出准确的结构安全性与抗震性能评定及其需要加固的范围等意见。因此，既有建筑结构现场检查检测，是结构安全性与抗震评定中重要的基本工作之一，是搞好结构安全性和抗震鉴定的重要环节。

18.2 检测对象及范围

　　应从图纸资料和现场调查两个方面对建筑工程结构检测对象进行了解。收集工程地质勘察报告、竣工图、设计施工图、施工质量验收资料等可以大体了解需要检测工程的结构类型、建造年代、结构体系及构造结构构件的材料强度等级等。现场调查则可进一步了解结构的现状质量，有无地基不均匀沉降、结构损伤及损伤的部位、程度，结构有无进行过改造，使用功能有无改变以及结构现状与竣工图的差异等。

　　对建筑工程结构检测的对象了解后，就要与委托方商定检测的范围。检测对象可以是单个构件或部分构件，但检测结论不能扩大到未检测的构件或范围，例如因环境侵蚀或火灾、爆炸、高温以及人为因素等造成部分构件损伤时，应对影响范围内的结构进行局部安全性检测。

18.3 检测方案和内容

　　结合检测目的和对检测对象充分了解后，制定相应的检测方案和内容。检测方案应充分结合所收集的资料以及现场实地调查的结果进行制定，检测方案应包含应包括工程概况、检测目的和检测项目、检测依据、检测方法和抽样数量、检测仪器设备以及检测流程和进度安排等。检测方案要能充分反映检测的目的，不能由于委托方未明确检测内容而精简检测内容。

18.4　抽样方案

建筑工程结构现场检测是为了评价建筑工程或主体结构的质量，是检测单位对工程实体进行检测，是检测单位根据委托方的检测目的和检测项目、结构现状等去现场抽样，其抽样方案是由检测单位依据有关标准和被检测工程的状况来确定的；建筑工程的结构检测单位是对整个结构检测结果负责。因此，建筑工程质量检测抽样，必须符合相应规范的要求和被检测工程的状况。

根据《建筑结构检测技术标准》GB/T 50344—2019，结合建筑结构工程检测项目的特点，给出了下列可供选择的方案：

(1) 全数检测方案；

(2) 对检测批随机抽样的方案；

(3) 确定重要检测批的方案；

(4) 确定检测批重要检测项目和对象的方案；

(5) 针对委托方的要求采取结构专项检测技术的方案。

对于结构体系的构件布置和重要构造核查，支座节点和连接形式的核查，结构构件、支座节点和连接等可见缺陷和可见损伤现场检查以及结构构件明显位移、变形和偏差的检查应采用全数检测方案。

而对于结构与构件几何尺寸、混凝土保护层厚度等检测项目的抽样数量可采取一次或二次随机抽样的方案；对于材料强度的计量检测抽样数量则应依据《回弹法检测混凝土抗压强度技术规程》JGJ/T 23—2011、《砌体工程现场检测技术标准》GB/T 50315—2011等国家现行有关结构检测的专用标准和通用标准，例如，对于混凝土强度按批量进行检测时，随机抽检数量不宜少于同批构件总数30%且不少于10件；对于烧结砖抗压强度，每个检测单元中应随机选择10个测区，每个测区随机选择10块条面向外的砖作为10个测位供回弹测试。

对于既有结构性能的检测重要检验批或重点的检测对象应包括：

(1) 存在变形、损伤、裂缝、渗漏的构件；

(2) 受到较大反复荷载或动力荷载作用的构件和连接；

(3) 受到侵蚀性环境影响的构件、连接和节点等；

(4) 容易受到磨损、冲撞损伤的构件；

(5) 委托方怀疑有隐患的构件等。

18.5　检测方法

《建筑结构检测技术标准》GB/T 50344—2019给出了建筑结构检测方法选择的原则是根据检测项目、检测目的、建筑结构状况和现场条件选择相适宜的检测方法。

不同的检测项目采用不同的检测方法。就同一检测项目中有多种方法可供选择时，应根据建筑结构状况和现场条件选择相适应的方法。比如，对于龄期不超过1000d的混凝土结构，当混凝土表面与内部较一致时，采用回弹法检测构件混凝土抗压强度；当仅对个别构件的混凝土强度有怀疑时，可采用钻芯法检测；虽龄期不超过 1000d，但混凝土表面损伤严重等，应采用钻芯修正回弹法；对于钢结构强度检测方法，《建筑结构检测技术标准》GB/T 50344—2019 附录 N 给出了钢材强度的里氏硬度检测方法，方法不适用于钢材厚度小于 6mm 或测区曲率半径小于 30mm 的曲面构件，当测试厚度小于 6mm 钢材强度时，应按照根据《金属材料里氏硬度试验 第 1 部分：试验方法》GB/T 17394.1—2014 中的方法取样后进行检测。对于强度不小于 2MPa 的砂浆，可采用回弹法进行原位无损检测，当小于 2MPa 时，可采用贯入法检测砂浆抗压强度。

第19章
砌体结构工程现场检测

19.1　砌筑块材的检测

　　现场砌筑块材强度检测实际应用中，因砖回弹法易于操作，因此被广泛使用，本小节仅对砖回弹法的检测作详细描述。其他块材检测方法详见国家现行有关标准。

　　烧结砖回弹法适用于推定烧结普通砖砌体或烧结多孔砖砌体中砖的抗压强度，不适用于推定表面已风化或遭受冻害、环境侵蚀的烧结普通砖砌体或烧结多孔砖砌体中砖的抗压强度。检测时，应用回弹仪测试砖表面硬度，并应将砖回弹值换算成砖抗压强度。

　　（1）检测仪器

　　1）本方法采用的砖回弹仪的主要技术性能指标，应符合表19-1的要求。

砖回弹仪主要技术性能指标　　　　　　　　　　　　　　表 19-1

项目	指标
标称动能(J)	0.735
指针摩擦力(N)	0.5±0.1
弹击杆端部球面半径(mm)	25±1.0
钢砧率定值(R)	74±2

　　2）回弹仪必须具有制造厂的产品质量合格证，并应经专业质量检定单位检定合格，方可用于测试。其检定有效期为半年。

　　3）砖回弹仪在工程检测前后，均应在钢砧上进行率定测试。

　　（2）测区选择

　　1）以250m³砌体或每一楼层设计等级、品种相同的砖为一个检测批（检测单元），不足250m³的砌体按250m³计算。

　　2）测区选择应根据砌体的质量和检测目的，随机选取有代表性的承重墙的可测墙面。

　　3）每个检测单元中应随机选择10个测区。每个测区的面积不宜小于1.0m²，应在其中随机选择10块条面向外的砖作为10个测位供回弹测试。选择的砖与砖墙边缘的距离应大于250mm。

　　4）选定或布置测区，应标出清晰的编号，并在原始记录纸上描述测区在建筑物中的位置及外观质量情况。

　　5）采取测区回弹值评定方法时，每检测批的测区数应不少于10个，每个测区抽取

10 块砖进行回弹测试。

（3）检测步骤

1）被检测砖应为外观质量合格的完整砖。砖的条面应干燥、清洁、平整，不应有饰面层、粉刷层，必要时可用砂轮清除表面的杂物，并应磨平测面，同时应用毛刷刷去粉尘。

2）在每块砖的测面上应均匀布置 5 个弹击点。选定弹击点时应避开砖表面的缺陷。相邻两弹击点的间距不应小于 20mm，弹击点离砖边缘不应小于 20mm，每一弹击点应只能弹击一次，回弹值读数应估读至 1。测试时，回弹仪应处于水平状态，其轴线应垂直于砖的侧面。

（4）数据分析

1）单个测位的回弹值，应取 5 个弹击点回弹值的平均值。

2）第 i 测区第 j 个测位的抗压强度换算值，应按下列公式计算：

烧结普通砖：

$$f_{1ij} = 2 \times 10^{-2} R^2 - 0.45R + 1.25 \tag{19-1}$$

烧结多孔砖：

$$f_{1ij} = 1.70 \times 10^{-3} R^{2.48} \tag{19-2}$$

式中：f_{1ij}——第 i 个测区第 j 个测位的抗压强度换算值，MPa；

R——第 i 个测区第 j 个测位的平均回弹值。

3）测区的砖抗压强度平均值，应按下式计算：

$$f_{1i} = \frac{1}{10} \sum_{j=1}^{n_1} f_{1ij} \tag{19-3}$$

4）《砌体工程现场检测技术标准》GB/T 50315 所给出的全国统一测强曲线可用于强度为 6～30MPa 的烧结普通砖和烧结多孔砖的检测。当超出全国统一测强曲线的测强范围时，应进行验证后使用，或制定专用曲线。

（5）强度推定

检测数据中的歧离值和统计离群值，应按现行国家标准《数据的统计处理和解释 正态样本离群值的判断和处理》GB/T 4883 中有关格拉布斯检验法或狄克逊检验法检出和剔除。检出水平 α 应取 0.05，剔除水平 α 应取 0.01；不得随意舍去歧离值，从技术或物理上找到产生离群原因时，应予剔除；未找到技术或物理上的原因时，则不应剔除。

应给出每个测点的检测强度值 f_{ij}；以及每一测区的强度平均值 f_i，并应以测区强度平均值 f_i 作为代表值。

每一检测单元的强度平均值、标准差和变异系数，应按下列公式计算：

$$\bar{x} = \frac{1}{n_2} \sum_{i=1}^{n_2} f_i \tag{19-4}$$

$$s = \sqrt{\frac{\sum_{i=1}^{n_2} (\bar{x} - f_i)^2}{n_2 - 1}} \tag{19-5}$$

$$\delta = \frac{s}{x} \tag{19-6}$$

式中：$\bar{x}$——同一检测单元的强度平均值，MPa。当检测烧结砖抗压强度时 $\bar{x}$ 即为
$\qquad\qquad f_{1,m}$；当检测砂浆抗压强度时 $\bar{x}$ 即为 $f_{2,m}$；

$\quad n_2$——同一检测单元的测区数；

$\quad f_i$——测区强度代表值，MPa。当检测烧结砖抗压强度时，f_i 即为 f_{1i}；当检
$\qquad\qquad$测砂浆抗压强度时，f_i 即为 f_{2i}；

$\quad s$——同一检测单元按 n_2 个测区计算的强度标准差，MPa；

$\quad \delta$——同一检测单元的强度变异系数。

既有砌体工程，当采用回弹法检测烧结砖抗压强度时，每一检测单元的砖抗压强度等级，应符合下列要求：

1) 当变异系数 $\delta \leqslant 0.21$ 时，应按表 19-2、表 19-3 中抗压强度平均值 $f_{1,m}$、抗压强度标准值 f_{1k} 推定每一检测单元的砖抗压强度等级。每一检测单元的砖抗压强度标准值，应按下式计算：

$$f_{1k} = f_{1,m} - 1.8s \qquad\qquad (19\text{-}7)$$

式中：f_{1k}——同一检测单元的砖抗压强度标准值，MPa。

烧结普通砖抗压强度等级的推定 表 19-2

抗压强度推定等级	抗压强度平均值 $f_{1,m} \geqslant$	变异系数 $\delta \leqslant 0.21$	变异系数 $\delta > 0.21$
		抗压强度标准值 $f_{1k} \geqslant$	抗压强度最小值 $f_{1,min} \geqslant$
MU25	25.0	18.0	22.0
MU20	20.0	14.0	16.0
MU15	15.0	10.0	12.0
MU10	10.0	6.5	7.5
MU7.5	7.5	5.0	5.5

烧结多孔砖抗压强度等级的推定 表 19-3

抗压强度推定等级	抗压强度平均值 $f_{1,m} \geqslant$	变异系数 $\delta \leqslant 0.21$	变异系数 $\delta > 0.21$
		抗压强度标准值 $f_{1k} \geqslant$	抗压强度最小值 $f_{1,min} \geqslant$
MU30	30.0	22.0	25.0
MU25	25.0	18.0	22.0
MU20	20.0	14.0	16.0
MU15	15.0	10.0	12.0
MU10	10.0	6.5	7.5

2) 当变异系数 $\delta > 0.21$ 时，应按表 19-2、表 19-3 中抗压强度平均值 $f_{1,m}$、以测区为单位统计的抗压强度最小值 $f_{1i,min}$ 推定每一测区的砖抗压强度等级。

19.2　砌筑砂浆的检测

现场砂浆强度检测常用的方法有回弹法、贯入法、筒压法、点荷法、砂浆片局压法等

方法。实际应用中，因砂浆回弹法、贯入法易于操作，因此被广泛使用，本节对砂浆回弹法、贯入法的检测作详细描述。其他砂浆检测方法详见国家现行有关标准。

（1）回弹法

砂浆回弹法适用于推定烧结普通砖或烧结多孔砖砌体中砌筑砂浆的强度，不适用于推定高温、长期浸水、遭受火灾、环境侵蚀等砌筑砂浆的强度。检测时，应用回弹仪测试砂浆表面硬度，并应用浓度为1‰～2‰的酚酞酒精溶液测试砂浆碳化深度，应以回弹值和碳化深度两项指标换算为砂浆强度。检测前，应宏观检查砌筑砂浆质量，水平灰缝内部的砂浆与其表面的砂浆质量应基本一致。墙体水平灰缝砌筑不饱满或表面粗糙且无法磨平时，不得采用砂浆回弹法检测砂浆强度。

1）检测仪器

① 本方法采用的砂浆回弹仪的主要技术性能指标，应符合表19-4的要求。

砂浆回弹仪主要技术性能指标 表19-4

项目	指标
标称动能(J)	0.196
指针摩擦力(N)	0.5±0.1
弹击杆端部球面半径(mm)	25±1.0
钢砧率定值(R)	74±2

② 回弹仪必须具有制造厂的产品质量合格证，并应经专业质量检定单位检定合格，方可用于测试。其检定有效期为半年。

③ 砂浆回弹仪在工程检测前后，均应在钢砧上进行率定测试。

2）测区选择

① 以250m³砌体或每一楼层设计等级、品种相同的砂浆为一个检测批（检测单元），不足250m³的砌体按250m³计算。

② 测区选择应根据砌体的质量和检测目的，随机选取有代表性的承重墙的可测墙面。测位宜选在承重墙的可测面上，并应避开门窗洞口及预埋件等附近的墙体。墙面上每个测位的面积宜大于0.3m²。

3）检测步骤

① 测位处应按下列要求进行处理：

（a）粉刷层、勾缝砂浆、污物等应清除干净。

（b）弹击点处的砂浆表面，应仔细打磨平整，并应除去浮灰。

（c）磨掉表面砂浆的深度应为5～10mm，且不应小于5mm。

② 每个测位内应均匀布置12个弹击点。选定弹击点应避开砖的边缘、灰缝中的气孔或松动的砂浆。相邻两弹击点的间距不应小于20mm。

③ 在每个弹击点上，应使用回弹仪连续弹击3次，第1、2次不应读数，应仅记读第3次回弹值，回弹值读数应估读至1。测试过程中，回弹仪应始终处于水平状态，其轴线应垂直于砂浆表面，且不得移位。

④ 在每一测位内，应选择3处灰缝，并应采用工具在测区表面打凿出直径约10mm的孔洞，其深度应大于砌筑砂浆的碳化深度，应清除孔洞中的粉末和碎屑，且不得用水擦

洗，然后采用浓度为 1‰～2‰的酚酞酒精溶液滴在孔洞内壁边缘处，当已碳化与未碳化界限清晰时，应采用碳化深度测定仪或游标卡尺测量已碳化与未碳化砂浆交界面到灰缝表面的垂直距离。

4）数据分析

① 从每个测位的 12 个回弹值中，应分别剔除最大值、最小值，将余下的 10 个回弹值计算算术平均值，应以 R 表示，并应精确至 0.1。

② 每个测位的平均碳化深度，应取该测位各次测量值的算术平均值，应以 d 表示，并应精确至 0.5mm。

③ 第 i 个测区第 j 个测位的砂浆强度换算值，应根据该侧位的平均回弹值和平均碳化深度值，分别按下列公式计算：

$d \leqslant 1.0$mm 时：
$$f_{2ij} = 13.97 \times 10^{-5} R^{3.57} \tag{19-8}$$

1.0mm$< d < 3.0$mm 时：
$$f_{2ij} = 4.85 \times 10^{-4} R^{3.04} \tag{19-9}$$

$d \geqslant 3.0$mm 时：
$$f_{2ij} = 6.34 \times 10^{-5} R^{3.60} \tag{19-10}$$

式中：f_{2ij}——第 i 个测区第 j 个侧位的砂浆强度值，MPa；

$\quad\quad d$——第 i 个测区第 j 个侧位的平均碳化深度，mm；

$\quad\quad R$——第 i 个测区第 j 个侧位的平均回弹值。

④ 测区的砂浆抗压强度平均值，应按下式计算：

$$f_{2i} = \frac{1}{n_1} \sum_{j=1}^{n_1} f_{2ij} \tag{19-11}$$

5）强度推定

对既有砌体工程，当需推定砌筑砂浆抗压强度值时，应符合下列要求：

① 按国家标准《砌体结构工程施工质量验收规范》GB 50203—2011 及之前实施的砌体工程施工质量验收规范的有关规定修建时，应按下列公式计算：

当测区数 n_2 不小于 6 时，应取下列公式中的最小值：

$$f_2' = f_{2,m} \tag{19-12}$$
$$f_2' = 1.33 f_{2,\min} \tag{19-13}$$

当测区数 n_2 小于 6 时，可按下式计算：

$$f_2' = f_{2,\min} \tag{19-14}$$

② 按《砌体结构工程施工质量验收规范》GB 50203—2011 的有关规定修建时，可按《砌体工程现场检测技术标准》GB/T 50315—2011 第 15.0.4 条的规定推定砌筑砂浆强度值。

③ 当砌筑砂浆强度检测结果小于 2.0MPa 或大于 15MPa 时，不宜给出具体检测值，可仅给出检测值范围 $f_2 < 2.0$MPa 或 $f_2 > 15$MPa。

（2）贯入法

贯入法适用于砌体结构中砌筑砂浆抗压强度的现场检测，不适用于遭受高温、冻害、化学侵蚀、火灾等表面损伤砂浆的检测，以及冻结法施工砂浆在强度回升期的检测。

采用贯入法检测的砌筑砂浆应符合下列规定：①自然养护；②龄期为 28d 或 28d 以上；③风干状态；④抗压强度为 （0.4～16.0）MPa。

1）检测仪器

贯入法检测砌筑砂浆抗压强度使用的仪器包括贯入式砂浆强度检测仪（以下简称贯入仪）和数字式贯入深度测量表（以下简称贯入深度测量表）。

贯入仪应符合下列规定：贯入力应为（800±8）N；工作行程应为（20±0.10）mm。

贯入深度测量表应符合下列规定：最大量程不应小于 20.00mm²，分度值应为 0.01mm。

正常使用过程中，贯入仪应有校准机构进行校准，校准周期不宜超过一年。贯入深度测量表上的百分表应经计量部门鉴定合格。

2）测点布置

检测砌筑砂浆抗压强度时，应以面积不大于 25m² 的砌体构件或构筑物为一个构件。被检测灰缝应饱满，其厚度不应小于 7mm，并应避开竖缝位置、门窗洞口、后砌洞口和预埋件的边缘。检测加气混砌块砌体时，其灰缝厚度应大于测钉直径。

按批抽样检测时，应取龄期相近的同楼层、同来源、同种类、同品种和同强度等级的砌筑砂浆且不大于 250m³ 砌体为批，抽检数量不应少于砌体总构件数的 30%，且不应少于 6 个构件。基础砌体可按一个楼层计。

多孔砖砌体和空斗墙砌体的水平灰缝深度不应小于 30mm。检测范围内的饰面层、粉刷层、勾缝砂浆、浮浆以及表面损伤层等，应清除干净；应使待测灰缝砂浆暴露并经打平整后再进行检测。

每一构件应测试 16 点。测点应均匀分布在构件的水平灰缝上，相邻测点水平间距不宜小于 240mm，每条灰缝测点不宜多于 2 点。

3）贯入检测

① 贯入检测应按下列程序操作：

（a）将测钉插入贯入杆的测钉座中，测钉尖端朝外，固定好测钉；

（b）当用加力杠杆时，将加力杠杆插入贯入杆外端，施加外力使挂钩挂上为止；

（c）当用旋紧螺母加力时，用摇柄旋紧螺母，直至挂钩挂上为止，然后将螺母退至贯入杆顶端；

（d）将贯入仪扁头对准灰缝中间，并垂直贴在被测砌体灰缝砂浆的表面，握住贯入仪把手，扳动扳机，将测钉贯入被测砂浆中。

② 每次贯入检测前，应清除测钉上附着的水泥灰渣等杂物，同时用测钉量规核查测钉的长度，当测钉长度小于测钉量规槽时，应重新选用新的测钉。

③ 操作过程中，当测点处的灰缝砂浆存在空洞或测孔周围砂浆有缺损时，该测点应作废，另选测点补测。

④ 贯入深度的测量应按下列程序操作：

（a）开启贯入深度测量表，将其置于钢制平整量块上，直至扁头端面和量块表面重合，使贯入深度测量表的读数为零；

（b）将测钉从灰缝中拔出，用橡皮吹风器将测孔中的粉尘吹干净；

（c）将贯入深度测量表的测头插入测孔中，扁头紧贴灰缝砂浆，并垂直于被测砌体灰缝砂浆的表面，从测量表中直接读取显示值 d_i 并记录；

（d）直接读数不方便时，可按一下贯入深度测量表中的"保持"键，显示屏会记录当时的示值，然后取下贯入深度测量表读数。

⑤ 当砌体的灰缝经打磨仍难以达到平整时，可在测点处标记，贯入检测前用贯入深

测量表测读测点处的砂浆表面不平整度读数 d_i^0，然后再在测点处进行贯入检测，读取 d_i'，贯入深度应按式（19-15）计算：

$$d_i = d_i' - d_i^0 \qquad (19\text{-}15)$$

式中：d_i——第 i 个测点贯入深度值，mm，精确至 0.01mm；

　　　d_i^0——第 i 个测点贯入深度测量表的不平整度读数，mm，精确至 0.01mm；

　　　d_i'——第 i 个测点贯入深度测量表读数，mm，精确至 0.01mm。

4）砂浆抗压强度计算

检测数值中，应将 16 个贯入深度值中的 3 个较大值和 3 个较小值剔除，余下的 10 个贯入深度值应按式（19-16）取平均值：

$$m_{d_j} = \frac{1}{10} \sum_{i=1}^{10} d_i \qquad (19\text{-}16)$$

式中：m_{d_j}——第 j 个构件的砂浆贯入深度代表值，mm，精确至 0.01mm；

　　　d_i——第 i 个测点的测点的贯入深度值，mm，精确至 0.01mm。

将构件的贯入深度代表值 m_{d_j} 按不同的测强曲线计算其砂浆抗压强度换算值 $f_{2,j}^c$。有专用测强曲线或地区曲线时，应按专用测强曲线、地区测强曲线、《贯入法检测砌筑砂浆抗压强度技术规程》JGJ/T 136—2017 测强曲线顺序使用。

当所检测砂浆与《贯入法检测砌筑砂浆抗压强度技术规程》JGJ/T 136—2017 建立测强曲线所用砂浆有较大差异时，在使用测强曲线前，宜进行检测误差验证试验，试验方法可按《贯入法检测砌筑砂浆抗压强度技术规程》JGJ/T 136—2017 附录 E 的要求进行，试验数量和范围应按检测的对象确定，其检测误差应满足规程 E.0.10 条的规定，否则应按规程附录 E 的要求建立专用测强曲线。

按批抽检时，同批构件砂浆应按式（19-17）～式（19-19）计算其平均值、标准差和变异系数：

$$m_{f_2^c} = \frac{1}{n} \sum_{j=1}^{n} f_{2,j}^c \qquad (19\text{-}17)$$

$$s_{f_2^c} = \sqrt{\frac{\sum_{j=1}^{n} (m_{f_2^c} - f_{2,j}^c)^2}{n-1}} \qquad (19\text{-}18)$$

$$\eta_{f_2^c} = s_{f_2^c} / m_{f_2^c} \qquad (19\text{-}19)$$

式中：$m_{f_2^c}$——同批构抗压强度换算值的平均值，MPa，精确至 0.1MPa；

　　　$f_{2,j}^c$——第 j 个构件的砂浆抗压强度换算值，MPa，精确至 0.1MPa；

　　　$s_{f_2^c}$——同批构件秒浆抗压强度换算值的标准差，MPa，精确至 0.01MPa；

　　　$\eta_{f_2^c}$——同批构件砂浆抗压强度换算值的变异系数，精确至 0.01。

砌筑砂浆抗压强度推定值 $f_{2,e}^c$，应按下列规定确定：

当按单个构件检测时，该构件的砌筑砂浆抗压强度推定值应按式（19-20）计算：

$$f_{2,e}^c = 0.91 f_{2,j}^c \qquad (19\text{-}20)$$

式中：$f_{2,e}^c$——砂浆抗压强度推定值，MPa，精确至 0.1MPa；

　　　$f_{2,j}^c$——第 j 个构件的砂浆抗压强度换算值，MPa，精确至 0.1MPa。

当按批抽检时，应按式（19-21）和式（19-22）计算，并取 $f^c_{2,e1}$ 和 $f^c_{2,e2}$ 中的较小值作为该批构件的砌筑砂浆抗压强度推定值 $f^c_{2,e}$。

$$f^c_{2,e1}=0.91m_{f^c_2} \tag{19-21}$$

$$f^c_{2,e2}=1.18f^c_{2,\min} \tag{19-22}$$

式中：$f^c_{2,e1}$——砂浆抗压强度推定值之一，MPa，精确至 0.1MPa；

$f^c_{2,e2}$——砂浆抗压强度推定值之二，MPa，精确至 0.1MPa；

$m_{f^c_2}$——同批构件砂浆抗压强度换算值的平均值，MPa，精确至 0.1MPa；

$f^c_{2,\min}$——同批构件中砂浆抗压强度换算值的最小值，MPa，精确至 0.1MPa。

对于按批抽检的砌体，当该批构件砌筑砂浆抗压强度换算值变异系数不小于 0.30 时，则该批构件应全部按单个构件检测。

（3）推出法

1）基本规定

推出法（图 19-1）适用于推定 240mm 厚烧结普通砖、烧结多孔砖、蒸压灰砂砖或蒸压粉煤灰砖墙体中的砌筑砂浆强度，所测砂浆的强度宜为 1～15MPa。检测时，应将推出仪安放在墙体的孔洞内。推出仪应由钢制部件、传感器、推出力峰值测定仪等组成。

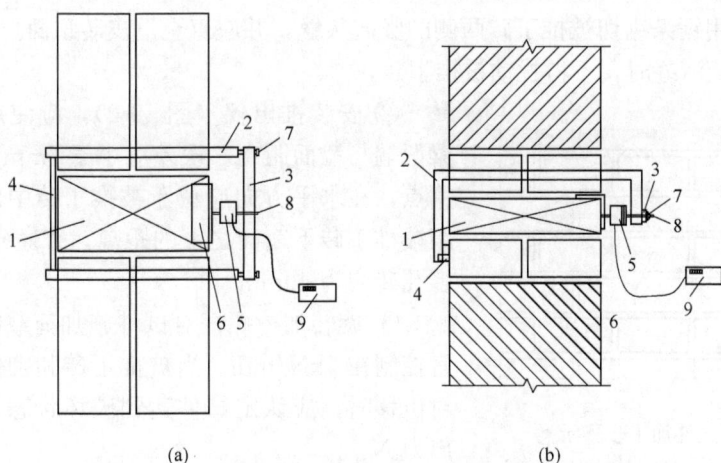

图 19-1 推出仪及测试安装示意
（a）平剖图；（b）纵剖图
1—被推丁砖；2—支架；3—前梁；4—后梁；5—传感器；6—垫片；
7—调平螺钉；8—加荷螺杆；9—推出力峰值测定仪

选择测点应符合下列要求：

（a）测点宜均匀布置在墙上，并应避开施工中的预留洞口。

（b）被推丁砖的承压面可采用砂轮磨平，并应清理干净。

（c）被推丁砖下的水平灰缝厚度应为 8～12mm。

（d）测试前，被推丁砖应编号，并应详细记录墙体的外观情况。

2）测试设备

① 推出仪

推出仪的主要技术指标应符合表 19-5 的要求。

推出仪的主要技术指标　　　　　　表 19-5

项目	指标	项目	指标
额定推力(kN)	30	额定行程(mm)	80
相对测量范围(%)	20～80	示值相对误差(%)	±3

② 力值显示仪器

力值显示仪器或仪表应符合下列要求：

（a）最小分辨值应为 0.05kN，力值范围应为 0～30kN。

（b）应具有测力峰值保持功能。

（c）仪器读数显示应稳定，在 4h 内的读数漂移应小于 0.05kN。

3）测试步骤

① 取出被推丁砖上部的两块顺砖（图 19-2），应符合下列要求：

（a）应使用冲击钻在图 19-2 所示 A 点打出约 40mm 的孔洞。

（b）应使用锯条自 A 至 B 点锯开灰缝。

（c）应将扁铲打入上一层灰缝，并应取出两块顺砖。

（d）应使用锯条锯切被推丁砖两侧的竖向灰缝，并应直至下皮砖顶面。

（e）开洞及清缝时，不得扰动被推丁砖。

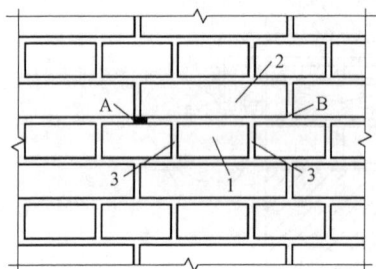

图 19-2　试件加工步骤示意
1—被推丁砖；2—被取出的两块顺砖；
3—掏空的竖缝

② 安装推出仪（图 19-2），应使用钢尺测量前梁两端与墙面距离，误差应小于 3mm。传感器的作用点，在水平方向应位于被推丁砖中间；铅垂方向距被推丁砖下表面之上的距离，普通砖应为 15mm，多孔砖应为 40mm。

③ 旋转加荷螺杆对试件施加荷载时，加荷速度宜控制在 5kN/min。当被推丁砖和砌体之间发生相对位移时，应认定试件达到破坏状态，并应记录推出力 N_{ij}。

④取下被推丁砖时，应使用百格网测试砂浆饱满度 B_{ij}。

4）数据分析

① 单个测区的推出力平均值，应按式 19-23 计算：

$$N_i = \xi_{2i} \frac{1}{n_1} \sum_{j=1}^{n_1} N_{ij} \tag{19-23}$$

式中：N_i——第 i 个测区的推出力平均值，kN，精确至 0.01kN；

N_{ij}——第 i 个测区第 j 块测试砖的推出力峰值，kN；

ξ_{2i}——砖品种的修正系数，对烧结普通砖和烧结多孔砖，取 1.00，对蒸压灰砂砖或蒸压粉煤灰砖，取 1.14。

② 测区的砂浆饱满度平均值，应按式 19-24 计算：

$$B_i = \frac{1}{n_1} \sum_{j=1}^{n_1} B_{ij} \qquad (19\text{-}24)$$

式中：B_i——第 i 个测区的砂浆饱满度平均值，以小数计；

$\quad\quad B_{ij}$——第 i 个测区第 j 块测试砖下的砂浆饱满度实测值，以小数计。

③ 当测区的砂浆饱满度平均值不小于 0.65 时，测区的砂浆强度平均值，应按式 19-25 和式 19-26 计算：

$$f_{2i} = 0.30 \left(\frac{N_i}{\xi_{3i}} \right)^{1.19} \qquad (19\text{-}25)$$

$$\xi_{3i} = 0.45 B_i^2 + 0.90 B_i \qquad (19\text{-}26)$$

式中：f_{2i}——第 i 个测区的砂浆强度平均值，MPa；

$\quad\quad \xi_{3i}$——推出法的砂浆强度饱满度修正系数，以小数计。

④ 当测区的砂浆饱满度平均值小于 0.65 时，宜选用其他方法推定砂浆强度。

19.3 砌体力学性能的检测

砌体的力学性能可分为弹性模量及应力状况、抗压强度、抗剪强度等检测分项。在进行符合性判定和使用材料强度系数时，应推定砌体抗压强度的标准值和抗剪强度的标准值。

(1) 砌体的弹性模量和应力状况宜采用现行国家标准《砌体工程现场检测技术标准》GB/T 50315 规定的扁式液压顶法进行测试。

(2) 砌体结构的抗压强度和抗剪强度可采用下列方法确定：

1）用直接法检测确定；

2）利用砌筑块材、砌筑砂浆和砌筑质量等的检测结果推定砌体强度；

3）用直接法修正或验证推定强度。

(3) 砌体抗压强度直接法的检测应符合下列规定：

1）烧结普通砖和多孔砖砌体应采用现行国家标准《砌体工程现场检测技术标准》GB/T 50315 规定的原位轴压法、扁式液压顶法或切制抗压试件法。

2）非烧结普通砖和多孔砖砌体应采用现行行业标准《非烧结砖砌体现场检测技术规程》JGJ/T 371 规定的原位轴压法或切制抗压试件法。

3）切制的抗压试件宜符合现行国家标准《砌体基本力学性能试验方法标准》GB/T 50129 的规定。

(4) 砌体抗剪强度直接法的检测应符合下列规定：

1）烧结普通砖和多孔砖砌体宜采用现行国家标准《砌体工程现场检测技术标准》GB/T 50315 规定的原位单剪法或原位双剪法进行检测；也可采用现行行业标准《钻芯法检测砌体抗剪强度及砌筑砂浆强度技术规程》JGJ/T 368 规定的钻芯法进行检测。

2）非烧结普通砖和多孔砖砌体宜采用现行国家标准《砌体工程现场检测技术标准》GB/T 50315 规定的原位单剪法进行检测；其中混凝土实心砖和混凝土多孔砖砌体可采用现行行业标准《钻芯法检测砌体抗剪强度及砌筑砂浆强度技术规程》JGJ/T 368 规定的钻芯法进行检测。

3) 非烧结普通砖和多孔砖砌体也可采用现行行业标准《非烧结砖砌体现场检测技术规程》JGJ/T 371 规定的原位双剪法进行检测。

4) 蒸压粉煤灰砖砌体可采用现行行业标准《钻芯法检测砌体抗剪强度及砌筑砂浆强度技术规程》JGJ/T 368 规定的钻芯法进行检测。

（5）检测得到的砌体抗压强度或抗剪强度不宜用于推定砌筑砂浆或砌筑块材的强度。

（6）依据砌筑块材、砌筑砂浆的检测数据和砌筑质量检测结果推定砌体强度应符合下列规定：

1) 推定所用的计算公式应选用结构设计依据有关标准规定的适用公式。

2) 计算公式中砌筑块材强度参数的取值宜符合下列规定：

① 用抗压强度平均值和标准值表示强度等级的砌筑块材，宜取推定的标准值。

② 用强度平均值和最小值表示强度等级的砌筑块材，宜取检测得到的最小值。

③ 石材的强度等级宜使用 0.9 的折减系数。

④ 当砌筑块材存在严重缺陷时，可附加使用 0.9 的折减系数。

3) 计算公式中砌筑砂浆强度系数宜按下列规定确定：

① 当水平灰缝砂浆饱满度大于或等于 80%时，砌筑砂浆强度参数宜取实测砌筑砂浆强度的平均值。

② 当水平灰缝砂浆饱满度小于 80%时，砌筑砂浆强度参数可在实测平均值的基础上乘以相应的折减系数。

③ 砌筑砂浆强度的折减系数可按实测饱满度的平均情况与 80%的比值确定。

④ 当水平灰缝的平均厚度大于现行国家标准《砌体结构工程施工质量验收规范》GB 50203 的限值时，宜将砌筑砂浆强度或计算得到的砌体强度乘以 0.9 的折减系数。

⑤ 当水平灰缝的平直度和竖向灰缝的饱满度不符合现行国家标准《砌体结构工程施工质量验收规范》GB 50203 的规定时，宜将计算得到的砌体抗剪强度乘以 0.9 的折减系数。

⑥ 存在下列问题的砌体不宜单独采用推定砌体强度的方法：

a）存在严重施工质量问题的砌体；

b）直接遭受火灾影响且已出现明显损伤的砌体；

c）受到侵蚀性物质影响且已出现明显损伤的砌体。

（7）砌体抗压强度的直接法对推定法的修正或验证应符合下列规定：

1) 有直接法对应的推定法试样的砌筑块材、砌筑砂浆和砌筑质量应在直接法待测试件附近或待测试件上测试。

2) 每个检验批中直接法的试样数量应符合下列规定：

① 采用修正方法时，砌体抗压强度的直接法试样数量不应少于 2 个。

② 采用修正方法时，砌体抗剪强度的直接法试样数量不应少于 3 个。

③ 采用验证方法时，直接法的试样数量可为 1 个。

3) 直接法的试样应按现行国家标准《砌体工程现场检测技术标准》GB/T 50315、《非烧结砖砌体现场检测技术规程》JGJ/T 371 或《钻芯法检测砌体抗剪强度及砌筑砂浆强度技术规程》JGJ/T 368 的规定进行检测。

4) 当采用材料强度系数或需要确定砌体强度标准值时，推定法测试的数量宜符合下列规定：

① 砌体抗压强度的推定法检测数量不宜少于 10 个。

② 砌体抗剪强度的推定法检测数量不宜少于 15 个。

5) 砌体强度的推定值宜按本标准第 6 条的规定确定。

6) 直接法对推定法的修正应符合下列规定：

① 有直接法对应的推定强度宜采用《建筑结构检测技术标准》GB/T 50344—2019 附录 A 规定的综合系数和参数的——对应方法进行修正或调整。

② 没有直接法对应的推定强度宜采用《建筑结构检测技术标准》GB/T 50344—2019 附录 A 规定的综合系数和参数方法中规定的相应方法进行修正或调整。

7) 采用验证的方法时，直接法检测结果应高于推定强度。

（8）当将砌体强度的直接法用于估计火灾后或遭受严重腐蚀砌体强度损失时，直接法的检测应符合下列规定：

1) 在设计砌筑块材强度等级和砌筑砂浆强度等级相同，且施工质量相近的遭受影响区域和未遭受影响区域的砌体上，应分别进行直接法的测试；

2) 每一区域的直接法测试数量可为 1~2 个；

3) 砌体强度的损失情况可取两个区域的检测结果比值进行估计。

（9）当采用构件承载力的分项系数且无须进行砌体强度的符合性判定时，同一检测批砌体强度代表值的确定宜符合下列规定：

1) 砌体抗压强度的代表值宜按下列规定确定：

① 砌体工程直接法的检测数量不应少于 2 个，既有结构推定砌体抗压强度的检测数量不宜少于 3 个。

② 检测结果的变异性可用检测数据的级差与检测数据平均值的比值表示。

③ 当检测结果的变异性大于 0.17 时，应取检测数据的最小值作为砌体抗压强度的代表值。

④ 当检测结果的变异性小于或等于 0.17 时，宜取检测数据的平均值作为砌体抗压强度的代表值。

2) 砌体抗剪强度的代表值宜按下列规定确定：

① 砌体工程直接法的检测数量不宜少于 3 个，既有结构推定的砌体抗剪强度检测数量不宜少于 4 个。

② 检测结果的变异性可用检测数据的级差与检测数据平均值的比值表示。

③ 当检测结果的变异性大于 0.20 时，应取检测数据的最小值作为砌体抗剪强度的代表值。

④ 当检测结果的变异性小于或等于 0.20 时，宜取检测数据的平均值作为砌体抗剪强度的代表值。

3) 当既有结构的砌体抗压强度推定数量不少于 5 个时，砌体抗压强度的代表值可取检测批 0.5 分位值推定区间的上限值。

4) 当既有结构的砌体抗剪强度推定数量不少于 6 个时，砌体抗剪强度的代表值可取检测批 0.5 分位值推定区间的上限值。

（10）砌体工程质量检测且采用直接法测试砌体强度时，同一检测批砌体强度的符合性判定应符合下列规定：

1) 砌体抗压强度的符合性判定应符合下列规定：

① 检测批抗压强度的检测数量不应少于 3 个。

② 检测批抗压强度的变异性可用检测结果的级差与检测结果的平均值的比值表示。

③ 当检测批的变异性大于结构设计依据的有关标准的变异系数时，应取检测结果的最小值作为砌体抗压强度的代表值。

④ 当检测批的变异性小于或等于结构设计所依据有关标准的变异系数时，应取检测结果的平均值作为砌体抗压强度的代表值。

⑤ 砌体抗压强度标准值的推定值可用式 19-27 表示：

$$f_{k,e} = f_{m,e} \times (1 - 1.645\delta_R) \tag{19-27}$$

式中：$f_{k,e}$——砌体抗压强度标准值的推定值；

$\quad\quad f_{m,e}$——砌体抗压强度的代表值；

$\quad\quad \delta_R$——砌体抗压强度的变异系数，按设计依据的有关标准分析确定。

⑥ 砌体抗压强度的符合性判定，应将标准值的推定值 $f_{k,e}$ 与设计依据的有关标准的标准值 f_k 进行比较。

2) 砌体抗剪强度的符合性判定应符合下列规定：

① 检测批抗剪强度的检测数量不宜少于 4 个。

② 检测批抗剪强度的变异性可用检测结果的级差与检测结果平均值的比值表示。

③ 当检测批的变异性大于结构设计依据的有关标准的变异系数时，应取检测结果的最小值作为砌体抗剪强度的代表值。

④ 当检测批的变异性小于或等于结构设计所依据有关标准的变异系数时，应取检测结果的平均值作为砌体抗剪强度的代表值。

⑤ 砌体抗剪强度标准值的推定值可用式 19-28 表示：

$$f_{kv,e} = f_{mv,e} \times (1 - 1.645\delta_{R,V}) \tag{19-28}$$

式中：$f_{kv,e}$——砌体抗剪强度标准值的推定值；

$\quad\quad f_{mv,e}$——砌体抗剪强度的代表值；

$\quad\quad \delta_{R,V}$——砌体抗剪强度的变异系数，按设计依据的有关标准分析确定。

⑥ 砌体抗剪强度的符合性判定应将标准值的推定值 $f_{kv,e}$ 与设计依据的有关标准的标准值 f_{kv} 进行比较。

(11) 砌体强度设计值的推定值应在推定的标准值基础上除以设计依据标准规定的材料强度系数确定。

(12) 砌体工程采用直接法对推定法修正的方法检测砌体强度时，砌体强度的符合性判定应符合下列规定：

1) 直接法的测试数量和检测方法，推定法的检测数量和推定方法，以及直接法对推定强度的修正和调整方法应按本书第 7 条的规定执行。

2) 砌体抗压强度或砌体抗剪强度的平均值、标准差和变异系数应依据修正后样本的推定强度计算确定。

3) 砌体强度的代表值宜取检测批 0.5 分位值推定区间的下限值。

4) 砌体抗压强度标准值的推定值可用式 19-29 表示：

$$f_{k,e} = f_{m,e} \times (1 - 1.645\delta_R) \tag{19-29}$$

式中：$f_{k,e}$——砌体抗压强度标准值的推定值；

$f_{m,e}$——砌体抗压强度的代表值；

δ_R——砌体抗压强度的变异系数，取修正后推定强度样本的计算值。

5）砌体抗剪强度标准值的推定值可用式（19-30）表示：

$$f_{kv,e} = f_{mv,e} \times (1 - 1.645\delta_{R,V}) \tag{19-30}$$

式中：$f_{kv,e}$——砌体抗剪强度标准值的推定值；

$f_{mv,e}$——砌体抗剪强度的代表值；

$\delta_{R,V}$——砌体抗剪强度的变异系数，取修正后推定强度样本的计算值。

（13）既有砌体结构采用材料强度系数时，砌体强度标准值的推定应符合下列规定：

1）当抗压强度推定的数量不少于 5 个或抗剪强度推定的数量不少于 6 个时，砌体强度标准值的推定应符合下列规定：

① 砌体强度的代表值宜取 0.5 分位值推定区间的上限值。

② 砌体抗压强度的变异系数 δ_R 不宜小于 0.17，砌体抗剪强度的变异系数 $\delta_{R,V}$ 不宜小于 0.20。

③ 砌体抗压强度标准值的推定值可用下式表示：

$$f_{k,e} = f_{m,e} \times (1 - 1.645\delta_R) \tag{19-31}$$

式中：$f_{k,e}$——砌体抗压强度标准值的推定值；

$f_{m,e}$——砌体抗压强度的代表值。

④ 砌体抗剪强度标准值的推定值可用下式表示：

$$f_{kv,e} = f_{mv,e} \times (1 - 1.645\delta_{R,V}) \tag{19-32}$$

式中：$f_{kv,e}$——砌体抗剪强度标准值的推定值；

$f_{mv,e}$——砌体抗剪强度的代表值。

2）当砌体抗压强度推定的数量不少于 10 个或抗剪强度推定的数量不少于 15 个时，砌体强度标准值的推定应符合下列规定：

① 砌体强度的代表值宜取 0.5 分位值推定区间的上限值。

② 砌体抗压强度或抗剪强度的变异系数可依据推定数据计算确定。

③ 砌体抗压强度和抗剪强度标准值的推定值可分别按式（19-31）和式（19-32）计算。

3）当检测批推定强度的数量可以满足《建筑结构检测技术标准》（GB/T 50344—2019）第 3 章标准值推定区间的控制要求时，砌体强度标准值的推定应符合下列规定：

① 砌体强度的代表值宜取 0.5 分位值推定区间的上限值。

② 砌体抗压强度或抗剪强度的变异系数可依据推定强度数据计算确定。

③ 砌体标准强度的推定值可取 0.05 分位值推定区间的上限值。

（14）当采用材料强度系数进行砌体承载力分析时，砌体强度的评定值应为砌体强度标准值的推定值除以现行国家标准《砌体结构设计规范》GB 50003 规定的材料强度系数。

19.4 砌筑质量与构造

砌筑质量可分为砌筑方法、灰缝质量和砌筑偏差等检测分项。

（1）砌体结构砌筑方法的检测可分为上下错缝、内外搭砌、留槎、洞口和柱的包心砌法等。

（2）砌体结构是由大量块材砌筑而成的，其总体性能相对较差，设计中需要采取必要的构造措施来改善。在砌体结构的检测中，也同样需要对其构造措施进行检查和评定。

（3）砌体结构砌筑质量的符合性判定或评定应符合下列规定：

1）结构工程质量的检测应按结构建造时的国家有关标准的规定对检测结论进行符合性判定。

2）既有结构的检测应在相关性能的评定中体现砌筑质量的不利影响。

（4）灰缝质量的灰缝厚度代表值、灰缝平直程度和灰缝饱满程度等的检测应符合下列规定：

1）灰缝厚度代表值和灰缝平直程度应按现行国家标准《砌体结构工程施工质量验收规范》GB 50203 规定的方法进行检测。

2）灰缝饱满程度可采用下列方法进行检测：

① 利用工具表面检查的方法。

② 取样检测的方法。

（5）砌体结构灰缝质量的检测结论应按下列规定进行符合性判定或推定：

1）结构工程质量的检测应按结构建造时国家有关标准的规定对检测结论进行符合性判定。

2）既有结构的检测应在推定砌体强度时使用适当的折减系数。

（6）砌筑偏差、构件垂直度和轴线偏差可按现行国家标准《砌体结构工程施工质量验收规范》GB 50203 规定的方法或《建筑结构检测技术标准》GB/T 50344—2019 第 3 章规定的方法进行检测。

（7）对于一般砌体结构，墙、柱的构造措施可分为三类：高厚比，一般构造，抗震构造。高厚比对墙、柱的稳定性和刚度有重要的影响，它涉及楼盖的类型、横墙间距、支撑条件、墙体高度和厚度、窗洞大小、砂浆强度、受力状况（承重或自承重）等因素，往往需要通过计算确定，检测中主要是围绕高厚比检查和核实易发生变化的因素。表 19-6 中列举了各类构造的具体内容，检测中应根据现行设计规范的要求对其进行检查。

构造检测内容和方法

表 19-6

构造	检测内容	检测方法
高厚比	主要是墙柱的支撑条件、高度、厚度、窗洞大小、砂浆质量、受力状况等。如果高大的墙体中设置圈梁，则应测量圈梁截面宽度与壁柱间距的比值，以判定是否可以将圈梁作为墙体的不动铰支座。如果使用中在墙体上开设了洞口，则必须测量洞口的位置和尺寸	根据设计图纸进行核查或复核
一般构造	砖和砂浆的最低强度等级 独立承重砖柱的最小截面尺寸 墙上垫块的设置 墙上梁的支撑长度 填充墙、隔墙的拉结 山墙顶部的拉结	根据原设计图纸按现行设计规范的要求进行检查和复核
抗震构造	承重和自承重墙、女儿墙的局部尺寸 外墙角部和内外墙交界处的拉结 山墙和抗震横墙的洞口尺寸 山墙卧梁的设置	根据设计图纸按现行设计规范的要求进行检查和复核

19.5 变形与损伤的检测

（1）检测仪器及主要操作要求

现场测量采用的仪器精度应符合下列要求：

1）全站仪或经纬仪、水准仪，精度 2 级，测量分辨率不低于 0.5mm；

2）工程检测尺，分度值 1.0mm/2m；

3）钢尺，分度值 1.0mm；

4）读数显微镜：最小分度值 0.01mm；

5）裂缝宽度比尺，精度 0.05mm；

6）特殊测量中需要的专门仪器。

（2）检测方法及抽样率

1）砌体裂缝检测应满足下列要求：

① 可通过绘制详图、照相、红外线摄像等方法确定砌体裂缝的位置、裂缝的数量。

② 裂缝长度测量：对于直线形可用长度尺测量，弯曲形、折线形或多支形裂缝可用皮尺或测长轮进行长度测量。

③ 裂缝宽度：一般采用读数显微镜（亦称裂缝测宽仪）或塞尺检测。

④ 裂缝一般应全数检查。

2）砌体垂直度检测应满足下列要求：

① 每层垂直度一般用工程质量检测尺或 2m 拖线板检查；全高垂直度用经纬仪、吊线和尺检查，也可用全站仪检测。

② 外墙垂直度全高查阳角，查全部阳角；内墙按有代表性的自然间抽 10%，但不应少于 3 间，每间不应少于 2 处，柱不少于 5 根。

3）风化、剥落检测应满足下列要求：

① 块材：一般通过经验，检查其外观是否有风化、疏松现象。

② 砂浆层：检查是否有粉化现象，现场可用金属硬物进行挂擦。

③ 抽样率应按《建筑结构检测技术标准》GB/T 50344 中的相关标准执行。

（3）检测内容与结果评定

1）砌体结构裂缝的检测应包括以下参数和内容：

① 对于结构或构件上的裂缝，应测定裂缝的位置、裂缝长度、裂缝宽度和裂缝的数量。

② 必要时应剔除构件抹灰确定砌筑方法、留槎、洞口、线管及预制构件对裂缝的影响。

③ 对于仍在发展的裂缝应进行定期的观测，提供裂缝发展速度的数据。

2）砌体结构构件裂缝检测结果按下列规评定：

① 砌体结构承重构件出现下列受力裂缝时，应视为不适于继续承载的裂缝：

a）桁架、主梁支座下的墙、柱的端部或中部出现沿块材断裂（贯通）竖向裂缝。

b）空旷房屋承重外墙的变截面处，出现水平裂缝或斜向裂缝。

　　c）砌体过梁的跨中或支座出现裂缝；或虽未出现肉眼可见的裂缝，但发现其跨度范围内有集中荷载。

　　d）筒拱、双曲筒拱、扁壳等的拱面、壳面，出现沿拱顶母线或对角线的裂缝。

　　e）拱、壳支座附近或支承的墙体上出现沿块材断裂的斜裂缝。

　　f）其他明显的受压、受弯或受剪裂缝。

　　② 当砌体结构、构件出现下列非受力裂缝时，也应视为不适于继续承载的裂缝：

　　a）纵横墙连接处出现通长的竖向裂缝。

　　b）墙身裂缝严重，且最大裂缝宽度已大于 5mm。

　　c）柱已出现宽度大于 1.5mm 的裂缝，或有断裂、错位迹象。

　　d）其他显著影响结构整体性的裂缝。

　　3）对于新建砌体工程质量验收检测，2m 内砌体垂直度偏差不超过 5mm；全高垂直度检查，当全高小于等于 10m 时，垂直度偏差不超过 10mm；当全高大于 10m 时，不应超过 20mm。

　　4）对于进行可靠性鉴定的砌体建筑物，其垂直度评定可按现行国家标准《民用建筑可靠性鉴定标准》GB 50292 中的相关要求。

　　5）对砌体构件的风化或剥落的检测结果进行评定可按现行国家标准《民用建筑可靠性鉴定标准》GB 50292 中的关于砌体构件正常使用性进行鉴定评级。

第20章

混凝土结构工程现场检测

由于混凝土是非均质性材料，各相物质随机交织在一起，形成复杂的内部结构，再加上混凝土通常是在工地进行配料、搅拌、成型、养护，每个环节稍有不慎就影响其质量，因此，对钢筋混凝土结构其首选的检测项目往往是混凝土的强度。其次是根据工程的质量情况来选择检测项目。譬如，混凝土构件的外观质量与缺陷、尺寸与偏差、变形与损伤和钢筋配置等项工作；当混凝土中钢筋锈蚀较严重时，需检测钢筋的锈蚀程度，必要时，检测混凝土 Cl^- 的含量；总之，检测项目需根据工程的实际情况进行确定。

20.1 混凝土强度检测方法

1. 混凝土强度检测方法的种类

混凝土的强度是建筑产品结构安全的基本保障更是建筑施工的从业人员需经常面对的问题。混凝土具有较高的抗压强度（抗拉强度相对较低），因此抗压强度是施工中控制和评定混凝土质量的主要指标。按照《混凝土结构设计规范》GB 50010—2010 规定"混凝土强度等级应按立方体抗压强度标准值确定。立方体抗压强度标准值系指按照标准做法去制作养护的边长为 150mm 的立方体试件在 28d 龄期用标准试验方法测得的具有 95% 保证率的抗压强度。一般建筑图纸设计的混凝土强度即指上述的定义。

（1）混凝土抗压强度试验

混凝土材料力学性能检测时，可以将整幢房屋作为检测对象。将每一结构单元划分为一个检测单元，也可根据构件的类型划分检测单元。在检测单元中抽样选取的样本称为检测样本，检测样本可以是一个构件，也可以是构件的一部分。

混凝土材料强度可采用超声回弹综合法、回弹法等非破损方法进行检测，也可采用钻芯法、后装拔出法等局部破损方法进行检测。选择检测方法时应综合考虑结构特点、现状和现场检测条件，优先选用非破损方法。

（2）混凝土抗压强度现场检测

用于承重结构的混凝土试块，施工现场有见证取样和送检制度，但是受试件制作环境、制作方法、养护条件等因素的影响，总会出现受检混凝土试块抗压强度与主体结构实际强度不一致的现象。所以，采用现场检测混凝土强度的方式，用回弹法、钻芯法、超声回弹综合法等主要方法对混凝土质量进行评定是非常必要的。

2. 混凝土强度现场检测类型

结构混凝土强度的现场检测可分为三种类型：

（1）非破坏性检测法

非破坏性检测法是一种不会破坏混凝土结构的检测方法，它可以通过回弹法、声波、电磁波、超声波等方式来检测混凝土的强度和质量。这种方法适用于已经建成的建筑物或结构，可以在不影响建筑物使用的情况下进行检测。

（2）破坏性检测法

破坏性检测法是一种通过破坏混凝土结构来检测其强度和质量的方法。这种方法需要在混凝土结构上进行钻孔或者取样，然后进行实验室测试。虽然这种方法会破坏混凝土结构，但是它可以提供更准确的测试结果。

（3）局部破损法与非破损法的综合使用。这两者的综合运用，可同时提高检测效率和检测精度，因而受到广泛重视。

3. 混凝土强度检测方法

新建工程混凝土强度检测是用混凝土试块进行检测。现场施工混凝土试块有两种，一种是标养试块，另一种是同条件试块，它们发挥的作用不同。标养试块是用于评定建筑工程结构构件是否达到要求，是建筑结构工程验收的主要数据之一，主要用于资料管理（混凝土不出现问题的情况下）；同条件试块是建筑结构重要构件混凝土强度评定的依据和混凝土构件拆模的主要依据，主要用于现场施工管理。

混凝土试块标准尺寸为 $150mm \times 150mm \times 150mm$ 立方体，标养试块留置数量，根据工程情况、工程部位、混凝土浇筑方量的不同而留设。同条件试块根据需要和监理方共同选定建筑结构部位进行留置。

既有建筑混凝土的检测方法主要有：回弹法、超声波法、钻芯取样法等几种。这几种方法各有优缺点，如果只采用某一种方法并不能完全真实的检测既有建筑混凝土的实际情况，一般采用多种方法进行综合评定。

（1）回弹法。回弹法是用回弹仪弹击混凝土表面，由仪器重锤回弹能量的变化，反映混凝土的弹性和塑性性质，测量混凝土的表面硬度推算抗压强度，是混凝土结构现场检测中常用的一种非破损试验方法。回弹法的主要优点是：仪器构造简单，方法易于掌握，检测效率高，费用低廉，影响因素较少，但还存在一定不足：回弹值受碳化深度、测试角度的影响，石子种类对其也有影响，要对回弹值进行不同的修正，对存在有质量疑问区域的混凝土，需用其他方法进行进一步检测。

1）设备管理

① 回弹仪检定周期为半年，应每 6 个月送检定一次，在检定周期内保养后，钢砧率定值不符合要求（率定平均值为 80 ± 2），则应随时送检修，检定。

② 回弹仪的操作人员应经过培训考核合格持证上岗。

③ 回弹仪使用之前和使用之后应率定其平均值是否符合要求，以确认检测数据是否准确有效。若使用之后的率定值不符合要求，则所检测的数据作废，并且要对所检的构件重新检测。

④ 回弹仪每次使用之后，经过率定确认，然后再进行保养。

2）一般规定

① 按统一测强曲线进行检测。

② 混凝土回弹检测前应经自然养护 7d 以上，且混凝土表面应为干燥状态。

③ 可进行回弹检测的龄期为 14 至 1000d，一般为 28d 以后进行回弹检测。

④ 混凝土可回弹检测的抗压强度为 10～60MPa。

⑤ 当有下列情况之一时不得按统一测强曲线进行检测。

a. 粗集料最大粒径大于 60mm。

b. 特种成型工艺制作的混凝土（如高温高压成型的管桩等）。

c. 检测部位率半径小于 250mm。

d. 潮湿或浸水混凝土。

e. 混凝土抗压强度大于 60MPa 时。

⑥ 回弹法检测不适用于表层与内部质量有明显差异或内部存在缺陷的混凝土。

3）检测技术

① 单个检测：适用于单个结构或构件的检测。

② 批量检测：适用于在相同的生产工艺条件下，混凝土强度等级相同，原材料、配合比、成型工艺、养护条件基本一致且龄期相近的同类结构或构件。按批进行检测的构件，抽检数量不得少于同批构件总数的 30％且构件数量不得少于 10 件，抽检构件应随机抽取并具有代表性。

③ 每一结构或构件测区数不应少于 10 个，对某一方向尺寸小于 4.5m 且另一方向尺寸小于 0.3m 的构件，其测区数量可适当减少，但不应少于 5 个。

④ 相邻两测区的间距应控制在 2m 以内，测区离构件端部或施工缝边缘的距离不宜大于 0.5m，且不宜小于 0.2m。

⑤ 测区应选在使回弹仪处于水平方向检测混凝土浇筑侧面，当不能满足这一要求时，可使用回弹仪处于非水平方向检测混凝土浇筑侧面、表面或底面。

⑥ 测区宜选在构件的两个对称可测面上，也可选在一个可测面上，且应均匀分布，在构件的重要部位及薄弱部位必须布置测区，并应避开预埋件。

⑦ 测区的面积不宜大于 0.04m²，并应清洁、平整，不应有疏松层、浮浆、油垢、涂层以及蜂窝、麻面，必要时可用砂轮清除疏松层和杂物，且不应有残留的粉末或碎屑。

⑧ 对弹击时产生颤动的薄壁小型构件应进行固定。

⑨ 回弹测量操作

a. 检测时，回弹仪的轴线应始终垂直于结构或构件的混凝土检测面，缓慢施压，准确读数，快速复位。

b. 测点宜在测区范围内均匀分布，相邻两测点的净距不宜小于 20mm；测点距外露钢筋，预埋件的距离不宜小于 30mm，测点不应在气孔或外露石子上。同一测点只应弹击一次，每一测区应记取 16 个回弹值，每一测点的回弹值读数估读至 1。

⑩ 碳化深度值测量

a. 回弹值测量完毕，应在有代表性的位置上测量碳化深度值，测点数不应少于构件测区数的 30％，取其平均值为该构件每测区的碳化深度值。当碳化深度值极差大于 2.0mm 时，应在每一测区测量碳化深度值。

b. 碳化深度值测量，用工具在测区表面形成直径约 15mm 孔洞，深度大于混凝上的碳化深度，孔洞中的粉末和碎屑应除净，不得用水冲洗采用浓度为 1％的酚酞酒精溶液滴在孔洞内壁的边缘，当已碳化与未碳化界线清楚时，用深度测量工具测量已碳化与未碳化湿凝土交界面到混凝土表面的垂直距离。测量不应少于 3 次，取其平均值，每次读数精确至 0.5mm。

（2）超声回弹综合法。超声回弹综合法是建立在超声传播和回弹值与混凝土抗压强度之间相互关系上，以声速和回弹值来综合反映混凝土抗压强度的一种非破损检测方法。超声回弹综合法在一定程度上克服了以单一指标评定混凝土强度的不足，它把石子和测试面的影响，从检测结果中加以修正，对于多指标综合，能较全面地反映与混凝土强度有关的各种要素的作用，提高了测试精度。

1）应用领域

① 超声回弹法适用于以中型回弹仪、低频超声仪按综合法检测建筑结构和构筑物中的普通混凝土抗压强度。

② 当对结构的混凝土强度有怀疑时，按本方法进行检测，以推定混凝土强度，并作为处理混凝土质量问题的一个主要依据。

③ 在具有用钻芯试件作校核的条件下，可按本方法对结构或构件长龄期的混凝土强度进行推定。

④ 本检测方法不适用于下列情况的结构混凝土：

a. 遭受冻害、化学侵蚀、火灾、高温损伤；

b. 被测构件厚度小于 100mm；

c. 结构表面温度低于－4℃或高于 60℃。

⑤ 使用本方法检测所得的混凝土强度换算值，是根据用综合法取得的测值换算成相当于被测结构所处条件及龄期下边长 150mm 立方体试块的抗压强度；混凝土强度推定值是指相应于强度换算值总体分布中保证率不低于 95％的强度值。

⑥ 应用本方法时，混凝土强度曲线应根据原材料品种、龄期和养护条件等，通过专门试验确定。专用测强曲线和地区测强曲线的强度误差规定如下：

a. 专用测强曲线，相对标准误差≤±12％；

b. 地区测强曲线，相对标准误差≤±14％；

c. 检测结构或构件的混凝土强度时，应优先采用专用或地区测强曲线。当缺少该类曲线时，经过验证证明符合要求后，方可采用通用测强曲线。

2）符合标准

《超声回弹综合法检测混凝土抗压强度技术规程》T/CECS 02—2020。

3）测区回弹值和声速值的测量

① 检测数量应符合下列规定：

a. 按单个构件检测时，应在构件上均匀布置测区，每个构件上测区数量不应少于 10 个；

b. 同批构件按批抽样检测时，构件抽样数不应少于同批构件的 30％，且不应少于 10 件；对一般施工质量的检测和结构性能的检测，可按照现行国家标准《建筑结构检测技术标准》GB/T 50344—2019 的规定抽样。

c. 对某一方向尺寸不大于 4.5m 且另一方向尺寸不大于 0.3m 的构件，其测区数量可适当减少，但不应少于 5 个。

② 构件的测区布置宜满足下列规定：

a. 在条件允许时，测区宜优先布置在构件混凝土浇筑方向的侧面；

b. 测区可在构件的两个对应面、相邻面或同一面上布置；

c. 测区宜均匀布置，相邻两测区的间距不宜大于 2m；

d. 测区应避开钢筋密集区和预埋件；

e. 测区尺寸宜为 200mm×200mm；采用平测时宜为 400mm×400mm；

f. 测试面应清洁、平整、干燥，不应有接缝、施工缝、饰面层、浮浆和油垢，并应避开蜂窝、麻面部位。必要时，可用砂轮片清除杂物和磨平不平整处，并擦净残留粉尘。

（3）钻芯法。钻芯法与前 3 种方法不同。它用专用取芯机从被检测的结构或构件上直接钻取圆柱型的混凝土芯样，并根据芯样的抗压试验强度，推定混凝土的抗压强度，是一种较为直观可靠的检测混凝土强度的方法，由于需要从结构上取样，对原结构有局部损伤，所以是一种现场检测的半破损试验方法。

（4）拔出法。拔出法试验也是一种半破损检测方法，它是用一金属锚固件预埋入未硬化的混凝土浇筑构件内，或在已硬化的混凝土构件上钻孔埋入一膨胀螺栓，然后测试锚固件或膨胀螺栓被拔出时的拉力，由被拔出时的锥台型混凝土块的投影面积确定混凝土的拔出强度，并由此推算出混凝土的抗压强度。

4. 回弹法检测数据处理

普通混凝土

（1）计算测区平均回弹值，应从该测区的 16 个回弹值中剔除 3 个最大值和 3 个最小值，余下的 10 个回弹值应按式 20-1 计算：

$$R_m = \frac{1}{10} \sum_{i=1}^{10} R_i \qquad (20\text{-}1)$$

式中：R_m——测区平均回弹值，精确至 0.1；

R_i——第 i 个测点的回弹值。

（2）非水平方向检测混凝土浇筑侧面时，应按式 20-2 修正：

$$R_m = R_{ma} + R_{aa} \qquad (20\text{-}2)$$

式中：R_{ma}——非水平方向检测时测区的平均回弹值，精确至 0.1；

R_{aa}——非水平方向检测时回弹值修正值，应按本规程附录 C 取值。

（3）水平方向检测混凝土浇筑顶面或底面时，应按式 20-3 修正：

$$R_m = R_m^t + R_a^t$$
$$R_m = R_m^b + R_a^b \qquad (20\text{-}3)$$

式中：R_m^t、R_m^b——水平方向检测混凝土浇筑表面、底面时，测区的平均回弹值，精确至 0.1；

R_a^t、R_a^b——混凝土浇筑表面、底面回弹值的修正值，按本章附录 D 采用。

（4）当检测时回弹仪为非水平方向且测试面为非混凝土的浇筑侧面时，应先对回弹值进行角度修正，再对修正后的值进行浇筑面修正。

（5）混凝土强度的计算

1）结构或构件第 i 个测区混凝土强度换算值，可按平均回弹值（R_m）及平均碳化深度值（d_m）由测区混凝土强度换算表得出，泵送混凝土还应按对应换算表计算。当有地区测强曲线或专用测强曲线时，混凝土强度换算值应按地区测强曲线或专用测强曲线换算得出。

2）构件的测区混凝土强度平均值可根据可测区的混凝土强度换算值计算。当测区数为 10 个及以上时，应计算强度标准差。平均值及标准差应按式 20-4 计算：

$$m_{f_{cu}^c} = \frac{1}{n} \sum_{i=1}^{n} f_{cu,i}^c$$

$$s_{f_{cu}^c} = \sqrt{\frac{\sum_{i=1}^{n} (f_{cu,i}^c)^2 - n(m_{f_{cu}^c})^2}{n-1}} \qquad (20\text{-}4)$$

式中：$m_{f_{cu}^c}$——构件测区混凝土强度换算值的平均值（MPa），精确至 0.1MPa；

n——对于单个检测的构件，取一个构件的测区数；对批量检测的构件，取被抽检构件测区数之和；

$s_{f_{cu}^c}$——构件测区混凝土强度换算值的标准差（MPa），精确至 0.01MPa。

3）构件的混凝土强度推定值（$f_{cu,e}$）应按式 20-5～式 20-8 确定：

a）当构件测区数少于 10 个时：

$$f_{cu,e} = f_{cu,min} \qquad (20\text{-}5)$$

式中：$f_{cu,min}$——构件中最小的测区混凝土强度换算值。

b）当构件的测区强度值中出现小于 10.0MPa 时：

$$f_{cu,e} < 10.0\text{MPa} \qquad (20\text{-}6)$$

c）当构件测区数不少于 10 个或按批量检测时，应按下式计算：

$$f_{cu,e} = m_{f_{cu}^c} - 1.645 s_{f_{cu}^c} \qquad (20\text{-}7)$$

d）当批量检测时，应按下式计算：

$$f_{cu,e} = m_{f_{cu}^c} - k s_{f_{cu}^c} \qquad (20\text{-}8)$$

式中：k——推定系数，宜取 1.645。当需要进行推定强度区间时，可按国家现行有关标准的规定取值。

注：构件的混凝土强度推定值是指相应于强度换算值总体分布中保证率不低于 95% 的结构或构件中的混凝土抗压强度值。

4）对按批量检测的构件，当该批构件混凝土强度标准差出现下列情况之一时，则该批构件应全部按单个构件检测：

a）当该批构件混凝土强度平均值小于 25MPa、$s_{f_{cu}^c}$ 大于 4.5MPa 时；

b）当该批构件混凝土强度平均值不小于 25MPa 且不大于 60MPa、$s_{f_{cu}^c}$ 大于 5.5MPa 时。

5. 超声回弹综合法检测混凝土抗压强度数据处理

（1）回弹测试及回弹值计算

回弹测试时，回弹仪的轴线应始终保持垂直于混凝土检测面，测试时应缓慢施压、准确读数、快速复位。宜首先选择混凝土浇筑方向的侧面进行水平方向测试。若不具备浇筑方向侧面水平测试的条件，可采用非水平状态测试，或测试混凝土浇筑的表面或底面。

测点宜在测区范围内均匀布置，不得布置在气孔或外露石子上。相邻两个测点的间距不宜小于 20mm；测点与构件边缘、外露钢筋或预埋件的距离不宜小 30mm。

超声对测或角测时，回弹测试应在测区内超声波的发射面和接收面各测读 5 个回弹值。超声平测时，回弹测试应在测区内超声波的发射测点和接收测点之间测读 10 个回弹值。每一测点回弹值的测读应精确至 1，且同一测点应只允许弹击 1 次。

测区回弹代表值应从测区的 10 个回弹值中剔除 1 个最大值和 1 个最小值，并应用剩余 8 个有效回弹值按下式计算：

$$R_m = \frac{1}{8}\sum_{i=1}^{8} R_i \qquad (20\text{-}9)$$

式中：R——测区回弹代表值，精确至 0.1；

　　　R_i——第 i 个测点的有效回弹值。

非水平状态下测得的回弹值，应按下式修正：

$$R_a = R + R_{a\alpha} \qquad (20\text{-}10)$$

式中：R_a——修正后的测区回弹代表值；

　　　$R_{a\alpha}$——测试角度为 α 时的测区回弹修正值，可按《超声回弹综合法检测混凝土抗压强度技术规程》T/CECS 02 附录 B 采用。

在混凝土浇筑的表面或底面测得的回弹值，应按下列公式修正：

$$R_a = R + R_a^t$$
$$R_a = R + R_a^b \qquad (20\text{-}11)$$

式中：R_a^t——测量混凝土浇筑表面时的测区回弹修正值，可按《超声回弹综合法检测混凝土抗压强度技术规程》T/CECS 02 附录 C 采用；

　　　R_a^b——测量混凝土浇筑底面时的测区回弹修正值，可按 CECS02 附录 C 采用。

测试时回弹仪处于非水平状态，同时测试面又是非混凝土浇筑方向的侧面，测得的回弹值应先进行角度修正，然后对角度修正后的值再进行顶面或底面修正。

（2）超声测试及声速值计算

超声测点应布置在回弹测试的同一测区内，每一测区应布置 3 个测点。超声测试宜采用对测，当被测构件不具备对测条件时，可采用角测或平测。超声角测、平测和声速计算方法应符合有关规范的规定。

超声测试应符合下列规定：

1) 应在混凝土超声波检测仪上配置满足要求的换能器和高频电缆；

2) 换能器辐射面应与混凝土测试面耦合；

3) 应先测定声时初读数（t_0），再进行声时测量，读数应精确至 0.1μs；

4) 超声测距（l）测量应精确至 1mm，且测量允许误差应在 ±1%；

5) 检测过程中若更换换能器或高频电缆，应重新测定声时初读数（t_0）；

6) 声速计算值应精确至 0.01km/s。

当在混凝土浇筑方向的侧面对测时，测区混凝土中声速代表值应按式 20-12 计算：

$$v_d = \frac{1}{3}\sum_{i=1}^{3}\frac{l_i}{t_i - t_0} \qquad (20\text{-}12)$$

式中：v_d——对测测区混凝土中声速代表值，km/s；

　　　l_i——第 i 个测点的超声测距，mm；

　　　t_i——第 i 个测点的声时读数，μs；

　　　t_0——声时初读数，μs。

当在混凝土浇筑的表面或底面对测时，测区混凝土中声速代表值应按式 20-13 修正：

$$v_a = \beta v_d \qquad (20\text{-}13)$$

式中：v_a——修正后的测区混凝土中声速代表值，km/s；

　　　β——超声测试面的声速修正系数，取 1.034。

(3) 混凝土抗压强度的推定

构件第 i 个测区的混凝土抗压强度换算值（$f^c_{cu,i}$），可按回弹测试机回弹值计算和超声测试及声波计算求得修正后的测区回弹代表值（R_{ai}）和声速代表值（v_{ai}）后，采用规定的测强曲线换算而得。

注：混凝土抗压强度换算值可采用专用测强曲线、地区测强曲线或全国测强曲线计算。

当构件所采用的材料及龄期与制定测强曲线所采用的材料及龄期有较大差异时，可采用在构件上钻取混凝土芯样或同条件立方体试件对测区混凝土抗压强度换算值进行修正。

混凝土芯样修正时，芯样数量不应少于 4 个，公称直径宜为 100mm，高径比应为 1。芯样应在测区内钻取，每个芯样应只加工 1 个试件，并应符合现行行业标准《钻芯法检测混凝土强度技术规程》JGJ/T 384 的有关规定。

同条件立方体试件修正时，试件数量不应少于 4 个，试件边长应为 150mm，并应符合现行国家标准《混凝土物理力学性能试验方法标准》GB/T 50081 的有关规定。

计算时，测区混凝土抗压强度修正量及测区混凝土抗压强度换算值的修正应符合下列规定：

1) 测区混凝土抗压强度修正应按式（20-14）计算：

$$
\begin{aligned}
\Delta_{tot} &= f_{cor,m} - f^c_{cu,m0} \\
\Delta_{tot} &= f_{cu,m} - f^c_{cu,m0} \\
f_{cor,m} &= \frac{1}{n}\sum_{i=1}^{n} f_{cor,i} \\
f^c_{cu,m0} &= \frac{1}{n}\sum_{i=1}^{n} f_{cu,i} \\
f_{cor,m} &= \frac{1}{n}\sum_{i=1}^{n} f^c_{cu,i}
\end{aligned}
\tag{20-14}
$$

式中：Δ_{tot}——测区混凝土抗压强度修正量，MPa，精确至 0.1MPa；

　　　$f_{cor,m}$——芯样试件混凝土抗压强度平均值，MPa，精确至 0.1MPa；

　　　$f_{cu,m}$——同条件立方体试件混凝土抗压强度平均值，MPa，精确至 0.1MPa；

　　　$f^c_{cu,m0}$——对应于芯样部位或同条件立方体试件测区混凝土抗压强度换算值的平均值，MPa，精确至 0.1MPa；

　　　$f_{cor,i}$——第 i 个混凝土芯样试件的抗压强度；

　　　$f_{cu,i}$——第 i 个混凝土同条件立方体试件的抗压强度；

　　　$f^c_{cu,i}$——对应于第 1 个芯样部位或同条件立方体试件测区回弹值和声速值的混凝土抗压强度换算值，按《超声回弹综合法检测混凝土抗压强度技术规程》T/CECS 02 附录 F 取值；

　　　n——芯样或试件数量。

2) 测区混凝土抗压强度换算值的修正应按式（20-15）计算：

$$
f^c_{cu,i1} = f^c_{cu,i0} + \Delta_{tot}
\tag{20-15}
$$

式中：$f^c_{cu,i1}$——第 i 个测区修正后的混凝土强度换算值，MPa，精确至 0.1MPa。

$f^c_{cu,i0}$——第 i 个测区修正前的混凝土强度换算值，MPa，精确至 0.1MPa。

3）构件混凝土抗压强度推定值（$f_{cu,e}$）的确定，应符合下列规定：

当构件的测区混凝土抗压强度换算值中出现小于 10.0MPa 的值时，构件的混凝土抗压强度推定值（$f_{cu,e}$）应为小于 10.0MPa。

当构件中测区数少于 10 个时，应按式（20-16）计算：

$$f_{cu,e} = f^c_{cu,min}$$　　　　（20-16）

式中：$f^c_{cu,min}$——构件最小的测区混凝土抗压强度换算值，MPa，精确至 0.1MPa。

当构件中测区数不少于 10 个或按批量检测时，应按式（20-17）计算：

$$f_{cu,e} = m_{f^c_{cu}} - 1.645 s_{f^c_{cu}}$$

$$m_{f^c_{cu}} = \frac{1}{n} \sum_{i=l}^{n} f^c_{cu,i}$$　　　　（20-17）

$$s_{f^c_{cu}} = \sqrt{\frac{\sum_{i=1}^{n} (f^c_{cu,i})^2 - n(m_{f^c_{cu}})^2}{n-1}}$$

式中：$m_{f^c_{cu}}$——测区混凝土抗压强度换算值的平均值，MPa，精确至 0.1MPa；

　　　$s_{f^c_{cu}}$——测区混凝土抗压强度换算值的标准差，MPa，精确至 0.01MPa；

　　　$f^c_{cu,i}$——第 i 个测区的混凝土抗压强度换算值，MPa，精确至 0.1MPa；

　　　n——测区数；对于单个检测的构件，取构件的测区数；对批量检测的构件，取所有被抽检构件测区数之总和。

4）对按批量检测的构件，当测区混凝土抗压强度标准差出现下列情况之一时，构件应全部按单个构件进行强度推定：

测区混凝土抗压强度换算值的平均值（$m_{f^c_{cu}}$）小于 25.0MPa，测区混凝土抗压强度换算值的标准差（$s_{f^c_{cu}}$）大于 4.50MPa。

测区混凝土抗压强度换算值的平均值（$m_{f^c_{cu}}$）不小于 25.0MPa 且不大于 50.0MPa，测区混凝土抗压强度换算值的标准差（$s_{f^c_{cu}}$）大于 50.0MPa；

测区混凝土抗压强度换算值的平均值（$m_{f^c_{cu}}$）大于 50.0MPa，测区混凝土抗压强度换算值的标准差（$s_{f^c_{cu}}$）大于 6.50MPa；

6. 钻芯法检测混凝土抗压强度数据处理

（1）抗压芯样试件宜使用直径为 100mm 的芯样，且其直径不宜小于骨料最大粒径的 3 倍；也可采用小直径芯样，但其直径不应小于 70mm 且不得小于骨料最大粒径的 2 倍。

芯样试件抗压强度值可按式 20-18 计算：

$$f_{cu,cor} = \beta_c F_c / A_c$$　　　　（20-18）

式中：$f_{cu,cor}$——芯样试件抗压强度值，MPa，精确至 0.1MPa；

　　　F_c——芯样试件抗压试验的破坏荷载，N；

　　　A_c——芯样试件抗压截面面积，mm²；

　　　β_c——芯样试件强度换算系数，取 1.0。

当有可靠试验依据时，芯样试件强度换算系数 β_c 也可根据混凝土原材料和施工工艺情况通过试验确定。

（2）钻芯法确定检测批的混凝土抗压强度推定值时，取样应遵守下列规定：

1）芯样试件的数量应根据检测批的容量确定。直径 100mm 的芯样试件的最小样本量不宜小于 15 个，小直径芯样试件的最小样本量不宜小于 20 个。

2）芯样应从检测批的结构构件中随机抽取，每个芯样宜取自一个构件或结构的局部部位，取芯位置尚应符合《钻芯法检测混凝土强度技术规程》JGJ/T 384—2016 第 4.0.2 条的规定。

（3）检测批混凝土抗压强度的推定值应按下列方法确定：

1）检测批的混凝土抗压强度推定值应计算推定区间，推定区间的上限值和下限值应按式 20-19 计算：

$$f_{cu,e1} = f_{cu,cor,m} - k_1 s_{cu}$$
$$f_{cu,e2} = f_{cu,cor,m} - k_2 s_{cu}$$
$$f_{cu,cor,m} = \frac{\sum_{i=1}^{n} f_{cu,cor,i}}{n} \tag{20-19}$$
$$s_{cu} = \sqrt{\frac{\sum_{i=1}^{n} (f_{cu,cor,i} - f_{cu,cor,m})^2}{n-1}}$$

式中：$f_{cu,cor,m}$——芯样试件抗压强度平均值，MPa，精确至 0.1MPa；

$\quad\quad f_{cu,cor,i}$——单个芯样试件抗压强度值，MPa，精确至 0.1MPa；

$\quad\quad f_{cu,e1}$——混凝土抗压强度推定上限值，MPa，精确至 0.1MPa；

$\quad\quad f_{cu,e2}$——混凝土抗压强度推定下限值，MPa，精确至 0.1MPa；

$\quad\quad k_1，k_2$——推定区间上限值系数和下限值系数；

$\quad\quad s_{cu}$——芯样试件抗压强度样本的标准差，MPa，精确至 0.01MPa。

2）$f_{cu,e1}$ 和 $f_{cu,e2}$ 所构成推定区间的置信度宜为 0.90；当采用小直径芯样试件时，推定区间的置信度可为 0.85。$f_{cu,e1}$ 与 $f_{cu,e2}$ 之间的差值不宜大于 5.0MPa 和 $0.10 f_{cu,cor,m}$ 两者的较大值。

3）$f_{cu,e1}$ 与 $f_{cu,e2}$ 之间的差值大于 5.0MPa 和 $0.10 f_{cu,cor,m}$ 两者的较大值时，可适当增加样本容量，或重新划分检测批，直至满足要求。

4）当不具备本条第 3 款条件时，不宜进行批量推定。

5）宜以 $f_{cu,e1}$ 作为检测批混凝土强度的推定值。

钻芯法确定检测批混凝土抗压强度推定值时，可剔除芯样试件抗压强度样本中的异常值。剔除规则应按现行国家标准《数据的统计处理和解释　正态样本离群值的判断和处理》GB/T 4883 规定执行。当确有试验依据时，可对芯样试件抗压强度样本的标准差 s_{cu} 进行符合实际情况的修正或调整。

钻芯法确定单个构件混凝土抗压强度推定值时，芯样试件的数量不应少于 3 个；钻芯对构件工作性能影响较大的小尺寸构件，芯样试件的数量不得少于 2 个。单个构件的混凝土抗压强度推定值不再进行数据的舍弃，而应按芯样试件混凝土抗压强度值中的最小值确定。

钻芯法确定构件混凝土抗压强度代表值时，芯样试件的数量宜为 3 个，应取芯样试件抗压强度值的算术平均值作为构件混凝土抗压强度代表值。

（4）对间接测强方法进行钻芯修正时，宜采用修正量的方法，也可采用其他形式的修正方法。

回弹法检测混凝土抗压强度应符合现行标准规定，遇有以下情况应进行钻芯验证或修正：

1）混凝土的龄期超出限定要求；

2）混凝土抗压强度超出规定的范围；

3）采用向上弹或其他方式的操作。

对于强度等级为 C50～C100 的混凝土，宜采用现行标准规定，遇有以下情况应进行钻芯验证或修正：

1）混凝土的龄期超出限定要求；

2）混凝土抗压强度超出规定的范围；

3）采用不同的操作措施时。

超声-回弹综合法的检测操作应符合现行国家标准的有关规定，遇有以下情况应进行钻芯验证或修正：

1）混凝土的龄期超出限定要求；

2）采取了不同的操作措施时。

当采用修正量的方法时，芯样试件的数量和取芯位置应符合下列规定：

1）直径 100mm 芯样试件的数量不应少于 6 个，小直径芯样试件的数量不应少于 9 个；

2）当采用的间接检测方法为无损检测方法时，钻芯位置应与间接检测方法相应的测区重合；

3）当采用的间接检测方法对结构构件有损伤时，钻芯位置应布置在相应测区的附近。

（1）钻芯修正可按式 $f_{cu,io}^{c} = f_{cu,i}^{c} + \Delta f$ 计算，修正量 Δf 可按式 $\Delta f = f_{cu,cor,m} - f_{cu,mj}^{c}$ 计算。

式中：Δf——修正量，MPa，精确至 0.1MPa；

$f_{ccu,i0}$——修正后的换算强度，MPa，精确至 0.1MPa；

$f_{ccu,i}$——修正前的换算强度，MPa，精确至 0.1MPa；

$f_{cu,cor,m}$——芯样试件抗压强度平均值，MPa，精确至 0.1MPa；

$f_{cu,mj}^{c}$——所用间接检测方法对应芯样测区的换算强度的算术平均值，精确至 0.1MPa。

（2）推定区间系数表

1）k_1 宜为置信度为 0.90，错判概率为 0.05 条件下的限值系数；k_2 宜为置信度为 0.90，漏判概率为 0.05 条件下的限值系数。当采用小直径芯样试件时，k_1 可为置信度为 0.85，错判概率为 0.05 条件下的限值系数；k_2 可为置信度为 0.85，漏判概率为 0.10 条件下的限值系数。

2）试件数与上限值系数 k_1、下限值系数 k_2 的关系按照相关系数表取值。

20.2 构件外观质量与裂缝检测

1. 外观质量缺陷

混凝土构件外观质量与缺陷的检测可分为蜂窝、麻面、孔洞、夹渣、露筋、裂缝、疏松区和不同时间浇筑的混凝土结合面质量差等外观质量缺陷。

混凝土构件外观缺陷，可采用目测与尺量的方法检测。混凝土构件外观缺陷的评定方法，可按《混凝土结构工程施工质量验收规范》GB 50204 确定，混凝土内部缺陷的检测，可采用超声法、冲击反射法等非破损方法；必要时可采用局部破损方法对非破损的检测结果进行验证。

现场检测时，宜对受检范围内构件外观缺陷进行全数检查；当不具备全数检查条件时，应注明未检查的构件或区域。

混凝土构件外观缺陷的相关参数可根据缺陷的情况按下列方法检测：

（1）露筋长度可用钢尺或卷尺量测；

（2）孔洞直径可用钢尺量测，孔洞深度可用游标卡尺量测；

（3）蜂窝和疏松的位置和范围可用钢尺或卷尺量测，委托方有要求时，可通过剔凿、成孔等方法量测蜂窝深度；

（4）麻面、掉皮、起砂的位置和范围可用钢尺或卷尺测量；

（5）表面裂缝的最大宽度可用裂缝专用测量仪器量测，表面裂缝长度可用钢尺或卷尺量测。

混凝土构件外观缺陷应按缺陷类别进行分类汇总，汇总结果可用列表或图示的方式表述并宜反映外观缺陷在受检范围内的分布特征。

混凝土内部缺陷或浇注不密实区域的检测，可采用超声法、冲击回波法等非破损方法，必要时可采用如钻芯等局部破损方法对非破损的检测结果进行验证。采用超声法检测混凝土内部缺陷时，可参照《混凝土结构现场检测技术标准》GB/T 50784 的规定执行。

2. 裂缝

混凝土结构或构件裂缝的检测，应遵守下列规定：

（1）裂缝的检测包括裂缝的位置、长度、宽度、深度、形态和数量。

（2）裂缝深度，可采用超声法检测，必要时可钻取芯样予以验证。

（3）对于仍在发展的裂缝应进行定期观测，提供裂缝发展速度的数据。

（4）裂缝的观测，应按《建筑变形测量规程》JGJ 8—2016 的有关规定进行。

混凝土构件裂缝的检测，首先要根据裂缝在结构中的部位及走向，对裂缝产生的原因进行判断与分析；其次对裂缝的形状及几何尺寸进行量测。

裂缝宽度的测量方法分三类：塞尺或裂缝宽度对比卡、裂缝显微镜、裂缝宽度测试仪；裂缝深度的检测宜采用超声法，根据裂缝深度与被测构件厚度的关系以及可测试表面情况可选择单面平测法、双面斜测法、钻孔对测法。

20.3　钢筋配置与钢筋锈蚀检测

1. 钢筋间距和保护层厚度

钢筋配置的检测可分为钢筋位置、保护层厚度、直径、数量等项目。钢筋位置、保护层厚度和钢筋数量，宜采用非破损的雷达法或电磁感应法进行检测，必要时可凿开混凝土进行钢筋直径或保护层厚度的验证。钢筋配置与检测的方法如下：

电磁感应法钢筋探测仪可用于检测混凝土构件中混凝土保护层厚度和钢筋的间距。用于混凝土保护层厚度检测的仪器，当混凝土保护层厚度为 10mm～50mm 时，保护层厚度检测的允许偏差应为±1mm;当混凝土保护层厚度大于50mm时,保护层厚度检测允许偏差应为±2mm。用于钢筋间距检测的仪器,当混凝土保护层厚度为10mm～50mm时,钢筋间距的检测允许偏差应为±2mm。

雷达法宜用于结构或构件中钢筋间距和位置的大面积扫描检测以及多层钢筋的扫描检测;当检测精度符合(混凝土保护层厚度为10mm～50mm时,保护层厚度检测的允许偏差应为±1mm;当混凝土保护层厚度大于50mm时,保护层厚度检测允许偏差应为±2mm)时,也可用于混凝土保护层厚度检测。

钢筋探测仪和雷达仪应定期进行校准,正常情况下,仪器校准有效期可为一年。发生下列情况之一时,应对仪器进行校准:

(1) 新仪器启用前;

(2) 检测数据异常,无法进行调整;

(3) 经过维修或更换主要零配件(如探头、天线等)。

钢筋间距和保护层厚度的检测应根据构件配筋特点,确定检测区域内钢筋可能分布的状况,选择适当的检测面,检测面应清洁、平整,并应避开金属预埋件。一般情况下,板、墙类构件测量受力钢筋的间距和保护层厚度;梁、柱类构件测量箍筋的间距和主筋的保护层厚度。钢筋间距应测量至少6个值,保护层厚度数量为检测面的主筋数量。施工验收时实体检验主要针对梁类、板类构件,抽样数量为各抽取构件数量的2%且不少于5个构件进行检验;当有悬挑构件时,抽取的构件中悬挑梁类、板类构件所占比例均不宜小于50%。

电磁感应法钢筋探测仪可用于检测混凝土构件中混凝土保护层厚度和钢筋的间距。检测前,应进行下列准备工作:根据设计资料了解钢筋的直径和间距。根据检测目的确定检测部位,检测部位应避开钢筋接头、绑丝及金属预埋件。检测部位的钢筋间距应符合电磁感应法钢筋探测仪的检测要求。根据所检钢筋的布置状况,确定垂直于所检钢筋轴线方向为探测方向,检测部位应平整光洁。应对仪器进行预热和调零。调零时探头应远离金属物体。检测前应进行预扫描,电磁感应法钢筋探测仪的探头在检测面上沿探测方向移动,直到仪器保护层厚度示值最小,此时探头中心线与钢筋轴线应重合,在相应位置做好标记,并初步了解钢筋埋设深度。重复上述步骤将相邻的其他钢筋位置逐一标出。钢筋混凝土保护层厚度的检测应按下列步骤进行:应根据预扫描结果设定仪器量程范围,根据原位实测结果或设计资料设定仪器的钢筋直径参数。沿被测钢筋轴线选择相邻钢筋影响较小的位置,在预扫描的基础上进行扫描探测,确定钢筋的准确位置,将探头放在与钢筋轴线重合的检测面上读取保护层厚度检测值。应对同一根钢筋同一处检测2次,读取的2个保护层厚度值相差不大于1mm时,取二次检测数据的平均值为保护层厚度值,精确至1mm;相差大于1mm时,该次检测数据无效,并应查明原因,在该处重新进行2次检测,仍不符合规定时,应该更换电磁感应法钢筋探测仪进行检测或采用直接法进行检测。当实际保护层厚度值小于仪器最小示值时,应采用在探头下附加垫块的方法进行检测。垫块对仪器检测结果不应产生干扰,表面应光滑平整,其各方向厚度值偏差不应大于0.1mm。垫块应与探头紧密接触,不得有间隙。所加垫块厚度在计算保护层厚度时应予扣除。钢筋间距的检测应按下列步骤进行:根据预扫描的结果,设定仪器量程范围,在预扫描的基础上进行扫描,确定钢筋的准确位置;检测钢筋间距时,应将检测范围内的设计间距相同的连续相邻钢筋逐一标出,并应逐个量测钢筋的间距。当同一构件检测的钢筋数量较多时,应对钢筋间距进行连续量测，且不宜少于 6 个。遇到下列情况之一时，应采用直接法进行验证：认为相邻钢筋对检测结果有影响；钢筋公称直径未知或有异议；钢筋实际根数、位置与设计有较大偏差；钢筋以及混凝土材质与校准试件有显著差异。当采用直接法验证时，应选取不少于 30％的已测钢筋，且不应少于 7 根，当实际检测数量小于 7 根时应全部抽取。

2. 钢筋公称直径

钢筋公称直径的检测可采用直接法或取样称量法。

当出现下列情况之一时，应采用取样称量法进行检测：

(1) 仲裁性检测；

(2) 对钢筋直径有争议；

(3) 缺失钢筋资料；

(4) 委托方有要求。

钢筋公称直径检测前应确定钢筋位置。当采用直接法检测钢筋公称直径时，钢筋抽样可按下列规定进行：

(1) 单位工程建筑面积不大于 $2000m^2$ 同牌号同规格的钢筋应作为一个检测批；

(2) 工程质量检测时，每个检测批同牌号同规格的钢筋各抽检不应少于 1 根；

(3) 结构性能检测时，每个检测批同牌号同规格的钢筋各抽检不应少于 2 根；当图纸缺失时，选取钢筋应具有代表性。

钻孔、剔凿的时候不得损坏钢筋，实测采用游标卡尺量测，根据游标卡尺的测量结果，可通过相关的钢筋产品标准查出对应的钢筋公称直径。

3. 钢筋锈蚀

结构构件中的钢筋锈蚀后，钢筋截面积减小，钢筋与混凝土的粘结力降低，锈蚀产生的膨胀力还会引起混凝土保护层剥落。因此，钢筋锈蚀对构件的承载力和耐久性有严重影响。

检测钢筋锈蚀的方法有剔凿法、取样法、自然电位法和综合分析判定法。

(1) 剔凿法

凿开混凝土保护层，用钢丝刷刷去浮锈，用游标卡尺测量钢筋剩余直径，主要量测钢筋截面有缺损部位的钢筋直径，以此计算钢筋截面损失率。

(2) 取样法

这是一种在现场截取锈蚀钢筋的样品，经处理后，测得钢筋锈蚀数据的方法。取样可用合金钻头或手锯截取，样品的长度视测试项目而定，若需测试钢筋的力学性能，样品应略长，一般仅测定钢筋锈蚀量的样品其长度可为直径的 3～5 倍。

将取回的样品端部锯平或磨平，用游标卡尺测量样品的实际长度，在氢氧化钠溶液中通电除锈。将除锈后的试样放在天平称上称出残余质量，残余质量与该种钢筋公称质量之比即为钢筋的剩余截面率。当已知锈前钢筋质量时，则取锈前质量与称量质量之差来衡量钢筋的锈蚀率。

(3) 半电池电位法

在混凝土结构及构件上可布置若干测区，测区面积不宜大于 5m×5m，并按确定的位置进行编号。每个测区应采用行、列布置测点，依据被测结构及构件的尺寸，宜用 100mm×100mm～500mm×500mm 划分网格，网格的节点应为电位测点。每个结构或构件的半电池电位法测点数不应少于 30 个。当测区混凝土有绝缘涂层介质隔离时，应清除绝缘涂层介质。测点处混凝土表面应平整、清洁。不平整、不清洁的应采用砂轮或钢丝刷打磨，并应将粉尘等杂物清除。

导线与钢筋的连接应按下列步骤进行：

1）采用电磁感应法钢筋探测仪检测钢筋的分布情况，并应在适当位置剔凿出钢筋；

2）导线一端应接于电压仪的负输入端，另一端应接于混凝土中钢筋上；

3）连接处的钢筋表面应除锈或清除污物，以保证导线与钢筋有效连接；

4）测区内的钢筋必须与连接点的钢筋形成电通路。

导线与铜-硫酸铜半电池的连接应按下列步骤进行：

1）连接前应检查各种接口，接口接触应良好；

2）导线一端应连接到铜-硫酸铜半电池接线插座上，另一端应连接到电压仪的正输入端。

测区混凝土应预先充分浸湿。可在饮用水中加入2%液态洗涤剂配置成导电溶液，在测区混凝土表面喷洒，半电池的电连接垫与混凝土表面测点应有良好的耦合。

铜-硫酸铜半电池检测系统稳定性应符合下列规定（表20-1）：

1）在同一测点，用同一只铜-硫酸铜半电池重复2次测得该点的电位差值，其值应小于10mV；

2）在同一测点，用两只不同的铜-硫酸铜半电池重复2次测得该点的电位差值，其值应小于20mV。

铜-硫酸铜半电池电位的检测应按下列步骤进行：

1）测量并记录环境温度；

2）应按测区编号，将铜-硫酸铜半电池依次放在各电位测点上，检测并记录各测点的电位值；

3）检测时，应及时清除电连接垫表面的吸附物，铜-硫酸铜半电池多孔塞与混凝土表面应形成电通路；

4）在水平方向和垂直方向上检测时，应保证铜-硫酸铜半电池刚性管中的饱和硫酸铜溶液同时与多孔塞和铜棒保持完全接触；

5）检测时应避免外界各种因素产生的电流影响。

当检测环境温度在（22±5）℃之外时，应按下列公式对测点的电位值（图20-1）进行温度修正：

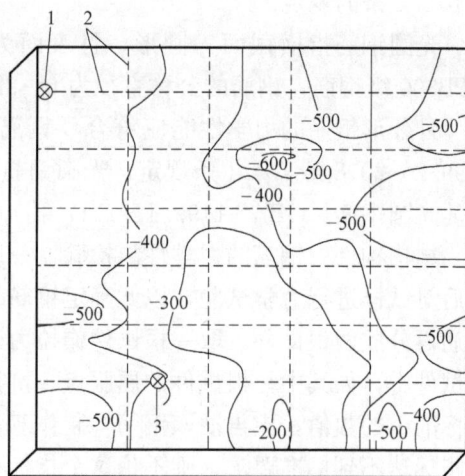

图 20-1　电位等值线示意图
1—钢筋锈蚀检测仪与钢筋连接点；
2—钢筋；3—铜-硫酸铜半电池

当 $T \geqslant 27$℃：

$$V = k \times (T - 27.0) + V_R$$

当 $T \leqslant 17$℃：

$$V = k \times (T - 17.0) + V_R$$

式中：V——温度修正后电位值（mV），精确至1mV；

V_R——温度修正前电位值（mV），精确至1mV；

T——检测环境温度（℃），精确至1℃；

k——系数（mV/℃）。

半电池电位值评价钢筋锈蚀性状的判据 表 20-1

电位水平(mV)	钢筋锈蚀性状
大于−200	不发生锈蚀的概率>90%
−200~−350	锈蚀性状不确定
小于−350	发生锈蚀的概率>90%

（4）综合分析判定方法

综合分析判定方法，检测的参数可包括裂缝宽度、混凝土保护层厚度、混凝土强度、混凝土碳化深度、混凝土中有害物质含量以及混凝土含水率等，根据综合情况判定钢筋的锈蚀状况。

4. 钢筋性能检测

钢筋混凝土中常用的钢筋有热轧带肋钢筋、热轧光圆钢筋。所依据的钢筋标准有《钢筋混凝土用钢第1部分：热轧光圆钢筋》GB/T 1499.1—2017、《钢筋混凝土用钢第2部分：热轧带肋钢筋》GB/T 1499.2—2018。热轧带肋钢筋是经热轧成型并自然冷却的成品钢筋。它的横截面通常为圆形，且表面带有两条纵肋和沿长度方向均匀分布的横肋，因横肋的纵截面呈月牙形，且与纵肋不相交，称为月牙形钢筋。月牙形钢筋的表面形状，其尺寸及允许偏差应符合《钢筋混凝土用钢第2部分：热轧带肋钢筋》GB/T 1499.2—2018第6.3.4条的规定。

光圆钢筋指横截面为圆形，且表面为光滑的钢筋混凝土配筋用钢材，此类钢筋属HPB300级钢筋，钢筋的公称直径为6~22mm。

月牙形钢筋的力学性能应符合《钢筋混凝土用钢第2部分：热轧带肋钢筋》GB/T 1499.2—2018第7.4.1条规定；光圆钢筋的力学性能应符合《钢筋混凝土用钢第1部分：热轧光圆钢筋》GB/T 1499.1—2017第7.3.1条规定。

结构构件中钢筋的力学性能检验，一般采用破损法，即凿开混凝土，截取钢筋试样，然后对试样进行力学试验，以此确定钢筋的力学性能。同一规格的钢筋应抽取两根，每根钢筋再分成两根试件，取一根试件作拉力试验，另一根试件作冷弯试验。在拉力试验的两根试件中，如其中一根试件的屈服点、抗拉强度和伸长率三个指标中有一个指标达不到钢筋标准中的数值，应再抽取钢筋，制作双倍（4根）试件重做试验，如仍有一根试件的一个指标达不到标准要求，则不论这个指标在第一次试件中是否达到标准要求，拉力试验项目为不合格。在冷弯试验中，如有一根试件不符合标准要求，应同样抽取双倍钢筋，重做试验。如仍有一根试件不符合标准要求，冷弯试验项目为不合格。

破损法检测钢筋的力学性能，截断后的钢筋应用同规格的钢筋补焊修复，单面焊时搭接长度为10d，双面焊时搭接长度为5d。因此，应选择结构构件中受力较小的部位截取钢筋试件，在梁构件中不应在梁跨中部位截取钢筋。

20.4 尺寸偏差和变形检测

构件尺寸偏差与变形检测可分为截面尺寸及偏差、倾斜、挠度、裂缝和地基沉降等检测项目。

1. 构件截面尺寸及其偏差检测

单个构件截面尺寸及其偏差的检测应符合下列规定：

(1) 对于等截面构件和截面尺寸均匀变化的变截面构件，应分别在构件的中部和两端量取截面尺寸；对于其他变截面构件，应选取构件端部、截面突变的位置量取截面尺寸；

(2) 应将每个测点的尺寸实测值与设计图纸规定的尺寸进行比较，计算每个测点的尺寸偏差值；

(3) 应将构件尺寸实测值作为该构件截面尺寸的代表值。

批量构件截面尺寸及其偏差的检测应符合下列规定：

(1) 将同一楼层、结构缝或施工段中设计截面尺寸相同的同类型构件划为同一检验批；

(2) 在检验批中随机选取构件，按《混凝土结构现场检测技术标准》GB/T 50784 的有关规定确定受检构件数量；

(3) 按本标准第 4.2.4.1 条对每个受检构件进行检测。

结构性能检测时，检验批构件截面尺寸的推定应符合下列规定：

(1) 应按本标准《混凝土结构现场检测技术标准》GB/T 50784 进行符合性判定；

(2) 当检验批判定为符合且受检构件的尺寸偏差最大值不大于偏差允许值 1.5 倍时，可设计的截面尺寸作为该批构件截面尺寸的推定值；

(3) 当检验批判定为不符合或检验批判定为符合但受检构件的尺寸偏差最大值大于偏差允许值 1.5 倍时，宜全数检测或重新划分检验批进行检测；

(4) 当不具备全数检测或重新划分检验批检测条件时，宜以最不利检测值作为该批构件尺寸的推定值。

2. 构件倾斜检测

构件倾斜检测时宜对受检范围内存在倾斜变形的构件进行全数检测，当不具备全数检测条件时，可根据约定抽样原则选择下列构件进行检测：

(1) 重要的构件；(2) 轴压比较大的构件；(3) 偏心受压构件；(4) 倾斜较大的构件。

构件倾斜检测应符合下列规定：

(1) 构件倾斜可采用经纬仪、激光准直仪或吊锤的方法检测，当构件高度小于 10m 时，可使用经纬仪或吊锤测量；当构件高度大于或等于 10m 时，应使用经纬仪或激光准直仪测量；

(2) 检测时应消除施工偏差或截面尺寸变化造成的影响；

(3) 检测时宜分别检测构件在所有相交轴线方向的倾斜，并提供各个方向的倾斜值。

倾斜检测应提供构件上端对于下端的偏离尺寸及其与构件高度的比值。

3. 构件挠度检测

构件挠度检测时宜对受检范围内存在挠度变形的构件进行全数检测，当不具备全数检测条件时，可根据约定抽样原则选择下列构件进行检测：

(1) 重要的构件；

(2) 跨度较大的构件；

(3) 外观质量差或损伤严重的构件；

（4）变形较大的构件。

构件挠度检测应符合下列规定：

（1）构件挠度可采用水准仪或拉线的方法进行检测；

（2）检测时宜消除施工偏差或截面尺寸变化造成的影响；

（3）检测时应提供跨中最大挠度值和受检构件的计算跨度值。当需要得到受检构件挠度曲线时，应沿跨度方向等间距布置不少于 5 个测点。

当需要确定受检构件荷载-挠度变化曲线时，宜采用百分表、挠度计、位移传感器等设备直接测量挠度值。

20.5　有害物质含量检测

1. 游离氧化钙

游离氧化钙对混凝土潜在危害的检测可分为现场检查、薄片和芯样试件沸煮检测等。现场检查可将有开裂、崩溃等症状的硬化混凝土初步判断为具有游离氧化钙潜在危害。在初步判断具有游离氧化钙潜在危害的部位上钻取混凝土芯样，芯样的直径可为 70mm～100mm；在同一部位钻取芯样的数量不应少于 2 个，同一批受检混凝土应取混凝土芯样不少于 3 组。在每个混凝土芯样上应先截取一个无外观缺陷的 10mm 厚的薄片试件，再将混凝土芯样加工成高径比为 1.0 的芯样试件，芯样试件的加工质量应符合现行行业标准《钻芯法检测混凝土强度技术规程》JGJ/T 384 的规定。

试件的沸煮检测应符合下列规定：

（1）薄片试件沸煮检测应将薄片试件放在沸煮箱的试架上，沸煮制度应符合表 20-2 的规定；

表 20-2

	沸煮制度规定：
1	沸煮箱内的水位应使整个沸煮过程中试件始终处于水中
2	在 30min±5min 内应将沸煮箱内的水加热至沸腾
3	恒沸时间应为 6h，关闭沸煮箱后应使水温自然降至室温

（2）芯样试件检测应将同一部位钻取的 2 个芯样试件中的 1 个放在沸煮箱的试架上，沸煮制度应符合表 20-2 的规定。

沸煮过的芯样试件应晾置 3d，并应与未沸煮的芯样试件同时进行抗压强度测试。芯样试件抗压强度测试应符合现行行业标准《钻芯法检测混凝土强度技术规程》JGJ/T 384 的规定。

每组芯样试件抗压强度变化的百分率 ξ_{cor} 应按下式计算，并应计算全部芯样试件抗压强度变化百分率的平均值 ξ_{cor}，m。

$$\xi_{cor} = \{(f_{cor} - f_{cor}^{*})/f_{cor}\} \times 100\%$$

式中：ξ_{cor}——芯样试件抗压强度变化的百分率；

f_{cor}——未沸煮芯样试件抗压强度（MPa）；

f_{cor}^{*}——同组沸煮芯样试件抗压强度（MPa）。

当沸煮试件的粗骨料没有明显的膨胀迹象时，可按下列规定判定游离氧化钙对混凝土的潜在危害：

（1）当有两个或两个以上沸煮试件出现开裂或崩溃等现象时，宜判定该批混凝土存在游离氧化钙的潜在危害；

（2）当芯样试件强度变化百分率平均值 ξ_{cor}，$m > 30\%$ 时，可判定该批混凝土存在游离氧化钙的潜在危害；

（3）仅有一个薄片试件出现开裂或崩溃等现象且对应芯样的 $\xi_{cor} > 30\%$ 时，可判定该区域混凝土存在游离氧化钙的潜在危害。

2. 混凝土中氯离子含量测定

硬化混凝土中氯离子的含量可按本方法进行测定。

混凝土中氯离子含量的测定仪器：具有 0.1pH 单位或 10mV 精确度的酸度计或电位计、银电极或氯电极、饱和甘汞电极、电磁搅拌器、电振荡器、50mL 滴定管、10mL、25mL 及 50mL 移液管、烧杯、300mL 磨口三角瓶、感量为 0.0001g 和感量为 0.1g 的天平、最高使用温度不小于 1000℃的箱式电阻炉、0.075mm 的方孔筛、电热鼓风恒温干燥箱，温度控制范围 0℃～250℃、磁铁、快速定量滤纸、干燥器。

混凝土中氯离子含量的测定应具备的试剂：三级以上试验用水、1 个体积的硝酸加 3 个体积的试验用水配制的硝酸溶液（1＋3）、浓度为 10g/L 的酚酞指示剂、浓度为 0.01mol/L 的硝酸银标准溶液、浓度为 10g/L 的淀粉溶液、氯化钠基准试剂、硝酸银。

试样制备应符合下列规定：

（1）混凝土芯样应进行破碎，并应剔除粗骨料；

（2）试样应缩分至 30g，并应研磨至全部通过 0.075mm 的方孔筛；

（3）试样中的铁屑应采用磁铁吸出；

（4）试样应置于 105℃～110℃电热鼓风恒温干燥箱中烘至恒重，取出后应放入干燥器中冷却至室温。

硝酸银标准溶液应按下列方法配制：

（1）用感量为 0.0001g 的天平称取 1.7000g 硝酸银，放于烧杯中；

（2）在烧杯中加入少量试验用水，待硝酸银溶解后，将溶液移入 1000mL 容量瓶中；

（3）向容量瓶中加入试验用水稀释至 1000mL 刻度，摇匀，储存于棕色瓶中。

氯化钠标准溶液应按下列方法配制：

（1）将氯化钠基准试剂放于温度为 500℃～600℃箱式电阻炉中进行灼烧，灼烧至恒重；

（2）用感量为 0.0001g 的天平称取灼烧后的氯化钠基准试剂 0.6000g，放于烧杯中；

（3）在烧杯中加入少量试验用水，待氯化钠溶解后，将溶液移入 1000mL 容量瓶中；

（4）向容量瓶中加入试验用水稀释至 1000mL 刻度，摇匀，储存于试剂瓶中。

硝酸银标准溶液应按下列规定进行标定：

（1）使用 25mL 移液管分别吸取 25.00mL 氯化钠标准溶液和 25.00mL 试验用水置于 100mL 烧杯中；

（2）在烧杯中加 10.0mL 浓度为 10g/L 的淀粉溶液；

（3）将烧杯放置于电磁搅拌器上，以银电极或氯电极作指示电极，以饱和甘汞电极作参比电极，用配制好的硝酸银标准溶液滴定；

（4）按现行国家标准《化学试剂 电位滴定法通则》GB/T 9725 的规定，以二级微商法确定所用硝酸银溶液的体积；

（5）同时使用试验用水代替氯化钠标准溶液进行上述步骤的空白试验，确定空白试验所用硝酸银标准溶液的体积；

（6）硝酸银标准溶液的浓度按下式计算：

$$C_{(AgNO_3)} = \frac{m_{(NaCl)} \times 25.00/1000.00}{(V_1 - V_2) \times 0.05844}$$

式中：$C_{(AgNO_3)}$——硝酸银标准溶液的浓度（mol/L）；

$\quad\quad m_{(NaCl)}$——氯化钠的质量（g）；

$\quad\quad V_1$——滴定氯化钠标准溶液所用硝酸银标准溶液的体积（mL）；

$\quad\quad V_2$——空白试验所用硝酸银标准溶液的体积（mL）；

$\quad\quad 0.05844$——氯化钠的毫摩尔质量（g/mmol）。

混凝土中氯离子含量应按下列方法测定：

（1）混凝土试样应按下列步骤制备混凝土试样滤液：

1）用感量 0.0001g 的天平称取 5.0000g 试样，放入磨口三角瓶中；

2）在磨口三角瓶中加入 250.0mL 试验用水，盖紧塞剧烈摇动 3min～4min；

3）再将盖紧塞的磨口三角瓶放在电振荡器上振荡 6h 或静止放置 24h；

4）以快速定量滤纸过滤磨口三角瓶中的溶液于烧杯中，即成为混凝土试样滤液。

（2）混凝土试样滤液应按下列步骤进行滴定：

1）用移液管吸取 50.00mL 滤液于烧杯中，滴加浓度为 10g/L 的酚酞指示剂 2 滴；

2）用配制的硝酸溶液滴至红色刚好褪去，再加 10.0mL 浓度为 10g/L 的淀粉溶液；

3）将烧杯放置于电磁搅拌器上，以银电极或氯电极作指示电极，饱和甘汞电极作参比电极，用配制好的硝酸银标准溶液滴定；

4）按现行国家标准《化学试剂 电位滴定法通则》GB/T 9725 的规定，以二级微商法确定所用硝酸银溶液的体积。

（3）应使用试验用水代替混凝土试样滤液按第 2 款的步骤同时进行试验用水的空白试验，确定空白试验所用硝酸银标准溶液的体积。

（4）混凝土中氯离子含量按下式计算：

$$W_{Cl^-} = \frac{C_{(AgNO_3)} \times (V_1 - V_2) \times 0.03545}{m_s \times 50.00/250.0} \times 100\%$$

式中：W_{Cl^-}——混凝土中氯离子含量（%）；

$\quad C_{(AgNO_3)}$——硝酸银标准溶液的浓度（mol/L）；

$\quad\quad V_1$——滴定混凝土试样滤液所用硝酸银标准溶液的体积（mL）；

$\quad\quad V_2$——空白试验所用硝酸银标准溶液的体积（mL）；

$\quad\quad 0.03545$——氯离子的毫摩尔质量（g/mmol）；

$\quad\quad m_s$——混凝土试样质量（g）。

混凝土中氯离子占胶凝材料总量的百分比应按下式计算：

$$P_{Cl,t} = W_{Cl^-}/\lambda_C$$

式中：$P_{Cl,t}$——混凝土中氯离子占胶凝材料总量的百分比（%）；

$\quad\quad W_{Cl^-}$——混凝土中氯离子含量（%）；

$\quad\quad \lambda_C$——根据混凝土配合比确定的混凝土中胶凝材料与砂浆的质量比。

第21章

钢结构工程现场检测

钢结构是用热轧钢板、型钢、钢管及圆钢或冷加工成型的薄壁型钢通过焊缝、螺柱或铆钉连接制造而成的结构。与其他材料的结构相比,钢结构钢材强度高,相同承载能力下,结构或构件截面小,重量轻;相同截面下,承载力高。钢材的塑性和韧性好,材质均匀,但钢结构容易被腐蚀,因此防腐和防火处理花费较大。

钢结构工程检测的内容主要包括钢材力学性能检测、钢结构连接检测、节点检测、变形与损伤检测、涂装防护的检测。

21.1 钢材力学性能检测

(1) 检测内容和条件

结构构件钢材的力学性能可分为屈服强度、抗拉强度、伸长率、冷弯和冲击功等检测分项。当发现结构中的钢材存在下列状况时,应对钢材力学性能进行检验:

1) 钢材有分层或层状撕裂;

2) 钢材有非金属夹杂或夹层;

3) 钢材有明显的偏析;

4) 钢材检验资料缺失或对检验结果有异议等。

(2) 取样方式及数量

当工程尚有与结构同批的钢材时,可将其加工成试件,进行钢材力学性能检验;当工程没有与结构同批的钢材时,可在构件上截取试样,进行钢材力学性能检验。

在构件上截取试样检验钢材力学性能应符合下列规定:

1) 屈服强度和抗拉强度等的检测应符合下列规定:

① 每组的取样数量不应少于2个;

② 检验方法应符合现行国家标准《金属材料 拉伸试验 第1部分:室温试验方法》GB/T 228.1的有关规定。

2) 冷弯检测应符合下列规定:

① 每组取样数量不应少于2个;

② 检验方法应符合现行国家标准《金属材料 弯曲试验方法》GB/T 232和《焊接接头弯曲试验方法》GB/T 2653的有关规定。

3) 冲击韧性的检测应符合下列规定:

① 每组取样数量不应少于3个;

② 检验方法应符合现行国家标准《金属材料 夏比摆锤冲击试验方法》GB/T 229 和《焊接接头冲击试验方法》GB/T 2650 的有关规定。

4）抗层状撕裂性能的检测应符合下列规定：

① 每组取样数量不应少于 3 个；

② 检验方法应符合现行国家标准《厚度方向性能钢板》GB/T 5313 的有关规定。

当检验结果与调查获得的钢材力学性能参数或有关钢材产品标准的规定不相符时，可加倍抽样进行检验。从构件选取试样时，钢材的强度等级和钢材的品种可采用表面硬度或直读光谱法进行辅助检测。钢材表面硬度的检测操作应符合《建筑结构检测技术标准》GB/T 50344—2019 附录 N 的规定。

（3）钢材强度的无损检测

钢材强度应优先采用取样检测方式进行检测，如因现场条件限制而无法取样，或对测试结果的精度要求不高，仅需取得参考性的数据，则可采用表面硬度法附加直读光谱法判定钢材的强度等级。结构验算时，材料强度的取值不宜大于国家有关标准规定的强度标准值。

21.2 连接的检测

钢结构的连接可分为焊接连接、螺栓和铆钉连接、高强度螺栓连接等。焊接连接的检测可分为焊缝外观检查、焊缝构造及其尺寸、焊缝缺陷和焊缝力学性能等检测分项；螺栓和铆钉连接质量检测的内容可分为连接的尺寸及构造、螺栓和铆钉的等级、螺栓连接副力学性能等；既有钢结构螺栓和铆钉连接可增加变形、损伤、腐蚀状况等检测项目；高强度螺栓连接的检测可分为连接质量、高强度螺栓连接副材料性能、扭矩系数、预拉力、高强度螺栓的缺陷等。

（1）钢结构焊缝外观检查数量应为：承受静荷载的二级焊缝每批同类构件抽查 10%，承受静荷载的一级焊缝和承受动荷载的焊缝每批同类构件抽查 15%，且不应少于 3 件。被抽查构件中，每一类型焊缝应按条数抽查 5%。且不应少于 1 条；每条应抽查 1 处，总抽查数不应少于 10 处。检验方法可分为观察检查或使用放大镜、焊缝量规和钢尺检查，当有疲劳验算要求时，采用渗透或磁粉探伤检查。焊缝外观质量应符合表 21-1 和表 21-2。

无疲劳验算要求的钢结构焊缝外观质量要求

表 21-1

检验项目	焊缝质量等级		
	一级	二级	三级
裂纹	不允许	不允许	不允许
未焊满	不允许	$\leqslant 0.2\text{mm} + 0.02t$ 且 $\leqslant 1\text{mm}$，每 100mm 长度焊缝内为满焊累积长度 $\leqslant 25\text{mm}$	$\leqslant 0.2\text{mm} + 0.04t$ 且 $\leqslant 2\text{mm}$，每 100mm 长度焊缝内为满焊累积长度 $\leqslant 25\text{mm}$
根部收缩	不允许	$\leqslant 0.2\text{mm} + 0.02t$ 且 $\leqslant 1\text{mm}$，长度不限	$\leqslant 0.2\text{mm} + 0.04t$ 且 $\leqslant 2\text{mm}$，长度不限
咬边	不允许	$\leqslant 0.05t$ 且 $\leqslant 0.5\text{mm}$，连续长度 $\leqslant 100\text{mm}$，且焊缝两侧咬边总长度 $\leqslant 10\%$ 焊缝全长	$\leqslant 0.1t$ 且 $\leqslant 1\text{mm}$，长度不限

续表

检验项目	焊缝质量等级		
	一级	二级	三级
电弧擦伤	不允许	不允许	允许存在个别电弧擦伤
接头不良	不允许	缺口深度≤0.05t 且≤0.5mm,每1000mm 长度焊缝内不得超过1处	缺口深度≤0.1t 且≤1mm,每1000mm 长度焊缝内不得超过1处
表面气孔	不允许	不允许	每50mm 长度焊缝内允许存在直径<0.4t 且≤3mm 的气孔2个,孔距应≥6倍孔径
表面夹渣	不允许	不允许	深≤0.2t,长≤0.5t 且≤20mm

注:t 为接头较薄件母材厚度。

有疲劳验算要求的钢结构焊缝外观质量要求　　　　　　　　表 21-2

检验项目	焊缝质量等级		
	一级	二级	三级
裂纹	不允许	不允许	不允许
未焊满	不允许	不允许	≤0.2mm+0.02t 且≤1mm,每100mm 长度焊缝内为满焊累积长度≤25mm
根部收缩	不允许	不允许	≤0.2mm+0.02t 且≤1mm,长度不限
咬边	不允许	≤0.05t 且≤0.3mm,连续长度≤100mm,且焊缝两侧咬边总长度≤10%焊缝全长	≤0.1t 且≤0.5mm,长度不限
电弧擦伤	不允许	不允许	允许存在个别电弧擦伤
接头不良	不允许	不允许	缺口深度≤0.05t 且≤0.5mm,每1000mm 长度焊缝内不得超过1处
表面气孔	不允许	不允许	直径小于1.0mm,每米不多于3个,间距不小于20mm
表面夹渣	不允许	不允许	深≤0.02t,长≤0.5t 且≤20mm

注:t 为接头较薄件母材厚度。

（2）焊缝的裂纹等可采用渗透探伤或磁粉探伤的方法进行检测。操作步骤应满足应符合现行国家标准《钢结构现场检测技术标准》GB/T 50621 的有关规定。

（3）焊缝尺寸应包括焊缝长度、焊缝余高和角焊缝的焊脚尺寸。测量焊缝余高和焊脚尺寸时，应沿每处焊缝长度方向均匀量测3点，取其算术平均值作为实际尺寸。

（4）对设计上要求全焊透的一、二级焊缝和设计上没有要求的钢材等强对焊拼接焊缝的缺陷，应采用下列超声波探伤的方法进行检测。

1）焊缝缺陷的超声波检测操作应符合现行国家标准《钢结构现场检测技术标准》GB/T 50621 的有关规定；

2）焊缝缺陷分级应符合现行国家标准《焊缝无损检测 超声检测技术、检测等级和评定》GB/T 11345 的有关规定。

（5）钢网架中焊缝可采用超声波探伤的方法进行检测，检测操作应符合现行行业标准《钢结构超声波探伤及质量分级法》JG/T 203 的有关规定。

（6）焊接接头力学性能的取样检验应符合下列规定：①焊接接头力学性能的检验可分为拉伸、面弯和背弯等项目，每个检验项目可各取 2 个试样；②焊接接头的检验方法应符合现行国家标准《焊接接头拉伸试验方法》GB/T 2651 和《焊接接头弯曲试验方法》GB/T 2653 等的规定；③焊接接头焊缝的强度不应低于母材强度的最低保证值。

（7）在截取焊接接头试样时，可采用表面硬度附加直读光谱法的方法进行焊材与母材的判别。

（8）既有钢结构的焊缝和焊接接头存在锈蚀和开裂时，可按现行国家标准《钢结构现场检测技术标准》GB/T 50621 的规定采用渗透探伤或磁粉探伤等方法进行检测。

（9）螺栓和铆钉连接质量检测的内容可分为连接的尺寸及构造、螺栓和铆钉的等级、螺栓连接副力学性能等；既有钢结构螺栓和铆钉连接可增加变形、损伤、腐蚀状况等检测项目。

（10）螺栓和铆钉连接的尺寸和构造宜进行下列检测：

1）螺栓和铆钉的规格、孔径、间距、边距；

2）螺栓和铆钉的质量等级、数量、排列方式；

3）节点板尺寸和构造；

4）高强度螺栓连接的螺母数量、螺栓头露出螺母的长度、节点板及母材的厚度。

（11）螺栓和铆钉等级，可采用表面硬度结合直读光谱方法预判。当不能确定等级时，可取样进行力学性能检验。

（12）螺栓连接副力学性能的检测应符合下列规定：

1）螺栓材料性能、螺母和垫圈硬度等的检测应符合下列规定：

① 螺栓楔负载、螺母保证载荷以及螺母和垫圈硬度应按现行国家标准《钢结构用高强度大六角头螺栓、大六角螺母、垫圈技术条件》GB/T 1231、《钢结构用扭剪型高强度螺栓连接副》GB/T 3632 和《钢网架螺栓球节点用高强度螺栓》GB/T 16939 规定的适用方法进行检测；

② 其判定应符合现行国家标准《钢结构用高强度大六角头螺栓、大六角螺母、垫圈技术条件》GB/T 1231、《钢结构用扭剪型高强度螺栓连接副》GB/T 3632、《钢网架螺栓球节点用高强度螺栓》GB/T 16939 和《钢结构工程施工质量验收标准》GB 50205 的有关规定。

2）普通螺栓的实物最小拉力等检测应符合下列规定：

① 螺栓实物最小载荷及硬度应按现行国家标准《紧固件机械性能螺栓、螺钉和螺柱》GB/T 3098.1 和《紧固件机械性能螺母》GB/T 3098.2 规定的适用方法进行检测；

② 符合性判定应符合现行国家标准《紧固件机械性能螺栓、螺钉和螺柱》GB/T 3098.1、《紧固件机械性能螺母》GB/T 3098.2 和《钢结构工程施工质量验收标准》GB 50205 的有关规定。

（13）既有钢结构螺栓和铆钉连接的变形或损伤宜进行下列检测：

1）螺杆或铆钉断裂、弯曲；

2）螺栓或铆钉脱落、松动、滑移；

3）连接板栓孔挤压破坏；

4）腐蚀状况。

（14）螺栓和铆钉的松动或断裂等可采用锤击结合观察的方法检测。

（15）高强度大六角头螺栓连接副材料性能和扭矩系数的检验方法和检验规则应符合国家现行标准《钢结构用高强度大六角头螺栓、大六角螺母、垫圈技术条件》GB/T 1231、《钢结构工程施工质量验收标准》GB 50205 和《钢结构高强度螺栓连接技术规程》JGJ 82 的规定。

（16）高强度螺栓的缺陷宜采用低倍放大镜观察、磁粉探伤或渗透探伤方法进行检测。

（17）扭剪型高强度螺栓连接副材料性能和预拉力的检验方法和检验规则应符合现行国家标准《钢结构用扭剪型高强度螺栓连接副》GB/T 3632 和《钢结构工程施工质量验收标准》GB 50205 的规定。

（18）扭剪型高强度螺栓连接质量可检查螺栓端部的梅花头数量；工程质量的符合性判定应符合本标准第3章主控项目计数抽样的有关规定。

（19）高强度螺栓连接质量可检查外露丝扣；工程质量的符合性判定应符合《建筑结构检测技术标准》GB/T 50344—2019 第3章一般项目计数抽样的有关规定。

（20）既有钢结构高强度螺栓的腐蚀和损伤可采用低倍放大镜观察、磁粉探伤或渗透探伤方法进行检测。

21.3 节点的检测

钢结构的节点可分成支座节点、吊车梁节点、网架球节点、杆件平面节点、钢管相贯焊接节点、铸钢节点和拉索节点等。

各类节点的检测方法如下：
（1）尺寸与构造检查，宜采用直接测量和目视检测法进行检查；
（2）内部缺陷检测，可采用超声波方法进行检测；
（3）材料等级判定与力学性能检测，应在保证结构安全的前提下进行抽样检测；
（4）锈蚀和损伤等问题，可采用渗透探伤、磁粉探伤或直接量测的方法进行检测。

21.4 变形与损伤的检测

钢结构的变形可分成结构构件的挠度、倾斜、构件及其腹板的侧弯和杆件的弯曲等。构件的损伤应包括：锈蚀程度、碰撞变形与撞击痕迹、火灾后强度损失与损伤，以及累积损伤等造成的裂纹等。

（1）钢构件的挠度检测分为竖向挠度检测和横向挠度检测。观测的精度可采用二等或三等。

1）竖向的挠度检测监测点应沿构件的轴线布设，每一轴线或边线上不得少于3点。如图 21-1 所示。

2）竖向的挠度值 f_1 应按式 21-1～式 21-3 计算：

$$f_1 = \Delta s_{AE} - \frac{L_{AE}}{L_{AE}+L_{EB}}\Delta s_{AB} \quad (21-1)$$

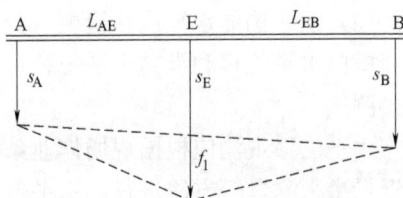

图 21-1 竖向挠度测量示意图

$$\Delta s_{AE} = s_E - s_A \tag{21-2}$$

$$\Delta s_{AB} = s_B - s_A \tag{21-3}$$

式中：s_A、s_B、s_E——A、B、E 点的沉降量，mm，其中 E 点位于 A、B 两点之间；

L_{AE}、L_{EB}——A、E 之间及 E、B 之间的距离，m。

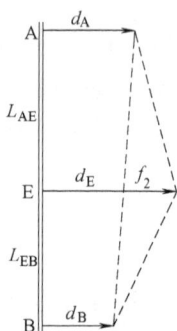

3）横向挠度的检测，监测点应按建筑结构类型沿同一竖直方向在不同高度上布设，当具备作业条件时，亦可采用挠度计、位移传感器等直接测定其挠度值。如图 21-2 所示。

4）横向挠度值 f_2 应按下列公式计算：

$$f_2 = \Delta d_{AE} - \frac{L_{AE}}{L_{AE} + L_{EB}} \Delta d_{AB} \tag{21-4}$$

$$\Delta d_{AE} = d_E - d_A \tag{21-5}$$

$$\Delta d_{AB} = d_B - d_A \tag{21-6}$$

图 21-2　横向挠度测量示意图

式中：d_A、d_B、d_E——A、B、E 点的位移分量，mm，其中 E 点位于 A、B 两点之间；

L_{AE}、L_{EB}——A、E 之间及 E、B 之间的距离，m。

（2）钢结构的倾斜检测分为整体倾斜检测和局部倾斜检测。当测定顶部相对于底部的整体倾斜时，应沿同一竖直线分别布设顶部监测点和底部对应点。当测定局部倾斜时，应沿同一竖直线分别布设所测范围的上部监测点和下部监测点。

1）倾斜观测的周期，宜根据倾斜速率每 1～3 个月观测 1 次。当出现基础附近因大量堆载或卸载、场地降雨长期积水等导致倾斜速度加快时，应提高观测频率。施工期间倾斜观测的周期和频率，宜与沉降观测同步。

2）倾斜观测作业应避开风荷载影响大的时间段。对于高层和超高层建筑的倾斜观测，也应避开强日照时间段。

3）当从建筑外部进行倾斜观测时，宜采用全站仪投点法、水平角观测法或前方交会法进行观测。当采用投点法时，测站点宜选在与倾斜方向成正交的方向线上距照准目标 1.5～2.0 倍目标高度的固定位置，测站点的数量不宜少于 2 个；当采用水平角观测法时，应设置好定向点。当观测精度为二等及以上时，测站点和定向点应采用带有强制对中装置的观测墩。

4）当利用建筑或构件的顶部与底部之间的竖向通视条件进行倾斜观测时，可采用激光垂准测量或正、倒垂线等方法。

5）当利用相对沉降量间接确定建筑倾斜时，可采用水准测量或静力水准测量等方法通过测定差异沉降来计算倾斜值及倾斜方向。

6）当需要测定建筑垂直度时，可采用与倾斜观测相同的方法进行。

（3）钢结构的水平位移检测可分为横向水平位移、纵向水平位移及特定方向的水平位移。横向水平位移和纵向水平位移可通过监测点的坐标测量获得。特定方向的水平位移可直接测定。

水平位移观测应根据现场作业条件，采用全站仪测量、卫星导航定位测量、激光测量或近景摄影测量等方法进行。水平位移观测的精度等级应符合有关现行标准的规定。

（4）钢结构的基础沉降检测应测定建筑的沉降量、沉降差及沉降速率，并应根据需要计算基础倾斜、局部倾斜、相对弯曲及构件倾斜。

沉降监测点宜布设在下列位置：

1）建筑的四角、核心筒四角、大转角处及沿外墙每 10～20m 处或每隔 2～3 根柱基上；

2）高低层建筑、新旧建筑和纵横墙等交接处的两侧；

3）建筑裂缝、后浇带两侧、沉降缝两侧、基础埋深相差悬殊处、人工地基与天然地基接壤处、不同结构的分界处及填挖方分界处以及地质条件变化处两侧；

4）对宽度大于或等于 15m、宽度虽小于 15m 但地质复杂以及膨胀土、湿陷性土地区的建筑，应在承重内隔墙中部设内墙点，并在室内地面中心及四周设地面点；

5）邻近堆置重物处、受振动显著影响的部位及基础下的暗浜处；

6）框架结构及钢结构建筑的每个或部分柱基上或沿纵横轴线上；

7）筏形基础、箱形基础底板或接近基础的结构部分之四角处及其中部位置；

8）重型设备基础和动力设备基础的四角、基础形式或埋深改变处；

9）超高层建筑或大型网架结构的每个大型结构柱监测点数不宜少于 2 个，且应设置在对称位置。

（5）钢构件出平面弯曲变形和板件凹凸等变形情况，可用观察和尺量的方法进行检测。

（6）钢网架球节点之间杆件的弯曲，可用拉线的方法或全站仪检测，在既有结构的检测时，应区分杆件的偏差与受力后的弯曲。

（7）节点板的出平面变形和侧向位移可用全站仪或拉线的方法检测。

（8）钢结构锈蚀程度检测步骤如下：

1）检测前应清除待测表面积灰、油污、锈皮等。

2）对大面积锈蚀情况，应沿其长度方向选取 3 个锈蚀较严重的区段，每个区段应选取 8～10 个测点测量锈蚀程度，锈蚀程度的代表值应为取 3 个区段锈蚀最大值的平均值。

3）对局部锈蚀情况，应在锈蚀区域选取 8～10 个测点进行测量，锈蚀代表值应取锈蚀测点的最大值。

4）钢材剩余厚度应为未锈蚀的厚度减去锈蚀的代表值，钢材未锈蚀的厚度可在该构件未锈蚀区量测。

（9）碰撞等造成钢结构构件的变形和钢材的撞痕可采用直尺拉线或靠尺量测的方法进行检测。

（10）火灾后钢结构的损伤可按现行国家标准《高耸与复杂钢结构检测与鉴定标准》GB 51008 的规定进行检测。

（11）碰撞等事故发生后，应对构件的连接、节点和紧固件的损伤进行检查和检测。

（12）当钢结构材料发生烧损、变形、断裂等情况时，宜进行钢材金相的检测。

（13）钢材裂纹可采用观察的方法和渗透法检测。

（14）钢材裂纹渗透法的检测步骤如下：

1）检测部位的表面及其周围 20mm 范围内应打磨光滑；

2）打磨表面应用清洗剂清洗干净；

3）表面干燥后应喷涂渗透剂，渗透时间不应少于 10min；

4）表面多余的渗透剂应用清洗剂清除；

5）喷涂显示剂，10～30min后可观察裂纹的显示。

（15）对风作用敏感的高层建筑屋顶钢构件等的累积损伤，可按下列方法进行检测：

1）在构件受风作用应力较大部位和附近连接部位查找缺陷、损伤和裂纹；

2）对怀疑有裂纹的部位，可采用放大镜目测结合渗透法或超声波探伤等检测方法进行确认；

3）风作用应力较大部位和附近连接部位存在裂纹时，可判定该构件具有累积损伤破坏的可能；

4）风作用应力较大部位和附近连接部位存在缺陷和损伤时，应定期检测或进行累积损伤的推定。

（16）严寒和寒冷地区室外钢构件及其连接低温冷脆破坏的检测宜采用放大镜目测检查以及磁粉、渗透或超声波探伤等方法。

21.5　涂装防护的检测

钢构件涂装防护检测可分为防腐涂层厚度和防火涂层厚度的检测。

（1）钢构件防腐涂层厚度检测分为外观检查、涂层完整性和涂层厚度等检测分项。抽检构件的数量：按同类构件数抽查10%，且不应少于3件。

1）钢结构涂层外观质量和完整性宜采用观察的方法进行检查，对于存在问题的构件或杆件，宜逐根进行检测或记录。

2）钢结构防腐涂层厚度检测可采用涂层测厚仪。检测步骤如下：①确定的检测位置应有代表性，在检测区域内分布宜均匀。②检测前应清除测试点表面的防火涂层、灰尘、油污等。检测前对仪器应进行校准，宜采用二点校准，经校准后方可测试。③应使用与被测构件基体金属具有相同性质的标准片对仪器进行校准，也可用待涂覆构件进行校准。检测期间关机再开机后，应对仪器重新校准。④测试时，同一构件应检测5处，每处应检测3个相距50mm的测点。测点部位的涂层应与钢材附着良好，测点距构件边缘或内转角处的距离不宜小于20mm。探头与测点表面应垂直接触，接触时间宜保持1～2s，读取仪器显示的测量值，对测量值应进行打印或记录。

3）钢结构防腐涂层厚度检测评定：①每处3个测点的涂层厚度平均值不应小于设计厚度的85%，同一构件上15个测点的涂层厚度平均值不应小于设计厚度。②当设计对涂层厚度无要求时，涂层干漆膜总厚度应符合：室外应为150μm，室内应为125μm，其允许偏差应为-25μm。

（2）钢构件防火涂层厚度检测分为根据涂层厚度分类可以分为薄型防火涂料厚度检测和厚型防火涂料厚度检测。抽检构件的数量：按同类构件数抽查10%，且不应少于3件。

1）钢结构薄型防火涂层厚度检测可采用涂层测厚仪，检测方法同本章节防腐涂层厚度检测。

2）钢结构厚型防火涂层厚度检测可采用测针和钢尺，检测时需遵守下列原则：①防火涂层厚度的检测应在涂层干燥后进行。②楼板和墙体的防火涂层厚度检测，可选两相邻纵、横轴线相交的面积为一个构件，在其对角线上，按每米长度选1个测点，每个构件不应少于 5 个测点。③梁、柱构件的防火涂层厚度检测，在构件长度内每隔 3m 取一个截面，且每个构件不应少于 2 个截面。对梁、柱构件的检测截面宜按图 21-3 所示布置测点。

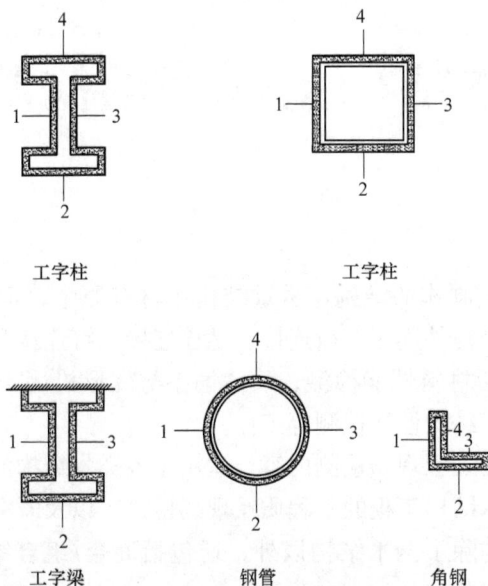

工字柱　　　　　　　　工字柱

工字梁　　　　　钢管　　　　角钢

图 21-3　测点示意图

3）检测步骤如下：检测前应清除测试点表面的灰尘、附着物等，并应避开构件的连接部位。在测点处，应将仪器的探针或窄片垂直插入防火涂层直至钢材防腐涂层表面，并记录标尺读数，测试值应精确至 0.5mm。当探针不易插入防火涂层内部时，可采取防火涂层局部剥除的方法进行检测，剥除面积不宜大于 15mm×15mm。

4）钢结构防火涂层厚度检测评定：同一截面上各测点厚度的平均值不应小于设计厚度的 85%，构件上所有测点厚度的平均值不应小于设计厚度。

第22章

木结构工程现场检测

木结构是以木材为主制作的结构，承重结构用材有原木、锯材（方材、板材、规格材）和胶合板等。木结构构件连接有齿连接、螺栓连接、钉连接和齿板连接等。木结构工程现场检测木结构可包括材料性能检测、尺寸偏差与变形检测、缺陷检测、防护性能检测、连接节点质量检测、结构性能检测等工作。

本章主要介绍木结构工程现场检测内容，适用于各类木结构的工程质量和既有结构性能的现场检测包括新建木结构工程的工程质量现场检测，以及既有木结构建筑的结构性能现场检测。此处的木结构除了全木结构以外，还包括混合/组合结构（如木-混凝土、钢-木和砖木等）中的木结构部分。

1. 检测分类

（1）木结构现场检测应分为在建木结构工程的质量检测和既有木结构工程的结构性能检测。

（2）当遇到下列情况之一时，应进行木结构工程质量检测：

1）结构工程送样检验的数量不足或有关检验资料缺失；

2）施工质量送样检验或有关方自检的结果未达到设计要求；

3）对施工质量有怀疑或争议；

4）发生质量或安全事故；

5）工程质量保险要求实施的检测；

6）对既有结构的工程质量有怀疑或争议；

7）未按规定进行施工质量验收的结构。

（3）木结构工程质量的检测应进行检测结论的符合性判定。

（4）当既有木结构建筑需要进行下列评定或鉴定时，应进行结构性能检测：

1）建筑结构可靠性评定；

2）建筑的安全性和抗震鉴定；

3）建筑大修前的评定；

4）建筑改变用途、改造、加层或扩建前的评定；

5）建筑结构达到设计使用年限要继续使用的评定；

6）受到自然灾害、环境侵蚀等影响建筑的评定；

7）发现紧急情况或有特殊问题的评定。

（5）既有木结构建筑的结构性能检测应为既有木结构的评定提供真实、可靠、有效的数据和检测结论。

2. 检测程序

（1）木结构检测工作的程序宜按接受委托、初步调查、制定并确定检测方案、现场检测、数据处理和检测报告等步骤进行。

（2）初步调查宜包括下列工作内容：

1）进一步明确委托方检测目的和具体要求；

2）收集被检测木结构的设计资料、施工资料和工程地质勘察报告等资料；

3）调查被检测木结构现状、环境条件、使用期间是否已进行过检测或维修加固情况以及用途与荷载等变更情况。

（3）检测项目应根据现场调查情况确定，并应制定相应的检测方案。检测方案宜包括下列内容：

1）概况，包括设计依据、结构形式、建筑面积、总层数，设计、施工及监理单位，建造年代等；

2）检测目的或委托方的检测要求；

3）检测依据，包括检测所依据的标准及有关的技术资料等；

4）检测项目和选用的检测方法以及检测的数量；

5）检测人员和仪器设备情况；

6）检测工作进度计划；

7）所需要委托方与检测单位配合的工作；

8）检测中的安全措施；

9）检测中的环保措施。

（4）当发现检测数据数量不足或检测数据出现异常情况时，应进行补充检测。

3. 检测方式与抽样方法

（1）木结构现场检测可采取全数检测或抽样检测的方式。抽样检测时，宜采用随机抽样或约定抽样方法。

（2）当遇到下列情况之一时，宜采用全数检测方式：

1）外观缺陷或表面损伤的检查；

2）受检范围较小或构件数量较少；

3）构件质量状况差异较大；

4）灾害发生后对结构受损情况的识别；

5）委托方要求进行全数检测。

（3）木结构计数抽样检测时，其每批抽样检测的样本最小容量不应小于表22-1的限定值。

木结构计数抽样检测的样本最小容量 表22-1

检验批的容量	检测类别和样本最小容量			检验批的容量	检测类别和样本最小容量		
	A	B	C		A	B	C
2~8	2	2	3	26~50	5	8	13
9~15	2	3	5	51~90	5	13	20
16~25	3	5	8	91~150	8	20	32

续表

检验批的容量	检测类别和样本最小容量			检验批的容量	检测类别和样本最小容量		
	A	B	C		A	B	C
151～280	13	32	50	10001～35000	125	315	500
281～500	20	50	80	35001～150000	200	500	80
501～1200	32	80	125	150001～500000	315	800	1250
1201～3200	50	125	200	>500000	500	1250	2000
3201～10000	80	200	315	—	—	—	—

注：1. 表中 A、B、C 为检测类别，检测类别 A 适用于一般施工质量的检测，检测类别 B 适用于结构质量或性能的检测，检测类别 C 适用于结构质量或性能的严格检测或复检；

2. 无特别说明时，样本为构件。

（4）木结构计数抽样检测时，应根据检验批中不合格数，判断检验批是否合格。检验批的合格判定，应按现行国家标准《建筑结构检测技术标准》GB/T 50344—2019 相关规定执行。

（5）对批量构件材料性能的特征值或均值做出推定时，可采用计量抽样的方案并提供被推定值的推定区间，量抽样方案样本容量 n、推定区间限值系数，以及推定区间的计算方法，可按现行国家标准《建筑结构检测技术标准》GB/T 50344—2019 有关规定确定。

（6）木结构的批量检测应采取随机抽样的方法，遇有下列情况时可采用约定抽样的方法：

1）委托方限定了抽样范围；

2）避免检测过程中出现安全事故或结构的破坏，选择易于实施检测的部位或构件；

3）结构功能性检测且现场条件受到限制。

4. 检测报告

（1）检测报告应对所检测的项目做出是否符合设计文件要求或国家现行有关验收标准规定的结论，既有木结构的结构性能检测报告应给出所检测项目的检测结论。

（2）检测报告应包括下列内容：

1）委托单位名称；

2）建筑工程概况，包括工程名称、结构类型、规模、施工日期及现状等；

3）建设单位、设计单位、施工单位及监理单位名称；

4）检测原因、检测目的、检测环境，以往检测情况概述；

5）检测项目、检测方法及依据的标准；

6）抽样方案及数量；

7）检测日期，报告完成日期；

8）检测项目中的主要分类检测数据和汇总结果，检测结论；

9）主检、审核和批准人员的签名。

22.1　材料性能检测

（1）力学性能现场检测测区或取样位置应布置在构件无缺陷、无损伤且具有代表性的部位，当构件存在缺陷、损伤或性能劣化现象时，检测报告应予以描述。木材力学性能易受木节、缺陷、裂缝的影响，为削弱缺陷对材料力学性能的影响，实验室中对于木材力学性能检测是基于无瑕疵的清材小试样。在现场检测中，应同样选取无缺陷、无损伤的部分进行检测。

（2）当委托方有特定要求时，宜对缺陷、性能劣化或损伤部位木材的力学性能进行专项测试。

（3）当需要对木材进行树种鉴定时，应按国家现行有关标准执行。树种鉴定属于木材学的范畴，由于树种差异性大且影响强度因素多，本章没有采用通过鉴定树种类型去判定木材强度等级的方法。通过木材取样后在实验室进行测试，或者采用现场无损检测法，获得的物理力学性能精确度较高，适用于对木材强度等级的确定。如果在实际工程中确需知道树种类型，可以参考木材树种鉴定的相关标准进行。

1. 木材物理性能检测

（1）木材含水率抽检和判定规则应按现行国家标准《木结构工程施工质量验收规范》GB 50206—2012 的规定进行，无瑕小试样木材物理力学性质试验方法 第 4 部分：含水率测定应按现行国家标准《无瑕小试样木材物理力学性质试验方法 第 4 部分：含水率测定》GB/T 1927.4—2021 的规定进行，木材密度测定按现行国家标准《无瑕小试样木材物理力学性质试验方法 第 5 部分：密度测定》GB/T 1927.5—2021 的规定进行。

（2）烘干法测定含水率和密度时，取样方法应符合下列规定：

1）每栋建筑为一个检验批，每个检验批中每一树种的构件取样数量不应少于 5 根，每一树种的构件数量在 5 根以下时，全部取样；

2）每根构件应沿截面均匀截取 5 个尺寸为 20mm×20mm×20mm 的试样，应按现行国家标准《无瑕小试样木材物理力学性质试验方法 第 4 部分：含水率测定》GB/T 1927.4—2021 的有关规定测定每个试件中的含水率，以每根构件 5 个试件含水率的平均值作为木材含水率的代表值；

3）现场取样时应避免承重构件受损，宜在相同材质的非承重木构件或附属木构件上取样。

（3）电测法测定含水率时，应从检验批的同一树种、同一规格材、同一批木构件随机抽取 5 根为试样，应在每根试样距两端 200mm 处及中部设置测试部位。对于规格材或其他木构件，应在每个测试部位的四个面中部测定含水率；对于胶合木构件，应在构件两侧测定每层层板的含水率。

木材含水率的测定可分为烘干法和电测法，烘干法是通过不同状态条件下木材试样的质量变化来测定含水率。电测法是根据木材中水分含量与电导（或电阻）关系来测定含水率。烘干法测量精确，只能在实验室进行，电测法可用于现场检测，但测量精度低于烘干法。

（4）当进行木材含水率判定时，含水率测定值的最大值应符合下列规定：

1）对各类木结构工程质量现场检测时，其含水率测定值的最大值应符合现行国家标准《木结构工程施工质量验收规范》GB 50206—2012 的有关规定；

2）对既有木结构的现场检测时，其含水率测定值的最大值不宜大于当地的平衡含水率。

（5）现场检测木材密度可采用阻力仪检测法，检测操作方法与计算方法应按下列规定执行。

既有木结构的木材含水率随现场的气温、相对湿度变化，不是一个定值。我国目前对既有木结构的木材含水率没有给出标准限值，为便于对既有木构件的含水率进行评定，建议以当地的平衡含水率作为参考值，超过参考值则认为构件含水率超出要求。

当采用阻力仪检测法检测木材密度时，宜采用现场取样试验进行修正。

1）非破损检测力学性能取样应符合下列规定：

① 取样时每栋建筑应为一个检验批，每个检验批中测试构件数量不应少于总构件数量的 10%，且不应少于 3 个构件；

② 测区位置应选择木构件无缺陷的良好部位。对承受弯曲载荷的构件，宜选择产生拉应力最大部位或其中间部位下表面；对承受轴向载荷的构件，宜选择沿高度方向的不同部位。

2）阻力仪检测法检测木构件力学性能时，每个构件应至少钻取 3 个测点，取三者平均值作为该试件的阻力值，3 个测点不应位于同一横截面。应沿构件木材横纹方向钻入，并垂直于构件表面。

3）应力波检测法测量木构件力学性能应符合下列规定：

① 应力波测量仪的两个探针应沿被测木构件长度方向插入其表层，记录两探针插入点间距，两探针间距宜为 600mm，探针与试件长度方向夹角应为 30°～45°；

② 应取连续敲击测定五次所得传播时间读数的平均值作为测定结果，根据两探针间距和应力波传播时间计算出应力波传播速度。

4）落叶松的力学性能检测，应采用阻力仪与应力波结合检测法，将实测含水率 $\chi\%$ 时的 F_x、υ_x 转化为 9% 含水率时的 F_9、υ_9 按式（22-1）～式（22-5）计算：

$$\upsilon_9 = 0.858\upsilon_x + 0.014MC_{xv} + 0.536 \tag{22-1}$$

$$F_9 = 0.655F_x + 0.125MC_{xv} + 26.733 \tag{22-2}$$

$$\rho_9 = 3.8536F_x + 354.9 \tag{22-3}$$

$$\sigma_{b9} = 0.0298F_9\upsilon_9^2 + 35.4 \tag{22-4}$$

$$E_9 = 0.0041F_9\upsilon_9^2 + 5.353 \tag{22-5}$$

式中：υ_9——含水率 9% 时的应力波速度，km/s；

$\quad F_9$——含水率 9% 时的微钻阻力值，示值；

$\quad \rho_9$——含水率 9% 时的密度，kg/m³；

$\quad \upsilon_x$——含水率 $\chi\%$ 时的应力波速度，km/s；

$\quad F_x$——含水率 $\chi\%$ 时的微钻阻力值，示值；

$\quad E_9$——含水率 9% 时的抗弯弹性模量，GPa；

$\quad \sigma_{b9}$——含水率 9% 时的抗弯强度，MPa；

MC_{xv}——含水率 $\chi\%$，适用含水率范围 6%～16%。

5）标准含水率 12% 时的抗弯弹性模量、抗弯强度可由含水率 9% 时的抗弯弹性模量 E_9、抗弯强度 σ_{b9} 按式（22-6）～式（22-7）推算：

$$E_{12} = 0.955E_9 \tag{22-6}$$

$$\sigma_{b12} = 0.88\sigma_{b9} \tag{22-7}$$

式中：E_{12}——含水率12％时的抗弯弹性模量，GPa；

　　　σ_{b12}——含水率12％时的抗弯强度，MPa。

6) 杉木的力学性能检测，现场检测宜采用阻力仪检测的方法，含水率12％时的σ_{b12}和E_{12}可按式（22-8）～式（22-11）计算：

$$\sigma_{bx} = 0.40F_x + 22.74 \tag{22-8}$$

$$E_x = 0.1934F_x + 2.168 \tag{22-9}$$

$$\sigma_{b12} = \sigma_{bx}[1 + 0.04(MC_{xv} - 12)] \tag{22-10}$$

$$E_{12} = E_x[1 + 0.015(MC_{xv} - 12)] \tag{22-11}$$

式中：F_x——含水率χ％时的微钻阻力值，示值；

　　　σ_{bx}——含水率χ％时的抗弯强度，MPa；

　　　E_x——含水率χ％时的抗弯弹性模量，GPa；

　　　MC_{xv}——含水率χ％，适用含水率范围9％～15％；

　　　E_{12}——含水率12％时的抗弯弹性模量，GPa；

　　　σ_{b12}——含水率12％时的抗弯强度，MPa。

2. 木材力学性能检测

（1）木结构建筑中木材抗弯强度、抗弯弹性模量抽检应按现行国家标准《木结构工程施工质量验收规范》GB 50206—2012的规定进行，检测方法应按现行国家标准《无疵小试样木材物理力学性质试验方法 第9部分：抗弯强度测定》GB/T 1927.9—2021的规定进行。

木材力学性能包含多种强度，在进行现场检测时，受限于实际条件，无法对每种强度试验试样进行取样。根据《木结构施工质量验收规范》GB 50206—2012，木材强度等级可由无瑕疵小试样的抗弯强度推定出，根据推定的木材强度等级，再通过《木结构设计标准》GB 50005—2017确定其他强度值。

（2）采用现场取样法进行木材抗弯强度检测，应符合下列规定：

1) 取样时每栋建筑应为一个检验批，每个检验批中每一树种的构件取样数量应为3根，每根构件应在髓心外切取3个无疵弦向抗弯强度试件为一组。试样尺寸应符合现行国家标准《木材抗弯强度试验方法》GB/T 1936.1的规定。

2) 除有特殊检测目的外，木材试样应没有缺陷、损伤及木节。

木材现场取样时，应在不影响构件受力性能的部位取适量样品，用仪器对木构件的密度、含水率等特性进行测定。采取替换构件的取样方法进行木结构构件的实验室力学性能检测时，取样构件应具有代表性，且要保证原结构的安全性。

（3）判定方木原木的木材强度等级时，检测获得的各组木材抗弯强度试验平均值中的最低值应符合表22-2的规定。

木材静曲强度检验标准　　　　　　　　　　　　　　　表 22-2

木材种类	针叶材				阔叶材				
强度等级	TC11	TC13	TC15	TC17	TB11	TB13	TB15	TB17	TB20
最低强度 (N/mm²)	44	51	58	72	58	68	78	88	98

目前木结构施工人员对树种的识别往往存在一定困难，为确保其木材的材质等级，木材均应作弦向静曲强度见证检验。

（4）采用现场取样法进行木材抗弯弹性模量检测，应符合下列规定：

1）取样时每栋建筑应为一个检验批，一个检验批中构件取样数量应为3根，每根构件应在髓心外切取3个抗弯弹性模量试件为一组，可与抗弯强度的测定用同一试件，先测定弹性模量后进行抗弯强度试验。试样尺寸应符合现行国家标准《无疵小试样木材物理力学性质试验方法　第10部分：抗弯弹性模量测定》GB/T 1927.10—2021的规定。

2）除有特殊检测目的外，木材试样应没有缺陷、损伤及木节。

（5）现场检测木材抗弯强度、抗弯弹性模量可采用阻力仪和应力波检测法，本章中给出了杉木、落叶松的力学性能检测方法。采用此方法检测其他树种力学性能时，应对计算公式进行验证并修正后使用。

我国可用于建筑结构的树种较多，本章以我国北方常用的落叶松、南方常用的杉木作为代表树种，给出了现场检测的抗弯强度和抗弯弹性模量的计算公式。对于其他树种，使用者可基于已有计算公式进行阻力值和应力波速的修正，也可以通过实验室测定力学性能后与微钻阻力值或应力波速进行拟合得出计算公式，拟合公式的相关系数不应小于0.7。

（6）当采用阻力仪检测法检测木材抗弯强度、抗弯弹性模量时，宜采用现场取样试验进行修正。

22.2　尺寸偏差与变形检测

（1）构件尺寸偏差与变形检测可分为构件尺寸及偏差、倾斜、挠度等检测项目。

（2）工程质量检测时，检验批的划分、抽样方法及判别规则应符合现行国家标准《木结构工程施工质量验收规范》GB 50206—2012的有关规定。既有木结构建筑的结构性能检测时，检验批的划分、抽样方法应符合本章的规定。

对于木结构工程质量检测，主要是对新建木结构工程进行检测，相关检测行为及结果判定应符合现行国家标准《木结构工程施工质量验收规范》GB 50206—2012要求。对于既有木结构建筑的结构性能检测，依据《木结构现场检测技术标准》JGJ/T 488—2020的规定。

1. 尺寸与偏差

（1）木构件尺寸偏差检测设备应符合下列规定：

1）木结构构件制作偏差可采用塞尺、靠尺、钢尺等进行检测，圆度测量时，钢尺量程应大于所测构件直径；

2）用于木构件制作偏差检测量具精度不应小于1mm。

（2）木构件截面尺寸及其偏差检测应符合下列规定：

1）对于等截面构件和截面尺寸均匀变化的变截面构件，应分别在构件的中部和两端量取截面尺寸，按照实测值作为构件截面尺寸的代表值；

2）对于不均匀变化的变截面构件，应选取构件端部、截面突变的位置量取截面尺寸，取构件尺寸实测最小值作为该构件截面尺寸的代表值；

3）应将每个测点的尺寸实测值与设计图纸规定的尺寸进行比较，计算每个测点尺寸偏差值。

木构件截面尺寸及偏差是检测过程中不可缺少的环节，对于传统木结构建筑，主要结构构件大多为原木构件，其截面尺寸沿着长度方向并不一致。对于截面尺寸沿着长度方向均匀变化时，可按照实际变化率记录截面尺寸，并在构件承载力鉴定计算时，按照截面尺寸均匀变化的构件进行计算。对于截面尺寸不均匀变化时，从增加构件承载力安全储备的角度，应按照实测截面最小值作为构件截面尺寸的代表值，构件承载力鉴定计算时应按照截面最小值进行复核。

（3）对于难以直接测量截面尺寸的木构件，检测其尺寸及其偏差时，可采用三维激光扫描仪或全站仪等仪器测量。

（4）截面尺寸及偏差测量时，应同时对所测构件的含水率进行检测。

（5）对于设计、施工阶段采用建筑信息化模型技术的木结构建筑，在检测其尺寸及偏差时，可采用三维激光扫描仪结合建筑信息化模型进行测量。

2. 变形检测

（1）木结构或构件变形检测应符合下列规定：

1）变形检测可分为结构整体垂直度、构件垂直度、弯曲变形、跨中挠度等项目；

2）在对木结构或构件变形检测前，宜局部清除饰面层。当构件各测试点饰面层厚度接近，且不影响评定结果时，可不清除饰面层。

（2）木结构或构件变形检测主要设备应符合下列规定：

1）木结构或构件变形检测可采用水准仪、经纬仪、全站仪等仪器；

2）用于木结构或构件变形的测量仪器及其精度应符合现行行业标准《建筑变形测量规范》JGJ 8—2016 的有关规定，精度不应低于三级。

（3）木结构或构件倾斜可采用投点法、测水平角法、吊垂球法、激光扫描法等。

（4）测量木结构整体或构件倾斜宜采用全站仪，检测应符合下列规定：

1）仪器应架设在倾斜方向线上距照准目标 1.5～2.0 倍目标高度的固定位置；

2）木结构整体倾斜观测点及底部固定点应沿着对应测站点的建筑主体竖直线，在顶部和底部上下对应布置；对于分层倾斜，应按分层部位上下对应布置；

3）木结构整体或构件倾斜，应测量顶部相对底部的水平位移分量与高差，并计算垂直度及倾斜方向；

4）对于上下两端直径不同的木构件，考虑其直径大小头的特殊性，可分别选取顶部中心相对于底部中心的水平位移分量，通过实测水平距离计算构件倾斜量。

（5）测量木构件的挠度，宜采用全站仪或拉线法，检测应符合下列规定：

1）木构件挠度观测点应沿构件的轴线或边线布设，分别在支座及跨中位置布置测点，每一构件不得少于 3 点；

2）当使用全站仪检测时，应在现场光线具备观测条件下进行；

3）应避免在测试结构或测试场地存在振动时进行全站仪检测。

（6）当采用激光扫描测量方法进行木结构建筑位移观测时，应符合下列规定：

1）基准点应设置在变形区域外，数量不少于 4 个且应分布均匀。基准点的坐标应采用全站仪，按现行行业标准《建筑变形测量规范》JGJ 8—2016 关于工作基点测量的要求进行测定。

2）基准点和监测点应设置标靶，并应采用与激光扫描仪配套的标靶。标靶布设应牢固可靠，宜采用遮光防水膜保护，每次测量后应及时遮盖。

（7）当采用激光扫描测量进行变形观测时，除应提交各类变形测量成果图表外，尚应提交下列资料：

1）激光扫描监测点、基准点及测站分布图；

2）激光扫描标靶成果及处理记录；

3）坐标转换成果及处理记录；

4）激光扫描点云数据。

22.3 缺陷检测

（1）木构件缺陷检测应分为裂缝、腐朽、虫蛀等项目。木构件缺陷程度的分级应按表 22-3 的规定。

木构件缺陷程度分级

表 22-3

缺陷分级	状态	缺陷分级	状态
0	材质完好	3	严重腐朽或虫蛀
1	轻微腐朽或虫蛀	4	腐朽或虫蛀至损毁程度
2	明显腐朽或虫蛀		

根据木构件的特点，木构件常见的缺陷及损伤形式有腐朽、开裂、节疤、虫蛀。虫蛀检测主要分为两部分，一是对已经被白蚁侵蚀、内部存在孔洞的构件检测，二是对构件内部白蚁活体的检测，两种检测方法的原理不同。

（2）木构件外观缺陷应按现行国家标准《木结构工程施工质量验收规范》GB 50206—2012 的有关规定进行分类并判定其严重程度。

1. 裂缝检测

（1）现场检测时，宜对受检范围内构件外观缺陷进行全数检查；当不具备全数检查条件时，应注明未检查的构件或区域。

（2）木构件裂缝宽度检测应符合下列规定：

1）当木构件裂缝处在外表面部位，表面裂缝宽度可直接采用塞尺或直尺进行测量；

2）当木构件裂缝处在隐蔽或不利于操作检查的部位，裂缝宽度宜采用阻力仪检测法或 X 射线检测法进行检测。

（3）木构件裂缝深度检测应符合下列规定：

1）采用超声波法测裂缝深度时，被测裂缝不得有积水和泥浆等；

2）采用 X 射线检测法检测裂缝深度时，射线透照方向宜与裂缝深度方向垂直。

（4）构件裂缝长度宜采用钢尺或卷尺量测。

（5）构件外观缺陷检测结果应用列表或图示方法表述，并宜反映外观缺陷在受检范围内的分布特征。

2. 腐朽检测

（1）木构件表面腐朽可通过目测法判断腐朽程度，目测法可采用肉眼观察或尺规测量。

（2）内部腐朽检测宜采用探针检测法、阻力仪检测法、应力波检测法以及 X 射线检测法等非破坏性检测方法。

（3）对接触地面或长期处于潮湿环境下的木构件应全数检测。对单根构件检测宜从柱底开始，在距柱底 1000mm 范围内，检测部位间隔宜取 200mm；距柱底 1000mm 以上部位，检测部位间隔宜取 500mm。每个部位应至少从 2 个方向检测，直至检测到无腐朽为止。

（4）对非接触地面的木构件，检测数量不宜少于 3 个构件，目视判断或疑似有腐朽的情况下，应从有腐朽的部位开始，向长度方向的两侧延伸，延伸间隔宜取 200mm。每个部位应至少从 2 个方向检测，直至检测到无腐朽为止。

木构件缺陷检测时，宜首先对全部木构件进行目测判断，对疑似有腐朽的构件，再采用仪器设备进行针对性检测。对于长期接触潮湿状态的木结构构件，如木柱、桥梁木构件等，应进行全数检测，检测时根据不同位置，调整测点间距。

（5）探针检测法可用于表层 0～40mm 范围的木材内部腐朽检测，同一木构件在腐朽和未腐朽部位应分别进行探针检测，且检测方向应相同，同一部位应设置不少于 3 个检测点。腐朽程度的探针检测分级应按表 22-4 的规定执行。

腐朽程度的探针检测分级 表 22-4

缺陷分级	探针打入深度增加率 R_p（%）	缺陷分级	探针打入深度增加率 R_p（%）
0	$R_p=0$	3	$60<R_p\leqslant90$
1	$0<R_p\leqslant25$	4	$R_p>90$
2	$25<R_p\leqslant60$		

（6）应根据腐朽部位的探针打入深度计算探针打入深度增加率。探针打入深度增加率应按公式（22-12）计算，精确到 0.1%：

$$R_p=\frac{L_1-L_0}{L_0}\times100\% \tag{22-12}$$

式中：R_p——探针打入深度增加率，%；

L_0——未腐朽部位的探针打入深度，mm；

L_1——腐朽部位的探针打入深度，mm。

（7）阻力仪检测法可用于 0～500mm 范围的深层腐朽检测，检测操作方法与计算方法应按本章的规定进行。腐朽程度的阻力仪检测法分级应按表 22-5 的规定执行。

腐朽程度的阻力仪检测法分级 表 22-5

缺陷分级	阻力值降低率 R_r（%）	缺陷分级	阻力值降低率 R_r（%）
0	$R_r=0$	3	$25<R_r\leqslant35$
1	$0<R_r\leqslant15$	4	$R_r>35$
2	$15<R_r\leqslant25$		

（8）应根据腐朽部位的阻力平均值和未腐朽部位阻力平均值计算阻力值降低率。阻力值降低率应按公式（22-13）计算，精确到 0.1%。

$$R_r=\frac{r_0-r_1}{r_0}\times100\% \tag{22-13}$$

式中：R_r——阻力值降低率，％；

$\qquad r_0$——未腐朽部位阻力平均值；

$\qquad r_1$——腐朽部位阻力平均值。

（9）应力波法可用于构件全截面腐朽检测，木构件的腐朽面积精确测量宜采用断层成像仪与阻力仪相结合的检测方法，检测操作方法与计算方法按下列规定进行：

1）阻力仪检测法检测木构件缺陷应符合下列规定：

① 当采用阻力仪检测法时，宜采用特制钢架等固定装置进行操作，检测宜垂直于木构件的长度方向进行，应保证钻针始终垂直于木构件表面，同时应保持钻针进入木构件时角度不发生变化；

② 对木构件中贴近楼面、地面等不易进行垂直构件长度方向检测的部位，可在阻力仪端部安装 45°钻孔适配器进行斜向检测。

2）应力波检测法检测木构件缺陷应符合下列规定：

① 选定木构件待检测断面时，应记录木构件断面详细尺寸、形状及检测位置，测量中检测断面宜选择 1～3 个；

② 当采用应力波检测法检测构件断面时，应确保每个传感器间连接良好，传感器应均匀分布，相邻传感器间距不应大于 100mm；木构件直径或宽度不小于 300mm 时，传感器布置数量不宜少于 10 个；

③ 当采用应力波检测法敲击传感器时，应逐个敲击传感器振动销，每个传感器敲击不少于 5 次。

3）主要木构件应在构件的中部或勘察发现缺陷的周边位置进行延伸检测。有明显缺陷的区域，应在该区域增加检测次数，确定缺陷范围。

4）木构件缺陷检测判定应符合下列规定：

① 根据阻力值曲线的变化，可将钻头测定的全区域分为无缺陷区、腐朽虫蛀区、裂缝或空洞三类区段，各区段的判别方法可按表 22-6 确定。

阻力值曲线判别木材缺陷的参考方法　　　　　　　　　　表 22-6

区段分类	典型阻力值曲线图	典型曲线特征分析
无缺陷区		典型曲线特征分析曲线总体较为平稳、均匀并呈现连续的波峰-波谷现象，通常，波峰处木材密度较大，波谷处木材密度相对较小
腐朽虫蛀区		曲线中相对阻力值明显下降，但过渡区坡度较缓。相对阻力值下降越多说明该区段木材腐朽越严重

续表

区段分类	典型阻力值曲线图	典型曲线特征分析
裂缝或空洞区		曲线中相对阻力值发生突降,曲线坡度非常陡,且相对阻力值接近于零,说明该区段为裂缝或空洞

② 当采用应力波扫描仪获得木构件测定断面的彩色图像时,图像的颜色应直观显示木构件的健康状况,并且图像颜色的分布应由波速值大小决定,颜色由紫红色过渡到绿色表示波速由低值逐渐增大至高值。

③ 应对木构件断面材质的应力波扫描断面图的缺陷大小面积进行偏差修正。采用阻力仪对存在缺陷的木构件进行单路径上缺陷长度的修正应按公式（22-14）进行:

$$A_r = A_i \times \frac{L_{r1} - L_{r2}}{L_{i1} - L_{i2}} \tag{22-14}$$

式中:A_i——应力波扫描仪检测的缺陷面积,mm^2;

A_r——阻力仪修正的缺陷面积,mm^2;

L_{r1}——单路径（第 1 条路径）上阻力仪检测缺陷长度,mm;

L_{r2}——单路径（第 2 条路径）上阻力仪检测缺陷长度,mm;

L_{i1}——第 1 条路径上对应的应力波扫描仪检测缺陷长度,mm;

L_{i2}——第 2 条路径上对应的应力波扫描仪检测缺陷长度,mm。

应力波法腐朽程度的检测分级应按表 22-7 的规定执行。

应力波法腐朽程度的检测分级　　　　　　　　　　　　　表 22-7

缺陷分级	截面内腐朽面积占比 R_a（%）	缺陷分级	截面内腐朽面积占比 R_a（%）
0	$R_a = 0$	3	$30 < R_a \leqslant 60$
1	$0 < R_a \leqslant 10$	4	$R_a > 60$
2	$10 < R_a \leqslant 30$		

（10）应根据腐朽部位的面积检测值和整个构件截面面积,计算截面内腐朽面积占比。腐朽面积占比应按公式（22-15）计算,精确到 0.1%:

$$R_a = \frac{A_0}{A} \times 100\% \tag{22-15}$$

式中:R_a——截面内腐朽面积占比,%;

A——构件截面面积,mm^2;

A_0——腐朽部位的面积,mm^2。

根据木构件不同检测部位的应力波传播速度,参照同种木材健康材应力波横向传播速度,确定整个木构件内部的腐朽状况,同一构件的不同检测部位,应力波的传播速度越小,该部位的腐朽越严重。通过比较健康部位与缺陷部位的应力波波速,确定缺陷面积。

（11）对腐朽等级超过 3 级的构件，宜通过生长锥取样，对腐朽状况进行实物确定。

对内部腐朽严重的木构件，上述几种方法的检测已不能反映其内部状况，因此要通过生长锥取样，对腐朽情况进行实物确认。

（12）对于关键部位的腐朽检测，可采用 X 射线检测法辅助其他方法进行腐朽程度的判断，X 射线检测法的具体操作流程可按下列规定进行：

1）X 射线检测系统的各项设备参数应符合下列规定：

① 射线机最大管电压不宜小于 100kV；

② 数字探测器的动态范围不应小于 2000：1，A/D 转换位数不应小于 12bit，探测器供应商应提供探测器的坏像素表和坏像素校正方法；

③ 数字成像系统软件应包含叠加降噪、对比度增强等基本数字图像处理功能，同时还应包括信噪比测量、缺陷标记、尺寸测量、尺寸标定功能，宜具有不小于 4 倍的放大功能；

④ 当采用工业 X 射线胶片成像时，工业 X 射线胶片的相关参数应符合现行国家标准《无损检测　工业射线照相胶片　第 1 部分：工业射线照相胶片系统的分类》GB/T 19348.1—2014 的有关规定，胶片处理方法、设备和化学药剂应符合现行国家标准《无损检测　工业射线照相胶片　第 2 部分：用参考值方法控制胶片处理》GB/T 19348.2—2003 的有关规定，胶片供应商应对所生产的胶片进行系统性能测试并提供类别和参数。

2）进行 X 射线作业时必须采取辐射防护措施，辐射防护应符合现行国家标准《电离辐射防护与辐射源安全基本标准》GB 18871—2002、《工业探伤放射防护标准》GBZ 117—2022 的有关规定。作业现场应按现行国家标准《工业探伤放射防护标准》GBZ 117—2022 的规定划定控制区和管理区、设置警告标志。检测工作人员应佩戴个人剂量计，并携带剂量报警仪。

3）透照时 X 射线束中心应垂直指向透照区中心，宜选用有利于发现缺陷的方向透照。

4）应按现场操作的实际情况记录检测过程的有关信息和数据，主要包括：射线机有效焦点尺寸、透照布置、像质计、滤波板、射线能量、曝光量或透照时间、射线机与胶片或探测器的相对关系、透照几何参数等。

5）当对成像结果进行定量判断时，应考虑透照成像的投影畸变并加以修正。

3. 虫蛀检测

（1）虫蛀检测应包括木构件内部虫蛀孔洞检测及白蚁活体检测。木构件内部虫蛀孔洞的检测方法及分类等级宜按本章的腐朽检测方法执行，白蚁活体检测宜采用温度检测法、湿度检测法和雷达检测法。

（2）对白蚁活体进行检测时，应符合下列规定：

1）白蚁活体检测可通过目测判断白蚁侵害程度，应拍照、记录取证。

2）对接触地面的木构件，应对近地端长度 1000mm 内的部位进行白蚁活体检测。对非接触地面的木构件，应对屋架上下弦两端长度 1000mm、楼板贴墙长度 500mm 部位以及檩、椽、梁的支座部位进行白蚁活体检测。

3）当采用温度检测法检测白蚁时，温度传感器显示温差有变化，变化幅度大于 3℃时，可判断有白蚁。

4）当采用湿度检测法检测白蚁时，湿度传感器显示湿度显示变化，湿度差大于30％时，可判断有白蚁。

5）当采用雷达检测法检测白蚁时，应将雷达传感器静止放置或固定，可用加速度计来校核有无人为振动。

白蚁是一类以木质纤维素物质为食料，又喜温暖潮湿环境的社会学昆虫，蚁害是木结构房屋重要危害之一，严重影响房屋的结构安全。

虫蛀的检测应包含两部分内容：一是检测构件内部是否存在虫蛀孔洞，如果仅有虫蛀孔洞，而没有白蚁活动迹象，则虫蛀孔洞实际上是缺陷的一种形式，对木构件以及结构的影响主要体现在截面面积的缺损，因此，其检测方法可参考缺陷的检测方法执行；二是寻找木构件中是否存在白蚁活体并确定其活动区域，如果存在白蚁活体活动的迹象，则有可能对房屋结构造成后续不可估量的危害，必须进行全面检测和治理，可通过温度、湿度、雷达等多种方式进行白蚁活体探测。

22.4 防护性能检测

（1）木构件所使用的防腐、防虫药剂应符合设计文件标明的构件使用环境类别。

（2）木结构的使用环境应按表22-8的规定进行分类。

木结构的使用环境　　　　　　　　　　　　　　　　　表22-8

使用分类	使用条件	应用环境
C1	户内且不接触土壤	在室内干燥环境中使用,能避免气候和水分的影响
C2	户内且不接触土壤	在室内环境中使用,有时受潮湿和水分的影响,但能避免气候的影响
C3	户外但不接触土壤	在室外环境中使用,暴露在各种气候中,包括淋湿,但不长期浸泡在水中
C4A	户外且接触土壤或浸在淡水中	在室外环境中使用,暴露在各种气候中,且与地面接触或长期浸泡在淡水中

木结构工程的防护包括防腐和防虫害两个方面，这两个方面的处理要求由工程所在地的环境条件和虫害情况决定。开展的检测，也应根据工程所处的环境类别进行。

（3）构件防护性能的现场检测应包括药剂有效成分的载药量和透入度两项指标。

防护性能检测

（1）木构件防护剂透入度的检测应符合下列规定：

1）每检验批应随机抽取5～10根构件，均匀钻取芯样，油性药剂芯样应为20个，水性药剂芯样应为48个；

2）检测方法应采用化学药剂显色的方法，测量样品被浸润部分的显色长度。

（2）木构件防护剂载药量的检测应符合下列规定：

1）现场取样后带回实验室，应采用化学滴定方法或X射线荧光分析仪的方法；

2）透入度和载药量的测试样品，在取样时应避开裂纹、木节、刻痕孔和避免过于靠近构件端部。

木构件防护剂透入度、载药量的现场检测，应先在现场进行取样，取样可采用树木生长锥等取样器，取样带回实验室后，按照《木结构试验方法标准》GB/T 50329—2012 开展试验。

（3）透入度和载药量的测试应按现行国家标准《木结构试验方法标准》GB/T 50329—2012 的规定进行。

（4）锯材、方材或原木构件载药量应符合表 22-9 的规定。

锯材、方材或原木构件载药量

表 22-9

防腐剂			组成比例（%）	最低载药量（kg/m³）			
类别	名称	活性成分		使用环境			
				C1	C2	C3	C4A
水溶性	硼化合物		三氧化二硼	100	2.8	2.8	NR	NR
	季铵铜（ACQ）	ACQ-2	氧化铜	66.7	4.0	4.0	4.0	6.4
			二癸基二甲基氯化铵（DDAC）	33.3				
		ACQ-3	氧化铜	66.7	4.0	4.0	4.0	6.4
			十二烷基苄基二甲基氯化铵（BAC）	33.3				
		ACQ-4	氧化铜	66.7	4.0	4.0	4.0	6.4
			DDAC	33.3				
	铜唑（CuAz）	CuAz-1	铜	49	3.3	3.3	3.3	6.5
			硼酸	49				
			戊唑醇	2				
		CuAz-2	铜	96.1	1.7	1.7	1.7	3.3
			戊唑醇	3.9				
	铜唑（CuAz）	CuAz-3	铜	96.1	1.7	1.7	1.7	3.3
			丙环唑	3.9				
		CuAz-4	铜	96.1	1.0	1.0	1.0	2.4
			戊唑醇	1.95				
			丙环唑	1.95				
	唑醇啉（PTI）		戊唑醇	47.6	0.21	0.21	0.21	NR
			丙环唑	47.6				
			吡虫啉	4.8				
	酸性铬酸铜（ACC）		氧化铜	31.8	NR	4.0	4.0	8.0
			铬酸	68.2				
	柠檬酸铜（CC）		氧化铜	62.3	4.0	4.0	4.0	NR
			柠檬酸	37.7				

防腐剂		活性成分	组成比例（%）	最低载药量（kg/m³）			
				使用环境			
类别	名称			C1	C2	C3	C4A
	柠檬酸	37.7					
油溶性	8-羟基喹啉铜（CuB）	铜	100	0.32	0.32	0.32	NR
	环烷酸铜（CuN）	铜	100	NR	NR	0.64	NR

注：1. 硼化合物包括硼酸、四硼酸钠、八硼酸钠、五硼酸钠等及其混合物；
　　2. NR 为不建议使用。

（5）锯材、方木或原木构件防护剂透入度检测应符合表 22-10 的规定。

锯材、方木或原木构件防护剂透入度检测　　　　表 22-10

木材特征	透入深度或边材透入率		钻孔采样数量（个）	试样合格率（%）
	$t<125mm$	$t\geqslant125mm$		
无刻痕	63mm 或 85%（C1、C2）、90%（C3、C4A）		20	80
刻痕	10mm 或 85%（C1、C2）、90%（C3、C4A）	13mm 或 85%（C1、C2）、90%（C3、C4A）	20	80

（6）胶合木构件防护剂透入度应符合表 22-11 的规定。

胶合木构件防护剂透入度　　　　表 22-11

防护剂		最低载药量（kg/m³）			
		使用环境			
类别	名称	C1	C2	C3	C4A
	硼化合物	2.8	2.8*	NR	NR
	季铵铜（ACQ） ACQ-2	4.0	4.0	4.0	6.4
	季铵铜（ACQ） ACQ-3	4.0	4.0	4.0	6.4
	季铵铜（ACQ） ACQ-4	4.0	4.0	4.0	6.4
水溶性	铜唑（CuAz） CuAz-1	3.3	3.3	3.3	
	铜唑（CuAz） CuAz-2	1.7	1.7	1.7	
	铜唑（CuAz） CuAz-3	1.7	1.7	1.7	
	铜唑（CuAz） CuAz-4	1.0	1.0	1.0	
	唑醇啉（PTI）	0.21	0.21	0.21	
	酸性铬酸铜（ACC）	NR	4.0	4.0	
	柠檬酸铜（CC）	4.0	4.0	4.0	
油溶性	8-羟基喹啉铜（CuB）	0.32	0.32	0.32	
	环烷酸铜（CuN）	NR	NR	0.64	

注：NR 为不建议使用。

22.5　连接节点质量检测

当榫卯连接、螺栓连接以及植筋连接在现场不便直接测量时，宜采用 X 射线检测法进行节点性能检测，X 射线探测节点的方法应符合本章的相关规定。

1. 榫卯连接检测

（1）榫卯完整性检查，应对外观进行检查并记录是否存在下列现象：

1）腐朽、虫蛀；

2）榫头可见部位裂缝、折断、残缺；

3）卯口周边劈裂，节点松动。

（2）榫卯拔榫量测量应符合下列规定：

1）采用钢直尺或者卷尺测量榫卯脱开距离作为拔榫量，当榫头各部位拔榫量不一致时，应取大值；

2）柱与梁、枋之间拔榫量应符合现行国家标准《古建筑木结构维护与加固技术标准》GB/T 50165—2020 的有关规定。

（3）榫卯连接紧密度测量应符合下列规定：

1）应采用楔形塞尺测量榫头与卯口之间各边的空隙尺寸，斗拱构件的榫卯间隙允许偏差应为 1mm，其他榫卯结构节点的间隙允许偏差应符合表 22-12 的规定；

榫卯结构节点的间隙允许偏差　　　　　　　　　　　　　　表 22-12

柱直径 D(mm)	D≤200	200<D≤300	300<D≤500	D>500
允许偏差(mm)	3	4	6	8

2）对于榫卯无空隙处，应检查并记录是否存在局部凹陷、木纤维褶皱、局部纤维剪断等局部承压破坏的情况；

3）应检测榫卯倾斜转角与主构件倾斜转角是否一致，当不一致时，应补充检查榫头是否有折断点；

4）应测量榫头或卯口处的压缩变形，横纹压缩变形量不应大于 4mm。

2. 螺栓连接检测

（1）螺栓连接的检查数量应为连接节点数量的 10%，且不应少于 10 个。

（2）螺栓连接检测应符合下列规定：

1）螺帽拧紧后螺栓外露长度不应小于螺杆直径的 80%，且外露丝扣不应少于 2 扣。螺纹段剩留在木构件内的长度不应大于螺杆直径的 1.0 倍。

2）螺栓连接采用钢垫圈时，垫圈的厚度不应小于直径或者边长的 1/10，且不应小于螺栓直径的 30%。方形垫板的边长不应小于螺杆直径的 3.5 倍，圆形垫圈的直径不应小于螺杆直径的 4.0 倍。

3）螺栓的端距、间距、边距和行距除应符合设计文件要求外，尚应符合现行国家标准《木结构设计标准》GB 50005—2017 的有关规定。

4）螺栓孔直径不应大于螺杆直径 1mm。

（3）螺栓连接应满足设计文件要求，并应符合现行国家标准《木结构工程施工质量验收规范》GB 50206—2012、《木结构设计标准》GB 50005—2017 以及《胶合木结构技术规范》GB/T 50708—2012 等的规定。

对于被检测节点有工程项目图纸、计算报告等设计文件时，检测时首先需要复核现有节点与设计文件的吻合度，除此之外还需注意下列几点要求：

1）螺杆在连接节点中可能承受剪力、弯矩或拉力的作用，预留外露长度的目的是避免螺杆受力时螺帽滑移，发生失效。

2）受剪螺栓或系紧螺栓中拉力不大，施工中可按照构造设置垫圈（板）。

3）确保螺栓连接的紧密性。

3. 植筋连接检测

（1）对于新建木结构工程，木结构植筋连接施工质量宜进行抗拔承载力的现场检验。

（2）木结构植筋抗拔承载力现场检验可分为非破坏性检验和破坏性检验。对于一般结构及非结构构件，宜采用非破坏性检验；对于重要结构构件及生命线工程非结构构件，宜在受力较小的次要连接部位，采用破坏性检验。

木结构植筋连接应进行抗拔承载力的现场检验，其抗拔承载力现场检验可分为非破坏性检验和破坏性检验，优先选用非破坏性检验。两者的选择可以根据结构的重要程度来进行区分。

（3）现场检测试样应符合下列规定：

1）植筋抗拔承载力现场非破坏性检验可采用随机抽样方法取样；

2）同规格、同型号、基本相同部位的锚栓可组成一个检验批。抽取数量应按每批植筋总数的 1‰计算，且不应少于 3 根。

（4）现场检测仪器设备应符合下列规定：

1）现场检测用的仪器、设备，如拉拔仪、荷载传感器、位移计等，应定期检定。

2）加荷设备应按规定的速度加荷，测力系统整机误差应为全量程的±2%。

3）加荷设备应保证所施加的拉伸荷载始终与植筋的轴线一致。

4）位移计宜连续记录。当不能连续记录荷载位移曲线时，可分阶段记录，在到达荷载峰值前，记录点应在 10 点以上。位移测量误差不应大于 0.02mm。

5）位移计应保证测量出植筋相对于基材表面的垂直位移，直至锚固破坏。

（5）现场检测方法应符合下列规定：

1）加荷设备支撑环内径 D_0 应满足公式（22-16）要求：

$$D_0 = \max(12d, 250\text{mm}) \tag{22-16}$$

2）植筋拉拔检验可选用下列两种加荷制度：

① 连续加载，以匀速加载至设定荷载或锚固破坏，加载速度为（2.5±0.5）mm/min。

② 分级加载，以预计极限荷载的 10% 为一级，逐级加荷，每级荷载保持 1～2min，至设定荷载或锚固破坏。

③ 非破坏性检验，荷载检验值应取 $0.9A_s f_{yk}$。

（6）现场检测结果评定应符合下列规定：

1）非破坏性检验荷载下，以木材基材无裂缝、植筋无滑移等宏观损伤现象，且持荷期间荷载降低小于或等于 5% 时为合格。当非破坏性检验为不合格时，应另抽不少于 3 个植筋做破坏性检验判断。

2）对于破坏性检验，植筋的极限抗拔力应满足公式（22-17）、公式（22-18）的要求：

$$N_{Rm}^c \geqslant \gamma_u N_{sd} \tag{22-17}$$

$$N_{\mathrm{Rmin}}^{\mathrm{c}} \geqslant N_{\mathrm{Rk}} \qquad (22\text{-}18)$$

式中：$N_{\mathrm{Rm}}^{\mathrm{c}}$——植筋极限抗拔力实测平均值，N；

N_{sd}——植筋拉力设计值，N；

γ_{u}——植筋承载力检验系数允许值，对于植筋破坏：结构件取 1.80，非结构件取 1.65；对于木材劈裂破坏或植筋拔出破坏（包括沿胶筋界面破坏和胶木界面破坏）：结构构件取 3.3，非结构构件取 2.4；

$N_{\mathrm{Rmin}}^{\mathrm{c}}$——植筋极限抗拔力实测最小值，N；

N_{Rk}——植筋极限抗拔力标准值，N。

4. 金属连接件检测

本节所指的金属连接件主要为钢材制作的各种连接件，包括金属齿板以及其他标准的或非标准的金属连接件（如用于搁栅与梁连接的搁栅吊、梁与梁连接的梁托、梁与柱连接的柱帽以及柱脚连接件等）。也包括少量既有木结构建筑采用的铁制连接件。

由于现代胶合木以及各种复合木材等工程木产品的应用，极大地促进了多高层、大跨及空间木结构的发展。采用金属连接件进行节点连接，可以很好地替代传统的齿连接和螺栓连接等连接方法，减小连接处木构件截面的削弱，并可以获得较高的节点承载力，从而满足现代木结构、特别是大跨空间木结构对节点承载力的较高要求。节点连接的性能是影响结构性能的关键因素，金属连接件的承载力相对较高，因此，对金属连接件节点连接进行现场检测就显得特别重要，例如，当金属连接件的类型和规格不满足设计要求时，将会直接影响节点的安全性；如果金属连接件的固定位置和方法不正确，就会出现因连接件限制木材的变形而导致木材开裂等现象。

各种钢制或铁制连接件受环境的影响可能会产生锈蚀。对于锈蚀等级为 D 级的连接件，其锈蚀程度可由其截面厚度的变化来反映。检测连接件厚度时必须先除锈，再用超声波测厚仪或游标卡尺测量连接件厚度。

（1）金属连接件的现场检测项目和检测方法应符合下列规定：

1）应对各种金属连接件的类别、规格、数量等进行全面检测，可采用目测法；

2）应对金属连接件的安装位置和方式、安装偏差、变形、松动以及金属齿板的板齿拔出等进行全面检测，可采用目测法或用卡尺进行检测；

3）应对连接处木构件之间的缝隙、木构件受压抵承面之间的局部间隙以及木构件的开裂情况进行全面检测，可用卡尺或塞尺进行检测；

4）对金属齿板连接，尚应对连接处木材的表面缺陷面积、板齿倒伏面积以及木材的劈裂情况等按检验批全数的 20% 进行抽样检测，可采用目测法或用卡尺测量；

5）应对金属连接件的锈蚀情况进行全面检测。检测时，可按现行国家标准《涂覆涂料前钢材表面处理　表面清洁度的目视评定　第 1 部分：未涂覆过的钢材表面和全面清除原有涂层后的钢材表面的锈蚀等级和处理等级》GB/T 8923.1—2011 确定锈蚀等级。对于锈蚀等级为 D 级的连接件，尚应采用测厚仪或游标卡尺检测连接件的厚度削弱程度。

（2）金属连接件采用的钢材品种及性能应按现行国家标准《木结构工程施工质量验收规范》GB 50206—2012 的规定进行检测。

对既有木结构建筑中由国产钢材加工制作的金属连接件，如果原始资料丢失，可以按照现行国家标准《钢结构现场检测技术标准》GB/T 50621—2010 的规定，采用化学成分分析方法来确定钢材的品种，依据钢材的品种即可定出相应的设计强度。

（3）金属连接件的厚度应用游标卡尺检测。当无法用游标卡尺检测时，可按现行国家标准《钢结构现场检测技术标准》GB/T 50621—2010 的规定，采用超声测厚仪进行检测。检测时，应取连接件的 3 个不同部位进行检测，并取 3 个测试值的平均值作为连接件厚度的代表值。

采用超声波原理进行测量时，由于耦合不良、探头磨损等因素的影响，超声测厚仪的测量误差往往比直接用游标卡尺的测量误差大，因此，连接件的厚度应尽可能采用游标卡尺进行测量。为了减小测量误差，测量金属连接件的厚度前，应去除金属表面油漆层、氧化层和锈蚀层等，在不损伤金属材料本体的情况下可采用砂纸、钢丝刷或抛光片等打磨出金属光泽后再进行测量。

（4）金属连接件的焊缝质量应按现行国家标准《木结构工程施工质量验收规范》GB 50206—2012 的规定进行检测。

对于焊接而成的金属连接件，应对焊缝的长度、焊脚尺寸以及焊缝等级等进行检测。

（5）金属连接件防腐层的检测，应在外观检查合格后，按下列规定进行：

1）当金属连接件采用镀锌钢板制作时，对连接件的锌层质量可按现行国家标准《钢产品镀锌层质量试验方法》GB/T 1839—2008 的规定进行抽样检测；

2）当金属连接件采用油漆类防锈涂层时，可采用涂层测厚仪，按现行国家标准《钢结构现场检测技术标准》GB/T 50621—2010 的规定进行检测。

结构用金属连接件的防腐处理通常采用油漆类防锈涂层，当板厚小于 3mm 时，应采用镀锌防锈层。油漆类防锈涂层的防腐效果的判定通常以涂层厚度为指标。检测前若外观检查不合格，应进行修补后再检测涂层质量或涂层厚度。

（6）当金属连接件直接暴露在外并用防火涂层进行防护时，应在外观检查合格后，对连接件的涂层厚度进行抽样检测。对薄型防火涂层可采用涂层测厚仪进行检测；对厚型防火涂层可采用卡尺、探针等进行检测。

防火涂层的厚度检测，可按现行国家标准《建筑结构现场检测技术标准》GB/T 50344—2019 的规定进行。

22.6　结构性能检测

（1）结构性能检测应分为结构静力性能检测、结构动力性能检测两部分。

（2）结构静力性能检测，应根据材料力学性能、尺寸偏差、变形、损伤及内部缺陷等情况，确定木结构的静力计算参数。

结构静力性能检测前，需要先对构件的材料物理性能、尺寸偏差、力学性能、变形情况、损伤情况等进行检测和调查，无法进行上述检测时，需要根据已知类似构件的受力情况进行估判，同时考虑待测构件与相邻构件、整体结构之间的关系，并据此设计相应的试验方案和终止条件。

（3）结构动力性能检测，应通过测点处采集的速度或加速度的信号进行处理，获得结构的振型、自振频率、阻尼比等结构模态参数。

结构动力性能特性包括自振频率、振型、阻尼比等，这些参数是结构自身的模态参数，结构损伤可以通过这些模态参数进行识别；如考虑交通、施工、爆破等振动作用影响需同时测试结构在相应影响状态下的振动速度、加速度、频率等。在整体结构性能测算时，除需考虑各构件的静力性能，还需考虑结构整体的模态特征。

（4）对初步调查时发现结构体系主要连接节点不可靠、无有效支撑、存在失稳可能的，或存在不利的结构构造及明显变形等情况的，应在材料性能、节点性能、缺陷及损伤检测后，制定静力、动力性能检测方案，再进行结构性能检测。

对木结构而言，对结构体系和结构布置的检查，是最重要的基础工作，如果结构体系有问题（如有明显变形、主要连接节点不可靠、无支撑有失稳可能等），则静载与动载试验的执行时存在较大安全风险，如处理不当可能导致结构更大的损伤甚至是破坏。在该情况下，必须先进行其他项目的检测，包括材料、节点、损伤等，之后根据相应的检测结果制定结构性能检测方案，并严格按照要求逐步加载。

1. 结构静力性能检测

（1）结构静力性能检测是以静载试验为现场检测方法，对单个或几个构件进行原位加载，其构件选取应考虑下列因素：

1）具有代表性的构件，且宜处于荷载较大、抗力较弱的部位；

2）便于搭设操作平台、实施加载和布置测点；

3）受检构件宜按照同施工条件、同施工材料、同施工方法划分检验批，在不同检验批中分别选取代表性构件进行试验；

4）试验过程不应对结构造成损伤。

静载试验中构件的选取必须具有较好的代表性，能够通过部分构件的荷载响应反映结构整体的受力特征。宜选取受力较大、抗力较弱的构件或位置，同时因为试验为现场加载还需考虑试验的可操作性。构件数量选取不宜过多，因为一次性加载中其受力构件可能同时包括板、梁、柱等构件又包括榫卯、螺栓、齿板等连接件，其检验批的划分无法按照单一构件或材质进行。因此可考虑按照检验批的基本概念即：相同施工条件、相同施工材料、相同施工方法所形成的构件作为同一批次，在不同批次中分别选取最不利位置的构件进行试验，其结果应具有明显的代表性。

（2）静载试验加载过程应符合下列规定：

1）确定试验目的，选定试验构件，应根据现行国家标准《建筑结构荷载规范》GB 50009—2012、《木结构设计标准》GB 50005—2017 以及设计文件的规定，计算试验荷载。

2）施加荷载应包括预加载和正式加载两部分。加载过程应符合下列规定：

① 预加载宜为试验荷载的 5%，正式加载宜分 5~8 级进行。

② 当荷载累加值低于试验总荷载 60% 时，每级加载幅度宜为试验总荷载的 15%~20%。

③ 当荷载累加值超过试验总荷载 60% 时，每级加载幅度宜为试验荷载的 5%~10%。

④ 每级加载间歇不应少于 15min，且需所测数据稳定时才能进行下一级加载。最后一级荷载施加后持荷时间不宜少于 60min。

静载试验是在结构实体上进行的，因受检结构和构件的不确定性，使结构实体存在一定的风险，不仅受检构件有可能因试验出现破坏，相邻构件甚至结构整体都存在破坏的风险，因此需对试验方案和操作过程进行严格控制。正式加载前进行预加载是为了使受检构件进入工作状态，并对仪器设备、数据采集等内容进行检查，以保证正式加载试验的准确性。

静载试验目的不同，其施加荷载所用的荷载组合不同。对于结构实体上的静载试验主要考虑正常使用极限状态下的试验荷载，对应的试验荷载不应小于荷载标准组合，具体可按公式（22-19）计算：

$$Q_s = G_k + Q_k \qquad (22\text{-}19)$$

式中：Q_s——构件正常使用极限状态短期结构构件性能检验值；

　　　G_k——永久荷载标准值；

　　　Q_k——可变荷载标准值。

（3）加载方式可根据实际情况选择下列方式：

1）楼板、屋盖宜采用注水、表面重物堆载，重物堆载应避免起拱效应；

2）梁类构件宜采用水囊、表面重物堆载、悬挂重物等。

（4）静载试验过程中基本观测项目应包括下列内容：

1）测点处应变、挠度；

2）裂缝的出现及扩展情况；

3）其他可能存在的扭转、倾斜等变形情况。

（5）加载过程中，当出现下列情况之一时，应立即停止加载：

1）测点的挠度已达到挠度限值或者设计计算值；

2）测点的应变已达到理论计算限值；

3）构件出现裂缝或变形急剧发展；

4）发生其他形式的意外试验现象；

5）荷载达到最大试验荷载。

静载荷试验过程中应持续对相应数据进行记录，并动态对比，当出现本条现象时，及时中止加载，避免出现结构损伤或失稳等现象。

实测的挠度值需进行两次修正，分别为：

消除支座处位移的修正：

$$a_q^0 = u_m^0 - \frac{u_l^0 + u_r^0}{2} \qquad (22\text{-}20)$$

式中：a_q^0——消除支座位移（沉降）影响后的实测跨中最大挠度；

　u_l^0、u_r^0——两端支座位移（沉降）实测值；

　　　u_m^0——包括支座位移（沉降）内的跨中挠度实测值。

考虑构件自重等荷载产生挠度的修正：

$$a_s^0 = a_q^0 + \frac{M_g}{M_b} a_b^0 \qquad (22\text{-}21)$$

式中：a_s^0——考虑自重等荷载修正后的跨中最大挠度；

　　　M_g——构件自重等荷载产生的跨中弯矩；

　M_b、a_b^0——从外加荷载开始至弯矩-挠度曲线产生拐点前的一级荷载产生的跨中弯矩值和对应的跨中挠度实测值。

如试验中采用的是集中荷载替代均布荷载进行现场试验，还需再行荷载替换作用修正。

（6）加载过程中应将各测点挠度、应变的计算值与稳定实测值对比，以调整加载速度。

（7）加载全部完成或加载终止后应分级卸载，卸载分级宜与加载分级一致，最大不应超过加载分级的 2 倍。每级卸载间歇不宜少于 15min，卸载过程中应测读数据，至卸载完成后，空载不少于 60min，并记录稳定数据值及构件表面情况。

卸载完成后需空载 1h 以上，待变形恢复稳定后记录相应数据。

2. 结构动力性能检测

（1）符合下列情况之一的木结构，宜进行结构动力性能检测：

1）古建筑及灾后的木结构；

2）结构局部动力响应过大的；

3）需要进行抗震、抗风或其他激励下的动力响应计算的。

（2）结构动力性能检测的测试方法、数据处理应按现行国家标准《建筑结构检测技术标准》GB/T 50344—2019 的有关规定执行。

（3）对日常生活行为、道路交通、邻近建筑施工和其他工业活动导致的振动影响，其振动测试要求、评价标准应按现行国家标准《建筑工程容许振动标准》GB 50868—2013 和《古建筑防工业振动技术规范》GB/T 50452—2008 的规定执行。

对于普通木结构，在使用过程中可能存在因不同因素导致的振动，常见的振动原因主要有日常生活行为导致的振动、附近交通导致的振动和邻近建筑施工导致的振动。在不同因素导致的振动中，可能降低人体对此环境的舒适度。影响舒适度的原因除不同人体的主观感受外，主要有两点：结构本身的刚度；振动能量的大小。

对于日常生活行为导致的振动，其振动能是相对稳定且较小的，如产生舒适度降低，其原因主要考虑为结构本身刚度不足；对于交通及邻近建筑施工等导致的振动，如产生舒适度降低，其原因主要考虑为振动能量过大。

因此，其测试要求、评价标准虽均按照现行国家标准《建筑工程容许振动标准》GB 50868—2013 执行，但其处理手段是不同的。在第一种情况中，主要考虑增大结构或构件本身的刚度；在第二种情况中，除考虑增加结构或构件本身的刚度外，还应考虑降低振动能，采取减振、隔振等措施。

此外，对于古建筑木结构的振动测试还应执行现行国家标准《古建筑防工业振动技术规范》GB/T 50452—2008 的相关规定。

（4）对受到爆破振动影响的木结构，其测试要求、评价标准应按现行国家标准《爆破安全规程》GB 6722—2014 的规定执行。

第23章
工程结构性能试验

23.1 工程结构性能试验的目的和分类

1. 试验目的

建筑结构性能试验的目的是在结构的试验研究对象上，应用科学的试验组织程序，使用仪器设备及工具，以各种实验为方法，在荷载或其他因素作用下，通过量测与结构工作性能有关的各种参数，从强度、刚度和抗裂性以及结构实际破坏形态等方面，判别结构的实际工作性能，估算结构的承载能力，确定结构对使用要求的符合程度，并用以检验和发展结构的计算理论。

建筑结构性能试验的作用：

1) 建筑结构性能试验是发展结构理论的重要途径；

2) 建筑结构性能试验是发现结构设计问题的主要手段；

3) 建筑结构性能试验是验证结构理论的有效方法；

4) 建筑结构性能试验是建筑结构质量鉴定的直接方式；

5) 建筑结构性能试验是制定各类技术规范和技术标准的基础；

6) 建筑结构性能试验是工程自身发展的需要。

2. 试验分类

建筑结构性能试验可按试验目的、荷载性质、试验对象、荷载作用时间、试验场所等项进行分类。

1) 按试验目的可分为生产鉴定性试验和科学研究性试验；

2) 按荷载性质分为静载试验和动力试验；

3) 按试验对象分为原型试验、模型试验以及小构件试验；

4) 按荷载作用时间分为短期荷载试验和长期荷载试验；

5) 按试验场所分为实验室试验和现场试验，实验室试验根据试验目的的不同又可分为探索性试验和验证性试验。

23.2 结构性能的静力荷载检验

结构性能的静力荷载检验可分为适用性检验、荷载系数或构件系数检验和综合系数或可靠指标检验。

1. 适用性检验

结构的适用性是结构构件为非结构构件和建筑的功能服务能力。结构性能的适用性检验的对象可以是实际的结构或构件，也可以是足尺寸的模型。

(1) 结构构件适用性的检验荷载

1) 结构自重的检验荷载取值

① 检验荷载不宜考虑已经作用在结构或构件上的自重荷载，当有特殊需要时，可考虑受到水影响后这部分自重荷载的增量；

② 检验荷载应包括未作用在结构上的自重荷载（一般为装修自重等），并宜考虑 1.1～1.2 的超载系数。

2) 检验荷载中长期堆物和覆土等持久荷载和可变荷载的取值

① 可变荷载作为工程质量的检测时，应取设计要求值和规范规定值中的较大值，对于既有结构应取设计要求值和历史上出现过的最大值中的较大值。

② 永久荷载应取设计要求值和现场实测值的较大值。

③ 可变荷载组合与持久荷载组合均不宜考虑组合系数。

④ 可变荷载不宜考虑频遇值和准永久值。

3) 持久荷载已经作用到结构上时，其检验荷载的取值应符合 1) 的要求。

(2) 结构构件的适用性评定要求

① 结构构件适用性检验应进行正常使用极限状态的评定和结构适用性的评定。

② 结构构件的正常使用极限状态应以国家现行各类结构设计规范或标准限定的位移、变形和裂缝宽度等为基准进行评定。

③ 结构构件的适用性应以装饰装修、围护结构、管线设施未受到影响以及使用者的感受为基准进行评定。检验荷载作用下产生较大的可见变形、装饰装修层出现开裂等都属于适用性范畴。

2. 荷载或构件系数检验

在荷载系数或构件系数的检验前应进行结构构件适用性检验，当结构构件适用性检验没有异常现象时，可进行荷载系数或构件系数的检验；当直接进行荷载系数或构件系数的检验时，适用性检验荷载应该是重要的一级荷载（应进行充分观察分析后再进行继续加载）。荷载系数或构件系数的检验只是承载力的部分检验，其检验对象可以是实际的结构或构件，也可以是足尺寸的模型。

检验目标荷载应取荷载系数和构件系数对应检验荷载中的较大值。结构构件荷载系数或构件系数的实荷检验应区分既有结构性能的检验和结构工程质量的检验，既有结构性能的检验体现实事求是，结构工程质量的检测体现公正性。

(1) 既有结构构件荷载系数和对应的检验荷载

1) 结构构件荷载的系数计算

$$\gamma_F = \frac{\gamma_{G,2} \times G_{K,2} \times C_{G,2} + \gamma_{L,1} \times Q_{K,1} \times C_{Q,1} + \gamma_{L,2} \times Q_{K,2} \times C_{Q,2}}{C_{G,2} \times G_{K,2} + Q_{K,1} \times C_{Q,1} + Q_{K,2} \times C_{Q,2}} \tag{23-1}$$

式中：γ_F——检验荷载的系数；

$\gamma_{G,2}$——持久荷载的分项系数或系数；

$G_{K,2}$——单位体积的持久荷载值，取设计要求值和现场实测值的较大值；

$C_{\mathrm{G,2}}$——持久荷载的尺寸参数，按实际情况确定；

$\gamma_{\mathrm{L,1}}$——可变荷载的分项系数或系数；

$Q_{\mathrm{K,1}}$——可变荷载标准值；

$C_{\mathrm{Q,1}}$——可变荷载的尺寸参数，按实际情况确定；

$\gamma_{\mathrm{L,2}}$——雪荷载的分项系数或系数；

$Q_{\mathrm{K,2}}$——雪荷载的基本雪压；

$C_{\mathrm{Q,2}}$——雪荷载的相关参数，按实际情况确定。

2）持久荷载系数的取值

① 对于未作用到结构的持久荷载，$\gamma_{\mathrm{G,2}}$ 不宜小于 1.4。

② 对于已经作用到结构上的持久荷载且荷载不再有变化时，$\gamma_{\mathrm{G,2}}$ 可取为零，在式 23-1 和式 23-2 中可不考虑该类持久荷载的因素。

③ 对于已经作用到结构上的持久荷载但需要考虑受水等影响的荷载增量时，式 23-1 和式 23-2 的持久荷载 $G_{\mathrm{K,2}}$ 和 $C_{\mathrm{G,2}}$ 应为荷载的预计增量，预计增量的分项系数 $\gamma_{\mathrm{G,2}}$ 不应小于 1.4。

3）可变荷载的系数取值

① 屋面可变荷载的系数应符合《建筑结构荷载规范》GB 50009 规定。

② 楼面活荷载的分项系数 $\gamma_{\mathrm{L,1}}$ 不宜小于 1.6。

4）雪荷载的分项系数和基本雪压的确定

① 当雪荷载的系数取《建筑结构荷载规范》GB 50009 规定的值时，基本雪压应取《建筑结构检测技术标准》GB/T 50344 中的分析值与重现期 100 年雪压值中的较大值。

② 当基本雪压取重现期 100 年的相应数值时，雪荷载的分项系数应取《建筑结构荷载规范》GB 50009 规定值和《建筑结构检测技术标准》GB/T 50344 第 9.2 节分析值中的较大值。

5）既有结构构件荷载系数检验目标荷载计算

$$F_{\mathrm{t},l}=\gamma_{\mathrm{F}}\times(G_{\mathrm{K,2}}\times C_{\mathrm{G,2}}+Q_{\mathrm{K,1}}\times C_{\mathrm{Q,1}}+Q_{\mathrm{K,2}}\times C_{\mathrm{Q,2}}) \tag{23-2}$$

式中：$F_{\mathrm{t},l}$——由荷载系数确定的检验目标荷载。

（2）结构工程检验的荷载系数和对应的检验荷载

1）结构构件荷载的系数 γ_{F} 计算

$$\gamma_{\mathrm{F,E}}=\frac{\gamma_{\mathrm{G,1}}\times G_{\mathrm{K,1}}\times C_{\mathrm{G,1}}+\gamma_{\mathrm{G,2}}\times G_{\mathrm{K,2}}\times C_{\mathrm{G,2}}+\gamma_{\mathrm{L,1}}\times Q_{\mathrm{K,1}}\times C_{\mathrm{Q,1}}+\gamma_{\mathrm{L,2}}\times Q_{\mathrm{K,2}}\times C_{\mathrm{Q,2}}}{C_{\mathrm{G,1}}\times G_{\mathrm{K,1}}+C_{\mathrm{G,2}}\times G_{\mathrm{K,2}}+Q_{\mathrm{K,1}}\times C_{\mathrm{Q,1}}+Q_{\mathrm{K,2}}\times C_{\mathrm{Q,2}}}$$

$$\tag{23-3}$$

式中：$\gamma_{\mathrm{F,E}}$——检验荷载的系数；

$\gamma_{\mathrm{G,1}}$——自重荷载的系数，按《建筑结构荷载规范》GB 50009 的规定确定；

$G_{\mathrm{K,1}}$——单位体积或面积的自重荷载值，按实际情况确定；

$C_{\mathrm{G,1}}$——自重荷载的尺寸参数，按实际情况确定；

$\gamma_{\mathrm{G,2}}$——持久荷载的系数，取 1.35；

$G_{\mathrm{K,2}}$——单位体积的持久荷载值，按《建筑结构荷载规范》GB 50009 的规定确定或按实际情况确定；

$C_{\mathrm{G,2}}$——持久荷载的尺寸参数，按实际情况确定；

$\gamma_{\text{L,1}}$——可变荷载的系数，按《建筑结构荷载规范》GB 50009 的规定确定；

$Q_{\text{K,1}}$——可变荷载标准值，按《建筑结构荷载规范》GB 50009 的规定确定；

$C_{\text{Q,1}}$——可变荷载的尺寸参数，按实际情况确定；

$\gamma_{\text{L,2}}$——雪荷载的系数，按《建筑结构荷载规范》GB 50009 的规定确定；

$Q_{\text{K,2}}$——雪荷载的基本雪压，取重现期 100 年的雪压值；

$C_{\text{Q,2}}$——雪荷载的计算参数，按实际情况确定。

2）结构工程荷载系数对应的检验目标荷载值计算

$$F_{\text{t,E}}=\gamma_{\text{F,E}}\times(G_{\text{K,1}}\times C_{\text{G,1}}+G_{\text{K,2}}\times C_{\text{G,2}}+Q_{\text{K,1}}\times C_{\text{Q,1}}+Q_{\text{K,2}}\times C_{\text{Q,2}})-F_{\text{CG,1}}$$

$$(23\text{-}4)$$

式中：$F_{\text{CG,1}}$——已经作用到结构上的自重荷载总量，$F_{\text{CG,1}}$ 等于 $G_{\text{K,1}}$ 乘以 $C_{\text{G,1}}$。

（3）既有结构构件承载力的分项系数 γ_{R} 大于检验荷载系数 γ_{F} 时，检验目标荷载值的计算

$$F_{\text{t,R}}=\gamma_{\text{R}}\times(G_{\text{K,2}}\times C_{\text{G,2}}+Q_{\text{K,1}}\times C_{\text{Q,1}}+Q_{\text{K,2}}\times C_{\text{Q,2}}) \qquad (23\text{-}5)$$

式中：$F_{\text{t,R}}$——由构件分项系数 γ_{R} 确定的检验目标荷载；

γ_{R}——构件承载力的分项系数，按《建筑结构检测技术标准》GB/T 50344 附录 E 的规定确定。

（4）材料强度的系数大于检验荷载的系数时，检验目标荷载的计算

通常情况下材料强度的系数可能会小于荷载的系数，例如钢结构的材料系数只有 1.1 左右，混凝土受弯构件的材料系数约相当构件系数 1.15，但有些情况下材料强度的系数可能会大于荷载的系数，如木结构等。混凝土受弯和受拉构件宜取钢筋材料强度的系数，其他构件宜取混凝土的材料强度系数。

1）既有结构的检验目标荷载值按下式计算：

$$F_{\text{t,m}}=\gamma_{\text{m}}\times(G_{\text{K,2}}\times C_{\text{G,2}}+Q_{\text{K,1}}\times C_{\text{Q,1}}+Q_{\text{K,2}}\times C_{\text{Q,2}}) \qquad (23\text{-}6)$$

式中：$F_{\text{t,m}}$——由材料强度系数确定的检验目标荷载；

γ_{m}——材料强度的系数，由材料强度的设计值除以材料强度的标准值确定。

2）结构工程的检验目标荷载值按下式计算：

$$F_{\text{t,E,m}}=\gamma_{\text{m}}\times(G_{\text{K,1}}\times C_{\text{G,1}}+G_{\text{K,2}}\times C_{\text{G,2}}+Q_{\text{K,1}}\times C_{\text{Q,1}}+Q_{\text{K,2}}\times C_{\text{Q,2}}) \qquad (23\text{-}7)$$

式中：$F_{\text{t,E,m}}$——结构工程质量检验时，由材料强度系数确定的检验目标荷载。

（5）检验目标荷载作用下的评价

1）构件承载力的荷载系数或构件系数的实荷检验，当出现下列情况之一时，应立即停止检验，并应判定其承载能力不足：

① 钢构件的实测应变接近屈服应变。

② 钢构件变形明显超出计算分析值。

③ 钢构件出现局部失稳迹象。

④ 混凝土构件出现受荷裂缝。

⑤ 混凝土构件出现混凝土压溃的迹象。

⑥ 其他接近构件极限状态的标志。

2）结构构件经历检验目标荷载满足下列要求时，可评价在检验目标荷载下有足够的承载力：

① 实测应变和变形等与达到承载能力极限状态的预估值有明显的差距。

② 钢构件没有局部失稳的迹象。

③ 混凝土构件未见加荷造成的裂缝或裂缝宽度小于检验荷载作用下的预估值。

④ 卸荷后无明显的残余变形。

⑤ 构件没有出现材料破坏的迹象。

3. 综合系数或可靠指标的检验

当前阶段的检验目标荷载作用下没有异常现象时，可以进行综合系数目标荷载的检验。前一阶段的目标荷载可以作为综合系数实荷检验的一级检验荷载。

综合系数或可靠性指标的检验对象可以是不再使用的结构或构件，也可以是足尺寸的模型，当确有把握时，也可以是实际的结构或构件。可靠指标对应的系数包括荷载的分项系数和构件的分项系数，这种检验有时可能出现构件承载力极限状态的标志，有时也可能出现突然的破坏。

（1）结构构件综合系数的荷载检验要求

1）综合系数检验应在荷载系数或构件系数检验后实施；

2）综合系数检验的目标荷载应取荷载系数的检验荷载和构件系数的检验荷载之和；

3）结构构件综合系数的检验应根据实际情况确定每级荷载的增量；

4）综合系数或可靠指标对应系数的实荷检验，可根据实际情况决定是否持荷和持荷的时间。

（2）试验进行中要求卸荷的情况

进行综合系数的实际结构检验，当遇到下列情况之一时，应采取卸荷的措施，并应将此时的检验荷载作为构件承载力的评定值：

1）钢材和钢筋的实测应变接近屈服应变；

2）构件的位移或变形明显超过分析预期值；

3）混凝土构件出现明显的加荷裂缝；

4）构件等出现屈曲的迹象；

5）钢构件出现局部失稳迹象；

6）砌筑构件出现受荷开裂。

（3）结构构件达到综合系数对应荷载的评定条件

结构构件在目标荷载检验后满足下列要求时，可评价结构构件具有承受综合系数荷载的能力，注意符合这一条件的结构构件并不表明其可靠指标满足有关标准的要求：

1）达到检验目标荷载时，实测应变与钢筋或钢材的屈服应变有明显的差距；

2）构件的变形处于弹性阶段；

3）构件没有屈曲的迹象；

4）构件没有局部失稳的迹象；

5）构件没有超出预期的裂缝；

6）构件材料没有破坏的迹象；

7）卸荷后无明显的残余变形。

（4）结构构件承载能力极限状态可靠指标实荷检验

综合系数检验达到对应荷载评定条件的结构构件，可进行规定的可靠指标对应分项系数的实荷检验；综合系数对应的检验荷载，可作为可靠指标对应分项系数检验的一级荷载。

可靠指标的检验是将可靠指标 β 分解成作用效应的可靠指标 β_S 和构件的可靠指标 β_R，然后确定 β_S 对应的综合系数 $\gamma_{F,s}$ 和 β_R 对应的分项系数 γ_R，根据 $\gamma_{F,s}$ 和 γ_R 确定对应的检验荷载 $F_{t,s}$ 和 $F_{t,R}$，把 $F_{t,s}$ 和 $F_{t,R}$ 相加构成检验目标荷载，此类检验不可用材料的系数替代构件的系数。

（5）对应尺寸的模型检验计算

对应尺寸的模型检验时，可靠指标对应的检验系数和检验目标荷载按下列方式计算。

1）可靠指标 β_S 对应的综合系数

$$\gamma_{F,s}=\frac{\gamma_{G,2}\times G_{K,2}\times C_{G,2}+\gamma_{Q,L}\times Q_{L,1}\times C_{Q,1}+\gamma_{Q,2}\times Q_{L,2}\times C_{Q,2}}{C_{G,2}\times G_{K,2}+Q_{L,1}\times C_{Q,1}+Q_{L,2}\times C_{Q,2}} \tag{23-8}$$

式中：$\gamma_{F,s}$——对应于可靠指标 β_S 等于 2.05 的作用综合系数；

$\gamma_{G,2}$——持久荷载的分项系数；

$G_{K,2}$——单位体积持久荷载，取实测样本中的最大值；

$C_{G,2}$——持久荷载的尺寸参数；

$\gamma_{Q,L}$——可变荷载的分项系数，对于楼面活荷载不小于 1.6，对于屋面活荷载不小于 1.5；

$Q_{L,1}$——可变荷载的标准值，取设计值、可能出现的最大值和出现过的最大值中的最大值；

$Q_{L,2}$——基本雪压，取《建筑结构荷载规范》GB 50009 的规定值和《建筑结构检测技术标准》GB/T 50344 第 9.2 节分析计算值中的较大值；

$\gamma_{Q,2}$——雪荷载的分项系数，取《建筑结构荷载规范》GB 50009 的规定值和《建筑结构检测技术标准》GB/T 50344 9.2 节计算分析值的较大值。

2）持久荷载的分项系数 $\gamma_{G,2}$

① 针对持久荷载尺寸变化的分项系数分量按式 23-9 计算：

$$\gamma_{G,2a}=1+\beta_S\delta_{G,2a} \tag{23-9}$$

式中：$\gamma_{G,2a}$——考虑持久荷载尺寸变化的分项系数；

β_S——作用效应的可靠指标，取 2.05；

$\delta_{G,2a}$——持久荷载尺寸的变异系数。

② 持久荷载单位体积重量对应的分项系数按式 23-10 计算：

$$\gamma_{G,2g}=1+\beta_S\delta_{G,2g} \tag{23-10}$$

式中：$\gamma_{G,2g}$——对应于持久荷载单位体积重量的分项系数；

$\delta_{G,2g}$——持久荷载单位体积重量的变异系数。

③ 持久荷载的分项系数按式 23-11 计算：

$$\gamma_{G,2}=\gamma_{G,2a}\times\gamma_{G,2g} \tag{23-11}$$

3）作用综合分项系数 $\gamma_{F,s}$ 对应的检验荷载按式 23-12 计算：

$$F_{t,s}=\gamma_{F,s}\times(G_{K,2}\times C_{G,2}+Q_{K,L}\times C_{Q,1}+Q_{K,2}\times C_{Q,2}) \tag{23-12}$$

式中：$F_{t,s}$——作用综合系数 $\gamma_{F,s}$ 对应的检验荷载。

4）构件分项系数 γ_R 对应的检验荷载按式 23-13 计算：

$$F_{t,R} = \gamma_R \times (G_{K,2} \times C_{G,2} + Q_{K,L} \times C_{Q,1} + Q_{K,2} \times C_{Q,2}) \qquad (23\text{-}13)$$

式中：$F_{t,R}$——构件分项系数对应的检验荷载；

γ_R——构件承载力的分项系数，按《建筑结构检测技术标准》GB/T 50344 附录 E 的规定确定。

5）可靠指标 β 对应分项系数的检验目标荷载应取构件分项系数对应的检验荷载 $F_{t,R}$ 与作用综合系数对应的检验荷载 $F_{t,s}$ 之和。

（6）结构构件符合可靠指标的评价要求

通过作用综合系数对应的检验荷载 $F_{t,s}$ 和构件承载力分项系数对应的检验荷载 $F_{t,R}$ 的检验后，构件满足下列要求时，可评价结构构件符合国家现行标准规定的可靠指标的要求：

1）构件的应变未达到屈服应变或距屈服应变有明显的差距；

2）构件的变形未超出构件承载能力极限状态的限制；

3）构件无屈曲迹象；

4）构件无局部的失稳；

5）构件未出现材料的破坏。

静力荷载检验不包括构件抗震承载力的检验。由于大多数建筑结构都有抗震设防的要求，因此可能存在大量的结构构件可以满足静力荷载的可靠指标的要求，特别是静力荷载的检验没有考虑结构设计规范具有的构件承载力不确定性储备（模型不确定性的折减措施），以及材料强度标准值的储备（这些储备都不能计入构件的分项系数）。因此可能会出现计算评定不满足要求的构件，而通过实荷检验可以满足可靠性指标要求的情况。

23.3 预制构件结构性能检验

结构性能检验是针对结构构件的承载力、挠度、裂缝控制性能等各项指标所进行的检验。

1. 预制构件检验的基本要求

预制构件的结构性能检验通常应在构件进场时进行，但考虑检验方便，工程中多在各方参与下在预制构件生产场地进行。由专业企业生产的预制构件进场时，预制构件结构性能检验应符合下列要求。

（1）梁板类简支受弯预制构件

1）对钢筋混凝土构件和允许出现裂缝的预应力混凝土构件，应进行承载力、挠度和裂缝宽度检验，对不允许出现裂缝的预应力混凝土构件应进行承载力、挠度和抗裂检验；

2）对大型构件及有可靠应用经验的构件，可只进行裂缝宽度、抗裂和挠度检验，其中，大型构件一般指跨度大于 18m 的构件，可靠应用经验指该单位生产的标准构件在其他工程已多次应用，如预制楼梯、预制空心板、预制双 T 板等；

3）对使用数量较少（50 件以内）的构件，当能提供可靠依据时，比如近期完成的合格结构性能检验报告，可不进行结构性能检验。

（2）其他预制构件

除设计有专门要求外，进场时可不做结构性能检验，但应采取下列措施：

1）施工单位或监理单位代表应驻厂监督制作过程；

2）当无驻厂监督时，预制构件进场时应对预制构件主要受力钢筋数量、规格、间距及混凝土强度等进行实体检验，实体检验可采用非破损方法或破损方法。

（3）叠合板、叠合梁的梁板类受弯预制构件（叠合底板、底梁）

该类构件是否进行结构性能检验、结构性能检验的方式应根据设计要求确定。

（4）多个工程共同使用的同类型预制构件

可在多个工程的施工、监理单位见证下共同委托进行结构性能检验，其结果对多个工程共同有效。

（5）检验数量

同一类型预制构件不超过1000个为一批，每批随机抽取1个构件进行结构性能检验。其中，"同一类型"是指同一钢种、同一混凝土强度等级、同一生产工艺和同一结构形式。抽取预制构件时，宜从设计荷载最大、受力最不利或生产数量最多的预制构件中抽取。

2. 检验试验方法

（1）试验条件及准备

1）试验场地的温度应在0℃以上；

2）蒸汽养护后的构件应在冷却至常温后进行试验；

3）预制构件的混凝土强度应达到设计强度的100％以上，可采用同条件养护的混凝土立方体试件的抗压强度作为判断依据，当试件在混凝土尚未达到设计强度等级，或在超过规定的龄期后进行结构性能检验时，检验所需的结构性能试验参数和检验允许值宜作相应的调整；

4）构件在试验前应量测其实际尺寸，并检查构件表面，所有的缺陷和裂缝应在构件上标出；

5）试验用的加荷设备及量测仪表应预先进行标定或校准；

6）根据试验方案安装试件、加载设备和量测仪器仪表，对试件进行预加载，并对测试设备进行调试；

7）计算各级临界试验荷载值及检验指标的预估值，作为试验分级加载和现象观测的依据。

（2）试验预制构件的支承方式

1）对板、梁和桁架等简支构件，试验时应一端采用铰支承，另一端采用滚动支承，铰支承可采用角钢、半圆形钢或焊于钢板上的圆钢，滚动支承可采用圆钢；

2）对四边简支或四角简支的双向板，其支承方式应保证支承处构件能自由转动，支承面可相对水平移动；

3）当试验的构件承受较大集中力或支座反力时，应对支承部分进行局部受压承载力验算；

4）构件与支承面应紧密接触；钢垫板与构件、钢垫板与支墩间，宜铺砂浆垫平；

5）构件支承的中心线位置应符合设计的要求。

（3）试验荷载布置（表23-1）

试验荷载布置应符合设计的要求，当荷载布置不能完全与设计的要求相符时，应按荷载效应等效的原则换算，并应计入荷载布置改变后对构件其他部位的不利影响。荷载效应等效原则即使构件试验的内力图形与设计的内力图形相似，并使控制截面上的内力值相等。

简支受弯试件等效加载模式及等效集中荷载 P 和挠度修正系数 φ　　表 23-1

名称	等效加载模式及加载值 P	挠度修正系数 φ
均布荷载	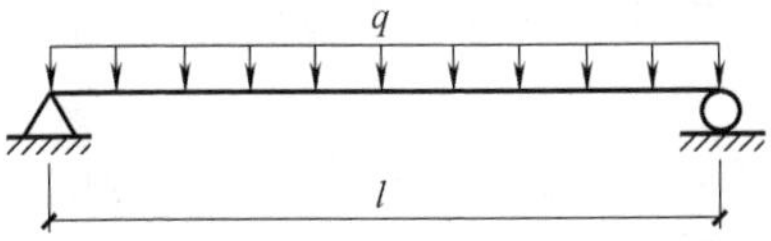	1.00
四分点集中力加载	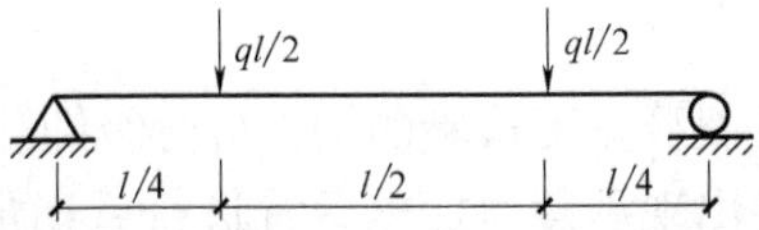	0.91
三分点集中力加载	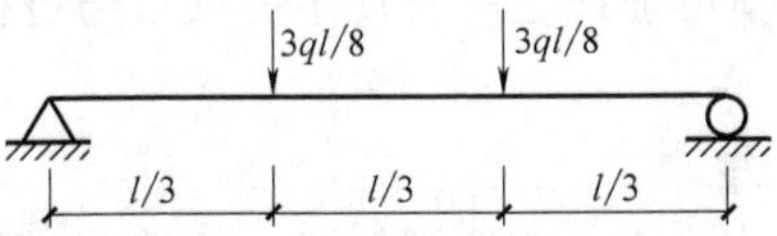	0.98
剪跨 a 集中力加载	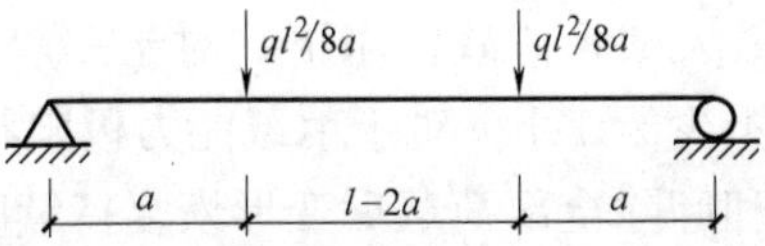	计算确定
八分点集中力加载	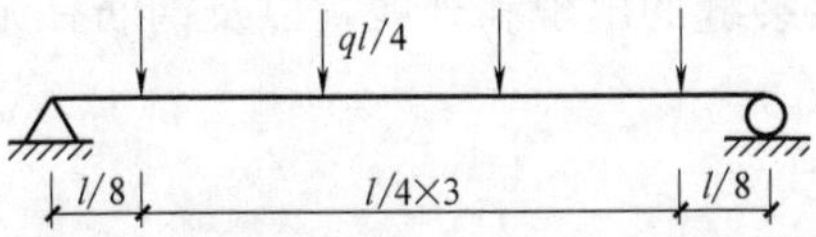	0.97
十六分点集中力加载	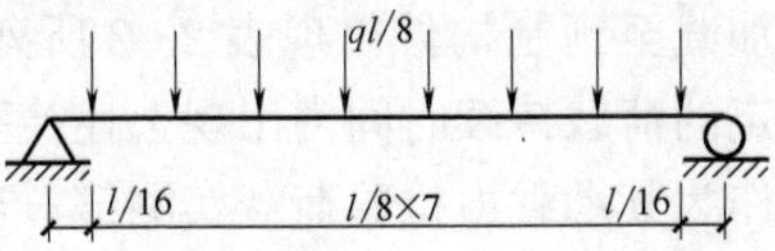	1.00

（4）加载方式

混凝土预制构件应采用短期静力加载试验的方式进行结构性能检验，有特殊要求的预制构件，按设计文件对其试验方法的规定进行。

加载方式应根据设计加载要求、构件类型及设备等条件选择。当按不同形式荷载组合进行加载试验时，各种荷载应按比例增加，并应符合下列规定：

1）荷重块加载可用于均布加载试验。荷重块应按区格成垛堆放，垛与垛之间的间隙不宜小于 100mm，荷重块的最大边长不宜大于 500mm。

2）千斤顶加载可用于集中加载试验。集中加载可采用分配梁系统实现多点加载。千斤顶的加载值宜采用荷载传感器量测，也可用油压表量测。

3）梁或桁架等构件（包括大型构件）加载时应有侧向限位装置，也可并列拼装后在面板上加载，可采用水平对顶加荷方法，此时构件应垫平且不应妨碍构件在水平方向的位移，梁也可采用竖直对顶的加荷方法。

4）当屋架仅作挠度、抗裂或裂缝宽度检验时，可将两榀屋架并列，安放屋面板后进行加载试验。

（5）加载过程

1）预制构件应分级加载。当荷载小于标准荷载时，每级荷载不应大于标准荷载值的20%；当荷载大于标准荷载时，每级荷载不应大于标准荷载值的10%；当荷载接近抗裂检验荷载值时，每级荷载不应大于标准荷载值的5%；当荷载接近承载力检验荷载值时，每级荷载不应大于荷载设计值的5%。

2）试验设备重量及预制构件自重应作为第一次加载的一部分。

3）试验前宜对预制构件进行预压，以检查试验装置的工作是否正常，但应防止构件因预压而开裂。

4）对仅作挠度、抗裂或裂缝宽度检验的构件应分级卸载。

5）型式检验加载到试件出现承载力标志后宜进行后期加载，首件检验应加载到试件出现承载力标志，合格性检验可加载至所有规定的项目通过检验，直接判为合格不再继续加载。

（6）持荷时间

为反映混凝土材料的塑性特征，需控制加载后的持荷时间。每级加、卸载完成后，持续时间不应少于15min；在最大试验荷载作用下，对于一般结构构件应持续1h以上，对新型结构和跨度较大的构件不少于12h。对于承载能力极限状态下构件的承载力检验，最大检验荷载作用下持续时间和卸除全部荷载后变形恢复持续时间不应少于24h。

在持续时间内，应观察裂缝的出现和开展，以及钢筋有无的滑移等；在持续时间结束时，应观察并记录各项读数。

（7）数据的采集与确定

1）承载力检验荷载实测值的确定

进行承载力检验时，应加载至预制构件出现表23-2所列承载能力极限状态的检验标志之一后结束试验。当在规定的荷载持续时间内出现上述检验标志之一时，应取本级荷载值与前一级荷载值的平均值作为其承载力检验荷载实测值；当在规定的荷载持续时间结束后出现上述检验标志之一时，应取本级荷载值作为其承载力检验荷载实测值。

2）挠度量测

① 挠度可采用百分表、位移传感器、水平仪等进行观测。接近破坏阶段的挠度，可采用水平仪或拉线、直尺等测量。

② 试验时，应量测构件跨中位移和支座沉陷。对宽度较大的构件，应在每一量测截面的两边或两肋布置测点，并取其量测结果的平均值作为该处的位移。

③ 当试验荷载竖直向下作用时，对水平放置的试件，在各级荷载下的跨中挠度实测值应按式23-14～式23-16计算：

$$a_{\mathrm{t}}^{0}=\varphi(a_{\mathrm{q}}^{0}+a_{\mathrm{g}}^{0}) \tag{23-14}$$

$$a_{\mathrm{q}}^{0}=v_{\mathrm{m}}^{0}-\frac{1}{2}(v_{l}^{0}+v_{\mathrm{r}}^{0}) \tag{23-15}$$

$$a_{\mathrm{g}}^{0}=\frac{M_{\mathrm{g}}}{M_{\mathrm{b}}}a_{\mathrm{b}}^{0} \tag{23-16}$$

式中：a_{t}^{0}——全部荷载作用下构件跨中的挠度实测值，mm；

a_{q}^{0}——外加试验荷载作用下构件跨中的挠度实测值，mm；

a_{g}^{0}——构件自重及加荷设备重产生的跨中挠度值，mm；

φ——用等效集中荷载代替均布荷载时的修正系数,当采用三分点加载时可取0.98;当采用其他形式集中力加载时,按表23-1取用,或考虑加载形式不同引起的变化并经计算后确定。

υ_m^0——外加试验荷载作用下构件跨中的位移实测值,mm;

υ_l^0,υ_r^0——外加试验荷载作用下构件左、右端支座沉陷的实测值,mm;

M_g——构件自重和加荷设备重产生的跨中弯矩值,kN·m;

M_b——从外加试验荷载开始至构件出现裂缝的前一级荷载为止的外加荷载产生的跨中弯矩值,kN·m;

a_b^0——从外加试验荷载开始至构件出现裂缝的前一级荷载为止的外加荷载产生的跨中挠度实测值,mm。

3)裂缝观测和开裂荷载实测值的确定

① 观察裂缝出现可采用放大镜。试验中未能及时观察到正截面裂缝的出现时,可取荷载-挠度曲线上第一弯转段两端点切线的交点的荷载值作为构件的开裂荷载实测值。

② 在对构件进行抗裂检验时,当在规定的荷载持续时间内出现裂缝时,应取本级荷载值与前一级荷载值的平均值作为其开裂荷载实测值;当在规定的荷载持续时间结束后出现裂缝时,应取本级荷载值作为其开裂荷载实测值。

③ 裂缝宽度宜采用精度为0.05mm的刻度放大镜等仪器进行观测,也可采用满足精度要求的裂缝检验卡进行观测。

④ 对正截面裂缝,应量测受拉主筋处的最大裂缝宽度;对斜截面裂缝,应量测腹部斜裂缝的最大裂缝宽度。当确定受弯构件受拉主筋处的裂缝宽度时,应在构件侧面量测。

(8)检验记录

预制构件结构性能试验的检验记录应在现场完成,试验检验记录应真实,不得任意涂改。试验检验记录表应包括下列内容:

1)试验检验背景

① 试件的生产单位、名称、型号、生产工艺类型、生产日期、所代表的验收批号。

② 试验日期、试验检验报告编号、试验单位和试验人员。

2)试验检验方案

① 试件参数:试件的形状、尺寸、配筋、保护层厚度、混凝土强度等的设计值及实测值。

② 试验参数:加载模式、加载方法、荷载代表值、仪表位置及编号等。

③ 结构性能检验允许值:挠度、最大裂缝宽度、抗裂、承载力等项目的检验允许值。

3)试验记录

① 加载程序:等级、数值、时间等。

② 仪表记录:读数、量测参数变化等。

③ 裂缝观测:开裂荷载、裂缝发展、宽度变化、裂缝分布图等。

④ 现象描述:临界试验荷载下的现象观察,承载力标志及破坏特征的简单描述等。

4)检验结论

① 挠度、裂缝宽度、抗裂、承载力等检验分项的判断。

② 结构性能检验结论。

（9）安全防护措施

1）试验的加荷设备、支架、支墩等，应有足够的承载力安全储备。

2）试验屋架等大型构件时，应根据设计要求设置侧向支承；侧向支承应不妨碍构件在其平面内的位移。

3）试验过程中应采取安全措施保护试验人员和试验设备安全。

4）检验方案应预判结构可能出现的变形、损伤、破坏，并应制定相关的应急预案。

（10）试验报告

1）试验报告内容应包括试验背景、试验方案、试验记录、检验结论等，不得有漏项缺检。

2）试验报告中的原始数据和观察记录应真实、准确，不得任意涂抹篡改。

3）试验报告宜在试验现场完成，并应及时审核、签字、盖章、登记归档。

3. 预制受弯构件性能检验

（1）结构性能检验的参数

1）承载力检验

① 当按《混凝土结构设计规范》GB 50010—2010 的规定进行检验时，应满足式 23-17 的要求：

$$\gamma_u^0 \geqslant \gamma_0 [\gamma_u] \tag{23-17}$$

式中：γ_u^0——构件的承载力检验系数实测值，即试件的荷载实测值与荷载设计值（均包括自重）的比值，荷载设计值为承载能力极限状态下，根据构件设计控制截面上的内力设计值与构件检验的加荷方式，经换算后确定的荷载值（包括自重）；

　　　　γ_0——结构重要性系数，按设计要求的结构安全等级确定，一级取 1.1，二级取 1.0，三级取 0.9，当无专门要求时取 1.0；

　　　　$[\gamma_u]$——构件的承载力检验系数允许值，按表 23-2 取用。

② 当按构件实配钢筋进行承载力检验时，应满足下式的要求：

$$\gamma_u^0 \geqslant \gamma_0 \eta [\gamma_u] \tag{23-18}$$

式中：

η——构件承载力检验修正系数，即构件按实配钢筋计算的承载力设计值与按荷载设计值（均包括自重）计算的构件内力设计值之比。

构件的承载力检验系数允许值　　　　　　　　　　　　表 23-2

受力情况	达到承载能力极限状态的检验标志		$[\gamma_u]$
受弯	受拉主筋处的最大裂缝宽度达到 1.5mm，或挠度达到跨度的 1/50	有屈服点热轧钢筋	1.20
		无屈服点钢筋（钢丝、钢绞线、冷加工钢筋、无屈服点热轧钢筋）	1.35
	受压区混凝土破坏	有屈服点热轧钢筋	1.30
		无屈服点钢筋（钢丝、钢绞线、冷加工钢筋、无屈服点热轧钢筋）	1.50
	受拉主筋拉断		1.50

续表

受力情况	达到承载能力极限状态的检验标志	$[\gamma_u]$
受弯构件的受剪	腹部斜裂缝达到 1.5mm，或斜裂缝末端受压混凝土剪压破坏	1.40
	沿斜截面混凝土斜压、斜拉破坏；受拉主筋在端部滑脱或其他锚固破坏	1.55
	叠合构件叠合面、接搓处	1.45

2）挠度检验

① 当按《混凝土结构设计规范》GB 50010—2010（2015 年版）使用要求规定的挠度允许值进行检验时，应满足下式的要求：

$$a_s^0 \leqslant [a_s] \tag{23-19}$$

式中：a_s^0——在检验用荷载标准组合值或荷载准永久组合值作用下的构件挠度实测值；

$[a_s]$——挠度检验允许值。

② 当按构件实配钢筋进行挠度检验或仅检验构件的挠度、抗裂或裂缝宽度时，应满足下式的要求：

$$a_s^0 \leqslant 1.2 a_s^c \tag{23-20}$$

式中：a_s^c——在检验用荷载标准组合值或荷载准永久组合值作用下，按实配钢筋确定的构件短期挠度计算值，按《混凝土结构设计规范》GB 50010—2010（2015 年版）确定；

a_s^0 应同时满足式 23-16 的要求。

检验用荷载标准组合值、荷载准永久组合值是指在正常使用极限状态下，采用构件设计控制截面上的荷载标准组合或准永久组合下的弯矩值，并根据构件检验加载方式换算后确定的组合值。考虑挠度检验的实际情况，荷载计算一般不包括构件自重。

③ 挠度检验允许值 $[a_s]$ 应按下列公式进行计算：

按荷载准永久组合值计算钢筋混凝土受弯构件

$$[a_s] = [a_f]/\theta \tag{23-21}$$

按荷载标准组合值计算预应力混凝土受弯构件

$$[a_s] = \frac{M_k}{M_q(\theta-1)+M_k}[a_f] \tag{23-22}$$

式中：M_k——按荷载标准组合值计算的弯矩值；

M_q——按荷载准永久组合值计算的弯矩值；

θ——考虑荷载长期效应组合对挠度增大的影响系数，按《混凝土结构设计规范》GB 50010—2010（2015 年版）第 7.2.5 节确定；

$[a_f]$——受弯构件的挠度限值，按表 23-3 确定。

受弯构件的挠度限值　　　　　　　　　　　　　表 23-3

构件类型		挠度限值
吊车梁	手动吊车	$l_0/500$
	电动吊车	$l_0/600$

续表

构件类型		挠度限值
屋盖、楼盖及楼梯构件	当 $l_0 < 7$m 时	$l_0/200(l_0/250)$
	当 7m$\leq l_0 \leq$9m 时	$l_0/250(l_0/300)$
	当 $l_0 > 9$m 时	$l_0/300(l_0/400)$

注：1. 表中 l_0 为构件的计算跨度；计算悬臂构件的挠度限值时，其计算跨度 l_0 按实际悬臂长度的 2 倍取用；

2. 表中括号内的数值适用于使用上对挠度有较高要求的构件。

3）抗裂（裂缝宽度）检验

① 预应力预制构件的抗裂检验要求：

$$\gamma_{cr}^0 \geq [\gamma_{cr}] \tag{23-23}$$

$$[\gamma_{cr}] = 0.95 \frac{\sigma_{pc} + \gamma f_{tk}}{\sigma_{ck}} \tag{23-24}$$

式中：γ_{cr}^0——构件的抗裂检验系数实测值，即试件的开裂荷载实测值与检验用荷载标准组合值（均包括自重）的比值；

$[\gamma_{cr}]$——构件的抗裂检验系数允许值；

σ_{pc}——由预加力产生的构件抗拉边缘混凝土法向应力值，按《混凝土结构设计规范》GB 50010—2010（2015 年版）确定；

γ——混凝土构件截面抵抗矩塑性影响系数，按《混凝土结构设计规范》GB 50010—2010（2015 年版）确定；

f_{tk}——混凝土抗拉强度标准值；

σ_{ck}——按荷载标准组合值计算的构件抗拉边缘混凝土法向应力值，按《混凝土结构设计规范》GB 50010—2010（2015 年版）确定。

② 预制构件的裂缝宽度检验应满足下式的要求：

$$\omega_{s,max}^0 \leq [\omega_{max}] \tag{23-25}$$

式中：

$\omega_{s,max}^0$——在检验用荷载标准组合值或荷载准永久组合值作用下，受拉主筋处的最大裂缝宽度实测值；

$[\omega_{max}]$——构件检验的最大裂缝宽度允许值，按表 23-4 取用。

构件检验的最大裂缝宽度允许值（mm）　　　　　　　　　　　表 23-4

设计要求的最大裂缝宽度限值	0.1	0.2	0.3	0.4
$[\omega_{max}]$	0.07	0.15	0.20	0.25

（2）结构性能检验的合格判定

1）当预制构件结构性能的全部检验结果均满足承载力、挠度、抗裂（裂缝宽度）的检验要求时，该批构件可判为合格。

2）当预制构件的检验结果不满足 1）的要求，但又能满足第二次检验指标要求时，可再抽两个预制构件进行二次检验。

其中，第二次检验指标，对承载力及抗裂检验系数的允许值取第一次检验允许值减 0.05，对挠度的允许值应取第一次检验允许值的 1.10 倍。

3）当进行二次检验时，如第一个检验的预制构件的全部检验结果均满足承载力、挠度、抗裂（裂缝宽度）检验指标的要求，该批构件可判为合格；如两个预制构件的全部检验结果均满足第二次检验指标的要求，该批构件也可判为合格。

4）承载力、挠度和抗裂（裂缝宽度）三项指标是否完全检验由各方根据设计及有关规范要求确定。抽检的每一个预制构件，必须完整地取得需要项目的检验结果，不得因某一项检验项目达到二次抽样检验指标要求就中途停止试验而不再对其余项目进行检验，以免漏判。

23.4 预制和现浇楼板的实荷检验

实荷检验加载试验一般不需要检验结构的全部性能，只需根据结构的具体情况和实际需要，验证特定状态下的性能指标。如果仅需要验证正常使用极限状态下的性能，则进行使用状态试验；如果需要验证其受弯、受剪等承载能力，则进行承载力试验；有其他特定的试验目的时，试验方式应根据试验目的具体确定。

一般情况下，由于试验后结构仍需继续使用，实荷检验加载试验宜控制在结构承载能力范围内。试验最大荷载取值满足性能检验的要求即可，一般不宜加载到结构出现不可恢复且影响使用功能的缺陷。

1. 实荷检验方法

试验前应收集结构的各类相关信息，包括原设计文件、施工和验收资料、服役历史、后续使用年限内的荷载和使用功能、已有的缺陷以及可能存在的安全隐患等。试验过程中还应对材料强度、结构损伤和变形等进行检测。

（1）受检构件的选择

楼板实荷检验试验受到加载方式、试验条件、使用要求等诸多因素的限制，加载区域不宜过大，也不宜进行多次试验。因此受检构件或受检区域的选择非常关键，需要兼顾试验的代表性和客观试验条件的可能性，并考虑试验后结构的继续使用，具体可按下列原则进行选择。

1）受检构件应具有代表性，且宜处于荷载较大、抗力较弱或缺陷较多的部位；

2）受检构件的试验结果应能反映整体结构的主要受力特点；

3）受检构件不宜过多；

4）受检构件应能方便地实施加载和进行量测；

5）对处于正常服役期的结构，加载试验造成的构件损伤不应对结构的安全性和正常使用功能产生明显影响。

对装配式结构中的预制板，若不考虑后浇面层的共同工作，应将板缝、板端的后浇面层断开，按单个构件进行加载试验。

（2）试验荷载值

楼板加载试验应根据结构特点和现场条件选择恰当的加载方式，并根据不同试验目的确定最大加载限值和各临界试验荷载值。直接加载试验应严格控制加载量，避免超加载造成超出预期的永久性结构损伤或安全事故。计算加载值时应扣除构件自重及加载设备的重量。试验结构的自重，当有可靠检测数据时，可根据实测结果对其计算值作适当调整。

楼板加载试验的试验荷载值当考虑后续使用年限的影响时，其可变荷载调整系数宜按表 23-5，并结合受检构件的具体情况确定。确定结构的合理后续使用年限应综合考虑原设计的使用年限、结构的具体情况（包括实际尺寸、配筋、材料强度、已有缺陷等）和后期使用的需要等因素。当后续使用年限不为表中数值时，可按线性内插确定。

后续使用年限及相应的荷载调整系数　　　　　　　　　　表 23-5

后续使用年限（年）	5	10	20	30	50	75	100
楼面活荷载	0.84	0.86	0.92	0.96	1.00	1.04	1.06
风荷载	0.65	0.76	0.86	0.92	1.00	1.06	1.11
雪荷载	0.71	0.80	0.89	0.94	1.00	1.05	1.09

根据加载试验的类型和目的，试验的最大加载限值应按下列原则确定：

1）仅检验构件在正常使用极限状态下的挠度、裂缝宽度时，试验的最大加载限值宜取使用状态试验荷载值，对钢筋混凝土结构构件取荷载的准永久组合，对预应力混凝土结构构件取荷载的标准组合；

2）当检验构件承载力时，试验的最大加载限值宜取承载力状态荷载设计值与结构重要性系数 γ_0 乘积的 1.60 倍；

3）当试验有特殊目的或要求时，试验的最大加载限值可取各临界试验荷载值中的最大值，各临界试验荷载加载系数按表 23-6 确定。

（3）加载方法

楼板加载试验应采用短期静力加载试验的方式进行结构性能检验，形式采用在楼板、屋盖上表面重物堆载，并应根据检验目的和试验条件按下列原则确定加载方法：

1）加载形式应能模拟结构的内力，根据受检构件的内力包络图，通过荷载的调配使控制截面的主要内力等效；并在主要内力等效的同时，其他内力与实际受力的差异较小；当一种加载模式不能同时使试验所要求的各控制截面的主要内力等效时，也可对受检构件的不同控制截面分别采用不同的荷载布置方式，通过多次加载使各控制截面的主要内力均受到检验；

2）对超静定结构，荷载布置均应采用受检构件与邻近区域同步加载的方式；加载过程应能保证控制截面上的主要内力按比例逐级增加；

3）可采用多种手段组合的加载方式，避免加载重物堆积过多，增加试验工作量；

4）对预计出现裂缝或承载力标志等现象的重点观测部位，不应堆积加载物；

5）宜根据试验目的控制加载量，避免造成不可恢复的永久性损伤或局部破坏；

6）应考虑合理简捷的卸载方式，避免发生意外；

具体加卸载方法、步骤、持荷时间的确定，可参考本章 23.3 节预制构件的检验试验方法。

（4）停止加载情况的确定

加载过程中结构出现下列现象时应立即停止加载，分析原因后如认为需继续加载，宜增加荷载分级，并应采取相应的安全措施：

1）控制测点的变形、裂缝、应变等已达到或超过理论控制值；

2）结构的裂缝、变形急剧发展；

3）出现本章表 23-6 所列的承载力标志；

4）发生其他形式的意外试验现象。

（5）现场数据的采集

楼板加载试验的测点数量不宜过多；但对荷载、挠度等重要检验参数宜布置可直接观测的仪表，并宜采用不同的量测方法对比、校核试验量测的结果。加载试验过程中应进行下列观测：

1）荷载-变形关系；

2）控制截面上的混凝土应变；

3）试件的开裂、裂缝形态以及裂缝宽度的发展情况；

4）试件承载力标志的观测；

5）卸载过程中及卸载后，试件挠度及裂缝的恢复情况及残余值。

加载试验的观测和初步分析判断宜在现场完成。试验的荷载-位移关系曲线、裂缝情况和关键部位的荷载、挠度、位移等量测数据直接影响到对试验现象的分析和试验结果的判断。因此试验过程中应自动显示或同步绘制荷载-位移关系曲线，荷载、挠度等重要指标信息在试验过程中应能随时观测确定。楼板实荷加载试验容易受到环境条件的干扰，因此试验量测宜选择稳定可靠的仪表，且测点数量不宜过多，以突出量测重点并确保重要指标的准确。

具体数据采集的原则和实测数据的计算可按预制构件的结构性能检验方法进行。

（6）检验报告要求

检测报告应结论明确、用词规范、文字简练，对于容易混淆的术语和概念应以文字解释或图例、图像说明。检测报告应包括下列内容：

1）委托方名称；

2）建筑工程概况，包括工程名称、地址、结构类型、规模、施工日期及现状等；

3）设计单位、施工单位及监理单位名称；

4）检测原因、检测目的及以往相关检测情况概述；

5）检测项目、检测方法及依据的标准；

6）检验方式、抽样方法、检测数量与检测的位置；

7）检测项目的主要分类检测数据和汇总结果、检测结果、检测结论；

8）检测日期，报告完成日期；

9）主检、审核和批准人员的签名；

10）检测机构的有效印章。

除上述要求外，楼板检验检测报告还应提供下列内容：

1）检验过程描述；

2）测点布置、荷载简图；

3）主要测点相对残余变形；

4）主要测点实测变形与荷载的关系曲线；

5）主要测点实测变形与相应的理论计算值的对照表及关系曲线。

2. 楼板的实荷检验参数

（1）实荷检验指标

1）挠度

① 当按《混凝土结构设计规范》GB 50010—2010（2015 年版）使用要求规定的挠度允许值进行检验时，应满足式 23-19 的要求；

② 当按构件实配钢筋进行挠度检验或仅检验构件的挠度、抗裂或裂缝宽度时，应满足式 23-20 的要求；

③ 挠度检验允许值 $[a_s]$ 应按下列方式进行计算：

对于预制板，当按荷载准永久组合值计算钢筋混凝土受弯构件时，按式 23-21 计算，当按荷载标准组合值计算预应力混凝土受弯构件时，按式 23-22 计算；

对于现浇板，挠度检验允许值按表 23-3 确定。

2）抗裂或裂缝宽度

① 预应力楼板抗裂检验

当按抗裂检验系数进行检验时，抗裂检验系数实测值应按下列公式计算，并满足式 23-23 的要求。采用均布力加载时检验系数实测值按式 23-26 计算，采用集中力加载时检验系数实测值按式 23-27 计算。

采用均布加载时
$$\gamma_{cr}^{o} = \frac{Q_{cr}^{o}}{Q_s} \tag{23-26}$$

采用集中力加载时
$$\gamma_{cr}^{o} = \frac{F_{cr}^{o}}{F_s} \tag{23-27}$$

式中：γ_{cr}^{o}——试件的抗裂检验系数实测值；

Q_{cr}^{o}、F_{cr}^{o}——以均布荷载、集中荷载形式表达的试件开裂荷载实测值；

Q_s、F_s——以均布荷载、集中荷载形式表达的试件使用状态试验荷载值。

当按开裂荷载值进行抗裂检验时，应满足下列公式的要求：

采用均布加载时
$$Q_{cr}^{o} \geqslant [Q_{cr}] \tag{23-28}$$
$$[Q_{cr}] = [\gamma_{cr}]Q_s \tag{23-29}$$

采用集中力加载时
$$F_{cr}^{o} \geqslant [F_{cr}] \tag{23-30}$$
$$[F_{cr}] = [\gamma_{cr}]F_s \tag{23-31}$$

式中：$[Q_{cr}]$、$[F_{cr}]$——以均布荷载、集中荷载形式表达的构件的开裂荷载允许值。

$[\gamma_{cr}]$——构件的抗裂检验系数允许值按式 23-24 计算。

② 楼板裂缝宽度检验

裂缝宽度检验应满足式 23-25 的要求。

3）承载力

楼板承载力检验可按预制构件结构性能检验中的承载力检验执行。

（2）结构性能检验的判定

预制和现浇楼板的承载力、抗裂（裂缝宽度）的检验判定可参照预制受弯构件的判定执行。其中挠度与极限承载力按下列原则判定。

1）挠度

① 在构件适用性检验荷载作用下，经修正后的实测挠度值不大于相关规范要求的限值、附属设备、设施未出现影响正常使用的状态，此时，受检构件适用性可评定为满足要求。其中，预制楼板按预制受弯构件要求，现浇楼板按表 23-3 的要求。

② 在构件安全性检验荷载作用下，当受检构件无明显破坏迹象，实测挠度值满足实测挠度值小于相应的理论计算值，或满足实测挠度与荷载基本保持线性关系，或满足构件残余挠度不大于最大挠度的 20% 时，可评定受检构件安全性满足要求。

2）承载力

构件极限状态承载能力荷载检验停止加载或合格性判定指标，按表 23-6 承载力标志及加载系数中相应承载力极限状态的标志确定。如承载力试验直到最大加载限值，结构仍未出现任何承载力标志，则应判断结构满足承载能力极限状态的要求。

承载力标志及加载系数 $\gamma_{u,i}$　　　　　　　　　　　　　　　表 23-6

受力类型	标志类型(i)	承载力标志	加载系数 $\gamma_{u,i}$
受拉、受压、受弯	1	弯曲挠度达到跨度的 1/50 或悬臂长度的 1/25	1.20(1.35)
	2	受拉主筋处裂缝宽度达到 1.50mm 或钢筋应变达到 0.01	1.20(1.35)
	3	构建的受拉主筋断裂	1.60
	4	弯曲受压区混凝土受压开裂、破碎	1.30(1.50)
	5	受压构件的混凝土受压破碎、压溃	1.60
受剪	6	构件腹部斜裂缝宽度达到 1.50mm	1.40
	7	斜裂缝端部出现混凝土剪压破坏	1.40
	8	沿构件斜截面斜拉裂缝，混凝土撕裂	1.45
	9	沿构件斜截面斜压裂缝，混凝土破碎	1.45
	10	沿构件叠合面、接槎面出现剪切裂缝	1.45
受扭	11	构件腹部斜裂缝宽度达到 1.50mm	1.25
受冲切	12	沿冲切锥面顶、底的环状裂缝	1.45
局部受压	13	混凝土压陷、劈裂	1.40
	14	边角混凝土剥裂	1.50
钢筋的锚固、连接	15	受拉主筋锚固失效，主筋端部滑移达到 0.2mm	1.50
	16	受拉主筋在搭接连接头处滑移，传力性能失效	1.50
	17	受拉主筋搭接脱离或在焊接、机械连接处断裂，传力中断	1.60

注：1. 当混凝土强度等级不低于 C60 时，或采用无明显屈服钢筋为受力主筋时，取用括号中的数值；

2. 试验中当试验荷载不变而钢筋应变持续增长时，表示钢筋已经屈服，判断为标志 2。

第24章
工程结构的现场动力试验

24.1 工程结构现场动力试验概述

建筑结构动力特性是反映结构本身所固有的动力性能。它的主要内容包括结构的自振频率、阻尼系数和振型等一些基本参数，也称动力特征参数或振动模态参数。这些特征是由结构形式、质量分布、结构刚度、材料性质、构造连接等因素决定，与外荷载无关。

通过结构动力特性试验测得结构动力特性参数是结构动力试验的基本内容，在研究建筑结构或其他工程结构的抗震、抗风或抗御其他动荷载的性能和能力时，都必须要进行结构动力特性试验，了解结构的自振特性。

结构的固有频率及相应的振型虽然可由结构动力学原理计算得到，但由于实际结构物的组成和材料性质等因素，经过简化计算得出的理论值误差较大，因此，用试验方法来求结构的动力特性是非常重要的。

要测结构的动力特性，就要设法激励结构使结构产生振动，然后，根据测振仪器系统记录的振动波形图分析计算得出结构的动力特性。根据不同的激励方法，结构动力特性的试验测定大体可分为激振法（共振法）、自由振动法和脉动法等。现时广泛采用脉动法，这是由于高灵敏度传感器检测到的振动信号和高性能的分析仪器的配合，已经能够很好地满足测量与分析的需要，无须利用起振机等激振手段便能得到所需的结果。

24.2 脉动法概念和基本原理

（1）脉动法的概念

利用建筑物周围大地环境的微小振动（俗称脉动）作为激励而引起结构物的脉动反应，来测定结构物的自振特性，称之脉动法，是常用的一种方法。它不需用起振设备，又不受结构形式和大小的限制，简单易行。使用常用的宽频带测振仪，找出结构的基频是比较容易的。但如果不对随机的脉动信号进行数据处理，要得到高阶振型的自振参数，往往需要进行繁重的频谱分析计算，这就使得脉动量测所能得到的数据受到限制。近些年来随着计算技术的发展，尤其是快速傅里叶变换方法的出现以及一些专用的谱分析仪和数据的处理机相继问世，为脉动信号数据处理提供了分析手段；应用随机振动理论和数据分析方法，可以获得较完整的结构动力特性的参数，从而扩大了这种方法的应用。

（2）地面脉动的特征与反应

在任何地点、任何时间和任何情况下，用高灵敏度的测振仪都能测出地面的极微弱的震动波形来。它的幅值很广，从千分之几个 μm 到几个 μm（$1\mu m$ 即 $\mu m=10^{-3}mm$），它的频带较宽从 0.01s 到 10s。我们把这种在没有地震条件下还存在着的大地微动统称为地面脉动或环境振动。

地面脉动的主要特征为随机性。从理论上，它几乎满足影响因素极为众多而又无一突出的随机变量的要求；从现象上，它完全满足每一段都不完全重复的随机过程的要求；只要在排除特殊干扰因素（如车辆或机械在很近的地方干扰）之后，它完全可以看作是各态历经平稳随机过程，这是少有的可以随时取样的地振动，而且时间可以任意长、次数任意多；它没有特定的传播方向，没有特定的震源。

由于地面脉动是随机的，它所包含的信息反映了地基的微幅振动特性，但这一信息中同时又包含了许多噪声，因此必须采取随机过程的处理方法，以大量数据的统计为基础，否则难以得到所需要的信息。图24-1 所示的地表脉动在不同地基上的记录及其频谱曲线，图中分别代表四种硬软不同的地基。从图中可见，频谱具有很简单的形状，（a）是Ⅰ类地基，以基岩或坚硬土层为代表，主要频率成分为 0.1～0.2s 周期的振动，但有时在完整基岩上主要频率成分也很广，可以包括 0.1～0.6s 中大多数分量；（b）是Ⅱ类地基，以洪积层为代表，土层坚硬且较厚，主要成分为 0.3～0.4s 周期的振动；（c）是Ⅲ类地基，以冲积层为代表，土层松软较厚，主要成分为 0.4～0.6s 周期的振动；（d）是Ⅳ类地基，以人工填土和沼泽地为代表，土层异常松软而且很厚，主要成分为 0.6～0.8s 周期的振动。同时，地基越硬，位移振幅则越小，越软则振幅越大。

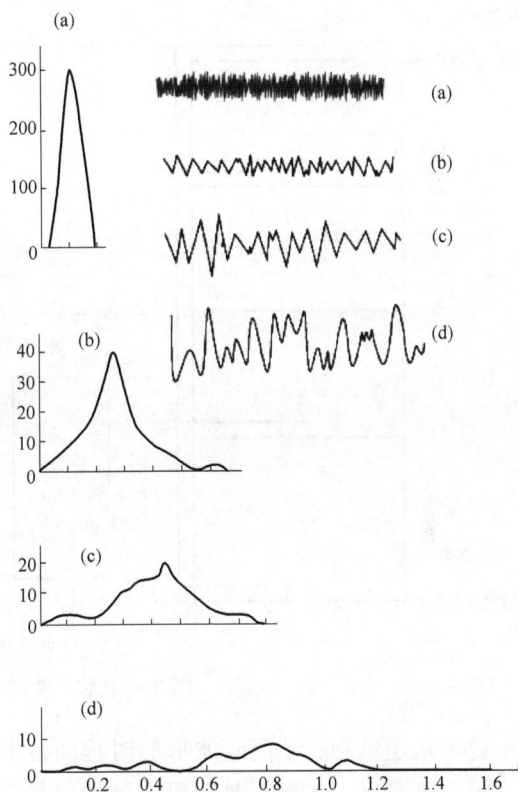

图 24-1 地基环境振动典型记录

统计各地面脉动多次测量结果发现脉动波近于"白噪声"，具有无限多个频率的振动组成而且在 $-\infty<\omega<\infty$ 范围内各频率成分是等强的特性。并且一定的地区和地基土壤条件具有脉动卓越周期，它表征着该地区地基土壤的部分特性。日本的金井清等对地震的卓越周期曾进行过深入研究，认为脉动振动的卓越周期即为地表层的自振周期，而同一地基的脉动振动与地震动的频谱有相似的形状，因而地震动的卓越周期也是地表层的自振周期。

通过建筑物的振动测量早发现建筑物上也存在类似的微幅振动，称之建筑物的脉动反应；而且发现脉动反应波形中包含着该建筑物的自振特性，在脉动波形中近似"拍"的区段振动的频率就代表结构物的自振频率。因此把这种利用建筑物脉动反应波形来确定结构自振频率的方法称之为脉动法。用脉动法测定建筑物自振频率的原理是与测定土壤的"卓越周期"相类似，也与起振机的共振法有相像之处。不难理解，建筑是坐落在地面上，地面脉动对建筑物的作用也相似于起振机是一种强迫激励，只不过这种激励不再是稳态的简谐振动而是近似于白噪声的多种频率成分组合的随机振动 $X(t)$。当地面各种频率的脉动波通过建筑物后，与建筑物自振频率相近的脉动波就被放大突出出来（类似于共振），同时也掩盖频率不相适应的部分脉动波（建筑物类似于一个滤波器）。因此脉动反应 $Y(t)$ 中最常出现的频率往往就是建筑物的固有自振频率，而"拍"振是它的一种表征形式。可以沿建筑物高度方向布置拾振器测点，把各高程点上的水平向脉动波形同时记录在一张图上，则可进行建筑物的整体脉动分析。脉动测试与分析的框图见图 24-2。

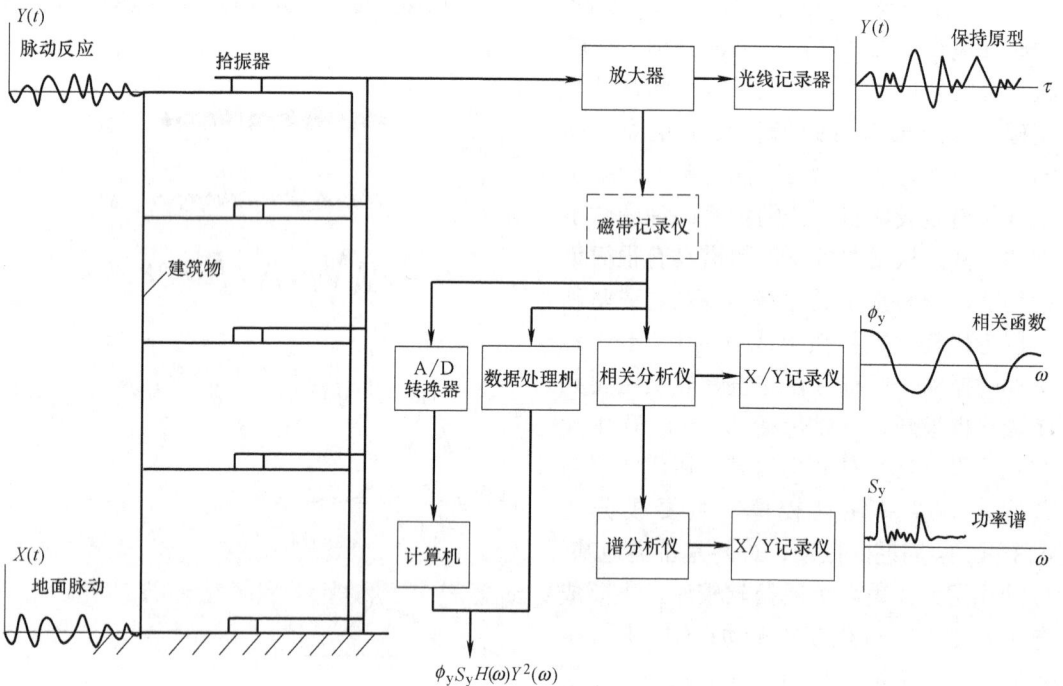

图 24-2　脉动测试与分析仪器框图

这种从建筑物脉动反应波形的时程曲线上直接判求结构自振周期的方法已经沿用多年。但不难看出，如果不对随机的脉动信号进行数据处理，一般只能找到基频或较低频率，要得到其他动力参数或高阶振型数据是困难的。但随着计算机的发展，数据处理机和谱分析仪的出现，为进行随机信号处理创造了条件，提高了脉动法的精度和全面提供结构动力参数的可能性。

由于地面脉动和建筑物的脉动都是随机过程，所以一般随机振动特性要从全部事件的统计特性的研究中得出。这些统计特性包含：幅值域的平均值 E、均方值 D、方差 σ、概率 P 和概率密度 ρ；时差域的自相关函数 $\phi_{xx}(t)$；频率域的自动率谱 S_{xx}、互谱 S_{xy} 和凝聚函数 γ_{xy}^2。根据随机振动理论，作为输入的地面脉动随机过程的功率谱 S_{xx} 与作为这一输入反应的建筑物脉冲（输出）的功率谱 S_{xy} 存在如下的关系：

$$S_{xy}(\omega) = |H(j\omega)|^2 S_{xx}(\omega) \tag{24-1}$$

对于单质点线性体系和小阻尼比的情况下，频率响应函数$|H(j\omega)|$可以表示如下，且注意到地面脉动近似于白噪声（即$S_{xx}(\omega)=S_0$，常数），则

$$S_{xy}(\omega)=\frac{1}{\left[1-\left(\dfrac{\omega}{\omega_0}\right)^2\right]^2+\left(2\zeta\dfrac{\omega}{\omega_0}\right)^2}S_0 \tag{24-2}$$

这表明建筑物脉动信号的功率谱代表着结构物的自振特性，功率谱图上的峰值对应着结构的固有频率。同理，也可以对建筑物脉动信号进行相关分析、传递特性分析等，求得更多的自振参数，而且多自由度体系也可类似地应用这种方法。这就是利用建筑物脉动信号测定自振特性的主要原理与依据。在进行上述分析中我们基于两种假定：

1) 假定场面脉动的频谱是较平坦的，近似有限带宽白噪声，即它的功率谱值是一个常数。

2) 假设建筑物的脉动是各态历经的平稳随机过程。由于建筑物脉动的主要特征与信号时间起点的选择关系不大，同时因为它本身动力特性的存在，因此可以认为建筑物脉动是一种平稳随机过程。实践表明又可把它看作是各态历经的，只要我们有足够长的记录时间，单个样本上的时间平均可以用来描述这个过程的所有样本的平均特性。

（3）脉动信号的量测

脉动信号是通过拾振器输给放大器，一般称这种专门设计的仪器为脉动仪，它具有较高的灵敏度和适宜的频带宽，放大后的信号可以输给光线记录器记录下来。然后从记录波图上直接分析结构的自振特性。这是比较常规的脉动量测程序。

采用普通的宽频带放大器记录脉动位移信号，对于分析结构基频是可以了。但为了记取高阶自振频率就必须采取其他措施，否则从宽频放大器输出记录中是很难识别出来的。一个有效措施是直接记录结构的脉动加速度，可以提高放大器的高频灵敏度。

如果采用相关或谱分析的方法来确定自振参数，则放大器输出的信号要经过专门的数据分析仪器进行处理。一般有脱机和联机两种处理方式，前者放大器的输出信号要先经过磁带记录仪记录下来，回来以后再输给分析仪器，后者则在现场把放大器输出送给实时相关与谱分析仪进行处理，因此，联机处理也是一种实时处理方式。不过联机处理需要把量测与分析仪器都运到现场，国外已经有了为此目的设计的测振车，因此在一般的条件下多采用脱机处理方式。在量测建筑物脉动时必须注意下列几点：

1) 脉动记录里不应有机械等有规则的干扰或仪器电源等带进的杂音，为此观测时应避开机器等以保持脉动记录的"纯洁"；

2) 拾振器应沿高度和水平向同时布置，并放置在主要承重构件部位；

3) 每次观测必须持续足够长的时间并且重复几次，注意观察记录是否有主谐量出现；

4) 一般量测脉动位移，容易判别结构的基频，如果具备滤波选频分析条件则记录脉动速度会更易于识别高次频率；

5) 为了分析相位确定振型，拾振器必须事先放到一点上进行归一化，把相位求得一致并记录下相对幅值比率。

24.3 试验特点和对仪器设备要求

建筑物动力特性的测量对象涉及的面很广，包括高层建筑及一般民用建筑，塔桅结构

和特种结构，大跨桥梁及城市立交桥，工业厂房及设备与基础振动等，由于这些建筑物的特点，因此对仪器设备具有较高的要求：

（1）注意下限频率

当前国内高层建筑的高度已经达到 400 余米，大跨桥梁主跨达到 1000 余米，这些建筑物自振频率很低，即自振周期很长，因此要求传感器及放大器的下限频率很低，甚至是从 0Hz 开始，才能满足测试要求。深圳信兴广场地王商业大厦主楼总高 324.95m，加上桅杆高 383.95m。建筑物自振频率第一阶为 0.178Hz（5.62s）。香港青马大桥主跨1377m，自振频率第一阶为 0.06Hz（16s）。

（2）高灵敏感度传感器

由于是采用自然环境激励，不采用强迫激振器激振，因此振动信号微弱，要求传感器有高的灵敏度，放大器有足够的增益。

（3）要有足够数量的传感器及相应的放大记录设备

由于被测对象高度越来越高，跨度越来越大，因此在测量与分析其动力特性时，会得到较多的频率与振型。以一个高层建筑为例，如该高层建筑为 70 层，每 5 层放一个传感器，则要求有 14 个传感器。这样，一次记录的数据同时送入计算机进行分析处理，将大大地加快分析的速度，并能得到满意的结果。如传感器数量不够，则只能分若干次进行测量，这里存在的问题：一是需要确定分次测量的共用连接测点，这个测点选择得好，可以得到满意的结果。如果选择得不好，正好放在某一振型的节点处，由于在振型节点处的信号很小，因此两个测点的相干就会很不好，做出来的振型就会失真。另外分次测量化的时间较多，分几次测量就要多花几倍的时间，也相应地增加分析处理的时间。因此，最好一次能够把需要记录的测点同时记录下来。这就要求有较多的传感器及相应的放大记录设备。

现时用得较多的加速度传感器及位移传感器，其频率下限都是很低的，且由于测量的是微振，因此灵敏度很高。比如日本明石公司生产的 V40IR 型伺服加速度传感器，测量范围为 ±1.0g，灵敏度 5V/g，分辨率 5×10^{-6}g，频率范围 0～400Hz，传感器内装有前置放大器，是一种性能较好的传感器。还有的传感器同时可测量三分量的振动信号，这样更可节省测试时间，但相应地配套的放大器及记录设备就要增多。

24.4 传感器布置原则

一幢建筑物，从什么部位来检测它的振动信号才能得到预期的效果，这是一个十分重要的问题。振动信号的拾取需要靠传感器的布点来实现，因此传感器布置在什么部位，就是一个关键的工作，我们可以从下面这几个方面去考虑：

（1）找好中心位置布置平移振动测点

一幢建筑物，从它振动状态来分析，一般可分为水平方向的振动，扭转振动和垂直振动。水平方向的振动是本节所要叙述的内容。为了区分于扭转振动，我们习惯于把水平方向的振动，称为结构的平移振动，也即结构在水平位置上的整体振动。这种振动一般可分为横向振动与纵向振动两种。现实结构物很多是方形或圆形的，因此设计图上也往往标上 X 坐标，Y 坐标，所以在描述结构振动时也常常描述为 X 方向振动，Y 方向振动。当然，平移振动，除了横向、纵向（或 X、Y 方向）振动外，还有任意方向的振动，但是主要关心的即是这两个方向的振动。

在布置平移振动测点时候，传感器一般安放在建筑物的刚度中心，这样做的目的是为了让传感器接收到的信号仅仅是平移振动信号，扭转振动信号不要进来，这样在做数据分析处理时便于识别平移振动信号。当然由于受现场试验条件的限制，有时候不可能在建筑物的刚度中心安放传感器，那么，要尽可能地靠近刚度中心，使扭转振动信号尽可能地小一些，突出平移振动信号。在现场试验时，刚度中心不易确定，平面位置的几何中心容易找到，传感器可放至几何中心就可以了。

（2）在建筑物的两侧布置扭转测点

地震破坏的实践表明，建筑物由于扭转振动导致损坏的例子并不少见，因此尽量减少结构的扭转效应是设计师们应该注意的。但是，由于有的建筑物太长，有的建筑物质量偏心太大，有的建筑物属于不对称结构，刚度中心偏离结构中心较大，有的建筑尽管设计时已经考虑到减小扭转效应的影响，但由于施工、使用等种种原因的影响，或多或少地会出现扭转振动，扭转振动信号有的数倍于平移振动信号，因此扭转振动信号的测试是很重要的。

建筑物的扭转振动是整个建筑物绕着结构的扭转中心在转动，因此它越远离扭转中心，振动也就越大。从X、Y坐标轴上来看，它越远离坐标原点，振动幅值就越大，越明显。因此，往往把扭转振动的测点布置在建筑物X或Y坐标最远端，即建筑物的两侧，在一个楼层中成双成对地布置测点。

为了检验楼板的整体刚度如何，在同一楼层内把测点沿着平面的X或Y坐标轴线布置若干个对称的测点，检查结构的平面刚度，看它是否是绕着扭转中心在作均匀的转动。

（3）结构突变处布置测点

由于某种需要，结构在某一部位断面突然变化，引起刚度突然变化，或者质量突然变化，这些变化都有可能使结构的振动形态发生变化。在变化处，要安放一定数量的传感器。如突出屋面的塔楼，突出屋面的高耸结构，旋转餐厅等，由于断面削弱，刚度突变会引起结构振动的鞭梢效应。或者由于突出屋面的子结构与主体结构振动的某一阶频率吻合或者接近时，也都有可能引起结构振动加大，甚至产生明显的鞭梢效应。

（4）特殊部位布置测点

1）基础两侧

在建筑物基础两侧，布置垂直振动的测点，看看基础是纯粹的垂直振动还是绕着某一位置上下的转动。

2）振动强烈的部位

在振动强烈的部位布置测点，可以了解该处的振动情况。

3）便于信号识别需要布置的测点

有时候，在分析谱图上出现的频率比较乱。例如，在伸缩缝两边的结构，测这一边的时候，在那一边放上一个传感器，会给分析判断带来方便。

4）楼板刚性测量

在同一楼层平面内，沿着一个方向，等间隔地放置若干个传感器，记录下振动信号，以便分析判断水平楼板的刚性。

（5）如何确定测点的数量及测试步骤

所有建筑物的质量分布都是连续的，从理论上讲都是由无限多个自由度的系统，其相应的固有频率也同样是有无限多个。在研究一般动力问题时，重要的是找出基本频率，但是也不能忽视高阶频率和振型的影响，尤其是对于高层建筑，由于场地土质和结构情况的差异，频率较高的地震波成分或地层卓越周期有可能与坐落于上的房屋的高振型产生类共振，使结构反应加大，破坏加剧。因此对高振型的地震荷载也要引起应有的重视，在测量时要视条件而异，尽可能地多得到一些结构的自振频率与振型。

我们把高层建筑的每一个楼层作为一个集中质量的质点来考虑，在楼层的地板上布置测点。现时高层建筑的层数较高的一般有 40~50 层，还有更高的，接近 100 层的。不可能每一层都去摆放传感器，测试数据太多给试验与分析处理增加了很多工作量，再者，太高阶的频率与振型在计算地震反应时是很微不足道的，一般不予考虑。作为高层建筑来说，横向、纵向及扭转振动应该分析得到各 5~6 阶，总计 8~15 阶的频率、振型及相应的阻尼比，这足以满足抗震设计的需要了。

随着测量仪器性能的提高、试验手段的完善、专用数据处理机的应用与分析水平的提高，50 层以上的高层建筑横向、纵向、扭转振动应该可以得到各 10 阶总计 30 阶的自振频率与振型。高阶的阻尼比难做一些，但是前十几阶得到是没有什么问题的。测量与分析的阶数当然还可以多，记录的信号越好，分析处理的水平越高，得到的结果就更为丰富。

理论上来说，结构在某一方向出几阶频率与振型，只需布置相应多的测点就够了，例如出 5 阶频率和振型，只需布置 5 个测点就够了。但是由于测点太少，捕捉不到各阶振型的最大幅值处及拐弯的节点处，因此画出来的振型失真较大，甚至会漏掉某一阶频率及振型。所以，按照经验，如要得到准确的频率及振型曲线，测点的数量要比预期得到的振型个数多一倍。如要得到 5 个频率与振型图形，布置 10 个测点能得到较好的结果。

测点数量决定以后，按照传感器布置的原则，自下至上按照楼层大致等间隔地安放传感器，也要统一考虑到特殊部位传感器的安放。如果一个传感器感应振动的方向是 X、Y 两个方向的，那么一次就可记录下两个方向的振动。一般传感多为感受某一个方向的振动，因此，可以统一先测一个方向的振动，等记录完毕后把传感器在平面上转动 90°，再测另一方向的振动。

在测量扭转振动时，把传感器成双成对地布置在楼层的两侧，从平面上看，每一层最少要布置两个，从竖向来看，也要自下至上隔若干层进行布置，这样传感器的数量就是测平移振动的两倍。这样做的好处是可以记录下较完整的扭转振动信号，便于分析，画出来的建筑物的振型也比较完整。但是，一般仅仅要求知道扭转振动的频率与建筑物简化成一根杆状的振型也足够了。因此，为了简化测量，我们往往先在某一、二层平面的两侧布置传感器，这两个楼层最好高一些，扭转分量大一些，便于分析。从这两个测点找到扭转振动的频率，它们在相位上应该差 180°。然后把传感器自下而上集中布置在建筑物一侧的测点处，从已经得到的扭转频率处得到振型。如果传感器数量足够多的话，可以一次成功。或者传感器自下而上放在建筑物一侧，某两个楼层的另一侧再安放相对应的传感器，这样也可以一次把扭转振动测试下来。

（6）传感器不足时如何布置测点

由于建筑物越来越高越大，测量时需要传感器的数量也越来越多，一次完成测量与记录工作，对试验结果的分析处理会带来很大的方便。但是如果传感器数量不够，可以分若干次进行置测与记录。以高层建筑为例，可以选择若干个楼层作为基准楼层，其他楼层的测试结果可以与它们进行分析比较。一般的高层建筑可以分成两次或者三次去做。由于高层建筑的振动受风的影响较大，一般把顶层作为基准层比较好，另外再在适当高度选取1~2个楼层作为基准层。这几个基准层的测点一直固定，中间分次测量时不变动。其他楼层可以分几次测量，与这些基准层分析比较，就可得到需要的频率与振型。

传感器太少，甚至于只有两三个传感器，能不能做？也能做。把其中一个传感器安放好作为标准测点，移动其他测点都与它相比较。但是由于高层建筑的频率很低，周期很长，从数据分析的精度与准确性考虑，需要有足够长的记录时间才行，因此分成很多次记录过于耗费时间。

（7）传感器安放时的注意事项

1）测试方向要一致

每一个测点的传感器都要按照测试的方向摆放一致，可以在建筑物内寻找一个参照物，统一方向，如果摆放不一致，传感器感应的振动分量就会有差异，影响分析结果。

2）传感器相位要一致

传感器振动信号的相位是判断结构动力特性的重要依据，如利用相位差180°，来确定同一楼层上该频率是否是扭转振动频率，不同楼层的测点之间利用相位来确定某一阶的频率与振型。因此安放传感器时，要确保各传感器首尾方向的一致性。

3）传感器在各个楼层上测点的平面位置要一致

传感器自下而上在每一个楼层上，测点的平面位置要一致。特别是在测量结构扭转振动时，要严格按照要求去摆放。因为测点离开扭转中心的远近，感应到扭转振的分量是不一样的，就会影响振型的准确性。

4）传感器要安放在建筑物的主体结构上

传感器如果安放在一些容易产生局部振动的构件上时，局部振动的信号都会被感应进去，给分析带来麻烦，且局部振动信号受外界影响大，容易超量程，影响数据的处理与分析工作。

5）传感器要放在安全的地方

测量记录时，传感器不能随意翻看及移动。脉动试验最大的优点是不干扰建筑物内正常工作的进行，根据经验，总有一些与试验无关人员出于好奇心随意翻看及挪动传感器，这是不行的。所以传感器要放在不易被人发现的地方，或者需要专人看守。

6）传感器附近要防磁防局部振动

传感器附近不能有强磁场的干扰，免得影响传感器的正常工作。

传感器附近不能有强烈的振动。因为建筑物内有人工作，特别是还没有全部完工的建筑物，局部施工的强烈振动会使记录量程超值，影响记录数据的分析处理。

24.5　随机数据分析

一般来说，高层建筑可看作一个多自由度的系统。在环境激励下它的响应信号是由两部分激励源引起的，一部分是由微振及机器车辆的扰动引起的地间的运动；另一个振源是风振。这两部分引起的都是随机振动。所记录的数据是系统对于这些随机输入的响应，是输出信号，我们假设是平稳的过程。由于输入是多个来源，不容易进行测量，因此在整个分析过程，系统的输入仍然是不知道的，而仅仅是利用输出信号作数据分析。从系统识别的角度来看，即系统输入未知，利用系统的响应信号来确定系统的参数。这样处理问题的好处是符合真实的情况，也可提高信号处理中的信噪比。

根据线性多自由度系统动力分析的理论，动态方程可用正则坐标，写成如下的形式：

$$\ddot{Y}_j(t) + 2\omega_j \xi_j \dot{Y}_j(t) + \frac{k_j}{m_j} Y_j(t) = \frac{f_j(t)}{m_j} \tag{24-3}$$

式中：ω_j、k_j、m_j、$f_j(t)$、ξ_j——为第 j 阶振型的频率、正则化刚度、质量、力和阻尼比。

在第 k 个自由度上真实的响应将是：

$$V_K(t) = \sum_n \phi_K Y_n(t) \tag{24-4}$$

式中：n——自由度数；

$_n\phi_K$——正则化振型矢量；

$Y_n(t)$——模态幅值。图 24-3 和图 24-4 表示输入、输出系统的基本概念。

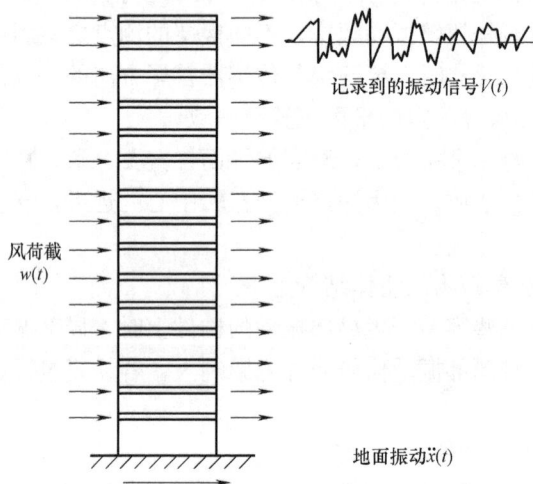

图 24-3　结构系统的输入激励和输出响应

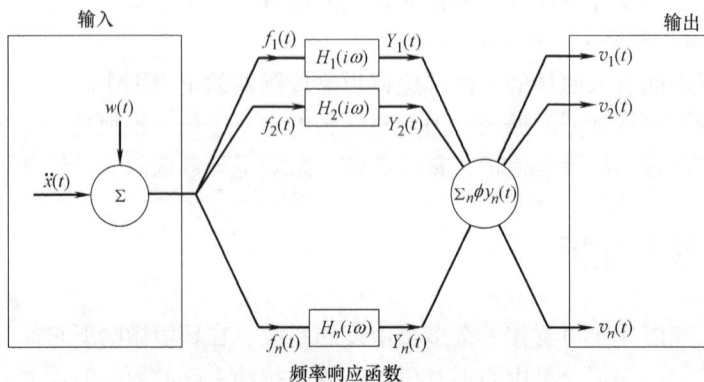

图 24-4　输入、输出系统的基本概念

如果将时间域的响应变换到频率域，这将用到的自谱，并且能表示为：

$$_nG^y(\omega)=|H_n(i\omega)|^2\,_nG^f(\omega) \tag{24-5}$$

按照图 24-3 在第 K 点真实的响应信号的自谱考虑为一个多输入、单输出的系统，根据式 24-4 可由下式给出：

$$G_K^V(\omega)=\sum_m\sum_n\phi K_n\phi KH_m(-i\omega)H_n(i\omega)_{mn}G^f(\omega) \tag{24-6}$$

对于小阻尼的结构，通常认为正则振型互相之间不相关的，这也就是说，当 $m\neq n$ 时，$Y_m(t)$ 与 $Y_n(t)$ 不相关。当 $m\neq N$ 时，包含 $_{mn}G^f(\omega)$ 的这些项会接近于零，此时 $G_K^V(\omega)$ 可以简化为：

$$G_K^V(\omega)=\sum_n\phi_K^2|H_n(i\omega)|^2\,_nG^f(\omega) \tag{24-7}$$

如果系统的固有频率互相之间可以分开，这样当频率等于某一个固有模态频率 ω_m 时，这个固有振型占有优势，而其他振型分量可以被忽略。这样，$G_K^V(\omega_m)$ 可以进一步简化为：

$$G_K^V(\omega_m)=_n\phi_K^2|H_n(i\omega_m)|^2\,_mG^f(\omega_m) \tag{24-8}$$

很显然，只有当力的自谱在固有振型频率范围内几乎是平的，这 $G_K^V(\omega)$ 才能反映系统的动态特性，当结构物阻尼比比较小时，这个假设能够成立。因此，从 $G_K^V(\omega)$ 占优势的峰值位置，能够给出系统的固有频率。在不同位置 $G_K^V(\omega)$ 的比值可以给出振型，并用半功率点的方法可以估计振型的阻尼比。

因此自谱不包含相位信息。为了确定对某个振型两个位置之间运动的方向，就需要做出互谱。在 K 和 1 位置的响应信号间的互谱，可以表示为：

$$G_{Kl}^V(\omega)=\sum_m\sum_n\phi_KH_m(-i\omega)_n\phi_lH_n(i\omega)_{nm}G^f(\omega) \tag{24-9}$$

根据与自谱计算相同的理论，互谱在某个固有频率 ω_m 可简化为式（24-10）的一个单项：

$$G_{Kl}^V(\omega)=_m\phi_KH_m(-i\omega_m)_m\phi_lH_m(i\omega_m)G^f(\omega_m)=C_{Kl}^V(\omega_m)+iQ_{Kl}^V(\omega_m) \tag{24-10}$$

式中：$C_{Kl}^V(\omega_m)$、$Q_{Kl}^V(\omega_m)$——复数的实部和虚部。

从上面的表达式，我们可看到它的虚部应为零，但在实际现场测量与数据分析当中，我们可发现它接近于零。

事实上，用幅值和相位来表示互谱也很方便和普遍，其表达式为：

$$C_{Kl}^V(\omega_m)=|C_{Kl}^V(\omega_m)|e^{-i\theta_{Kl}^V(\omega_m)}$$

$$|C_{Kl}^V(\omega_m)|=\sqrt{C_{Kl}^{V\,2}(\omega_m)+Q_{Kl}^{V\,2}(\omega_m)}$$

$$\theta_{Kl}^V(\omega_m)=\tan^{-1}\frac{Q_{Kl}^V(\omega_m)}{C_{Kl}^V(\omega_m)} \tag{24-11}$$

$G_{Kl}^V(\omega_m)$ 的幅值近似等于它的实部，即：

$$G_{Kl}^V(\omega_m)=_K\phi_{ml}\phi_m|H_m(i\omega_m)|^2\,_mG^f(\omega_m) \tag{24-12}$$

相位角在 0°和 180°之间。当 $_m\phi_{Km}\phi_1$ 项是正的，这相位角将在 0°附近，这就意味着两

点的位移时同方向的。在另一方面，当 $_m\phi_{Km}\phi_1$ 是负的，相位角将在 $180°$ 附近，说明这两个位移是反向的，很显然，固有频率和阻尼比也可以从互谱 $G_{Kl}^V(\omega)$ 获得，振型也可以从 $|G_{Kl}^V(\omega_m)|$ 和 $|G_{KK}^V(\omega_m)|$ 的比率来估计。即：

$$G_K^{vn}=0, \ G_1^{vn}=0, \ G_{Kl}^{mn}=0, \ G_{Kl}^{vn}=0, \ G_{lK}^{vn}=0$$

这样测量得到的数据的自谱公式为：

$$G^{Z_k}(\omega)=G^{V_k}(\omega)+G^{n_k}(\omega)$$
$$G_{l^2}(\omega)=G^{Vl}(\omega)+G_{l^m}(\omega) \tag{24-13}$$

而 K 与 l 之间的互谱是一个无偏测量，因此：

$$G_{Kl}^Z(\omega)=G_{Kl}^V(\omega)$$

根据这个观点，用互谱来确定阻尼比也比较好。由于输出噪声对固有频率的估计影响不大，所以从自谱或从互谱所得的结果不会有多少差别。

相干函数在频率域分析和确定系统的动态特性中是很有用的。通常，相干函数定义为输入函数 A(t) 和输出函数 B(t) 之间的关系的度量，可表示为：

$$\gamma_{AB}^2(\omega)=\frac{|G_{AB}(\omega)|^2}{G_{AA}(\omega)G_{BB}(\omega)} \tag{24-14}$$

两个极端的情况是 $\gamma_{AB}^2=0$ 和 $\gamma_{AB}^2=1$。前者表示 A(t) 与 B(t) 是没有关系的，而后者表示输出 B(t) 完全由输入 A(t) 引起的，实际上，由于噪声的存在不可避免，使相干函数总是小于1，并且有：

$$0\leqslant\gamma_{AB}^2\leqslant1 \tag{24-15}$$

就分析的数据来说，$\gamma_{AB}^2(\omega)$ 不是输入与输出之间的情况，而是反映两个输出之间的关系。根据前面的介绍，K 与 l 点间的两信号之间的相干函数可表示为：

$$\gamma_{Kl}^2(\omega)=\frac{|G_{Kl}^V(\omega)|^2}{G_{KK}^V(\omega)G_{ll}^V(\omega)} \tag{24-16}$$

并且在固有频率处必定是接近1，因为在谐振处，两个输出必定是相关性的。然而，当 A(t) 和 B(t) 的波的形式十分相近，结果 $G_K^V(\omega)$ 和 $G_V^l(\omega)$ 之间又是十分相近，可发现相干函数在固有频率处及在相当宽的频率范围都会接近1。在确定固有频率时相干函数要接近1只是个必要条件，但不是充分条件。

24.6　结构动态特性分析

（1）固有频率

在前面已讨论过，无论是一个测点信号的自谱，或两个测点信号的互谱，在结构物固有频率的位置都会出现陡峭的峰值。然而，从输入或局部地方干扰也会带来一些峰值，因此，主要问题是从谱中出现的所有峰值中，找出固有频率来。在我们的分析中尽量减少记录信号中的干扰，一般来说通过研究合理分布的各点的记录，要确定固有频率是没有困难的。正常情况，固有频率的峰点将出现在所有的谱上或至少出现在大多数的记录信号中。在固有频率处，两测点输出信号之间的相干函数将接近1，相角不是在 $0°$ 附近就是接近 $180°$。

图 24-5 为某建筑物 48 层、31 层两测点的自功率谱图及相干函数、传递函数幅频及相频图。

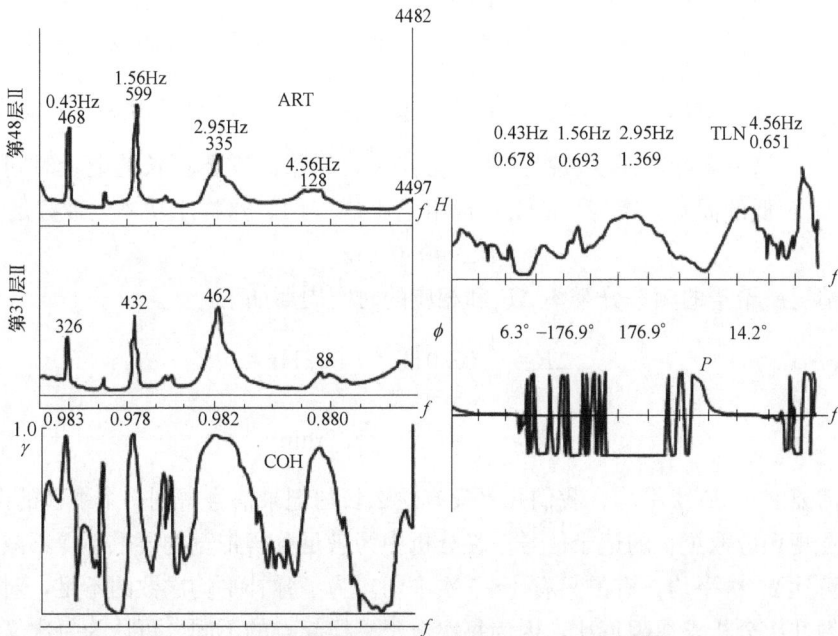

图 24-5　两测点的自功率谱图及相干函数、传递函数幅频、相频图

（2）振型

在确定固有频率后，用不同测点在固有频率处响应的比，就能够获得固有的振型。无论是从自谱的幅值比，或是从传递函数的幅值来确定振型幅值，从数学公式上看是一样的。但当有噪声存在时，采用多次平均得到的互谱与自谱之比有更高的精度。当然这里选用来做相对比较的自谱是某个信噪比较好的测点信号，但常常对一、二振型时信噪比高的测点，而对三、四振型不一定高，因此对于不同的振型有时还需选用不同测点作比较。

$$\frac{\sqrt{G_1^V(f_m)}}{\sqrt{G_K^V(f_m)}} = \frac{_m\phi_1}{_m\phi_K} \tag{24-17}$$

$$\frac{\sqrt{G_{K1}^V(f_m)}}{\sqrt{G_{KK}^V(f_m)}} = \frac{_m\phi_1}{_m\phi_K} \tag{24-18}$$

当分析结果相干函数都是很高时，比如大于 0.95，那么不管是从自谱求振型，或是从互谱求振型都是十分接近的。

为得到振型的满意的估计，不仅要求分析的精度，足够的测点数以及合理的布置都是很重要的。在现场试验条件的限制下，分析所得的结果对各自的一、二振型有满意的精度，而对较高的振型就比较粗糙。

（3）阻尼比

如式（24-18）、式（24-10）所示，G_{KK}^V 和 G_{K1}^V 包含了有关振型和频率响应函数的信息。这样可用半功率点的方法计算阻尼比。下式可得振型的阻尼比：

$$\xi_j = \frac{B_m}{f_m} \qquad (24\text{-}19)$$

式中：B_m——与第 j 振型有关的谱峰值的半功率点带宽。高层建筑前几阶的频率往往比较低，阻尼比又小，也即 B_m 是很小的。为了保证阻尼比估计的可靠性，一般希望 $B_m > 5F$，这里 ΔF 是 FFF 计算中的频率分辨率，而 $\Delta F = \frac{1}{T}$。

这就意味着需要较高的频率分辨率，结果是需要更长的记录时间，如果最低的固有频率为 0.5Hz，而阻尼比是 0.01，这样半功率点带宽是：

$$B_m = 0.01\text{Hz} \qquad (24\text{-}20)$$

这种情况所希望的频率分辨率 ΔF 和相应的时间周期如下：

$$\Delta F = \frac{1}{5}(0.01) = 0.002\text{Hz} \qquad (24\text{-}21)$$

$$T \geqslant \frac{1}{\Delta F} = 500\text{s} = 8.3\text{min} \qquad (24\text{-}22)$$

如果需要 20~50 次平均，我们几乎没有这么长的记录信号得到一个平稳的谱。因此，如有可能在现场应取更长的记录信号。在分析中为满足分辨带宽的要求不得不减少平均次数，有的可达 20 次平均，有的只有 4~5 次平均。为了弥补平均次数的不足，对于同样一段信号多做几次分析求取阻尼比，因为每次由于采样起点的不同，可认为每次又是一个样本，然后求取平均值，作为所提供的阻尼比的数值，这样来提高其估计的精度。但由于阻尼比不易确定，使所得结果在一定范围内波动。

在脉动试验中，假设各个固有频率是分得比较开，如果满足这要求可以直接求取阻尼比，如果不满足这要求，要设法满足而后才能求取阻尼比。当建筑物大致对称，质量中心和刚度中心也很靠近时，可较简单地用信号相加减的方法将平移振动和扭转振动分离开。

（4）相干函数的使用

从前面振型分析推导中可知，在结构物固有频率处，相对测点的互谱与自谱之比为振型系数之比。这很显然，它们之间的相干系数就应接近于 1。当然这是在噪声较小的前提下，实际分析结果也是符合这个情况的。一般在分析前几个固有振型时，信噪比比较高，可看到相干系数也比较高。通常 γ_{AB}^2 可达 0.97~0.99，此时，得到的振动比较平稳。当 γ_{AB}^2 在 0.8~0.9 时，所获得的振型仍可以接受。然而，当 γ_{AB}^2 低于 0.8 时，精度就比较差。在分析中应选用信噪比好的信号作为相对比较的基准信号，这对提高整个分析的相干系数的效果是明显的。

（5）高质量的记录信号是做好分析的基础

一般来说，在频率域作动态参数估计的可靠性和精度主要取决于以下几个方面：

1）信噪比

当真正响应信号的电平较低时，振动信号可能被噪声歪曲，甚至淹没在噪声中。因此要求高灵敏度、高质量的传感器，并且尽可能在自然环境激励（例如风）较大时进行测试。

2）要有足够长的记录时间

记录时间与建筑物自身的振动频率及阻尼比的大小有关。为了得到足够的频率分辨率以满足分辨带宽的要求，同时为了提高统计精度用很多次的平均处理来得一个平稳的谱，需要较长的记录时间。另外，由于试验现场种种的干扰及影响，记录信号不可能自始至终都很好，记录时间长些，可以找出信号好的段落进行分析处理，以得到满意的结果。

3）信号尽可能地平稳

现场试验影响的因素很多，要尽量避开突发的大信号，使信号尽可能平稳地记录。传感器要尽量放在主体结构部位，免得局部振动的干扰。另外，局部振动频率相对于主体结构来说比较高，在测试以前，先估计好建筑物的基频，以及需要测量的多少阶频率数值，高频成分可以在仪器上先行滤波去除，不让它正式进入记录中去。

第5篇

工程结构监测

工程监测按工程建设过程可分为施工过程监测和使用期间监测。

施工过程监测是指在结构施工过程中，采用监测仪器对关键部位各项控制指标进行监测的技术手段，在监测值接近控制值时发出报警，用来保证施工过程的安全性。

使用期间监测是监测结构在使用过程中结构状态退化或损伤发生的技术手段，利用监测数据对结构状态做出实时评估，也可在地震、飓风等突发性灾害事件发生后对结构的整体性迅速做出近似实时的诊断，为工程结构的安全运营和维修决策提供有力的技术保障。

《建筑工程施工过程结构分析与监测技术规范》JGJ/T 302—2013 对施工过程中的结构分析和监测做了规定，以下建筑工程应进行施工过程结构分析：

（1）建筑高度不小于 250m 的高层建筑；

（2）跨度不小于 60m 的柔性大跨结构或跨度不小于 120m 的刚性大跨结构；

（3）带有不小于 18m 悬挑楼盖或 50m 悬挑屋盖结构的工程；

（4）设计文件有要求的工程。

以下建筑工程应进行施工过程结构监测：

（1）建筑高度不小于 300m 的高层建筑；

（2）跨度不小于 60m 的柔性大跨结构或跨度不小于 120m 的刚性大跨结构；

（3）带有不小于 25m 悬挑楼盖或 50m 悬挑屋盖结构的工程；

（4）设计文件有要求的工程。

施工过程结构监测工作应按表1的监测内容，根据结构受力特点确定监测项目。

施工过程中宜对以下构件或节点进行选择性监测：

（1）应力变化显著或应力水平高的构件；

（2）结构重要性突出的构件或节点；

（3）变形显著的构件或节点；

（4）施工过程中需准确了解或严格控制结构内力或位形的构件或节点；

（5）设计文件要求的构件和节点。

施工过程结构分析和施工监测应编制专项方案，并报相关单位审批。

施工过程结构监测内容　　　　表1

	变形监测			应力监测	环境监测	
	基础沉降	结构竖向变形	结构平面变形	应力监测	温度	风
高层建筑	★	▲	▲	★	★	▲
刚性大跨结构	▲	★	○	★	★	○
柔性大跨结构	▲	★	▲	★	★	○
长悬臂结构	▲	★	○	★	★	○
高空连体或大跨转换结构	○	★	▲	★	★	○

注：★应监测项，▲宜监测项，○可监测项。

《建筑与桥梁结构监测技术规范》GB 50982—2014 对于施工及使用期间监测内容提出了具体的要求：

对于高层及超高层建筑，除设计文件要求外，高度 250m 及以上或竖向结构构件压缩变形显著的高层与高耸结构应进行施工期间监测，高度 350m 及以上的高层与高耸结构应进行使用期间监测。

除设计文件要求或其他规定应进行施工期间监测的高层与高耸结构外，满足下列条件之一时，高层及高耸结构宜进行施工期间监测：

（1）施工过程增设大型临时支撑结构的高层与高耸结构；

（2）施工过程中整体或局部结构受力复杂的高层与高耸结构；

（3）受温度变化、混凝土收缩、徐变、日照等环境因素影响显著的大体积混凝土结构及含有超长构件、特殊截面的结构；

（4）施工方案对结构内力分布有较大影响的高层与高耸结构；

（5）对沉降和位形要求严格的高层与高耸结构；

（6）受邻近施工作业影响的高层与高耸结构。

除设计文件要求或其他规定应进行使用期间监测的高层与高耸结构外，满足下列条件之一时，高层及高耸结构宜进行使用期间监测：

（1）高度 300m 及以上的高层与高耸结构；

（2）施工过程导致结构最终位形与设计目标位形存在较大差异的高层与高耸结构；

（3）带有隔震体系的高层与高耸结构；

（4）其他对结构变形比较敏感的高层与高耸结构。

开挖深度大于等于 5m 或开挖深度小于 5m 但现场地质情况和周围环境较复杂的基坑工程以及其他需要监测的基坑工程应实施基坑工程监测，监测实施应按现行国家标准《建筑基坑工程监测技术标准》GB 50497 的规定执行。

高层与高耸结构施工期间监测项目应根据工程特点按表 2 选择。

施工期间监测项目　　　　表 2

	基础沉降监测	变形监测		应变监测	环境及效应监测		基坑支护监测	基坑支护监测
		竖向	水平		风	湿温度	振动	
高层结构	★	★	★	★	▲	▲	▲	▲
高耸结构	★	★	★	★	▲	▲	▲	▲

注：★应监测项，▲宜监测项。

高层与高耸结构使用期间监测项目应根据结构特点按表 3 进行选择。

使用期间监测项目　　　　表 3

	基础沉降监测	变形监测		应变监测	环境及效应监测		振动
		竖向	水平		风	湿温度	
高层结构	★	★	★	★	▲	▲	★
高耸结构	★	★	★	★	▲	▲	★

注：★应监测项，▲宜监测项。

除设计文件要求或其他规定应进行施工期间监测的大跨空间结构外，满足下列条件之一时，大跨空间结构应进行施工期间监测：

（1）跨度大于 100m 的网架及多层网壳钢结构或索膜结构；

（2）跨度大于 50m 的单层网壳结构；

（3）跨度大于 30m 的大跨组合结构；

（4）悬挑长度大于 30m 的钢结构；

（5）施工方法或顺序影响，施工期间结构受力状态或部分杆件内力或位形与一次成型整体结构的成型加载分析结果存在显著差异的大跨空间结构。

高度超过 8m 或跨度超过 18m、施工总荷载大于 $10kN/m^2$ 以及集中线荷载大于 $15kN/m$ 的超高、超重、大跨度模板支撑系统应进行监测。

除设计文件要求或其他规定应进行使用期间监测的大跨空间结构外，满足下列条件之一时，大跨空间结构宜进行使用期间监测：

（1）大于 120m 的网架及多层网壳钢结构；

（2）大于 60m 的单层网壳结构；

（3）悬挑长度大于 40m 的钢结构。

大跨空间结构施工期间监测项目应根据工程特点按表 4 进行选择。对影响结构施工安全的重要支撑或胎架，可按结构体系的监测要求进行监测。

大跨空间结构使用期间监测项目应根据结构特点按表 5 进行选择。

施工期间监测项目 表4

	基础沉降监测	变形监测		应变监测	环境及效应监测			支座位移监测
		竖向	水平		风	温度	振动	
网架结构	▲	★	○	▲	○	▲	○	○
网壳结构	▲	★	○	▲	○	▲	○	★
悬索结构	▲	★	○	★	○	▲	○	▲
膜结构	▲	★	○	★	▲	○	○	○
悬挑结构	▲	★	○	▲	○	▲	○	○
临时支撑	○	★	○	★	○	—	○	—
特殊结构	▲	▲	○	▲	○	▲	○	○

注：1. ★应监测项，▲宜监测项，○可监测项，—不涉及该监测项；

2. 特殊结构指上述结构以外的结构类型。

使用期间监测项目 表5

	基础沉降监测	变形监测		应变监测	环境及效应监测			支座位移监测	动力特性
		竖向	水平		风	温度	地震		
网架结构	▲	★	▲	▲	○	▲	○	○	○
网壳结构	▲	★	○	▲	○	▲	○	▲	▲
悬索结构	▲	★	▲	▲	○	▲	○	▲	▲
膜结构	▲	★	○	▲	○	▲	○	○	○
悬挑结构	▲	★	○	▲	○	▲	○	○	○
特殊结构	▲	★	○	▲	○	▲	○	○	○

注：1. ★应监测项，▲宜监测项，○可监测项；

2. 特殊结构指上述结构以外的结构类型。

1. 位移监测概述

位移监测是建筑结构监测的宏观层次，是对应力监测结果的校验，位移监测是监测中最重要的监测项目之一，通常位移监测分为水平位移监测和竖向位移监测。

水平位移监测就是测定变形体沿水平方向的位移变形值，为提供变形趋势与稳定预报而进行的测量工作。建筑物水平位移观测包括：建筑物地基基础水平位移、受高层建筑基础施工影响的建筑物及工程设施水平位移、高层建筑顶部水平位移及挡土墙、大面积堆载等工程中所需的地基土深层侧身位移。

竖向位移监测就是采用合理的仪器和方法测量建筑物在垂直方向上高程的变形量。竖向位移观测包括基坑回弹、地基土分层沉降、建筑物基础及本身的沉降和地表沉降等。目前竖向位移观测方法主要有精密水准测量方法、精密三角高程测量、液体静力水准测量以及竖向位移计等。精密水准测量一般用于基坑沉降监测、建筑物沉降监测；精密三角高程一般用于条件比较复杂的山区，以及拱桥，不便于架设水准仪的建筑物；液体静力水准测量一般用于大坝沉降长期监测；竖向位移计一般用于建筑物长期施工与健康阶段监测，与其他监测单元组成监控系统。

对于超高层位移监测，在变形监测方面，与传统方法相比较，北斗卫星监测技术不仅具有精度高、速度快、操作简单等优点，而且利用北斗卫星和计算机技术、数据通信技术及数据处理与分析技术进行集成，可实现从数据采集、传输、管理到变形分析及预报的自动化，达到远程在线网络实时监控的目的。工程变形监测通常要达到毫米级或亚毫米级的精度，而监测的边长一般为 $300\sim1000\text{m}$，只要采取一定的技术方法，利用北斗卫星监测技术进行各种工程变形监测是可行的。

2. 应力应变监测概述

在大型结构的监测中，结构构件的应力应变是比较重要的参数。跟踪结构施工过程及使用阶段的应力应变的变化，是了解施工及使用过程中结构形态和受力情况最直接的途径，对结构施工过程及使用阶段关键部位的应变情况进行监测，掌握结构的应力情况，以确保结构的安全性。

目前，应用于应力应变监测的传感器主要有振弦传感器、光纤光栅传感器和电阻应变传感器等。

3. 振动监测概述

结构动力监测的基本问题是依据结构的动力响应识别结构的当前状态。结构的性态可用结构模态参数（主要为自振频率和振型）和结构物理参数（主要为刚度参数）进行描述。结构的物理参数是结构性态的直观表述，直接反映结构的状态，也是进行结构可靠性评价需要直接应用的参数。结构模态参数也是结构的一个非常重要的性态，反映结构的质量和刚度分布状态，如果结构的模态参数发生变化，也能间接反映结构的物理性态变化，从而可以定性或定量地判别结构状态的改变。

确定一个结构在给定的地震力或其他动力作用下的反应问题，理论上可以通过数学解析的方法求解。但是，诸如结构的自振周期、振型及能量逸散这样的一些结构动力特性，或者结构极限强度、延伸性等这类结构动力承载能力问题，由于它们取决于材料的性质、结构形式以及许多细部构造，因而难用纯粹的理论分析去解决，这就需要借助动力测试方法去直接确定。

结构的动力特性监测一般包括以下内容：

结构的振动位移、速度、加速度的监测；

结构模态参数测定。

4. 地震监测概述

地震作用源于地壳运动，这种自然能量对于结构来说极其巨大，地震作用对于建筑结构安全至关重要，结构设计时，地震作用往往作为主要荷载来考虑，包含地震作用的荷载组合往往成为控制荷载组合。为了保证结构的安全，结构的抗震理论设立了大震不倒、小震不坏，中震可修的抗震设防目标。

强震观测的确切含义是强震动观测，它是利用仪器来观测地震时的强地面运动过程以及在地震作用下工程结构的反应情况，这些监测资料记录了强烈震动的数据，反映了随着震中距的增加地面运动衰减的经验关系，能够为震后减轻地震灾害损失和实施有效的救灾工作做出重大贡献。强震观测的独特作用在于：

（1）可以提供地面地震动与原型结构地震反应的定量数据；

（2）可以测量地震破坏作用的全过程；

（3）能够分别研究并测量导致建筑物破坏后果的各种因素。

因此，地震监测往往包含两个方面：一方面是地震作用的监测，另一方面是地震响应的监测，包括结构的震动加速度、结构位移、结构内力等。从而将结构作用与结构响应通过刚度联系起来，与理论相互校验，从而保证监测数据的合理，进而推断结构的刚度变化。为结构的安全诊断提供依据。

有鉴于此，强震监测不但可为地震烈度和工程抗震措施提供定量数据和理论依据，检验从抗震研究实践中总结出来的认识、理论和方法是否符合客观实践的标准，从而加深人们对抗震客观规律的认识、推动地震工程研究的发展，同时，由于强地震动的观测记录比远场记录含有更丰富、更直接的震源特征信息，从而更利于强震震源机制的研究，并推动了近场地震学的形成和发展。因此，强震观测历来受到政府、科学界和工程界的高度重视。

《建筑与桥梁结构监测技术规范》GB 50982 规定，以下结构应进行地震响应监测：

（1）设防烈度为 7、8、9 度时，高度分别超过 160m、120m、80m 的大型公共建筑；

（2）特别重要的特大桥；

（3）设计文件要求或其他有特殊要求的结构。

监测参数主要为地震动及地震响应加速度，也可按工程要求监测力及位移等其他参数。

5. 风环境监测概述

对风敏感的结构宜进行风及风致响应监测。

风及风致响应监测参数应包括风压、风速、风向及风致振动响应，对桥梁结构尚宜包括风攻角。

土木工程结构向着高柔、轻质和低阻尼方向发展，结构的固有频率更接近于风的卓越频率，结构对风的敏感性也大大增强，风荷载引起的效应在总荷载效应中占有相当大的比重，然而现行的建筑结构规范中，结构的抗风设计参数并不完善，一方面，由于各类外形结构复杂的建筑物愈来愈多出现，现行的建筑结构荷载规范中缺乏明确直观的方法确定其风荷载；另一方面，建筑物外部流场本身的复杂性和多样性，使得风与结构之间的相互作用难以确定。

目前，研究风对建筑物及其周围环境的影响，主要有风洞模拟试验法、数值模拟法和现场监测法。其中风洞模拟试验法是常用的研究风对建筑结构作用的方法之一，通过风洞试验，可以确定作用在工程结构上的风荷载与体型系数，从而提出简便合理、安全可靠的结构设计方案。自 1940 年美国 Tacoma 桥风致损毁事故后，国内外重大工程无一例外地进行了风洞试验。其特点是测试方法容易实现，可复现经常改变的自然条件，但由于模型存在一定的缩尺效应，风洞试验通常提供的是平均风速和风向不变的流场，这与自然风有一定差异，因而风洞试验结果的准确性存在一定的问题，或者说定性上是合理的，定量上可能有出入；数值模拟法成本较低，易于在设计之初进行多种方案的比较，但是存在需要假定某种理想流场条件以及边界条件的不确定等问题；现场监测法是最可靠的研究风效应和结构动力响应特征的方法，可以准确地收集建筑周围风环境的第一手资料。因此，对建筑物在风作用下的风速、风压、风致加速度及风致位移实时监测有助于对结构的运行情况进行详细的分析和诊断。

6. 温度监测概述

温度监测主要针对温度敏感的大跨空间结构、超高层建筑以及大体积混凝土结构。

对于大跨空间结构，温度作用往往成为控制荷载，虽然通过支座设计往往能释放掉因温度而产生的应力，但如果支座应用多年以后，支座往往不够灵敏，如果锈蚀或失灵，将使得支座移动受限，因此，大跨空间结构温度监测有积极的意义。

对于超高层结构，由于结构较高且刚度较大，在较大的环境温度作用下，往往也容易发生事故，比如寒冷的东北、西北地区，在施工过程及使用过程中均应考虑温度对结构的影响。

对于大体积混凝土，因截面大，水泥水化热总量大，而混凝土是热的不良导体，造成混凝土内部温度较高，由此使混凝土内外产生较大的温度差，当形成的温度应力大于混凝土抗拉强度时，在受到基岩活硬化混凝土垫层约束的情况下，就易使混凝土产生裂缝。施工时，水化热引起混凝土内的最高温度与外界温度之差不宜超过 25℃。测温当温度差较大时，要采取必要的措施降低温度差。

《大体积混凝土温度测控技术规范》GB/T 51028—2015 对大体积混凝土的温度控制方法进行了规范。

大体积混凝土施工前，应根据施工时的气候条件、混凝土的几何尺寸和混凝土的原材料、配合比，按现行国家标准《大体积混凝土施工标准》GB 50496 有关规定进行混凝土的热工计算，估算混凝土中心最高温度，并应测定和绘制混凝土试样的温度时间曲线。

第25章

位 移 监 测

25.1 位移监测方法

位移监测中，目前应用最多的是高精度全站仪和精密水准测量，也有用静力水准进行沉降监测，但这种仪器由于采用液体连通器原理，受影响因素较多，精度不佳，但由于可以实现监测的自动化，因此也得到了一定范围的应用。考虑到全站仪和精密水准测量的精度较高，抓住这两方面，就抓住了位移监测的重点。北斗是我国自主研发的卫星定位系统，该方法对位移的监测有较大帮助。

1. 全站仪测量

全站仪边角测量法可用于位移基准点网观测及基准点与工作基点间的联测；全站仪小角法、前方交会法、极坐标法和自由设站法可用于监测点的位移观测；全站仪自动监测系统可用于日照、风振变形测量，以及监测点数量多、作业环境差、人员出入不便的建筑变形测量项目。

（1）交会法

交会法是利用2个或3个已知坐标的工作基点，测定位移标点的坐标变化，从而确定其变形情况的一种测量方法。该方法具有观测方便、测量费用低、不需要特殊仪器等优点，特别适用于人难以到达的变形体的监测工作，如滑坡体、坝坡、塔顶、烟囱等。该方法的主要缺点是测量的精度和可靠性较低，高精度的变形监测一般不采用此方法。该方法主要包括前方交会和后方交会两种方法。

1）前方交会

如图25-1所示，A、B为平面基准点，P为变形点，由于A、B的坐标为已知，在观测了水平角后，即可求算P点的坐标。对于不同的周期，P点的纵横坐标变化量，就是P点的水平位移，并可计算其位移的方向。P点坐标可按式（25-1）计算：

$$\begin{cases} x_P = \dfrac{x_A \cot\beta + x_A \cot\beta - y_A + y_B}{\cot\alpha + \cot\beta} \\ \\ x_P = \dfrac{y_B \cot\beta + y_B \cot\beta + x_A - x_B}{\cot\alpha + \cot\beta} \end{cases} \quad (25\text{-}1)$$

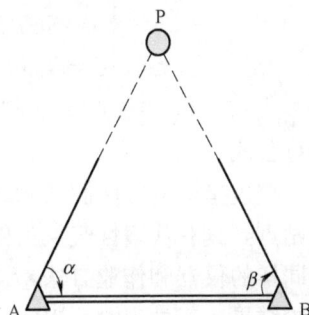

图 25-1　前方交会示意图

坐标中误差的估算公式为：

$$m_P = \frac{m_\beta D \sqrt{\sin^2\alpha + \sin^2\beta}}{\rho \sin^2(\alpha+\beta)} \tag{25-2}$$

式中：m_β——测角中误差；

　　　D——两已知点间的距离。

选用前方交会法时，所选基线应与观测点组成最佳图形，交会角宜在 $60° \sim 120°$ 之间。水平位移计算，可采用直接由两周期观测方向之差解算坐标变化量的方向差交会法，亦可采用按每周期计算观测点坐标值，再以坐标差计算水平位移的方法。

2) 后方交会

后方交会法，如果变形点上可以架设仪器，且与三个平面基准点通视时，可采用后方交会法，如图 25-2 所示，A、B、C 为平面基准点，P 为变形点。当观测了水平角后，计算 P 点坐标：

$$\begin{cases} x_P = x_B + \Delta x_{BP} = x_B + \dfrac{a-kb}{1+k^2} \\ y_P = y_B + \Delta y_{BP} = y_{BP} + kg\Delta x_{BP} \end{cases} \tag{25-3}$$

式中：$k = \dfrac{a+c}{b+d}$；

$a = x_A - x_B + (y_A - y_B)\cot\alpha$；

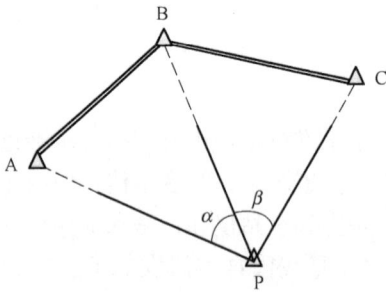

图 25-2　后方交会示意图

$b = -(y_A - y_B) + (x_A - x_B)\cot\alpha$；
$c = -(x_C - x_B) + (y_C - y_B)\cot\beta$；
$d = -(y_C - x_B) + (x_C - x_B)\cot\beta$；

采用后方交会时，需要注意 P 点不能与 A、B、C 点在同一圆周上，否则无定解。

全站仪的前方交会与后方交会法，其精度比较高，如果两者相结合，能达到工程测量规范一等变形测量的要求，及时准确地掌握变形的信息，为评定变形体的安全提供依据。

(2) 极坐标法

如图 25-3 所示，以全站仪的设站点 O 点为原点，测站的铅垂线为 z 轴，以定向方向为 x 轴，建立左手直角坐标系 $O\text{-}xyz$，设全站仪测量 P 点的观测值分别为水平角、垂直角、斜距，则 P 点在图中所示的测站坐标系下的坐标为：

$$\begin{cases} x = S\cos\beta\cos\alpha \\ y = S\cos\beta\sin\alpha \\ z = S\sin\beta \end{cases} \tag{25-4}$$

式 25-4 是测量点 P 在测站独立坐标系下的坐标计算公式。

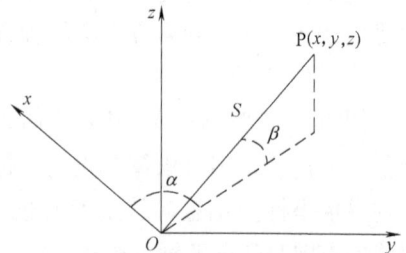

图 25-3　极坐标测量法

按极坐标的方法测量测站点到其他基准点和变形监测点的斜距、水平角和垂直角，将测站点到具有代表性气象条件的基准点测量值与其基准相比，求得差值。由于变形监测采用同样的仪器和作业方法，认为基准点是稳定不变的，故将这一差值认为是受外界条件影响的结果，每站观测可以在短时间内完成，并且基准点和变形点同时观测，可以认为外界条件和变形点的影响是相关的，把基准点的差异加到变形点的观测值上进行差分处理，计算变形点的三维位移量。

2. 测量

水准测量是建筑监测中最常用的方法，本节主要讲述水准测量的原理，其原理是利用水准仪提供的水平视线，借助于带有分划线的水准尺，直接测定地面上两点间的高差，然后根据已知点高程和测得的高差，推算出未知点高程。

如图 25-4 所示，A、B（A 到 B）两点间高差 h_{AB} 为 $\boldsymbol{h_{AB} = a - b}$

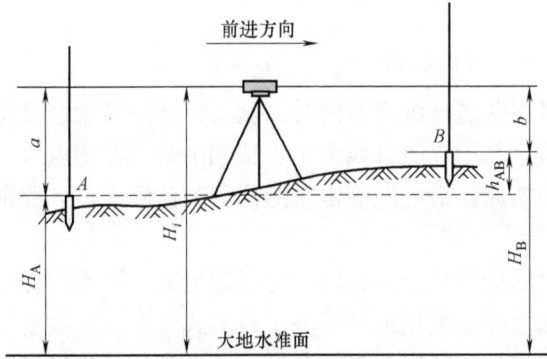

图 25-4 水准测量原理

该水准测量是由 A 向 B 进行的，则 A 点为后视点，A 点尺上的读数 a 称为后视读数；B 点为前视点，B 点尺上的读数 b 称为前视读数。因此，高差等于后视读数减去前视读数。

高层测量方法主要有以下方法。

1）高差法

测得 A、B 两点间高差 h_{AB} 后，如果已知 A 点的高程 H_A，则 B 点的高程 H_B 为：

$H_B = H_A + h_{AB}$

这种直接利用高差计算未知点 B 高程的方法，称为高差法。

2）视线高法

如图 25-5 所示，B 点高程也可以通过水准仪的视线高程来计算，即

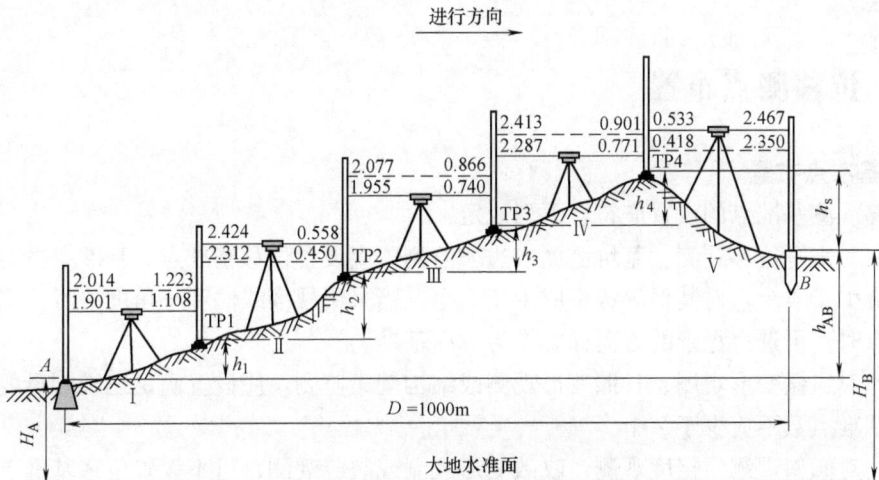

图 25-5 水准多次测量原理图

$$H_i = H_A + a \brace H_B = H_i - b \tag{25-5}$$

这种利用仪器视线高程计算未知点 B 点高程的方法，称为视线高法。在工作中有时安置一次仪器，需测定多个地面点的高程，采用视线高法就比较方便。

3）多站测量

AB 水准路线长为 1000m，共设 5 站，每站测量采用两次仪器高法，测得 B 点高程 H_B 为：

$$H_B = H_A + h_1 + h_2 + h_3 + h_4 + h_5 \tag{25-6}$$

采用精密水准测量方法进行沉降监测时，从工作基点开始经过若干监测点，形成一个或多个闭合或附合路线，其中以闭合线为主，特别困难的监测点可以采用支水准路线往返测量的方法。整个监测期间，最好能固定监测仪器和监测人员，固定监测路线和测站，固定监测周期和相应时段。

电子水准仪是通过阅读标尺上的条码来完成测量的。条码图像的识别。即通过对图像信号的宏观分析逐步确立图像微观细节。电子数字式水准仪其主要特点在于它是受感光读数，自动识别匹配有编码规律的黑白两种条形块，从而进行测量作业，消除人为的估读误差是电子数字式水准仪的另一大优点。

3. 北斗卫星定位

北斗卫星导航系统是我国自行研制组建的全天时、全天候提供卫星导航定位信息的导航定位系统，服务区内用户随时可以接收到卫星广播信号。北斗卫星导航系统星座包括：5 颗 GEO 卫星，分布在经度 58°～160°之间，具有短报文功能；3 颗 IGSO 卫星，轨道倾角 55°；27 颗中圆轨道卫星，分布在 3 个平面上，每个平面上有 9 颗卫星，轨道倾角 55°，轨道高度 21500km。

北斗系统精确的定位结果是以高精度、高可靠性的数据处理模型和方法为前提。针对变形监测系统毫米级，甚至亚毫米级的精度要求，在北斗卫星导航系统的数据处理过程中需要考虑各方面的问题。主要方法包括数据组合策略、误差改正、周跳探测与修复、参数估计方法等。

25.2　位移测点布置

1. 基准点布置

位移观测基准点的设置应符合下列规定：

（1）对水平位移观测、基坑监测或边坡监测，应设置位移基准点。基准点数对特等和一等不应少于 4 个，对其他等级不应少于 3 个。当采用视准线法和小角度法时，当不便设置基准点时，可选择稳定的方向标志作为方向基准。

（2）对风振变形观测、日照变形观测或结构健康监测，应设置满足三维测量要求的基准点。基准点数不应少于 2 个。

（3）对倾斜观测、挠度观测、收敛变形观测或裂缝观测，可不设置位移基准点。

根据位移观测现场作业的需要，可设置若干位移工作基点。位移工作基点应与位移基准点进行组网和联测。

位移基准点、工作基点的位置除应满足本规范第 25-1 节的要求外，尚应符合下列规定：

（1）应便于埋设标石或建造观测墩。

（2）应便于安置仪器设备。

（3）应便于观测人员作业。

（4）若采用卫星导航定位测量方法观测，应符合本规范第 4.6.4 条的规定。

位移基准点、工作基点标志的型式及埋设应符合下列规定：

（1）对特等和一等位移观测的基准点及工作基点，应建造具有强制对中装置的观测墩或埋设专门观测标石。强制对中装置的对中误差不应超过 0.1mm。

（2）照准标志应具有明显的几何中心或轴线，并应符合图像反差大、图案对称、相位差小和本身不变形等要求。应根据点位不同情况，选择重力平衡球式标、旋入式杆状标、直插式觇牌、屋顶标和墙上标等型式的标志。

2. 测点布置

（1）施工期间

对于高层及超高层建筑：

施工期间变形监测可包括轴线监测、标高监测、建筑体形之间联系构件的相对变形监测、结构关键点位的三维空间变形监测。施工周期超过一年的结构或昼夜温差较大地区的结构施工，宜进行日照变形监测。

1）变形监测测点应布置在结构变形较大或变形反应敏感的区域。

2）滑模施工过程中，应对滑模施工的水平度及垂直度进行监测。

3）臂和连体结构施工过程中，应对悬臂阶段的施工位形进行监测。

对于大跨空间结构：

施工期间变形监测可包括构件挠度、支座中心轴线偏移、最高与最低支座高差、相邻支座高差、杆件轴线、构件垂直度及倾斜变形监测。

空间结构安装完成后，当监测主跨挠度值时，测点位置可由设计单位确定。当设计无要求时，对跨度为 24m 及 24m 以下的情况，应监测跨中挠度；对跨度大于 24m 的情况，应监测跨中及跨度方向四等分点的挠度。

膜结构监测中，应跟踪监测膜面控制点空间坐标，控制点高度偏差不应大于该点膜结构矢高的 1/600，且不应大于 20mm；水平向偏差不应大于该点膜结构矢高的 1/300，且不应大于 40mm。

拔杆吊装中，应监测空间结构四角高差，提升高差值不应大于吊点间距离的 1/400，且不宜大于 100mm，或通过验算确定。

大跨空间结构临时支撑拆除过程中，应对结构关键点的变形及应力进行监测。

结构滑移施工过程中，应对结构关键点的变形、应力及滑移的同步性进行监测。

（2）使用期间

对于高层建筑：

使用期间，变形监测测点可选择下列位置：

1）影响结构安全性的特征构件、变形较显著的关键点、承重墙柱拐角、大的工程结构截面转变处；主要墙角、间隔 2～3 根柱基以及沉降缝的顶部和底部、工程结构裂缝的两边、结构突变处、主要构件斜率变化较大处；

2）结构体型之间的联系构件及不同结构分界处的两侧；

3）结构外立面中间部位的墙或柱上，且一侧墙体的测点不宜少于 3 个。

可选定特征明显的塔尖、避雷针、圆柱（球）体边缘作为高耸结构的变形监测测点。

对季节效应和不均匀日照作用下的温度效应敏感的高层与高耸结构，应进行日照变形监测。

对于大跨空间结构：

竖向位移监测时，大跨空间结构的支座、跨中、跨间测点间距不宜大于 30m，且不宜少于 5 个点。

使用期间变形监测的测点布置应按表 25-1 进行选择。

使用期间变形监测测点布置　　　　　　　　表 25-1

	网架结构、网壳结构、索结构、膜结构、特殊结构	悬挑结构
竖向	跨中	悬挑端外檐
水平	支座、端部	—

25.3　位移监测仪器选型

采用全站仪时，仪器选用应符合表 25-2 规定。

全站仪标称精度等级　　　　　　　　表 25-2

位移观测等级	一测回水平方向标准差(″)	测距中误差(mm)
一等	≤0.5	≤(1mm+1ppm)
二等	≤1.0	≤(1mm+2ppm)
三等	≤2.0	≤(2mm+2ppm)
四等	≤2.0	≤(2mm+2ppm)

全站仪水平角观测应符合下列规定：

水平角观测应采用方向观测法，测回数应符合表 25-3 的规定，观测限差应符合表 25-4 的规定。

水平角观测测回数　　　　　　　　表 25-3

全站仪测角标称精度	位移观测等级			
	一等	二等	三等	四等
0.5″	4	2	1	1
1″	—	4	2	1
2″	—	—	4	2

水平角观测限差　　　　　　　　　　表 25-4

全站仪测角标称精度	半测回归零差限差(″)	一测回内 2C 互差限差(″)	同一方向值各测回互差限差(″)
0.5″	3	5	3
1″	6	9	6
2″	8	13	9

采用水准仪观测时，仪器选用应符合表 25-5 规定。

水准仪型号和标尺类型　　　　　　　　表 25-5

等级	水准仪型号	标尺类型
一等	DS05	铟瓦条码标尺
二等	DS05	铟瓦条码标尺、玻璃钢条码标尺
	DS1	铟瓦条码标尺
三等	DS05、DS1	铟瓦条码标尺、玻璃钢条码标尺
	DS3	玻璃钢条码标尺
四等	DS1	铟瓦条码标尺、玻璃钢条码标尺
	DS3	玻璃钢条码标尺

水准测量应符合下列规定：

观测视线长度、前后视距差、视线高度、重复测量次数及观测限差应符合表 25-6、表 25-7 的规定。

数字水准仪观测要求　　　　　　　　表 25-6

沉降观测等级	视线长度 (m)	前后视距差 (m)	前后视距差累计 (m)	视线高度 (m)	重复测量次数 (次)
一等	≥4m 且≤30	≤1.0	≤3.0	≥0.65	≥3
二等	≥3m 且≤50	≤1.5	≤5.0	≥0.55	≥2
三等	≥3m 且≤75	≤2.0	≤6.0	≥0.45	≥2
四等	≥3m 且≤100	≤3.0	≤10.0	≥0.35	≥2

数字水准仪观测限差 （mm）　　　　　表 25-7

沉降观测等级	两次读数所测高差之差限差	往返较差及附合或环线闭合差限差	单程双侧站所测高差较差限差	检测已测测段高差之差限差
一等	0.5	$0.3\sqrt{n}$	$0.2\sqrt{n}$	$0.45\sqrt{n}$
二等	0.7	$1.0\sqrt{n}$	$0.7\sqrt{n}$	$1.5\sqrt{n}$
三等	3.0	$3.0\sqrt{n}$	$2.0\sqrt{n}$	$4.5\sqrt{n}$
四等	5.0	$6.0\sqrt{n}$	$4.0\sqrt{n}$	$8.5\sqrt{n}$

采用静力水准仪时，仪器选用应符合表 25-8 规定。

静力水准仪标准型号分类

表 25-8

仪器等级	I	II
仪器类型	封闭式	封闭式
读数方式	接触式	接触式
两次观测高差较差(mm)	±0.1	±0.3
环线或附合路线闭合差(mm)	$±0.1\sqrt{n}$	$±0.3\sqrt{n}$

注：n——高差个数。

表 25-9 和表 25-10 对用的较普遍的全站仪及水准仪进行了归纳，方便监测工作中进行选型。

智能全站仪参数比较

表 25-9

名称	Leica	Trimble	Topcon	Sokkia
型号	TCA2003	S8	GPT-9000A	SRX1
测角精度	0.5″	1″	1″	1″
测距范围	无协作目标:1.5~150m 棱镜:2500m	无协作目标: 1.5~150m 棱镜:1.5~3000m	无协作目标:1.5~200m 棱镜:3000m	无协作目标: 0.3~500m 棱镜:1.3~5000m
测距精度	无协作目标: ±(3+2ppmxD)mm 棱镜: ±(1+2ppmxD)mm	无协作目标: ±(3+2ppmxD)mm 棱镜:±(1+1ppmxD)mm	无协作目标: ±5mm; 棱镜: ±(2+2ppmxD)mm	无协作目标: 0.3~200m± (3+2ppm xD)mm 棱镜: ±(1.5+2ppm xD)mm
其他功能	自动跟踪、遥控、自动 照准、激光对中	自动跟踪、遥控、 自动照准	自动跟踪、遥控、 自动照准	自动跟踪、遥控、 自动照准

各种型号数字电子水准仪对比

表 25-10

类型	徕卡	天宝	拓普康	索佳
型号	DNA03	DINI12	DL-101C	SDL1X
每千米往返中误码差	0.3mm(钢钢尺) 1mm(用条码尺)	0.3mm(钢钢尺) 0.7~1mm (用木折叠条码尺)	0.4mm(钢钢尺)	0.2mm(BIS30A 钢钢尺) 0.3mm(BIS20/30 钢钢标尺) 1.0mm(玻璃钢标尺)
原理	维相关法	相位调制载码相位法	相位法	RAB 原理
放大倍数	24 倍	32 倍	32 倍	32 倍
最小读数	0.01mm	0.01mm	0.01mm	0.01mm
补偿范围	±10′	±15′	±12′	>±12′
补偿精度	0.3″	0.2″	0.3″	0.3″
测量时间	3s	3s	4s	<2.5s
测程	1.8~60m(钢钢尺)	1.8~100m(钢钢尺)	2~60 m(钢钢尺)	1.6~100m(钢钢尺)

第26章
应力应变监测

26.1 应力应变传感器方法

1. 振弦式传感器

振弦式传感器由受力弹性形变外壳（或膜片）、钢弦、紧固夹头、激振和接收线圈等组成。钢弦自振频率与张紧力的大小有关，在振弦几何尺寸确定之后，振弦振动频率的变化量，即可表征受力的大小。

（1）两端固定弦线的自由振动规律

为了系统的阐明振弦式传感器的振动规律，采用数学模型来分析受力状态下的振动规律。振弦式传感器振弦的数学模型由两端固定的均匀弦抽象而成，忽略振弦受到的黏性阻力，取弦的平衡位置为 x 轴，$y(x，t)$ 表示弦上横坐标为 x 的点在 t 时刻的横向位移。

假定弦线的长度为 L，它的 2 个端点固定在 $x=0$ 和 $x=L$ 处，假定弦线具有均匀的线密度（单位长度的质量）ρ，且弦线内部张力为 σ。弦线的动力学方程可表示为：

$$\frac{\partial^2 y}{\partial x^2} = \frac{1}{v^2}\frac{\partial^2 y}{\partial t^2} \tag{26-1}$$

式中：$v = \sqrt{\dfrac{\sigma}{\rho}}$

由数学知识和初始条件：$x=0$ 和 $x=L$ 处 $y(x，t)=0$ 得式（1-1）的解，即弦线在各种情况下的运动完整描述为

$$y(x，t) = \sum_1^\infty A_n \sin\frac{n\pi x}{L}\cos\bar\omega_n t \tag{26-2}$$

其中：$\bar\omega_n = \dfrac{n\pi}{L}\left(\dfrac{T}{\mu}\right)^{1/2} = n\bar\omega_1$

式中：n 取值为 1，2，3，…至无穷大。由于频率 $f_n = \dfrac{\bar\omega_n}{2\pi}$，则

$$f_n = \frac{n}{2L}\sqrt{\frac{\sigma}{\rho}} \tag{26-3}$$

通过以上分析，一根给定张紧弦线之所有可能的振动频率，均为最低可能频率的整数倍，最低频率称为基频，对应频率的振动称为基本振型。式（26-3）说明，张紧弦线的自由振动是由基本频率的振动和其整数倍频振动叠加而成的复合振动。

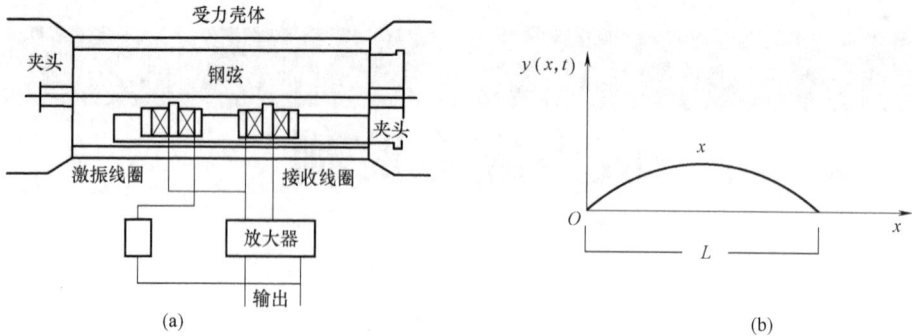

图 26-1　振弦式传感器工作原理图

现以双线圈连续等幅振动的激振方式，来表述振弦式传感器的工作原理。如图 26-1 所示，工作时开启电源，线圈带电激励钢弦振动，钢弦振动后在磁场中切割磁力线，所产生的感应电势由接收线圈送入放大器放大输出，同时将输出信号的一部分反馈到激励线圈，保持钢弦的振动，这样不断地反馈循环，加上电路的稳幅措施，使钢弦达到电路所保持的等幅、连续的振动，然后输出与钢弦张力有关的频率信号。

振弦的振动频率可由下式确定：

$$f_0 = \frac{1}{2L}\sqrt{\frac{\sigma_0}{\rho}} \tag{26-4}$$

式中：f_0——初始频率；

　　　L——钢弦的有效长度；

　　　ρ——钢弦材料密度；

　　　σ_0——钢弦上的初始应力。

由于钢弦的材料密度 ρ、长度 L、截面面积 S、弹性模量 E 可视为常数，因此，钢弦的应力与输出频率 f_0 建立了相应的关系。当外力 F 未施加时，则钢弦按初始应力作稳幅振动，输出初频 f_0；当施加外力（即被测力——应力或压力）时，则形变壳体（或膜片）发生相应的拉伸或压缩，使钢弦的应力增加或减少，这时初频也随之增加或减少。因此，只要测得振弦频率值 f，即可得到相应被测的力（应力或压力值等）。

（2）张紧弦线的受迫振动

在测量过程中，如何让弦线振动起来，又如何从这样一个复合的振动中，测量出弦线振动的基频，而尽量不让其他振型进入测量过程，这是振弦式传感器的设计和使用过程中必须注意的问题。进一步研究发现，适宜的起振条件可能使某一特定的振型被激励，而拾振时可以测量这一振型的振动频率。

下面从数学模型的基础上分析在周期性的外力作用下，各种振型被激励的条件，为传感器的设计和使用提供理论基础。

两端固定弦线的自由振动是按照基频及其整数倍频率叠加振动的。现在考虑弦线在周期性策动力作用下的受迫振动规律，以期得到弦线的策动位置和策动频率与弦线受迫振动的关系。假设弦线两端固定，在弦的中点（$x = L/2$）处被迫以某任意角频率及振幅 B 进行横向振动，弦线必须服从下列初始条件：

$$\begin{cases} y(0,t)=0 \\ y(L,t)=0 \\ y(L/2,t)=B\cos\omega t \end{cases} \tag{26-5}$$

由于
$$f(x)=A\sin(Kx+\alpha) \tag{26-6}$$

式中 $K=\omega/v$，所以式（26-6）成为

$$f(x)=A\sin\left(\frac{\omega x}{v}+\alpha\right) \tag{26-7}$$

由式 $x\approx L$ 处的边界条件，有

$$\sin\left(\frac{\omega L}{v}+\alpha\right)=0$$

$$\frac{\omega L}{v}+\alpha=p\pi \tag{26-8}$$

式中，p——整数。由式 $x=L/2$ 处的边界条件得到

$$B=A\sin\left(\frac{\omega L}{2v}+\alpha\right) \tag{26-9}$$

得

$$A=\frac{B}{\sin\left(p\pi-\frac{\omega l}{2v}\right)} \tag{26-10}$$

式（26-10）表明，在弦线中点处的受迫位移具有某给定振幅的情况下，当策动力频率接近于式（4.4）所规定的基频偶数倍时，振幅 A 较大，即整个弦线的响应是很大的。例如，假设弦线的基频为 800Hz，当在弦线的中点处，以某给定振幅，以 1600，3200Hz…的激振频率激振时，弦线受迫振动的振幅很大，也就是说，在弦线长度 $L/2$ 处施加周期信号激励振弦，激发振弦基频偶数倍的振动是很容易的。更进一步，只要受迫的这个点处在一种固有振动的波节附近时，用微小的策动振幅就能激起巨大的振动来，利用这一结论，可以选择弦线的合适位置，用合适的策动力频率激发弦线某一振型的振动。

（3）振弦式传感器激振方式及性能分析

从振弦式传感器的一般结构可知，传感器由激发电路和拾振电路组成，激发电路是施加激振力使弦达到谐振状态，拾振电路完成谐振频率量的拾取。目前，有两种类型的振弦式传感器：一种是单线圈，激发弦振动的激振线圈和拾取谐振频率的拾振线圈是同一个线圈，二者分时使用；另一种是双线圈，激振线圈和拾振线圈是分别独立的两个线圈。两种类型的振弦式传感器结构示意如图 26-2 所示。

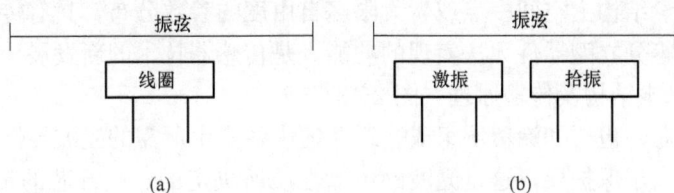

图 26-2 两种类型振弦式传感器结构示意图
(a) 单线圈；(b) 双线圈

由图 26-2（b）可知，双线圈振弦式传感器线圈的所在位置大致在整个振弦长的 $L/4$

和 $3L/4$ 处，由之前的受迫振动弦线的分析可知，激振线圈所在的位置 $x=L/4$，正是振型 $n=4$（8，16，…）的振弦频率振动的波节位置，此位置容易激发 $n=4$ 的振型。也就是说，激振线圈放在 $L/4$ 的位置，4 倍基频的振动是很容易激发的。而拾振线圈所在的位置在 $x=3L/4$ 处，正好处于 $n=4$ 振型的波节位置，由于波节所处位置的振动幅度较小，对 $n=4$ 振型频率的拾振是不太敏感的。也就是说，振型 $n=4$ 不太可能进入测量过程。但是，此位置位于 $n=2$ 振型的波腹，倍频振动在此占优势，从而倍频容易进入测量过程，使测量准确度、分辨力大大下降，这也就是双线圈振弦式传感器使用过程中出现的"倍频干扰"。

由图 26-2（a）可知，单线圈振弦式传感器只有 1 个线圈，其线圈的相对位置是在振弦的中部，也就是在弦长 $L/2$ 处。同理，激振线圈所在的位置 $x=L/2$，正是振型=2（4，8，…）的振弦振动的波节位置，此位置容易激发 $n=2$ 的振型。也就是说，激振线圈放在 $L/2$ 的位置，2 倍基频的振动是很容易激发的。但是，由于拾振线圈和激振线圈是同一个线圈，拾振时，线圈所在的位置是两倍频振动的波节位置，对两倍频的拾振是不敏感的。而且，这个位置是基频振动幅度最大的位置，拾振线圈在此处可以最大限度地拾取振弦基频振动在感应线圈中产生的同频率感应电动势。

综上所述，目前常用的两种振弦式传感器在激振和拾振的过程中，对周期性的激振信号，某一振型的容易激振位置在其对应频率振动的波节位置，此位置正是拾振不敏感的位置，二者不能兼顾。但振弦式传感器一般是利用基频测量的，在基频的测量和抑制倍频方面，单线圈具有明显优势。

2. 光纤光栅传感器

新的光纤光栅传感器不断出现，并且已经开始在实际施工中对应变、应力、裂纹、振动等结构安全至关重要的信息进行监测，光纤光栅传感器主要优点：

（1）传感器属于无源器件，可靠性高，不受雷电和所有电磁干扰；

（2）传感器传输频带较宽。通常系统的调制带宽为载波频率的百分之几，光波的频率较传统的位于射频段或者微波段的频率高几个数量级，因而其带宽有巨大的提高，便于实现时分或者频分多路复用，可进行大容量信息的实时测量，使大型结构的健康监测成为可能。

（3）波长移动与应变的比例因子是恒定的，没有零点漂移的问题，能进行长时期测量，灵敏度高。光纤传感器采用光测量的技术手段，一般为微米量级。

（4）许多传感器可以沿着光纤多通道应用，并可通过单独的引线进行单独的询问。能够用一根光纤测量结构上空间多点或者无限多自由度的参数分布，具有传统的机械类、电子类、微电子类等分立型器件无法实现的功能，是传感器技术的新发展。

1）光纤的基本结构及传输原理（图 26-3）

光纤是由纤芯、包层和涂覆层组成。纤芯的内径是由所需的光波导性能决定的。纤芯的折射率一般略大于保护层，这是光波的传播性质所决定的。当纤芯的折射率 n_1 大于保护层的折射率 n_2 时，在射入光纤的光的入射角大于某一临界值 θ 时，进入光纤的光将不产生散射，这样就可以大大提高光纤传输光信号的效率。

基于光纤的传输原理，当光波在光纤中传输时，表征光波的特征参量（振幅、相位、偏振态、波长等），会由于被测量（温度、压力、加速度、电场、磁场等）对光纤的作用而发生变化,从而引起光波的强度、干涉效应、偏振面发生变化,使光波成为被调制的信号光,再经过光探测器和解调器从而获得被测参量的参数。

2) 用于测量不同参量的光纤光栅传感原理(图26-4)

光纤光栅传感器的中心与有效折射率的数学关系是研究光栅传感的基础。从麦克斯韦经典方程出发,结合光纤耦合模理论,利用光纤光栅传输模式的正交关系,得到光纤光栅反射波长的基本表达式为:

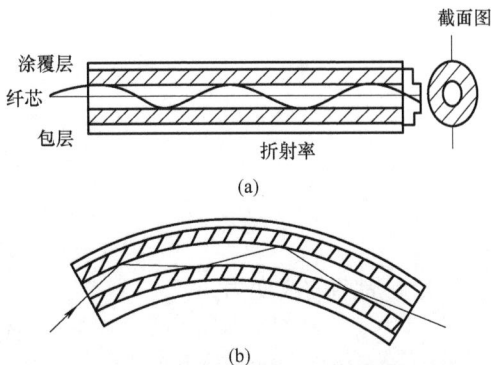

图26-3 光在光纤中传播

$$\lambda_\beta = 2n_{eff}\Lambda \tag{26-11}$$

当一束中心波长为 λ 的宽光谱光经过光纤光栅时,被光栅反射回一单色光 λ_β,相当于一个窄带的反射镜。反射光的中心波长为 λ_β 与光栅的折射率变化周期 Λ 和有效折射率 n_{eff}。

作用于光纤光栅的被测物理量(如温度、应力等)发生变化时,会引起 n_{eff} 和 Λ 的相应改变,从而导致 λ_β 的漂移,反过来,通过监测 λ_β 的漂移,可得知被测物理量的信息。

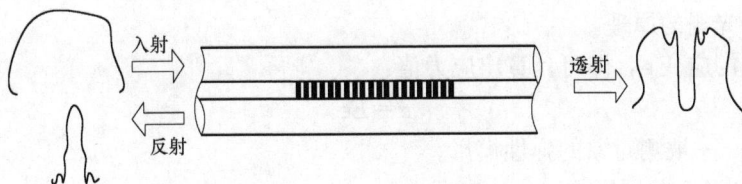

图26-4 光纤光栅的结构

3) 用于温度测量的光纤光栅传感器原理

假设无外力条件下,光栅无应变,当温度变化 ΔT 时,由热膨胀效应引起的光栅周期的变化为:

$$\Delta\Lambda = \alpha \cdot \Lambda \cdot \Delta T \tag{26-12}$$

式中:α——光纤的热膨胀系数。

由热光效应引起的有效折射率变化 Δn_{eff} 为:

$$\Delta n_{eff} = \zeta \cdot n_{eff} \cdot \Delta T \tag{26-13}$$

式中:ζ——光纤的热光系数,表示折射率随温度的变化率。

联立式(26-11)~式(26-13)得:

$$\frac{\Delta\lambda_\beta}{\lambda_\beta} = [\alpha + \zeta] \cdot \Delta T = K_T \cdot \Delta T \tag{26-14}$$

式中:K_T——光纤光栅的温度系数,是在传感器制作时由制作工艺及材料特性确定。

4) 用于应变测量的光纤光栅传感器原理

如果光栅所处的温度不变,却受到轴向应力作用而产生轴向应变 ε,则在垂直于轴的其他两个方向的应变为 $-\mu\varepsilon$,剪切应力为零,所以光纤所受应变张量为:

$$S = \begin{bmatrix} S_1 \\ S_2 \\ S_3 \\ S_4 \\ S_5 \\ S_6 \end{bmatrix} = \begin{bmatrix} -\mu\varepsilon \\ -\mu\varepsilon \\ \varepsilon \\ 0 \\ 0 \\ 0 \end{bmatrix} \tag{26-15}$$

则光栅周期的改变为：

$$\Delta\Lambda = \varepsilon\Lambda$$

光纤的有效折射率的变化为：

$$\Delta n_{\text{eff}} = \frac{n_{\text{eff}}^3}{2} \left[\mu P_{11} - (1-\mu) \right] P_{12}$$

定义有效弹光系数为：

$$P_{\text{e}} = -\frac{n_{\text{eff}}^2}{2} \left[P_{12} - \mu (P_{11} + P_{12}) \right]$$

则：

$$\frac{\Delta\lambda_{\text{B}}}{\lambda_{\text{B}}} = \frac{\Delta\Lambda}{\Lambda} + \frac{\Delta n_{\text{eff}}}{n_{\text{eff}}} = (1 - P_{\text{e}})\varepsilon \tag{26-16}$$

P_{e} 为光纤材料的弹光系数，是在传感器制作时由制作工艺及材料特性确定，用于应力计算的光纤光栅的原理。

根据测得的应变 ε，即可计算出应力值：

$$\sigma = E\varepsilon \tag{26-17}$$

式中：E——被测对象的弹性模量。

5）应变和温度共同影响

通常情况下，应变传感器的波长会受到应变和温度共同影响，当温度同应变同时发生变化时，忽略温度和应变之间的交叉敏感：

则

$$\frac{\Delta\lambda_{\text{B}}}{\lambda_{\text{B}}} = (\alpha + \zeta) \cdot \Delta T + (1 - P_{\text{e}})E \tag{26-18}$$

3. 电阻式应变传感器

电阻式应变传感器是利用电阻应变片将应变转换为电阻值变化的传感器。即当被测物理量作用于弹性元件上，弹性元件在力、力矩或压力等的作用下发生变形，产生相应的应变或位移，然后传递给与之相连的应变片，引起应变片的电阻值变化，通过测量电路变成电量输出。金属导体或半导体在受到外力作用时，会产生相应的应变，其电阻也将随之发生变化，这种现象称为"应变效应"。电阻式应变传感器的特点是采集频次高，但由于安装工艺的要求高，往往存在数据漂移，测量不准确的情况。

（1）电阻应变片的工作原理（图26-5）

电阻应变片的工作原理是基于金属的应变效应。

一根金属电阻丝，在其未受力时，原始电阻值为：

$$R = \frac{\rho l}{A} \tag{26-19}$$

式中：ρ——电阻丝的电阻率；

l——电阻丝的长度；

A——电阻丝的截面面积。

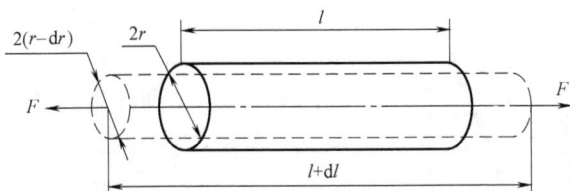

图 26-5 导体受拉伸后的参数变化

当电阻丝受到拉力 F 作用时，将伸长 $\mathrm{d}l$，横截面面积相应减小 $\mathrm{d}A$，电阻率因材料晶格发生变形等因素影响而改变了 $\mathrm{d}\rho$，从而引起电阻值变化量为：

$$\frac{\mathrm{d}R}{R}=\frac{\mathrm{d}l}{l}-\frac{\mathrm{d}A}{A}+\frac{\mathrm{d}\rho}{\rho} \tag{26-20}$$

电阻相对变化量：

$$\mathrm{d}R=\frac{l}{A}\mathrm{d}\rho+\frac{\rho}{A}\mathrm{d}l-\frac{\rho l}{A^2}\mathrm{d}A \tag{26-21}$$

式中：$\mathrm{d}l/l$——长度相对变化量，用应变 ε 表示为：

$$\varepsilon=\frac{\mathrm{d}l}{l} \tag{26-22}$$

$\mathrm{d}A/A$——圆形电阻丝的截面面积相对变化量，设 r 为电阻丝的半径，微分后可得 $\mathrm{d}A=2\pi r\mathrm{d}r$，则：

$$\frac{\mathrm{d}A}{A}=2\frac{\mathrm{d}r}{r} \tag{26-23}$$

在弹性范围内，金属丝受拉力时，沿轴向伸长，沿径向缩短，轴向应变和径向应变的关系可表示为：

$$\frac{\mathrm{d}r}{r}=-\mu\frac{\mathrm{d}l}{l}=-\mu\varepsilon \tag{26-24}$$

μ 为电阻丝材料的泊松比，负号表示应变方向相反。

推得：

$$\frac{\frac{\mathrm{d}R}{R}}{\varepsilon}=(1+2\mu)+\frac{\frac{\mathrm{d}\rho}{\rho}}{\varepsilon} \tag{26-25}$$

电阻丝的灵敏系数：单位应变所引起的电阻相对变化量。其表达式为：

$$K=\frac{\frac{\mathrm{d}R}{R}}{\varepsilon}=(1+2\mu)+\frac{\frac{\mathrm{d}\rho}{\rho}}{\varepsilon} \tag{26-26}$$

灵敏系数 K 受两个因素影响：应变片受力后材料几何尺寸的变化，即 $1+2\mu$；应变片受力后材料的电阻率发生的变化，即 $(\mathrm{d}\rho/\rho)/\varepsilon$。

对金属材料来说，电阻丝灵敏度系数表达式中 $1+2\mu$ 的值要比 $(\mathrm{d}\rho/\rho)/\varepsilon$ 大得多，显然，金属材料的应变电阻效应以结构尺寸变化为主。金属材料的电阻相对变化与其线应变成正比。这就是金属材料的应变电阻效应。对金属或合金，一般 $k_m=1.8\sim4.8$。

（2）电阻应变片的测量原理和基本结构（图26-6）

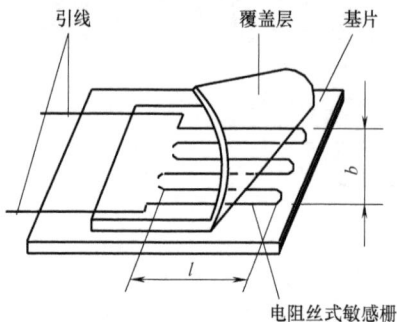

图26-6　应变片的基本结构

在外力作用下，被测对象产生微小机械变形，应变片随着发生相同的变化，同时应变片电阻值也发生相应变化。当测得应变片电阻值变化量为 ΔR 时，便可得到被测对象的应变值，根据应力与应变的关系，得到应力值 σ 为：

$$\sigma=E\cdot\varepsilon$$

1）敏感栅：实现应变-电阻转换的敏感元件。通常由直径为 $0.015\sim0.05mm$ 的金属丝绕成栅状，或用金属箔腐蚀成栅状。

2）基底：为保持敏感栅固定的形状、尺寸和位置，通常用粘结剂将其固结在纸质或胶质的基底上。基底必须很薄，一般为 $0.02\sim0.04mm$。

3）引线：起着敏感栅与测量电路之间的过渡连接和引导作用。通常取直径 $0.1\sim0.15mm$ 的低阻镀锡铜线，并用钎焊与敏感栅端连接。

4）盖层：用纸、胶做成覆盖在敏感栅上的保护层；起着防潮、防蚀、防损等作用。

5）粘结剂：制造应变计时，用它分别把盖层和敏感栅固结于基底；使用应变计时，用它把应变计基底粘贴在试件表面的被测部位。因此它也起着传递应变的作用。

26.2　应力应变测点布置

1. 施工期间

（1）高层建筑测点布置

在荷载变化和边界条件变化的主要施工过程中，应进行应变监测。

监测测点应布置在特征位置构件、转换部位构件、受力复杂构件、施工过程中内力变化较大构件。

测试截面和测点的布置应反映相应构件的实际受力情况；对于后装延迟构件和有临时支撑的构件，应反映施工过程中构件受力状况的变化。

施工期间对结构产生较大临时荷载的设施，宜对相应受力部位及设施本身进行应变监测。

塔式起重机支承架结构的主梁以及牛腿预埋件结构，应根据塔式起重机支承架结构的受力特点及现场施工条件确定支承架主梁的应力测点以及牛腿预埋件应力测点的位置及监测方案。

（2）大跨空间结构测点布置

施工安装过程中，应力监测应选择关键受力部位，连续采集监测信号，及时将实测结果与计算结果作对比。发现监测结果或量值与结构分析不符时应进行预警。

结构卸载施工过程监测除应符合本规范规定外，每步卸载到位后先静止 $5\sim10min$，再采集数据；当监测值超出预警值时应及时报警。

监测膜结构膜面预张力时，应根据施工工序确定监测阶段，各膜面部分均应有代表性测点，且应均匀分布。

索力监测的测点应具有代表性，且均匀分布；单根拉索或钢拉杆的不同位置宜有对比性测点，可监测同一根钢索不同位置的索力变化；横索、竖索、张拉索与辅助索均应布设测点。

（3）构件测点布置（图26-7）

1）对受弯构件应在弯矩最大的截面上沿截面高度布置测点，每个截面不宜少于2个；当需要量测沿截面高度的应变分布规律时，布置测点数不宜少于5个。

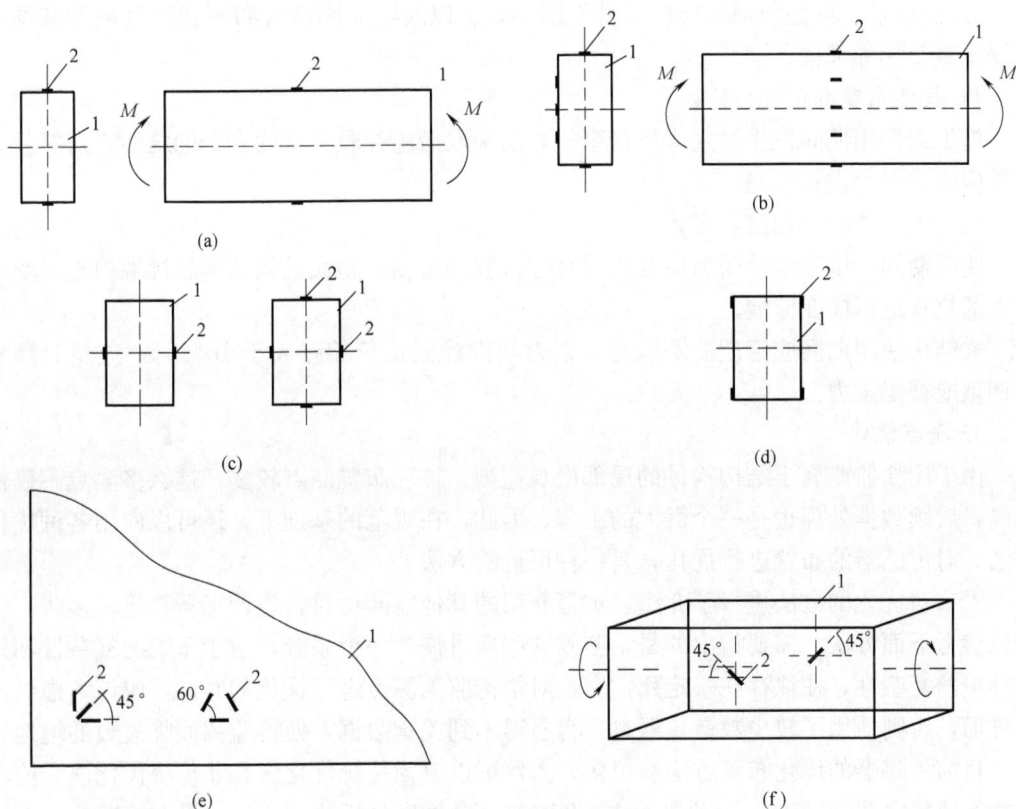

图26-7　应变测点布置

（a）受弯构件应变测点布置；（b）量测应变沿截面高度分布时受弯构件应变测点布置；（c）轴心受力构件应变测点布置；（d）双向受弯构件应变测点布置；（e）三向应变测点布置；（f）受纯扭构件应变测点布置

2）对轴心受力构件，应在构件量测截面两侧或四侧沿轴线方向相对布置测点，每个截面不应少于2个。

3）对偏心受力构件，量测截面上测点不应少于2个；如需量测截面应变分布规律时，测点布置应与受弯构件相同。

4）对于双向受弯构件，在构件截面边缘布置的测点不应少于4个。

5）对同时受剪力和弯矩作用的构件，当需要量测主应力大小和方向及剪应力时，应布置45°或60°的平面三向应变测点。

6）对受扭构件，应在构件量测截面的两长边方向的侧面对应部位上布置与扭转轴线成 45°方向的测点；测点数量应根据研究目的确定。

2. 使用期间

（1）高层建筑测点布置

应变监测的测点应选择应力较大的构件和受力不利构件。测点不宜过于分散，宜服从分区集中准则。

下列重要部位或构件宜进行应变监测：

1）转换部位及相邻上下楼层。

2）伸臂桁架受力较大的杆件及相邻部位。

3）巨型柱、巨型斜撑、竖向构件平面外收进以及竖向刚度分布不连续区域等结构不规则位置及相邻部位。

4）其他重要部位和构件。

施工或使用期间发生过重大质量事故并已采取措施补救确认为安全的结构，对补救部位的应变情况宜进行监测。

（2）大跨空间结构测点布置

使用期间关键支座及受力主要构件宜进行应变监测；超大悬挑结构悬挑端根部或受力较大部位宜进行应变监测。

索结构使用期间应定期监测索力，索力与设计值正负偏差大于 10% 时，应及时预警并调整或补偿索力。

3. 测点优化

由于应变监测属于结构构件的局部微观监测，往往布置测点较多，这么多测点不仅价格高，后续数据处理也是一个巨大的工程，因此，在规范的基础上，还可以应用各种优化方法，对传感器的布置进行优化，是一种可行的方法。

本节对优化的方法进行了介绍，本篇介绍的其他监测项目，当传感器数量较多时，也可以参考下面方法，需要指出的是，监测这些项目需要一个系统，由于系统的复杂性和外界环境的复杂性，往往存在一定死亡率，对结构监测测点进行优化的时候，应该考虑到这一方面，否则使用了较少数量仪器时，容易得不到关键数据，使得监测面临失败的境地。

目前传感器的优化布置方法有很多，大致可以分为传统优化法和非传统优化法，前者包括有效独立法（EFI）、运动能量法（KEM）、灵敏度分析法、Guyan 模型缩减法、奇异值分解法等；后者包括遗传算法、小波分析法、神经网络法和模拟退火法等。下面对在工程中应用较多的有效独立法和遗传算法进行简单的介绍。

（1）有效独立法

有效独立法（EFI）是由 Kammer 提出的一种优化方法，其基本思想是逐步消除那些对目标振型的独立性贡献最小的自由度，以使目标振型的空间分辨率能得到最大程度的保证。

有效独立法方法是从结构动力学的角度提出的安放传感器问题，传感器的安放必须使收集到的数据能够提供独立的测试参数，包括振型和频率等。所以，为了测试分析相互关系，所选的测试振型必须是相互独立的。因为，测试振型和相应的有限元模型振型只有在振型相互独立的情况下才能够被识别。

有效独立法通过矩阵的对角元素来对各个候选测点的进行优先排序，用迭代法以此排除对角元素最小的候测点位置，直到得到最优布置方法。

（2）遗传算法

遗传算法从20世纪40年代就开始被生物学家用来研究生物模拟技术。到了20世纪70年代初，Holland教授提出了模式定理，即遗传算法的基本定理，从而奠定了遗传算法的理论基础。

遗传算法以其容易理解、操作简单、可移植性强，在求解大型、复杂优化问题方面具有明显的优势。遗传算法作为一种模拟生命演化的仿生算法，其基本思想就是生命进化在数学上的具体实现。遗传算法即是从一个初始种群出发，不断重复执行选择、杂交和变异的过程，该过程中适应度较大的个体得到遗传，而适应度较小的个体就会被淘汰，最后使种群个体越来越接近某一目标。选择、交叉、变异是遗传算法的3个主要遗传算子，它们构成了所谓的遗传操作，使遗传算法具有了其他传统方法所没有的特性。

26.3 应力应变仪器选型

正常工作条件下，应变传感器的精度应小于1.0%F.S，其中钢筋计精度应小于0.1%F.S；位移、加速度传感器的精度应小于0.1%F.S；风、温度传感器的精度应小于0.5%F.S。

应变测量时，根据监测对象类型选择对应的传感器。监测构件时，可使用应变片、振弦式应变计、光纤光栅应变计。监测节点域应力状态时，宜使用应变片。

振弦式传感器和光纤光栅应变计为长标距传感器，获得的为标距范围内的平均应变，可用于构件应力监测。节点域应力状态复杂，不宜使用长标距传感器，宜使用测量一点应力的应变片监测。

应变片的极限应变值不得低于$2000\mu\varepsilon$。大变形监测时，极限应变值应达到$20000\mu\varepsilon$。

应变计最低量程不得低于$1000\mu\varepsilon$，大变形监测时，量程应达到$10000\mu\varepsilon$。应变计精度应小于1.0%F.S，同时，分辨力受压时应小于$0.15\mu\varepsilon$，受拉时应小于$0.05\mu\varepsilon$。稳定性应小于0.1%F.S/年。

钢筋计的量程不得小于[−200，300]MPa；同时，分辨力应达到$0.5\mu\varepsilon$；稳定性应小于0.1%F.S/年。

目前应用较多的是振弦式传感器，这种传感器的特点是数据稳定，成活率高，缺点是每几秒形成一次数据，不能测量动应变。光纤光栅式传感器虽然采集频次高，可以测量动应变，但受环境温度影响较大，不适用于环境复杂的情况，且光纤光栅式传感器及其采集设备造价高，现场接线要求工艺高，容易出现接头问题。电阻式传感器的优点是价格便宜，采集频次高，但由于电阻式应变片安装工艺要求高，受外界环境影响大，往往存在数据漂移，测量不准的情况（表26-1～表26-2）。

振弦传感器的分类　　　　　　　　　　表26-1

仪器类型	应力应变测试		
仪器名称	表面应变计	埋入式应变计	钢筋应力计
测试对象	钢结构或混凝土等结构物的表面应变或混凝土表面的裂缝开展	埋入水工建筑物及其他混凝土建筑物内，测量混凝土应变	混凝土中钢筋应力地下锚杆的应力分布（8～40mm的钢筋）

续表

仪器类型	应力应变测试		
量程	1000～2000$\mu\varepsilon$	3000$\mu\varepsilon$	200～350MPa
工作温度	$-25\sim60℃$	$-20\sim80℃$	$-20\sim80℃$
精度	0.3% F.S	0.3%F.S	0.3%F.S
灵敏度	0.1% F.S	0.1%F.S	0.1%F.S
使用方法	固定在与之配套的底座上,底座与结构物之间可用胶粘结、螺栓连接或焊接	埋于混凝或凿孔(槽)后埋于混凝土中	与钢筋焊接
仪器图片			

光纤光栅埋入式应变计分类 表 26-2

仪器名称	表面应变计	埋入式应变计
测试对象	静态或动态应力应变监测	埋入水工建筑物及其他混凝土建筑物内,测量混凝土应变
量程	$\pm1500\mu\varepsilon$	$\pm1500\mu\varepsilon$
精度	0.3% F.S	0.3%F.S
灵敏度	0.1% F.S	0.1%F.S
工作温度	$-30\sim+80℃$	$-30\sim+80℃$
标距	50mm/150 mm	150mm/250mm
安装方法	焊接或利用附加部件固定	埋入
图片示例		

第27章
振 动 监 测

在建筑结构当中，振动是常见的动荷载，比如说，在建筑物里面有机械振动；在结构物上有移动荷载，比如说桥梁，上面有汽车在行驶，这样会产生应力应变变化。通过对结构动态响应的监测，可以较好地掌握结构在动态荷载（地震、台风、车辆）下的响应，并通过动力放大系数、荷载统计得出结构安全状况。同时对这些建筑物结构进行抗震、隔震及消能减震等研究时，也需要知道其自身的动力特性，即它们的固有频率、振型和阻尼。由于诸多方面原因，结构动力特性的计算值与实际值之间存在着一定差异，对于结构复杂、刚度极不均匀的建筑物尤其严重。因而，通过实测来获取复杂、重要建筑物的动力特性是十分必要的。

27.1 振动监测方法

1. 工作机制

结构动力特性监测中，结构的振动位移、速度、加速度和振动反应的监测通常选用测振传感器作为监测技术中的关键部件，其原理是把作用在属于机械量的运动量，如动位移、速度、加速度按各种非电量测量法的原理转换为电量输出、放大、模拟运算等。在结构动力特性监测中使用较多的传感器有磁电式、压电式、伺服式传感器，其他形式的传感器，如电容式、应变式、电感式传感器使用较少。测振传感器原理如图 27-1 所示，图中 km 为微型拨动开关。

当微型拨动开关的开关 1 接通（ON）时，动圈式往复摆的运动微分方程为：

$$m_1\ddot{x}+b_1\dot{x}+kx=-m_1\ddot{X} \tag{27-1}$$

其中：m_1 为摆的运动部分质量，$\ddot{x}$、$\dot{x}$、x 分别为摆的加速度、速度和位移，b_1 为阻尼系数，k 为簧片的刚度，$\ddot{X}$ 为地面运动的加速度。

此时，电阻 RP1 的阻值较小，故阻尼常数 $D \geqslant 1$，拾振器的运动部分构成速度摆，即摆的位移与地面运动的速度成正比，拾振器构成加速度计，它的输出电压与地面运动的加速度成正比，其加速度灵敏度：

$$S_a=m_1R_{P1}/RL \tag{27-2}$$

式中：RL——机电耦合系数。

当微型拨动开关 2 或开关 3 或开关 4 接通时，摆的运动微分方程为：

$$(m_1+M_1)\ddot{x}+b\dot{x}+kx=-m_1\ddot{X} \tag{27-3}$$

式中：M_1——并联电容后的当量质量，此时，由于线圈回路的电阻较大，因此，D
　　　　<1，当 $M_1>m_1$ 时，拾振器的速度灵敏度：

$$S_V=m_1/BL \cdot C \tag{27-4}$$

式中：C——电容器的电容量。

拾振器的测量方向分为铅垂向和水平向。可从拾振器方座上 V、H 符号辨别。H 代表水平向，V 代表铅垂向，水平向和铅垂向拾振器测振时应按图 27-1 所示放置。

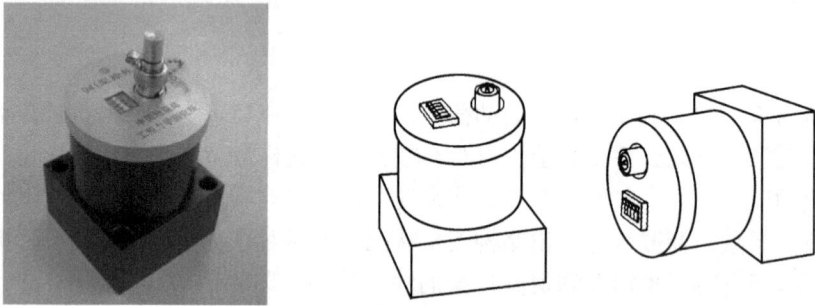

图 27-1　拾振器及拾振器测量方向

如按照转换后的信号与振动参量之间的关系来区分，振动参量传感器主要可分为位移传感器、速度传感器和加速度传感器（图 27-2）。

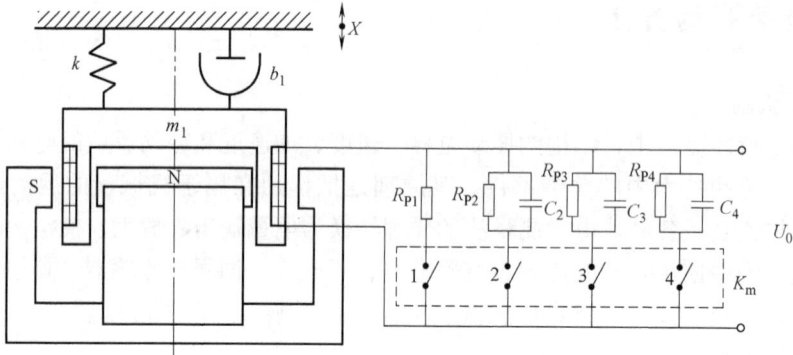

图 27-2　拾振器原理图

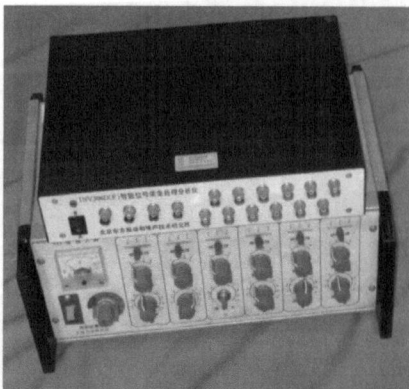

图 27-3　数据放大及分析系统

放大器进行模拟运算的作用，例如对信号进行微积分运算等，同时，它还必须和记录器的输入要求相匹配。目前应用较多的是多种电子放大器，如微积分放大器、电压或电荷放大器以及滤波放大器等（图 27-3）。

记录器是把放大后的振动信号显示或记录下来的一种装置。常见的有笔式记录器、光线示波器、电子示波器，记忆示波器、瞬态波形存储器以及磁带机等。此外，根据需要还可连接分析仪。分析仪的任务是将测量的振动信号进一步分析、变换和处理。

2. 自振频率分析

结构自振频率的识别主要依据结构的自功率谱和互功率谱。但由于测量噪声的影响，结构的反应自功率谱的峰值处不一定是模态频率。故一般依据下列原则判断结构的模态频率，各测点的自功率谱峰值位于同一频率处，而且在模态频率处各测点间的相干函数接近1，同时各测点具有近似相同或反相位的特点。

通过对各测点位移、速度、加速度的自谱分析，各测点与参考点位移、速度、加速度的互谱分析及综合分析，并判断比较，可得到所有测点平移和扭转的前几阶频率，每阶频率均取均值，最终得到结构物平移振动和扭转振动的前几阶频率。

3. 振型分析

一般把底层的测点作为参考及输入点，其余测点作为输出，用输入、输出之间的传递函数（或互谱）分析振型。分析时由测点与参考测点之间的相位差可确定出测点在振型图中的方位。然后通过传递函数在各频率处的幅值，得出振型图的相对坐标。因为传递函数反映测点幅值与参考点幅值之比，故各传递函数的幅值反映了各测点幅值的相对值。再对幅值进行归一化处理，最终做出结构平移和扭转在 X 方向、Y 方向的前几个振型。

4. 阻尼比分析

阻尼比分析是在频域上进行的。根据各测点的频谱图上的阻尼比。其计算公式如下：

$$\xi_j = \frac{B_m}{2f_m} \tag{27-5}$$

式中：B_m 是与第 j 振型有关的谱峰值的半功率点带宽，f_m 是第 j 阶自振频率。为了保证阻尼比估计的可靠性，一般希望 $B_m \geqslant 5\Delta F$，ΔF 是 FFT 计算中的频率分辨率。

27.2 振动监测测点布置

振动监测应包括振动响应监测和振动激励监测，监测参数可为加速度、速度、位移。振动监测的方法可分为相对测量法和绝对测量法。

相对测量法监测结构振动位移应符合下列规定：

(1) 监测中应设置有一个相对于被测工程结构的固定参考点；

(2) 被监测对象上应牢固地设置有靶、反光镜等测点标志；

(3) 测量仪器可选择自动跟踪的全站仪、激光测振仪、图像识别仪。

绝对测量法宜采用惯性式传感器，以空间不动点为参考坐标，可测量工程结构的绝对振动位移、速度和加速度，并应符合下列规定：

(1) 加速度量测可选用力平衡加速度传感器、电动速度摆加速度传感器、ICP 型压电加速度传感器、压阻加速度传感器；速度量测可选用电动位移摆速度传感器，也可通过加速度传感器输出于信号放大器中进行积分获得速度值；位移测量可选用电动位移摆速度传感器输出于信号放大器中进行积分获得位移值；

(2) 结构在振动荷载作用下产生的振动位移、速度和加速度，应测定一定时间段内的时间历程。

振动监测前，宜进行结构动力特性测试。

动态响应监测时，测点应选在工程结构振动敏感处；当进行动力特性分析时，振动测点宜布置在需识别的振型关键点上，且宜覆盖结构整体，也可根据需求对结构局部增加测点；测点布置数量较多时，可进行优化布置。

对于结构形式简单的结构，一般按以下原则布置振动监测点。

中心位置布置平移振动测点：

在布置平移振动测点的时候，传感器一般安放在建筑物的刚度中心，其目的是让传感器接收到的信号仅仅是平移振动信号，扭转振动信号进不来，这样在做数据分析处理时便于识别平移振动信号。当受到现场试验条件的限制，不可能在建筑物的刚度中心安放传感器时，要尽可能地靠近刚度中心，使扭转振动信号尽可能的小，突出平移振动信号。在现场试验时，刚度中心不易确定，平面位置的几何中心容易找到，传感器可放至几何中心。

在建筑物的两侧布置扭转测点：

建筑物的扭转振动是整个建筑物绕着结构的扭转中心在转动，因此它越远离扭转中心，振动也就越大。显然，该类型的测点布置于远离扭转中心的位置。对于比较规则的结构，楼层扭转测点通常布置于远离几何中心的两侧对称布置，而且在位置较高的 1～2 个楼层布置扭转测点。但是对于体型复杂的结构，受扭转效应影响比较大，也很难确定扭转中心位置，为测得扭转频率及振型，常常在不同楼层的不同位置适当多布置几个测点。甚至有时在布置测点的所有层都布置扭转测点。

在结构突变处布置测点：

由于某种需要，结构在某一部位断面突然变化，引起刚度突然变化，或者质量突然变化，这些变化都有可能使结构的振动形态发生变化。在变化处，要安放一定数量的传感器。如突出屋面的塔楼，结构平面形式收进的楼层等，由于断面削弱，刚度突变会引起结构振动的变动，如鞭梢效应等。或者由于突出屋面的子结构与主体结构振动的某一阶频率接近时，也都有可能引起结构振动加大，甚至产生明显的鞭梢效应。

特殊部位布置测点：

往往在做监测时，还要在某些特殊的部位布置一些测点。如在主楼与裙房或广场两侧都布置测点，测量主体结构与裙房或者广场之间的共同作用。

27.3　振动监测仪器类型

振动位移、速度及加速度监测的精度应根据振动频率及幅度、监测目的等因素确定。

动态监测设备使用前应进行静态校准。监测较高频率的动态应变时，宜增加动态校准。

根据不同振动现象的特点，在测量方法与仪器选择方面将有所不同，现场动力特性监测主要是与稳态现象和随机现象关系密切。加速度传感器的主要技术指标应符合表 27-1 规定。

加速度传感器的主要技术指标　　　　　　　　　表 27-1

仪器名称	力平衡加速度计	电动式加速度计	ICP 压电加速度计
灵敏度(V/(m/s²))	±0.125	±0.3	±0.1
满量程输出(V)	±2.5	±6	±5
频率响应(Hz)	0～80	0.25～80	0.3～1000
动态范围(dB)	≥120	≥120	≥120
线性度误差(%)	≤1	≤1	≤1
运行环境温度(℃)	−10～+50	−10～+50	−10～+50
信号调理	线性放大、积分	线性放大、积分	ICP 调理放大

第28章
地 震 监 测

28.1 地震监测方法

由于强震仪的出现和强震动加速度记录的获得，抗震理论的发展进入了新阶段，即以仪器记录为基础、以反应谱为中心的地震力理论阶段。从此结构抗震理论开始从一门描述性的学科，逐步向有强震动观测记录为依据的、定量的学科-地震工程学过渡。

反应谱理论的提出使抗震设计从"静力"方法过渡到"动力"方法，是一个重大的发展。而这一发展正是依赖于强震动观测所监测到的地震动记录。国内外地震工程研究者，根据测量得到的近百条加速度记录，计算了大量的反应谱曲线，获得了所谓"平均反应谱"或"标准反应谱"，使反应谱分析得以真正应用到工程设计。

随着强震动观测工作的迅速发展，观测资料的大量积累，使地面运动特征的统计分析和结构抗震理论也进一步得到相应的发展。例如，从震源参数、传播介质的性质演算地面运动的理论，应用随机函数理论组合地面运动过程的方法，从弹性反应谱到非线性反应谱理论的发展，烈度定量标准及其观测仪器的建立，以及场地条件对地面运动的影响，地震时地基与结构物的相互作用等方面的研究等，都是在取得了强震动观测记录的基础上发展起来的。

数字强震仪主要由数字信号处理器（DSP）、加速度传感器、A/D转换器与数字滤波器、电源与时间系统、数据存储系统以及数据/指令传输接口等系统构成。在新一代的数字强震仪中，普遍采用了灵敏度较高的 24 位 $\Delta\Sigma$ A/D 转换器与数字滤波器对模拟信号进行处理；为了方便文件传输与仪器的设定，普遍采用了多种通信接口，其中包括传统的COM 通信接口、通过公用电话线路连接的 MODEM 通信接口和网络接口。

图 28-1 为数字强震仪的结构示意图，其中三分量加速度传感器采集东西、南北和垂直方向的振动信号的加速度值将其转换为相对应的电压值；电压值经过 $\Delta\Sigma$ A/D 转换器与数字滤波器后，由数字信号处理器（DSP）进行处理并判断是否满足触发条件，如满足触发条件则对信号进行下一步的处理，同时开始记录实时数据和相对应的精确时间值。时间系统内部有一个日历/时间系统，由于强震烈度和震中的确定不但依据多个台站的阵地数据本身，还要准确地知道台站的位置和数据产生的时间，因此还提供全球定位系统（GPS）对强震观测仪进行校对时间，保证时间的准确性。经 GPS 校对时间后，其精度误差控制在 1ms 以内。在信号采集结束时形成触发数据文件，并将触发文件保存在数字强震仪的内部存储器中，同时根据仪器设定计算烈度并上传触发数

据文件。

对于工程结构，通常情况下，需要在结构底部布置一台强震仪，放置于基础中央，用于记录基础部位地震动情况。输入地震动监测传感器数量和布置应能够获得塔楼的三向平动地震动输入。传感器采样频率应在 $200\sim1000\mathrm{Hz}$ 的范围，传感器应能够可靠地获取地震动输入的长周期分量（15s 左右）。传感器的分辨率可按信噪比不小于 5。

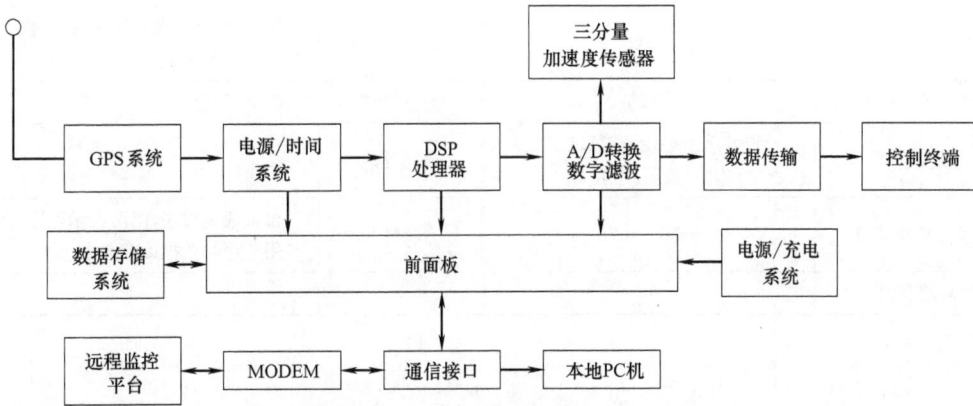

图 28-1　数字强震仪监测系统

28.2　地震监测测点布置

结构地震动及地震响应监测应符合下列规定：

（1）监测方案应包括监测系统类型、测点布置、仪器的技术指标、监测设备安装和管理维护的要求。

（2）测点应根据设防烈度、抗震设防类别和结构重要性、结构类型和地形地质条件进行布置。

（3）可结合风、撞击、交通等振动响应统筹布置监测系统，并应与震害检查设施结合。

（4）测点布置应能反映地震动及上部结构地震响应。

地震动及地震响应监测测点应布置在结构地下室的底面、结构顶层的顶面及不少于 2 个中间层位置。尚应结合结构振动测点，选择测点布置部位。

平移振动监测测点宜布置在建筑物的刚度中心。

扭转振动监测测点宜布置在结构的四周边缘转动最大的点。

已进行振动台模型试验的高层与高耸结构，可根据振动台模型试验结果布置测点。

28.3　地震监测仪器选型

地震动及地震动响应监测仪器主要由力平衡加速度计和记录器两部分组成。力平衡加速度计主要技术指标应符合第 27 章表 27-1 的规定，记录器的主要技术指标应符合表 28-1 的规定。

记录器主要技术指标 表 28-1

项目	技术指标	项目	技术指标
通道数	≥3	采样率	程控,至少 2 档,最高采样率不低于 200SPS
满量程输入(V)	≥±5	时间服务	标准 UTC,内部时钟稳定度优于 10-6 同步精度优于 1ms
动态范围(dB)	≥120	数据通信	RS-232 时实数据流串口通信速率 9600,19200 可选
转换精度(bit)	≥20	数据存储	CF 卡闪存＞4Gb
触发模式	带通阀值触发、STA、LTA 比值触发、外触发	道间延迟	0
环境温度(℃)	−20～+70	软件	包括通信程序,图形显示程序,其他实用程序与监控诊断命令
环境程度	＜80％	—	—

第29章
风环境监测

29.1 风环境监测方法

1. 风压监测

（1）电容式压力传感器

电容式压力传感器实际上是一个可变电容器。电容器的一个活动电极是由单晶硅、多晶硅、氮化硅或者金属等不同材料制成的弹性敏感膜片。另一个是固定电极，一般加工在衬底材料上。其结构示意图如图 29-1 所示。

图中电容器的两个极板，一个置在玻璃上，为固定极板，另一个置在硅膜片的表面上，为活动极板。当硅片和玻璃键合在一起之后，就形成有一定间隙的空气（或真空）电容器。电容器的大小由电容电极的面积和两个电极间的距离决定。当压力作用于硅膜片使其发生形变，两电极的间距发生变化，从而引起膜片和衬底之间电容值的变化。电容值与压力对应，形成压力到电容的信号转换。

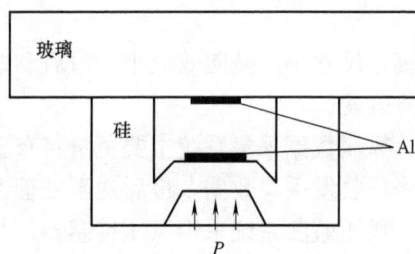

图 29-1　电容式压力传感器

电容式压力传感器的工作原理可以利用物理学原理来解释。平板式电容压力传感器的电容为：

$$C = \varepsilon \frac{A}{d} = \frac{\varepsilon_r \varepsilon_0 A}{d} \tag{29-1}$$

式中：A——极板间的有效面积；

$\quad\ d$——极板间距；

$\quad\ \varepsilon$——电容极板间介质的介电常数；

$\quad\ \varepsilon_r$——相对介电常数；

$\quad\ \varepsilon_0$——真空介电常数（$\varepsilon_0 = 8.85 \times 10^{-12} \mathrm{F/m}$）。只要 d、A、ε 其中任意一个发生变化，就会引起电容 C 的变化。因此电容式传感器可通过改变 d、A 来改变电容量 C，从而实现力学量的测量。

（2）压阻式压力传感器

压阻式压力传感器是目前得到广泛应用的压力传感器，这种传感器的制法相对比较简单，它由微加工硅膜片和注入压阻电阻构成，基本原理是利用硅晶体的压阻效应。硅的压阻效应是 1954 年由 C. S. Smith 首先发现，1956 年贝尔实验室研制出硅力敏电阻，此后压阻传感器开始问世。压阻效应是指沿一块半导体的某一轴向施加压力使其变形时，它的电阻率会发生显著变化，这种现象称为半导体的压阻效应。利用半导体材料的压阻效应制成的传感器称为压阻式传感器。

压阻式传感器工艺成熟且与集成电路工艺兼容，可在芯片上制备各种电路，又配合温度补偿技术克服了半导体温度影响大的弱点。目前已能制造出体积小、温漂小、灵敏度高、工作稳定的压阻式压力传感器。图 29-2 为压阻式压力传感器的结构示意图。

压阻式压力传感器通常由外壳、硅膜片和引线组成，核心部分是一个周边固支的硅膜片（硅杯），在膜片上，利用集成电路的工艺设置 4 个阻值相等的电阻，构成应变电桥。当压力作用在硅膜上时，硅膜变形引起电阻阻值的变化，电桥失去平衡，产生的电压输出正比于硅膜所受的压力。

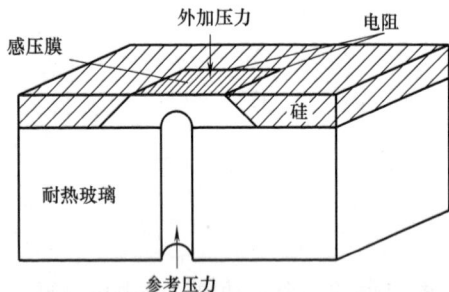

图 29-2　压阻式压力传感器

压阻式压力传感器的最突出的优点是灵敏度高、尺寸小、横向效应小、滞后和蠕变小，适于动态测量，因而受到人们的普遍重视并重点开发。

风压数据采集系统主要负责将布置在监测区域的传感器节点进行联络通信，交换控制指令，收发采集数据，最后送至处理器进行存储或处理。

风压监测系统采用风压传感器，其输出信号接至接入点，该点数据通过交换机后再经局域网传回至上位机。测试现场需安装的设备包括：风压传感器、传输从站、主站、交换机和一体化网桥。传输主站可管理多个从站，传感器将采集数据通过从站发送至主站，主站由网络接至交换机，交换机输出的数据通过局域网传给上位机，并通过一体化网桥实现。

2. 风速监测

风速监测在结构健康监测中有着重要的地位。作用在建筑物上的风荷载沿高度方向呈倒三角形状或抛物线状。建筑物越高，风合力就越大，合力作用点位置就越高，对建筑物产生的作用效应（如建筑物底部总剪力、总弯矩、楼层层间位移角、顶层最大水平位移）越明显。通过风速监测能够实时掌握风速沿高度方向的分布及顶点最大风速，明确结构不同阶段风荷载对结构的影响。目前，常用的风速监测仪器有杯状风速仪、热式风速仪和超声波风速仪。

（1）杯式风速仪

杯式风速仪是一种回转式测风传感器，几个风杯固定在星形的横臂上。所组成的感应器装在一个可以自由转动的轴上，所有风杯的杯口都顺着一个方向排列，而且要保证回转平面处于水平状态。当空气流过传感器时，空气流的水平直线运动动能就转变成风杯传感器的转动动能。由此可知，风杯传感器转动的线速度只决定于气流的速度。

杯式风速仪的工作原理是：其感应元件是由几个风杯组成的风杯组件，在水平风力的驱动下风杯组件朝着风杯凹面后退的方向旋转，主轴在风杯组件的带动下和风杯组件一起旋转，这样，连接在主轴上的磁棒又跟随主轴一起旋转。磁棒旋转到对准固定在下支座上的霍尔元件时，霍尔集成电路导通，在输出端口输出低电平，当磁棒继续旋转时，由于没有磁场作用在霍尔元件上，霍尔集成电路截止，输出高电平。通过信号采集卡采集出脉冲信号，信号的频率随风速的增大而线性增加。风杯组件每旋转一周，风速信号就会输出若干个周期的脉冲信号，经过计数和换算得到实际风速值。

(2) 热式风速仪

热式风速仪是通过监测暴露在流体中的加热器本身的热耗散程度来监测流速。这种模式的风速计包括一段固定几何尺寸的直流道，一个温度敏感材料制成的加热器，一个测量流体原始温度的参考温度传感器和相应的控制测量电路，通过监测流体带走的热量的多少来监测流速。传感器元件可以用各种对温度敏感的材料制成，其中 Pt 和 Ni 以及其合金由于它们的电阻随温度变化而明显变化，通常被选用作传感器元件的材料。

热式风速仪通常工作在中等流速下，此时，流体中的热传输以对流传热形式为主，因此热传输符合由 King's Law 推演出的关于电路输出电压与流体温度差变化的关系。

$$\frac{I^2 R_S}{R_S - R_f} = A + BU^n \tag{29-2}$$

式中：n——几何要素；

R_S——加热器温度对应的电阻值；

R_f——流体的原始温度对应的电阻值。

从公式中可以得知，流速的指数与风速仪的输出电信号成正比。

(3) 超声波风速仪

超声波在空气中传播时，在顺风与逆风方向传播存在一个速度差，当传播固定的距离时，此速度差反映成一个时间差，这个时间差与待测风速具有线性关系。在实际应用中，可以选用两对超声波换能器，保证距离不变，以固定频率发射超声波，测量两个相对方向上的超声波到达时间，由此得到顺风的传播速度和逆风的传播速度，经过软件换算即可得到风速值。系统设计中，采用一对收发一体的超声波探头，顺序发射超声波。首先 A 作为发射探头，B 作为接收探头，进行测量时得到一个时间，然后 B 作为发射探头，A 作为接收探头得到相对方向上的另一个时间，具体原理图如图 29-3 所示。

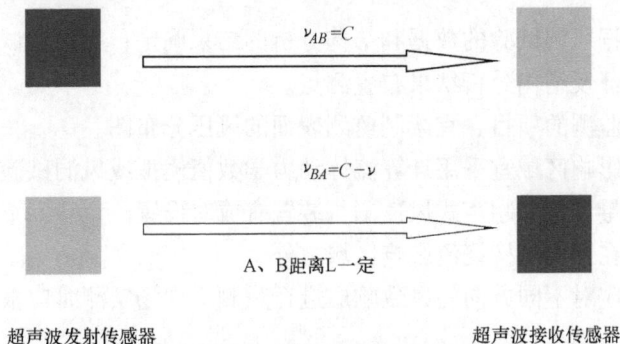

$$\nu_{AB} = C$$

$$\nu_{BA} = C - \nu$$

A、B距离L一定

超声波发射传感器　　　　　　　　　　超声波接收传感器

图 29-3　超声波风速仪原理图

顺风情况下，超声波由换能器 A 传到换能器 B 的传播速度 ν_{AB} 为无风速度 C 和风速 ν 的叠加，即：

$$\nu_{AB} = C + \nu \tag{29-3}$$

逆风情况下相反，超声波由换能器 B 传到换能器 A 的传播速度 ν_{AB} 为无风速度 C 和风速 ν 之差，即：

$$\nu_{BA} = C - \nu \tag{29-4}$$

使两对探头之间的距离 L 不变，则顺风传播时间为：

$$T_{AB} = \frac{L}{\nu_{AB}} \tag{29-5}$$

逆风传播时间为：

$$T_{BA} = \frac{L}{\nu_{BA}} \tag{29-6}$$

当测定 T_{AB} 和 T_{BA} 时，则可得到风速为：

$$\nu = \frac{L(T_{BA} - T_{AB})}{T_{AB} T_{BA}} \tag{29-7}$$

超声波风速仪的数据采集通过核心处理器产生时序信号控制脉冲的发射，接收信号经过前置放大、滤波、主放大后进行 A/D 转换，转换数据输进核心处理器进行处理，计算风速，并控制显示。键盘用来调节精度以及显示方式。系统支持串口通信，可将测量数据传至上位机进行保存，便于以后的数据分析。系统结构框图如图 29-4 所示。

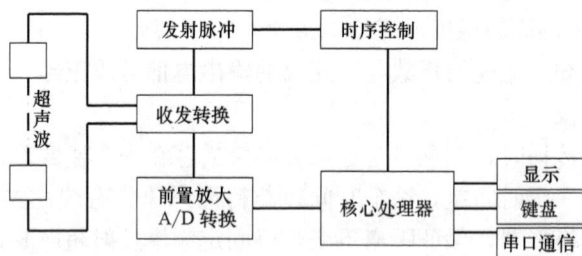

图 29-4　超声波风速仪采集系统

29.2　风环境监测测点布置

风压测点宜根据风洞试验的数据和结构分析的结果确定；无风洞试验数据情况下，可根据风荷载分布特征及结构分析结果布置测点。

进行表面风压监测的项目，宜绘制监测表面的风压分布图。

结构中绕流风影响区域宜采用计算流体动力学数值模拟或风洞试验的方法分析。

机械式风速测量装置和超声式风速测量装置宜成对设置。

风速仪应安装在工程结构绕流影响区域之外。

风致响应监测应对不同方向的风致响应进行量测，现场实测时应根据监测目的和内容布置传感器。

风致响应测点可布置量测不同物理量的多种传感器。

应变传感器应根据分析结果，布置在应力或应变较大或刚度突变能反映结构风致响应特征的位置。

当获取平均风速和风向，且施工过程中结构顶层不易安装监测桅杆时，可将风速仪安装于高于结构顶面的施工塔式起重机顶部。

已进行风洞试验的高层与高耸结构，宜根据风洞试验结果布置测点；对于未进行风洞试验的高层与高耸结构，宜选择自由场及对风致响应敏感的构件及节点位置，并宜与地震动及地震响应监测的测点布置相协调。

测点应设置在工程结构的顶层、地上一层、结构刚度突变和质量突变处以及对安全性要求较高的重点楼层的刚度中心或几何中心。进行动力特性分析时，振动测点应沿结构不同高度布置，宜设置在结构各段的质量中心处，并应避开振型的节点。

高层、高耸结构顶部风速仪宜高于顶部 1m，并处于避雷针的覆盖范围之内。环境风速监测宜安装在距结构 100～200m 外相对开阔场地，高出地面 10m 处。

对风敏感的建（构）筑物有验证要求时，可监测建（构）筑物表面的风压分布情况。

舒适度控制区域宜布置测点，对相应控制参数进行监测。

风致响应监测应对不同方向的风致响应进行量测，现场实测时应根据监测目的和内容布置传感器。

29.3　风环境监测仪器选型

风压监测宜选用微压量程、具有可测正负压的压力传感器，也可选用专用的风压计，监测参数为空气压力。

风压传感器的安装宜避免对工程结构外立面的影响，并采取有效保护措施，相应的数据采集设备应具备时间补偿功能。

风压计的量程应满足结构设计中风场的要求，可选择可调量程的风压计，风压计的精度应为满量程的 ±0.4%，且不宜低于 10Pa，非线性度应在满量程的 ±0.1% 范围内，响应时间应小于 200ms。

电容压力传感器是综合性能较好的一种压力传感器，它具有很高的精度和分辨率，动态响应好，过载能力强，能适应恶劣工作条件。在微压测量方面电容传感器比其他传感器具有更大的优势。

压阻式压力传感器主要特点是比较便宜，在建筑工程中应用精度也不够理想。

风速仪量程应大于设计风速，风速监测精度宜为 0.1m/s，风向监测精度宜为 3°。宜选取采样频率高的风速仪，且不应低于 10Hz。

杯式风速仪是应用极为广泛的测风传感器，它具有测风范围大、强度高、耐腐蚀等优点。目前所使用的三杯式风速计的测风元件——风杯，大多是凭经验和试验确定的，并没有完善的理论基础作指导，以至于没有明确风速计的线性度（即风速计的转速和实际风速的线性关系）都受风杯对应参数的影响。

热式风速仪的缺点在于对微小流量的灵敏度较差，在流速极低的情况下信号输出跳动非常大。

现阶段常采用基于超声波传播速度受风速影响因而增减原理制成的超声波风速仪，与其他各类仪表相比较，其优势在于：安装简单，维护方便；不需要考虑机械磨损，重复精度高、误差小，不需要人为地参与，和现有系统连接方便等特点。

第30章

温度监测

30.1 温度监测方法

（1）热电偶传感器

热电偶是一种感温元件，是一种仪表。它直接测量温度，并把温度信号转换成热电动势信号，通过电气仪表（二次仪表）转换成被测介质的温度。热电偶测温的基本原理是两种不同成分的材质导体组成闭合回路，当两端存在温度梯度时，回路中就会有电流通过，此时两端之间就存在电动势-热电动势，就是所谓的塞贝克效应。

（2）热敏电阻传感器

热敏电阻传感器主要元件是热敏电阻，当热敏材料周围有热辐射时，它就会吸收辐射热，产生温度升高，引起材料的阻值发生变化。

（3）电阻温度检测器

电阻温度检测器通常用铂金、铜或镍，它们的温度系数较大，随温度变化响应快，能够抵抗热疲劳，而且易于加工制造成为精密的线圈。

电阻温度检测器是目前最精确和最稳定的温度传感器。它的线性度优于热电偶和热敏电阻。但 RTD 也是响应速度较慢而且价格比较贵的温度传感器。因此适合对精度有严格要求，而速度和价格不太关键的应用领域。

30.2 温度监测测点布置

1. 环境及构件温度

（1）温度监测的测点应布置在温度梯度变化较大位置，宜对称、均匀，应反映结构竖向及水平向温度场变化规律。

（2）相对独立空间应设 1～3 个点，面积或跨度较大时，以及结构构件应力及变形受环境温度影响大的区域，宜增加测点。

（3）大气温度仪可与风速仪一并安装在结构表面，并应直接置于大气中以获得有代表性的温度值。

（4）监测整个结构的温度场分布和不同部位结构温度与环境温度对应关系时，测点宜覆盖整个结构区域。

（5）温度传感器宜选用监测范围大、精度高、线性化及稳定性好的传感器。

（6）监测频次宜与结构位移变形监测保持一致。

（7）长期温度监测时，监测结果应包括日平均温度、日最高温度和日最低温度；结构温度分布监测时，宜绘制结构温度分布等温线图。

（8）环境温度监测宜将温度传感器置于离地 1.5m 高、空气流通的百叶箱内进行监测。

（9）监测结构温度的传感器可布设于构件内部或表面。当日照引起的结构温差较大时，宜在结构迎光面和背光面分别设置传感器。

2. 大体积混凝土

大体积混凝土温度监测仪器应由温度传感器、数据采集系统、数据传输系统组成；系统应具有温度、时间参数的显示、储存、处理功能，可实时绘制测点温度变化曲线，温度测点数量不宜少于 50 个。

温度监测仪器可采用有线或无线信号传输。采用无线传输时，其传输距离应能满足现场测试的要求，无线发射的频率和功率不应影响其他通信和导航等设施的正常使用；采用有线传输时，传输导线的布置不得影响施工现场其他设施的正常运行，同时应保护好传输导线免遭损坏。

测位测点的布置应能全面准确地反映大体积混凝土温度的变化情况，可按下列方式布置：

（1）按照施工进度每昼夜浇筑作业面布置 1～2 个测位；在混凝土的边缘、角部、中部及积水坑、电梯井边等部位可布置测位；混凝土浇筑体厚度均匀时，测位间距为 10～15m，变截面部位可增加测位数量；在墙体的立面上，测位水平间距为 5～10m，垂直间距为 3～5m。

（2）根据混凝土厚度，每个测位布置 3～5 个测点，分别位于混凝土的表层、中心、底层及中上、中下部位。

（3）当进行水冷却时，测位布置在相邻两冷却水管的中间位置，并在冷却水管进出口处分别布置温度测点。

（4）混凝土表层温度测点宜布置在距混凝土表面 50mm 处；底层的温度测点宜布置在混凝土浇筑体底面以上 50～100mm 处。

温度传感器直接埋入混凝土内时，传感器和传输导线应有防护措施，防止施工过程中损坏传感器和导线。

采用把温度传感器放入直径为 20～30mm 金属保护管内时，金属管的底端应预先封堵，宜露出混凝土表面 300mm，并应将金属管予以固定。温度传感器安放完毕，金属管上端口应做密封保护处理。

30.3　温度监测仪器选型

对于大跨及超高层建筑，温度监测可采用水银温度计、接触式温度传感器、热敏电阻温度传感器或红外线测温仪进行，测量精度不应低于 0.5℃。

对于大体积混凝土，测试混凝土试样温度时间曲线的试样容器，直径宜为 300mm，高径比为 1：1，各个方向保温层热阻不应小于 8.0（m^2·K）/W。温度传感器在 0～

120℃范围内的精度应为 0.5℃。测试仪器应具有温度、时间参数的显示、储存、处理功能，并能绘制混凝土试样的温度时间变化曲线，数据采集时间间隔不应大于 10min。

温度监测仪器应定期进行校准，其允许误差不应大于 0.5℃。

温度传感器应符合下列规定：

（1）温度传感器量程应为：−30℃～125℃。

（2）传输线路应具有抗雷击、防短路功能。

（3）温度传感器安装前，应连同传输导线一同在水下 1m 处浸泡 24h 不损坏。

（4）温度传感器安装时应具有保护措施。

第31章

监 测 系 统

31.1 系统要求

1. 硬件要求

硬件系统应根据对数据的操作功能分为数据采集模块、监测运营模块、托管模块三部分（图 31-1），且系统组成应符合下列规定：

（1）数据采集模块负责将结构效应、环境作用转变成数字信号并传输给本地服务器；根据传感器信号类别不同，数据采集模块可采用并联模式 A 和串联模式 B。

（2）监测运营模块负责对监测信号进行计算、管理并形成有效信息传送到客户端。

（3）托管模块仅在客户端授权时才能进入监测系统。托管模块负责远程维护、升级。

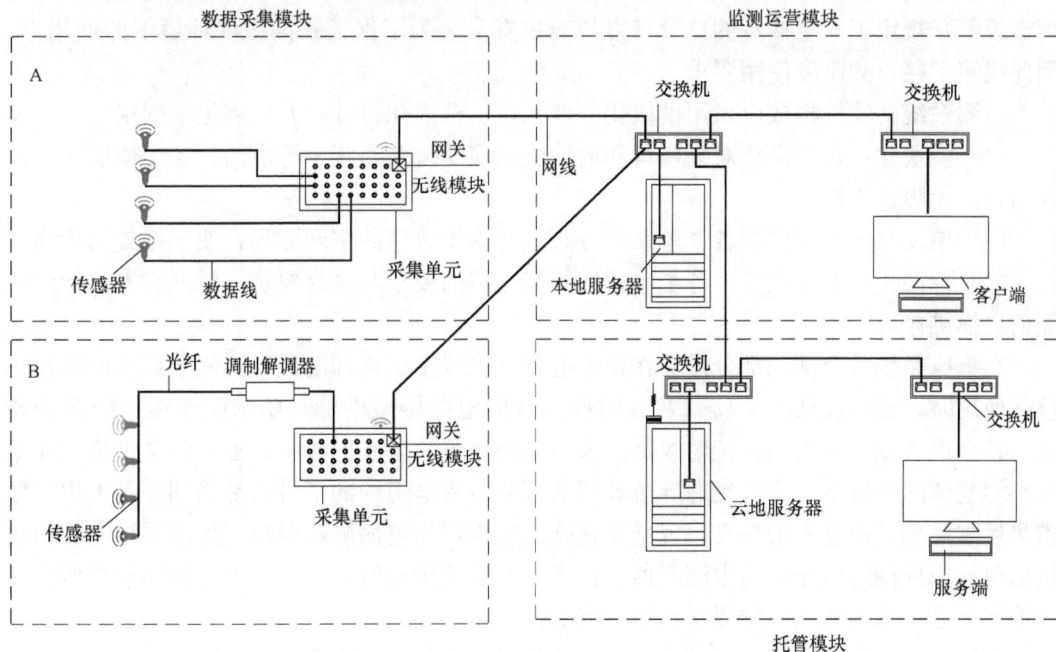

图 31-1　监测系统硬件构成

监测系统硬件部分设备应包括传感器、采集单元、传输单元、本地服务器、客户端等。监测设备应满足监测系统设计目标性能的要求，选型按本篇第 29 章执行。客户端应包括个人电脑、手机、平板电脑等设备。

监测设备机械接口应包括下列内容：

（1）SC接口-传感器与屏蔽电缆。

（2）CC接口-屏蔽电缆。

（3）CS接口-屏蔽电缆与采集单元。

（4）WS接口-无线模块与采集单元。

各个硬件接口的应满足下列性能要求：

（1）短期使用SC接口：传感器与屏蔽电缆短期连接使用时，应考虑抗拉性，抗电磁干扰性，抗腐蚀性等符合实地需求的合适的螺纹或者卡口航空接头，航空接头的总分离力应当在5～35N，插拔寿命应当在500～1000次。

（2）长期使用SC接口：当仪器需要长期部署时，应采用焊接方式连接航空接头或者将传感器与屏蔽电缆的每根子线使用热缩接头连接，热缩接口的长期温度范围应在-55℃～105℃，径向收缩率应大于等于50%，纵向收缩率应小于5%。

（3）CC接口：屏蔽电缆相互连接时，应当使用热缩接头连接，热缩接口的长期温度范围应在-55℃～105℃，径向收缩率应大于等于50%，纵向收缩率应小于5%。

（4）CS接口：屏蔽电缆与采集单元根据纤芯数量，应采用对应数量的接线端子进行连接。

（5）WS接口：采集单元应用RS232或RS485与无线模块连接。

（6）以上接口的至少能在湿度95%的环境下长期使用。

为了保证连接器适配后的可靠性与稳定性，依据EIA-364-13C（国际电气协会插拔力测试规范）规定了航空接头的总分离力与插拔寿命。为了保证在高湿度环境下的通用性，因此规定了接口的湿度使用要求。

监测系统的硬件构成应采用模块化、单元化、标准化设计，并应满足下列规定：

（1）模块化：每个模块对外接口和通信协议应是公开、统一标准的，各个模块应可相互组合，无障碍连接。

（2）单元化：模块内部各个单元的分布宜有易于分辨的空间分隔，便于排查与检修。

（3）标准化：各个模块，各个单元的相互连接的要求与器材要统一标准，方便后续可能的更换维修。

在集成系统的全部或部分需要在整体电磁环境复杂、局部电磁环境复杂或其他特种环境下使用时，必须保证各个器材及其间连接线的电磁屏蔽性能与防水防腐蚀等级符合要求。各个设备或模块之间连接时线材应采用单根完整的电磁屏蔽线，不得短料拼接。在电磁环境复杂的环境下，未经良好屏蔽处理的仪器或者电缆中的信号极易受到外界干扰，导致最后收集到的信息失去意义，现场布置施工应该严格遵循屏蔽要求。集成系统中的信号传输单元应标注其信号传输中继距离，在需要长距离传输时，在模块内应转换信号传输模式或在中继距离内加装中继器延长信号传输距离。

不论信号传输方式是电缆还是无线，信号在传输时的强度会随着传输的距离增加而衰减，当距离超过信号传输设备的中继范围，最终得到的信号与杂波混合，难以分辨。中继距离是布置现场信号传输线路结构时一个重要依据，应明确标出，并且在远距离传输时加装中继放大器。整个系统的在集成时应考虑数据采集接口、通信接口和供电接口等之间的兼容性和匹配性。系统集成时，网络通信模块的选型应考虑实际网络带宽、设备信号吞吐量、品牌、性价比、可扩展性、可靠性和稳定性等。

在系统部署时应充分考虑雷电影响并采取以下有效的防雷措施：

（1）室外，低层或室内布置时应至少有接地连线。

（2）室外，高层布置时应至少有简易的防雷装置。

（3）野外，雷电多发区时应有完整的防雷设备，其中包含接闪器、引下线和接地装置，且接地线宜采用铜绞线。

2. 软件要求

软件系统应在保证安全性、稳定性、鲁棒性的基础上，注重计算效率与用户体验，并符合下列规定：

（1）安全性：应具有访问控制与权限分组功能，应对敏感信息进行加密处理。

（2）稳定性：应保存 1 份以上的系统备份数据，两次备份时间间隔不超过 24h。

（3）鲁棒性：应具备应对瞬时大量数据的处理能力，具备应对瞬时大量请求访问的处理能力。

安全性、稳定性与鲁棒性，是业界公认用于评价软件系统的 3 个基本指标。针对安全性部分，权限控制的一般做法是将超级权限与普通权限分离，外部访问只允许使用普通权限层级。敏感信息包括密码、用户个人信息、具有保密级别的数据。针对稳定性，24h 作为一般工作周期，以此作为最大备份时间间隔是合理的。针对鲁棒性，监测系统的核心在于监测数据的处理、分析，同时具备一般服务器的访问功能，需要同时满足两方面的性能要求。

软件系统应采用模块化设计，应包括但不限于数据采集、数据管理、计算分析、用户交互 4 个基本功能模块（图 31-2）。模块间应使 RPC 方式进行通信，使用统一的接口协议，且具备异步调用能力。

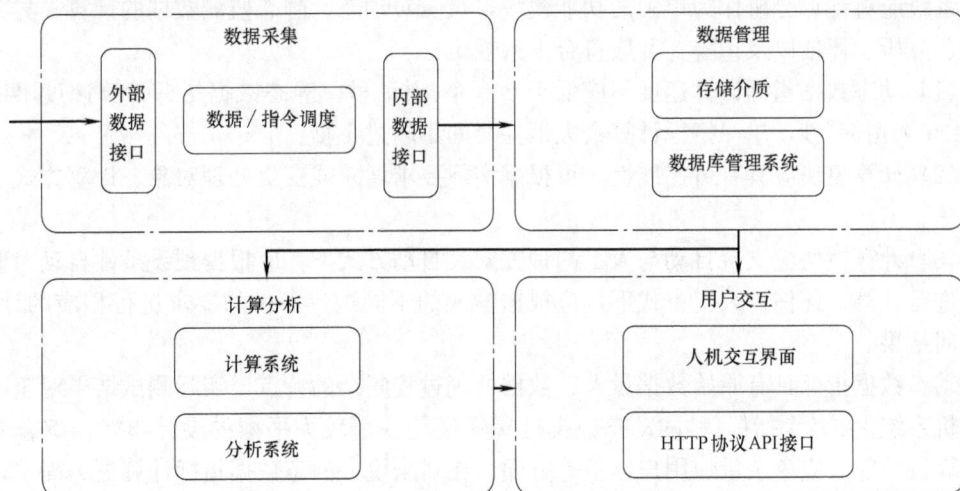

图 31-2 软件系统模块设计图

从功能上看，数据采集、数据存储、计算分析与用户交互直接基本相互独立，且组成系统后能满足监测系统的核心功能。考虑到各模块间独立编写、性能水平不一的情况，使用统一的接口协议可以降低开发成本、提升整体质量。

系统应将数据采集作为单独的功能模块，负责对接硬件设备的监测数据信号，转发各类采集数据、指令，并提供内部数据调用接口，并应符合下列规定：

（1）数据采集模块应包括多个外部数据接口与至少一个内部数据接口。外部数据接口应支持所有的监测信号类型，内部数据接口应提供同步、异步调用方式。

（2）数据采集模块应具备指令调度、缓存与异常判断能力，指令缓存数量不少于100条，响应时间不超过30s，并对异常、非法指令应进行拦截记录。

（3）数据采集模块应在网络通信状况不佳的情况下，保证系统的正常运行与数据的准确性。对已经丢失链接的数据链路，应在60s内做出判断与记录。

监测系统应同时支持多个监测数据来源的采集、分析，因此数据采集模块也应保证多个外部数据接口，并支持各类传感器。一般结构监测中，30s以上的延迟已经不可接受，因此至少要求相应时间不超过该数值。进一步地，系统应保证30s内的所有指令被正确缓存，相应的缓存数量为100条。

系统应将数据管理作为单独的功能模块，负责对包括监测数据、安全认证信息、预警记录、报告日志等在内的所有系统数据进行统一管理，并应符合下列规定：

（1）数据管理模块应采用分布式数据库架构设计，包含多个数据库及相应的数据库管理系统。同类型数据库的接口应统一。

（2）应采用时序数据库技术处理、存储监测数据，数据写入/读取速度不低于30000数据点/秒，指令请求速度不低于30条/秒，时序数据存储时间长度不低于10年。

分布式数据库架构设计为当前主流设计模式，且经事实检验具有诸多优点，应积极使用。监测数据本身的特点，完全满足时序数据库技术应用的对象，可最大程度发挥其优势。根据一般监测项目数据量大小，经测算平均写入/读取数据速度要求为30000数据点/秒。

系统应将计算分析作为单独的功能模块，负责对动态、静态监测数据的计算、异常值处理、分析、评估以及预警，并应符合下列规定：

（1）动态数据指标计算速度不应低于200个指标/秒，静态数据指标计算速度不应低于1000个指标/秒，单一指标计算最大消耗时间不超过1秒。

（2）计算模块应具有可扩展性，可根据实际要求增减或变更处理对象、计算方式与评估方法。

（3）计算模块应支持自动与人工两种方式。自动方式下，应根据预设条件自动对监测数据进行计算、评估；人工方式下，应根据输入的不同边界条件与要求进行相应的计算，并返回结果。

动态数据指标具有原始数据量大、数据处理过程复杂的特点，实际测试结果对于一般计算机系统，200个指标/秒的动态数据处理速度是一个较为平衡的设计指标，综合考虑了计算机性能、应急余量、用户体验等方面。相对来说，静态数据指标计算更为简单，可以达到1000个指标/秒的性能。综合来看，结构监测对于延迟本身的要求，导致单一指标的计算耗时不应超过1秒。

应提供直观、高效的监测结果展示方式，提供多终端、多途径的信息获取方式。宜建立网络应用服务器，提供互联网远程安全登录、查阅数据的功能。

用户服务模块应采用前后端分离的设计方式，提供完整、统一的http网络传输协议接口。

31.2 监测系统

1. 传感器子系统

传感器子系统属于感知层，是数据最直接的感知部分，感知层是除了传感器对各类监测指标状态感知外，还根据现场数据采集系统按指定采样周期采集各个桥梁监测传感器数据；同时对传感器的工作状态进行自动检测，将工作状态反馈到网络层。现场系统还接收服务中心指令，对采样周期等指标进行调整。该系统运行在现场采集设备计算机内，可参照前面各章节的传感器基本原理及选型。

2. 数据采集与传输子系统

数据采集

为保证数据采集与传输的稳定性、可靠性和耐久性，要求如下：

（1）系统应具有与其安装位置、功能和预期寿命相适应的质量和标准。通信协议，电气、机械、安装规范应采用相应国家标准或兼容规范。

（2）系统应能在无人值守条件下连续运行，采集得到的数据可供远程传输和共享，采样参数可远程操作来进行在线设置。

（3）数据采集子站能24h连续采样，在报警状态下（强风、地震等）能够进行特殊采样和人工干预采样。

（4）数据采集软件应具有数据采集和管理功能，并能对现在数据进行基本的统计运算，以便显示响应信息。

（5）数据采集管理员可以在数据服务器上通过远程操作实现对模拟、数字和视频等所有信号的采样频率、触发阈值、时间间隔等参数进行调整。

（6）系统软件操作权限分为多级。只有系统管理员具有运行数据库、修改传感器的校准数据等在内的操作权限，而一般的普通管理员不应被赋予上述操作权限，以确保系统的安全。

（7）系统具有实时自诊断功能，能够识别传感器失效、信号异常、子系统功能失效或系统异常等。出现故障时，系统应能立即自动地将故障信息上传之数据服务器，并激活预警信息，与此同时，隔离故障传感器或子系统以保障其余部分正常工作。

（8）当系统的一个或多个部分暂时断电时，系统的各个部分应无须认为干涉即可自动重新启动、同步校准和继续正确运行。

（9）无线信号传输网络的设计和构造要考虑将来的扩展，且扩展无须中断系统操作和影响现有的用户。在各站之间的数据交换应符合ISO或CCITT标准。

（10）为了与其他基于TCP/IP的设备和网络相协调，无线信号传输网络应基于TCP/IP标准。

（11）通信故障和自动重构都能在数据服务器上显示并发出警报。

外场数据采集的总体要求：

（1）外场数据采集站应具有适当的数据预处理能力和充足的缓冲存储器容量。当数据传输出现故障时，外场数据采集站不中断采集工作，并将数据存储到外场数据采集站中。采用远程数据存储＋现场采集子站备份方式进行数据存储，以保证在传输出现故障时，数据不会丢失。

（2）外场数据采集站包括传感器输入输出调理通道和网络控制器。

（3）外场数据采集站应有线路保护设备、输入输出端口。

外场采集站的优化布置

由于监测系统所包含的传感器分布较广，为防止长距离无线采集传输造成的信号失真，同时又不大量增加数据采集单元的工作量。外场数据采集站采用集中控制、分布采集、远程存储、本地备份的采集模式。

外场数据采集站包括采集主机和若干个采集模块，采集模块和采集主机通过 RS485 总线相连，各采集模块分别采集不同电压、电流信号，对应大气温湿度、结构温度、桥体挠度、应变、支座位移等多种参量。RS485 总线连接距离最大可达 1200m，也可通过增加 RS485 中继器来延长总线传输距离。

数据采集单元：

（1）外场数据采集站和数据采集模块直接由太阳能电池供电。

（2）外场数据采集站和数据采集模块均为弱电信号，信号电缆内芯线加装相应的信号避雷器，避雷器和电缆内的空线对均作保护接地（图 31-3）。

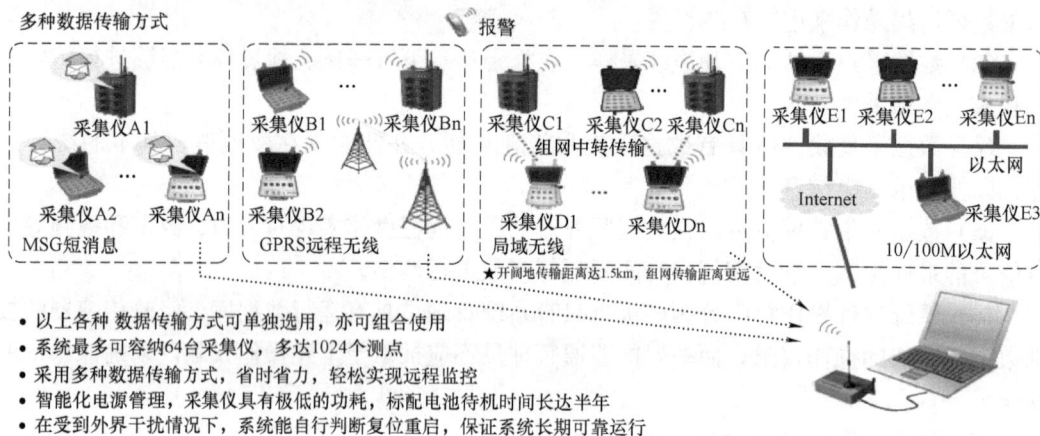

- 以上各种 数据传输方式可单独选用，亦可组合使用
- 系统最多可容纳64台采集仪，多达1024个测点
- 采用多种数据传输方式，省时省力，轻松实现远程监控
- 智能化电源管理，采集仪具有极低的功耗，标配电池待机时间长达半年
- 在受到外界干扰情况下，系统能自行判断复位重启，保证系统长期可靠运行

图 31-3 数据采集传输

数据传输

数据传输系统利用外场数据采集计算机系统对被测物理量量测结果进行预处理（如量测结果的修正换算，主应变计算等），并按规定的格式整理形成数据文件，通过无线数据采集将经预处理后的数据传输至监控通信收费分中心。数据处理功能在分中心的结构安全监测计算机系统内完成。

桥梁安全监控预警系统的整个数据传输结构根据功能可分为三层：数据采集层、中间传输层及中心网络层。结构示意图如图 31-4 所示。

图 31-4 数据传输结构框图

数据采集层主要负责将各种传感器的输出信号经预处理后传输至相应的数据采集设备;中间传输层负责将数据采集设备所采集数字信号传输至采集仪器中存储和转发;而中心网络层则为采集仪器将数据转发至数据发送模块,发送到监控中心的数据接收模块接收和处理,为监测中心数据处理及数据存储提供了一个网络平台。

数据采集层的设备主要包括:各类参数传感器、信号调理设备、A/D转换设备、数据采集设备以及传输线缆,其传输示意图如图31-5所示。

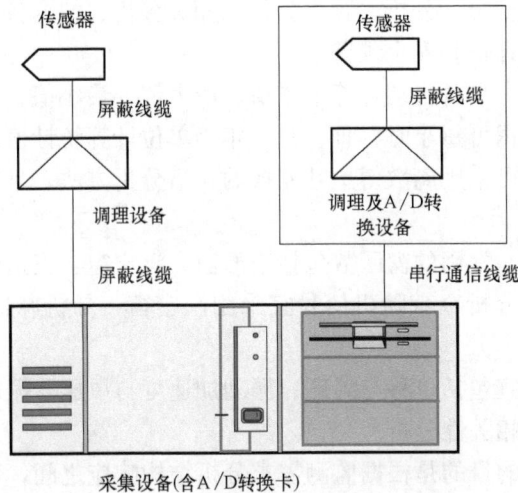

图 31-5 数据采集、信号传输示意图

每个外场数据采集站均应包含多个监测子系统(动力特性及振动水平监测子系统、应变监测子系统、其他专门监测子系统等),每个子系统分别采集所辖范围内的传感器数据,然后通过通信系统集中上传至监控中心,数据采集设备选用工业计算机。图 31-6 为外场站与监控中心传输的示意图。

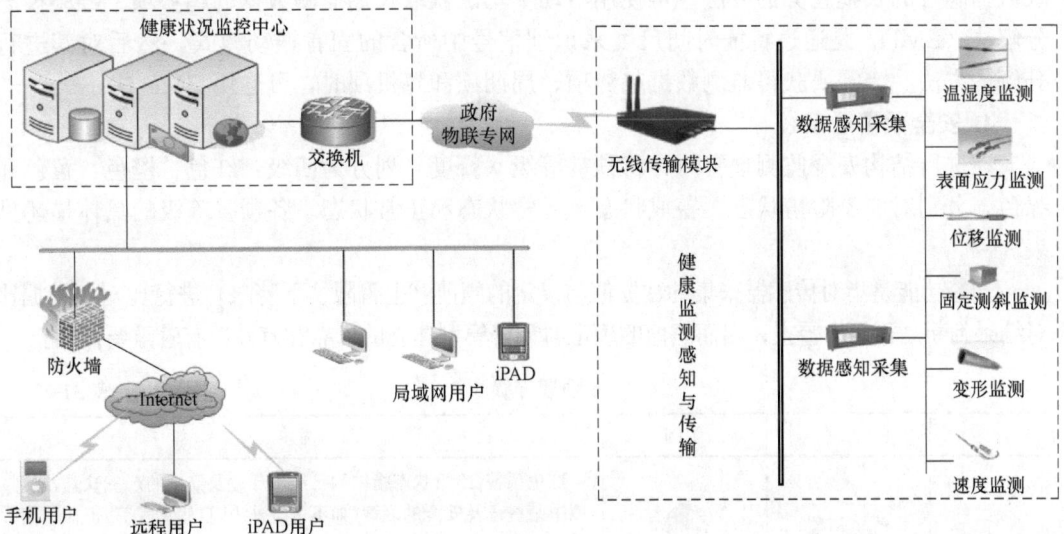

图 31-6 数据传输示意图

3. 数据处理子系统

监测系统应能自动计算用于结构评估和安全预警的指标。在进行评估指标计算和监测数据分析前，应自动筛选和剔除由于监测系统故障引起的异常数据。

监测系统故障包括传感器故障、数据传输线路中断、强信号干扰等。由系统故障导致的异常或缺失数据影响监测指标的准确性和评估结果的正确性。因此，在计算监测指标和结构状态评估前，应对该类异常和缺失数据进行筛选和剔除。

监测数据分析应包括统计分析、频谱分析、相关分析、拟合分析和趋势预测分析，数据分析结果可用于结构评估和安全预警。

监测数据统计分析宜具备自动计算平均值、最大值、最小值、均方根值、标准差、最大幅值等功能。监测数据可每小时、日、月、年为单位计算统计值。

平稳动力监测数据可采用离散傅里叶变换的频谱分析方法，且应选择合适的窗函数进行信号截断。

在进行频谱分析时，常用的窗函数包括矩形窗、汉宁窗、三角窗、指数窗等。分析脉冲信号宜采用矩形窗，分析窄带随机信号宜采用汉宁窗，分析脉冲响应信号时宜采用指数窗。

监测数据相关分析宜包括位移与温度、振动加速度与风压、振动加速度与风速、应力与温度、应力与位移等相关性分析。

监测数据相关分析的目的是根据监测需求分析结构响应之间，以及结构响应和环境变量之间的相关性。例如，分析结构的风致响应，宜进行振动加速度与风速、振动加速度与风压的相关性分析。

监测数据拟合分析可采用多项式插值、样条插值、最小二乘法等方法。

施工过程监测宜进行监测数据趋势预测分析。趋势分析可采用滑动平均法、时间序列预测法、经验模态分解法（EMD）。

滑动平均法是根据时间序列数据，依次计算包含一定样本数的时间序列平均值，以反映数据隐含的长期趋势的方法。可使用滑动平均法获取长期监测数据的趋势项。经验模态分解法（EMD）是通过特征时间尺度来识别信号中所含的固有振动模式，然后对其进行分解的方法。当需要获得监测数据趋势项、周期项和随机项时，可选用 EMD 法。

4. 安全预警子系统

在进行结构安全监测预警时，将预警等级（警度）划分为四级：红色、橙色、黄色和绿色，分别对应于险情状态、警戒状态、异常状态和正常状态。各预警等级的具体描述见表 31-1。

预警功能是指对传感器采集的数据值与设定的阈值（上警限、下警限）进行比对，根据比对结果判断是否发出警报；因而阈值的确定对预警模型建立的可靠和有效性有着重要作用。

预警等级表　　　　　　　　　　　　　　表 31-1

序号	级别	图例	描述
1	红色预警	●	红色预警:险情状态指结构已经出现危及安全的严重缺陷,或环境中某些危及安全的因素(如不可抗外力、自然灾害等)正在加剧,或主要安全指标出现较大异常,因而按设计条件继续运行将出现大事故的状态

序号	级别	图例	描述
2	橙色预警	●	橙色预警:警戒状态指结构的多数功能不能完全满足设计要求,或安全指标出现能够确定的异常情况,而不经过处理很可能造成安全事故的状态
3	黄色预警	○	黄色预警:异常状态指结构的某项安全指标出现某些异常,因而影响正常使用的状态
4	绿色状态	●	绿色状态:正常状态指结构达到设计要求的功能,不存在影响正常使用的缺陷,且各安全指标均处于正常情况下的状态

　　结构安全监测系统通过监测传感器和监测系统软件 24h 全天候对桥梁进行监测。若在一定时间内出现结构连续达到预警值的情况,则系统出现预警警报。预警警报报送分两种形式,第一种在监控系统使用者的计算机上自动弹出报警信息,报警信息包含:报警指标、报警时间、理论极限值、报警值、报警位置、处理措施等;第二种报警措施是自动发送手机短信到在系统注册的手机上,信息包含报警指标、报警位置、处理措施等信息。这样,使安全监测系统能够全天候,实时地为使用者提供预警服务。

第32章
超高层结构监测案例

32.1 工程概况

某金融中心项目整个用地为 L 形（图 32-1）。本工程建筑物占地面积比较大，南北长度约 185m，东西宽度近 171m。总建筑面积约 39 万 m²。办公塔楼建筑面积约 25.2 万 m²，裙房地上部分建筑面积 5.3 万 m²。地上结构：塔楼 94 层，大屋面高度约 443m，建筑总高度为 530m，集办公、服务式公寓和酒店等功能于一体。塔楼顶冠钢结构约高 86m。裙房地上 4 层，局部 5 层，屋面高度约为 32m，主要功能为商业，裙房部分采用钢筋混凝土框架结构体系。地上裙房与塔楼之间设结构抗震缝。地下室共四层，埋深约 23.3m，地下室结构不设缝，连成一体。项目定位是地标性超高层建筑，使之成为世界标志性建筑之一。

图 32-1 金融中心竣工后照片

本工程结构采用的设计基准期，设计使用年限为 50 年，结构的安全等级为二级。本工程办公楼地下 4 层到地上 94 层的抗震设防分类为乙类建筑，抗震设防烈度为 7 度，设计地震分组为第二组，设计基本地震加速度为 0.15g，场地类别为 Ⅳ 类，场地特征周期为 0.75s。

中心塔楼包括钢筋混凝土核心筒，周边钢管（型钢）混凝土抗弯框架及巨型柱/斜撑，带状桁架的结构体系。塔楼上部为劲性混凝土柱（SRC），塔楼下部为钢管混凝土柱（CFT），结构中部设置一道转换桁架（L49～L51），完成上部 4.5m 轴线到下部 9m 轴线的转换，同时增加了周边框架的刚度。两道环带桁架（L71～L73、L88～L89）设置在设备层来增加周边框架的刚度，结构顶部设置一道帽桁架（481.15m 处）来减小周边柱与核心筒之间的差异变形。

主塔楼竖向荷载主要由内部混凝土筒体、

外框架结构共同承担；主塔楼的横向抗侧力主要由外框架、核心筒、楼面钢梁和环带桁架共同承担。

32.2　设计依据

（1）《建筑与桥梁结构监测技术规范》GB 50982—2014

（2）《建筑工程施工过程结构分析与监测技术规范》JGJ/T 302—2013

（3）《建筑结构荷载规范》GB 50009—2012

（4）《钢结构设计标准》GB 50017—2017

（5）《建筑抗震设计规范》GB 50011—2010

（6）《高层建筑钢-混凝土混合结构设计规程》CECS 230：2008

（7）《楼板体系振动舒适度设计》娄宇、黄健

32.3　总体架构（图 32-2）

结构健康监测技术是一个多领域跨学科的综合性技术，包括土木工程、结构动力学、材料学以及传感器、信号调理与采集、信号处理、网络、计算机技术等。

为实现系统的设计和构建目标，该金融中心结构健康监测系统（以下简称"监测系统"）主要包括如下子系统：

1. 传感器子系统

将各荷载信息和结构响应信息转换为电信号、光信号或数字信号。

2. 数据采集与传输子系统

将传感器输出的模拟信号进行模数转换，并通过网络远程传输到上位机。

3. 数据处理与管理子系统

接收数据采集与传输子系统的数据，并进行滤波、去噪、统计等二次处理，然后进行展示、存储和管理，供用授权用户或程序查询和调用。

4. 结构安全预警子系统

对实时监测数据进行预处理和判断分析，对超过警戒值的监测数据进行实时报警，及时告知监控管理人员或管理部门。

5. 附属系统和接口（图 32-3）

（1）附属系统：监测系统应构建自己单独的供电回路、通信系统和防雷系统等。

（2）接口：监测系统实施和构建的目的是为运营期结构安全评估服务，因此监测系统要为管理、研究和设计人员提供监测数据的调用接口及其软件模块，用以进行数据分析与挖掘，并结合数值计算和有限元模拟的结果，对结构的使用状态和安全状态进行预测和评估。

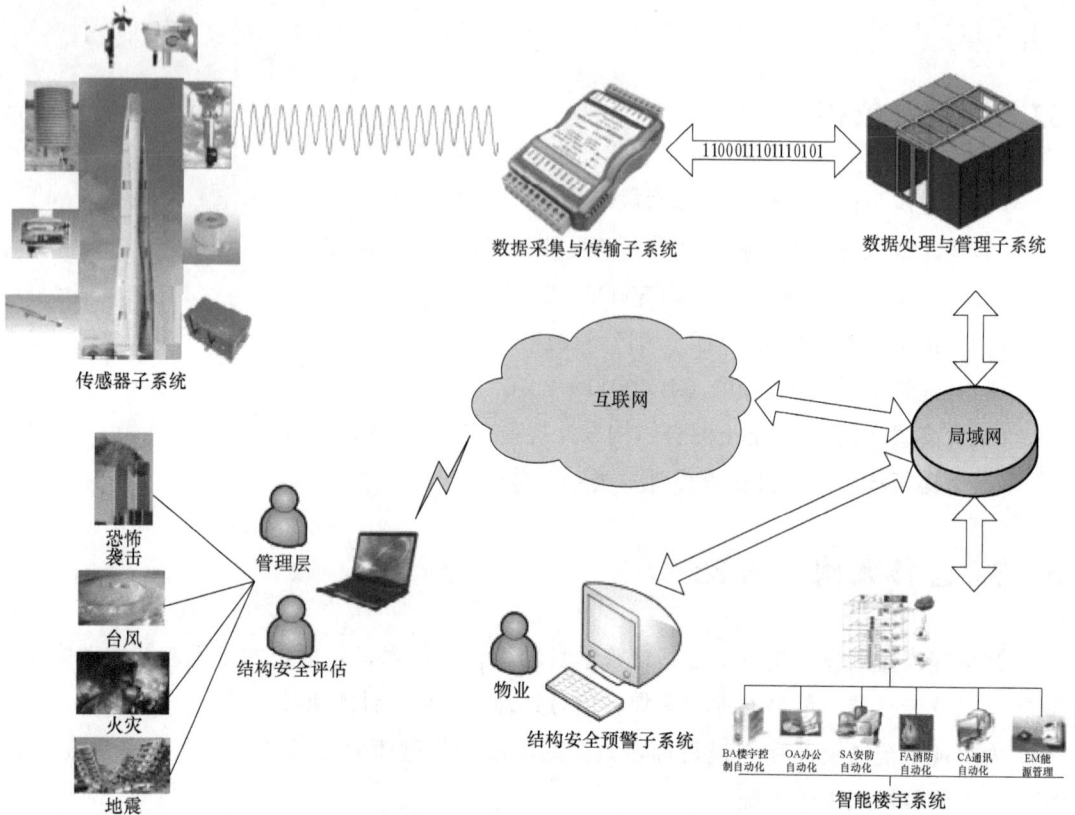

图 32-2　系统总体架构图

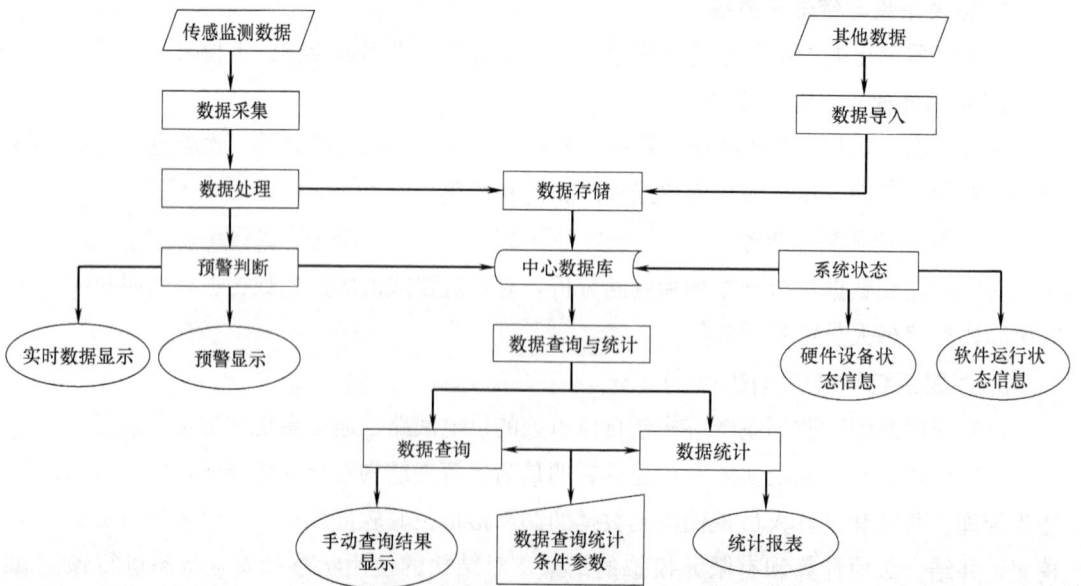

图 32-3　系统软件流程图

32.4　服务内容

根据本项目的结构特点以及荷载作用、环境特点，将监测项目和内容分为荷载作用和结构响应两大类：

（1）荷载作用：风荷载、地震、环境温湿度等。

（2）结构响应：结构关键部位的变形和位移、结构振动（加速度、模态和阻尼）、基础沉降、关键构件和节点的应力应变等。

1. 风荷载监测

施工阶段的风荷载监测包含两个部分：风速、风向监测。主要包括风速仪的布置和数据传输线路设计，结构所处位置处风环境数据的获得，对于风荷载作用下结构的响应监测需根据施工进度逐步获得相关数据，进而得到整个施工阶段超高层结构风荷载作用下的输入-响应变化规律。施工阶段的风速、风向监测主要为获得不同高度的风速信息，为运营阶段风速、风向监测提供初始资料。

运营阶段风荷载监测包含三个部分：风速、风向、风压监测。根据《建筑结构荷载规范》GB 50009—2012 的规定，应对风压进行监测，获得结构表面风压的变化。建立风速、风向、风压监测系统，同时实现风速、风向、风压监测数据的无线传输，并将风速、风向、风压监测系统集成于结构健康监测系统中，作为结构健康监测系统的一部分，通过对风向、风速、风压的监测，获得主塔楼不同风场中的行为及其抗风稳定性的分析，为结构安全、可靠性评估提供依据。

风速风向监测测点布置：为尽可能保持较高的风速测量精度，同时避免雷击和落雨影响。为进一步避免建筑物端部绕流对风速测量受的影响，应采用数值或风洞试验的方法分析建筑绕流风影响区域，并将风速仪安装在建筑绕流影响区域之外。施工阶段，监测方将选择性地在结构施工顶层设置 1 台超声式风速仪进行风速、风向监测，将在结构施工完成后，在结构冠顶设置 1 台超声式风速仪对结构的风速、风向进行监测。在施工阶段监测的基础上，将超声式风速仪设置于结构冠顶位置（注意设置防雷等措施），监测结构的风速和风向。同时将风速仪采集设备设置于 94 层，期间需与业主、施工方和设计方确定数据线路设计方案的可行性和有效性。

风压监测测点布置：主要包括风压传感器的布置和数据传输线路的设计，同时沿高度方向在第 44 层、88 层和结构冠顶布置风压传感器，每层布置 8 个，布置在幕墙结构外表面，共计 24 个。在施工阶段风压传感器布置的基础上，对风压传感器数据线和采集仪按就近原则布置于 F44、F88、F94 等可选设备层内，期间需与业主、施工方和设计方确定数据线路设计方案的可行性和有效性。

为避免对建筑立面产生影响，突出建筑顶部的测风装置可以考虑采用折叠式支撑结构系统。在台风期或其他需要风荷载观测期间可以打开测风装置进行风荷载观测，在不需要进行风荷载观测时期可以收回测风装置至塔冠内。

2. 环境温湿度监测

环境温湿度是影响结构变形和受力性能的因素之一，同时还影响仪器设备的使用寿命和运营稳定性。

塔楼施工阶段温度监测包括日温度和季节温度。为掌握塔楼高度方向和塔楼周边温湿度分布，沿建筑物立面高度在顶模系统顶部设置 1 台温湿度仪。施工阶段温湿度监测主要用于获得结构所处位置处环境温湿度的变化规律，结合施工期间的应力及变形监测，可获得不同温湿度条件下结构受力和变形的变化规律。

运营阶段温湿度监测主要是为了明确结构所受外界环境温度的变化（包括日温度变化和季节性温度变化）和湿度变化的影响。运营阶段将温湿度仪设置于塔冠处，对温湿度监测数据传输路线进行设计，并按就近原则将温湿度监测数据采集设备布置于 F94 设备层内，期间需与业主、施工方和设计方确定数据线路设计方案的可行性和有效性。建立结构温湿度监测系统，同时实现温湿度监测数据的无线传输。建立结构所处位置的日温度变化、季节性温度变化和湿度变化数据库，作为结构健康管理系统的一部分。

超高层结构在施工期间和运营期间的受力和变形受日照影响明显，向阳面和背阴面局部温差可引起结构的受力和变形的显著变化。因此，结合本工程施工期间和使用期间所用的振弦式应变传感器所具有的温度监测功能，在利用温湿度仪对结构整体温度监测的基础上，对结构的局部温差（向阳面和背阴面）也进行监测，并纳入结构健康监测系统中。

3. 地震监测

运营阶段将地震作用监测数据采集终端布置于基础底层，期间需与业主、施工方和设计方确定数据线路设计方案的可行性和有效性。建立地震作用监测系统，实现地震作用监测的无线数据传输，将地震作用监测系统集成于结构健康监测系统中，作为结构健康监测系统的一部分，同时建立地震作用监测预警系统。

运营阶段地震作用监测应与结构的地震响应监测相结合（位移响应、加速度响应），以建立起有效的荷载-响应关系，实现地震灾害的预警，以及地震作用下结构的损伤识别及性能评估。

4. 内外筒竖向不均匀变形监测

由于混凝土收缩、徐变、地基不均匀沉降及施工过程等因素引起的内外筒沉降和变形不均匀，可能导致结构内力重分布和应力集中等现象。内外筒竖向不均匀变形监测为施工阶段监测的重点内容，是了解结构性态的重要参数。

施工阶段核心筒、外框筒不均匀变形监测的主要目的和用途是确定施工预调值，使结构达到设计位型。该金融中心施工工期长、结构构件数量多，由于施工工期不一致，基础沉降不均匀，后续施工构件会引起前期构件的变形，混凝土收缩徐变等因素导致的核心筒、外框筒之间的不均匀变形非常显著，因此有必要开展核心筒、外框筒之间的不均匀变形监测。具体的监测步骤如下：

（1）首先应确定结构核心筒、外框筒的不同施工龄期和架设时间，然后利用有限元分析得到考虑不同施工龄期的核心筒与外框筒的不均匀变形理论最大值。

（2）待得到核心筒与外框筒不均匀变形施工模拟结果后，确定竖向不均匀变形的测量布置准确位置。

（3）利用结构底部变形控制点引测得到不均匀变形监测层核心筒中心测点竖向坐标，并实现所在结构层其他核心筒、外框筒不均匀变形监测。

为能够方便监测并反映内外筒变形情况，该金融中心塔楼核心筒、外框筒的竖向不均匀变形监测点拟布置于 1 层、51 层、94 层。考虑到监测过程中结构的风致、活荷载等作用导致的结构振动，实际操作中利用高精度静力水准仪进行监测，同时使用高精度电子水准仪进行校核。

核心筒、外框筒不均匀变形监测将从核心筒、外框筒均开始施工持续到监测项目结束为止。（图 32-4）

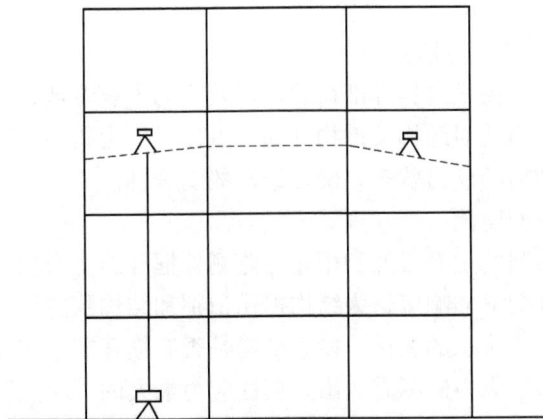

图 32-4　核心筒、外框柱与环带桁架不均匀变形测量方法

5. 结构顶层水平变形监测和基础沉降监测

超高层在风荷载作用下，顶层水平变形较大，会使结构因 P-Δ 效应产生附加应力和倾覆弯矩，对结构安全和正常使用有较大影响，需要对结构顶层水平变形进行必要的监测控制。采用全球导航卫星系统（GNSS 系统）获得结构顶层的绝对水平变形。

由于内外筒重量相差大、混凝土收缩徐变，导致基础发生不均匀沉降，而基础沉降在施工阶段开始后的若干年能够趋于稳定，从而影响结构的后续施工及使用安全性。基础沉降监测的主要目的之一是保证建筑物不至于发生过大的倾斜及不均匀沉降，因此其测点应布置在结构底部；另一个目的是为主塔楼与裙楼之间的沉降后浇带封闭时间的确定提供数据支撑，故在沉降缝两侧也应该布置测点。

施工阶段基础沉降监测是在招标方施工过程中建立的平面控制网的基础上展开的，主要作为施工中沉降监测的辅助和校核；运营阶段基础沉降监测是在施工阶段监测点布置的基础上展开的，并将该沉降监测系统集成于结构健康监测系统中，作为结构健康监测系统的一部分。

现场沉降监测的步骤如下：

（1）依据施工方提供的施工监测准永久点引测得到沉降监测基准点，本项目拟建立两个沉降监测基准点，需要说明的是沉降监测基准点必须设置在结构基础之外的稳固基础上，基准点的具体埋设位置由甲乙协商确定，视现场实际情况而定；

（2）沿主塔楼和裙楼后浇带分别在主塔楼侧和裙楼侧对应位置设置基础沉降监测点（具体测点个数将根据现场条件和监测目的用途进行增减，并与施工方测量数据进行校核）。

考虑到北斗系统为卫星定位，其工作原理决定了其水平位移精度高，而竖向位移精度低，因此在结构基础沉降监测中不采用 GNSS 系统，而采用静力水准仪和电子水准仪。

6. 层间位移监测

层间位移监测作为施工阶段监测和使用期间监测的重点内容，是确保施工安全及质量控制、结构使用安全性及舒适性的主要参考依据。

为准确了解和控制塔楼的层间位移，监测方将对施工各阶段塔楼的垂直度进行监测。在布设层间位移监测网络时，应保证基准点的稳定性，而薄弱层和关键层的层间位移是衡量结构安全和使用状态的一个重要参数，故塔楼层间位移监测点选择沿高度分布的第 1、19、32、44、58、71～73、88、94 设备层。

7. 关键构件和节点的应力监测

结构的内力和变形是衡量结构外部荷载作用效应的重要参数，其中内力是反映结构受力情况最直接的参数，因此对结构关键构件和节点以及应力集中的部位的应力、应变情况进行监测，时时把握结构的应力状态，确保结构的安全性。

（1）外框柱应力应变监测

外框柱应力应变监测的主要目的和用途是监测外框柱的受力变化规律，研究外框柱的内力分布以及在各种载荷下的响应，为结构损伤识别和结构状态评估提供依据。同时，通过控制点上的应力和应变状态的变化，检查结构是否有损坏或潜在损坏的状态。

外框柱典型受力部位应力监测需选出外框柱应力最大的"热点"位置，外框柱应力应变测点布置在柱脚（±0.000）处，采用表贴式应力应变监测。

外框柱典型受力部位应力应变监测将从我方进场安装传感器后一直持续到整个项目监测期满为止。

（2）楼面钢梁应力应变监测

楼面钢梁施工阶段应力应变监测的主要目的和用途是保证施工过程中楼面钢梁的受力安全，与各典型节点的受力分析计算对比，提供施工过程中必要的数据报警，并为结构施工模拟分析计算及咨询提供现场实测数据；楼面钢梁使用期间应力应变监测的主要目的和用途是监测使用阶段外框柱与柱间支撑典型受力部位的受力变化规律，研究楼面钢梁的内力分布以及在各种载荷下的响应，为结构损伤识别和结构状态评估提供依据，同时，通过控制点上的应力和应变状态的变化，检查结构是否有损坏或潜在损坏的状态。

楼面钢梁是将核心筒、外框柱和环带桁架连接在一起的关键构件，楼面钢梁的受力安全可以显著提高结构在施工过程中的整体稳定性和结构的施工安全。与外框柱柱间支撑、环带桁架受力类似，核心筒、外框柱间的不均匀受力或不均匀沉降，以及施工活荷载、风荷载、环境脉动下的核心筒、外框柱、环带桁架的振动均会引起楼面钢梁较大的内力。因此，有必要对楼面钢梁的关键部位（包括楼面钢梁的上下翼缘）进行应力应变监测。

楼面钢梁应力应变监测需要考虑施工阶段和使用阶段的衔接与过渡。楼面钢梁典型受力部位应力应变监测将根据施工进程及现场测量数据布置楼面钢梁监测点后持续到监测期满为止。

（3）环带桁架应力应变监测

环带桁架施工阶段应力应变监测的主要目的和用途是保证施工过程中环带桁架的受力安全，与各典型节点的受力分析计算对比，提供施工过程中必要的数据报警，并为结构施工模拟分析计算及咨询提供现场实测数据；使用阶段应力应变监测的主要目的和用途是监测使用阶段外框柱与柱间支撑典型受力部位的受力变化规律，研究环带桁架的内力分布以及二者在各种载荷下的响应，为结构损伤识别和结构状态评估提供依据。同时，通过控制点上的应力和应变状态的变化，检查结构是否有损坏或潜在损坏的状态。

环带桁架是将外框巨柱连接在一起的关键构件，环带桁架的受力安全可以显著提高巨柱的整体稳定性和结构的施工安全。外框柱间的不均匀受力或不均匀沉降，以及施工活荷载、风荷载、环境脉动下的外框柱振动均会引起环带桁架较大的内力。因此，有必要对环带桁架的关键部位（包括环带桁架的弦杆、斜腹杆等）进行应力应变监测。

环带桁架应力应变监测需要考虑施工阶段和使用阶段的衔接与过渡。

（4）核心筒典型受力部位应力应变监测

施工阶段核心筒典型受力部位应力监测的主要目的和用途是保证施工过程中核心筒的结构受力安全，与各典型节点的受力分析计算对比，提供施工过程中必要的数据报警，并为结构施工模拟分析计算及咨询提供现场实测数据；使用阶段核心筒典型受力部位应力监测的主要目的和用途是监测运营阶段结构典型受力部位的受力变化规律，研究核心筒结构的内力分布以及核心筒在各种载荷下的响应，为结构损伤识别和结构状态评估提供依据。同时，通过控制点上的应力和应变状态的变异，检查结构是否有损坏或潜在损坏的状态。

核心筒典型受力部位应力监测需选出核心筒应力最大的重点位置。根据以往工程及数值分析经验，核心筒剪力墙"热点"应力区域主要位于结构底部楼层，以及各施工节点控制楼层。综合考虑应力测点分块集中布设原则和核心筒的应力"热点"分布，初步选取 1 层、24 层、49 层、71 层、88 层。核心筒典型受力部位钢骨及混凝土应力监测包括埋入式应力监测和表贴式应力监测。考虑到当前施工现状，1 层和 24 层采用表贴式应力监测。按就近原则将新添加的监测传感器进行数据线路设计和系统集成。使用阶段核心筒应力应变监测数据采集设备布置于 F6、F20、F45、F71、F88 等可选设备层内，期间需与业主、施工方和设计方确定数据线路设计方案的可行性和有效性。建立核心筒应力应变监测系统，同时实现应力应变监测数据的无线传输，将应力应变监测作为结构健康状态评估的重要依据，将应力应变监测系统集成于结构健康监测系统中，作为结构健康监测系统的一部分，建立基于结构应力应变监测数据的结构性态评估和结构损伤识别系统，并建立结构应力应变监测预警系统。

1）埋入式应力监测：当核心筒部分的钢骨拼装完成后，混凝土浇筑之前，分别在以上各层的钢骨应力较大区域安装埋入式应力传感器。钢骨上的传感器宜通过焊接方式将传感器安装于钢骨表面。浇筑混凝土前需对埋入式应力传感器进行必要的保护。

2）表贴式应力监测：待核心筒现浇混凝土强度达到养护龄期后，在选取结构层外表面混凝土应力较大位置处设置表贴式应力传感器。传感器安装完成后需对其设置保护罩。

施工阶段应力应变监测需要考虑施工阶段和运营阶段的衔接与过渡。主塔楼典型受力部位钢骨及混凝土应力监测将从进场安装传感器后一直持续到整个项目监测期满为止。

（5）柱间支撑应力应变监测

巨柱间的支撑可能由于巨柱之间的不均匀受力或不均匀沉降，以及施工活荷载、风荷载、环境脉动下引起的巨柱振动均会引起柱间支撑承受较大的内力，因此有必要对柱间支撑进行应力监测。柱间支撑的应力监测应参考巨柱的施工工况和巨柱的不均匀变形监测数据调整计算分析模型，选择柱间支撑的应力热点区域设置应力监测点。

施工阶段应力应变监测需要考虑施工阶段和运营阶段的衔接与过渡。

8. 加速度监测

结构加速度监测的主要目的是为结构性态评估，损伤识别，模态参数识别，模型修正与分析提供结构动力响应实测数据。对于该金融中心这种高柔建筑，结构的固有频率更接近风的卓越频率，结构对风和地震的敏感性很高。结构的风振响应和地震响应可能会给结构带来不利影响，需要对其进行必要的监测控制。

将加速度传感器设置于结构整体成型时（运营状态）结构动力参数识别明感区域（如结构振型的波峰或波谷处），依据中国建筑科学研究院关于滨海中心结构动力弹塑性分析报告进行测点布置，并按就近原则将数据采集设备布置于 F6、F19、F32、F44、F58、F72、F88、F94 等可选设备层内，期间需与业主、施工方和设计方确定数据线路设计方案的可行性和有效性。建立结构加速度监测系统，同时实现加速度监测数据的无线传输，将加速度监测系统集成于结构健康监测系统中，作为结构健康监测系统的一部分，并建立基于结构加速度监测数据的结构性态评估、结构模态参数识别、结构损伤识别系统。

运营阶段结构加速度监测与使用阶段位移监测一样，二者是结构运营状态评估的重要参数，结构性态评估，结构模态参数识别，结构损伤识别，以及结构健康档案的建立均离不开结构加速度监测数据的支持。使用阶段的加速度监测将结合地震作用监测、风荷载监测（风速、风压）建立结构的输入-响应关系，在此基础上对结构的运营状态进行评估，对结构的损伤进行识别，并作为建立结构健康档案的基础。

32.5　传感器子系统

1. 三向超声风速仪
风荷载的监测可通过三向超声风速仪实现，性能指标要求见表 32-1。

三向超声风速仪技术性能指标要求　　　　　　　　表 32-1

项目	技术要求
测量参数	三维正交方向的风速和风向
风速	测量范围:0～40 m/s,分辨率:≤0.1m/s
风向	水平测量范围:0°～359.9° 俯仰测量范围:±60° 分辨率:≤0.1°
采样频率	≥10Hz
信号输出	RS485,±5V
工作温度	−20℃～+60℃
品牌和规格型号	R. M. YOUNG 81000

2. 温湿度仪
为了获得环境的温湿度情况，可选用温湿度仪，并外装防辐射罩，技术性能指标要求见表 32-2。

3. 强震仪
地震动的监测可选用强震仪，技术性能指标要求见表 32-3。

4. 静力水准仪
内外筒的竖向不均匀变形施工阶段可选用电子水准仪（天宝）（电子水准仪用于校核），使用阶段选用静力水准仪，技术性能指标要求见表 32-4。

温湿度仪技术性能指标要求 表 32-2

项目	技术要求
相对湿度测量	
测量范围	0~100%RH
分辨率	≤2%
输出信号	0~5V,4~20mA
温度测量	
测量范围	−40℃~60℃
分辨率	≤0.3℃
输出信号	0~5V,4~20mA
工作温度	−20℃~+60℃
品牌和规格型号	R. M. YOUNG 41382

强震仪技术性能指标要求 表 32-3

项目	技术要求
测量范围	≥±2g(XYZ 三个方向)
分辨率	≤10μg
动态范围	≥90dB
非线性度	≤1% FS
横向灵敏度	≤1%
频率响应	DC-120 Hz
信号输出	±5V
工作温度	−20℃~+70℃
品牌和规格型号	中国地震局工程力学研究所地震记录仪或草青木秀 GT41

静力水准仪技术性能指标要求 表 32-4

项目	技术要求	项目	技术要求
测量范围	≥200mm	灵敏度	≥0.025% FS
分辨率	≤0.1% FS	工作温度	−20℃~+70℃

5. 全球导航卫星系统（GNSS 系统）

全球导航卫星系统（GNSS，Global Navigation Satellite System 的缩写）包含美国的 GPS、中国的 Compass（北斗）、俄罗斯的 GLONASS、欧盟的 Galileo 系统，可以获得监测点的三维绝对坐标，目前在中国应用广泛的是北斗系统和 GPS 系统。为了确定测点的绝对位移量，GNSS 系统至少需要设置 1 个基准站。基站应设在稳固、开阔的场地处，具体位置根据现场信号测试结果确定。监测站布设在需要监测的位置。

结构顶层的水平变形和竖向沉降可以通过 GNSS 系统监测，技术性能指标要求见表 32-5。

6. 分布式倾斜仪

层间位移可以通过测量层间位移角换算得到，分布式倾斜仪可测量一段范围内的层间位移角，倾斜仪为双向倾斜仪，技术性能指标要求见表 32-6。

GNSS 监测站和基准站技术性能指标要求　　表 32-5

项目	技术要求
静态精度	3mm＋0.5ppm(水平)
	5mm＋1ppm(竖向)
动态精度	10mm＋1ppm(水平)
	20mm＋2ppm(竖向)
采样频率	≥20Hz
工作温度	−20℃～＋70℃
品牌和规格型号	北斗系统

分布式倾斜仪技术性能指标要求　　表 32-6

项目	技术要求
测量范围	≥±3°
标距	≥800mm
精度	≤0.003°
采样频率	≥10Hz
信号输出	±5V,RS485
工作温度	−20℃～＋70℃
品牌和规格型号	Vigor Technology(辉格科技) 梁式倾斜仪 SST300

7. 应变计

目前，结构表面应变测试可选用振弦式应变计或光纤光栅应变计，技术性能指标要求见表 32-7。

应变计技术性能指标要求　　表 32-7

项目	技术要求	项目	技术要求
测量范围	≥3000$\mu\varepsilon$	线性度	≤1％FS
分辨率	≤1$\mu\varepsilon$	工作温度	−20℃～＋70℃

8. 加速度传感器

结构振动监测可选用力平衡式加速度计（伺服传感器），技术性能指标要求见表 32-8。

加速度传感器技术性能指标要求　　表 32-8

项目	技术要求
测量范围	≥±2g
分辨率	≤10μg
非线性度	≤1％ FS
动态范围	≥90dB
频率响应	0～120 Hz
信号输出	±5V
工作温度	−20℃～＋70℃
品牌和规格型号	中国地震局工程力学研究所 941B 或草青木秀 GT02

32.6 数据采集与传输子系统（图 32-5）

数据采集与传输子系统是结构健康监测系统的中心枢纽，一端与传感器子系统相连，完成传感器信号的调理、模数转换；一端通过网络与数据处理和管理子系统（监测中心）相连，完成数据的远程传输。

数据采集与传输应确保获得高精度、高品质、不失真数据，包括数据采集与传输软硬件以及数据采集制度的确定，应满足传感器的监测要求。

数据采集软件，应实现数据实时采集、自动存储、缓存管理、即时反馈和自动传输等功能；应与数据库系统和数据分析软件稳定、可靠地通信，可本地或远程调整设备配置，可通过标签数据库或本地配置文件进行信息读取；应对传感器输出信号、数据采集和传输设备的运行状态信号进行实时采集，对系统运行状态进行监控，异常时可及时报警；应接受并处理数据采集参数的调整指令，并记录和备份处理过程。

数据传输应确保系统各模块之间无缝连接，以成为一个有机协调的整体，应确保监测数据和指令在各模块之间高效可靠的传输。

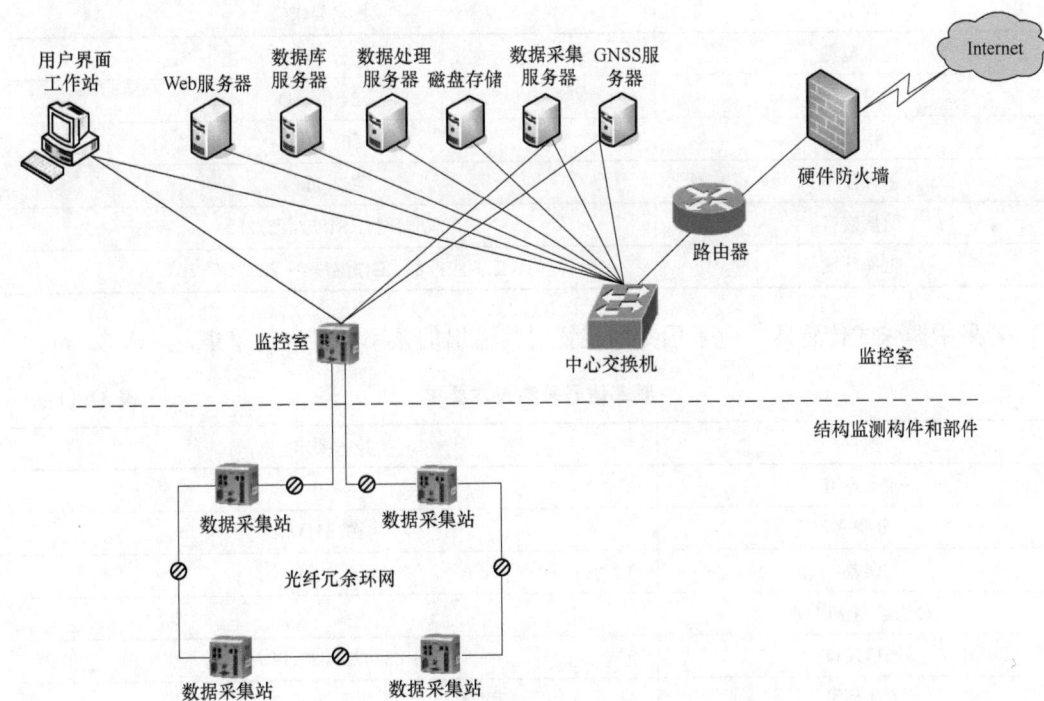

图 32-5 数据采集与传输子系统

1. 数据采集

（1）动态信号

加速度传感器、强震仪的信号为动态信号，应考虑抗混叠滤波、高速采样和采样时钟同步。

分辨率不应影响加速度传感器的测量精度，应采用 24 位以上的"Δ-Σ"AD 转换器。

动态信号应考虑采样时钟同步，同步精度不应大于 0.05ms，技术要求见表 32-9。

动态信号采集技术要求 表 32-9

项目	技术要求
输入范围	≥±5V
分辨率	≥24 位 AD
误差	≤0.01%
采样频率	≥100Hz
通信接口	以太网,RS485/422/232
工作环境	工业级产品,工作温度：−20℃～+70℃

（2）静态信号

模拟静态信号包括温湿度仪、倾斜仪、静力水准仪、静态应变计等，技术要求见表 32-10。

静态信号采集技术要求 表 32-10

项目	技术要求
输入范围	≥±10V
分辨率	≥24 位 AD
误差	≤0.01%
采样频率	≥20Hz
通信接口	以太网,RS485/422/232
工作环境	工业级产品,工作温度：−20℃～+70℃

若采用振弦式传感器，应采用专用装置对其输出的频率信号进行采集，见表 32-11。

频率信号采集技术要求 表 32-11

项目	技术要求
输入通道	≥4
分辨率	≤0.01Hz
误差	≤0.05Hz
每通道测量时间	≤5s
通信接口	RS485/422/232,以太网
工作环境	工业级产品,工作温度：−20℃～+70℃

（3）数字信号

很多传感器直接输出 RS485 数字信号，可直接接入数据采集设备的串口中，然后对传感器输出的数据格式进行解析后，按标准传输协议传送给上位机。

（4）光信号

若选用光纤光栅传感器，应采用专用的光学解调仪器进行数据采集和转换，见表 32-12。

光纤光栅信号解调与采集技术要求 表 32-12

项目	技术要求
输入通道	≥4
波长范围	1525~1565nm
分辨率	≤0.1pm
误差	≤2pm
动态范围	≥50dB
扫描频率	≥20Hz
通信接口	USB,RS485/422/232,以太网
工作温度	−10℃~+50℃

（5）GNSS 卫星信号

GNSS 卫星信号包括测距码信号、导航电文和载波信号，应通过专用的解码装置（接收机）进行数据解析，其技术要求如下表所列。GNSS 数据采集与解算应采用基于卡尔曼滤波的实时解算软件，以提高和保障动态监测的精度，见表 32-13。

GNSS 接收机技术要求 表 32-13

项目	技术要求
卫星系统	GPS 和北斗
采样频率	≥20Hz
参数设置	可远程配置及访问
通信接口	以太网，RS485/422/232
工作环境	全天候工作,工作温度：−20℃~+60℃ 防护等级：IP67
品牌和规格型号	Trimble NetR9

2. 数据传输

考虑到实时性和可靠性的要求，数据传输可采用工业以太网方案，应采用冗余环网。工业以太网数据传输应考虑主要因素包括：

通信协议、通信速率、工作环境等，其技术要求见表 32-14。

主干数据传输网络技术要求 表 32-14

项目	技术要求
通信速率	≥100Mbps
通信协议	TCP/IP,Modbus TCP/UDP
传输距离	≥5km
主要功能	(1)环网冗余,通讯恢复时间≤300ms (2)广播风暴控制功能 (3)自适应协议 (4)虚拟局域网功能
工作环境	工业级产品,工作温度：−20℃~+70℃

32.7　数据处理子系统

数据处理与管理子系统管理和控制着系统的硬件和软件以及数据和分析结果，承担着数据处理、存储、调用、查询和管理功能，完成现场设备的管理与控制，分散计算机服务器的工作负荷。

1. 数据处理

数据处理应实现数据预处理和数据后处理功能，数据预处理宜采用数字滤波、去噪、截取和异常点处理等，数据后处理方式应根据数据分析要求确定。数据处理软件开发应实现数据备份、清除和故障恢复等功能。故障恢复功能宜兼具手工操作控制功能，其他功能应自动调用。

数据处理应具备的主要功能包括：

（1）与数据采集服务器进行通信，接收采集数据。

（2）对数据进行处理，包括滤波、提取、转换和统计分析等。

（3）转换成指定的格式用以进行数据存储。

2. 数据管理

数据管理应实现快速显示、高效存储、生成报告和数据归档等功能。数据管理软件应对监测数据或图像在指定时间段进行回放。

数据报告报表应提供月报、季报、年报和特殊事件后的专项报告等，报告报表应导出办公系统易于调用的通用文档格式。

数据库应模块化架构，可对结构信息、监测系统信息和监测数据进行分层、分类存储和管理，宜包括结构信息子数据库、监测系统信息子数据库、结构有限元模型子数据库、实时数据子数据库、统计分析数据子数据库、结构安全评估子数据库等。数据库是数据交换、存储、调用和查询的核心。数据库应保障数据存储安全，长期不间断稳定工作，可同时处理结构化及非结构化数据，可完成数据的高速查询及视图的快速生成，支持网络分布式数据管理，支持 WEB 数据访问，满足开放式数据库协议等。

数据库设计应考虑数据备份和灾难恢复策略。

32.8　结构安全预警子系统

结构安全预警子系统是指在系统运行过程中当监测数据超过警戒值时发出报警信息，提醒管理员及时检查异常情况，迅速对异常状况进行确认，并采取应急措施。

安全预警应设黄色和红色两级：

（1）黄色预警，提醒管理单位应对环境、荷载、结构整体或局部响应加强关注，并进行跟踪观察。

（2）红色预警，警示管理单位应对环境、荷载与结构响应连续密切关注，查明报警原因，采取适当检查、应急管理措施以确梁结构安全运营，并应及时进行结构安全评估。

预警值应根据设计值并综合考虑规范允许值进行设定，预警项目应包括下列主要内容：

（1）强风

（2）高温

（3）地震

（4）变形和位移超过警戒值

（5）结构应力应变

（6）异常或强烈结构振动

1. 强风预警

根据《建筑结构荷载规范》GB 50009—2012 规定，风荷载按 50 年回归期（基本风压为 $0.55kN/m^2$）、100 年回归期（基本风压为 $0.60kN/m^2$）计算。风荷载监测得到的风速和风压通过处理分析与规范规定的数值进行对比，当风速风压监测达到 50 年回归期基本风压的 80% 时，应进行黄色预警；当风速风压监测超过 100 年回归期基本风压的 80% 时，应进行红色预警。

2. 高温监测

根据《建筑结构荷载规范》GB 50009—2012 规定，基本气温最低 $-12℃$，最高气温 $35℃$。环境温湿度监测得到的温度数值通过处理分析与规范规定的数值进行对比，当温度监测达到最高气温的 80% 时，应进行黄色预警；当温度监测超过最高气温的 100% 时，应进行红色预警。

3. 地震监测

地震监测通过给强震仪设置阀值（10gal），当地震激励超过设置阀值时，强震仪开始工作，记录结构的地震输入，并进行黄色预警；根据《建筑抗震设计规范》GB 50011—2010，当强震仪监测的地震输入超过结构设防烈度（7 度，150gal）时，进行红色预警。

4. 变形和位移监测

通过对该金融中心塔楼结构施工全过程模拟，以实际的核心筒、外框柱、环带桁架、楼面钢梁等变形控制构件的施工时间，得到不同施工工序各变形监测构件的弹性压缩变形、混凝土收缩变形和徐变变形的理论计算值；考虑利用有限元分析得到核心筒、外框柱和环带桁架等构件不同施工龄期的不均匀变形；结合地基基础的不均匀沉降监测，得到结构各主要受力构件不同施工过程的变形理论值；最后根据结构设计需求及现场施工条件来确定后续施工构件的施工预调值，并在此基础上确定各变形控制构件的标高理论值。当后续工序变形控制构件的标高实测值与标高理论值之差达到后续施工构件预调值的 100% 时，应进行变形监测黄色预警，以及时调整后续施工构件的施工预调值。当后续工序变形控制构件的标高实测值与标高理论值之差超过后续施工构件预调值之和的 50% 时，应进行变形监测红色预警，应暂时停止施工分析原因并给出监测建议，必要时宜召开专家讨论会。

5. 应力应变监测

通过对该金融中心塔楼结构施工全过程模拟，以实际的外框柱、环带桁架、楼面钢梁等应力应变监测构件在不同施工工序及施工龄期下监测截面（应力较大或应力幅较大）的应力应变理论计算值为基础，当所监测构件的应力应变实测值超过理论计算值的 20% 或达到所监测构件极限应力的 80% 时，应进行应力应变监测黄色预警；当所监测构件的应力应变实测值超过所监测构件极限应力的 90%，且没有减小趋势时，应进行应力应变监测红色预警。

6. 异常或强烈结构振动监测

当强风或是地震输入超过强震仪设置阀值时，触发结构的加速度监测系统，开始记录结构的加速度响应或位移响应。当加速度监测结果经过处理分析后超过结构设计加速度时，进行红色预警。

32.9　监测系统与BIM系统集成

由于本工程采用Autodesk公司的Revit系统，为将监测系统进行统一管理，将监测系统纳入工程Revit管理系统中。需将监测系统与Revit系统进行对接，结构健康监测系统的数据格式需与Revit管理系统数据格式接口相联系。

监测系统与Revit管理系统对接后，Revit系统应可以对监测系统的数据进行调取、查看和管理。

32.10　施工模拟分析

施工过程结构分析应建立合理的分析模型，反映施工过程中结构状态、刚度变化过程，施加与施工状况相一致的荷载与作用，得出结构内力和变形。

施工过程结构分析应依据设计文件、施工方案或现场施工记录。现场施工记录宜包括：

(1) 施工期间各层的施工进度与各主要结构构件的安装过程记录；

(2) 施工机械、施工设备或临时堆载等分布及变化；

(3) 施工过程中模板和支撑的重量、支承方式、安装和拆除时机；

(4) 构件连接方式的变化记录；

(5) 建筑物所处环境的相关记录；

(6) 混凝土同条件养护试件的强度试验记录；

(7) 室内装修与围护结构施工、设备安装记录；

(8) 其他施工过程结构分析需要的相关记录。

建筑工程进行施工过程监测时，宜同步进行施工过程结构分析。施工过程结构分析中应计入对监测结果有影响的主要荷载作用及因素。施工过程分析结果宜与监测结果对比分析，当发现结构分析模型不合理时，应修正分析模型，并重新计算。施工过程分析结果与设计分析结果有较大差异时，应查明原因，确定处理方案。并与设计单位沟通，共同商定解决方法。

1) 根据建筑施工图纸的几何坐标信息（称之为结构设计位形），建立整体结构分析模型，并在该位形的基础上，按照结构施工方案，依次生成计算模型中的结构构件单元，逐步进行计算分析。需要指出的是，在上述施工模拟过程中，除结构构件的生成顺序与施工过程一致外，施加到结构构件上的各种荷载（如结构构件自重、施工模架荷载、施工活荷载等）也与施工过程保持一致。

2) 迭代计算找形分析

第一步：采用结构设计位形（假定为 $\{v\}^0$）建立计算模型，以及确定的施工方案，按 1）中方法进行整体结构施工建造的第一次模拟分析，得到结构的一个变形状态，显然该变形状态与结构设计位形之间存在差距 $\Delta\{v\}^1$。

第二步：以 $\Delta\{v\}^1$ 作为结构施工预调值，反向施加到结构初始位形 $\{v\}^0$ 上，进而得到结构第一次迭代后结构的初始位形 $\{v\}^1$（此时 $\{v\}^1=\{v\}^0-\Delta\{v\}^1$）。

第三步：在第一次迭代后结构初始位形 $\{v\}^1$ 基础上，采用相同的施工方案，按 1）中方法进行整体结构施工建造的第二次模拟分析。此时，若结构的非线性程度弱，则在此位形上施加荷载 q，结构在荷载作用的位形将十分逼近结构设计位形 $\{v\}^0$，即此时位形与设计位形的误差 $\Delta\{v\}^2\approx 0$。

若结构的非线性程度较强，则再次加载后的结构位形与结构设计位形仍会有较大差距（记为 $\Delta\{v\}^2$），说明此时需要进行多次迭代计算。

第四步：将 $\Delta\{v\}^2$ 作为结构施工预调值，反向施加到上一次迭代时结构的初始位形 $\{v\}^1$ 并得到本次迭代结构的初始位形 $\{v\}^2$，并再次进行整体结构施工建造模拟分析。如此反复，直至 n 次迭代加载后计算得到的结构位形与设计位形的误差 $\Delta\{v\}^n$ 满足要求时，此时本迭代步加载之前的结构初始位形 $\{v\}^n$ 即为结构施工的初始位形。如图 32-6 所示。

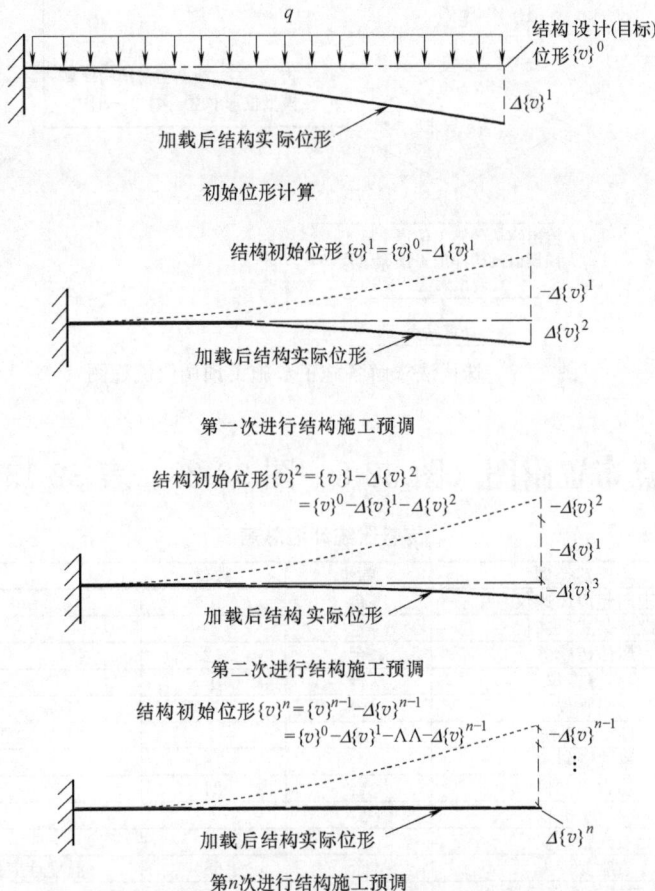

图 32-6　迭代找形计算方法简图

对于本工程，上述过程的流程图如图 32-7 所示。

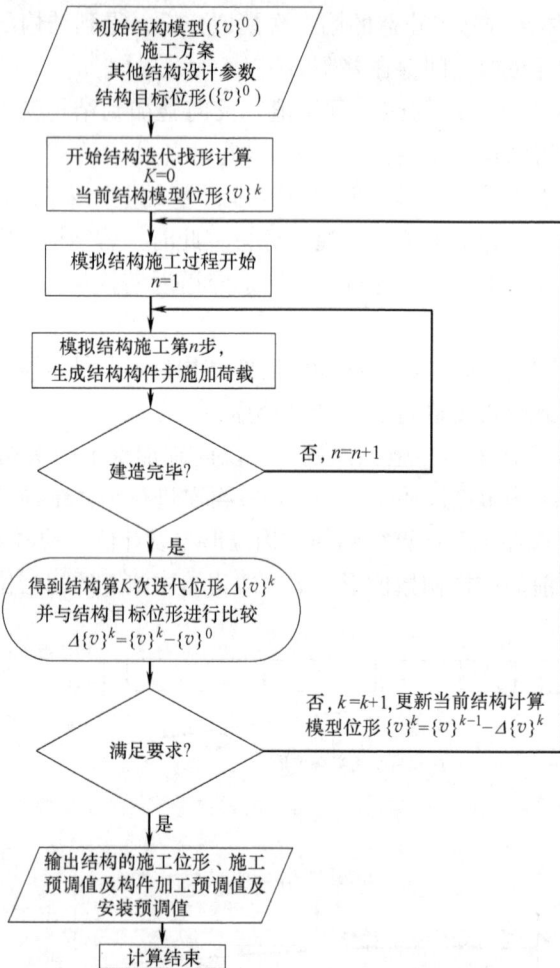

图 32-7 迭代法求解各施工步施工预调值流程图

32.11 监测点布置附图（图 32-8～图 32-28、表 32-15）

传感器统计汇总表

表 32-15

序号	传感器类型	单位	数量	备注
1	三向超声风速仪	台	1	
2	螺旋桨式风速仪	台	1	
3	风压传感器	台	12	
4	温湿度仪	台	1	
5	强震仪	台	1	
6	GNSS 系统	套	4	1个监测站，3个基准站
7	梁式倾斜仪	台	16	
8	静力水准仪	台	24	
9	电子水准仪	台	1	
10	激光铅垂仪	台	1	
11	应变计	个	68	温度计应另考虑温度补偿
12	单向加速度传感器	台	9	
13	双向加速度传感器	台	10	
	总计		149	

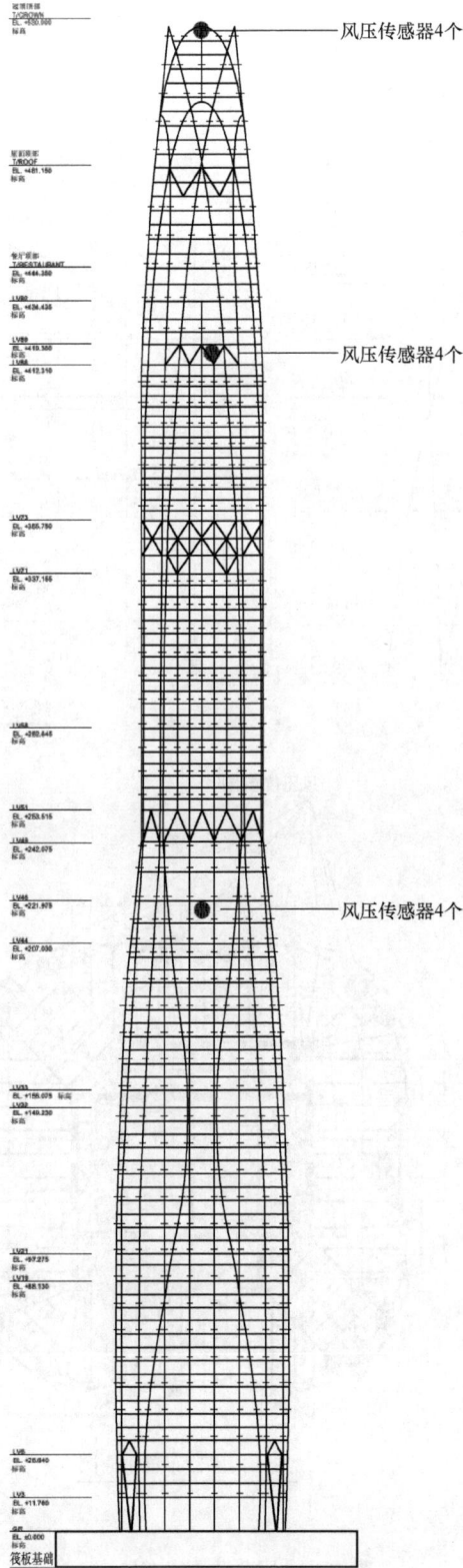

图 32-8 风荷载测点布置图

三向超声风速仪1
螺旋桨式风速仪1个

528.871
525.150
519.650
514.150
508.650
503.150
497.650
492.150
486.650
481.150

风速仪布置立面图

三向超声风速仪1个
螺旋桨式风速仪1个

风速仪布置平面图

风压传感器8个

风压传感器布置平面图

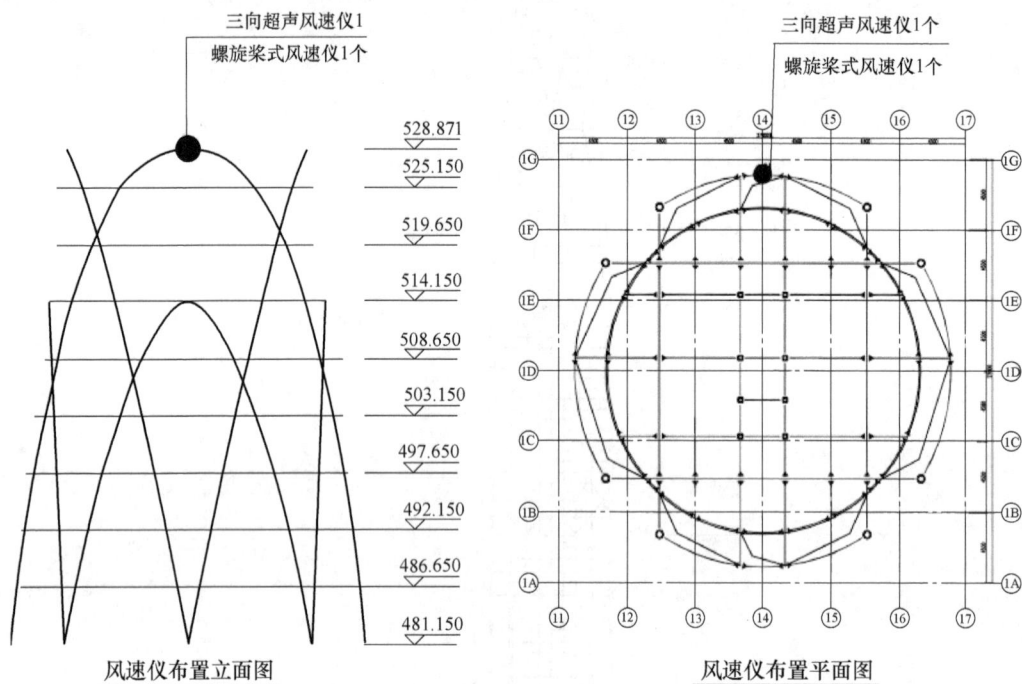

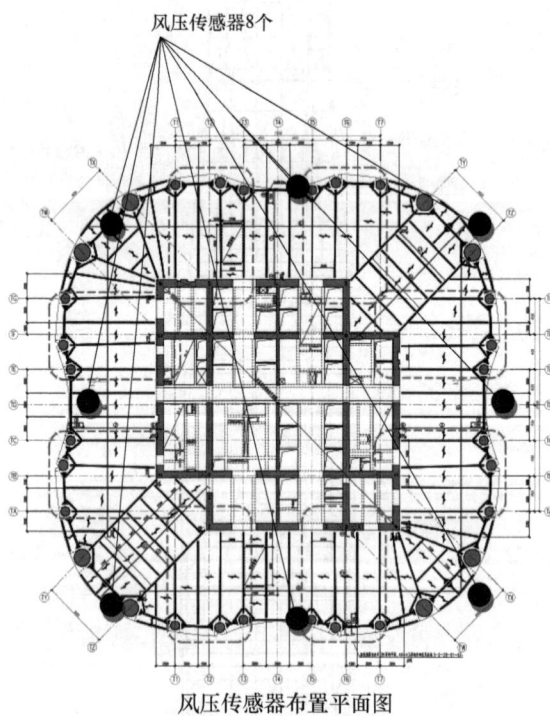

图 32-9　风荷载测点布置图

温湿度仪(1)

528.871
525.150
519.650
514.150
508.650
503.150
497.650
492.150
486.650
481.150

温湿度仪布置立面图

温湿度仪(1)

温湿度仪布置平面图

温湿度仪(1)

温湿度仪布置三维图

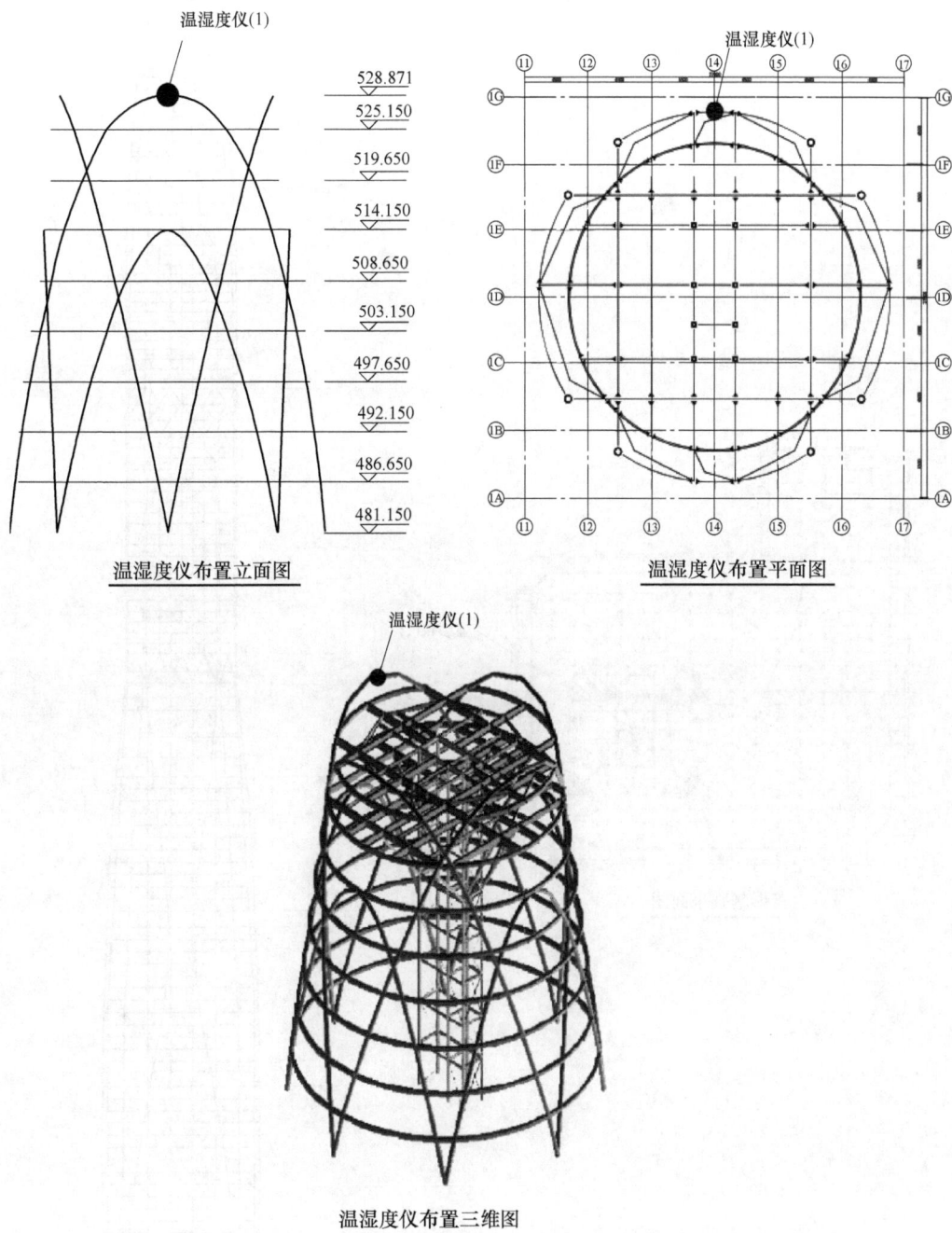

图 32-10 环境温湿度监测点布置图

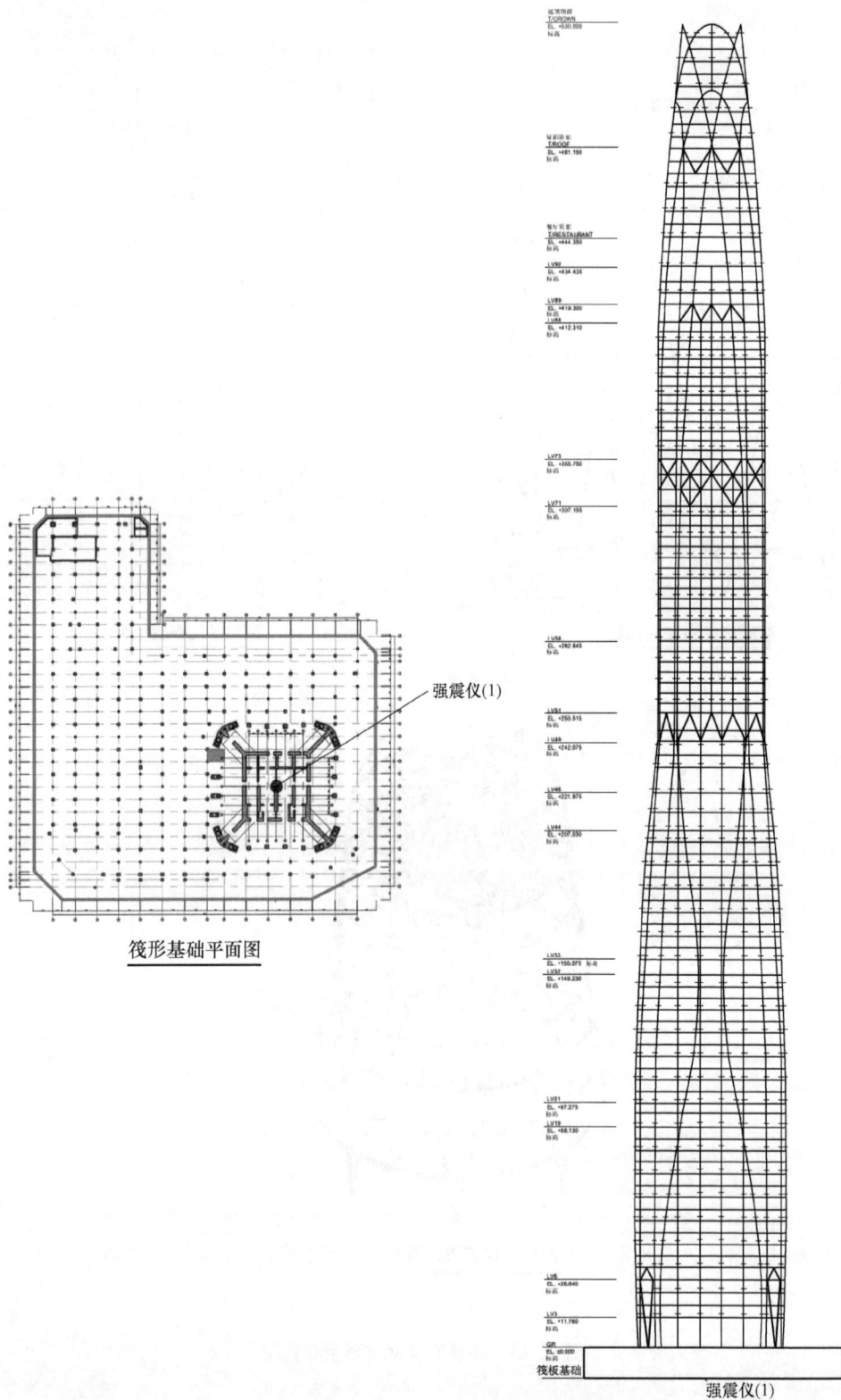

筏形基础平面图

强震仪(1)

强震仪(1)

筏板基础

图 32-11 地震监测点布置图

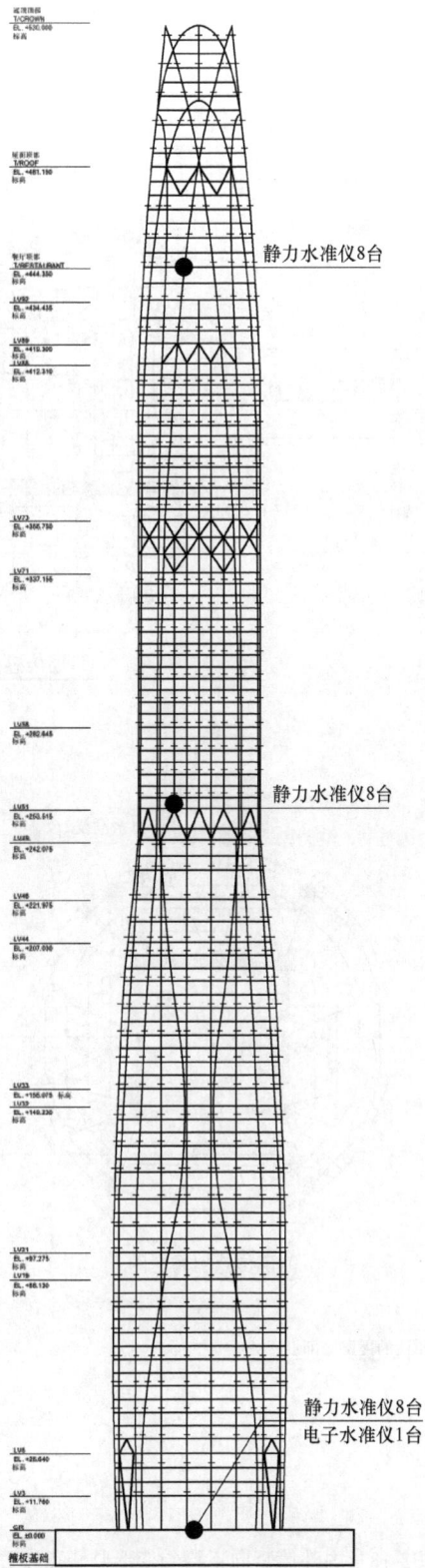

图 32-12 静力水准测点布置图

静力水准仪2台

静力水准仪4台

静力水准仪2台

1层传感器布置图

静力水准仪2台

静力水准仪4台

静力水准仪2台

51层传感器布置图

静力水准仪2台

静力水准仪4台

静力水准仪2台

94层传感器布置图

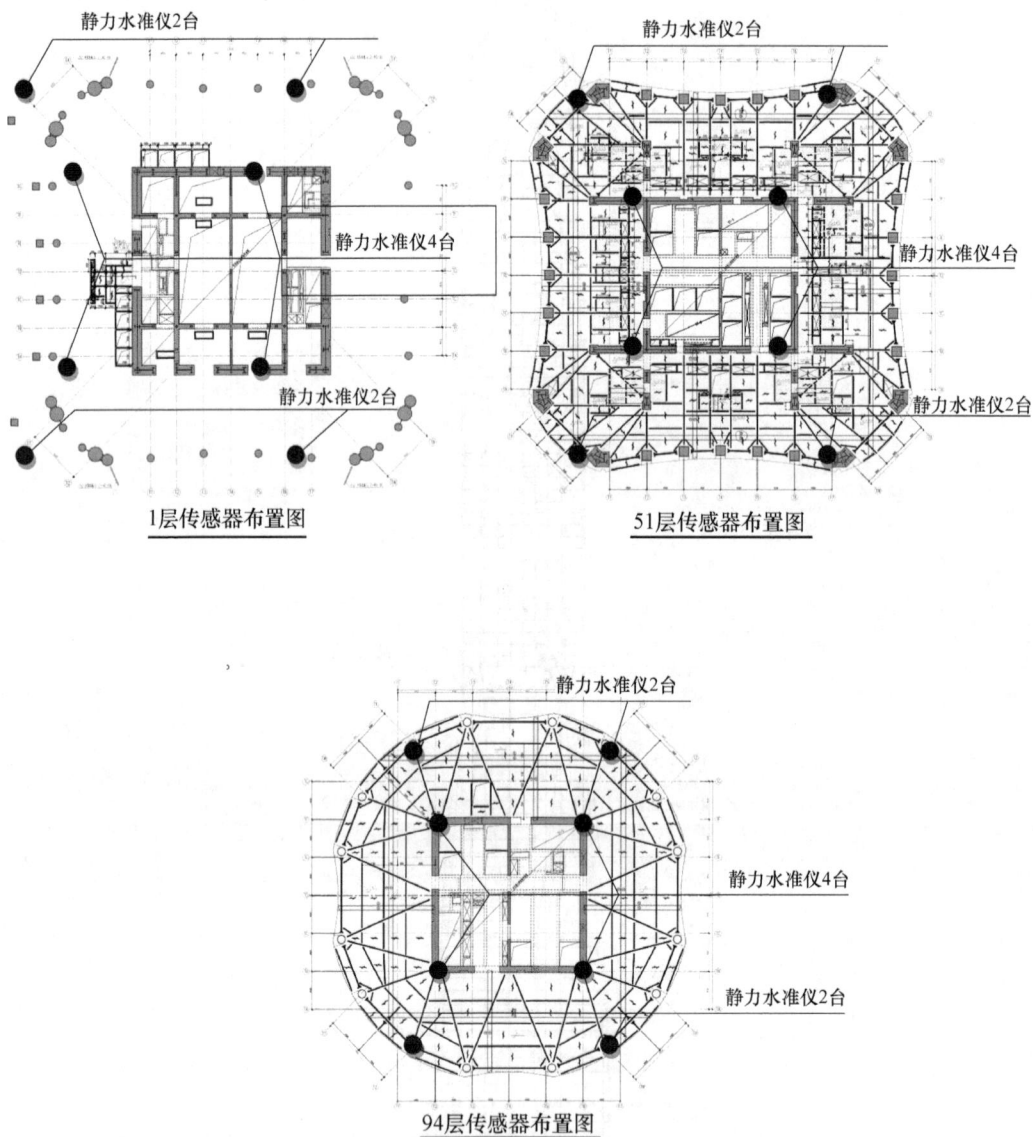

说明：1.静力水准仪布置在剪力墙和柱的楼层底部；
　　　2.电子水准仪数量为1台。

图 32-13　内外筒竖向不均匀变形监测点布置图

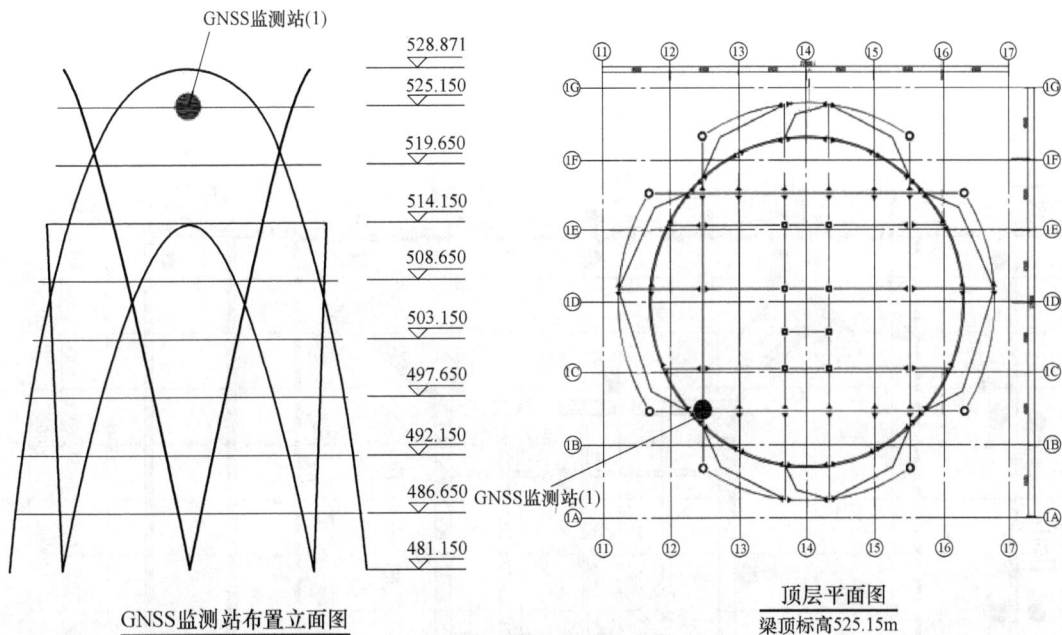

GNSS监测站(1)

528.871
525.150
519.650
514.150
508.650
503.150
497.650
492.150
486.650
481.150

GNSS监测站(1)

GNSS监测站布置立面图

顶层平面图
梁顶标高525.15m

GNSS监测站(1)

GNSS监测站布置三维图

注:GNSS基准站在该中心塔楼附近空旷处选址。

图 32-14　GNSS 系统布置图

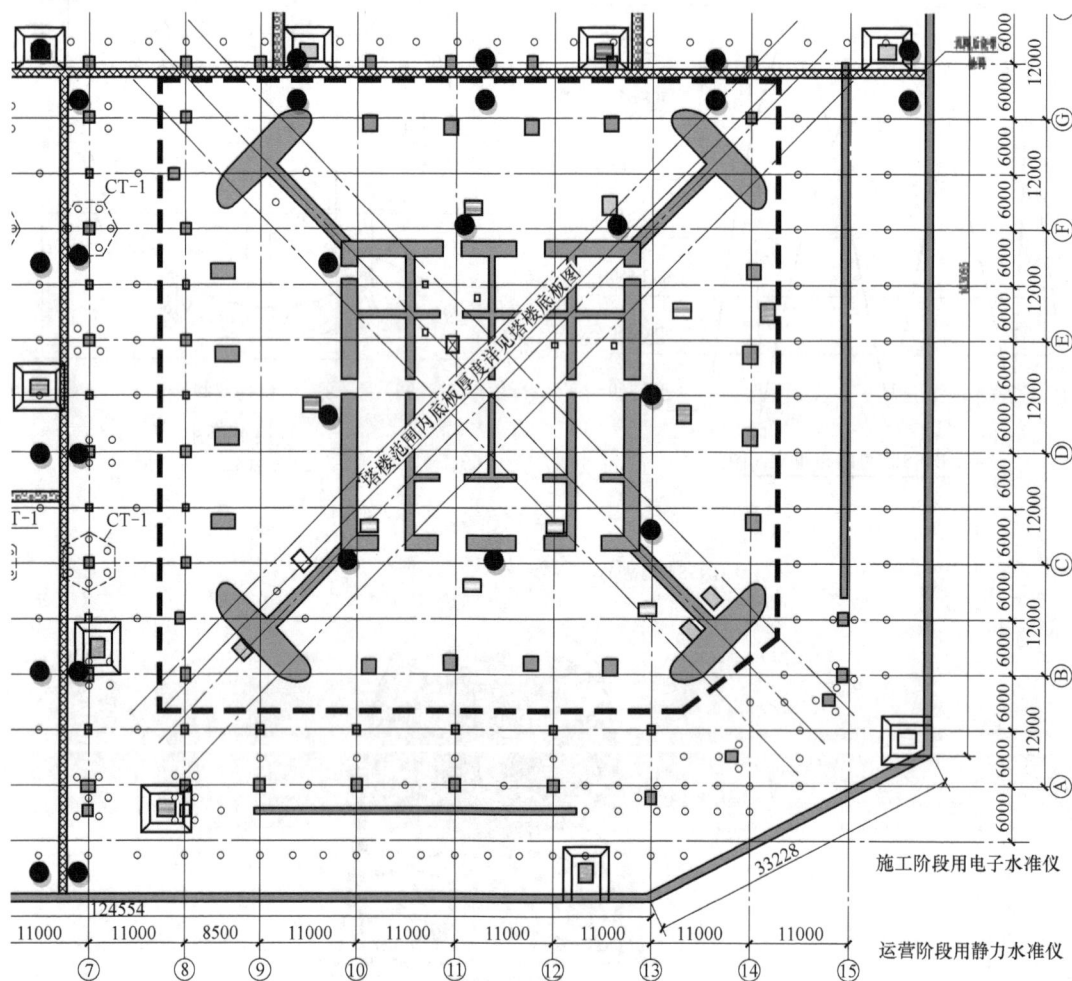

图 32-15　基础沉降监测点布置图（部分基础底板平面图）

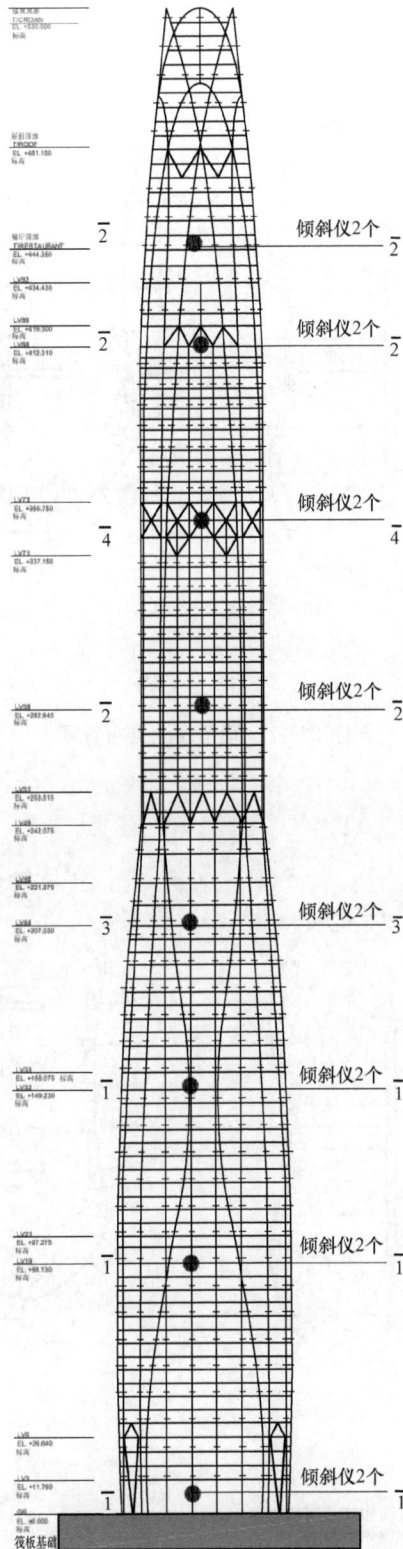

图 32-16　倾角仪测点布置图

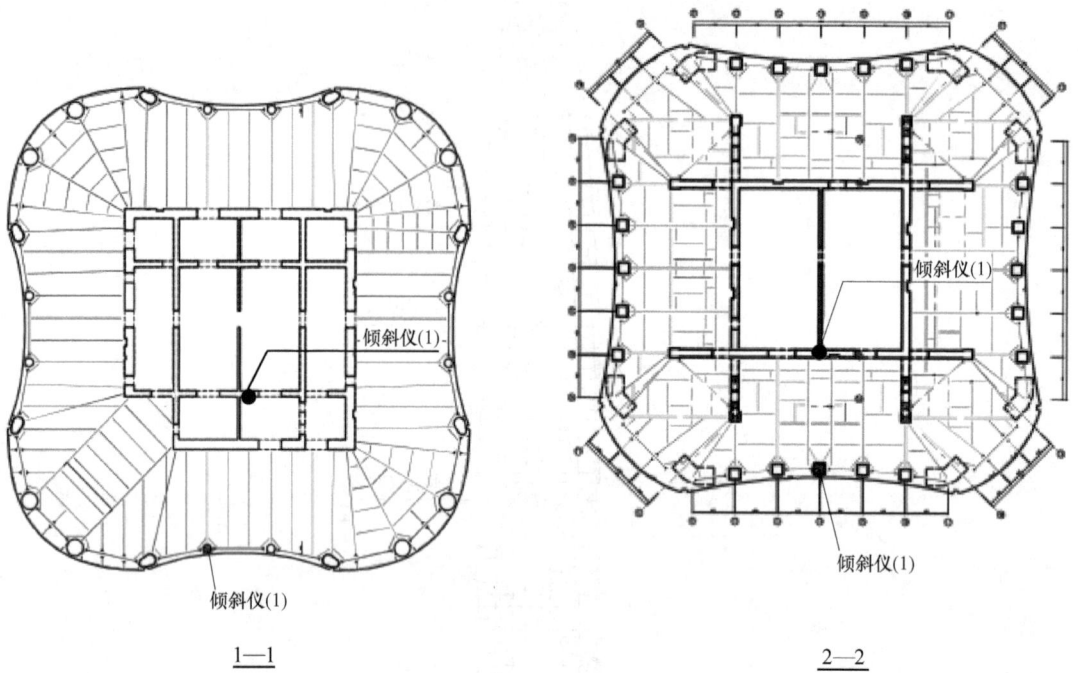

1—1

2—2

图 32-17　倾角仪测点布置图

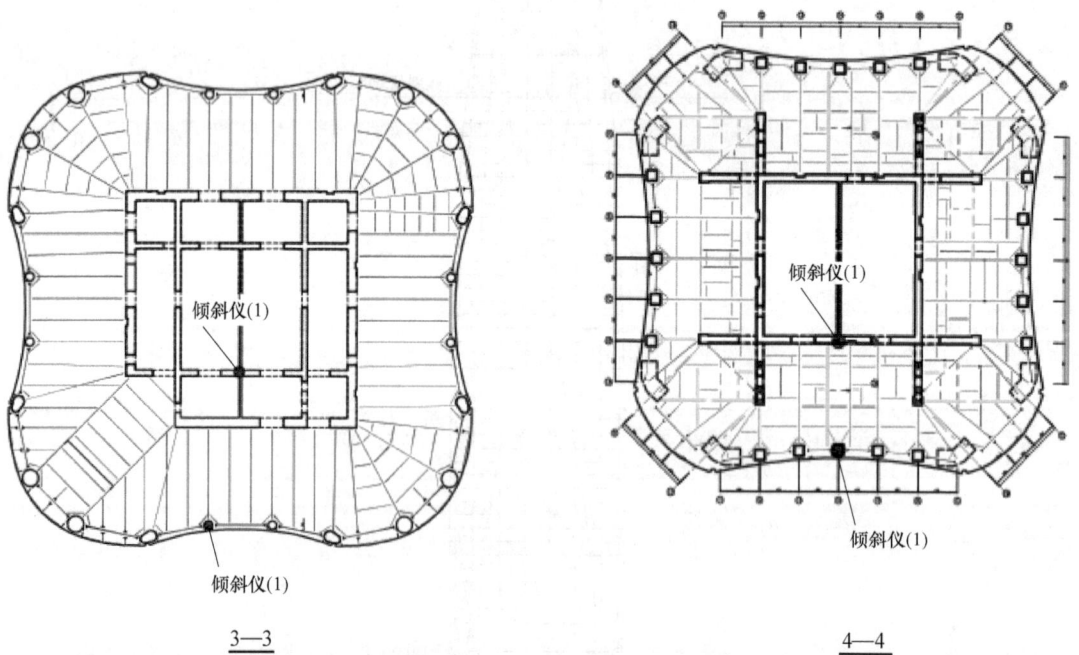

3—3

4—4

说明：1.倾斜仪为双向倾斜仪，布置在剪力墙和柱的楼层中部；
　　　2.剖面图以两个标准层为例示意传感器布置位置。

图 32-18　倾角仪测点布置图层间位移监测点布置

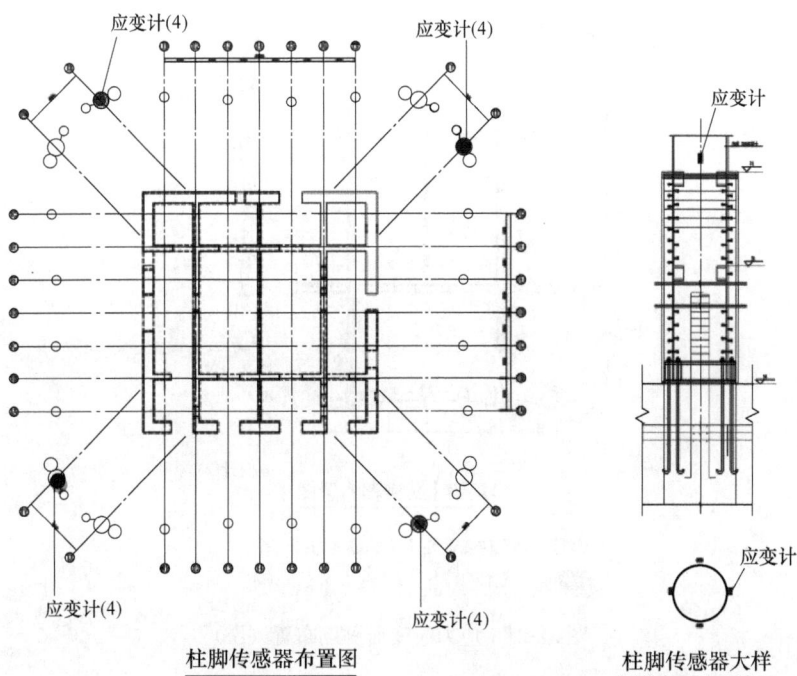

柱脚传感器布置图   柱脚传感器大样

■ — 应变计
● — 应变计布置位置

图 32-19 应力应变监测点布置

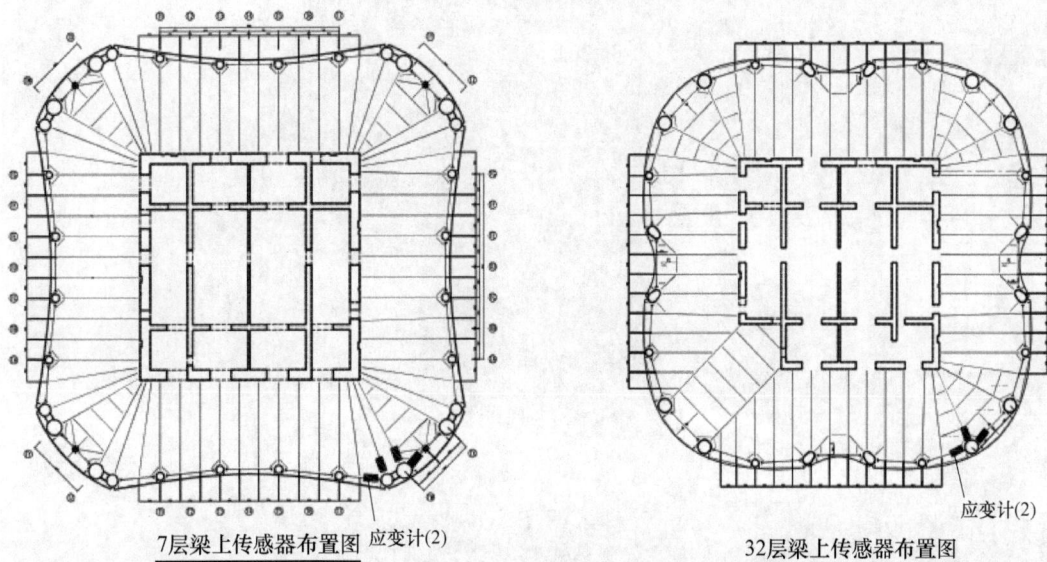

7层梁上传感器布置图   应变计(2)   32层梁上传感器布置图

图 32-20 应力应变监测点布置（一）

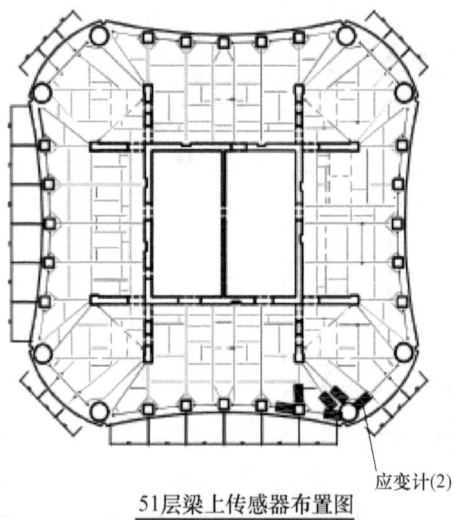

51层梁上传感器布置图

说明：梁上应变计在上下翼缘各布置一个。

■——应变计

图 32-21　应力应变监测点布置（二）

图 32-22　应力应变监测点布置（三）

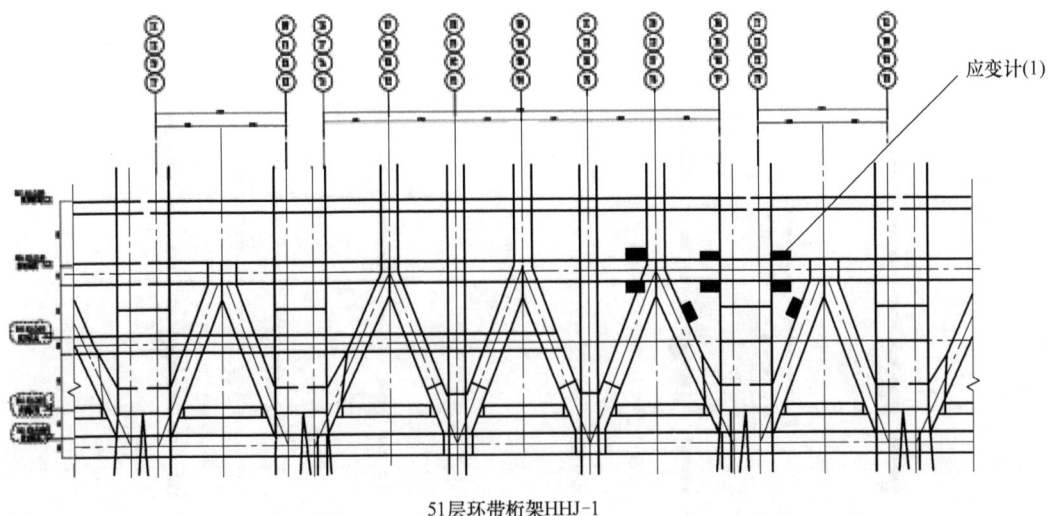

51层环带桁架HHJ-1

■—应变计

图 32-23　应力应变监测点布置（四）

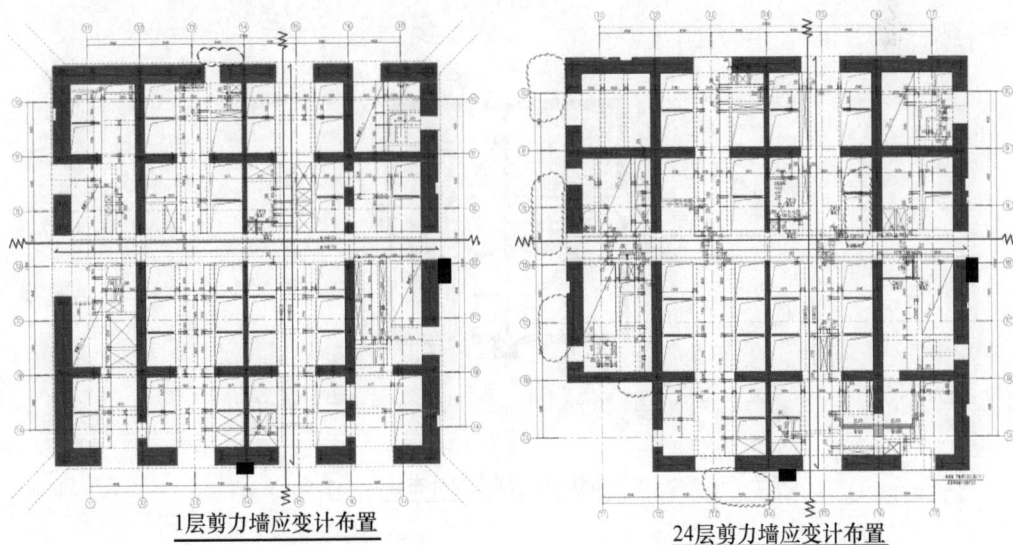

1层剪力墙应变计布置

24层剪力墙应变计布置

说明：应变计具体位置以现场实际情况为准。

图 32-24　应力应变监测点布置（五）（一）

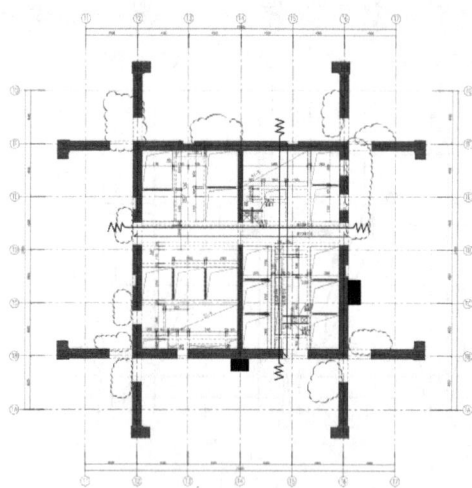

49层剪力墙应变计布置

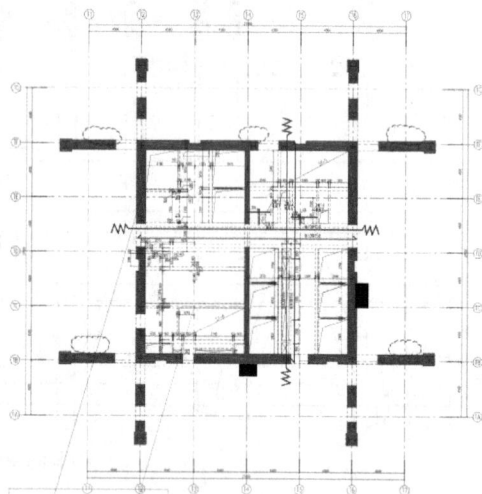

71层剪力墙应变计布置

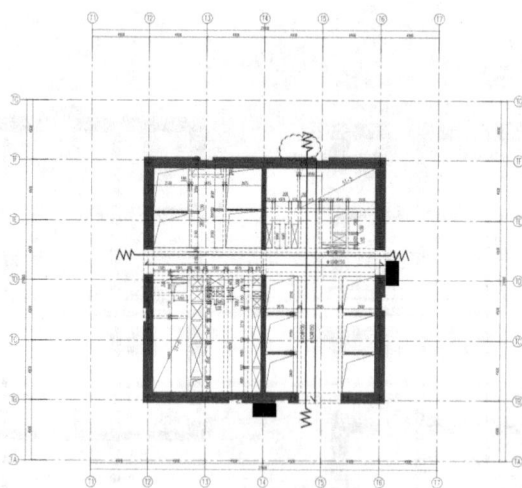

88层剪力墙应变计布置

说明：应变计具体位置以现场实际情况为准。

图 32-25 应力应变监测点布置（五）（二）

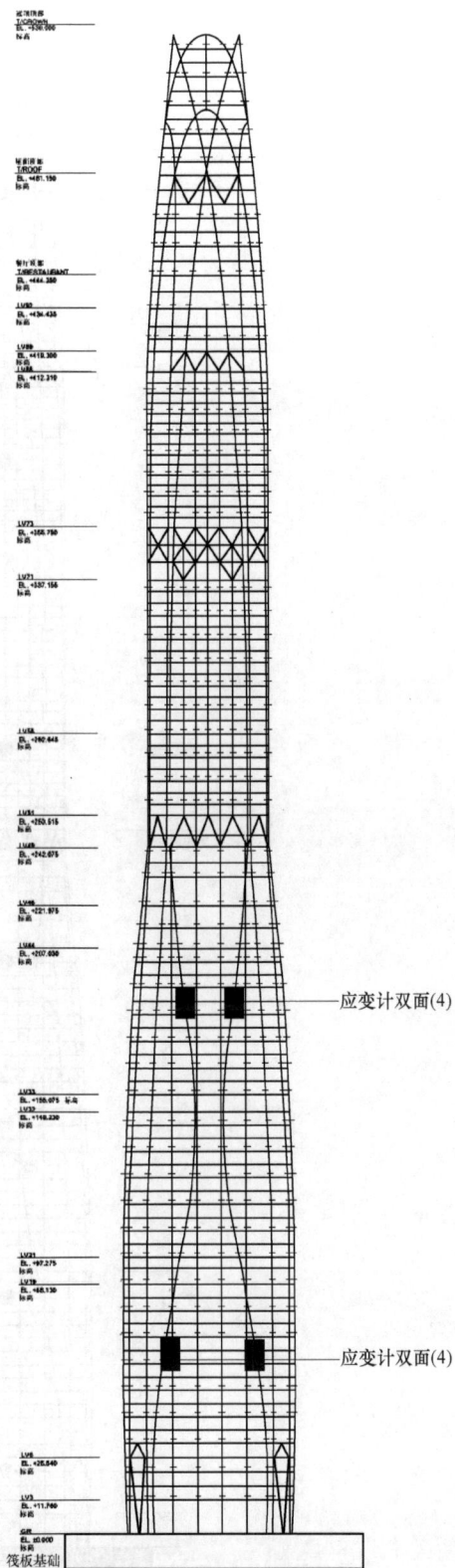

应变计双面(4)

应变计双面(4)

说明：柱间支撑的应变计布置需根据计算和现场情况确定，本图仅为示意图。

筏板基础

图 32-26　应力应变监测点布置（六）

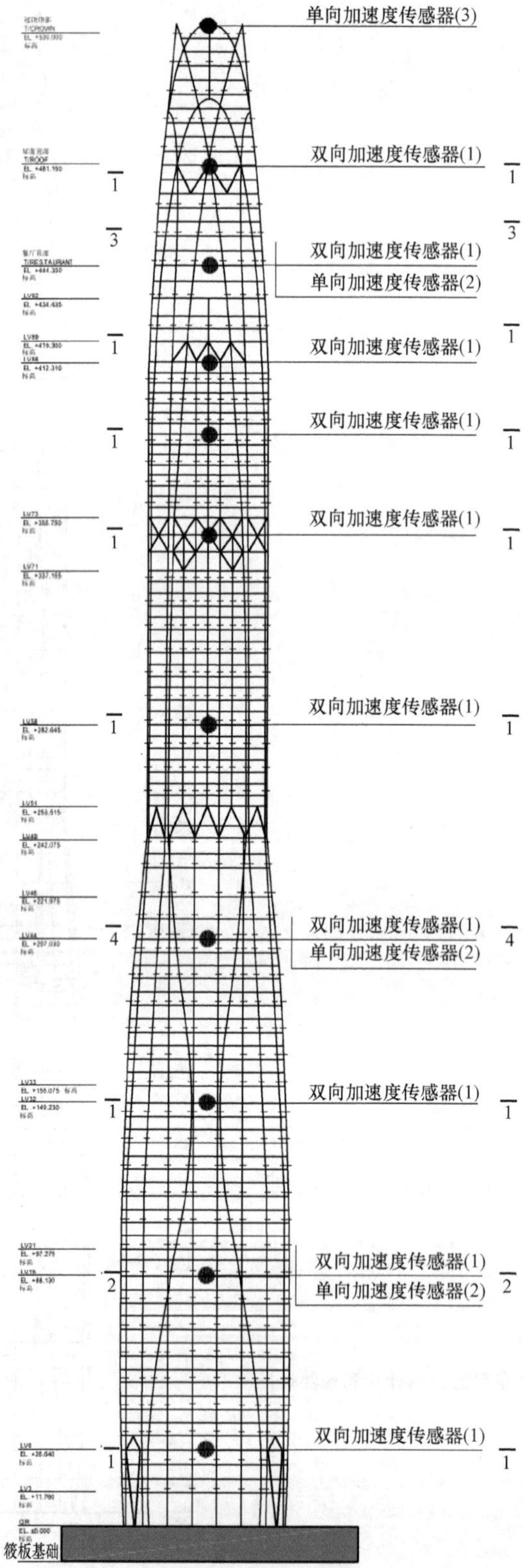

图 32-27　加速度监测点布置（一）

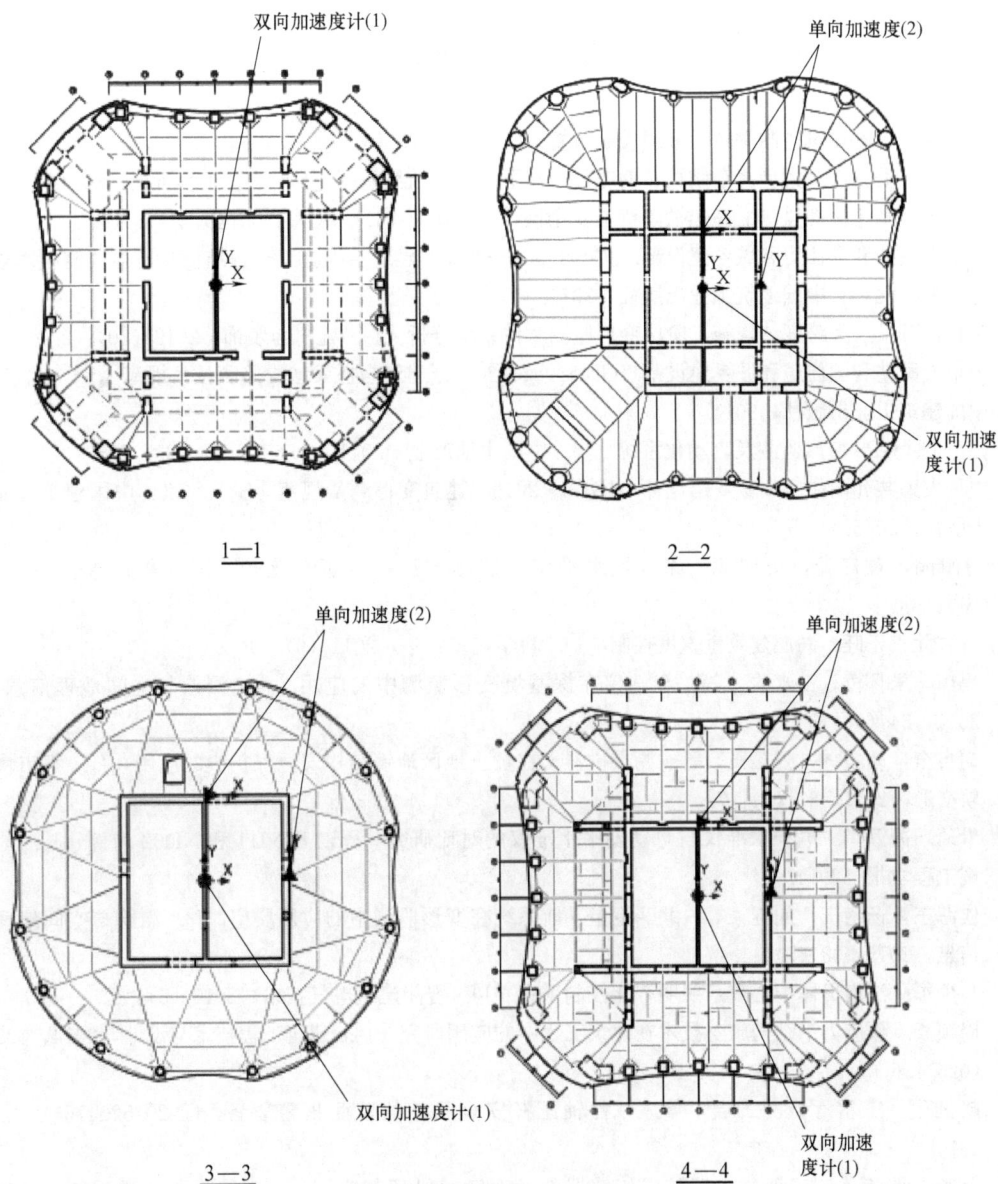

双向加速度计(1)

1—1

单向加速度(2)

双向加速度计(1)

2—2

单向加速度(2)

双向加速度计(1)

3—3

单向加速度(2)

双向加速度计(1)

4—4

图 32-28 加速度监测点布置（二）

参 考 文 献

[1] 程守龙. 一种建筑监测用建筑倾斜警示装置，CN213024780U [P]. 2021.

[2] 贾云龙，委玉奇. 大型复杂结构长期服役状态下的健康监测系统 [J]. 中国工程咨询，2011.

[3] 徐伟周. 基于振动监测的高速铁路桥梁安全预警方法研究 [D]. 南京：东南大学，2016.

[4] 中华人民共和国住房和城乡建设部. JGJ/T 302—2013. 建筑工程施工过程结构分析与监测技术规范 [S]. 北京：中国建筑工业出版社，2014.

[5] 张猛，万策. 大跨度结构施工阶段变形监测软件系统分析 [J]. 建材与装饰，2019 (20)：2.

[6] 中华人民共和国住房和城乡建设部. GB 50982—2014. 建筑与桥梁结构监测技术规范 [S]. 北京：中国建筑工业出版社，2014.

[7] 苏金良. GPS变形监测及自动化系统 [J]. 中国房地产业，2011，000 (012)：289，275.

[8] 中华人民共和国住房和城乡建设部. JGJ 8—2016. 建筑变形测量规范 [S]. 北京：中国建筑工业出版社，2016.

[9] 胡园园，黄广龙，史瑞旭. 深基坑水平位移监测方法的分析与比较 [J]. 建筑科学，2012 (S1)：6.

[10] 孙林元，于旺. 高层建筑垂直度控制 [J]. 科学之友：中，2011 (6)：3.

[11] 冯梅，朱怀汝，王永生，等. 全站仪在深基坑变形监测中的应用 [J]. 测绘与空间地理信息，2011，34 (5)：3.

[12] 胡自全，胡银林，姜雁飞，等. 测量机器人在黄土地区地铁结构安全保护中的应用 [J]. 都市快轨交通，2017，30 (5)：7.

[13] 景琦，薄万举. 电子水准仪与自动安平水准仪的对比研究——以 DINI11 和 NI002 为例 [J]. 地震工程学报，2014.

[14] 侯海东，杨艳庆，刘垚，等. 北斗卫星导航系统在变形监测中的应用展望 [J]. 测绘与空间地理信息，2015，38 (7)：4.

[15] 马少军. 济南奥体中心夜景照明智能控制系统 [J]. 智能建筑电气技术，2010 (5)：5.

[16] 周顺豪. 预应力钢结构施工技术在建筑工程中的应用研究 [J]. 建筑工程技术与设计，2014，000 (025)：60.

[17] 赵挺生，王富厅，冼二启，等. 一种轴压杆安全状态的监测报警装置，CN201520476542.6. 2015.

[18] 江修，张焕春，经亚枝. 振弦式传感器的频率敏感机理与应用 [J]. 传感器与微系统，2003 (12).

[19] 孙序文. 浅谈振弦式传感器在大坝安全监测中的优势与应用 [J]. 城市建设理论研究：电子版，2014，000 (007)：1-5.

[20] 许勇. 基于QR分解法和有效独立法的大型钢结构健康监测测点优化布置研究与应用 [D]. 济南：山东建筑大学，2012.

[21] 徐其富. 土压力盒在工程中的误差 [J]. 2009.

[22] 武湛君，张博明，王殿富，等. 光纤传感器在民用建筑结构中的应用 [J]. 哈尔滨工业大学学报，2001，33 (4)：6.

[23] 钱云. 牛栏江-滇池补水工程金奎地隧洞监测设计 [J]. 2022 (S7).

[24] 李宏男，李东升，赵柏东. 光纤健康监测方法在土木工程中的研究与应用进展 [J]. 地震工程与工程振动，2002，22 (6)：8.

[25] 张朋，王宁，陈艳，等. 光纤传感器的发展与应用 [J]. 现代物理知识，2009 (2)：4.

[26] 汪冰冰，李琪，王宁. 光纤光栅传感器应变和温度交叉敏感问题 [J]. 中国水运：下半月，2009 (3)：2.

[27] 常立峰，刘钊. 光纤 Bragg 光栅传感器在土木工程监测中的应用 [J]. 黑龙江水利科技，2009 (4)：2.

[28] 刘鹏，周勤奋，陶梦江. 电阻应变式传感器在检测中的应用 [J]. 科技致富向导，2011 (21)：1.

[29] 张建华. 无线传感器网络技术概述 [J]. 消费电子，2013 (2)：2.

[30] 杜维，张宏建. 过程检测技术及仪表 [M]. 北京：化学工业出版社，2010.

[31] 吴子燕，代凤娟，宋静，等. 损伤检测中的传感器优化布置方法研究 [J]. 西北工业大学学报，2007，25 (4)：5.

[32] 苗保民. 桥梁实时在线监测系统设计 [D]. 西安：长安大学，2008.

[33] 杨建荣. 一种新的两阶段结构损伤检测方法 [D]. 昆明：昆明理工大学，2004.

[34] 朱伯龙. 结构抗震试验 [M]. 北京：地震出版社，1989.

[35] 侯敬峰，马世鹏，苏浩. 巨型钢桁架悬挑结构动力特性监测研究 [J]. 施工技术，2018，47 (8)：4.

[36] 王宁，闫维明，李振宝，等. 复杂建筑动力特性脉动测试与分析 [C]. 第七届全国地震工程学术会议，2006.

[37] 温瑞智，周正华，李小军，等. 汶川 Ms8.0 地震的强余震流动观测 [J]. 地震学报，2009，31 (2)：7.

[38] 匡莉娟，施洪昌. 风压无线传感器网络测试系统 [J]. 兵工自动化，2007，26 (7)：2.

[39] 中华人民共和国住房和城乡建设部. 大体积混凝土温度测控技术规范 [M]. 北京：中国建筑工业出版社，2016.

[40] 王祺明，孙智，周哲峰，等. 上海长江大桥结构健康监测系统设计思路 [J]. 世界桥梁，2009 (A01)：4.

[41] Ma Xiaoqin, Mao Fanjun, Liu Yufan, 等. 桥梁智能健康监测系统的研究与设计 [J]. 黑龙江工业学院学报：综合版，2019，19 (7)：9.

[42] 中华人民共和国交通运输部. JT/T 1037—2022，公路桥梁结构监测技术规范 [S]. 北京：人民交通出版社，2022.

第6篇

建筑结构工程评价

建筑结构安全性鉴定、使用性鉴定、可靠性鉴定、危险性鉴定及抗震鉴定，有一个共同特点，即均为结构性能的鉴定，主要解决的是在不同需求情况下建筑结构的性能指标是否仍处于安全状态的问题。

第33章

建筑结构工程评价概述

　　建筑结构评价是对实体结构能否满足构件安全和结构整体安全的评价。该种评价的基础数据为结构计算参数，对于进行了检测的结构，应依据检测的结果。依据评价的内容可分为工程施工质量评价、结构抗震性能评价、结构设计复核以及结构工程安全性与可靠性评价。建筑结构工程评价与建筑结构鉴定目的和方法基本相同，均是采用科学的方法分析结构损伤的演化规律，评估结构损伤的程度，对其完成预定功能的能力进行评价和鉴定。而在特定条件下，对于一些专门性项目可进行专项评价和鉴定，例如危险房屋鉴定、火灾后建筑结构鉴定等。

　　结构工程安全性与可靠性评价就是采取科学的方法分析结构损伤的演化规律，评估结构的损伤程度，对其完成预定功能的能力进行评价和鉴定，继而采取及时有效的处理措施，从而延缓结构损伤的进一步演化，达到延长结构使用寿命的目的。按照结构功能的两种极限状态，结构可靠性鉴定可以分为两种，即安全性鉴定（承载力鉴定）和使用性鉴定（正常使用鉴定）。根据不同的鉴定目的和要求，安全性鉴定与使用性鉴定可分别进行，或选择其一进行，或合并为可靠性鉴定。当鉴定评为需要加固处理或更换构件时，根据加固更换的难易程度、修复价值及加固修复对原建筑功能的影响程度，还可以补充构件的适修性评定，作为工程加固修复决策时的参考或建议。

　　建筑工程质量评价一般分为建筑工程施工质量的评定和设计质量评定。施工质量评定一般多针对新建工程，也有一些既有工程。对于施工质量的评价应以现行的《建筑工程施工质量验收统一标准》GB 50300—2013 为基础，并应用相应的结构工程施工质量验收规范的规定进行结构工程的施工质量评定，如《混凝土结构工程施工质量验收规范》GB 50204—2015、《钢结构工程施工质量验收标准》GB 50205—2020、《砌体结构工程施工质量验收规范》GB 50203—2011、《木结构工程施工质量验收规范》GB 50206—2012 等。

　　建筑工程施工质量评定，应以第 3 篇中的检验方法进行评定，而对于既有建筑工程施工质量的评定，应以建造年代的施工验收规范作为依据。对于既有建筑工程质量评定检测和建筑工程安全鉴定的检测，虽然都是对既有建筑工程的检测，但是在检测的抽样方案和抽样结果的判定上有所差异。

　　对于既有建筑工程质量评定的检测应依据建造年代的验收规范中规定的项目和抽样方案进行，其抽样样本应是随机的且不能由委托方制定；而既有建筑工程结构安全鉴定检测的检测项目应根据结构现状质量和对结构安全的影响程度确定检测项目和抽样方案，其抽样应区分重要的楼层、重要的部位或构件。

　　既有建筑工程质量评定的检测结果应依据建造年代的设计文件和验收规范的评价指标

进行评价；而既有建筑工程结构安全鉴定检测的结果是为结构安全鉴定提供计算参数，如结构构件截面尺寸的范围，房屋的倾斜程度以及结构分析模型的考虑，结构损伤对结构安全的影响等。

　　危险房屋鉴定侧重点为判断房屋是否已构成危险房屋，而对未达到危险状态的机构构件不加以区分和判定，鉴定结果主要为房产管理部门提供依据。抗震鉴定侧重点为判断结构是否满足抗震构造和地震作用下的承载力要求。由于绝大多数需要鉴定的房屋未受过地震作用，所以无法根据现状直接判别结构的抗震能力，因而抗震鉴定需要根据构造要求和抗震概念结合定量计算给出综合评定。

第34章

工程施工质量评价

工程施工质量评价的要点包括：评价目的、评价规则和评价方法。

34.1 施工质量评价目的

建筑结构工程施工质量评定的目的就是评定施工质量是否符合设计文件和满足相关施工验收规范的要求，也就是评定结构工程是否存在施工方面造成的质量问题。

由于建筑结构工程的施工质量是建筑结构性能的重要保障。因此，有关设计文件对于施工质量的要求是偏于严格的。也就是说：一般情况下，只要建筑结构工程的施工质量符合设计和有关验收规范的要求，结构设计的性能就可以得到保障。换言之，在这种情况下，可以不对设计要求的结构性能进行直接的评定，而认定结构的性能满足设计的要求。

当评定结果为建筑结构存在施工质量问题时，通常委托方还要提出结构性能是否受到影响的评定要求。结构的性能包括结构安全、适用和耐久性能以及抗灾害的能力。建筑结构工程施工质量的评定是建筑结构安全性的评定、适用性评定和耐久性评定的重要组成部分，也是结构抗灾害能力评定的重要组成部分。在一些特定情况下，结构工程施工质量的评定结果也是判定质量事故或坍塌事故责任方的依据。

在此还要指出的是，建筑结构施工质量存在问题可能会对建筑结构的性能构成影响，也可能由于设计者偏于保守使得施工质量问题对建筑结构的性能影响不大。无论这种影响是否存在，影响程度如何，对施工质量本身的评定都不应该被替代或被掩盖。这就是建筑结构工程施工质量评定所要掌握的重要原则之一。其根本原因在于，有关当事方争议的焦点在于建筑结构工程施工质量是否存在质量问题，而结构性能是否受到明显影响是判定质量问题是否需要处理以及如何处理的问题。

某砌体结构存在质量问题，经检测发现部分砌筑用砖强度等级和砌筑砂浆强度等级均未达到设计要求，以此为依据计算出来的墙体承载能力不能满足《砌体结构设计规范》GB 50003—2011 的要求。此时建设（开发）方提出，按照《砌体工程现场检测技术标准》GB/T 50315—2011 的规定进行砌体抗压强度的检测。其实砌体的抗压强度在《砌体结构设计规范》GB 50003—2011 中给出的数值，是依据砌体块材强度等级和砌筑砂浆强度等级的计算值。而砌体结构工程中砌体抗压强度的实测值除了与砌体块材强度和砌筑砂浆强度有关外，还与砌筑砂浆的饱满度有关，而且仅检测一、二道墙体也不能全面反映该工程的砌体抗压强度。另外，砌筑用砖和砂浆强度等级不仅决定砌体的抗压强度，还决定砌体的抗剪强度。此外还与砌体的耐久性有关（砖的抗风化、砌体的抗冻性能等）。

34.2　施工质量评价规则

概括地讲，建筑结构工程施工质量评价工作的规则是：以设计文件、相关结构设计规范和施工质量验收规范的技术要求为基准，对建筑结构工程检测项目的检测结果进行评价。

本手册第 3 篇介绍了建筑结构工程施工质量的控制与验收。建筑结构工程施工质量的评定与建筑结构施工质量的验收有共同之处也有不同之处。共同之处在于评定的内容、方法和评价指标等基本相同，都是按设计文件、相关规范的要求评定。不同之处在于：

（1）结构工程施工质量的评定不仅要面对在施的结构工程，还要面对现存的建筑结构；

（2）评定可能是部分的项目或结构工程的局部，而验收是从检验批、分项工程、子分部工程到整个结构分部工程；

（3）验收以现行有效的规范评价工程质量，工程施工质量评定要按建造时有效的规范标准评价。

因此，建筑结构工程施工质量的评定有如下规则：

（1）当设计施工图对结构工程施工质量有具体要求且其要求高于国家或行业标准的要求时，应以设计施工图的要求为基准评定建筑结构工程的施工质量；例如抗震等级为一级的总层数为六层的某钢筋混凝土框架结构柱的设计混凝土强度等级为 C35，《建筑抗震设计规范》GB 50011—2010 规定的抗震等级为一级的框架柱最低强度等级为 C30；但对该工程框架柱混凝土强度评定时应以设计要求的 C35 为准。

（2）当设计施工图对结构工程施工质量没有具体要求或其要求低于国家或行业标准的要求时，应以国家或行业标准的要求为基准评定建筑结构工程的施工质量，这些标准主要是结构专业施工质量验收规范，也包括产品的标准；例如一般结构设计图纸都不标注对构件钢材缺陷的要求，而钢材的质量必须符合有关国家或行业标准规定的合格质量要求。

（3）对于《建筑工程施工质量验收统一标准》GB 50300—2013 公布实施后建造的建筑结构工程，应按与该统一标准配套的结构工程施工质量验收规范的规定进行结构工程施工质量的评定，这些结构工程施工质量验收规范包括：

1)《砌体结构工程施工质量验收规范》GB 50203—2011；

2)《混凝土结构工程施工质量验收规范》GB 50204—2015；

3)《钢结构工程施工质量验收标准》GB 50205—2020；

4)《木结构工程施工质量验收规范》GB 50206—2012 等。

（4）对于有特殊要求的建筑结构工程的施工质量，还应按相应的技术规程或技术规范中质量验收的规定进行评定，比如防腐建筑应遵从相关标准要求。

应该注意的是，在进行结构工程施工质量评定时，一般不宜涉及施工工艺的评定。只有当施工工艺对施工质量构成实际的影响时才可涉及施工工艺问题。施工工艺的因素只能作为出现施工质量问题的原因分析，不能作为施工质量评定的结果使用。

（5）对于《建筑工程施工质量验收统一标准》GB 50300—2013 公布实施之前建造的建筑结构，应按建造时有效的结构设计规范、结构工程施工及验收规范的规定进行结构施工质量的评定。有特殊要求的建筑结构，还应按建造时有效的技术规范或技术规程的规定进行工程质量的评定。同样，这些规范或规程中关于施工工艺的规定不宜作为评定工程施工质量的根据，只能用于分析出现施工质量问题的原因。

（6）对于村镇中的公用建筑，虽然建造时可能没有按相应规范和技术规范的规定进行设计与施工，也可以按照上述原则进行结构工程施工质量的评定。

（7）对于农村或城镇中的自建住宅，可参考上述原则进行工程施工质量的评定。

（8）当结构工程质量评定存在问题时，可以继续评定质量问题对结构性能的影响，但结构性能评定的结果不能掩盖或替代施工质量存在的问题。

34.3 施工质量评价方法

建筑结构工程施工质量评定的基本方法是以设计规定的参数或施工质量验收规范规定的质量要求为基准，并严格按照《建筑工程施工质量验收统一标准》GB 50300 和结构专业的验收标准规定的抽样数量进行随机抽样，所选的检测方法应符合《建筑结构检测技术标准》GB/T 50344—2019 的规定，将检验测试的结果与之比较，并进行判定；对于有允许偏差的检测项目，当设计没有特殊要求时，按验收规范或施工及验收规范的规定进行评定。

（1）以设计文件要求为基准，将检测结果与之比较进行评定。这类项目有构件材料强度、结构布置与构造等。

例：混凝土强度的评定，设计文件要求的混凝土强度等级为 C20，实际检测得到的混凝土推定强度为 $f_{cu,e}=25\text{MPa}$，则可评定测试龄期的混凝土强度符合设计（C20）混凝土的强度要求。

（2）以设计文件要求的参数为基准，按验收规范允许偏差评定。这类项目主要是结构构件的截面尺寸、层高与标高、轴线等实际尺寸与设计文件的偏差。

例：设计要求的现浇钢筋混凝土柱的截面尺寸为 400mm×400mm，实测截面尺寸为405mm×398mm。按照《混凝土结构工程施工质量验收规范》GB 50204—2015 的规定，现浇混凝土构件截面尺寸的允许偏差为＋10mm 和－5mm。所抽检的每根柱截面尺寸偏差为个样本，若所抽检的钢筋混凝土柱的截面尺寸的偏差范围均在允许偏差＋10mm 和－5mm 内或合格点率不小于 80%，则该工程的钢筋混凝土柱的截面尺寸符合设计和验收规范的要求。

（3）以验收规范为依据的评定。这类项目主要是结构构件的内部和外观质量等。包括钢结构的焊缝质量、混凝土结构的密实、砌体结构的砌筑砂浆饱满度等。

第35章
结构抗震性能评价

抗震鉴定是通过检查现有建筑的设计、施工质量和现状，按规定的抗震设防要求，对其在地震作用下的安全性进行评估。

随着我国经济建设的发展和建筑使用功能的提高，建筑抗震设计规范也在进行着更新与完善，按照之前抗震规范设计的房屋中有些已经满足建筑使用功能的要求，需要进行改造或加层，这就提出了对这些没有经过抗震设防或者按照当时设计规范进行抗震设防的建筑工程进行抗震性能评价及其改造的可行性研究问题，这就属于建筑抗震鉴定。

下列情况下，现有建筑应进行抗震鉴定：接近或超过设计使用年限需要继续使用的建筑、原设计未考虑抗震设防或抗震设防要求提高的建筑、需要改变结构的用途和使用环境的建筑、其他有必要进行抗震鉴定的建筑。

现有建筑应根据实际需要和可能，按下列规定选择其后续使用年限：

（1）在 20 世纪 70 年代及以前建造经耐久性鉴定可继续使用的现有建筑，其后续使用年限不应少于 30 年；在 20 世纪 80 年代建造的现有建筑，宜采用 40 年或更长，且不得少于 30 年。

（2）在 20 世纪 90 年代（按当时施行的抗震设计规范系列设计）建造的现有建筑，后续使用年限不宜少于 40 年，条件许可时应采用 50 年。

（3）在 2001 年以后（按当时施行的抗震设计规范系列设计）建造的现有建筑，后续使用年限宜采用 50 年。

不同后续使用年限的现有建筑，其抗震鉴定方法应符合下列要求：后续使用年限 30 年的建筑（简称 A 类建筑），应采用本章 A 类建筑抗震鉴定方法；后续使用年限 40 年的建筑（简称 B 类建筑），应采用本章 B 类建筑抗震鉴定方法；后续使用年限 50 年的建筑（简称 C 类建筑），对于设计建造年代为 2010 年之后的建筑，称为新 C 类建筑，均应按现行国家标准《建筑抗震设计规范》GB 50011 的要求进行抗震鉴定。

35.1 抗震鉴定基本规定

现有建筑抗震鉴定，应按下面的鉴定程序（图 35-1）进行。

现有建筑的抗震鉴定应包括下列内容及要求：

（1）搜集建筑的勘察报告、施工和竣工验收的相关原始资料；当资料不全时，应根据鉴定的需要进行补充实测。

（2）调查建筑现状与原始资料相符合的程度、施工质量和维护状况，发现相关的非抗震缺陷。

```
委托
  ↓
初步调查
  ↓
确定鉴定目的、范围和内容
  ↓
成立鉴定组或委员会 ← → 详细调查 ← 补充调查
  ↓
场地、地基和基础鉴定
地上结构鉴定
  ↓
抗震鉴定结论
  ↓
鉴定报告
```

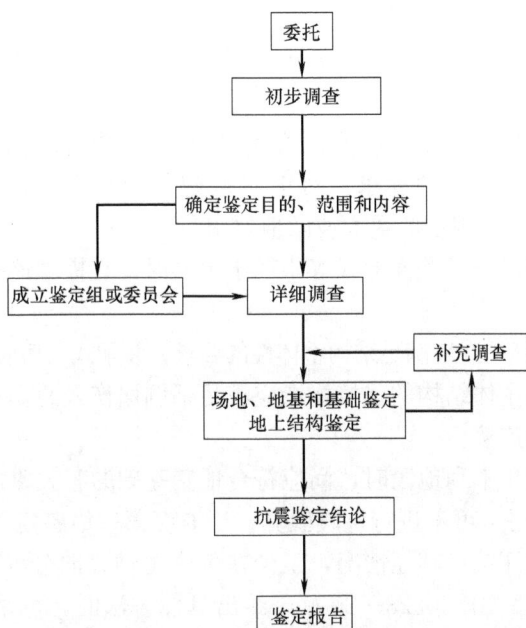

图 35-1　建筑抗震鉴定程序

（3）根据各类建筑结构的特点、结构布置、构造和抗震承载力等因素，采用相应的逐级鉴定方法，进行综合抗震能力分析。

（4）对现有建筑整体抗震性能做出评价，对符合抗震鉴定要求的建筑应说明其后续使用年限，对不符合抗震鉴定要求的建筑提出相应的抗震减灾对策和处理建议。

抗震鉴定分为两级。第一级鉴定应以宏观控制和构造鉴定为主进行综合评价，第二级鉴定应以抗震验算为主结合构造影响进行综合评价。

A类建筑的抗震鉴定，当符合第一级鉴定的各项要求时，建筑可评为满足抗震鉴定要求，不再进行第二级鉴定；当不符合第一级鉴定要求时，除现行标准明确规定的情况外，应由第二级鉴定作出判断。

B类建筑的抗震鉴定，应检查其抗震措施和现有抗震承载力再作出判断。当抗震措施不满足鉴定要求而现有抗震承载力较高时，可通过构造影响系数进行综合抗震能力的评定；当抗震措施鉴定满足要求时，主要抗侧力构件的抗震承载力不低于规定的95%、次要抗侧力构件的抗震承载力不低于规定的90%，也可不要求进行加固处理。

C类建筑的抗震鉴定，应检查其抗震措施和现有抗震承载力再作出判断。当抗震措施鉴定满足要求时，主要抗侧力构件的抗震承载力不低于规定的95%、次要抗侧力构件的抗震承载力不低于规定的90%，也可不要求进行加固处理。

现有建筑宏观控制和构造鉴定的基本内容及要求，应符合下列要求：

（1）当建筑的平立面、质量、刚度分布和墙体等抗侧力构件的布置在平面内明显不对称时，应进行地震扭转效应不利影响的分析；当结构竖向构件上下不连续或刚度沿高度分布突变时，应找出薄弱部位并按相应的要求鉴定。

（2）检查结构体系，应找出其破坏会导致整个体系丧失抗震能力或丧失对重力的承载能力的部件或构件；当房屋有错层或不同类型结构体系相连时，应提高其相应部位的抗震鉴定要求。

（3）检查结构材料实际达到的强度等级，当低于规定的最低要求时，应提出采取相应的抗震减灾对策。

（4）多层建筑的高度和层数，对于 A 类及 B 类建筑应符合《建筑抗震鉴定标准》GB 50023—2009 规定的最大值限值要求，对于 C 类建筑应符合《建筑抗震设计规范》GB 50011—2010（2016 年版）规定的最大值限值要求。

（5）当结构构件的尺寸、截面形式等不利于抗震时，宜提高该构件的配筋等构造抗震鉴定要求。

（6）结构构件的连接构造应满足结构整体性的要求；装配式厂房应有较完整的支撑系统。

（7）非结构构件与主体结构的连接构造应满足不倒塌伤人的要求；位于出入口及人流通道等处，应有可靠的连接。

（8）当建筑场地位于不利地段时，尚应符合地基基础的有关鉴定要求。

6 度和有具体规定时，可不进行抗震验算；当 6 度第一级鉴定不满足时，可通过抗震验算进行综合抗震能力评定；其他情况，至少在两个主轴方向分别进行结构的抗震验算。当《建筑抗震鉴定标准》GB 50023—2009 未给出具体方法时，可采用现行国家标准《建筑抗震设计规范》GB 50011 规定的方法，进行结构构件抗震验算。

现有建筑的抗震鉴定要求，可根据建筑所在场地、地基和基础等的有利和不利因素，依据《建筑抗震鉴定标准》GB 50023—2009 对抗震鉴定要求进行调整。

对不符合鉴定要求的建筑，可根据其不符合要求的程度、部位对结构整体抗震性能影响的大小，以及有关的非抗震缺陷等实际情况，结合使用要求、城市规划和加固难易等因素的分析，提出相应的维修、加固、改变用途或更新等抗震减灾对策。

35.2　场地、地基和基础抗震鉴定

6、7 度时及建造于对抗震有利地段的建筑，可不进行场地对建筑影响的抗震鉴定。对建造于危险地段的现有建筑，应结合规划更新；暂时不能更新的，应进行专门研究，并采取应急的安全措施。

7~9 度时，建筑场地为条状突出山嘴、高耸孤立山丘、非岩石和强风化岩石陡坡、河岸和边坡的边缘等不利地段，应对其地震稳定性、地基滑移及对建筑的可能危害进行评估；非岩石和强风化岩石陡坡的坡度及建筑场地与坡脚的高差均较大时，应估算局部地形导致其地震影响增大的后果。

建筑场地有液化侧向扩展且距常时水线 100m 范围内，应判明液化后土体流滑与开裂的危险。

地基基础现状的鉴定，应着重调查上部结构的不均匀沉降裂缝和倾斜，基础有无腐蚀、酥碱、松散和剥落，上部结构的裂缝、倾斜以及有无发展趋势。

符合下列情况之一的现有建筑，可不进行其地基基础的抗震鉴定：

（1）丁类建筑。

（2）地基主要受力层范围内不存在软弱土、饱和砂土和饱和粉土或严重不均匀土层的乙类、丙类建筑。

（3）6 度时的各类建筑。

（4）7 度时，地基基础现状无严重静载缺陷的乙类、丙类建筑。

对地基基础现状进行鉴定时，当基础无腐蚀、酥碱、松散和剥落，上部结构无不均匀沉降裂缝和倾斜，或虽有裂缝、倾斜但不严重且无发展趋势，该地基基础可评为无严重静载缺陷。

存在软弱土、饱和砂土和饱和粉土的地基基础，应根据烈度、场地类别、建筑现状和基础类型，进行液化、震陷及抗震承载力的两级鉴定。符合第一级鉴定的规定时，应评为地基符合抗震要求，不再进行第二级鉴定。静载下已出现严重缺陷的地基基础，应同时审核其静载下的承载力。

1. 地基基础的第一级鉴定

地基基础的第一级鉴定应符合下列要求：

（1）基础下主要受力层存在饱和砂土或饱和粉土时，对下列情况可不进行液化影响的判别：对液化沉陷不敏感的丙类建筑；符合现行国家标准《建筑抗震设计规范》GB 50011 液化初步判别要求的建筑。

（2）基础下主要受力层存在软弱土时，对下列情况可不进行建筑在地震作用下沉陷的估算：8、9 度时，地基土静承载力特征值分别大于 80kPa 和 100kPa；8 度时，基础底面以下的软弱土层厚度不大于 5m。

（3）采用桩基的建筑，对下列情况可不进行桩基的抗震验算：现行国家标准《建筑抗震设计规范》GB 50011 规定可不进行桩基抗震验算的建筑；位于斜坡但地震时土体稳定的建筑。

2. 地基基础的第二级鉴定

地基基础的第二级鉴定应符合下列要求：

（1）饱和土液化的第二级判别，应按现行国家标准《建筑抗震设计规范》GB 50011 的规定，采用标准贯入试验判别法。判别时，可计入地基附加应力对土体抗液化强度的影响。存在液化土时，应确定液化指数和液化等级，并提出相应的抗液化措施。

（2）软弱土地基及 8、9 度时Ⅲ、Ⅳ类场地上的高层建筑和高耸结构，应进行地基和基础的抗震承载力验算。

现有天然地基的抗震承载力验算、桩基的抗震承载力验算可按现行国家标准《建筑抗震设计规范》GB 50011 规定的方法验算。7～9 度时山区建筑的挡土结构、地下室或半地下室外墙的稳定性验算，可采用现行国家标准《建筑地基基础设计规范》GB 50007 规定的方法。

同一建筑单元存在不同类型基础或基础埋深不同时，宜根据地震时可能产生的不利影响，估算地震导致两部分地基的差异沉降，检查基础抵抗差异沉降的能力，并检查上部结构相应部位的构造抵抗附加地震作用和差异沉降的能力。

35.3　上部结构抗震鉴定

一、A 类建筑抗震鉴定方法

（一）砌体结构抗震鉴定

1. 第一级鉴定

现有砌体房屋的高度和层数应符合下列要求：

（1）房屋的高度和层数不宜超过表 35-1 所列的范围。对横向抗震墙较少的房屋，其适用高度和层数应比表 35-1 的规定分别降低 3m 和一层；对横向抗震墙很少的房屋，还应再减少一层。

（2）当超过规定的适用范围时，应提高对综合抗震能力的要求或提出改变结构体系的要求等。

A 类砌体房屋的最大高度（m）和层数限值　　　　　　表 35-1

墙体类别	墙体厚度（mm）	6 度		7 度		8 度		9 度	
		高度	层数	高度	层数	高度	层数	高度	层数
普通砖实心墙	≥240	24	八	22	七	19	六	13	四
	180	16	五	16	五	13	四	10	三
多孔砖墙	180～240	16	五	16	五	13	四	10	三
普通砖空心墙	420	19	六	19	六	13	四	10	三
	300	10	三	10	三	10	三		
普通砖空斗墙	240	10	三	10	三	10	三		
混凝土中砌块墙	≥240	19	六	19	六	13	四		
混凝土小砌块墙	≥190	22	七	22	七	16	五		
粉煤灰中砌块墙	≥240	19	六	19	六	13	四		
	180～240	16	五	16	五	10	三		

注：乙类设防时应允许按本地区设防烈度查表，但层数应减少一层且总高度应降低 3m；其抗震墙不应为 180mm 普通砖实心墙、普通砖空斗墙。

现有砌体房屋的结构体系，应按下列要求进行检查：

（1）房屋实际的抗震横墙间距和高宽比，应符合下列刚性体系的要求：抗震横墙的最大间距应符合表 35-2 的规定；房屋的高度与宽度（有外廊的房屋，此宽度不包括其走廊宽度）之比不宜大于 2.2，且高度不大于底层平面的最长尺寸。

（2）7～9 度时，房屋的平、立面和墙体布置宜符合下列规则性的要求：质量和刚度沿高度分布比较规则均匀，立面高度变化不超过一层，同一楼层的楼板标高相差不大于 500mm；楼层的质心和计算刚心基本重合或接近。

A 类砌体房屋刚性体系抗震横墙的最大间距（m）　　　　　　表 35-2

楼、屋盖类别	墙体类别	墙体厚度（mm）	6、7 度	8 度	9 度
现浇或装配整体式混凝土	砖实心墙	≥240	15	15	11
	其他墙体	≥180	13	10	
装配式混凝土	砖实心墙	≥240	11	11	7
	其他墙体	≥180	10	7	
木、砖拱	砖实心墙	≥240	7	7	4

注：对 Ⅳ 类场地，表内的最大间距值应减少 3m 或 4m 以内的一开间。

（3）跨度不小于 6m 的大梁，不宜由独立砖柱支承；乙类设防时不应由独立砖柱支承。

（4）教学楼、医疗用房等横墙较少、跨度较大的房间，宜为现浇或装配整体式楼、屋盖。承重墙体的砖、砌块和砂浆实际达到的强度等级，应符合下列要求：砖强度等级不宜低于 MU7.5，且不低于砌筑砂浆强度等级；中型砌块的强度等级不宜低于 MU10，小型砌块的强度等级不宜低于 MU5。砖、砌块的强度等级低于上述规定一级以内时，墙体的砂浆强度等级宜按比实际达到的强度等级降低一级采用。墙体的砌筑砂浆强度等级，6 度时或 7 度时二层及以下的砖砌体不应低于 M0.4，当 7 度时超过二层或 8、9 度时不宜低于 M1；砌块墙体不宜低于 M2.5。砂浆强度等级高于砖、砌块的强度等级时，墙体的砂浆强度等级宜按砖、砌块的强度等级采用。

现有房屋的整体性连接构造，应着重检查下列要求：

（1）墙体布置在平面内应闭合，纵横墙交接处应有可靠连接，不应被烟道、通风道等竖向孔道削弱；乙类设防时，尚应按本地区抗震设防烈度和表 35-3 检查构造柱设置情况。

乙类设防时 A 类砖房构造柱设置要求　　　　　　　　　　　表 35-3

房屋层数				设置部位	
6 度	7 度	8 度	9 度		
四、五	三、四	二、三	—	外墙四角，错层部位横墙与外纵墙交接处，较大洞口两侧，大房间内外墙交接处	7、8 度时，楼梯间、电梯间四角
六、七	五、六	四	二		隔开间横墙（轴线）与外墙交接处，山墙与内纵墙交接处；7~9 度时，楼梯间、电梯间四角
		五	三		内墙（轴线）与外墙交接处，内墙的局部较小墙垛处；7~9 度时，楼梯间、电梯间四角；9 度时内纵墙与横墙（轴线）交接处

注：横墙较少时，按增加一层的层数查表。砌块房屋按表中提高一度的要求检查芯柱或构造柱。

（2）木屋架不应为无下弦的人字屋架，隔开间应有一道竖向支撑或有木望板和木龙骨顶棚。

（3）装配式混凝土楼盖、屋盖（或木屋盖）砖房的圈梁布置和配筋，不应少于表 35-4 的规定；纵墙承重房屋的圈梁布置要求应相应提高；空斗墙、空心墙和 180mm 厚砖墙的房屋，外墙每层应有圈梁。

（4）装配式混凝土楼盖、屋盖的砌块房屋，每层均应有圈梁；其中，6~8 度时内墙上圈梁的水平间距与配筋应分别符合表 35-4 中 7~9 度时的规定。

A 类砌体房屋圈梁的布置和构造要求　　　　　　　　　　　表 35-4

位置和配筋量		7 度	8 度	9 度
屋盖	外墙	除层数为二层的预制板或有木望板、木龙骨吊顶时，均应有	均应有	均应有
	内墙	同外墙，且纵横墙上圈梁的水平间距分别不应大于 8m 和 16m	纵横墙上圈梁的水平间距分别不应大于 8m 和 12m	纵横墙上圈梁的水平间距均不应大于 8m
楼盖	外墙	横墙间距大于 8m 或层数超过四层时，应隔层有	横墙间距大于 8m 时每层应有，横墙间距不大于 8m 层数超过三层时，应隔层有	层数超过二层且横墙间距大于 4m 时，每层均应有
	内墙	横墙间距大于 8m 或层数超过四层时，应隔层有且圈梁的水平间距不应大于 16m	同外墙，且圈梁的水平间距不应大于 12m	同外墙，且圈梁的水平间距不应大于 8m
配筋量		4ϕ8	4ϕ10	4ϕ12

注：6 度时，同非抗震要求。

现有房屋的整体性连接构造，尚应满足下列要求：

（1）纵横墙交接处应咬槎较好；当为马牙槎砌筑或有钢筋混凝土构造柱时，沿墙高每10皮砖（中型砌块每道水平灰缝）或500mm应有$2\phi6$拉结钢筋；空心砌块有钢筋混凝土芯柱时，芯柱在楼层上下应连通，且沿墙高每隔600mm应有$\phi4$点焊钢筋网与墙拉结。

（2）楼盖、屋盖的连接应符合下列要求：楼盖、屋盖构件的支承长度不应小于表35-5的规定；混凝土预制构件应有坐浆；预制板缝应有混凝土填实，板上应有水泥砂浆面层。

楼盖、屋盖构件的最小支承长度（mm）　　　　　表 35-5

构件名称	混凝土预制板		预制进深梁	木屋架、木大梁	对接檩条	木龙骨、木檩条
位置	墙上	梁上	墙上	墙上	屋架上	墙上
支承长度	100	80	180且有梁垫	240	60	120

（3）圈梁的布置和构造尚应符合下列要求：现浇和装配整体式钢筋混凝土楼盖、屋盖可无圈梁；圈梁截面高度，多层砖房不宜小于120mm，中型砌块房屋不宜小于200mm，小型砌块房屋不宜小于150mm；圈梁位置与楼盖、屋盖宜在同一标高或紧靠板底；砖拱楼盖、屋盖房屋，每层所有内外墙均应有圈梁，当圈梁承受砖拱楼盖、屋盖的推力时，配筋量不应少于$4\phi12$；屋盖处的圈梁应现浇；楼盖处的圈梁可为钢筋砖圈梁，其高度不小于4皮砖，砌筑砂浆强度等级不低于M5，总配筋量不少于表35-4中的规定；现浇钢筋混凝土板墙或钢筋网水泥砂浆面层中的配筋加强带可代替该位置上的圈梁；与纵墙圈梁有可靠连接的进深梁或配筋板带也可代替该位置上的圈梁。

房屋中易引起局部倒塌的部件及其连接，应着重检查下列要求：出入口或人流通道处的女儿墙和门脸等装饰物应有锚固。出屋面小烟囱在出入口或人流通道处应有防倒塌措施。钢筋混凝土挑檐、雨罩等悬挑构件应有足够的稳定性。

楼梯间的墙体，悬挑楼层、通长阳台或房屋尽端局部悬挑阳台，过街楼的支承墙体，与独立承重砖柱相邻的承重墙体，均应提高有关墙体承载能力的要求。

房屋中易引起局部倒塌的部件及其连接，尚应分别符合《建筑抗震鉴定标准》GB 50023—2009 的规定。

第一级鉴定时，房屋的抗震承载力可采用抗震横墙间距和宽度的下列限值依据《建筑抗震鉴定标准》GB 50023—2009 进行简化验算。

多层砌体房屋符合本节各项规定可评为综合抗震能力满足抗震鉴定要求；当遇下列情况之一时，可不再进行第二级鉴定，但应评为综合抗震能力不满足抗震鉴定要求，且要求对房屋采取加固或其他相应措施：房屋高宽比大于3，或横墙间距超过刚性体系最大值4m；纵横墙交接处连接不符合要求，或支承长度少于规定值的75%；仅有易损部位非结构构件的构造不符合要求；本节的其他规定有多项明显不符合要求。

2. 第二级鉴定

A类砌体房屋采用综合抗震能力指数的方法进行第二级鉴定时，应根据房屋不符合第一级鉴定的具体情况，分别采用楼层平均抗震能力指数方法、楼层综合抗震能力指数方法和墙段综合抗震能力指数方法。

A类砌体房屋的楼层平均抗震能力指数、楼层综合抗震能力指数和墙段综合抗震能力指数应按房屋的纵横两个方向分别计算。当最弱楼层平均抗震能力指数、最弱楼层综合抗震能力指数或最弱墙段综合抗震能力指数大于等于1.0时，应评定为满足抗震鉴定要求；当小于1.0时，应要求对房屋采取加固或其他相应措施。

现有结构体系、整体性连接和易引起倒塌的部位符合第一级鉴定要求，但横墙间距和房屋宽度均超过或其中一项超过一级鉴定限值的房屋，可采用楼层平均抗震能力指数方法进行第二级鉴定。楼层平均抗震能力指数计算方法依据《建筑抗震鉴定标准》GB 50023—2009的具体规定进行。

现有结构体系、楼（屋）盖整体性连接、圈梁布置和构造及易引起局部倒塌的结构构件不符合第一级鉴定要求的房屋，可采用楼层综合抗震能力指数方法进行第二级鉴定。

(1) 体系影响系数可根据房屋不规则性、非刚性和整体性连接不符合第一级鉴定要求的程度，经综合分析后确定；也可由表35-6各项系数的乘积确定。当砖砌体的砂浆强度等级为M0.4时，尚应乘以0.9；丙类设防的房屋当有构造柱或芯柱时，尚可根据满足B类砌体房屋相关规定的程度乘以1.0～1.2的系数；乙类设防的房屋，当构造柱或芯柱不符合规定时，尚应乘以0.8～0.95的系数。

(2) 局部影响系数可根据易引起局部倒塌各部位不符合第一级鉴定要求的程度，经综合分析后确定；也可由表35-7各项系数中的最小值确定。

体系影响系数值　　　　　　　　　　　表35-6

项目	不符合的程度	φ	影响范围
房屋高宽比 η	$2.2<\eta<2.6$	0.85	上部1/3楼层
	$2.6<\eta<3.0$	0.75	上部1/3楼层
横墙间距	超过表35-2	0.90	楼层的 β_{ci}
	最大值4m以内	1.00	墙段的 β
错层高度	$>0.5m$	0.90	错层上下
立面高度变化	超过一层	0.90	所有变化的楼层
相邻楼层的墙体刚度比 λ	$2<\lambda<3$	0.85	刚度小的楼层
	$\lambda>3$	0.75	刚度小的楼层
楼盖、屋盖构件的支承长度	比规定少15%以内比	0.90	不满足的楼层
	规定少15%～25%	0.80	不满足的楼层
圈梁布置和构造	屋盖外墙不符合楼	0.70	顶层
	盖外墙一道不符合	0.90	缺圈梁的上、下楼层
	楼盖外墙二道不符合	0.80	所有楼层
	内墙不符合	0.90	不满足的上、下楼层

注：单项不符合的程度超过表内规定或不符合的项目超过3项时，应采取加固或其他相应措施。

局部影响系数值　　　　　　　　　　　表35-7

项目	不符合的程度	φ	影响范围
墙体局部尺寸	比规定少10%以内	0.95	不满足的楼层
	比规定少10%～20%	0.90	不满足的楼层
楼梯间等大梁的支承长度 l	$370mm<l<490mm$	0.80	该楼层的 β_{ci}
		0.70	
出屋面小房间		0.33	出屋面小房间

续表

项目	不符合的程度	φ	影响范围
支承悬挑结构构件的承重墙体		0.80	该楼层和墙段
房屋尽端设过街楼或楼梯间		0.80	该楼层和墙段
有独立砌体柱承重的房屋	柱顶有拉结	0.80	楼层、柱两侧相邻墙段
	柱顶无拉结	0.60	楼层、柱两侧相邻墙段

注：不符合的程度超过表内规定时，应采取加固或其他相应措施。

实际横墙间距超过刚性体系规定的最大值、有明显扭转效应和易引起局部倒塌的结构构件不符合第一级鉴定要求的房屋，当最弱的楼层综合抗震能力指数小于1.0时，可采用墙段综合抗震能力指数方法进行第二级鉴定。

房屋的质量和刚度沿高度分布明显不均匀，或7、8、9度时房屋的层数分别超过六、五、三层，可按B类砌体房屋抗震鉴定的方法进行抗震承载力验算，并估算构造的影响，由综合评定进行第二级鉴定。

(二) 混凝土结构抗震鉴定

A类钢筋混凝土房屋抗震鉴定时，房屋的总层数不超过10层。A类钢筋混凝土房屋应进行综合抗震能力两级鉴定。当符合第一级鉴定的各项规定时，除9度外应允许不进行抗震验算而评为满足抗震鉴定要求；不符合第一级鉴定要求和9度时，除有明确规定的情况外，应在第二级鉴定中采用屈服强度系数和综合抗震能力指数的方法作出判断。

1. 第一级鉴定

现有A类钢筋混凝土房屋的结构体系应符合下列规定：框架结构宜为双向框架，装配式框架宜有整浇节点，8、9度时不应为铰接节点；框架结构不宜为单跨框架；乙类设防时，不应为单跨框架结构，且8、9度时按梁柱的实际配筋、柱轴向力计算的框架柱的弯矩增大系数宜大于1.1。

8、9度时，现有结构体系宜按下列规则性的要求检查：平面局部突出部分的长度不宜大于宽度，且不宜大于该方向总长度的30%；立面局部缩进的尺寸不宜大于该方向水平总尺寸的25%；楼层刚度不宜小于其相邻上层刚度的70%，且连续三层总的刚度降低不宜大于50%；无砌体结构相连，且平面内的抗侧力构件及质量分布宜基本均匀对称。

抗震墙之间无大洞口的楼盖、屋盖的长宽比不宜超过表35-8的规定，超过时应考虑楼盖平面内变形的影响。

A类钢筋混凝土房屋抗震墙无大洞口的楼盖、屋盖的长宽比　　　　　　表35-8

楼盖、屋盖类别	烈度	
	8度	9度
现浇、叠合梁板	3.0	2.0
装配式楼盖	2.5	1.0

8度时，厚度不小于240mm、砌筑砂浆强度等级不低于M2.5的抗侧力黏土砖填充墙，其平均间距应不大于表35-9规定的限值。

抗侧力黏土砖填充墙平均间距的限值　　　　　　表35-9

总层数	三	四	五	六
间距(m)	17	14	12	11

梁、柱、墙实际达到的混凝土强度等级，6、7 度时不应低于 C13，8、9 度时不应低于 C18。

6 度和 7 度Ⅰ、Ⅱ类场地时，框架结构应按下列规定检查：框架梁柱的纵向钢筋和横向箍筋的配置应符合非抗震设计的要求，其中，梁纵向钢筋在柱内的锚固长度，HPB235级钢筋不宜小于纵向钢筋直径的 25 倍，HRB335 级钢筋不宜小于纵向钢筋直径的 30 倍；混凝土强度等级为 C13 时，锚固长度应相应增加纵向钢筋直径的 5 倍。6 度乙类设防时，框架的中柱和边柱纵向钢筋的总配筋率不应少于 0.5%，角柱不应少于 0.7%，箍筋最大间距不宜大于 8 倍纵向钢筋直径且不大于 150mm，最小直径不宜小于 6mm。

7 度Ⅲ、Ⅳ类场地和 8、9 度时，框架梁柱的配筋尚应着重按下列要求检查：

(1) 梁两端在梁高各一倍范围内的箍筋间距，8 度时不应大于 200mm，9 度时不应大于 150mm。

(2) 在柱的上、下端，柱净高各 1/6 的范围内，丙类设防时，7 度Ⅲ、Ⅳ类场地和 8 度时，箍筋直径不应小于 $\phi6$，间距不应大于 200mm；9 度时，箍筋直径不应小于 $\phi8$，间距不应大于 150mm；乙类设防时，框架柱箍筋的最大间距和最小直径，宜按当地设防烈度和表 35-10 的要求检查。

乙类设防时框架柱箍筋的最大间距和最小直径　　　　　　　　　　　　表 35-10

烈度和场地	7 度(0.10g)， 7 度(0.15g) Ⅰ、Ⅱ类场地	7 度(0.15g) Ⅲ、Ⅳ类场地～8 度(0.30g) Ⅰ、Ⅱ类场地	8 度(0.30g) Ⅲ、Ⅳ类场地和 9 度
箍筋最大间距(取较小值)	$8d$，150mm	$8d$，100mm	$6d$，100mm
箍筋最小直径	8mm	8mm	10mm

注：d 为纵向钢筋直径。

(3) 净高与截面高度之比不大于 4 的柱，包括因嵌砌黏土砖填充墙形成的短柱，沿柱全高范围内的箍筋直径不应小于 $\phi8$，箍筋间距，8 度时不应大于 150mm，9 度时不应大于 100mm。

(4) 框架角柱纵向钢筋的总配筋率，8 度时不宜小于 0.8%，9 度时不宜小于 1.0%；其他各柱纵向钢筋的总配筋率，8 度时不宜小于 0.6%，9 度时不宜小于 0.8%。

(5) 框架柱截面宽度不宜小于 300mm，8 度Ⅲ、Ⅳ类场地和 9 度时不宜小于 400mm；9 度时，柱的轴压比不应大于 0.8。

8、9 度时，框架-抗震墙的墙板配筋与构造、砖砌体填充墙、隔墙与主体结构的连接等应按《建筑抗震鉴定标准》GB 50023—2009 进行检查。

钢筋混凝土房屋符合上述各项规定可评为综合抗震能力满足要求；当遇下列情况之一时，可不再进行第二级鉴定，但应评为综合抗震能力不满足抗震要求，且应对房屋采取加固或其他相应措施：梁柱节点构造不符合要求的框架及乙类的单跨框架结构；8、9 度时混凝土强度等级低于 C13；与框架结构相连的承重砌体结构不符合要求；仅有女儿墙、门脸、楼梯间填充墙等非结构构件不符合有关要求；本节的其他项有多项明显不符合要求。

2. 第二级鉴定

A 类钢筋混凝土房屋，可采用平面结构的楼层综合抗震能力指数进行第二级鉴定。

也可按现行国家标准《建筑抗震设计规范》GB 50011 的方法进行抗震计算分析，进行构件抗震承载力验算，计算时构件组合内力设计值不作调整，尚应按本节的规定估算构造的影响，由综合评定进行第二级鉴定。

现有钢筋混凝土房屋采用楼层综合抗震能力指数进行第二级鉴定时，应分别选择下列平面结构：应至少在两个主轴方向分别选取有代表性的平面结构；框架结构与承重砌体结构相连时，尚应选取连接处的平面结构；有明显扭转效应时，尚应选取计入扭转影响的边榀结构。

楼层综合抗震能力指数、房屋的体系影响系数、局部影响系数等可根据《建筑抗震鉴定标准》GB 50023—2009 的规定进行确定。楼层的弹性地震剪力及调整，可按现行国家标准《建筑抗震设计规范》GB 50011 规定的方法计算。

符合下列规定之一的多层钢筋混凝土房屋，可评定为满足抗震鉴定要求；当不符合时应要求采取加固或其他相应措施；楼层综合抗震能力指数不小于 1.0 的结构；进行抗震承载力验算并计入构造影响满足要求的结构。

(三) 单层钢筋混凝土柱厂房抗震鉴定

钢筋混凝土柱厂房包括由屋面板、三角钢架、双梁和牛腿柱组成的锯齿形厂房，抗震鉴定时，应按照《建筑抗震鉴定标准》GB 50023—2009 对关键薄弱环节重点检查，当关键薄弱环节不符合要求时，应要求加固或处理；一般部位不符合规定时，可根据不符合的程度和影响的范围，提出相应对策。

厂房的外观和内在质量宜符合下列要求：混凝土承重构件仅有少量微小裂缝或局部剥落，钢筋无露筋和锈蚀；屋盖构件无严重变形和歪斜；构件连接处无明显裂缝或松动；无不均匀沉降；无砖墙、钢结构构件的其他损伤。

A 类厂房，应检查结构布置、构件构造、支撑、结构构件连接和墙体连接构造等；当检查的各项均符合要求时，一般情况下，可评为满足抗震鉴定要求。

1. 第一级鉴定

厂房现有的结构布置应符合下列规定：

(1) 8、9 度时，厂房侧边贴建的生活间、变电所、炉子间和运输走廊等附属建筑物、构筑物，宜有防震缝与厂房分开；当纵横跨不设缝时应提高鉴定要求。防震缝宽度，一般情况宜为 50～90mm，纵横跨交接处宜为 100～150mm。

(2) 突出屋面天窗的端部不应为砖墙承重；8、9 度时，厂房两端和中部不应为无屋架的砖墙承重，锯齿形厂房的四周不应为砖墙承重。

(3) 8、9 度时，工作平台宜与排架柱脱开或柔性连接、砖围护墙宜为外贴式，不宜为一侧有墙另一侧敞开或一侧外贴而另一侧嵌砌等，但单跨厂房可两侧均为嵌砌式、仅一端有山墙厂房的敞开端和不等高厂房高跨的边柱列等存在扭转效应时，其内力增大部位的构造鉴定要求应适当提高。

厂房构件的形式应符合下列要求：

(1) 现有的钢筋混凝土Ⅱ形天窗架，8 度Ⅰ、Ⅱ类场地在竖向支撑处的立柱及 8 度Ⅲ、Ⅳ类场地和 9 度时的全部立柱，不应为 T 形截面；当不符合时，应采取加固或增加支撑等措施。

(2) 现有的屋架上弦端部支承屋面板的小立柱，截面两个方向的尺寸均不宜小于

200mm，高度不宜大于500mm；小立柱的主筋，7度有屋架上弦横向支撑和上柱柱间支撑的开间处不宜小于4φ12，8、9度时不宜小于4φ14；小立柱的箍筋间距不宜大于100mm。

（3）现有的组合屋架的下弦杆宜为型钢；8、9度时，其上弦杆不宜为T形截面。

（4）钢筋混凝土屋架上弦第一节间和梯形屋架现有的端竖杆的配筋，9度时不宜小于4φ14。

（5）对薄壁工字形柱、腹板大开孔工字形柱、预制腹板的工字形柱和管柱等整体性差或抗剪能力差的排架柱（包括高大山墙的抗风柱）的构造鉴定要求应适当提高。

（6）8、9度时，排架柱柱底至室内地坪以上500mm范围内和阶形柱上柱自牛腿面至吊车梁顶面以上300mm范围内的截面宜为矩形。

（7）8、9度时，山墙现有的抗风砖柱应有竖向配筋。

现有的柱间支撑应为型钢，其布置应符合下列规定，当不符合时应增加支撑或采取其他相应措施：

（1）7度时Ⅲ、Ⅳ类场地和8、9度时，厂房单元中部应有一道上下柱柱间支撑，8、9度时单元两端宜各有一道上柱支撑；单跨厂房两侧均有与柱等高且与柱可靠拉结的嵌砌纵墙，当墙厚不小于240mm，开洞所占水平截面不超过总截面面积的50%，砂浆强度等级不低于M2.5时，可无柱间支撑。

（2）8度时跨度不小于18m的多跨厂房中柱和9度时多跨厂房各柱，柱顶应有通长水平压杆，此压杆可与梯形屋架支座处通长水平系杆合并设置，钢筋混凝土系杆端头与屋架间的空隙应采用混凝土填实；锯齿形厂房牛腿柱柱顶在三角钢架的平面内，每隔24m应有通长水平压杆。

（3）7度Ⅲ、Ⅳ类场地和8度时Ⅰ、Ⅱ类场地，下柱柱间支撑的下节点在地坪以上时应靠近地面处；8度时Ⅲ、Ⅳ类场地和9度时，下柱柱间支撑的下节点位置和构造应能将地震作用直接传给基础。

屋盖现有的支撑布置和构造、现有排架柱的构造、厂房结构构件现有的连接构造、黏土砖围护墙黏土砖围护墙及砌体内隔墙均应符合《建筑抗震鉴定标准》GB 50023—2009的相关规定，不符合时应采取相应的加强措施。

2. 第二级鉴定

下列情况的A类厂房，应进行抗震验算：8、9度时，厂房的高低跨柱列；支承低跨屋盖的牛腿（柱肩）；双向柱距不小于12m、无桥式吊车且无柱间支撑的大柱网厂房；局大山墙的抗风柱；9度时，还应验算排架柱；8、9度时，锯齿形厂房的牛腿柱；7度Ⅲ、Ⅳ类场地和8度时结构体系复杂或改造较多的其他厂房。

钢筋混凝土柱厂房可按现行国家标准《建筑抗震设计规范》GB 50011的规定进行纵、横向的抗震计算，并可按《建筑抗震鉴定标准》GB 50023—2009的规定进行构件抗震承载力验算。

（四）A类单层砖柱厂房抗震鉴定

抗震鉴定时，影响房屋整体性、抗震承载力和易倒塌伤人的下列关键薄弱部位应重点检查，当关键薄弱部位不符合规定时，应要求加固或处理；一般部位不符合规定时，应根据不符合的程度和影响的范围，提出相应对策。

砖柱厂房和空旷房屋的外观和内在质量宜符合下列要求：承重柱、墙无酥碱、剥落、明显裂缝、露筋或损伤；木屋盖构件无腐朽、严重开裂、歪斜或变形，节点无松动。

A类单层砖柱厂房，应检查结构布置、构件形式、材料强度、整体性连接和易损部位的构造等；当检查的各项均符合要求时，一般情况下可评为满足抗震鉴定要求。单层空旷房屋，应根据结构布置和构件形式的合理性、构件材料实际强度、房屋整体性连接构造的可靠性和易损部位构件自身构造及其与主体结构连接的可靠性等，进行结构布置和构造的检查。

对 A 类空旷房屋，一般情况，当结构布置和构造符合要求时，应评为满足抗震鉴定要求；对有明确规定的情况，应结合抗震承载力验算进行综合抗震能力评定。

砖柱厂房和空旷房屋的钢筋混凝土部分和附属房屋的抗震鉴定，应根据其结构类型分别按相关规定进行，但附属房屋与大厅或车间相连的部位，尚应符合要求并计入相互的不利影响。

1. 第一级鉴定

单层砖柱厂房现有的结构布置和构件形式，应符合下列要求：

承重山墙厚度不应小于 240mm，开洞的水平截面面积不应超过山墙截面总面积的50%；8、9 度时，砖柱（墙垛）应有竖向配筋；7 度时Ⅲ、Ⅳ场地和 8、9 度时，纵向边柱列应有与柱等高且整体砌筑的砖墙。

单层砖柱厂房现有的结构布置和构件形式，尚应符合下列要求：多跨厂房为不等高时，低跨的屋架（梁）不应削弱砖柱截面；有桥式吊车，或 6～8 度时跨度大于 12m 且柱顶标高大于 6m，或 9 度时跨度大于 9m 且柱顶标高大于 4m 的厂房，应适当提高其抗震鉴定要求；与柱不等高的砌体隔墙，宜与柱柔性连接或脱开；9 度时，不宜为重屋盖厂房；双曲砖拱屋盖的跨度，7、8、9 度时分别不宜大于 15m、12m 和 9m；拱脚处应有拉杆，山墙应有壁柱。

砖柱（墙垛）的材料强度等级和配筋，应符合下列要求：砖实际达到的强度等级，不宜低于 MU7.5；砌筑砂浆实际达到的强度等级，6、7 度时不宜低于 M1，8、9 度时不宜低于 M2.5；8、9 度时，竖向配筋分别不应少于 $4\phi10$、$4\phi12$。

单层砖柱厂房现有的整体性连接构造应符合下列规定：

（1）屋架或大梁的支承长度不宜小于 240mm，8、9 度时尚应通过螺栓或焊接等与垫块连接；支承屋架（梁）的砖柱（墙垛）顶部应有混凝土垫块。

（2）独立砖柱应在两个方向均有可靠连接；8 度且房屋高度大于 8m 或 9 度且房屋高度大于 6m 时，在外墙转角及抗震内墙与外墙交接处，沿墙高每隔 10 皮砖应有 $2\phi6$ 拉结钢筋，且每边伸入墙内不宜少于 1m。

单层砖柱厂房现有的整体性连接构造、房屋易损部位及其连接的构造尚应符合《建筑抗震鉴定标准》GB 50023—2009 的规定。

2. 第二级鉴定

A 类单层砖柱厂房的下列部位，应按现行国家标准《建筑抗震设计规范》GB 50011 的规定进行纵、横向抗震分析，并按《建筑抗震鉴定标准》GB 50023—2009 的规定进行结构构件的抗震承载力验算：7 度Ⅰ、Ⅱ类场地，单跨或多跨等高且高度超过 6m 的无筋砖墙垛、高度超过 4.5m 的等截面无筋独立砖柱和混合排架房屋中高度超过 4.5m 的无筋砖柱及不等高厂房中的高低跨柱列；7度Ⅲ、Ⅳ类场地的无筋砖柱（墙垛）；8度时每侧纵筋少于 3ϕ10 的砖柱（墙垛）；9度时每侧纵筋少于 3ϕ12 的砖柱（墙垛）和重屋盖房屋的配筋砖柱；7～9度时开洞的水平截面面积超过截面总面积 50％ 的山墙；8、9度时，高大山墙的壁柱应进行平面外的截面抗震验算。

（五）木结构抗震鉴定

抗震鉴定时，承重木构架、楼盖和屋盖的质量（品质）和连接、墙体与木构架的连接、房屋所处场地条件的不利影响，应重点检查。木结构房屋以抗震构造鉴定为主，可不作抗震承载力验算。8、9度时Ⅳ类场地的房屋应适当提高抗震构造要求。

木结构房屋的外观和内在质量宜符合下列要求：柱、梁（枋）、屋架、檩、椽、穿枋、龙骨等受力构件无明显的变形、歪扭、腐朽、蚁蚀、影响受力的裂缝和弊病；木构件的节点无明显松动或拔榫；7度时，木构架倾斜不应超过木柱直径的 1/3，8、9度时不应有歪闪；墙体无空鼓、酥碱、歪闪和明显裂缝。

木结构房屋抗震鉴定时，尚应按有关规定检查其地震的防火问题。

第一级鉴定

旧式木骨架的布置和构造、木柱木屋架的布置和构造、柁木檩架的布置和构造均应符合《建筑抗震鉴定标准》GB 50023—2009 的相关要求。

穿斗木构架在纵横两方向均应有穿枋，梁柱节点宜为银锭榫，木柱被榫槽减损的截面面积不宜大于全截面的 1/3；9度时，纵向柱间在楼层内的穿枋不应少于两道且应有 1～2 道斜撑。康房的底层立柱应有稳定措施；8、9度时，柱间应有斜撑或轻质抗震墙；木柱应有基础，上柱柱脚与楼盖间应有可靠连接，康房的围护墙应与木构架钉牢。

旧式木骨架、木柱木屋架房屋的墙体、柁木檩架房屋的墙体、穿斗木构架房屋的墙体尚应符合《建筑抗震鉴定标准》GB 50023—2009 的要求。

木结构房屋易损部位的构造应符合下列要求：楼房的挑阳台、外走廊、木楼梯的柱和梁等承重构件应与主体结构牢固连接；梁上、柁（排山柁除外）上或屋架腹杆间不应有砌筑的土坯、砖山花等；抹灰顶棚不应有明显的下垂；抹面层或墙面装饰不应松动、离鼓；屋面瓦尤其是檐口瓦不应有下滑；女儿墙、门脸等装饰和突出屋面小烟囱的构造，宜符合相关规定；用砂浆强度等级为 M0.4 砌筑的卡口围墙，其高度不宜超过 4m，并应与主体结构有可靠拉结。

木结构房屋符合本节各项规定时，可评为满足抗震鉴定要求；当遇下列情况之一时，应采取加固或其他相应措施；木构件腐朽、严重开裂而可能丧失承载能力；木构架的构造形式不合理；木构架的构件连接不牢或支承长度少于规定值的 75％；墙体与木构架的连接或易损部位的构造不符合要求。

（六）其他结构抗震鉴定

1. 生土房屋抗震鉴定

现有生土房屋的结构布置应符合下列规定：房屋檐口高度和横墙间距应符合表 35-11 的规定；墙体布置宜均匀，多层房屋立面不宜有错层；大梁不应支承在门窗洞口的上方；同一房屋不宜有不同材料的承重墙体；硬山搁檩房屋宜呈双坡屋面或弧形屋面；房屋应采用轻屋面材料，平屋顶上的土层厚度不宜大于 150mm；坐泥挂瓦的坡屋面，其坐泥厚度不宜大于 60mm。

房屋檐口高度和横墙间距 表 35-11

墙体类型	檐口最大高度（m）	厚度（mm）	横墙间距要求
卧砌土坯墙	2.9	≥250	每开间宜有横墙
夯土墙	2.9	≥400	每开间宜有横墙
灰土墙	6	≥250	每开间宜有横墙，不应大于二开间

房屋出入口或临街处突出屋面的小烟囱应有拉结。现有房屋土墙、屋的楼、屋盖构造、其他易损部位的构造应符合《建筑抗震鉴定标准》GB 50023—2009 的相关规定。

2. 石墙房屋

石墙房屋以抗震构造鉴定为主，可不进行抗震承载力验算。抗震鉴定时，对墙体的布置、质量（品质）和连接，楼盖、屋盖的整体性及出屋面小烟囱等易倒塌伤人的部位，应重点检查。

房屋的外观和内在质量宜符合下列要求：墙体无明显裂缝和歪闪；木梁（柁）、屋架、檩、椽等无明显的变形、歪扭、腐朽、蚁蚀和严重开裂等。

现有房屋的结构布置、房屋的石墙体、房屋的楼（屋）盖构造、其他易损部位的构造应符合《建筑抗震鉴定标准》GB 50023—2009 的规定。

房屋出入口或临街处突出屋面的小烟囱应有拉结。

二、B 类建筑抗震鉴定方法

（一）砌体结构抗震鉴定

B 类砌体房屋，在整体性连接构造的检查中尚应包括构造柱的设置情况，墙体的抗震承载力应采用现行国家标准《建筑抗震设计规范》GB 50011 的底部剪力法等方法进行验算，或按照 A 类砌体房屋计入构造影响进行综合抗震能力的评定。

1. 抗震措施鉴定

现有 B 类多层砌体房屋实际的层数和总高度不应超过表 35-12 规定的限值；对教学楼、医疗用房等横墙较少的房屋总高度，应比表 35-12 的规定降低 3m，层数相应减少一层；各层横墙很少的房屋，还应再减少一层。

当房屋层数和高度超过最大限值时，应提高对综合抗震能力的要求或提出采取改变结构体系等抗震减灾措施。

B 类多层砌体房屋的层数和总高度限值（m） 表 35-12

砌体类别	最小墙厚（mm）	烈度							
		6 度		7 度		8 度		9 度	
		高度	层数	高度	层数	高度	层数	高度	层数
普通砖	240	24	八	21	七	18	六	12	四
多孔砖	240	21	七	21	七	18	六	12	四
	190	21	七	18	六	15	五	不宜采用	
混凝土小砌块	190	21	七	18	六	15	五		
混凝土中砌块	200	18	六	15	五	9	三		
粉煤灰中砌块	240	18	六	15	五	9	三		

注：乙类设防时应允许按本地区设防烈度查表，但层数应减少一层且总高度应降低 3m。

现有普通砖和 240mm 厚多孔砖房屋的层高，不宜超过 4m；190mm 厚多孔砖和砌块房屋的层高，不宜超过 3.6m。

现有多层砌体房屋的结构体系，应符合下列要求：

（1）房屋抗震横墙的最大间距，不应超过表 35-13 的要求。

B 类多层砌体房屋的抗震横墙最大间距（m）　　　　　　表 35-13

楼盖、屋盖类别	普通砖、多孔砖房屋				中砌块房屋			小砌块房屋		
	6度	7度	8度	9度	6度	7度	8度	6度	7度	8度
现浇和装配整体式钢筋混凝土	18	18	15	11	13	13	10	15	15	11
装配式钢筋混凝土	15	15	11	7	10	10	7	11	11	7
木	11	11	7	4	不宜采用					

（2）房屋总高度与总宽度的最大比值（高宽比），宜符合表 35-14 的要求。

房屋最大高宽比　　　　　　表 35-14

烈度	6	7	8	9
最大高宽比	2.5	2.5	2.0	1.5

注：单面走廊房屋的总宽度不包括走廊宽度。

（3）纵横墙的布置宜均匀对称，沿平面内宜对齐，沿竖向应上下连续；同一轴线上的窗间墙宽度宜均匀。

（4）8、9 度时，房屋立面高差在 6m 以上，或有错层，且楼板高差较大，或各部分结构刚度、质量截然不同时，宜有防震缝，缝两侧均应有墙体，缝宽宜为 50～100mm。

（5）房屋的尽端和转角处不宜有楼梯间。

（6）跨度不小于 6m 的大梁，不宜由独立砖柱支承；乙类设防时不应由独立砖柱支承。

（7）教学楼、医疗用房等横墙较少、跨度较大的房间，宜为现浇或装配整体式楼盖、屋盖。

（8）同一结构单元的基础（或桩承台）宜为同一类型，底面宜埋置在同一标高上，否则应有基础圈梁并应按 1：2 的台阶逐步放坡。

多层砌体房屋材料实际达到的强度等级，应符合下列要求：承重墙体的砌筑砂浆实际达到的强度等级，砖墙体不应低于 M2.5，砌块墙体不应低于 M5；砌体块材实际达到的强度等级，普通砖、多孔砖不应低于 MU7.5，混凝土小砌块不宜低于 MU5，混凝土中型砌块、粉煤灰中砌块不宜低于 MU10；构造柱、圈梁、混凝土小砌块芯柱实际达到的混凝土强度等级不宜低于 C15，普通混凝土中砌块芯柱强度等级不宜低于 C20。

现有砌体房屋的整体性连接构造、应符合下列要求：

（1）墙体布置在平面内应闭合，纵横墙交接处应咬槎砌筑，烟道、风道、垃圾道等不应削弱墙体，当墙体被削弱时，应对墙体采取加强措施。

（2）现有砌体房屋在下列部位应有钢筋混凝土构造柱或芯柱：砖砌体房屋的钢筋混凝土构造柱应按表 35-15 的要求检查，粉煤灰中砌块房屋应根据增加一层后的层数，按表 35-15 的要求检查；混凝土小砌块房屋的钢筋混凝土芯柱应按表 35-16 的要求检查；混凝土中砌块房屋的钢筋混凝土芯柱应按表35-17的要求检查；外廊式和单面走廊式的多层房屋，应根据房屋增加一层后的层数，分别按相应的要求检查构造柱或芯柱，且单面走廊两侧的纵墙均应按外墙处理；教学楼、医疗用房等横墙较少的房屋，应根据房屋增加一层后的层数，分别按相应的要求检查构造柱或芯柱；当教学楼、医疗用房等横墙较少的房屋为外廊式或单面走廊式时，应按相应的要求检查，但6度不超过四层、7度不超过三层和8度不超过二层时应按增加二层后的层数进行检查。

砖砌体房屋构造柱设置要求　　　　　　　　　　　　　表 35-15

房屋层数				设置部位	
6 度	7 度	8 度	9 度		
四、五	三、四	二、三	一	外墙四角，错层部位横墙与外纵墙交接处，较大洞口两侧，大房间内外墙交接处	7、8 度时，楼梯间、电梯间四角
六~八	五、六	四	二		隔开间横墙（轴线）与外墙交接处，山墙与内纵墙交接处；7~9 度时，楼梯间、电梯间四角
一	七	五、六	三、四		内墙（轴线）与外墙交接处，内墙的局部较小墙垛处；7~9 度时，楼梯间、电梯间四角；9 度时内纵墙与横墙（轴线）交接处

混凝土小砌块房屋芯柱设置要求　　　　　　　　　　　表 35-16

房屋层数			设置部位	设置数量
6 度	7 度	8 度		
四、五	三、四	二、三	外墙转角，楼梯间四角，大房间内外墙交接处	外墙四角，填实 3 个孔内，内墙交接处，填实 4 个孔
六	五	四	外墙转角，楼梯间四角，大房间内外墙交接处，山墙与内纵墙交接处，隔开间横墙（轴线）与外纵墙交接处	
七	六	五	外墙转角，楼梯间四角，大房间内外墙交接处，各内墙（轴线）与外纵墙交接处；8 度时，内纵墙与横墙（轴线）交接处和门洞两侧	外墙四角，填实 5 个孔；内外墙交接处，填实 4 个孔；内墙交接处，填实 4~5 个孔；洞口两侧各填实 1 个孔

混凝土中砌块房屋芯柱设置要求　　　　　　　　　　　表 35-17

烈度	设置部位
6、7 度	外墙四角、楼梯间四角，大房间内外墙交接处，山墙与内纵墙交接处，隔开间横墙（轴线）与外纵墙交接处
8 度	外墙四角，楼梯间四角，横墙（轴线）与纵墙交接处，横墙门洞两侧，大房间内外墙交接处

（3）钢筋混凝土圈梁的布置与配筋，应符合下列要求：装配式钢筋混凝土楼盖、屋盖或木楼盖、屋盖的砖房，横墙承重时，现浇钢筋混凝土圈梁应按表35-18的要求检查；纵墙承重时每层均应有圈梁，且抗震横墙上的圈梁间距应比表35-18的规定适当加密；砌块房屋采用装配式钢筋混凝土楼盖时，每层均应有圈梁，圈梁的间距应按表35-18提高一度的要求检查。

多层砖房现浇钢筋混凝土圈梁设置和配筋要求 表 35-18

墙类和配筋量		烈度		
		6、7 度	8 度	9 度
墙类	外墙和内纵墙	屋盖处及隔层楼盖处应有	屋盖处及每层楼盖处均应有	屋盖处及每层楼盖处均应有
	内横墙	屋盖处及隔层楼盖处应有;屋盖处间距不应大于7m;楼盖处间距不应大于15m;构造柱对应部位	屋盖处及每层楼盖处均应有;屋盖处沿所有横墙,且间距不应大于7m;楼盖处间距不应大于7m;构造柱对应部位	屋盖处及每层楼盖处均应有,各层所有横墙应有
最小纵筋		4ϕ8	4ϕ10	4ϕ12
最大箍筋间距(mm)		250	200	150

（4）现有房屋楼盖、屋盖及其与墙体的连接应符合下列要求：现浇钢筋混凝土楼板或屋面板伸进外墙和不小于 240mm 厚内墙的长度，不应小于 120mm；伸进 190mm 厚内墙的长度不应小于 90mm；装配式钢筋混凝土楼板或屋面板，当圈梁未设在板的同一标高时，板端伸进外墙的长度不应小于 120mm，伸进不小于 240mm 厚内墙的长度不应小于 100mm，伸进 190mm 厚内墙的长度不应小于 80mm，在梁上不应小于 80mm；当板的跨度大于 4.8m 并与外墙平行时，靠外墙的预制板侧边与墙或圈梁应有拉结；房屋端部大房间的楼盖，8 度时房屋的屋盖和 9 度时房屋的楼盖、屋盖，当圈梁设在板底时，钢筋混凝土预制板应相互拉结，并应与梁、墙或圈梁拉结。

钢筋混凝土构造柱（或芯柱）的构造与配筋，尚应符合下列要求：砖砌体房屋的构造柱最小截面可为 240mm×180mm，纵向钢筋宜为 4ϕ12，箍筋间距不宜大于 250mm，且在柱上下端宜适当加密，7 度时超过六层、8 度时超过五层和 9 度时，构造柱纵向钢筋宜为 4ϕ14，箍筋间距不应大于 200mm。混凝土小砌块房屋芯柱截面，不宜小于 120mm×120mm；构造柱最小截面尺寸可为 240mm×240mm。芯柱（或构造柱）与墙体连接处应有拉结钢筋网片，竖向插筋应贯通墙身且与每层圈梁连接；插筋数量混凝土小砌块房屋不应少于 1ϕ12，混凝土中砌块房屋，6 度和 7 度时不应少于 1ϕ14 或 1ϕ10，8 度时不应少于 1ϕ16 或 2ϕ12。构造柱与圈梁应有连接；隔层设置圈梁的房屋，在无圈梁的楼层应有配筋砖带，仅在外墙四角有构造柱时，在外墙上应伸过一个开间，其他情况应在外纵墙和相应横墙上拉通，其截面高度不应小于四皮砖，砂浆强度等级不应低于 M5。构造柱与墙连接处宜砌成马牙槎，并应沿墙高每隔 500mm 有 2ϕ6 拉结钢筋，每边伸入墙内不宜小于 1m。构造柱应伸入室外地面下 500mm，或锚入浅于 500mm 的基础圈梁内。

钢筋混凝土圈梁的构造与配筋，尚应符合下列要求：现浇或装配整体式钢筋混凝土楼盖、屋盖与墙体有可靠连接的房屋，可无圈梁，但楼板应与相应的构造柱有钢筋可靠连接；6～8 度砖拱楼盖、屋盖房屋，各层所有墙体均应有圈梁。圈梁应闭合，遇有洞口应上下搭接。圈梁宜与预制板设在同一标高处或紧靠板底。圈梁在要求的间距内无横墙时，可利用梁或板缝中配筋替代圈梁。圈梁的截面高度不应小于 120mm，当需要增设基础圈梁以加强基础的整体性和刚性时，截面高度不应小于 180mm，配筋不应少于 4ϕ12，砖拱楼盖、屋盖房屋的圈梁应按计算确定，但不应少于 4ϕ10。

砌块房屋墙体交接处或芯柱、构造柱与墙体连接处的拉结钢筋网片，每边伸入墙内不宜小于 1m，且应符合下列要求：混凝土小砌块房屋沿墙高每隔 600mm 有 $\phi4$ 点焊的钢筋网片；混凝土中砌块房屋隔皮有 $\phi6$ 点焊的钢筋网片；粉煤灰中砌块 6、7 度时隔皮、8 度时每皮有 A6 点焊的钢筋网片。

房屋的楼盖、屋盖与墙体的连接尚应符合下列要求：楼盖、屋盖的钢筋混凝土梁或屋架应与墙、柱（包括构造柱、芯柱）或圈梁可靠连接，梁与砖柱的连接不应削弱柱截面，各层独立砖柱顶部应在两个方向均有可靠连接。坡屋顶房屋的屋架应与顶层圈梁有可靠连接，檩条或屋面板应与墙及屋架有可靠连接，房屋出入口和人流通道处的檐口瓦应与屋面构件锚固；8 度和 9 度时，顶层内纵墙顶宜有支撑端山墙的踏步式墙垛。

房屋中易引起局部倒塌的部件及其连接，应分别符合下列规定：

（1）后砌的非承重砌体隔墙应沿墙高每隔 500mm 有 $2\phi6$ 钢筋与承重墙或柱拉结，并每边伸入墙内不应小于 500mm，8 度和 9 度时长度大于 5.1m 的后砌非承重砌体隔墙的墙顶，尚应与楼板或梁有拉结。

（2）下列非结构构件的构造不符合要求时，位于出入口或人流通道处应加固或采取相应措施：预制阳台应与圈梁和楼板的现浇板带有可靠连接；钢筋混凝土预制挑檐应有锚固；附墙烟囱及出屋面的烟囱应有竖向配筋。

（3）门窗洞处不应为无筋砖过梁；过梁支承长度，6～8 度时不应小于 240mm，9 度时不应小于 360mm。

（4）房屋中砌体墙段实际的局部尺寸，不宜小于表 35-19 的规定。

房屋的局部尺寸限值（m）　　　　　　　　　　　　　　表 35-19

部位	烈度			
	6 度	7 度	8 度	9 度
承重窗间墙最小宽度	1.0	1.0	1.2	1.5
承重外墙尽端至门窗洞边的最小距离	1.0	1.0	1.5	2.0
非承重外墙尽端至门窗洞边的最小距离	1.0	1.0	1.0	1.0
内墙阳角至门窗洞边的最小距离	1.0	1.0	1.5	2.0
无锚固女儿墙(非出入口或人流通道处)最大高度	0.5	0.5	0.5	0.0

楼梯间应符合下列要求：8 度和 9 度时，顶层楼梯间横墙和外墙宜沿墙高每隔 500mm 有 $2\phi6$ 通长钢筋；9 度时其他各层楼梯间墙体应在休息平台或楼层半高处有 60mm 厚的配筋砂浆带，其砂浆强度等级不应低于 M5，钢筋不宜少于 $2\phi10$。8 度和 9 度时，楼梯间及门厅内墙阳角处的大梁支承长度不应小于 500mm，并应与圈梁有连接。突出屋面的楼梯间、电梯间，构造柱应伸到顶部，并与顶部圈梁连接，内外墙交接处应沿墙高每隔 500mm 有 $2\phi6$ 拉结钢筋，且每边伸入墙内不应小于 1m。装配式楼梯段应与平台板的梁有可靠连接，不应有墙中悬挑式踏步或踏步竖肋插入墙体的楼梯，不应有无筋砖砌栏板。

2. 抗震承载力验算

B 类现有砌体房屋的抗震分析，可采用底部剪力法，并可按现行国家标准《建筑抗震设计规范》GB 50011 规定只选择从属面积较大或竖向应力较小的墙段进行抗震承载力验算；当抗震措施不满足要求时，可按 A 类砌体房屋抗震鉴定中第二级鉴定的方法综合考虑构造的整体影响和局部影响，其中，当构造柱或芯柱的设置不满足本节的相关规定时，体系影响系数尚应根据不满足程度乘以 0.8～0.95 的系数。当场地处于不利地段时，尚应乘以增大系数 1.1～1.6。

各类砌体沿阶梯形截面破坏的抗震抗剪强度设计值、普通砖、多孔砖、粉煤灰中砌块和混凝土中砌块墙体的截面抗震承载力验算应按《建筑抗震鉴定标准》GB 50023—2009 的规定确定。

当抗震承载力验算不满足时，可计入设置于墙段中部、截面不小于 240mm×240m 且间距不大于 4m 的构造柱对受剪承载力的提高作用，具体计算方法依据《建筑抗震鉴定标准》GB 50023—2009 进行计算。

横向配筋普通砖、多孔砖墙的截面抗震承载力、混凝土小砌块墙体的截面抗震承载力具体计算方法均依据《建筑抗震鉴定标准》GB 50023—2009 进行计算。

各层层高相当且较规则均匀的 B 类多层砌体房屋，尚符合《建筑抗震鉴定标准》GB 50023—2009 的规定采用楼层综合抗震能力指数的方法进行综合抗震能力验算。

(二) 混凝土结构抗震鉴定

1. 抗震措施鉴定

B 类钢筋混凝土房屋抗震鉴定时，房屋适用的最大高度应符合表 35-20 的要求，对不规则结构、有框支层抗震墙结构或Ⅳ类场地上的结构，适用的最大高度应适当降低。

B 类现浇钢筋混凝土房屋适用的最大高度 (m)　　　　表 35-20

结构类型	烈度			
	6 度	7 度	8 度	9 度
框架结构	同非抗震设计	55	45	25
框架-抗震墙		120	100	50
抗震墙结构		120	100	60
框支抗震墙结构	120	100	80	不应采用

现有 B 类钢筋混凝土房屋的抗震鉴定，应按表 35-21 确定鉴定时所采用的抗震等级，并按其所属抗震等级的要求核查抗震构造措施。

钢筋混凝土结构的抗震等级　　　　表 35-21

结构类型		烈度							
		6 度		7 度		8 度			9 度
框架结构	房屋高度(m)	≤25	>25	≤35	>35	≤35	>35		≤25
	框架	四	三	三	二	二	一		一
框架-抗震墙结构	房屋高度(m)	≤50	>50	≤60	>60	<50	50～80	>80	≤25	>25
	框架	四	三	三	二	三	二	二	二	一
	抗震墙	三		二		二			一	
抗震墙结构	房屋高度(m)	≤60	>60	≤80	>80	<35	35～80	>80	≤25	>25
	一般抗震墙	四	三	三	二	三	二	二	二	一
	有框支层的落地抗震墙底部加强部位	三	二	二	一	二	一	不宜采用	不应采用	
	框支层框架	三	二	二	二	二	一			

注：乙类设防时，抗震等级应提高一度查表。

现有房屋的结构体系应按下列规定检查：框架结构不宜为单跨框架；乙类设防时不应为单跨框架结构，且8、9度时按梁柱的实际配筋、柱轴向力计算的框架柱的弯矩增大系数宜大于1.1。结构布置宜按要求检查其规则性，不规则房屋设有防震缝时，其最小宽度应符合现行国家标准《建筑抗震设计规范》GB 50011的要求，并应提高相关部位的鉴定要求。

钢筋混凝土框架房屋的结构布置的检查，尚应按下列要求：框架应双向布置，框架梁与柱的中线宜重合；梁的截面宽度不宜小于200mm；梁截面的高宽比不宜大于4；梁净跨与截面高度之比不宜小于4；柱的截面宽度不宜小于300mm，柱净高与截面高度（圆柱直径）之比不宜小于4；柱轴压比不宜超过表35-22的规定，超过时宜采取措施；柱净高与截面高度（圆柱直径）之比小于4、Ⅳ类场地上较高的高层建筑的柱轴压比限值应适当减小（表35-22）。

表 35-22

轴压比限值

类别	抗震等级		
	一	二	三
框架柱	0.7	0.8	0.9
框架-抗震墙的柱	0.9	0.9	0.95
框支柱	0.6	0.7	0.8

钢筋混凝土框架-抗震墙房屋的结构布置尚应按下列规定检查：抗震墙宜双向设置，框架梁与抗震墙的中线宜重合；抗震墙宜贯通房屋全高，且横向与纵向宜相连；房屋较长时，纵向抗震墙不宜设置在端开间；抗震墙之间无大洞口的楼盖、屋盖的长宽比不宜超过表35-23的规定，超过时应计入楼盖平面内变形的影响。

B 类钢筋混凝土房屋抗震墙无大洞口的楼盖、屋盖长宽比
表 35-23

楼盖、屋盖类别	烈度			
	6 度	7 度	8 度	9 度
现浇、叠合梁板	4.0	4.0	3.0	2.0
装配式楼盖	3.0	3.0	2.5	不宜采用
框支层现浇梁板	2.5	2.5	2.0	不宜采用

抗震墙墙板厚度不应小于160mm且不应小于层高的1/20，在墙板周边应有梁（或暗梁）和端柱组成的边框。

钢筋混凝土抗震墙房屋的结构布置尚应按下列规定检查：较长的抗震墙宜分成较均匀的若干墙段，各墙段（包括小开洞墙及联肢墙）的高宽比不宜小于2；抗震墙有较大洞口时，洞口位置宜上下对齐；一、二级抗震墙和三级抗震墙加强部位的各墙肢应有翼墙、端柱或暗柱等边缘构件，暗柱或翼墙的截面范围按现行国家标准《建筑抗震设计规范》GB 50011的规定检查；两端有翼墙或端柱的抗震墙墙板厚度，一级不应小于160mm，且不宜小于层高的1/20，二、三级不应小于140mm，且不宜小于层高的1/25。房屋底部有框支层时，框支层的刚度不应小于相邻上层刚度的50%；落地抗震墙间距不宜大于四开间和24m的较小值，且落地抗震墙之间的楼盖长宽比不应超过表35-23规定的数值。

抗侧力黏土砖填充墙应符合《建筑抗震鉴定标准》GB 50023—2009的要求：

梁、柱、墙实际达到的混凝土强度等级不应低于 C20。一级的框架梁、柱和节点不应低于 C30。

现有框架梁的配筋与构造应按下列要求检查：

（1）梁端纵向受拉钢筋的配筋率不宜大于 2.5%，且混凝土受压区高度和有效高度之比，一级不应大于 0.25，二、三级不应大于 0.35。

（2）梁端截面的底面和顶面实际配筋量的比值，除按计算确定外，一级不应小于 0.5，二、三级不应小于 0.3。

（3）梁端箍筋实际加密区的长度、箍筋最大间距和最小直径应按表 35-24 的要求检查，当梁端纵向受拉钢筋配筋率大于 2% 时，表中箍筋最小直径数值应增大 2mm。

（4）梁顶面和底面的通长钢筋，一、二级不应少于 $2\phi14$，且不应少于梁端顶面和底面纵向钢筋中较大截面面积的 1/4，三、四级不应少于 $2\phi12$。

（5）加密区箍筋肢距，一、二级不宜大于 200mm，三、四级不宜大于 250mm。

梁加密区的长度、箍筋最大间距和最小直径　　　　表 35-24

抗震等级	加密区长度（采用最大值）(mm)	箍筋最大间距（采用最小值）(mm)	箍筋最小直径(mm)
一	$2h_b$,500	$h_b/4,6d$,100	10
二	$1.5h_b$,500	$h_b/4,8d$,100	8
三	$1.5h_b$,500	$h_b/4,8d$,150	8
四	$1.5h_b$,500	$h_b/4,8d$,150	6

注：d 为纵向钢筋直径，h_b 为梁高。

现有框架柱的配筋与构造应按下列要求检查：

（1）柱实际纵向钢筋的总配筋率不应小于表 35-25 的规定，对 Ⅳ 类场地上较高的高层建筑，表中的数值应增加 0.1。

柱纵向钢筋的最小总配筋率（%）　　　　表 35-25

类别	抗震等级			
	一	二	三	四
框架中柱和边柱	0.8	0.7	0.6	0.5
框架角柱、框支柱	1.0	0.9	0.8	0.7

（2）柱箍筋在规定的范围内应加密，加密区的箍筋最大间距和最小直径，不宜低于表 35-26 的要求。

柱加密区的箍筋最大间距和最小直径　　　　表 35-26

抗震等级	箍筋最大间距（采用较小值）(mm)	箍筋最小直径(mm)
一	$6d$,100	10
二	$8d$,100	8
三	$8d$,150	8
四	$8d$,150	8

注：1. d 为柱纵筋最小直径；

　　2. 二级框架柱的箍筋直径不小于 10mm 时，最大间距应允许为 150mm；

　　3. 三级框架柱的截面尺寸不大于 400mm 时，箍筋最小直径应允许为 6mm；

　　4. 框支柱和剪跨比不大于 2 的柱，箍筋间距不应大于 100mm。

（3）柱箍筋的加密区范围，应按下列规定检查：柱端，为截面高度（圆柱直径）、柱净高的 1/6 和 500mm 三者的最大值；底层柱为刚性地面上下各 500mm；柱净高与柱截面高度之比小于 4 的柱（包括因嵌砌填充墙等形成的短柱）、框支柱、一级框架的角柱，为全高。

（4）柱加密区的箍筋最小体积配箍率，不宜小于表 35-27 规定。一、二级时，净高与柱截面高度（圆柱直径）之比小于 4 的柱的体积配箍率，不宜小于 1.0%。

（5）柱加密区箍筋肢距，一级不宜大于 200mm，二级不宜大于 250mm，三、四级不宜大于 300mm，且每隔一根纵向钢筋宜在两个方向有箍筋约束。

（6）柱非加密区的实际箍筋量不宜小于加密区的 50%，且箍筋间距，一、二级不应大于 10 倍纵向钢筋直径，三级不应大于 15 倍纵向钢筋直径。

柱加密区的箍筋最小体积配箍率（%）　　　　　　　　表 35-27

抗震等级	箍筋形式	柱轴压比		
		<0.4	0.4~0.6	>0.6
一	普通箍、复合箍	0.8	1.2	1.6
	螺旋箍	0.8	1.0	1.2
二	普通箍、复合箍	0.6~0.8	0.8~1.2	1.2~1.6
	螺旋箍	0.6	0.8~1.0	1.0~1.2
三	普通箍、复合箍	0.4~0.6	0.6~0.8	0.8~1.2
	螺旋箍	0.4	0.6	0.8

注：1. 表中的数值适用于 HPB235 级钢筋、混凝土强度等级不高于 C35 的情况，对 HRB335 级钢筋和混凝土强度等级高于 C35 的情况可按强度相应换算，但不应小于 0.4；
　　2. 井字复合箍的肢距不大于 200mm 且直径不小于 10mm 时，可采用表中螺旋箍对应数。

框架节点核心区内一、二、三级的体积配箍率分别不宜小于 1.0%、0.8%、0.6%，但轴压比小于 0.4 时仍按表 35-27 检查。抗震墙墙板的配筋与构造、钢筋的接头和锚固及填充墙应按照《建筑抗震鉴定标准》GB 50023—2009 进行检查。

2. 抗震承载力验算

现有钢筋混凝土房屋，应根据现行国家标准《建筑抗震设计规范》GB 50011 的方法进行抗震分析，按《建筑抗震鉴定标准》GB 50023—2009 的规定进行构件承载力验算，乙类框架结构尚应进行变形验算；当抗震构造措施不满足要求时，可计入构造的影响进行综合评价。

构件截面抗震验算时，其组合内力设计值的调整应符合《建筑抗震鉴定标准》GB 50023—2009 附录 D 的规定，截面抗震验算应符合《建筑抗震鉴定标准》GB 50023—2009 附录 E 的规定。考虑黏土砖填充墙抗侧力作用的框架结构，可按《建筑抗震鉴定标准》GB 50023—2009 附录 F 进行抗震验算。

B 类钢筋混凝土房屋的体系影响系数，可根据结构体系、梁柱箍筋、轴压比、墙体边缘构件等符合鉴定要求的程度和部位，按下列情况确定：当上述各项构造均符合现行国家标准《建筑抗震设计规范》GB 50011 的规定时，可取 1.1；当各项构造均符合本节的规定时，可取 1.0；当各项构造均符合 A 类房屋鉴定的规定时，可取 0.8；当结构受损伤或发生倾斜但已修复纠正，上述数值尚宜乘以 0.8~1.0。

(三) 单层钢筋混凝土柱厂房抗震鉴定

1. 抗震措施鉴定

厂房的平面布置应符合下列要求：厂房角部不宜有贴建房屋，厂房体型复杂或有贴建房屋时，宜有防震缝；防震缝宽度，一般情况宜为50～90mm，纵横跨交接处宜为100～150mm。6～8时突出屋面的天窗宜采用钢天窗架或矩形截面杆件的钢筋混凝土天窗架；9度时，宜为下沉式天窗或突出屋面钢天窗架。天窗屋盖与端壁板宜为轻型板材；天窗架宜从厂房单元端部第三柱间开始设置。厂房跨度大于24m，或8度Ⅲ、Ⅳ类场地和9度时，屋架宜为钢屋架；柱距为12m时，可为预应力混凝土托架。端部宜有屋架，不宜用山墙承重。砖围护墙宜为外贴式，不宜为一侧有墙另一侧敞开或一侧外贴而另一侧嵌砌等，但单跨厂房可两侧均为嵌砌式。

厂房现有构件的形式应符合下列要求：现有的屋架上弦端部支承屋面板的小立柱截面不宜小于200mm×200mm，高度不宜大于500mm；小立柱的主筋，6～7度时不宜小于4ϕ12，8～9度时不宜小于4ϕ14；小立柱的箍筋间距不宜大于100mm。钢筋混凝土屋架上弦第一节间和梯形屋架现有的端竖杆的配筋，6～7度时不宜小于4ϕ12，8～9度时不宜小于4ϕ14。梯形屋架的端竖杆截面宽度宜与上弦宽度相同。8、9度时，不宜有腹板大开孔或预制腹板的工字形柱等整体性差或抗剪能力差的排架柱（包括高大山墙的抗风柱）。排架柱柱底至室内地坪以上500mm范围内和阶形柱的上柱宜为矩形。

屋盖现有的支撑布置和构造应符合下列规定：

(1) 屋盖支撑符合表35-28～表35-30的规定；缺支撑时应增设。

B类厂房无檩屋盖的支撑布置　　　　　表35-28

支撑名称		烈度		
		6、7度	8度	9度
屋架支撑	上弦横向支撑	屋架跨度小于18m时同非抗震设计，跨度不小于18m时在厂房单元端开间各有一道	厂房单元端开间及柱间支撑开间各有一道；天窗开洞范围的两端各有局部的支撑一道	
	上弦通长水平系杆	同非抗震设计	沿屋架跨度不大于15m一道，但装配整体式屋面可没有；围护墙在屋架上弦高度有现浇圈梁时，其端部处可没有	沿屋架跨度不大于12m一道，但装配整体式屋面可没有；围护墙在屋架上弦高度有现浇圈梁时，其端部处可没有
	下弦横向支撑	同非抗震设计		同上弦横向支撑
	跨中竖向支撑	同非抗震设计		同上弦横向支撑
屋架支撑	两端竖向支撑 屋架端部高度≤900mm	同非抗震设计	厂房单元端开间各有一道	厂房单元端开间及每隔48m各有一道
	两端竖向支撑 屋架端部高度>900mm	厂房单元端开间各有一道	厂房单元端开间及柱间支撑开间各有一道	厂房单元端开间、柱间支撑开间及每隔30m各有一道
	天窗两侧竖向支撑	厂房单元天窗端开间及每隔30m各有一道	厂房单元天窗端开间及每隔24m各有一道	厂房单元天窗端开间及每隔18m各有一道

续表

支撑名称	烈度		
	6、7度	8度	9度
天窗上弦横向支撑	同非抗震设计	天窗跨度＞9m时，厂房单元天窗端开间及柱间支撑开间宜各有一道	厂房单元天窗端开间及柱间支撑开间宜各有一道

（2）屋架支撑布置和构造尚应符合下列要求：8～9度时跨度不大于15m的薄腹梁无檩屋盖，可仅在厂房单元两端各有竖向支撑一道；上、下弦横向支撑和竖向支撑的杆件应为型钢；8～9度时，横向支撑的直杆应符合压杆要求，交叉杆在交叉处不宜中断，不符合时应加固；柱距不小于12m的托架（梁）区段及相邻柱距段的一侧（不等高厂房为两侧）应有下弦纵向水平支撑。

B类厂房中间井式天窗无檩屋盖支撑布置　　　　　　表 35-29

支撑名称		烈度		
		6、7度	8度	9度
上、下弦横向支撑		厂房单元端开间各有一道	厂房单元端开间及柱间支撑开间各有一道	
上弦通长水平系杆		在天窗范围内屋架跨中上弦节点处有		
下弦通长水平系杆		在天窗两侧及天窗范围内屋架下弦节点处有		
跨中竖向支撑		在上弦横向支撑开间处有，位置与下弦通长系杆相对应		
两端竖向支撑	屋架端部高度≤900mm	同非抗震设计		同上弦横向支撑，且间距不大于48m
	屋架端部高度＞900mm	厂房单元端开间各有一道	同上弦横向支撑，且间距不大于48m	同上弦横向支撑，且间距不大于30m

B类厂房有檩屋盖的支撑布置　　　　　　表 35-30

支撑名称		烈度		
		6、7度	8度	9度
屋架支撑	上弦横向支撑	厂房单元端开间各有一道	厂房单元端开间及厂房单元长度大于66m的柱间支撑开间各有一道天窗开窗范围的两端各有局部的支撑一道	厂房单元端开间及厂房单元长度大于42m时的柱间支撑开间各有一道；天窗开窗范围内的两端各有局部的上限横向支撑一道
	下弦横向支撑，跨中竖向支撑	同非抗震设计		
	端部竖向支撑	屋架端部高度大于900mm时，厂房单元端开间及柱间支撑开间各有一道		
天窗架支撑	上弦横向支撑	厂房单元的天窗端开间各有一道	厂房单元的天窗端开间及每隔30m各有一道	厂房单元的天窗端开间及每隔18m各有一道
	两侧竖向支撑	厂房单元的天窗端开间及每隔36m各有一道		

现有排架柱的构造与配筋应符合下列要求：下列范围内排架柱的箍筋间距不应大于100mm，最小箍筋直径应符合表35-31的规定。当不满足时应加固：柱顶以下500mm，并不小于柱截面长边尺寸；阶形柱牛腿面至吊车梁顶面以上300mm；牛腿或柱肩全高；柱底至设计地坪以上500mm；柱间支撑与柱连接节点和柱变位受约束的部位上下各300mm。

加密区的最小箍筋直径（mm）　　　　　　　　　　表 35-31

加密区位置	烈度和场地类别		
	6度和7度Ⅰ、Ⅱ类场地	7度Ⅲ、Ⅳ类场地和8度Ⅰ、Ⅱ类场地	8度Ⅲ、Ⅳ类场地和9度
一般柱头、柱根	$\phi 8$	$\phi 8$	$\phi 8$
上柱、牛腿有支撑的柱根	$\phi 8$	$\phi 8$	$\phi 10$
有支撑的柱头，柱变位受约束的部位	$\phi 8$	$\phi 10$	$\phi 10$

承低跨屋架的中柱牛腿（柱肩）中，承受水平力的纵向钢筋应与预埋件焊牢。6~7度时，承受水平力的纵向钢筋不应小于$2\phi 12$，8度时不应小于$2\phi 14$，9度时不应小于$2\phi 16$。

现有的柱间支撑应为型钢，其斜杆与水平面的夹角不宜大于55°。柱间支撑布置应符合下列规定，不符合时应增加支撑或采取其他相应措施：

（1）厂房单元中部应有一道上下柱柱间支撑，有吊车或8~9度时，单元两端宜各有一道上柱支撑。

（2）柱间支撑斜杆的长细比，不宜超过表35-32的规定。交叉支撑在交叉点应设置节点板，其厚度不应小于10mm，斜杆与该节点板应焊接，与端节点板宜焊接。

柱间支撑交叉斜杆的最大长细比　　　　　　　　　　表 35-32

位置	烈度			
	6度	7度	8度	9度
上柱支撑	250	250	200	150
下柱支撑	200	200	150	150

（3）8度时跨度不小于18m的多跨厂房中柱和9度时多跨厂房各柱，柱顶应有通长水平压杆，此压杆可与梯形屋架支座处通长水平系杆合并设置，钢筋混凝土系杆端头与屋架间的空隙应采用混凝土填实。

（4）下柱支撑的下节点位置和构造应能将地震作用直接传给基础。6~7度时，下柱支撑的下节点在地坪以上时应靠近地面处。

厂房结构构件现有的连接构造、黏土砖围护墙现有的连接构造、砌体内隔墙的构造应符合《建筑抗震鉴定标准》GB 50023—2009的相关规定，不符合时应采取相应的加强措施。

2. 抗震承载力验算

6度和7度Ⅰ、Ⅱ类场地，柱高不超过10m且两端有山墙的单跨及等高多跨B类厂房（锯齿形厂房除外），当抗震构造措施符合本节规定时，可不进行截面抗震验算，其他B类厂房，均应按现行国家标准《建筑抗震设计规范》GB 50011的规定进行纵、横向的抗震计算，并可按《建筑抗震鉴定标准》GB 50023—2009 的规定进行抗震承载力验算。

（四）单层砖柱厂房抗震鉴定

1. 抗震措施鉴定

单层砖柱厂房，宜为单跨、等高且无桥式吊车的厂房，6～8 度时跨度不大于 12m 且柱顶标高不大于 6m，9 度时跨度不大于 9m 且柱顶标高不大于 4m。

砖柱厂房现有的平立面布置，宜符合有关规定，但防震缝的检查宜符合下列要求：轻型屋盖（木屋盖和轻钢屋架、瓦楞铁、石棉瓦屋面的屋盖）厂房，可没有防震缝；钢筋混凝土屋盖厂房与贴建的建（构）筑物间宜有防震缝，其宽度可采用 50～70mm；防震缝处宜设有双柱或双墙。

厂房现有的结构体系，应符合下列要求：6～8 度时，宜为轻型屋盖，9 度时，应为轻型屋盖。6、7 度时，可为十字形截面的无筋砖柱；8 度 I、II 类场地时，宜为组合砖柱；8 度 III、IV 类场地和 9 度时，边柱应为组合砖柱，中柱应为钢筋混凝土柱。厂房纵向独立砖柱柱列，可在柱间由与柱等高的抗震墙承受纵向地震作用，砖抗震墙应与柱同时咬槎砌筑，并应有基础；8 度 III、IV 类场地钢筋混凝土无檩屋盖厂房，无砖抗震墙的柱顶，应有通长水平压杆。厂房两端均应有承重山墙。横向内隔墙宜为抗震墙，非承重隔墙和非整体砌筑且不到顶的纵向隔墙宜为轻质墙，非轻质墙，应考虑隔墙对柱及其与屋架连接节点的附加地震剪力。7 度、8 度和 9 度时，双曲砖拱的跨度分别不宜大于 15m、12m 和 9m，砖拱的拱脚应有拉杆，并应锚固在钢筋混凝土圈梁内；地基为软弱黏性土、液化土、新近填土或严重不均匀土层时，不应采用双曲砖拱。

砖柱（墙垛）的材料强度等级，应符合下列要求：砖实际达到的强度等级，不宜低于 MU7.5；砌筑砂浆实际达到的强度等级，不宜低于 M2.5。

砖柱厂房现有屋盖的检查，应符合下列要求：

（1）木屋盖的支撑布置，宜符合表 35-33 的要求。钢屋架、瓦楞铁、石棉瓦等屋面的支撑，可按表中无望板屋盖的规定检查；支撑与屋架、天窗架，应采用螺栓连接。

B 类单层砖柱厂房木屋盖的支撑布置　　　　　　　　　表 35-33

支撑名称		烈度				
		6,7 度	8 度			9 度	
		各类屋盖	满铺望板		稀铺或无望板	满铺望板	稀铺或无望板
			无天窗	有天窗			
屋架支撑	上弦横向支撑	同非抗震要求	房屋单元两端天窗开洞范围内各有一道	屋架跨度大于 6m 时，房屋单元两端第二开间及每隔 20m 有一道	屋架跨度大于 6m 时，房屋单元两端第二开间各有一道	屋架跨度大于 6m 时，房屋单元两端第二开间及每隔 20m 有一道
屋架支撑	下弦横向支撑	同非抗震要求				架跨度大于 6m 时，房屋单元两端第二开间及每隔 20m 有一道
	跨中竖向支撑					隔间设置并有下弦通长水平系杆

续表

<table>
<tr><td colspan="2" rowspan="4">支撑名称</td><td colspan="6">烈度</td></tr>
<tr><td>6、7度</td><td colspan="3">8度</td><td colspan="2">9度</td></tr>
<tr><td rowspan="2">各类屋盖</td><td colspan="2">满铺望板</td><td rowspan="2">稀铺或无望板</td><td rowspan="2">满铺望板</td><td rowspan="2">稀铺或无望板</td></tr>
<tr><td>无天窗</td><td>有天窗</td></tr>
<tr><td rowspan="2">天窗架支撑</td><td>两侧竖向支撑</td><td colspan="4">天窗两端第一开间各有一道</td><td colspan="2">天窗两端第一开间及每隔20m左右有一道</td></tr>
<tr><td>上弦横向支撑</td><td colspan="6">跨度较大的天窗，参照无天窗屋架的支撑布置</td></tr>
</table>

(2) 钢筋混凝土屋盖的构造鉴定要求，应符合相关规定。

砖柱厂房现有的连接构造，应按下列要求检查：

(1) 柱顶标高处沿房屋外墙及承重内墙应有闭合圈梁，8、9度时还应沿墙每隔3～4m增设有圈梁一道，圈梁的截面高度不应小于180mm，配筋不应少于4ϕ12；地基为软弱黏性土、液化土、新近填土或严重不均匀土层时，尚应有基础圈梁一道。

(2) 山墙沿屋面应有现浇钢筋混凝土卧梁，并应与屋盖构件锚拉；山墙壁柱的截面和配筋，不宜小于排架柱，壁柱应通到墙顶并与卧梁或屋盖构件连接。

(3) 屋架（屋面梁）与墙顶圈梁或柱顶垫块，应为螺栓连接或焊接；柱顶垫块的厚度不应小于240mm，并应有直径不小于ϕ8、间距不大于100mm的钢筋网两层；墙顶圈梁应与柱顶垫块整浇，9度时，在垫块两侧各500mm范围内，圈梁的箍筋间距不应大于100mm。

2. 抗震承载力验算

6度和7度Ⅰ、Ⅱ类场地，柱顶标高不超过4.5m，且两端均有山墙的单跨及多跨等高B类砖柱厂房，当抗震构造措施符合本节规定时，可评为符合抗震鉴定要求，不进行抗震验算。其他情况，应按现行国家标准《建筑抗震设计规范》GB 50011的规定进行纵、横向抗震分析，并可按《建筑抗震鉴定标准》GB 50023—2009的规定进行结构构件的抗震承载力验算。

(五) 木结构抗震鉴定

B类木结构房屋的结构布置，尚应符合下列要求：房屋的平面布置应避免拐角或突出；同一房屋不应采用木柱与砖柱或砖墙等混合承重。木柱木屋架和穿斗木构架房屋不宜超过二层，总高度不宜超过6m；木柱木梁房屋宜建单层，高度不宜超过3m。礼堂、剧院、粮仓等较大跨度的空旷房屋，宜采用四柱落地的三跨木排架。

B类木结构房屋的抗震构造，除按A类的要求检查外，尚应符合下列规定：

(1) 木屋架屋盖的支撑布置，有关规定的要求，但房屋两端的屋架支撑，应设置在端开间。

(2) 柱顶须有暗榫插入屋架下弦，并用U形铁连接；8度和9度时，柱脚应采用铁件与基础锚固。

(3) 空旷房屋木柱与屋架（或梁）间应有斜撑；横隔墙较多的居住房屋在非抗震隔墙内应有斜撑，穿斗木构架房屋可没有斜撑；斜撑宜为木夹板，并应通到屋架的上弦。

(4) 穿斗木构架房屋的纵向应在木柱的上、下端设置穿枋，并应在每一纵向柱列间设置1～2道斜撑。

（5）斜撑和屋盖支撑构件，均应采用螺栓与主体构件连接；除穿斗木构件外，其他木构件宜为螺栓连接。

（6）围护墙应与木结构可靠拉结；土坯、砖等砌筑的围护墙宜贴砌在木柱外侧，不应将木柱完全包裹。

（六）生土房屋抗震鉴定

B类生土房屋的抗震鉴定，尚应满足下列要求：生土房屋宜建单层，6度和7度的灰土墙房屋可建二层，但总高度不应超过6m；单层生土房屋的檐口高度不宜大于2.5m，开间不宜大于3.2m；窑洞净跨不宜大于2.5m。房屋每开间均应有横墙，不应采用土搁梁结构。土拱房应多跨连续布置，各拱脚均应支承在稳固的崖体上或支承在人工土墙上；拱圈厚度宜为300～400mm，应支模砌筑，不应无模后倾贴砌；外侧支承墙和拱圈上不应布置门窗。

土窑洞应避开易产生滑坡、山崩的地段；开挖窑洞的崖体应土质密实、土体稳定、坡度较平缓、无明显的竖向节理；崖窑前不宜接砌土坯或其他材料的前脸；不宜开挖层窑，否则应保持足够的间距，且上、下不宜对齐。

（七）石墙房屋

B类石墙房屋，在8度设防时可有二层。

B类石墙房屋的抗震鉴定，尚应满足下列要求：

（1）多层石房的层高不宜超过3m，总高度和层数不宜超过表35-34规定的限值。

多层石房总高度（m）和层数限值　　　　　　表35-34

墙体类别	烈度					
	6度		7度		8度	
	高度	层数	高度	层数	高度	层数
粗料石及毛料石砌体（有垫片）	13	四	10	三	7	二

（2）多层石房的抗震横墙间距，不宜超过表35-35的规定；抗震横墙洞口的水平截面面积，不应大于全截面面积的1/3。

多层石房的抗震横墙间距（m）　　　　　　表35-35

楼盖、屋盖类型	烈度		
	6度	7度	8度
现浇及装配整体式钢筋混凝土	10	10	7
装配式钢筋混凝土	7	7	4

（3）多层石墙房屋整体性连接的检查，尚应符合下列要求：外墙四角和楼梯间四角，6度和7度隔开间及8度每开间的内外墙交接处，应有钢筋混凝土构造柱；房屋无构造柱的纵横墙交接处，应采用条石无垫片砌筑，且应沿墙高每隔500mm左右设拉结钢筋网片，每边每侧伸入墙内不宜小于1m；多层石墙房屋宜采用现浇或装配整体式钢筋混凝土楼盖、屋盖。

（4）其他有关构造要求，可按《建筑抗震鉴定标准》GB 50023—2009第5章的规定执行。

石墙的截面抗震验算，可按《建筑抗震鉴定标准》GB 50023—2009 的规定执行；其抗剪强度应根据试验数据确定。

三、C 类建筑抗震鉴定方法

（一）砌体结构抗震鉴定

1. 抗震承载力计算

多层砌体房屋抗震计算，可采用底部剪力法，并应按规定调整地震作用效应。

对砌体房屋，可只选从属面积较大或竖向应力较小的墙段进行截面抗震承载力验算。

进行地震剪力分配和截面验算时，砌体墙段的层间等效侧向刚度应按下列原则确定：

（1）刚度的计算应计及高宽比的影响。高宽比小于 1 时，可只计算剪切变形；高宽比不大于 4 且不小于 1 时，应同时计算弯曲和剪切变形；高宽比大于 4 时，等效侧向刚度可取 0.0。

（2）墙段宜按门窗洞口划分；对设置构造柱的小开口墙段按毛墙面计算的刚度，可根据开洞率乘以表 35-36 的墙段洞口影响系数：

墙段洞口影响系数　　　　　　　　　　　　　　表 35-36

开洞率	0.10	0.20	0.30
影响系数	0.98	0.94	0.88

注：1. 开洞率为洞口水平截面积与墙段水平毛截面积之比，相邻洞口之间净宽小于 500mm 的墙段视为洞口；

2. 洞口中线偏离墙段中线大于墙段长度的 1/4 时，表中影响系数值折减 0.9；门洞的洞顶高度大于层高 80% 时，表中数据不适用；窗洞高度大于 50% 层高时，按门洞对待。

各类砌体沿阶梯形截面破坏的抗震抗剪强度设计值，应按下式确定：

$$f_{vE} = \zeta_N f_v \qquad (35-1)$$

式中：f_{vE}——砌体沿阶梯形截面破坏的抗震抗剪强度设计值；

$\quad\quad f_v$——非抗震设计的砌体抗剪强度设计值；

$\quad\quad \zeta_N$——砌体抗震抗剪强度的正应力影响系数，应按表 35-37 采用。

砌体强度的正应力影响系数　　　　　　　　　　表 35-37

砌体类别	σ_0/f_v							
	0.0	1.0	3.0	5.0	7.0	10.0	12.0	$\geqslant16.0$
普通砖，多孔砖	0.80	0.99	1.25	1.47	1.65	1.90	2.05	—
小砌块	—	1.23	1.69	2.15	2.57	3.02	3.32	3.92

注：σ_0 为对应于重力荷载代表值的砌体截面平均压应力。

普通砖、多孔砖墙体的截面抗震受剪承载力、小砌块墙体的截面抗震受剪承载力等按照《建筑抗震设计规范》GB 50011—2010（2016 年版）进行验算。

2. 抗震构造措施

各类多层砖砌体房屋，应按下列要求设置现浇钢筋混凝土构造柱：

（1）构造柱设置部位，一般情况下应符合表 35-38 的要求。

（2）外廊式和单面走廊式的多层房屋，应根据房屋增加一层的层数，按表 35-38 的要求设置构造柱，且单面走廊两侧的纵墙均应按外墙处理。

（3）横墙较少的房屋，应根据房屋增加一层的层数，按表 35-38 的要求设置构造柱。当横墙较少的房屋为外廊式或单面走廊式时，应按（2）要求设置构造柱；但 6 度不超过四层、7 度不超过三层和 8 度不超过二层时，应按增加二层的层数对待。

多层砖砌体房屋构造柱设置要求　　　　　　　　　　　　　　表 35-38

房屋层数				设置部位	
6度	7度	8度	9度		
四、五	三、四	二、三	—	楼、电梯间四角，楼梯斜梯段上下端对应的墙体处；	隔 12m 或单元横墙与外纵墙交接处； 楼梯间对应的另一侧内横墙与外纵墙交接处
六	五	四	二	外墙四角和对应转角； 错层部位横墙与外纵墙交接处；	隔开间横墙（轴线）与外墙交接处； 山墙与内纵墙交接处
七	≥六	≥五	≥三	大房间内外墙交接处； 较大洞口两侧	内墙（轴线）与外墙交接处； 内墙的局部较小墙垛处； 内纵墙与横墙（轴线）交接处

（4）各层横墙很少的房屋，应按增加二层的层数设置构造柱。

（5）采用蒸压灰砂砖和蒸压粉煤灰砖的砌体房屋，当砌体的抗剪强度仅达到普通黏土砖砌体的 70% 时，应根据增加一层的层数按本条 1~4 款要求设置构造柱；但 6 度不超过四层、7 度不超过三层和 8 度不超过二层时，应按增加二层的层数对待。

多层砖砌体房屋的构造柱应符合下列构造要求：构造柱最小截面可采用 180mm× 240mm（墙厚 190mm 时为 180mm×190mm），纵向钢筋宜采用 $4\phi12$，箍筋间距不宜大于 250mm，且在柱上下端应适当加密；6、7 度时超过六层、8 度时超过五层和 9 度时，构造柱纵向钢筋宜采用 $4\phi14$，箍筋间距不应大于 200mm；房屋四角的构造柱应适当加大截面及配筋。构造柱与墙连接处应砌成马牙槎，沿墙高每隔 500mm 设 2 根水平钢筋和 $\phi4$ 分布短筋平面内点焊组成的拉结网片或 $\phi4$ 点焊钢筋网片，每边伸入墙内不宜小于 1m。6、7 度时底部 1/3 楼层，8 度时底部 1/2 楼层，9 度时全部楼层，上述拉结钢筋网片应沿墙体水平通长设置。构造柱与圈梁连接处，构造柱的纵筋应在圈梁纵筋内侧穿过，保证构造柱纵筋上下贯通。构造柱可不单独设置基础，但应伸入室外地面下 500mm，或与埋深小于 500mm 的基础圈梁相连。

房屋高度和层数接近限值时，纵、横墙内构造柱间距尚应符合下列要求：

（1）横墙内的构造柱间距不宜大于层高的二倍；下部 1/3 楼层的构造柱间距适当减小。

（2）当外纵墙开间大于 3.9m 时，应另设加强措施。内纵墙的构造柱间距不宜大于 4.2m。

多层砖砌体房屋的现浇钢筋混凝土圈梁设置应符合下列要求：装配式钢筋混凝土楼、屋盖或木屋盖的砖房，应按表 35-39 的要求设置圈梁；纵墙承重时，抗震横墙上的圈梁间距应比表内要求适当加密。现浇或装配整体式钢筋混凝土楼、屋盖与墙体有可靠连接的房屋，应允许不另设圈梁，但楼板沿抗震墙体周边均应加强配筋并应与相应的构造柱钢筋可靠连接。

多层砖砌体房屋现浇钢筋混凝土圈梁设置要求　　　　　　　表 35-39

墙类	烈度		
	6、7度	8度	9度
外墙和内纵墙	屋盖处及每层楼盖处	屋盖处及每层楼盖处	屋盖处及每层楼盖处
内横墙	同上； 屋盖处间距不应大于 4.5m； 楼盖处间距不应大于 7.2m； 构造柱对应部位	同上； 各层所有横墙，且间距不应大于 4.5m； 构造柱对应部位	同上； 各层所有横墙

多层砖砌体房屋现浇混凝土圈梁的构造应符合下列要求：

（1）圈梁应闭合，遇有洞口圈梁应上下搭接。圈梁宜与预制板设在同一标高处或紧靠板底；

（2）圈梁在上文要求的间距内无横墙时，应利用梁或板缝中配筋替代圈梁；

（3）圈梁的截面高度不应小于120mm，配筋应符合表35-40的要求；按要求增设的基础圈梁，截面高度不应小于180mm，配筋不应少于$4\phi12$。

多层砖砌体房屋圈梁配筋要求   表 35-40

配筋	烈度		
	6、7 度	8 度	9 度
最小纵筋	$4\phi10$	$4\phi12$	$4\phi14$
箍筋最大间距(mm)	250	200	150

多层砖砌体房屋的楼、屋盖应符合下列要求：现浇钢筋混凝土楼板或屋面板伸进纵、横墙内的长度，均不应小于120mm。装配式钢筋混凝土楼板或屋面板，当圈梁未设在板的同一标高时，板端伸进外墙的长度不应小于120mm，伸进内墙的长度不应小于100mm或采用硬架支模连接，在梁上不应小于80mm或采用硬架支模连接。当板的跨度大于4.8m并与外墙平行时，靠外墙的预制板侧边应与墙或圈梁拉结。房屋端部大房间的楼盖，6度时房屋的屋盖和7～9度时房屋的楼、屋盖，当圈梁设在板底时，钢筋混凝土预制板应相互拉结，并应与梁、墙或圈梁拉结。楼、屋盖的钢筋混凝土梁或屋架应与墙、柱（包括构造柱）或圈梁可靠连接；不得采用独立砖柱。跨度不小于6m大梁的支承构件应采用组合砌体等加强措施，并满足承载力要求。6、7度时长度大于7.2m的大房间，以及8、9度时外墙转角及内外墙交接处，应沿墙高每隔500mm配置$2\phi6$的通长钢筋和$\phi4$分布短筋平面内点焊组成的拉结网片或$\phi4$点焊网片。

楼梯间尚应符合下列要求：顶层楼梯间墙体应沿墙高每隔500mm设$2\phi6$通长钢筋和$\phi4$分布短钢筋平面内点焊组成的拉结网片$\phi4$点焊网片；7～9度时其他各层楼梯间墙体应在休息平台或楼层半高处设置60mm厚、纵向钢筋不应少于$2\phi10$的钢筋混凝土带或配筋砖带，配筋砖带不少于3皮，每皮的配筋不少于$2\phi6$，砂浆强度等级不应低于M7.5且不低于同层墙体的砂浆强度等级。楼梯间及门厅内墙阳角处的大梁支承长度不应小于500mm，并应与圈梁连接。装配式楼梯段应与平台板的梁可靠连接，8、9度时不应采用装配式楼梯段；不应采用墙中悬挑式踏步或踏步竖肋插入墙体的楼梯，不应采用无筋砖砌栏板。突出屋顶的楼、电梯间，构造柱应伸到顶部，并与顶部圈梁连接，所有墙体应沿墙高每隔500mm设$2\phi6$通长钢筋和$\phi4$分布短筋平面内点焊组成的拉结网片或$\phi4$点焊网片。

坡屋顶房屋的屋架应与顶层圈梁可靠连接，檩条或屋面板应与墙、屋架可靠连接，房屋出入口处的檐口瓦应与屋面构件锚固。采用硬山搁檩时，顶层内纵墙顶宜增砌支承山墙的踏步式墙垛，并设置构造柱。

门窗洞处不应采用砖过梁；过梁支承长度，6～8度时不应小于240mm，9度时不应小于360mm。预制阳台，6、7度时应与圈梁和楼板的现浇板带可靠连接，8、9度时不应采用预制阳台。同一结构单元的基础（或桩承台），宜采用同一类型的基础，底面宜埋置在同一标高上，否则应增设基础圈梁并应按1：2的台阶逐步放坡。

后砌的非承重砌体隔墙、烟道、风道、垃圾道等应符合《建筑抗震设计规范》GB 50011—2010（2016年版）有关规定。

丙类的多层砖砌体房屋，当横墙较少且总高度和层数接近或达到规定限值时，应采取下列加强措施：

（1）房屋的最大开间尺寸不宜大于6.6m。

（2）同一结构单元内横墙错位数量不宜超过横墙总数的1/3，且连续错位不宜多于两道；错位的墙体交接处均应增设构造柱，且楼、屋面板应采用现浇钢筋混凝土板。

（3）横墙和内纵墙上洞口的宽度不宜大于1.5m；外纵墙上洞口的宽度不宜大于2.1m或开间尺寸的一半；且内外墙上洞口位置不应影响内外纵墙与横墙的整体连接。

（4）所有纵横墙均应在楼、屋盖标高处设置加强的现浇钢筋混凝土圈梁：圈梁的截面高度不宜小于150mm，上下纵筋各不应少于$3\phi10$，箍筋不小于$\phi6$，间距不大于300mm。

（5）所有纵横墙交接处及横墙的中部，均应增设满足下列要求的构造柱：在纵、横墙内的柱距不宜大于3.0m。最小截面尺寸不宜小于240mm×240mm（墙厚190mm时为240mm×190mm），配筋宜符合表35-41的要求。

增设构造柱的纵筋和箍筋设置要求 表35-41

位置	纵向钢筋			箍筋		
	最大配筋率（%）	最小配筋率（%）	最小直径（mm）	加密区范围（mm）	加密区间距（mm）	最小直径（mm）
角柱	1.8	0.8	14	全高	100	6
边柱			14	上端700 下端500		
中柱	1.4	0.6	12			

（6）同一结构单元的楼、屋面板应设置在同一标高处。

（7）房屋底层和顶层的窗台标高处，宜设置沿纵横墙通长的水平现浇钢筋混凝土带；其截面高度不小于60mm，宽度不小于墙厚，纵向钢筋不少于$2\phi10$，横向分布筋的直径不小于$\phi6$且其间距不大于200mm。

多层砌块等其余砌体结构房屋抗震构造措施检查详见《建筑抗震设计规范》GB 50011—2010（2016年版）。

（二）混凝土结构抗震鉴定

1. 抗震承载力计算

钢筋混凝土结构应调整构件的组合内力设计值，其层间变形应符合《建筑抗震设计规范》GB 50011—2010（2016年版）的规定。构件截面抗震验算时，非抗震的承载力设计值应除以本规范规定的承载力抗震调整系数。

一、二、三、四级框架抗震验算及内力调整均应依据《建筑抗震设计规范》GB 50011—2010（2016年版）进行。

2. 抗震构造措施

梁的截面尺寸，宜符合下列各项要求：截面宽度不宜小于200mm；截面高宽比不宜大于4；净跨与截面高度之比不宜小于4。

梁宽大于柱宽的扁梁应符合下列要求：采用扁梁的楼、屋盖应现浇，梁中线宜与柱中线重合，扁梁应双向布置。扁梁的截面尺寸应符合下列要求，并应满足现行有关规范对挠度和裂缝宽度的规定；扁梁不宜用于一级框架结构。

梁的钢筋配置，应符合下列各项要求：

(1) 梁端计入受压钢筋的混凝土受压区高度和有效高度之比，一级不应大于 0.25，二、三级不应大于 0.35。

(2) 梁端截面的底面和顶面纵向钢筋配筋量的比值，除按计算确定外，一级不应小于 0.5，二、三级不应小于 0.3。

(3) 梁端箍筋加密区的长度、箍筋最大间距和最小直径应按表 35-42 采用，当梁端纵向受拉钢筋配筋率大于 2% 时，表中箍筋最小直径数值应增大 2mm。

梁端箍筋加密区的长度、箍筋的最大间距和最小直径   表 35-42

抗震等级	加密区长度 （采用较大值）(mm)	箍筋最大间距(采用最小值) （mm）	箍筋最小直径 （mm）
一	$2h_b$,500	$h_b/4, 6d$,100	10
二	$1.5h_b$,500	$h_b/4, 8d$,100	8
三	$1.5h_b$,500	$h_b/4, 8d$,150	8
四	$1.5h_b$,500	$h_b/4, 8d$,150	6

注：1. d 为纵向钢筋直径，h_b 为梁截面高度。

2. 箍筋直径大于 12mm、数量不少于 4 肢且肢距不大于 150mm 时，一、二级的最大间距应允许适当放宽，但不得大于 150mm。

梁的钢筋配置，尚应符合下列规定：

(1) 梁端纵向受拉钢筋的配筋率不宜大于 2.5%。沿梁全长顶面、底面的配筋，一、二级不应少于 $2\phi14$，且分别不应少于梁顶面、底面两端纵向配筋中较大截面面积的 1/4；三、四级不应少于 $2\phi12$。

(2) 一、二、三级框架梁内贯通中柱的每根纵向钢筋直径，对框架结构不应大于矩形截面柱在该方向截面尺寸的 1/20，或纵向钢筋所在位置圆形截面柱弦长的 1/20；对其他结构类型的框架不宜大于矩形截面柱在该方向截面尺寸的 1/20，或纵向钢筋所在位置圆形截面柱弦长的 1/20。

(3) 梁端加密区的箍筋肢距，一级不宜大于 200mm 和 20 倍箍筋直径的较大值，二、三级不宜大于 250mm 和 20 倍箍筋直径的较大值，四级不宜大于 300mm。

柱的截面尺寸，宜符合下列各项要求：截面的宽度和高度，四级或不超过 2 层时不宜小于 300mm，一、二、三级且超过 2 层时不宜小于 400mm；圆柱的直径，四级或不超过 2 层时不宜小于 350mm，一、二、三级且超过 2 层时不宜小于 450mm。剪跨比宜大于 2。截面长边与短边的边长比不宜大于 3。

柱轴压比不宜超过表 35-43 的规定；建造于 Ⅳ 类场地且较高的高层建筑，柱轴压比限值应适当减小。

柱的钢筋配置，应符合下列各项要求：

(1) 柱纵向受力钢筋的最小总配筋率应按表 35-44 采用，同时每一侧配筋率不应小于 0.2%；对建造于 Ⅳ 类场地且较高的高层建筑，最小总配筋率应增加 0.1%。

柱轴压比限值

表 35-43

结构类型	抗震等级			
	一	二	三	四
框架结构	0.65	0.75	0.85	0.90
框架-抗震墙，板柱-抗震墙、框架-核心筒及筒中筒	0.75	0.85	0.90	0.95
部分框支抗震墙	0.6	0.7	—	

注：1. 表内限值适用于剪跨比大于 2、混凝土强度等级不高于 C60 的柱；剪跨比不大于 2 的柱，轴压比限值应降低 0.05；剪跨比小于 1.5 的柱，轴压比限值应专门研究并采取特殊构造措施；

　　2. 沿柱全高采用井字复合箍且箍筋肢距不大于 200mm、间距不大于 100mm，直径不小于 12mm，或沿柱全高采用复合螺旋箍、螺旋间距不大于 100mm、箍筋肢距不大于 200mm、直径不小于 12mm，或沿柱全高采用连续复合矩形螺旋箍、螺旋净距不大于 80mm、箍筋肢距不大于 200mm、直径不小于 10mm，轴压比限值均可增加 0.10；上述三种箍筋的最小配箍特征值均应按增大的轴压比由《建筑抗震设计规范》GB 50011—2010（2016 年版）确定；

　　3. 在柱的截面中部附加芯柱，其中另加的纵向钢筋的总面积不少于柱截面面积的 0.8%，轴压比限值可增加 0.05；此项措施与注 3 的措施共同采用时，轴压比限值可增加 0.15，但箍筋的体积配箍率仍可按轴压比增加 0.10 的要求确定；

　　4. 柱轴压比不应大于 1.05。

柱截面纵向钢筋的最小总配筋率（百分率）

表 35-44

类别	抗震等级			
	一	二	三	四
中柱和边柱	0.9(1.0)	0.7(0.8)	0.6(0.7)	0.5(0.6)
角柱、框支柱	1.1	0.9	0.8	0.7

注：1. 表中括号内数值用于框架结构的柱；

　　2. 钢筋强度标准值小于 400MPa 时，表中数值应增加 0.1，钢筋强度标准值为 400MPa 时，表中数值应增加 0.05；

　　3. 混凝土强度等级高于 C60 时，上述数值应相应增加 0.1。

（2）柱箍筋在规定的范围内应加密，加密区的箍筋间距和直径，应符合下列要求：

1）一般情况下，箍筋的最大间距和最小直径，应按表 35-45 采用。

柱箍筋加密区的箍筋最大间距和最小直径

表 35-45

抗震等级	箍筋最大间距(采用较小值)(mm)	箍筋最小直径(mm)
一	$6d$,100	10
二	$8d$,100	8
三	$8d$,150(柱根 100)	8
四	$8d$,150(柱根 100)	6(柱根 8)

注：1. d 为柱纵筋最小直径；

　　2. 柱根指底层柱下端箍筋加密区。

2）一级框架柱的箍筋直径大于 12mm 且箍筋肢距不大于 150mm 及二级框架柱的箍筋直径不小于 10mm 且箍筋肢距不大于 200mm 时，除底层柱下端外，最大间距应允许采用 150mm；三级框架柱的截面尺寸不大于 400mm 时，箍筋最小直径应允许采用 6mm；四级框架柱剪跨比不大于 2 时，箍筋直径不应小于 8mm。

3）框支柱和剪跨比不大于 2 的框架柱，箍筋间距不应大于 100mm。

柱的纵向钢筋配置，尚应符合下列要求：柱的纵向钢筋宜对称配置。截面边长大于400mm 的柱，纵向钢筋间距不宜大于 200mm。柱总配筋率不应大于 5%；剪跨比不大于 2 的一级框架的柱，每侧纵向钢筋配筋率不宜大于 1.2%。边柱、角柱及抗震墙端柱在小偏心受拉时，柱内纵筋总截面面积应比计算值增加 25%。

柱纵向钢筋的绑扎接头应避开柱端的箍筋加密区。

柱的箍筋配置，尚应符合下列要求：柱的箍筋加密范围，对于柱端，取截面高度（圆柱直径）、柱净高的 1/6 和 500mm 三者的最大值；对于底层柱的下端不小于柱净高的 1/3；刚性地面上下各 500mm；剪跨比不大于 2 的柱、因设置填充墙等形成的柱净高与柱截面高度之比不大于 4 的柱、框支柱、一级和二级框架的角柱，取全高。柱箍筋加密区的箍筋肢距，一级不宜大于 200mm，二、三级不宜大于 250mm，四级不宜大于 300mm。至少每隔一根纵向钢筋宜在两个方向有箍筋或拉筋约束；采用拉筋复合箍时，拉筋宜紧靠纵向钢筋并钩住箍筋。

柱箍筋加密区的体积配箍率、框架节点核芯区箍筋的最大间距和最小直径应符合《建筑抗震设计规范》GB 50011—2010（2016 年版）要求，一、二、三级框架节点核芯区配箍特征值分别不宜小于 0.12、0.10 和 0.08，且体积配箍率分别不宜小于 0.6%、0.5% 和 0.4%。柱剪跨比不大于 2 的框架节点核芯区，体积配箍率不宜小于核芯区上、下柱端的较大体积配箍率。

抗震墙结构、框架-抗震墙结构、板柱-抗震墙结构及筒体结构的抗震设计及构造要求详见《建筑抗震设计规范》GB 50011—2010（2016 年版）。

（三）木结构

木结构房屋的建筑、结构布置应符合下列要求：房屋的平面布置应避免拐角或突出。纵横向承重墙的布置宜均匀对称，在平面内宜对齐，沿竖向应上下连续；在同一轴线上，窗间墙的宽度宜均匀。多层房屋的楼层不应错层，不应采用板式单边悬挑楼梯。不应在同一高度内采用不同材料的承重构件。屋檐外挑梁上不得砌筑砌体。

木楼、屋盖房屋应在下列部位采取拉结措施：两端开间屋架和中间隔开间屋架应设置竖向剪刀撑；在屋檐高度处应设置纵向通长水平系杆，系杆应采用墙揽与各道横墙连接或与木梁、屋架下弦连接牢固；纵向水平系杆端部宜采用木夹板对接，墙揽可采用方木、角铁等材料；山墙、山尖墙应采用墙揽与木屋架、木构架或檩条拉结；内隔墙墙顶应与梁或屋架下弦拉结。

木楼、屋盖构件的支承长度应不小于表 35-46 的规定。

木楼、屋盖构件的最小支承长度（mm） 表 35-46

构件名称	木屋架、木梁	对接木龙骨、木檩条		搭接木龙骨、木檩条
位置	墙上	屋架上	墙上	屋架上、墙上
支承长度与连接方式	240（木垫板）	60（木夹板与螺栓）	120（木夹板与螺栓）	满搭

门窗洞口过梁的支承长度，6～8 度时不应小于 240mm，9 度时不应小于 360mm。当采用冷摊瓦屋面时，底瓦的弧边两角宜设置钉孔，可采用铁钉与椽条钉牢；盖瓦与底瓦宜采用石灰或水泥砂浆压垄等做法与底瓦粘结牢固。土木石房屋突出屋面的烟囱、女儿墙等易倒塌构件的出屋面高度，6、7 度时不应大于 600mm；8 度（0.20g）时不应大于

500mm；8 度（0.30g）和 9 度时不应大于 400mm，并应采取拉结措施。木构件应选用干燥、纹理直、节疤少、无腐朽的木材。木结构房屋不应采用木柱与砖柱或砖墙等混合承重；山墙应设置端屋架（木梁），不得采用硬山搁檩。

木结构房屋的高度应符合下列要求：木柱木屋架和穿斗木构架房屋，6～8 度时不宜超过二层，总高度不宜超过 6m；9 度时宜建单层，高度不应超过 3.3m。木柱木梁房屋宜建单层，高度不宜超过 3m。

礼堂、剧院、粮仓等较大跨度的空旷房屋，宜采用四柱落地的三跨木排架。木屋架屋盖的支撑布置，应符合相关要求，但房屋两端的屋架支撑，应设置在端开间。木柱木屋架和木柱木梁房屋应在木柱与屋架（或梁）间设置斜撑；横隔墙较多的居住房屋应在非抗震隔墙内设斜撑；斜撑宜采用木夹板，并应通到屋架的上弦。穿斗木构架房屋的横向和纵向均应在木柱的上、下柱端和楼层下部设置穿枋，并应在每一纵向柱列间设置 1～2 道剪刀撑或斜撑。

木构件、木结构房屋的构件连接及围护墙等应符合《建筑抗震设计规范》GB 50011—2010（2016 年版）的要求。

（四）单层钢结构厂房

1. 抗震承载力计算

厂房抗震计算时，应根据屋盖高差、起重机设置情况，采用与厂房结构的实际工作状况相适应的计算模型计算地震作用。

厂房地震作用计算、厂房结构构件连接的承载力计算依据规《建筑抗震设计规范》（GB 50011—2010）（2016 年版）进行。

2. 抗震构造措施

厂房的屋盖支撑，应符合下列要求：无檩屋盖、有檩屋盖的支撑布置，宜符合《建筑抗震设计规范》GB 50011—2010（2016 年版）的要求。当轻型屋盖采用实腹屋面梁、柱刚性连接的钢架体系时，屋盖水平支撑可布置在屋面梁的上翼缘平面。屋面梁下翼缘应设置隔撑侧向支承，隔撑的另一端可与屋面檩条连接。

屋盖纵向水平支撑的布置，尚应符合下列要求：当采用托架支承屋盖横梁的屋盖结构时，应沿厂房单元全长设置纵向水平支撑；对于高低跨厂房，在低跨屋盖横梁端部支承处，应沿屋盖全长设置纵向水平支撑；纵向柱列局部柱间采用托架支承屋盖横梁时，应沿托架的柱间及向其两侧至少各延伸一个柱间设置屋盖纵向水平支撑；当设置沿结构单元全长的纵向水平支撑时，应与横向水平支撑形成封闭的水平支撑体系。多跨厂房屋盖纵向水平支撑的间距不宜超过两跨，不得超过三跨；高跨和低跨宜按各自的标高组成相对独立的封闭支撑体系。支撑杆宜采用型钢；设置交叉支撑时，支撑杆的长细比限值可取 350。厂房框架柱的长细比，轴压比小于 0.2 时不宜大于 150；轴压比不小于 0.2 时，不宜大于 $120/\sqrt{235/f_{ay}}$。

厂房框架柱、梁的板件宽厚比，应符合下列要求：重屋盖厂房，板件宽厚比限值可按规定采用，7、8、9 度的抗震等级可分别按四、三、二级采用。轻屋盖厂房，塑性耗能区板件宽厚比限值可根据其承载的高低按性能目标确定。塑性耗能区外的板件宽厚比限值，可采用现行《钢结构设计规范》GB 50017 弹性设计阶段的板件宽厚比限值。

柱间支撑应符合下列要求：厂房单元的各纵向柱列，应在厂房单元中部布置一道下柱柱间支撑；当7度厂房单元长度大于120m（采用轻型围护材料时为150m）、8度和9度厂房单元大于90m（采用轻型围护材料时为120m）时，应在厂房单元1/3区段内各布置一道下柱支撑；当柱距数不超过5个且厂房长度小于60m时，亦可在厂房单元的两端布置下柱支撑。上柱柱间支撑应布置在厂房单元两端和具有下柱支撑的柱间。柱间支撑宜采用X形支撑，条件限制时也可采用V形、A形及其他形式的支撑。X形支撑斜杆与水平面的夹角、支撑斜杆交叉点的节点板厚度，应符合规定。柱间支撑宜采用整根型钢，当热轧型钢超过材料最大长度规格时，可采用拼接等强接长。柱间支撑杆件的长细比限值，应符合现行国家标准《钢结构设计规范》GB 50017 的规定。

柱脚应能可靠传递柱身承载力，宜采用埋入式、插入式或外包式柱脚，6、7度时也可采用外露式柱脚。柱脚设计应符合下列要求：

（1）实腹式钢柱采用埋入式、插入式柱脚的埋入深度，应由计算确定，且不得小于钢柱截面高度的2.5倍。

（2）格构式柱采用插入式柱脚的埋入深度，应由计算确定，其最小插入深度不得小于单肢截面高度（或外径）的2.5倍，且不得小于柱总宽度的0.5倍。

（3）采用外包式柱脚时，实腹H形截面柱的钢筋混凝土外包高度不宜小于2.5倍的钢结构截面高度、箱形截面柱或圆管截面柱的钢筋混凝土外包高度不宜小于3.0倍的钢结构截面高度或圆管截面直径。

（4）当采用外露式柱脚时，柱脚的承载力不宜小于柱截面塑性屈服承载力的1.2倍。柱脚锚栓不宜用以承受柱底水平剪力，柱底剪力应由钢底板与基础间的摩擦力或设置抗剪键及其他措施承担。柱脚锚栓应可靠锚固。

（五）单层砖柱厂房

1. 抗震承载力计算

按规定采取抗震构造措施的单层砖柱厂房，当符合下列条件之一时，可不进行横向或纵向截面抗震验算：7度（0.10g）Ⅰ、Ⅱ类场地，柱顶标高不超过4.5m，且结构单元两端均有山墙的单跨及等高多跨砖柱厂房，可不进行横向和纵向抗震验算；7度（0.10g）Ⅰ、Ⅱ类场地，柱顶标高不超过6.6m，两侧设有厚度不小于240mm且开洞截面面积不超过50%的外纵墙，结构单元两端均有山墙的单跨厂房，可不进行纵向抗震验算。

厂房的抗震计算依据可《建筑抗震设计规范》GB 50011—2010（2016年版）进行。

2. 抗震构造措施

厂房的结构布置应符合下列要求：

（1）厂房两端均应设置砖承重山墙。

（2）与柱等高并相连的纵横内隔墙宜采用砖抗震墙。

（3）防震缝设置应符合下列规定：轻型屋盖厂房，可不设防震缝；钢筋混凝土屋盖厂房与贴建的建（构）筑物间宜设防震缝，防震缝的宽度可采用50~70mm，防震缝处应设置双柱或双墙。

（4）天窗不应通至厂房单元的端开间，天窗不应采用端砖壁承重。

厂房的结构体系，尚应符合下列要求：

（1）厂房屋盖宜采用轻型屋盖。

（2）6度和7度时，可采用十字形截面的无筋砖柱；8度时不应采用无筋砖柱。

（3）厂房纵向的独立砖柱柱列，可在柱间设置与柱等高的抗震墙承受纵向地震作用；不设置抗震墙的独立砖柱柱顶，应设通长水平压杆。

（4）纵、横向内隔墙宜采用抗震墙，非承重横隔墙和非整体砌筑且不到顶的纵向隔墙宜采用轻质墙；当采用非轻质墙时，应计及隔墙对柱及其与屋架（屋面梁）连接节点的附加地震剪力。独立的纵向和横向内隔墙应采取措施保证其平面外的稳定性，且顶部应设置现浇钢筋混凝土压顶梁。

钢屋架、压型钢板、瓦楞铁等轻型屋盖的支撑，可按规定设置，上、下弦横向支撑应布置在两端第二开间；木屋盖的支撑布置，宜符合表35-47的要求，支撑与屋架或天窗架应采用螺栓连接；木天窗架的边柱，宜采用通长木夹板或铁板并通过螺栓加强边柱与屋架上弦的连接。

木屋盖的支撑布置 表35-47

支撑名称		烈度		
		6、7度	8度	
		各类屋盖	满铺望板	稀铺望板或无望板
屋架支撑	上弦横向支撑	同非抗震设计		屋架跨度大于6m时，房屋单元两端第二开间及每隔20m设一道
屋架支撑	下弦横向支撑	同非抗震设计		
	跨中竖向支撑	同非抗震设计		
天窗架支撑	天窗两侧竖向支撑	同非抗震设计	不宜设置天窗	
	上弦横向支撑			

檩条与山墙卧梁应可靠连接，搁置长度不应小于120mm，有条件时可采用檩条伸出山墙的屋面结构。

厂房柱顶标高处应沿房屋外墙及承重内墙设置现浇闭合圈梁，8度时还应沿墙高每隔3～4m增设一道圈梁，圈梁的截面高度不应小于180mm，配筋不应少于$4\phi12$；当地基为软弱黏性土、液化土、新近填土或严重不均匀土层时，尚应设置基础圈梁。当圈梁兼作门窗过梁或抵抗不均匀沉降影响时，其截面和配筋除满足抗震要求外，尚应根据实际受力计算确定。

山墙应沿屋面设置现浇钢筋混凝土卧梁，并应与屋盖构件锚拉；山墙壁柱的截面与配筋，不宜小于排架柱，壁柱应通到墙顶并与卧梁或屋盖构件连接。

屋架（屋面梁）与墙顶圈梁或柱顶垫块，应采用螺栓或焊接连接；柱顶垫块厚度不应小于240mm，并应配置两层直径不小于8mm间距不大于100mm的钢筋网，墙顶圈梁应与柱顶垫块整浇。

砖柱的构造应符合下列要求：砖的强度等级不应低于MU10，砂浆的强度等级不应低于M5；组合砖柱中的混凝土强度等级不应低于C20。砖柱的防潮层应采用防水砂浆。

钢筋混凝土屋盖的砖柱厂房，山墙开洞的水平截面面积不宜超过总截面面积的50%；8度时应在山墙、横墙两端设置钢筋混凝土构造柱，构造柱的截面尺寸可采用240mm×240mm，竖向钢筋不应少于$4\phi12$，箍筋可采用$\phi6$，间距宜为250～300mm。

砖砌体墙的构造应符合下列要求：8度时，钢筋混凝土无檩屋盖砖柱厂房，砖围护墙顶部宜沿墙长每隔 1m 埋入 1ϕ8 竖向钢筋，并插入顶部圈梁内。7 度且墙顶高度大于 4.8m 或 8 度时，不设置构造柱的外墙转角及承重内横墙与外纵墙交接处，应沿墙高每 500mm 配置 2ϕ6 钢筋，每边伸入墙内不小于 1m。出屋面女儿墙的抗震构造措施，应符合《建筑抗震设计规范》GB 50011—2010（2016 年版）的有关规定。

35.4　既有建筑鉴定通用规范（抗震鉴定）

既有建筑的抗震鉴定，应首先确定抗震设防烈度、抗震设防类别以及后续工作年限。既有建筑的抗震鉴定，应根据后续工作年限采用相应的鉴定方法。后续工作年限的选择，不应低于剩余设计工作年限：后续工作年限为 30 年以内（含 30 年）的建筑，简称 A 类建筑；后续工作年限为 30 年以上 40 年以内（含 40 年）的建筑，简称 B 类建筑；后续工作年限为 40 年以上 50 年以内（含 50 年）的建筑，简称 C 类建筑。

对于 C 类建筑，应按现行标准的要求进行抗震鉴定；当限于技术条件，难以按现行标准执行时，允许调低其后续工作年限，并按 B 类建筑的要求从严进行处理。

采用现行规范规定的方法进行抗震承载力验算时，A 类建筑的水平地震影响系数最大值应不低于现行标准相应值的 80%，或承载力抗震调整系数不低于现行标准相应值的 85%；B 类建筑的水平地震影响系数最大值应不低于现行标准相应值的 90%。同时，上述参数不应低于原建造时抗震设计要求的相应值。

对于 A 类和 B 类建筑中规则的多层砌体房屋和多层钢筋混凝土房屋，可采用以楼层综合抗震能力指数表达的简化方法进行抗震能力验算。

主体结构的抗震措施鉴定，应根据规定的后续工作年限、设防烈度与设防类别，对下列构造子项进行检查与评定：房屋高度和层数；结构体系和结构布置；结构的规则性；结构构件材料的实际强度；竖向构件的轴压比；结构构件配筋构造；构件及其节点、连接的构造；非结构构件与承重结构连接的构造；局部易损、易倒塌、易掉落部位连接的可靠性。

第36章
结构设计复核

根据结构设计复核内容，可分为安全性复核验算以及抗震复核验算，对于安全性符合验算，材料强度可依据图纸资料确定，荷载取值、荷载组合以及计算方法可根据现行设计规范确定；对于结构抗震复核验算，根据建筑不同建造年代，采取相应的计算方法。

36.1 安全性复核计算

对于结构的安全性复核计算，主要根据图纸资料，确定结构体系、场地类别、材料强度、楼（屋）面恒载和活载、风荷载等信息。结构分析与结构或构件验算所采用的计算模型应符合结构的实际受力和构造状况，作用效应的分项系数和组合系数应按现行国家标准的规定确定。在此基础上，对构件的安全性进行验算。例如，对于钢筋混凝土结构一般包括柱轴压比验算、柱（梁、板）承载力验算。

36.2 抗震承载力复核计算

对于抗震承载力复核计算，对于不同建造年代和不同结构类型的建筑，计算采用的方法有所区别，对于 A 类和 B 类建筑应依据现行国家标准《建筑抗震鉴定标准》GB 50023，而对于 C 类建筑，应依据现行国家标准《建筑抗震设计规范》GB 50011 规定的方法，本章主要介绍 A 类和 B 类建筑抗震承载力复核计算方法。

1. A 类建筑

对于 A 类建筑结构构件的内力计算，当《建筑抗震鉴定标准》GB 50023 未给出具体方法时，可采用现行国家标准《建筑抗震设计规范》GB 50011 规定的方法，按下式进行结构构件抗震验算：

$$S \leqslant R/\gamma_\mathrm{m} \tag{36-1}$$

式中：S——结构构件内力（轴向力、剪力、弯矩等）组合的设计值；计算时，有关的荷载、地震作用、作用分项系数、组合值系数，应按现行国家标准《建筑抗震设计规范》GB 50011 的规定采用；其中，场地的设计特征周期可按表 36-1 确定，地震作用效应（内力）调整系数应按本标准各章的规定采用，8、9 度的大跨度和长悬臂结构应计算竖向地震作用；

R——结构构件承载力设计值，按现行国家标准《建筑抗震设计规范》GB

50011 的规定采用；其中，各类结构材料强度的设计指标应按本标准附录 A 采用，材料强度等级按现场实际情况确定；

γ_m——抗震鉴定的承载力调整系数，除本标准各章节另有规定外，一般情况下，可按现行国家标准《建筑抗震设计规范》GB 50011 的承载力抗震调整系数值采用，A 类建筑抗震鉴定时，钢筋混凝土构件应按现行国家标准《建筑抗震设计规范》GB 50011 承载力抗震调整系数值的 0.85 倍采用。

特征周期值（s）   表 36-1

设计地震分组	场地类别			
	Ⅰ	Ⅱ	Ⅲ	Ⅳ
第一、二组	0.20	0.30	0.40	0.65
第三组	0.25	0.40	0.55	0.85

（1）砌体结构

A 类砌体房屋采用综合抗震能力指数的方法进行第二级鉴定时，应根据房屋不符合第一级鉴定的具体情况，分别采用楼层平均抗震能力指数方法、楼层综合抗震能力指数方法和墙段综合抗震能力指数方法。楼层平均抗震能力指数、楼层综合抗震能力指数和墙段综合抗震能力指数应按房屋的纵横两个方向分别计算。当最弱楼层平均抗震能力指数、最弱楼层综合抗震能力指数或最弱墙段综合抗震能力指数大于等于 1.0 时，应评定为满足抗震鉴定要求；当小于 1.0 时，应要求对房屋采取加固或其他相应措施。

楼层平均抗震能力指数方法主要适用于当结构体系、整体性连接和易引起倒塌的部位符合第一级鉴定要求，但横墙间距和房屋宽度均超过或其中一项超过第一级鉴定限值的房屋。楼层平均抗震能力指数应按下式计算：

$$\beta = A_i/(A_{bi}\varepsilon_{0i}\lambda) \tag{36-2}$$

式中：β——第 i 楼层纵向或横向墙体平均抗震能力指数；

A_i——第 i 楼层纵向或横向抗震墙在层高 1/2 处净截面面积的总面积，其中不包括高宽比大于 4 的墙段截面面积；

A_{bi}——第 i 楼层建筑平面面积；

ε_{0i}——第 i 楼层纵向或横向抗震墙的基准面积率，按本标准附录 B 采用；

λ——烈度影响系数；6、7、8、9 度时，分别按 0.7、1.0、1.5 和 2.5 采用，设计基本地震加速度为 0.15g 和 0.30g，分别按 1.25 和 2.0 采用。当场地处于本标准第 4.1.3 条规定的不利地段时，尚应乘以增大系数 1.1~1.6。

楼层平均抗震能力指数方法主要适用于当结构体系、整体性连接和易引起倒塌的部位符合第一级鉴定要求，但横墙间距和房屋宽度均超过或其中一项超过第一级鉴定限值的房屋。楼层平均抗震能力指数应按下式计算：

楼层综合抗震能力指数方法适用于结构体系、楼（屋）盖整体性连接、圈梁布置和构造及易引起局部倒塌的结构构件不符合第一级鉴定要求的房屋。楼层综合抗震能力指数应按下式计算：

$$\beta_{ci} = \psi_1\psi_2\beta_i \tag{36-3}$$

式中：β_{ci}——第 i 楼层的纵向或横向墙体综合抗震能力指数；

ψ_1——体系影响系数，体系影响系数可根据房屋不规则性、非刚性和整体性连接不符合第一级鉴定要求的程度，经综合分析后确定；也可由表36-2各项系数的乘积确定。当砖砌体的砂浆强度等级为 M0.4 时，尚应乘以 0.9；丙类设防的房屋当有构造柱或芯柱时，尚可根据满足本标准第5.3节相关规定的程度乘以 1.0~1.2 的系数；乙类设防的房屋，当构造柱或芯柱不符合规定时，尚应乘以 0.8~0.95 的系数；

ψ_2——局部影响系数，局部影响系数可根据易引起局部倒塌各部位不符合第一级鉴定要求的程度，经综合分析后确定；也可由表36-3各项系数中的最小值确定。

体系影响系数值　　　　　　　　　　　　　　　　表 36-2

项目	不符合的程度	ψ_1	影响范围
房屋高宽比 η	$2.2<\eta<2.6$	0.85	上部 1/3 楼层
	$2.6<\eta<3.0$	0.75	上部 1/3 楼层
横墙间距	超过表5.2.2最大值 4m 以内	0.90	楼层的 β
		1.00	墙段的 β
错层高度	$>0.5m$	0.90	错层上下
立面高度变化	超过一层	0.90	所有变化的楼层
相邻楼层的墙体刚度比 λ	$2<\lambda<3$	0.85	刚度小的楼层
	$\lambda>3.0$	0.75	刚度小的楼层
楼盖、屋盖构件的支承长度	比规定少 15% 以内	0.90	不满足的楼层
	比规定少 15%~25%	0.80	不满足的楼层
圈梁布置和构造	屋盖外墙不符合	0.70	顶层
	楼盖外墙一道不符合	0.90	缺圈梁的上、下楼层
	楼盖外墙二道不符合	0.80	所有楼层
	内墙不符合	0.90	不满足的上、下楼层

注：单项不符合的程度超过表内规定或不符合的项目超过 3 项时，应采取加固或其他相应措施。

局部影响系数值　　　　　　　　　　　　　　　　表 36-3

项目	不符合的程度	ψ_2	影响范围
墙体局部尺寸	比规定少 10% 以内	0.95	不满足的楼层
	比规定少 10%~20%	0.90	不满足的楼层
楼梯间等大梁的支承长度 l	$370mm<l<490mm$	0.80	该楼层的 β
		0.70	该楼层的 β
出屋面小房间		0.33	出屋面小房间
支承悬挑结构构件的承重墙体		0.80	该楼层和墙段
房屋尽端设过街楼或楼梯间		0.80	该楼层和墙段
有独立砌体柱承重的房屋	柱顶有拉结	0.80	楼层、柱两侧相邻墙段
	柱顶无拉结	0.60	楼层、柱两侧相邻墙段

注：不符合的程度超过表内规定时，应采取加固或其他相应措施。

墙段综合抗震能力指数方法适用于实际横墙间距超过刚性体系规定的最大值、有明显扭转效应和易引起局部倒塌的结构构件不符合第一级鉴定要求的房屋，且最弱的楼层综合抗震能力指数小于1.0。墙段综合抗震能力指数应按下式计算：

$$\beta_{cij} = \psi_1 \psi_2 \beta_{ij} \tag{36-4}$$

$$\beta_{ij} = A_{ij} / (A_{bij} \varepsilon_{0i} \lambda) \tag{36-5}$$

式中：β_{cij}——第 i 层第 j 墙段综合抗震能力指数；

$\quad\quad\beta_{ij}$——第 i 层第 j 墙段抗震能力指数；

$\quad\quad A_{ij}$——第 i 层第 j 墙段在 1/2 层高处的净截面面积；

$\quad\quad A_{bij}$——第 i 层第 j 墙段计及楼盖刚度影响的从属面积。

注：考虑扭转效应时，式（36-5）中尚应包括扭转效应系数，其值可按现行国家标准《建筑抗震设计规范》GB 50011 的规定，取该墙段不考虑与考虑扭转时的内力比。

对于房屋的质量和刚度沿高度分布明显不均匀，或 7、8、9 度时房屋的层数分别超过六、五、三层，可按 B 类砌体房屋抗震鉴定的方法进行抗震承载力验算，并可按 A 类砌体楼层综合能力指数方法中的规定估算构造的影响，由综合评定进行第二级鉴定。

（2）混凝土结构

$$\beta = \psi_1 \psi_2 \varepsilon_y \tag{36-6}$$

$$\varepsilon_y = V_y / V_e \tag{36-7}$$

式中：β——平面结构楼层综合抗震能力指数；

$\quad\quad\psi_1$——体系影响系数，当结构体系、梁柱箍筋、轴压比等各项构造均符合现行国家标准《建筑抗震设计规范》GB 50011 的规定时，可取 1.4；当各项构造均符合《建筑抗震鉴定标准》GB 50023 第 6.3 节 B 类建筑的规定时，可取 1.25。当各项构造均符合第一级鉴定的规定时，可取 1.0；当各项构造均符合非抗震设计规定时，可取 0.8；当结构受损伤或发生倾斜但已修复纠正，上述数值尚宜乘以 0.8～1.0；

$\quad\quad\psi_2$——局部影响系数，与承重砌体结构相连的框架，取 0.8～0.95；填充墙等与框架的连接不符合第一级鉴定要求，取 0.7～0.95；抗震墙之间楼盖、屋盖长宽比超过表 36-1 的规定值，可按超过的程度，取 0.6～0.9；

$\quad\quad\varepsilon_y$——楼层屈服强度系数；

$\quad\quad V_y$——楼层现有受剪承载力；

$\quad\quad V_e$——楼层的弹性地震剪力。

2. B 类建筑

（1）砌体结构

B 类现有砌体房屋的抗震分析，可采用底部剪力法，并可按现行国家标准《建筑抗震设计规范》GB 50011 规定只选择从属面积较大或竖向应力较小的墙段进行抗震承载力验算；当抗震措施不满足本标准第 5.3.1～第 5.3.11 条要求时，可按本标准第 5.2 节第二级鉴定的方法综合考虑构造的整体影响和局部影响，其中，当构造柱或芯柱的设置不满足本节的相关规定时，体系影响系数尚应根据不满足程度乘以 0.8～0.95 的系数。当场地处于本标准第 4.1.3 条规定的不利地段时，尚应乘以增大系数 1.1～1.6。

各层层高相当且较规则均匀的 B 类多层砌体房屋，尚可按本标准第 5.2.12～第 5.2.15 条的规定采用楼层综合抗震能力指数的方法进行综合抗震能力验算。其中，公式（5.2.13）中的烈度影响系数，6、7、8、9 度时应分别按 0.7、1.0、2.0 和 4.0 采用，设计基本地震加速度为 $0.15g$ 和 $0.30g$ 时应分别按 1.5 和 3.0 采用。

（2）钢筋混凝土结构

对于 B 类钢筋混凝土结构房屋，应按照现行国家标准《建筑抗震设计规范》GB 50011 的方法进行抗震分析，并进行相应的构件承载力验算。当抗震构造措施不满足 B 类结构相关规定时，可采用 A 类钢筋混凝土结构楼层综合抗震能力指数方法进行计算，并考虑构造的影响进行综合评价。

第37章
结构安全性与可靠性评价

既有建筑结构在使用过程中，不仅需要经常性的管理和维护，而且经过若干年后，还需要及时修缮，才能全面完成其设计所赋予的功能。同时，还有不少的建筑因设计、施工、使用不当而需加固，或因用途变更而需改造，或因使用环境变化而需处理等。要做好这些工作，首先必须对建筑物在安全性、适用性和耐久性方面存在的问题有全面的了解，才能做出安全、合理、经济、可行的方案，而建筑结构的可靠性鉴定所提供的就是对这些问题的正确评价。

结构的可靠性就是结构在规定的时间内（设计使用年限），在规定条件下（正常设计、正常施工、正常使用），完成预定功能的能力。包括结构的安全性、适用性及耐久性。

目前我国既有民用及工业建筑正在使用的鉴定规范为《民用建筑可靠性鉴定标准》GB 50292—2015 及《工业厂房可靠性鉴定标准》GB 50144—2019，对于《工业厂房可靠性鉴定标准》和《民用建筑可靠性鉴定标准》均未包括抗震鉴定要求的内容，对于地震区的结构还应进行抗震鉴定。

《民用建筑可靠性鉴定标准》GB 50292—2015 及《工业厂房可靠性鉴定标准》GB 50144—2019 是在以往相应的规范基础上改进而来的，在既有结构的可靠性评定工作方面起到了积极的作用，特别解决了当时规范更替带来的一些问题。因此，该规范被普遍采纳。目前，该规范完全可以用于既有建筑结构的可靠性评定。

37.1 民用建筑可靠性鉴定的分类和鉴定内容与评级

1. 鉴定分类

民用建筑可靠性鉴定，可分为安全性鉴定和正常使用性鉴定。

（1）在下列情况下，应进行可靠性鉴定：建筑物大修前；建筑物改造或增容、改建或扩建前；建筑物改变用途或使用环境前；建筑物达到设计使用年限拟继续使用时；遭受灾害或事故时；存在较严重的质缺陷或出现较严重的腐蚀、损伤、变形时。

（2）在下列情况下，可仅进行安全性检查或鉴定：各种应急鉴定；国家法规规定的房屋安全性统一检查；临时性房屋需延长使用期限；使用性鉴定中发现安全问题。

（3）在下列情况下，可仅进行使用性检查或鉴定：建筑物使用维护的常规检查；建筑物有较高舒适度要求。

（4）在下列情况下，应进行专项鉴定：结构的维修改造有专门要求时；结构存在耐久性损伤影响其耐久年限时；结构存在明显的振动影响时；结构进行长期监测时。

2. 鉴定程序及其工作内容

民用建筑可靠性鉴定，应按下面的鉴定程序（图 37-1）进行。

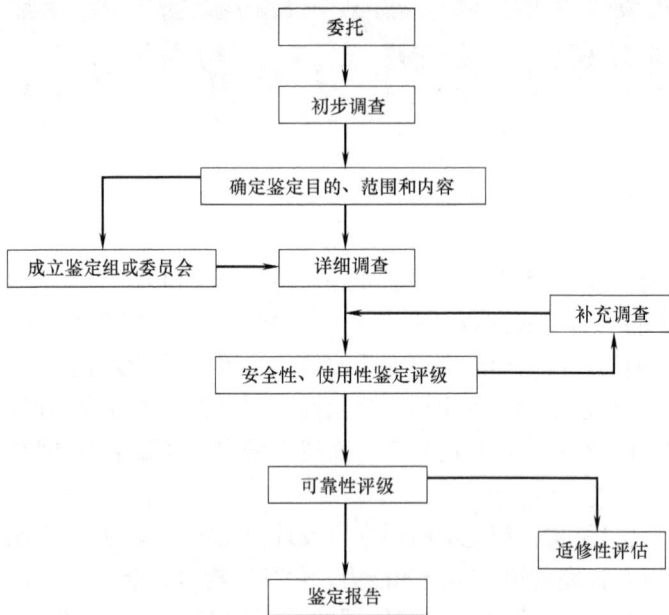

图 37-1　民用建筑可靠性鉴定程序

民用建筑可靠性鉴定评级应按构件、子单元和鉴定单元各分三个层次每一层次分为四个安全性等级和三个使用性等级，并应按表 37-1～表 37-3 的检查项目和步骤，从第一层构件开始，逐层进行：

可靠性鉴定中安全性鉴定评级的层次、等级划分、工作步骤和内容　　　　表 37-1

层次		一	二		三
层名		构件	子单元		鉴定单元
安全性鉴定	等级	a_u、b_u、c_u、d_u	A_u、B_u、C_u、D_u		A_{su}、B_{su}、C_{su}、D_{su}
	地基基础	—	地基变形评级	地基基础评级	鉴定单元安全性评级
			边坡场地稳定性评级		
		按同类材料构件各检查项目评定单个基础等级	地基承载力评级		
	上部承重结构	按承载能力、构造、不适于承载的位移与损伤等检查项目评定单个构件等级	每种构件集评级	上部承重结构评级	
			结构侧向位移评级		
		—	按结构布置、支撑、圈梁、结构间联系等检查项目评定结构整体性等级		
	围护系统承重部分	按上部承重结构检查项目及步骤评定围护系统承重部分各层次安全性等级			

可靠性鉴定中使用性鉴定评级的层次、等级划分、工作步骤和内容　　　表 37-2

层次		一	二		三
层名		构件	子单元		鉴定单元
等级		a_s、b_s、c_s、d_s	A_s、B_s、C_s、D_s		A_{ss}、B_{ss}、C_{ss}、D_{ss}
使用性鉴定	地基基础	—	按上部承重结构和围护系统作状态评估地基基础等级		鉴定单元正常使用性评级
	上部承重结构	按位移、裂缝、风化、锈蚀等检查项目评定单个构件等级	每种构件集评级	上部承重结构评级	
			结构侧向位移评级		
	围护系统承重部分	—	按屋面防水、吊顶、墙、门窗、地下防水及其他防护设施等检查项目评定围护系统功能等级	围护系统评级	
		按上部承重结构检查项目及步骤评定围护系统承重部分各层次安全性等级			

可靠性鉴定评级的层次、等级划分、工作步骤和内容　　　表 37-3

安全性鉴定	等级	a、b、c、d	A、B、C、D	I、II、III、IV
	地基基础	以同层次安全性和正常使用性评定结果并列表达或按规定的原则确定其可靠性等级		鉴定单元可靠性评级
	上部承重结构			
	围护系统承重部分			

注：单个构件的划分应按《民用建筑可靠性鉴定标准》GB 50292—2015 附录 B 划分。

3. 使用性鉴定包括适用性鉴定和耐久性鉴定

鉴定过程为：

（1）根据构件各检查项目评定结果，确定单个构件等级；

（2）应根据子单元各检查项目及各构件集的评定结果，确定子单元等级；

（3）应根据各子单元的评定结果，确定鉴定单元等级。

当仅要求鉴定某层次的安全性或使用性时，检查和评定工作可只进行到该层次相应程序规定的步骤。在民用建筑可靠性鉴定过程中，当发现调查资料不足时，应及时组织补充调查民用建筑适修性评估。

4. 鉴定评级标准

（1）民用建筑安全性鉴定评级的各层次分级标准，应按表 37-4 采用。

民用建筑安全性鉴定分级标准　　　表 37-4

层次	鉴定对象	等级	分级标准	处理要求
一	单个构件或其检查项目	a_u	安全性符合本标准对 a_u 级的规定,具有足够的承载能力	不必采取措施
		b_u	安全性略低于本标准对 a_u 级的规定,尚显著不影响承载能力	可不采取措施
		c_u	安全性不符合本标准对 a_u 级的规定,显著影响承载能力	应采取措施
		d_u	安全性不符合本标准对 a_u 级的规定,已严重影响承载能力	必须及时或立即采取措施

层次	鉴定对象	等级	分级标准	处理要求
二	子单元或子单元中的某种构件集	A_u	安全性符合本标准对 A_u 级的规定,不影响整体承载	可能有个别一般构件应采取措施
		B_u	安全性略低于本标准对 A_u 级的规定,尚不显著影响整体承载	可能有极少数构件应采取措施
		C_u	安全性不符合本标准对 A_u 级的规定,显著影响整体承载	应采取措施,且可能有极少数构件必须立即采取措施
		D_u	安全性极不符合本标准对 A_u 级的规定,严重影响整体承载	必须立即采取措施
三	鉴定单元	A_{su}	安全性符合本标准对 A_{su} 级的规定,不影响整体承载	可能有极少数一般构件应采取措施
		B_{su}	安全性略低于本标准对 A_{su} 级的规定,尚不显著影响整体承载	可能有极少数构件应采取措施
		C_{su}	安全性不符合本标准对 A_{su} 级的规定,显著影响整体承载	应采取措施,且可能有极少数构件必须及时采取措施
		D_{su}	安全性严重不符合本标准对 A_{su} 级的规定,严重影响承载能力	必须立即采取措施

注：1. 对 a_u 级和 A_u 级的具体规定以及对其他各级不符合该规定的允许程度,分别由《民用建筑可靠性鉴定标准》GB 50292—2015 的第5章、第7章及第9章给出;
　　2. 表中关于"不必采取措施"和"可不采取措施"的规定,仅对安全性鉴定而言,不包括使用性鉴定所要求采取的措施。

（2）民用建筑使用性鉴定评级的各层次分级标准，应按表37-5采用。

民用建筑使用性鉴定分级标准　　　　　　　　　　表37-5

层次	鉴定对象	等级	分级标准	处理要求
一	单个构件或其检查项目	a_s	使用性符合本标准对 a_s 级的规定,具有正常的使用功能	不必采取措施
		b_s	使用性略低于本标准对 a_s 级的规定,尚不显著不影响使用功能	可不采取措施
		c_s	使用性不符合本标准对 a_s 级的规定,显著影响使用功能	应采取措施
二	子单元或子单元中的某种构件集	A_s	使用性符合本标准对 A_s 级的规定,不影响整体使用功能	可能有极少数一般构件应采取措施
		B_s	使用性略低于本标准对 A_s 级的规定,尚不显著影响整体使用功能	可能有极少数构件应采取措施
		C_s	使用性不符合本标准对 A_s 级的规定,显著影响整体使用功能	应采取措施
三	鉴定单元	A_{ss}	使用性符合本标准对 A_{ss} 级的规定,不影响整体使用功能	可能有极少数一般构件应采取措施
		B_{ss}	使用性略低于本标准对 A_{ss} 级的规定,尚不显著影响整体使用功能	可能有极少数构件应采取措施
		C_{ss}	使用性不符合本标准对 A_{ss} 级的规定,显著影响整体使用功能	应采取措施

注：1. 对 a_s 级和 A_s 级的具体规定以及对其他各级不符合该规定的允许程度,见《民用建筑可靠性鉴定标准》GB 50292—2015;
　　2. 表中关于"不必采取措施"和"可不采取措施"的规定,仅对使用性鉴定而言,不包括安全性鉴定所要求采取的措施;
　　3. 当仅对耐久性问题进行专项鉴定时,表中"使用性"可直接改称为"耐久性"。

（3）民用建筑可靠性鉴定评级的各层次分级标准，应按表 37-6 采用。

民用建筑可靠性鉴定分级标准 表 37-6

层次	鉴定对象	等级	分级标准	处理要求
一	单个构件	a	可靠性符合本标准对 a 级的规定,具有正常的承载功能和使用功能	不必采取措施
		b	可靠性略低于本标准对 a 级的规定,尚显著不影响使用功能	可不采取措施
		c	可靠性不符合本标准对 a 级的规定,显著影响承载功能和使用功能	应采取措施
		d	可靠性极不符合本标准对 a 级的规定,已严重影响安全	必须及时或立即采取措施
二	子单元或子单元中的某种构件集	A	可靠性符合本标准对 A 级的规定,不影响整体承载功能和使用功能	可能有个别一般构件应采取措施
		B	可靠性略低于本标准对 A 级的规定,但尚不显著影响整体承载功能和使用功能	可能有极少数构件应采取措施
		C	可靠性不符合本标准对 A 级的规定,显著影响整体承载功能和使用功能	应采取措施,且可能有极少数构件必须及时采取措施
		D	可靠性极不符合本标准对 A 级的规定,已严重影响安全	必须及时或立即采取措施
三	鉴定单元	I	可靠性符合本标准对 I 级的规定,不影响整体承载功能和使用功能	可能有极少数一般构件应在安全性或使用性方面采取措施
		II	可靠性略低于本标准对 I 级的规定,尚不显著影响整体承载功能和使用功能	可能有极少数构件应在安全性或使用性方面采取措施
		III	可靠性不符合本标准对 I 级的规定,显著影响整体承载功能和使用功能	应采取措施,且可能有极少数构件必须及时采取措施
		IV	可靠性极不符合本标准对 I 级的规定,已严重影响安全	必须及时或立即采取措施

注：对 a 级和 A 级及 I 级的具体分级界限以及对其他各级超出该界限的允许程度，分别由《民用建筑可靠性鉴定标准》GB 50292—2015 的第 10 章给出。

（4）民用建筑子单元或鉴定单元适修性评定的分级标准应按表 37-7 采用。

民用建筑子单元或鉴定单元适修性评定分级标准 表 37-7

等级	分级标准
A_r	易修,修后功能可达到现行设计标准的规定;所需总费用远低于新建的造价;适修性好,应予修复
B_r	稍难修,但修后尚能恢复或接近恢复原功能;所需总费用不到新建造价的 70%;适修性尚好,宜予修复
C_r	难修,修后需降低使用功能,或限制使用条件,或所需总费用为新建造价 70% 以上;适修性差,是否有保留价值,取决于其重要性和使用要求
D_r	该鉴定对象已严重残损,或修后功能极差,已无利用价值,或所需总费用接近甚至超过新建造价,适修性很差;除文物、历史、艺术及纪念性建筑外,宜予拆除重建

37.2　民用建筑可靠性鉴定的安全性鉴定评级

一、构件的安全性鉴定评级

（一）混凝土结构构件

混凝土结构构件的安全性鉴定，应按承载能力、构造、不适于承载的位移或变形、裂缝或其他损伤等四个检查项目，分别评定每一受检构件的等级，并取其中最低一级作为该构件安全性等级。

1. 承载能力

当按承载能力评定混凝土结构构件的安全性等级时，应按表 37-8 的规定分别评定每一验算项目的等级，并应取其中最低等级作为该构件承载能力的安全性等级。

按承载能力评定的混凝土结构构件安全性等级　　　　　　　　表 37-8

构件类别	安全性等级			
	a_u 级	b_u 级	c_u 级	d_u 级
主要构件及节点、连接	$R/(\gamma_0 S) \geqslant 1.00$	$R/(\gamma_0 S) \geqslant 0.95$	$R/(\gamma_0 S) \geqslant 0.90$	$R/(\gamma_0 S) < 0.90$
一般构件	$R/(\gamma_0 S) \geqslant 1.00$	$R/(\gamma_0 S) \geqslant 0.90$	$R/(\gamma_0 S) \geqslant 0.85$	$R/(\gamma_0 S) < 0.85$

注：表中 R 和 S 分别为结构构件的抗力和效应。γ_0 为结构重要性系数，应按验算所依据的国家现行设计规范选择安全等级，并确定本系数的取值。

2. 构造

当按构造评定混凝土结构构件的安全性等级时，应按表 37-9 的规定分别评定每个检查项目的等级，并应取其中最低等一级作为该构件构造的安全性等级。

按构造评定的混凝土结构构件安全性等级　　　　　　　　表 37-9

序号	检查项目	a_u 级或 b_u 级	c_u 级或 d_u 级
1	结构构造	结构、构件的构造合理,符合国家现行相关规范要求	结构、构件的构造不当,或有明显缺陷,不符合国家现行相关规范要求
2	连接或节点构造	连接方式正确,构造符合国家现行相关规范要求,无缺陷,或仅有局部的表面缺陷,工作无异常	连接方式不当,构造有明显缺陷,已导致焊缝或螺栓等发生变形、滑移、局部拉脱、剪坏或裂缝
3	受力预埋件	构造合理,受力可靠,无变形、滑移、松动或其他损坏	构造有明显缺陷,已导致预埋件发生变形、滑移、松动或其他损坏

3. 位移或变形

当混凝土结构构件的安全性按不适于承载的位移或变形评定时，应符合下列要求：对桁架的挠度，当其实测值大于其计算跨度的 1/400 时，应验算其承载能力，验算时应考虑由位移产生的附加应力的影响；对除桁架外其他混凝土受弯构件不适于承载的变形的评定，应按表 37-10 规定评级。

4. 裂缝或其他损伤

（1）混凝土结构构件不适于承载的裂缝宽度的评定，应按表 37-11 进行评级，并应根据其实际严重程度定为 c_u 级或 d_u 级。

除桁架外其他混凝土受弯构件不适于承载的变形的评定　　表 37-10

检查项目	构件类别		c_u级或d_u级
挠度	主要受弯构件—主梁、托梁等		$>l_0/200$
	一般受弯构件	$l_0\leqslant7m$	$>l_0/120$，或$>47mm$
		$7m<l_0\leqslant9m$	$>l_0/150$，或$>50mm$
		$l_0>9m$	$>l_0/180$
侧向弯曲的矢高	预制屋面梁或深梁		$>l_0/400$

注：1. 表中 l_0 为计算跨度；
　　2. 评定结果取 c_u 级或 d_u 级，应根据其实际严重程度确定。

混凝土结构构件不适于承载的裂缝宽度的评定　　表 37-11

检查项目	环境	构件类别		c_u级或d_u级
受力主筋处的弯曲裂缝、一般弯剪裂缝和受拉裂缝宽度(mm)	室内正常环境	钢筋混凝土	主要构件	>0.50
			一般构件	>0.70
		预应力混凝土	主要构件	$>0.20(0.30)$
			一般构件	$>0.30(0.50)$
	高湿度环境	钢筋混凝土	任何构件	>0.40
		预应力混凝土		$>0.10(0.20)$
剪切裂缝和受压裂缝(mm)	任何环境	钢筋混凝土或预应力混凝土		出现裂缝

注：1. 表中的剪切裂缝系指斜拉裂缝和斜压裂缝；
　　2. 高湿度环境系指露天环境、开敞式房屋易遭飘雨部位、经常受蒸汽或冷凝水作用的场所，以及与土壤直接接触的部件等；
　　3. 表中括号内的限值适用于热轧钢筋配筋的预应力混凝土构件；
　　4. 裂缝宽度以表面测量值为准。

（2）当混凝土结构构件出现下列情况之一的非受力裂缝时，也应视为不适于承载的裂缝，并应根据其实际严重程度定为 c_u 级或 d_u 级：因主筋锈蚀或腐蚀，导致混凝土产生沿主筋方向开裂、保护层脱落或掉角；因温度、收缩等作用产生的裂缝，其宽度已比表 37-11 规定的弯曲裂缝宽度值超过 50%，且分析表明已显著影响结构的受力。

（3）当混凝土结构构件同时存在受力和非受力裂缝时，应分别评定其不适于承载的裂缝宽度等级，并取其中较低一级作为该构件的裂缝等级。

（4）当混凝土结构构件有较大范围损伤时，应根据其实际严重程度直接定为 c_u 级或 d_u 级。

（二）钢结构构件

钢结构构件的安全性鉴定，应按承载能力、构造以及不适于承载的位移或变形等三个检查项目，分别评定每一受检构件等级；钢结构节点、连接域的安全性鉴定，应按承载能力和构造两个检查项目，分别评定每一节点、连接域等级；对冷弯薄壁型钢结构、轻钢结构、钢桩以及地处有腐蚀性介质的工业区，或高湿、临海地区的钢结构，尚应以不适于承载的锈蚀作为检查项目评定其等级；然后取其中最低一级作为该构件的安全性等级。

1. 承载能力

当按承载能力评定钢结构构件的安全性等级时，应按表 37-12 的规定分别评定每一验算项目的等级，并应取其中最低等级作为该构件承载能力的安全性等级。

按承载能力评定的钢结构构件安全性等级　　　　　　表 37-12

构件类别	安全性等级			
	a_u 级	b_u 级	c_u 级	d_u 级
主要构件及节点、连接域	$R/(\gamma_0 S) \geq 1.00$	$R/(\gamma_0 S) \geq 0.95$	$R/(\gamma_0 S) \geq 0.90$	$R/(\gamma_0 S) < 0.90$ 或当构件连接出现脆性断裂、疲劳开裂或局部失稳变形迹象时
一般构件	$R/(\gamma_0 S) \geq 1.00$	$R/(\gamma_0 S) \geq 0.90$	$R/(\gamma_0 S) \geq 0.85$	$R/(\gamma_0 S) < 0.85$ 或当构件连接出现脆性断裂、疲劳开裂或局部失稳变形迹象时

2. 构造

当按构造评定钢结构构件的安全性等级时，应按表 37-13 的规定分别评定每个检查项目的等级，并应取其中最低等级作为该构件构造的安全性等级。

按构造评定的钢结构构件安全性等级　　　　　　表 37-13

检查项目	a_u 级或 b_u 级	c_u 级或 d_u 级
构件构造	构件组成形式、长细比或高跨比、宽厚比或高厚比等符合国家现行相关规范规定；无缺陷，或仅有局部表面缺陷；工作无异常	构件组成形式、长细比或高跨比、宽厚比或高厚比等不符合国家现行相关规范规定；存在明显缺陷，已影响或显著影响正常工作
节点、连接构造	节点构造、连接方式正确，符合国家现行相关规范规定；构造无缺陷或仅有局部的表面缺陷，工作无异常	节点构造、连接方式正确，不符合国家现行相关规范规定；构造有明显缺陷，已影响或显著影响正常工作

3. 位移或变形

当钢结构构件的安全性按不适于承载的位移或变形评定时，应符合下列规定：

（1）对桁架、屋架或托架的挠度，当其实测值大于桁架计算跨度的 1/400 时，应验算其承载能力。验算时，应考虑由于位移产生的附加应力的影响，并按下列原则评级：当验算结果不低于 b_u 级时，仍定为 b_u 级，但宜附加观察使用一段时间的限制；当验算结果低于 b_u 级时，应根据其实际严重程度定为 c_u 级或 d_u 级。

（2）对桁架顶点的侧向位移，当其实测值大于桁架高度的 1/200，且有可能发展时，应定为 c_u 级或 d_u 级。

（3）对其他钢结构受弯构件不适于承载的变形的评定，应按表 37-14 的规定评级。

其他钢结构受弯构件不适于承载的变形的评定　　　　　　表 37-14

检查项目	构件类别			c_u 级或 d_u 级
挠度	主要构件	网架	屋盖的短向	$> l_s/250$，且可能发展
			楼盖的短向	$> l_s/200$，且可能发展
		主梁、托梁		$> l_0/200 d_u$
	一般构件	其他梁		$> l_0/150$
		檩条梁		$> l_0/100$
侧向弯曲的矢高	深梁			$> l_0/400$
	一般实腹梁			$> l_0/350$

注：表中 l_0 为构件计算跨度，l_s 为网架短向计算跨度。

（4）对偏差超限或其他使用原因引起的柱、桁架受压弦杆的弯曲，当弯曲矢高实测值大于柱的自由长度的 1/660 时，应在承载能力的验算中考虑其所引起的附加弯矩的影响，并根据验算结构进行评级。

（5）对钢桁架中有整体弯曲变形，但无明显局部缺陷的双角钢受压腹杆，其整体弯曲变形不大于表 37-15 规定的限值时，其安全性可根据实际完好程度 a_u 级或 b_u 级；当整体弯曲变形已大于该表规定的限值时，应根据实际严重程度评为 c_u 级或 d_u 级。

钢桁架双角钢受压腹杆整体弯曲变形限值   表 37-15

$\sigma = N/\varphi A$	对 a_u 级和 b_u 级压杆的双向弯曲限值			
	方向	弯曲矢高与杆件长度之比		
f	平面外	1/550	1/750	≤1/850	—
	平面内	1/1000	1/900	1/800	—
$0.9f$	平面外	1/350	1/450	1/550	≤1/850
	平面内	1/1000	1/750	1/650	1/500
$0.8f$	平面外	1/250	1/350	1/550	≤1/850
	平面内	1/1000	1/500	1/400	1/350
$o7f$	平面外	1/200	1/250	≤1/300	—
	平面内	1/750	1/450	1/350	—
≤$0.6f$	平面外	1/150	≤1/200	—	—
	平面内	1/400	1/350	—	—

（三）砌体结构构件

砌体结构构件的安全性鉴定，应按承载能力、构造、不适于承载的位移和裂缝或其他损伤等四个检查项目，分别评定每一受检构件等级，并应取其中最低一级作为该构件的安全性等级。

1. 承载能力

当按承载能力评定砌体结构构件的安全性等级时，应按表 37-16 的规定分别评定每一验算项目的等级，并应取其中最低等级作为该构件承载能力的安全性等级。

按承载能力评定的砌体结构构件安全性等级   表 37-16

构件类别	安全性等级			
	a_u 级	b_u 级	c_u 级	d_u 级
主要构件及连接	$R/(\gamma_0 S) \geq 1.00$	$R/(\gamma_0 S) \geq 0.95$	$R/(\gamma_0 S) \geq 0.90$	$R/(\gamma_0 S) < 0.90$
一般构件	$R/(\gamma_0 S) \geq 1.00$	$R/(\gamma_0 S) \geq 0.90$	$R/(\gamma_0 S) \geq 0.85$	$R/(\gamma_0 S) < 0.85$

2. 构造

当按连接及构造评定砌体结构构件的安全性等级时，应按表 37-17 的规定分别评定每个检查项目的等级，并应取其中最低等级作为该构件的安全性等级。

3. 不适于承载的位移和裂缝

当砌体结构构件安全性按不适于承载的位移或变形评定时，应符合下列要求：

（1）对墙、柱的水平位移或倾斜，当其实测值大于表 37-17 所列的限值时，应按下列规定评级：当该位移与整个结构有关时，取与上部承重结构相同的级别作为该墙、柱的水平位移等级；当该位移只是孤立事件时，则应在其承载能力验算中考虑此附加位移的影响；

按连接及构造评定砌体结构构件安全性等级 表 37-17

检查项目	安全性等级	
	a_u 级或 b_u 级	c_u 级或 d_u 级
墙、柱的高厚比	符合国家现行相关规范的规定	不符合国家现行相关规范的规定,且已超过现行国家标准《砌体结构设计规范》GB 50003 规定限值的 10%
连接及构造	连接及砌筑方式正确,构造符合国家现行相关规范规定,无缺陷或仅有局部的表面缺陷,工作无异常	连接及砌筑方式不当,构造有严重缺陷,已导致构件或连接部位开裂、变形、位移、松动,或已造成其他损坏

当验算结果不低于 b_u 级时,仍可定为 b_u 级;当验算结果低于 b_u 级时,应根据其实际严重程度定为 c_u 级或 d_u 级;当该位移尚在发展时,应直接定为 d_u 级。

(2)除带壁柱墙外,对偏差或使用原因造成的其他柱的弯曲,当其矢高实测值大于柱的自由长度的 1/300 时,应在其承载能力验算中计入附加弯矩的影响,并应根据验算结果按上进行评级。

(3)当砌体结构的承重构件出现下列受力裂缝时,应视为不适于承载的裂缝,并应根据其严重程度评为 c_u 级或 d_u 级:桁架、主梁支座下的墙、柱的端部或中部,出现沿块材断裂或贯通的竖向裂缝或斜裂缝;空旷房屋承重外墙的变截面处,出现水平裂缝或沿块材断裂的斜向裂缝;砖砌过梁的跨中或支座出现裂缝;或虽未出现肉眼可见的裂缝,但发现其跨度范围内有集中荷载;筒拱、双曲筒拱、扁壳等的拱面、壳面,出现沿拱顶母线或对角线的裂缝;拱、壳支座附近或支承的墙体上出现沿块材断裂的斜裂缝;其他明显的受压、受弯或受剪裂缝。

(4)当砌体结构、构件出现下列非受力裂缝时,应视为不适于承载的裂缝,并应根据其实际严重程度评为 c_u 级或 d_u 级:纵横墙连接处出现通长的竖向裂缝;承重墙体墙身裂缝严重,且最大裂缝宽度已大于 5mm;独立柱已出现宽度大于 1.5mm 的裂缝,或有断裂、错位迹象;其他显著影响结构整体性的裂缝。

4. 其他损伤

当砌体结构、构件存在可能影响结构安全的损伤时,应根据其严重程度直接定为 c_u 级或 d_u 级。

(四)木结构构件

木结构构件的安全性鉴定,应按承载能力、构造、不适于承载的位移或变形、裂缝以及危险性的腐朽和虫蛀等六个检查项目,分别评定每一受检构件等级,并应取其中最低一级作为该构件的安全性等级。

1. 承载能力

当按承载能力评定木结构构件及其连接的安全性等级时,应按表 37-18 的规定分别评定每一验算项目的等级,并应取其中最低等级作为该构件承载能力的安全性等级。

按承载能力评定木结构构件及其连接安全性等级 表 37-18

构件类别	安全性等级			
	a_u 级	b_u 级	c_u 级	d_u 级
主要构件及连接	$R/(\gamma_0 S) \geqslant 1.00$	$R/(\gamma_0 S) \geqslant 0.95$	$R/(\gamma_0 S) \geqslant 0.90$	$R/(\gamma_0 S) < 0.90$
一般构件	$R/(\gamma_0 S) \geqslant 1.00$	$R/(\gamma_0 S) \geqslant 0.90$	$R/(\gamma_0 S) \geqslant 0.85$	$R/(\gamma_0 S) < 0.85$

2. 构造

当按构造评定木结构构件的安全性等级时，应按表 37-19 的规定分别评定每个检查项目的等级，并应取其中最低等级作为该构件构造的安全性等级。

按构造评定木结构构件安全性等级 表 37-19

检查项目	安全性等级	
	a_u 级或 b_u 级	c_u 级或 d_u 级
构件构造	构件长细比或高跨比、截面高宽比等符合国家现行设计规范的规定；无缺陷、损伤，或仅有局部表面缺陷；工作无异常	构件长细比或高跨比、截面高宽比等不符合国家现行设计规范的规定；存在明显缺陷或损伤；已影响或显著影响正常工作
节点、连接构造	节点、连接方式正确，构造符合国家现行设计规范规定；无缺陷，或仅有局部的表面缺陷；通风良好；工作无异常	节点、连接方式不当，构造有明显缺陷、通风不良，已导致连接松弛变形、滑移、沿剪面开裂或其他损坏

注：构件支承长度检查结果不参加评定，当存在问题时，需在鉴定报告中说明，并提出处理意见。

3. 不适于承载的位移或变形

当木结构构件的安全性按不适于承载的变形评定时，应按表 37-20 的规定评级。

木结构构件的安全性按不适于承载的变形评定 表 37-20

检查项目		c_u 级或 d_u 级
挠度	桁架、屋架、托架	$> l_0/200$
	主梁	$> l_0^2/(3000h)$ 或 $> l_0/150$
	搁栅、檩条	$> l_0^2/(2400h)$ 或 $> l_0^2/120$
	椽条	$> l_0^2/100$，或已劈裂
侧向弯曲的矢高	柱或其他受压构件	$> l_c/200$
	矩形截面梁	$> l_0/150$

注：1. 表中 l_0 为计算跨度，l_c 为柱的无支长度，h 为截面高度；

2. 表中的侧向弯曲，主要是由木材生长原因或干燥、施工不当所引起的；

3. 评定结果取 c_u 级或 d_u 级，应根据其实际严重程度确定。

4. 裂缝

当木结构构件具有下列斜率（ρ）的斜纹理或斜裂缝时，应根据其严重程度定为 c_u 级或 d_u 级：对受拉构件及拉弯构件 $\rho > 10\%$；对受弯构件及偏压构件 $\rho > 15\%$；对受压构件 $\rho > 20\%$。

5. 危险性的腐朽和虫蛀

当木结构构件的安全性按危险性腐朽或虫蛀评定时，应按表 37-21 的规定评级；当封入墙、保护层内的木构件或其连接已受潮时，即使木材尚未腐朽，也应直接定为 c_u 级。

木结构构件的安全性按危险性腐朽或虫蛀评定 表 37-21

检查项目		c_u 级或 d_u 级
表层腐朽	上部承重结构构件	截面上的腐朽面积大于原截面面积的 5%，或按剩余截面验算不合格
	木桩	截面上的腐朽面积大于原截面面积的 10%

续表

检查项目		c_u 级或 d_u 级
心腐	任何构件	有心腐
虫蛀		有新蛀孔；或未见蛀孔，但敲击有空鼓音，或用仪器探测，内有蛀洞

二、子单元的安全性鉴定评级

子单元的安全性鉴定评级应按地基基础、上部承重结构和围护系统的承重部分划分为三个子单元，当不要求评定围护系统可靠性时，可不将围护系统承重部分列为子单元，将其安全性鉴定并入上部承重结构中。当仅要求对某个子单元的安全性进行鉴定时，该子单元与其他相邻子单元之间的交叉部位也应进行检查，并应在鉴定报告中提出处理意见。

（一）地基基础

地基基础子单元的安全性鉴定评级，应根据地基变形或地基承载力的评定结果进行确定。对建在斜坡场地的建筑物，还应按边坡场地稳定性的评定结果进行确定。在鉴定中当发现地下水位或水质有较大变化，或土压力、水压力有显著改变，且可能对建筑物产生不利影响时，应对此类变化所产生的不利影响进行评价，并应提出处理的建议。

地基基础子单元的安全性等级，应按照地基基础和场地的评定结果取其中最低一级确定。

（二）上部承重结构

上部承重结构子单元的安全性鉴定评级，应根据其结构承载功能等级、结构整体性等级以及结构侧向位移等级的评定结果进行确定。评定时可在多、高层房屋的标准层中随机抽取 $\sqrt{m}$ 层为代表层作为评定对象；m 为该鉴定单元房屋的层数；当为 $\sqrt{m}$ 非整数时，应多取一层；对一般单层房屋，宜以原设计的每一计算单元为一区，并应随机抽取 $\sqrt{m}$ 区为代表区作为评定对象。除随机抽取的标准层外，尚应另增底层和顶层，以及高层建筑的转换层和避难层为代表层。代表层构件应包括该层楼板及其下的梁、柱、墙等。

1. 结构承载功能等级

（1）主要构件集安全性等级的评定，可根据该种构件集内每一受检构件的评定结果，按表 37-22 的分级标准评级。

主要构件集安全性等级的评定　　　　　　　　　　　　　　　　表 37-22

等级	多层及高层房屋	单层房屋
A_u	该构件集内，不含 c_u 级和 d_u 级，可含 b_u 级，但含量不多于 25%	该构件集内，不含 c_u 级和 d_u 级，可含 b_u 级，但含量不多于 30%
B_u	该构件集内，不含 d_u 级；可含 c_u 级，但含量不应多于 15%	该构件集内，不含 d_u 级，可含 c_u 级，但含量不应多于 20%
C_u	该构件集内，可含 c_u 级和 d_u 级；若仅含 c_u 级，其含量不应多于 40%；若仅含 d_u 级，其含量不应多于 10%；若同时含有 c_u 级和 d_u 级，c_u 级含量不应多于 25%，d_u 级含量不应多于 3%	该构件集内，可含 c_u 级和 d_u 级；若仅含 c_u 级，其含量不应多于 50%；若仅含 d_u 级，其含量不应多于 15%；若同时含有 c_u 级和 d_u 级，c_u 级含量不应多于 30%，d_u 级含量不应多于 5%
D_u	该构件集内，c_u 级或 d_u 级含量多于 C_u 级的规定数	该构件集内，c_u 级和 d_u 级含量多于 C_u 级的规定数

注：当计算的构件数为非整数时，应多取一根。

（2）一般构件集安全性等级的评定，应按表 37-23 的分级标准评级。

一般构件集安全性等级的评定 表 37-23

等级	多层及高层房屋	单层房屋
A_u	该构件集内，不含 c_u 级和 d_u 级，可含 b_u 级，但含量不应多于 30%	该构件集内，不含 c_u 级和 d_u 级，可含 b_u 级，但含量不应多于 35%
B_u	该构件集内，不含 d_u 级；可含 c_u 级，但含量不应多于 20%	该构件集内，不含 d_u 级；可含 c_u 级，但含量不应多于 25%
C_u	该构件集内，可含 c_u 级和 d_u 级，但 c_u 级含量不应多于 40%，d_u 级含量不应多于 10%	该构件集内，可含 c_u 级和 d_u 级，但 c_u 级含量不应多于 50%，d_u 级含量不应多于 15%
D_u	该构件集内，c_u 级或 d_u 级含量多于 C_u 级的规定数	该构件集内，c_u 级和 d_u 级含量多于 C_u 级的规定数

各代表层（或区）的安全性等级，应按该代表层（或区）中各主要构件集间的最低等级确定。当代表层（或区）中一般构件集的最低等级比主要构件集最低等级低二级或三级时，该代层（或区）所评的安全性等级应降一级或降二级。

上部结构承载功能的安全性等级，可按下列要求确定：

（1）A_u 级，不含 C_u 级和 D_u 级代表层（或区）；可含 B_u 级，但含量不多于 30%；

（2）B_u 级，不含 D_u 级代表层（或区）；可含 C_u 级，但含量不多于 15%；

（3）C_u 级，可含 C_u 级和 D_u 代表层（或区）；当仅含 C_u 级时，其含量不多于 50%；当仅含 D_u 级时，其含量不多于 10%；当同时含有 C_u 级和 D_u 级时，其 C_u 级含量不应多于 25%，D_u 级含量不多于 5%；

（4）D_u 级，其 C_u 级或 D_u 级代表层（或区）的含量多于 C_u 级的规定数。

2. 结构整体性等级

结构整体牢固性等级的评定，可按表 37-24 的规定，先评定其每一检查项目的等级，并应按下列原则确定该结构整体性等级：

（1）当四个检查项目均不低于 B_u 级时，可按占多数的等级确定；

（2）当仅一个检查项目低于 B_u 级时，可根据实际情况定为 B_u 级或 C_u 级；

（3）每个项目评定结果 A_u 级或 B_u 级，应根据其实际完好程度确定；取 C_u 级或 D_u 级，应根据其实际严重程度确定。

结构整体牢固性等级的评定 表 37-24

检查项目	A_u 级或 B_u 级	C_u 级或 D_u 级
结构布置及构造	布置合理，形成完整的体系，且结构选型及传力路线设计正确，符合国家现行设计规范规定	布置不合理，存在薄弱环节，未形成完整的体系；或结构选型、传力路线设计不当，不符合国家现行设计规范规定，或结构产生明显振动
支撑系统或其他抗侧力系统的构造	构件长细比及连接构造符合国家现行设计规范规定，形成完整的支撑系统，无明显残损或施工缺陷，能传递各种侧向作用	构件长细比或连接构造不符合国家现行设计规范规定，未形成完整的支撑系统，或构件连接已失效或有严重缺陷，不能传递各种侧向作用
结构、构件间的联系	设计合理、无疏漏；锚固、拉结、连接方式正确、可靠，无松动变形或其他残损	设计不合理，多处疏漏；或锚固、拉结、连接不当，或已松动变形，或已残损
砌体结构中圈梁的布置与构造	布置正确，截面尺寸、配筋及材料强度等符合国家现行设计规范规定，无裂缝或其他残损，能起闭合系统作用	布置不当，截面尺寸、配筋及材料强度不符合国家现行设计规范规定，已开裂，或有其他残损，或不能起闭合系统作用

3. 结构侧向位移等级

对上部承重结构不适于承载的侧向位移，应根据其检测结果，按下列规定评级：

（1）当检测值已超出表 37-25 界限，且有部分构件出现裂缝、变形或其他局部损坏迹象时，应根据实际严重程度定为 C_u 级或 D_u 级。

（2）当检测值虽已超出表 37-25 界限，但尚未发现上款所述情况时，应进一步进行计入该位移影响的结构内力计算分析，并验算各构件的承载能力，当验算结果均不低于 bu 级时，仍可将该结构定为 B_u 级，但宜附加观察使用一段时间的限制。当构件承载能力的验算结果有低于 B_u 级时，应定为 C_u 级。

（3）对某些构造复杂的砌体结构，当计算分析有困难时，各类结构不适于承载的侧向位移等级的评定可直接按表 37-25 的界限值评级。

各类结构不适于承载的侧向位移等级的评定　　　　表 37-25

检查项目	结构类别			顶点位移	层间位移
				C_u 级或 D_u 级	C_u 级或 D_u 级
结构平面内的侧向位移	混凝土结构或钢结构	单层建筑		$>H/150$	—
		多层建筑		$>H/200$	$>H_i/150$
		高层建筑	框架	$>H/250$ 或 >300mm	$>H_i/150$
			框架剪力墙框架筒体	$>H/300$ 或 >400mm	$>H_i/250$
结构平面内的侧向位移	砌体结构	单层建筑	墙 $H\leqslant7$m	$>H/250$	—
			墙 $H>7$m	$>H/300$	—
			柱 $H\leqslant7$m	$>H/300$	—
			柱 $H>7$m	$>H/330$	—
		多层建筑	墙 $H\leqslant10$m	$>H/300$	$>H_i/300$
			墙 $H>10$m	$>H/330$	
			柱 $H\leqslant10$m	$>H/330$	$>H_i/330$
单层排架平面外侧倾				$>H/350$	—

注：表中 H 为结构顶点高度，H_i 为第 i 层层间高度；墙包括带壁柱墙。

上部承重结构的安全性等级，应根据评定结果，按下列原则确定：

（1）一般情况下，应按上部结构承载功能和结构侧向位移或倾斜的评级结果，取其中较低一级作为上部承重结构（子单元）的安全性等级。

（2）当上部承重结构按上款评为 B_u 级，但当发现各主要构件集所含的 C_u 级构件处于下列情况之一时，宜将所评等级降为 C_u 级：出现 C_u 级构件交汇的节点连接；不止一个 C_u 级存在于人群密集场所或其他破坏后果严重的部位。

（3）当上部承重结构评为 C_u 级，但当发现其主要构件集有下列情况之一时，宜将所评等级降为 D_u 级：多层或高层房屋中，其底层柱集为 C_u 级；多层或高层房屋的底层，或任一空旷层，或框支剪力墙结构的框架层的柱集为 D_u 级；在人群密集场所或其他破坏后果严重部位，出现不止一个 D_u 级构件；任何种类房屋中，有 50% 以上的构件为 C_u 级。

（4）当上部承重结构评为 A_u 级或 B_u 级，而结构整体性等级为 C_u 级或 D_u 级时，应将所评的上部承重结构安全性等级降为 C_u 级。

（5）当上部承重结构在按本条作了调整后仍为 A_u 级或 B_u 级，但当发现被评为 C_u 级或 D_u 级的一般构件集，已被设计成参与支撑系统或其他抗侧力系统工作，或已在抗震加固中，加强了其与主要构件集的锚固时，应将上部承重结构所评的安全性等级降为 C_u 级。

（三）围护系统的承重部分

围护系统承重部分的安全性评级包括：评定构件集的安全性等级，评定围护系统的计算单元或代表层的安全性等级，规定评定围护系统的结构承载功能的安全性等级，评定围护系统承重部分的结构整体性评级。

围护系统承重部分的安全性等级，应根据评定结果，按下列规定确定：

（1）当仅有 A_u 级或 B_u 级时，可按占多数级别确定。

（2）当含有 C_u 级或 D_u 级时，可按下列规定评级：当 C_u 级或 D_u 级属于结构承载功能问题时，可按最低等级确定；当 C_u 级或 D_u 级属于结构整体性问题时，可定为 C_u 级。

（3）围护系统承重部分评定的安全性等级，不应高于上部承重结构的等级。

三、鉴定单元的安全性鉴定评级

民用建筑鉴定单元的安全性鉴定评级，应根据其地基基础、上部承重结构和围护系统承重部分等的安全性等级，以及与整幢建筑有关的其他安全问题进行评定。

鉴定单元的安全性等级，应根据评定结果，按下列要求评级：

（1）一般情况下，应根据地基基础和上部承重结构的评定结果按其中较低等级确定。

（2）当鉴定单元的安全性等级评为 A_u 级或 B_u 级但围护系统承重部分的等级为 C_u 级或 D_u 级时，可根据实际情况将鉴定单元所评等级降低一级或二级，但最后所定的等级不得低于 C_{su} 级。

（3）对建筑物处于有危房的建筑群中，且直接受到其威胁，或者建筑物朝一方向倾斜，且速度开始变快，可直接评为 D_{su} 级。

37.3 民用建筑可靠性鉴定的使用性鉴定评级

一、构件的使用性鉴定评级

单个构件使用性的鉴定评级，应根据其不同的材料种类来评级。

使用性鉴定，应以现场的调查、检测结果为基本依据。

当遇到下列情况之一时，结构的主要构件鉴定，尚应按正常使用极限状态的规定进行计算分析与验算：检测结果需与计算值进行比较；检测只能取得部分数据，需通过计算分析进行鉴定；改变建筑物用途、使用条件或使用要求。

对被鉴定的结构构件进行计算和验算，尚应符合下列要求：对构件材料的弹性模量、剪变模量和泊松比等物理性能指标，可根据鉴定确认的材料品种和强度等级，采用国家现行设计规范规定的数值；验算结果应按国家现行标准规定的限值进行评级。当验算合格时，可根据其实际完好程度评为 a_s 级或 b_s 级；当验算不合格时，应定为 c_s 级；当验算结果与观察不符时，应进一步检查设计和施工方面可能存在的差错。

当同时符合下列条件时，构件的使用性等级，可根据实际工作情况直接评为 a_s 级或 b_s

级；经详细检查未发现构件有明显的变形、缺陷、损伤、腐蚀，也没有累积损伤问题；经过长时间的使用，构件状态仍然良好或基本良好，能够满足下一目标使用年限内的正常使用要求；在下一目标使用年限内，构件上的作用和环境条件与过去相比不会发生显著变化。

（一）混凝土结构构件

应按位移或变形、裂缝、缺陷和损伤等三个检查项目，分别评定每一受检构件的等级，并取其中最低一级作为该构件使用性等级。

1. 位移或变形

（1）当混凝土桁架和其他受弯构件的使用性按其挠度检测结果评定时，应按下列规定评级：当检测值小于计算值及国家现行设计规范限值时，可评为 a_s 级；当检测值大于或等于计算值，但不大于国家现行设计规范限值时，可评为 b_s 级；当检测值大于国家现行设计规范限值时，应评为 c_s 级。

（2）当混凝土柱的使用性需要按其柱顶水平位移或倾斜检测结果评定时，应按下列要求评级：当该位移的出现与整个结构有关时，取与上部承重结构相同的级别作为该柱的水平位移等级；当该位移的出现只是孤立事件时，可根据其检测结果直接评级。

2. 裂缝

当混凝土结构构件的使用性按其裂缝宽度检测结果评定时，应符合下列要求：

（1）当有计算值时：当检测值小于计算值及国家现行设计规范限值时，可评为 a_s 级；当检测值大于或等于计算值，但不大于国家现行设计规范限值时，可评为 b_s 级；当检测值大于国家现行设计规范限值时，应评为 c_s 级。

（2）当无计算值时，构件裂缝宽度等级的评定应按表 37-26 或表 37-27 的规定评级。

钢筋混凝土构件裂缝宽度等级的评定　　　　　　　　表 37-26

检查项目	环境类别和作用等级	构件种类		裂缝评定标准		
				a_s 级	b_s 级	c_s 级
受力主筋处的弯曲裂缝或弯剪裂缝宽度（mm）	I-A	主要构件	屋架、托架	≤0.15	≤0.20	>0.20
			主梁、托梁	≤0.20	≤0.30	>0.30
		一般构件		≤0.25	≤0.40	>0.40
	I-B、I-C	任何构件		≤0.15	≤0.20	>0.20
	II	任何构件		≤0.10	≤0.15	>0.15
	III、IV	任何构件		无肉眼可见的裂缝	≤0.10	>0.10

预应力混凝土构件裂缝宽度等级的评定　　　　　　　　表 37-27

检查项目	环境类别和作用等级	构件种类	裂缝评定标准		
			a_s 级	b_s 级	c_s 级
受力主筋处的弯曲裂缝或弯剪裂缝宽度（mm）	I-A	主要构件	无裂缝（≤0.05）	≤0.05（≤0.10）	>0.05（>0.10）
		一般构件	≤0.02（≤0.15）	≤0.10（≤0.25）	>0.10（>0.25）
	I-B、I-C	任何构件	无裂缝	≤0.02（≤0.05）	>0.02（>0.05）
	II、III、IV	任何构件	无裂缝	无裂缝	有裂缝

注：1. 表中括号内限值仅适用于采用热轧钢筋配筋的预应力混凝土构件；

2. 当构件无裂缝时，评定结果取 a_s 或 b_s 级，可根据其混凝土外观质量的完好程度判定；

3. 对沿主筋方向出现的锈迹或细裂缝，应直接评为 c_s 级；

4. 当一根构件同时出现两种或以上的裂缝，应分别评级，并应取其中最低一级作为该构件的裂缝等级。

3. 缺陷和损伤

混凝土构件的缺陷和损伤等级的评定应按表 37-28 的规定评级。

混凝土构件的缺陷和损伤等级的评定　　　　　　　　　表 37-28

检查项目	a_s 级	b_s 级	c_s 级
缺陷	无明显缺陷	局部有缺陷,但缺陷深度小于钢筋保护层厚度	有较大范围的缺陷,或局部的严重缺陷,且缺陷深度大于钢筋保护层厚度
钢筋锈蚀损伤	无锈蚀现象	探测表明有可能锈蚀	已出现沿主筋方向的锈蚀裂缝,或明显的锈迹
混凝土腐蚀损伤	无腐蚀损伤	表面有轻度腐蚀损伤	有明显腐蚀损伤

(二) 钢结构构件

钢结构构件的使用性鉴定,应按位移或变形、缺陷和锈蚀或腐蚀等三个检查项目,分别评定每一受检构件等级,并以其中最低一级作为该构件的使用性等级;对钢结构受拉构件,除应按以上三个检查项目评级外,尚应以长细比作为检查项目参与上述评级。

1. 位移或变形

(1) 当钢桁架和其他受弯构件的使用性按其挠度检测结果评定时,应按下列评级:当检测值小于计算值及国家现行设计规范限值时,可评为 a_s 级;当检测值大于或等于计算值,但不大于国家现行设计规范限值时,可评为 b_s 级;当检测值大于国家现行设计规范限值时,可评为 c_s 级;在一般构件的鉴定中,对检测值小于国家现行设计规范限值的情况,可直接根据其完好程度定为 a_s 级或 b_s 级。

(2) 当钢柱的使用性按其柱顶水平位移(或倾斜)检测结果评定时,应按下列原则评级:当该位移的出现与整个结构有关时,取与上部承重结构相同的级别作为该柱的水平位移等级;当该位移的出现只是孤立事件时,可根据其检测结果直接评级,评级所需的位移限值,可按表 37-29 所列的层间位移限值确定。

2. 缺陷和锈蚀

当钢结构构件的使用性按缺陷和损伤的检测结果评定时,应按表 37-29 的规定评级。

钢结构构件的使用性按缺陷和损伤的检测结果评定　　　　　表 37-29

检查项目	a_s 级	b_s 级	c_s 级
桁架、屋架不垂直度	不大于桁架高度的 1/250,且不大于 15mm	略大于 a_s 级允许值,尚不影响使用	大于 a_s 级允许值,已影响使用
受压构件平面内的弯曲矢高	不大于构件自由长度的 1/1000,且不大于 10mm	不大于构件自由长度的 1/660	大于构件自由长度的 1/660
实腹梁侧向弯曲矢高	不大于构件计算跨度的 1/660	不大于构件跨度 1/500	大于构件跨度的 1/500
其他缺陷或损伤	无明显缺陷或损伤	局部有表面缺陷或损伤,尚不影响正常使用	有较大范围缺陷或损伤,且已影响正常使用

对钢索构件,当索的外包裹防护层有损伤性缺陷时,应根据其影响正常使用的程度评为 b_s 级或 c_s 级。

3. 长细比

当钢结构受拉构件的使用性按长细比的检测结果评定时，应按表 37-30 的规定评级。

钢结构受拉构件的使用性按长细比的检测结果评定　　　　表 37-30

构件类别		a_s 级或 b_s 级	c_s 级
重要受拉构件	桁架拉杆	≤350	>350
	网架支座附近处拉杆	≤300	>300
一般受拉构件		≤400	>400

注：1. 评定结果取 a_s 级或 b_s 级，可根据其实际完好程度确定；
　　2. 当钢结构受拉构件的长细比虽略大于 b_s 级的限值，但当该构件的下垂矢高尚不影响其正常使用时，仍可定为 b_s 级；
　　3. 张紧的圆钢拉杆的长细比不受本表限制。

（三）砌体结构构件

砌体结构构件的使用性鉴定，应按位移、非受力裂缝、腐蚀等三个检查项目，分别评定每一受检构件等级，并取其中最低一级作为该构件的安全性等级。

1. 位移

当砌体墙、柱的使用性按其顶点水平位移或倾斜的检测结果评定时，应按下列原则评级：当该位移与整个结构有关时，取与上部承重结构相同的级别作为该构件的水平位移等级；当该位移只是孤立事件时，则可根据其检测结果直接评级。评级所需的位移限值，可按表 37-31 所列的层间位移限值乘以 1.1 的系数确定；构造合理的组合砌体墙、柱应按混凝土墙、柱评定。

2. 非受力裂缝

当砌体结构构件的使用性按非受力裂缝检测结果评定时，应按表 37-31 的规定评级。

砌体结构构件的使用性按非受力裂缝检测结果评定　　　　表 37-31

检查项目	构件类别	a_s 级	b_s 级	c_s 级
非受力裂缝宽度（mm）	墙及带壁柱墙	无肉眼可见裂缝	≤1.5	>1.5
	柱	无肉眼可见裂缝	无肉眼可见裂缝	出现肉眼裂缝

注：对无可见裂缝的柱，取 a_s 级或 b_s 级，可根据其实际完好程度确定。

3. 腐蚀

当砌体结构构件的使用性按其腐蚀，包括风化和粉化的检测结果评定时，砌体结构构件腐蚀等级的评定应按表 37-32 的规定评级。

砌体结构构件腐蚀等级的评定　　　　表 37-32

检查部位		a_s 级	b_s 级	c_s 级
块材	实心砖	无腐蚀现象	小范围出现腐蚀现象，最大腐蚀深度不大于 6mm，且无发展趋势	较大范围出现腐蚀现象或最大腐蚀深度大于 6mm，或腐蚀有发展趋势
	多孔砖空心砖小砌块		小范围出现腐蚀现象，最大腐蚀深度不大于 3mm，且无发展趋势	较大范围出现腐蚀现象或最大腐蚀深度大于 3mm，或腐蚀有发展趋势

续表

检查部位	a_s 级	b_s 级	c_s 级
砂浆层	无腐蚀现象	小范围出现腐蚀现象,最大腐蚀深度不大于 10mm,且无发展趋势	较大范围出现腐蚀现象或最大腐蚀深度大于 10mm,或腐蚀有发展趋势
砌体内部钢筋	无锈蚀现象	有锈蚀可能或有轻微锈蚀现象	明显锈蚀或锈蚀有发展趋势

(四) 木结构构件

木结构构件的使用性鉴定,应按位移、干缩裂缝和初期腐朽等三个检查项目的检测结果,分别评定每一受检构件等级,并取其中最低一级作为该构件的安全性等级。

1. 位移

当木结构构件的使用性按挠度检测结果评定时,应按表 37-33 的规定评级。

木结构构件的使用性按挠度检测结果评定　　　　表 37-33

构件类别		a_s 级	b_s 级	c_s 级
桁架、屋架、托架		$\leqslant l_0/500$	$\leqslant l_0/400$	$>l_0/400$
檩条	$l_0\leqslant 3.3m$	$\leqslant l_0/250$	$\leqslant l_0/200$	$>l_0/200$
	$l_0>3.3m$	$\leqslant l_0/300$	$\leqslant l_0/250$	$>l_0/250$
椽条		$\leqslant l_0/200$	$\leqslant l_0/150$	$>l_0/150$
吊顶中的受弯构件	抹灰吊顶	$\leqslant l_0/360$	$\leqslant l_0/300$	$>l_0/300$
	其他吊顶	$\leqslant l_0/250$	$\leqslant l_0/200$	$>l_0/200$
楼盖梁、格栅		$\leqslant l_0/300$	$\leqslant l_0/250$	$>l_0/250$

注:表中 l_0 为构件计算跨度实测值。

2. 干缩裂缝

当木结构构件的使用性按干缩裂缝检测结果评定时,应按表 37-34 的规定评级;当无特殊要求时,原有的干缩裂缝可不参与评级,但应在鉴定报告中提出嵌缝处理的建议。

木结构构件的使用性按干缩裂缝检测结果评定　　　　表 37-34

检查项目	构件类别		a 级	b 级	c 级
干缩裂缝深度 (t)	受拉构件	板材	无裂缝	$t\leqslant b/6$	$t>b/6$
		方材	可有微裂	$t\leqslant b/4$	$t>b/4$
	受弯或受压构件	板材	无裂缝	$t\leqslant b/5$	$t>b/5$
		方材	可有微裂	$t\leqslant b/3$	$t>b/3$

注:表中 b 为沿裂缝深度方向的构件截面尺寸。

3. 初期腐朽

在湿度正常、通风良好的室内环境中,对无腐朽迹象的木结构构件,可根据其外观质量状况评为 a_s 级或 b_s 级;对有腐朽迹象的木结构构件,应评为 c_s 级;但当能判定其腐朽已停止发展时,仍可评为 b_s 级。

二、子单元的使用性鉴定评级

民用建筑使用性的第二层次子单元鉴定评级,应按地基基础、上部承重结构和围护系统划分为三个子单元，并应分别进行评定，当仅要求对某个子单元的使用性进行鉴定时，该子单元与其他相邻子单元之间的交叉部位，也应进行检查。当发现存在使用性问题时，应在鉴定报告中提出处理意见。

（一）地基基础

地基基础的使用性，可根据其上部承重结构或围护系统的工作状态进行评定。

当评定地基基础的使用性等级时，应按下列要求评级：

（1）当上部承重结构和围护系统的使用性检查未发现问题，或所发现问题与地基基础无关时，可根据实际情况定为 A_s 级或 B_s 级。

（2）当上部承重结构和围护系统所发现的问题与地基基础有关时，可根据上部承重结构和围护系统所评的等级，取其中较低一级作为地基基础使用性等级。

（二）上部承重结构

上部承重结构子单元的使用性鉴定评级，应根据其所含各种构件集的使用性等级和结构的侧向位移等级进行评定。当建筑物的使用要求对振动有限制时，还应评估振动的影响。

当评定一种构件集的使用性等级时，应按下列要求评级：对单层房屋，应以计算单元中每种构件集为评定对象；对多层和高层房屋，应随机抽取若干层为代表层进行评定。代表层的层数，应按 $\sqrt{m}$ 确定，m 为该鉴定单元的层数；当 $\sqrt{m}$ 引为非整数时，应多取一层；随机抽取的 $\sqrt{m}$ 层中，当未包括底层、顶层和转换层时，应另增这些层为代表层。

在计算单元或代表层中，评定一种构件集的使用性等级时，应根据该层该种构件中每一受检构件的评定结果，按下列规定评级：

（1）A_s 级，该构件集内，不含 c_s 级构件，可含 b_s 级构件，但含量不多于 35%；

（2）B_s 级，该构件集内，可含 c_s 级构件，但含量不多于 25%；

（3）C_s 级，该构件集内，c_s 级含量多于 B_s 级的规定数；

（4）对每种构件集的评级，在确定各级百分比含量的限值时，应对主要构件集取下限，对一般构件集取偏上限或上限，但应在检测前确定所采用的限值。

上部结构使用功能的等级，应根据计算单元或代表层所评的等级，按下列要求进行确定：

（1）A_s 级，不含 C_s 级的计算单元或代表层；可含 B_s 级，但含量不多于 30%；

（2）B_s 级，可含 C_s 级的计算单元或代表层，但含量不多于 20%；

（3）C_s 级，在该计算单元或代表层中，C_s 级含量多于 B_s 级的规定值。

当上部承重结构的使用性需考虑侧向位移的影响时，可采用检测或计算分析的方法进行鉴定，应按下列要求进行评级：

（1）对检测取得的主要由综合因素引起的侧向位移值，应按表 37-11 结构侧向位移限制等级的规定评定每一测点的等级，并应按下列原则分别确定结构顶点和层间的位移等级：对结构顶点，应按各测点中占多数的等级确定；对层间，应按各测点最低的等级确定；根据以上两项评定结果，应取其中较低等级作为上部承重结构侧向位移使用性等级。

（2）当检测有困难时，应在现场取得与结构有关参数的基础上，采用计算分析方法进行鉴定。当计算的侧向位移不超过表 37-35 中 B_s 级界限时，可根据该上部承重结构的完好程度评为 A_s 级或 B_s 级。当计算的侧向位移值已超出表 37-35 中 B_s 级的界限时，应定为 C_s 级。

结构的侧向位移限值　　　　表 37-35

检查项目	结构类别		位移限值		
			A_s 级	B_s 级	C_s 级
钢筋混凝土结构或钢结构的侧向位移	多层框架	层间	$\leqslant H_i/500$	$\leqslant H_i/400$	$>H_i/400$
		结构顶点	$\leqslant H/600$	$\leqslant H/500$	$>H/500$
	高层框架	层间	$\leqslant H_i/600$	$\leqslant H_i/500$	$>H_i/500$
		结构顶点	$\leqslant H/700$	$\leqslant H/600$	$>H/600$
	框架-剪力墙框架-筒体	层间	$\leqslant H_i/800$	$\leqslant H_i/700$	$>H_i/700$
		结构顶点	$\leqslant H/900$	$\leqslant H/800$	$>H/800$
	筒中筒剪力墙	层间	$\leqslant H_i/950$	$\leqslant H_i/850$	$>H_i/850$
		结构顶点	$\leqslant H/1100$	$\leqslant H/900$	$>H/900$
砌体结构侧向位移	以墙承重的多层房屋	层间	$\leqslant H_i/550$	$\leqslant H_i/450$	$>H_i/450$
		结构顶点	$\leqslant H/650$	$\leqslant H/550$	$>H/550$
	以柱承重的多层房屋	层间	$\leqslant H_i/600$	$\leqslant H_i/500$	$>H_i/500$
		结构顶点	$\leqslant H/700$	$\leqslant H/600$	$>H/600$

注：表中 H 为结构顶点高度，H_i 为第 i 层的层间高度。

上部承重结构的使用性等级，应按上部结构使用功能和结构侧移所评等级，并应取其中较低等级作为其使用性等级。

当考虑建筑物所受的振动作用可能对人的生理、仪器设备的正常工作、结构的正常使用产生不利影响时，可进行振动对上部结构影响的使用性鉴定。当评定结果不合格时，应对所评等级进行修正：

当遇到下列情况之一时，应直接将该上部结构使用性等级定为 C 级：在楼层中，其楼面振动已使室内精密仪器不能正常工作，或已明显引起人体不适感；在高层建筑的顶部几层，其风振效应已使用户感到不安；振动引起的非结构构件或装饰层的开裂或其他损坏，已可通过目测判定。

（三）围护系统

围护系统（子单元）的使用性鉴定评级，应根据该系统的使用功能及其承重部分的使用性等级进行评定。

当对围护系统使用功能等级评定时，应按表 37-36 规定的检查项目及其评定标准逐项评级，并应按下列原则确定围护系统的使用功能等级：一般情况下，可取其中最低等级作为围护系统的使用功能等级；当鉴定的房屋对表中各检查项目的要求有主次之分时，取主要项目中的最低等级作为围护系统使用功能等级；当按上款主要项目所评的等级为 A_s 级或 B_s 级，但有多于一个次要项目为 C_s 级时，应将围护系统所评等级降为 C_s 级。

围护系统使用功能等级评定　　　　表 37-36

检查项目	A_s 级	B_s 级	C_s 级
屋面防水	防水构造及排水设施完好，无老化、渗漏及排水不畅的迹象	构造、设施基本完好，或略有老化迹象，但尚不渗漏及积水	构造、设施不当或已损坏，或有渗漏，或积水

检查项目	A_s 级	B_s 级	C_s 级
吊顶	构造合理，外观完好，建筑功能符合设计要求	构造稍有缺陷，或有轻微变形或裂纹，或建筑功能略低于设计要求	构造不当或已损坏，或建筑功能不符合设计要求，或出现有碍外观的下垂
非承重内墙	构造合理，与主体结构有可靠联系，无可见变形，面层完好，建筑功能符合设计要求	略低于 A_s 级要求，但尚不显著影响其使用功能	已开裂、变形，或已破损，或使用功能不符合设计要求
外墙	墙体及其面层外观完好，无开裂、变形；墙脚无潮湿迹象；墙厚符合节能要求	略低于 A_s 级要求，但尚不显著影响其使用功能	不符合 A_s 级要求，且已显著影响其使用功能
门窗	外观完好，密封性符合设计要求，无剪切变形迹象，开闭或推动自如	略低于 A_s 级要求，但尚不显著影响其使用功能	门窗构件或其连接已损坏，或密封性差，或有剪切变形，已显著影响其使用功能
地下防水	完好，且防水功能符合设计要求	基本完好，局部可能有潮湿迹象，但尚不渗漏	有不同程度损坏或有渗漏
其他防护设施	完好，且防护功能符合设计要求	有轻微缺陷，但尚不显著影响其防护功能	有损坏，或防护功能不符合设计要求

当评定围护系统承重部分的使用性时，应评定其每种构件的等级，并应取其中最低等级作为该系统承重部分使用性等级，围护系统的使用性等级，应根据其使用功能和承重部分使用性的评定结果，按较低的等级确定。对围护系统使用功能有特殊要求的建筑物，尚应按国家现行标准进行评定。

三、鉴定单元的使用性鉴定评级

民用建筑鉴定单元的使用性鉴定评级，应根据地基基础、上部承重结构和围护系统的使用性等级，以及与整幢建筑有关的其他使用功能问题进行评定。鉴定单元的使用性等级，应按三个子单元中最低的等级确定。当鉴定单元的使用性等级评为 A_{ss} 级或 B_{ss} 级，但房屋内外装修已大部分老化或残损，房屋管道、设备已需全部更新时宜将所评等级降为 C_{ss} 级。

37.4　民用建筑可靠性评级及适修性评估

（一）民用建筑可靠性评级

民用建筑的可靠性鉴定，应按层次，以其安全性和使用性的鉴定结果为依据逐层进行。当不要求给出可靠性等级时，民用建筑各层次的可靠性，宜采取直接列出其安全性等级和使用性等级的形式予以表示。当需要给出民用建筑各层次的可靠性等级时，应根据其安全性和正常使用性的评定结果，按下列原则确定：当该层次安全性等级低于 b_u 级、B_u 级或 B_{su} 级时，应按安全性等级确定；除上款情形外，可按安全性等级和正常使用性等级中较低的一个等级确定；当考虑鉴定对象的重要性或特殊性时，可对评定结果作不大于一级的调整。

（二）民用建筑适修性评估

在民用建筑可靠性鉴定中，当委托方要求对 C_{su} 级和 D_{su} 级鉴定单元，或 C_u 级和 D_u

级子单元的处理提出建议时，宜对其适修性进行评估。适修性评估应按下列规定提出具体建议：对评为 A_r、B_r 鉴定单元和子单元，应予以修缮或修复使用；对评为 C_r 的鉴定单元和子单元，应分别做出修复与拆换两方案，经技术、经济评估后再作选择；对评为 C_{su}-D_r、D_{su}-D_r 和 C_u-D_r 的鉴定单元和子单元，宜考虑拆换或重建；对有文物、历史、艺术价值或有纪念意义的建筑物，不应进行适修性评估，而应予以修复或保存。

37.5　工业建筑可靠性鉴定的分类和鉴定内容与评级

工业建筑可靠性鉴定，可分为安全性鉴定和使用性鉴定。

工业建筑在下列情况下，应进行可靠性鉴定：达到设计使用年限拟继续使用时；使用用途或环境改变时；进行结构改造或扩建时；遭受灾害或事故后；存在较严重的质量缺陷或者出现较严重的腐蚀、损伤、变形时。

工业建筑在下列情况下，宜进行可靠性鉴定：使用维护中需要进行常规检测鉴定时；需要进行较大规模维修时；其他需要掌握结构可靠性水平时。

工业建筑在下列情况下，可进行专项鉴定：结构进行维修改造有专门要求时；结构存在耐久性损伤影响其耐久年限时；结构存在疲劳问题影响其疲劳寿命时；结构存在明显振动影响时；结构需要进行长期监测时。

工业建筑在下列情况下，可仅进行安全性鉴定：各种应急鉴定；国家法规规定的安全性鉴定；临时性建筑需延长使用期限。

一、鉴定程序及其工作内容

工业建筑可靠性鉴定，宜按规定的程序（图 37-2）进行。

鉴定的目的、范围和内容，应由委托方提出，并应与鉴定方协商后确定。初步调查的内容、鉴定方案、详细调查的内容等可依据《工业建筑可靠性鉴定标准》GB 50144—2019 的规定进行。可靠性分析应根据详细调查和检测结果，对建筑的结构构件、结构系统、鉴定单元进行结构分析与验算、评定。可靠性鉴定过程中发现调查检测资料不足时，应及时进行补充调查、检测。

可靠性鉴定评级应符合下列要求：

（1）可靠性鉴定评级宜划分为构件、结构系统、鉴定单元三个层次，单个构件应按《工业建筑可靠性鉴定标准》GB 50144—2019 附录 A 划分；

（2）可靠性鉴定应按表 37-37 进行评级，安全性分为四级，使用性分为三级，可靠性分为四级；

图 37-2　工业建筑可靠性鉴定程序

（3）结构系统和构件的鉴定评级应包括安全性和使用性，也可根据需要综合评定其可靠性等级；

（4）可根据需要评定鉴定单元的可靠性等级，也可直接评定其安全性或使用性等级。

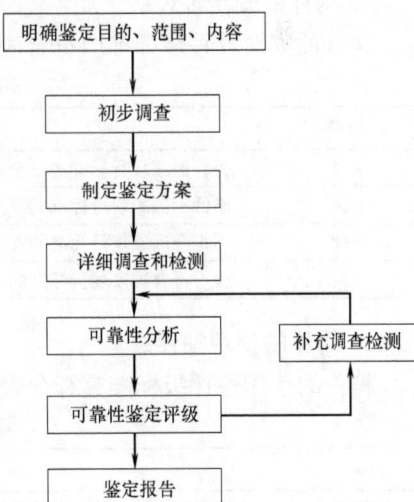

工业建筑可靠性鉴定评级的层次、等级划分及项目内容 　　　表 37-37

层次	I	II			III
层名	鉴定单元	结构系统			构件
可靠性鉴定	一、二、三、四		A、B、C、D		a、b、c、d
		安全性评定	地基基础	地基变形斜坡稳定性	承载能力构造和连接
				承载功能	
			上部承重	整体性	
				承载功能	
			围护结构	承载功能构造连接	
	建筑物整体或某一区段		A、B、C		a、b、c
		使用性评定	地基基础	影响上部结构正常使用的地基变形	变形或偏差裂缝缺陷和损伤腐蚀老化
			上部承重结构	使用状况使用功能	
				位移或变形	
			围护系统	使用状况使用功能	

注：1. 工业建筑结构整体或局部有明显不利影响的振动、耐久性损伤、腐蚀、变形时，应考虑其对上部承重结构安全性、使用性的影响进行评定；
　　2. 构筑物由于结构形式多样，其特殊功能结构系统可靠性评定应按《工业建筑可靠性鉴定标准》GB 50144—2019 第9章的规定进行，但应符合本表的评级层次和分级原则。

二、鉴定评级标准

1. 构件的安全性评级

构件的安全性评级标准应符合表 37-38 的规定。

构件的安全性评级标准 　　　表 37-38

级别	分级标准	是否采取措施
a 级	符合国家现行标准的安全性要求，安全	不必采取措施
b 级	略低于国家现行标准的安全性要求，不影响安全	可不采取措施
c 级	不符合国家现行标准的安全性要求，影响安全	应采取措施
d 级	极不符合国家现行标准的安全性要求，已严重影响安全	必须立即采取措施

2. 构件的使用性评级

构件的使用性评级标准应符合表 37-39 的规定。

构件的使用性评级标准 　　　表 37-39

级别	分级标准	是否采取措施
a 级	符合国家现行标准的正常使用要求，在目标使用年限内能正常使用	不必采取措施
b 级	略低于国家现行标准的正常使用要求，在目标使用年限内尚不明显影响正常使用	可不采取措施
c 级	不符合国家现行标准的正常使用要求，在目标使用年限内明显影响正常使用	应采取措施

3. 构件的可靠性评级

构件的可靠性评级标准应符合表 37-40 的规定。

构件的可靠性评级标准 表 37-40

级别	分级标准	是否采取措施
a 级	符合国家现行标准的可靠性要求,安全适用	不必采取措施
b 级	略低于国家现行标准的可靠性要求,能安全适用	可不采取措施
c 级	不符合国家现行标准的可靠性要求,影响安全,或影响正常使用	应采取措施
d 级	极不符合国家现行标准的可靠性要求,已严重影响安全	必须立即采取措施

4. 结构系统的安全性评级

结构系统的安全性评级标准应符合表 37-41 的规定。

结构系统的安全性评级标准 表 37-41

级别	分级标准	是否采取措施
A 级	符合国家现行标准的安全性要求．不影响整体安全	不必采取措施或有个别次要构件宜采取适当措施
B 级	略低于国家现行标准的安全性要求．尚不明显影响整体安全	可不采取措施或有极少数构件应采取措施
C 级	不符合国家现行标准的安全性要求,影响整体安全	应采取措施或有极少数构件应立即采取措施
D 级	极不符合国家现行标准的安全性要求,已严重影响整体安全	必须立即采取措施

5. 结构系统的使用性评级

结构系统的使用性评级标准应符合表 37-42 的规定。

结构系统的使用性评级标准 表 37-42

级别	分级标准	是否采取措施
A 级	符合国家现行标准的正常使用要求,在目标使用年限内不影响整体正常使用	不必采取措施或有个别次要构件宜采取适当措施
B 级	略低于国家现行标准的正常使用要求,在目标使用年限内尚不明显影响整体正常使用	可能有少数构件应采取措施
C 级	不符合国家现行标准的正常使用要求,在目标使用年限内明显影响整体正常使用	应采取措施

6. 结构系统的可靠性评级

结构系统的可靠性评级标准应符合表 37-43 的规定。

结构系统的可靠性评级标准 表 37-43

级别	分级标准	是否采取措施
A 级	符合国家现行标准的可靠性要求,不影响整体安全,可正常使用	不必采取措施或有个别次要构件宜采取适当措施
B 级	略低于国家现行标准的可靠性要求,尚不明显影响整体安全,不影响正常使用	可不采取措施或有极少数构件应采取措施
C 级	不符合国家现行标准的可靠性要求,或影响整体安全,或影响正常使用	应采取措施,或有极少数构件应立即采取措施
D 级	极不符合国家现行标准的可靠性要求,已严重影响整体安全,不能正常使用	必须立即采取措施

7. 鉴定单元的可靠性鉴定评级

（1）鉴定单元的安全性评级标准应符合表 37-44 的规定。

鉴定单元的安全性评级标准　　　　　　　　　　　　　　　　表 37-44

级别	分级标准	是否采取措施
一级	符合国家现行标准的安全性要求，不影响整体安全	可不采取措施或有极少数次要构件宜采取适当措施
二级	略低于国家现行标准的安全性要求，尚不明显影响整体安全	可有极少数构件应采取措施
三级	不符合国家现行标准的安全性要求，影响整体安全	应采取措施，可能有极少数构件应立即采取措施
四级	极不符合国家现行标准的安全性要求，已严重影响整体安全	必须立即采取措施

（2）鉴定单元的使用性评级标准应符合表 37-45 的规定。

鉴定单元的使用性评级标准　　　　　　　　　　　　　　　　表 37-45

级别	分级标准	是否采取措施
一级	符合国家现行标准的正常使用要求，在目标使用年限内不影响整体正常使用	不必采取措施或有极少数次要构件宜采取适当措施
二级	略低于国家现行标准的正常使用要求，在目标使用年限内尚不明显影响整体正常使用	可有少数构件应采取措施
三级	不符合国家现行标准的正常使用要求，在目标使用年限内明显影响整体正常使用	应采取措施

（3）鉴定单元的可靠性评级标准应符合表 37-46 的规定。

鉴定单元的可靠性评级标准　　　　　　　　　　　　　　　　表 37-46

级别	分级标准	是否采取措施
一级	符合国家现行标准的可靠性要求，不影响整体安全，可正常使用	可不采取措施或有极少数次要构件宜采取适当措施
二级	略低于国家现行标准的可靠性要求，尚不明显影响整体安全，不影响正常使用	可有极少数构件应采取措施
三级	不符合国家现行标准的可靠性要求，影响整体安全，影响正常使用	应采取措施，可能有极少数构件应立即采取措施
四级	极不符合国家现行标准的可靠性要求，已严重影响整体安全，不能正常使用	必须立即采取措施

37.6　工业建筑可靠性鉴定的安全鉴定评级

一、构件的安全性鉴定评级

单个构件的鉴定评级，应对其安全性等级进行评定。需要评定其可靠性等级时，应根据安全性等级和使用性等级评定结果按下列原则确定：当构件的使用性等级为 a 级或 b 级时，应按安全性等级确定；当构件的使用性等级为 c 级、安全性等级不低于 b 级时，宜定为 c 级；位于生产工艺流程关键部位的构件，可按安全性等级和使用性等级中的较低等级确定。

构件的安全性等级应按下列规定评定：构件的安全性等级应通过承载能力项目的校核、构造和连接项目分析评定；当已确定构件处于危险状态时，构件的安全性等级应评定为 d 级；构件的安全性等级亦可通过荷载试验按规定评定，当构件的变形过大、裂缝过宽、腐蚀以及缺陷和损伤严重时，应考虑其不利情况对构件安全性评级的影响；当构件按结构荷载试验评定其安全性等级时，应根据试验目的和检验结果、构件的实际状况和使用条件，按现行国家标准《建筑结构检测技术标准》GB/T 50344 等的规定进行评定。

（一）混凝土构件

混凝土构件的安全性等级应按承载能力、构造和连接两个项目评定，并应取其中较低等级作为构件的安全性等级。

1. 承载能力

混凝土构件的承载能力项目应按表 37-47 的规定评定等级。当构件出现受压及斜压裂缝时，视其严重程度，承载能力项目直接评为 c 级或 d 级；当出现过宽的受拉裂缝、变形过大、严重的缺陷损伤及腐蚀情况时，尚应分析其不利情况对承载能力评级的影响，且承载能力项目评定等级不应高于 b 级。

混凝土构件承载能力评定等级　　　　　　　　表 37-47

构件种类		评定标准			
		a	b	c	d
重要构件	$R/(\gamma_0/S)$	≥1.0	<1.0 ≥0.9	<0.90 ≥0.83	<0.83
次要构件	$R/(\gamma_0/S)$	≥1.0	<1.0 ≥0.87	<0.87 ≥0.80	<0.80

2. 构造和连接

混凝土构件的构造和连接项目包括构件构造、粘结锚固或预埋件、连接节点的焊缝或螺栓等，应根据对构件安全使用的影响按表 37-48 的规定评定等级，取其中较低一级作为该构件构造和连接项目的评定等级。

混凝土构件构造和连接的评定等级　　　　　　　　表 37-48

检查项目	a级或b级	c级或d级
构件构造	结构构件的构造合理,符合或基本符合国家现行标准规定;无缺陷或仅有局部表面缺陷;工作无异常	结构构件的构造不合理,不符合国家现行标准规定;存在明显缺陷,已影响或显著影响正常工作
粘结锚固或预埋件	粘结锚固或预埋件的锚板和锚筋构造合理、受力可靠,符合或基本符合国家现行标准规定;经检查无变形或位移等异常情况	粘结锚固或预埋件的构造有缺陷,构造不合理,不符合国家现行标准规定;锚板有变形或锚板、锚筋与混凝土之间有滑移、拔脱现象,已影响或显著影响正常工作
连接节点的焊缝或螺栓	连接节点的焊缝或螺栓连接方式正确,构造符合或基本符合国家现行标准规定和使用要求;无缺陷或仅有局部表面缺陷,工作无异常	节点焊缝或螺栓连接方式不当,不符合国家现行标准要求;有局部拉脱、剪断、破损或滑移现象,已影响或显著影响正常工作

（二）钢构件

钢构件的安全性等级应按承载能力、构造两个项目评定，并应取其中较低等级作为构件的安全性等级。

1. 承载能力

钢构件的承载能力项目应按表 37-49 的规定评定等级。构件抗力应结合实际的材料性能、缺陷损伤、腐蚀、过大变形和偏差等因素对承载能力进行分析论证后确定。

钢构件承载能力评定等级　　　　　　　　　　表 37-49

构件种类		评定标准			
		a	b	c	d
重要构件、连接	$R/(\gamma_0/S)$	≥1.0	<1.0 ≥0.95	<0.95 ≥0.88	<0.88
次要构件	$R/(\gamma_0/S)$	≥1.0	<1.0 ≥0.92	<0.92 ≥0.85	<0.85

注：吊车梁的疲劳性能评定不受表中数值限制，应按《工业建筑可靠性鉴定标准》GB 50144—2019 附录 D 规定的方法进行评定。

2. 构造

钢结构构件的构造项目包括构件构造和节点、连接构造，应根据对构件安全使用的影响按表 37-50 的规定评定等级，然后取其中较低等级作为该构件构造项目的评定等级。

钢结构构件构造的评定等级　　　　　　　　　　表 37-50

检查项目	a 级或 b 级	c 级或 d 级
构件构造	构件组成形式、长细比或高跨比、宽厚比或高厚比等符合或基本符合国家现行标准规定；无缺陷或仅有局部表面缺陷；工作无异常	构件组成形式、长细比或高跨比、宽厚比或高厚比等不符合国家现行设计标准要求；存在明显缺陷，已影响或显著影响正常工作
节点、连接构造	节点、连接方式正确，符合或基本符合国家现行标准规定；无缺陷或仅有局部的表面缺陷，如焊缝表面质量稍差、焊缝尺寸稍有不足、连接板位置稍有偏差等；但工作无异常	节点、连接方式不当，不符合国家现行标准规定，构造有明显缺陷；如焊接部位有裂纹；部分螺栓或斜钉有松动、变形、断裂、脱落或节点板、连接板、铸件有裂纹或显著变形；已影响或显著影响正常

（三）砌体构件

砌体构件的安全性等级应按承载能力、构造和连接两个项目评定，并应取其中的较低等级作为构件的安全性等级。

1. 承载能力

砌体构件的承载能力项目应按表 37-51 评定等级。当砌体构件出现受压、受弯、受剪、受拉等受力裂缝时，应分析其对承载能力的影响，且承载能力项目评定等级不应高于 b 级。当构件截面严重削弱时，承载能力项目评定等级不应高于 c 级。

砌体构件承载能力评定等级　　　　　　　　　　表 37-51

构件种类		评定标准			
		a	b	c	d
重要构件	$R/(\gamma_0/S)$	≥1.0	<1.0,≥0.90	<0.90,≥0.83	<0.83
次要构件	$R/(\gamma_0/S)$	≥1.0	<1.0,≥0.87	<0.87,≥0.80	<0.80

2. 构造和连接

砌体构件构造与连接项目应按表 37-52 的规定评定等级。

砌体构件构造与连接项目评定等级　　　　　　　　　　表 37-52

评定等级	评定标准
a	墙、柱高厚比不大于国家现行标准允许值,构造和连接符合国家现行标准的规定
b	墙、柱高厚比大于国家现行标准允许值,但不超过 10%;或构造和连接局部不符合国家现行标准的规定,但不影响构件的安全使用
c	墙、柱高厚比大于国家现行标准允许值,但不超过 20%;或构造和连接不符合国家现行标准的规定,已影响构件的安全使用
d	墙、柱高厚比大于国家现行标准允许值,且超过 20%;或构造和连接严重不符合国家现行标准的规定,已危及构件的安全

二、结构系统的安全性鉴定评级

工业建筑物结构系统的鉴定评级,应对地基基础、上部承重结构和围护结构三个结构系统的安全性等级分别进行评定。

考虑振动影响及需要对结构工作状况进行监测与评定时,可按《工业建筑可靠性鉴定标准》GB 50144—2019 规定的方法进行评定。

(一) 地基基础

地基基础的安全性等级评定应遵循下列原则:宜根据地基变形观测资料和工业建筑现状进行评定,需要时也可按地基基础的承载能力进行评定;建在斜坡场地环境下的工业建筑,应检测评定边坡场地的稳定性及其对工业建筑安全性的影响;建在回填土、特殊土等场地上的工业建筑,应根据特殊土力学性能、特点按相应标准进行评定;对有大面积地面荷载或软弱地基上的工业建筑,应评价地面荷载、相邻建筑以及循环工作荷载引起的附加变形或桩基侧移对工业建筑安全使用的影响;当工业建筑附近新建施工、开挖、堆填荷载,地下工程侧穿、下穿、场地地下水、土压力等与设计工况有较大改变时,应考虑其改变产生的不利影响。

当地基基础的安全性按地基变形观测资料和工业建筑现状的检测结果评定时,应按表 37-53 的规定评定等级。

按地基变形评定地基基础的安全性等级　　　　　　　　　　表 37-53

评定等级	评定标准
A	地基变形小于现行国家标准《建筑地基基础设计规范》GB 50007 规定的允许值,沉降速率小于 0.01mm/d,工业建筑使用状况良好,无沉降裂缝、变形或位移,吊车等机械设备运行正常
B	地基变形不大于现行国家标准《建筑地基基础设计规范》GB 50007 规定的允许值,沉降速率不大于 0.05mm/d,半年内的沉降量小于 5mm,工业建筑有轻微沉降裂缝出现,但无进一步发展趋势,沉降对吊车等机械设备的正常运行基本没有影响
C	地基变形大于现行国家标准《建筑地基基础设计规范》GB 50007 规定的允许值,沉降速率大于 0.05mm/d,工业建筑的沉降裂缝有进一步发展趋势,沉降已影响到吊车等机械设备的正常运行,但尚有调整余地
D	地基变形大于现行国家标准《建筑地基基础设计规范》GB 50007 规定的允许值,沉降速率大于 0.05mm/d,工业建筑的沉降裂缝发展显著,沉降已导致吊车等机械设备不能正常运行

当地基基础的安全性按承载能力项目评定时，应按表 37-54 的规定评定等级。

按承载能力项目评定地基基础的安全性等级　　　　　　　表 37-54

评定等级	评定标准
A	地基基础的承载能力满足现行国家标准《建筑地基基础设计规范》GB 50007 规定的要求,建筑完好无损
B	地基基础的承载能力略低于现行国家标准《建筑地基基础设计规范》GB 50007 规定的要求,建筑局部有与地基基础相关的轻微损伤
C	地基基础的承载能力不满足现行国家标准《建筑地基基础设计规范》GB 50007 规定的要求,建筑有与地基基础相关的开裂损伤
D	地基基础的承载能力不满足现行国家标准《建筑地基基础设计规范》GB 50007 规定的要求,建筑有与地基基础相关的严重开裂损伤

地基基础的安全性等级，应根据地基变形项目和地基承载能力项目的评定结果按较低等级确定。

（二）上部承重结构

上部承重结构的安全性等级，应按结构整体性和承载功能两个项目评定，并取其中较低的评定等级作为上部承重结构的安全性等级，必要时应考虑过大水平位移或明显振动对该结构系统或其中部分结构安全性的影响。

1. 结构整体性

结构整体性等级应按表 37-55 的规定评定，并取各评定项目中的较低等级作为结构整体性的评定等级。

结构整体性评定等级　　　　　　　表 37-55

评定等级	A 或 B	C 或 D
结构布置和构造	结构布置合理,体系完整;传力路径明确或基本明确;结构形式和构件选型、整体性构造和连接等符合或基本符合国家现行标准的规定,满足安全要求或不影响安全	结构布置不合理,体系不完整;传力路径不明确或不当;结构形式和构件选型、整体性构造和连接等不符合或严重不符合国家现行标准的规定,影响安全或严重影响安全
支撑系统或其他抗侧力系统	支撑系统或其他抗侧力系统布置合理,传力体系完整,能有效传递各种侧向作用;支撑杆件长细比及节点构造符合或基本符合现行国家标准的规定,无明显缺陷或损伤	支撑系统或其他抗侧力系统布置不合理,传力体系不完整,不能有效传递各种侧向作用;支撑杆件长细比及节点构造不符合或严重不符合现行国家标准的规定,有明显缺陷或损坏

2. 承载功能

上部承重结构承载功能的评定等级，当有条件采用较精确的方法评定时，应在详细调查的基础上，根据结构体系的类型及空间作用，按国家现行标准的规定确定合理的计算模型，通过结构作用效应分析和结构抗力分析，并结合该体系以往的承载状况和工程经验确定。结构抗力分析时尚应考虑结构及构件的变形、损伤和材料劣化对结构承载能力的影响。

当单层厂房上部承重结构是由平面排架、平面框架或框排架组成的结构体系时，其承载功能的等级可按下列规定近似评定：

（1）根据结构布置和荷载分布将上部承重结构分为若干平面排架、平面框架或框排架计算单元。

（2）将平面计算单元中的每种构件按构件的集合及其重要性区分为：重要构件集或次要构件集。平面计算单元中每种构件集的安全性等级，可按表 37-56 的规定评定。

构件集的安全性评定等级　　　　　　　　　　表 37-56

集合类别	评定等级	评定标准
重要构件集	A 级	不含 c 级、d 级构件，含 b 级构件且不多于 30%
	B 级	不含 d 级构件，含 c 级构件且不多于 20%
	C 级	含 d 级构件且少于 10%
	D 级	含 d 级构件且不少于 10%
次要构件集	A 级	不含 c 级、d 级构件，含 b 级构件且不多于 35%
	B 级	不含 d 级构件，含 c 级构件且不多于 25%
	C 级	含 d 级构件且少于 20%
	D 级	含 d 级构件且不少于 20%

注：当工艺流程和结构体系的关键部位存在 c 级、d 级构件时，根据其失效后果影响程度，该种构件集可直接评定为 C 级和 D 级。

（3）各平面计算单元的安全性等级，宜按该平面计算单元内各重要构件集中的最低等级确定。当次要构件集的最低安全性等级比重要构件集的最低安全性等级低两级或三级时，其安全性等级可按重要构件集的最低安全性等级降一级或降两级确定。

（4）上部承重结构承载功能的等级可按表 37-57 的规定评定。

上部承重结构承载功能评定等级　　　　　　　　表 37-57

评定等级	评定标准
A	不含 C 级和 D 级平面计算单元，含 B 级平面计算单元且不多于 30%
B	不含 D 级平面计算单元，平面计算单元不含 d 级构件，且 C 级平面计算单元不多于 10%
C	可含 D 级平面计算单元且少于 5%
D	含 D 级平面计算单元且不少于 5%

多层厂房上部承重结构承载功能的等级可按下列原则评定：沿厂房的高度方向将厂房划分为若干单层子结构，宜以每层楼板及其下部相连的柱、梁为一个子结构；子结构上的作用除应考虑本子结构直接承受的作用，尚应考虑其上部各子结构传到本子结构上的荷载作用；每个子结构宜评定等级；整个多层厂房的上部承重结构承载功能的评定等级可按子结构中的最低等级确定。

当考虑明显振动对影响时，可按《工业建筑可靠性鉴定标准》GB 50144—2019 附录 F 的规定进行评定。评定结果对结构的安全性有影响时，应在上部承重结构承载功能的评定等级中予以考虑。

当需要对上部承重结构的某个子系统进行安全性等级评定时，应根据该子系统在上部承重结构系统中的重要性及作用评定该子系统的安全性等级。

（三）围护结构系统

围护结构系统的安全性等级，应按围护结构的承载功能和构造连接两个项目进行评定，并取两个项目中较低的评定等级作为该围护结构系统的安全性等级。围护结构承载功能的评定等级，应根据其结构类别按相应构件和相关构件集的评级规定评定。围护结构构造连接项目的评定等级，可按表37-58评定，并取其中最低等级作为该项目的安全性等级。

围护结构构造连接评定等级　　　　　　　　　　表37-58

项目	A级或B级	C级或D级
构造	构造合理,符合或基本符合国家现行标准规定,无变形或无损坏	构造不合理,不符合或严重不符合国家现行标准规定,有明显变形或损坏
连接	连接方式正确,连接构造符合或基本符合国家现行标准规定,无缺陷或仅有局部的表面缺陷或损伤,工作无异常	连接方式不当,不符合或严重不符合国家现行标准规定,连接构造有缺陷或有严重缺陷,已有明显变形、松动、局部脱落、裂缝或损坏
对主体结构安全的影响	构件选型及布置合理,对主体结构的安全没有或有较轻的不利影响	构件选型及布置不合理,对主体结构的安全有较大或严重的不利影响

37.7　工业建筑可靠性鉴定的使用性鉴定评级

一、构件的使用性鉴定评级

单个构件的鉴定评级，应对其使用性等级进行评定。需要评定其可靠性等级时，应根据安全性等级和使用性等级评定结果按下列原则确定：

（1）当构件的使用性等级为a级或b级时，应按安全性等级确定；

（2）当构件的使用性等级为c级、安全性等级不低于b级时，宜定为c级；

（3）位于生产工艺流程关键部位的构件，可按安全性等级和使用性等级中的较低等级确定。

构件使用性等级应通过裂缝、变形或偏差、缺陷和损伤、腐蚀、老化等项目分析评定。构件的安全性等级和使用性等级亦可通过荷载试验按规定评定。构件的变形过大、裂缝过宽、腐蚀以及缺陷和损伤严重时，应考虑其不利情况对构件安全性评级的影响，其使用性等级应评为c级；当构件按结构荷载试验评定其使用性等级时，应根据试验目的和检验结果、构件的实际状况和使用条件，按现行国家标准《建筑结构检测技术标准》GB/T 50344等的规定进行评定。

当同时符合下列条件时，构件的使用性等级可根据实际使用状况评定为a级或b级：经详细检查未发现构件有明显的变形、缺陷、损伤、腐蚀、裂缝、老化，也没有累积损伤问题，构件状态良好或基本良好；在目标使用年限内，构件上的作用和环境条件与过去相比不会发生明显变化；构件有足够的耐久性，能够满足正常使用要求。

（一）混凝土构件

混凝土构件的使用性等级应按裂缝、变形、缺陷和损伤、腐蚀四个项目评定，并取其中的最低等级作为构件的使用性等级。

1. 裂缝

混凝土构件的裂缝项目可按下列要求评定等级：

（1）混凝土构件的受力裂缝宽度可按表37-59～表37-61评定等级；

（2）混凝土构件因钢筋锈蚀产生的沿筋裂缝在腐蚀项目中评定，其他非受力裂缝应查明原因，并应根据裂缝对结构的影响进行评定。

混凝土构件受力裂缝宽度评定等级　　　　　　　　　表 37-59

环境类别与作用等级	构件种类与工作条件		裂缝宽度（mm）		
			a	b	c
I-A	室内正常环境	次要构件	≤0.3	>0.3,≤0.4	>0.4
		重要构件	≤0.2	>0.2,≤0.3	>0.3
I-B、I-C，II-C	露天或室内高湿度环境，干湿交替环境		≤0.2	>0.2,≤0.3	>0.3
II-D，II-E，III，IV，V	使用除冰盐环境，滨海室外环境		≤0.1	>0.1,≤0.2	>0.2

采用热轧钢筋配筋的预应力混凝土构件受力裂缝宽度评定等级　　　表 37-60

环境类别与作用等级	构件种类与工作条件		裂缝宽度（mm）		
			a	b	c
I-A	室内正常环境	次要构件	≤0.20	>0.20,≤0.35	>0.35
		重要构件	≤0.05	>0.05,≤0.10	>0.10
I-B、I-C，II-C	露天或室内高湿度环境，干湿交替环境		无裂缝	≤0.05	>0.05
II-D，II-E，III，IV，V	使用除冰盐环境，滨海室外环境		无裂缝	≤0.02	>0.02

采用钢绞线、热处理钢筋、预应力钢丝配筋的预应力混凝土构件受力裂缝宽度评定等级

表 37-61

环境类别与作用等级	构件种类与工作条件		裂缝宽度（mm）		
			a	b	c
I-A	室内正常	次要构件	≤0.02	>0.02,≤0.10	>0.10
	环境	重要构件	无裂缝	≤0.05	>0.05
I-B、I-C，II-C	露天或室内高湿度环境，干湿交替环境		无裂缝	≤0.02	>0.02
II-D，II-E，III，IV，V	使用除冰盐环境，滨海室外环境		无裂缝	—	有裂缝

注：对于采用冷拔低碳钢丝配筋的预应力混凝土构件裂缝宽度的评定等级，可按本表和有关国家现行标准评定。

2. 变形

混凝土构件的变形项目应按表 37-62 的规定评定等级。

混凝土构件变形评定等级　　　　　　　　　　表 37-62

构件类别		a	b	c
单层厂房托架、屋架		≤$l_o/500$	>$l_o/500$,≤$l_o/450$	>$l_o/450$
多层框架主梁		≤$l_o/400$	>$l_o/400$,≤$l_o/350$	>$l_o/350$
屋盖、楼盖及楼梯构件	l_o>9m	≤$l_o/300$	>$l_o/300$,≤$l_o/250$	>$l_o/250$
	7m≤l_o≤9m	≤$l_o/250$	>$l_o/250$,≤$l_o/200$	>$l_o/200$
	l_o<7m	≤$l_o/200$	>$l_o/200$,≤$l_o/175$	>$l_o/175$
吊车梁	电动吊车	≤l_o600	>$l_o/600$,≤$l_o/500$	>$l_o/500$
	手动吊车	≤$l_o/500$	>$l_o/500$,≤$l_o/450$	>$l_o/450$

注：表中 l_o 为构件的计算跨度。

3. 缺陷和损伤

混凝土构件缺陷和损伤项目应按表 37-63 评定等级。

混凝土构件缺陷和损伤评定等级　　　　　　　　　　表 37-63

评定等级	a	b	c
缺陷和损伤	完好	局部有缺陷和损伤,缺损深度小于保护层厚度	有较大范围的缺陷和损伤,或者局部有严重的缺陷和损伤,缺损深度大于保护层厚度

4. 腐蚀

混凝土构件腐蚀项目包括钢筋锈蚀和混凝土腐蚀,应按表 37-64 的规定评定等级,其等级应取钢筋锈蚀和混凝土腐蚀评定结果中的较低等级。

混凝土构件腐蚀评定等级　　　　　　　　　　表 37-64

评定等级	a	b	c
钢筋锈蚀	无锈蚀现象	有锈蚀可能和轻微锈蚀现象	外观有沿筋裂缝或明显锈迹
混凝土腐蚀	无腐蚀损伤	表面有轻度腐蚀损伤	表面有明显腐蚀损伤

注:对于墙板类和梁柱构件中的钢筋,当钢筋锈蚀状况符合表中 b 级标准时,钢筋截面锈蚀损伤不应大于 5%,否则应评为 c 级。

(二) 钢构件

钢构件的使用性等级应按变形、偏差、一般构造和腐蚀等项目进行评定,并应取其中最低等级作为构件的使用性等级。

1. 变形

钢构件变形项目应按表 37-65 的规定评定等级。

钢构件变形评定等级　　　　　　　　　　表 37-65

评定等级	评定标准
a	满足国家现行相关标准规定和设计要求
b	超过 a 级要求,尚不影响正常使用
c	超过 a 级要求.对正常使用有明显影响

2. 偏差

钢构件的偏差包括施工过程中产生的偏差和使用过程中出现的永久性变形,应按表 37-66 的规定评定等级。

钢构件偏差评定等级　　　　　　　　　　表 37-66

评定等级	评定标准
a	满足国家现行相关标准的规定
b	超过 a 级要求,尚不明显影响正常使用
c	超过 a 级要求,对正常使用有明显影响

3. 一般构造和腐蚀

(1) 与钢构件正常使用性有关的一般构造要求,符合现行标准规定应评为 a 级,不符合现行标准规定时应根据对正常使用的影响程度评为 b 级或 c 级。

（2）钢构件的腐蚀和防腐项目应按表 37-67 的规定评定等级。

钢构件腐蚀和防腐评定等级 表 37-67

评定等级	评定标准
a	防腐措施完备且无腐蚀
b	轻微腐蚀，或防腐措施不完备
c	大面积腐蚀，或防腐措施已失效

（三）砌体构件

砌体构件的使用性等级应按裂缝、缺陷和损伤、老化三个项目评定，应取其中的最低等级作为构件的使用性等级。

1. 裂缝

砌体构件的裂缝项目应按表 37-68 的规定评定等级。裂缝项目的等级应取各类裂缝评定结果中的最低等级。

砌体构件裂缝评定等级 表 37-68

评定等级类型		a	b	c
变形裂缝、温度裂缝	独立柱	无裂缝	—	有裂缝
	墙	无裂缝	小范围开裂，最大裂缝宽度不大于 1.5mm，且无发展趋势	较大范围开裂，或最大裂缝宽度大于 1.5mm，或裂缝有继续发展的趋势
受力裂缝		无裂缝	—	有裂缝

注：1. 本表适用于砖砌体构件，其他砌体构件也可按本表评定；
2. 墙包括带壁柱墙；
3. 对砌体构件的裂缝有严格要求的工业建筑，表中的裂缝宽度限值可乘以 0.4。

2. 缺陷和损伤

砌体构件的缺陷和损伤项目应按表 37-69 评定等级。缺陷和损伤项目的等级应取各种缺陷、损伤评定结果中的较低等级。

砌体构件缺陷和损伤评定等级 表 37-69

评定等级类型	a	b	c
缺陷	无缺陷	有较小缺陷，尚不明显影响正常使用	缺陷对正常使用有明显影响
损伤	无损伤	有轻微损伤，尚不明显影响正常使用	损伤对正常使用有明显影响

3. 老化

砌体构件的老化项目应根据砌体构件的材料类型，按表 37-70 的规定评定等级。老化项目的等级应取各材料评定结果中的最低等级。

砌体构件老化评定等级 表 37-70

评定等级类型	a	b	c
块材	无风化现象	小范围出现风化现象，最大风化深度不大于 5mm，且无发展趋势，不明显影响使用功能	较大范围出现风化现象，或最大腐蚀深度大于 5mm，或风化有发展趋势，或明显影响使用功能

续表

评定等级类型	a	b	c
砂浆	无粉化现象	小范围出现粉化现象,且最大粉化深度不大于 10mm,且无发展趋势,不明显影响使用功能	非小范围出现粉化现象,或最大腐蚀深度大于 10mm,或粉化有发展趋势,或明显影响使用功能
钢筋	无锈蚀现象	出现锈蚀现象,但锈蚀钢筋的截面损失率不大于 5%,尚不明显影响使用功能	锈蚀钢筋的截面损失率大于 5%,或锈蚀有发展趋势或明显影响使用功能

注：1. 本表适用于砖砌体,其他砌体构件也可按本表评定;
　　2. 对砌体构件的块材风化和砂浆粉化现象可按表中对腐蚀现象的评定,但风化和粉化的最大深度宜比表中相应的最大腐蚀深度从严控制。

二、结构系统的使用性鉴定评级

工业建筑物结构系统的鉴定评级,应对地基基础、上部承重结构和围护结构三个结构系统的使用性等级分别进行评定。

(一) 地基基础

地基基础的使用性等级,宜根据上部承重结构和围护结构使用状况按表 37-71 的规定评定等级。

地基基础的使用性评定等级　　　　　　　　　　表 37-71

评定等级	评定标准
A	上部承重结构和围护结构的使用状况良好,或所出现的问题与地基基础无关
B	上部承重结构或围护结构的使用状况基本正常,结构或连接因地基基础变形有个别损伤
C	上部承重结构和围护结构的使用状况不完全正常,结构或连接因地基变形有局部或大面积损伤

(二) 上部承重结构

上部承重结构的使用性等级应按上部承重结构使用状况和结构水平位移两个项目评定,并取其中较低的评定等级作为上部承重结构的使用性等级,尚应考虑振动对该结构系统或其中部分结构正常使用性的影响。

单层厂房上部承重结构使用状况的等级可按屋盖系统、柱子系统、吊车梁系统三个子系统中的最低使用性等级确定;当厂房中采用轻级工作制吊车时,可按屋盖系统和柱子系统两个子系统的较低等级确定。每个子系统的使用性等级应根据其所含构件使用性等级按表 37-72 的规定评定。

单层厂房子系统的使用性评定等级　　　　　　　　表 37-72

评定等级	评定标准
A	不含 c 级构件,可含 b 级构件且少于 35%
B	含 b 级构件不少于 35%或含 c 级构件且不多于 25%
C	含 c 级构件且多于 25%

多层厂房上部承重结构使用状况的评定等级,可划分若干单层子结构,对每个单层子结构使用状况的评定等级,整个多层厂房上部承重结构使用状况的评定等级按表 37-73 的规定评定。

多层厂房上部承重结构使用状况评定等级 表 37-73

评定等级	评定标准
A	不含 C 级子结构,含 B 级子结构且不多于 30%
B	含 B 级子结构且多于 30%或含 C 级子结构且不多于 20%
C	含 C 级子结构且多于 20%

当上部承重结构的使用性等级按结构水平位移影响评定时,可采用检测或计算分析的方法,按表 37-74 的规定评定。

结构水平位移评定等级 表 37-74

评定等级	评定标准
A	水平位移满足国家现行相关标准限值要求
B	水平位移超过国家现行相关标准限值要求,尚不明显影响正常使用
C	水平位移超过国家现行相关标准限值要求,对正常使用有明显影响

注:当结构水平位移大达到 C 级标准时,尚应考虑水平位移引起的附加内力对结构承载能力的影响,并参与相关结构的承载功能等级评定。

当需要对上部承重结构的某个子系统进行使用性等级评定时,应根据该子系统在上部承重结构系统中的重要性及作用评定该子系统的使用性等级。

(三)围护结构

围护结构系统的使用性等级,应根据围护结构的使用状况、围护结构系统的使用功能两个项目评定,并取两个项目中较低评定等级作为该围护结构系统的使用性等级。

1. 围护结构的使用状况评定

围护结构使用状况的评定等级,应根据其结构类别按相应构件和有关子系统的评级评定。

2. 围护结构系统的使用功能

围护结构系统使用功能的评定等级宜根据表 37-75 中各项目对建筑物使用寿命和生产的影响程度确定出主要项目和次要项目逐项评定,并应按下列原则确定:一般情况下,围护结构系统的使用功能等级可取主要项目的最低等级;主要项目为 A 级或 B 级,次要项目一个以上为 C 级时,宜根据需要的维修量大小将使用功能等级降为 B 级或 C 级。

围护结构系统使用功能评定等级 表 37-75

项目		A 级	B 级	C 级
屋面系统	混凝土结构屋面	构造层、防水层完好,排水畅通	构造基本完好,防水层有个别老化、鼓泡、开裂或轻微损坏,排水有个别堵塞现象。但不漏水	构造层有损坏防水层多处老化、鼓泡、开裂、腐蚀或局部损坏、穿孔,排水有局部严重堵塞或漏水现象
	金属围护结构屋面	抗风揭性能、防腐性能和防水性能均满足国家现行相关标准规定	抗风揭性能、防腐性能和防水性能至少有一项略低于国家现行相关标准规定。尚不明显影响正常使用	抗风揭性能、防腐性能和防水性能至少有一项低于国家现行相关标准规定,对正常使用有明显影响
墙体		完好,无开裂、变形或渗水现象	轻微开裂、变形,局部破损或轻微渗水,但不明显影响使用功能	已开裂、变形、渗水,明显影响使用功能

· 659 ·

项目	A级	B级	C级
门窗	完好	门窗完好,连接或玻璃等轻微损坏	连接局部破坏,已影响使用功能
地下防水	完好	基本完好,虽有较大潮湿现象,但无明显渗漏	局部损坏或有渗漏现象
其他防护设施	完好	有轻微损坏,但不影响防护功能	局部损坏已影响防护功能

注：1. 表中的墙体指非承重墙体；
　　2. 其他防护设施系指为了隔热、隔冷、隔尘、防湿、防腐、防撞、防爆和安全而设置的各种设施及爬梯、顶棚吊顶等。

37.8　工业建筑可靠性评级

1. 结构系统的可靠性评级

结构系统的可靠性等级应根据其安全性等级和使用性等级评定结果，按下列原则确定：当结构系统的使用性等级为 A 级或 B 级时，应按安全性等级确定；当结构系统的使用性等级为 C 级、安全性等级不低于 B 级时，宜评为 C 级；位于生产工艺流程重要区域的结构系统，可按安全性等级和使用性等级中的较低等级确定。

2. 工业建筑的可靠性评级

工业建筑物可按所划分的鉴定单元进行可靠性等级评定。鉴定单元的可靠性等级应根据地基基础、上部承重结构和围护结构系统的可靠性等级按下列原则评定：当围护结构系统与地基基础和上部承重结构的可靠性等级相差不大于一级时，可按地基基础和上部承重结构中的较低等级作为该鉴定单元的可靠性等级；当围护结构系统比地基基础和上部承重结构中的较低可靠性等级低两级时，可按地基基础和上部承重结构中的较低等级降一级作为该鉴定单元的可靠性等级；当围护结构系统比地基基础和上部承重结构中的较低可靠性等级低三级时，可根据实际情况按地基基础和上部承重结构中的较低等级降一级或降两级作为该鉴定单元的可靠性等级。

工业建筑物可按所划分的鉴定单元进行安全性等级评定。鉴定单元的安全性等级应根据地基基础、上部承重结构和围护结构系统的安全性等级按下列原则评定：当围护结构系统与地基基础和上部承重结构的安全性等级相差不大于一级时，可按地基基础和上部承重结构中的较低等级作为该鉴定单元的安全性等级；当围护结构系统比地基基础和上部承重结构中的较低安全性等级低两级时，可按地基基础和上部承重结构中的较低等级降一级作为该鉴定单元的安全性等级；当围护结构系统比地基基础和上部承重结构中的较低安全性等级低三级时，可根据实际情况按地基基础和上部承重结构中的较低等级降一级或降两级作为该鉴定单元的安全性等级。

工业建筑物可按所划分的鉴定单元进行使用性等级评定。鉴定单元的使用性等级应根据地基基础、上部承重结构和围护结构系统的使用性等级进行评定，可按三个结构系统中最低的等级确定。

37.9 既有建筑鉴定通用规范（安全性鉴定）

既有建筑的安全性鉴定，应按构件、子系统和鉴定系统三个层次，每一层次划分为四个安全性等级。各层次的评级标准应符合表 37-76 的规定。

安全性鉴定评级标准　　　　　　　　表 37-76

层次	鉴定对象	等级	分级标准	处理要求
一	构件的鉴定项目	a_u	安全性符合本规范及现行规范与标准的要求,且能正常工作	不必采取措施
		b_u	安全性略低于本规范对 a_u 级的要求,尚不明显影响正常工作	仅需采取维护措施
		c_u	安全性不符合本规范对 a_u 级的要求,已影响正常工作	应采取措施
		d_u	安全性不符合本规范对 a_u 级的要求,已严重影响正常工作	必须立即采取措施
二	子系统或其子项的鉴定项目	A_u	安全性符合本规范及现行规范与标准的要求,且整体工作正常	可能有个别一般构件应采取措施
		B_u	安全性略低于本规范对 A_u 级的要求,尚不显著影响整体工作	可能有极少数构件应采取措施
		C_u	安全性不符合本规范对 A_u 级的要求,已影响整体工作	应采取措施,且可能有极少数构件必须立即采取措施
		D_u	安全性极不符合本规范对 A_u 级的要求,已严重影响整体工作	必须立即采取措施
三	鉴定系统	A_{su}	安全性符合本规范及现行规范与标准的要求,且系统的工作正常	可能有极少数一般构件应采取措施
		B_{su}	安全性略低于本规范对 A_{su} 级的要求,尚不显著影响系统的工作	可能有极少数构件应采取措施
		C_{su}	安全性不符合本规范对 A_{su} 级的要求,已影响系统的工作	应采取措施,且可能有极少数构件必须立即采取措施
		D_{su}	安全性极不符合本规范对 A_{su} 级的要求,严重影响系统的工作	必须立即采取措施

当仅对既有建筑的局部进行安全性鉴定时，应根据结构体系的构成情况和实际需要，仅进行至某一层次。

主体结构本重构件的安全性鉴定，应按承载能力、构造与连接、不适于继续承载的变形和损伤（含腐蚀损伤）三个鉴定项目，分别评定每一项目等级，并应取其中最低一级作为该构件的安全性等级。

既有建筑承重结构、构件的承载能力验算，应符合下列规定：当为鉴定原结构、构件在剩余设计工作年限内的安全性时，应按不低于原建造时的荷载规范和设计规范进行验算；如原结构、构件出现过与永久荷载和可变荷载相关的较大变形或损伤，则相关性能指标应按现行规范与标准的规定进行验算；当为结构加固、改变用途或延长工作年限的目的而鉴定原结构、构件的安全性时，应在调查结构上实际作用的荷载及拟新增荷载的基础上，按现行规范与标准的规定进行验算。

当构件的安全性按承载能力鉴定项目评定时，应按其抗力（R）与作用效应（S）乘以重要性系数对每一验算子项分别评级，并应取其中最低一级作为该鉴定项目等级；当构件的安全性按构造与连接鉴定项目评定时，应按构件构造、构件节点与连接、预埋件或后锚固件等子项分别评定等级，并应取其中最低一级作为该鉴定项目等级；当构件的安全性按不适于继续承载的变形鉴定项目评定时，应综合分析构件类别、构件重要性、材料类型，对挠度、侧向弯曲的矢高、平面外位移、平面内位移等子项分别评级，并应取其中最低一级作为该鉴定项目等级。分别评级，并应取其中最低一级作为该鉴定项目等级。

既有建筑的地基基础安全性鉴定，应首选依据地基变形和主体结构反映的观测结果进行鉴定评级的方法，并应符合下列规定：当地基变形和主体结构反映观测资料不足或怀疑结构存在的问题由地基基础承载力不足所致时，应按地基基础承载力的勘察和检测资料进行鉴定评级；对有大面积地面荷载或软弱地基上的既有建筑，尚应评价地面荷载、相邻建筑以及循环工作荷载引起的附加沉降或桩基侧移对建筑物安全使用的影响。

当地基基础的安全性按地基变形观测结果和建筑物现状的检测结果鉴定时，应结合沉降量、沉降差、沉降速率、沉降裂缝（变形或位移）、使用状况、发展趋势等进行综合分析并评定等级。

当地基基础的安全性需要按承载力项目鉴定时，应根据地基和基础的检测、验算及近位勘察结果，结合现行规范规定的地基基础承载力要求和建筑物损伤状况进行综合分析并评定等级；当地基基础的安全性按斜坡场地稳定性项目鉴定时，应结合滑动迹象、滑动史等进行综合分析并评定等级。

地基基础的安全性等级，应依据以上要求进行鉴定，最终按最低等级确定。

既有建筑的主体结构安全性，应依据其结构承载功能、结构整体牢固性、结构存在的不适于继续承载的侧向位移进行综合评定。

既有建筑第三层次鉴定系统的安全性鉴定评级，应根据地基基础和主体结构的安全性等级，以及与整幢建筑有关的其他安全问题进行评定。鉴定系统的安全性等级，应根据地基基础和主体结构的评定结果按其中较低等级确定。

对下列任一情况，应直接评为 D_{su} 级：

（1）建筑物处于有危房的建筑群中，且直接受其威胁；

（2）建筑物朝一方向倾斜，且速度开始变快。

第38章

建筑结构耐久性评定

38.1 耐久性与极限状态概念

整个结构或结构的一部分，超过某一特定状态就不能满足设计规定的某一功能（安全性、适用性、耐久性）要求，该特定状态称为该功能的极限状态。具体可以分为：承载能力极限状态和正常使用极限状态。

1. 承载能力极限状态对应于结构或结构构件达到最大承载能力或不适于继续承载的变形。承载能力极限状态主要考虑关于结构安全性的功能。

2. 正常使用极限状态对应于结构或结构构件达到正常使用或耐久性能的某项规定限值。这一状态对应于适用性或耐久性的功能。

结构的耐久性的定义是指在环境作用和正常维护、使用条件下，结构或构件在设计使用年限内保持其适用性和安全性的能力。混凝土结构耐久性的定义为：混凝土结构及其构件在可预见的工作环境及材料内部因素的作用下，在自然和人为环境的化学和物理及材料内部因素作用下，满足在规定的设计目标使用期内不需要花费大量资金加固而保持安全、使用功能和外观要求和能力。

在这个混凝土结构耐久性的定义中主要包含了三个基本要素：

（1）环境。结构处于某一特定环境（包括自然环境、使用环境）中，并受其侵蚀作用。定义的工作环境及材料内部因素的作用指的是物理或者化学作用，根据结构工作环境情况、破损机理、形态以及国内各行业传统经验，可将混凝土结构的工作环境分为6大类：1）大气环境；2）土壤环境；3）海洋环境；4）受环境水影响的环境；5）化学物质侵蚀环境；6）特殊工作环境。

（2）功能。结构的耐久性是一个结构多种功能安全性、适用性等与使用时间相关联的多维函数空间。结构耐久性是结构的综合性能，既涉及结构的承载能力又涉及结构的正常使用以及维修等，反映了结构性能随时间的变化不可简单地把耐久性归入为承载能力状态或正常使用状态。

（3）经济。结构在正常使用过程即设计要求的自然物理剩余寿命中不需要大修。耐久性的经济性体现在以较小的维修成本达到维持混凝土结构基本功能的要求。若业主要求延长结构使用寿命则需适当的维修成本就可达到其目的。

38.2 建筑结构耐久性问题

1. 混凝土结构的耐久性问题

影响钢筋混凝土结构的耐久性的因素主要包括碱骨料反应、冻融破坏、侵蚀性介质的腐蚀、混凝土碳化和钢筋锈蚀等。

（1）碱骨料反应

碱骨料反应主要由混凝土混合料组成材料性能所决定的，长期暴露在大气环境下的混凝土结构极易膨胀开裂，大气中游离的水分子、腐蚀离子等进入混凝土内部，并与混凝土碱活性骨料相互作用诱发碱骨料反应，导致混凝土结构产生膨胀、开裂甚至破坏的现象，严重的会使混凝土结构崩溃，从而降低了混凝土结构性能。混凝土碱骨料反应根据反应机制可分为碱硅酸盐反应和碱碳酸盐反应。

碱-硅酸反应是指碱性溶液与骨料中的硅酸类物质发生反应，形成凝胶体。这种凝胶体是组分不定的透明的碱—硅混合物，会与混凝土中的氢氧化钙及其他水泥水化物中的钙离子反应生成一种白色不透明的钙硅或碱—钙—硅混合物。这种混合物吸水后体积膨胀，使得周围的水泥石收到较大的应力而产生裂缝。

碱-碳酸反应是水泥水化物中的碱与骨料中的碳酸盐发生反应。骨料中的陶土矿和结晶状岩石的存在会影响这些反应的速度。黏土吸水膨胀，从而造成破坏作用。一方面，R^+、OH^-和水等进入受限制的紧密空间产生膨胀，另一方面，互相反应产物的框架体积的增大以及水镁石和方解石晶体生长形成的结晶压，产生膨胀应力。

（2）冻融破坏

冻融破坏是指混凝土在饱水状态下，受冻融交替作用而产生体积变化所引起的混凝土破坏作用。冻融破坏要具备两个基本条件，饱水状态和冻融循环交替作用。冻胀开裂和表面剥蚀是混凝土冻融循环的两种破坏形式。混凝土中的水变成冰，冰变成水，体积反复变化，使得混凝土内部结构损伤不断积累，冻胀开裂也从表面渗透到深层，促使混凝土强度降低，直接影响结构安全性。

混凝土结构的冻融破坏多发生在北方寒冷地区，特别是混凝土结构周围大气环境温差过大，雨雪交替频繁，比较常见的不良状况有：排水不畅的混凝土道路、建筑物勒脚、散水，突出建筑物的阳台以及长期受雨水冲刷的女儿墙等。混凝土冻融循环破坏作用主要表现为冻胀开裂和表面剥蚀两个方面。混凝土结构内部毛细水遇冷膨胀，体积增大造成混凝土结构由内而外，进而内外相互作用，致使混凝土开裂和剥落，混凝土结构性能严重下降，危害混凝土结构使用安全。

（3）侵蚀性介质的腐蚀

大气环境污染指数偏高，不仅压缩人群和自然生物的生存空间，而且会对混凝土结构造成破坏，石油化工、冶金等工业厂区周围的混凝土结构更易受侵蚀，因此对老旧工业区有效改造，对拟建工业区的合理规划成为必要。工业废水、废渣不仅造成土壤的有害物质含量超标，并且使混凝土结构基础失去保护而受侵蚀；工业废气排放含有大量侵蚀性物质，而大量暴露在工业区内及其周围的混凝土结构由于缺乏必要的保护及维护，受侵蚀损害进而腐蚀破坏，如最常见的是混凝土管架结构。

（4）混凝土碳化

混凝土碳化也叫混凝土的中性化，是指结构周围的二氧化碳、二氧化硫的酸性物质，通过各种孔隙渗透到混凝土内部，与水泥石的碱性物质发生化学反应的过程。水泥水化过程中形成的碱性介质对钢筋有良好的保护作用，使钢筋表面形成钝化膜（碱性氧化膜）。碳化会使混凝土的碱度降低。碳化深度是回弹法检测混凝土结构实体质量主要参考依据。

当碳化深度超过混凝土的保护层时，在空气中水与CO_2共同作用下，会使钢筋表面的钝化膜破坏，混凝土失去对钢筋的保护作用，钢筋就会生锈。因此，碳化是一般大气环境下钢筋混凝土中的钢筋锈蚀的前提条件。而且，碳化会加剧变形，使得裂缝出现，粘结力下降，甚至使得混凝土表面脱落。

（5）钢筋锈蚀

钢材受自然环境因素影响比较大，用于混凝土结构的钢筋露天堆放造成锈蚀，除锈措施不到位，锈蚀的钢筋在工程施工中使用不是特例。成型后的钢筋混凝土结构产生裂缝、开裂易造成钢筋锈蚀，如碱骨料反应、混凝土碳化等原因，经常可以看到桥涵结构、管架结构等边缘的薄弱部位钢筋锈蚀的痕迹。钢筋混凝土结构中的钢筋是承受拉力的主要构件，是保证承载力的必要条件，混凝土中钢筋的诱蚀是一个电化学腐蚀，过程研究人员从不同的角度对钢筋锈蚀问题进行了相关研究。当混凝土碳化深入后，氧气和水的共同作用使钢筋锈蚀，锈蚀后的钢筋体积发生膨胀，混凝土受到压应力而产生顺筋胀裂，保护层剥落，而裂缝和保护层剥落又会进一步加剧钢筋锈蚀，如此恶性循环，加大了对结构的破坏力。

2. 砌体结构的耐久性问题

砌体结构耐久性损伤是指在不同环境作用下结构材料出现的表面损伤，或者结构材料内部或外部发生了物理和化学作用，导致结构出现损伤。耐久性损伤使得结构不能达到安全使用年限。砌体结构耐久性损伤影响因素主要包括风化、泛霜、温度变化、冻融破坏、碱集料反应、化学侵蚀等。

（1）风化

风化对砌体结构的内、外部均有影响。随着时间的推移，砌体表面不断劣化，变得粗糙、疏松。当自然界的风带着颗粒击打在砌体表面，即对砌体表面施加了压力，使得砌体表面本来疏松的部分又受到了剥蚀，这样会导致砌体有效截面尺寸减小，使得结构的承载能力下降。干湿交替下的风化是一种累积性的软化作用，会加速砌体材料解体。

（2）泛霜

砌体发生泛霜的主要原因是砌体内部存在可溶性盐，研究表明，砌体可溶性盐的来源主要有两种途径：一是存在于砌体内部的可溶性盐，如原料土或烧制时的水中含有可溶性盐；二是外界可溶性盐的侵入，如盐雾或除冰盐。当砌体中含有足够多的水分，可溶性盐就会溶解，随着砌体内部水分的蒸发，可溶性盐在砌体表面析出、结晶并沉积，表面看上去有斑点状或成片的白色结晶，这会导致砌体表面疏松、剥落，从而降低结构的承载能力。

（3）温度变化

如果砌体结构过长，就会因为温差作用的影响，使得建筑物变形过大。特别是在北方，砌体建筑始终处于四季温差、昼夜温差环境中，也就是说砌体始终处于反复的热胀冷缩状态，在结构相互约束的状态下，可能会造成砌体内部的温度应力分布不均匀，导致裂缝产生。

（4）冻融破坏

冻融引起的耐久性损伤通常是从砌体表面开始，随着冻融次数的不断增加，其表面开始变得疏松、剥落，减少了有效的截面尺寸，导致砌体承载能力下降。已有统计资料表明，我国可发生冻融侵蚀的面积约为 127 万 km^2，占到国土总面积的 13.4% 左右。在反复冻融情况下，如果再耦合风蚀，砌体的损伤将更为严重，其内部的孔隙率、砖块和砂浆的强度也会因此变化。

（5）碱集料反应

发生碱集料反应首先要砌体内部的含碱量高，其次是砂浆的细集料中有足够的活性成分，同时砌体内部还要含有一定量的水分。砌体材料中的碱性物质与砂浆细集料中的活性成分发生化学反应，导致砌体内部因为生成膨胀性侵蚀产物而开裂。碱集料反应给砌体结构带来的危害一般比较严重。

（6）化学侵蚀

化学侵蚀是砌体在所处的环境中接触到了外部的酸性或硫酸盐而受到侵蚀。在受到酸性介质侵蚀时，砂浆中的 $Ca(OH)_2$ 与酸性介质会发生中和反应，破坏砂浆的凝胶体结构，使得砂浆强度降低，从而影响砌体的强度。在受到外部硫酸盐侵蚀时，砌体砂浆内部会产生结晶型、石膏型或钙矾石型膨胀性腐蚀物，内部受到膨胀应力，导致砂浆开裂、强度下降。

3. 钢结构的耐久性问题

影响钢结构的耐久性的因素，不仅和构件的漆膜的完好程度、腐蚀程度有关，还包括钢结构所处的环境因素。

（1）腐蚀性气体

二氧化碳是一种重要的大气温室气体，它在大气中的寿命很长，在过去的 40 多年里，全球二氧化碳的平均浓度每年以 0.5% 的速度递增。但从腐蚀速率观点看，二氧化碳并不是很重要，原因之一是变化率虽确定，但不是很大；第二个原因是二氧化碳对大气腐蚀的影响不是很大，因为碳酸是最弱的一种酸，它的影响被大气中其他强酸腐蚀性组分所覆盖。

臭氧是地球大气中一种微量气体，大气中 90% 以上的臭氧存在于大气层的上部或平流层，离地面有 10~50km，虽然在能源的消耗使用多的地方，尤其是动力汽车的使用，加上足量的阳光照射而促进光化学反应的进行，臭氧分子的浓度会快速升高。在一些热带和中纬度城市，在过去二十或三十年期间，臭氧的浓度升高两倍或三倍，但在近地面工业大气环境中，其对钢结构腐蚀的影响仍有限，故不考虑大气中臭氧对钢结构腐蚀的影响。

氨气是大气中很难准确测量浓度的气体。它在水中有很高的溶解度，使得它的大气生命很短，且氨气的主要源头与工业活动密切相关，在特定的工业环节中浓度局部变化较大，需根据工业环节的废气排放，决定它是否对钢结构耐久性评判具有意义。

二氧化氮主要通过燃料的燃烧产生，在工业大气环境中，烟囱和排气管排放大量二氧化氮，根据工业工艺不同其浓度不尽相同，且对钢结构涂层的渗透和破坏力较强，对钢结构具有较强腐蚀性，是一种典型的大气腐蚀性气体。

硫化氢在大气中的含量较低，与硫化氢有关的大气腐蚀多发生在纸浆厂、炼油厂内，固需根据工艺特点来考虑是否将硫化氢作为一种典型腐蚀性气体。

二氧化硫是大气腐蚀重要的关心对象，这是由于二氧化硫和它相关的酸性物质是大气腐蚀的主要组分。大量的二氧化硫来自含硫燃料的燃烧，金属的熔炼也会造成局部二氧化硫浓度上升，随着国家工业的快速发展，而又缺乏有效的控制方法，导致二氧化硫浓度升高；大气中二氧化硫浓度的升高还会导致酸雨灾害。对钢结构腐蚀影响较大，是一种典型的大气腐蚀性气体。

大气中的氯化氢主要来源于海盐气溶胶的脱氯，沿海区域的工业化快速发展，会导致气体氯化氢的浓度升高。是一种典型的大气腐蚀性气体。

有机酸在一些特定工业过程中会释放出来，根据工艺特点判断其是否作为一种典型腐蚀性气体。

（2）涂层与腐蚀

涂层技术是最广泛应用的腐蚀控制方法，它们被普遍应用于大气腐蚀环境到各类腐蚀苛刻的化工环境中的长期腐蚀防护。虽然涂层本身不是强度结构，但是它却能保障结构材料保持其具备的强度和功能。涂层的作用是将结构材料与腐蚀性环境隔离，涂层必须提供基本良好的屏障作用和其他的补充防腐措施，涂层的任何缺陷都会导致基体的恶化和集中腐蚀。

大气环境中，防止金属构件或制品腐蚀所采用的保护层体系，大致可分为金属保护层和非金属保护层两大类型。涂膜下金属的腐蚀破坏主要是由以下几个方面引起的。

1）水、氧和离子在涂膜中的渗透

涂膜本身都有一定的吸水性和透水性。涂膜渗透原因之一是膜本身存在针孔和气孔结构。另一个原因是膜"本体"固有的渗透性，因为外界透入的水易在涂膜的羧基基团处集结，离子亦向此水相扩散，并进行离子交换；该过程持续进行，直到透过涂膜抵达金属基体。透入的水相或将底漆中可溶物质溶解，或使基底金属腐蚀；这时在涂膜下局部位置上溶液离子浓度高于外部离子浓度，破坏了膜内外离子渗透压的平衡状态，引起涂膜鼓起成泡。

2）涂膜下金属电化学反应引起涂膜破坏

水溶液渗透到金属基底后，在金属上因电化学作用而形成局部阴极区和阳极区。在阴极区由于氧化去极化作用，局部阴极区域溶液呈微碱性，引起涂膜破坏、起泡。在局部阳极区，由于发生铁的阳极溶解反应，反应产物 $2Fe^{2+}$ 与氧、水及 OH^- 作用，生成 $Fe(OH)_2$、$Fe(OH)_3$、$Fe_2O_3 \cdot xH_2O$ 等腐蚀产物；这些腐蚀产物的体积远远大于被溶解的铁的体积，因而涂膜鼓起成"泡""泡"胀破时，形成所谓的"透锈"缺陷。

3）气候因素对涂膜的破坏

在紫外线、氧、热及某些化学物质等的作用下，涂层会出现"粉化""开裂"倾向。在讨论有机或无机涂装体系的粉化、开裂等指标时，面漆起着主要作用。

4）有机涂装体系在大气环境下的防护性能

对于钢结构构件的涂层多采用底漆/中间漆/面漆这种组合方式进行保护的。底漆中含有体积浓度较高的防锈颜料，其中有对金属具有一定的钝化或缓蚀作用的钝化颜料。根据要求，底漆应当具有好的浸润性，能充分渗透到基体表面各个微孔，使之与基体金属具有良好的附着力，同时又为下一道中间漆或面漆提供一个有良好黏附的结合层。此外，还要求底漆具有不能或难于皂化的性能——这在涂装体系中具有重要作用。中间漆应该具有较低的 H_2O 和 O_2 的透过率，增加涂层体系的屏障作用。它还应该有一定厚度要求，并往往添加片状颜料，以增加防水防 O_2 渗透的能力，延长水的渗透时间。面漆的主要功能是提高大气老化作用，提供合适、漂亮的外观，达到满意的装饰效果。此外，还应满足一定强度、硬度要求，具有一定的耐冲击性能。有资料指出，面漆的耐候性还影响着整个涂装体系的耐腐蚀性，因为它直接对涂层间结合有影响。

（3）腐蚀

钢结构腐蚀是对钢结构耐久性最直接的影响因素，影响钢结构耐久性的因素有很多，如环境的温湿度、环境中腐蚀性气体含量、钢结构漆膜厚度、漆膜完整度、钢结构腐蚀程度等，然而种种影响因素的变化，最终都是导致钢结构腐蚀从而影响钢结构耐久性。

4. 木结构的耐久性问题

木结构的耐久性是材料抵抗自身和自然环境双重因素长期破坏作用的能力，即保证其经久耐用的能力，包括抵御木腐菌、细菌对木材细胞壁的分解能力；抵御蛀木甲虫、白蚁等对木材纤维蛀蚀的能力；抵御高温、潮湿、紫外线等自然因素产生木材机械损伤的能力；抵御酸、碱、盐等化学介质分解木质素的能力等。提升木构件的耐久性是延长建筑使用寿命、增强建筑使用舒适度的重要举措。

（1）木腐菌、细菌

木材细胞壁被生物分解所引起的糟朽和解体现象称为木材的腐朽，木腐菌和细菌是导致木材腐朽的重要因素。木腐菌的侵蚀是木材最主要的植物性损害除了木腐菌之外，部分细菌也会侵蚀木材细胞壁。细菌通过降解木材薄壁细胞，增加细胞渗透率对木材产生影响。它们可以在无氧环境中生存繁殖，且能够耐受一般的化学防腐涂料。

（2）虫蛀

在木材的生物损害中除了植物、细菌损害，还包含了动物损害，主要为蛀木甲虫、白蚁、海生钻木动物的损害。蛀木甲虫的幼虫阶段会对木材产生较大危害，它们首先在木材表面形成针孔状损伤，进而在木材内部形成通道，最终将完好的木组织破坏成粉末状，使得构件毫无承受荷载的能力。建筑中常见的蛀木甲虫有天牛、长蠹、窃蠹、小蠹等。不同虫类生长习性不同，但白蚁是建筑木构件中最为严重的一种虫害，其以木纤维为食物，会导致建筑瞬间坍塌，造成较大的经济和人员损失。

（3）机械损伤

木构件的机械损伤表现为变形、开裂、缺损、断裂等。广义上来讲，气候（风、霜、雨、雪等）、声波、日照、荷载变化、自然灾害以及人为破坏等产生的伤害均可被纳入木材的机械损伤，这些因素往往与生物因子和化学介质共同作用于构件降低构件的力学性能。木构件的耐机械损伤性能与树种类型、早晚材等因素相关，但更大部分受外部条件的影响。

（4）化学介质

木材与酸、碱、盐等化学介质产生反应，进而分解木质素，侵蚀木材的行为称为化学损伤。酸性物质如 H_2SO_4、HCL、HNO_3、H_3PO_4、H_2CrO_4 等，初期使木材膨胀，进一步作用使得细胞内多糖水解，木构件力学强度降低，直到结构被完全破坏。同样的，碱性物质如 $NaOH$ 等，首先使木材膨胀，后使木聚糖分解，长期作用下会降低木材的机械强度和抵抗生物损害的能力。盐性物质如 Na_2CO_3、$CuSO_4$、NH_4NO_3 等，水解会产生新的强酸碱，其氧化作用会使得木材变色。

38.3　我国混凝土结构耐久性状况

我国在钢筋混凝土耐久性问题上尚缺少全国性的系统资料，但从一些调查资料和发表的有关文献来看，钢筋混凝土耐久性问题也是极其严重的。中国建筑科学研究院的调查表明，我国现役工业建筑物损坏严重，其结构的使用寿命一般不能保证 50 年，多数在 25～30 年就必须进行大修或加固。民用建筑及公共建筑使用和维护条件较好，可以维持 50 年以上不发生耐久性问题。但其室外构件（如阳台、雨罩、挑檐等）一般使用寿命只有 30～40 年。

据统计，我国铁路存在有病害的钢筋混凝土桥多达 2675 座，其中的 772 座发生裂损，仅使用 20 多年的北京西直门立交桥，由于长期在冬季使用化冰盐，部分梁柱锈蚀严重，现已拆除重建。

据调查，我国在 20 世纪五六十年代，由于要求早强或防冻而掺用过量氯盐的钢筋混凝土结构因钢筋锈蚀引起顺筋开裂、剥落、构件破坏的事例屡有发生，加上其他因素，缺少技术力量和质量管理，造成这些建筑物存在更大的耐久性隐患。我国 20 世纪 80 年代以前的混凝土结构，混凝土强度等级低，绝大部分为 C20 以下，为节约钢材，大面积采用对结构耐久性非常不利的细主筋，低配筋率以及薄壁构件。在 20 世纪 80 年代，由于混凝土外加剂的应用不当或施工和原材料质量等原因，钢筋混凝土腐蚀也不断出现。

在预应力混凝土结构方面也出现过不少破坏实例，我国呼和浩特铁路局呼和浩特西机务段的中检库屋顶为高强钢丝束配筋的 21m 跨预应力梯形屋架，由于灌浆内掺 $5\%CaCl_2$，且灌浆不彻底，并在蒸汽机车的喷烟排气作用下，使用 10 年后，于 1972 年 2 月 11 日屋架塌落，钢丝束早在几年前就陆续被锈蚀断裂，最后一次拉断时，仅有 7 根钢丝。

山西省阳泉市猫脑山自来水厂蓄水池倒塌事故，是钢材锈蚀造成的典型倒塌事例。该水池绕丝预应力钢丝因锈蚀崩断，水池侧板倒伏，$4000m^3$ 的水顺山坡而下，致使山下 39 人死亡。

20 世纪 60 年代，我国西南地区使用的单槽瓦屋面，自施工完毕就有钢筋锈蚀出现，并不时有屋面板塌落的事故。最后不得不全面更换。仅贵阳重型机械厂就有数万平方米的屋面进行了更换。

某工程位于重庆市渝中区浮图关，工程于 1992 年开工，1995 年因故停工。停工时施工单位采取在钢筋表面刷水泥净浆及钢筋根部堆砌砂浆的方法对停工层裸露在外的钢筋进行了防锈处理。2003 年 11 月，打开钢筋外裹的砂浆发现钢筋根部水泥浆包裹的地方锈蚀较严重，大部分的钢筋截面损失超过 10%。

水电部水工混凝土耐久性调查组对全国 32 座大型混凝土坝进行了调查，结论为：全部被查坝体存在裂缝和渗漏溶蚀破坏现象。

据不完全统计，在 2000 年，我国至少已有 23.4 亿 m^2 的建筑物因安全度过低而面临退役的威胁。建设部统计资料表明，在我国现有的近 70 亿 m^2 的城镇建筑物中，有 50% 进入老化阶段，其中有 10 亿～12 亿 m^2 需经加固改造才能安全使用。1989 年，建设部科技发展司混凝土结构耐久性综合调查组对北京、西宁、贵阳和杭州的一些建筑物进行了调查，其结果表明，中华人民共和国成立初期的建筑均已达到必须大修的状态。

从调查的结果来看，我国钢筋混凝土耐久性灾害最严重的在沿海地区，我国海岸线很长，存在着广泛的"盐害"环境，广西沿海某大桥，位于海水与淡水交汇处，建成运行仅 4 年便出现钢筋锈蚀，主要原因为混凝土保护层厚度不足，混凝土水灰比过大，设计时未采取有效地提高混凝土耐久性的措施，经评定该桥安全使用期仅为 7 年。我国 20 世纪 60

年代曾对华南、华东地区沿海 27 座钢筋混凝土结构进行调查表明，因钢筋锈蚀导致结构损坏的占比 74%，第四航务工程局科研所对我国华南 18 座使用 7～25 年的钢筋混凝土海港码头的调查结果，发现的码头出现钢筋锈蚀，只有两座水灰比较低的码头尚基本完好。对华南地区 C 港和 Z 港共 20 个泊位进行腐蚀破坏情况的调查表明，20 世纪 80 年代建成的许多码头，使用 5～14 年后，普遍出现宽度为 1～3mm 的顺筋裂缝，其中最严重部分码头，由于未按规定设计施工，混凝土保护层厚度不足，仅使用 12 年和 14 年，已发生严重的锈蚀损坏，码头的纵横梁普遍发生了宽度大于的顺筋锈蚀裂缝，损坏率高达 80% 以上，即使按设计施工的码头，也有使用仅几年便开始出现了顺筋裂缝。青岛市发生过一 16 层混凝土结构大楼钢筋腐蚀工程事故，该大楼位于海边，离海岸线不足 100m，建筑面积 10700m²，结构形式为现浇剪力墙密肋楼盖，肋间填充轻质加气混凝土块，1989 年 11 月竣工，1990 年 4 月交付使用 3 年后楼盖钢筋严重腐蚀，致使结构失效，16 层盖全部拆卸。经分析，其氯离子含量大大超标，设计上没有采取必要的措施，如掺入钢筋阻锈剂等，施工质量低劣，是很快造成结构耐久性失效的重要原因。深圳赤湾港川，自 1982 年建设以来，虽然一直十分重视码头的耐久性设计与施工，但到 1997 年进行检测时，发现使用 10 年左右的码头钢筋混凝土构件普遍出现耐久性问题，构件锈裂或剥落，虽然锈胀开裂的原因主要是混凝土保护层厚度偏低（设计为 50～70mm，实际为 20～90mm），但即使按设计保证混凝土保护层厚度，恐怕也难以满足设计使用期限的要求。天津新港 1987～1991 年对 20 世纪 60 年代后陆续建设的龄期 20～30 年的 18 个泊位进行维修，耗资 1047 万元，其中损坏严重的每米码头修理费达 8200 元/m，而这些码头的建设费 20 世纪 60 年代每米仅 2 万元左右，停产维修造成经济损失，更是难以估算。

除了以上提到工业与民用建筑外，其他混凝土建筑物也同样存在耐久性问题，据综合估计，混凝土坝的平均寿命仅为 30～50 年。我国水工建筑物的老化病害现象也十分突出，20 世纪 50 年代初建的大坝许多已成为陷入危境的"病坝"。据全国 195 个大型灌区的调查和宏观评估结果，严重老化病害的建筑已占 0.49%，比较严重的占 40%。这对于我国灌区的持续发展极为不利。

38.4　结构耐久性检测方法

（1）混凝土结构耐久性现状检测项目宜根据环境类别和腐蚀介质，按表 38-1 确定。

耐久性现状检测项目　　　　　　　　　　　　　　　表 38-1

环境类别		常规检测	专项检测
Ⅰ		构件几何尺寸,保护层厚度、外观缺陷和损失;混凝土抗压强度、钢筋锈蚀状况;构件开裂状况	碳化深度、混凝土渗透性、钢筋自然电位、混凝土电阻率
Ⅱ			剥落面积、剥落深度
Ⅲ			混凝土中氯离子的浓度分布
Ⅳ			混凝土中氯离子的浓度分布、剥落深度
Ⅴ	硫酸盐侵蚀环境		剥落深度、混凝土中硫酸根离子浓度分布
	碱-骨料反应		碱含量及骨料碱活性、混凝土含水率

对构件的外观缺陷或表面损失宜全数检测。当不具备全数检测条件时，可根据约定的抽样原则选择重要的构件和部位、外观缺陷与损失严重的构件和部位进行检测。

混凝土保护层厚度检测方法应按照现行国家标准执行，检测部位应包括主要构件或主要受力构件、钢筋可能锈蚀的部位、混凝土锈胀开裂的部位、布置混凝土碳化测区的部位。抽检数量不少于10%，且不少于6个，每个检测构件的测区数不宜少于6个；构件角部钢筋应量测两侧的保护层厚度。

混凝土碳化深度应采用浓度为1%~2%的酚酞酒精溶液进行测试。同环境、同类构件抽检数量宜按10%确定，且不应小于6个。每个检测构件不应小于3个测区，测区宜布置在构件的不同侧面，并宜布置在钢筋附近；对角部钢筋宜测试钢筋处构件两侧混凝土碳化深度，碳化深度测量应精确至0.1mm；每个测区布置3个测孔，孔距应大于2倍孔径；测区碳化深度为3个测孔碳化深度的平均值。

(2) 混凝土中钢筋锈蚀状况检测宜按现行国家标准《混凝土结构现场检测技术标准》GB/T 50784执行，也可按照《既有混凝土结构耐久性评定标准》GB/T 51355执行。

混凝土中氯离子浓度测试应按现行国家标准《建筑结构检测技术标准》GB/T 50344执行，用氯离子占样品混凝土质量的百分数表示，并应精确到0.001%。样品应通过现场钻芯取样、磨粉制备。芯样直径宜取100mm；同环境、同批抽样构件数不应少于6个；每个构件上宜布置一个测区；测试混凝土表面氯离子浓度的粉末试样，应从距构件表面5mm附近取样；检测氯离子浓度分布时，应自构件表面沿深度每2mm至3mm取样，且沿深度取样不宜少于5个。

(3) 混凝土冻融损伤检测，应测量同一冻融环境混凝土构件表面剥落面积、剥落深度、最大剥落深度。剥落深度可采用靠尺及塞尺测量。冻融损伤宜全数检测。构件应测试所有表面的剥落面积、平均剥落深度、最大剥落深度，并应精确至0.1mm；相同冻融环境构件同一表面上剥落深度测点不应少于6个，测点间距不宜小于100mm。

(4) 混凝土硫酸盐腐蚀剥落深度开采用靠尺及塞尺测量。

(5) 混凝土中硫酸根离子浓度按现行国家标准《水泥化学分析方法》GB/T 176中SO_3含量测定方法确定，样品应通过现场钻芯取样、切片制备。相同混凝土配合比的芯样应为一组，每组芯样数量不应少于3个；当构件已经出现混凝土开裂或剥落、钢筋锈蚀等明显劣化现象时，每组芯样的取样数量应增加一倍，钻芯取样前应测试芯样部位的剥落深度；钻芯深度不应小于混凝土保护层厚度；检测硫酸根离子浓度在混凝土试样内的分布时，应自硫酸盐腐蚀表面沿深度方向切片取样，且切片数不宜少于5个；切片样品制备应去除混凝土试样中粗骨料，将试样砂浆砸碎、研磨至全部通过公称直径为0.08mm的筛；并将砂浆粉末置于（105±5）℃烘箱中烘干2h，取出后放入干燥器冷却至室温后进行硫酸根离子浓度测试，并应精确值0.01%。

(6) 混凝土碱含量检测应按现行国家标准《水泥化学分析方法》GB/T 176执行，骨料碱活性检测应按照现行国家标准《建筑用卵石、碎石》GB/T 14685、《建筑用砂》GB/T 14684执行。样本应通过现场钻芯取样。碱含量相同时，同环境、同类构件抽样数不应少于6个；骨料活性检测宜采用岩相分析法，同环境、同类构件抽样数不应少于3个；碱含量、骨料活性检测的试样，每个构件宜钻取1个直径为100mm的芯样。

(7) 碱-骨料反应导致的混凝土膨胀可采用测长法检测。应在构件不同部位钻取芯样，数量不应少于 3 个；芯样直径宜取 100mm，且不应小于 70mm，长度不应小于两倍芯样直径；芯样两端磨平后粘上测头制成测长试件，先在自然条件下养护 7d，量取此时长度为初始长度，然后将试件放入（38±2）℃、90％以上湿度环境中养护，每周读数一次，并计算试件的膨胀率，试验周期宜为 12 个月，且不应少于 3 个月。

（8）检测参数取值应符合以下规定：混凝土保护层厚度应为同一测区受力钢筋保护层厚度的平均值；混凝土碳化深度应为同一测区受力钢筋部位混凝土碳化深度的平均值；混凝土强度应取混凝土强度推定值；混凝土锈胀裂缝宽度应取同一测区混凝土表面最大锈胀裂缝宽度；环境温度、湿度应取年平均混凝土温度和年平均相对湿度；对室内构件，有实测数据时，应取实测数据的平均值。

38.5　结构耐久性评定方法

（1）不同环境作用下混凝土结构耐久性评定方式介绍

1）一般环境混凝土结构耐久性评定

一般环境混凝土结构耐久性应按照以下极限状态评定：

① 钢筋开始锈蚀极限状态。

② 混凝土保护层锈胀开裂极限状态。

③ 混凝土保护层锈胀裂缝宽度极限状态。

其中钢筋开始锈蚀极限状态应为混凝土中性化诱发钢筋脱钝的状态；混凝土保护层锈胀开裂极限状态应为钢筋锈蚀产物引起混凝土保护层开裂的状态；混凝土保护层锈胀裂缝宽度极限状态应为混凝土保护层锈胀裂缝宽度达到限值时对应的状态。

2）氯盐侵蚀环境混凝土结构耐久性评定

与一般环境作用下耐久性极限状态不同的是，氯盐侵蚀环境下混凝土结构耐久性评定极限状态为钢筋开始锈蚀状态和混凝土保护层锈胀开裂极限状态。其中，钢筋开始锈蚀状态应为钢筋表面氯离子浓度达到钢筋脱钝临界氯离子浓度的状态；混凝土保护层锈胀开裂极限状态应为钢筋锈蚀产物引起混凝土保护层开裂的状态。

3）冻融环境混凝土结构耐久性评定

冻融环境混凝土结构耐久性评定应根据引起钢筋锈蚀的原因，分一般冻融环境、寒冷地区海洋环境和除冰盐环境作用下，按照以下极限状态评定：

① 混凝土构件表面剥落极限状态：冻融环境作用引起混凝土构件表层水泥浆脱落、粗骨料外露，构件表面剥落达到剥落率限值、剥落深度限制的状态。

② 钢筋锈蚀极限状态：钢筋开始锈蚀极限状态、混凝土保护层锈胀开裂极限状态。

4）硫酸盐侵蚀环境混凝土结构耐久性评定

硫酸盐侵蚀环境混凝土结构耐久性应按照混凝土构件腐蚀损伤极限状态评定。混凝土构件腐蚀损伤极限状态应为混凝土腐蚀损伤达到极限值的状态。混凝土腐蚀损伤深度限值对钢筋混凝土构件取混凝土保护层厚度，对素混凝土构件应取截面最小尺寸的 5％ 与 70mm 二者中的较小值。保护层脱落、表面外观损失已造成混凝土构件不满足相应的使用功能时，混凝土构件耐久性等级应评为 c 级。当硫酸钠、硫酸镁、氯盐等多种盐共同作用时，存在明显干湿循环作用，混凝土硫酸盐腐蚀主要表现为盐结晶物理破坏时，应根据专项论证进行。

5）混凝土碱-骨料反应耐久性评定

混凝土碱-骨料反应耐久性等级可根据混凝土含碱量、骨料活性、混凝土表面状况和服役环境进行评定。服役环境可划分为干燥环境、潮湿环境和含碱环境。混凝土碱-骨料反应耐久性可根据现场检测和室内试验结果评定。干燥环境下可不进行混凝土碱-骨料反应耐久性评定。

（2）简易评估方法介绍

1）混凝土结构耐久性评估

依据《民用建筑可靠性鉴定标准》GB 50292—2015 附录 C 的相关规定对混凝土结构的耐久性进行评估。

① 混凝土结构、构件的耐久性评估，应根据不同环境条件对下列项目进行现场调查与检测：

1. 结构所处环境的温度和湿度；

2. 混凝土强度等级；

3. 混凝土保护层厚度；

4. 混凝土碳化深度；

5. 临海大气氯离子含量、临海建筑混凝土表面氯离子浓度及其沿构件深度的分布；

6. 严寒及寒冷地区混凝土饱水程度；

7. 混凝土构件锈蚀状况、冻融损伤程度。

② 混凝土结构或构件的耐久年限应根据其所处环境条件以及现场调查与检测结果按下列规定进行评估：

1. 在使用年限内严格不允许出现锈胀裂缝的钢筋混凝土结构、以钢丝或钢绞线配筋的重要预应力构件，应将钢筋、钢丝或钢绞线开始锈蚀的时间作为耐久性失效的时间；

2. 一般结构宜以混凝土保护层锈胀开裂的时间作为耐久性失效的时间；

3. 冻融环境下可将混凝土表面出现轻微剥落的时间作为耐久性失效的时间。

③ 混凝土结构或构件的剩余耐久年限应为评估的耐久年限扣除已使用年限。

④ 耐久性评估时，各项计算参数应按下列规定采用：

1. 保护层厚度应取实测平均值；

2. 混凝土强度应取现场实测抗压强度推定值；

3. 碳化深度应取钢筋部位实测平均值；

4. 对薄弱构件或薄弱部位，如保护层厚度较小，混凝土强度较低，所处环境最为不利等，宜按其最不利参数单独进行评估；

5. 环境温度、湿度应取建成后历年年平均温度的平均值和年平均相对湿度的平均值。构件同时处于两种环境条件时，应取不利的环境条件评估构件耐久年限，同时还应根据检测时刻的构件实际状态，合理选择局部环境系数、环境温湿度等计算参数。

⑤ 根据上述的耐久性调查结果，依据《民用建筑可靠性鉴定标准》GB 50292—2015 附录 C.2，C.3，C.4。分别对一般大气环境下、近海大气环境下、冻融环境下的钢筋混凝土构件耐久性进行评定。

2）钢结构耐久性评估

依据《民用建筑可靠性鉴定标准》GB 50292—2015 附录 D 的相关规定对钢结构的耐久性进行评估，适用于一般大气条件下民用建筑普通钢结构的耐久性评估。

① 钢结构构件的耐久性评估，应在安全性鉴定合格的基础上进行。当安全性鉴定不合格时，应待采取加固措施后进行评估。

② 钢结构构件的耐久性评估，应根据其使用环境和使用条件，对下列项目进行调查、检测和计算：

1. 涂装防护层的质量状况；

2. 锈蚀或腐蚀损伤状况。

③ 钢结构构件的耐久性评估，应包括耐久性等级评定和剩余耐久年限评估。

④ 根据上述耐久性调查结果，依据《民用建筑可靠性鉴定标准》GB 50292—2015 附录 D.2 的相关内容，根据涂装防护层质量和锈蚀损伤两项目所评的等级为依据，对钢结构构件的耐久性等级进行评定。依据《民用建筑可靠性鉴定标准》GB 50292—2015 附录 D.3 的相关内容，根据其使用环境、涂装等因素对钢结构构件的剩余使用年限进行评估，在钢构件剩余耐久年限评估基础上，评定其整体结构的剩余耐久年限。

3）砌体结构耐久性评估

砌体结构或构件的耐久性评估，应根据不同环境条件对下列项目进行现场调查与检测：

1. 结构所处环境的温度和湿度应取年平均值的历年平均值；

2. 块体与砂浆强度；

3. 砌体构件中钢筋的保护层厚度和钢筋锈蚀状况；

4. 近海大气氯离子含量、近海砌体结构中混凝土或砂浆表面的氯离子浓度；

5. 微冻、严寒及寒冷地区块体饱水状况；

6. 块体、砂浆的风化、冻融损伤程度。

砌体结构或构件的剩余耐久年限应根据其所处环境条件以及现场调查与检测结果，依据《民用建筑可靠性鉴定标准》GB 50292—2015 附录 E.2 对块体和砂浆的剩余使用年限进行评估，依据《民用建筑可靠性鉴定标准》GB 50292—2015 附录 E.3 对砌体中钢筋的剩余使用年限进行评估，并应根据两者的评估结果，按最低的剩余耐久年限取用。

4）层次分析法介绍

该方法全面考虑了影响耐久性的各种因素通过对构件的耐久性检测确定耐久性指标和权重依次对各个构件和整个结构进行耐久性评定。该方法简单易行但由于很难用定量的方法描述事物并且指标的权重及评分依赖于专家经验因而客观性较差，但是它程序少、费用低，所以至今在较单纯的工程项目中仍常采用。

根据《既有混凝土结构耐久性评定标准》GB/T 51355—2019 的相关要求，对结构进行调查和检测，并对各类环境作用下构件的钢筋和混凝土的耐久性进行评定，根据构件评定的结果，按构件、评定单元两个层次，按三个等级根据《既有混凝土结构耐久性评定标准》GB/T 51355—2019 第 10 节结构耐久性综合评定：

① 构件耐久性评定

1. 评定等级

a 级：在目标使用年限内，构件耐久性满足要求，可不采取修复、防护或其他提高耐久性的措施；

　　b级：在目标使用年限内，构件耐久性基本满足要求，可不采取或部分采取修复、防护或其他提高耐久性的措施；

　　c级：在目标使用年限内，构件耐久性不满足要求，应及时采取修复、防护或其他提高耐久性的措施；

　　2. 构件耐久性等级按照各环境类别、各耐久性极限状态评定的最低等级确定。

　　3. 环境类别

环境类别	环境类型	腐蚀机理
I	一般环境	混凝土碳化及其引起的钢筋锈蚀
II	冻融环境	反复冻融导致混凝土损伤
III	海洋氯化物环境	氯盐引起钢筋锈蚀
IV	除冰盐等其他氯化物环境	除冰盐引起混凝土表面剥落损伤以及氯盐引起钢筋锈蚀
V	化学腐蚀环境	硫酸盐等化学位置对混凝土的腐蚀

　　4. 环境作用等级

环境类别　环境影响程度	轻微	轻度	中度	严重	非常严重	极端严重
I	I-A	I-B	I-C	I-D	—	—
II			II-C	II-D	II-E	
III	III-A	III-B	III-C	III-D	III-E	III-F
IV			IV-C	IV-D	IV-E	
V			V-C	V-D	V-E	V-F

　　5. 构件耐久性裕度系数

　　耐久性裕度系数根据结构所处的环境类别及作用等级、结构的技术状况，并考虑耐久重要性系数，按以下公式确定。

$$\varepsilon_d = \frac{t_{r\varepsilon}}{\gamma_0 \cdot t_\varepsilon} \tag{38-1}$$

$$\varepsilon_d = \frac{[\Omega]}{\gamma_0 \cdot \Omega} \tag{38-2}$$

　　式中：$t_{r\varepsilon}$——结构剩余使用年限；

　　　　　t_ε——目标使用年限；

　　　　　$[\Omega]$——某项性能指标的临界值；

　　　　　Ω——某项性能指标的评定值；

　　　　　γ_0——耐久重要性系数。

　　6. 构件耐久性裕度系数应取各环境类别耐久性裕度系数的最小值。当按耐久性损伤状态评定时，构件耐久性裕度系数可根据构件耐久性评定等级进行赋值，耐久性评定等级为a级可赋值2.2，b级可赋值1.4，c级可赋值0.6。

7. 耐久重要性系数 γ_0

耐久重要性系数根据结构的重要性、可修复性和失效后果确定。对重要结构，其耐久重要性等级应取为一级；对一般结构，其耐久重要性等级宜取为一级；对次要结构，其耐久重要性等级宜取为二级。对一般结构和次要结构，当构件容易修复、替换时，其耐久重要性等级可降低一级。

耐久重要性等级	耐久性失效后果	耐久重要性系数
一级	很严重	1.1
二级	严重	1.0
三级	不严重	0.9

② 评定单元耐久性评定

1. 评定等级

A 级：在目标使用年限内，评定单元耐久性满足要求，可不采取修复、防护或其他提高耐久性的措施；

B 级：在目标使用年限内，评定单元耐久性基本满足要求，可不采取或部分采取修复、防护或其他提高耐久性的措施；

C 级：在目标使用年限内，评定单元耐久性不满足要求，应及时采取修复、防护或其他提高耐久性的措施。

2. 评定单元的耐久性裕度系数

当既有混凝土结构形式简单时，评定单元的耐久性裕度系数取受检构件耐久性裕度系数的算术平均值。结构复杂时，评定单元可根据结构布置按层或单榀排架划分为若干子单元；评定单元耐久性裕度系数应取各子单元耐久性裕度系数的算术平均值。子单元耐久性裕度系数根据构件耐久性裕度系数按照以下公式确定。

当 $\varepsilon_{d,min} > 0.85\overline{\varepsilon_d}$ 时，应按下式计算：

$$\varepsilon_{d,u} = \overline{\varepsilon_d} \tag{38-3}$$

当 $\varepsilon_{d,min} \leqslant 0.85\overline{\varepsilon_d}$ 时，应按下式计算：

$$\varepsilon_{d,u} = \kappa\overline{\varepsilon_d} \tag{38-4}$$

式中：$\varepsilon_{d,min}$——n 个受检构件耐久性裕度系数的最小值；

$\overline{\varepsilon_d}$——n 个受检构件耐久性裕度系数的算术平均值；

$\varepsilon_{d,u}$——子单元的耐久性裕度系数；

κ——折减系数，当 $n \leqslant 10$ 时，取 0.90；当 $10 < n \leqslant 30$ 时，取 0.95；当 $n > 30$ 时，取 1.00。

③ 耐久性等级

耐久性裕度系数 ε_d	$\geqslant 1.8$	1.8~1.0	$\leqslant 1.0$
构件耐久性等级	a 级	b 级	c 级
评定单元耐久性等级	A 级	B 级	C 级

④ 结构耐久性按照评定单元的耐久性等级评定

5）模糊综合评估法介绍

模糊综合评价法是一种基于模糊数学的综合评价方法。该综合评价法根据模糊数学的隶属度理论把定性评价转化为定量评价，即用模糊数学对受到多种因素制约的事物或对象做出一个总体的评价。它具有结果清晰，系统性强的特点，能较好地解决模糊的、难以量化的问题，适合各种非确定性问题的解决。

钢筋混凝土结构的耐久性破坏问题与其他的失效过程有相同的一般规律，但又具有其自己的特性：首先，钢筋混凝土的破坏是一个逐渐演变的过程，它不会从结构的完好突然变成一个失效的结构，在整个过程中它经历损伤逐渐积累、由量变到质变的过程，在相隔较短的时间范围内，混凝土结构的状态一般不会发生突变。其次，影响混凝土结构耐久性的因素有很多，并且各因素之间相互影响，这些影响因素自身表现出一定的随机性，在与耐久性的关系上又表现出一定的模糊性；而且表征耐久性失效的许多信息是不清楚的，有些信息的采集也是不完全的。因而各影响因素的变化与耐久性失效之间很难找出一一对应的函数关系，很难全部或大部分采用精确的数学、力学方法进行描述。同时在结构耐久性评估中，多采用对耐久性诸如"优、良、中、差"的等级划分方法，但什么样的结构才属于耐久性能优秀（或良好、中等、较差）的结构，又很难说清楚。它们的隶属边界是不清晰的，属于模糊概念，这样的划分属于模糊划分。

模糊评估方法是以模糊集合论为理论基础应用模糊关系合成原理从多个因素对被评估事物隶属等级状况进行综合性评估的一种方法。它除了具有模糊集合的上述性质外还有其自身的特点：

1. 评估的结果是一个向量而非一个点值。这是由模糊综合评估本身的性质决定的。因为模糊综合评估的对象是具有中介过渡性的事物，所以评估结果就不应该是断然的而只能用各个等级的隶属度来表示由此才能得到被评估事物在某方面属性模糊状况的客观描述。

2. 从评估的层次来看模糊评估可以是单级评估也可以是多级评估。在采用多级评估时前一级综合评估的结果可以用作后一级评估的输入数据。这样就满足了对复杂事物的评估要求有利于最大限度地客观描述被评估的事物。

第39章
危险房屋鉴定

房屋在使用过程中，由于自然灾害和人为不当使用，各种房屋安全隐患随着环境和时间的变化逐渐显现出来，并形成由构件危险到局部危险，由局部危险到整体危险。采用《危险房屋鉴定标准》JGJ 125—2016 对房屋危险性进行评定，及时发现危险房屋，并按照房屋的危险等级及时采取处理措施，确保人民生命财产损失的最小化，为房屋安全使用保驾护航。

39.1　适用条件

《危险房屋鉴定标准》JGJ 125—2016 的适用范围为建筑高度不超过 100m 的"既有房屋"，包括工业建筑、民用建筑、公共建筑、高层建筑、文物保护建筑等。

对于有特殊要求的工业建筑和公共建筑如高温、高湿、强震、腐蚀等特殊环境下的工业与民用建筑，以及各类文物建筑、优秀历史建筑等既有房屋的鉴定还应遵照相关法律法规来进行。

多层房屋指层数不超过六层或建筑总高度不大于 24m 的房屋，对于住宅类建筑，低层建筑不再单独列出；高层房屋指层数超过六层或建筑总高度大于 24m 但不大于 100m 的房屋。

39.2　评定要求及方法

1. 评定要求

房屋危险性等级评定按照两阶段三层次进行鉴定。

（1）第一阶段鉴定

第一阶段为地基危险性鉴定。地基危险性的鉴定，在一般情况下可通过沉降观测资料和其不均匀沉降引起上部结构反应的检查结果进行判定。比如，当地基沉降速率达到一定程度，且无收敛趋势；或者由于地基不均匀沉降导致上部倾斜及开裂严重到一定程度时，可不进行第二阶段的鉴定，直接评定为危险房屋。

（2）第二阶段鉴定

第二阶段为上部结构鉴定。上部结构鉴定始于第一阶段地基评定鉴定为非危险状态时，即综合考虑房屋基础、上部结构（含地下室）的情况再做出判断。

（3）上部结构鉴定三个层次

第一层次为构件危险性鉴定。即根据构件的承载力验算结果、变形情况、结构损伤等情况进行判定，其等级评定结果为危险构件和非危险构件两类；

第二层次为楼层危险性鉴定。即在考虑楼层位置、构件类型、构件位置等因素的情况下，确定危险构件数量占楼层构件总数的综合比例，根据综合比例的大小判定楼层的危险性等级，将楼层危险性等级评定为 A_u、B_u、C_u、D_u 四个等级；

第三层次为房屋危险性鉴定。即综合考虑各楼层的危险性及分布情况，综合评定房屋的危险性等级，房屋危险性等级评定为 A、B、C，D 四个等级。

2. 评定方法

《危险房屋鉴定标准》JGJ 125—2016，提出鉴定方法为综合评定方法。无论是基于模糊数学的隶属度法，还是贴近度法、加权平均法、模糊层次分析法及面积法，归根到底都是以危险构件或危险面积占房屋整体比重的大小，作为判断房屋危险性程度的一个指标。

新"危标"提出的综合评定方法，基本以"全面分析，综合判断"为原则，通过每一危险构件考虑多变量因素对整幢房屋的影响，按照房屋危险构件综合比例大小和危险性程度判定，来评定房屋的危险性等级。

危险性程度判定的主要包括：各危险构件的损伤程度；危险构件在整幢房屋中的重要性、数量和比例；危险构件相互间的关联作用及对房屋整体稳定性的影响；周围环境、使用情况和人为因素对房屋结构整体的影响；房屋结构的可修复性等。

39.3 评定内容及等级形式

1. 评定主要内容

房屋危险性鉴定分别从构件、楼层、房屋的角度判定其危险性，以房屋的地基、基础及上部结构构件的危险性程度判定为基础，并进行全面分析和综合判断，最终按危险程度大与小评定为 A、B、C、D 四级。

（1）构件危险程度判定

构件危险性的鉴定，即根据构件的承载力验算结果、变形情况、构件损伤等情况进行判定，其等级评定为危险构件和非危险构件两类。在构件承载力计算中，引入了抗力与效应之比调整系数 ϕ，根据房屋的建造年代不同，ϕ 取用不同的数值。

建筑设计规范每一期的结构可靠度修订，均较前一期有不同程度地提高，但同时产生以下问题：

1）不同时期所采用的规范标准不同，当初建造的房屋在结构形式、建造材料，施工等各方面均可能无法达到现行规范的要求。

2）采用现行设计规范评定当初建造的既有建筑显得过于保守，使得当某幢房屋在完全满足当初设计规范的情况下，采用现行设计规范验算后竟出现大量承载力不足的现象，显然不甚合理。

3）使用现行设计规范评定当初建造的既有建筑，特别是在房屋危险性鉴定中，会造成大量原本满足当初设计规范的构件被"算"出来是危险的。

4）我国建筑设计规范结构可靠度的三次调整，有明显逐步提高趋势。如：

① 从材料分项系数、材料强度取值、承载力计算方法等，影响结构抗力的参数；

② 从荷载取值影响作用效应的参数；

③ 从分析计算其结构抗力与作用效应之比、发现砌体构件受压承载力、混凝土结构正截面及斜截而承载力、木构件受拉及受弯承载力与相应的作用效应之比均有不同程度的降低。

5）基于"满足当初建造时的设计规范要求即为安全"的原则，《危险房屋鉴定标准》JGJ 125—2016 对 1989 年以前建造、1989～2002 年间建造及 2002 年以后建造三个时期房屋结构抗力与作用效应之比进行了调整，调整系数 ϕ 的取值见表 39-1。

结构构件抗力与效应之比调整系数（ϕ）　　　　表 39-1

构件类型 房屋类型	砌体构件	混凝土构件	木构件	钢构件
Ⅰ	1.15(1.10)	1.20(1.10)	1.20(1.15)	1.00
Ⅱ	1.05(1.00)	1.10(1.05)	1.10(1.05)	1.00
Ⅲ	1.00	1.00	1.00	1.00

注：1. 房屋类型按建造年代分类，Ⅰ类场屋指 1989 年以前建造的房屋，Ⅱ类房屋指 1989—2002 年间建造的房屋，Ⅲ类房屋是指 2002 年以后建造的房屋；
　　2. 对楼面活荷载标准值在历次《建筑结构荷载规范》GB 50009 修订中未调高的试验室、阅览室、会议室、食堂、餐厅等民用建筑及工业建筑，采用括号内数值。

（2）楼层危险程度判定

基础及上部结构（含地下室）楼层危险性等级按以下准则判定，其中 R_f 为基础层危险构件综合比例，R_{si} 为第 i 层危险构件综合比例。

1）当 $R_f=0$ 或 $R_{si}=0$ 时，楼层危险性等级评定为 A_u 级；

2）当 $0<R_f<5\%$ 或 $0<R_{si}<5\%$ 时，楼层危险性等级评定为 B_u 级；

3）当 $5\%\leqslant R_f<25\%$ 或 $5\%\leqslant R_{si}<25\%$ 时，楼层危险性等级评定为 C_u 级；

4）当 $R_f\geqslant25\%$ 或 $R_{si}\geqslant25\%$ 时，楼层危险性等级评定为 D_u 级。

"危标"在确定楼层危险性等级时，考虑了各构件承载类型，对中柱、边柱、角柱、中梁、边梁、楼板及围护构件分别赋予不同的权重系数。并规定当下层竖向构件评定为危险构件时，其上部楼层该轴线位置的竖向构件均计入危险构件数量。在分层计算时，对于局部地下室或局部出屋面楼层，可合并归入相邻楼层计算危险构件综合比例，不单独作为一层计算。

（3）房屋整体危险程度判定

房屋整体的危险性等级判定，采用房屋整体结构（含地下室）危险构件综合比例值 R，并结合基础、楼层（含地下室）危险性等级两个参数进行综合判定。主要是针对计算房屋整体结构（含地下室）危险构件综合比例时，不能反映危险构件的分布情况，特别是当危险构件集中出现在某层或集中出现在各层的同一部位时，整体结构（含地下室）危险构件综合比例所代表的计算结果可能导致其危险程度降低，增加楼层危险性等级判定后，可有效避免这类情况的出现。

1）$R=0$，基础及上部结构楼层（含地下室）危险性等级只含 A_u 级，评定为 A 级；

2）$0<R_f<5\%$，当基础及上部结构楼层（含地下室）危险性等级不含 D_u 级时，评定为 B 级，否则评定为 C 级；

3）$5\%\leqslant R_f<25\%$，当基础及上部结构楼层（含地下室）危险性等级为 D_u 级的层数不超过 $(F+B+f)/3$ 时，评定为 C 级，否则评定为 D 级；

4）$R_f\geqslant25\%$ 时，评定为 D 级。

（4）关联性判定

在地基、基础、上部结构构件危险性的判断上，应考虑其危险关联度。当构件危险性呈关联状态时，应联系结构的关联性判定其影响范围。

（5）直接评定

对传力体系简单的两层及两层以下房屋，可根据危险构件影响范围直接评定其危险性等级。

2. 评定等级形式

房屋危险性鉴定应以幢为鉴定单位，通过房屋的地基基础及上部结构两个阶段的等级，定进行综合分析，分别从构件、楼层、房屋整体危险程度的判定其危险性，由小到大评定等级。

（1）房屋基础及楼层危险性鉴定等级

1）A_u 级：无危险点；

2）B_u 级：有危险点；

3）C_u 级：局部危险；

4）D_u 级：整体危险。

（2）房屋危险性鉴定等级划分

1）A 级：无危险构件，房屋结构能满足安全使用要求；

2）B 级：个别结构构件评定为危险构件，但不影响主体结构安全，基本能满足安全使用要求；

3）C 级：部分承重结构不能满足安全使用要求，房屋局部处于危险状态，构成局部危房；

4）D 级：承重结构已不能满足安全使用要求，房屋整体处于危险状态，构成整幢危房。

39.4 危险房屋的处理

被评定为存在危险的构件或处于危险等级状态的房屋，必须提出处理建议，这是危险房屋鉴定的重要目的。在处理危险房屋的认识上，包括部分政府管理人员在内的相当数量的人们，认为当房屋被判定为危房后，就要立即进行拆除，这是不科学的，既造成经济上的浪费，又不利于社会矛盾的解决。

每幢危险房屋主体结构实际受损程度的轻重都不尽相同，且不同结构体系、不同结构类型的房屋，在对其主体结构危险构件进行解危排险时，操作难易程度也各不相同。因此对于危险房屋的处理，应根据房屋自身的结构特点以及实际使用情况酌情采取合理的处理措施。"危标"参照《城市危险房屋管理规定》的内容编写了如下规定，作为处理建议，为相关人员处理危险房屋时提供依据。

（1）观察使用：适用于采取适当安全技术措施后，尚能短期使用，但需继续观察的房屋。

（2）处理使用：适用于采取适当技术措施后，可解除危险的房屋。

（3）停止使用：适用于已无修缮价值，暂时不便拆除，又不危及相邻建筑和影响他人安全的房屋。

（4）整体拆除：适用于整幢危险且无修缮价值，需立即拆除的房屋。

（5）按相关规定处理：适用于有特殊规定的房屋，如文物建筑或认定具有保护价值的历史建筑等。

第40章
房屋结构综合安全性鉴定

《北京市房屋结构综合安全性鉴定标准》DB 11/637—2015 建立了结构安全性与抗震鉴定相结合的房屋结构综合安全性鉴定方法和鉴定结果的综合评定机制，对以前各自进行结构安全性鉴定和抗震鉴定的弊端进行分析总结，对综合评定的分级类别和相应的评价指标进行分析研究，该标准用以统一既有建筑的结构安全性与抗震鉴定相结合的房屋结构综合安全性鉴定方法的程序、内容和评价指标等。

40.1　适用条件

本标准适用范围为北京市行政区域内依法建造或依法登记的既有居住建筑、公共建筑、工业建筑等。依据国家、行业、北京市现行的有关房屋建筑安全鉴定、抗震鉴定标准并结合北京市房屋建筑鉴定的实际而编制的，该标准着重规定房屋结构综合安全性鉴定的原则、内容和评级要求。

40.2　评定要求及方法

1. 评定要求

在下列情况下，应进行房屋结构综合安全性鉴定：

(1) 达到设计工作年限需要继续使用的。

(2) 原设计未考虑抗震设防或抗震设防烈度提高地区的甲类和乙类建筑。

(3) 变动房屋主体和承重结构降低了房屋结构安全性与抗震性能的。

(4) 拟进行结构改造，改变房屋使用用途或抗震设防类别提高的。

(5) 存在较严重的质量缺陷、变形、疲劳、受力裂缝或钢筋、钢材锈蚀等损伤的。

(6) 出现地基不均匀沉降导致结构损伤、变形的。

(7) 毗邻的建设工程施工影响房屋建筑使用和结构安全性与抗震性能的。

(8) 房屋使用安全检查或房屋安全评估发现房屋建筑存在严重安全隐患的。

(9) 因事故导致结构整体损伤或房屋建筑灾害损伤修复、处理前的鉴定。

(10) 因缺少资料等未进行正常施工质量验收的房屋建筑。

(11) 需要确认房屋结构安全和抗震性能的。

在下列情况下，当不影响建筑整体抗震性能时，可仅进行房屋结构安全性鉴定：

(1) 房屋因局部改造（不包括局部加层）而影响其周边的结构构件安全的；

（2）因灾害或者事故导致结构局部损伤的；

（3）正常使用中发现结构构件存在安全隐患的；

（4）房屋使用安全检查或房屋安全评估发现房屋建筑存在局部安全隐患的；

在下列情况下，应依据相关规范的规定进行房屋建筑专项鉴定：

（1）对维修改造有专门要求的；

（2）结构需进行耐久性治理的；

（3）结构存在明显的振动影响的；

（4）结构或地基需进行长期监测的。

2. 评定方法

（1）在房屋结构安全性鉴定中，应检查作用在鉴定对象上的实际荷载超过原设计或现行设计规范所规定的荷载标准值的情况，对于出现超载的结构或者结构构件，应进行该实际荷载作用下的结构安全性验算，当结构构件出现涉及安全的损伤时应提出采取相应措施的建议。

（2）房屋建筑抗震鉴定，应根据下列情况区别对待：

1）建筑结构类型不同的结构，其检查的重点、项目内容和要求不同，应采用不同的鉴定方法。

2）对重点部位与一般部位，应按不同的要求进行检查和鉴定；

3）对抗震性能有整体影响的构件和仅有局部影响的构件，在综合抗震能力分析时应分别对待。

（3）房屋结构综合安全性鉴定，应对结构安全性鉴定、建筑抗震鉴定的评级结果进行综合评定，并应符合下列要求：

1）应根据不同类型结构中不同构件的受力特点、是否包括地震作用效应组合来确定结构综合安全性评级中不同构件集归属于结构安全性或抗震能力的评级。

2）当结构安全性鉴定中的整体构造、结构构件连接构造低于抗震鉴定的宏观控制和构造措施时，结构安全性鉴定的结构构件和主体结构子系统的安全性评级均可不再考虑相应的构造与连接项目。

40.3 评定内容及鉴定形式

1. 评定内容

（1）构件

1）砌体结构构件

砌体结构构件的安全性鉴定，应按构件承载能力、构造和连接、变形与损伤三个项目评定，并取其中较低一级作为该构件的安全性等级。

砌体房屋的抗震鉴定，应按房屋高度和层数、结构体系的合理性、墙体材料的实际强度和结构与构件变形与损伤、房屋整体性连接构造的可靠性、局部易倒塌部位构件自身及其与主体结构连接构造的可靠性以及墙体抗震承载力的综合分析，对鉴定单元的抗震能力进行鉴定。

在砌体房屋结构综合安全性鉴定中，砌体结构构件的安全性鉴定可依据砌体墙、承重梁和楼（屋）盖的承载力验算结果和变形与损伤项目进行构件安全性评级。

2）混凝土结构构件

混凝土结构构件的安全性等级应按承载能力、构造和连接、变形与损伤三个检查项目评定，并取其中较低一级作为该构件的安全性等级。

钢筋混凝土房屋的抗震鉴定，应按结构体系的合理性、结构材料的实际强度、结构构件的钢筋配置和构件连接的可靠性、填充墙与主体结构的拉结构造的可靠性、结构与构件变形与损伤以及构件集抗震承载力的综合分析，对鉴定单元的抗震能力进行鉴定。

在混凝土结构房屋结构综合安全性鉴定中，混凝土结构构件的安全性鉴定可仅对楼板的承载力验算结果和变形与损伤项目进行构件安全性评级，框架柱、梁、抗震墙和连梁等构件承载力验算应按抗震承载力构件进行评级。

3）钢结构构件

钢结构构件的安全性鉴定，应按承载能力、构造和连接、变形与损伤三个项目评定，分别评定每一受检构件等级；钢结构节点、连接域的安全性鉴定，应按承载能力和构造、变形与损伤三个检查项目，分别评定每一节点、连接域等级。

钢结构房屋的抗震鉴定，应按结构体系的合理性、钢结构材料的实际强度、结构构件连接的可靠性、构件长细比、截面板件宽厚比和非结构构件与主体结构的拉结构造的可靠性、结构与构件变形与损伤以及构件集抗震承载力的综合分析，对鉴定单元的抗震能力进行鉴定。

钢结构房屋结构综合安全性鉴定中，钢结构结构构件的安全性鉴定可仅对楼板的承载力验算结果和变形与损伤项目进行构件安全性评级，框架（排架）梁、柱、支撑构件应按抗震承载力构件进行评定。

4）砖木结构构件

砖木结构构件的安全性鉴定，应分别按砌体构件和木构件的承载能力、构造和连接、变形与损伤三个项目评定和以三个项目中较低一级作为该种构件的评级。

砖木结构房屋的抗震鉴定，应按房屋高度和层数、结构体系的合理性、墙体材料的实际强度、房屋整体性连接构造的可靠性、局部易倒塌伤人部位构件自身及其与主体结构连接构造的可靠性、结构与构件变形与损伤状况进行评定。

在砌体房屋结构综合安全性鉴定中，砌体结构构件的安全性鉴定可依据砌体墙、承重梁和楼（屋）盖的承载力验算结果和变形与损伤项目进行构件安全性评级。

（2）子系统评定

1）场地、地基和基础

地基基础（子系统）的安全性鉴定评级，应按地基变形或地基基础承载力的评定结果进行确定。对于建在斜坡场地的房屋建筑，还应按边坡场地稳定性的评定结果进行确定。

2）主体结构

主体结构（子系统）的安全性鉴定评级，应按结构整体性和结构承载能力两个项目进行评定，并取其中较低的评定等级作为上部承重结构的安全性等级。

2. 评定等级形式

（1）房屋结构安全性鉴定

房屋建筑结构安全性鉴定评级的层次、等级划分以及工作步骤和内容，应符合下列规定：

结构安全性的鉴定评级，应分为构件（含节点、连接）、子系统、鉴定系统三个层次评定。每一层次分为四个安全性等级，并应按表 40-1 规定的检查项目和步骤，从第一层开始，逐层进行：

1）根据构件各检查项目评定结果，确定单个构件的安全性等级；

2）根据子系统各检查项目及典型楼层各构件集的评定结果，确定子系统的安全性等级；

3）根据各子系统的评定结果，确定鉴定单元安全性等级。

各层次安全性鉴定评级，应以该层次安全性的评定结果为依据确定。

当仅要求鉴定某层次的安全时，检查和评定工作可只进行到该层次相应程序规定的步骤。

结构安全性鉴定评级的层次、等级划分及工作内容　　　　　表 40-1

层次	一	二		三
层名	构件	子系统		鉴定系统
等级	a_u、b_u、c_u、d_u	A_u、B_u、C_u、D_u		A_{su}、B_{su}、C_{su}、D_{su}
地基基础	—	地基变形评级	地基基础评级	鉴定系统安全性评级
		地基稳定性评级（斜坡）		
	按同类材料构件各检查项目评定单个基础等级	基础承载力评级		
主体结构	按承载能力、构造与连接、变形与损伤等检查项目评定单个构件等级	每种构件集评级	主体结构评级	
	—	按结构布置、支撑、圈梁、结构间连接等检查项目评定结构整体性等级		

注：1. 表中地基基础包括桩基和桩。

2. 单个构件应按《房屋结构综合安全性鉴定标准》DB 11/637—2015 附录 B 划分。

房屋结构安全性鉴定评级的各层次分级标准，应按表 40-2 的规定采用。

安全性鉴定分级标准　　　　　表 40-2

层次	鉴定对象	等级	分级标准	处理要求
一	单个构件或其检查项目	a_u	符合北京市地方标准《房屋结构综合安全性鉴定标准》DB 11/637 及现行规范与标准的安全性要求，具有安全性能	不必采取措施
		b_u	略低于北京市地方标准《房屋结构综合安全性鉴定标准》DB 11/637 及现行规范与标准对 a_u 级的安全性要求，尚不影响安全性能	仅需采取措施
		c_u	不符合北京市地方标准《房屋结构综合安全性鉴定标准》DB 11/637 及现行规范与标准对 a_u 级的安全性要求，影响安全性能	应采取措施
		d_u	极不符合北京市地方标准《房屋结构综合安全性鉴定标准》DB 11/637 及现行规范与标准对 a_u 级的安全性要求，已严重影响安全性能	必须立即采取措施

层次	鉴定对象	等级	分级标准	处理要求
二	子系统或子项的鉴定项目	A_u	符合北京市地方标准《房屋结构综合安全性鉴定标准》DB 11/637 及现行规范与标准的安全性要求,不影响整体安全性能	可能有个别构件应采取措施
		B_u	略低于北京市地方标准《房屋结构综合安全性鉴定标准》DB 11/637 及现行规范与标准对 A_u 级的安全性要求,仍能满足结构安全性的下限水平要求,尚不明显影响整体安全性能	可能有极少数构件应采取措施
		C_u	不符合北京市地方标准《房屋结构综合安全性鉴定标准》DB 11/637 及现行规范与标准对 A_u 级的安全性要求,影响整体安全	应采取措施,且可能有极少数构件必须立即采取措施
		D_u	极不符合北京市地方标准《房屋结构综合安全性鉴定标准》DB 11/637 及现行规范与标准对 A_u 级的安全性要求,已严重影响整体安全性能	必须立即采取措施
三	鉴定系统	A_{su}	符合北京市地方标准《房屋结构综合安全性鉴定标准》DB 11/637 及现行规范与标准的安全性要求,不影响整体安全性能	可能有极少数一般构件应采取措施
		B_{su}	略低于北京市地方标准《房屋结构综合安全性鉴定标准》DB 11/637 及现行规范与标准对 A_{su} 级的安全性要求,仍能满足结构安全性的下限水平要求,尚不明显影响整体安全性能	可能有极少数构件应采取措施
		C_{su}	不符合北京市地方标准《房屋结构综合安全性鉴定标准》DB 11/637 及现行规范与标准对 A_{su} 级的安全性要求,影响整体安全性能	应采取措施,且可能有极少数构件必须立即采取措施
		D_{su}	极不符合北京市地方标准《房屋结构综合安全性鉴定标准》DB 11/637 及现行规范与标准对 A_{su} 级的安全性要求,已严重影响整体安全性能	必须立即采取措施

注:1. 对 a_u 级和 A_u 级的具体要求以及对其他各级不符合该要求的允许程度,分别由现行北京市地方标准《房屋结构综合安全性鉴定标准》DB 11/637 第6~第10章给出。

(2) 建筑抗震鉴定

A 类、B 类房屋建筑抗震能力鉴定评级的层次、等级划分以及工作步骤和内容,应符合下列规定:

1) 抗震鉴定评级,应按构件(楼层)、子系统和鉴定系统各分三个层次。每一层次分为四个抗震能力等级,并应按北京市地方标准《房屋结构综合安全性鉴定标准》DB 11/637 表 3.5.6 规定的检查项目和步骤,从第一层开始,逐层进行:

2) 根据构件抗震承载力评定结果,确定构件的抗震承载力等级;

3) 根据子系统抗震措施项目及抗侧力构件与其他构件集抗震承载力的评定结果,确定场地、地基和基础与主体结构子系统的抗震等级;

4) 主体结构子系统的抗震等级应按以下原则确定:

采用考虑结构体系和构造影响的楼层综合抗震能力指数方法评定主体结构抗震等级或采用构件集抗震承载力等级和抗震措施等级综合评定主体结构子系统抗震等级;

采用构件集评定抗震承载力等级时,应分别评定各楼层各类构件集的抗震承载力等级和应按较低的构件集抗震承载力等级确定，并应以楼层中最低的抗震承载力等级作为主体结构子系统的抗震承载力等级；

取主体结构子系统抗震承载力等级和抗震措施等级中较低的抗震等级作为主体结构子系统的抗震等级。

5）根据场地、地基基础和主体结构子系统的评定结果，取子系统中较低一级作为鉴定系统的抗震等级作为建筑整体的抗震等级。

6）各层次抗震鉴定评级，应以该层次抗震能力的评定结果为依据确定。

抗震鉴定评级的层次、等级划分及工作内容　　　　表 40-3

层次	一	二		三
层名	构件	子系统		鉴定系统
等级	a_e、b_e、c_e、d_e	A_e、B_e、C_e、D_e		A_{se}、B_{se}、C_{se}、D_{se}
场地、地基和基础	—	场地评级	场地、地基基础抗震评级	建筑整体抗震评级
	—	地基变形评级		
	按同类材料构件评定单个基础抗震承载力评级	基础构件集抗震承载力和连接构造评级		
主体结构	—	考虑结构体系和局部影响系数的楼层综合抗震能力指数评级	综合主体结构抗震承载力和抗震措施的评级	
	各类构件抗震承载力评级	楼层抗侧力构件集及其他构件集抗震承载力评级		
	—	结构体系、结构布置和结构抗震构造措施的抗震措施评级		

房屋建筑抗震鉴定评级的各层次分级标准，应按表 40-4 的规定采用。

抗震鉴定各层次分级标准　　　　表 40-4

层次	鉴定对象	等级	分级标准	处理要求
一	构件	a_e	符合《建筑抗震鉴定标准》GB 50023 和北京市地方标准《房屋结构综合安全性鉴定标准》DB 11/637 的抗震要求	不必采取措施
		b_e	略低于《建筑抗震鉴定标准》GB 50023 和北京市地方标准《房屋结构综合安全性鉴定标准》DB 11/637 对 a_e 级的抗震要求，尚不影响抗震承载力	可不采取措施
		c_e	不符合《建筑抗震鉴定标准》GB 50023 和北京市地方标准《房屋结构综合安全性鉴定标准》DB 11/637 对 a_e 级的抗震要求，影响抗震能力	应采取措施
		d_e	严重不符合《建筑抗震鉴定标准》GB 50023 和北京市地方标准《房屋结构综合安全性鉴定标准》DB 11/637 对 a_e 级的抗震要求，已严重影响抗震能力	必须采取措施
二	子系统	A_e	符合《建筑抗震鉴定标准》GB 50023 和北京市地方标准《房屋结构综合安全性鉴定标准》DB 11/637 的抗震要求，不影响整体抗震性能	可不采取措施
		B_e	略低于《建筑抗震鉴定标准》GB 50023 和北京市地方标准《房屋结构综合安全性鉴定标准》DB 11/637 对 A_e 级的抗震要求，尚不显著影响整体抗震性能	可能有个别构件或局部构造应采取措施

层次	鉴定对象	等级	分级标准	处理要求
二	子系统	C_e	不符合《建筑抗震鉴定标准》GB 50023 和北京市地方标准《房屋结构综合安全性鉴定标准》DB 11/637 对 A_e 级的抗震要求，显著影响整体抗震性能	应采取措施，且可能有楼层或地基基础的抗震承载力或构造措施必须采取措施
		D_e	严重不符合《建筑抗震鉴定标准》GB 50023 和北京市地方标准《房屋结构综合安全性鉴定标准》DB 11/637 对 A_e 级的抗震能力要求，严重影响整体抗震性能	必须采取房屋整体加固或拆除的措施
三	鉴定系统	A_{se}	符合《建筑抗震鉴定标准》GB 50023 和北京市地方标准《房屋结构综合安全性鉴定标准》DB 11/637 的抗震要求，不影响整体抗震性能	可不采取措施
		B_{se}	略低于《建筑抗震鉴定标准》GB 50023 和北京市地方标准《房屋结构综合安全性鉴定标准》DB 11/637 对 A_{se} 级的抗震要求，尚不显著影响整体抗震性能	可能有个别构件或局部构造应采取措施
		C_{se}	不符合《建筑抗震鉴定标准》GB 50023 和北京市地方标准《房屋结构综合安全性鉴定标准》DB 11/637 对 A_{se} 级的抗震要求，显著影响整体抗震性能	应采取措施，且可能少数楼层或地基基础的抗震承载力或构造措施必须采取措施
		D_{se}	严重不符合《建筑抗震鉴定标准》GB 50023 和北京市地方标准《房屋结构综合安全性鉴定标准》DB 11/637 对 A_{se} 级的抗震要求，严重影响整体抗震性能	必须采取整体加固或拆除重建等措施

注：本表 A_e 级的具体要求以及对其他各级不符合该要求的允许程度，分别由现行北京市地方标准《房屋结构综合安全性鉴定标准》DB 11/637 第 6 章至第 10 章给出。

经抗震鉴定为 C_{se} 级和 D_{se} 级建筑，可根据其不符合要求的部位、程度对结构整体抗震性能影响的大小，以及结构损伤等实际情况，结合使用要求、城市规划和加固难易等因素的分析，通过技术经济比较，提出相应的维修、加固、改造或改变抗震设防类别与更新等抗震减灾对策。

（3）房屋结构综合安全性鉴定

房屋结构综合安全性鉴定中，在对地基、基础和上部结构分别进行检查、检测的基础上，应同时进行结构安全性与建筑抗震鉴定，并对影响结构安全性和抗震能力各因素进行综合分析，应分别给出明确的结构安全性与建筑抗震能力的鉴定结论与评级和房屋结构综合安全性评级以及处理对策的建议。

A 类、B 类房屋结构综合安全性鉴定，应对结构安全性鉴定、建筑抗震鉴定的评级结果进行综合评定。并应符合下列要求：

1）应根据不同类型结构中不同构件的受力特点、是否包括地震作用效应组合来确定结构综合安全性评级中不同构件集归属于结构安全性或抗震能力的评级；

2）当结构安全性鉴定中的整体构造、结构构件连接构造低于抗震鉴定的宏观控制和构造措施时，结构安全性鉴定的结构构件和主体结构子系统的安全性评级均可不再考虑相应的构造与连接项目。

建筑结构鉴定系统的安全性鉴定评级，应根据其地基基础、主体结构的安全性等级，以及与整幢建筑有关的其他安全问题进行评定。并应符合下列规定：

1）一般情况下，应根据地基基础和主体结构的评定结果按其中较低等级确定。

2）对下列任一情况，可直接评为 D_{su} 级：

a. 建筑物处于有危房的建筑群中，且直接受到其威胁；

b. 建筑物朝一方向倾斜，且速度开始变快。

房屋建筑抗震鉴定系统评级，应根据场地与地基基础、主体结构的抗震鉴定等级进行评定，并应符合下列规定：

1）一般情况下，应根据场地、地基基础子系统和主体结构子系统的抗震评定结果，按其中较低等级确定。

2）对下列任一情况，可直接评为 D_{se} 级：

a. 建筑物处于危险建筑场地；

b. 北京市地方标准《房屋结构综合安全性鉴定标准》DB 11/637 中各种类型结构体系直接评定为 D_{se} 级的。

房屋结构综合安全性鉴定评级应包括所鉴定系统的建筑结构安全性评级和建筑抗震评级，应以房屋结构安全性鉴定等级与抗震鉴定等级中较低的级别作为房屋结构综合安全性评级；并在房屋结构综合安全鉴定报告中分别给出房屋结构安全性鉴定等级、抗震鉴定等级和房屋结构综合安全性鉴定等级。

房屋结构综合安全性鉴定评级的各层次分级标准，应按表 40-5 的规定采用。

鉴定系统建筑综合安全性评级标准　　　　　　表 40-5

等级	分级标准
A_{eu}	房屋结构安全性符合现行北京市地方标准《房屋结构综合安全性鉴定标准》DB 11/637 的安全性要求，结构整体安全；建筑抗震能力符合现行国家标准《建筑抗震鉴定标准》GB 50023 和现行北京市地方标准《房屋结构综合安全性鉴定标准》DB 11/637 的要求，在后续使用年限内不影响整体安全性能和抗震性能
B_{eu}	房屋结构安全性略低于现行北京市地方标准《房屋结构综合安全性鉴定标准》DB 11/637 的安全性要求，尚不影响整体安全；或建筑抗震能力局部不符合现行国家标准《建筑抗震鉴定标准》GB 50023 和现行北京市地方标准《房屋结构综合安全性鉴定标准》DB 11/637 的要求；在后续使用年限内尚不显著影响整体安全性能或不显著影响整体抗震性能
C_{eu}	房屋结构安全性不符合现行北京市地方标准《房屋结构综合安全性鉴定标准》DB 11/637 的安全性要求，影响整体安全；或建筑抗震能力不符合现行国家标准《建筑抗震鉴定标准》GB 50023 和现行北京市地方标准《房屋结构综合安全性鉴定标准》DB 11/637 的要求；在后续使用年限内显著影响整体安全性能或显著影响整体抗震性能
D_{eu}	房屋结构安全性严重不符合现行北京市地方标准《房屋结构综合安全性鉴定标准》DB 11/637 的安全性要求，已经严重影响整体安全；或建筑抗震能力整体严重不符合现行国家标准《建筑抗震鉴定标准》GB 50023 和现行北京市地方标准《房屋结构综合安全性鉴定标准》DB 11/637 的要求

第41章
火灾后建筑结构鉴定

《火灾后工程结构鉴定标准》T/CECS 252—2019，由中国工程建设标准化协会发布，2020年4月1日开始实施。主要用于火灾后工程结构构件的安全性鉴定，火灾后工程结构整体可靠性鉴定还应依据国家现行有关标准进行。

41.1 适用条件

《火灾后工程结构鉴定标准》T/CECS 252—2019，不仅适用于火灾后工业与民用建构（筑）物的鉴定，而且适用于火灾后桥梁、隧道等工程结构构件的鉴定。结构类型除原有的混凝土结构、钢结构、砌体结构外，增加了木结构、钢-混组合结构。并以火灾后工程结构的构件安全性鉴定为主，火灾后结构整体安全性和可靠性鉴定，还需要依据国家现行有关标准进行，如现行国家标准《民用建筑可靠性鉴定标准》GB 50292、《工业建筑可靠性鉴定标准》GB 50144、《工程结构可靠性设计统一标准》GB 50153等。

41.2 评定要求及方法

1. 评定要求

火灾后工程结构鉴定对象应为工程结构整体或相对独立的结构单元。结构构件的鉴定评级分初步鉴定评级和详细鉴定评级。初步鉴定应以构件的宏观检查评估为主，鉴定评级应根据构件烧灼损伤、变形、开裂（或断裂）程度按五级（Ⅰ、Ⅱ$_a$、Ⅱ$_b$、Ⅲ、Ⅳ级）评定损伤状态等级；详细鉴定应以安全性分析为主，鉴定评级应根据检测鉴定分析结果评定a、b、c、d级。

2. 评定方法

《火灾后工程结构鉴定标准》T/CECS 252—2019的鉴定方法仍然为以极限状态分析为基础的实用鉴定法。以结构构件的安全性鉴定为主，并对整体结构进行结构分析和鉴定评级。

（1）混凝土结构、砌体结构、钢结构、木结构和钢-混组合结构房屋发生火灾后，对火灾影响的程度、范围以及房屋火灾后可靠性的判定等均应采用或参照该标准开展检测、鉴定工作，火灾后建筑物的加固、改造、设计和施工等均应在鉴定之后进行。

（2）火灾后建筑物和工程结构构件的鉴定以安全性鉴定为主。结构的可靠性鉴定可根据建筑类型，按现行国家标准"民用可标"或"工业可标"进行鉴定。

41.3 评定内容及等级形式

1. 评定主要内容

工程结构火灾后的鉴定程序可根据结构鉴定的需要分为初步鉴定和详细鉴定两阶段进行。

(1) 初步鉴定

当仅需鉴定火灾影响范围及程度时，可仅做初步鉴定。包括：火作用调查；结构现状调查与检查；初步鉴定评级。火作用调查应初步判断结构所受的温度范围和作用时间，包括调查火灾过程、火场残留物状况及火灾影响区域等。结构现状调查与检查应调查结构构件受火灾的损伤程度，包括烧灼及温度损伤状态和特征等。初步鉴定评级应根据结构构件损伤特征进行结构构件的初步鉴定评级，对于不需要进行详细鉴定的结构，可根据初步鉴定结果直接编制鉴定报告。

(2) 详细鉴定

当需要对火灾后工程结构的安全性或可靠性进行评估时，应进行详细鉴定。包括：火作用分析；结构构件专项检测分析；结构分析与构件校核；详细鉴定评级。火作用分析应根据火作用调查与检测结果，进行结构构件过火温度分析。结构构件过火温度分析应包括推定火灾温度过程及温度分布，推断火灾对结构的作用温度及分布范围，判断构件受火温度。结构构件专项检测分析应根据详细鉴定的需要，对受火与未受火结构构件的材质性能、结构变形、节点连接、结构构件承载能力等进行专项检测分析。结构分析与构件校核应根据受火结构材质特性、几何参数、受力特征和调查与检测结果，进行结构分析计算和构件校核。详细鉴定评级应根据受火后结构分析计算和构件校核分析结果，按国家现行有关标准规定进行结构整体的安全性鉴定评级或可靠性鉴定评级。

2. 评定等级形式

(1) 初步鉴定评级

火灾后结构构件的初步鉴定评级应根据构件烧灼损伤程度按下列标准评定等级。

Ⅰ级——未遭受烧灼作用，未发现火灾及高温造成的损伤，构件材料、性能及安全状况未受到火灾影响，可不采取措施；

Ⅱ$_a$级——轻微烧灼，未发现火灾及高温造成的损伤，构件材料、性能及安全状况受火灾影响不大，可不采取措施或仅采取提高耐久性的措施；

Ⅱ$_b$级——轻度烧灼，构件材料及性能受到轻度影响，火灾尚不明显影响构件安全，应采取提高耐久性或局部处理和外观修复措施；

Ⅲ级——中度烧灼，构件材料及性能受到明显影响，火灾明显影响构件安全，应采取加固或局部更换措施；

Ⅳ级——严重烧灼或破坏，结构倒塌或构件塌落，结构构件承载能力丧失或大部分丧失，危及结构安全。应立即进行安全防护，并采取彻底加固、更换或拆除的措施。

(2) 详细鉴定评级

火灾后结构构件的详细鉴定评级应根据检测、分析和校核结果评定 a，b，c，d 级。

a 级：未受到火灾影响且符合国家现行标准安全性要求，安全，可正常使用，不必采取措施；

b级：受火灾影响，或略低于国家现行标准安全性要求，不影响安全，可正常使用，宜采取适当措施；

c级：不符合国家现行标准规范要求，影响安全和正常使用，应采取措施；

d级：极不符合国家现行标准安全性要求，严重影响安全，应立即加固、更换或拆除。

参 考 文 献

[1] 中华人民共和国住房和城乡建设部. GB 50068—2018. 建筑结构可靠性设计统一标准 [S]. 北京：中国建筑工业出版社，2019.

[2] 金伟良，绿清芳，赵羽习，干伟忠. 混凝土结构耐久性设计与寿命预测研究进展 [J]. 建筑结构学报，2007，28（1）：7-13.

[3] 金伟良，钟小平，结构全寿命的耐久性与安全性、适用性的关系 [J]. 建筑结构学报，2009，30（6）：1-7.

[4] 张誉，蒋利学，张伟平，屈文俊. 混凝土结构耐久性概论 [M]. 上海：科学技术出版社，2003，12.

[5] 龚洛书，柳春圃. 混凝土的耐久性及其防护补修 [M]. 北京：中国建筑工业出版社，1990.

[6] 过镇海，时旭东. 钢筋混凝土原理和分析 [M] 北京：清华大学出版社，2003，5.

[7] 汤敏捷. 南方地区在役钢筋混凝土结构耐久性问题调查与评估 [D]. 长沙：中南大学，2012.

[8] 薛忆天，李向民，高润东，许清风，彭斌. 砌体结构耐久性研究进展 [J]. 建筑科技，2020，4（5）：13-16.

[9] 董黎明. 钢铁企业钢结构厂房耐久性模糊综合评判 [D]. 西安：西安建筑科技大学，2014.

[10] 王佩璇. 基于耐久性木结构住宅建筑的解析与建构 [D]. 扬州：扬州大学，2019.

[11] 邸小坛，周 燕. 旧建筑物的检测加固与维护 [M]. 北京：地震出版社，1992.

[12] 蔡光汀. 钢筋混凝土腐蚀机理和防腐措施探讨 [J]. 混凝土，1992（1），18-24.

[13] 张喜德. 钢筋混凝土构件耐久性的若干问题研究 [D]. 南宁：广西大学，2004.

[14] 邸小坛，高小旺，徐有邻. 我国混凝土结构的耐久性与安全问题 [C] // 土建结构工程的安全性与耐久性科技论坛. 北京：清华大学，2001.

[15] 廖新雪. 重庆地区现有混凝土结构耐久性现状研究 [D]. 重庆：重庆大学，2004.

[16] 中华人民共和国住房和城乡建设部. GB 50292—2015. 民用建筑可靠性鉴定标准 [S]. 北京：中国建筑工业出版社，2016.

[17] 中华人民共和国住房和城乡建设部. GB/T 51355—2019. 既有混凝土结构耐久性评定标准 [S]. 北京：中国建筑工业出版社，2019.

[18] 郭丰哲. 既有钢筋混凝土桥梁的耐久性检测及评估研究 [D]. 成都：西南交通大学，2005.

附录

预制构件结构性能试验检验记录表　　　　表1

委托单位_____　构件名称型号_____　生产工艺_____　生产日期_____编号_____

项目	外形尺寸 (mm)	主筋规格数量	保护层厚度 (mm)	混凝土强度 (kN/mm^2)	构件自重 (kN/m^2) (kN)	标准荷载或准永久荷载 (kN/m^2) (kN)	设计荷载 (kN/m^2) (kN)	检验允许值			
								挠度 (mm) $[a_s]$	最大裂缝宽度 (mm) $[\omega_{max}]$	抗裂检验系数 $[\gamma_{cr}]$	承载力检验系数 $[\gamma_u]$
设计											
实测											

加载模式、仪表位置偏号：　　　　　　　　试验现象(裂缝情况、破坏特征等)；

荷载 Q(kN/m^2)或 F(kN)				量测记录						挠度 (mm)	最大裂缝宽度(mm)		试验现象记录
				仪表编号									
等级	时间	加载	累计	A	B	C	D				___侧	___侧	
0													
1													
2													
3													
4													
...													
20													
结论													

负责_____　校核_____　记录_____　试验单位（公章）　试验日期_____

胶凝材料试验原始记录
JCZX-GC-D(1)-4001.1

委托编号： 来样日期： 试样编号： 试验（记录）编号：

依据标准：□GB 175—2007 □GB/T 1346—2011 □GB/T 17671—2021 □GB/T 1345—2005 □

仪器设备：

第 页 共 页

品种及强度等级：

环境条件：温度 ____ ℃ 湿度 ____ %RH

标准稠度用水量试样量

a. 标准法（ ）
P=6±1mm
实际量 P= ____ mm
加水量= ____ %
标准稠度用水量（P= ____ %）
备注：标准稠度用水量（P）按水泥质量百分比计

b. 代用法（ ）
固定水量法（ ）
S: ____ mm
P = 33.4 - 0.185S
= ____ %
注：S 若小于 13mm 应调整用水量
调整用水量法（ ）
S=30±1mm
加水量= ____ ml
标准稠度（P）= ____ %

安定性试验

水泥试样重（g） ____
加水量 ____
放入沸煮箱的时间：
沸腾时间：
结束时间：
煮后试样重（g）
结果：
备注：沸煮后观察试饼有无裂纹，用钢直尺检查是否有弯曲。当两个试件判定结果有矛盾，则判定不合格。

b. 代用法（ ）试饼法
试件 1、 2、
试件 1：A1 ____ C1 ____ C1-A1 ____
试件 2：A2 ____ C2 ____ C2-A2 ____
结果
备注：当两个试件差值大于 4.0mm 时，应重复试验，若再如此则判定不合格

凝结时间 加水时间：（ 年 月 日）：

观测时间	第一次结果	第二次结果
试探结果	第一次	第二次
试针距底板 4±1mm 时刻		
试针沉入净浆中 0.5mm 时刻		
初凝时间		
终凝时间		结果取值

保水率 成型时间

试验次数	空模质量 U,g	装满砂浆的试模质量 W,g	用水量 Y,g	吸水前砂浆中的水量 V,g	吸水后 8 张滤纸的质量 Z,g	保水率 R
						mm

备注：$Z=Y×(W-U)/1350+450+Y$ $R=[Z-(X-V)]×100/Z$ 为流动度为 180mm ~ 190mm 时的用水量

强度 样品静置时间 ____

水胶比（用水量） ____

火山灰质硅酸盐水泥、粉煤灰硅酸盐水泥、复合硅酸盐水泥和掺火山灰质硅酸盐水泥在进行胶砂强度试验时，其用水量按 0.50 水胶比和胶砂流动度不小于 180mm 来确定，当流动度小于 180mm 时，须以 0.01 的整数级递增的方法，将水胶比调整至胶砂流动度不小于 180mm。

成型时间：
养护环境：

龄期	试验时间 月 日 时 分	荷载,kN	强度,MPa	荷载,kN	强度,MPa	荷载,kN	强度,MPa
抗折							
抗压							

备注：水泥试验 养护箱条件：20℃±1℃，相对湿度不低于 90%。20℃±2℃，相对湿度不低于 50%。 试验条件：

细度 试验方法 □负压筛析法 □水筛析法 □手工筛析法

筛子孔径： 筛子修正系数 C:

试验次数	试样质量 W,g	筛余物质量 R,g	筛余百分量 F
1			
2			

备注：$F=Rt/W × 100$；$F'=F × C$；$C=Fs/Ft$，Fc ____ 标准样品的筛余标准值，Ft ____ 标准样品在试验筛上的筛余值。（C 值应在 0.80～1.20 间，否则试验筛应淘汰）。

流动度 加水时间：试模上口径：□70mm，□50mm，环境条件：

试验项目	直径 D1,mm	试模时间	直径 D2,mm	流动度,mm
初始流动度				

备注：直径 D1 与 D2 相互垂直。流动度精确至 1mm，应在加水 6min 内完成。
试验条件：（20±2）℃，相对湿度≥50%

试验（3d）： 校核（3d）：

试验（总）： 校核（总）：

砂试验原始记录
JCZX-GC-D(1)-4003.1

委托编号：＿＿＿＿　来样日期：＿＿＿＿　　　　　　　　　　第　页　共　页

依据标准：＿＿＿＿　仪器设备：＿＿＿＿　试验（记录）编号：＿＿＿＿

试验方法：□标准法　□快速法　　环境条件：温度＿＿℃　湿度＿＿%RH

筛分析（筛框尺寸：＿＿mm）

总取样质量，g								
烘干温度，℃		烘干时间			烘干质量，g			
取样质量（g）	分计筛余质量（g）	筛孔尺寸，mm						
		5.00	2.50	1.25	0.630	0.315	0.160	筛底
试验次数 第一次								
第二次								
累计筛余	—	—						
通过率								
细度模数		筛析结果						

含泥量（石粉含量）试验方法：□标准法　□虹吸管法

吸管法

总取样质量，g		烘干温度，℃	
烘干时间		烘干质量，g	
烘干时间		烘干质量，g	
浸水时间			
次数	试样质量，g	洗净烘干	
		质量，g	时间
1			
2			
含泥量			

泥块含量

总取样质量，g		烘干温度，℃	
烘干时间		烘干质量，g	
烘干时间		烘干质量，g	
浸泡烘干时间			
次数	试样质量，g	洗净烘干量	
		质量，g	时间
1			
2			
泥块含量			

含水率

次数	容器质量，g	烘干前总质量，g	烘干时间	烘干后总质量，g	烘干时间	烘干后总质量，g	含水率 平均值
1							
2							

吸水率

次数	静置时间	饱和面干试样质量，g	烧杯质量，g	烘干时间	烘干后总质量，g	烘干温度，℃	烘干时间	烘干后总质量，g	吸水率
1									
2									

备注：

校核：＿＿＿＿　　试验：＿＿＿＿　　试验日期：＿＿＿＿

砂试验原始记录

JCZX-GC-D(1)-4003.2

委托编号：_____　　来样日期：_____

依据标准：_____　　仪器设备：_____

试样编号：_____　　试验（记录）编号：_____

环境条件：温度_____℃　湿度_____%RH

表观密度 □标准法 □简易法

总取样质量，g		烘干时间		烘干时间	
烘干温度，℃		烘干质量，g		烘干质量，g	

浸水时间：

次数	试样烘干质量，g	试样+水+容量瓶质量，g	水+容量瓶质量，g	水温℃
1				
2				

次数	试样烘干质量，g	水的原有体积，mL	水+试样的体积，mL	水温℃
1				
2				

表观密度

堆积密度和紧密（振实）密度、空隙率

总取样质量，g		烘干时间		烘干时间	
烘干温度，℃		烘干质量，g		烘干质量，g	

次数	容量筒的质量，g	容量筒和砂的总质量，g	堆积质量	紧密（振实）质量	容量筒的容积，L	空隙率%
1						
2						
堆积密度			紧密（振实）密度			

备注：容积校正：$V=m2'-m1'$；$m1'$——容量筒和玻璃板的质量，kg；$m2'$——容量筒、玻璃板和水的质量，kg。

备注：

云母含量

总取样质量，g		烘干时间		烘干时间	
烘干温度，℃		烘干质量，g		烘干质量，g	
烘干试样质量，g		云母质量，g		云母含量	

压碎值指标

总取样质量，g			烘干时间			烘干时间		
烘干温度，℃			烘干质量，g			烘干质量，g		

试验筛公称直径	2.50mm(2.36mm)			1.25mm(1.18mm)			630μm(600μm)			315μm(300μm)		
试验序号	1	2	3	1	2	3	1	2	3	1	2	3
压碎前质量，g												
压碎后通过质量，g												
压碎后筛余质量，g												
分计筛余												
压碎指标值												

备注：每级试样压碎前的质量不得少于1000g 分计筛余可由筛分试验得出。

亚甲蓝试验

亚甲蓝溶液的配制	亚甲蓝粉末烘干温度	称取亚甲蓝粉末质量	烘干时间	烘干质量，g	存储温度	容量瓶体积	所加入的亚甲蓝溶液的总量，□g□mL	20℃±1℃

总取样质量，g		烘干时间		烘干时间	
烘干温度，℃		烘干质量，g		烘干质量，g	
试样质量				亚甲蓝MB值	

校核：_____　试验：_____

试验：_____　试验日期：_____

掺合料试验原始记录
JC/ZX-GC-D(1)-4005.1

委托编号：　　　　　　　委托日期：　　　　　　　来样日期：　　　　　　　试样编号：　　　　　　　试验(记录)编号：　　　　　　　

试件名称：　　　　　　　规格、型号、种类：　　　　　　　仪器设备：

依据标准：□GB/T 1596—2017　□GB 176—2008　□GB/T 1345—2005　□GB/T 18046—2017　□

环境条件：温度　　　℃　湿度　　　%RH

第　页　共　页

试验结果

1	细度	筛子孔径：　　　　　　　试验方法：□负压筛析法□水筛法□手工筛析法					
		筛子修正系数 C：	第一次烘干质量 Rt，g	第二次烘干质量 F	筛余百分量 F	修正值 F′	细度
		试验次数	试样质量 W，g		筛余物质量 Rt，g		
		1					
		2					

备注：F=Rt/W×100；F′=F×C；C=Fs/Ft，Fc——标准样品的筛余标准值，Ft——标准样品在试验筛上的筛余值。（C值应在 0.80～1.20 之间，否则试验筛应淘汰）。烘干温度：105℃～110℃

2	烧失量(灼烧差减法)	试验次数	器皿称重 m₁，g	器皿＋试样称重 m₂，g	烧前试样重 m＝m₃－m₂，g	器皿＋试样一次烧后重 m₃，g	器皿＋试样二次烧后器皿＋一次烧后重 m₄，g	试样重 m₅，g	烧失量 wLO₁＝(m₃－m₅)/(m₃－m)	量
		1								
		2								

备注：灼烧温度为：950℃±25℃；灼烧时间为：15min～20min；反复灼烧至恒量（两次称量之差小于0.0005g）质量精确至0.0001g。两个测试结果的绝对差小于等于平均试次数的概率为95%

3	需水量比	胶砂种类	水泥，g	受检材料，g	标准砂，g	第一次干重，g	水，mL	流动度，mm		需水量比
								第一次		第一 第二 第三
		对比胶砂						1 2 平均	1 2 平均	次 次 次 平均
		试验胶砂						第二次	第三次	

4	含水量	试验次数	烘干前称重 w₁，g	第一次干重 w₀，g	第二次烘干重 w₀，g	含水率 W=[(w₁-w₀)/ w₁]×100，(精确至 0.1%)		含水率
		1						
		2						

备注：烘干温度为：105℃～110℃；质量称量需冷却至室温，精确至 0.01g

5	活性指数 流动度比 受压面积 ____ mm²	胶砂种类	配合比			7 天抗压荷载 F，kN						7 天抗压强度，MPa	28 天抗压荷载 F，kN						28 天抗压强度，MPa	活性量水比		直径 D₁	直径 D₂	流动度
			水泥/g	( )/g	标准砂/g	水/mL	1	2	3	4	5	6	R₀= R=	1	2	3	4	5	6	R₀= R=	流动度比	R₀= R=		
		对比胶砂																						
		试验胶砂																						
		活性指数 H₇=(R₀/R)×100										活性指数 H₂₈=(R₀/R)×100												

备注：活性指数精确到 1%

备注：

试验：　　　　　　　　　校核：　　　　　　　　　试验：　　　　　　　　　校核：　　　　　　　　　试验日期：

砌体试验原始记录　　JCZX-GC-D(2)-4038.1

第　页　共　页

委托编号:________ 来样日期:________ 试样编号:________ 试验(记录)编号:________

种类及规格型号:________ 强度等级:________ 处理材料:________ 成型方式:□直接制备 □叠块制备(H/B<0.6)

仪器设备:________ 依据标准:□GB/T 4111—2013 、□GB/T 2542—2012、□GB/T11969—2020 环境条件:温度__℃ 湿度__ %RH

抗压强度

调湿环境:________ 调湿时间:________

称重 1:________ 称重 2:________

浸水温度:________ 浸水时间:________

滴水时间:________

试样制备时间:________

养护条件:________ 养护时间:________

成型后浸水温度:________

成型后浸水时间:________

试验速率:________

试件编号	高度1	高度2	高度3	高度4
1				
2				
3				
4				
5				

四个高度值级差大于 3mm,需重新备样

序号	承压面尺寸(mm)						荷载(kN)	抗压含水率试验	
	长 1	长 2	平均	宽 1	宽 2	平均		烘干前质量(g)	烘干后质量(g)
1									
2									
3									
4									
5									
6									
7									
8									
9									
10									

抗压强度平均值:________ 抗压强度最小值:________

备注:尺寸精确至 1mm,GB/T 4111—2013 规定:找平厚度不大于 3mm;养护条件:(20±5)℃、(50±15)%RH;加载速率:(4～6)kN/s;试验数量为 5 块。GB/T 2542—2012 规定:一次成型试件:整砖截成两段,每段不小于 100mm、浸水 20～30min 后,放入铁丝网上滴水 20～30min,以断口相反方向放入模具中,用插板控制两个半砖间距应不大于 5mm,砖大面与模具间距应不大于 3mm,将装好试样的模具至于振动台上,加入适量搅拌均匀的净浆材料,振动 0.5～1min,停止振动,静置至净浆材料达到初凝时间(15～19min)拆模。二次成型:浸水 20～30min,放在铁丝网上滴水 20～30min,将整块试样一个承压面与净浆接触,装入模具中,承压面找平层厚度不应大于 3mm,接通电源,振动 0.5～1min,停止振动,静置至净浆材料初凝(15～19min)拆模,按同样方法制成另一承压面找平;非成型试样:整砖接成两段,反向重叠(不小于 100mm);养护:一次成型与二次成型试样在不低于 10℃养护 4h,非成型试样不需要养护;加荷速率:(4±2)kN /s 试验数量为 10 块。GB/T 11969—2020 规定:立方抗压试块为 100mm×100mm×100mm,轴心抗压试块为 100mm×100mm×400mm(发泡方向与长方向平行);试验样品含水率应控制在 8%～12%(压碎后 105℃±5℃烘干测量);加荷速率:(2.0±0.5)kN/s;试验数量为 3 组 9 块。JC/T 239—2014:叠加部分长度宜为 100mm,但不应小于 90mm

密度

烘干温度		烘干时间		烘干温度		烘干时间		烘干温度		烘干时间		
序号	尺寸(mm)									第一次烘干质量(g)	第二次烘干质量(g)	备注
	长 1	长 2	平均	宽 1	宽 2	平均	高 1	高 2	平均			
1												
2												
3												
4												
5												
6												
7												
8												
9												
密度取值												

备注:尺寸精确至 1mm;GB/T11969—2020 干密度规定:试件于 60℃±5℃下保温 24h,再于 80℃±5℃下保温 24h,再于 105℃±5℃下烘至恒质(4h 间两次质量差不超过试件质量的 0.5%);质量精确至 1g;试验数量为 3 组 9 块。GB/T 4111—2013 块体密度规定:于 105℃±5℃下烘 24h 至恒质(2h 间两次质量差不超过试件质量的 0.2%);质量精确至 0.005kg(在烘箱内冷却至与室温差不超过 20℃);试验数量为 3 块。GB/T 2542—2012 体积密度规定:于 105℃±5℃下烘 24h 至恒量(2h 间两次质量差不超过试件质量的 0.2%),外观不应有破损

抗折强度

跨距:________

浸水温度:________ 浸水时间:________

试样制备时间:________ 养护条件:________

养护时间:________ 试验速率:________

序号	尺寸(mm)						荷载(N)
	宽 1	宽 2	平均	高 1	高 2	平均	
1							
2							
3							
4							
5							
6							
7							
8							
9							
10							

抗折强度平均值:________

抗折强度最小值:________

备注:尺寸精确至 1mm,GB/T 4111—2013 规定:钢棒直径 35～40mm,长 210mm;试件制备同抗压强度;以 50N/s 加荷至出现力值,量取 L,δ 精确至 1mm,两侧 L,δ 值差应不大于 1mm;加荷速率为:(250±50)N/s;试验数量为 5 块。GB/T 2542—2012 规定:三点加荷,支辊半径为 15mm;非烧结砖应在 20±5℃水中浸泡 24h,用湿布擦去表面水分试验;下支辊跨距为砖长减去 40mm(长 190mm 砖跨距为 160);加荷速度:(50～150)N/s。GB/T 11969—2020 规定:抗折试块为 100×100×400mm;试验样品含水率应控制在 8%～12%(压碎后 105℃±5℃烘干测量);四点加荷,下支辊轴距为 300mm,上支辊轴距 100mm,对中;加荷速率:(0.2±0.05)kN/s;试验数量为 1 组 3 块

试样质量,g	试验后干燥质量,g				含水率			
	第一次烘干		第二次烘干					
尺寸	$L1$	$L2$	平均	δ左1	δ左2	平均	δ右1	δ右2	平均
1									
2									
3									

单位:mm

校核:________ 试验:________ 试验日期:________

防火涂料试验原始记录

JCZX-GC-D(1)-4039

委托编号： 来样日期： 试样编号： 试验(记录)编号：

样品静置时间： 环境条件： 依据标准： □其他：

品种及强度等级：

环境条件：温度 ℃ 湿度 %RH

仪器设备：

强度： 环境条件： 成型时间： 试验速率： 试件尺寸：

拆模时间： 烘干温度： 烘干时间：

试件编号	龄期 试验时间 天	受压面边长1,mm	受压面边长2,mm	荷载,kN	强度,MPa	取值,MPa
1						
2						
3						
4						
5						

备注：养护期满后，再放置在(60±5)℃的烘箱中干燥48h，然后再放置在干燥器内冷却至室温。边长精确至0.1mm，以((150~200)N/min 的速度均匀加载荷至试件破坏

拉伸粘结强度 环境条件： 养护条件：

成型日期： 龄期： 试验速率：

试验日期： 粘结面尺寸： 夹具粘合日期：

试件编号	1	2	3	4	5	取值
破坏荷载,N						
强度,MPa						
破坏形式及位置	□黏附□内聚 □其他	□黏附□内聚 □其他	□黏附□内聚 □其他	□黏附□内聚 □其他	□黏附□内聚 □其他	

备注：基底为70mm×70mm×6mm 的Q235 号钢。粘贴 40mm×40mm 连接件后需要放置 3d。以约(1500~2000)N/min 速率加荷。五个试件去除最大误差后取平均值

备注：

试验条件：5℃~35℃，(50~80)%RH。涂层厚度分为：P类(1.50±0.20)mm，F类(12±2)mm，达到规定厚度后应抹平和修边，保证均匀平整。涂好的试件均匀养护，试件置在上干燥器面向上水平放置在试验前向上水平放置10d，F类不低于10d，F类不低于28d，产品养护有特殊规定除外。养护期满后方可进行试验

校核： 试验： 试验日期：

砂浆试验原始记录

JCZX-GC-D(2)-4067.1

委托编号：	来样日期：	试样编号：	试验（记录）编号：□
样品静置时间：		依据标准：□JGJ/T70—2009	
样品名称及等级：	品种及强度等级：	其他：	

仪器设备：GC　GC　GC　GC　GC　GC　GC
环境条件：温度_____℃　湿度_____%RH　水粉比：_____(质量比)

一、稠度及分层度

初始稠度　　单位：mm

试验次数	初始值	结束值	稠度	平均值
1				
2				

经分层法试验后稠度　□标准法　□快速法　　单位：mm

试验次数	初始值	结束值	稠度	分层度	平均值
1					
2					

备注：稠度结果精确到1mm，当两次试验值之差大于10mm时，应重新取样测定

二、强度

试件尺寸：_____　成型时间：_____　拆模时间：_____

	龄期			天			天			天			天		
	试验时间														
试件编号	荷载，kN	强度，MPa	取值，MPa	荷载，kN	强度，MPa	取值，MPa	荷载，kN	强度，MPa	取值，MPa	荷载，kN	强度，MPa	取值，MPa			
1															
2															
3															

备注：养护条件：20℃±2℃，相对湿度不低于90%；强度取值：三个测值中如有一个与中间值的差超过中间值的15%时，则把最大及最小值一并舍除，取中间值作为该组试件的抗压强度值；如最大值和最小值中间值超过中间值的15%，则该组试件的试验结果无效

$f_{m,cu}=K\cdot N_u/A$，$K=1.35$，精确至0.1MPa

三、保水率

试验条件：温度_____℃　湿度_____%RH

试验次数	下不透水片与干燥试模质量 m_1,g	吸水前滤纸的质量 m_2,g	试模、下不透水片和砂浆总质量 m_3,g	吸水后滤纸质量 m_4,g	砂浆含水率 α	保水率 $R\%$	平均值 %
1							
2							

备注：$W=\left[1-\dfrac{m_4-m_2}{\alpha\times(m_3-m_1)}\right]\times100\%$

单个值超过平均值5%时，此组试验结果无效

四、表观密度

试验条件：温度_____℃湿度_____%RH

容量筒和玻璃板质量：_____g，筒的容积：_____L

试验次数	容量筒质量，g	容量筒及试样质量，g	容量筒体积，L	表观密度，kg/m³	平均值，kg/m³
1					
2					

备注：质量结果精确到5g，表观密度精确到10kg/m³

五、应伸粘结强度

环境条件：温度_____℃湿度_____%RH　成型日期：_____　试验日期：_____　龄期：_____　成型面尺寸：_____　粘结面尺寸：_____

试件编号	1	2	3	4	5	6	7	8	9	10
破坏荷载，N										
强度，MPa										
破坏形式及位置	□粘附□内聚□其他	□粘附□内聚□其他	□粘附□内聚□其他	□粘附□内聚□其他	□粘附□内聚□其他	□粘附□内聚□其他	□粘附□内聚□其他	□粘附□内聚□其他	□粘附□内聚□其他	□粘附□内聚□其他
平均值及剔除计算，MPa	平均值		剔除值		平均值		剔除值		平均值	结果效力

备注：计算10个(6个)试件的平均值，舍弃强度值与平均值之差超过20%，求平均值。如剩余数据少于5个(4个)，则结果无效

备注：试验条件：20℃±5℃。强度试验时用水量的稠度控制：砌筑砂浆：(70~80)mm；抹灰砂浆：(90~100)mm；地面砂浆：(45~55)mm

试验：　　　　　校核：　　　　　试验日期：

金属材料试验原始记录　JCZX-GC-D(1)-4069

委托编号：　　　　　　　　　　　　　来样日期：　　　　　　　　　试验（记录）编号：　　　　　　　　

样品名称及种类：　　　　　　　　　检测项目：　　　　　　　　公称直径 d（mm）：＿＿＿公称面积 Aₛ（mm²）：

弯曲直径：＿＿弯曲角度：＿＿反向弯曲角度：＿＿反向弯曲直径：　理论弹性模量 E（MPa）：　　　压扁程度：□2/3D□3/4D（屈服不低于 345MPa）□1/3D□相互接触或破坏　依据标准：

仪器设备：　　　　　　　引伸计标距（mm）：　　　　　　　　　　　　　　　　　环境：

第 页 共 页

试件编号	试样厚度或＿(mm)	试样宽度或＿(mm)	横截面积(mm²)	试样原始横截面积取值(□平均值□最小值)(mm)	屈服应力(kN) 上	屈服应力(kN) 下	屈服强度(MPa) 上	屈服强度(MPa) 下	最大力(kN)	抗拉强度 σ_b(MPa)	弹性模量(GPa)	□强屈比/□屈（标）比 注1	破坏形式及位置	弯曲结果	反向弯曲结果	断后伸长率 原始标距(mm)	断后伸长率 断后标距(mm)	断后伸长率 伸长率	最大力总伸长率 原始标距/平行标距 L₀(mm)	最大力总伸长率 断后标距 L(mm)	最大力总伸长率 伸长率
1					1	1			1	2	3	4	5								
2					1	1			1	2	3	4	5								
3																					
4																					

重量偏差试验

试件长度(mm)：　　　　　　　　　　　　　　　实际总质量(g)：　　　　　3　　　　重量偏差

试件长度(mm)：　　　　　　　　　　　　　　　实际总质量(g)：　　　　　　　　　重量偏差

抗剪试验

破坏荷载　　　　1　　　　2　　　　3　　　　抗剪力平均值

破坏位置及形态

备注：

原始标距 L，mm：5.65(s₀)^{1/2}；大力总伸长率原始标距标距不小于100mm，最大力总伸长率原始标距标距不小于100mm，最大力总伸长率

$$\delta = \left(\frac{L - L_0}{L_0} + \frac{\sigma_b}{E}\right) \times 100$$

重量偏差＝[试样实际总质量−（长度1＋长度2＋长度3＋长度4＋长度5）×理论重量]/（长度1＋长度2＋长度3＋长度4＋长度5）×理论重量　注 1:0.2%屈服力

整根钢绞线最大力

试验速率：弹性模量＜150000N/mm²，2～20 N/mm²·s⁻¹　弹性模量≥150000N/mm²，2～20 N/mm²·s⁻¹

公称直径(mm)	6	6.5	8	10	12	14	16	18	20	22	25	28	32	36	40	50
公称横截面面积(mm²)	28.27	33.18	50.27	78.54	113.1	153.9	201.1	254.5	314.2	380.1	490.9	615.8	804.2	1018	1257	1964
理论重量(kg/m)	0.222	0.26	0.395	0.617	0.888	1.21	1.58	2.00	2.47	2.98	3.85	4.83	6.31	7.99	9.87	15.42

试验：　　　　　　　　校核：　　　　　　　　试验日期：

混凝土力学性能试验记录

JCZX-GC-D(1)-4082

委托编号：　　　　　来样日期：　　　　　　　　　　　　　　　　　试验（记录）编号：

试件名称：　　　　　成型日期：　　　强度等级：　　　　　　　　　环境条件：温度___℃ 湿度___%RH

依据标准：　　　　　龄期：　　　　　试样编号：　　　仪器设备：

第　页　共　页

试验项目	试件编号	试件尺寸																			极限荷载，kN	强度，MPa	强度取值，MPa	折合标准立方体抗压强度，MPa
		长，mm			宽，mm			高，mm			平整度，mm		角度，°											
		1	2	平均	1	2	平均	1	2	平均	1	2	1	2	3	4	5	6	7	8				
抗压强度																								
轴心抗压强度																								
劈裂抗拉强度																								
抗折强度																								
抗剪强度																								

备注：

校核：　　　　　试验：　　　　　试验日期：

普通混凝土抗冻试验（快速法）原始记录

JCZX-GC-D(1)-4084

委托编号：_____　　来样日期：_____

规格、型号：_____　　种类：_____

试样编号：_____　　仪器设备：_____

依据标准：_____　　环境条件：温度___℃　湿度___% RH

编号：_____　　试件名称：_____

第 页 共 页

观测时间	循环次数	试件编号	试样状态	称重(g)	质量损失率	质量损失率取值	横向基频(Hz)	弹性模量(Gpa)	相对动弹性模量	相对弹性模量取值
	0	1								
		2								
		3								
	25	1								
		2								
		3								
	50	1								
		2								
		3								
	75	1								
		2								
		3								
	100	1								
		2								
		3								
	125	1								
		2								
		3								
	150	1								
		2								
		3								
	175	1								
		2								
		3								
	200	1								
		2								
		3								
	225	1								
		2								
		3								
	250	1								
		2								
		3								
	275	1								
		2								
		3								
	300	1								
		2								
		3								

成型日期：

龄期：

要求抗冻等级：

养护条件：□标准养护　□同条件养护　□水养护

饱水时间：

饱水温度：

规定龄期前 4d 取出放入 20±2℃ 水中饱水 4d

试件尺寸(mm)：

试件编号	1	2	3
长：			
宽：			
高：			
最大角度偏差：			

备注：相邻面夹角应为 90°，公差不得超过 0.5、长、宽、高尺寸公差不得超过 1mm。

试验故障记录：

停止时间：	1	2
停止状态：		
停止持续时间：		

备注：当有试件停止试验被取出时，应用其他试件填充空位，当试件在冷冻状态下因故障中断时，试件应保持冷冻状态，直至恢复冻融试验为止。冷冻或故障原因及暂停时间应在试验结果中注明。试件在非冷冻状态下发生故障的时间不宜超过两个冻融循环的时间，在整个试验过程中，超过两个冻融循环时间的中断故障次数不得超过两次。

备注：每 25 次循环进行 1 次观察，每组试件的平均应以三个试件的平均值，当三个值中的最大值或最小值与中间值之差超过中间值的 1％时，应剔除此值，并应取其余两个试件的算术平均值作为测定值。当最大值或最小值与中间值之差均超过中间值的 1％时，应取中间值作为测定值。融循环后一组混凝土试件中间值之差超过混凝土试件的相对弹性模量(％)，精确至 0.1。相对弹性模量平均值作为测定值。当某个试验结果出现以下情况之一，试件中心值的相对弹性模量出现下列情况之一时：试件中心值最低和最高温度之 1/4；冷冻和融化过程中，试件中心温度不得高于 7℃，且不得低于 20℃；每块试件从 3℃降至-16℃所用的时间不得超过 10min。当冻融循环的质量损失率达 5％

校核：　　　　试验：　　　　试验日期：

单向拉伸试验原始记录

JCZX-GC-D(1)-4008

委托编号：　　　　　　　来样日期：　　　　　　　试样编号：　　　　　　　试验（记录）编号：

样品名称及种类：

钢筋抗拉强度标准值（MPa）：　　　理论弹性模量 E（MPa）：　　　钢筋公称直径 d（mm）：　　　公称面积 A_s（mm²）：

依据标准：　　　　制件日期：　　　　养护条件：　　　　环境：

仪器设备：

试件编号	机械接头长度 L(mm)	原始标距 $L_1=L+(1\sim6)d$(mm)	钢筋屈服强度标准值 f_{yk}(MPa)	名义0荷载	$0.6f_{yk}A$ (kN)	加荷前标距 L_{01} (mm) 左 右	卸载后标距 L_{02} (mm) 左 右	位移计1初始值 左 右	位移计2初始值 左 右	位移计1结束值 左 右	位移计2结束值 左 右	残余变形 u_0(mm)	残余变形平均值 (mm)
1													
2													
3													

试件编号	最大力(kN)	抗拉强度(MPa)	屈服应力(kN)	屈服强度(MPa)	破坏形式及位置	最大力时钢筋应力 f_{mst}^0 (MPa)	最大力总伸长率 A_{sgt} (%) 左 右	取值	最大力总伸长率平均值 A_{sgt} (%)
1									
2									
3									

备注：测量接头试件的残余变形时加载时的应力速率宜采用 $2N/mm^2 \cdot s^{-1}$，最高不超过 $10N/mm^2 \cdot s^{-1}$。残余变形 $u_0=(\Delta_1+\Delta_2)/2$，$\Delta=$ 结束值 - 初始值。当试件预埋破坏发生在接头长度范围内时，L_{01} 和 L_{02} 应取套筒两侧各自读数的平均值。$A_{sgt}=\left[\dfrac{L_{02}-L_{01}}{L_{01}}+\dfrac{f_{mst}^0}{E}\right]\times100$，名义0荷载=$0.012A_sf_{yk}$。当破坏发生在另一侧钢筋母材时，$L_{01}$ 和 L_{02} 应取另一侧的钢筋母材加载前和卸载后的长度。

试验：　　　　　　　校核：　　　　　　　试验日期：

胶黏剂试验原始记录

JCZX-GC-D(1)-4107.1

委托编号：＿＿＿＿＿＿＿　来样日期：＿＿＿＿＿＿＿　试样编号：＿＿＿＿＿＿＿　试验（记录）编号：＿＿＿＿＿＿＿　第　页　共　页

仪器设备：＿＿＿＿＿＿＿　依据标准：＿＿＿＿＿＿＿　试件调节时间：＿＿＿＿＿＿＿　规格、型号、种类：＿＿＿＿＿＿＿

粘结过程：胶黏剂组分及比例：＿＿＿　固化环境：＿＿＿　固化时间：＿＿＿　试件名称：＿＿＿　龄期：＿＿＿

拉伸剪切强度试验　加荷速度：＿＿＿MPa/min　环境条件：＿＿＿　干燥及预处理方法：＿＿＿　试件调节时间：＿＿＿

厚度控制方法：＿＿＿　试验时间：＿＿＿　成型方法：□整体制备后机加工　□单片制备　其他工艺要求：＿＿＿　胶层厚度：＿＿＿

试件编号	粘结面宽度，mm			粘结面长度，mm			最大荷载，kN	强度，MPa	破坏形式	标准值计算
	1	2	平均	1	2	平均				
1										置信水平为：＿＿；保证率
2										为：＿＿
3										k值查表得：
4										钢-钢拉伸抗剪强度标准值
5										$f_k = m_f - ks =$＿＿
6										钢对钢（钢片单剪法）拉伸
7										抗剪强度平均值：＿＿
8										
9										
10										
11										
12										
13										
14										
15										

备注：粘结面长度为12.5mm±0.25mm。典型的胶层厚度为0.2mm。胶层厚度可用插入同隔导线或小玻璃球来控制。如果使用同隔导线，则导线应该平行于施力方向，使导线对粘结部位的影响最小。试样的尺寸测量精确到最小。试验机以恒定速率加载，将剪切力速率定在每分钟8.3MPa～9.8MPa之间。将试样对称地夹在夹具上。夹持处至距离最近的粘接端的距离为50mm±1mm。拉力试验机一恒定的测试速度进行试验，恒定的环境温度为23±2℃。试验环境温度为23±2℃。破坏形式：SF：非胶结处基材内聚破坏，DF：基材分层破坏，CF：胶黏剂内聚破坏，SCF：胶黏剂与特殊内聚破坏，AF：粘附破坏。ACFP剥离方式的粘附相内聚破坏。一般破坏时间小于65s±20s。

拉伸试验　加荷速度：＿＿＿　环境速度：＿＿＿　内应力检测结果：＿＿＿　消除方式：□油浴法　□空气裕法　成型方法：□整体制备后机加工　□单片制备

试件编号	试件尺寸，mm								最大荷载，kN	抗拉强度，MPa	试样失效形式及位置	测量标距，mm	位移计读数，mm		伸长率，%	弹性模量，MPa
	宽1	宽2	宽3	平均	厚1	厚2	厚3	平均					初始值	结束值		
1																
2																
3																
4																
5																
平均值																

备注：试验前，试件需经严格检查，试件应平整、光滑，无气泡、无裂纹，无明显杂质和加工损伤等缺陷。试验前，试件应在试验标准环境条件下，至少放置24h。状态调节后的试件应在干状态调节和同的试验标准环境调节下（另有规定时按相关规定）。若不具备实验室标准环境条件，试验前试件可放在干燥器内，至少放置24h。其他值的测量方法，按相应试验方法的规定。试样工作区间的测定环境温度（23±2℃，相对湿度（50±5%）测定弹性伸长度及0.01mm。其他温度，环境温度（23±2℃），相对湿度（50±5%）测定拉伸伸长度时，试验速度为10mm/min。伸长率试验速度2mm/min，测定弹性模量时，应力应变曲线时试验速度为2mm/min。

校核：＿＿＿＿＿＿＿　试验：＿＿＿＿＿＿＿　试验日期：＿＿＿＿＿＿＿

胶黏剂试验原始记录

JCZX-GC-D(1)-4107.3

第 页 共 页

委托编号：　　　　　来样日期：　　　　　试样编号：　　　　　试件名称：　　　　　规格、型号：　　　　　种类：

仪器设备：　　　　　依据标准：　　　　　试验（记录）编号：　　　　　试件调节时间：　　　　　试件调节时间：

粘结过程：胶粘剂组分及比例：　　　　　固化环境：　　　　　其他工艺要求：

老化过程：胶粘剂种类：□结构胶粘剂，□聚合物砂浆；水温：□80⁺²₀℃，□55⁺²₀℃；恒温时间：□168h，□240h（低粘度压力灌注胶）

开始升温时间：　　　　　达到规定温度时间：　　　　　温度保持时间：　　　　　龄期：　　　　　胶层厚度：

湿热老化后拉伸剪切强度试验 　加荷速度：　　　　　环境条件：　　　　　干燥及预处理方法：

厚度控制方法：　　　　　试验时间：　　　　　成型方法：□整体制备后机加工，□单片制备

湿热老化后拉伸剪切强度试验

试件编号	粘结面宽度，mm			粘结面长度，mm			最大荷载，kN	强度，MPa	破坏形式	标准值计算
	1	2	平均	1	2	平均				
1										
2										
3										
4										
5										

平均值：
抗剪强度降低百分率：

备注：粘结面长度均为12.5mm±0.25mm，典型的胶层厚度为0.2mm，胶层厚度可用插入间隔导线或小玻璃微珠来控制。如果使用间隔导线，则导线应该平行于施力方向，使导线对粘结部位的影响最小。试件的尺寸测量精确到±0.1mm。拉力试验机以恒定力变化速率每分钟8.3~9.8MPa之间。将试样对称地夹在夹具上，夹持处至距离最近的粘结端的距离为50mm±1mm，夹具中间使用垫片，以保证作用力在粘结面上。试验环境温度为23±2℃。拉力试验机，恒定的测试速度进行试验，使一般破坏时间介于65±20s。破坏形式：SF：非胶结处基材内聚破坏，DF：基材分层破坏，CF：胶粘剂内聚破坏，SCF：胶粘剂特殊内聚破坏，AF：胶粘剂特殊内聚破坏，ACP：剥离方式的粘附和内聚破坏。GB 50550—2010标准规定：试件在23℃条件下固化养护以7d为准，允许在40⁺²₀℃条件下固化养护至23℃±2℃后，经自然降温至23℃±2℃后，再静置16h，湿热老化由25℃升至规定温度应在1~1.5h，降温至规定温度23℃±2℃，加热速度为（3~5）mm/min，同一组试件的试验应在30min内全部完成

抗冲击剥离能力/T冲击剥离长度

抗冲击剥离强度（23±2）℃，（45~55）%RH □异地制作试块（静置12h）

试验温度（23±2）℃　冲击块质量900⁺¹⁵₀g：　　　　　自由下落高度305mm±1mm：

龄期：　　　　　试件调节时间：　　　　　固化时间：

胶黏剂组分及比例：　　　　　试件调节环境：　　　　　固化环境：

试件编号	接缝厚度，mm	接缝长度，mm	剥离长度，mm	平均值，mm
1				
2				
3				
4				
5				

备注：试片尺寸精确至0.01mm，且弯折后长度为150mm±1mm，5格试样剥离长度大于其余4个平均值的25%，应重新取5个样品测试。GB 50550—2010标准规定：试件在23℃条件下固化养护以7d为准，允许在40⁺²₀℃条件下固化养护24h，经自然降温至23℃±2℃后，再静置16h，GB 50728—2011标准规定：试件交接后应在压缩状态下固化至20.1，厚度⁺⁰·¹₋₀·₂mm，宽度⁰₋₀·₂mm，厚度⁺⁰·¹₋₀·₂mm，经自然冷却后静置24h，养护7d，采用加热固化时，胶黏剂加热后立即放入（50±2）℃条件下予以5个样品测试。

不挥发物含量 固化时间（40⁺²₀℃）（24h）：

烘烤试件（105℃±2℃）（180min±5min）：

试验次数	试样编号	空盒第一次烘干质量，g	空盒第二次烘干质量，g	盒+样品加热前质量，g	盒+样品加热后质量，g	不挥发物含量	平均
一	1-1						
	1-2						
二	2-1						
	2-2						

不挥发物含量两次试验平均值：

备注：GB 50550—2010：每份取样约1g，称量精确至0.001g，结果保留三位有效数字。恒重以最后两次称量之差不超过0.002g

备注：

试验：　　　　　校核：　　　　　试验日期：　　　　　试验：

707